DEUXIÈME CONGRÈS FRANÇAIS
DE CLIMATOTHÉRAPIE ET D'HYGIÈNE URBAINE

———

COMPTES-RENDUS

DEUXIÈME CONGRÈS FRANÇAIS

DE

CLIMATOTHÉRAPIE ET D'HYGIÈNE URBAINE

ARCACHON — PAU, 24-29 Avril 1905

SOUS LA PRÉSIDENCE

De M. le Professeur **RENAUT**, de Lyon

COMPTES-RENDUS

PUBLIÉS

AVEC LA COLLABORATION DU COMITÉ

PAR

Le Dr A. FESTAL

Secrétaire général

PARIS

ÉDITIONS DE *LA REVUE DES IDÉES*

7, RUE DU VINGT-NEUF JUILLET, 7

1905

PREMIÈRE PARTIE

DOCUMENTS. — ACTES OFFICIELS.

STATUTS ET RÈGLEMENT GÉNÉRAL

Art. Ier. — *Le deuxième Congrès Français de Climatothérapie et d'Hygiène Urbaine* se tiendra à **Arcachon** du lundi **24 avril** au vendredi **28 avril 1905** et à **Pau** (Basses-Pyrénées) le samedi **29 avril**.

Séance d'ouverture le **24 avril** à **Arcachon**.

Séance de clôture le **29 avril** à **Pau**.

Le but du Congrès est exclusivement scientifique.

Art. II. — Le Congrès est ouvert aux médecins français et étrangers, aux ingénieurs sanitaires, aux physiciens, aux chimistes, aux savants dont les travaux ont un rapport direct avec les questions traitées dans le Congrès, ainsi qu'aux représentants de la presse médicale.

Art. III. — La cotisation de **20 francs** donne droit au volume des comptes-rendus et aux réductions consenties par les Compagnies de chemins de fer, les hôtels, pensions de famille, etc.

Art. IV. — Chaque adhérent, après versement de sa cotisation, recevra sa carte d'identité, indispensable pour pouvoir bénéficier des avantages faits aux congressistes.

Art. V. — Les Congressistes prennent part à tous les travaux, présentent des communications écrites ou verbales, interviennent dans les discussions et votent sur toutes les questions soumises à votation.

Art. VI. — Les membres de la famille des Congressistes (*femme et enfants non mariés*) accompagnant ceux-ci, de même que les étudiants en médecine, jouiront de tous les avantages *matériels* accordés aux Congressistes, sauf qu'ils n'auront pas droit au volume des comptes-rendus.

Le montant de leur cotisation est fixé à **10 francs**.

Art. VII. — Un certain nombre de questions feront l'objet de rapports.

Pour chacune de ces questions le Comité exécutif désignera un rapporteur et, s'il y a lieu, un co-rapporteur.

Les manuscrits des rapports seront déposés entre les mains du Secrétaire général le **15 février 1905** (*dernier délai*), afin d'en permettre l'impression et la distribution avant l'ouverture du Congrès.

Art. VIII. — La discussion des rapports aura lieu au début des séances, sans exposé ou résumé soit oral, soit écrit, de la part des rapporteurs.

Les Congressistes désireux d'intervenir dans la discussion *sont priés de se faire inscrire à l'avance*.

Il ne sera pas accordé plus de **dix minutes** à chaque orateur; le même orateur ne pourra prendre la parole plus de deux fois dans la discussion d'un rapport.

Le temps consacré dans chaque séance à la discussion des rapports n'excédera pas **une heure**.

Art. IX. — Le Comité exécutif et le bureau se réservent le droit d'écarter toute communication qui, par son objet, n'entrerait pas dans le cadre du Congrès.

Art. X. — Avant le **1er avril 1905** (*dernier délai*), les titres des communications devront être adressés au Secrétaire général, accompagnés d'un résumé *succinct* sous forme de conclusions.

D'autres communications pourront être inscrites après cette date et même au cours du Congrès ; elles prendront rang à la suite de celles inscrites dans les délais réglementaires, mais *ne seront présentées et discutées que si l'heure le permet*.

Art. XI. — La durée d'une communication n'excédera pas **dix minutes** ; il ne sera accordé que cinq minutes à chaque orateur pour la discussion. Le même orateur ne pourra prendre la parole qu'une seule fois dans la discussion de la même communication.

Si l'ordre du jour des séances était trop chargé, les communications ne donneraient pas lieu à discussion.

Les Congressistes ayant pris part aux discussions devront — *avant la levée de la séance* — remettre aux secrétaires des sections un résumé de leur intervention, faute de quoi il ne serait fait au procès-verbal que simple mention de leur intervention.

Art. XII. — Le nombre total des communications auxquelles a droit chaque Congressiste est limité à *trois*, dont deux au maximum pour une même section, et une seule par séance.

Art. XIII. — Le Comité exécutif décidera l'insertion, totale ou partielle, des communications dans les comptes-rendus. Les dessins, plans, diagrammes ou planches accompagnant les communications ne seront insérés que si le supplément de frais entraîné par cette insertion n'est pas à la charge de la caisse du Congrès.

Art. XIV. — La langue officielle du Congrès est la langue française. Exceptionnellement le Président pourra autoriser une communication en langue étrangère.

Art. XV. — Le bureau du Congrès se compose d'un Président, quatre Vice-Présidents, dont un local, un Secrétaire général et deux Secrétaires-adjoints, un Trésorier général et un Trésorier-adjoint.

Ne sont éligibles comme membres du bureau que les docteurs en médecine et les ingénieurs sanitaires.

Art. XVI. — A la séance d'ouverture le Président prononcera le discours d'inauguration ; le Secrétaire général rendra compte des travaux d'organisation du Congrès ; les délégués officiels seront présentés et les Présidents d'honneur proclamés. Nul autre membre ne pourra prendre la parole aux séances d'ouverture ou de clôture s'il n'y a été convié par le Comité exécutif.

Art. XVII. — Le Président et les trois Vice-Présidents non locaux du Congrès suivant seront élus, au scrutin de liste, en réunion plénière tenue le troisième jour après l'ouverture du Congrès.

Le choix des électeurs s'établira d'après des listes de candidatures arrêtées par le Bureau et affichées dans toutes les salles des séances dès l'ouverture de la session.

Il en sera de même quant aux choix des stations climathérapiques sollicitant la venue du Congrès pour les sessions ultérieures.

Le Président n'est rééligible qu'après quatre années.

Art. XVIII. — Les Vice-Présidents locaux, au nombre de deux au plus, ne peuvent être présidents dans la ville ou station siège du Congrès ; ils ne peuvent faire acte présidentiel ni à la séance d'ouverture, ni à la séance de clôture.

Art. XIX. — Après le solde de toutes les dépenses, le Comité exécutif fixe l'emploi des fonds restant en caisse.

Art. XX. — Les représentants de la presse médicale, scientifique ou politique seront, sur présentation de la carte à eux délivrée par le Secrétaire général, admis aux séances du Congrès ; ils recevront un exemplaire des rapports imprimés. Les procès-verbaux et les commentaires des séances seront, *autant que possible*, mis à leur disposition.

Art. XXI. — Aucune modification aux statuts et règlement ne pourra être proposée en Assemblée plénière sans avoir été soumise, au moins trois jours d'avance, au Comité exécutif ; s'il l'approuve, celui-ci devra l'afficher dans toutes les salles du Congrès au moins deux jours avant la réunion de l'Assemblée plénière.

Le Secrétaire général,   *Le Président,*

Docteur A. FESTAL,   Professeur RENAUT, de Lyon,

Ancien Interne des Hôpitaux de Paris.   *Associé national de l'Académie de médecine.*

ADDITIONS ET MODIFICATIONS APPORTÉES AUX STATUTS

(Assemblée plénière statutaire du jeudi 27 avril.)

COMMISSION PERMANENTE

VŒU

« Les membres du 2ème Congrès Français de Climatothérapie et d'Hygiène Ur-
« baine, au nombre de 329, réunis en assemblée plénière à Arcachon le jeudi soir
« 27 avril 1905, émettent le vœu que soit créée une *Commission permanente des*
« *stations climatiques et hydro-minérales de France* et l'adressent avec une res-
« pectueuse confiance à M. le Ministre de l'Intérieur. »

(Ce vœu, signé des membres du bureau présents à la séance et du Dr Huchard, est adopté à l'unanimité et acclamé. Le Secrétaire général est chargé de le transmettre à M. Etienne, Ministre de l'Intérieur.)

Art. XV (modifié). — Le bureau du Congrès se compose d'un Président, cinq Vice-Présidents, dont deux locaux, un Secrétaire général et deux Secrétaires-adjoints, un Trésorier général et un Trésorier-adjoint.

Ne sont éligibles comme membres du bureau que les docteurs en médecine et les ingénieurs sanitaires.

Lorsque le siège du Congrès aura lieu dans plus de deux villes, ce Congrès pourra s'adjoindre un Secrétaire général de plus, désigné par la Commission permanente.

Addition a l'Art. XXI. — Les membres de la Commission permanente d'organisation du Congrès, au nombre de six, nommés pour dix ans à partir du mois de mai 1905, seront : MM. Chantemesse, Renaut, Calmette, Huchard, Rénon et Guinon. Le Docteur Huchard est désigné comme Président de cette Commission.

Art. XXII (*nouveau*). — En cas de démission ou de décès de l'un des membres de la Commission permanente, le remplacement en est fait à l'élection par les membres restant de cette Commission. Ses membres font partie du bureau du Congrès.

Art. XXIII (*nouveau*). — La Commission permanente a le droit de proposer des modifications ou des additions aux statuts. Elle doit dresser la liste de présentation des membres du bureau pour tous les Congrès.

Les frais (correspondance, etc...) de son fonctionnement seront supportés par le prochain Congrès et payés chaque année par le Trésorier général de ce Congrès, sur présentation de la note à lui adressée par le Secrétaire de la Commission permanente.

BUREAU DU II° CONGRÈS

(Arcachon, 24-28 avril. — Pau, 29 avril 1905.)

Président :

M. le Dr **RENAUT**, Professeur à la Faculté de médecine de Lyon, Associé national de l'Académie de médecine.

Vice-Présidents :

Nationaux : M. le Dr **CALMETTE**, Professeur à la Faculté de médecine et Directeur de l'Institut Pasteur de Lille, Membre correspondant de l'Institut et de l'Académie de médecine.

M. le Dr **GRASSET**, Professeur à la Faculté de médecine de Montpellier, Associé national de l'Académie de médecine.

M. le Dr **BALESTRE** (Nice), Professeur agrégé à la Faculté de médecine de Montpellier.

Régional.. : M. le Dr **PITRES**, Professeur et Doyen de la Faculté de médecine de Bordeaux, Associé national de l'Académie de médecine.

Local......: M. le Dr **LALESQUE** (Arcachon), Membre correspondant de l'Académie de médecine.

Secrétaire général :

M. le Dr **A. FESTAL** (Arcachon), ancien Interne des Hôpitaux de Paris.

Secrétaires-adjoints :

M. le Dr **DHOURDIN** (Arcachon), Professeur honoraire à l'Ecole de médecine d'Amiens.

M. le Dr **A. HAMEAU** (Arcachon).

Trésorier général :

M. le Dr **DECHAMP** (Arcachon), ancien Médecin principal de la Marine.

Trésorier-adjoint :

M. le Dr **CAZABAN** (Arcachon).

COMITÉ CONSULTATIF

M. le Dr Henri **HUCHARD**, Fondateur du Congrès, membre de l'Académie de médecine, Médecin de l'hôpital Necker (Paris).

M. le Dʳ **Andral**, Vice-Président de la Société médicale (Pau).
— **Armaingaud**, Membre du Conseil supérieur de l'Assistance publique, Président de la Ligue française contre la tuberculose (Bordeaux).
— **Arnozan**, Professeur à la Faculté de médecine (Bordeaux).
— **Barthé**, Directeur du Bureau municipal d'hygiène (Pau).
— **Batz** (de), ancien Médecin des Hôpitaux de Rouen (Arcachon).
— **Beaure d'Augères** (Arcachon).
— **Bergonié**, Prof. à la Faculté de médecine (Bordeaux).
— **Bézian** (Gujan-Mestras).
— **Bonnal**, Ancien médecin de la marine (Arcachon).
— **Bourdier** (Arcachon).
— **Camino**, Médecin-chef du Sanatorium marit. A. P. Paris (Hendaye).
— **Carles** (père), Prof. agrégé à la Faculté de médecine (Bordeaux).
— **Cassaët**, Prof. agrégé à la Faculté de médecine (Bordeaux),
— **Chambrelent**, Prof. agrégé à la Faculté de médecine (Bordeaux).
— **Courtin**, Chirurgien des Hôpitaux (Bordeaux).
— **Dotézac** (Cambo).
— **Davezac**, Médecin des Hôpitaux (Bordeaux).
— **Delocque-Fourcaud**, Secrétaire de la Société médicale (Pau).
— **Denucé**, Prof. agrégé à la Faculté de médecine (Bordeaux).
— **Dufour** (Gujan-Mestras).
— **Dulau**, Médecin-chef du Sanatorium maritime (Cap-Breton).
— **Dupeux**, Fondateur du Sanatorium Girondin et de l'œuvre des dispensaires antituberculeux de Bordeaux (Bordeaux).
— **Durand**, Médecin des Hôpitaux (Bordeaux).
— **Ferré**, Prof. à la Faculté de médecine (Bordeaux).
— **Goudard**, Secrétaire général de la Soc. médicale (Pau).
— **Gourdon** (Bordeaux).
— **Juanchuto** (Cambo).
— **Lafont**, Président de la Société médicale (Pau).
— **Lalanne**, Louis (La Teste).
— **Lamarque**, Henri (Bordeaux).
— **Laroche** (Audenge).
— **Lavergne**, ancien Interne des Hôpitaux de Paris (Biarritz).
— **Lefebvre** (Arcachon).
— **Lefour**, Professeur à la Faculté de médecine (Bordeaux).
— **Legrand** (Biarritz).
— **Lostalot** (de), ancien Interne des Hôpitaux de Paris (Biarritz).
— **Lohit** (Biarritz).
— **Maillard** (Andernos).
— **Martin du Magny**, Médecin des Hôpitaux (Bordeaux).
— **Meunier**, Henri, Bibliothécaire de la Société médicale (Pau).
— **Mongour**, Médecin des Hôpitaux (Bordeaux).
— **Moussous**, A., Professeur à la Faculté de médecine (Bordeaux).
— **Moyzès** (Arcachon).
— **Paillé** (Arcachon).
— **Pelizza-Duboué**, Secrétaire de la Société médicale (Pau).
— **Peyneau** (Arès).
— **Piéchaud**, Professeur à la Faculté de médecine (Bordeaux).

M. le Dʳ **Rocaz**, Médecin des Hôpitaux (Bordeaux).
— **Rondot**, Professeur agrégé à la Faculté de médecine (Bordeaux).
— **Rouch** (La Teste).
— **Sabrazès**, Professeur agrégé à la Faculté de médecine (Bordeaux).
— **Saint-Philippe** (Rousseau), Médecin des Hôpitaux (Bordeaux).
— **Sémiac** (La Teste).
— **Solles**, Médecin des Hôpitaux (Bordeaux).
— **Verdenal**, Trésorier de la Soc. médicale (Pau).
— **Villar**, Professeur agrégé à la Faculté de médecine (Bordeaux).

COMITÉ DE PATRONAGE SCIENTIFIQUE

M. le Dʳ **Auvray**, Directeur de l'Ecole de médecine (Caen).
— **Barrois**, Théodore, Professeur à la Faculté de médecine (Lille).
— **Baudoin**, Marcel, Secrétaire général de l'Association de la Presse médicale française (Paris).
— **Bertrand**, Directeur de l'Ecole de médecine navale (Bordeaux).
— **Bordier**, Directeur de l'Ecole de médecine (Grenoble).
— **Bouchard**, Membre de l'Institut (Paris).
— **Bouveret**, Prof. à la Faculté de médecine (Lyon).
— **Brissaud**, Prof. à la Faculté de médecine (Paris).
— **Broca**, Auguste, Professeur agrégé à la Faculté de médecine (Paris).
— **Bruch**, Directeur de l'Ecole de médecine (Alger).
— **Cazal** (du), Prof. à l'Ecole de médecine (Clermont-Ferrand).
— **Chauffard**, Professeur agrégé à la Faculté de médecine, Membre de l'Académie de médecine (Paris).
— **Chénieux**, Directeur de l'Ecole de médecine (Limoges).
— **Combemale**, Doyen de la Faculté de médecine (Lille).
— **Delaunay**, Directeur de l'Ecole de médecine (Poitiers).
— **Demons**, Professeur à la Faculté de médecine (Bordeaux).
— **Deroye**, Directeur de l'Ecole de médecine (Dijon).
— **Desplats**, Doyen de la Faculté libre de médecine (Lille).
— **Dieulafoy**, Professeur à la Faculté de médecine, Membre de l'Académie de médecine (Paris).
— **Faisans**, Médecin des Hôpitaux (Paris).
— **François-Franck**, Membre de l'Académie de médecine, Professeur au Collège de France (Paris).
— **Grancher**, Professeur à la Faculté de médecine, Membre de l'Académie de médecine (Paris).
— **Gross**, Doyen de la Faculté de médecine (Nancy).
— **Henrot**, Directeur de l'Ecole de médecine (Reims).
— **Hutinel**, Professeur à la Faculté de médecine, Membre de l'Académie de médecine (Paris).
— **Labadie-Lagrave**, Médecin des Hôpitaux (Paris).
— **Lande**, Prés. de l'Association des médecins de la Gironde (Bordeaux).

M. le Dr **Landouzy**, Professeur à la Faculté de médecine, Membre de l'Académie de médecine (Paris).
— **Lanelongue**, Prof. à la Faculté de médecine (Bordeaux).
— **Layet**, Professeur à la Faculté de médecine (Bordeaux).
— **Le Gendre**, Médecin des Hôpitaux (Paris).
— **Lemoine**, Professeur à la Faculté de médecine (Lille).
— **Le Noir** (P.), Médecin des Hôpitaux (Paris).
— **Lubet-Barbon**, ancien Interne des Hôpitaux (Paris).
— **Lucas-Championnière**, Chirurgien des Hôpitaux, Membre de l'Académie de médecine (Paris).
— **Malherbe**, Directeur de l'Ecole de médecine (Nantes).
— **Marfan**, Prof. agrégé à la Faculté de médecine (Paris).
— **Mathieu**, Président L. M. et F. pour Hygiène scolaire (Paris).
— **Miquel**, Directeur de l'Observatoire de Montsouris (Paris).
— **Monod**, Henri, Membre de l'Académie de médecine (Paris).
— **Mouprofit**, Professeur à l'Ecole de médecine (Angers).
— **Mossé**, Professeur à la Faculté de médecine (Toulouse).
— **Motet**, Membre de l'Académie de médecine (Paris).
— **Moulonguet**, Directeur de l'Ecole de médecine (Amiens).
— **Moure**, Chargé de Cours à la Fac. de médecine (Bordeaux).
— **Nabias** (de), Doyen honoraire de la Faculté de médecine (Bordeaux).
— **Netter**, Prof. agrégé à la Faculté de médecine (Paris).
— **Perrin de la Touche**, Dir. de l'Ecole de médecine (Rennes).
— **Picot**, Professeur à la Faculté de médecine (Bordeaux).
— **Prieur**, Directeur de l'Ecole de médecine (Besançon).
— **Queirel**, Directeur de l'Ecole de médecine (Marseille).
— **Rayer**, Direct. de l'Observatoire de l'Université (Bordeaux).
— **Reclus**, Paul, Professeur à la Faculté de médecine, Membre de l'Académie de médecine (Paris).
— **Robin**, Albert, Médecin des Hôpitaux, Membre de l'Académie de médecine (Paris).
— **Roux**, Gabriel, Professeur agrégé à la Faculté de médecine, Directeur du Bureau d'hygiène (Lyon).
— **Saint-Ange**, Professeur à la Faculté de médecine (Toulouse).
— **Sevestre**, Médecin des Hôpitaux, Membre de l'Acad. de méd. (Paris).
— **Teissier**, Professeur à la Faculté de médecine (Lyon).
— **Tuffier**, Professeur agrégé à la Faculté de médecine (Paris).
— **Vergely**, Professeur à la Faculté de médecine (Bordeaux).
— **Wolff**, Directeur de l'Ecole de médecine (Tours).

MEMBRES ÉTRANGERS

M. le Dr **Badaloni** (Giuseppe), Médecin provincial, Médecin en chef de l'Hôpital marin de Rimini (Bologne), *Italie*.
— **Gasse**, Membre de l'Acad. royale de méd., Médecin de l'Hôpital marin de Middelkerque (Bruxelles), *Belgique*.

M. le Dr Gervello (Vincenzo), Professeur à l'Université (Palerme), *Italie*.
— Demoor, Professeur à l'Université (Bruxelles), *Belgique*.
— Edgren, Professeur à l'Université (Stockholm), *Suède*.
— Ehlers, Professeur à l'Université (Copenhague), *Danemark*.
— Félix (Jules) (Bruxelles), *Belgique*.
— Gibson (G.), (Edimbourg), *Ecosse*.
— Hauser (Madrid), *Espagne*.
— Lancastre (de) (Lisbonne), *Portugal*.
— Lauder Brunton (sir) (Londres), *Angleterre*.
— Leyden (von), Prof. à l'Université (Berlin), *Allemagne*.
— Lindsay (J.-A.), Professeur de médecine (Dublin), *Irlande*.
— Loache, Professeur à l'Université (Christiania), *Norvège*.
— Masoin (E.), Secr. perpétuel de l'Acad. royale de méd. de Belgique (Louvain), *Belgique*.
— Nolen, Professeur à l'Université (Leiden), *Hollande*.
— Pawinski (Varsovie), *Russie*.
— Pel, Professeur à l'Université (Amsterdam), *Hollande*.
— Poehl (de), Prof. à l'Université (Saint-Pétersbourg), *Russie*.
— Popoff, Professeur à l'Université (Moscou), *Russie*.
— Prévost, Professeur à l'Université (Genève), *Suisse*.
— Robertson (Gregor) (Glasgow), *Ecosse*.
— Schrötter (von), Prof. à l'Université (Vienne), *Autriche*.
— Thomayer, Professeur à l'Université (Prague), *Autriche*.
— Tolosa-Latour (Madrid), *Espagne*.
— Winternitz, Professeur à l'Université, Conseiller aulique (Vienne), *Autriche*.
— Wobr (Franz), Médecin impérial et royal (Lussin-Piccolo), *Autriche*.

COMITÉ LOCAL DE PAU

MM. les Drs Lafont, Président de la Société médicale de Pau.
— Andral, Vice-Président.
— Delocque-Fourcaud, Secrétaire général.
— Goudard, Secrétaire.
— Pelizza-Duboué, Secrétaire-adjoint.
— Verdenal, Trésorier.
— Henri Meunier, Bibliothécaire.
— Barthé, Directeur du Bureau municipal d'hygiène.

SECRÉTAIRES DES SÉANCES

A *Arcachon* : MM. les Drs de Batz, Beaure d'Augères, Lefebvre, Moynes.
A *Pau* : MM. les Drs Goudard et Pelizza-Duboué.

PRÉSIDENTS D'HONNEUR

MM. **G. THOMSON**, Ministre de la Marine.
    ÉTIENNE, Ministre de l'Intérieur.
    CHAUMIÉ, Ministre de la Justice.
    Dr **CHANTÉMESSE**, Professeur d'hygiène à la Faculté de médecine de
      Paris.
    Profess. **LAUDER-BRUNTON**.
    LUTAUD, Préfet de la Gironde.
    VEYRIER-MONTAGNÈRES, Maire d'Arcachon.
    FAISANS, Maire de Pau.

MEMBRES D'HONNEUR

MM. le profess. **Bœckel**, de Strasbourg (*Alsace-Lorraine*).
    le profess. Franz **Wobr**, de Lussin-Piccolo (*Autriche*).
    Dr Jules **Félix**, de Bruxelles (*Belgique*).
    le profess. **Post**, de Arnhem (*Hollande*).
    Dr J.-A. **Lindsay**, de Belfast (*Royaume-Uni*).
    le profess. de **Pœhl**, de Saint-Pétersbourg (*Russie*).
    le profess. d'**Espine**, de Genève (*Suisse*).
    A. **Decrais**, Sénateur de la Gironde.
    Monis, Sénateur de la Gironde.
    Obissier Saint-Martin, Sénateur de la Gironde.
    Thounens, Sénateur de la Gironde, Président du Conseil général.
    A. **Ballande**, Député de la Gironde.
    R. **Cazauvieilh**, Député de la Gironde.
    G. **Cazeaux-Cazalet**, Député de la Gironde.
    G. **Chaigne**, Député de la Gironde.
    G. **Chastenet**, Député de la Gironde.
    Ch. **Chaumet**, Député de la Gironde.
    R. **Videau**, Député de la Gironde.
    J. de **Gontaut-Biron**, Député des Basses-Pyrénées.
    Ch. L. d'**Iriart d'Etchepare**, Député des Basses-Pyrénées.
    J. **Legrand**, Député des Basses-Pyrénées.
    Mesureur, Directeur de l'Assistance Publique (Paris).
    Pierre **Dignac**, Conseiller général.
    Dr **Bourdier**, Conseiller d'arrondissement.
    Dr **Baudrimont**, Médecin principal de la Compagnie du Midi.
    Dr **Bertrand**, Directeur de l'Ecole de santé navale.
    Besse, Président de la Chambre de commerce de Bordeaux.
    Dr **Boursier**, Président de la Société de médecine et de chirurgie de Bor-
      deaux.

Rayet, Directeur de l'Observatoire de l'Université de Bordeaux.
Forsans, maire de Biarritz.
M. le Maire d'Hendaye.

MEMBRES FONDATEURS

(ayant souscrit 500 fr. et plus)

Dr Henri de Rothschild (Paris).

MEMBRES DONATEURS

(ayant souscrit de 100 à 300 fr.)

MM. Arnozan, pharmacien, Bordeaux.
Dr Beaure d'Augères, Arcachon.
Dr Cazaban, Arcachon.
Dabas, Bordeaux.
Dr Dechamp, Arcachon.
Dr Dhourdin, Arcachon.
Exshaw (J.-H.), Arcachon.
Exshaw (W.), Arcachon.
Dr Festal, Arcachon.
Fynje Van Salverda (Mme), Arcachon.
Guex (Jules), Arcachon.
Habasque, Bordeaux.
Dr Hameau (André), Arcachon.
Dr Huchard (Henri), Paris.
Ifla (Mme), Arcachon.
Dr Lalesque, Arcachon.
Lesca (Léon), la Teste-Arcachon.
Maurel (Jean), Bordeaux.
Motte (Mme Alfred), Arcachon.
Dr Moussous (André), Bordeaux.
Pellotier, Arcachon.
De Trincaud la Tour, Arcachon.

MEMBRES SOUSCRIPTEURS

(ayant souscrit de 20 à 100 fr.)

Alger (Mme), Guétary (Basses-Pyrénées).
MM. Dr Arnozan, Bordeaux.
Baillon, Bordeaux.
Barabeau, pharmacien, Arcachon.
Baron, Dax.
Dr de Batz, Arcachon.
Beauvais, Bordeaux.
Bécherand (Mme), Arcachon.
Bizouard-Grosbois, Arcachon.
Blanchisserie moderne, Arcachon.
Blancke, Arcachon.
Blavy, Arcachon.
Blondin, Paris.
Dr Bonnal, Arcachon.
Bouny (Mme), Sainte-Foy-la-Grande (Gironde).
G. Bories, Bordeaux.
Bourdier, Arcachon.
Bourderon, Bordeaux.
Bracher (Marquise de), Paris.
Brannens, Arcachon.
Cadenaule, Bordeaux.
G. Calvé, Bordeaux.
F. Célérier, Bordeaux.
R. Célérier, Bordeaux.
A. Chalès, Bordeaux.
Charron et Cie, Arcachon.

MM. Chavan, Arcachon.
Collot, Arcachon.
Colomès (Mme), Arcachon.
Delis (Mme Maria), Douai.
A. Delugin, Paris.
Deschamps, Bécon-les-Bruyères.
A. Deville, Douai.
Dircks (Mme), Bordeaux.
E. Duboussel, Arcachon.
Dulary (Mme), Arcachon.
Dunoguier, Arcachon.
Durand de Springer (Mme), Arca-
chon.
Exstingoy, Bordeaux.
A. Expert, Arcachon.
Fontaine (Mme Vve), Arcachon.
Dr François-Franck, Paris.
Gaden, Bordeaux.
Garcias, père, Arcachon.
Garcias, frères, Arcachon.
Gény de Flamerécourt, Arcachon.
Gœtz, frères, Paris.
Goldschmidt (Mme), près Evreux.
Gros-Vignaud, Arcachon.
H. Guex, Arcachon.
Herbaut, Paris.
Hôtel moderne, Arcachon.
Husson, Arcachon.
Idatte (Mme), Arcachon.
Kergaradec (Vicomte de), Vannes.
Kloz, Bordeaux.
Lanneluc, Arcachon.
Laperche, Tarbes.
Laporte, pharmacien, Arcachon.
Laporterie, Arcachon.
Lasserre, Bordeaux.
Lécaille (Mme), Arcachon.
Dr Lefebvre, Arcachon.
A. Lesca, La Teste.
Lestrade (de), Périgueux.
Londe, Bordeaux.

MM. A. Maître, Bordeaux.
E. Marx, Paris.
Maupassant (de), Arcachon.
Maurice (Mme), Arcachon.
Maurin, Arcachon.
Mélin, Bordeaux.
Méran, Paris.
Moriette, Blaye.
O. Moureau, La Teste.
Dr Moyzès, Arcachon.
Olivier, Bordeaux.
Dr Paillé, Arcachon.
Parizot, Audenge.
L. Pascault, Bordeaux.
Pinard-Legry, Bordeaux.
Potel, Oissel (Seine-Inférieure).
Potin, Arcachon.
Rabouan, La Rochelle.
Repetto, Arcachon.
Retailliaud (Mme), Arcachon.
Richard, Arcachon-Le-Moulleau.
Rieunègre (Mme S. de), Le Moul-
leau.
Rouanet, Bordeaux.
A. Saby, Arcachon.
Sainte-Aldegonde (Comtesse de),
Paris.
Shuttleworth (Mme), Arcachon.
Soulan, Arcachon.
Dr Thomazo, Tartas (Landes).
Tickell, Londres.
Uzac de Lancfranque, Paris.
Valleau, banquier, Arcachon.
Valleau, fils, Arcachon.
Verbrugge (Mme) née de Renesse,
Arcachon.
Véron, Bordeaux.
Videau, Bordeaux.
Vignaud, Arcachon.
Vignial, Bordeaux.
Zagoskine (Mme de), Saint-Péters-
bourg.

MEMBRES ADHÉRENTS

(ayant souscrit moins de 20 fr.)

MM. Flahaut (Mme), Arcachon.
Rudeuil, Arcachon.

Tavernier, Arcachon.

SUBVENTIONS DIVERSES

La Ville d'Arcachon	5000
Le 1er Congrès de Climatothérapie	500
Le Conseil général de la Gironde	500
Chambre de commerce de Bordeaux	100
Société de médecine et de chirurgie de Bordeaux	150
Société d'obstétrique et de gynécologie de Bordeaux	50
Ligue contre la tuberculose	100
Société Immobilière d'Arcachon	100
Compagnie générale des Eaux	100
Société Péreire	100
Société ostréicole du bassin d'Arcachon	100
Société scientifique d'Arcachon	25
Société médicale de Paris	20
Société normande d'hygiène pratique de Rouen	20

LISTE GÉNÉRALE DES MEMBRES

Inscrits pour le deuxième Congrès.

MM. Dr **Andral**, Pau.

André (Alb.) et Madame, 35, rue de la Pépinière, Nancy.

Ardoin (Ch.), boulevard Victor-Hugo, Nice.

Dr **Armaingaud**, 65, rue Fondaudège, Bordeaux.

— **Armand-Delille** (et Madame), 2, rue Alfred-de-Vigny, Paris.

Arnozan (J.), 40, Allées de Tourny, Bordeaux.

Dr **Arnozan** (X.), profess. thérap. Fac. méd., 27 *bis*, Pavé-des-Chartrons, Bordeaux.

— **Avrilleaud** (et Madame), Royan.

Babouin, pharmacien, Grenoble.

Dr **Backer** (de), 5, rue de la Tour-des-Dames, Paris.

— **Bagot**, à Saint-Pol-de-Léon (Finistère).

— **Balestre**, 3, Place Masséna, Nice.

— **Balland** (et Madame), 54, rue Ménilmontant, Paris.

— **Barabé**, à Bagnols-de-l'Orne (Orne).

Barabeau, pharmacien, Arcachon.

Dr **Barancy**, à Civray (Vienne).

— **Barbier** (Henri), 15, rue d'Edimbourg, Paris.

— **Bardet**, 20, rue de Vaugirard, Paris.

(A.) **Barrère**, étudiant en médecine, 35, rue Caussens, Bordeaux.

Dr **Barrois**, 220, rue Solférino, Lille.

— **Barthé**, directeur du Bureau d'hygiène, Pau.

Dr **Batz** (de), Villa Francillon, Arcachon.

MM.   Baumé, directeur du sanatorium, Arcachon.
Dr **Beaure d'Augères**, Villa Atlantis, Arcachon.
— **Bedard**, 15, rue Masséna, Lille.
— **Berlioz** (F.), 4, rue Thimommier, Paris.
— **Bergonié**, 6 *bis*, rue du Temple, Bordeaux.
— **Bernard** (Henri), Menton.
— **Berthier**, 49, rue Saint-Genès, Bordeaux.
— **Bezian**, à Gujan-Mestras (Gironde).
— **Bienfait**, Villa Louis-Marie, Cannes.
Bizouard-Grosbois, Villa Burgundia, Arcachon.
Dr **Bœckel** (et Madame), 2, quai Saint-Nicolas, *Strasbourg*.
— **Bonnal**, place de la Mairie, Arcachon.
Bonnet (Henry), ingénieur, Périgueux.
Dr **Boquin**, Autun.
— **Bouchard** (Ch.), 174, rue de Rivoli, Paris.
— **Bouchard**, Libourne.
— **Bourdier**, rue François-Legallais, Arcachon.
— **Boureille**, 132, rue Cardinet, Paris.
— **Bourges**, Villa Saint-François, Arcachon.
— **Bourlet** (et Madame), 64, rue Hôtel-de-la-Monnaie, *Bruxelles*.
— **Bourrus**, à Portets (Gironde).
— **Boursier**, 23, rue Thiac, Bordeaux.
— **Bouteil**, 87, boul. Magenta, Paris.
   (A.) **Bouteil** (Mlle Jeanne), étudiante en médecine, 87, boul. Magenta,
      Paris.
   (A.) **Bouteil** (Mlle Thérèse), étudiante en médecine. Paris.
Dr **Bouyer**, Villa Sorrento, Arcachon.
— **Brémond**, 5, rue Michel-Chasles, Paris.
— **Breton** (et Madame), 3, rue Galléan, Nice.
— **Brown**, Paris.

Dr **Cadenaule**, à Saint-Ciers-Lalande (Gironde).
— **Calmette** (et Madame), Directeur de l'Institut Pasteur, Lille.
— **Camous** (et Madame), 2, rue de l'Opéra, Nice.
— **Caramano**, 66, cours Pierre-Puget, Marseille.
— **Carles**, 30, cours du Chapeau-Rouge, Bordeaux.
— **Carron de la Carrière**, 2, rue Lincoln, Paris.
— **Catuffe**, 75, avenue de Neuilly, Neuilly-sur-Seine.
— **Cazaban**, Villa Cyrano, Arcachon.
— **Cazade**, à Pessac, Gironde.
— **Cazaux** (Marcellin), aux Eaux-Bonnes (Basses-Pyrénées).
— **Chambrelent**, 19, rue J.-J. Rousseau, Bordeaux.
— **Chauffard**, 2, rue Saint-Simon, Paris.
— **Chavannaz**, 45, cours Tourny, Bordeaux.
— **Chiaïs**, Villa Theodora, Menton.
— **Claisse** (André), Villa Claisse, chemin du Phare, Biarritz.
Collot, professeur, Villa Sully, Arcachon.
Dr **Combemale**, 128, boul. de la Liberté, Lille.
— **Cotar**, 15, avenue des Gobelins, Paris.

MM. Dr Courjon (et Madame), à Meysieu (Isère).

Courty, astronome, à l'Observatoire de l'Univ. de Bordeaux, Floirac.

Dr Cristofini (et Madame), à St-Trojan (Charente-Inférieure).

— Crouzet, directeur du Sanatorium de Trespoucy, Pau.

— Cuguillière, 6, boul. Matabiau, Toulouse.

— Cuttoli, à Paillet, par Rions (Gironde).

Dabas (L.), professeur au Lycée de Bordeaux, Bordeaux.

Dr Davezac, 54, rue St-Sernin, Bordeaux.

— David, à Salies-de-Béarn (Basses-Pyrénées).

— Dechamp, Villa Tibur, Arcachon.

— Dedet, 25, rue Marignan, Paris.

— Delcroix, 31, faubourg Montmartre, Paris.

— Delocque-Fourcaud, Pau.

— Demons, 15, rue du Champ-de-Mars, Bordeaux.

— Denucé, 50, cours du Jardin public, Bordeaux.

— Depierris, à Cauterets, (Hautes-Pyrénées).

— Descamp, à Argelès (Hautes-Pyrénées).

Deville (Alb.), 24, rue de Valenciennes, Douai.

Dr Dhourdin, Villa Verneuil, Le Moulleau-Arcachon.

— Didier, à Menton (Alpes-Maritimes).

— Doulet (et Madame), 3, boulevard de la Madeleine, Marseille.

— Dubreuilh (W.), 27, rue Ferrère, Bordeaux.

Dubousset, Villa Germaine-Angèle, Arcachon.

Dr Dulau, directeur du Sanatorium de Cap-Breton (Landes).

(A.) Dumangin (Mlle), directrice de Biarritz-Thermal, 2, rue des Chantiers, Biarritz.

Dr Dumarest, directeur du Sanatorium d'Hauteville (Ain).

— Dupeux, 131, rue de Pessac (Bordeaux).

Duphil, docteur en pharmacie, Arcachon.

Dr Dupont, impasse des Jacobins (Poitiers).

— Durel, à Honfleur (Calvados).

— Dutremblay, 34, rue de Trévise, Paris.

Dr Ehrhard, 95, rue Jouffroy, Paris.

Eland (Kornelis), président du Conseil communal d'hygiène, *Arnhem* (Hollande).

Dr Espine (d'), Professeur à la Faculté, *Genève*.

— Eury, à Charmes (Vosges).

Exshaw (J.-H.), Villa Constantine, Arcachon.

Exshaw (W.), Villa Odessa, Arcachon.

Fabès, pharmacien, Allée de la Chapelle, Arcachon.

Dr Faisans, 30, rue la Boëtie, Paris.

— Faivre, Poitiers.

Fauché, pharmacien, cours d'Albret, 71, Bordeaux.

Faure (V.-J.-E.), vétérinaire, à St-Denis-de-Piles (Gironde).

Faure (Léon), Villa Lucile, Cannes.

Fauré, pharmacien, à Beaumont-les-Valence (Drôme).

Dr **Félix** (Jules), 413, avenue Louise, *Bruxelles.*
— **Ferré** (H.), Pau.
— **Festal,** Villa David, Arcachon.
— **Fontaubert** (de) (et Madame), 10, rue des Acacias, Paris.
— **Franck** (François), professeur au Collège de France, 5, rue St-Philippe-du-Roule, Paris.
— **Frappaz** (et Madame), Place Maison-Neuve, 42, Lyon.

Gaden, 24, rue St-Esprit, Bordeaux.
Dr **Gallard** (Franck), Biarritz.
— **Garrigou,** 38, rue Valade, Toulouse.
— **Gaston** (R.), 4, rue de la Paix, Nice.
— **Gandy,** Bagnères-de-Bigorre.
Geneste et Herscher, ingénieurs, 42, rue du Chemin-Vert, Paris.
Dr **Girma,** Pau.
Gilli, 19, rue Gubernatis, Nice,
Dr **Goudard,** 8, rue Gambetta, Pau.
— **Gourdon,** 206, cours Victor-Hugo, Bordeaux.
— **Grasset,** Professeur à la Faculté de médecine, Montpellier.
— **Graux,** 95, avenue Kléber, Paris.
— **Guenot,** La Roche-en-Brénil (Côte-d'Or).
— **Guérin,** au Mont-Dore (Puy-de-Dôme).
Guetton (et Madame), pharmacien-chimiste, à St-Galmier (Loire).
Guex (Henri), Villa Helvétia, Arcachon.
Guex (Jules), Villa Helvétia, Arcachon.
Dr **Guinon** (L.), 22, rue de Madrid, Paris.

Dr **Hameau** (A.), Villa René, Arcachon.
— **Hannebelle** (et Madame), à Friville-Escarbotin (Somme).
— **Hauser,** calle Zorilla, 33, *Madrid.*
— **Hautefeuille,** rue Boucher-de-Perthes, Amiens.
— **Helme** (et Madame), 10, rue de St-Pétersbourg, Paris.
— **Helot,** 47 *bis,* rue Bouvreuil, Rouen.
— **Henrot,** 73, rue Gambetta, Reims.
— **Hérard de Bessé,** à Beaulieu (Alpes-Maritimes).
— **Herbaut,** 22, rue de l'Elysée, Paris.
— **Hervé,** Directeur du Sanatorium des Pins, Lamothe-Beuvron (Loir-et-Cher).
— **Hiller,** 31, Arsenatzat, *Stockolm.*
— **Hofmann-Bang,** 78 *bis,* rue Jeanne-d'Arc, Lille.
Hôtel moderne, Arcachon.
Dr **Huchard** (et Madame), 38, boulevard des Invalides, Paris.
— **Huot,** à Villamblard (Dordogne).
— **Hutinel,** 7, rue Bayard, Paris.

Dr **Jacquerod,** sanatorium du Chamossaire, à *Leysin* (Suisse).
— **Jolyet,** professeur de physiologie à la Faculté de médecine, Bordeaux.
— **Jouvenel,** Institut Pasteur, Lille.
— **Juanchnto,** à Cambo (Basses-Pyrénées).

MM. — (A.) **Kaëhn**, interne des hôpitaux, 21, rue de la Faisanderie, Paris.

— (A.) **Lachèze**, interne à l'hôpital Saint-Joseph, 11, rue Féron, Paris.
Dr **Lafont**, Pau.
— **Lalanne**, à La Teste (Gironde).
— **Lalesque** (et Mademoiselle), villa Claude-Bernard, Arcachon.
— **Lamarque** (Henri), 211, rue Saint-Genès, Bordeaux.
— **Lamborelle** (Alb.), à *Lokeren* (Belgique).
— **Lancaster** (Antonio de), 2, Rotunda d'Arenida da Liberdade, *Lisbonne*.
— **Landouzy**, 4, rue Chauveau-Lagarde, Paris.
— **Lanelongue**, 24, rue du Temple, Bordeaux.
Laporte, pharmacien, Arcachon.
Dr **Larauza** (Alb.), Grands-Thermes, Dax.
— **Larauza**, Salles.
— **Laroche**, à Audenge (Gironde).
— **Lassalle**, à Lormont (Gironde).
— **Lasserre** (Gilbert), 51, rue Porte-Dijeaux, Bordeaux.
— **Lavergne** (F.), Villa Cérès, Biarritz.
— **Lauder-Brunton**, 10, Stratford-Place (W.), *Londres*.
Laurent, pharmacien, Arcachon.
Dr **Leblais** (et Madame), 74, boulevard Magenta, Paris.
Lebrun (Bruno), ingénieur, à *Nimy* (Belgique).
Dr **Lefebvre**, Villa Margaret, Arcachon.
— **Legrand**, Villa Béarnaise, Biarritz.
— **Lenoir** (Paul), 162, rue de Rivoli, Paris.
— **Leprince**, 66, rue de la Tour, Paris.
Lesca (Léon), La Teste.
Lesca (Arthur), La Teste.
Dr **Lescarret** (M.), à Beliet (Gironde).
— **Lestra** (A.), 6, rue de la Pyramide, Lyon.
Leymarie, pharmacien, Arcachon.
Dr **Lindsay** (James-Alexandre), 13, College Square East, *Belfast* (Royaume-Uni).
— **Lobit** (J.-A.), Biarritz.
— **Long-Savigny**, Biarritz.
— **Lostalot** (Philippe de), Biarritz.
(A.) **Lucien Maurice**, interne des hôpitaux, 16, rue de Sèvres, Nancy.

Dr **Machebœuf** (et Madame), à Châtel-Guyon (Puy-de-Dôme).
— **Maillard** (Pierre-Elie), à Audernos-les-Bains (Gironde).
— **Maréchal**, 30, rue Cambacérès, Paris.
— **Marfan** (A.), 30, rue La Boëtie, Paris.
— **Martin**, 3, rue Gay-Lussac, Paris.
— **Matton** (et Madame), à Salies-de-Béarn (Basses-Pyrénées).
Maurel (Jean), 6, rue d'Orléans, Bordeaux.
Dr **Meillon**, 11, rue Portalès, Paris.
— **Mendelssohn** (M.), 49, rue de Courcelles, Paris.
— **Meunier** (Henri), Pau.
— **Meunier** (Valéry), Pau.

MM. Dr **Mignon**, 41, boulevard Victor-Hugo, Nice.
Miramont (de), architecte, Arcachon.
Dr **Mondiet** (R.), à Labouheyre (Landes).
— **Mongour** (Ch.), 52, cours d'Alsace-Lorraine, Bordeaux.
— **Monod** (Fr.), Pau.
— **Mook** (Maurice) (et Madame), 21, rue de la Chapelle, Paris.
— **Mora**, Dax.
— **Mossé**, 36, rue du Taur, Toulouse.
Motte (Mme Vve Alfred), Villa Suffren, Arcachon.
Dr **Motet**, 161, rue de Charonne, Paris.
(A.) **Mongeot**, interne des hôpitaux, 151, rue de Sèvres, Paris.
Dr **Moulonguet**, directeur de l'École de médecine, Amiens.
Moureau (Oscar), La Teste.
Dr **Moussous** (André), 38, rue d'Aviau, Bordeaux.
— **Moysès**, Villa Rubis, Arcachon.
— **Muleur** (G.), 7, avenue Thiers, Grasse.
— **Muselli**, à Mérignac (Gironde).

— **Nabias** (de), 12, rue Porte-Dijeaux, Bordeaux.
— **Niel**, 26, rue Montgrand, Marseille.
(A.) **Nolen** (W.), professeur à l'Université de *Leyden* (Pays-Bas).

Dr **Odin** (et Madame), à Saint-Galmier (Loire).
— **O'Followell**, 3, rue du Marché-Saint-Honoré, Paris.

Dr **Paillé**, Villa Eusèbe, Arcachon.
— **Panel** (et Madame), 22, rue Saint-Nicolas, Rouen.
— **Pareau**, Le Barp (Gironde).
Pascault, conducteur des Ponts-et-Chaussées, Arcachon.
Dr **Patureau-Miran** (et Madame), 13, boul. Saint-Denis, Paris.
— **Peaucellier**, 1, rue Allart, Amiens.
— **Pégurier**, 52, rue Gioffredo, Nice.
— **Pelizza-Duboué**, Pau.
— **Pellotier**, Villa Les Palmiers, Arcachon.
— **Perey** (Henri), à *Chessières-sur-Ollon* (Suisse).
— **Peugniez**, Amiens.
— **Peyneau** (Ferdinand), à Arès (Gironde).
— **Peyré**, 210, boulevard Voltaire, Paris.
— **Picot**, 25, rue Ferrère, Bordeaux.
— **Pitres**, 119, cours d'Alsace-Lorraine, Bordeaux.
— **Poehl** (de) (et Madame), Vassili Ostrow, 7, ligne 18, *Saint-Pétersbourg*.
— **Portemer** (et Madame), à Crépy-en-Valois (Oise).
Post (A.-E.), Inspecteur d'hygiène, à *Arnhem* (Pays-Bas).
— **Poupinel** (G.), 50, avenue Victor-Hugo, Paris.
— **Pourteyron**, Saint-Vincent-de-Counazac (Dordogne).
— **Pousson** (Alfr.) (et Madame), 10, cours Tournon, Bordeaux.

Quinton (R.), 71, avenue de Villiers, Paris.

MM. Dr **Rabaine**, père, à Saint-Denis-de-Piles (Gironde).
— **Rabaine**, fils, à Saint-Denis-de-Piles (Gironde).
— **Regad**, 31, rue du Général-Farre, à Valence (Drôme).
— **Régis** (Emm.), 154, rue Saint-Sernin, Bordeaux.
— **Renaut** (J.), 6, rue de l'Hôpital, Lyon.
— **Reumaux** (T.), à Dunkerque (Nord).
— **Rivière** (J.-A.), 25, rue des Mathurins, Paris.
Rodier (Eug.), 90, rue Mondenard, Bordeaux.
Dr **Rothschild** (Henri de), 33, faubourg Saint-Honoré, Paris.
— **Rousseau Saint-Philippe** (L.), 53, Pavé des Chartrons, Bordeaux.

— **Sabrazès**, 26, rue Boudet, Bordeaux.
Saby, ingénieur, cours Lamarque de Plaisance, Arcachon.
Dr **Saint-Ange** (Louis), 39, rue du Languedoc, Toulouse.
Sainte-Aldegonde (comtesse de), 34, rue Octave-Feuillet, Paris.
Dr **Salva**, Agde (Hérault).
— **Schmitt** (Joseph), 15, rue Chanzy, Nancy.
— **Sellier**, 29, rue Boudet, Bordeaux.
Sémiac (Cl.), pharmacien, Arcachon.
Dr **Sénac-Lagrange**, 2, rue Pasquier, Paris.
— **Sevestre**, 37, rue de Rome, Paris.
— **Souesmes**, à Montargis (Loiret).
— **Sous**, ophtalmologiste, Pau.
— **Struelem**, 18, rue de l'Hôtel-des-Monnaies, *Bruxelles*.
Sudour, 12, rue Ravez, Bordeaux.

Dr **Tachard** (Elie) (et Madame), Toulouse.
— **Tarrade**, cours Jourdan, 3, Limoges.
— **Teulières**, 2, rue de Caudéran, Bordeaux.
— **Thomazo**, Tartas (Landes).
— **Tissié** (Ph.), 14, rue Marca, Pau.
— **Trébeneau** (Cl.), à Montchanin (Saône-et-Loire).
Trincaud La Tour (de), Villa Ruskin (Arcachon).

Dr **Usquin**, 14, rue Gounod, Nice.

Valleau (Daniel), cours Lamarque, Arcachon.
Vacher, pharmacien, Arcachon.
Valran (G.), docteur ès-lettres, Aix-en-Provence.
Dr **Vauriot** (et Madame), 28, rue Jean-Reboul, Nîmes.
— **Verdelet** (L.), 24, rue Fondaudège, Bordeaux.
— **Verdenal**, Pau.
— **Verteuil** (de), 31, boul. Saint-Michel, Paris.
— **Vic** (Ch.), calle de los Fueras, *San-Sébastian* (Espagne).
— **Vidal** (Ed.), 5, rue Boutron, Alger-Mustapha.
— **Vidal**, Hyères (Var).
— **Villar**, 9, rue Castillon, Bordeaux.
— **Vitry** (et Madame), 16, quai de Rosc, Cette.
— **Vivant**, *Monte-Carlo*.

Dᵣ **Wobr** (Franz), *Lussin Piccolo* (Autriche).

Dᵣ **Yvon**, 7, Place de la Bastille, Paris.

Dᵣ **Zimmern**, 19, rue de Bassano, Paris.

BUREAU DU Iᵉʳ CONGRÈS

(Nice, *avril 1904*.)

Président :
M. le Dᵣ **CHANTEMESSE**, Professeur à la Faculté de Paris, Membre de
— l'Académie de médecine, Inspecteur général des services sanitaires.

Vice-Présidents :
MM. Dᵣ **J. RENAUT**, Professeur à la Faculté de Lyon.
— **GRASSET**, Professeur à la Faculté de Montpellier.
— **CALMETTE**, Professeur à la Faculté de Lille.
— **BALESTRE** (de Nice), Professeur agrégé à la Faculté de Montpellier.
— **BARÉTY** (de Nice) ancien interne des hôpitaux de Paris.

Secrétaire-général :
M. le Dᵣ **HÉRARD DE BESSÉ** (de Beaulieu).

Trésorier-général :
M. le Dᵣ **BONNAL** (de Nice).

Secrétaires-adjoints :
MM. Dᵣ **ARDOIN** (de Nice).
— **CAMOUS** (id.).

Trésorier-adjoint :
M. le Dᵣ **M. FARAUT** (de Nice).

BUREAU DU IIIᵐᵉ CONGRÈS

(Devant se tenir à Cannes-Menton-Monaco-Ajaccio en avril 1907)

Président :
M. le Dᵣ **CALMETTE**, Professeur à la Faculté de médecine et Directeur de
l'Institut Pasteur de Lille, Membre correspondant de l'Institut et de l'Académie
de médecine.

Vice-Présidents :
Nationaux : M. le Dᵣ **GRASSET**, Professeur à la Faculté de médecine de
Montpellier, Associé national de l'Académie de méde-
cine.

M. le Dr **PITRES**, Professeur et Doyen de la Faculté de médecine de Bordeaux, Associé national de l'Académie de
médecine.

M. le D^r de **NABIAS**, Professeur à la Faculté de médecine de
Bordeaux.

Locaux....: M. le Dr **BOURCART**, de Cannes.

M. le Dr **VIVANT**, de Monaco.

(La désignation du Secrétaire général et du Trésorier est réservée à la Commission permanente instituée par l'Assemblée plénière du 27 avril 1905.) (V. page IX.)

COMMISSION PERMANENTE DES STATIONS CLIMATIQUES
ET HYDRO-MINÉRALES DE FRANCE

MM. **CALMETTE**, Professeur à la Faculté de médecine de Lille.

CHANTEMESSE, Professeur d'Hygiène à la Faculté de médecine de
Paris.

L. GUINON, Médecin de l'Hôpital Trousseau.

H. HUCHARD, Médecin de l'Hôpital Necker.

J. RENAUT, Professeur à la Faculté de médecine de Lyon.

L. RÉNON, Médecin de l'Hôpital de la Pitié.

ASSEMBLÉES GÉNÉRALES

—

SÉANCE D'OUVERTURE

Lundi 24 avril 1905.

Présidence de M. le Professeur J. RENAUT, Président.

—

La séance est ouverte à deux heures et demie, dans une des salles du Casino de la plage.

Le Président donne la parole à M. le Maire.

ALLOCUTION DE M. FAGES, ADJOINT,

REMPLAÇANT M. LE MAIRE, EMPÊCHÉ.

Messieurs,

M. Veyrier-Montagnères, Maire d'Arcachon, me charge de vous présenter ses excuses et ses regrets de ne pouvoir assister à l'inauguration de ce Congrès médical, retenu qu'il est à Bordeaux par les réceptions présidentielles.

Messieurs les Congressistes,

La Ville d'Arcachon est heureuse et se réjouit d'avoir été choisie comme siège du 2me Congrès Français de Climatothérapie et d'Hygiène Urbaine.

La municipalité remercie bien sincèrement MM. les membres du bureau du Congrès, et spécialement son distingué président, le Professeur Renaut, d'avoir ainsi témoigné ses sympathies envers Arcachon. Elle vous remercie également vous tous, Messieurs, d'avoir répondu à l'invitation du Comité du Congrès, et d'être venus nous honorer de votre présence. Enfin elle ne saurait oublier dans sa gratitude le corps médical arcachonnais, toujours si dévoué aux intérêts de la Ville, et dont les efforts se trouvent aujourd'hui couronnés de succès.

Je me plais à croire que le séjour, si court soit-il, que vous allez faire dans notre ville, laissera dans votre esprit une bonne impression, tant au point de vue de vos travaux qu'à celui des attractions que vous offrira notre ville, durant les rares heures de loisir dont vous disposez.

Soyez d'ailleurs persuadés que vous rencontrerez partout le plus chaleureux accueil, celui qui est dû à des pionniers de la science, consacrant leur temps et leurs forces au service de notre malheureuse humanité.

C'est avec le plus vif plaisir que nous prenons part à l'inauguration de ce Congrès médical et que nous vous adressons, au nom de tous nos concitoyens, nos meilleurs souhaits de bienvenue.

En réponse à ces souhaits de bienvenue le professeur Renaut prend la parole
en ces termes :

DISCOURS DE M. LE PROFESSEUR RENAUT.

Monsieur le Maire,

Au nom du Congrès tout entier je vous remercie de l'accueil aimable que
a préparé la Ville d'Arcachon et de la participation matérielle qu'elle a apporté
au succès de nos travaux. Il est d'ailleurs digne de remarque et fort heureux de
voir se dessiner le mouvement qui pousse des villes en général à s'intéresser aux
études d'Hygiène Urbaine, les stations aux progrès de la Climatothérapie. Arcachon, aujourd'hui encore, marche à la tête du progrès, je l'en félicite sans réserve.

Messieurs les Congressistes, soyez les bienvenus ici vous qui n'avez point reculé
devant les fatigues d'un voyage parfois très long pour prendre part à nos travaux
et concourir aux progrès de cette double science, fort difficile, que nous avons
adoptée comme programme de nos études.

Si vous voulez permettre à mon expérience déjà ancienne de vous donner un
conseil amical, je vous dirai : suivez assidûment les séances, considérez que notre
IIe Congrès de Climatothérapie et d'Hygiène Urbaine a été longuement, laborieusement et très méthodiquement préparé par le Comité d'organisation pendant
l'année écoulée ; le champ à parcourir est vaste ; les rapports que vous avez eu
loisir d'étudier sont aussi intéressants par les sujets qu'ils traitent que par l'incontestable valeur de leurs auteurs ; leur discussion promet d'être au plus haut point
instructive et féconde en résultats : tous vous voudrez apporter vos lumières à
étude qui en sera faite contradictoirement au grand jour des séances.

J'en pourrais dire autant des communications qui, par leur nombre et
variété, nous promettent une abondante moisson de faits et d'enseignements.

En dehors des séances il y aura, vous le savez, des excursions ; cher-
der autour de vous ; questionnez, faites, si j'ose dire, de l'expérimentation en inter-
rogeant les choses et les gens, vous n'aurez perdu ni votre temps, ni vos pas ;
si le climat d'Arcachon est admirable, le pays riant et accueillant, la station
même est unique au monde, je ne crains pas de le dire, aussi bien par sa situation
topographique, la nature de son sol et ses conditions météorologiques
que par la mise en valeur de toutes ces qualités, grâce à l'intelligente initiative et à
l'activité toujours en éveil de son corps médical, dont les idées de progrès sont
encouragées et les réformes ratifiées par la municipalité.

Messieurs, je déclare ouverte officiellement la 2e session du Congrès de
Climatothérapie et d'Hygiène Urbaine.

Avant de donner la parole au Secrétaire général, je dois soumettre à la ratifica-
tion de l'Assemblée le choix fait par la Société des médecins d'Arcachon des officiers du bureau local qui n'avaient point été désignés à Nice.

Je mets aux voix les candidatures suivantes :

Dr LALESQUE, Vice-Président local.

Dr FESTAL, Secrétaire général.

Dr DHOURDIN
Dr A. HAMEAU } Secrétaires-adjoints.

Dr DECHAMP, Trésorier général.

Dr CAZABAN, trésorier-adjoint.

(L'Assemblée ratifie par acclamation et à l'unanimité.)

La parole est au Docteur Festal, Secrétaire général.

COMPTE RENDU ADMINISTRATIF

PAR LE Dr A. VISTAL, SECRÉTAIRE GÉNÉRAL

Mesdames,
Messieurs,

Parlant au nom du Comité local d'organisation, dont vous venez de ratifier si aimablement la composition, je vous dois un exposé sommaire de nos travaux préparatoires et des résultats que nous avons déjà obtenus.

Je dois tout auparavant remercier notre honorable Président, M. le Professeur Brémont, du jugement très flatteur qu'il a porté sur nos efforts, et des félicitations qu'il adresse à notre œuvre sa haute compétence.

Le chalet, architecture Deganne, gracieusement mis à notre disposition par M. Du..., son propriétaire, où auront lieu toutes nos séances. Vous apprécierez, je l'espère, vous qui nous avez fait l'honneur de vous rendre à notre appel, les commodités de travail que nous nous sommes efforcés de réaliser.

Les sources où nous avons puisé pour faire face aux frais d'organisation sont multiples. Aux 3.000 fr. que nous a généreusement votés la ville d'Arcachon, il faut joindre 2.000 fr. de subventions diverses, dont les origines multiples témoignent de l'intérêt bienveillant qu'a rencontré notre propagande dans des milieux diffé-rents.

Parmi les Assemblées et Sociétés qui nous sont ainsi venues en aide, je citerai le Ier Congrès de Climatothérapie (Arc.), 500 fr.
Le Conseil général de la Gironde, 500 fr.
La Société de médecine et de chirurgie de Bordeaux, 150 fr.
La Ligue contre la tuberculose, la Chambre de commerce de Bordeaux, la Société immobilière, la Compagnie générale des Eaux, la Société Pereire, le Syndicat viticole du bassin d'Arcachon, le Journal de Médecine de Bor-deaux,

qui ont tenu à s'inscrire pour 100 fr.
Il y faut joindre la Société Normande d'Hygiène pratique, la Société de médecine de Paris, la Société scientifique d'Arcachon, la Société obstétricale et gynécologique de Bordeaux, etc., etc.

qui ont également apporté leur obole à notre caisse.
Je nommerai ensuite les Membres fondateurs, donateurs, souscripteurs et adhé-rents, dont les versements se sont élevés à la somme de 4.000 fr. environ.
Enfin les cotisations des 349 congressistes inscrits à ce jour.
Tel est, dans ses grandes lignes — et sans vouloir empiéter sur le domaine de notre Trésorier général — le bilan de nos recettes.

Vous me dispenserez d'entrer dans le détail de nos dépenses. Il serait fastidieux de vous énumérer par chapitres, divisions et subdivisions tout ce qui constitue l'organisation matérielle d'un Congrès comme celui-ci: les frais d'impression, les frais de bureau et de correspondance, l'organisation matérielle du Congrès, réceptions, voyages, etc., ne présentant que les parties arides de ces sommes administratives, et de bien de loin, si j'ose dire, voudrais revivre avec vous toute une année de travail qui vous semblerait monotone et peu attrayante à l'aborder.

Les programmes qui vous ont été successivement adressés, au fur et à mesure que notre ébauche approchait de sa forme définitive, vous ont tenus au courant de nos progrès. Dans le programme officiel que vous avez en mains aujourd'hui vous pouvez voir que le Secrétariat a reçu le titre et le résumé de 35 communications pour la section de Climatothérapie, et 27 pour la section d'Hygiène Urbaine. Joignez-y les 7 rapports qui vous ont été distribués, dont deux seront discutés à Pau samedi, et vous verrez que la besogne ne nous manquera pas. Nous avons cherché à équilibrer les diverses séances, tant au point de vue du classement des communications que de leur importance, afin d'accroître le plus possible l'intérêt des discussions, en permettant au plus grand nombre des congressistes d'y prendre part.

Quelques communications ont dû être écartées, conformément à l'article IX des statuts, comme n'entrant pas dans le cadre du Congrès.

Vous avez eu mains la liste des médecins français et étrangers qui participent à la composition de nos divers comités de Patronage Scientifique et Comité Consultatif. Il m'est doux de remercier ici tous ces honorables confrères de l'empressement qu'ils ont mis, non seulement à nous prêter l'autorité de leur nom, mais encore à nous faire bénéficier de leur expérience chaque fois que nous avons eu besoin d'y faire appel.

Les Universités de Bordeaux, de Montpellier et de Nancy ont désigné des délégués pour les représenter au Congrès : ce sont MM. les Professeurs *de Nabias, Grasset* et *Schmitt ;* le Professeur *Planteau* est délégué de l'Ecole de médecine d'Alger; M. *Eland,* Président du Conseil communal d'Hygiène d'Arnhem (Hollande) représente le Bureau d'Hygiène de cette ville.

Le Professeur *de Pœhl* est délégué de la Société médicale de St-Pétersbourg, et le professeur *Lauder Brunton* a été désigné par la Société thérapeutique de Londres.

Le Docteur *H. Huchard* représente officiellement parmi nous l'Académie de Médecine.

Les autres Sociétés représentées sont :
Société de biologie (Paris), Professeur *Renaut.*
Comité consultatif d'hygiène de France, Dr *Bourges.*
Société de thérapeutique (Paris), Dr *Barbier.*
Société de médecine de Paris,   — *Graux.*
Ligue contre la Tuberculose,   — *Armaingaud.*
Société d'hydrologie (Paris), { Dr *Cazaux (Marcellin)* (des Eaux-Bonnes). { — *Depierris* (de Cauterets).
Société scientifique (Arcachon), Professeur *Jolyet.*
Société médicale du littoral méditerranéen, { Dr *Bienfait.* { — *Hérard de Bessé.*
Société de médecine et de chirurgie (Bordeaux), Professeur *X. Arnozan.*
Société des sciences médicales de Dijon, Dr *Zipfel.*
Société de médecine de Poitiers, { Dr *Brossard.* { — *Faivre.*
Société de médecine de Nancy, Professeur *Schmitt.*
Ligue de défense poitevine contre la tuberculose, Dr *Faivre.*
Société d'hygiène de Biarritz, Dr *Long-Savigny.*
Biarritz-Association, Dr *Lobit.*
Société d'hygiène de Rouen, Dr *Hélot.*

Société sanitaire maritime de France (Marseille), Dr *Niel*.
Société médicale de Cannes, Dr *Faure*.
Société médicale de Toulouse, Dr *Tachard*.

Société médicale de Pau { Dr *Delocque-Fourcaud*. — *Pélizza-Duboué*. — *Crouzet*.

Touring-Club de France { Professeur *Bergonié*. M. *Arthur Escarraguel*.

Société française d'hygiène { Dr *Félix Brémond*. D^r *O'Followell*.

Société médicale des Bureaux de Bienfaisance de Paris, Dr *Dedet*.

Six villes se sont fait représenter officiellement, ce sont : Amiens, par le Dr *Peaucellier*, directeur de son Bureau d'hygiène; Dunkerque, par le Dr *Reuniaux;* Nice, par le Dr *Camous;* Pau, par le Dr *Barthé*, directeur de son Bureau d'hygiène ; Rouen, par le Dr *Panel*, directeur de son Bureau d'hygiène; Toulon, par M. *Baylon*, pharmacien de la marine.

Tel est, messieurs, dans son ensemble, l'exposé que je voulais vous soumettre des travaux préparatoires du IIe Congrès français de Climatothérapie et d'Hygiène Urbaine.

Je demanderai maintenant à M. le Président de vouloir bien soumettre à votre approbation la liste des Présidents et des membres d'honneur dressée par le Comité local d'organisation.

(Mise aux voix par le Président, chacune des deux listes est adoptée à l'unanimité. En conséquence, sont nommés PRÉSIDENTS D'HONNEUR du Congrès: MM. *G. Thomson*, Ministre de la Marine ; *Etienne*, Ministre de l'Intérieur; *Chaumié*, Ministre de la Justice ; Docteur *A. Chantemesse*, Professeur d'Hygiène à la Faculté de Médecine de Paris ; Professeur *Lauder Brunton*, de Londres; *Lutaud*, Préfet de la Gironde ; *Veyrier-Montagnères*, maire d'Arcachon ; *Faisans*, maire de Pau.)

Pour LES MEMBRES D'HONNEUR voir page XV.

Le Secrétaire général donne connaissance d'une lettre du maire d'Arcachon annonçant que la Musique du 57e Régiment d'Infanterie participera à la séance solennelle que doit présider mercredi M. le Ministre de la Marine.

Il lit une dépêche de M. Fuster, Secrétaire général de l'Alliance d'Hygiène sociale, qui s'excuse de ne pouvoir assister à l'inauguration du Congrès, et transmet les félicitations de M. Casimir Périer, Président de l'Alliance d'Hygiène sociale.

Il termine en rappelant aux Congressistes que c'est ce soir à 9 heures, dans la Grande Salle des Fêtes, qu'aura lieu la Réception Officielle du Congrès par la municipalité.

La séance est levée à 4 heures.

SÉANCE SOLENNELLE
Mercredi 26 avril

La séance est ouverte à 5 heures, dans la Grande Salle des Fêtes du casino de la plage, sous la présidence de M. G. THOMSON, Ministre de la Marine.

DISCOURS DE M. VEYRIER-MONTAGNÈRES,
MAIRE D'ARCACHON

MONSIEUR LE MINISTRE,

L'idée de la création des Congrès Climatothérapiques remonte à deux ans. Elle est de M. le Docteur Huchard qui a organisé l'année dernière, à Nice, le premier Congrès et, avant de se séparer, MM. les Docteurs ont décidé qu'ils se réuniraient cette année à Arcachon le 24 avril, pour tenir leurs secondes assises.

La séance d'ouverture a bien eu lieu à la date indiquée, mais, en apprenant que vous deviez être le 26 avril à Arcachon, les membres du Congrès, que j'ai l'honneur de vous présenter, Monsieur le Ministre, ont voulu que la Séance solennelle fût présidée par vous aujourd'hui.

MESSIEURS LES CONGRESSISTES,

En choisissant Arcachon pour ce second Congrès, alors que vous étiez sur la Côte d'azur, que les poètes et les littérateurs ont chantée à l'envi, j'ai lieu de me demander si vous n'avez pas voulu désigner la station où la lumière et le soleil se rapprochent le plus de ce beau pays de Provence dont vous avez, l'année dernière, apprécié les bienfaits.

Il ne m'appartient pas de faire ressortir ici tous les avantages d'Arcachon. Je laisse au corps médical si éclairé de notre ville le soin de vous fournir toutes les indications, au point de vue climatique et thérapeutique.

Mon rôle doit se borner à vous souhaiter la bienvenue, ce que je fais de tout cœur, et à remercier le professeur Renaut d'avoir bien voulu présider vos travaux.

Je dois remercier aussi Messieurs les organisateurs du Congrès, et particulièrement le Secrétaire général, M. le Docteur Festal.

Vous tous, Messieurs, avez droit à la plus vive gratitude de la Ville d'Arcachon.

DISCOURS DE M. LE PROFESSEUR RENAUT

PRÉSIDENT DU CONGRÈS

Monsieur le Ministre,
Mesdames,
Messieurs,

Nous sommes réunis ici par la Science pour la Patrie ; car c'est une œuvre tout à la fois scientifique et nationale que nous prétendons y poursuivre. Pour la mener à bien, l'accomplir telle que mon éminent ami Huchard la conçut en son large esprit, puis la commença avec toute sa force, et aussi tout son cœur, de puissants concours nous sont plus que jamais nécessaires. Votre présence, Monsieur le Ministre, nous assure désormais le premier et le plus indispensable de tous. En acceptant de présider cette séance solennelle, vous ne faites pas seulement à notre *2e Congrès Français de Climatothérapie et d'Hygiène Urbaine* un inestimable honneur dont, avant tout, tient à vous remercier son président, vous apportez ici l'assentiment même du gouvernement de la République à notre entreprise ; vous nous montrez que les chefs de l'État en ont compris le sens, saisi toute la portée et, pour ainsi dire, l'idéal. Car notre rêve est tel : jeter plus de lumière sur d'essentielles questions d'hygiène et de climat qui intéressent l'homme ; résoudre à ce point de vue quelques problèmes et en poser d'autres. Cela, c'est le motif fourni par le puissant, par l'ardent désir du progrès. Réduire les misères organiques à venir, rendre un plus grand nombre d'entre elles réparables, diminuer la souffrance humaine, étendre ou même parfois racheter la vie de l'homme : cela, nous le voulons encore, et c'est aussi l'effective expression de l'amour pour la vie, conscient en ceux-là qui l'ont étudiée le plus ; c'est la bonne et toute moderne solidarité biologique. Nous voulons enfin qu'à ce double point de vue la marche en avant de notre pays s'affirme à tous les yeux en une œuvre essentiellement utile et pacifique. N'est-ce point là précisément le patriotisme vrai, tel qu'il faut le montrer comme exemple au monde ?

Je n'ose prétendre cependant vous avoir donné, en ces quelques mots, toute la pensée des organisateurs ou plutôt du véritable fondateur de ces Congrès, de celui qui en demeure et en restera comme l'âme toujours active et vivante. Dans un instant, d'ailleurs, Huchard vous dira cette pensée plus explicitement et mieux que moi-même. Je puis vous affirmer pourtant que son cœur, qui depuis près de quarante ans bat au parfait unisson du mien, pourra faire sans doute monter à ses lèvres une expression plus éloquente de gratitude envers vous, Monsieur le Ministre, sans que celle-ci dépasse au fond celle que je vous prie maintenant d'agréer au nom de tous les membres de ce Congrès.

Vous m'avez bien compris, Messieurs et chers collègues, lorsque j'ai commencé par dire que tous, nous sommes réunis ici par la Science pour la Patrie. Ainsi que les autres peuples du monde, en médecine comme autrement, nous avons, en effet, de plus en plus le devoir de penser et d'agir scientifiquement. Le temps n'est plus, pour ce qui nous concerne particulièrement ici, de nous borner à fournir au traité *des airs, des eaux et des lieux* du vieil Hippocrate de vagues commentaires cliniques. La science de la vie est devenue pour ses adeptes, quelle que soit d'ailleurs leur spécialité, une impérieuse et exigeante maîtresse. Elle ne se contente plus d'approximations ni d'hypothèses. Et ceci même est la pure gloire de notre pays, que les initiateurs d'un tel changement aient été ses fils très illustres. C'est Lavoisier qui donna à la biologie l'instrument chimique avec la balance. C'est le grand Claude Bernard, mon maître, qui lui livra sa méthode expérimentale et son déterminisme; Marey, sa méthode graphique. Et Pasteur lui ouvrit un monde nouveau, fait d'infiniment petits animés, plus souvent ennemis qu'auxiliaires de la vie. Je ne nomme ici que des morts; l'œuvre en marche des vivants, vous la connaissez. Tout un faisceau de forces nouvelles semblent maintenant surgir, qui ensuite rayonnent en tout sens à travers l'espace scientifique. Voici Becquerel, Curie, Blondlot, physiciens puissants; Berthelot, le chimiste des synthèses; Roux, Yersin, Calmette, Chantemesse, maîtres des toxines et des antitoxines. Je cesse d'énumérer tant de noms français parce qu'il en faudrait vraiment prononcer trop. On affecte néanmoins, sous certaines latitudes, de considérer la science biologique française comme une déesse qui prend son repos : sorte de Pallas désormais figée en une belle, mais immobile statue. Du même coup, on s'est mis à médire quelque peu du beau ciel de France. On a même essayé de faire croire un instant au monde que, tout aussi bien qu'il n'y avait plus en France de véritables savants, on n'y trouverait pas davantage une place ni surtout une plage pour guérir un bacillaire. Il suffirait, en revanche, pour cela, d'une montagne centrale dressée sous un ciel où le soleil donnât l'heure centrale aussi; et où les bains de ce même soleil fussent rendus d'autant plus sûrement efficaces, qu'alors que l'astre ne brille pas, — ce qui lui arrive souvent, — on en fait d'artificiels. Je ne serais pas étonné que notre réunion à Nice, l'an dernier, eût quelque peu contribué à modifier cette manière de voir un peu exclusive.

Votre premier président, mon éminent collègue et ami le professeur Chantemesse, vous fit précisément alors, Messieurs, un très bel éloge du soleil, et si littérairement et scientifiquement saisissant et complet que ce serait grand dommage d'y rien ajouter, tant l'œuvre est parfaite. Il vous parlait là-bas de la puissance du soleil sous le soleil même, et sous le ciel bleu, au frémissement des palmes à la brise de la mer très douce, comprise entre les villes ligures et grecques, Menton, Nice et Antipolis. J'ai présentement, à mon tour, le devoir et le grand honneur de vous parler sous un autre ciel et le pied posé sur une autre terre. Il me semble pourtant que je n'y perds rien.

Car au moment où j'ai à vous entretenir des intérêts de la Science et de la Patrie, c'est une terre celtique que je foule, et c'est bien aussi, mes chers confrères d'Arcachon qui nous avez réunis ici, à des Celtes que je m'adresse en vous parlant. La Teste-de-Buch, *Testa Boioram*, n'est-elle pas la fille de l'antique cité des Boïens dont vous êtes les fils, avec peut-être un peu de sang crétois dans vos veines si l'on en croit vos légendes ; l'histoire, cette fois-ci positive, ne nous dit-elle pas ce qu'ils furent : le plus noble, le plus entreprenant, le plus intelligent et le plus patriote des peuples de Gaule ! Un grand réservoir d'énergie s'est formé ici, Messieurs, pour, de la vaste forêt qui s'étendait continue de la Teste à Bayonne, pousser en avant et au loin les hommes de ce pays, et, quatre cents ans avant l'ère chrétienne, les porter comme les pionniers de la force et de l'idée nationales en Bohême avec Sigovèse, en haute Italie avec Bellovèse. Lodi, Modène, Reggio, Parme et Plaisance aux noms gaéliques, devinrent ainsi des cités celtiques, où, encore deux cents ans après, des prêtres boïens faisaient leurs libations dans le crâne serti d'or du consul Postumius, et d'un signe d'appel faisaient se lever un jour cinquante mille Gaulois contre l'injustice de Rome (1).

On peut donc ici parler d'une grande œuvre française et aussi de science, avec

(1) H. d'Arbois de Jubainville : *Les Celtes*, 1904, pp. 153-161.

la certitude d'être parfaitement écouté et de même compris. L'âme des Gaules y vit puissamment toujours avec ses qualités essentielles et primordiales : énergie, force d'expansion, marche en avant et avec simplicité vers un idéal. Les hommes de ce pays rappellent encore aujourd'hui ce Théon qu'à mauvais droit plaisantait Ausone : habitant et quelque peu régent de la forêt, maître d'une maison de bois, fabricant de poix, chasseur de sangliers et pêcheur d'huîtres, actif commerçant, et rendant, comme un Celte qu'il était, en vers latins souvent faux de hautes et justes pensées (1) ; unissant, après tout, à une grande activité pratique beaucoup d'idéation élevée. Les choses n'ont guère changé. De la Teste à Arcachon, vous voyez de génération en génération agir et penser les mêmes hommes tenaces, clairvoyants, pratiques et modestes. Bien avant Brémontier, ils ont appris à fixer leurs dunes ; à peine Coste avait-il parlé qu'ils ont su tirer par l'ostréiculture toute une richesse de la mer. C'est ici que Jean Hameau, vrai précurseur de Pasteur, affirma pour la première fois que les maladies contagieuses ont pour agents pathogènes des êtres vivants ; que le même Hameau découvrit la pellagre landaise; que A. Lalesque, fils, sut en préciser les causes. Et c'est non moins ici, par l'initiative des hommes qui leur ont succédé, quelques-uns héréditairement, avec le même esprit tout à la fois investigateur et pratique, qu'une fois la terre fixée, l'industrie ostréicole fondée, l'une des premières stations climatiques du monde instituée et une ville bâtie, on vit enfin s'élever un monument d'un nouveau genre, tel qu'il n'en existait de semblable nulle part ailleurs (1863) : ce laboratoire de la Société scientifique d'Arcachon qui fut la première station biologique maritime qu'ait connue le monde, et qui soit restée ouverte à tout le monde, aussi, sans devenir le fief individuel d'aucun savant. Là travaillèrent, comme nulle part ailleurs alors on ne pouvait le faire, des hommes qui s'appelaient Paul Bert, Dogiel, Armand Moreau, de Quatrefages. Je ne cite que des morts, mais l'institution est bien vivante et reste en bonnes mains. Quelle ressource pour l'œuvre que nous méditons d'accomplir !

*
* *

Nous sommes ici pour parler de *climatothérapie* et *d'hygiène urbaine*. Pourquoi cette réunion de deux branches de la biologie médicale en un même congrès : étude des bonnes, poursuite des meilleures conditions de la vie humaine dans les villes ; étude de l'action des climats, et, en particulier, de celui de ce pays-ci, sur l'homme sain, ou débile, ou malade ? L'an dernier, à Nice, le professeur Chantemesse vous en a donné une première et bonne raison. Les stations climatiques ont été d'emblée ou sont devenues des villes, et il faut que le malade, tout en y bénéficiant du climat, n'y soit jamais exposé à subir quelque dommage du fait même du nouveau milieu urbain où il a été transporté. Assainissez donc, du même pas que vous les outillez pour des traitements rationnels et scientifiques, les villes, soit grandes, soit petites, où les actions climatothérapiques doivent par vous s'exercer. Ici même on est allé tout spontanément assez loin dans cette voie et jusqu'au point de créer deux villes d'organisation hygiénique et climatique toutes différentes : l'une qui est une merveilleuse station d'automne, l'autre réalisan. cette station d'hiver qui me semble unique au monde et dont l' « originalité forestière » avait tellement frappé Corrigan ! Cela est entendu ; mais il me semble qu'il y a quelque chose à ajouter et une raison encore à donner.

(1)

> *Hic est ille Theon poeta falsus*
> *Bonorum mala carminum taberna...*
>
> D. M. Ausonius, *Epist.* IV.

L'hygiène urbaine et la climatologie m'apparaissent connexes, et, si je puis ainsi m'exprimer, fonction l'une de l'autre, surtout parce que c'est des conditions de la vie urbaine que naissent, pour la plupart, les maladies que la climatothérapie bien entendue est ou deviendra capable de réparer ou tout au moins de réduire. Donc, le primordial problème se pose de suite ainsi : Faites, de par une hygiène urbaine de plus en plus parfaite, moins de malades dans les villes ; rendez-y moins pénétrantes et moins susceptibles de se fixer les altérations organiques, et du coup les actions climatothérapiques deviendront davantage décisives. Et donc encore, ceci se réduit à dire aux hygiénistes urbains : Combattez de toutes vos forces la *tuberculose* d'une part, d'autre part la *carnivorie*, la *spécificité* et l'*alcoolisme*, car voilà les quatre grands ennemis de l'homme moderne. La tuberculose éteint la vie humaine dans sa fleur ; les trois autres grandes causes de morbidité en restreignent toujours la durée. L'homme qui avait, en son âge mûr, acquis une valeur sociale, tombe dans ces derniers cas prématurément après n'avoir rien procréé que des dégénérés, uniquement parce que son sang, d'ailleurs empoisonné, ne peut plus même couler dans ses artères.

Je n'ai certes, Messieurs, ni le temps, ni surtout l'autorité nécessaires pour tracer ici un programme entier de préservation de l'homme par l'hygiène urbaine ; mais, du moins, je puis dire quelque chose de ce que je sais comme histophysiologiste et comme médecin. Non seulement je ne suis pas de l'avis de Koch, et je me range toujours à ce vieil axiome de Cohnheim : qu'il y aura des tuberculeux partout où les hommes seront les pasteurs et les mangeurs du bœuf ; mais, encore, j'ai la conscience et même la certitude que le régime d'alimentation carnée, qui sous prétexte de réconfort des faiblesses urbaines tend depuis plus d'un demi-siècle à devenir presque exclusif, est tout autant le créateur de l'artério-sclérose avec la spécificité et l'alcoolisme, qu'il reste l'initiateur important des tuberculoses ainsi que cela est maintenant entièrement prouvé.

Les gens des villes, voire ceux-là mêmes des villages, vivent ainsi, comme l'a si justement soutenu Huchard, sous un véritable régime d'intoxication continue. La viande, en laquelle les hygiénistes qui réagirent contre le système de Broussais crurent trouver le grand remède à la faiblesse d'une génération issue de procréateurs faibles, — ceux qu'avait épargnés l'impitoyable conscription de Napoléon, — cette chair musculaire, dont on a fait l'aliment tonique par excellence des surmenés de tous les genres, introduit dans l'organisme, on le sait bien depuis Selmi et A. Gautier, une série de poisons artériels. Elle agit même en ce sens aussi énergiquement que le virus spécifique et que l'alcool. Si bien que, de ce triple chef dont les éléments souvent même se composent entre eux, l'homme civilisé moderne semble voué à la vieillesse anticipée, puisqu'il aura toujours l'âge de ses artères, et que celles-ci, chez l'adulte masculin de plus de trente ans, sont pour la plupart rendues ainsi vieilles déjà.

Cependant, arguera-t-on, il est des animaux, — et très supérieurs, — qui sont exclusivement carnivores et qui vivent tout de même sans dommage. Certes ! mais c'est à cette seule condition qu'ils n'abusent point de l'aliment à l'usage duquel leurs organes digestifs, leur milieu intérieur et leurs émonctoires sont du reste appropriés. Rien n'est, en tant qu'organe, plus sain que le rein d'un petit chat que sa mère allaite. Tous les chats *domestiques* adultes, gorgés de viande à leur plaisir, sont albuminuriques et leurs reins sont atteints de néphrite. Je n'ai jamais pu m'en procurer un seul qui fût sain pour étudier histologiquement le rein de l'espèce. Mais le chien, direz-vous ? Le chien qui n'a, en réalité, point de glandes duodénales, dont l'estomac est infiniment plus actif que celui de l'homme et dont l'intestin grêle est plus parfait également, ne peut vivre longtemps en domesticité sans mourir perclus d'une sorte de goutte et avec des œdèmes, de l'ascite parfois, et toujours un rein malade, sinon quand son maître ne lui dispense qu'une alimentation mixte. C'était déjà l'opinion du bon poète Fracastor (qui, outre le poème que vous savez, en fit un autre moins connu sur les chiens de chasse), et chacun est de son avis, même ceux qui comme moi ne sont point du tout des sectaires végétariens.

De telles notions, Messieurs, ne sauraient être indifférentes à ceux d'entre vous, — et combien nombreux sont-ils ! — qui sont appelés à régler, dans nos belles stations climatiques, les questions d'alimentation et surtout celle de la suralimentation. La seconde vise surtout les prébacillaires ou les bacillaires; les premières intéressent puissamment à peu près tous les autres malades qui viennent demander leur relèvement aux milieux favorables dont il vous incombe de connaître, et aussi de régler l'action. Spécifiques, éthyliques, artério-scléreux, goutteux, rhumatisants ou cardiaques : telle est la grande masse des justiciables de la climatothérapie, comme ils le sont avant tout et avant cela de l'hygiène urbaine.

L'expérience clinique, justifiant à ce point de vue les prémisses physiologiques, montre, en effet, que l'homme atteint dans ses œuvres vives par les grandes causes morbigènes doit tout d'abord être soustrait au milieu et au genre de vie d'où provient l'atteinte qu'il a commencé de subir. Il doit être avant tout reporté dans le milieu normal, c'est-à-dire initial de l'homme. Il appartient au médecin, hygiéniste et climatothérapeute, de le lui refaire quelque part. Mais il y a bien des siècles que les diverses familles humaines, en se multipliant pour former les peuples, ont pour jamais quitté le pays berceau de leur race. Par une série d'émigrations comme aussi de mélanges de leurs sangs, de flexions morphologiques et physiologiques nécessitées par leur adaptation à des milieux souvent variables de siècle en siècle, par la paix comme par la guerre, par les diverses étapes des civilisations commandant puis fixant leurs mœurs, les hommes se sont, semble-t-il, profondément et comme radicalement transformés. Mais serait-ce donc si intégralement que le sublime primate à peau nue, donc originaire d'une des contrées où le ciel est le plus clément, que ce libre citoyen des tièdes et salubres forêts primitives puis ensuite des cités lacustres telles qu'en fut une votre Arès (Ar-is, *port des eaux salées*), que celui qui devint si vite le navigateur conquérant des îles, eût perdu sans retour l'aptitude à se remettre à évoluer bien, là même où ses premiers ancêtres fixèrent pour lui ses aptitudes réactionnelles et conquirent, à l'aurore des races, l'énergétique héréditaire qui a fait l'homme ubiquiste d'aujourd'hui ? Je ne le pense pas. Le ciel tiède, avec le soleil, la forêt, la mer, voire la proximité des pentes des montagnes : voilà bien certainement pour un être humain le pays natal, celui vers lequel, fût-il épisodique, tout retour est d'abord une joie. Et c'est aussi cet air natal qu'on respire plus librement, qui ne vous blesse plus quand on respire mal et dont l'effluve même calme la souffrance comme fait une caresse. Et c'est cela même, mes chers confrères d'Arcachon, de Pau, de Biarritz où de Salies, que vous savez si bien, si largement offrir aux débiles, aux éprouvés, aux vulnérables et aux malades. Ce climat-là, vous le possédez ; vous l'avez étudié avec conscience et passion, mis en valeur avec une grande clairvoyance. Vous pouvez le montrer à nos confrères et amis étrangers avec quelque orgueil national.

« Tout est dit et l'on vient trop tard », a prétendu le moraliste. Je m'inscris en faux contre cette parole de La Bruyère. Sans doute, après les si consciencieuses recherches climatologiques des Hameau, des Lalesque, de tant d'autres fervents et constants pionniers de cette géographie, de cette hydrologie, de cette climatologie locales, tout est bien avancé ici et l'édifice scientifique se dresse fondé déjà sur des bases solides. Mais que tout soit dit, oh ! que non pas.

Ce qu'il faut, maintenant, c'est serrer de près et dans le détail l'action de cette contrée, de ce climat, de cette forêt et de cette mer, sur les grandes fonctions de l'organisme humain, sain ou malade. Vous avez une station biologique ; rendez-la de quelque façon la servante de la climatologie et de la clinique tant générales que locales. Elle vous servira à résoudre une foule de problèmes d'apparence purement scientifique, en réalité d'importance immédiate et de premier ordre au point de vue pratique. Pardonnerez-vous à l'histologiste que je suis pour une moitié des heures de ma vie de vous en poser un tout d'abord ? Quelle est l'action exercée par votre climat sur les éléments essentiels du milieu intérieur ? Quand un homme sain ou tel malade vient ici de tel pays, quelle modification de nombre, de dimensions, de richesse hémoglobique présentent ses globules rouges ? Quelle, ses globules blancs ? Alors qu'après même les remarquables recherches du Professeur Viault sur les variations produites par celles de l'altitude, les physiologistes estiment que nous ne sommes pas encore fixés à ce sujet, le reprendre n'est donc pas inutile. Et combien serait-il également nécessaire d'appliquer ici, comme moyen de documentation, les méthodes si remarquables créées par mon éminent ami Albert Robin et le Dr Binet pour l'étude des phénomènes respiratoires, sans négliger les éléments d'instruction fournis par les recherches urologiques si nettement réglées par le premier de ces deux savants ! Citerai-je encore cette question troublante de l'oxyde de carbone de l'air qui, une fois résolue, règlera la conduite du climatothérapeute au point de vue de l'anémie ; puis, celle des poussières et surtout de ces sables de la mer et de leurs substances actives, poudroyées dans l'air par les vagues parties d'Amérique et qui, en chemin, — saurons-nous dans quel état peut-être singulier ! — les ont prises au limon mystérieux des grands bas-fonds qu'elles ont mouvementés ? Plus modestement et au simple, mais si important point de vue des actions paludéennes, quels sont les moustiques de cette forêt, dont le sol se boursoufle de *lettes* et se parsème de marais ?...

Je n'irai pas plus loin, vous m'avez compris, et vous qui avez fait tant de choses ici, vous savez certainement encore mieux que moi ce qui reste à faire. Je ne vous en ai du reste un peu entretenus que parce que je vous savais d'avance convertis à toute parole scientifique que pourrait prononcer votre Président de ces quelques jours, lequel est non moins fier d'un tel honneur que d'être auprès de vous le simple Délégué de la Société de Biologie, c'est-à-dire peut-être de la première Société biologique du monde. Et maintenant, mes chers confrères de ces pays-ci, montrez fièrement votre belle œuvre à tous et faites-leur connaître vos stations climatologiques du sud-ouest de notre France. Tous ont admiré, il y a un an, celles de la Riviera sur la terre ligure, que samedi prochain encore ils fouleront à Pau. La pensée profonde qui a présidé à l'organisation de nos *congrès de climatothérapie et d'hygiène urbaine* se poursuit en s'élargissant. Avec le succès désormais assuré de ce deuxième congrès, celui de notre œuvre entière devient certain. Car, ainsi que l'a si bien dit votre poète Ausone en commentant le proverbe grec — Ἀρχὴ τὸ ἥμισυ παντός : commencer, c'est faire la moitié du tout ; réitérer, c'est tout parfaire.

> *Incipe : dimidium facti est cœpisse. Supersit*
> *Dimidium ? rursum hoc incipe, et efficies.*
>   D.-M. Ausonii, *Epigram.* LXXXI.

RAPPORT DE M. LE DOCTEUR A. FESTAL,
SECRÉTAIRE GÉNÉRAL DU CONGRÈS.

MESDAMES,
MONSIEUR LE MINISTRE,
MESSIEURS,

Avant-hier encore le Comité local d'organisation du 2ème Congrès de Climatothérapie et d'Hygiène Urbaine aurait pu craindre que notre climat ne vous offrît qu'une bien imparfaite image des charmes souriants qui lui ont valu sa réputation. Depuis plusieurs jours, en effet, le soleil s'obstinait à nous bouder ; aujourd'hui nos craintes s'évanouissent, les choses ont repris leur cours normal, le soleil nous rend son sourire, apportant au Congrès son brillant cortège de lumière, à vous tous son plus radieux accueil.

Il serait impie et présomptueux, le traitant comme un personnage ordinaire, de l'inscrire parmi nos collaborateurs ; sans pousser aussi loin l'irrévérence, j'ose pourtant le proclamer facteur très important de succès, ne fût-ce que pour les teintes incomparables qu'il sait faire miroiter sur notre baie.

A vrai dire le Comité local avait pris soin de s'assurer d'avance le concours d'auxiliaires moins capricieux ; c'est à vous indiquer sommairement leur place, leur rôle et leur importance que doit et veut se limiter ce compte-rendu.

Pour organiser un Congrès comme celui qui nous réunit aujourd'hui, il ne faut pas que du bon vouloir, de l'activité, de la méthode, il faut encore — j'allais dire surtout — des ressources pécuniaires.

Le Corps médical d'Arcachon en était à ce point pénétré que, dès le mois de février 1904, avant même d'avoir donné une forme précise à l'idée qui lui naissait d'aller revendiquer à Nice l'honneur d'organiser le 2ème Congrès, il s'était occupé de cette question matérielle.

La municipalité, je me plais à lui rendre cet hommage, entra dans nos vues avec beaucoup d'esprit de décision, et nous alloua généreusement une subvention de 5.000 francs, pour servir à l'impression du volume de nos comptes-rendus. Cette affectation très précise marquait bien son intention de contribuer ainsi à la publicité que nous allions faire à notre station. — Qu'elle ait été un peu moins sensible à l'argument patriotique, je n'en disconviens pas, mais je ne me sentirais vraiment pas le courage de lui en tenir rigueur, considérant que les membres élus d'une assemblée municipale font preuve de sens pratique et de conscience en défendant, comme les leurs propres, les intérêts à eux confiés par les électeurs.

C'est donc sans aucune restriction que je demande à M. le Maire de transmettre au Conseil municipal d'Arcachon la respectueuse expression de notre reconnaissance.

Mis en goût par ce premier et si important appoint, nous fîmes appel aux propriétaires de villas, aux commerçants de notre ville, à tous ceux, en un mot, particuliers ou sociétés, que le succès du Congrès pouvait intéresser ; les souscriptions et les encouragements affluèrent, et bientôt nous avions acquis la certitude que les exigences budgétaires de l'organisation, telles qu'une étude attentive nous avait permis de les dresser, seraient équilibrées par les ressources promises.

C'est donc à-peu-près tranquille sur la question matérielle que la délégation des médecins d'Arcachon se rendit à Nice en avril 1904.

Elle l'était moins quant au succès de la démarche qu'elle tentait, et ceux qui assistèrent aux premières journées du 1er Congrès n'ont certainement pas oublié l'ardeur avec laquelle chacun des deux camps en présence défendait son opinion. Dans l'un des camps se trouvaient la plupart de nos confrères du littoral méditerranéen, appuyés par un certain nombre des adhérents au 1er Congrès ; ensemble ils pensaient, pleins de tendresse pour un climat dont ils connaissaient les ressources et dont ils savouraient le charme, qu'une seule session ne pouvait suffire à révéler dans tous ses détails la merveilleuse riviera française ; conséquents avec eux-mêmes, ils demandaient que la 2ème session, celle de 1905, fût également tenue dans la région méditerranéenne, afin d'y compléter l'œuvre ébauchée par le premier Congrès. A ces arguments de doctrine s'ajoutaient les arguments de fait : les congressistes avaient été admirablement reçus à Nice et dans les villes sœurs ; S. A. S. le Prince de Monaco n'avait point dédaigné l'honneur de s'inscrire, à titre de confrère honoraire, en tête des plus généreux donateurs ; la Méditerranée, parée de ses plus beaux atours, n'avait cessé de nous faire fête : autant de raisons qui militaient en faveur de ce premier camp.

A l'encontre de nos contradicteurs, nous pensions que les congrès futurs ne pourraient que gagner à émigrer chaque année vers de nouveaux climats ; nous estimions qu'à se cantonner, ne fût-ce que deux années consécutives, dans une même région, ils risquaient de perdre ce caractère national que leur fondateur, le Dr Huchard, avait essentiellement voulu leur donner. Nous faisant les apôtres de la conception du maître de Necker, nous allions partout prêchant ce nouvel Evangile ; nous étant identifiés avec lui, nous répétions que la fondation même du Congrès reposait sur la patriotique et légitime prétention de donner à toutes nos stations climatiques françaises la place d'honneur qu'elles méritent en regard des prétentions étrangères ; et nous fîmes ainsi des conversions, et nous eûmes la joie de voir grossir les rangs de nos adeptes. Aussi, le 7 avril 1904, lorsque l'Assemblée plénière du 1er Congrès choisit Arcachon à l'unanimité comme siège du 2ème Congrès, notre joie fut grande d'avoir, avec Huchard, réussi à faire prévaloir notre conception plus générale de la climatothérapie française.

Sur notre demande, fruit d'un accord préalable, la ville de Pau fut adjointe à Arcachon pour qu'une journée consacrée à cette station permît aux congressistes de compléter leurs connaissances climatothérapiques de la région du Sud Ouest. Samedi prochain le comité local de Pau nous offrira, en dehors de la réception très hospitalière qui est de tradition en pays de Béarn, la discussion de 2 rapports qui résument la climathérapie et l'hygiène urbaine de cette station.

Aussitôt investi de la mission d'organiser ce Congrès, le Comité local n'eut qu'à compléter le plan de travail ébauché d'avance, à tout hasard, pendant la période préparatoire.

Les questions devant faire l'objet de rapports furent définitivement arrêtées ; les rapporteurs sollicités acceptèrent de nous prêter leur collaboration avec une bonne grâce et un dévouement qu'on ne saurait trop louer. Il convient, en effet, de ne point se dissimuler l'énorme difficulté qu'il y a, dans notre profession médicale, à concilier les exigences quotidiennes très absorbantes de la clientèle avec un travail supplémentaire étendu, nécessitant des recherches, des réflexions et des veilles. Cet effort, nos rapporteurs l'ont consenti et l'ont accompli avec une conscience, une ponctualité et une probité scientifique qu'il m'est doux de proclamer hautement ici.

De la sorte se trouva réalisé le vœu émis par notre Président dès le début de nos travaux. Le professeur Renaut, en effet, nous avait invités à faire tous nos efforts en vue d'obtenir que les rapports nous fussent livrés assez tôt pour être distribués plusieurs jours avant l'ouverture du Congrès. Tous, au Comité, nous étions trop respectueux de la haute autorité scientifique de notre Président pour ne pas tendre nos efforts vers la mise en pratique du très précieux conseil que nous donnait sa grande expérience des Congrès. Et si le résultat cherché fut obtenu, c'est, je dois le dire, grâce surtout au bon vouloir des rapporteurs qui se sont mis résolûment à l'œuvre et ont pu, sans que le secrétaire général ait eu à leur rappeler souvent leur engagement, me remettre leurs manuscrits en temps utile.

Cette question scientifique de première importance une fois résolue, j'éprouvai un joyeux soulagement à penser que les congressistes qui nous feraient l'honneur de venir assister à nos débats y trouveraient un champ d'études assez vaste pour ne point regretter de s'être déplacés.

L'impression de nos rapports a été confiée à M. Dujardin, directeur de la *Revue des Idées*, que je suis heureux de féliciter et de remercier pour la diligence et le soin qu'il a mis à imprimer sans délai et à nous soumettre les épreuves.

Pour organiser la partie matérielle du Congrès il nous fut nécessaire de puiser en dehors de nous et de faire appel à nos devanciers ayant déjà mené à bien pareille tâche. Auprès du Dr Hérard de Bessé, secrétaire général du 1er Congrès, j'ai toujours trouvé le conseil juste, l'indication pratique de la démarche à faire, du détail à prévoir, de l'écueil à éviter. Le Dr Huchard n'a cessé de collaborer avec nous : mû par son ardeur toujours égale, entraîné par sa paternelle tendresse pour le Congrès, son œuvre, il veillait, prévoyant les moindres sinuosités protocolaires, nous rappelant les détails s'il nous arrivait d'oublier.

Les demandes de subventions adressées à ce moment par le Comité furent accueillies avec une telle faveur que nous ne pouvions nous empêcher d'y voir la preuve que la portée de l'œuvre était comprise et appréciée dans les milieux les plus divers. Et cette constatation stimulait aussi notre ardeur.

A la libérale participation financière de la Ville d'Arcachon, aux dons très généreux des propriétaires et commerçants, vinrent s'ajouter les 500 fr. que le Bureau du Congrès de Nice nous alloua. Si ce don généreux nous a vivement touchés, c'est, entre autres raisons, parce que Nice, en s'inscrivant parmi les fondateurs du Congrès de Climatothérapie, a montré son vif désir de perpétuer le lien qui unit les unes aux autres les différentes sessions, tels les membres d'une même famille.

Notre confrère le Dr Henri de Rothschild, en renouvelant sa donation, nous a réitéré son intention d'être maintenu parmi les fondateurs du Congrès. J'aurais été heureux de pouvoir lui dire ici de vive voix que le Comité d'Arcachon a été particulièrement sensible à cette nouvelle générosité.

Grâce à l'active intervention de M. Pierre Dignac, conseiller général du canton, nous avons pu intéresser à nos travaux notre assemblée départementale et obtenir d'elle un encouragement de 500 fr.

Si je voulais énumérer nominalement tous nos collaborateurs financiers, je pourrais en oublier et je risquerais d'abuser de vos instants, la liste en est trop longue. Qu'il me suffise de leur envoyer officiellement de cette tribune nos remercîments les plus vifs.

Dans ce même sentiment de reconnaissance je comprendrai M. Dubousset, notre aimable amphytrion, le propriétaire de ce château Renaissance si heureusement aménagé, où le Congrès a pu tenir à l'aise ses séances avec les multiples adjuvances du confort moderne.

J'y veux joindre aussi les Compagnies de chemins de fer qui toutes, avec une bienveillance et une complaisance que j'ai appréciées au moins autant que vous

Messieurs, m'ont accordé les avantages que je leur demandais pour les congressistes. — Il serait injuste de ne point mettre en un relief particulier et bien mérité la Compagnie du Midi, pour la toute exceptionnelle libéralité avec laquelle, m'ayant d'abord accordé la remise de 50 p. 100 jusqu'à Arcachon, elle a organisé, en outre, un train spécial à prix ultra réduit jusqu'à Hendaye, par Pau et Biarritz, sans préjudice d'une carte de circulation à 1/2 tarif entre Bordeaux et Arcachon, valable pour la semaine du Congrès et, enfin, d'un permis de réduction pour le retour, d'Hendaye à la sortie du réseau. Qu'il en soit résulté pour le secrétariat, pendant la période fébrile des derniers jours, un notable surcroît de travail, je m'en félicite au lieu de m'en plaindre, puisque nos hôtes y ont trouvé une plus grande somme de commodités sans supplément de dépenses.

Si la tâche fut lourde pour le Comité local d'Arcachon-Pau, elle lui fut singulièrement facilitée par le bon vouloir de tous. La Société médicale de Pau, tout d'abord, se chargea d'organiser la partie spéciale qui lui incombait; elle s'en est acquittée, je n'ai pas besoin de vous le dire, avec un soin que sanctionnera le succès de la journée de clôture qui lui est réservée.

- Les sociétés savantes françaises et étrangères, les Facultés et les Ecoles de Médecine ont répondu à notre appel et nous ont désigné des délégués chargés soit de les représenter, soit de marquer officiellement l'intérêt qu'elles prenaient à nos travaux.

Je suis heureux de saluer ici, en la personne de M. le professeur de Pœhl, la Société médicale de Saint-Pétersbourg; en M. Lindsay, de Belfast, nos confrères d'outre-Manche; la Suisse en le professeur d'Espine; la Hollande en MM. Post et Eland. Puissent ces savants, de leur rapide séjour parmi nous, emporter et répandre chez eux cette notion féconde que nos stations climathérapiques travaillent sans relâche à perfectionner leur outillage, et que les médecins français s'efforcent à l'envi de conserver leur traditionnelle réputation de laborieuse recherche du progrès.

Et maintenant qu'il me soit permis de dire à mes chers collaborateurs et amis du comité local l'émotion qui m'étreint à revivre par la pensée cette année si vite écoulée.

A nos réunions Lalesque apportait son activité; Dhourdin sa méthode, sa patience, sa bonne humeur inaltérable et son infatigable puissance de travail; Hameau son sens pratique et le calme dans l'application des décisions prises.

Nos trésoriers Dechamp et Cazaban géraient les finances de notre entreprise avec une indiscutable compétence.

Ces efforts accomplis pendant plus d'une année en vue du succès final, ces délibérations mûries, ces idées échangées et discutées, toute cette vie de travail où chacun donnait le meilleur de lui-même, cette étroite collaboration, en un mot, a eu pour résultat de resserrer encore, si possible, les liens d'affectueuse solidarité qui unissaient entre eux les membres du Corps médical d'Arcachon; nous voyant plus souvent et de plus près nous nous sommes appréciés davantage; c'est notre récompense, la plus précieuse qui pût nous être réservée.

DISCOURS DE M. LE DOCTEUR H. HUCHARD
Médecin de l'hôpital Necker

Monsieur le Ministre,
M. le Président du Congrès,
Mesdames et Messieurs,

L'an dernier, lorsque j'eus l'honneur de fonder les congrès français de climate-thérapie et d'hygiène urbaine, je n'ai pas cru devoir prendre la parole à Nice, parce qu'il était nécessaire d'observer d'abord le résultat de cette tentative. Or, ce résultat a dépassé nos plus hautes espérances. Le premier congrès a eu un grand succès, et celui qui vient de s'ouvrir, grâce aux efforts et au dévouement de ses habiles et laborieux organisateurs, de MM. Lalesque, vice-président local, Festal, secrétaire général, des secrétaires généraux adjoints et des trésoriers, MM. Dhourdin, Hameau, Dechamp et Cazaban, grâce aux travaux et aux communications si intéressantes des congressistes, aura pour l'avenir une importance de premier ordre.

Dès lors, il devenait opportun de préciser ici notre but, de définir notre rôle, d'indiquer quelques desiderata.

Notre but ? Il est bien connu depuis le jour où, au grand congrès international de médecine à Moscou, en 1897, des savants étrangers accourus en foule compacte, ont osé prononcer des paroles relevées seulement alors par deux Français, le docteur Bourcart (de Cannes) qui a eu l'honneur d'en prendre l'initiative avec l'assistance du docteur Vivant (de Monte-Carlo). Écoutez ces paroles : « Le climat, l'air du Midi de la France convient mal aux tuberculeux, il leur est plutôt funeste. La Riviera n'est qu'un beau cimetière étendu le long de la Méditerranée. Au contraire, les établissements fermés, les sanatoria ont une action très efficace dans la cure de la tuberculose. »

La première assertion devrait au moins être discutée, une affirmation n'ayant jamais été une démonstration ; la dernière est fausse et très habile. Comme le disait aujourd'hui mon savant collègue, M. Guinon, dans son rapport tout à fait remarquable, cette manifestation de Moscou était « la négation même de la climatothérapie ; c'était par là même le déni de justice le plus impudent à l'égard de nos admirables stations françaises ».

Naturellement la statistique, cette facile courtisane qui se donne à tout le monde, paraissait confirmer ces dires, affirmer un progrès quand ce n'était qu'un recul, nier les bienfaits du climat et surtout du soleil parce qu'il est dans certains pays trop souvent obscurci par les nuages. Le sanatorium était devenu l'arche sainte à laquelle on ne pouvait toucher sans sacrilège, et l'on déclarait partout, superbement, que les tuberculeux ne pouvaient être améliorés ou guéris... qu'à la condition d'être enfermés.

Quelques mois seulement après cette affirmation médico-commerciale, qui avait pour but d'arrêter l'exode des étrangers vers nos stations hivernales du Sud-Est et Sud-Ouest de la France, l'un des premiers j'eus l'honneur de protester, au nom de la science et de la vérité, en des termes qui n'ont pas été oubliés.

Puis, nous avons combattu le bon combat en faveur des stations hydrominérales et climatiques de France, montrant en même temps que cette campagne destinée à défendre nos intérêts scientifiques et économiques, à mettre en valeur les richesses de notre sol et de nos climats, peut et doit être l'œuvre de tous. C'est à cette œuvre de paix, de patriotisme et de science que nous vous avons encore ici conviés aujourd'hui. C'est elle qui nous a inspiré, lorsqu'il y a deux ans, dans une promenade à la Côte d'azur sur les bords de la mer bleue, en compagnie de celui qui devint ensuite le très dévoué secrétaire général du 1er Congrès français de climatothérapie, du docteur Hérard (de Beaulieu), alors saisi d'admiration en présence des splendeurs naturelles du pays, pensant d'autre part à la faillite scientifique du sanatorium fermé dans les contrées froides et brumeuses, je m'écriai : « Il faut montrer tout cela aux Français et aux étrangers ! »

Telle fut l'origine, tel le but de la fondation des congrès français de climatothérapie et d'hygiène urbaine ; et nous avons eu soin d'associer à l'étude du climat celle de l'hygiène des stations hivernales, voulant ainsi montrer que l'on ne peut pas séparer de ce que la nature a si bien fait ce que l'homme doit faire. Tant vaut l'hygiène urbaine, tant vaut le climat qui constitue l'une des plus puissantes médications de notre arsenal thérapeutique.

Plus tard le but s'est précisé et beaucoup agrandi. Il fallait, non plus seulement voir la Riviera française, mais encore étudier sur place tous les climats de notre pays. Et voilà pourquoi nous avons été hier dans le Sud-Est de la France à Nice, pourquoi aujourd'hui nous sommes transportés dans le Sud-Ouest, à Arcachon et Pau, pourquoi demain, c'est-à-dire dans deux ans, en 1907, nous serons probablement à Cannes, Monaco, Menton et Ajaccio, pourquoi enfin nous avons la volonté de parcourir d'année en année le beau et doux pays de France, ne voulant plus qu'avec tant de richesse nous restions pauvres comme les avares qui gardent et contemplent leur fortune sans la rendre jamais productive. Une autre pensée plus haute nous a guidés encore : faire aimer la France par tous les étrangers qui viendront non seulement la visiter, mais y séjourner. Car nous savons que la faire connaître, c'est la faire aimer.

Voilà le but en quelques mots, et notre rôle, notre pensée intime sont renfermés dans le but lui-même qui est à la fois humanitaire et patriotique : humanitaire, parce que nous nous adressons à la grande et malheureuse famille de ceux qui souffrent, de tous ceux que la maladie a touchés, de cette famille qui ne connaît point les frontières et qui les franchit pour venir là où elle veut récupérer la santé ; patriotique et nationale au premier chef, parce qu'elle fait mieux connaître et aimer notre chère France, parce qu'elle met en valeur ses richesses climatiques et hydrominérales trop longtemps méconnues. Et ce patriotisme scientifique ne s'exhale pas en paroles hautaines de menaces, de provocation ou de haine ; il cherche à faire vivre et non pas à faire mourir comme en de sanglantes hécatombes humaines ; il médite la paix et non la guerre ; il est ce qu'il devrait toujours être : la faculté d'aimer son pays plus que les autres, de sorte qu'aucune pensée malveillante pour les autres peuples n'est contenue dans cette définition, et que pour l'humanité tout entière un vrai patriote réserve encore une grande part d'amour !

Vous tous, médecins étrangers qui êtes ici et à qui nous souhaitons cordialement la bienvenue, vous serez les témoins des sentiments qui nous animent, sentiments de sincère confraternité et de douce fraternité humaine ; vous êtes les témoins de nos efforts ou plutôt des efforts faits par tous les médecins de cette région pour calmer les souffrances et prolonger la vie, de cette région qu'on peut appeler la *terre classique de la cure libre* de la tuberculose et des maladies ; car c'est ici, à Arcachon, que cette cure libre est née, Arcachon en est le berceau. C'est ici que des médecins de haut mérite, laborieux et dévoués, courageux et patriotes, en tête desquels on doit placer les docteurs Festal, Lalesque et Pauliet, ont eu l'idée de mettre à profit cette immense et superbe forêt de pins de plus de 200 kilomètres, capable de contenir tous les bacillaires de l'Europe, avec la mer voisine singulièrement apaisée et adoucie, pour fonder la cure libre de la tuberculose pulmonaire. Grâce à eux, grâce à tout le corps médical de cette région, nous avons à Arcachon et à Pau un grand et beau sanatorium ouvert à l'espérance, car il a été démontré, par le remarquable rapport d'Arnozan, que dans cette cité antituberculeuse de l'avenir étendue dans la vaste forêt, d'Arcachon à Bayonne, on meurt moins de la tuberculose qu'ailleurs, que la contagion y fait moins de ravages qu'ailleurs.

Maintenant la cause est gagnée contre ceux qui ont voulu supprimer le climat, le soleil, la lumière, les forêts de pins, la mer comme facteurs de guérison ou d'amélioration de la tuberculose, comme si la plante humaine n'avait besoin ni d'air, ni de chaleur, ni de rayons solaires ou lumineux. Une fois de plus nous avons eu raison contre l'erreur, contre ceux qui ont tenté un jour d'ébranler l'œuvre impérissable de Laënnec en s'attaquant au principe d'unité de la phtisie, contre ceux qui se sont fait une arme de la contagiosité de la tuberculose démontrée par Villemin, contre ceux qui, procédant de Pasteur, ont cru un instant avoir en main le traitement curatif de la bacillose, proclamé déjà exclusivement national, contre ceux enfin qui, supprimant le climat comme facteur thérapeutique, ont cru et ont voulu nous faire croire à la toute-puissance des sanatoria fermés.

On a semblé dire : Il faut que la cure soit ouverte ou fermée. Je réponds : Il faut qu'elle soit à la fois ouverte *et* fermée. Ici elle est agréablement fermée, avec cette centaine de villas hygiéniques qui sont, à Arcachon, autant de petits sanatoria ; elle est admirablement ouverte, c'est-à-dire libre, avec cette vaste forêt de pins dont les exhalaisons balsamiques purifient l'air déjà chargé d'ozone, avec ce climat qui tonifie sans exciter et qui calme sans affaiblir, avec le bassin de cette mer, une petite Méditerranée atténuée, qui donne à la cure marine toute son action bienfaisante, avec ces quatre villes pour l'été, le printemps, l'automne et l'hiver, avec le sol sablonneux et perméable, sorte de filtre naturel pour les infections. Et voilà pourquoi Arcachon, dont le nom grec signifie *abri* ou *refuge*, est et deviendra plus que jamais le véritable refuge des anémiques, des convalescents, des excités et des hypertendus, des névrosés et surtout des bacillaires, cela sans danger de contagion pour les habitants, les touristes ou les gens bien portants, de cette contagion dont on parle un peu trop comme si la graine devait faire oublier le terrain sur lequel elle se développe, de cette contagion dont la ville est préservée par l'assainissement incessant des arbres de la forêt et de l'atmosphère marine. Voilà ce que les médecins, ici, ont non seulement bien compris mais mis en pratique, travaillant sans cesse dans une collaboration commune et réalisant la véritable *entente cordiale* entre confrères. Voilà l'œuvre considérable presque achevée par eux ! Et nous verrons bientôt à Pau, à Biarritz, à Hendaye, à Salies-de-Béarn, d'autres admirables richesses climatiques et hydro-minérales.

Mais cette œuvre n'est encore qu'une partie de celle que j'esquissais au début, et pour continuer notre rôle, pour arriver au but, bien des obstacles se présentent à nous, nombreux *desiderata* qui nous rendent parfois soucieux. Je ne sais plus quel misanthrope a prononcé cette parole : « On dit les amis sincères ; ce sont quelquefois nos ennemis qui le sont. » Or, voici ce que le grand Frédéric disait à Voltaire : « Votre nation est de toutes celles de l'Europe, la plus inconséquente ;

elle a beaucoup d'esprit, mais point de suite dans les idées. » Eh bien ! donnons un démenti à ce jugement, ayons de la suite dans nos idées qui sont presque toujours bonnes, comme je l'ai démontré tout à l'heure, et ne laissons pas dire que la France, peuple de progrès, est presque toujours en retard. Or, nous sommes en retard sur d'autres pays où l'on se préoccupe davantage de l'essor commercial et industriel, où l'on veille avec un soin jaloux à la prospérité des stations hydro-minérales et climatiques ; nous sommes en retard parce que nous sommes trop souvent les esclaves de la routine. Alors, que faire ?...

Adressons-nous avec confiance à ceux qui ont pour mission de nous défendre, de nous protéger, de rendre la France forte et prospère, au Ministre qui nous fait le grand honneur d'assister à cette séance solennelle et qui montre ainsi, d'une façon éclatante, le patriotique souci du gouvernement de la République pour le bonheur et la grandeur de notre pays.

Il y a quelques semaines, avant de me rendre ici, j'ai soumis à M. le Ministre des Travaux publics et à M. le Ministre de l'Intérieur un projet de vœu qui obtiendra, nous en avons la conviction, l'assentiment unanime de l'assemblée plénière du Congrès : celui de créer une commission permanente de protection des stations climatiques et hydro-minérales de France. Ce que l'on ne sait pas, et ce que l'on ne dit pas assez, même dans notre pays, c'est que ces dernières, plus nombreuses et douées d'une efficacité plus accusée que partout ailleurs, constituent une de nos plus grandes richesses nationales ; c'est que jusqu'à ce jour on laisse improductive cette immense fortune ; c'est que si nous voulions, c'est-à-dire si nous voulions réagir contre la routine, nous ferions entrer en France tous les ans quelques centaines de millions de plus.

A ce sujet, laissez-moi vous raconter la conversation que j'eus par hasard avec un membre du gouvernement, il y a dix-huit mois environ. Je lui parlais incidemment d'un projet d'impôt sur l'oisiveté qui n'a, paraît-il, pas beaucoup de chances d'être adopté, ni même discuté, parce qu'il y a trop de gens qui se sentent atteints déjà par cet impôt ; et pour mettre mon éminent interlocuteur en belle humeur, lui qui s'intéresse avec tant de dévouement et de succès aux finances de l'Etat, j'ajoutais : « Mais, j'ai encore à vous indiquer un moyen, sans impôt nouveau et sans nouvelles charges pour les malheureux contribuables, de faire verser tous les ans plus de cent millions dans l'escarcelle du pays. » — « Oh ! oh ! me répondit-il avec un fin sourire où perçaient l'étonnement et l'incrédulité, mais soyez donc le bienvenu, prenez vite un siège et expliquez-moi cela. »

Comme vous le voyez, la glace était rompue, et je commençais ainsi ma démonstration : « A l'étranger, il y a, par exemple, une station hydro-minérale que je ne désignerai pas autrement, dont la prospérité va grandissant tous les ans, prospérité due beaucoup plus au souci que prend le gouvernement de ses intérêts qu'aux vertus de cette eau. Car elle est de celles que Montaigne aurait caractérisée comme certaines médecines « servant à rendre la santé malade ». Or, le nombre des baigneurs s'élève à 30.000 par an, dont 15.000 étrangers. Suivez mon calcul : chaque baigneur laisse environ 1.000 fr. à la station, donc $1.000 \times 15.000 = 15$ millions. Et comme nous avons en France dix, même vingt stations semblables et même supérieures, dont le développement est immobilisé ou comme paralysé par notre indifférence et qui devraient recevoir 10.000 étrangers de plus, vous voyez à quel chiffre nous arrivons : 150 à 200 millions par an. »

Cette démonstration doit vous rendre un peu rêveurs, comme paraissait l'être devenu mon éminent interlocuteur. Sortons de notre rêve ; agissons !

Agissons bien vite avec cette commission permanente dont l'œuvre est toute tracée. Composée d'ingénieurs, de chimistes, de médecins, de membres du Parlement et d'hommes politiques, elle étudiera bien des problèmes dont la solution s'impose : celui de la cure-taxe, qui fait une partie de la prospérité des stations étrangères et qui chez l'une d'elles a produit un million de francs en une année ; elle enregistrera toutes les réclamations et tous les vœux ; elle secouera quelques torpeurs administratives, veillera au bien-être des malades, remédiera aux abus, avec autorité elle pourra parler à une grande puissance, celle des compagnies de chemins de fer, qui semblent parfois ignorer que ceux-ci n'ont pas été seulement créés pour les administrateurs ou actionnaires, mais aussi un peu pour les voyageurs et les malades. On ne verra plus l'une de ces compagnies refuser impitoyablement, depuis plus de dix ans que la demande lui en a été adressée, de diriger, par exemple, de Paris un wagon à destination d'une ville d'eau très prospère, afin d'éviter les fatigues de pauvres malades haletants et palpitants, obligés de changer trois fois de train par toutes les intempéries. Et cependant — chose extraordinaire ! — on organise soigneusement en France, pendant la saison thermale, des trains directs pour plusieurs stations hydrominérales de l'étranger.

Dans un autre ordre d'idées, et toujours mue par le souci de la protection de nos intérêts commerciaux, cette commission, sans beaucoup sortir de ses attributions, appellera l'attention des pouvoirs publics sur ce fait un peu humiliant, à savoir que la France, où la chimie synthétique a été créée par Berthelot, est, pour la fabrication des produits chimiques et pharmaceutiques, devenue tributaire de l'étranger, parce que celui-ci a su abaisser suffisamment les prix de l'alcool rectifié nécessaire à l'extraction des alcaloïdes.

Je m'arrête car j'aurais trop à dire si je persistais dans l'énumération de nos doléances.

Le congrès de climatothérapie est présidé par un homme dont le cœur est à la hauteur de l'esprit, dont la Science et les Lettres se disputent la renommée, par mon ami le professeur J. Renaut. Fidèle à l'amitié parce qu'il est fidèle à l'honneur, il me fait ressouvenir des paroles de notre vieux poète, François Villon : « Deux estions et n'avions qu'un cœur. » Sa brillante présidence assure pour le présent et pour l'avenir le succès des congrès français de climatothérapie. Il me permettra de le remercier au nom de tous pour l'éclat que son nom et sa grande autorité ont donné au congrès d'Arcachon.

Au nom du corps médical et des malades nous remercions, non pas éloquemment, comme le pensait le professeur Renaut, mais simplement, c'est-à-dire très sincèrement, M. le ministre de la Marine de sa visite réconfortante, si bien faite pour encourager nos efforts. Il nous démontre ainsi par sa présence le prix qu'il attache, avec le gouvernement républicain, à ces luttes pacifiques et défensives que l'on ne soutient ni avec les canons, ni avec les cuirassés ou les torpilleurs, mais avec la concurrence scientifique, commerciale et industrielle, laquelle deviendra bientôt, nous en avons la ferme espérance, la loi du progrès universel et de la paix humaine. Il sait qu'enrichir la France, comme nous le voulons, c'est la fortifier, et que l'argent est le nerf de la paix..., telle qu'elle existe aujourd'hui, avec sa puissante armure. Comme le président du congrès il est de ceux qui savent encore que dans toutes les actions de notre vie il y a une bonne étoile qui nous guide et nous rend toujours meilleurs, qui inspire les plus généreuses pensées et les plus purs dévouements. Cette étoile, dont certains nuages ne parviennent jamais à obscurcir l'éclat, ni quelques orages à chasser les invincibles et infinies espérances, cette bonne étoile que nous voyons sans cesse et qui toujours nous fixe là-haut, immobile, au sommet de l'insondable voûte, c'est la France!

En sorte que personne ne me contredira dans cette devise, dont nos efforts avec ce congrès sont aujourd'hui l'éloquente consécration :

Au-dessus de la République, voir toujours la France.

DISCOURS DE M. G. THOMSON

MINISTRE DE LA MARINE

MESDAMES,
MESSIEURS,

Je suis véritablement confus de l'honneur tout à fait immérité que me vaut la charge temporaire dont je suis investi, de présider un Congrès où figurent les professeurs les plus éminents de nos Facultés de médecine. (*Applaudissements.*)

On vous a beaucoup entretenus, Messieurs, de cure libre et de cure fermée. Vous n'attendez certainement pas de moi que je prenne parti dans la question et si j'ai des idées personnelles, je me garderai bien de les formuler ici.

Ce n'est pas un Algérien qui contestera les vertus du ciel bleu et de l'air pur, de ce joyeux soleil qui faisait le charme de cette journée admirable d'hier et celui des heures aimables, trop rapides sans doute, que je passe au milieu de vous.

Je me contenterai donc d'une seule observation. Si vous obtenez l'organisation de la station que vous rêvez et qui doit faire tomber dans les coffres de l'Etat — si cela est possible nous vous en serons très reconnaissants — les cent millions dont parlait tout à l'heure M. le professeur Huchard, vous aurez obtenu un résultat intéressant.

Je ne puis oublier le mal qui dévaste à l'heure actuelle nos ateliers et nos arsenaux; je ne puis oublier ces malheureux ouvriers en face desquels il est difficile de remplir son devoir.

Faut-il les laisser dans l'arsenal? Si la contagion n'est pas aussi certaine que l'a dit, avec raison, M. le professeur Huchard, cependant elle est menaçante.

Faut-il, au contraire, les faire sortir de l'arsenal? C'est les condamner à la misère et à la faim. D'autre part, ils n'ont pas les ressources nécessaires pour aller dans un sanatorium fermé d'Allemagne ou de Suisse.

Voyez alors combien il serait important d'organiser, sous nos climats, cette station dont vous parliez tout à l'heure.

Je ne puis, Messieurs, vous dire qu'une chose : L'œuvre à laquelle vous vous êtes attachés est des plus utiles. Si vous réussissez, vous aurez aidé à la solution d'un problème social et économique d'une importance capitale.

Pour hâter cette solution, vous pouvez compter sur l'appui absolu du Gouvernement de la République. (*Applaudissements.*)

ASSEMBLÉE PLÉNIÈRE STATUTAIRE DU JEUDI 27 AVRIL

Présidence de M. le professeur RENAUT, Président.

Les membres du deuxième Congrès Français de Climatothérapie et d'Hygiène Urbaine se sont réunis le jeudi 27 avril 1903, à neuf heures quinze minutes du soir, au Grand-Hôtel (salle des Fêtes).

Prennent place au bureau :

MM. Renaut, président; Huchard, Calmette, Lalesque, vice-présidents; Festal, secrétaire général; Dhourdin et Hameau, secrétaires-adjoints; Dechamp, trésorier général; Cazaban, trésorier-adjoint.

M. le Président, après s'être excusé du retard apporté à l'ouverture de la séance, par suite de l'excursion nautique qui s'est terminée un peu tard, dit que le Bureau a dû se préoccuper de l'avenir des Congrès de Climatothérapie et d'Hygiène Urbaine, dont le succès vient de s'affirmer à Arcachon d'une manière éclatante, succès qui sera confirmé par la séance de demain et celle qui aura lieu à Pau.

Ainsi que je le prévoyais, dit-il, dans les dernières paroles que je prononçai hier à la séance solennelle, l'œuvre que nous avons entreprise de la mise en valeur de nos diverses stations climatiques vis-à-vis de nos nationaux et des étrangers, a aujourd'hui un avenir certain ; mais, pour être poursuivie jusqu'à son terme intégral, il faut lui donner des éléments de vitalité.

Le Congrès de Climatothérapie est un peu comparable à ce nouveau-né qui commence à faire quelques pas en avant et auquel il faut des tuteurs pour le soutenir. Il est nécessaire de lui assurer une direction continue. Il faut absolument établir d'avance le programme des Congrès qui ne doivent pas toujours être fatalement distancés par des époques d'un an et qui doivent tenir compte des opportunités qui peuvent se présenter.

C'est grâce à l'ardeur et aux soins dont a fait preuve le Comité local d'Arcachon, c'est grâce, dis-je, à cette ardeur admirable dont je vous ai déjà entretenus, que le Congrès actuel doit tout son succès.

Il est nécessaire d'avoir une continuité et une homogénéité dans l'effort, pour obtenir un résultat comme celui que nous constatons et qui est, en somme, déterminé par les efforts énergiques du Comité local.

Il se peut qu'un autre comité local n'ait pas les mêmes préoccupations, et nous pourrions nous trouver pris au dépourvu même sous le ciel le plus bleu ; dans ce cas, le Congrès ne donnerait pas les fruits qu'on en attend.

C'est dans ces conditions, Messieurs, que votre bureau a pensé que l'Assemblée générale devait désigner les membres d'un comité permanent, afin que, dans les intervalles des Congrès, ce comité permanent puisse donner à l'œuvre une certaine direction. C'est une proposition qui va vous être faite tout-à-l'heure par mon ami Huchard qui, ayant eu le premier l'idée des Congrès de Climatothérapie et d'Hygiène Urbaine, se trouve être le mieux documenté et le mieux placé pour exposer les questions et desiderata dont avons à nous entretenir ensemble.

Le Comité permanent aura à s'occuper de mettre en œuvre les bonnes volontés locales. Le principe semble bon que la pérennité des fonctions de président soit écartée des éventualités possibles en reportant à quatre ans les présidences successives d'un seul et même individu.

Il nous a semblé que le choix des secrétaires généraux aurait une grande influence

d

sur les destinées d'un Congrès, par conséquent ce choix ne doit être fait qu'après une information préalable, minutieuse et attentive.

Nous estimons qu'il sera sage de laisser toute liberté à cet égard à la Commission permanente ; sans cela, nous risquerions d'avoir des déceptions. On ne trouve pas tous les jours des secrétaires généraux capables de remplir leurs fonctions comme l'a fait M. Festal (*Applaudissements*).

Dans les deux derniers Congrès, nous avons eu la bonne fortune de mettre la main sur deux secrétaires généraux. MM. Hérard de Bessé, à Nice, et Festal, à Arcachon, qu'il ne sera pas facile de remplacer.

De plus, nous pouvons nous trouver en face de rivalités locales qui s'élèveront contre le choix du secrétaire général : une fois ce sera sous prétexte qu'on ne choisit pas celui qui a bien travaillé, et une autre fois sous prétexte qu'on veut pérenniser les fonctions dans un but de népotisme.

Le président d'un Congrès n'est pas difficile à trouver, mais il n'en est pas de même du secrétaire général. Aussi pensons-nous qu'il faut laisser ce dernier choix à la perspicacité de la Commission permanente. Il n'y a aucun danger à cela parce que la Commission permanente, en devenant responsable de la bonne exécution du programme des travaux, devra y regarder à deux fois pour ne pas se mettre en conflit avec les Comités locaux.

Après avoir nommé ce soir le président du futur Congrès, qui n'aura très probablement lieu que dans deux ans, l'année 1906 étant déjà encombrée de réunions de cette nature, l'assemblée qui m'écoute voudra bien nommer les vice-présidents.

Avant de donner la parole à mon ami Huchard j'éprouve le très grand besoin de vous remercier, d'une part, de l'honneur que vous m'aviez fait l'année dernière en m'appelant à votre tête, et, d'autre part, d'exprimer ma gratitude à tous les membres du bureau, soit local, soit général et à tous les Congressistes qui, par leur zèle, leur travail personnel, leur bonne volonté et leur saine compréhension des nécessités auxquelles nul ne peut se soustraire, m'ont facilité la tâche d'une façon telle que le souvenir de cette présidence d'un grand Congrès — qui n'est pas la première — sera pour moi inoubliable parmi les présidences éphémères que j'ai pu occuper (*Applaudissements*).

Dr HUCHARD. — Nous avons, Messieurs, beaucoup de choses à faire ce soir. Nous avons huit questions à étudier, je me permettrai même de vous en soumettre une neuvième, et je vais vous prier de vouloir bien répondre tout de suite aux questions qui ne peuvent pas nous diviser.

I. — *Commission permanente des stations hydro-minérales et climatiques de France.*

Dr HUCHARD. — Je suis allé, il y a quelques jours, rendre visite au Ministre des Travaux publics et au Ministre de l'Intérieur, pour leur demander de créer une Commission permanente de protection des stations hydro-minérales et climatiques de France.

Cette commission, qui aurait une importance considérable, serait composée d'ingénieurs, de chimistes, de médecins et d'hommes politiques qui étudieraient tous les desiderata de ces stations et feraient, j'en suis convaincu, d'utile besogne.

Les Ministres dont je viens de parler ont partagé mon avis ; mais, M. Étienne m'a dit : Apportez-moi un vœu, autant que possible unanime, du Congrès d'Arcachon et je vous donnerai toute satisfaction.

Eh bien, Messieurs, voici le texte du vœu que je vous propose d'émettre :

« Les membres du 2ᵉᵐᵉ Congrès Français de Climatothérapie et d'Hygiène Urbaine au nombre de 329, réunis en Assemblée plénière à Arcachon le jeudi soir 27 avril 1905, émettent le vœu que soit créée une Commission permanente des stations climatiques et hydro-minérales de France, et l'adressent avec une respectueuse confiance à M. le Ministre de l'Intérieur. »

Ont signé les membres du bureau présents à la séance et le Dr Huchard.

Un membre du Congrès ayant demandé de combien de membres se composerait cette commission, M. le docteur Huchard répond que le nombre des membres sera laissé à l'appréciation du Ministre, mais qu'on peut, d'ores et déjà, entrevoir que la commission aura cinquante à soixante membres qui se réuniront quatre fois par an.

(M. le Président met aux voix le vœu proposé qui est adopté à l'unanimité et acclamé.)

II. — *Déclaration de décès des tuberculeux.*

M. Huchard. — Le deuxième vœu que j'ai l'honneur de vous présenter tend à rendre obligatoire la déclaration du décès d'un tuberculeux au moyen d'une lettre cachetée adressée au Maire qui, seul, doit en prendre connaissance.

M. le Président. — Il s'agit, Messieurs, d'un vœu qui a été adopté à l'unanimité par la section d'Hygiène urbaine.

M. le Secrétaire général. — Je demande que la rédaction du vœu spécifie qu'il s'agit de la « *Cause* ».

M. le Président. — C'est la *cause* du décès que nous souhaitons soumettre à la déclaration. Pour répondre au désir exprimé par M. Festal, M. Calmette, qui a présidé la section d'Hygiène urbaine, veut bien se charger, si vous n'y voyez pas d'inconvénient, de rédiger un nouveau texte qui vous sera soumis à la fin de la séance. (*Assentiment unanime.*)

III. — *Nomination du Président du prochain Congrès.*

M. Huchard. — Il s'agit, Messieurs, de procéder, tout d'abord, à la nomination du président du prochain Congrès et nous pouvons, d'ores et déjà, vous proposer une candidature qui, à notre avis, s'impose à tous et qui réunira certainement l'unanimité des suffrages. Il s'agit d'un homme qui s'est acquis les sympathies de tout le monde, dont la notoriété scientifique n'est pas à démontrer, et qui sera certainement un bon porte-drapeau, car, si le drapeau reste toujours le même, c'est-à-dire le drapeau du Congrès de Climatothérapie et d'Hygiène Urbaine, les porte-drapeau, qui ne sont autres que les présidents, changent.

Eh bien ! le nouveau porte-drapeau que nous vous proposons est M. Calmette. (*Applaudissements prolongés.*)

Je suis très heureux, Messieurs, du grand succès que je viens de remporter en vous proposant, au nom du Bureau et de tous nos amis, la candidature que vous venez d'applaudir chaleureusement. (*Applaudissements.*)

M. le Président. — Je ne puis pas ne pas m'associer personnellement à la proposition que vient de vous faire mon ami Huchard, qui a toujours été guidé dans ses choix par l'intérêt de l'œuvre, et si le succès eût pu être douteux jusqu'à ce jour, avec le nouveau Président il serait assuré.

(La candidature de M. Calmette comme Président du prochain Congrès est mise aux voix et adoptée à l'unanimité au milieu des applaudissements de l'Assemblée. — Les membres du bureau se lèvent et vont féliciter M. le docteur Calmette.)

M. CALMETTE. — Je suis profondément ému, Messieurs, et je me sens réellement indigne de l'honneur que vous venez de me faire. Si je l'accepte, c'est sûrement un très lourd fardeau que j'assume pour mes trop jeunes épaules. Et puis, comment succéder — je ne dirai pas remplacer, cela me serait impossible — à un homme aussi universellement aimé et respecté que le professeur Renaut ? (*Applaudissements.*)

Comment oserai-je m'asseoir à cette place ? Cela me paraît bien difficile, et, d'autre part, si je refusais cet honneur, je sens que je manquerais à mon devoir et que vous pourriez m'accuser d'ingratitude.

Je manquerais à mon devoir parce que, en somme, j'en ai conscience, il s'agit d'une œuvre patriotique à accomplir. (*Applaudissements.*)

Vous pourriez m'accuser à bon droit d'ingratitude, car vous m'avez manifesté à Nice d'abord, à Arcachon ensuite, tant de bienveillance, tant de sympathie, tant d'estime pour mes modestes travaux et pour ma pauvre personne, que vraiment je serais tout à fait indigne si je me dérobais. (*Applaudissements.*)

J'accepte donc, puisqu'il le faut ; j'y mets cependant une condition : c'est que les conseils de vous tous, ceux des présidents qui m'ont précédé, de M. le professeur Renaut, de M. le professeur Chantemesse et surtout ceux de notre vénéré maître à tous, Huchard, ne me feront pas défaut.

On ne peut prononcer ce dernier nom qu'avec vénération, et, pour ma part, je conserverai toute ma vie le regret de ne pouvoir dire effectivement « mon maître Huchard » ; je regretterai, dis-je, toute ma vie de n'avoir pas été de plus près son élève. (*Applaudissements.*) Mais ce sera une consolation pour moi d'être associé d'un peu près à une œuvre qu'il a entreprise et qu'il surveillera avec tout son cœur dans l'avenir comme il l'a fait dans le passé. (*Applaudissements.*)

J'accepte donc, Messieurs, avec cette restriction que je compte sur votre collaboration à tous, sur votre concours dévoué, car, sans vous, je ne pourrais rien. Je vous appartiens non pas *perinde ac cadaver*, mais *perinde ac vir* pour la Patrie. (*Applaudissements.*)

IV. — *Nomination des trois vice-présidents du prochain Congrès.*

M. HUCHARD. — Nous avons à procéder maintenant, Messieurs, à la désignation des vice-présidents locaux dont je vous proposerai tout à l'heure la nomination.

Je vous propose de maintenir M. Grasset et M. Pitres et de leur adjoindre le doyen honoraire de la Faculté de médecine de Bordeaux, M. de Nabias, dont je n'ai pas à vous faire l'éloge ; il y a des éloges qu'on ne fait plus. (*Applaudissements.*)

M. LE PRÉSIDENT. — Je suis d'accord avec mon ami Huchard pour appuyer auprès de vous les candidatures de MM. Grasset, Pitres et de Nabias.

Je suis convaincu que ce dernier nous rendra les plus grands services, car nous savons que nous pouvons compter sur sa vaillance, sur l'aménité de son caractère et sur sa valeur incontestable, qui feront de lui un des chefs de notre œuvre. (*Applaudissements.*)

(M. le Président met aux voix les candidatures comme vice-présidents de MM. Grasset, Pitres et de Nabias qui sont adoptées à l'unanimité.)

V. — *Nomination de deux vice-présidents locaux du prochain Congrès.*

M. Huchard. — Je vous demande la permission, Messieurs, d'entrer dans quelques considérations et, à ce propos, permettez-moi de vous faire tout d'abord une déclaration : je suis extrêmement démocrate ; j'estime que, pour les fonctions de vice-président et même de président, il ne faut pas toujours nommer un homme qui a de nombreux titres officiels, qui porte un ruban ou une rosette. Pourquoi ne pas faire appel à de bons praticiens, qui, eux aussi, tiennent fièrement un drapeau : celui de l'honorabilité ?

Il y en a deux auxquels j'ai songé depuis longtemps. Dans le discours que j'ai prononcé hier à la séance solennelle j'ai parlé de deux hommes qui ont été à la peine et qui nous ont tracé la voie à suivre. Au Congrès de Moscou ils ont protesté les premiers, en faveur de la France et de la vérité, contre les allégations des étrangers ; nous n'avons fait que les suivre.

Le prochain Congrès devant se tenir probablement soit à Cannes, soit à Monaco ou à Menton, je propose de nommer vice-présidents locaux : le docteur Bourcart, de Cannes, et le docteur Vivant, de Monte-Carlo. Nous donnerons ici le bon exemple et nous ferons œuvre de bons démocrates. (*Applaudissements.*)

(M. le Président met aux voix la proposition de M. Huchard qui est adoptée à l'unanimité.)

M. de Nabias. — Messieurs, vous m'avez fait tout-à-l'heure l'honneur de me nommer vice-président ; je vous en suis très reconnaissant. J'ai laissé voter sur mon nom sans protester, mais, à la réflexion, il me semble que je ne dois pas accepter la vice-présidence. (*Protestations unanimes.*)

Vous parliez tout-à-l'heure, Monsieur Huchard, de praticiens. Eh bien je vous dirai qu'il y en a parmi nous qui sont très qualifiés pour occuper ce poste de vice-président et je serais très heureux que l'assemblée voulût bien désigner à ma place un des hommes qui se sont déjà distingués au cours de ce Congrès.

M. le Président. — L'Assemblée a été unanime à vous nommer vice-président et, comme un de nos collègues me fait remarquer avec raison que nous perdons du temps en revenant sur les décisions déjà prises, je déclare l'incident clos. (*Applaudissements.*)

VI. — *Désignation du siège et de l'époque du prochain Congrès.*

M. le Président. — Mon ami Huchard va vous indiquer les villes qui ont demandé à être le siège du prochain Congrès. Le nombre des demandes atteste la vitalité de notre œuvre.

M. Huchard. — J'ai reçu la visite à Paris de M. le Maire d'Ajaccio, qui m'a remis la délibération suivante du Conseil municipal de cette ville :

MAIRIE D'AJACCIO

—

DÉPARTEMENT DE LA CORSE

—

Séance ordinaire du 15 avril 1905.

EXTRAIT DU REGISTRE DES DÉLIBÉRATIONS DU CONSEIL MUNICIPAL DE LA VILLE D'AJACCIO

L'an mil neuf cent cinq, le quinze du mois d'avril, à 4 heures du soir, le Conseil municipal de la ville d'Ajaccio s'est réuni à l'Hôtel-de-Ville, sous la présidence de M. Pugliesi-Conti, maire.

Étaient présents MM. les Conseillers municipaux :

1 Pugliesi-Conti, Président ; 2 Nicoli, 1er Adjoint ; 3 Stephanopoli, 2me Adjoint ; 4 Poggi, 5 Marti, 6 Paoli, 7 Canale, 8 Dagrégorio, 9 Farinacci, 10 Stephanopoli, (Michel) ; 11 Franceschini, 12 Bartoli, 13 Bodoy, 14 Campiglia.

Le Conseil a élu pour secrétaire M. Campiglia.

. . . .
. . . .

Le Maire porte à la connaissance du Conseil que le Congrès de Climatothérapie qui s'est tenu l'an passé à Nice, et auprès duquel la ville d'Ajaccio a tenu à déléguer M. le Docteur Ferrandi, officier de la Légion d'honneur, projette de se réunir à Cannes en 1907

Le Maire croit qu'il serait très intéressant pour la Ville d'Ajaccio et la Corse entière de solliciter de cette Assemblée de savants éminents l'honneur de les voir rendre visite à notre beau pays et de leur demander de clore leur Congrès dans cette cité ajaccienne, dont le merveilleux climat appelle depuis longtemps l'attention du monde médical, et qui, au premier rang des sites méditerranéens, mérite la faveur de la climatothérapie.

Le Conseil, partageant unanimement les sentiments exprimés par le Maire, émet le vœu que le Congrès de Climatothérapie qui va avoir lieu ces jours-ci à Arcachon veuille décider, en conséquence, que le Congrès qui doit se réunir aux vacances de Pâques, en 1907, se partagera entre Cannes et Ajaccio.

Cette ville et la Corse entière seront très heureuses d'offrir au Congrès l'hospitalité la plus cordialement empressée.

. . . .
. . . .

Fait et délibéré à Ajaccio, les jour, mois et an que dessus.

(Suivent les signatures.)

Pour extrait conforme :

Le Maire,

PUGLIESI-CONTI.

Voici maintenant une lettre de M. le Maire de Cannes :

RÉPUBLIQUE FRANÇAISE.

—

Cannes, le 17 avril 1905.

Monsieur le Docteur Huchard,

Nous serions fort désireux de voir le 3e Congrès climatothérapique choisir ses assises à Cannes, au commencement de novembre 1906.

Je puis avancer sans témérité que Cannes, dans le Sud-Est du littoral, est un centre de rayonnement fait à souhait pour réjouir les excursionnistes même professionnels.

Je vous prie, Monsieur le Professeur, d'agréer l'expression de mes sentiments les plus distingués.

A. CAPRON, maire.

Enfin, nous sommes sollicités par les villes de Menton et de Biarritz.

Votre bureau, Messieurs, a pensé que le prochain Congrès pourrait être tenu à Cannes et à Menton. Nous avons vu l'est du Sud-Est de la France, mais nous n'avons pas vu l'ouest du Sud-Est ; nous n'avons pas vu Hyères, Saint-Raphaël, la route de l'Estérel, qui est merveilleuse, Grasse, en sorte que, pour ne pas exciter de jalousies, nous pourrions tenir notre prochain Congrès à Cannes, Menton et Monaco, tous les Congressistes étant libres de faire une excursion à Ajaccio avec retour par Marseille ou par Nice. Ajaccio n'a qu'un tort, c'est d'être en France. Si la Corse appartenait aux Anglais ou aux Allemands ils en tireraient des richesses considérables.

Le Congrès s'ouvrirait à Cannes, où on resterait deux ou trois jours ; il continuerait à Menton et se terminerait à Monaco, où le vice-président local que vous avez nommé tout à l'heure, M. Vivant, est l'ami du prince de Monaco, qui mettra son yacht à la disposition des excursionnistes désireux de visiter Ajaccio.

M. LE PRÉSIDENT. — Permettez-moi, Messieurs, de vous faire connaître mon sentiment personnel. J'ai écouté avec la plus grande attention toutes les observations qui m'ont été présentées ces jours derniers au sujet du choix du siège du prochain Congrès.

Comme vous le disait tout-à-l'heure mon ami Huchard, nous avons vu une partie de l'est du Sud-Est, et l'ouest du Sud-Est nous est encore inconnu. Il me semble donc logique de ne compléter l'étude des stations du Sud-Ouest que lorsqu'on aura visité celles du Sud-Est ; de même qu'après avoir complété vos études sur la Riviera et ses annexes vous voudrez venir compléter ici l'étude très intéressante que vous y avez ébauchée.

Par conséquent, le choix qui me paraît raisonnablement s'imposer c'est une combinaison de la Riviera (partie Sud-Ouest de la Côte d'Azur) après quoi nous aurons à visiter la Bretagne et l'Auvergne et à donner satisfaction à la ville de Biarritz.

Nous pourrons ainsi visiter Dax, St-Jean-de-Luz, Salies, etc.

M. LONG-SAVIGNY. — Messieurs, le corps médical de Biarritz a exprimé le désir que le prochain Congrès de Climatothérapie et d'Hygiène Urbaine soit tenu dans cette ville. Ce vœu a été transmis à la municipalité qui l'a très favorablement accueilli, permettez-moi de vous en donner lecture :

« Le corps médical de Biarritz, avant la réunion du Congrès d'Arcachon, a exprimé le vœu que Biarritz fût choisi comme le siège d'un des prochains Congrès de Climatothérapie et d'Hygiène Urbaine. Ce vœu est très favorablement appuyé par la municipalité de Biarritz.

En tenant compte de la proposition si légitime des stations du Sud-Est pour le IIIme Congrès, j'ai l'honneur, en transmettant le vœu de nos confrères, et au nom de la municipalité de Biarritz, de demander que cette ville soit désignée pour être le siège du IVme Congrès Français de Climatothérapie et d'Hygiène Urbaine.

Signé :

« Dr G. LONG-SAVIGNY, adjoint au Maire de Biarritz. »

Tenant compte de cette revendication très juste de notre Sud-Ouest, je demande que Biarritz soit choisi comme siège du quatrième Congrès.

M. LE PRÉSIDENT. — D'ores et déjà Biarritz peut compter sur un Congrès qui suivra probablement celui qui aura lieu sur la Riviera.

Biarritz a, en effet, une situation prépondérante comme station climatique. Je vais mettre aux voix la question de savoir si le prochain Congrès aura lieu sur la Riviera.

M. Legrand. — Un article des statuts dit que le Congrès en exercice ne peut désigner que le lieu et la date du Congrès qui suit immédiatement après ; il est bon de respecter cette prescription.

Sur l'initiative de M. Huchard, nous avons émis le vœu que le prochain Congrès se tînt mi-partie à Monaco et mi-partie à Ajaccio.

M. le Président. — Nous allons nous en tenir au règlement.

(L'assemblée consultée décide, à l'unanimité, que le prochain Congrès aura lieu sur la Riviera.)

M. Hérard de Bessé.— Je suis chargé, Messieurs, par la Société du littoral méditerranéen, par les Sociétés de médecine de Nice, Monaco, Menton et Hyères, de demander que le prochain Congrès se tienne à Menton et à Monaco.

Etant donné les différents desiderata et le désir très légitime exprimé par M. le Professeur Huchard que Cannes soit adjoint à ce groupe, je ne crois pas excéder mes pouvoirs en émettant le vœu, au nom des sociétés que je représente, que le Congrès ait lieu à Cannes et à Menton.

Permettez-moi, Messieurs, de vous faire connaître mon sentiment au sujet d'une excursion en Corse. J'ai été le premier secrétaire général des Congrès de Climatothérapie et d'Hygiène Urbaine et j'ai eu, en cette qualité, l'occasion d'apercevoir et d'apprécier bien des difficultés d'organisation.

Si nous devons nous réunir pendant la semaine de Pâques, une excursion en Corse me paraît difficile. Je vous signale ce fait afin que la tâche des organisateurs ne soit pas aggravée.

M. Huchard. — Il a été décidé que les Congrès auront lieu pendant la semaine de Pâques. D'autre part, le maire d'Ajaccio m'a confirmé qu'il pourrait parfaitement nous recevoir à cette époque.

Je vous propose, Messieurs, d'aller à Cannes, Menton et Monaco, avec facilité pour les Congressistes d'aller ou non en Corse.

M. le Président. — M. Hérard de Bessé ne s'est peut-être pas rendu compte que ses occupations et celles des médecins riverains prennent leur terme à l'époque où nous sommes, et que l'esclavage médical ne recommence pour eux que beaucoup plus tard. Par conséquent, la période de liberté dont ils jouissent et la possibilité qu'ils ont de recevoir leurs hôtes avec la distinction qui leur est habituelle, s'étendent sur un long espace de temps. Mais il faut tabler avec les occupations des autres.

La semaine de Pâques est une période qui rend à-peu-près tout le monde libre parce qu'on y est habitué.

Vous choisissez votre Président et vos vice-présidents parmi les membres de l'Université et des Facultés, or ceux-ci n'obtiennent pas les congés qu'ils veulent, tandis qu'ils sont libres pour la semaine de Pâques. Par conséquent, à moins de raisons péremptoires, et qui ne peuvent être connues que sur le moment même, il est indispensable de maintenir la date des vacances de Pâques.

M. d'Espine. — Je désirerais savoir, s'il y a un ordre de priorité, dans quelle ville commencera le Congrès et où il finira.

M. Huchard. — Il faut qu'il commence à Cannes.

M. Post. — Messieurs, je connais la Corse où je suis allé l'année dernière. Il n'y a à Ajaccio que deux hôtels. Comment pourra-t-on, si le Congrès va en Corse, loger soit huit cents personnes, comme l'année dernière à Nice, soit cinq cents, soit trois cent quarante comme cette année à Arcachon ?

M. LE PRÉSIDENT. — C'est une question d'organisation. Pendant les vacances de Pâques, on peut trouver de nombreux locaux, comme, par exemple, les lycées et collèges, voire même des maisons particulières.

(L'Assemblée consultée décide à l'unanimité que le prochain Congrès aura lieu à Cannes, Menton et Monaco avec excursion facultative à Ajaccio.)

M. HUCHARD. — Messieurs, il était question tout d'abord de fixer la date du prochain Congrès au mois de novembre 1906 pour la raison suivante : au mois d'avril doit se tenir un grand Congrès international à Lisbonne et il y avait un intérêt très grand, après avoir visité la Riviera à la fin de la saison, à la visiter au commencement, c'est-à-dire au mois de novembre, en un mot à la voir sous toutes ses faces. Cette combinaison me paraissait acceptable, mais j'ai reconnu qu'il y avait des objections sérieuses.

Si le Congrès doit avoir lieu à Cannes, Menton et Monaco, il ne sera pas trop de deux ans pour permettre au secrétaire général de le préparer. Vous êtes donc appelés, Messieurs, à vous prononcer sur la date de novembre 1906 ou Pâques 1907.

M. LE PRÉSIDENT. — Il n'est pas possible d'adopter la date de novembre 1906, un grand nombre de membres du Congrès n'étant pas libres à cette époque parce qu'ils appartiennent aux Facultés de médecine, aux hôpitaux et aux services hospitaliers. Je propose de décider que le prochain Congrès aura lieu en 1907 pendant les vacances de Pâques.

(L'Assemblée consultée adopte à l'unanimité la proposition de M. le Président.)

M. CALMETTE. — Il me semble qu'il serait tout-à-fait logique de nommer la Commission permanente dont a parlé tout-à-l'heure le professeur Huchard et de la prier de s'entendre ensuite avec le Comité local pour choisir le secrétaire général, les secrétaires-adjoints et le trésorier.

VII. — *Nomination de délégués au Congrès de la Tuberculose.*

M. HUCHARD. — La question soulevée par M. Calmette va être bientôt résolue, mais auparavant permettez-moi de réparer un oubli que j'ai commis. Un grand Congrès de la Tuberculose se tiendra à Paris au mois d'octobre 1905. Le Bureau vous propose de désigner un ou deux délégués pour présenter à ce Congrès un rapport sur les résultats des travaux importants que nous avons accomplis pendant deux ans.

M. CALMETTE. — La proposition de M. Huchard me semble incompatible avec ce qui a été décidé au Comité du Congrès de la Tuberculose qui se divise en cinq sections. Les rapporteurs sont déjà nommés et le nombre des rapports est limité à deux par section. Nous n'avons donc pas le droit de charger nos délégués de faire des rapports parce qu'ils ne seraient pas acceptés, tout au plus pourront-ils faire des communications.

M. HUCHARD. — Ils pourront donc présenter une communication, ce qui est le droit de tout le monde, et je vous propose de charger de cette communication MM. Calmette et d'Espine. Nous avions pensé à désigner M. Lalesque, mais il vaut mieux que nous désignions des médecins qui ne sont attachés à aucune station et qu'on ne pourra pas accuser de faire un plaidoyer *pro domo saa.*

M. LE PRÉSIDENT. — Cela permettra à M. Lalesque de faire une communication de plus.

M. HUCHARD. — Nous espérons que M. d'Espine voudra bien accepter la mission que le Congrès va lui confier. Il a répondu à la proposition que nous lui avons faite qu'il n'était pas Français, mais je lui ai fait remarquer qu'il était Français de cœur ! (*Applaudissements.*)

M. LE PRÉSIDENT. — Nos collègues étrangers ont, comme nous, le droit de parler des stations françaises. Ils ont d'autant plus ce droit, qu'on ne pourra pas les accuser d'obéir à des suggestions intéressées.

(L'assemblée consultée désigne comme délégués MM. Calmette et d'Espine.)

VIII. — *Nomination de la Commission permanente.*

M. HUCHARD. — J'ai demandé la création d'une Commission permanente et voici pourquoi.

Par un accord tacite intervenu entre vous et moi, je constitue depuis deux ans toute la Commission permanente. Je crains de m'imposer à vous, et, d'autre part, je trouve que c'est un peu fatigant.

MM. Lalesque, Festal et Hérard de Bessé pourraient vous renseigner à ce sujet; c'est aussi une grave responsabilité. Je prends ici la parole en votre nom, mais je me demande si j'en ai le droit. Vous me donnez à chaque instant des preuves de confiance et d'amitié, dont je vous suis très reconnaissant, mais il n'en est pas moins vrai que, jusqu'à un certain point, j'excède mon droit. C'est pourquoi je voudrais être appuyé par une Commission permanente pour donner plus de force à notre entreprise.

Nous sommes ainsi amenés à modifier nos statuts. L'article 24 comportera l'addition suivante : les membres de la Commission permanente d'organisation du Congrès, au nombre de cinq (nous avions, tout d'abord, pensé à quinze ou vingt membres), nommés pour dix ans à partir du mois de mai 1905, seront : MM. Chantemesse, Renaut, Calmette, Huchard et un cinquième membre que vous voudrez bien désigner.

Il faudrait qu'il y eût au moins deux ou trois médecins de Paris. J'avais pensé à vous proposer la nomination d'un jeune, qui nous a déjà donné les preuves de l'intérêt qu'il porte à nos Congrès : c'est M. Rénon, professeur agrégé à la Faculté de Médecine de Paris, médecin des hôpitaux. (*Très bien! très bien!*)

M. CAZAUX. — Il n'y a pas assez de cinq membres; nous sommes vingt membres pour le Congrès d'hydrologie.

M. HUCHARD. — Plus nous serons, moins nous nous entendrons.

M. FERRAS. — Au nom d'un groupe de dissidents je prie le Bureau de demander le concours du Docteur Louis Guinon, qui voudra bien, comme il l'a fait déjà, travailler au succès du prochain Congrès. (*Applaudissements.*)

M. LE PRÉSIDENT. — Ce n'est pas moi qui, après avoir entendu le rapport de notre collègue M. Guinon, m'opposerai à son admission comme membre de la Commission permanente.

M. HUCHARD. — Je vous propose, messieurs, de désigner MM. Rénon et Guinon.

M. GUINON. — Il ne faut que cinq membres.

M. CALMETTE. — On peut en nommer six sans inconvénient car, sur deux provinciaux, il y en aura toujours un qui manquera.

(L'Assemblée, consultée, désigne à l'unanimité comme membres de la Commission permanente MM. Chantemesse, Renaut, Calmette, Huchard, Rénon et Guinon.)

M. LE PRÉSIDENT. — Je vous propose de désigner M. Huchard comme Président de la Commission permanente. (*Applaudissements.*)

(La proposition de M. le Président, mise aux voix, est adoptée à l'unanimité.)

M. Huchard. — C'est une nouvelle charge que vous m'imposez. Je ne vous remercie pas moins de votre confiance.

M. le Président donne lecture du texte définitif de l'addition suivante à joindre à l'art. XXI des statuts : « *Les Membres de la Commission permanente d'organisation du Congrès, au nombre de six, nommés pour dix ans à partir du mois de mai 1905, seront : MM. Chantemesse, Renaut, Calmette, Huchard, Rénon et Guinon. Le Docteur Huchard est désigné comme Président de cette Commission* ». (L'ensemble, mis aux voix, est adopté.)

Dr Huchard. — Je continue la lecture des modifications à apporter aux statuts :

Art. XXII : En cas de démission ou de décès de l'un des membres du Comité, le remplacement en est fait à l'élection par les membres de la Commission permanente. Les membres de cette Commission font partie du Bureau du Congrès. (Adopté.)

Art. XXIII : La Commission permanente a le droit de proposer des modifications ou des additions aux statuts. Elle doit dresser la liste de présentation des membres du bureau pour tous les Congrès. Les frais (correspondance, etc.) de son fonctionnement seront supportés par le prochain Congrès et payés chaque année par le trésorier général de ce Congrès sur présentation de la note à lui adressée par le secrétaire de la Commission permanente. (Adopté.)

Art. XV. — Mettre cinq vice-présidents au lieu de quatre, puisque nous en avons nommé cinq. (*Adopté à l'unanimité.*)

Il y a lieu d'ajouter ce qui suit à la première phrase de l'article 15 : « Lorsque le siège du Congrès aura lieu dans plus de deux villes, ce Congrès pourra s'adjoindre un secrétaire général de plus, désigné par la Commission permanente. Nous avons trois villes à visiter, même quatre, deux secrétaires-adjoints ne seront pas de trop.

M. de Batz. — Ces questions me paraissent être d'ordre intérieur ; elles pourraient être parfaitement résolues par la Commission permanente elle-même.

M. Huchard. — Nous vous demandons la permission de les résoudre.

M. Hérard de Bessé. — Lorsque j'ai été secrétaire général du premier Congrès, j'ai eu la chance d'avoir à côté de moi comme secrétaires-adjoints des confrères qui m'ont été très utiles.

Le secrétaire général étant responsable de l'œuvre du Congrès, il me paraît très juste qu'on lui laisse le droit de choisir ses collaborateurs sans qu'on les lui impose.

Il faudrait donc ajouter aux statuts : « Les secrétaires-adjoints seront choisis par le secrétaire général. »

M. le Président. — Il est difficile d'adopter la proposition de M. Hérard de Bessé, car on ferait ainsi du secrétaire général une autorité qui pourrait être gênante. S'il s'agissait de M. de Bessé, il désignerait, nous en sommes certains, des personnes qui seraient appelées à rendre de grands services. Mais il faut prévoir l'avenir, et ne donner ni aux présidents, ni aux secrétaires généraux, des prérogatives qui peuvent à un moment conduire à des abus.

M. Calmette. — On pourrait donner satisfaction partielle à M. de Bessé en disant que les secrétaires-adjoints seront choisis par la Commission permanente sur la proposition du secrétaire général.

M. Lalesque. — Je me demande, Messieurs, pourquoi on veut modifier un rouage qui, jusqu'à ce jour, a bien fonctionné. Mes collègues du Bureau voudront bien m'excuser de me séparer d'eux dans cette circonstance.

M. de Bessé nous disait tout-à-l'heure qu'il existe des sociétés médicales dans les diverses villes où se tiendra le prochain Congrès. Il est à présumer que ces sociétés comprennent la majorité des médecins qui exercent dans chacune de ces stations. Pourquoi ne pas laisser à ces sociétés, comme on l'a déjà fait jusqu'ici, le soin de désigner leur secrétaire général et leurs secrétaires-adjoints ? Le rouage ayant bien marché jusqu'à ce jour, pourquoi le compliquer ? Je n'en vois pas la nécessité et j'estime qu'il vaut mieux nous en tenir aux habitudes anciennes qui ont donné de bons résultats et nous mettrons, de cette façon, la Commission permanente à l'abri de certaines difficultés qui pourraient surgir si elle choisissait, peut-être à l'encontre du désir de la majorité de ces sociétés médicales, tel ou tel secrétaire général et tels ou tels secrétaires-adjoints.

M. Huchard. — Le secrétaire général est l'âme d'un Congrès. Si cela se passait comme vous le dites, il pourrait y avoir à un moment donné de très graves inconvénients et de très grosses difficultés.

M. le Secrétaire général. — J'estime que nous devons nous rallier à la proposition très sage de M. Calmette, qui est d'autant plus à prendre en considération qu'il sera le président du prochain Congrès. Nous donnons ainsi satisfaction à tous les intérêts. C'est la Commission permanente qui, en dernier ressort, jugera, mais ce sera le secrétaire général qui donnera à cette Commission des indications très précises.

M. le Président. — Le secrétaire général qui sera sur les lieux présentera les candidats possibles, mais il faut décider que la Commission permanente, après information, demeurera maîtresse en dernier ressort.

Dans les choses humaines, il est bon de prévoir les difficultés qui empêcheraient les rouages de fonctionner.

M. Hérard de Bessé. — J'ai eu l'occasion de me rendre compte combien il était préjudiciable qu'il y eût désaccord entre un secrétaire général et ses adjoints. Le secrétaire général étant responsable, il n'est pas admissible qu'on lui donne des collaborateurs sur lesquels il ne puisse pas compter. Je me rallie donc à la proposition du professeur Calmette.

M. Huchard. — Il est entendu que le secrétaire général aura le droit de choisir ses collaborateurs sauf approbation par la Commission permanente.

(La proposition de M. Calmette, mise aux voix, est adoptée.)

M. Huchard. — Il y a lieu d'apporter une modification à l'article 7, car nous avons éprouvé, l'année dernière, des difficultés au sujet des rapports, difficultés qui nous ont créé certaines inimitiés.

Nous vous proposons d'ajouter à la première phrase de cet article : « sauf avis contraire de la Commission permanente, le nombre des rapports de chaque section ne pourra pas dépasser le nombre de trois. »

M. Calmette. — J'ai à vous faire une proposition, qui, je crois, est de nature à réunir un grand nombre de suffrages.

Nous nous sommes aperçus à ce Congrès que certains rapports ont attiré en foule des auditeurs dans l'une des sections. Ne vous semble-t-il pas que le vide ainsi fait dans l'autre section est préjudiciable à l'utilité des discussions et qu'il y aurait lieu, à l'avenir, de réunir les deux sections en une seule, car tout le monde pourrait ainsi prendre part aux discussions qui intéressent les deux sections?

M. le Président. — Je partage l'opinion de M. Calmette. A la séance d'hygiène urbaine qui a eu lieu hier, on n'a présenté aucun rapport ; ce matin nous avons constaté l'inverse, si bien que, dans la section que j'avais l'honneur de présider, des personnes qui, avec juste raison, voulaient entendre la discussion du rapport de M. Arnozan, ne sont pas venues.

Les communications n'en restent pas moins pour cela, mais la discussion est perdue.

M. le Secrétaire général. — En ma qualité de secrétaire général, ayant dans une très large mesure participé à la rédaction des statuts et des règlements, je dirai que nous avons été conduits à cette conception particulière de la division du travail en vue de permettre à chaque communication de se produire. Je dois ajouter que nous n'avions aucunement prévu l'argument très réel et extrêmement important dont tous nous avons souffert, que vient d'exposer très nettement M. Calmette. Mais je me demande si, en fusionnant le Congrès en une seule section, nous arriverons à épuiser toutes les communications qui pourront se produire.

M. le Président. — On pourrait décider que le Congrès sera sectionné en deux si le nombre des communications l'exige, mais que la séance de chaque section sera précédée de la présentation d'un rapport, parce que tout le monde viendra à la séance où sera présenté un rapport qu'on aura déjà lu, à la discussion duquel on voudra assister et dont on voudra voir élucider les principales difficultés.

M. Calmette. — Ne seriez-vous pas d'avis, Messieurs, que les communications comme les rapports fussent imprimés avant l'ouverture du Congrès et distribués à chaque membre ?

Cela se passe ainsi dans certains Congrès internationaux. Le Bureau pourrait ainsi classer les communications selon leur importance, et il n'y aurait aucun inconvénient à ce que la discussion publique eût lieu en séance plénière.

M. le Président. — Cette combinaison me paraît très ingénieuse. J'ai déjà dit et crois avoir fait comprendre à mes collègues toute l'infortune qu'accompagne l'exposé d'une communication utile, aussi intéressante qu'on voudra l'imaginer, alors que son auteur ne sait pas manier la parole. La lecture d'une communication écrite *in extenso* demandera presque toujours plus que le temps réglementaire pour la lire. Celui qui la lira, la lira comme une leçon apprise, le débit sera monotone, aucun point de relief ne sera accusé dans cette lecture et, par conséquent, fût-elle extrêmement intéressante et même de valeur tout-à-fait capitale, elle échappera le plus souvent à l'appréciation des auditeurs. Il résulte de ma longue expérience qu'il n'y a que ceux qui parlent qui savent se faire comprendre. Tout le monde n'en étant pas capable — ce qui n'enlève rien au mérite — la proposition de M. Calmette me paraît devoir être prise en considération.

On imprimera d'abord les communications, elles seront ensuite distribuées aux membres du Congrès et, au lieu de les lire en séance, on commencera par les discuter. Seulement, il faut beaucoup d'argent.

M. Calmette. — Je vous demande, Messieurs, la permission de compléter ma proposition, parce que l'expérience de ce qui s'est passé ici nous a montré que les communications, telles qu'elles sont faites, ne sont pas susceptibles d'un classement.

Ainsi, à la section d'Hygiène urbaine, plusieurs d'entre vous ont présenté des communications sur la question du lait, d'autres sur l'eau, d'autres sur les égouts et les ordures ménagères ; ces communications étaient disséminées parmi d'autres qui traitaient des sujets différents. Si elles avaient été imprimées à l'avance, on aurait pu ouvrir la discussion sur ces diverses questions et perdre ainsi beaucoup moins de temps. On pourrait s'arranger pour que la discussion de ces communications eût lieu en séance plénière.

Je résume ma proposition : suppression de la division en deux sections ; réunion des deux sections en une seule ; impression des rapports avant l'ouverture du Congrès.

M. Hérard de Bessé. — S'il n'y a qu'une seule section et qu'il y ait un grand nombre de congressistes, il sera difficile d'avancer en besogne. Il serait peut-être prudent de réserver cette question de sectionnement.

M. Rodier. — Comme moyen-terme, et si la proposition de M. Calmette n'était pas adoptée, on pourrait décider qu'il y aurait deux rapports par jour, que ces deux rapports seraient discutés en séance plénière et c'est seulement à la fin de cette séance que le Congrès se diviserait en deux sections pour écouter les communications.

M. Calmette. — Alors un jour serait réservé à l'hygiène urbaine et le jour suivant à la climatothérapie?

M. Hérard de Bessé. — Je propose le renvoi de cette question à la Commission permanente. (M. le Président met aux voix la proposition de M. Hérard de Bessé, qui est adoptée.)

M. le Secrétaire général. — Je demande pardon à l'Assemblée d'invoquer de nouveau mes fonctions de secrétaire général pour dire que la proposition de M. Calmette, de demander à chacun d'envoyer par avance sa communication pour l'imprimer, pour séduisante et logique qu'elle paraisse, me semble avoir un grave défaut, c'est d'être irréalisable. Il est tellement difficile d'obtenir des rapporteurs, même de ceux qui y mettent énormément de bon vouloir, comme ils l'ont fait à Nice et à Arcachon, cinq, six ou sept rapports, que si on veut avoir des communications imprimées, ce sera une impossibilité insurmontable.

Pour faciliter le travail de la presse, nous avions demandé aux congressistes qui nous annonçaient des communications de nous envoyer un résumé en trente ou quarante lignes, résumé que nous aurions placé dans le dossier préparé d'avance pour chaque journal. Nous avons eu beaucoup de difficultés à y arriver. Par conséquent, pour obtenir *in extenso* par avance toutes les communications, cela sera très difficile et je me permets de signaler cette situation à la Commission permanente.

M. le Président. — Je sais à quelles difficultés on s'est heurté, et je n'ignore pas les efforts qui ont été faits. J'ai insisté de la façon la plus intense, et MM. Lalesque et Festal ont été les agents tortionnaires de mon autorité présidentielle; ils n'ont abouti qu'au prix des plus grands efforts.

M. Hérard de Bessé. — Si les communications sont envoyées à temps elles seront imprimées; quant aux autres, elles ne le seront pas. On peut ainsi tout concilier.

M. le Président. — On n'ignore pas les froissements qui se sont produits au Congrès de Nice. Il ne faut donc pas qu'il y ait deux catégories de communications, dont les unes seraient privilégiées au détriment des autres.

M. de Bessé. — A Nice j'ai obtenu à temps les communications, et si elles n'ont pas été toutes publiées, c'est que nous avions affaire à un imprimeur que nous ne payions pas et que, par conséquent, nous ne pouvions pas commander.

Déclaration obligatoire du décès d'un tuberculeux.

M. Huchard. — Voici le texte du vœu dont vous avez confié tout-à-l'heure la rédaction à M. Calmette.

« Le Congrès, réuni en Assemblée plénière le jeudi 27 avril 1905, émet le vœu que la déclaration de la Tuberculose soit rendue obligatoire après décès. »

M. DE BATZ. — Ce vœu aurait une force morale plus grande s'il était proposé et adopté par le Congrès de la Tuberculose.

M. CALMETTE. — Cela ne doit pas nous empêcher de le voter nous-mêmes ; il n'en aura que plus d'autorité. (M. le Président met aux voix le vœu qui est adopté à l'unanimité.)

Congrès de Biarritz.

M. Huchard demande à l'Assemblée si elle croit devoir désigner Biarritz comme siège d'un prochain Congrès.

(Il est décidé que le Congrès de 1907 se prononcera sur ce point.)

Communications diverses.

M. le secrétaire général soumet à l'approbation du Congrès la lettre suivante qu'il se propose d'adresser à MM. les Docteurs Boucart et Vivant, élus vice-présidents locaux du troisième Congrès Français de Climatothérapie et d'Hygiène Urbaine.

« Mon cher confrère,

Dans son assemblée plénière tenue à Arcachon le 27 avril 1905, et sur la proposition de M. le Docteur Huchard, vous avez été nommé à l'unanimité vice-président local du troisième Congrès Français de Climatothérapie et d'Hygiène Urbaine. Il m'est agréable de vous informer que les raisons sur lesquelles se base le vote unanime de l'Assemblée ont été spécifiées par le fondateur de nos Congrès et peuvent se résumer ainsi : c'est d'abord le désir de proclamer que les praticiens peuvent être aussi dignes d'occuper dans un Congrès les fonctions officielles que les membres de l'Université ; ensuite que cette nomination est un hommage rendu aux courageuses protestations dont vous avez pris l'initiative au Congrès de Moscou.

(Adopté.)

Remerciements.

M. HUCHARD. — Messieurs, avant de clôturer cette séance, je vous propose de remercier tous les membres du Bureau et principalement notre cher Président qui a dirigé les débats de la façon la plus remarquable ; notre cher secrétaire général qui a été l'âme de ce Congrès ; nous n'oublierons pas non plus M. Lalesque.

M. LE SECRÉTAIRE GÉNÉRAL. — Je demande la permission de retourner une partie de ces remerciements à mes deux collaborateurs immédiats : M. Dhourdin, 1er secrétaire adjoint, chargé d'une très lourde partie de la besogne et M. Hameau, 2ème secrétaire-adjoint qui s'est occupé de la partie matérielle, notamment des logements et des excursions, avec le dévouement que vous savez. (*Applaudissements.*)

M. LE PRÉSIDENT. — Je vous remercie, Messieurs, au nom du Bureau, des témoignages d'attachement que vous venez de manifester. Je déclare la séance levée.

(La séance est levée à onze heures vingt minutes du soir.)

SÉANCE DE CLÔTURE A PAU

Samedi 29 avril.

(V. p. 490).

DEUXIÈME PARTIE

RAPPORTS — COMMUNICATIONS — DISCUSSIONS

Mardi 25 avril

La Séance est ouverte à 9 heures
sous la Présidence du Professeur RENAUT

CLIMATOLOGIE DU LITTORAL ATLANTIQUE FRANÇAIS

PRESSION BAROMÉTRIQUE. — TEMPÉRATURE

HUMIDITÉ. — PLUIE. — DIRECTION DU VENT

Rapport par M. Fernand COURTY

Aide-astronome à l'observatoire de l'Université de Bordeaux.

I. — Introduction. — Position des stations.

Le travail que nous avons entrepris à l'intention du 2e Congrès de climatothérapie n'est qu'une faible contribution à l'étude du climat de nos côtes atlantiques, les éléments nécessaires pour exprimer leur formule climatologique véritable et complète étant encore insuffisants.

Nos recherches portent sur les stations littorales comprises entre le détroit du Pas-de-Calais et le golfe de Gascogne. Les points d'observation que nous avons choisis nous paraissent devoir représenter assez exactement le régime météorologique des diverses régions de notre grande ceinture océanienne au point de vue de la pression barométrique, de la température et de l'humidité de l'air, de la pluie et de la direction des vents. Nous aurions voulu y ajouter la nébulosité et la force du vent, deux facteurs dont l'importance est considérable en climatothérapie, mais ces données manquent presque complètement aux documents que nous avons eus à notre disposition. D'autre part, les séries météorologiques, pour être strictement comparables entre elles, devant porter sur les mêmes années et être établies suivant une méthode uniforme, nous avons été dans l'obligation d'en limiter la discussion à la période des six dernières années (1896-1901), dont les résultats ont déjà été publiés par le Bureau central météorologique de France, ou que cet établissement a bien voulu nous communiquer à l'état d'épreuves.

Les stations dont nous publions plus loin les résumés météorologiques sont les suivantes :

1° *Dunkerque* (sémaphore), sur la mer du Nord. Longitude 0°2' Est; latitude 51°3'; altitude 9m;

2° *Le Hâvre*, à l'embouchure de la Seine. Longitude, 2°14' Ouest; latitude 49°29'; altitude, 29m.;

3° *Cherbourg* (observatoire de la marine). Longitude, 3°38' Ouest; latitude 49°39'; altitude 13 m.;

4° *Cap Fréhel* (sémaphore), près du golfe de Saint-Malo. Longitude, 4°39' Ouest; latitude, 48°41'; altitude, 60 m.;

5° *Saint-Mathieu* (sémaphore), cap à l'extrémité ouest du Finistère. Longitude, 7°7' Ouest; latitude, 48°20'; altitude 35m.;

6° *Lorient* (observatoire de la marine). Longitude, 5°42' Ouest; latitude, 47°45; altitude, 26 m.;

7° *Ile-d'Yeu* (sémaphore). Longitude, 4°44' Ouest; latitude, 46°43'; altitude, 8m.;

8° *La Coubre* (sémaphore), au nord de l'embouchure de la Gironde. Longitude, 3°34' Ouest; latitude, 45°42'; altitude, 9 m.;

9° *Arcachon* (sémaphore), près le cap Ferret. Longitude, 3°35' Ouest; latitude, 44°39'; altitude, 10 m.;

10° *Biarritz* (sémaphore), au pied des Pyrénées. Longitude, 3°54' Ouest; latitude, 43°29'; altitude, 29 m.

Dans toutes ces stations, les relevés météorologiques ont été faits au moins trois fois par jour : à 6 h. du matin, midi et 9 h. du soir, mais les moyennes de ces trois observations ont été, quant à la pression barométrique, la température et l'humidité relative, ramenées à la moyenne vraie des vingt-quatre heures par la comparaison avec les stations où les observations sont faites régulièrement de trois en trois heures.

Pour le vent, on a fait la somme des directions notées trois fois par jour aux heures ci-dessus mentionnées.

II. — Pression barométrique.

Afin de rendre rigoureusement comparables entre eux les résultats barométriques obtenus dans les diverses stations, dont les altitudes sont sensiblement différentes, nous avons réduit les pressions mensuelles au niveau de la mer et, tenant compte également des variations de la pesanteur aux diverses latitudes, nous avons ramené ces mêmes pressions à la latitude de 45°.

Les nombres du tableau suivant indiquent alors, pour chaque point du littoral, les hauteurs mensuelles et annuelles du *mercure normal*.

PRESSION BAROMÉTRIQUE — MOYENNES MENSUELLES ET ANNUELLES

	Janvier	Février	Mars	Avril	Mai	Juin	Juillet	Août	Septembre	Octobre	Novembre	Décembre	Année
	mm.	mm.	mm.	mm.	mm.	mm.	mm.	mm.	mm.	mm.	mm.	mm.	mm.
Dunkerque....	764,2	762,3	759,5	761,1	762,6	762,4	763,1	762,4	761,9	762,1	763,8	760,5	762,16
Le Havre	65,0	63,3	60,4	61,9	63,1	63,2	64,2	63,4	62,6	62,3	64,3	61,5	62,93
Cherbourg.....	64,2	62,3	59,7	61,3	62,8	62,9	63,9	62,8	62,1	61,3	63,4	60,2	62,24
Cap Fréhel....	64,6	63,0	60,5	62,3	62,9	63,2	64,4	63,4	62,7	62,0	63,8	61,2	62,83
Saint-Mathieu..	64,5	62,7	60,6	62,3	63,0	63,5	64,7	63,5	62,7	61,6	63,5	60,6	62,77
Lorient........	65,2	63,5	60,9	62,9	62,9	63,6	64,4	63,5	63,1	62,1	63,9	61,6	63,13
Ile d'Yeu......	65,4	63,9	61,2	63,3	63,2	64,0	65,0	64,2	63,7	62,5	64,1	62,9	63,62
La Coubre.....	65,9	64,2	61,4	63,5	62,6	63,8	64,7	64,1	63,7	62,8	64,2	63,7	63,72
Arcachon......	66,0	64,8	61,5	63,5	62,4	63,6	64,2	63,8	63,5	62,7	64,1	64,0	63,61
Biarritz.......	66,0	64,4	61,8	64,1	62,5	63,7	65,5	63,9	63,6	62,8	64,1	64,5	63,83

Pour la plupart de ces stations, où les relevés météorologiques ne sont faits que trois fois par jour, on ne peut naturellement déduire la *variation diurne*

de la pression atmosphérique, mais on sait que dans nos latitudes moyennes
elle n'atteint pas 1mm et qu'elle est beaucoup plus faible dans les stations du
littoral qu'au milieu des continents. Il n'y a donc pas lieu d'insister sur ce
phénomène très peu important en pratique.

Plus intéressante est la *variation annuelle;* mais les six années que nous
discutons ne sont pas suffisantes pour accuser la loi exacte de cette variation.
On constate toutefois dans les pressions mensuelles ci-dessus un maximum
principal en janvier et un minimun principal en mars. Les époques des
maxima et minima secondaires diffèrent un peu suivant les stations; on
trouve généralement un nouveau maximum en juillet et un nouveau minimum
en octobre. Ce régime barométrique est, dans ses grandes lignes, celui qui
convient à des points situés dans l'ouest de l'Europe et soumis à la double
influence des courants atmosphériques continentaux qui déterminent le maximum en hiver et le minimum en été et des courants marins de l'Océan qui
conduisent aux effets inverses.

Quant à la distribution moyenne de la pression dans les divers points du
littoral, elle est conforme à la loi générale de la circulation atmosphérique
qui porte la pression maximum vers le 35e parallèle, avec diminution rapide
à partir de cette zone vers les régions septentrionales.

Sur la Manche, en particulier, et dans le nord de la Bretagne, les dépressions
paraissent occasionner des mouvements barométriques dont l'amplitude est
supérieure à ceux des anticyclones.

III. — Température de l'air.

Moyennes diurnes de chaque mois. — Ainsi que nous l'avons expliqué plus
haut, ces résultats ont été puisés dans les *Annales du Bureau central météorologique;* ils représentent la moyenne thermique *vraie* des 24 heures. Le
tableau suivant en donne le résumé relatif à la période 1896-1901.

TEMPÉRATURES MOYENNES

	Janvier	Février	Mars	Avril	Mai	Juin	Juillet	Août	Septembre	Octobre	Novembre	Décembre	Année
Dunkerque..	4°0	4°3	5°8	8°8	11°0	15°2	17°6	17°5	15°4	11°0	7°0	4°6	10°18
Le Hâvre....	5,0	5,6	6,8	9,9	12,5	16,4	18,5	18,2	16,0	11,8	7,9	5,8	11,20
Cherbourg...	6,5	6.7	7,2	9,8	11,6	15,4	17,5	17,5	15.8	12,4	9.3	7,2	11,41
Cap Fréhel..	6,6	7.0	7,3	10,0	11,5	14,8	17,1	17,6	16,4	12,9	9,4	7,4	11,50
St-Mathieu..	7,3	7,3	7,5	9,9	12,0	14,9	17 0	17,1	15,7	12.6	9,5	8,4	11,60
Lorient	6,6	7,2	8,1	11,1	13,7	17,1	19,7	19,0	16,9	12,9	8,8	7,5	12,38
Ile d'Yeu....	7,3	7.2	8,1	11,0	13.5	16,9	19.0	19,3	17,6	13,9	10.0	8,6	12,70
La Coubre...	6,4	6,9	8,2	11,4	14,2	17,7	20.3	19,9	17,9	13 5	9,0	6,9	12,69
Arcachon....	6,8	7,7	8,9	12.2	15,3	18.8	21,2	21,0	19,1	14,7	9.6	7,4	13,56
Biarritz......	8,3	9,5	10,1	12;8	15,0	18,2	20,4	20,6	19,3	15,5	11,1	9,5	14,19

Les observations ayant servi à dresser ce tableau ont une durée trop courte
pour qu'on puisse en déduire les valeurs normales de la température (1),

(1) L'année 1899, dont toutes les températures mensuelles (sauf novembre et décembre) sont dans toute la France exceptionnellement élevées, doit altérer d'une
manière très sensible le caractère thermique de chaque mois et rendre les moyennes de cette période de 6 années trop fortes.

mais on trouve dans les moyennes, en même temps qu'une grande concordance entre les stations de la même zone, l'augmentation thermique régulière du Nord au Sud.

La moyenne mensuelle la plus basse est, dans toutes les stations, celle de janvier; elle est en général supérieure à 6°. — Dans aucun point, d'ailleurs, voire même à Dunkerque, la station la plus septentrionale, la température moyenne d'un mois d'hiver, pour la période considérée, ne s'abaisse au-dessous de 2°; et les stations de la Bretagne et du golfe de Gascogne n'accusent pas de températures moyennes hivernales inférieures à 5°. On reconnaît là l'influence bien connue que la mer exerce sur la température.

Le mois le plus chaud est juillet. La température d'août est, à une faible fraction de degré, la même que celle de juillet.

La variation annuelle, exprimée par la différence entre la température du mois le plus froid (janvier) et celle du mois le plus chaud (juillet généralement) est assez variable suivant les stations. Elle se mesure en moyenne par 12 à 13°.

Amplitude de la variation diurne. — Les températures minima et maxima étant prises chaque jour dans toutes les stations, nous avons pu calculer, par la différence entre les moyennes de ces deux données, ce qu'on est convenu d'appeler *l'amplitude de la variation diurne de la température*. C'est là un élément climatologique de la plus haute importance, dont nous résumons les valeurs dans le tableau suivant :

AMPLITUDE DE LA VARIATION DIURNE DE LA TEMPÉRATURE

	Janvier	Février	Mars	Avril	Mai	Juin	Juillet	Août	Septembre	Octobre	Novembre	Décembre	Année
Dunkerque	5°4	6°6	6°9	8°3	7°7	8°5	9°0	8°4	8°2	7°5	6°0	5°5	7°33
Le Hàvre	4,7	5,9	7,0	8,0	9,2	9,5	9,5	9,2	8,9	7,7	6,2	4,8	7,55
Cherbourg	3,9	4,1	4,1	4,9	4,9	5,3	5,5	5,1	4,8	4,5	3,8	3,4	4,53
Cap Fréhel	4,7	5,6	6,0	6,5	6,2	6,9	6,9	7,0	6,7	6,5	5,5	5,6	6,18
Saint-Mathieu	4,6	5,2	6,2	6,2	8,2	7,7	8,9	8,4	7,6	6,5	6,2	5,0	6,73
Lorient	6,0	7,1	8,2	9,2	11,5	11,5	12,6	11,7	10,5	8,9	7,6	6,1	8,74
Ile d'Yeu	3,8	5,0	5,1	5,5	6,6	6,8	7,0	7,0	6,5	5,5	5,0	4,3	5,68
La Coubre	6,8	9,0	9,1	9,4	11,0	10,4	11,0	11,3	10,4	9,3	8,2	6,9	9,40
Arcachon	6,2	8,3	8,3	9,0	10,0	9,6	9,7	9,9	9,1	8,5	7,1	7,1	8,58
Biarritz (1)	6,1	7,0	6,5	6,4	6,6	6,8	6,8	7,3	7,2	7,0	6,2	6,0	6,65

Tous ces chiffres sont relativement très faibles et témoignent d'une grande régularité thermique due principalement au voisinage immédiat de la mer.

L'action des courants marins se manifeste surtout dans les points les plus avancés sur l'Océan et c'est ainsi que les stations de Cherbourg, Cap Fréhel, Saint-Mathieu et Ile d'Yeu se trouvent avoir les plus faibles amplitudes.

A l'intérieur du pays, la variation diurne de la température est très nota-

(1) Nous devons faire des réserves sur la valeur des températures minima et maxima du sémaphore de Biarritz et par conséquent sur le chiffre de l'amplitude diurne obtenu à l'aide de ces documents. Nous avons vu en novembre dernier les instruments servant à l'observation des températures minima et maxima, et il nous

blement amplifiée. C'est ce que précise le tableau ci-dessous où nous avons réuni les mêmes éléments pour les stations du littoral et pour quelques points plus avancés dans les terres.

AMPLITUDE DE LA VARIATION DIURNE DE LA TEMPÉRATURE

sur le littoral		à l'intérieur	
Dunkerque	7°33	Arras	9°16
Le Hâvre	7,55	Beauvais	10,42
Cherbourg	4,53	Saint-Lô	10,17
Cap Fréhel	6,18	Rennes	10,88
Saint-Mathieu	6,73	Angers	10,34
Lorient	8,74	Poitiers	10,42
Ile d'Yeu	5,68	Périgueux	11,73
La Coubre	9,40	Agen	10,96
Arcachon	8,58	Pau (Lescar)	12,48
Biarritz	6,65		

Dans sa marche annuelle, la variation diurne est liée à plusieurs phénomènes : elle croît généralement à mesure que la température moyenne s'élève et suit également les variations d'humidité de l'air et de la nébulosité.

Températures extrêmes. —Aux données numériques précédentes, nous ajouterons le degré moyen des plus grands froids et des plus fortes chaleurs observés pendant le cours des six années, de 1896 à 1901.

MOYENNE DES TEMPÉRATURES EXTRÊMES ANNUELLES.

	minima	maxima
Dunkerque	— 6°,9	34°,6
Le Hâvre	— 6,0	32,8
Cherbourg	— 2,4	27,2
Cap Fréhel	— 3,1	29,3
Saint-Mathieu	— 3,6	31,4
Lorient	— 5,0	34,3
Ile d'Yeu	— 3,5	31,3
La Coubre	— 7,8	35,0
Arcachon	— 5,2	36,5
Biarritz	— 4,2	35,1

Comme dernier élément relatif à la températuure des stations littorales atlantiques, nous indiquerons le nombre moyen des jours de gelée dans les différents mois.

ont paru, par leur construction même, ne pas convenir à une station météorologique de cet ordre.

Ayant connu plus tard l'existence d'une autre série d'observations faites sous les auspices de « Biarritz-Association », nous avons comparé entre eux quelques résultats thermométriques de ces deux stations. — Il résulte de cette comparaison que les températures minima, en particulier, du sémaphore sont très sensiblement plus élevées que celles de « Biarritz-Association », et l'amplitude de la variation diurne se trouverait ainsi, pour le sémaphore, trop faible de 1° au moins.

Il en est de même pour le nombre des jours de gelée qu'on trouve *un tiers* plus faible dans les observations du sémaphore que dans celles de « Biarritz-Association »,

NOMBRE MOYEN DES JOURS DE GELÉE

	Octobre	Novembre	Décembre	Janvier	Février	Mars	Avril	Année
Dunkerque	0	3	9	8	11	5	1	37
Le Havre	0	3	7	7	7	4	0	28
Cherbourg	0	0	3	2	3	1	0	9
Cap Fréhel	0	1	4	3	5	2	0	15
Saint-Mathieu	0	0	1	3	2	2	0	8
Lorient	0	2	6	6	7	3	0	24
Ile d'Yeu	0	1	3	2	3	0	0	9
La Coubre	1	4	7	7	9	5	1	34
Arcachon	0	2	5	5	6	2	0	20
Biarritz	0	2	2	4	3	1	0	12

Le long du littoral, on ne constate guère de gelées avant le mois de novembre et leur nombre dans ce mois est toujours faible ; il gèle très rarement après le mois de mars.

Quant au nombre des jours de gelée par stations il suit la loi de la variation de la température. Aux plus faibles amplitudes correspond le minimum de gelées.

IV. — Humidité de l'air. — Etat hygrométrique.

L'état hygrométrique de l'air est déduit de l'observation du psychromètre.

Dans le tableau suivant, nous réunissons, pour huit stations seulement, les états hygrométriques moyens de chaque mois. Cet élément n'est pas observé au cap Fréhel et à l'île d'Yeu ; le sémaphore d'Arcachon n'en prend pas non plus d'observation, mais, pour cette station, nous avons pu y suppléer en utilisant les relevés faits au casino d'Arcachon sous les auspices de la Société scientifique.

MOYENNES MENSUELLES DE L'ÉTAT HYGROMÉTRIQUE

	Janvier	Février	Mars	Avril	Mai	Juin	Juillet	Août	Septembre	Octobre	Novembre	Décembre	Année
Dunkerque	93	90	86	82	82	82	81	81	83	87	91	92	85,8
Le Hâvre	85	84	80	77	76	78	77	79	81	82	84	86	80,8
Cherbourg	85	84	81	81	81	80	79	81	83	83	85	86	82,4
Saint-Mathieu	88	88	85	84	81	85	83	83	85	85	83	87	84,8
Lorient	90	88	84	82	78	82	80	83	85	89	90	92	85,3
La Coubre	84	81	79	78	74	78	76	77	80	83	83	85	79,8
Arcachon	82	80	76	74	74	74	73	74	76	78	81	81	76,7
Biarritz	79	73	73	76	77	79	81	80	79	77	77	76	77,3

L'état hygrométrique semble, d'une manière générale, suivre la marche en sens inverse de la température ; il n'y a cependant pas similitude complète entre les deux phénomènes, et les courants atmosphériques, par leur direction et leur intensité, arrivent à produire sur l'humidité de l'air des variations plus marquées que sur la température.

Dans toutes les stations littorales, sauf à Biarritz, le mois de janvier, qui est le plus froid, donne le maximum d'humidité. Quant au minimum, on le voit se produire généralement en juillet, qui est le mois le plus chaud. Dans plusieurs points cependant le minimum d'humidité se montre en mai.

L'écart hygrométrique entre le maximum et le minimum annuel est assez différent suivant les stations. Il doit être en rapport avec les variations de la nébulosité, la direction et la force des vents.

V. — Pluie.

La pluie est un des phénomènes météorologiques les plus intéressants ; c'est également l'un des plus variables. La pluie peut, en effet, présenter entre deux points relativement rapprochés des différences fort sensibles ou varier d'une année à l'autre dans des limites très étendues.

Pour avoir une connaissance suffisamment exacte de la quantité moyenne de pluie que reçoit une région et de son mode de distribution annuelle, il est absolument nécessaire d'en porter l'étude sur une longue série d'années.

Quantités de pluie. — Les résultats que nous donnons dans le tableau ci-après permettent peut-être de voir si la répartition de la pluie est différente suivant les stations, mais ils sont insuffisants pour accuser le régime pluviométrique vrai de chaque région dans toutes ses particularités.

HAUTEUR DES PLUIES

	Janvier	Février	Mars	Avril	Mai	Juin	Juillet	Août	Septembre	Octobre	Novembre	Décembre	Année
	mm.	mm.	mm.	mm.	mm.	mm.	mm.	mm.	mm.	mm.	mm.	mm.	mm.
Dunkerque .	51,3	54,3	55,9	66,1	54,1	59.2	30,7	86.1	71,0	96,8	57,1	89,3	774.9
Le Hâvre...	58,4	60,1	63,0	56,6	41,0	91,7	32,7	65,7	97,8	76,3	55,9	96,1	795,3
Cherbourg..	68,1	74,3	64,1	64,5	43,3	45.8	25,9	59,2	96,5	82,2	89,7	140.8	854,4
Cap Fréhel..	39,6	39,1	44,8	38,8	36,7	47,3	28.1	48,5	50,1	47,2	50,6	73,1	543,9
St-Mathieu..	61.8	65,3	75,5	65,0	41,8	43,6	23,0	46,7	65,0	71,0	79.7	132,2	770,6
Lorient	56,7	54,9	56,6	55,4	45,7	48,3	34,6	46,9	57,2	65,0	63,8	103.1	688,2
Ile d'Yeu...	53.2	54,5	67,5	56,2	36.1	37.2	34,6	37,2	66,9	78,3	46,9	109,2	677,8
La Coubre..	46,1	41,3	39,7	37,5	35,2	47,6	32,9	41,2	62,6	78,6	57,8	87,8	608,3
Arcachon...	68,3	60,2	82,1	59,9	39,2	64,5	46,1	45.7	63,9	108,2	84,7	91,0	813,8
Biarritz....	92,6	84,0	112,7	93,7	62,0	75,1	58,3	100,3	110,2	162,1	136,1	111,5	1198,6

Nous ne retiendrons de ces chiffres qu'un fait : c'est que la variation mensuelle des pluies suit à peu près la même marche dans toutes les stations ; mais les caractères vrais de la répartition dans chaque mois n'y sont pas forcément pour cela accusés.

De deux ou trois longues séries d'observations faites dans le voisinage des côtes, il ressort que, sur toute la zone littorale, le mois pendant lequel la pluie est le plus abondante est octobre. C'est précisément pendant ce mois que l'influence des dépressions océaniennes se fait le plus sentir. Les totaux mensuels diminuent ensuite assez régulièrement jusqu'en février, et cela s'explique par la moindre fréquence des dépressions atmosphériques à cette époque. Puis ils augmentent légèrement, mais progressivement, de mars à mai ; dans le mois de mars, les bourrasques de l'Océan deviennent un peu plus nombreuses ; en avril et mai, voire même en juin, les pluies proviennent plus spécialement d'orages ; elles sont moins répétées, mais leur intensité est plus grande.

Le mois le plus sec est juillet. La vapeur d'eau venant de la mer à ce moment arrive sur un sol plus échauffé et se condense très peu, il pleut alors assez rarement. — A partir d'août les précipitations aqueuses augmentent ; elles deviennent assez fortes en septembre, époque où l'on voit réapparaître dans l'ouest de la France le régime des pluies cycloniques.

Jours de pluie. — Un élément qu'il est indispensable de connaître pour évaluer la pluviosité d'une région, et dont nous résumons les observations dans le tableau ci-dessous, est le nombre des jours pluvieux.

NOMBRE DES JOURS DE PLUIE

	Janvier	Février	Mars	Avril	Mai	Juin	Juillet	Août	Septembre	Octobre	Novembre	Décembre	Année
Dunkerque	13	13	15	15	11	10	8	13	13	14	13	16	154
Le Hâvre	16	16	17	16	12	12	9	13	15	15	12	18	171
Cherbourg	15	13	15	15	10	10	6	11	14	15	13	19	156
Cap Fréhel	16	15	19	17	13	11	8	12	15	16	14	20	176
Saint-Mathieu	15	14	16	15	9	8	7	11	13	16	13	20	157
Lorient	14	11	17	13	11	10	7	12	14	14	12	20	155
Ile d'Yeu	9	9	12	10	6	6	5	7	10	10	8	15	107
La Coubre	12	11	12	12	10	10	6	9	10	12	10	16	130
Arcachon	12	9	14	11	8	8	6	9	10	11	12	14	124
Biarritz	14	13	16	14	14	13	9	13	13	14	14	17	164

La répartition du nombre des jours de pluie par station est assez irrégulière ; il semble cependant augmenter du Sud au Nord. — La fréquence des pluies dans les différents mois ne suit pas tout à fait la loi de leur importance ; elle paraît être plutôt en rapport avec le degré hygrométrique de l'air.

Jours de neige. — La neige est un phénomène qui ne s'observe que très rarement sur le bord de la mer. Dans les stations littorales de la Bretagne, dans celles du golfe de Gascogne, plus spécialement, elle ne se montre en moyenne pas plus de 2 fois par an et le plus souvent est mélangée d'eau liquide. On voit même des années entières sans la moindre chute de neige.

Intensité moyenne des pluies. — Un autre élément fort intéressant à considérer est l'intensité moyenne de la pluie par jour pluvieux. Ce résultat s'obtient en divisant la quantité moyenne de pluie de chaque mois par le nombre des jours de pluie correspondant.

C'est ainsi qu'ont été calculés les nombres du tableau suivant.

INTENSITÉ MOYENNE DE LA PLUIE

	Janvier	Février	Mars	Avril	Mai	Juin	Juillet	Août	Septembre	Octobre	Novembre	Décembre	Année
Dunkerque	3,9	4,2	3,7	4,4	4,9	5,9	3,8	6,6	5 5	6,9	4,4	5,6	5,0
Le Havre	3,7	3,8	3,7	3,5	3.4	7,6	3,6	5,1	6,5	5,1	4,7	5,3	4,7
Cherbourg	4,5	5,7	4,3	4,3	4,3	4,6	4.3	5,4	6.9	5,5	6,9	7,4	5,5
Cap Fréhel	2,5	2,6	2,4	2,3	2,8	4,3	3,5	4,0	3,3	3,0	3,6	3,7	3,1
Saint-Mathieu	4,1	4,7	4,7	4,3	4,6	5,5	3,3	4,3	5,0	4,4	6,1	6,6	4,9
Lorient	4,1	5,0	3,3	4,3	4.2	4,8	4,9	3,9	4,1	4,6	5,3	5,2	4,4
Ile d'Yeu	5,9	6,1	5,6	5,6	6,0	6,2	6,3	5,3	6,7	7,8	5,9	7,3	6,3
La Coubre	3,8	3,8	3,3	3,1	3,5	4,8	5,6	4,6	6,3	6,6	5,8	5,5	4,7
Arcachon	5,7	6,7	5,9	5,4	4,9	8,1	7,4	5,1	6,4	9,8	7,1	6,5	6,6
Biarritz	6,6	6,5	7,0	7,7	4,4	5,8	8,7	7,7	8,5	11,6	9,7	6,3	7,8

Dans les séries d'observations que nous avons utilisées, c'est en mai généralement que la quantité d'eau qui tombe én un jour pluvieux s'est montrée la moins grande. Les mois de janvier, février, mars et avril fournissent des pluies relativement peu intenses. — Les plus fortes averses se produisent en octobre et juin ; leur intensité diminue en septembre, novembre et décembre, mais elle est encore assez grande dans ces trois mois. — Ces caractères de pluviosité seraient sans doute encore exagérés si pour les calculer nous avions pu prendre, au lieu du nombre des jours, celui des heures de pluies.

Dans le plus grand nombre des stations du littoral, les pluies se produisent soit par *refroidissement direct*, les chutes d'eau sont alors peu importantes, ou par *refroidissement par détente*. Dans ce dernier cas, et c'est de beaucoup le plus fréquent, les pluies tombent plus abondamment ; telles sont les pluies cycloniques ou orageuses.

A ces causes de production de la pluie s'en ajoute une nouvelle pour la station de Biarritz en particulier. Les courants atmosphériques du large, venant heurter le massif montagneux, subissent un grand mouvement ascendant qui détermine du côté de la montagne exposé au vent des précipitations aqueuses très importantes. Ces pluies, qu'on appelle *pluies de relief*, sont très appréciables à Biarritz.

VI. — Vent.

La direction et l'intensité du vent sont des facteurs extrêmement importants de la climatologie d'un pays. Nous n'avons malheureusement eu à notre disposition pour ce travail que les observations relatives à la *direction du vent*.

On sait que la cause première des vents réside dans les différences de température entre la surface du sol et l'atmosphère, ou entre deux points terrestres, mais les influences locales, telles que la forme, la hauteur ou la direction des reliefs du sol, arrivent à altérer considérablement la nature cosmique du phénomène.

Pour l'étude qui nous intéresse, nous avons d'abord cherché la fréquence des vents aux *huit* directions principales N. NE. E.... NW., dans les douze mois; mais la grande analogie qui existe dans les relevés, entre chaque mois d'une même saison, nous a engagé à ne publier que les résultats par saison ; décembre, janvier, février, formant la saison d'hiver ; mars, avril, mai, celle de printemps, etc.....

Dans les tableaux ci-après, nous réservons une colonne à l'annotation *calme* qui, sans fournir de direction, constitue toutefois une observation du vent.

Les sommes ont été rendues comparables entre elles en les faisant proportionnelles à 100.

FRÉQUENCE MOYENNE DES VENTS. — HIVER

	N.	N.-E.	E.	S.-E.	S.	S.-W.	W.	N.-W.	Calme
Dunkerque	4	6	12	12	22	20	15	8	1
Le Havre	9	10	19	6	7	14	26	8	1
Cherbourg	7	8	11	9	23	18	13	10	1
Cap Fréhel	3	12	11	12	10	20	22	10	0
Saint-Mathieu	9	12	14	11	11	15	13	14	1
Lorient	9	17	10	9	10	16	13	12	4
Ile d'Yeu	5	18	14	14	9	16	11	11	2
La Coubre	8	18	14	20	7	9	9	12	3
Arcachon	5	20	15	17	7	7	15	10	4
Biarritz	3	7	21	10	20	14	14	5	6

Pendant la saison d'hiver, les vents dominants sont ceux de W. et S.-W. sur la Manche ; N.-E., S.-W., en Bretagne ; S.-E., N.-E., dans le golfe de Gascogne. La cause essentielle de ces vents, malgré les anomalies apparentes qui se produisent dans les trois régions, est due à l'existence fréquente de dépressions atmosphériques qui marchent de l'Ouest vers l'Est de l'Europe, alternant avec d'importants anticyclones sur le centre du continent.

Certaines différences de direction du vent que nous voyons se produire ont leur raison d'être dans l'orientation de la côte et la position particulière des stations.

FRÉQUENCE MOYENNE DES VENTS. — PRINTEMPS

	N.	N.-E.	E.	S.-E.	S.	S.-W	W.	N.-W.	Calme
Dunkerque	15	21	7	5	9	17	15	9	2
Le Hâvre	15	12	17	5	4	7	26	14	0
Cherbourg	10	20	12	2	10	18	13	13	2
Cap Fréhel	9	24	9	3	3	12	22	17	1
Saint-Mathieu	13	20	8	4	9	11	15	18	2
Lorient	17	20	3	3	7	15	17	15	3
Ile d'Yeu	11	23	7	6	6	16	14	15	2
La Coubre	16	20	5	8	5	10	13	20	3
Arcachon	14	19	7	6	4	7	18	20	5
Biarritz	10	8	13	4	9	13	25	12	6

Avec le printemps, la régularité devient plus grande entre les régions. Il y a presque partout prédominance des vents de N.-E. et de N.-W. ou S.-W. Ce sont les directions de vents que produisent les dépressions atmosphériques de mars dont les centres traversent généralement la France du Nord-Ouest au Sud-Est.

Les quelques anomalies qu'on observe encore dans le tableau précédent ont les mêmes origines que nous signalons plus haut.

FRÉQUENCE MOYENNE DES VENTS. — ÉTÉ

	N.	N.-E.	E.	S.-E.	S.	S.-W.	W.	N.-W.	Calme
Dunkerque	15	17	7	5	6	16	20	11	3
Le Hâvre	13	9	13	3	5	9	34	13	1
Cherbourg	7	17	10	2	7	17	18	17	5
Cap Fréhel	11	18	9	4	3	9	21	24	1
Saint-Mathieu	19	14	6	2	8	13	12	24	2
Lorient	19	14	3	3	10	15	16	17	3
Ile d'Yeu	12	18	4	5	3	13	13	27	5
La Coubre	12	16	7	4	3	8	12	33	5
Arcachon	19	12	9	4	2	4	16	27	7
Biarritz	13	8	14	3	5	9	26	15	7

Il existe peu de différences entre les régimes anémologiques de l'été et du printemps. Les vents de N.-E., qui au printemps venaient en première ligne, ont une fréquence moindre en été. Les vents prédominants de cette saison soufflent d'entre W. et N.-W. Il règne à cette époque de l'année une brise de mer d'autant plus sensible que la température du sol est plus élevée.

Les orages qui se forment sur l'Océan déterminent le plus souvent des courants inférieurs compris entre S.-W. et N.-W.

FRÉQUENCE MOYENNE DES VENTS. — AUTOMNE

	N.	N.-E.	E.	S.-E.	S.	S.-W.	W.	N.-W.	Calme
Dunkerque	6	9	12	11	19	19	13	9	2
Le Hâvre	12	7	24	4	4	7	32	10	0
Cherbourg	8	10	13	7	19	16	14	11	2
Cap Fréhel	6	15	15	8	8	15	19	13	1
Saint-Mathieu	12	13	14	9	10	11	13	16	2
Lorient	14	21	8	5	10	12	14	12	4
Ile d'Yeu	8	22	11	10	6	15	10	14	4
La Coubre	9	22	10	14	6	10	10	13	6
Arcachon	8	19	13	15	6	7	14	12	6
Biarritz	6	8	19	11	16	11	14	7	8

Avec les mois d'automne, revient le régime de vent que nous avons noté en hiver. Prédominance des vents d'W. et de S.-W. sur la Manche ; de N.-E. et W. en Bretagne ; de S.-E., N.-E. sur le golfe de Gascogne ; et cela sous l'action des bourrasques d'équinoxe d'une part et ensuite par la circulation atmosphérique générale d'hiver, dont nous avons déjà parlé, qui semble commencer en novembre.

En résumé, et tenant compte des influences locales, on trouve sur le littoral océanien une prédominance marquée des vents de la région entre N.-W. et S.-W. pour l'année entière.

Si l'on compare par saison les nombres des directions N.-W., N., N.-E., à ceux opposées S.-W., S., S.-E., on voit très nettement les premiers augmenter progressivement du printemps à l'été et diminuer de même à partir de l'automne jusqu'en hiver.

Les seconds suivent la marche inverse. On peut en conclure que les vents remontent vers le Nord et redescendent vers le Sud en même temps que le soleil.

La considération des résultats météorologiques que nous venons d'exposer, tout sommaires qu'ils soient, démontre à l'évidence l'action prépondérante de l'Océan sur le climat de nos côtes atlantiques.

Les courants marins, liquides ou aériens, ainsi que la grande capacité calorifique de l'eau, sont les causes essentielles de la douceur, de la régularité thermique et hygrométrique accusées dans les résumés qui précèdent et, on l'a vu pour la température en particulier, cette douceur et cette régularité atteignent leur maximum d'intensité dans les points les plus voisins du rivage, dans ceux de la zone ouest plus spécialement.

A côté des avantages multiples que présente le climat atlantique français, certains penseront peut-être qu'il existe un point défavorable : l'intensité parfois grande des vents du large. Il ne faut pas oublier d'une part que les vents forts, ceux qui en climatothérapie pourraient être nocifs, sont relativement peu fréquents et qu'en outre, au lieu d'accentuer les écarts thermiques et hygrométriques, ils tendent au contraire, *par leur direction même*, à en réduire l'amplitude.

Nous venons de voir, dans les résumés du vent, la grande influence qu'exerce la topographie des lieux sur la direction du vent ; on conçoit aisément les changements que peut éprouver le vent dans sa vitesse suivant les situations différentes des points considérés ; il suffit d'un obstacle relativement faible pour s'abriter des vents les plus violents.

Sur notre littoral atlantique en particulier, la chaîne des dunes et les immenses forêts de pins qu'on rencontre dans le voisinage immédiat de la côte constituent un écran grandement efficace contre l'impétuosité du vent. C'est là une protection quasi-naturelle que le choix d'une exposition spécialement appropriée accentuera encore.

Le calme de l'air pouvant s'ajouter à ses qualités physiques exceptionnelles, les variations très courtes et lentes des divers éléments atmosphériques sont des avantages qu'on trouve réalisés, presque sans exception, tout le long de la côte océanienne française. Il est aisé d'en déduire les nombreux et précieux résultats que doivent en tirer les stations climatiques.

DISCUSSION

Dr LALESQUE. — Dans son rapport, M. Courty, avec sa compétence bien connue, s'est borné à faire œuvre de météorologiste, nous fournissant, avec un rigorisme à l'abri de toute critique, des chiffres, des moyennes, mais sans aborder l'importante question de leur adaptation à la médecine, c'est-à-dire à la climatothérapie.

Pour établir sur des données nouvelles la climatologie du littoral atlantique, M. Courty a pensé, à juste titre, qu'il y avait lieu de relever les observations du plus grand nombre possible de stations, en bordure immédiate de la mer; pour obtenir ce résultat il a dû limiter ses documents à la période, un peu courte, de six années (1896-1901). Du moins, ces documents procurent l'avantage de comparaisons exactes entre les diverses stations.

Dans un récent travail (*la Mer et les Tuberculeux*), poursuivant cette même étude climatologique du littoral atlantique, j'avais pu la baser sur douze années avec des relevés météorologiques comparables entre eux; mais si, dans le travail de M. Courty et le mien, certaines stations d'observation sont les mêmes, d'autres diffèrent. Toutefois, et c'est là le côté intéressant de la chose, nos travaux se confirment et donnent, pris dans leur ensemble, la caractéristique vraie du climat atlantique. De cette double étude je veux retenir les faits saillants et en déduire certaines considérations climatothérapiques.

Températures. — Que l'on prenne les moyennes annuelles de M. Courty ou les miennes, on lit que, pour toute la rive atlantique, de Dunkerque à Biarritz, ces moyennes vont de 10 à 40° c., classant tout ce littoral de la France parmi *les climats tempérés*. En outre, il est aisé de constater que pour Arcachon la température des mois d'hivernage (novembre-mars) oscille entre 6° 8 et 9° 6, indice d'hivers tempérés.

La zone atlantique rentre encore dans la classe des climats tempérés, par ses variations annuelles de température, c'est-à-dire par la différence entre la température du mois le plus froid (janvier) et du mois le plus chaud (juillet) ce que les météorologistes anglais appellent *yearly fluctuation*. D'après Augot les climats sont tempérés lorsque les variations annuelles restent comprises entre 10 et 20°. Tel le cas de l'Atlantique, la variation s'y mesurant en moyenne par 12 et 13° centigrades.

Si la connaissance des moyennes thermométriques permet de déterminer la valeur calorimétrique des climats, il importe davantage de connaître le régime de ces moyennes. Deux stations peuvent recevoir une égale quantité de chaleur annuelle, avoir par conséquent la même valeur calorimétrique totale, tout en offrant les contrastes les plus grands dans la façon dont cette quantité leur est répartie. De telle sorte que ces deux stations d'égale valeur calorimétrique appartiennent, quant à leur régime thermique, à deux types climatiques bien distincts : climats à régime *thermique variable* et climats à régime *thermique stable*.

Duquel de ces régimes est tributaire le littoral atlantique? La réponse se lit dans les études de M. Courty. Pour ne nous arrêter qu'aux villes de santé, nous trouvons pour Biarritz une amplitude de 6,6 et pour Arcachon de 8,5. Ces chiffres témoignent d'une grande régularité thermique due principalement au voisinage de la mer.

L'une des preuves, entre tant d'autres, que cette stabilité est due à l'influence directe de la mer se déduit du tableau que dresse M. Courty et du tableau analogue paru dans mon travail. Comparant l'amplitude de la variation diurne des stations marines et des stations continentales de même latitude, ils montrent bien la différence entre les climats *marins ou réguliers* et les climats *continentaux* beaucoup plus variables. Ainsi, par exemple, Arcachon, influencé par la mer, a une amplitude de 8,5 et Pau, dans l'intérieur des terres, de 12,4. D'où cette conclusion : le climat atlantique est, par sa température, un climat modéré et stable. Cette dernière constatation est de la plus haute importance, puisque Fonssagrives a pu dire : « La formule de la recherche d'un climat pour les phtisiques se résume à peu près dans ce seul mot : stabilité thermique. »

Nous sommes donc loin de la légende du climat atlantique froid, variable, inconstant.

Mais *l'humidité* y est grande. Là encore, il faut examiner les faits de près. L'état hygrométrique, très élevé dans quelques stations de la Manche, est plus faible dans le golfe de Gascogne, mais toutes rentrent dans la catégorie des climats à humidité moyenne, d'après la classification d'Hermann Weber. Le professeur Jaccoud a dit : « C'est entre 70 et 80 qu'il faut chercher les limites désirables de l'humidité relative moyenne; elle est trop faible au-dessous et excessive au-delà. » L'état hygrométrique désirable de Jaccoud est pour nous l'état hygrométrique thérapeutique, si bien que sur la bande atlantique deux stations rentrent dans cette catégorie : Arcachon (76,7) et Biarritz (77,8).

La pluie est abondante sur nos côtes, soit qu'on envisage la quantité d'eau tombée, soit qu'on envisage le nombre de jours pluvieux. Pour beaucoup d'esprits, une grande abondance de pluies est l'indice d'un mauvais climat. Telle n'est pas l'opinion du professeur Hayem : « Une grande quantité de pluies, dit-il, ne constitue pas une condition aussi défavorable qu'on pourrait le croire. Tout réside dans le régime de la pluie. Comparer deux localités au point de vue de la quantité absolue de la pluie et déclarer hygiéniquement préférable la moins mouillée des deux serait une grave erreur. Il se peut très bien que la station à moyenne udométrique la plus élevée soit celle où les pluies ont la plus courte durée, constituant un régime meilleur. » « Il tombe plus d'eau dans une forte pluie d'orage de demi-heure, dans une claire et chaude région du Midi, qu'il n'en tombe en deux jours de brume et de petite pluie dans une région de brouillard. » (Corrigan.)

Ces différences dans le régime pluviométrique établissent des différences dans la valeur climatothérapique des régions. Et nous savons par les recherches d'Angot et les miennes que, sur le golfe de Gascogne, le régime des pluies est tel que, pour être fréquentes et abondantes, les chutes d'eau sont de courte durée ; que les journées à pluie continue sont l'exception ; qu'en général les pluies sont nocturnes et matinales.

D'ailleurs, dans cette question, on a confondu l'humidité de l'air et celle du sol. Bien qu'étroitement liées elles constituent cependant deux facteurs bien différents. Le sol est-il ou n'est-il pas perméable ? Tout est là ; car on sait que la nature du sol même suffit à modifier l'état hygrométrique d'un lieu. C'est ainsi qu'avec un sol sablonneux, un terrain incliné, l'air est beaucoup plus sec. Or, sur le littoral de la Gironde et des Landes se trouve une bande d'alluvions (terrain quaternaire), c'est la région des dunes faites de *sable*. Là, sol et sous-sol sont identiques, fait exceptionnel, car de semblables terrains ne sont que des accidents limités. Or, les terrains à sol et sous-sol sablonneux sont extrêmement perméables, ils filtrent comme à travers un crible et boivent avidement l'eau de précipitation. Grâce à cette perméabilité, l'humidité du sol est nulle, l'humidité de l'air amoindrie. Aussi, les côtes girondines jouissant d'une constitution géologique à sol et sous-sol perméables, les inconvénients d'un état hygrométrique élevé et des pluies abondantes n'y sauraient exister.

Vents. — La partie du rapport de M. Courty relative aux vents confirme ce fait que sur tout le littoral atlantique on trouve une prédominance marquée des vents de la région entre nord-ouest et sud-ouest pour l'année entière. Ce sont des *vents marins*, ayant des qualités propres, dépendant des surfaces balayées avant d'arriver au contact des côtes. Ils sont tièdes et humides. Tièdes, parce qu'ils se sont réchauffés tout à fait au large en léchant le vaste foyer du Gulf-Stream et la nappe d'eaux chaudes de la côte landaise ; humides, parce qu'ils emportent avec eux dans leur course les vapeurs émanées de l'Océan.

Par ce double caractère de tiédeur et d'humidité, les vents marins sont un des bienfaits de notre climat. On sait que plus les terres sont soumises aux vents du large, plus ces vents les purifient. Et ici le rôle épurateur du vent atteint son maximum d'action en nous arrivant directement de la haute mer sans heurter ni continent peuplé, ni cité malsaine.

Les documents utilisés par M. Courty ne lui ont pas permis de préciser la force et la vitesse des vents dominants. Cette pénurie de documents permet encore des conclusions *à priori*. De là, des assertions telles que celle-ci : le vent ravage la côte landaise, d'où sa disqualification climatothérapique ! Mieux pourtant qu'à l'égard des autres éléments météorologiques, certaines circonstances locales peuvent soustraire un lieu déterminé aux inconvénients nés de la violence du vent.

Les stations littorales de l'Atlantique trouvent ce correctif lorsqu'elles sont bâties dans une crique ou une baie assez fermée — pour les soustraire à l'action trop directe du vent, ou mieux lorsqu'elles sont en bordure de collines boisées. On sait, en effet, combien le moindre obstacle modifie la violence des courants d'air atmosphériques. Nulle part mieux que dans la partie méridionale de l'Atlantique ne s'exerce cette protection. Là, elle est due à cette longue chaîne de dunes qui bordent le littoral, dunes les plus hautes d'Europe, recouvertes sur leurs flancs et leur cime d'une forêt de cent mille hectares toujours verte.

Ce qui précède explique pourquoi et comment les vents qui parfois tour_billonnent au fond du golfe de Gascogne, fatiguant les côtes dénudées de Bayonne à Saint-Jean-de-Luz, restent sans effet sur certains points du littoral. La station climatothérapique d'Arcachon, bâtie sur la rive d'une vaste baie presque fermée, séparée de l'Océan par une première ligne de dunes boisées, en offre un saisissant exemple. Les fortes brises qui agitent l'Atlantique arrivent très atténuées sur les eaux du bassin pour devenir presque insensibles dans la forêt à laquelle s'adosse la ville. Forêt devant, forêt derrière, vaste baie marine interposée, constituent la topographie vraiment originale de cette station.

En résumé, le climat du littoral atlantique français est un climat marin type dont les inconvénients relatifs à l'humidité ou à la violence possible des vents dominants se trouvent en certains points corrigés par d'heureuses circonstances locales.

Telles sont les réflexions que m'a suggérées la lecture du rapport de mon ami M. Courty et les remarques d'ordre climatothérapique qu'il me paraissait utile d'y ajouter.

M. Courty. — Regrette que son étude climatologique n'ait pas l'étendue et la précision qu'il aurait désiré lui donner. Il l'a dit dans son rapport et il tient à le répéter : les documents météorologiques présentant *toutes les garanties d'exactitude* et propres à conduire d'eux-mêmes à une juste appréciation du climat des diverses régions françaises sont plus rares qu'on ne le pense.

Pour être mises en parallèle, les données météorologiques doivent être établies suivant une *méthode uniforme* et provenir d'*instruments irréprochables.*

Que de différences dans les observations correspondantes, inexpliquées ou mises sur le compte des influences locales et qui, le plus souvent, n'ont d'autre origine que la *position défectueuse* ou l'*insuffisance des instruments !*

On est arrivé en météorologie à un point où il ne faut, pour faire œuvre utile, négliger aucune erreur, quelle qu'elle soit.

Que les moyens ou les loisirs d'obtenir des observations tout à fait exemptes de critique ne soient pas à la portée de tous, cela est fort compréhensible. Mais pour catégoriser un climat, dans le but spécial que nous visons ici, M. Courty pense qu'il n'est pas absolument indispensable d'avoir ou de faire des relevés météorologiques. De même que les divers états du développement des plantes sont de sûrs indicateurs des climats, on doit trouver dans les *résultats cliniques* obtenus dans telle ou telle région des données infiniment précieuses pour la connaissance du climat. — Qu'à celles-ci soient jointes les indications météorologiques correspondantes, ce n'est certes pas inutile, c'est même ainsi parfait ; mais les unes comme les autres seront vraiment scientifiques ou ne mériteront même pas d'être citées.

Après cette critique des choses, que M. Courty a cru nécessaire de formuler dans l'intérêt essentiel des études climatologiques, le rapporteur demande qu'il lui soit permis de mentionner tout particulièrement l'une des meilleures contributions aux recherches de climatothérapie et qui est due à M. le Dr F. Lalesque, d'Arcachon : « *La Mer et les Tuberculeux* ». Dans cet ouvrage, la partie climatologique est traitée avec une méthode et une clarté parfaites ; les observations y sont nombreuses et précises. La lecture du savant mémoire de M. le Dr Lalesque ne saurait être trop recommandée. C'est non seulement une très intéressante étude, c'est un travail modèle.

Dr LALESQUE. — Les remarques de M. Courty relatives au petit nombre de documents comparables prouvent que, contrairement aux idées courantes, la classification des climats est tout entière à faire.

LE PROFESSEUR RENAUT demande s'il existe des différences de température entre les bords de l'Atlantique et le bassin d'Arcachon.

Dr LALESQUE. — Ces différences de température ne sont pas probables. En effet, la nappe d'eau chaude de la côte landaise, décrite par Thoulet, influence directement la côte et, par le flux et le reflux, établit une distribution de chaleur uniforme sur la côte et à l'intérieur du bassin.

COMMUNICATIONS

—

CLIMAT DE ROSCOFF

INDICATIONS ET CONTRE-INDICATIONS THÉRAPEUTIQUES
Par le Docteur L. BAGOT (de Roscoff).

—

I. — PARTICULARITÉS GÉOGRAPHIQUES ET TOPOGRAPHIQUES

Roscoff est une ville bretonne de 3.000 habitants environ, située à l'extrémité nord du Finistère. Ses grèves sont découpées de façon à former de petites criques orientées dans toutes les directions, offrant d'excellents abris pour la cure de repos au grand air. Le Gulf-stream, en venant baigner ses rivages, y apporte, dit-on, un reflet de la chaleur des tropiques : l'île de Batz, longue bande de terre placée à 2 km. au nord, forme une sorte de digue naturelle de 4 à 5 km. de long, qui abrite la ville contre les vents du large et assure la sécurité de ses plages en les garantissant contre les vagues dangereuses. Ces conditions expliquent en partie le climat exceptionnel dont jouit Roscoff et qui est attesté d'ailleurs par la production de nombreux légumes, même au cœur de l'hiver.

II. — Météorologie

J'ai pu relever au laboratoire de zoologie fondé par M. de Lacaze-Duthiers les divers éléments météorologiques du climat de Roscoff pendant une période de 10 années (1889 à 1899) et voici succinctement le résultat de ces études et de mes observations personnelles depuis 16 ans environ.

La température est remarquablement constante, très douce pendant toute l'année, exempte de grands froids l'hiver et de fortes chaleurs l'été, assez tempérée pour stimuler tous les grands appareils sans les épuiser par un effort d'acclimatement.

Que l'on considère les températures diverses d'une journée ou d'un mois, les oscillations thermométriques sont peu étendues. Les moyennes de température mensuelle donnent, pour une période de dix ans, les chiffres suivants :

Janvier	6°	Mai	11°7	Septembre	14°8
Février	6°2	Juin	14°3	Octobre	11°6
Mars	7°8	Juillet	16°2	Novembre	9°3
Avril	9°7	Août	16°2	Décembre	7°1

Le minimum moyen a été de 4° en janvier, le maximum moyen de 19°2 en août ; la différence entre les moyennes extrêmes (janvier et août) étant seulement de 10° pour toute l'année. L'amplitude de la variation diurne n'est, le plus souvent, que de 2 à 3°.

La journée médicale, de 10 h. du matin à 4 h. du soir, jouit d'une température fort agréable (7° à 9° en hiver, 18° à 20° en été). Si ces chiffres sont moindres qu'à Nice ou à Arcachon en hiver, comme la moyenne mensuelle est la même, il s'ensuit que la nuit est moins froide à Roscoff, remarque importante pour l'application du traitement par l'aération continue.

Les pluies sont assez fréquentes en octobre, novembre et décembre ; pendant la belle saison elles sont souvent nocturnes, et elles empêchent rarement les malades de sortir. Les brouillards sont assez rares, et quand ils se produisent pendant la belle saison, ce qui arrive trois ou quatre fois par mois, ils apparaissent le matin pour se dissiper vers 10 h. et laisser place à un beau soleil.

A Roscoff il y a presque toujours du vent, souvent violent l'hiver, assez prononcé en toute saison. Les vents les plus fréquents et les plus réguliers soufflent du Sud-Ouest ou du Nord-Est, parallèlement à l'axe de la Manche.

Pendant la belle saison les vents de la région Ouest sont prédominants ; en hiver, on observe souvent le vent d'Est, froid et sec, mal supporté par les arthritiques et les nerveux.

Fréquemment, même en été, le ciel est légèrement couvert dans la 2ᵉ partie de la nuit et jusqu'à 7 ou 8 h. du matin, d'où une diminution notable du refroidissement qui a lieu habituellement peu avant le lever du soleil.

Si on étudie la journée médicale au point de vue des sorties des malades, on trouve en moyenne :

En hiver.	13 belles journées par mois	et	3 demi-journées
Au printemps.	18 —	— et	4 —
En été.	19 à 20 —	— et	5 —
En automne.	12 —	— et	4 —

La luminosité n'est pas exagérée, et par suite n'occasionne aucune impression pénible sur la rétine ou sur le cerveau.

La pression barométrique est élevée, comme c'est l'ordinaire au bord de la mer : les chiffres moyens de l'année varient entre 759,3 et 763,9.

L'air y est d'une pureté extrême : pas de poussières ni de sable soulevé par les vents ; pas de marais, donc pas d'effluves pestilentielles. On y sent une saine odeur saline et iodée provenant des varechs, découverts au loin à marée basse et échauffés par le soleil.

En résumé, les caractéristiques du climat de Roscoff sont : la constance de la température ; pas d'écarts brusques, mais une grande uniformité et une grande lenteur dans les modifications thermiques ; des extrêmes modérés ; une humidité moyenne, sans exagération, contribuant par son régime nocturne ou matinal à égaliser les températures de la nuit et du jour ; des vents réguliers ; une pression barométrique élevée, très stable en été.

III. — Effets physiologiques du climat

Grâce à ces particularités, la fonction respiratoire est fortement activée par la pureté de l'air, ses effluves marines et son renouvellement rapide, ainsi que par la température peu élevée ; la chaleur animale est également stimulée sans être soumise à une trop forte épreuve, puisque la température qui semble fournir à notre organisme les conditions optima de bien-être et de bon fonctionnement oscille autour de 15° à 18° C.; il n'y a donc pas d'effort d'adaptation exagéré. Le nombre des pulsations diminue; les autres fonctions (digestion, assimilation, nutrition) reçoivent une sorte de coup de fouet utile. L'effet immédiat de ce climat est stimulant sans être excitant, et l'effet éloigné (au bout de quelques semaines de séjour) est nettement tonique et reconstituant : il y a une augmentation notable du tonus vital général. La vue de la mer et des grands spectacles de la nature vient y ajouter une influence psychique utile.

IV. — Moyens d'action

Les moyens d'action que je mets en œuvre à Roscoff sont assez variés ; en voici l'énumération : l'aération continue — la navigation — les bains de mer ordinaires — le régime — enfin les divers traitements physiques dans un établissement que j'ai créé il y a quelques années. Ajoutons-y un sanatorium pour les enfants tuberculeux pauvres, fondé par une personne charitable. Je vais dire quelques mots de ces diverses ressources.

L'étude météorologique résumée plus haut montre que l'on peut appliquer l'*aération continue* pendant toute l'année à Roscoff, et, de fait, au sanatorium des enfants tuberculeux, elle est réalisée nuit et jour grâce à des impostes à lames parallèles (sortes de persiennes de verre) et, depuis 3 ans que cet établissement est ouvert, je n'ai jamais vu aucun de mes petits malades prendre un seul refroidissement. Au contraire ils se trouvent admirablement de ce mode de traitement. J'ai appliqué l'aération continue dans ma clientèle avec un égal succès non seulement aux malades atteints d'affections des voies respiratoires, mais à tous ceux qui sont en état de déchéance vitale (anémies diverses, convalescences, etc.).

La *navigation* réalise à la fois une cure de repos associée au bain d'air et de lumière ; le soleil, réfléchi par la nappe liquide toujours en mouvement, baigne le malade de toute part. C'est un excellent procédé de traitement reconstituant.

Les *bains de mer* froids ont des indications et une utilité bien connues. Il en est de même du *régime* facile à varier à Roscoff où l'on trouve réunis, à côté des viandes usuelles, tous les produits de la mer et des légumes de premier choix.

Enfin j'ai étendu les indications de ce climat à une série de cas nouveaux par la création d'un *Institut marin* où j'ai réuni les divers agents physiques applicables à la thérapeutique : les bains et les douches d'eau de mer chaude ; les bains d'eaux-mères des salines ; les bains de vapeur ; le massage et la gymnastique suédoise, l'électricité, etc.

Le sanatorium de Roscoff, situé en dehors et à quelque distance de la ville, reçoit les enfants pauvres des deux sexes atteints de tuberculose chirurgicale.

On n'y admet pas de tuberculose pulmonaire.

Il peut actuellement disposer de 80 lits. On voit donc que la petite ville de Roscoff, par suite des ressources qu'elle offre au point de vue médical, peut être citée avec honneur dans un congrès de climatologie.

V. — Indications et contre-indications thérapeutiques

Je cite, pour mémoire, les tuberculoses chirurgicales soignées au sanatorium de Roscoff. On y rencontre les mêmes cas que dans les établissements similaires (affections des os, des articulations, de la peau, etc.) et on y obtient des résultats excellents, par suite des qualités spéciales du climat.

Cette action du climat marin étant bien connue, j'insisterai davantage sur les autres indications. Le climat de Roscoff, d'après les considérations susénoncées, est tonique et stimulant sans être excitant. Il relève rapidement les constitutions épuisées ou alanguies. Son action éloignée est à la fois sédative et tonique, car en rétablissant l'équilibre des fonctions organiques il empêche la prédominance du système nerveux.

Fortifier c'est calmer, comme on l'a dit avec juste raison. D'ailleurs le *modus faciendi* a une grande importance : *stimulant* si on laisse le malade courir sur les grèves, *sédatif* si on associe la cure de repos à l'aération continue, mais tonique dans tous les cas.

Toutes les fois qu'il s'agit d'une maladie générale : anémies, dystrophies de causes diverses, états de langueur, de dépérissement général ou convalescences traînantes, maladies de la nutrition dans lesquelles l'état général prime l'état local, caractérisées par l'insuffisance relative de tous les appareils dont le fonctionnement vicié tend à perpétuer l'affection, le climat de Roscoff produit des effets remarquables en activant la respiration, en stimulant l'appétit et relevant l'état général. On obtient même souvent la guérison de lésions locales anciennes qui étaient entretenues par l'alanguissement de toutes les fonctions. Le succès est d'autant plus assuré que le sujet est plus jeune. Les enfants délicats, lymphatiques, les adénoïdiens (après l'enlèvement de leurs végétations), ceux qui présentent de l'adénopathie trachéo-bronchique, se développent à vue d'œil et reprennent rapidement appétit, forces et couleurs.

Dans les affections des voies respiratoires la question du séjour au bord de la mer a été discutée. La solution varie suivant les cas. S'il s'agit d'états chroniques consécutifs à une affection aiguë, tels que coqueluches traînantes, rougeole, engouement pulmonaire ou reliquats de pneumonie ou de pleurésie grippale ou autre, je puis être très affirmatif : le séjour de quelques semaines à Roscoff, surtout pendant la belle saison, amène une véritable transformation.

Pour la *tuberculose pulmonaire*, les indications sont plus difficiles à saisir. Une expérience de 16 années me permet de donner les conclusions suivantes :

Le séjour à Roscoff est très utile aux jeunes sujets prédisposés à la tuberculose pulmonaire, à ceux dont les parents sont morts tuberculeux et qui présentent eux-mêmes la maigreur, l'étroitesse de poitrine avec aplatissement sous-claviculaire, indices d'une insuffisance respiratoire habituelle.

Quand la tuberculose est déclarée mais peu avancée, que le malade présente des crachats bacillaires, des craquements au sommet sans fièvre ou avec peu de fièvre, sans accélération habituelle du pouls, que l'état général est peu atteint, le climat de Roscoff peut être encore excellent. La respiration y est plus profonde, l'expectoration plus facile grâce à l'humidité relative de l'air, et, sous l'influence de l'aération continue et d'une suralimentation facilitée par un appétit plus vif, on peut assister à des améliorations remarquables ; mais il faut une grande surveillance de la part du médecin et beaucoup de docilité de la part du malade.

D'ailleurs plus la tuberculose est fébrile, surtout chez un sujet jeune, plus l'air de nos côtes est nuisible.

Il en est de même en cas d'hémoptysie ou d'amaigrissement rapide. Chez les enfants je n'ai vu d'amélioration de tuberculose pulmonaire au deuxième degré que chez ceux qui présentaient tous les caractères du tempérament scrofuleux.

Dans les périodes avancées, quand la fièvre est continue, le pouls fréquent et instable, le climat de Roscoff est plutôt nuisible, bien que j'aie obtenu quelquefois des améliorations inespérées ; mais ce sont d'heureuses exceptions sur lesquelles il ne faut pas compter.

Quand la tuberculose se déclare après 30 ou 35 ans, qu'elle est bien localisée, peu extensive, à marche lente et apyrétique, sans tachycardie, le climat de Roscoff retrouve ses avantages et j'ai assisté à des améliorations remarquables à la fois de l'état général et de l'état local.

Il y a donc lieu de tenir compte d'une série de conditions importantes : âge du sujet, forme de la tuberculose, étendue des lésions et rapport entre cette étendue et la déchéance générale, etc.

Roscoff ne convient qu'à un petit groupe de cas bien spécialisés.

D'autre part, toutes les saisons ne sont pas également favorables. Si dans les anémies, la scrofule, les maladies de la nutrition, le séjour à Roscoff peut être prolongé avec profit, dans les affections des voies respiratoires en général la période avantageuse s'étend du 1er juin au 15 septembre, quelquefois jusqu'à la fin d'octobre si le temps est doux. En hiver on est en butte à deux grands ennemis, le vent et l'humidité habituelle de l'air. Cette dernière, quand elle est modérée comme en été, facilite l'expectoration, suivant la remarque fort juste du Dr Lalesque (d'Arcachon), mais elle m'a paru causer fréquemment de l'oppression en hiver. Certains de mes clients qui présentaient surtout une tuberculose à forme catarrhale (râles humides dans une partie étendue de la poitrine) accusaient une augmentation considérable de l'oppression quand le temps était humide, une diminution très nette quand l'air devenait sec ; ce que j'attribuais à l'entrave apportée à l'évaporation pulmonaire des parties restées saines obligées de suppléer aux régions malades. C'est pour la même raison que l'asthme et l'emphysème sont généralement aggravés par l'air de nos côtes.

Dans les affections chroniques du système digestif (estomac, intestin, foie) ou de l'utérus et de ses annexes, le séjour à Roscoff entraîne les mêmes modifications avantageuses de l'état général que dans les autres maladies chroniques, et il en résulte souvent une amélioration locale importante. La possibilité d'utiliser les bains et les douches d'eau de mer chaude et les bains d'eaux mères, dont l'action est si active dans les divers engorgements des organes abdominaux, m'a permis d'obtenir des résultats plus complets et plus durables en un temps moindre.

Les mêmes moyens sont utiles dans la goutte et surtout le rhumatisme chronique (ce dernier est souvent amélioré par les eaux chlorurées sodiques chaudes) ainsi que dans les affections douloureuses du système nerveux (névralgies, etc.).

Quant à la neurasthénie, notre climat ne convient qu'aux formes dépressives, les formes éréthiques sont souvent aggravées,

Parmi les jeunes sujets qui viennent au bord de la mer pour leur santé, beaucoup présentent un développement corporel défectueux, à la fois cause et effet de leur mauvais état général. La poitrine est étroite, enfoncée, le dos voûté, d'où ventilation pulmonaire moins active et persistance d'un état anémique par oxydation insuffisante du sang. D'autres fois on observe des déviations simples de la colonne vertébrale (scoliose des adolescents) qui, coïncidant souvent avec la chlorose et apparaissant au moment de la puberté, semblent sous l'influence de l'évolution du jeune sujet. On peut, par la gymnastique médicale, combattre ces défauts divers et amener le développement harmonieux du corps humain. De l'avis de tous les hommes compétents cette gymnastique est plus efficace au bord de la mer que partout ailleurs et j'ai souvent vérifié le bien-fondé de cette assertion.

Rappelons que, sauf pour les sujets à poitrine délicate, le séjour à Roscoff peut être prolongé sans inconvénient pendant la plus grande partie de l'année.

En résumé, Roscoff convient surtout aux maladies chroniques avec symptômes d'insuffisance ou de torpidité respiratoire ou digestive, aux états de dépression générale, en un mot aux hypofonctions des divers appareils de la nutrition et de l'assimilation.

DISCUSSION

Dr DEDET (de Martigny). — Je commence par féliciter mon excellent confrère le Dr Bagot de son remarquable travail sur Roscoff, que dans mes longs séjours à Brest j'avais appris à connaître et à apprécier.

Je veux simplement relever la phrase suivante : « Les vents du N.-E. sont très préjudiciables aux nerveux et aux arthritiques. »

Ayant remarqué à Brest, très fréquemment, dans une longue suite d'années, des poussées congestives chez les tuberculeux sous l'influence de ce vent, poussées parfois fatales, alors qu'ils supportaient bien les brises fortes du Sud-Ouest, je veux demander à l'orateur et en même temps au Dr Lalesque, très compétent en l'espèce, si leurs observations ne concordent pas avec les miennes.

Dr LALESQUE. — Les vents de la zone Est, parce que secs, sont préjudiciables aux tuberculeux; les vents de la zone Ouest, parce que humides, leur sont favorables (hémoptysies en cas de vent sec).

Bagot a fourni des indications très précises, j'ai pu les utiliser et lui envoyer en été des anémiques, des adénopathiques, des tuberculeux pulmonaires qui s'en sont bien trouvés.

Dr GANDY demande à M. Bagot :

1° A quelle époque les malades justiciables du climat de Roscoff se trouvent-ils mieux de ce séjour ?

2° Etant admis que les vents N.-E. sont nuisibles aux poitrines malades, notamment aux tuberculeux, ont-ils une action différente sur les asthmatiques et sur les emphysémateux?

Dr CAZAUX. — Je demande à dire un mot au sujet de l'influence de l'air humide que je regarde comme favorable aux tuberculeux, pourvu qu'il ne soit pas froid. Voilà pourquoi M. Bagot a eu raison de conseiller Roscoff aux phtisiques pendant la belle saison et non pendant l'hiver. En thèse générale, les climats humides sont les meilleurs pour les tuberculeux ; c'est ce que je fis observer, il y a une quinzaine d'années, aux autorités de la ville de Pau qui se défendaient d'avoir un climat humide. C'est parce qu'il pleut souvent à Pau et à Arcachon que les phtisiques y voient la fièvre et les phénomènes nerveux se calmer par le seul effet des éléments météorologiques ; ces stations climatiques doivent le comprendre : c'est leur premier intérêt.

LES EAUX-BONNES (BASSES-PYRÉNÉES)
CONSIDÉRÉES COMME STATION D'ALTITUDE
Par le Dr Marcellin CAZAUX

Nous avons eu l'occasion de parler de l'air de la montagne comme agent thérapeutique, soit à la Société d'hydrologie et climatologie (1), soit au Syndicat des médecins des stations pyrénéennes (2) ; nous avons étudié les avantages et les inconvénients de chacun des trois groupes d'altitude de la classification généralement adoptée.

Nous nous proposons aujourd'hui d'entrer dans quelques détails au sujet de la ville balnéaire où une longue pratique nous a permis de noter les faits météorologiques essentiels.

Les Eaux-Bonnes sont situées à la latitude de 43° environ, c'est-à-dire dans la zone tempérée, c'est une circonstance à retenir. Mais sans trop y insister, car, dans les contrées à grands reliefs du sol, il y a d'autres données si multiples et si importantes que la latitude n'a qu'une influence secondaire dans la résultante finale atmosphérique.

C'est, à vrai dire, l'élévation au-dessus du niveau de la mer qui joue le rôle capital dans les différents climats de montagne et sert même à les désigner :

1° Altitudes inférieures ou subalpines ou intermédiaires.. 400 à 1.200 m.
2° Altitudes alpines ou proprement dites................. 1.200 à 2.000 m.
3° Altitudes supérieures..., ... au-dessus de 2.000 m.

(1) Des altitudes en médecine, 7 avril 1902.
(2) Les stations d'altitude estivales dans les Pyrénées, 25 septembre 1904.

Les Eaux-Bonnes, à 750 m., prennent place dans le premier groupe, celui des altitudes intermédiaires, dont elles peuvent être regardées comme un type des plus complets, tant au point de vue météorologique qu'au point de vue thérapique.

Le Professeur Martins ayant noté un refroidissement de 1° par 141 m. d'élévation, la température de ce vallon devrait être de 5° inférieure à celle de la plaine; et, de fait, le chiffre réel ne s'écarte pas beaucoup du chiffre théorique, bien qu'il intervienne divers autres éléments, tels que la direction des vents, l'état du ciel, le dessin capricieux des cimes et des cols, le voisinage des cours d'eau et des forêts, etc.

La température de la station a été calculée pendant 24 ans par le naturaliste Gaston Sacaze, qui donne 10°5 comme moyenne annuelle. Celle-ci n'ayant qu'une importance très relative pour une ville balnéaire et climatique d'été, nous prendrons surtout note de la moyenne des quatre mois de la belle saison (juin à septembre) qui se trouve osciller, selon les années, entre 18 et 22°.

Les observations faites par le Dr Schnepp en 1864 lui fournirent des résultats approximatifs; il fixe les moyennes suivantes :

Juin.. 14°35
Juillet.. 18°94
Août... 20°04
Septembre.. 15°64

qui sont inférieures à celles du précédent, mais il faut remarquer qu'elles ne reposent que sur les données d'une seule saison.

Nous avons pris nous-même des relevés thermométriques, mais sur lesquels on ne peut baser une moyenne des 24 heures, puisque nous avons simplement noté la température à deux moments de la journée, 9 h. du matin et 2 h. du soir. Si les chiffres obtenus ne peuvent donc servir à des travaux scientifiques purs, ils peuvent, en revanche, donner des indications utiles au médecin praticien à qui il importe surtout de connaître l'état de l'atmosphère aux heures où le malade vit au dehors. Il en résulte que la moyenne du plein jour serait environ : de 18° en juin, 19° en juillet et août et 16° en septembre. Ces moyennes peuvent varier de 1 à 2° d'une année à l'autre selon le nombre de jours où souffle le vent du Sud, vent d'Espagne, vent d'autan, c'est-à-dire le siroco d'Afrique qui vient mourir le long de la chaîne pyrénéenne. Ce météore, qui se confond, d'après nous, avec le fœhn des Alpes, et peut faire monter le thermomètre à 27 et 28° et même plus, ne fait d'ailleurs que de rares apparitions.

Il n'est jamais violent, pas plus que les autres vents, car le vallon du Valentin est protégé par une ceinture orographique presque continue. — Le *Sud-Ouest*, qui s'est chargé des vapeurs de l'Océan, vient former au-dessus du village de Laruns ces cumulo-stratus connus des indigènes pour se résoudre souvent en pluie. — Le *Sud-Est* et l'*Est* sont assez fréquents et apportent dans les chaudes journées la fraîcheur qu'ils ont contractée en passant sur les cîmes neigeuses du Ger et de la Latte. Le *Nord-Nord-Est* et le *Nord* sont brisés et adoucis par le grand rempart de la *Montagne-Verte*. Enfin, le *Nord-Nord-Ouest* et le *Nord-Ouest* soufflent légèrement un jour sur trois en suivant la brisure de la vallée d'Ossau ; arrêtés par les montagnes de Laruns et le Gourzy, ils prennent le chemin de notre vallon où ils sont les bienvenus en juillet et août.

N'oublions pas de mentionner les *brises périodiques*, c'est-à-dire ces courants ascendants diurnes et descendants nocturnes décrits pour la premiers fois par Fournet : le soleil levant touchant de meilleure heure et de plus près les cîmes et les hauts plateaux, l'air plus frais d'en bas s'élève vers ces régions. Le contraire arrive la nuit : les pics se refroidissant plus vite à cause de la hauteur et de la moindre surface d'absorption de la chaleur diurne, il se produit un courant descendant. Cette légère agitation de l'air prévient les grands changements de température.

Passant à l'étude de la *pression atmosphérique*, nous rappellerons que cette pression est représentée au bord de la mer par une colonne mercurielle de 763 millim. et à Paris par une colonne de 760 millim., à la température de 12°5. A mesure que nous nous élevons au-dessus du niveau de la mer et, par conséquent, au-dessus des couches inférieures de l'atmosphère, le poids de celle-ci doit nécessairement diminuer et le mercure descendre ; c'est, en effet, ce qui se produit : Schneppe a constaté que, aux Eaux-Bonnes, le baromètre de Fortin baissait de 1 millim. environ pour 13m. d'élévation ; sa moyenne annuelle devrait donc être de 703 millim., mais comme il n'a observé que pendant une saison, il nous donne comme moyenne des quatre mois le chiffre de 700 mm. 38. De Pietra-Santa, ayant opéré dans les mêmes conditions, est parvenu à des résultats à peu près identiques, 700 millim. Quant à Gaston Sacaze, qui avait eu la faculté de déduire une vraie moyenne annuelle, il avait obtenu la hauteur barométrique de 703 millim. déjà fournie par le calcul. Cette hauteur barométrique, déduite de l'observation, aurait suffi d'ailleurs pour nous faire connaître l'altitude de notre station et la diminution du poids qui presse sur la périphérie de notre corps, soit approximativement 400 kilogr. sur un total de 15.500 kilogr., que supporte, en plaine, un homme de moyenne grosseur et de taille ordinaire, mesurant un mètre carré et demi en surface.

Ajoutons, entre parenthèses, que nous serions incapables de résister à une aussi énergique poussée, si les fluides élastiques contenus dans nos humeurs ne réagissaient à leur tour pour maintenir l'équilibre.

Comme instrument de prédictions météorologiques le baromètre est moins précis au milieu des montagnes que dans les contrées plates. S'il monte ou descend lentement et uniformément, c'est signe de beau temps ; s'il subit des variations brusques, surtout en baissant de plusieurs millimètres, il faut s'attendre à la pluie ou à un orage, car cet abaissement est d'ordinaire provoqué dans notre pays par le vent du Sud-Ouest qui, à la fois, échauffe et dilate l'air et le sature des vapeurs qu'il a empruntées à l'Océan, comme nous l'avons expliqué.

Au point de vue *hygrométrique*, si la latitude entrait seule en jeu, le pluviomètre nous donnerait une colonne à peine plus élevée que celle de Bordeaux, soit 0^m65 ; mais il n'en est pas ainsi et, par suite de conditions physiques et topographiques concourant au même but, Gaston Sacaze a noté, comme moyenne annuelle, une hauteur de 1^m54. La station est, en effet, située à une altitude où la vapeur d'eau de l'atmosphère se trouve à une tension assez élevée ; de plus, elle est enfoncée dans une gorge dont les parois, couvertes d'une puissante végétation, retiennent les vésicules aqueuses ; elle est baignée par un impétueux torrent dont les eaux glaciales refroidissent les vents relativement chauds d'Ouest et de Sud-Ouest et rapprochent le point de saturation.

L'autre cause la plus ordinaire de formation des brouillards se rencontre lorsque le sol humide est plus échauffé que l'air, et se trouve réalisée dans la plupart des stations subalpines : les courants descendants nocturnes refroidissent plus vite les couches atmosphériques que la terre elle-même ; alors les vapeurs émises par celle-ci, traversant un milieu plus frais, se condensent et s'agglomèrent. Au lever du jour, elles se dissipent ou bien montent sous l'influence des courants ascendants diurnes, pour aller constituer les nuages des hautes régions. Ces nuages eux-mêmes disparaissent par l'effet de la chaleur solaire ou des vents, ou se résolvent en pluie, parfois sous la forme d'averses accompagnées d'éclairs et de tonnerre. Ces orages n'ont rien de très terrible et ont plutôt l'avantage de décharger l'électricité des nuages, souvent excitante pour les malades nerveux.

Ajoutons que la colonne pluviométrique annuelle importe peu pour une ville d'été et que nous n'avons à tenir compte de l'état hygrométrique que dans les quatre mois de la saison. Les moyennes mensuelles fournies au Dr Schnepp par l'hygromètre à cheveu oscillent entre les divisions 56 et 76 du cadran. Cette humidité n'a rien d'exagéré ; elle est favorable, à notre avis, à l'immense majorité des valétudinaires justiciables du climat et des sources des Eaux-Bonnes.

Nous n'avons pas à nous occuper des météores secondaires, rosée, serein, givre, qui n'offrent ici rien de particulier, pas plus que de cette légère couche de neige qui, deux ou trois fois par saison, à la suite de pluie prolongée, se montre sur le pic de Ger et quelques crêtes élevées ; elle n'a d'autre effet que de rafraîchir l'atmosphère pendant une journée ou une fraction de journée.

Quant à la chaleur et à la lumière trop vives, il est toujours facile de s'y soustraire en restant simplement à l'ombre ou en prenant le chemin de la forêt de Gourzy par les promenades Grammont et Jacqueminot, ou de la forêt de la Coume d'Aas par la promenade du Gros-Hêtre. On y trouve une riche végétation de chênes, de hêtres et de sapins au pied desquels il est aisé de faire une abondante récolte de fleurs des plus précieuses par la variété des formes et l'éclat des couleurs. Ne pouvant citer les innombrables plantes d'herbier, rappelons seulement quelques plantes médicinales, la belladone, la digitale, la série des labiées (sauge, menthe, romarin, etc.), et surtout l'arnica et l'aconit, qui donnent des alcoolatures renommées.

PHYSIOLOGIE

Eaux-Bonnes, comprise dans les altitudes intermédiaires, ne suscite pas de grandes modifications dans la marche des appareils organiques. Néanmoins les expériences de Miescher et de Sellier, rapportées par nous dans le mémoire cité plus haut, ont démontré que le chiffre des globules rouges croissait de manière notable chez les animaux qui s'élèvent simplement de 450 à 950^m; d'où augmentation de l'hémoglobine destinée à fixer l'oxygène qui se maintient ainsi dans la quantité, pour ainsi dire constante, nécessaire aux échanges intimes. Cette pullulation des érythrocytes s'opère sans que l'on perçoive un trouble sensible dans le rythme pulmonaire ou cardiaque; la raréfaction de l'air n'est pas assez prononcée pour provoquer de grands changements. Elle suffit pourtant à développer les forces digestives et les combustions organiques; c'est pour cela qu'on se sent plus léger et plus en train que dans la plaine et que des gens paresseux réalisent des excursions dont on les aurait crus incapables.

INDICATIONS THÉRAPEUTIQUES

Elles résultent des considérations précédentes : si l'on ne peut faire de la vraie *hypsiatrie* ou médecine des hauteurs proprement dites, on peut faire aux Eaux-Bonnes de la médecine subalpine qui a le premier privilège de n'être jamais nuisible et, en second lieu, jouit d'une réelle efficacité dans nombre d'états de faiblesse ou de maladie.

Les *débiles*, en effet, et les *convalescents* voient promptement leur appétit renaître, en même temps que leurs forces physiques et morales.

Les *anémiques*, que des raisons médicales ou sociales empêchent de résider plus haut, verront le nombre des hématies s'accroître et leurs tissus se tonifier. Il est remarquable de voir avec quelle rapidité des enfants, arrivés de la plaine chétifs, pâles et menacés de diverses déchéances, prennent de l'énergie, de l'embonpoint et des couleurs.

Les *dyspepsies*, si communes chez les citadins qui font trop bonne chère, sont vite amendées par l'air de la montagne aidé du repos ou de quelques exercices hygiéniques ou, suivant les cas, de pratiques balnéaires.

Il en est de même de certains *neurasthéniques* chez qui un isolement relatif et des promenades en des sites riants et pittoresques secondent efficacement les effets d'un traitement hydrothérapique approprié.

Le *catarrhe bronchique* ne sera pas guéri par notre faible altitude, mais celle-ci renforcera l'action de la cure hydro-minérale sulfurée.

Quant à la *tuberculose pulmonaire*, elle n'est jamais aggravée par les hauteurs intermédiaires, comme elle peut l'être par les hauteurs alpines et supérieures. On peut, dans presque tous les cas, envoyer aux Eaux-Bonnes non seulement les phtisiques peu avancés, mais encore tous ceux qui offrent encore de suffisants éléments de résistance. Ils pourront, sous la surveillance médicale, soit se borner à faire d'excellentes cures d'air, soit, s'il y a lieu, y joindre la cure thermale et obtenir ainsi de meilleurs et plus durables résultats.

CONCLUSIONS

1º Les Eaux-Bonnes se classent dans le groupe des stations subalpines ou intermédiaires; on peut y suivre les cures climatique et hydro-minérale combinées ou la cure climatique seule.

2º La ville est à l'altitude de 750ᵐ seulement, mais des promenades et sentiers dans les forêts environnantes permettent au besoin de passer une partie de la journée à 1.000 ou 1.200ᵐ et plus.

3º La température y est des plus agréables; la moyenne des quatre mois de la belle saison (juin à septembre) oscille entre 16 et 20 degrés.

4º La station est abritée des vents par une haute ceinture de cîmes; il y règne un grand calme, sauf en quelques rares journées, où souffle le vent chaud du sud ou vent d'autan.

5º L'état hygrométrique de l'air est assez élevé; les moyennes mensuelles des quatre mois de l'été se meuvent entre les divisions 56 et 76 de l'hygromètre à cheveu.

6º Cette humidité n'empêche pas les qualités toniques départies à l'atmosphère par l'altitude d'être assez caractérisées pour convenir aux convalescents, aux débilités, aux anémiques et aux neurasthéniques.

7º La double cure hydro-minérale et climatique est spécialement indiquée comme prophylactique, chez les enfants délicats, prédisposés aux affections thoraciques.

8º Elle est indiquée également chez les tuberculeux pulmonaires chroniques, à faible réaction, et offrant encore une somme d'éléments sains suffisante pour entreprendre la lutte.

DISCUSSION

M. Gandy s'étonne que la moyenne thermique du mois d'août, aux Eaux-Bonnes, soit de 19º. Il trouve ce chiffre élevé.

DE L'ACTION DITE CONGESTIONNANTE

DU CLIMAT MÉDITERRANÉEN FRANÇAIS

SON INFLUENCE SUR LES TUBERCULEUX

par le docteur PÉGURIER (de Nice).

—

Accuser le climat du littoral méditerranéen de provoquer, chez les tu=

berculeux, des poussées congestives, constitue la critique la plus grave que ses adversaires ne manquent pas de lui adresser. Cependant, si l'influence climatique de la Riviera se traduit, chez les sujets morbides ou normaux, par une stimulation plus ou moins intense, il ne s'en suit pas que cette action stimulante ait pour conséquence nécessaire la production de poussées congestives, et l'on n'est nullement autorisé à conclure, par simple induction, que le climat méditerranéen congestionne puisqu'il stimule, et que, par suite, il expose les malades à une aggravation à peu près fatale. Seuls les faits cliniques rigoureusement observés et impartialement interprétés sont capables de solutionner cette importante question; c'est donc à eux qu'il convient de faire appel.

Or, l'observation suivante n'est point rare, tant s'en faut.

On a conseillé à un tuberculeux d'aller passer l'hiver sur la Côte d'azur, en lui assurant qu'il tirera grand profit de la douceur du climat, du soleil, de l'air pur, aidés du repos et d'une alimentation substantielle. Le malade arrive sur le littoral, s'installe dans un quartier quelconque, sort par tous les temps, se promène à l'ombre, plus souvent en plein soleil, rentre chez lui le plus tard possible, afin de faire « sa cure d'air » aussi complète qu'il le peut, et — disposé d'ailleurs à conformer son existence aux principes de la trilogie brœhmérienne — juge bien inutile de consulter un médecin sur la manière dont il doit conduire un traitement d'une simplicité si puérile. Au début tout est parfait. Emerveillé par la beauté du site, heureux de vivre sous un ciel toujours bleu, agréablement impressionné par la douceur de la température, le nouveau venu se sent plus fort; il mange mieux, son moral est excellent; il escompte déjà la guérison. Mais voilà que, brusquement, sans cause apparente, une hémoptysie plus ou moins violente se déclare; une zone congestive auréole de nombreux râles fins les lésions tuberculeuses primitivement discrètes; la température s'élève aux environs de 39°, et, en l'espace de quelques jours, tout le bénéfice qui semblait acquis disparaît. Pendant une à quatre semaines, quelquefois plus, l'état du malade inspire quelque inquiétude; après quoi ces phénomènes alarmants rétrocèdent, puis s'effacent, et la maladie reprend ses allures d'affection chronique. On constate alors, par l'auscultation, que, si les traces de congestion pérituberculeuse ont disparu, les lésions bacillaires ne sont plus limitées à la zone primitivement atteinte, et qu'elles ont envahi une partie plus ou moins étendue du territoire pulmonaire jusqu'alors respecté.

Mais l'alerte est passée, jusqu'au jour où une seconde crise, puis une troisième, puis toute une série de congestions successives apparaissent, non seulement pour compromettre la guérison, mais pour assombrir singulièrement le pronostic, en donnant chaque fois aux lésions un coup de fouet capable de transformer, à la longue, une tuberculose torpide en une phtisie aiguë à échéance irrémédiablement fatale.

Voilà donc un tuberculeux — auquel, de l'avis de son médecin, le séjour hivernal dans nos stations paraissait absolument indiqué — qui, loin d'y trouver l'amélioration espérée, est pris d'hémoptysies et de poussées congestives sériées, tandis que ses lésions s'étendent de façon alarmante. La réputation séculaire acquise, en phtisiothérapie, par le littoral méditerranéen serait-elle donc surfaite, et ce merveilleux climat n'aurait-il pour effet que de précipiter, par les congestions successives qu'il provoque, les dernières étapes du mal?

Il n'en est rien, cependant; car si c'est bien le climat qui est le point de départ de ce désastre, ce n'est pas la cure climatique — ce qui est tout différent.

Il ne viendrait à l'esprit d'aucun praticien de prescrire à un malade un remède quel qu'il soit, sans en connaître par avance les effets physiologiques, le mode d'action, la façon de l'administrer, les doses utiles et toxiques. Or, du moment qu'on lui accorde une action thérapeutique, le climat est de tous points comparable à un médicament, et quiconque conseille une cure climatique sans savoir et sans indiquer de quelle façon cette cure doit être conduite court le risque de manquer ou de dépasser le but qu'il se propose.

En réalité, le malade que j'ai pris pour exemple se soumettait à la cure hygiéno-diététique dans un climat nouveau pour lui, mais il ne faisait pas de la cure climatique, ou — si l'on préfère — il ne la faisait pas comme il convient. Et dès lors, incapable de retirer de son séjour dans le Midi tous les avantages possibles, il n'était point garanti contre les dangers climatiques qu'il ne pouvait éviter, n'ayant pas appris à les connaître. Il en subissait, par suite, la regrettable influence, d'autant plus accusée que l'acclimatement n'était point encore obtenu.

Ignorant tout de notre climat, comment se serait-il méfié de lui? Pourquoi aurait-il pris les précautions élémentaires que les médecins de la Riviera connaissent bien, et sur lesquelles je n'ai pas à insister, le Congrès de Nice ayant été, à cet égard, suffisamment explicite? Les règles de notre climatothérapie appliquée ne s'improvisent pas, et notre tuberculeux a payé fort cher la faute de les avoir méconnues. Dans la pratique, en effet, lorsqu'une hémoptysie par congestion vient à se produire, lorsqu'une poussée aiguë se manifeste, on parvient presque toujours à en retrouver la cause immédiate, et cette cause est, neuf fois sur dix, une infraction au traitement climatique : c'est là un fait d'observation courante dans nos stations.

Chez notre malade, l'administration du remède-climat a été défectueuse; la dose utile a été dépassée; il y a eu intolérance. N'en serait-il pas ainsi avec tout médicament actif? Or, devons-nous bannir de la thérapeutique les préparations arsenicales, par exemple, avec la crainte d'exposer le malade aux convulsions épileptiformes ou au collapsus ? [Abandonne-t-on la digitale parce que, administrée inconsidérément, elle peut produire de l'arythmie, du délire ou de l'hypothermie? Evidemment non ; et si l'un quelconque de ces accidents vient à éclater, en rend-on responsable le médicament qui en est cependant la cause première ?

Il en est de même de la cure climatique ; elle peut être, aussi, la cause première de phénomènes congestifs redoutables, si l'application en est irrationnellement faite. Mais ces phénomènes sont imputables à une erreur de doses ou d'administration ; de quel droit incriminerait-on le climat lui-même si la cure est mal comprise, si, par suite, elle conduit à des mécomptes ?

Est-ce à dire, toutefois, qu'en abandonnant sa résidence habituelle pour passer l'hiver sur la Riviera un tuberculeux, même sagement guidé dans sa cure climatique, ne va pas éprouver, de ce changement de milieu, quelque modification du côté de l'appareil respiratoire ? Le contester serait nier l'évidence des faits quotidiennement observés. L'action stimulante se manifeste bientôt et s'exerce, non seulement sur l'état général, qu'elle relève, mais aussi sur l'atonie fonctionnelle des différents organes, qu'elle combat, les digestions qu'elle accélère, sur le système nerveux qu'elle tonifie, sur la circulation qu'elle rend plus active, sur l'appareil respiratoire, enfin, dont elle augmente les échanges et accroît le fonctionnement.

Il faut donc s'attendre à voir se produire, au début de la cure, une irrigation intra-thoracique plus intense et même un certain degré de congestion passive. Mais cette fluxion locale, développée lentement sous l'influence stimulante seule du climat, est bien différente de cet état congestif brusque, précédemment décrit et résultant d'un « shock » brutal, conséquence d'une imprudence de cure. Elle évolue silencieusement, s'accompagne d'une élévation thermique toujours modérée, et disparaît en l'espace de quelques jours, sans hémoptysie. Elle passerait même souvent inaperçue si le malade n'était observé de très près, et si une légère recrudescence de la toux et de l'expectoration, plus muqueuse que purulente, ne révélait la modification circulatoire survenue. Or, ce qu'il est important de retenir c'est que, cette phase fluxionnaire terminée, les lésions bacillaires — loin de s'être étendues à un territoire nouveau — sont restées cantonnées à la zone primitivement atteinte. En outre, elles sont devenues plus sèches, plus fibreuses, indice d'un début de cicatrisation.

En effet, ces congestions passives, lentes, presque silencieuses, relevant uniquement de la stimulation climatique, se montrent éminemment favorables en exaltant *in situ* les défenses naturelles de l'organisme, en déterminant un afflux nouveau de phagocytes autour des lésions tuberculeuses. Ce n'est plus une poussée congestive aiguë qui éclate soudain et assombrit le pronostic parce qu'à sa suite les lésions auront progressé ; c'est une poussée phagocytaire qui, lentement, se manifeste, marquant ainsi une étape effectuée vers la guérison.

Les exemples de ces hyperémies bienfaisantes sont extrêmement fréquents sur notre littoral, si j'en juge par le nombre assez élevé des cas que j'ai pu observer. Elles ont, cliniquement, un caractère assez marqué de ressemblance avec certaines congestions passives que l'auscultation révèle parfois chez les tuberculeuses au moment des règles, lorsque ces fluxions intra-thoraciques, contemporaines des époques, se montrent apyrétiques et exemptes d'hémoptysies. Mais elles sont surtout comparables aux poussées phagocytaires qui se produisent sous l'influence de la plupart des médications utilisées avec plus ou moins de profit chez les phtisiques.

Tous les médicaments, tous les agents thérapeutiques auxquels l'expérience a reconnu quelque utilité en phtisiothérapie et qui ne s'adressent pas seulement à un symptôme, mais à la maladie elle-même, ne doivent leur action primordiale qu'à l'hyperémie phagocytogène qu'ils déterminent.

Il en est ainsi de la créosote et de ses dérivés, des composés arsenicaux, du cinnammate de soude, de la cantharidine, de l'iode, et les iodures seraient sans doute beaucoup plus souvent prescrits chez les tuberculeux si l'on pouvait limiter leur action congestionnante à la dose pratiquement favorable.

Le traitement hydro-minéral congestionne les phtisiques; il en de même des courants électriques de haute fréquence et de haute tension, qui ont donné, semble-t-il, quelques résultats appréciables. La physiothérapie, la révulsion sous toutes ses formes, depuis l'ancien cautère à demeure — dont l'emploi n'est pas, en certain cas, si irrationnel qu'on le pense — jusqu'aux pointes de feu, aux vésicatoires, aux ventouses et aux cataplasmes sinapisés, entraînent cette hyperémie locale défensive. Les diverses tuberculines qui, à l'étranger principalement, comptent de nombreux adeptes auxquels on ne peut dénier le mérite d'être des observateurs sagaces et consciencieux, provoquent cette même réaction salutaire, à condition qu'elles soient prudemment maniées. Enfin il n'est pas jusqu'au repos allongé, dont on connaît l'heureuse influence, qui ne se montre favorable aux phtisiques par la stase sanguine qu'il favorise autour des zones tuberculisées.

En portant son action stimulante sur l'appareil respiratoire le climat méditerranéen n'agit pas autrement: l'observation clinique le démontre. Il en serait de même pour les lésions tuberculeuses du larynx, si l'on en croit l'opinion émise par le docteur Mignon (de Nice), dans la communication qu'il apporte à ce Congrès, et qui confirme pleinement cette manière de voir. D'ailleurs, pour quelles raisons l'hyperémie produite par le climat ne serait-elle pas comparable, dans ses effets, à la congestion défensive d'origine médicamenteuse, hydro-minérale ou physicothérapique ?

On objectera peut-être que, chez certains malades, l'action climatique est trop violente et que la phase de congestion utile est outrepassée. Cela se voit, en effet ; mais uniquement chez les tuberculeux qui, au point de vue clinique, n'auraient pas dû venir sur le littoral. Sans passer en revue les contre-indications — nettement posées au Congrès de Nice — du climat méditerranéen, il est facile de concevoir qu'un tuberculeux éréthique, par exemple, ne répondra pas seulement à l'incitation climatique par une congestion passive, mais qu'il prendra prétexte de cette stimulation pour faire une poussée aiguë. Evidemment, l'action stimulante de notre climat a été chez lui désastreuse, mais aussi pourquoi l'avez-vous conseillée à un malade qui se serait infiniment mieux trouvé d'un climat sédatif ?

C'est pourquoi, le jour où les indications de notre climat seront mieux connues des praticiens, le jour où l'on n'enverra dans nos stations hivernales que des tuberculeux ayant besoin d'une stimulation et n'ayant rien à redouter de cette dernière, le jour surtout où les malades auront compris qu'il ne suffit pas de suivre dans le Midi la cure hygiéno-diététique classique pour y trouver la guérison, mais encore que le changement de milieu impose une réglementation nouvelle de leur existence, on en aura fini avec cette légende des poussées congestives d'origine climatique, légende accréditée par une connaissance insuffisante du climat méditerranéen et de son application au traitement des tuberculeux.

DISCUSSION

Le Dr LALESQUE est heureux de voir M. Pégurier soutenir une doctrine qu'il soutient et défend depuis longtemps, à savoir qu'on attribue le plus souvent au climat des accidents qui sont le résultat d'erreurs de technique.

Le climat de la Méditerranée est un climat qui active la circulation, l'excite dans une certaine limite. Les hémoptysies qui s'y peuvent produire trop souvent peuvent résulter d'une double erreur : le malade ne devait pas être envoyé sur la Riviera, ou le malade a commis une erreur de technique.

Donc nécessité pour le médecin qui conseille la Riviera de mieux en connaître les indications, que M. Pégurier vient de si bien préciser. Donc, nécessité pour le médecin traitant d'imposer avec une vigoureuse ténacité la technique de cure. Et dans ces conditions la Riviera se maintiendra dans sa réputation séculaire.

Pr RENAUT. — Je veux faire observer aux cliniciens qu'il serait peut-être périlleux d'attribuer à la *Phagocytose* un rôle curateur par définition et très étendu, dans les phénomènes de réparation des lésions tuberculeuses. Les mouvements de diapédèse qui se produisent concurremment aux poussées congestives qu'on observe cliniquement sont en effet loin d'aboutir à de la Phagocytose effective. Le plus souvent, la captation des bacilles par les cellules lymphatiques mobiles aboutit à leur transport au loin et par ce procédé à la dissémination des germes tuberculeux.

Les bacilles sont, en effet, très résistants, et peu d'entre eux arrivent à être effectivement *Phagocytés ;* ils sont surtout disséminés par les leucocytes migrateurs. Quant au mécanisme précis des formations cicatricielles au sein des foyers tuberculeux, il est mal déterminé et paraît en tout cas essentiellement variable.

CLIMATOLOGIE ET CLIMATHÉRAPIE

DU SUD-OUEST MÉDICAL

Par le Dr GANDY, directeur de la station météorologique de Bagnères-de-Bigorre, et E. MARCHAND, directeur de l'Observatoire du Pic du Midi et du Bulletin de l'association climatologique du Sud-Ouest.

—

PREMIÈRE PARTIE

Les faits climatologiques généraux de la région du Sud-Ouest.

§ Ier. — LIMITES GÉOGRAPHIQUES DE CETTE RÉGION

Ce n'est pas du climat girondin qu'il s'agit ici, tel que l'entendait Gigot-Suard, s'étendant des Pyrénées à la Loire et au Cher, mais d'un Sud-Ouest plus restreint, qu'on pourrait appeler le *Sud-Ouest pyrénéen*, parce que la chaîne des Pyrénées exerce sur son climat une influence considérable, ou le *Sud-Ouest médical*, parce qu'il comprend un groupe de stations thermales, balnéaires, climatiques, ayant entre elles des affinités réelles et présentant une sorte de solidarité.

Cette région, ainsi comprise, se délimite comme il suit : à l'Ouest, la rive française du golfe de Gascogne ; à l'Est et au Nord, une ligne allant du milieu ou plutôt du point culminant de la chaîne (Maladetta, 3404) au col de Naurouze, et, de là, à l'embouchure de la Gironde. C'est, grossièrement, un triangle dans lequel s'inscrivent les stations d'Arcachon, Biarritz, Saint-Jean-de-Luz, Hendaye, Pau, Dax, Argelès, Bagnères-de-Bigorre, Bagnères-de-Luchon, etc.

§ II. — LATITUDE ET ALTITUDE

Les éléments qui influent le plus sur le climat sont la latitude et l'altitude au-dessus du niveau de la mer.

En France, et au voisinage du 45e parallèle, une variation de 1° dans la latitude correspond à une variation de 0°65 dans la température moyenne du lieu (la température s'abaissant à mesure que la latitude augmente) (1).

D'autre part, la température moyenne d'un lieu s'abaisse de 0°60 lorsque son élévation au-dessus du niveau de la mer augmente de 100 mètres (cela revient à dire que la température diminue de 1° quand on s'élève de 182 mètres) (1).

(1) E. Marchand, *Recherches sur la variation de la température et de la tension de la vapeur avec l'altitude.* (Société Ramond, année 1894 à 1898.)

On voit donc qu'une variation d'altitude de 108 mètres équivaut, pour la température moyenne, à une variation (de même sens) de 1° en latitude.

Dans la constitution du climat, la latitude ne vient qu'en seconde ligne ; car, dans une région déjà étendue, comme celle que nous considérons ici, les variations de l'altitude ne peuvent introduire, dans la température moyenne, que des différences de 1° à 2°, tandis que l'altitude du sol, pour peu que les stations s'échelonnent entre 0 et 500 mètres, donne lieu à des changements de plus de 4°.

Toujours au voisinage du 45° parallèle, on ne constate aucune variation *régulière* sensible de l'humidité relative de l'air, en fonction de la latitude ni de l'altitude des stations.

Mais si, au lieu de considérer l'humidité relative, on prend la *tension* de la vapeur d'eau dans l'air, exprimée en millimètres de mercure (ou, ce qui revient à peu près au même, le *poids*, en grammes, de la vapeur d'eau contenue dans un mètre cube d'air), on trouve que cette tension diminue de 0mm.35 environ par 1° d'augmentation de la latitude et que, d'autre part, elle diminue aussi lorsque l'altitude s'accroît à raison de 0mc.30 par 100 mètres (1).

Ainsi une variation de 120 m. d'altitude équivaut, à peu près, à une variation (de même sens) de 1° en latitude.

Notre régime du Sud-Ouest pyrénéen se développe entre le 43° et le 44° degrés de latitude, et les stations médicales y ont des altitudes très variables comprises entre 20 m. (Biarritz) et 1.200 m. (Barèges).

Les stations du littoral méditerranéen, de Hyères à Menton, se trouvent entre les mêmes parallèles. D'autre part, Arcachon, Dax, Biarritz... sont très peu élevées au-dessus du niveau de la mer. Ces stations du Sud-Ouest auraient la même température et la même humidité que Nice ou Cannes, si d'autres facteurs n'entraient pas en jeu (2).

§ III. — Autres facteurs généraux du climat du Sud-Ouest

a) Le voisinage de la mer. — Le voisinage de la mer a la propriété d'égaliser la température. Au bord de la mer la moyenne de l'hiver et de l'été diffèrent peu, tandis qu'à mesure qu'on s'avance dans l'intérieur du continent elles s'écartent davantage l'une de l'autre.

Il en est des journées comme des saisons : l'écart thermique est moins fort sur le littoral entre le jour et la nuit.

Cette tendance à l'équilibre thermique, qui est propre au climat maritime, provient, en partie, de la faculté que possède la grande masse d'eau d'emmagasiner le calorique déversé par le soleil ; de sorte qu'une île, une péninsule, une bande de littoral offrent des hivers plus doux et des étés plus tempérés que l'intérieur des continents.

(1) Ce chiffre représente la variation *moyenne* de la tension entre 0 et 1200 m. Exactement elle est de 0°40 par 100 m., entre 0 et 300 m.; de 0°30, entre 300 et 600; de 0°26, entre 600 et 900; de 0°23, entre 900 et 2.000, etc. — Voir E. Marchand, Recherches, etc.
(2) Dr Gaudy, *Les deux Midi français.*

Une autre influence de la mer est d'augmenter aussi la quantité de vapeur d'eau dissoute dans l'air, au-dessus des rivages, d'où diminution de l'intensité de la radiation solaire et du rayonnement nocturne, et, par suite, de l'écart entre les températures extrêmes.

La direction des vents dominants peut d'ailleurs augmenter ou diminuer l'action régulatrice de la mer ; *elle l'augmente et l'étend vers l'intérieur du continent, si les vents dominants viennent du large, ce qui est le cas pour notre littoral océanien.*

b) *Le voisinage des grandes forêts.* — Au point de vue climatologique les forêts peuvent être considérées comme des organes puisant l'eau dans le sol pour la répandre, à l'état de vapeur, dans l'atmosphère ; c'est ce qu'indique l'abaissement des eaux *phréatiques* (φρέας, ατός, puits) au-dessous de toutes les grandes forêts.

Sans insister, citons l'exemple de la forêt des Landes (600.000 hectares de pigneraie), qui, d'après des observations et des calculs assez précis, augmente l'humidité de l'air jusqu'à 1.500 m. au-dessus du sol et donne, sur une région sept ou huit fois plus étendue que la surface qu'elle occupe, un excès de pluie annuel de 60 millimètres en moyenne (1).

En raison de la direction des vents dominants, cette action s'étend au Sud-Est, jusqu'au versant Nord des Pyrénées ; à l'Est, jusqu'au méridien d'Auch et d'Agen ; au Nord, jusqu'aux collines du Quercy et du Périgord.

La région du Sud-Ouest renferme d'ailleurs beaucoup d'autres forêts que celles des Landes. L'influence de toutes ces surfaces boisées est un facteur important de la constitution de notre climat. Elles rendent celui-ci plus humide et un peu moins chaud en été, sans abaisser sensiblement sa moyenne thermique d'hiver (saison pendant laquelle elle évapore très peu).

c) *Les reliefs du sol.* — Les formes du sol ont une grande influence sur plusieurs éléments météorologiques : vents, température, pluies.

Analysons rapidement l'action prépondérante dans notre Sud-Ouest de deux facteurs géographiques importants.

1° La chaîne des Pyrénées, puissante muraille, haute de plus de 3.000 mètres, longue de 450 kilomètres, large de 70 kilomètres, se dressant au Sud-Est de plaines ou plateaux peu élevés, peu accidentés, très étendus vers le N. W., où ils se continuent par l'Océan.

2° L'ensemble de collines ou montagnes du Poitou, du Périgord, du Quercy, de la Montagne Noire et des Corbières, qui forment, autour des plaines dont il vient d'être parlé, un vaste cordon de reliefs encore importants, complété au Sud par les Pyrénées, mais restant largement ouvert du côté de l'Ouest vers l'Océan.

Pour résumer en une seule expression chacun de ces deux ensembles de faits géographiques, nous donnerons au premier le nom *d'écran pyrénéen* et au second le nom de *cirque gascon.*

---

(1) Marchand, *Influence de la forêt des Landes sur le régime pluviométrique des régions voisines.* — Congrès du Sud-Ouest navigable, Toulouse, 1903.

On va voir quelle influence considérable exercent, sur la climatologie et même sur la météorologie dynamique de notre région, l'écran pyrénéen et le cirque gascon.

L'Ecran pyrénéen.— Les courants de N.-W., chargés d'humidité, qui, arrivent de l'Océan, viennent se heurter contre cet écran, n'ont traversé qu'une plaine peu accidentée; ils n'ont perdu, sous forme de pluie, qu'une faible partie de leur vapeur d'eau. Pour franchir les Pyrénées, ils sont obligés de s'élever sur le versant Nord de la chaîne; pendant cette ascension, ils se dilatent; leur température s'abaisse par l'effet même de leur dilatation, et la vapeur d'eau qu'ils renferment se condense sous forme de nuages d'abord, de pluie ensuite.

La chaleur latente de condensation se dégage et, venant réchauffer plus ou moins le courant humide, l'empêche de se refroidir autant qu'il le ferait par le seul effet de sa dilatation.

Précisons par un exemple : un courant d'air *sec* venant du N.-W. à une température initiale de 10°, qui s'élèverait des plaines du Gers, à la crête des Pyrénées centrales (c'est-à-dire d'environ 3.000 m.), se refroidirait de 29°; le même courant, saturé de vapeur d'eau et s'élevant de la même manière, ne perdrait que 15°.

Des calculs précis montrent d'ailleurs que la quantité d'eau condensée sous forme de pluie, par un tel courant humide, peut devenir énorme, atteindre 100-150-200 millimètres et plus, en 24 heures, si le courant saturé présente une épaisseur verticale de 2 kilomètres, par exemple, et s'avance vers les Pyrénées avec une vitesse de 5 ou 6 mètres par seconde.

Ainsi s'expliquent les pluies torrentielles et prolongées qui se produisent parfois dans les Pyrénées et qui déterminent des inondations comme celles de 1875 et 1897 (1).

Au même mécanisme se rattache la production des couches de strato-cumulus qui *bordent* souvent les Pyrénées, à une altitude de 1.000 à 2.000 mètres, sans donner de pluie, et qui, vues des sommets de la chaîne, prennent le nom de mer de nuage. Entre ces mers de nuage, flottant paisiblement vers 1500 m. d'altitude, et les couches de nimbus, de 2 ou 3 kilomètres d'élévation, déversant des torrents d'eau sur la montagne et sur la plaine, il n'y a qu'une différence d'épaisseur et de vitesse (2). (Les mêmes phénomènes se produisent, mais de moindre intensité, avec les vents du N.-N.-W., du N. et même du N.-E.).

Lorsque les vents du N. W. ont atteint le faîte de l'écran, ils redescendent, desséchés, sur le versant espagnol.

Considérons maintenant les vents qui, soufflant du Sud-Est, du Sud, du Sud-Ouest, et même de l'Ouest, rencontrent la chaîne des Pyrénées du côté

---

(1) Voir E. Marchand, *l'Ecran pyrénéen*, étude de météorologie régionale. Congrès du Sud-Ouest navigable, Bordeaux, 1902.

(2) La cause de cette descente est dans un léger excès de pression qui se produit au sommet de la chaîne, sous l'action même du vent ascendant. Voy. E. Marchand, *l'Ecran pyrénéen*.

de l'Espagne. Ces vents doivent s'élever, pour franchir l'écran, exactement comme les vents de N.-W., N. ou N.-E. le font du côté de la France.

S'ils sont humides, ils donnent des nuages, de la pluie sur l'Espagne ; leur température s'abaisse, mais seulement— comme nous l'avons dit pour ceux du N.-W., — de 10° à 15°, pendant qu'ils montent à 3.000 mètres. Quand, ayant franchi le faîte de l'écran, ils redescendent sur le versant français, ils sont *secs*, la compression qu'ils subissent pendant leur descente dégage de la chaleur, et le réchauffement de l'air *sec* (égal au refroidissement que nous indiquions tout à l'heure pour l'ascension des vents de N.-W. *secs*) donne une élévation de température de 29° pour 3.000 m.) de chute verticale (environ 0.98 pour 100 m.). Par conséquent, il y a un gain de température (14° à 19°, dans notre exemple) lorsque le courant est revenu, dans le vallon ou sur la plaine française, à la même altitude qu'il avait sur l'Espagne avant de monter.

C'est là la raison pour laquelle les vents plongeants, soufflant de la crête des Pyrénées dans les vallées françaises, ou sur les plateaux et les plaines de la Gascogne, sont presque toujours *très secs et très chauds*.

Ces vents, souvent forts, prennent le nom de vents d'autan, siroco, vents d'Espagne ; ils se font sentir à une grande distance de la chaîne, sur une grande partie de la Gascogne, où ils déterminent parfois des températures très élevées (1).

Une autre conséquence des théories précédentes est que les vents du Sud et du Sud-Ouest occasionnent rarement des pluies fortes et prolongées sur le versant pyrénéen français et la région voisine. En été, ces vents amènent assez souvent des orages, des averses locales, de la grêle, mais non des pluies inondantes et étendues en surface.

Aussi, selon que les courants généraux viennent heurter l'écran du côté Nord ou du côté Sud, les phénomènes sont, pour ainsi dire, inverses les uns des autres.

Le cirque gascon. — Si les vents du Sud, Sud-Ouest, Ouest-Sud-Ouest, qui ont franchi les Pyrénées, redescendent immédiatement sur le versant français ils trouvent, pour s'écouler, des vallées orientées presque toujours du S. au N. ou du S.-E. au N.-W., qui les dévient et les lancent, en quelque sorte, sur la plaine, dans la direction S.-E.-N.-W.

Si le mouvement plongeant du vent est moins accentué, ils n'attaquent la surface des plaines qu'à une distance plus ou moins grande de la chaîne ; mais la disposition générale des reliefs du cirque les dévie encore, quand ils arrivent sur la partie E. du cirque et tend à les infléchir vers la gauche de leur trajectoire, pour les faire écouler vers l'Océan. Ils prennent donc encore, sur une grande partie de leur parcours, la direction S.-E.-N.-W.

Le plus souvent les deux phénomènes qu'on vient d'analyser se produisent simultanément et, tandis que le vent souffle du S.-W. sur l'Espagne,

(1) Voir Dr Gandy, de mai à septembre 1904, et E. Marchand, *la Température et les Vents pendant l'été 1904. Bulletin Société Ramond*, 4ᵉ trimestre 1904.

les Pyrénées (Pic du Midi) et le littoral du Golfe de Gascogne, il souffle du S.-E. sur tout le pays toulousain, sur les plateaux et les plaines du département des Hautes-Pyrénées et du Gers, dans toute la vallée de la Garonne jusqu'à Agen, Marmande et parfois même Bordeaux (le vent peut être calme d'E.-S.-E. à Bordeaux, et de S.-W. à Biarritz). C'est ce qu'on appelle, dans tout le pays indiqué, et en particulier à Toulouse, le vent d'autan.

Dans ce cas il est sec et chaud.

On remarquera que ce vent plongeant, quand il ne descend pas immédiatement dans les vallées pyrénéennes, *balaie* souvent les sommets de certains contreforts de la chaîne sans se faire sentir à leurs pieds. De là, parfois, d'étonnants excès de température de la montagne par rapport à la vallée. Il n'est pas rare, par exemple, de trouver au sommet du Monné (1260 m.), près de Bagnères-de-Bigorre, une température plus élevée de 5°, 10° et plus que celle observée au même instant en cette ville, c'est-à-dire 700 m. plus bas.

Nous venons de voir comment les vents de provenance S. et S.-W. prennent, dans le cirque gascon, la direction Sud-Est. C'est la direction que suivent *à fortiori* les vents soufflants à l'origine du S.-E., soit ceux qui ont franchi l'écran pyrénéen, soit ceux qui arrivent du golfe du Lion, entre Port-Vendres et Cette. Les uns et les autres s'engouffrent dans l'espèce de défilé que laissent entre elles la montagne Noire et les Corbières, défilé orienté d'E.-S.-E à W.-N.-W., et pénètrent dans le cirque gascon par le col de Naurouze, près de Carcassonne.

Le courant, ainsi resserré, est lancé sur Toulouse avec une grande violence. Mais ce n'est plus le vent sec et chaud dont nous parlions tout à l'heure, car il est *tempéré et humidifié* par la masse d'air qui vient de la mer sans avoir précipité sa vapeur d'eau en franchissant de hautes montagnes.

Même remarque à faire pour les vents d'E. et d'E.-N.-E.

On le voit, il y a au moins deux types de vents d'autan, le type chaud et sec, le type tempéré et humide.

Le premier, qui est le plus connu, exerce une action physiologique qu'on a souvent mentionnée, mais peut-être, jusqu'à présent, insuffisamment expliquée. A quoi faut-il attribuer cette action énervante, qui déprime les forces, rend difficile le travail intellectuel, provoque des maux de tête, des névralgies ? Nous l'attribuons à une forte *charge d'électricité négative*. Diverses observations, que nous ne rapporterons pas ici, prouvent cette électrisation, dont la cause paraît être dans la condensation de vapeur qui s'est produite pendant son ascension du versant espagnol de l'écran pyrénéen et son énergique frottement sur les pentes de ce versant (1).

Encore on devra remarquer, avant de terminer ce paragraphe : 1° lorsque les vents soufflent du N.-W. sur le Cirque gascon, une partie de l'air franchit les Pyrénées, une autre est amenée comme par un entonnoir à l'o-

(1) E. Marchand, *le Vent d'autan*.

rifice du défilé de Naurouze, dans lequel elle s'engouffre pour donner à Carcassonne et ensuite sur le Roussillon les vents d'W.-N.-W. et N.-W. si violents qu'on y observe; 2° lorsque les vents sont forts du S.-W. ou de l'W.-S.-W. sur la chaîne des Pyrénées et le littoral du golfe de Gascogne (vers Biarritz), les effets de l'écran pyrénéen et du cirque gascon sont de lancer de Toulouse à Bordeaux un fort courant de S.-E.; une partie de ce courant s'infléchit souvent (pour des causes qu'il serait trop long de développer ici) vers le S. et prend, sur le Gers, la direction E.-S.-E. à W.-N.-W., et même E. à W. Il y a alors, sur une région comprise entre Auch, Orthez et Pau, antagonisme entre les *remous* descendant des Pyrénées et les vents arrivant directement de l'Océan, c'est-à-dire de l'W.-S.-W. d'où formation, sur cette région, *d'une zone de calme relatif*, et parfois formation, *autour de cette région*, d'un tourbillon qui a le sens convenable pour être entretenu par l'action de la rotation de la terre. Les tourbillons ainsi produits ont des effets non négligeables dans la météorologie régionale; mais ici le fait intéressant est l'existence fréquente de la zone de calme constatée d'ailleurs par les observations.

Autres effets des reliefs. — Signalons rapidement des effets plus simples, mais d'un certain intérêt climatique, produits par les reliefs du sol.

1° Dans les vallées, le soleil se lève plus tard et se couche plus tôt que sur la surface des plaines; de là une modification dans la forme de la courbe diurne du thermomètre : le soir, la température s'abaisse plus tôt et plus rapidement.

2° L'air des hauteurs tend, le soir, à descendre dans les vallées; l'air des vallées tend, le matin, quand le soleil l'échauffe, à s'élever et à se déverser sur les hauteurs. Si la vallée s'ouvre sur la plaine, il résulte souvent, de là, un mouvement alternatif de l'air, allant, dans le jour, de la plaine vers la vallée, et inversement dans la nuit.

d) *Les vents dominants et les pluies.* — La direction des vents dominants n'est pas la même dans toutes les stations; elle est modifiée par les reliefs du voisinage : d'où, les vents locaux.

Par exemple, dans la plupart des vallées pyrénéennes, il n'y a guère que deux vents principaux, le S.-S.-E. (S.-E., S.-S.-E., S.) et le N.-N.-W. (N.-W., N.-N.-W., N.), le premier descendant, chaud, sec, avec beau temps; le deuxième ascendant, froid, humide, avec ciel couvert ou pluvieux.

À la surface des plaines ou plateaux pyrénéens, ce qui intervient surtout pour modifier la direction des vents généraux, c'est la situation de la localité dans le cirque gascon.

On peut se faire, des vents généraux dans l'intérieur de ce cirque, l'idée d'ensemble suivante :

1° Le fait de météorologie générale qui commande les vents est la tendance de l'aire anticyclonique des Açores à s'étendre fréquemment vers le N.-E. sur l'Espagne, la Méditerranée, la France (ce qui amène des courants de S.-S.-W., S.-W., W.-S.-W., W., sur le Golfe de Gascogne) ou vers le

Nord, sur l'Espagne et les îles Britanniques (ce qui nous donne des vents d'W., W.-N.-W., N.-W., N.-N.-W.) (1)

De là une grande fréquence, sur toute la côte de Gascogne (et à une assez grande distance dans l'intérieur) des vents compris entre le S.-W. et le N.-W.; selon les formes du relief, le vent dominant est alors le S.-W., l'W. ou le N.-W.

2° La double influence de l'écran pyrénéen et du cirque gascon transforme, comme nous l'avons vu, les vents de S., S.-S.-W., S.-W., W.-S.-W. et même W., en vents plongeants de S.-S.-E. ou S.-E (vents d'autan) qui viennent souffler fréquemment et fortement dans les vallées pyrénéennes et sur la partie Est du Cirque; dans le pays toulousain, l'action des vents d'entre E.-S.-E. et S.-S.-E. du golfe du Lion s'ajoute à la précédente pour augmenter la fréquence de l'autan. Par suite, à mesure qu'on s'avance du littoral océanien vers le S.-E. et vers l'E., les vents dominants se modifient peu à peu, les rumbs S.-S.-E., S.-E., E, deviennent de plus en plus fréquents; à Toulon, ils sont franchement dominants.

Ce serait un lieu commun que de développer ici le rôle considérable des vents dans la constitution du climat, au point de vue physique, agricole industriel, sanitaire..... Notons spécialement leur influence sur la fréquence et l'abondance des chutes d'eau. *Les vents de N.-W. sont ceux qui, dans notre région, donnent les plus grandes quantités d'eau;* les vents de S. à S.-W. nous amènent seulement des orages ou averses locales.

D'autre part, les condensations dont nous avons expliqué le mécanisme se produisant surtout lorsque les courants humides s'élèvent rapidement, une station reçoit d'autant plus d'eau, en général, que son altitude est plus grande et que les reliefs voisins sont plus élevés.

§ IV. — Résumé et données numériques. — Les zônes climatiques du Sud-Ouest.

On peut résumer, comme il suit, les considérations précédentes :

1° Notre région du Sud-Ouest est relativement humide et par suite relativement tempérée ;

Sa température moyenne annuelle, réduite au niveau de la mer, est voisine de 13°5 (avec un décroissement vertical de 0°60 pour 100 mètres). Sa tension de vapeur moyenne est voisine de 8 millimètres (avec un décroissement vertical de 0mm,30 par 100 mètres). L'humidité relative moyenne est voisine de 77; elle ne varie presque pas avec l'altitude des stations, mais diminue un peu en allant de l'W. (78) à l'E. (75) de la région.

2° Le voisinage de l'Océan y atténue les variations de température; l'écart entre les moyennes de l'été et de l'hiver et l'amplitude diurne sont relativement faibles sur le littoral et plus forts quand on s'avance vers l'E. de

(1) On peut aussi, avec moins de généralité, rattacher ces divers vents d'entre S.-W. et N.-W. au passage fréquent des tempêtes tournantes ou bourrasques sur les Iles Britanniques.

la région ; ces écarts diminuent un peu quand l'altitude des stations augmente.

A Biarritz, l'écart entre la moyenne de janvier et de juillet est de 14°0, et l'amplitude diurne moyenne est de 6°6 ; à Toulouse (190), l'écart de janvier à juin est de 16°9, et l'amplitude diurne de 10°3 ; à Bagnères-de-Bigorre (550), l'écart de janvier à juillet est de 14°4, et l'amplitude diurne de 9°7.

L'humidité relative moyenne du mois ne varie guère que de 12 centièmes dans le cours de l'année ; sur le littoral et sur les plaines de Gascogne elle est plus faible en été (65 à 72) qu'en hiver (83 à 90) ; au voisinage immédiat de l'écran pyrénéen la variation est de sens contraire, parce que les vents plongeants de S.-E., secs et chauds, se font sentir frequemment en hiver. Exemple : à Bagnères le minimum annuel a lieu en mars (67) et le maximum en octobre (75) ; à Biarritz (station à la fois pyrénéenne et océanienne), le minimum est en février et mars (73), le maximum (81) en juillet.

Quant à la variation diurne, elle augmente et diminue d'une station à l'autre, à peu près de la même manière que l'amplitude diurne de température.

3° Les vents dominants sont surtout ceux de S.-W., W. et N.-W., vers le littoral, auxquels il faut joindre ceux de S.-E., quand on s'avance vers l'Est de la région ; dans les vallées pyrénéennes deux vents dominants et opposés existent, presque toujours (S.-E. et N.-W.).

La direction des vents les plus généraux (S.-W. à N.-W.) est à noter. Ces vents, importuns quand ils atteignent une grande force (ce qui est rare), sont le plus souvent salutaires ; ils nous apportent, en effet, de l'Océan un air pur, *et ils contribuent à préserver notre climat des épidémies* qui infectent tant d'autres régions.

4° Les pluies sont assez fréquentes et assez abondantes dans toute la région ; elles augmentent de fréquence et d'intensité lorsque, partant du point N.-E. du cirque gascon, on s'avance soit vers le littoral océanien, soit vers l'écran pyrénéen.

Sur le littoral, on recueille environ 800 à 900 millimètres d'eau par an, en 150 jours (1) ; près des Pyrénées et dans les vallées pyrénéennes, 1200 à 1400 en 180 jours ; sur les plaines de Gascogne (Gers et Basses-Pyrénées) 800 à 900 millimètres en 120 jours ; enfin, dans les environs de Toulouse, 700 millimètres en 120 jours.

L'ensemble de ces faits climatologiques conduit à diviser le sud-ouest pyrénéen (c'est-à-dire le cirque gascon) en 4 zones climatiques :

1° *Zone océanienne.* — Vents dominants d'entre S.-W. et N.-W. ; variations de température et d'humidité relativement faibles ; pluies assez fréquentes et assez abondantes.

2° *Zone pyrénéenne.* — Vents dominants de N.-W. et de S.-E. ; varia-

---

(1) Par suite de conditions topographiques particulières, Hendaye reçoit jusqu'à 1536 millimètres d'eau.

tions de température et d'humidité assez fortes; pluies fréquentes et intenses.

3° *Zône intermédiaire du calme.* — Vents dominants d'entre S.-W. et N.-W., avec fréquence déjà grande du S.-E., tous vents, d'ailleurs, rarement forts; variations de température et humidité relativement faibles; pluies assez fréquentes et assez fortes.

4° *Zône orientale ou continentale.* — Vents dominants W. à N.-W. et S.-E. (autan); variation de température et d'humidité assez fortes; pluies de fréquence assez faible, donnant peu d'eau.

II° PARTIE

Déductions thérapeutiques.

I. — *Zône océanienne.* — Par la douceur de sa température, par sa stabilité thermique et hygrométrique, la zône océanienne devait tout naturellement se recommander aux malades comme séjour d'hiver. Aussi a-t-on vu naître et se développer, dans la seconde moitié du dernier siècle, les stations maritimes d'Arcachon, Cap-Breton, Biarritz, Saint-Jean-de-Luz, Hendaye.

Ces stations sont, en réalité, fréquentées toute l'année. Mais les plus abritées sont plus spécialement recherchées pour l'hivernage.

Ces diverses stations forment une gamme admirablement nuancée, dans laquelle la note la plus forte est donnée par Biarritz, et la plus douce par Arcachon.

Biarritz est une des premières stations sanitaires et mondaines du monde, la plus importante des Pyrénées par la triple couronne de son climat, de ses bains de mer et de ses établissements thermaux (1).

Toutes les indications thérapeutiques du climat marin sont du domaine de Biarritz, et les contre-indications y sont moins nombreuses que sur les plages du Nord, où l'action de la mer est plus agressive et plus rude, et que sur la côte d'azur où le climat est, sous certains rapports, plus excitant.

C'est le rendez-vous préféré des enfants anémiés par une longue maladie, retardés dans leur développement par une hérédité inquiétante, atteints de troubles de santé divers attribuables à une tuberculose latente, convalescents de bronchite ou de coqueluche...

Cap-Breton, qui possède un sanatorium à 60 mètres de la mer, reçoit des enfants lymphatiques, rachitiques, scrofuleux (scrofulides de la peau, des yeux, des oreilles); des enfants atteints de tuberculose osseuse, de tuberculose vertébrale, d'engorgements ganglionnaires. Une forêt de pins, peu éloignée, combine heureusement son influence avec celle de la mer.

Hendaye a aussi un sanatorium d'enfants, récemment fondé par l'Assistance publique de Paris pour recevoir, à l'instar de Berck, des scrofuleux,

(1) Les deux Midis.

des rachitiques, des tuberculoses fermées. Mais, à l'encontre des prévisions premières, on a vu s'étendre les indications d'Hendaye et on a eu la surprise de constater des améliorations notables dans la tuberculose pulmonaire au début. Cela est dû sans doute aux conditions géographiques et topographiques de cette station, qui occupe le point le plus méridional du littoral atlantique français et qui est remarquablement abritée contre les vents les plus fréquents par une ceinture de coteaux.

Saint-Jean-de-Luz occupe, médicalement comme géographiquement, une situation intermédiaire entre Hendaye et Biarritz.

Cambo mérite un place à part, n'étant point situé sur le bord de la mer et jouissant néanmoins de plusieurs des avantages du climat maritime. C'est un climat mixte, tonique et sédatif, dont les bons effets, aux divers degrés de la phtisie, mais surtout au début, ont été établis par un des maîtres les plus autorisés de la science.

Arcachon nous offre à considérer à la fois le sanatorium de Moulleau, qui ressemble à la plupart des sanatoriums de notre littoral atlantique, et la station proprement dite d'Arcachon, qui est « un immense sanatorium naturel (1) ».

Assise au bord d'un magnifique bassin, séparée de l'Océan et protégée contre les vents du large par une série de dunes et par une forêt de pins, Arcachon représente une combinaison harmonieuse du climat sylvestre et du climat marin atténué.

En plus des indications communes à la plupart des stations du golfe de Gascogne, Arcachon possède, dans le traitement de la tuberculose pulmonaire, des vertus exceptionnelles que les médecins de la localité ont su admirablement mettre en valeur. La phtisie à forme éréthique et congestive, évoluant sur le terrain scrofuleux ou sur le terrain arthritique, est particulièrement justiciable d'Arcachon ; aux formes torpides le climat de la *Riviera* convient mieux. Suivant les cas, suivant les degrés, et aussi suivant la saison, les médecins utilisent la forêt, la plage et le séjour sur le bassin (promenades en bateau).

C'est ici le lieu de dire, après bien d'autres, ce que nous pensons du climat marin dans la phtisie. Nous ne connaissons pas, à cet égard, de formule absolue. Il y a, dans les éléments du climat marin, des éléments nuisibles à la phtisie ; il y a, ce n'est pas moins incontestable, des stations marines, ou plutôt maritimes, où, par suite de certaines conditions topographiques et autres, les qualités favorables du climat sont seules utilisées. Il y a, d'autre part, des formes de phtisie, ou des *moments* dans la phtisie, qui sont justiciables du climat marin, tandis que d'autres formes et d'autres *moments* le contre-indiquent.

C'est une question d'espèce, tant en ce qui concerne le climat, qu'en ce qui touche à la maladie (2).

---

(1) Les Deux Midis.
(2) Dr Gandy. Les maladies des voies respiratoires chez les enfants et le traitement marin en France. *Congrès de thalassothérapie*, Biarritz, 1904.

2° *Zône pyrénéenne.* — Par suite du défaut d'initiative, qui semble être un des caractères des habitants de notre Sud-Ouest, ou bien parce que plusieurs des stations de la côte sont de magnifiques stations d'hiver, qui suffisent largement aux besoins de la clientèle hivernante, nous n'avons pas encore, dans nos montagnes, de sanatoriums permettant d'y séjourner pendant l'hiver. Les stations de grande altitude, Barèges, Cauterets, etc., ne sont guère fréquentées que l'été. Seules, les stations sub-alpines, comme Bagnères-de-Bigorre, Argelès-Gazost, sont convenablement organisées pour secourir des malades toute l'année.

Les unes et les autres, à des degrés variables, possèdent les avantages propres au climat de montagne, avec les caractères, analysés plus haut, qui distinguent la région du sud-ouest français.

Les enfants strumeux et lymphatiques, pour qui le voisinage de la mer est excitant, à raison de l'éréthisme nerveux qu'ils présentent, se trouvent bien d'un séjour d'altitude.

Les tempéraments nerveux, chez les adultes comme chez les enfants, préfèrent la montagne à la mer.

Il est banal de vanter les bienfaits de l'altitude dans la phtisie. Mais il serait dangereux d'envoyer en bloc tous les poitrinaires dans les hautes stations. Il faut discerner les questions d'espèces (tempérament, modalité, moment) presque autant que pour le traitement marin.

Aux stations élevées, comme Cauterets, on enverra les malades (phtisiques aux 1er et 2e degrés, convalescents de pneumonie ou de pleurésie) qui ont peu ou pas de fièvre et pas d'éréthisme cardio-vasculaire. Ils pourront bénéficier à la fois de l'altitude et des eaux sulfureuses.

Les stations subalpines reçoivent de préférence les fébricitants et les congestifs. Daremberg recommande Bagnères-de-Bigorre aux phtisiques pendant l'été, et Argelès a fait ses preuves avec son orphelinat-sanatorium qui donne, depuis vingt-cinq ans, les meilleurs résultats.

3° *Zône des calmes.* — Ce n'est ni la mer ni la montagne, et néanmoins l'influence de l'un et de l'autre s'exerce, d'une manière plus ou moins indirecte, plus ou moins discrète, sur les stations de cette zône.

A leur tête est Pau, dont la caractéristique climatologique est l'extrême rareté du vent, et qui doit au développement de son installation et de son outillage sanitaire une renommée de ville d'hiver parfaitement justifiée. Les malades qui ne peuvent supporter l'action, même atténuée, du voisinage de la mer, trouvent à Pau les conditions sédatives que réclame leur système nerveux ou leur appareil circulatoire.

Excellent séjour pour les phtisiques très irritables, pour les emphysémateux, les asthmatiques, pour les névropathes, les neurasthéniques, ou plutôt les *neurosthéniques.*

Dax représente une sédation encore plus marquée, sous le rapport de la température et de la stabilité. Bain-marie d'eau thermale et atmosphère moite convenant à merveille aux rhumatisants.

4° *Zône orientale.* — Cette zône ne figure ici que pour mémoire. Comme on l'a vu plus haut, elle se sépare manifestement, par sa température, son hygrométrie, le régime de ses vents, des trois zónes précédentes. Elle n'a point les caractères qui donnent sa physionomie propre à notre Sud-Ouest médical, et le séjour dans cette région procurerait souvent des mécomptes aux malades qui y chercheraient les vertus spéciales du climat océano-pyrénéen.

LES VILLAS COLONIALES

Par M. Gaston VALRAN

Docteur ès-lettres
Conseiller du commerce extérieur
Professeur au Lycée d'Aix-en-Provence.

Sanatoria coloniaux et *villas coloniales* sont deux conceptions distinctes de l'aide qui peut être offerte aux coloniaux.

Les sanatoria répondent aux besoins de ceux qui, malades ou convalescents, réclament des soins appropriés rationnellement à leur état pathologique : ce sont des *établissements sanitaires*.

Les villas coloniales pourraient répondre aux désirs de ceux qui cherchent dans la métropole une résidence accommodée à leurs conditions de séjour pendant un congé : ce sont des établissements de repos.

Les institutions de la première catégorie sont nombreuses en France : il s'en trouve dans les colonies et dans la métropole. Ils se présentent sous divers noms, ils se recommandent sous divers patronages.

On connaît, et l'on a pu apprécier à ses admirables services, l'une des associations françaises qui ont le plus largement contribué au développement des sanatoria, des maisons de convalescents; nos officiers de l'armée de terre et de l'armée de mer, les fonctionnaires civils ont sur les lèvres le nom de cette fondation que le monde colonial prononce avec gratitude : *la Croix Verte*, œuvre glorieuse de M. de Guers.

Les établissements de la seconde catégorie, les villas coloniales ou maisons de repos, existent-elles en France? Ou, si elles existent, sont-elles assez connues, sont-elles assez nombreuses, sont-elles assez adaptées aux exigences de la vie d'un colonial qui séjournera dans la métropole?

Si la création ou le perfectionnement de cette institution d'un type spécial est utile, nécessaire, comment le médecin et le philanthrope peuvent-ils unir leurs efforts pour en favoriser l'initiative, le développement et en faciliter, en démocratiser l'accès?

C'est donc de *pavillons de repos* destinés, réservés aux coloniaux, qu'il s'agit.

4

Tout d'abord à quelle catégorie de personnes cette organisation s'adresse-t-elle ?

Entre ceux qui affrontent les périls de la vie coloniale, n'y a-t-il pas une distinction à faire ?

Cette distinction s'établit d'abord d'après leur état de santé : les uns contractent en pays tropicaux ou équatoriaux des maladies endémiques; les autres résistent aux fléaux des pays; ils ne sont pas frappés, ils ne sont que diminués; dans la dépense journalière d'énergie qu'exige d'eux le travail professionnel sous un climat épuisant, ils usent leurs réserves de forces; ils s'estiment heureux de ne point se laisser entamer par l'usure physiologique; tandis que les premiers ont à réparer leurs organes, les seconds n'ont qu'à les nourrir de sucs reconstituants; les uns relèvent de la thérapeutique, les autres de l'hygiène.

Un premier caractère se dégage de ces considérations aux yeux de qui se demandera ce que sera, au point de vue sanitaire, le pavillon colonial; la maison de repos, dans cet ordre d'idées, sera — ne devra être — qu'une station hygiénique.

Ici, une classification n'est-elle pas imposée à l'hygiéniste soucieux d'accommoder la station aux tempéraments des sujets et aux conditions physiques de la colonie qu'il laisse ?

Hygiénique, la station sera surtout climatique. Elle servira à préparer la réacclimatation. Dans cette fonction elle ménagera la transition par des gradations successives et méthodiques entre le climat d'habitat et le climat de résidence ; elle peut être utile au colon qui arrive du pays d'outre-mer et au colon qui repart pour rejoindre son poste.

Climatique, la maison de repos est de divers types selon les conditions géographiques. Elle sera montagneuse ou maritime. Sous ces rapports la France est largement dotée par la nature. Ses Alpes, ses Pyrénées, ses monts d'Auvergne, ses Vosges, peuvent être pourvus, aussi bien que ses côtes atlantiques ou méditerranéennes, de pavillons coloniaux.

Ainsi, en conformité avec l'état physiologique des coloniaux plutôt valides qu'invalides, la maison de repos qui peut être mise à leur disposition doit être une station climatique.

N'y a-t-il pas une autre distinction entre les colons? Il est ou célibataire, ou chef de famille.

La maison de repos ne doit-elle pas être installée sur un emplacement, dans une localité de choix, où se trouvent réunies toutes les circonstances les plus favorables à l'existence de l'homme vivant seul, de l'homme vivant en famille ?

Ici se pose la question si délicate, si intéressante de l'enfant. Elle a fait l'objet de communications des plus autorisées, d'initiatives les plus impérieuses, émanant d'hommes qui ont su rallier à leurs idées et associer à leurs desseins les corps constitués et les Compagnies scientifiques, MM. les docteurs Pauliet, Lasserre, Festal.

Des préoccupations de ces praticiens que complètent des pédagogues et

des philanthropes est sorti un projet qui a pu retenir l'attention du gouvernement : *Le lycée climatique d'Arcachon.*

La villa coloniale doit être complétée par le lycée climatique, et le Lycée climatique par la villa coloniale. Cette réciprocité est de toute logique
et de droit : elle procède de l'association qui unit les parents et les enfants.

On ne peut admettre sans quelque difficulté que le père, la mère stationnent
en un point et les enfants en un autre.

On ne peut admettre davantage, et plus longtemps, que les enfants nés,
élevés en pays tropicaux ou équatoriaux, seront transplantés sans discernement, et confondus sans délicatesse.

Si grande que puisse être la sollicitude de la métropole pour les enfants
ou adolescents coloniaux, peut-être n'a-t-elle pas eu ou observé assez de
clairvoyance ? Ou, ce qui est plus exact peut-être, la rigidité de ses cadres
universitaires ne lui a-t-elle pas toujours permis de placer les enfants de
ces régions exotiques dans une ambiance sociale et dans une atmosphère
physique en harmonie avec leur caractère et leur tempérament.

En la situation actuelle, d'après la méthode de répartition qui est pratiquée, les petits coloniaux sont versés dans les établissements universitaires
du Nord ou du Midi, dans les environs des ports d'attache où abordent les
steamers des compagnies ; l'instruction qui convient à leur situation spéciale, leur est donnée où ils sont accueillis.

Combien est difficile la tâche pour leurs éducateurs !

Ces enfants, pour intelligents qu'ils soient, pour résolus au travail qu'ils
veuillent être, pour disciplinés qu'ils s'efforcent de devenir, ont à surmonter des épreuves que ne connaissent pas leurs camarades et que ne peuvent
mesurer dans leur exacte et entière étendue leurs propres maîtres.

Pour la plupart ces enfants ont une anémie physique et morale, qui est
toute congénitale, et que l'éducation du premier âge n'a pu combattre.

Sous combien de formes diverses, subtiles aussi à surprendre, se révèle
cette anémie ? Les difformités physiques, les défectuosités dans le système
fonctionnel des divers appareils : digestion, respiration, ne sont pas les plus
délicates à noter. Les déformations de la pensée, des sentiments, de la volonté, constituent des difficultés plus réelles.

En un certain sens, dans une mesure toute relative de degré et de durée,
ces enfants ne sont pas de tous points responsables ; ce sont des mineurs
plus faibles que les autres, et qui ont droit à une tutelle plus clémente. Il
leur faut un régime spécial, qui les renouvelle, les reconstitue, qui leur
donne une seconde nature *physiologique* et psychologique. De là, la raison
d'être des lycées climatiques. Ce n'est point, ce ne doit pas être un sanatorium d'enfants ; il perdrait, en se restreignant à une fonction hygiénique,
sa fonction pédagogique.

Il doit être, conformément à l'origine et à la destination de ses recrues,
en harmonie avec les aspirations et les projets des parents : COLONIAL.

En ce sens, l'éducation et l'instruction qu'il donnera, réclamées par les
familles soucieuses de transmettre à leurs enfants un héritage à développer,

auront un caractère à la fois rationnel et pratique, véritable institution d'enseignement secondaire.

Ce n'est point ici le lieu ni le temps de retracer un programme. Ce qu'il importait de mettre en évidence, de produire en plein relief, c'était la nécessité de parfaire l'œuvre de la *villa coloniale* par le *lycée climatique et colonial* pour répondre aux besoins des familles, qui réclament la *maison de repos* pour les parents et la *maison d'éducation* pour les enfants maison convenant à leur condition spéciale acquise par la vie aux colonies.

Ainsi, *hygiénique* au point de vue sanitaire la station climatique où se dressera la villa coloniale sera, au point de vue social, *familiale*.

Il est, entre les coloniaux, une troisième distinction possible : la solidarité, et, aussi, un sentiment de gratitude pour leur abnégation, d'admiration pour leur héroïsme, nous font un devoir d'en tenir compte. La question est délicate, et délicatement elle mérite d'être traitée :

La fortune a imposé à la société, dans la métropole et aux colonies, une véritable inégalité.

Nous entreprendrions en vain de la supprimer, nous ne tenterons pas en vain de l'atténuer.

Quelle est la situation économique de certains de nos compatriotes aux colonies ou dans les pays de protectorat? Par quelle organisation est-il possible de tempérer les rigueurs de cette situation ?

A poser ces questions il apparaît un troisième caractère que peut, que doit revêtir la villa coloniale. *Hygiénique* et *familiale*, ne faut-il pas qu'elle puisse être *philanthropique* ?

A ce point de vue elle relève non de la science médicale ou pédagogique seulement, mais de la sociologie, disons de la mutualité.

Aussi bien à l'heure où se tiennent à Alger les assises de la mutualité coloniale, nous demandons la permission de reproduire comme un complément logique à cette modeste contribution, le rapport que nous avons eu l'honneur de présenter au Congrès sur les *Congrés coloniaux* (1).

Puisse-t-il contenir dans son projet et dans ses vœux quelqu'une des solutions qui hâtent la fondation à Arcachon d'une station *climatique et coloniale*, qui offre à nos compatriotes et même aux coloniaux, nos frères des pays voisins, sur cette terre de France hospitalière, la maison de repos pour les pères et les mères, et la maison d'éducation pour les enfants.

---

(1) Voy. ci-après « *les Congrés Coloniaux* ».

LES CONGÉS COLONIAUX (1)

Par Gaston VALRAN
Professeur d'Histoire au Lycée d'Aix.

—

Lorsqu'un colonial a obtenu un congé pour retourner dans la métropole, deux questions se posent à lui : le rapatriement, le séjour.

Ces deux questions lui semblent primordiales ; elles sont budgétaires. Pour les résoudre, il aura besoin de s'imposer de grosses dépenses ; il a prévu ces dépenses, a-t-il pu réaliser des économies assez considérables pour y pourvoir, pour les supporter pendant plusieurs mois d'existence en Europe ? Les frais de route, les frais d'installation, ne lui causent-ils pas une épouvante réelle ? Sur le point de partir, ne sera-t-il point arrêté ? Ne sera-t-il point contraint à prendre une demi-mesure ? Tantôt il différera d'une année, de deux années même ce voyage, objet d'un rêve si légitime, si longtemps caressé. Tantôt il se résignera à une séparation : il enverra au pays la femme et l'enfant, la famille, les plus faibles et les plus éprouvés ; quant à lui, le chef, il restera, confiant dans ses forces, escomptant des jours meilleurs, une fortune plus clémente à ses affaires. S'il part, il grève son budget et entame une épargne laborieusement amassée ; s'il demeure, il expose sa santé à l'épidémie plus active sur son organisme plus délabré et il livre sa famille aux risques d'une maladie qui la guette, implacable comme la mort. Dans l'un ou l'autre cas, la question du rapatriement et la question du séjour, par les difficultés financières qui les compliquent, sont de nature à compromettre la fortune, l'existence du colonial ; par leur gravité, elles intéressent au plus haut degré la colonisation. Aussi bien méritent-elles l'attention du Congrès de la mutualité coloniale.

N'est-ce pas, en effet, par une application du mutualisme que ces deux questions pourraient être résolues ? Combien de fois l'observation et l'expérience ont-elles démontré et vérifié que telle conception de la vie, qui était irréalisable par l'effort individuel, était d'une entreprise facile et féconde par l'effort collectif, par la collaboration des intelligences, des volontés, par la coordination des ressources morales et matérielles ? Nos annales mutualistes et ces assises mêmes ne fournissent-elles pas à chacun de nous un éloquent exemple de ce que peut cette énergie multipliée par le coefficient de la solidarité ?

Qu'a-t-on fait, que pourrait-on faire pour assurer aux coloniaux tout le bénéfice de leurs congés ?

Examinons tout d'abord le rapatriement. Ici, pour obéir à cette équité qui est la disciple de la science et le fruit de la méthode, distinguons entre

(1) Communication faite au Congrès de la mutualité coloniale et des pays de protectorat (Alger-Tunis, 1905).

coloniaux et colons. Pour nous tenir dans l'exactitude la plus rapprochée de la réalité, distinguons entre ceux qui, aux colonies, quelle que soit leur condition, fonction publique ou privée, ont accompli le temps de séjour fixé par leur contrat d'engagement pour avoir droit au rapatriement gratuit, et ceux qui se trouvent fortuitement dans la nécessité d'être rapatriés sans avoir rempli les conditions de leur contrat au point de vue de la durée du service.

S'agit-il de la première catégorie, fonctionnaires ou employés de maisons; comme ils se sont conformés de tous points à leur contrat d'engagement, leur rapatriement est assuré aux frais de l'État ou de la Compagnie; s'ils n'usent point de leur congé, ce n'est point par la difficulté de revenir dans la métropole qu'ils sont arrêtés.

S'agit-il de la seconde catégorie, de ceux qui se voient, avant l'heure marquée par le texte, contraints de reprendre la route de la mère patrie ou de la faire reprendre à l'un des leurs qu'ils ne peuvent accompagner, c'est pour eux, c'est devant eux que se dresse l'obstacle: le règlement du passage. Nous concédons de bonne foi et de bonne grâce que dans cette catégorie la difficulté n'est pas également insurmontable pour tous. Nous nous garderons de méconnaître des cas où l'État, la colonie, les Compagnies ont témoigné par leur générosité de leur vive sollicitude pour les coloniaux ou colons frappés par l'adversité. Il en est qui ont obtenu, soit pour eux-mêmes, soit pour les leurs, un rapatriement gratuit, ou plutôt gracieux, sans avoir parcouru les années ou les mois qui leur avaient été fixés.

Encore était-ce une faveur, ce n'était pas un droit. Tous les hommes, et c'est à l'honneur de notre démocratie contemporaine, vont-ils demander une faveur? Combien hésitent à tenter cette démarche? De ceux qui s'y résignent, combien y en a-t-il qui ne prennent ce parti extrême que sous l'aiguillon de la douleur causée par la perte imminente d'une créature chère! Des hommes libres préfèrent attendre leur sort, non d'une faveur, mais d'un droit.

Ce droit au rapatriement, aujourd'hui, ils peuvent demander à la mutualité de le leur assurer : une œuvre existe.

Le rapatriement par la mutualité a été organisé en Indo-Chine; il l'est suivant un plan tracé par un colonial doublé d'un philanthrope, par M. Pâris, conseiller de la Cochinchine. Moyennant une cotisation et sous certaines conditions (qui seront présentées ultérieurement d'après des documents originaux), les fonctionnaires ou les employés de maisons, coloniaux ou colons, membres de l'association, s'ils sont, avant l'expiration de leur service, obligés de rentrer en France, peuvent être rapatriés aux conditions les plus économiques et confortables que comporte leur situation de fortune et de santé.

Grâce à l'initiative de M. le conseiller Pâris, secondé par le Gouvernement général, l'œuvre du rapatriement vit, fonctionne; la mutualité coloniale s'est accrue et elle a enrichi, fortifié la colonisation d'une institution nouvelle.

N'y a-t-il pas lieu, n'y aurait-il pas moyen de compléter l'organisme en élargissant le champ d'action de cette institution?

Qu'a-t-on tenté, que pourrait-on tenter pour procurer aux coloniaux ou colons tout l'effet utile qu'ils espèrent retirer de leur congé?

Là encore une classification s'impose à l'esprit : elle procède d'un critérium d'une importance capitale en pareille matière; elle est déterminée par l'état de santé, ou plus exactement par le degré de morbidité. A ce point de vue, une première catégorie comprendrait les malades et même les convalescents, une seconde les valides.

Pour les *invalides coloniaux* il existe des institutions que soutiennent de magnifiques libéralités et un dévouement admirable. Nous nous inclinons avec respect devant l'œuvre de la *Croix-Verte :* c'est elle qui procure à nos officiers, à nos fonctionnaires civils éprouvés par les rigueurs des climats tropicaux ou équatoriaux, une retraite honorable avec le confort et les secours de la science moderne. Les *maisons de convalescence* sont-elles ouvertes aux seuls fonctionnaires de l'État, sont-elles également accessibles aux colons attachés à des Compagnies? nous n'osons préciser ce point. Ce qu'il importe de constater, c'est que les victimes de la lutte coloniale ont leur refuge assuré dans la métropole. S'il en est une catégorie qui ne soit point admise à bénéficier de l'œuvre, il est hors de doute que, le jour où les ressources le permettront, une hospitalité plus large leur en ouvrira les portes. Il ne dépend que de la gratitude de chacun de nous, métropolitains, de travailler, chacun selon notre mesure, à la prospérité d'une institution qui est un monument de reconnaissance publique, en même temps qu'une œuvre de salut social.

Pour les *valides,* rien, ce nous semble, n'a encore été entrepris. Ce n'est pas que l'on n'y ait point songé. A diverses reprises, depuis deux, trois ans peut-être, l'opinion publique a été saisie de la question du séjour des coloniaux dans la métropole; la *Dépêche coloniale* a même publié un projet.

De quelles observations s'autorisait l'auteur de ce projet? Quelles propositions pratiques présentait-il? Quelles circonstances actuelles sembleraient favoriser l'application prochaine de ces idées? Par quelles combinaisons pourrait-on profiter de ces circonstances?

Qui n'a remarqué dans nos ports atlantiques ou méditerranéens l'embarras des coloniaux au débarquement? Ils arrivent anémiés par les fatigues et l'âpreté de la vie coloniale, épuisés par les secousses d'une traversée qui semble d'autant plus pénible que l'on est plus affaibli. Combien, sur le quai, ne retrouvent plus un visage ami, un guide sûr pour les soutenir dans leurs premiers pas, les éclairer dans leurs premières démarches d'installation! Pour plus d'un même, qu'une longue absence, qu'un profond isolement a tenu dans l'intérieur du continent, privé d'un contact régulier et régénérateur avec la métropole, il y a un premier moment d'effarement, l'impression d'un nouvel arrivant dans un pays étranger : il est dépaysé. C'est pour ceux-là, pour les isolés, pour les déshérités, que les préoccupations d'installation sont les plus hasardeuses, que les premières initiatives, disons-le, sont parfois les plus périlleuses.

N'y a-t-il pas, en effet, plusieurs dangers auxquels sont exposés les coloniaux qui viennent séjourner dans la métropole?

Ce sont dangers pour leur santé, dangers pour leurs économies.

Au point de vue sanitaire, pour valides qu'ils soient, il ne saurait leur être indifférent à eux, à leur famille, de choisir telle ou telle résidence. Resteront-ils au bord de la mer, ils auront à souffrir de l'humidité; s'établiront-ils dans la plaine, ils manqueront de cet air tonifiant qui reconstitue le sang; se fixeront-ils dans la montagne, ils risqueront d'être éprouvés par le changement brusque de température; se rendront-ils immédiatement dans les stations d'eaux qui leur sont recommandées, leur constitution trop faible ne profitera point pleinement de ce régime. Tout colonial ou colon en congé a besoin d'une cure de réacclimatation; cette première hygiène précède et commande tout traitement qui suivra; c'est la condition essentielle pour recouvrer la santé et retirer un profit effectif et durable du congé. Il y a donc une première règle à formuler et dont on devra chercher l'application et assurer l'observation : *choix d'une résidence*.

Au point de vue budgétaire, si prévoyant qu'ait pu se montrer le colonial ou colon en congé, il est plus d'une dépense qui le surprend à l'improviste. On pourrait ajouter non sans raison qu'il est plus d'un pisteur qui le guette, plus d'une spéculation plus ou moins ingénieuse dont il risque d'être victime. Il est, à titre d'exemple, dans nos ports qui regardent vers l'Asie ou l'Afrique, tel marchand qui attend l'arrivée des paquebots pour placer des meubles qu'il rachètera à vil prix au départ. Il est tel loueur de garnis ou de maisons meublées qui, selon l'occasion, double ou triple le prix de sa location.

Outre les hasards de l'installation, il y a les déboires causés par la variation des prix. Chacun a pu connaître des colons qui avaient préféré une résidence à une autre escomptant le bon marché des denrées; quelle était leur déception lorsqu'ils notaient les prix à leur première exploration du marché local?

N'y a-t-il pas d'autres ressources sur lesquelles les coloniaux désireraient être renseignés avant leur départ? Pour leurs enfants, quels sont les moyens de les instruire? Pour leurs affaires, quelles sont les facilités de communication, les perspectives de développement, quelles sont les ressources qu'ils peuvent tourner au profit de leurs entreprises d'outre-mer?

En résumé, cherté du logement, de l'ameublement, de l'approvisionnement, des moyens d'éducation, des conditions de déplacement; il y a là un ensemble de faits dont les conséquences peuvent peser lourdement sur le budget; il en peut même résulter ou que l'existence soit étroite, ou que le séjour soit abrégé. En tout état de cause, le congé perd son influence bienfaisante. De ces données il se dégage une seconde règle : c'est le choix non seulement d'une résidence, mais d'un établissement dans cette résidence.

De quoi peut-il dépendre que les coloniaux ou colons soient protégés contre leurs propres fautes, erreurs dans le choix de leur résidence et de leur établissement? Il est une condition nécessaire : c'est qu'ils soient renseignés.

'A cette fin ne saurait-on, ne pourrait-on instituer dans la métropole au profit des colonies un service spécial d'informations? Ce service dresserait une liste des résidences par catégories selon leurs conditions climatiques ; il s'inspirerait des conseils des médecins coloniaux qui indiqueraient les maladies et des médecins métropolitains qui signaleraient les stations correspondant aux traitements mentionnés. Cette liste se compléterait d'une seconde liste contenant, par catégories de prix, les résidences climatiques : elle relaterait des données sur les prix des loyers, des vivres, du coût de la vie d'après les mercuriales les plus récentes. Ces listes seraient sur demandes envoyées aux intéressés. D'après ces renseignements, chacun, avant le départ, pourrait préparer *méthodiquement* son installation, son séjour.

Si l'information est une condition nécessaire dictée par le souci de l'hygiène et de l'économie, elle n'est point une condition suffisante pour déterminer le colonial ou colon à profiter de son congé. Là encore le nerf de la guerre, l'argent, peut manquer. Il est tel colonial ou colon qui ne peut par ses seuls moyens, le rapatriement lui fût-il assuré, se procurer à lui-même ou procurer à sa femme, à son enfant, un séjour dans la métropole.

Dans cette situation, ne négligeons pas de remarquer que, colonial ou colon, l'on est réduit à la demi-solde en Europe pour le cas de congé régulier. Quelle est cette solde, surtout au compte d'une Compagnie, si le congé est une faveur et non un droit?

Par suite de cette constatation on observera que, d'une part, les ressources budgétaires sont diminuées, que, d'autre part, les charges de l'existence risquent d'être plus lourdes ; notons que pour le moins sa santé, ses privations l'incitent à s'accorder un confort légitime. Ce confort, fût-il modeste, se traduit par un complément de dépenses.

Ces détails d'ordre domestique sont des réalités vécues, exigeantes, impérieuses. Dût le mot sembler fort, ce serait commettre une action coupable que de n'en pas tenir compte. Rien de la vie d'un homme aux colonies ne doit nous rester étranger, non pas parce que nous sommes hommes, mais parce que nous sommes des métropolitains.

C'est donc un devoir social pour nous d'aviser; c'est un devoir pour nous de chercher un moyen d'alléger les charges des coloniaux ou colons que l'étroitesse de leurs ressources lierait, riverait à une terre meurtrière.

Nous avons à compléter l'organisation des renseignements par l'organisation des subsides; nous avons à assurer nos frères des colonies d'une aide, d'une mutualité morale et matérielle.

N'est-il pas d'ailleurs, dans les circonstances actuelles, des institutions qui peuvent nous prêter leur concours, des occasions qui s'offrent à notre initiative? Nous connaissons tous les syndicats d'initiative. Ne sont-ce pas des instruments d'informations précieux? N'y a-t-il pas des localités qui feraient, qui font même déjà tous leurs efforts pour attirer et retenir les courants réguliers, rationnels, de coloniaux ou colons en congé? Qu'il nous soit permis de signaler l'intéressante initiative des docteurs Pauliet èt Festal, à Arcachon.

Soutenus par un ingénieux et pratique esprit de philanthropie coloniale, MM. Pauliet et Festal ont projeté de créer à Arcachon un lycée climatique et colonial. Ils se sont guidés d'après les principes scientifiques de la climatothérapie : par la cure d'air, reconstituer et régénérer les enfants nés sous les tropiques; par une éducation et une instruction appropriées, les mettre au niveau de leurs camarades métropolitains; dans leur contact, placer ceux de nos jeunes compatriotes qui se destinent à la vie coloniale et, par un échange d'idées réciproque, initier les jeunes coloniaux à la vie métropolitaine et les jeunes métropolitains à la vie coloniale, tel est le plan général des deux distingués praticiens que doublent deux pédagogues.

Ce projet peut trouver à Arcachon une ambiance des plus favorables : pureté de l'air, douceur du climat, voisinage de l'Université de Bordeaux.

Il peut se parfaire avec l'annexion de résidences permettant aux familles de venir séjourner à côté de leurs enfants pendant la première période de leurs études ou de leur entrée au lycée.

Bref, le *Lycée climatique et colonial* peut se compléter par des *villas coloniales*.

Le projet a recueilli les approbations les plus hautes : M. Léon Bourgeois, M. Eugène Etienne, sont les présidents d'honneur du Comité d'initiative. La Société de géographie de Bordeaux, les Assemblées élues, nombre de députés et de sénateurs, de savants, de publicistes, appuient de leur autorité les propositions de MM. Pauliet et Festal. Tout récemment le ministre de l'Instruction publique déléguait un inspecteur général à Arcachon pour étudier le choix d'un emplacement et les détails de l'organisation. Sur un rapport favorable de M. l'Inspecteur général, le Conseil municipal a voté la création du Lycée climatique et colonial. Souhaitons la construction prompte de cet établissement et, pour son couronnement, préparons l'organisation des *villas coloniales* à la disposition des colons rapatriés en France.

Ainsi, à côté de l'Association pour le rapatriement des coloniaux ou colons, il apparaît, en outre de la Croix Verte, une association à créer pour collaborer avec l'une et compléter l'autre : c'est l'Association pour les habitations à bon marché, l'œuvre des *villas coloniales*.

Comment fonder cette institution? La mutualité soutient l'Institution du rapatriement, comment la mutualité ne soutiendrait-elle pas l'Institution des villas coloniales?

Il y aurait à demander aux coloniaux et colons de constituer par cotisations un fonds social; à leurs ressources propres s'ajouteraient les subventions des colonies et la participation des métropolitains. Il serait créé dans la métropole un service d'informations et une commission de secours. La Société aurait des représentants correspondants dans les principaux ports et dans les colonies et pays de protectorat. Ces intermédiaires se chargeraient de renseigner les colons en instance de congé avant leur départ, à leur arrivée et pendant leur séjour. Dans ce rôle d'informations, l'Institution remplirait la fonction d'un *Syndicat d'initiative climatique et colonial*.

Dans le rôle d'assistance mutuelle, il appartiendrait à la section de la colonie ou du protectorat d'examiner elle-même la situation de l'intéressé et de statuer sur son cas, le Comité métropolitain pourrait, ne devrait être, que l'exécuteur de ses instructions. A cette fin, chaque colonie ou pays de protectorat aurait son autonomie financière.

En résumé et comme conclusion, l'organisation des *Congés coloniaux* comprendrait trois rouages dont deux existent et dont un reste à créer :

1° L'Assistance mutuelle pour le rapatriement;

2° L'Assistance mutuelle pour les *invalides coloniaux* ou la Croix Verte;

3° L'Assistance mutuelle pour les *valides coloniaux* ou les villas coloniales.

Pour remplir ce programme, il appartient au Congrès de témoigner toute sa sympathie aux deux sœurs aînées et vaillantes, *le Rapatriement* et *la Croix Verte*, il lui appartient d'accorder un bienveillant accueil à leur sœur cadette, à un enfant nouveau-né dans la grande famille mutualiste : *les Villas coloniales*. Cette œuvre accomplie et forte de son patronage assurera nos compatriotes de la réalisation du rêve longuement caressé dans la brousse ou la forêt, le rêve si réconfortant de revoir cette *douce France*.

PROJET DE STATUTS (1)

1. — Il est fondé, sous la dénomination de *Œuvre des Villas coloniales*, une Association qui a pour but de faciliter par la mutualité aux coloniaux et colons en congé les moyens de profiter de leur rapatriement par le choix d'une résidence *hygiénique et économique*.

2. — Pour atteindre ce double but, l'Association institue, sous son patronage, un *Syndicat d'initiative climatique et colonial* affecté au service des informations et une *Commission d'assistance mutuelle coloniale* chargée d'assurer l'aide pécuniaire aux intéressés dans les conditions qui suivent.

3. — Pour le service d'informations, l'Association a, dans chaque port de la métropole, dans chaque ville importante des colonies et pays de protectorat, un correspondant.

Pour l'organisation de l'assistance mutuelle, chaque colonie ou pays de protectorat est pourvu d'une Société mutuelle jouissant de son autonomie administrative et financière, statuant sur l'examen et l'attribution des se-

(1) Ces statuts sont inspirés d'un modèle qui nous fut adressé par un colonial et un publiciste des plus autorisés, M. P. Bourdarie, connu et apprécié par ses explorations au Congo et ses études dans *la Dépêche coloniale*.

cours et correspondant avec l'Association métropolitaine, soit pour informations, soit pour exécution de ses instructions.

4. — Le fonds social est composé de cotisations coloniales et métropolitaines, de subventions également coloniales et métropolitaines, de legs, produits de collectes, loteries, fêtes, principalement à bord des paquebots.

5. — Le concours offert pour informations et assistance morale est gratuit.

Ce sont là les dispositions essentielles, caractéristiques, les autres articles pourront être ajoutés par la commission chargée, s'il y a lieu, d'étudier, reviser, arrêter ce projet.

Cette commission pourrait également demander si cette Association nationale des *Villas coloniales* ne pourrait devenir une association internationale. La France, avec ses aptitudes climatiques, sa réputation incontestée de cordiale hospitalité, ne serait-elle pas destinée à procurer aux coloniaux anglais, belges, hollandais, allemands, les avantages vainement cherchés chez eux d'une réacclimatation prompte et assurée? N'est-ce pas une tâche conforme à son idéal et à sa tradition de fraternité? D'ailleurs, c'est dans ce sens élargi et ennobli que l'auteur de ces lignes a l'honneur de faire présenter ce même jour un vœu au Congrès de climatothérapie d'Arcachon.

Puisse la mutualité du Congrès aider à l'édification d'une nouvelle institution mutualiste qui serait à l'honneur de notre troisième République, coloniale en son expansion et sociale en ses aspirations.

VŒU :

Le Congrès émet le vœu que les pouvoirs publics secondent de tous leurs efforts les institutions qui, par la mutualité, se proposent d'assurer aux colons ou coloniaux tout l'effet utile de leur congé :

Œuvre de rapatriement, maisons de convalescents, lycée climatique et colonial pour les enfants, villas coloniales pour les adultes.

UN LYCÉE CLIMATIQUE ET COLONIAL A ARCACHON

Par le Dr GILBERT LASSERRE

Chef de travaux à la Faculté de Médecine, secrétaire général de la Ligue girondine de l'Education physique et de la Société de géographie de Bordeaux.

—

Depuis quelque 15 ans on se préoccupe, dans les milieux universitaires, du développement de l'être physique plus qu'on ne le faisait autrefois, où on le sacrifiait par trop à l'être intellectuel. Les familles, celles surtout dont les enfants sont soumis à l'internat, ont compris combien était anormal le régime d'immobilité presque complet et de quasi claustration dans laquelle étaient tenus les futurs bacheliers, ou, plus exactement, les futurs citoyens.

Une plus large place est donnée actuellement aux exercices physiques et de plein air qui viennent, fort heureusement, rompre la monotonie des longues et lamentables promenades en file des internes. Dans les établissements d'instruction auxquels sont joints de vastes terrains ou de grands parcs, on ne cantonne plus les élèves dans les cours intérieures, sans ombre et sans air; on leur donne la jouissance de ce qui doit être réellement pour eux. On les aère, on les laisse s'ébattre ainsi que le réclame la nature elle-même.

Cependant certains enfants, plus chétifs que d'autres, se développent mal, dans les milieux à leur portée. Ce ne sont point des malades, mais ils sont aptes à le devenir; placés dans des conditions favorables, on les ferait forts et robustes. Ils ne trouvent guère à leur disposition d'établissements universitaires dans lesquels se rencontrent les conditions nécessaires à leur bon développement.

La France est une puissance coloniale; le pays demande à ses enfants de ne pas s'immobiliser dans la Métropole et d'aller chercher de nouveaux débouchés à la mère-patrie dans les colonies qu'elle administre, qu'elle entretient, avec l'espérance d'en retirer des profits sérieux. Il semble donc naturellement indiqué d'aiguiller dans ce but les études de ceux prédisposés par leurs intérêts ou par leur vocation à devenir des coloniaux. Mais on ne peut pas admettre que tous nos établissements universitaires soient des antichambres de nos colonies; d'autant plus que la préparation à la vie coloniale ne saurait s'étendre à tous indistinctement. Il est nécessaire, pour cela, d'avoir des établissements spéciaux, placés dans des conditions spéciales de milieu, avec des programmes adaptés au but poursuivi.

Un grand nombre d'originaires de nos colonies viennent dans la Métropole chercher l'instruction de nos lycées et collèges; les enfants de nos fonctionnaires coloniaux sont, eux aussi, souvent envoyés en France dans le même but. Il paraît au moins anormal qu'on les place en un lieu quelconque, différant totalement de leur pays d'origine par le climat et la vie journalière, et, dans tous les cas, ne leur donnant pas les conditions requises pour l'entretien ou le relèvement de leurs forces physiques.

C'est pour remédier à cette lacune que le Docteur Pauliet, d'Arcachon, s'est fait l'apôtre de la création dans cette ville d'un établissement universitaire remplissant toutes les conditions voulues.

Il n'a pas eu de peine, connaissant la situation particulièrement favorable du littoral arcachonnais, dont la haute valeur a été maintes fois mise en relief par les travaux du Docteur Lalesque, de M. Duphil, etc., à grouper autour de lui un Comité de patronage dont M. Léon de Rosny a accepté la Présidence et auquel MM. Léon Bourgeois, Etienne, etc., ont donné immédiatement leur adhésion.

Le Docteur Festal, dans une importante communication qu'il a faite au Congrès de l'Association française pour l'avancement des Sciences, en 1902, à Montauban, et à la Société de géographie de Bordeaux, en 1903, a fixé dans quelles conditions d'hygiène, de confort, de salubrité et d'économie devait être construit le futur Lycée d'Arcachon.

J'ai eu l'honneur, en 1902, à Lyon, en 1903, à Rouen, d'exposer devant les Congrès de la Ligue de l'Enseignement et des Sociétés de géographie les bases du projet.

Dans *la Dépêche coloniale* et dans nombre d'autres publications, M. Gaston Valran, d'Aix-en-Provence, a soutenu et défendu la thèse que les uns et les autres nous avons présentée.

Nous n'avons point prétendu qu'un seul lycée, en un seul lieu, devait seul être construit, mais nous pensons que l'idée étant née d'un endroit particulièrement approprié, que les études ayant été faites en vue de cette création à Arcachon, il était de toute nécessité, sinon de toute urgence, de faire cette création à Arcachon même. En pareille occurrence il n'est point inutile de rappeler les raisons exposées maintes fois en d'autres circonstances. Le littoral du bassin d'Arcachon, revêtu de magnifiques forêts de pins maritimes, abrité des grands vents de la mer, présentant des ondulations de terrain constituées par les dunes, offre des conditions toutes spéciales d'hygiène et de climat. Il n'y a point, à Arcachon, de très grands froids et certains points, en revanche, sont exposés à de hautes températures estivales; l'air y est chargé d'émanations salines, d'ozone, il tient même en suspension de petites quantités de térébenthine (recherches de M. Duphil). Le sol perméable dans lequel les eaux pluviales s'écoulent rapidement, le système de constructions, adopté dans la Ville d'hiver surtout, où l'air circule largement et abondamment, font de cette ville de féerie un lieu particulièrement agréable et salubre dont le voisinage ne constitue aucun danger.

Pour toutes ces raisons, le séjour en ces lieux est éminemment favorable aux personnes affaiblies, à celles pour lesquelles on peut craindre l'invasion tuberculeuse; *a fortiori*, des enfants en pleine évolution physique doivent retirer de leur séjour la plus grande somme de bénéfices : ils se fortifient, ils fortifient leur organisme, ou, tout au moins, s'ils sont robustes, se maintiennent dans cette situation, contrairement à ce que l'on peut craindre de l'internat en ville.

Les coloniaux en doivent retirer de précieux avantages, ils ne sont point exposés aux changements brusques d'existence, et un climat tempéré ne peut que leur être favorable. Si l'on ajoute à cela la vie au grand air, les exercices physiques et les jeux de plein air qui pourraient être largement pratiqués sur les vastes terrains dont disposerait ce Lycée modèle, on serait certain d'entretenir et de développer l'énergie, de faire, en un mot, des hommes qui seraient moins facilement victimes des climats parfois rudes dans lesquels ils auront à vivre plus tard.

Abstraction faite du programme de l'enseignement, on peut concevoir le Lycée climatique et colonial comme le docteur Redies, en Angleterre, le docteur Litz en Allemagne, M. Demolins en France, ont conçu leurs établissements d'enseignement que l'on désigne volontiers sous le nom d'écoles nouvelles : le développement physique et moral dans la liberté et par la responsabilité.

L'enseignement devrait être surtout dirigé en vue des études coloniales: produits de nos colonies, mœurs, coutumes, usages, besoins, hygiène, etc., tout cela devrait être l'objet des soins les plus assidus des maîtres. En faisant connaître aux élèves la mentalité des peuples avec lesquels ils seront plus tard en relations, en leur faisant étudier la géographie commerciale, agricole, physique, etc., des contrées qu'ils auront à visiter, on les mettra en mesure de faire de bons fonctionnaires, de bons commerçants et surtout d'excellents pionniers de l'influence française partout où ils passeront.

On a dit que les vrais missionnaires devraient être les médecins et les instituteurs. Ne devrait-il pas être plus vrai de dire que tout bon colon doit être un bon missionnaire de la France? Elevé avec des idées larges et généreuses, imbu du respect profond des croyances des autres hommes, il ne se heurtera pas aux grandes difficultés que peut faire naître le prosélytisme dans lequel le sauvetage des âmes est le but principal.

Le colon pacifique, bon, respectueux de l'homme moins avancé que lui en civilisation mais non moins soucieux de sa dignité personnelle et familiale, a certainement besoin, dans son œuvre de pénétration, de répandre moins de sang et de moins faire verser celui de ses concitoyens.

Un tel enseignement n'existant nulle part ailleurs, il n'y a pas de doute que les étrangers, déjà nombreux dans nos lycées, ne viendraient chercher chez nous cet enseignement particulier. Pendant quelque temps alors, et jusqu'à ce qu'on l'ait réalisé dans d'autres pays, l'école française des colons répandrait de par le monde des élèves de nationalités différentes, mais ayant appris, en se fréquentant, à se connaître, à s'estimer, et à s'apprécier. En développant ainsi le sentiment de fraternité qui persiste bien après que l'on a quitté les bancs de l'école, bien des difficultés deviendraient, sinon impossibles, du moins plus facilement solubles entre représentants des divers pays. A ce point de vue-là encore, la France aurait accompli un grand bienfait social.

Le recrutement des maîtres ne saurait présenter de grandes difficultés : Bordeaux pourrait fournir le cadre principal, d'autres professeurs pourraient être envoyés de différents lycées ou collèges dans le but de les faire bénéficier d'un séjour utile à leur santé. Des professeurs des colonies pourraient y être appelés pendant leur séjour en France et y faire l'enseignement pendant un temps déterminé, etc.

En un mot et pour résumer, quand un pays comme la France possède un littoral comme celui de l'Atlantique et de la Méditerranée, a à sa disposition des maîtres de la valeur de ceux qui constituent son Université, il a, en définitive, tous les moyens de créer l'œuvre dont Arcachon a l'honneur d'avoir, le premier, revendiqué la réalisation, et il semble inutile d'insister aussi longtemps. Il y a des idées dont on ne discute pas l'utilité; celle-ci en est la preuve; ce sont les avis unanimement favorables donnés par le Conseil municipal d'Arcachon, le Conseil d'arrondissement de Bordeaux, le Conseil général de la Gironde, différents Congrès et diverses Sociétés savantes, l'an dernier par le Congrès de géographie de Tunis et récemment encore par le Congrès d'Alger ; ce sont les précieuses adhésions venues au Comité de patronage. Parmi elles nous retiendrons seulement celles d'un homme dont le nom fait autorité dans le domaine des choses coloniales, d'un homme aimé par tous ceux qui ont eu ou ont l'honneur de le connaître et de l'approcher, de M. Etienne, le ministre actuel de l'intérieur. Sa présence dans les conseils du gouvernement est de nature à faire espérer que les études prescrites en 1904 par M. Chaumié, alors ministre de l'Instruction publique, aboutiront à un résultat pratique dans un délai aussi proche que possible.

Je développais un jour devant une assemblée savante, mais non médicale, les avantages d'une telle création au point de vue spécial du recrutement des fonctionnaires coloniaux et des colons. Un contradicteur fit remarquer qu'élever des jeunes gens en sybarites pour les envoyer ensuite dans des pays où ils trouveront la fièvre et des climats déprimants ne semblait pas devoir donner les résultats entrevus. L'objection avait de quoi étonner profondément. De ce qu'un homme aura un jour à lutter contre le paludisme, de ce qu'il sera aux prises avec les nombreuses difficultés dont sa route sera hérissée, est-il logique de lui refuser tout ce qui pourra contribuer à le rendre fort et résistant? Il semble que poser la question est en même temps la résoudre. A moins que la préparation à la vie coloniale consiste surtout à placer nos jeunes gens dans des milieux paludiques ou au centre de foyers cholériques! Personne ne songerait évidemment à les initier de la sorte à la vie loin de France. Et pourtant la logique...

La logique est dans l'idée que les Arcachonnais ont les premiers préconisée. Rien ne prévaudra contre cette conception d'une instruction utilitaire dans un milieu sain et bienfaisant comme celui du littoral, où des milliers d'affaiblis vont chercher chaque jour, et trouver, la régénérescence physique.

La vie au grand air avec la pratique d'exercices physiques développant la capacité pulmonaire, cuirassant le corps contre les agents extérieurs, donnant à l'individu l'habitude de prendre vite et lui-même des résolutions, soumettant son cerveau à une gymnastique dont l'esprit d'initiative est le résultat, doit donner non des sybarites, mais des hommes d'action forts au physique comme au moral. Nous en avons besoin ; et si les colonies ne les attirent plus un jour, les citoyens ainsi élevés seront pour notre race de précieux éléments dont, pas plus qu'une autre, elle n'a le droit de faire fi.

Il ne saurait être ici question de rivalités entre telles ou telles localités. Arcachon est vanté par tous les hygiénistes qui l'ont sérieusement étudié, il a, le premier, jeté les jalons d'une œuvre dont les féconds résultats ne sont pas douteux, il doit être le premier mis en mesure de la réaliser. Instigateurs et réalisateurs du projet auront droit à la même reconnaissance, et nul ne se plaindra que des établissements similaires naissent, dans la suite, sur d'autres points de notre pays. L'Université y puisera une force nouvelle et le pays un élément de plus de grandeur et de prospérité.

LE COLLÈGE CLIMATIQUE D'ARCACHON

Par le Docteur A. FESTAL

Ancien interne des Hôpitaux de Paris

—

Le projet de création à Arcachon d'un établissement d'enseignement secondaire remonte à 1896 ; c'est le 26 novembre 1896, en effet, que le Dr Pauliet, alors conseiller municipal, formula et fit admettre à l'unanimité par ses collègues un vœu tendant à obtenir du Gouvernement qu'il prît l'initiative de ce projet. Pour des raisons diverses, ce vœu resta lettre morte jusqu'en 1901. Parmi ces raisons, invoquées par l'Administration municipale, la principale consistait à dire que les frais d'établissement d'un « Lycée » seraient si considérables qu'il était superflu même de s'y arrêter. Au fond il y en avait peut-être d'autres, plus réelles, mais ce n'est pas ici le lieu d'insister.

En 1901, sur les conseils de M. Fernand Faure, le Dr Festal reprend la question et crée un *Comité d'initiative* dont M. Léon Bourgeois, député de la Marne, accepte la présidence d'honneur.

Afin de susciter un mouvement en faveur de l'idée, une circulaire, rédigée au début même de la propagande, fut répandue largement ; dans cette circulaire se trouvent condensés les arguments qui militent en faveur du « Lycée climatique » et qui justifient l'épithète choisie.

Voici cette circulaire :

COMITÉ D'INITIATIVE

pour la création d'un lycée climatique à Arcachon

Sous la Présidence d'honneur de M. Léon Bourgeois, Député de la Marne, ancien Président du Conseil.

Monsieur,

L'idée de créer un Lycée à Arcachon n'est pas nouvelle, puisque déjà en août 1896 le Dr Pauliet émettait au conseil municipal un vœu tendant à obtenir du gouvernement cette création, et qu'en novembre de la même année la municipalité d'Arcachon décidait à l'unanimité d'en transmettre la demande au ministère.

Le moment nous a semblé particulièrement opportun de reprendre cette idée au lendemain de la promulgation de la loi de juillet qui, interdisant à certaines congrégations le droit d'enseigner, rend ainsi disponible toute une clientèle d'enfants que l'État a le devoir de recueillir.

L'idéal pour les enfants et les adolescents est d'être élevés en air pur. En créant le Lycée climatique d'Arcachon après le Collège de Saint-Servan, c'est une nouvelle impulsion donnée par l'État à cette notion universellement admise que notre jeunesse a besoin, pour parcourir sans surmenage les programmes très chargés de l'enseignement contemporain, d'air pur et vivifiant dont les agglomérations urbaines sont la négation.

Vrai pour les enfants à tempérament solide, ce principe hygiénique l'est infiniment plus lorsqu'il s'agit d'êtres délicats, à hérédité suspecte, ou de maîtres surmenés et débilités par leurs années d'École normale.

Enfin, pendant les mois de vacances, le Lycée deviendrait le refuge de colonies scolaires, institution éminemment philanthropique dont le récent essor est plein de promesses.

Nous pensons que nulle part mieux qu'à Arcachon un Lycée climatique ne peut être édifié : la nature du sol sablonneux, perméable, l'atmosphère marine, les dunes plantées de pins aux émanations résineuses, tout concourt à faire des bords de cette baie paisible l'emplacement de choix.

L'expérience est d'ailleurs faite puisque l'établissement d'instruction fondé ici par les Dominicains voit sa prospérité croître d'année en année, et que le Sanatorium maritime pour enfants, dû à l'infatigable initiative du Dr Armaingaud, donne des résultats admirables au point de vue de la régénération des débilités.

Le Lycée en air pur est une barrière de plus à opposer au flot toujours montant de la tuberculose. Ce moyen de défense sera hautement apprécié et patronné par tous ceux qu'intéresse l'ardente campagne de préservation sociale contre la tuberculose dont les Landouzy, Brouardel, Letulle, Léon Petit, Dubois... etc., sont les plus fervents apôtres.

Si donc vous croyez comme nous, Monsieur, qu'il y a lieu de s'unir pour solliciter instamment des Pouvoirs publics la création d'un Lycée à Arcachon, vous voudrez bien nous retourner signée la formule d'adhésion ci-incluse:.

Veuillez agréer, Monsieur, nos salutations empressées.

L. de ROSNY, *Professeur à l'École des Langues orientales, Directeur-Adjoint à l'École des Hautes-Études, Vice-Président de la Société d'ethnographie.*

Dr de NABIAS, *Doyen de la Faculté de Médecine de Bordeaux.*

F. MAROT, *Adjoint au Maire de Bordeaux, Conseiller d'arrondissement.*

Dr A. FESTAL, *Secrétaire du Comité d'initiative.*

L'idée prit un essor rapide; les adhésions affluèrent de toutes parts : ministres, députés, sénateurs, savants, professeurs d'Universités, tous encouragèrent les initiateurs par des conseils, des éloges, des commentaires flatteurs. En sorte qu'il arriva ceci : c'est que le Conseil municipal devant lequel, à chaque séance, le Dr FESTAL exposait la marche en avant du Comité d'initiative, se laissa entraîner par le puissant mouvement d'opinion ainsi créé à côté de lui, et hors de lui, adopta à l'unanimité le principe du Lycée et vota les fonds nécessaires à l'acquisition du terrain où il devait être édifié (décembre 1901).

Ce terrain fait partie des Domaines de l'État dont l'aliénation venait d'être décidée; il mesure 34 hectares et se trouve compris entre le bassin d'Arcachon et la route de Moulleau qui en représentent les 2 grands côtés. L'emplacement du Lycée ou Collège devait être choisi en arrière de la dune littorale qui l'aurait abrité des vents du large et lui aurait créé une idéale exposition au Midi, en pleine forêt de pins maritimes.

Le maire, mis en demeure par son Conseil de s'occuper activement de cette question, directement et personnellement intéressé, d'ailleurs, à ce que les 34 hectares de terrain fussent cédés par l'État à la commune d'Arcachon au lieu d'être mis en vente à l'adjudication, le maire se décida, vers le début de 1902, à entreprendre des démarches. En compagnie d'un député de l'arrondissement, il demanda à être présenté par M. Fernand FAURE à M. RABIER, directeur de l'enseignement secondaire. De cette entrevue il résulta qu'il fallait renoncer à l'idée de *Lycée*, mais que le Collège était parfaitement réalisable et que l'État consentirait très probablement à lui accorder, en sus de professeurs universitaires, une subvention annuelle suffisante à assurer l'intérêt du capital et une partie de l'amortissement.

Pareille conversation aurait dû, semble-t-il, stimuler l'ardeur de l'Administration municipale d'Arcachon, et l'encourager à multiplier ses démarches et ses efforts. Il n'en fut rien, elle retomba au contraire à son apathie profonde et opposa la force d'inertie la plus complète à toutes les tentatives faites par le Dr Festal, conseiller municipal et secrétaire général du Comité d'initiative, pour la galvaniser et l'entraîner.

En septembre 1902, cette inertie se transforma en une hostilité déclarée; à cette époque, en effet, une sous-commission ayant été nommée par le Conseil municipal pour aller étudier sur place le meilleur emplacement du futur collège, sous-commission dont le Dr Festal faisait partie, le Maire, contre l'avis duquel elle avait été instituée, la fit supprimer par un vote contradictoire de son Conseil, d'où démission du Dr Festal et de trois autres conseillers municipaux.

AFFAIRE MUNICIPALEMENT CLASSÉE. — Depuis lors, l'Administration municipale d'Arcachon n'a plus rien fait pour arracher à son paisible sommeil l'idée du Collège climatique.

En revanche, les promoteurs de l'idée ont redoublé d'ardeur propagandiste. Au cours d'une audience que M. Chaumié, ministre de l'Instruction publique, lui fit l'honneur de lui accorder, le secrétaire général du Comité d'initiative obtint l'affirmation que le Gouvernement accorderait la plus grande bienveillance à la réalisation du projet.

En août 1902, dans une communication au *Congrès de Montauban* pour l'avancement des Sciences, le Dr Festal n'envisage plus seulement la question du Lycée climatique d'Arcachon; il généralise et, se plaçant au point de vue de l'hygiène ainsi que du devoir social des Pouvoirs publics, il traite des « *Lycées climatiques* » en général, de la nécessité qu'il y a de renoncer aux errements anciens et désormais, chaque fois qu'il se pourra, de ne créer de nouveaux Lycées qu'en air pur, assez loin des agglomérations urbaines, et d'adopter une formule architecturale nouvelle dont il indique les points essentiels, formule offrant le double avantage d'être conforme à l'hygiène et à ses progrès les plus récents, et d'être économique pour le budget.

Dès la création du Comité d'initiative, le monde colonial s'était intéressé à l'entreprise; M. Léon de Rosny, le savant directeur de l'Ecole des Hautes Etudes, vice-président de la Société d'ethnographie, nous avait puissamment encouragés et assistés, acceptant la présidence de notre Comité et nous attirant des adhésions nombreuses; dans son esprit le Lycée climatique d'Arcachon pouvait devenir aisément, grâce au voisinage de Bordeaux, port de commerce en relations avec les pays exotiques, un établissement de choix pour des élèves venus de nos colonies ou de l'étranger et dont l'acclimatement se trouverait facilité par la nature même, la douceur et l'égalité du climat d'Arcachon.

Les coloniaux trouveraient là une famille pour leurs enfants dont ils devraient se séparer, sans être obligés d'abandonner leur poste pour venir les faire élever dans la métropole.

Les professeurs coloniaux, forcés pour raison de santé de prendre un long congé, y trouveraient un champ d'action où, sans interruption préjudiciable de leurs fonctions, ils apporteraient, au contraire, aux élèves le fruit de leur expérience coloniale technique.

C'est ainsi qu'à l'épithète primitive s'ajouta l'épithète « colonial » et que le *Lycée climatique et colonial* nous apparut à la fois comme un organe d'acclimatement et de recrutement d'élèves français et étrangers.

Lorsque MM. Etienne, Guieysse, Doumer, Decrais, Lemire, Deloncle, Aymonier, Lesouëf... etc... envoyèrent leur adhésion, ils considéraient ce projet comme destiné à préparer une véritable pléiade d'élèves pour l'Institut colonial et à favoriser puissamment l'expansion colonisatrice de la France.

Sur la demande de la Société de géographie de Bordeaux, le Docteur Festal y fit, le 2 février 1903, un exposé de la question, des phases diverses qu'elle avait traversées et des fluctuations qu'elle avait malheureusement subies. L'assemblée approuva vivement le projet et exprima le vœu que la réalisation en fût obtenue.

Et maintenant que tout, ou presque tout, a été dit, que chacun peut se former une opinion sur ce projet, sa valeur, son avenir, que reste-t-il à faire au Comité d'initiative ?

S'il est vrai, ainsi que l'a dit un des grands-maîtres de l'Université, que cette conception soit appelée à être dans 50 ans un axiome d'une aveuglante évidence, pourquoi ne pas hâter la venue de l'ère nouvelle?

Les exemples existent en assez grand nombre déjà. Outre le collège de Saint-Servan, nous voyons s'ouvrir successivement :

L'Ecole des Roches, dans l'Eure, due à l'initiative de Demolins;

L'Ecole de l'Estérel, à Mondelieu, près de Cannes, au fond du golfe de la Napoule;

Le Collège de Normandie, à Mont-Cauvaire (Seine-Inférieure);

L'Ecole de l'Ile-de-France, à Liancourt, près de Chantilly (Oise).

Tous ces établissements se sont inspirés des principes d'hygiène que je n'ai pu qu'ébaucher ici; tous ont pour but d'assurer à la fois l'instruction, le développement physique et l'éducation des enfants. On pourrait résumer en cette formule de Cecil Reddie les principes de l'éducation nouvelle : « La vie entière de l'école doit être combinée de façon à développer harmo-

« nieusement toutes les forces du jeune homme, qu'elles soient physiques,
« intellectuelles, artistiques, morales ou spirituelles ; à lui apprendre, en
« fait, comment il doit vivre et devenir un membre sain, raisonnable et
« utile de la société humaine. »

Dans tous ces établissements, le prix de pension est élevé, très élevé,
même, variant de 2.250 fr. à 3.000 fr. par an.

Dans notre collège climatique devrons-nous adopter le tarif élevé des
quelques écoles libres existant et fonctionnant déjà ? Ne serait-ce pas en
interdire l'accès à un grand nombre d'enfants appartenant à des familles
de condition modeste ? — C'est à étudier, et ce soin incombera au Conseil
d'administration, chargé de la direction matérielle et de la marche de l'établissement une fois fondé. Il apparaît déjà que, grâce à la latitude qui
sera laissée aux administrateurs, il leur sera loisible de majorer les prix
de pension proportionnellement aux avantages qu'offrira ce type de collège,
et de provoquer ainsi une sélection de clientèle riche, quitte à consentir au
profit de tel ou tel élève particulièrement digne d'intérêt une réduction
facultative du prix de pension.

Il ne s'agit plus de Lycée, on nous a officiellement affirmé que les ressources budgétaires ne permettaient pas la création de lycées nouveaux —
pour le moment du moins — ces lycées fussent-ils climatiques. — En
revanche, MM. Chaumié, ministre de l'Instruction publique, Rabier, Gauthier, Darlu, Inspecteur de l'enseignement, nous ont vivement encouragés
à adopter le type d'école libre, ayant un personnel enseignant universitaire — précieuse garantie — mais jouissant d'une assez large autonomie
pour pouvoir régler ses programmes, ses tarifs, son régime d'après les
exigences même qu'implique son titre.

Ce programme devra judicieusement allier le développement physique
et l'instruction des élèves ; dès l'âge de 8 ans on n'imposera pas aux enfants
de trop lourdes tâches, trop de classes, trop de devoirs à faire, trop de
leçons à apprendre ; par contre, on évitera de développer *le muscle* au détriment du cerveau par une pratique intensive et déréglée de sports variés.
En puériculture surtout, la saine mesure est nécessaire.

A cette réforme de l'hygiène, de l'emplacement topographique et de l'architecture des lycées et collèges, se rattache étroitement la question de
l'internat ; cette institution décriée retrouvera sa faveur chez nous comme à
l'étranger aussitôt qu'on offrira aux internes des conditions hygiéniques
satisfaisantes.

La vie en commun est bonne pour les enfants ; elle est pour eux un utile
apprentissage de la vie ; les parents le comprendront et revendiqueront
pour leurs enfants les bénéfices de cette cohabitation le jour où il leur sera
démontré qu'ils n'ont plus à acheter ces avantages au prix de dangereuses
concessions hygiéniques.

Nos confrères Le Gendre et Mathieu, de Paris, en créant leur *Ligue des
médecins et des familles*, déjà si prospère et si connue, ont senti qu'il y
avait un véritable péril national à laisser nos enfants se cachectiser sans

défense sous le poids de plus en plus écrasant des programmes universitaires. Leur cri d'alarme a été entendu, les parents se sont joints à eux, épousant leurs revendications, s'efforçant de défendre leurs enfants, avenir de la nation, contre une déchéance menaçante. A l'ensemble des mesures qu'ils préconisent il en faut joindre une qui les domine toutes, c'est l'assainissement des lycées et des collèges. Je prends ce mot dans son acception la plus large; j'entends par là qu'il faut élever les enfants en air pur; il faut donc *ruraliser* les établissements d'enseignement, n'en plus construire dans les agglomérations urbaines. Une fois le principe admis, le reste suivra : l'architecture des nouveaux lycées découlera tout d'abord de l'étendue des emplacements dont on pourra disposer; au lieu d'étages superposés, de cours profondes comme des puits, les bâtiments s'étaleront en surface, par pavillons à rez-de-chaussées surélevés et surmontés d'un seul étage; l'air circulera autour de tous les locaux; le soleil microbicide les inondera sans cesse; intérieurement tous les murs seront doublés de cloisons avec chambre à air isolante ménagée entre les 2 parois.

Plaçons maintenant ces collèges modernes dans des climats choisis; dotons-les — le terrain ne coûte presque rien — de vastes espaces de forêt, de lande, de prairies ou de terres arables; laissons nos enfants s'y ébattre librement, en ne les surveillant que juste assez pour les préserver d'excès dangereux, et nous aurons achevé le projet de réforme pédagogique idéale qu'un avenir prochain transformera, j'en ai le ferme espoir, en une féconde réalité. C'est à des assemblées de médecins comme la nôtre qu'il convient de reprendre sans trêve cette question vitale. Il existe des Ligues de défense, comme celle de Le Gendre, des Congrès d'hygiène scolaire, comme celui qui se prépare à Londres sous la présidence du Professeur Lauder Brunton; notre Congrès doit leur apporter un concours puissant.

La Climatothérapie et l'Hygiène urbaine, ces deux questions connexes qui constituent notre programme, peuvent et doivent désormais considérer la question des collèges et des lycées climatiques comme de leur domaine et, sans relâche, travailler à faire bénéficier de leurs travaux et de leurs progrès la puériculture française, en l'affranchissant de ses derniers liens d'empirisme routinier.

DISCUSSION

Dr Dedet (*de Martigny*). — Le Collège climatique colonial aura-t-il un recrutement exclusif aux enfants coloniaux?

Dr Festal. — Primitivement il n'était question que du Lycée climatique, l'épithète « *colonial* » s'y est jointe ultérieurement.

Il a semblé à un assez grand nombre des adhérents au comité d'initiative — et non des moindres — que la proximité du port de Bordeaux faciliterait le recrutement d'une clientèle de coloniaux et que l'exceptionnelle douceur du climat d'Arcachon favoriserait l'acclimatement des enfants.

Mais, en réalité, si l'on se place au point de vue vraiment pratique, il faut considérer que c'est d'abord un Lycée, ou même un Collège climatique qui doit être créé : des élèves coloniaux y seront admis ; au début ils n'en constitueront que l'élément exceptionnel ; plus tard, si leur nombre s'accroît, des programmes spéciaux seront étudiés et établis pour eux.

Dr DEPIERRIS. — Je ne puis que rendre hommage à la très remarquable communication de M. Festal sur le collège climatique.

Dans la lutte contre la tuberculose, un des moyens les plus efficaces est de transporter non seulement les lycées, mais, chaque fois qu'il est possible, les hôpitaux, les ateliers industriels, etc., loin des agglomérations urbaines, dans un air salubre.

Dr CRISTOFINI. — Je demande simplement, au point de vue pratique, si la réalisation du projet de collège climatique est proche.

Dr FESTAL. — La réalisation de cette idée est proche ; des pourparlers nouveaux ont été entrepris et les promoteurs du projet, fondateurs du comité d'initiative, espèrent qu'ils pourront aboutir avant un an.

Dr CRISTOFINI. — Quel sera, au point de vue administratif, le caractère de cet établissement qui ne sera ni un lycée ni un collège communal ? Ce sera donc une école privée ?

Dr FESTAL. — Ce ne sera pas un lycée (question d'impossibilité budgétaire) ; ce ne sera pas un collège municipal ; ce sera un établissement libre administré et exploité par une société civile en voie de formation actuelle, avec des professeurs de l'Université et sous le contrôle de l'État.

Cette formule est la plus avantageuse en ce qu'elle laisse une très grande élasticité de programmes, de régime de vie, de tarifs, toutes questions qui sont forcément et très étroitement limitées avec les deux autres types d'établissements d'enseignement secondaire.

Dr CAZAUX. — Je suis tout à fait d'accord au point de vue théorique avec MM. Festal et Depierris, mais la réalisation m'en paraît difficile, car nous avons vu le magnifique lycée Lakanal délaissé par les familles, pendant plusieurs années, bien qu'il eût été édifié tout près de Paris. Il y aurait plus d'espoir de réussite et une raison d'être plus impérieuse si l'on construisait un collège spécial aux enfants des coloniaux.

Dr FESTAL. — Il m'est particulièrement agréable de pouvoir répéter, bien que la nouvelle n'ait encore rien d'officiel, que le projet semble avancer à grands pas vers sa réalisation.

Le domaine de 34 hectares est sur le point d'être cédé à la commune d'Arcachon par l'État, à la condition que, sur ces 34 hectares, soit prélevé l'emplacement destiné au futur établissement. La société civile chargée de réunir les capitaux en vue de l'érection, l'aménagement et l'exploitation du Collège est en voie de formation et j'ai le ferme espoir que dans un an le projet sera entré dans la phase active d'exécution.

INFLUENCE DE L'ALTITUDE SUR LA TENSION ARTÉRIELLE
CHEZ LES TUBERCULEUX

INDICATIONS ET CONTRE-INDICATIONS QUI EN DÉCOULENT

Par le Dr JAQUEROD, de Leysin (Suisse).

—

L'étude de la tension artérielle dans les maladies a pris depuis quelques années, sous l'impulsion des travaux de Potain, Huchard et Teissier en France (pour ne citer que les plus connus), Von Basch, Gärtner et Riva-Rocci à l'étranger, une place des plus importantes dans la clinique.

En ce qui concerne la tuberculose pulmonaire spécialement, il existe déjà une vaste littérature sur ce sujet.

Il est aujourd'hui nettement établi que la tension artérielle chez les tuberculeux est sensiblement inférieure à la normale.

Cazes (1) et Marfan (2) ont été les premiers à signaler ce fait qui, dès lors, a été maintes fois confirmé. Potain (3) a recueilli sur ce sujet de nombreux documents d'une importance d'autant plus grande que toutes ses observations ont été prises par lui-même.

D'après lui, la tension artérielle prise à la radiale, chez l'homme sain de 20 à 30 ans, varie entre 15 et 18 cm. de mercure.

Chez les tuberculeux il a trouvé comme chiffres moyens :

     Au 1er degré..... 13,37.
     Au 2e degré...... 12
     Au 3e degré...... 11,3.

Cette hypotension artérielle, longuement étudiée par Papillon (4) et G. Reynaud (5) dans leur thèse inaugurale, s'observe parfois avant l'apparition de toute autre manifestation clinique de la maladie. Elle aurait donc la valeur d'un signe dianostique du début de très grande importance. Potain allait même jusqu'à formuler la règle suivante : « Tout sujet d'âge moyen chez lequel, sans maladie aiguë ni raison apparente de cachexie ou d'épuisement nerveux, la pression est inférieure à 14, doit être considéré comme suspect de tuberculose. »

Hâtons-nous de dire que cette règle comporte des exceptions, et qu'il est même des tuberculeux avérés chez lesquels la tension artérielle dépasse la normale.

(1) CAZES, La tension artérielle dans quelques états pathologiques. Thèse de Paris, 1889.
(2) MARFAN, De l'abaissement de la tension artérielle chez les tuberculeux. Société de biologie, 16 mai 1891.
(3) POTAIN, La pression artérielle chez l'homme à l'état normal et à l'état pathologique. Paris (Masson), 1902.
(4) PAPILLON, Thèse de Paris, 1899.
(5) G. REYNAUD, Thèse de Paris, 1901.

L'étude de la tension artérielle chez les tuberculeux peut donner aussi des indications pronostiques d'une certaine valeur. La tension se relève chez les tuberculeux qui s'améliorent ou qui guérissent, elle s'abaisse chez les tuberculeux dont l'état s'aggrave. Enfin, et c'est peut-être là le point le plus important de la question, l'étude de la tension artérielle peut donner des renseignements utiles au sujet des indications thérapeutiques dans le traitement de la tuberculose pulmonaire. Il n'est donc plus permis de négliger cette étude lorsqu'on veut s'occuper du traitement de la tuberculose pulmonaire.

Depuis deux ans nous avons pris systématiquement et très fréquemment la tension artérielle de tous nos tuberculeux. Nos observations ont porté sur un nombre d'environ 3oo malades, aux différents degrés de la maladie. Un certain nombre de ces malades ont été observés à la montagne et dans la plaine.

Nous ne voulons pas récapituler ici les nombreux chiffres recueillis au cours de nos observations, ce travail sera le sujet d'une thèse d'un de nos assistants. Nous nous bornerons à indiquer les conclusions les plus importantes auxquelles nos observations nous ont conduit et plus spécialement en ce qui concerne l'effet de l'altitude sur la tension artérielle chez les tuberculeux.

Après une étude comparative des différents appareils cliniques actuellement en usage, nous nous en sommes tenu exclusivement au sphygmomanomètre de Potain qui est non seulement un des plus simples, mais aussi des plus exacts, à condition que les mesures soient prises toujours avec le même instrument et par le même observateur. Après quelques semaines d'apprentissage chacun peut arriver, avec cet appareil, à obtenir des chiffres toujours identiques dans les mêmes conditions, mais il y a dans l'appréciation de la tension un facteur personnel qui ne permet pas d'établir des comparaisons rigoureusement exactes entre les chiffres recueillis par deux observateurs différents. Il ne faut donc attribuer aux chiffres qu'une valeur comparative et non une valeur absolue.

Nous n'insisterons pas sur les conditions indispensables dans lesquelles le malade doit toujours être placé pour que les résultats obtenus puissent avoir une valeur comparative. On trouvera d'amples renseignements sur ce sujet dans les ouvrages déjà cités auxquels nous pouvons encore ajouter l'excellent « Précis » de Georges Brouardel (1).

L'influence de l'altitude sur la tension artérielle chez l'homme sain a été étudiée par Potain à différentes reprises. D'une manière générale il a trouvé que la tension artérielle s'élève à mesure que la pression atmosphérique diminue et qu'elle s'abaisse, au contraire, quand la pression atmospherique augmente. Cet effet de la pression atmosphérique sur la tension artérielle est plus ou moins marqué d'un sujet à l'autre, mais toujours dans le sens indiqué. Pour une élévation de 3oo m. d'altitude, l'augmentation de la ten-

---

(1) G. BROUARDEL, Précis d'exploration clinique du cœur et des vaisseaux. Paris (Baillière), 1903.

sion artérielle chez 11 personnes a été en moyenne de 2 cm. d'Hg. Mais cette augmentation de la tension ne continue pas indéfiniment en proportion de l'élévation ; à partir d'un certain degré, la tension reste stationnaire. En outre, par le séjour prolongé à l'altitude la tension s'abaisse de nouveau et tend à se rapprocher de ce qu'elle était avant l'ascension. Nos observations chez les tuberculeux ont confirmé ces faits d'une manière générale. Toutefois nous avons trouvé que, par le séjour prolongé à l'altitude de 1400 m., la tension artérielle restait en général d'environ 1 cm. d'Hg. plus élevée que dans la plaine à 400 mètres. En outre, il est une catégorie de tuberculeux chez lesquels l'altitude tend à diminuer plutôt qu'à augmenter la tension artérielle ; nous y reviendrons tout à l'heure.

Cette augmentation de la tension artérielle résultant du séjour à l'altitude doit-elle être considérée comme un facteur favorable ou défavorable aux tuberculeux ?

Pour élucider cette question nous devons dire quelques mots des explications qui ont été données de ce phénomène.

Potain admet que cette augmentation de tension résulte des modifications qui se produisent dans les échanges respiratoires suivant la densité du milieu atmosphérique.

A l'altitude, l'acide carbonique de l'air étant à un degré de tension moindre que dans la plaine, la diffusion de l'acide carbonique du sang devient plus facile et son élimination plus complète ; de là proviendrait cette sensation de respiration plus aisée que l'on éprouve dans les climats élevés et qu'on traduit généralement par cette expression : l'air est plus léger. La descente de l'altitude dans la plaine provoque le phénomène inverse : l'acide carbonique s'accumule dans le sang et produit cette sensation d'étouffement modéré qui fait dire que l'air est plus lourd et qui n'est autre chose qu'un degré léger d'asphyxie. Or, il résulte d'expériences faites par Brown-Séquard que l'acide carbonique du sang provoque la contraction des petits vaisseaux. Par conséquent, « plus le sang se débarrasse complètement dans le poumon de son acide carbonique, moins les capillaires s'y contractent ; plus ils laissent libre passage au sang, plus librement celui-ci afflue aux cavités gauches et plus la pression s'élève dans le système aortique ; inversement, l'acide carbonique retenu retardant le cours du sang dans le poumon, abaisse d'autant la pression dans les artères (1) ».

L'altitude exercerait donc une influence décongestionnante sur le poumon. Nous savons qu'on entend dire couramment le contraire, et l'on cite à l'appui quelques faits impressionnants qui sont classiques dans tous les ouvrages de physiologie : des ouvriers, travaillant dans de l'air comprimé à plusieurs atmosphères, auraient eu des hémoptysies et des congestions pulmonaires en passant subitement de l'intérieur de la cloche pneumatique à l'air libre ; des aéronautes, parvenus à des altitudes invraisemblables, auraient vu le sang jaillir de leurs muqueuses.

(1) POTAIN. Ouvrage cité, page 85.

Mais quel rapprochement peut-on bien établir entre ces faits et le passage d'un climat bas à un climat d'altitude de 1.400 à 1.500 mètres, ce qui équivaut à une dépression barométrique d'environ 100 millimètres de mercure ?

Du reste, la clinique nous fournit un certain nombre de faits qui démontrent à l'évidence cette action décongestionnante du climat d'altitude sur le poumon.

Tous les médecins qui pratiquent à l'altitude ont remarqué avec quelle rapidité les phénomènes congestifs, qui accompagnent généralement les lésions pulmonaires, disparaissent à l'arrivée à la montagne. En peu de jours l'étendue du foyer malade paraît s'être sensiblement réduite par la disparition d'un certain nombre de bruits résultant de la congestion de voisinage autour des lésions spécifiques. La descente de la montagne dans la plaine produit le phénomène inverse ; les régions avoisinant le foyer malade se congestionnent de nouveau, et de nouveaux bruits réapparaissent. Citons à ce sujet la remarque suivante qui nous a été communiquée par notre éminent confrère le Dr Carrard, de Montreux, bien placé pour faire des observations sur cette question : souvent un malade quitte une station d'altitude avec un certificat de guérison, dont l'exactitude ne peut être mise en doute, constatant une respiration à peu près normale et l'absence absolue de bruits dans le foyer de l'ancienne lésion.

A l'arrivée dans la plaine on constate une respiration franchement rude et des crépitements alvéolaires ou même quelques râles humides très nets. Ces phénomènes proviennent simplement d'un afflux de sang plus considérable dans le poumon, et spécialement dans le foyer de l'ancienne lésion. Ces bruits ne sont du reste que passagers, car, au bout de 8 à 10 jours, ils disparaissent sans laisser de trace. Ces faits demandent à être connus, car ils peuvent amener certaines divergences de vues entre deux médecins pratiquant l'un à la montagne, l'autre dans la plaine.

L'altitude active donc et facilite le cours du sang dans les capillaires pulmonaires en même temps qu'elle exerce une influence tonique sur le système cardio-vasculaire des tuberculeux.

On a expliqué l'hypotension artérielle des tuberculeux en partie par l'insuffisance de développement du cœur, en partie par l'effet dépressif qu'exerce la toxine tuberculeuse sur le myocarde et l'ensemble du système artériel (1).

Il est inutile de dire que ce n'est pas en modifiant la sécrétion des toxines que l'arrivée à l'altitude augmente la tension artérielle chez les tuberculeux. Il s'agit là simplement d'un phénomène mécanique de compensation, d'une adaptation physiologique à un milieu nouveau. Néanmoins, cette influence est utile, car elle place la lésion pulmonaire dans des conditions plus favorables à la cicatrisation.

Nous ne contestons pas, toutefois, que dans certaines conditions l'alti-

---

(1) REGNAULT. *Le Cœur chez les Tuberculeux*, Paris (Baillière), 1899.

tude puisse occasionner des troubles congestifs chez les tuberculeux. Nous avons déjà signalé le fait que chez un certain nombre de malades l'altitude diminuait au lieu d'augmenter la tension artérielle.

Pour que la tension artérielle augmente il faut que le cœur soit en état de fournir un surcroît d'énergie. Si minime que cet effort paraisse il n'en est pas moins d'une réelle importance par le fait qu'il doit être constant et ininterrompu. Il arrive, par conséquent, que, chez certains malades, le myocarde trop affaibli ne peut fournir l'augmentation du travail qui lui est demandée pour que l'organisme puisse s'adapter aux conditions nouvelles créées par le climat. Dans ces conditions, le cœur peu à peu s'épuise, la tension artérielle au lieu d'augmenter diminue et des phénomènes de congestion passive peuvent apparaître dans le poumon qui vont parfois jusqu'à l'œdème pulmonaire. Quand un tel malade arrive à l'altitude, on parvient parfois, dès les premiers troubles de compensation, à éviter un œdème pulmonaire grave en le faisant redescendre dans la plaine. Les malades chez lesquels nous avons observé des troubles semblables étaient des malades déjà avancés, avec fièvre élevée et tension artérielle très faible.

Il est, par conséquent, contre-indiqué d'envoyer à la montagne les malades fébriles chez lesquels la tension artérielle est très basse dans la plaine.

Par contre, un malade, même à un degré avancé, supportera l'altitude si sa tension artérielle est relativement forte.

Chez les malades sans fièvre le cœur nous a toujours paru avoir assez de résistance pour supporter une altitude de 1.400 mètres, à part une exception que nous allons faire connaître.

En étudiant les chiffres recueillis au cours de nos observations, nous avons encore constaté que les tuberculeux qui sont sujets aux hémoptysies ont tous une tension artérielle très faible comparativement aux autres tuberculeux. On pouvait se demander si l'arrivée à l'altitude, en augmentant la tension, n'était pas capable d'occasionner des hémoptysies. Or, il n'en est rien. On ne voit pas d'hémoptysies se produire le jour d'arrivée à l'altitude alors que la tension artérielle est à son maximum d'augmentation. En outre nous avons toujours remarqué que, quand un tuberculeux perdait sa disposition aux hémoptysies, sa tension artérielle augmentait très notablement.

Le fait est facile à comprendre puisqu'il existe un rapport inverse entre la tension intra-pulmonaire et la tension dans le système aortique. Ce qui augmente à l'altitude c'est la tension dans le système aortique, tandis que la tension dans les vaisseaux pulmonaires diminue.

Nous pouvons donc dire que quand la tension artérielle augmente chez un tuberculeux, par le fait de son séjour à l'altitude (ce qui est la règle), il court moins de risque d'avoir des hémoptysies à la montagne que dans la plaine. Quelques faits cliniques viennent à l'appui de cette assertion : nous avons vu, peu de jours après le retour en plaine, des tuberculeux avoir des hémoptysies alors qu'ils n'en avaient jamais eu à la montagne et dans ces cas, la tension artérielle prise dans des conditions identiques a été trouvée de 1 à 2 centimètres d'Hg. inférieure à la plaine qu'à la montagne.

Par contre, lorsqu'un tuberculeux a des hémoptysies répétées à l'altitude, si sa tension artérielle reste très faible et ne présente aucune tendance à se relever, nous croyons qu'il y a avantage à le faire redescendre dans un climat plus bas, alors même qu'il n'aurait pas de fièvre.

Nous ne voulons pas dire par là que l'augmentation de la tension intra-pulmonaire soit la cause unique de toutes les hémoptysies, mais personne ne contestera l'importance très grande de ce facteur dans la production de cet accident.

Nous terminerons en disant quelques mots seulement de la fréquence du pouls que nous avons étudiée chez nos malades en même temps que la pression artérielle.

Faisans (1) a été un des premiers à attirer l'attention sur la valeur pronostique de la tachycardie bien connue des tuberculeux.

En règle générale, nous avons trouvé une corrélation très étroite entre la fréquence du pouls et la tension artérielle. La plupart des tuberculeux qui ont un pouls rapide ont une tension faible et vice versa : quand la tension est forte le pouls est relativement lent. Il s'agit encore là, à notre avis, d'un phénomène de compensation qui se rencontre dans tous les états pathologiques du cœur : le cœur augmente la fréquence de ses pulsations pour vicarier au manque d'énergie de ses contractions. Nous admettons volontiers que dans quelques cas exceptionnels il puisse y avoir d'autres causes à la production de la tachycardie des tuberculeux (compression du pneumogastrique par des ganglions, névrite toxique, etc.), mais nous croyons que c'est seulement en tant que la tachycardie est l'indice d'un affaiblissement du myocarde qu'elle a la valeur pronostique qu'on lui a attribuée.

En résumé, nous estimons que le cœur joue un rôle des plus importants dans le cours de l'évolution de la tuberculose pulmonaire et, à certains égards, on peut dire d'un phtisique qu'il vaut ce que vaut son myocarde.

DISCUSSION

Pʳ D'ESPINE (*de Genève*). — Le travail du Dr Jacquerod pose et précise scientifiquement des *indications* et *contre-indications* de la cure d'altitude en étudiant les modifications de la tension artérielle. Il serait important de faire un travail analogue dans les autres stations importantes pour guérir la tuberculose, et en particulier dans les stations à forte pression, telles que les stations maritimes.

Le Dʳ DE BATZ désirerait que l'on pût savoir approximativement la pression artérielle existant chez les tuberculeux observés.

Dʳ LALESQUE. — Le travail de M. Jaquerod est des plus intéressants, car

(1) FAISANS, De la tachycardie chez les tuberculeux. *Semaine médicale* du 13 juillet 1890.

il a un côté pratique incontestable. Nous savions que l'altitude ne convient pas aux tuberculeux cardiaques; mais il n'est pas toujours facile de savoir, même avec une auscultation attentive, l'état du myocarde. L'étude de la pression nous donne des indications plus précises; c'est tout bénéfice pour le malade — bien entendu — mais aussi pour la climatothérapie.

Pr RENAUT. — Je ferai remarquer que Marey, Lorain, Chauveau, ont insisté avec raison sur l'impossibilité absolue de déterminer la tension artérielle, sur l'animal vivant, à l'aide des sphygmomanomètres. Il est en effet aisé de démontrer que jamais ces instruments ne donnent, maniés par les divers observateurs, d'indications concordantes. Le coefficient de l'erreur personnelle est donc ici considérable, et il est absolument impossible de compter sur la méthode pour acquérir des documents positifs sur la tension artérielle.

Je me crois forcé, en tant qu'ancien élève de Marey, à rappeler cela de temps en temps, et de faire observer que, nul sphygmomanomètre n'étant parfait ni capable, comme le sont les véritables instruments enregistreurs du mouvement, de donner entre toutes les mains les mêmes résultats, il y a lieu de ne faire aucune conclusion ferme issue des observations sphyg-momanométriques.

Dr M. CAZAUX. — A mon avis, la plupart des tuberculeux fébricitants ne retirent pas grand profit du séjour en haute altitude au-dessus de 1.200 m. M. Jacquerod nous a dit qu'une certaine catégorie de ces malades voyaient leur fièvre diminuer à Leysin.

Sur le point de savoir si cette dernière catégorie pourrait être déterminée par le degré plus ou moins élevé de la tension artérielle, il convient que la question est des plus difficiles et que les tuberculeux sont, en très grande majorité, des hypotendus.

On ne peut donc pas tirer de la tension vasculaire une indication ou une contre-indication des grandes altitudes pour les phtisiques à réaction fébrile prononcée; et, comme il n'y a, par ailleurs, aucun signe important qui puisse guider le praticien, le mieux sera de laisser ce groupe de malades séjourner soit dans la plaine, soit dans les altitudes intermédiaires (400 à 1.200 m.); l'expérience nous a prouvé qu'ils s'améliorent de façon notable dans les stations de montagne de 800 m. environ.

La séance est ouverte à 9 heures
sous la Présidence du PROFESSEUR RENAUT

LES PRÉTUBERCULEUX ET LES TUBERCULEUX

EN CURE FORESTIÈRE ET MARINE

Rapport par le Docteur Louis GUINON, de Paris

Médecin de l'Hôpital Trousseau

Le corps médical d'Arcachon, qui compte tant d'observateurs avertis et d'écrivains distingués, aurait facilement trouvé parmi ses membres un rapporteur qui, mieux que moi, aurait su dire les mérites et les moyens d'application de la cure marine et forestière. Puisqu'on m'a confié cette tâche, je m'efforcerai d'y apporter l'effort d'une critique attentive, tempérée par la reconnaissance que je conserve à Arcachon pour les nombreux et remarquables résultats que m'a donnés ce climat.

J'étudierai successivement :

1º Les indications générales du climat marin dans la thérapeutique antituberculeuse ;

2º Les caractères du climat marin atlantique ;

3º Ceux du climat marin d'Arcachon ;

4º Les indications particulières de la cure marine et forestière successivement contre la prétuberculose et contre la tuberculose déclarée ;

5º Les modes et les procédés d'application de cette cure ; enfin ses résultats.

I

La Mer en thérapeutique antituberculeuse

C'est chose remarquable que cette question, vieille comme l'histoire de la phtisie elle-même, soit encore tellement discutée qu'à l'heure actuelle les opinions les plus diamétralement opposées sont émises à son sujet.

Pendant longtemps l'action curative de la mer fut admise sans conteste et Laënnec la considérait comme démontrée. Mais la conscience médicale fut très troublée par le mémoire de Jules Rochard (1856) qui montra la fréquence et la gravité de la tuberculose dans le personnel de la flotte. Se basant sur des faits analogues, on vit Johnson, Copland, Foussagrives, Le Roy de Méricourt, Bergeron, prendre parti contre la cure marine ; pendant que, en Angleterre,

Maclaren, Faber, William's, Lindsay publiaient au contraire des documents favorables.

En France, après une longue période d'obscurité et de tâtonnements, la question s'est précisée de plus en plus; grâce aux Congrès de thalassothérapie de Boulogne, Ostende et Biarritz, on commence à voir clair dans cette question. Enfin, le remarquable et tout récent livre de Lalesque, qui réunit tous ces documents, est un plaidoyer en beaucoup de points convaincant de l'efficacité de la cure marine, mais surtout de la cure atlantique mitigée par la forêt.

Malgré cela, à l'heure actuelle encore, l'étude qu'on nous propose n'est pas superflue, car la lecture des comptes rendus des congrès comme des publications les plus récentes ne montrent que contradictions.

En faveur de la cure marine, on a cherché des arguments dans l'immunité que présenteraient les côtes à l'égard de la phtisie. Tandis que les médecins, qui observent dans une population de pêcheurs robustes, relativement sobres, vivant à l'air et souvent au large, rencontrent rarement la tuberculose dans leur clientèle, au contraire, les médecins de la flotte ou de la marine marchande, observant dans un milieu où l'encombrement et les promiscuités de l'entrepont, sans compter l'alcoolisme, facilitent et propagent la tuberculose, voient la fréquence extrême et la gravité de la maladie dans cette population spéciale. De même parmi les habitants misérables des petites villes bretonnes et des grandes villes côtières, la tuberculose abonde, et les médecins qui y exercent sont ainsi conduits à nier l'influence thérapeutique de la mer.

Mais ce n'est pas seulement dans le terrain d'études que gît la cause de ces contradictions.

A ce point de vue rien n'est instructif et décevant à la fois comme le referendum qu'entreprirent en 1902, dans la *Revue de la Tuberculose infantile*, Derecq et Barbier, à la requête de Viaud (de Coutainville) sur la cure marine de la tuberculose. Dans ces réponses, dont les origines si diverses et l'actualité immédiate font l'intérêt, on ne trouve que contradictions : non seulement les observateurs, sur une même côte, opposent des opinions différentes, mais dans une même région, dans une même station, on voit affirmer avec la même netteté la guérison possible et l'aggravation inévitable.

Contradictions plus apparentes que réelles; car elles tiennent: 1º à ce qu'on attend de la mer plus qu'elle ne peut donner, en lui demandant à la fois l'immunité et l'action spécifique; 2º à ce qu'on l'accuse de dangers ou tout au moins d'inconvénients qui, bien que réels dans certaines régions, sont tous plus ou moins évitables.

CLIMATS D'IMMUNITÉ ET CLIMATS SPÉCIFIQUES

On en est encore à chercher des *climats d'immunité*, et c'est par l'immunité que l'on veut expliquer l'heureuse action de certaines régions sur la tuberculose.

Cette conception, relativement récente, a été surtout développée et mise en saillie par les fondateurs de stations, plus particulièrement par les fondateurs de sanatoriums. On l'appliqua à l'altitude, et on veut l'appliquer à la mer; elle est devenue maintenant une banalité de prospectus pour stations climatiques.

Et cependant les cures climatiques n'ont rien à gagner à ces dithyrambes qui leur attribuent toutes les qualités, car l'analyse des faits ne répond pas à ces promesses. Il n'y a pas d'immunité locale ou topographique. Si, au bord de la mer où sur une haute montagne, la phtisie paraît moins fréquente, c'est que « la population y est plus disséminée et l'air plus pur en raison du peu de densité de celle-ci » (Marfan). En d'autres termes, l'immunité cesse là où apparaît un phtisique. La phtisie est de tous les temps, de tous les climats, de toutes les altitudes ; elle apparaît là où se crée l'encombrement. On l'a prouvé pour la montagne ; on peut le prouver tous les jours pour la mer, où les populations, mal nourries, mal logées et trop denses, sont aussi tuberculeuses que les autres.

Ne cherchons donc pas dans l'immunité d'un climat le secret de son action sur la tuberculose pulmonaire.

Il n'y a pas plus de *climats spécifiques* qu'il n'y a de climats d'immunité. Il fut un temps où le littoral méditerranéen était considéré comme spécifique contre la tuberculose (Bardet et Klein). Par un revirement dans lequel l'esprit commercial joua peut-être un trop grand rôle, ce fut ensuite la montagne ; et les résultats incontestables qu'elle donnait contribuèrent à jeter le discrédit sur la mer, jusqu'au jour où l'on reconnut que cette supériorité apparente tenait uniquement à la mise en pratique de la méthode de Brœhmer et Dettweiler.

Dès ce moment, on voulut prouver que la cure de la tuberculose n'avait pas besoin d'un climat spécial, qu'on pouvait la conduire utilement partout. Cette réaction était utile, en ce sens qu'elle libérait médecins et malades d'une tradition trop exclusive, qui attendait tout du climat et ne se souciait pas assez de la manière de s'en servir. Elle montrait qu'une hygiène sévère, une technique bien appliquée, sont nécessaires pour tirer d'un climat le maximum d'effets ; mais pour utile qu'elle fût, cette réaction dépassait le but et on le vit bien quand éclata avec une évidence menaçante la campagne des médecins allemands au Congrès de Moscou ; c'était la négation même de la climathérapie ; c'était par là même le déni de justice le plus impudent à l'égard de nos admirables stations françaises.

Oui il n'y a pas de bon climat pour la tuberculose sans l'application d'une hygiène et d'une méthode appropriées, mais combien les résultats sont plus faciles à obtenir quand on dispose d'un climat plus tempéré.

Ce qu'on demande pour la cure de tuberculose, c'est un air pur, un sol sec, une insolation prolongée, de faibles oscillations de température. Ce sont justement là les qualités que réalisent certaines régions participant du climat marin.

C'est pour n'avoir pas envisagé la question sous ce jour que l'on n'arrive pas à s'entendre sur la valeur de la climathérapie marine.

Si donc je dénie l'action spécifique aussi bien au climat marin qu'à tout autre, je m'efforcerai de montrer au contraire les propriétés curatives qu'il prodigue à qui sait s'en servir.

INCONVÉNIENTS OU DANGERS DU CLIMAT MARIN

1º *Inconvénients généraux.*

On reproche cependant au climat côtier la brutalité de ses manifestations telles que le vent, la luminosité, l'humidité, les refroidissements brusques, les variations barométriques, la contiguité de deux milieux dont la capacité d'absorption et de réflexion et la conductibilité calorique inégales créent un échange de courants préjudiciables à un grand nombre de malades (Manquat).

Nous verrons, en étudiant le climat marin dans ses éléments et ses effets, que ces reproches ne sauraient s'étendre à toutes les côtes et *qu'il y a des régions où cela est moins à craindre.*

2o *Accidents que provoquerait la mer chez les tuberculeux.*

a) Aggravation générale de la tuberculose pulmonaire. Ainsi l'ont vu nombre de médecins autorisés de stations maritimes connues (Pascalin à Saint-Pol, Aigre à Boulogne, Viaud à Coutainville, Gaboriaud à Groix, G. Drouineau à la Rochelle, A. Drouineau à Ré, Darboust au Boucau). En tous ces points, la tuberculose marche plus vite qu'ailleurs, au point qu'on est parfois obligé d'envoyer les malades dans les terres. C'est un peu aussi l'opinion de la majorité des médecins de Biarritz (Gutierrez, Laborde, Lavergne, Legrand, Labit). Mais une remarque s'impose immédiatement : cela se voit surtout chez les malades importés, et quelques voix dissidentes viennent affirmer que cette prétendue nocivité est très atténuée et même annulée si on impose une hygiène sévère à ces malades, si, en un mot, on leur applique la cure de repos — c'est l'opinion de Lalesque — ou si on tempère par l'habitat les inconvénients qui résultent de la violence du vent, et — disent quelques-uns — de l'action irritante du sel contenu dans l'air marin (Bagot, Fistié, à Roscoff, Lostalot, Long-Savigny, à Biarritz).

Il n'en reste pas moins ce fait *qu'il y a des stations marines où la mer est trop rude, le vent trop vif, l'air trop excitant pour convenir à la cure de la tuberculose* (1).

b) La mer produirait la *fièvre* (Cazin de Berck, Monteuuis de Dunkerque, van Merris) ; elle exciterait la *toux*, provoquerait des *congestions pulmonaires* et des *hémoptysies.* Pour les tuberculeux, il est facile de démontrer, — et les résultats que l'on obtient à Arcachon le prouvent suffisamment — que la fièvre peut être évitée par une hygiène sévère, une règle de cure bien conduite. Pour ce qui est de la toux, la mer, loin de l'exciter, la calme presque toujours ; quant aux congestions pulmonaires, aux hémoptysies, nous verrons qu'elles sont généralement le fait d'erreurs d'hygiène, de fatigue, d'exposition au soleil (Lalesque), d'un vent exagérément sec, comme le vent de nord-ouest du littoral méditerranéen (Daremberg).

c) Toutefois, si, quittant le terrain trop complexe de la tuberculose, on étudie les effets du climat marin chez l'enfant non tuberculeux par exemple, on voit que quelques-uns des reproches qu'on a faits à la mer sont fondés.

Ce n'est pas sans raison que Jules Simon, Monteuuis, Lagrange et tous ceux qui ont observé avec soin les effets de l'acclimatement marin, ont recommandé la prudence dans l'usage de ce climat. Il est certain que dans les tout premiers temps de séjour à la mer, on voit souvent survenir chez de jeunes sujets de l'*agitation nocturne,* de la *fièvre.* Au bout de quelques jours, ce sont des *troubles gastriques* plus ou moins prolongés, et si la saison se prolonge, de

---

(1) Des faits que je n'ose signaler, parce qu'ils ne sont pas assez nombreux pour donner la certitude, me font croire que le séjour à la mer, dans nos climats trop rudes, peut chez un prédisposé éveiller la méningite tuberculeuse.

l'amaigrissement et un *énervement persistant*. Est-ce à dire qu'il existe, comme on l'a affirmé, une *fièvre marine ?* Assurément non ; cette fièvre n'a rien de spécifique : c'est une des multiples formes de la « fièvre nerveuse » que produisent chez certains sujets particulièrement excitables toutes les causes d'excitation. Si elle est plus fréquente, plus évidente à la mer, c'est que le vent, le sable, la vague, le soleil éblouissant conspirent pour surexciter le système nerveux.

Lagrange, observant chez l'adulte, décrit un état de « faiblesse irritable », un état momentané de « neurasthénie », accidents dans lesquels il voit l'effet d'une fatigue, d'un vrai surmenage, résultat de l'intensité et de la continuité des excitations visuelles, cutanées et auditives de la mer. Lalesque, qui discute avec ardeur ces opinions, n'a pas de peine à montrer qu'on ne les observe jamais à Arcachon.

Le secret de ces opinions divergentes est tout entier dans leurs origines, les médecins jugeant par les résultats de la station qu'ils habitent ou par le terrain clinique dans lequel ils observent.

Il en est un peu de ces inconvénients de la mer comme des accidents de dentition : c'est une question d'espèce, on ne les voit jamais chez des sujets sains ou exempts de tares héréditaires, on les rencontre chez d'autres, pour peu qu'ils soient névropathes. Ils se manifestent dans les stations exposées aux vents violents, comme certaines plages du Nord ou de la Manche, ils manquent complètement dans les stations privilégiées comme Dinard, comme Arcachon, comme nombre de plages de Bretagne, où le vent, la vague, le soleil, le sable, excitants du système nerveux, sont modérés dans leurs effets par telle ou telle disposition locale.

Quand Lalesque dit qu'il n'a jamais vu des effets de fatigue, d'énervement d'insomnie que d'autres attribuent à la mer, rappelons-nous qu'il observe au bord du bassin d'Arcachon, où le vent est apaisé, où la vague est généralement douce, où les nuances de l'eau n'ont jamais l'éclat ni la monotonie de la Méditerranée, où le soleil, tamisé par une vapeur imperceptible mais constante, n'atteint pas, — en période médicale, s'entend, — un éclat excessif. Et si Lagrange décrit des états de fatigue, c'est qu'il a observé sur le littoral plus excitant de la Manche ou du Nord.

En fait, ces accidents, ou pour mieux dire ces inconvénients, ne sont pas un danger parce qu'ils ne s'observent que dans certaines régions, plus exactement sur certaines plages, et qu'ils résultent d'un acclimatement mal conduit. Ils disparaissent immédiatement par l'éloignement de la plage, par la protection à l'égard du vent, par le choix des heures de sortie, en un mot par l'application d'une notion essentiellement médicale : la *posologie*, c'est-à-dire la graduation des doses suivant l'âge et suivant l'individu. Et on peut toujours les éviter, soit en désignant au malade une région convenable, soit en choisissant dans la région indiquée des zones graduées dans leur intensité comme dans leurs effets, suivant leur distance à la côte.

La conclusion de tout cela, c'est que *la mer n'est pas une* : il y a un climat marin comme il y a un climat continental, c'est-à-dire des caractères fondamentaux communs à toutes les régions maritimes ; mais, de même qu'en climat continental, la plaine, la vallée, la colline, offrent des différences importantes, de même nos côtes de France offrent une variété infinie.

L'étude climatique des multiples stations des côtes ouest de la France n'est encore qu'ébauchée; mais c'est déjà une banalité de dire qu'aucune comparaison n'est possible entre les plages du Nord, de la Manche, de la Bretagne et de la Gascogne. La latitude, le voisinage des courants marins, l'influence dominante de tels ou tels vents créent déjà des différences profondes, mais on conçoit facilement que les caractères climatiques dans une même région soient profondément modifiés par les échancrures de la côte, par la présence de falaises, dunes ou rochers, de forêts, par l'orientation enfin.

Gandy, Dutrouleau, Legrand, Long-Savigny ont bien montré les différences que peuvent présenter des stations géographiquement voisines, et je trouve fort juste cette remarque de Roux (de Vannes) que la nature et les qualités des stations en Bretagne varient d'un kilomètre à l'autre, du moins de Penmarc'h à Noirmoutiers; et dans le golfe de Gascogne même, quelle différence entre Cap-Breton, le Boucau, Biarritz d'une part, Arcachon et Hendaye de l'autre !

Bien mieux, dans une même station, on peut trouver des variétés utilisables, et c'est avec juste raison que Vidal a parlé des climats d'Hyères. Ici même, nous verrons quel remarquable parti on a su tirer de cette notion des zones.

Et ceci nous conduit à la solution.

Pour le tuberculeux, *nous ne pouvons admettre comme facteur thérapeutique la mer seule, dans toute sa force, dans toute sa brutalité.*

Aux revendications de quelques médecins pour les plages du Nord, nous répondrons nettement : Non ! On y a vu des tuberculeux guérir, c'est possible; il y en a qui guérissent partout, malgré tout. Mais ce n'est pas là une base pour une méthode thérapeutique. On nous dit qu'avec des précautions on peut réaliser les éléments de la cure; mais pourquoi choisir un climat inhospitalier, alors que tant de stations offrent des avantages réels sans ces inconvénients? Nous chercherons donc ailleurs.

Ce qu'il faut aux tuberculeux c'est le climat marin atténué.

Qu'est-ce que l'atténuation?

L'atténuation résulte : 1º d'une latitude plus faible; 2º de certaines dispositions locales.

1º La *latitude*, nous l'avons vu tout à l'heure, est un élément infidèle de jugement, car, alors que les médecins de Biarritz, du Boucau, récusent leurs plages dans le traitement de la tuberculose, certaines stations de Bretagne ou de Vendée, Trégastel, Portrieux, Saint-Quay, Roscoff pendant l'été, Dinard, et peut-être la Baule, Saint-Trojan pendant toute l'année, conviendraient à la cure.

2º L'atténuation par les *dispositions locales* offre plus de sécurité et de stabilité. S'il est une vérité démontrée, c'est que le pire ennemi du tuberculeux c'est le vent; il augmente l'évaporation cutanée et refroidit les téguments; il empêche de respirer et provoque la toux. Ce fut toujours la préoccupation dominante des fondateurs de sanatoriums d'éviter le vent en adossant leurs établissements à des protecteurs naturels, tels que la montagne et surtout la forêt. La *montagne*, protecteur insuffisant ou infidèle parce que, si elle coupe le vent, elle lui sert quelquefois aussi de directrice, permettant les courants descendants et tournants souvent redoutables, car ils rasent le sol. La *forêt*, l'écran par excellence, parce qu'elle accroche, retient et brise le courant.

L'atténuation se manifeste encore par la diminution de la violence du flot; elle est réalisée par l'existence d'*échancrures plus ou moins profondes de la côte*, telles que baies, criques ou, mieux que cela, bassin profond.

Voilà les conditions qui, d'un élément dangereux, font un élément maniable et un climat de choix.

Ces conditions sont, il est vrai, rarement réalisées. En tout cas elles le sont à leur maximum dans la région où nous sommes, à Arcachon. Nulle part on ne voit aussi bien l'association intime et profonde de l'élément actif et de l'élément protecteur, je veux dire : la mer et la forêt.

II

Climat marin.

Le climat se compose :

A. *D'éléments météorologiques ou atmosphériques* qui sont : la température, l'humidité ou état hygrométrique, la pression barométrique, le régime des vents, la composition de l'air et la luminosité.

B. *D'éléments telluriques*, caractères locaux qui modifient puissamment les premiers.

Il ne sera question ici que du climat atlantique. Comme l'a montré Lalesque, des différences profondes le séparent du climat méditerranéen; la direction dominante des vents et l'hygrométrie leur donnent des caractères tout à fait différents et une action physiologique parfois inverse. Se basant sur ces différences, Lalesque va même jusqu'à refuser au littoral méditerranéen le caractère de climat marin. Il y a là quelque exagération ; tout ce qu'on peut dire, c'est que c'est un climat marin à sa façon.

A. Eléments météorologiques

1o *Température*. — La température n'a pas l'importance que beaucoup lui donnent dans l'appréciation d'un climat. La moyenne thermique n'est pas davantage un critérium de sa valeur thérapeutique. Ce qui est plus important, c'est l'amplitude des variations thermiques, et surtout des variations quotidiennes.

A ce point de vue, la dominante du climat marin est la stabilité thermique. Cette stabilité est due « à l'action régulatrice de l'Océan qui restitue à l'atmosphère pendant la nuit et pendant l'hiver la chaleur qu'il accumule pendant le jour et pendant l'été », et aussi à la direction dominante des vents venant de l'Ouest; cette action régulatrice est d'autant plus nette que le contact des côtes et de la mer est plus intime, ce que réalisent les profondes échancrures de la côte.

Cette influence ne s'étend pas loin dans les terres ; par exemple dans la région où nous sommes l'amplitude moyenne diurne de la température de Pau dépasse déjà de 3o34 celle d'Arcachon, qui est de 9o56.

On conçoit très bien l'importance de ces faibles oscillations et surtout de l'absence de variations brusques, conditions qui évitent les condensations subites de vapeur et les refroidissements qui en résultent.

2º *Humidité ou état hygrométrique.* — L'état hygrométrique ou humidité relative est mesuré par le rapport du poids de vapeur contenue dans un certain volume d'air au poids maximum que cet air pourrait contenir à la même température. Cette humidité relative atteint sur le littoral atlantique 70 à 90 0/0. Les chiffres de 70 à 80 limitent ce que Jaccoud et Arnould considèrent comme l'*humidité désirable* parce qu'elle diminue la tendance au refroidissement des voies respiratoires et de la peau; et que, d'autre part, la trop grande sécheresse de l'air provoque la toux et souvent favorise l'hémoptysie.

L'humidité se manifeste sous deux formes: l'abondance des *vapeurs* invisibles ou visibles (brouillards), et l'abondance des *pluies*.

La vapeur en suspension, le plus souvent invisible, a un rôle utile; elle contribue en effet à maintenir la stabilité thermique, le jour en modérant l'action des rayons caloriques, la nuit en retenant partiellement le rayonnement terrestre. Elle empêche ainsi les refroidissements brusques qui se produisent dans quelques pays lorsque le soleil baisse à l'horizon.

L'humidité est profondément modifiée par la nature du sol. Un sol sablonneux, un terrain incliné la diminuent beaucoup (Lauth).

Un des inconvénients de l'humidité forte est la fréquence relative du brouillard sur les côtes; toutefois cet inconvénient est atténué par la pureté de l'air et l'absence de corpuscules en suspension.

La troisième forme de l'humidité est la pluie. Bien que sur le littoral atlantique elle diminue à mesure qu'on descend vers le Sud, elle est encore sur le golfe de Gascogne très fréquente et abondante en décembre et janvier. Il est d'ailleurs démontré météorologiquement que, sur toute la côte atlantique et dans les régions avoisinantes de la Gironde et des Landes, existe un régime très net de pluies particulièrement nocturnes.

3º *De la pression barométrique* à la mer, peu de chose à dire. On lui a cependant attribué une grande importance parce qu'elle est maxima. Au point de vue curatif, cependant, je ne le crois pas.

Pour qui sait avec quelle rapidité l'organisme s'adapte aux plus hautes altitudes s'il y arrive sans effort et sans surmenage; il est probable que les minimes différences auxquelles sont soumis en arrivant à la mer des malades qui viennent pour la plupart d'une région moyenne de 30 à 100 mètres d'altitude, ne doivent pas impressionner beaucoup leur organisme.

Toutefois la pression forte paraît augmenter l'amplitude de la respiration et faciliter la pénétration de l'air, d'où activité plus grande de la circulation d'air et de la circulation sanguine. Les malades n'ont pas à faire l'effort d'adaptation qu'exige la montagne. Il en résulte que les tuberculeux cardiaques ou emphysémateux ou asthmatiques s'acclimatent vite et tolèrent bien le climat côtier.

A la pression maxima, on a attribué l'hématose plus facile, l'augmentation d'hémoglobine (Badoloni) des globules sanguins (Cazin, Dhourdin, Marcou-Mützner), l'augmentation du diamètre thoracique. Mais tout cela est l'effet banal de tout changement d'air favorable.

Les médecins ont tendance à attribuer à l'action spécifique de leur station les effets physiologiques qui résultent seulement de la suppression des conditions malsaines d'existence et de l'action de l'air pur. Ce sont précisément les résultats ci-dessus que nous observons à la suite de tout séjour de vacances à la campagne ou ailleurs.

4° *Vents.* — Le régime dominant est celui des vents d'ouest; ils apportent à la côte les vapeurs marines et augmentent ainsi l'état hygrométrique.

Ce sont eux qui donnent à la côte atlantique sa caractéristique; ce sont eux qui constituent le vrai climat marin. Sur notre littoral méditerranéen, la dominante des vents étant le Nord-Ouest, l'influence marine y est moindre puisque ce vent vient de la terre. J'ai dit plus haut les dangers du vent; toutefois les deux caractères qui rendent le vent nuisible sont la force et la sécheresse. Sur la côte atlantique, et particulièrement sur le golfe de Gascogne, ce second caractère manque, ce qui explique, semble-t-il, l'absence d'action congestive ou excitante.

5° *Composition de l'air, luminosité.* — L'air marin est *plus pur*, c'est-à-dire plus pauvre en microorganismes et en poussières, surtout quand il souffle du large, plus chargé en *ozone*. L'abondance de ce gaz paraît résulter du passage des vents sur l'Océan; l'évaporation sur une énorme surface met en liberté l'oxygène naissant qui, sous l'influence de l'électricité donne de l'ozone.

L'air marin contient encore du *sel*, mais en petite quantité. Il y a toute une littérature sur la présence du sel dans l'air du littoral, et sur son action thérapeutique. Il est bien démontré maintenant que sa présence est inconstante et ses proportions variables suivant la distance à la plage et suivant la direction et la violence du vent. Par tempête, sur une plage nue comme Biarritz, le sel peut être emporté à 300,500 mètres (Claisse); mais par temps calme et sur une plage douce comme celle d'Arcachon, il fait défaut à quelques mètres de la mer (Duphil).

L'*iode* est aussi en minime quantité et apparaît seulement dans les mêmes conditions.

Il est difficile de démêler quelle est exactement l'action de ces éléments dans la cure marine. On a rapporté au chlorure de sodium, à son absorption par les muqueuses et même par les poumons, toute l'action modificatrice de l'air marin, et même certains accidents comme l'hémoptysie (Legrand, Lavergne, Claisse); on lui a refusé toute action thérapeutique, soit parce qu'il y en a trop peu dans l'air, soit parce que son absorption est très contestable.

Nous n'en sommes pas encore, comme on le voit, à la période de certitude. Comment peut-on dégager l'action du chlorure de sodium (aussi bien que celle des iodures, des bromures) de l'influence générale de la mer? Tout ce que l'on peut admettre, c'est que l'action prolongée, continue, de ces éléments, malgré leurs minimes proportions, ne doit pas être indifférente. En tout cas, ce n'est qu'indirectement qu'ils peuvent influencer la tuberculose en modifiant le terrain.

Je crois beaucoup plus importante l'action de la luminosité exceptionnelle qui résulte de la réfraction par l'eau et qui est un élément de bien-être et de tonicité. Malgat, Gilli (de Nice) ont montré le parti qu'on peut tirer de l'ensoleillement méditerranéen dans la cure de la tuberculose.

III

Le climat d'Arcachon

ÉLÉMENTS TELLURIQUES

Etant donnés les caractères du climat marin que je viens d'exposer en peu de mots, voyons comment ils sont modifiés par les conditions locales ou telluriques que nous offre la côte de Gascogne, particulièrement la région d'Arcachon.

Ici, plus qu'ailleurs, la température est stable, et cela s'explique facilement par la pénétration intime de la côte et de la mer et l'immense surface du bassin, et aussi par la température normalement plus élevée des couches supérieures de l'océan au large des côtes de Gascogne (Hautreux).

Je pense, comme tout le monde maintenant, que le froid n'est nullement un élément fâcheux, mais qu'il y a intérêt à éviter aux malades les sauts brusques de température dans une même journée. Ils sont rares dans cette région.

Le degré hygrométrique (60 à 80 p. 100) de cette station se rapproche de la moyenne utile indiquée par Arnould et Jaccoud. Il varie d'ailleurs dans la journée en petite proportion. Il présente une seule oscillation diurne, c'est-à-dire un seul maximum et un seul minimum ; le minimum aux environs du lever du soleil, ce qui s'explique parce qu'à ce moment la température est au plus bas ; il atteint son maximum, particulièrement à Arcachon, vers 1 h. ou 2 heures de l'après-midi, et y reste pendant deux ou trois heures qui correspondent justement aux heures de sortie des malades, c'est-à-dire à la période médicale (Lalesque).

Pendant l'hiver, les pluies sont relativement abondantes, particulièrement en décembre et janvier. Cette humidité, qui paraît considérable, est corrigée par les conditions locales. On a fait justement remarquer que ce qui est défavorable en climathérapie, c'est l'humidité du sol et non celle de l'air. C'est ainsi que, malgré la douceur de son hiver, la Bretagne est peu recommandable à cette époque, parce que l'humidité y est rendue excessive par un sol granitique, peu perméable (Dechamp).

Dans la région d'Arcachon, au contraire, elle est atténuée par la perméabilité du sol. Le sol ici c'est la dune, cet amas extraordinaire de sable dont la profondeur minima dépasse 50 mètres, la dune dont la marche envahissante pendant des siècles a été arrêtée et fixée par les plantations de Brémontier, la dune qui, d'élément destructeur et stérilisant, est devenue élément de protection et d'assainissement, et cela, grâce à la forêt.

La forêt, voilà l'autre élément qui modifie le climat et se mêle si intimement à l'influence marine qu'il est devenu avec elle l'élément fondamental de la cure.

On connaît le rôle de la forêt en général, et j'y ai déjà insisté. Elle protège contre le vent qu'elle retient, brise et atténue ; elle modère le froid et la chaleur, tamise le soleil et égalise la température. Mais à ce rôle banal s'ajoutent ici les propriétés toutes spéciales de l'essence qui la constitue : le pin maritime. D'abord il échappe à un inconvénient des autres essences : l'humidité ;

par son feuillage spécial il laisse passer assez de soleil pour permettre l'assèchement du sol ; par ses racines pivotantes, il draine le sol et le sous-sol ; par ses débris qui forment une couche sans consistance, il évite le feutrage absorbant, propre aux dessous de bois ; enfin, par ses sécrétions il modifie la composition de l'air. Quand, au printemps, la résine s'écoule abondante par les entailles pratiquées aux troncs des pins, des vapeurs térébenthinées se répandent dans l'air.

L'action de la térébenthine est trop connue pour que j'y insiste ; c'est une vieille notion que la térébenthine, quelle que soit la voie d'absorption, agit sur la sécrétion muqueuse, et sans tirer argument de l'immunité des résiniers indigènes qui récoltent la résine dans la forêt (Hameau), on doit admettre que cette substance joue un rôle utile, tout en regrettant qu'elle n'agisse pas toute l'année, car, pendant l'hiver, l'évaporation en est négligeable.

Enfin, c'est encore au pin et à ses produits que l'on peut rapporter l'abondance remarquable d'ozone dans l'air de la forêt. Les patientes et remarquables recherches de M. Duphil prouvent que l'air de la forêt est plus riche en ozone que l'air de la plage et d'autant plus qu'on y pénètre plus profondément, plus riche aussi quand la forêt est en exploitation et que la résine s'écoule ; qu'il augmente par la chaleur et l'humidité, par les vents d'ouest qui l'élèvent à 6 milligrammes par 100 mètres cubes sur la plage et davantage en forêt. Cet apport vient de l'évaporation de l'Océan et des effluves électriques qui accompagnent les vents d'ouest. Les vents du sud qui ont passé sur l'immense étendue de la forêt côtière augmentent encore cette proportion, à 6,690 sur la plage et 8 milligr. en forêt.

J'ignore les propriétés physiologiques de l'ozone à pareille dose, et je crois que personne ne peut rien affirmer à son sujet. Casse le croit très excitant, susceptible même d'irriter les muqueuses chez les non acclimatés et, pour un peu, il lui rapporterait toute l'action modificatrice de la mer. Robin et Binet lui attribuent aussi avec quelque réserve un pouvoir excitant. D'autres pensent qu'il agit comme calmant (Hayem et les médecins d'Arcachon). Mais, ce que je sais, c'est qu'il a une action calmante sur les quintes de coqueluche lorsqu'il est absorbé à hautes doses (1/10 de milligramme par litre d'air pour Labbé), que son action microbienne s'exerce dans l'air quand il atteint la proportion de 1/300,000 ; ce que je sais, c'est qu'il est rare dans les villes, moins rare dans la campagne, plus abondant dans la montagne, en un mot, qu'il est synonyme de pureté de l'air. De même, j'admets encore qu'apporté avec les vapeurs térébenthinées comme véhicule, il peut avoir une action sur les muqueuses et même sur les globules sanguins et par cette voie réaliser une action thérapeutique.

En sorte qu'on peut dire avec Lalesque que « la forêt de pins, agent de préservation contre les vents, agent régulateur de la température et de l'humidité, agent d'assainissement, agent purificateur de l'air », est aussi « agent curateur ».

Le calme et la disposition abritée de la station font prévoir que le chlorure de sodium et les iodures sont peu abondants dans l'air. Duphil a montré que leur proportion diminue rapidement quand on s'éloigne de la plage et qu'ils manquent complètement dans la forêt.

Je ne reviendrai pas sur leur valeur thérapeutique ni sur leur mode d'action. Je préfère laisser ces questions encore trop obscures pour aborder le terrain clinique. C'est en clinicien seulement que je veux apprécier ce climat cherchant uniquement dans la cure marine et forestière le résultat pratique.

Effets du Climat

On a l'habitude d'attribuer à chaque climat une action propre qui implique une certaine constance d'action sur les malades. C'est une des formes de cette notion, à mon avis fausse, et que j'ai déjà combattue : la spécificité des climats. Il y a là certainement une convention un peu forcée qui ne tient pas assez compte du facteur personnel ni des réactivités individuelles des malades. Et sur ce point j'approuve absolument les protestations de Sardou, qui s'élevait récemment contre la tradition.

Ces réserves faites, il est évident que l'action du climat marin varie avec la latitude et avec l'exposition. Je l'ai assez dit pour n'y pas revenir.

Tout malade qui arrive dans un climat nouveau éprouve ou présente des modifications plus ou moins accentuées qui constituent l'adaptation dont Manquat de Nice a étudié la nature avec autant de science que de pénétration.

Parmi ces modifications, il est assez difficile de démêler celles qui sont passives de celles qui sont actives. Quelques-unes, la plupart généralement, sont favorables et se traduisent par le bien-être et l'amélioration générale des fonctions.

Cette amélioration, qui est quelquefois très rapide et tellement profonde qu'elle vaut une résurrection, les médecins des stations climatiques ont tendance à y voir l'action spécifique de leur climat.

Mais les premiers effets d'un climat résultent pour une bonne part de qualités négatives, en ce sens que la seule suppression des conditions anti-hygiéniques, et en l'espèce phtysiogènes, auxquelles a été soumis le malade, est déjà un élément de transformation.

On soustrait le malade à l'encombrement de la ville, à l'air vicié de l'appartement ou de l'atelier, à la fatigue et à la tension nerveuse professionnelles, à l'inanition partielle qui résulte du défaut d'appétit. Tout cela suffit amplement à expliquer une amélioration rapide, et n'est-ce pas là, à tout prendre, le mécanisme de ce qu'on appelle le « changement d'air »? Cette vieille et banale expression cache assurément beaucoup d'ignorance et, cependant, elle désigne des faits d'observation quotidienne dont aucun médecin ne saurait nier l'importance; qu'il s'agisse de bronchite aiguë, d'embarras gastrique, de plaie qui suppure, d'angine qui s'éternise, d'adénite aiguë, si un changement d'air intervient, quel qu'il soit, pourvu qu'il s'agisse d'un air pur et plus ou moins vif, la toux disparaît, l'appétit revient, la plaie se cicatrise, le pharynx se déterge, l'adénite se résorbe. Même transformation dans nombre d'affections chroniques, comme la dyspepsie, dans la tuberculose et surtout dans la prétuberculose.

Il y a un autre groupe de modifications parfois violentes, parfois pénibles, presque pathologiques, que connaissent bien les médecins de climats très différenciés et que Sardou analysait au congrès de Nice sous le nom de *crise climatique*, ensemble de réactions d'allure variable qui, mettant en mouvement la réactivité propre du malade, font apparaître des tares plus ou moins cachées. On devine facilement que les phénomènes signalés déjà comme

« inconvénients ou dangers de la mer », et particulièrement les troubles signalés par Lagrange, rentrent dans ce syndrome.

La crise climatique a beaucoup d'analogie avec la crise thermale. Elle résulte d'une action trop brusque ou trop forte du climat sur un organisme non adapté. Comme la crise thermale, elle est l'effet d'une application trop intensive de la cure. Comme elle, elle n'est pas nécessaire à la bonne marche de la cure ; elle est rarement utile (1), elle est évitable. Par une hygiène prudente et appropriée, le médecin peut l'éviter ou la réduire au minimum. Je ne crois pas qu'à Arcachon on observe souvent la crise climatique.

Rapidement adapté, le malade éprouve sans à coup l'action du climat.

On s'accorde à dire que cette action est sédative, et, ajoute-on — ce qui est vivement critiqué par Robin et Binet — tonique à la fois.

En fait elle varie avec les sujets, avec l'habitat qu'on leur impose et même journellement avec l'emploi du temps. En sorte qu'on peut obtenir successivement des effets sédatifs (diminution de la toux, amélioration du sommeil, diminution de la fièvre), toniques (et par là j'entends le réveil des forces, l'augmentation de l'appétit) et même excitants. Il y a donc là une variété de moyens d'action qui constituent un ensemble unique, et si, en beaucoup d'autres points de nos côtes, on trouve l'association forestière et marine comme à la Baule, dans l'île de Noirmoutiers, dans l'île d'Oléron (Saint-Trojan), sur la côte d'Hyères (Costebelle), nulle part on ne trouve comme à Arcachon une disposition aussi facilement utilisable, offrant autant de degrés, fournissant en un mot une échelle continue, une gamme thérapeutique aussi maniable.

IV

Indications de la cure marine et forestière. Prédisposés et prétuberculeux.

Si, comme nous l'avons vu dès le début de ce rapport, la cure marine a été contestée dans la tuberculose déclarée, elle a toujours été considérée comme éminemment indiquée pour les sujets menacés, autrement dit les prédisposés et les prétuberculeux.

Sous ce terme (qui n'est pas dans mes habitudes), beaucoup de médecins désignent tous les sujets menacés à un titre quelconque de tuberculose pulmonaire. Je ne saurais admettre cette conception et je distingue les prédisposés des prétuberculeux.

A. Prédisposés

Les prédisposés sont ceux qu'une hérédité de terrain, une tuberculose locale ou une maladie tuberculigène rendent plus accessibles ou préparent à la tuberculose pulmonaire.

a) Hérédité de terrain. Dans cette classe rentrent tous les jeunes sujets *trop peu développés,* minces, grêles, peu musclés, se fatiguant facilement, à tissus

___
(1) Sardou voit son utilité dans la révélation d'états morbides locaux ou généraux qu'on ne soupçonnerait pas sans cela.

flasques, à tube digestif atone, en ptose; ces adolescents ou jeunes gens au *thorax rétréci* et trop long, au dos voûté, aux épaules tombantes, aux omoplates saillantes, aux creux sus et sous-claviculaires trop profonds.

Dans la même catégorie je rangerai les *infantiles*, fils de tuberculeux, d'alcooliques, de syphilitiques, infantiles du type Lorrain, petits hommes, petites femmes, voués à la stérilité, mais aussi à la tuberculose.

Près d'eux, je rangerai aussi les individus à poils roux du *type vénitien* (Landouzy) et ceux dont le système pileux à couleur variable suivant les régions du corps réalisent l'*érythrisme partiel*, stigmate de prédisposition de Delpeuch.

Prédisposés encore sont tous ceux que touche l'hérédité, alors même qu'ils ne présentent aucune tare apparente, tous ceux qu'un contact infectant, une profession malsaine, un habitat insalubre, une condition anti-hygiénique permanente ou temporaire, ont mis en état de moindre résistance. Tous, la cure marine et forestière les revendique.

J'y ajouterai les jeunes filles atteintes de *rétrécissement mitral*, à leur double titre d'héréditaires le plus souvent, et de candidates à la tuberculose.

b) Demandent encore le climat marin plus encore que forestier tous les malades atteints de *tuberculose des os et des articulations*. Et là, je n'entends pas seulement l'ostéite tuberculeuse et l'arthrite fongueuse, mais encore tous ces enfants, tous ces jeunes gens qui ont eu, ne fût-ce que d'une façon passagère, ces petites douleurs, ces légers gonflements des os, des insertions tendineuses ou ligamenteuses que l'on prend pour des traumatismes, pour des « fatigues », pour des douleurs de croissance; ceux qui ont souffert de ces *rhumatismes vagues*, de ces *polyarthrites* ou *monoarthrites* avec léger gonflement, ou avec épanchement fugace que l'on prend pour du rhumatisme vrai, mais qui respectent le cœur et ne cèdent pas au salicylate de soude; de ces *hydarthroses* sans traumatisme et sans infection, dont la cause échappe à un œil non prévenu : — autant de manifestations de tuberculose avortée qui ne demandent qu'à se porter ailleurs, dans le poumon ou dans les méninges.

Prédisposés par lésions locales sont encore les porteurs de tuberculose cutanée, de lupus, d'*adénopathie* dure ou molle du cou ou d'autres régions. On n'insistera jamais assez sur l'importance diagnostique fondamentale des ganglions durs et multiples des régions périphériques. J'ai dit : le lupus, et cependant cela appelle une réserve ; car le climat marin pur a parfois une action fâcheuse sur la marche de cette affection (Thibierge); le climat marin atténué le modifie heureusement.

La *tuberculose du péritoine*, elle aussi, sera dirigée vers la zone marine et forestière, où elle accélérera sa tendance naturelle à la guérison.

Et tous ces malades sont bien des prédisposés, mais certainement à un degré beaucoup moindre que ceux de la catégorie précédente et ceux de la classe qui va suivre, car tous ont déjà lutté contre le bacille; beaucoup ont déjà localisé, enkysté, éliminé même; beaucoup ont fait acte de défense, quelques-uns sont déjà vainqueurs dans la lutte, et je crois qu'il ne faut pas oublier ni récuser cette idée si originale de Marfan qu'une tuberculose périphérique guérie semble prémunir à quelque degré contre la tuberculose pulmonaire.

c) Mais ces mêmes sujets qui peuvent atteindre un âge avancé sans autre manifestation tuberculeuse, s'ils rencontrent un jour, pendant leur enfance, la rougeole ou la coqueluche, ou, plus tard, à l'âge adulte, la grippe, perdent alors leur demi-immunité et de prédisposés deviennent tuberculeux ou tout au moins prétuberculeux.

La *rougeole* et la *coqueluche* en effet sont les grands pourvoyeurs de la tuberculose, non pas qu'elle se développe de toute pièce sous leur influence, non pas, comme on l'a dit, qu'elles favorisent l'inoculation respiratoire des bacilles, mais plus probablement parce qu'elles congestionnent les ganglions trachéo-bronchiques déjà malades, parce qu'elles diminuent la résistance et que, par les accès de toux et par les congestions ou broncho-pneumonies dont elles sont l'origine, elles facilitent l'irruption des bacilles dans le poumon.

B. PRÉTUBERCULEUX

Je désignerai sous le nom de prétuberculeux les malades qui présentent des signes de lésions temporaires ou permanentes d'une annexe du poumon, ou dont l'état général indique une tuberculose pulmonaire imminente ou déjà commencée, mais dont l'auscultation est encore incertaine. Toutes les catégories suivantes sont du ressort de la cure marine et forestière.

a) L'adénopathie bronchique, quelle qu'en soit l'origine apparente, est, dans l'immense majorité des cas, de nature tuberculeuse. C'est là que se localise, s'arrête, s'enkyste le bacille chez l'enfant. Là, il peut rester indéfiniment sans produire aucun trouble, sans se jamais manifester si le porteur ne subit aucune atteinte qui diminue sa résistance générale ou locale. Mais s'il est fréquent de voir la tuberculose limitée à ce groupe ganglionnaire, simple trouvaille d'autopsie chez les jeunes sujets, combien fréquemment devient-elle le foyer d'origine qui envahit directement la plèvre médiastine et le poumon voisin, ou indirectement, les voies lymphatiques pulmonaires ou plus violemment et par effraction une grande partie des voies respiratoires.

Toute adénopathie bronchique réclame donc une cure prolongée ; la cure forestière et marine est véritablement héroïque dans ce cas.

b) Prétuberculeux au premier chef sont les *pleurétiques* guéris, quelques réserves qu'on fasse sur la solidité de la loi de Landouzy. Pour ceux-là la cure hygiénique s'impose, la climathérapie forestière et marine est de rigueur. J'en dirai autant de la *pleurésie sèche* sans substratum apparent, que l'on trouve au sommet ou dans l'aisselle ou dans les fosses épineuses, que d'aucuns ont considérée comme arthritique, mais qui, si elle est permanente, est avant tout suspecte ; des *congestions*, des *bronchites prolongées*, des *broncho-pneumonies* durables qu'on rapporte volontiers à la grippe, mais qui ne doivent leur persistance qu'à une épine tuberculeuse ignorée jusqu'alors ; et surtout de la *spléno-pneumonie*, qui est presque toujours de nature tuberculeuse.

C. TUBERCULOSE PULMONAIRE LATENTE

Ici, la limite est imprécise, car elle varie avec les progrès du diagnostic, et aussi et surtout, avec la perspicacité individuelle du médecin. Le terrain s'est déjà bien rétréci depuis le temps où Bayle décrivait la phtisie *occulte*. Depuis lors, l'auscultation s'est perfectionnée et affinée ; le diagnostic s'est fait de plus en plus pénétrant, et, partant, de plus en plus précoce. Avec Grancher s'est ouverte une ère nouvelle ; et dès ce moment une période supplémentaire se superposait à la première période classique : la période de germination avait ses symptômes définis. Et cependant combien de médecins les ignorent encore ! Combien en sont encore à attendre les craquements, la submatité et la toux pour faire le diagnostic !

On ne le répétera jamais trop : quand un malade tousse, le diagnostic est en retard. Il y a déjà longtemps que les poumons, ou tout au moins les ganglions sont atteints, souvent depuis l'enfance. Quand on constate une altération du murmure vésiculaire, c'est une naïveté d'admettre que c'est là le début : presque toujours il y a des années que les ganglions sont atteints.

Est-il donc si difficile d'arriver à ce diagnostic d'auscultation ? Est-il donc si nécessaire d'avoir une oreille particulièrement délicate ou exercée pour reconnaître ces signes ? Non, il suffit d'appliquer une méthode ; il suffit d'étudier uniquement le bruit inspiratoire des sommets et de connaître et d'avoir dans l'oreille les caractères normaux de ce bruit ; de savoir qu'il est léger, doux, moelleux, continu, plus haut que l'expiration. Et, muni de ces données, il faut se mettre dans les conditions matérielles les plus favorables à l'auscultation ; apprendre au malade à se tenir, à respirer, puis ausculter avec soin, uniquement, exclusivement l'inspiration des sommets, successivement à droite à gauche, en avant, en arrière : ces deux inspirations doivent donner à l'oreille la même sensation d'ampleur, de douceur, de moelleux. De cette façon, en faisant abstraction absolue de l'expiration, il est facile de percevoir la moindre dissemblance dans l'intensité, le timbre, la tonalité ou le rythme d'un des côtés (Grancher).

Ce seul fait de la dissemblance doit déjà mettre en éveil. Si l'une des inspirations est rude, basse, d'un ton qui tend à se rapprocher de celui de l'expiration, on doit soupçonner un commencement de germination : de même aussi l'affaiblissement de l'inspiration d'un seul côté au sommet. Ce sont là les signes qui classent les malades parmi ceux que M. Grancher appelait les « sous-claviculaires ». A ce degré on ne trouve ni altérations du son de percussion ni modification des vibrations vocales, mais parfois une diminution de l'amplitude du mouvement d'inspiration sous-claviculaire.

Ces signes ont-ils une valeur absolue ? Non, d'un seul examen on ne peut conclure affirmativement. Une bronchite, une maladie infectieuse récente ont pu laisser ces traces temporaires ; ou bien ce peut être la trace d'une tuberculose ancienne et dont l'évolution est arrêtée depuis longtemps. Pour qu'ils prennent toute leur valeur, ces signes doivent être fixes, et la probabilité se change en certitude s'ils sont accompagnés d'autres symptômes indiquant une atteinte de l'organisme.

Quand les signes que je viens de rappeler existent, le diagnostic est encore relativement facile. Mais sous combien d'aspects multiples et trompeurs se cache la prétuberculose !

Parfois, c'est un *amaigrissement* sans raison apparente, sans diarrhée, sans troubles digestifs même minimes, sans altérations apparentes de l'état général, sans altération de l'urine, au moins sans altération grossière. Tantôt il se produit par périodes ou du moins avec des oscillations de poids plus ou moins importantes. C'est ainsi que chez l'enfant, où cette forme est fréquente, on voit le poids tomber, en quelques semaines, de 1 à 2 kilos, puis remonter facilement sous l'influence du repos, de l'arrêt du travail, d'un peu de suralimentation ; et on croit la partie gagnée. Parfois l'amaigrissement est continu, quoi qu'on fasse, jusqu'au jour où le malade est enlevé à ses habitudes et à son milieu.

La *forme anémique* de la prétuberculose est plus connue. C'est une notion banale que celle de la fausse chlorose tuberculeuse. La chlorose elle-même (Grancher l'a dit depuis longtemps et Marcel Labbé a tenté de le prouver récemment) peut n'être aussi qu'un masque de la prétuberculose, mais je dirai plus : chez l'enfant, toute anémie qui n'est ni paludéenne ni syphilitique, sans rapport avec une infection intestinale chronique ou une appendicite chronique, est tuberculeuse. Dans cette forme, je rangerai encore, comme étant du ressort de la cure marine et forestière, certaines albuminuries intermittentes de l'enfance.

La *fièvre*, intermittente ou irrégulière, survenant à des heures variables l'après-midi ou le soir, à peine appréciable au thermomètre, mais se caractérisant par une sensation de froid, par un malaise, par une irritabilité passagère, voilà encore une des formes de la prétuberculose. Remarquons d'ailleurs immédiatement que, contrairement aux autres, ce prodrôme est rarement isolé, en ce sens qu'on trouve généralement une localisation tuberculeuse.

On commence à bien connaître une forme, peut-être moins rare qu'on ne le croit, particulière aux adolescents entre 15 et 19 ans : je veux parler des *palpitations* et d'un symptôme moins apparent, car il n'est pas perçu du malade : la *tachycardie* avec polypnée d'effort, symptômes d'autant plus difficiles à déceler et à analyser qu'ils coïncident souvent avec une belle santé apparente. Mais si l'on suit ces sujets avec attention, on ne tarde pas à voir apparaître, à l'occasion d'une grippe, une localisation au sommet, puis bientôt des signes d'infiltration nette.

C'est encore dans la prétuberculose que rentrent ces *fausses grippes* ou pour mieux dire ces maladies fébriles plus ou moins longues (15 jours, 10 jours, parfois moins) diminutifs les plus atténués de la typhobacillose, et qui ne sont autre chose que les prodromes de la localisation au sommet.

Enfin, rentreront encore dans la prétuberculose tous les malades à *hémoptysies* (même les hémoptysies *supplémentaires* les plus légitimes), car elles ne se produisent qu'à la faveur d'une épine que l'auscultation, impuissante d'abord, finira par révéler un jour.

Ainsi comprise, la prétuberculose a donc un terrain vaste, d'autant plus vaste que le diagnostic se fait plus tôt, diagnostic de probabilité, il est vrai, plus que de certitude. Il va sans dire qu'on peut appeler à son secours d'autres moyens de diagnostic, comme la radioscopie, comme le chimisme respiratoire de Robin et Binet, mais ces procédés ne sont pas à la portée de tous. La tuberculine est un procédé dangereux et que réprouvent nos habitudes françaises.

D'ailleurs, on ne reconnaît jamais trop tôt la tuberculose. Du diagnostic précoce dépend tout l'avenir ; de la première bataille et de son succès dépend l'avenir de la longue campagne qui va s'engager (Grancher). Il faut reconnaître tôt pour soigner tôt.

C'est surtout chez l'enfant que l'on doit diagnostiquer et agir vite, car le vrai prétuberculeux, c'est lui :

a) Parce qu'il fait des tuberculoses à longue échéance ;

b) Parce que le plus grand nombre des tuberculoses de l'adulte ont eu leurs débuts ignorés dans l'enfance ;

c) Parce que l'enfant « paie » en raison des efforts qu'on fait pour le guérir;

d) Parce qu'une lésion qui demande un long temps pour disparaître chez un adulte s'éteint chez lui en quelques mois;

e) Parce qu'il réagit admirablement à tous les traitements : à la suralimentation, car il a le plus souvent un bon estomac; au déplacement, car il a un bon moral; enfin à l'influence climatique plus qu'à tous les autres. Et ce que je dis là est la base de la cure marine et forestière parce qu'elle convient parfaitement à la cure de la tuberculose infantile.

Ce qui précède peut paraître un hors-d'œuvre; je ne le pense pas, car ces données sont réellement la base du traitement climatique, et surtout de la cure marine et forestière. Pour que les médecins de stations climatiques fassent de bonne besogne, nous devons, nous, praticiens, leur en fournir les moyens par le choix raisonné des malades que nous leur envoyons. Et cela aussi évitera des jugements monstrueux comme celui de ce médecin étranger qui, envoyant sur le littoral méditerranéen des clients chez lesquels il n'avait pas su reconnaître la prétuberculose, accusait nos stations du Midi de leur donner la maladie, commettant ainsi la double faute d'accuser un admirable climat et des confrères habiles, et de montrer à tous sa profonde ignorance.

Tous les groupes de malades que je viens d'énumérer successivement revendiquent la cure marine. Les restrictions sont beaucoup moins nombreuses que pour les tuberculeux en pleine évolution. Sur les côtes ouest et sud-ouest comme sur le littoral méditerranéen les stations abondent, où on peut les envoyer et les guérir.

Toutefois, alors que les prédisposés sans aucune manifestation pulmonaire pourront aller indifféremment et presque sans exception dans toutes les régions, même les plus exposées, on devra faire un choix plus attentif pour les prétuberculeux. Aux prétuberculeux on interdira absolument pendant la mauvaise saison toutes les plages du Nord et du Nord-Ouest et une grande partie même des plages de l'Ouest. Pendant l'été, on pourra leur permettre quelques plages abritées de la Manche : elles sont rares. On leur conseillera de préférence certaines plages de Bretagne, comme Trégastel, Portrieux Saint-Quay, Roscoff; ou de Vendée, comme la Baule et les stations voisines; et en toutes saisons Dinard, Saint-Trojan, Hendaye, Arcachon; dans cette dernière station, on enverra plus particulièrement les prétuberculeux « éréthiques » sujets aux congestions, à la fièvre, à l'insomnie.

En somme, le classement, et, si je peux employer ce mot, l'aiguillage des prétuberculeux sont relativement faciles.

B. Tuberculeux

Pour les tuberculeux la tâche du médecin est singulièrement plus épineuse.

Toutefois, il y a des tuberculeux qui sont bien partout, qui guériront partout par l'annulation des causes tuberculisantes. Il y a des tuberculeux qui ne guériront nulle part, qui sont condamnés; ceux-là, qu'ils aillent où les conduiront leurs convenances et leurs goûts (Landouzy).

A d'autres, il faut le sanatorium : tuberculeux indigents que la famille ne peut soigner, malades auxquels l'isolement d'une station serait pernicieux, ou bien qu'une famille inintelligente dirige et entoure mal, « jeunes gens sans discipline, natures indomptées qu'on ne peut jeter dans un hôtel ou dans une villa sans les exposer aux pires dangers ».

Aux stations méditerranéennes on enverra les tuberculeux lymphatiques, mous, pâles, à chairs flasques, peu ou pas fébricitants, peu ou pas congestifs ou hémoptoïques, les tuberculeux âgés ou ayant dépassé la première moitié de la vie.

La phtisie scrofuleuse pourra gagner avec avantage les côtes bretonnes ou atlantiques et la Méditerranée.

Aux grands excités qui redoutent la mer, on conseillera les stations sécatives, comme Pau, Amélie-les-Bains.

On enverra à la montagne les déprimés, les torpides, les dyspeptiques qui ont besoin du réconfort et de la suractivité fonctionnelle que donne l'altitude.

La cure marine forestière, et Arcachon, particulièrement, revendiquent les tuberculeux arthritiques, éréthiques, sujets aux congestions, les névropathes, les insomniques, tous ceux en un mot qui ont besoin d'un climat calmant et tonique à la fois. Le ressort de cette station est donc des plus étendus : tuberculose en germination, tuberculose en infiltration et même en ulcération, toutes pourront y trouver l'arrêt ou, au moins, une trêve prolongée.

La variété des moyens d'action de cette cure diminue considérablement les contre-indications. La phtisie laryngée qui se trouve fort mal de l'altitude et de la mer rude admet très bien la cure forestière et marine : la toux étant diminuée, l'expectoration plus facile, le soulagement suit. L'entérite, que le bord de la mer aggrave en général, ne contre-indique nullement la cure marine atténuée.

Toutefois, celle-ci ne convient pas aux phtisies torpides, à marche lente, évoluant chez des individus mous et sans réaction. A ceux-là, je l'ai déjà dit, convient mieux la montagne et la Méditerranée.

Je n'ai parlé là que de la tuberculose chronique. Il est évident que les formes galopantes n'ont rien à gagner à un déplacement. Mais cependant que faire d'un malade qui vient de subir la première atteinte apparente sous la forme de ces congestions, de ces broncho-pneumonies en apparence grippales et qui ne cèdent pas au traitement? Faut-il attendre un arrêt bien problématique, ou bien faut-il, brusquant les choses, arracher le malade à son milieu pour tenter la cure climatique? Je n'hésite pas à répondre par l'affirmative ; si les forces sont suffisantes, si la lésion est peu étendue, malgré la fièvre, je crois qu'on peut le tenter, car, le plus souvent, à attendre, on perd du terrain. A la ville, pendant l'hiver, sans air, souvent même sans soleil, sans lumière suffisante, la maladie ne peut que s'aggraver. Au contraire, la forêt maritime, par ses propriétés calmantes, convient à cette situation et peut y apporter un remède rapide en attendant la cure marine.

Et, dans cette énumération, je n'aurai garde d'oublier la simple campagne; dans une région sèche, protégée du vent, dans un immeuble bien aménagé, un médecin soigneux pourra toujours organiser la cure, et le malade, pris à temps, trouver la guérison.

Cela étant dit, il n'en reste pas moins beaucoup de vague dans ces indications, puisqu'elles consistent dans des appréciations de diathèses (?) de réactions nerveuses individuelles, autant d'éléments indécis et soumis à l'appréciation personnelle et au sens clinique du médecin. Mais n'est-ce pas là toute la médecine, tout l'art thérapeutique, suivant l'application de la vieille et si vraie formule que : il n'y a pas de maladies : il n'y a que des malades (Robin).

Aussi fut-ce avec un vif intérêt qu'on accueillit les communications successives de Robin et Binet, relatives aux échanges respiratoires des tuberculeux et dont les résultats semblaient apporter une base réellement scientifique à la cure de la tuberculose ; chez l'immense majorité de ces malades, 92 p. 100 environ, il y a augmentation des échanges et des combustions respiratoires ; la ventilation pulmonaire croît de 40 p. 100 chez la femme, de 80,5 p. 100 chez l'homme ; l'oxygène consommé et l'acide carbonique exhalé croissent dans des proportions considérables ; et cette exagération se voit, non seulement dans la phtisie chronique et jusqu'aux dernières limites de la vie, mais encore dans la phtisie aiguë et, chose plus remarquable, chez les prédisposés. « Les tuberculeux sont des consomptifs avant d'être infectés. » Joignons à cela qu'ils sont des déminéralisés (Robin, Gaube).

Voilà à coup sûr des données fort troublantes, puisqu'elles repoussent tous les traitements climatiques qui augmentent les échanges, à savoir l'altitude, et, ce qui nous intéresse particulièrement ici, la mer. Mais cette proscription n'est pas aussi absolue qu'elle en a l'air au premier abord, pour les raisons suivantes : a) D'abord 8 p. 100 environ des tuberculeux ont leurs échanges normaux ou diminués. b) « Si les échanges respiratoires s'élèvent au début du séjour à la mer (ce qui est attesté par les auteurs et semble d'ailleurs vraisemblable), ce phénomène disparaît dans un grand nombre de cas, après un séjour prolongé. » c) Certains malades à échanges exagérés voient même leurs échanges baisser en même temps que la maladie s'améliore. d) D'autres, malgré l'exagération de leurs échanges, ont besoin d'une stimulation temporaire qui relève leurs fonctions digestives par exemple. e) Parmi les prédisposés, ceux dont la prédisposition est « acquise par le surmenage ou les excès, échapperont mieux sur la côte à la cause originelle de leur déchéance. Et, ici encore, quand l'assimilation est défaillante, il est possible que nombre de ces prédisposés acquièrent plus qu'ils ne perdent ». f) Enfin, même ces effets d'exagération fonctionnelle admis par Robin et Binet, ont été surtout constatés sur le littoral méditerranéen, dont l'action excitante en beaucoup de points n'est pas contestable.

Que cette exagération se produise sur la côte de l'Océan, sur les plages battues par la mer, je l'accepte volontiers. Mais c'est justement là qu'apparaît la spécialisation de la cure marine atténuée dont l'action est si différente.

A cela M. Robin objecte que ce n'est plus la cure marine et qu'elle ne produit d'effets sédatifs que parce qu'elle se fait à l'abri de la mer. A l'abri, oui, mais auprès de la mer et surtout à sa portée, ce qui permet : d'une part, l'acclimatement et la graduation, éléments fondamentaux de toute cure ; d'autre part, l'usage intermittent de l'action excitante dont nous verrons les médecins d'Arcachon faire un usage si intéressant.

Les divisions que je viens de faire n'ont rien d'artificiel.

Un médecin exercé, rompu à l'analyse des tempéraments et connaissant bien son malade, peut prévoir les effets d'un climat sur lui. Et ce sont beaucoup plus les échecs de la climathérapie que ses succès qui montrent la réalité de ces indications. Par exemple, voici comment se passent souvent les choses :

Un prétuberculeux, névropathe, congestif, dans les meilleures conditions de guérison, séduit par l'irrésistible attirance du littoral méditerranéen, décide, malgré la résistance du médecin qui connaît les deux facteurs, d'y passer la saison d'hiver. Des effets fâcheux, des malaises, des accidents, quelquefois l'aggravation ne tardent pas à montrer l'erreur commise.

Heureusement, le plus souvent, le malade réussit à s'adapter, la crise climatique s'atténue ou s'épuise et l'amélioration survient, surtout si le médecin, attentif, a su parer par l'habitude ou une hygiène bien dirigée à l'incompatibilité du malade et du climat.

Voici des exemples de ces erreurs et de ces incompatibilités :

Obs. I. — Une enfant de 3 ans, fille d'une mère suspecte de tuberculose, peu développée et pâle, présente, en 1902, à la suite d'une grippe en apparence légère, un état de faiblesse et d'amaigrissement que rien n'expliquerait si je ne soupçonnais déjà la tuberculose. On la conduit à Cannes en janvier ; là, loin de s'améliorer elle pâlit davantage et maigrit. Il est vrai qu'elle y a subi une injection de sérum antidiphtérique, pour une angine membraneuse bénigne. Mais je n'en suis pas moins inquiet de la voir revenir après trois mois plus pâle, plus maigre (400 gr. de moins); cependant rien d'appréciable à l'auscultation.

Mais en juin apparaissent des ganglions durs au cou, au sommet gauche la respiration devient rude et la température s'élève le soir. Malgré un séjour à la campagne (juin-juillet), puis à Bürgenstock (juillet-août) à 800 mètres d'altitude; pas d'amélioration.

A Biarritz (septembre-octobre) elle s'aggrave ; la température s'élève plusieurs fois à 38° et de l'entérite apparaît.

Pendant l'hiver, n'obtenant pas de la famille le départ pour Arcachon que je désire et conseille depuis plusieurs mois, j'institue le traitement par la viande crue et le jus de viande cru, qui produit une meilleure mine, plus d'entrain et de gaîté et un kilogr. d'augmentation. — Mais la fièvre persiste, les signes de germination du sommet droit et d'adénopathie bronchique continuent jusqu'à l'époque (avril 1903) où un séjour à Arcachon arrête l'évolution et modifie rapidement l'état local et l'état général.

Voilà, me semble-t-il, un bel exemple d'incompatibilité et d'inadaptation climatique. Elle devient plus intéressante encore si j'ajoute que pendant l'été Dinard a produit le même effet qu'Arcachon, preuve de l'analogie de ces 2 climats atténués qui justifie le rapprochement que j'en ai fait.

Obs. II. — Une fillette, 6 ans, très névropathe, sujette aux saignements de nez, est atteinte, au commencement de l'hiver 1903, d'une bronchite assez localisée avec adénopathie bronchique et toux coqueluchoïde.

Après guérison de cette poussée, elle part avec toute la famille, *dont c'est l'habitude*, pour la Côte d'Azur.

Là, malgré une hygiène bien conduite, elle fait une poussée fébrile avec nouvelle bronchite, et revient au bout de 3 mois sans amélioration notable.

Aux environs de Paris, où elle est conduite, elle s'améliore beaucoup, mais, pendant un séjour en août sur la Manche, elle a une pleurésie avec congestion pulmonaire inquiétante, durant quelques jours.

Voilà donc deux cures climatiques pourtant bien différentes, mais également nuisibles.

Cette enfant rentre au contraire à mon avis dans le ressort de la cure marine, atténuée.

V

La Cure proprement dite.

Conception générale

Pour comprendre le fonctionnement de la cure marine et forestière à Arcachon, il faut savoir que la station est formée de deux groupements distincts :

La « *ville d'été* », constituée par trois ou quatre rangées de villas, séparées par autant de rues s'étendant parallèlement à la mer, et orientées de telle sorte que la façade opposée à la mer est la plus ensoleillée ;

La « *ville d'hiver* », se confondant absolument avec la forêt, formée de villas éparses, entourées de jardins et protégées par des pins. J'ai déjà dit le rôle de la forêt et de la dune. Ici la protection contre le vent est renforcée par la disposition du terrain au profil tourmenté et par la forme sinueuse des allées qui tendent à disperser les courants que n'ont pas arrêtés les obstacles naturels (1).

Entre les deux « villes » ou zones est une *zone mixte* accrochée au flanc de la dune, participant à l'abri de la forêt, mais influencée par l'effluve marine.

Pendant longtemps la cure d'Arcachon fut purement *forestière;* la ville d'été était réservée aux villégiatures ; au début de l'existence d'Arcachon, bien que Pereyra ait envisagé la possibilité d'user de la cure marine, ses successeurs, particulièrement G. Hameau, se montrèrent très exclusifs et proclamèrent que seule la cure forestière devait être retenue. Vers 1890, on commença à utiliser simultanément et parallèlement la forêt, la plage et même le bassin comme complément de la cure forestière : *cure mixte.* Dans ces dernières années, on tend à utiliser davantage la *cure marine* pure d'emblée, avec habitat sur la plage, et la *cure de bateau.*

Ces variétés de cure sont utilisées tantôt simultanément, tantôt comme stades ou degrés successifs d'un traitement approprié à la gravité de la maladie, à la résistance du malade, à ses réactions, enfin à la rapidité de son amélioration. Le passage d'un degré de cure à un autre se réalise facilement par le changement de zone et pour les malades à l'hôtel, grâce à cette combinaison que chaque hôtel de la forêt a son correspondant sur la plage.

A. — Prédisposés

Ce que j'ai déjà dit des indications thérapeutiques qui conviennent aux prédisposés me permettra d'être bref.

Les prédisposés supportent aussi bien que les sujets sains la cure marine dans ses deux modes les plus actifs : la cure sur plage ou même la cure sur mer. Toutefois j'ai assez dit mon sentiment sur ce point, pour montrer l'utilité d'une graduation dans l'application de la cure marine, particulièrement aux enfants.

Pour réduire au minimum les effets d'adaptation chez les sujets nerveux,

---

(1) Il ne faut pourtant pas exagérer l'efficacité de ces dispositions : le vent se fait encore sentir dans la ville d'hiver, mais il y est très atténué alors même qu'il souffle avec violence sur la plage.

il faut, dans les premiers jours, limiter la durée des séjours à la plage et ne les augmenter que progressivement, en ayant égard à l'état du sommeil, de l'appétit, du poids, et (ce qui est toujours utile, même chez ceux qui sont normalement apyrétiques) de la température.

Je me hâte d'ajouter qu'à Arcachon les inconvénients et contre-indications étant limités, la vie à la plage est d'emblée bien tolérée par tous; quant à la cure sur mer proprement dite, à part quelques intolérances exceptionnelles, elle est le plus souvent d'une réalisation très facile par les procédés que j'indiquerai plus loin. C'est dire que, pour ces sujets, la cure forestière se réduit pour la plupart à rien, et pour quelques-uns à une courte phase d'observation.

B. — Prétuberculeux

La cure des prétuberculeux à Arcachon comprend en général deux phases : la cure sur la plage et la cure sur mer. A part quelques sujets particulièrement nerveux, quelques femmes sujettes aux bouffées pleuro-pulmonaires pré ou post-menstruelles qui se réclament de la cure forestière, on peut, dans la grande majorité des cas, débuter par la cure de plage.

1er Degré, cure de plage. — Le malade logera dans un hôtel ou une villa bordant le bassin, ou bien dans la zone moyenne, à la limite de la forêt. A ceux qui habitent sur la plage il est bon de conseiller, surtout lorsque la cure débute en hiver, de prendre une chambre à coucher orientée sur les terres et plus ensoleillée. Ils y trouveront plus de chaleur, plus de calme quand la mer et agitée, et par conséquent (pour quelques-uns au moins) plus de sommeil. Ce sont là de ces détails auxquels doit veiller tout médecin soucieux d'éviter à ses malades les moindres inconvénients, et initié aux variétés multiples de la réactivité individuelle.

On réglera avec précision la cure diurne, la durée du séjour à la plage, la durée des repos ; dès le début on initiera le malade aux inconvénients et aux dangers du vent et de l'insolation.

Aux prétuberculeux maigres on imposera des repos prolongés, la position horizontale après les repas, dont l'action sur la digestion est si réelle et qui se traduit par des augmentations de poids si rapides. Ceux-là prendront le premier repas au lit et ne se lèveront que une ou deux heures après; puis ils fréquenteront la plage et pourront y circuler jusque vers midi. Après le second repas, ils s'étendront une heure ou une heure et demie, puis ils pourront revenir à la plage, si la marée le permet, jusqu'à l'heure du dîner.

A quelques-uns on imposera le coucher avant le repas du soir. C'est un procédé d'une utilité remarquable chez l'enfant: en calmant l'excitation du jour, en reposant les membres avant l'heure du repas, en supprimant la fatigue, minime en apparence mais réelle, de la toilette après dîner, il permettra une alimentation plus copieuse, un sommeil plus précoce, et, de ce fait, une dépense moindre, une récupération plus parfaite, une assimilation meilleure. D'où un engraissement plus rapide.

Je parle de cure à la plage, et cependant c'est un reproche que l'on peut faire à Arcachon: la plage y est bien maigre puisque l'envahissement progressif du flot l'a réduite à des proportions minimes. Mais est-ce bien là un inconvénient? Je ne le pense pas, et voici pourquoi. Pour l'adulte, la plage invite aux longues marches; sur le sable détrempé, et à plus forte raison sur le sable sec, l'incertitude du pas et l'instabilité du pied sont une cause de fatigue sans aucun profit pour la respiration ni même pour le développement musculaire. Pour l'enfant, la plage est prétexte à jeux interminables qui n'ont de limites que le mauvais temps ou la chute du jour, et encore!

Or l'action intensive du soleil et du vent (qui deviennent plus tard un élément de tonification et de consolidation de la cure) constitue au début un inconvénient qui nuit à l'engraissement et à l'assimilation, que nous cherchons avant tout à favoriser chez le prétuberculeux. Tout inconvénient disparaît au contraire si le malade est au repos, ce qui implique le séjour sur la terrasse ou le balcon.

2e Degré, cure de bassin ou de bateau.— Quand l'augmentation du poids, la reprise des forces, la régularité du sommeil, le rétablissement des fonctions digestives et l'intégrité des fonctions intestinales montrent que l'acclimatement est fait, on peut entrer dans la seconde phase de la cure marine, *la cure sur mer*. Mais celle-ci n'est réalisable que si la saison est clémente ; en hiver, seulement pour les sujets entraînés ; pour la majorité, elle ne devient possible, suivant les années, qu'en mars ou avril.

Il va sans dire que cette cure exige de grandes précautions. Il faut éviter au malade toute crainte, toute émotion, toute perturbation. La cure commencera par un jour calme, sans vent et chaud autant que possible ; le malade prendra des vêtements exceptionnellement chauds, ne laissant à découvert ni le cou ni les poignets, ne laissant passer l'air par aucune fissure. Les vêtements de cuir sont très recommandables. Bien entendu le malade doit se munir de couvertures suffisamment épaisses, d'une pèlerine imperméable en cas de besoin et d'une bouillotte chaude pour les pieds.

Pour pratiquer la cure marine, les médecins d'Arcachon disposent d'un matériel varié qui permet de graduer l'entraînement ;

On utilise d'abord de petits bateaux à fond plat et sans mâture (*pinace*), permettant l'installation d'une chaise longue, et que l'on manœuvre à l'aviron.

Ce bateau, qui est impropre à supporter, avec un malade à bord, une mer un peu forte, est utilisé de deux façons : tantôt il reste à l'ancre à quelques encâblures du rivage ; tantôt il sert aux premières sorties pour des promenades à courte distance et parallèles à la côte. Même dans ces conditions si modestes et si prudentes, le malade prend toutes les précautions indiquées plus haut. Quand il est entraîné, il ne redoute ni la houle ni le vent et, dès ce moment, peut faire usage de petits voiliers qui se présentent sous deux formes : l'un, sorte de bac à fond plat, plus grand que la pinace, permet aussi la chaise longue ; l'autre est la barque ordinaire des pêcheurs, plus rarement un bateau à demi ponté. Ces bateaux, parcourant tout le bassin dans les zones que n'abrite plus directement la dune, sont souvent munis d'une tente que construisent les marins au moyen de quelques cercles et d'une toile imperméable dite *capot de cure*.

La durée de la cure sur mer varie avec le temps, avec la résistance du malade et avec son entraînement. D'abord d'une demi-heure à une heure au plus, elle peut se prolonger ensuite toute l'après-midi et même, commençant le matin, permettre de déjeuner en barque ou sur quelque point abrité de la côte où le malade peut s'étendre. Mais, bien entendu, il faut pour cela un entraînement déjà ancien et un goût spécial pour ce passe-temps. Chaque sortie doit être réglée par le médecin. Les malades trouvent d'ailleurs dans les marins habitués à cette mission de confiance des conseillers prudents et qui savent bien leur éviter les grains et les embruns.

Le contrôle des effets de cette cure est facile : la température comme toujours, le sommeil, l'appétit, le poids en sont les éléments fondamentaux. Quant la preuve est faite, que la tolérance est absolue et les réactions fâcheuses nulles, on agrémentera les promenades d'exercices, tels que la manœuvre du bateau, la pêche et la chasse.

Enfin, aux sujets déjà vigoureux que ne menacent ni la fièvre ni l'hémoptysie, l'aviron fournira un excellent moyen d'entraînement, de développement musculaire et d'expansion thoracique.

Les résultats de ces pratiques ne se font généralement pas attendre : l'augmentation de l'appétit est le plus évident. L'amélioration respiratoire ne tarde pas aussi à apparaître. Elle est, dans quelques cas, remarquablement rapide : ce qui semble dominer chez la plupart des prétuberculeux, c'est l'augmentation de la perméabilité des sommets ; là où le murmure vésiculaire était affaibli, l'ampleur et l'intensité de l'inspiration augmentent, la rudesse diminue et il est remarquable qu'après trois mois, deux mois, la modification est telle qu'au retour on trouve les deux inspirations sous-claviculaires identiques, alors qu'au départ elles étaient très dissemblables.

Il est un symptôme que modifie particulièrement bien la cure marine, c'est la température. Je ne parle ici que de la température des prétuberculeux, et, plus particulièrement, de l'enfant prétuberculeux. Chez certains jeunes sujets présentant des signes de prétuberculose : anémie, adénopathies, etc., on voit la fièvre vespérale et la fièvre de fatigue durer des années presque sans arrêt, malgré un développement à peu près normal. Dans presque tous ces cas cependant, il y a quelques troubles digestifs, fermentations intestinales, poussées légères d'entérite, constipation, et il m'a semblé que cette association (petit foyer de tuberculose atténuée et troubles digestifs), conditionne ce type fébrile. La fièvre est d'ailleurs minime : le matin, la température est de 37°1 à 37°3 ; le soir, elle varie entre 37°8 et 38°1, et cesse très rapidement après le dîner. L'enfant n'en éprouve d'ailleurs aucun malaise appréciable, et ce symptôme serait parfaitement méconnu si on ne le cherchait. Ce n'en est pas moins un phénomène morbide et qu'on peut considérer comme un critérium de l'état général et de l'évolution de la maladie.

A la ville comme à la campagne et à la montagne, la fièvre persiste, le repos l'atténue sans la supprimer. Au contraire elle disparaît ou au moins s'atténue très nettement sous l'influence de la cure marine.

Voici entre autres un exemple de l'action antithermique de la cure de la plage et de bateau. C'est la suite de l'observation I rapportée page 23.

Cette enfant, dont la température depuis des mois oscille de 37°ou 37°2 le matin, à 38°2 le soir, est conduite à Arcachon le 8 avril 1903; elle habite un hôtel sur la plage ; dès le troisième jour, la température, tout en restant à 37° le matin, ne dépasse plus 37°6 le soir, puis elle remonte parfois à 38°, mais moins souvent et irrégulièrement. Cette atténuation n'est pas due à l'influence du repos, car l'enfant se lève et se couche aux mêmes heures qu'à Paris. Après vingt jours de bateau, la température oscille entre 37°2 et 37°5 ou 6. Mais cette fois, on n'obtient pas encore l'apyrexie absolue.

Dès le retour à Paris, la température remonte comme avant la cure marine, mais alors qu'en un an l'enfant n'avait gagné que 600 grammes de poids, elle a augmenté de 1 kilogr. en 2 mois d'Arcachon et les signes sthétoscopiques qui étaient à l'arrivée, faiblesse respiratoire au sommet droit avec retentissement des bruits du cœur et léger souffle d'adénopathie bronchique, ont disparu.

Pendant l'hiver 1903 le poids augmente, mais la fièvre continue très régulière (37°9 38°3 le soir). Deux poussées d'appendicite obligent à opérer en avril 1903.

Malgré cela, la température monte presque tous les soirs. Le 19 avril, elle est encore à 38°3. Le 22 avril, l'enfant arrive à Arcachon ; le 23 la température ne dépasse pas 37°4 et, pendant deux mois, sauf trois ou quatre fois, elle reste au-dessous de 37°3. Revenue à Paris le 21 juin, la température remonte à 38°1, puis tous les jours à 37°7 ou 8. Le 1er juillet elle arrive à Dinard ; immédiatement la température se régularise à 36°9 ou 37° le matin, 37°4 ou 5 le soir, et, depuis son retour à Paris (octobre 1903), jamais la température n'a dépassé 37°3 ou 4 le soir. C'est la guérison.

On remarquera, comme je l'ai déjà dit plus haut, l'action analogue et complémentaire de Dinard sur la fièvre.

Comment donc agit la cure sur mer ?

1o Un élément d'abord s'impose : c'est l'intensité de l'aération sous un mode réellement unique avec un air d'une pureté absolue ;

2o Il faut tenir compte de la luminosité exceptionnelle de l'atmosphère marine, luminosité spéciale qui se traduit par la rapidité des pigmentations qui se forment sur les parties découvertes des téguments ; cette pigmentation semble due à l'intensité d'action des rayons chimiques. Lalesque, qui analyse ces effets, se demande si ces rayons n'ont pas une action spéciale sur la nutrition ;

3o Enfin la cure trouve un adjuvant très digne de remarque dans les mouvements que l'action combinée de la mer et du vent communique au bateau. Le tangage et le roulis, qui sont pour quelques-uns, rares il est vrai, une cause de malaise, deviennent pour d'autres des agents physiques et mécanothérapiques de premier ordre. Quelle que soit en effet la position du malade dans le bateau, il réagit nécessairement à ces déplacements par des mouvements spontanés et inconscients. Il en résulte des effets musculaires, circulatoires, nerveux, que Lagrange a étudiés sur un autre terrain et qui ne sauraient être négligeables. Et si ces réactions sont utiles chez les prétuberculeux, combien le sont-elles davantage chez les malades condamnés à l'immobilité complète et prolongée que nous aurons à étudier tout à l'heure ! Parmi ces réactions, il faut en isoler une, c'est celle de l'appareil respiratoire dont le rythme est notablement modifié par les mouvements de la mer.

Et c'est vraisemblablement l'ampleur de ces mouvements, combinés avec la suraération marine et les modifications de l'activité nutritive qui convergent pour produire d'aussi bons résultats.

La cure, telle que je viens de la décrire, peut s'appliquer à la grande majorité des prétuberculeux. Il est des cas cependant où l'on doit ralentir la succession des stades de la cure marine, soit que le malade la tolère mal, soit que la maladie exige une action plus modérée. Dans le premier groupe rentrent ces sujets névropathes excitables à un haut degré que trouble l'air de la mer ou le bruit du flot (ils sont rares) ; ceux que le bateau énerve ou fatigue, et particulièrement les tachycardiques, les palpitants.

J'ai vu un jeune sujet, dans ces conditions, contracter pendant une promenade en bateau faite par un beau temps, mais dès son arrivée, une congestion pulmonaire du sommet avec poussée d'adénopathie bronchique qui décela une tuberculose soupçonnée seulement à cause de la tachycardie, mais jusque-là imperceptible à l'auscultation. Voilà, si l'on veut, un exemple de crise climatique, mais due comme toujours — je l'ai dit plus haut — à une cure trop hâtive.

Dans le second groupe rentrent les convalescents de pleurésie, de bronchite, congestion pulmonaire ou pleuro-pneumonie suspectes. A ceux-là convient mal la cure marine d'emblée ; on leur conseillera l'habitat en forêt pendant quelques jours, ou la zone mixte à la limite de la forêt.

Les jeunes prétuberculeux, à albuminurie intermittente, n'entreront que progressivement en contact avec la mer, mais on leur permettra l'habitat sur la plage d'emblée.

Enfin, il est une variété de prétuberculeux qui méritent une indication spéciale : ce sont les porteurs d'adénopathies bronchiques et les coquelucheux adénopathiques et suspects. Les premiers supportent remarquablement bien le séjour à la plage, pourvu qu'on leur interdise toute sortie les jours de vent.

Pour les coquelucheux, Festal a parfaitement fixé les indications de la cure. La coqueluche à quintes fréquentes avec excitation nerveuse ou fébrile, avec accidents bronchopulmonaires, se trouvera bien de l'atmosphère antispasmodique et décongestionnante de la forêt. A la plage, on enverra les formes traînantes, torpides, avec inappétence et troubles gastriques. Intermittent d'abord et par beau temps, le séjour deviendra ensuite définitif, mais avec cette indication déjà donnée, que l'enfant habitera une chambre donnant sur la terre au moins dans les premiers jours. De même, on y enverra de suite les coquelucheux avec catarrhe persistant et bronchorrée. Enfin, la cure de plage terminera tous ces traitements, quelle que soit la forme première ; et, quand toute menace de réaction aura disparu, le bateau complétera la résolution des adénopathies bronchiques ; la rapidité plus ou moins grande de cette action sera le critérium de leur nature inflammatoire ou tuberculeuse.

C. — TUBERCULEUX PROPREMENT DITS

Comme pour les prétuberculeux, le traitement se fait en cure libre, mais dans la forêt. Il serait déplacé de discuter ici les avantages respectifs de la cure de sanatorium et de la cure libre. Huchard et Landouzy, en d'autres lieux, ont su défendre avec ardeur et puissance la possibilité et la valeur de la cure libre dans nos climats. Personne, à l'heure actuelle, ne conteste l'utilité du sanatorium et j'ai eu soin, pour ma part, de déterminer précédemment ses indications ; c'est un admirable instrument d'éducation hygiénique et prophylactique qui a disséminé partout la bonne méthode et facilité notre tâche à tous. On peut même affirmer que la cure libre n'est efficace que si elle s'appuie sur les éléments fondamentaux de la cure sanatoriale. Mais sur ces bases, la cure libre bien conduite donne d'excellents résultats.

Ce n'est pas le lieu de discuter ici les objections à la cure libre ; toutefois, puisqu'elles pourraient viser particulièrement celle que j'étudie ici, je les rappellerai brièvement :

1º On a dit que la direction médicale est trop peu présente et la surveillance insuffisante, d'où résultent des erreurs de régime et d'hygiène et des accidents multiples ;

2º La prophylaxie en cure libre serait insuffisante à cause de l'éducation nulle ou incomplète du malade, à cause surtout de la contagiosité de l'habitat; grosse objection à coup sûr, car tous conspirent à l'entretenir, médecins et malades; et parmi ces derniers, chose remarquable, ce sont les plus contagieux qui ont le plus peur de la contagion.

La meilleure réponse à ces griefs, je la trouve dans l'exposé intégral de ce qui se fait à Arcachon.

I. — Installation.

La première impression, quand on arrive dans la ville forestière, n'est pas très favorable. Les deux villes d'ailleurs n'ont pas la gaîté des cités du littoral méditerranéen. L'air n'y a pas le parfum troublant des jardins de Cannes ou de Nice; la mer n'a pas l'éclat ni la beauté incomparable des bords de la Méditerranée. Il n'y a pas de distractions prenantes, et, dans la forêt, l'horizon, tout de monotonie et de silence, est certes empreint de mélancolie. Mais je l'ai déjà dit, n'envoyons ici que les malades qui ont la volonté ferme de se soigner et guérir.

Hôtels. — Les hôtels de la ville d'hiver sont bien orientés pour que les chambres reçoivent le maximum de soleil, et suffisamment confortables. Les précautions hygiéniques et prophylactiques, après avoir été, il faut bien l'avouer, quelque peu négligées, sont de mieux en mieux réalisées : on proscrit les rideaux, les tentures et les tapis; mais il y a encore à faire pour mettre l'installation à la hauteur de nos exigences. Que les propriétaires le sachent et le retiennent; quelques progrès qu'ils aient faits, nous voulons plus encore. Toutefois ces établissements, tels qu'ils sont en ce moment, suffisent à bien conduire la cure dans de bonnes conditions de sécurité.

Villas. — Les villas bâties au milieu des pins sont toutes entourées de jardins et séparées de leurs voisines par des haies d'arbustes à feuillage permanent. Elles sont de valeur très inégale au point de vue hygiénique. Quelques-unes, les plus vieilles généralement, sont inconfortables, froides, parce que les murs sont trop minces, difficiles à chauffer, difficiles à désinfecter. L'ameublement trop vieux et les tentures en font des séjours à redouter et que les médecins ont mis plus ou moins ouvertement à l'index. Je souhaite ici que l'insuccès constant de ces bâtisses oblige leurs propriétaires à leur faire subir de profonds remaniements; plusieurs villas ont déjà été transformées durant ces dernières années pour le plus grand profit de l'hygiène et aussi de leurs propriétaires avisés.

Depuis quelques années, la construction s'est donc perfectionnée et de nouvelles villas se sont élevées qui ne laissent rien à désirer. Sous l'impulsion de Lalesque, des études commencées en 1895 ont abouti à la création d'un type vraiment pratique, de désinfection facile et qu'on peut appeler la villa hygiénique modèle, car il n'est pas exagéré d'y voir « un véritable instrument de prophylaxie antituberculeuse ».

On en trouve maintenant un assez grand nombre disséminées dans la ville d'hiver et dans la zone mixte; je n'entrerai pas dans les détails de leur aménagement, il suffit de dire que le sol y est imperméable, d'un seul tenant, sans rainures ni interstices, que tous les angles y sont arrondis, que les corniches, moulures et plinthes n'existent pas; que les parois sont recouvertes de toiles peintes et lavables, ou peintes au ripolin ; que le mobilier y est extrêmement simple et d'un lavage facile, que les rideaux et tentures en tissus lavables sont réduits à leur minimum et radicalement bannis des chambres. Si on ajoute que les pièces sont éclairées par des baies larges et hautes qui permettent l'aération, il faut avouer que les nouvelles villas réalisent un parfait instrument de cure.

II. — Désinfection

Ces installations diverses, si parfaites qu'elles puissent être, ne sauraient mériter toute notre confiance si elles n'étaient doublées d'un service de désinfection irréprochable. C'est ce qu'a bien compris le corps médical d'Arcachon et l'on ne saurait passer sous silence les louables efforts de Festal en particulier qui n'a épargné ni le temps ni les démarches pour aboutir, avec l'appui de tous ses collègues, à un ensemble très complet de mesures prophylactiques.

Je n'entrerai pas dans tous les détails de ce mécanisme, laissant ce soin au Dr Bourges qui l'étudiera avec sa grande compétence d'hygiéniste.

Toutefois, la tactique suivie par nos confrères pour éveiller l'intérêt d'une municipalité bien disposée, mais ignorante de ces choses, et pour persuader les propriétaires de l'utilité de la désinfection, montre une ténacité si opiniâtre, une ligne de conduite si précise et si scientifique qu'on peut vraiment la donner comme exemple aux médecins et aux municipalités de villes qui, tout en se réclamant de leurs vertus climathérapiques, sont encore bien arriérées. Et certes, l'œuvre n'était pas facile, à une époque où la loi ignorait l'hygiène et la désinfection, ne donnant qu'un maigre pouvoir aux autorités et ne les obligeant à rien. Aussi, jusqu'en 1900, les médecins n'ayant à leur disposition ni loi ni ordonnance de police pour appuyer leurs demandes, eurent-ils l'ingénieuse idée de prendre comme mobile un élément puissant : l'intérêt des propriétaires. Jusqu'à cette date, ils se bornaient à agir par persuasion auprès des familles, en les engageant à faire désinfecter au moment de leur départ, au moyen d'appareils que les médecins avaient fait acquérir par des industriels. Si elles refusaient, on avertissait le propriétaire que, faute de désinfection, son immeuble ou son logement serait mis à l'index.

En 1900, le maire, M. Veyrier-Montagnères, prend un arrêté approuvé par la préfecture, prescrivant la désinfection des locaux, villas, hôtels habités par des malades, et place la désinfection sous l'autorité d'un médecin sanitaire, lequel détache d'un registre à souches deux certificats constatant que la désinfection a été pratiquée ; l'un est remis au locataire et l'autre au propriétaire, lui permettant de faire la preuve de l'innocuité de son immeuble (Batz).

La question financière qui seule pouvait rendre pratiques et efficaces ces décisions fut résolue par l'insertion, dans les polices locatives concernant les villas, d'une clause particulière, mettant à la charge du locataire la désinfection quand elle est jugée nécessaire par le médecin traitant, et spécifiant qu'elle serait faite sous la surveillance du médecin sanitaire suivant un tarif municipal. Enfin, un arrêté récent a rendu la désinfection obligatoire.

La prophylaxie a été entendue par certains propriétaires sous une forme plus simple, beaucoup moins répandue que la précédente et qui, du reste, n'est appliquée que dans la ville d'été. Les propriétaires refusent de recevoir les malades contagieux et inscrivent dans leur contrat de location une clause qui annule ce contrat, en cas d'infraction. Cette mesure paraît au premier abord excellente, puisqu'elle permet la location aux prétuberculeux, habitants ordinaires de la plage ; mais comment ces propriétaires peuvent-ils reconnaître qu'un de leurs locataires est contagieux, ou même qu'il est malade ? Ce n'est certes pas le médecin qui le leur dira. Et d'ailleurs, où commence la contagion ? Tel malade d'aspect sain est souvent plus contagieux par les quelques crachats qu'il émet le matin à son réveil que certains tuberculeux anémiés et presque cachectiques dont l'aspect maladif ne laisse aucun doute au plus ignorant et qui cependant ne crachent pas.

Cette mesure n'a donc pas grande valeur, et, pour lutter réellement contre la contagion possible, pour faire de la vraie prophylaxie, il faut poursuivre à outrance le perfectionnement du matériel de cure ; il faut interdire les immeubles vieux et malpropres que certains propriétaires ont l'audace de mettre en location, exiger la simplification du mobilier, la destruction des tentures, la suppression des papiers, l'amélioration et l'imperméabilisation du parquetage. Cela, nous le demandons instamment à nos confrères. Il faut que l'obligation de la désinfection soit réelle, qu'aucun propriétaire ou hôtelier ne puisse s'y soustraire, que l'instrumentation soit parfaite, la surveillance et le contrôle efficaces et continus, cela, nous le demandons à la municipalité. A cette condition seulement, Arcachon restera à la hauteur de sa tâche, et si médecins et édiles continuent à agir avec union et bonne entente, leur ville restera digne de sa déjà vieille réputation.

Actuellement, l'organisation est parfaite *en apparence* : désinfection du linge et de la literie par l'étuve Geneste-Herscher, des matelas par le formol à l'autoclave, des locaux par la formolisation au moyen de l'appareil Hotton, du plancher, des plinthes et corniches par le lessivage, et des parties lavables des meubles par le sublimé ; tels en sont les éléments.

La surveillance et la compétence de M. Duphil, actuellement chargé du contrôle, nous sont garants de la réalité de ces mesures ; mais ont-elles bien l'efficacité immuable qu'on leur prête ? Oui, si l'on en croit les affirmations de Trillat, les expériences probatives de Lalesque et Rivière, de Duphil sur les poussières des appartements, de Laporte sur les livres (appareil Hélios fonctionnant dans l'air humide). A toutes ces recherches, sauf celles de Lalesque et Rivière, il manque malheureusement le contrôle de l'inoculation des poussières aux animaux.

Sur ce point, je m'en rapporte à l'opinion et à la critique de Bourges. Il m'a semblé toutefois que la confiance grande que l'on a dans l'efficacité de la formolisation nuit au développement des autres pratiques de désinfection.

Je demande qu'on pratique plus largement le lavage avec les antiseptiques ; qu'on porte plus d'attention sur l'intérieur des meubles, tiroirs, rayons, angles des armoires, commodes, tables de nuit ; que, dans les chambres tapissées de papier non lavable, on nettoie les murs par friction avec le pain, procédé très pratique qui enlève remarquablement les poussières sans les répandre, et qui en permet facilement la destruction par la combustion dans la cheminée de la pièce. Je demande enfin (mais c'est là une mesure dont on peut laisser le soin aux nouveaux locataires) que toute la vaisselle de toilette (cuvette, pot à eau, vase de nuit, verre à dents) qui peut être si redoutablement infectant, soit désinfectée par l'ébullition ou le flambage.

Alors seulement la désinfection me paraîtra *réellement* complète.

III. — Pratique de la cure.

Cure libre en forêt. — Le rôle du médecin en cure libre me semble plus complexe et plus difficile qu'en cure fermée. Il n'est aidé ni par la tradition, ni par la discipline qu'accepte implicitement tout malade par son entrée au sanatorium, ni par l'exemple et l'imitation qui sont les grands adjuvants de la cure sanatoriale. Non seulement il lui faut beaucoup de science, de pénétration psychologique, de dévouement et de résistance physique qui sont des qualités nécessaires à tout bon médecin, mais il doit avoir une énergie et une habileté exceptionnelles pour lutter contre les préjugés des malades qu'on lui envoie, trop souvent dénués de toute éducation hygiénique ou imbus de préjugés pernicieux ; trop souvent aussi il lui faut combattre les pires ennemis du tuberculeux : je veux dire la dépression morale, la désespérance et la tristesse, qui résultent de l'uniformité de la vie et de la monotonie de l'entourage. Plus qu'au sanatorium, il se trouvera aux prises avec cette susceptibilité et cet égoïsme qui sont particuliers à certains malades. Là, plus que partout, il doit pénétrer dans l'intimité morale de son malade, diriger sa volonté, régler le désir d'action que tout homme a en soi, et ainsi il saura éviter, par son autorité, les chutes morales qui nuisent tant à la bonne marche de la cure. C'est bien là que luit la vérité du mot de Sabourin : « Tant vaut le médecin, tant vaut la cure. »

Sur les règles générales de la cure libre, on ne saurait mieux dire que Guiter : « La cure libre n'existe pas si elle n'obéit à un programme d'existence dont tous les détails doivent être réglés par le médecin traitant avec précision et minutie ; elle n'existe pas si elle n'est l'observation d'une discipline librement consentie, dont les multiples exigences doivent être débattues et imposées dès les premiers jours... Il y a là comme une sorte de contrat entre malade et médecin, et c'est au médecin d'en faire respecter les clauses. »

Le médecin ne laisse rien à l'imprévu, il indique ou choisit la villa, l'appartement, la chambre ; dans la chambre, il indique la position du lit et du paravent, le degré d'ouverture de la vitre d'aération, le nombre et l'épaisseur des vêtements nocturnes ; pour le jour, il indique la place de là chaise longue suivant les heures, les précautions à prendre, les vêtements et couvertures nécessaires. « Il règle tout dans les détails suivant la résistance du malade, son impressionnabilité, son éducation hygiénique ou son inexpérience. »

A Arcachon, comme partout, la cure se résume dans trois éléments fondamentaux : repos, suraération, suralimentation.

Le repos est de règle au début ; sur ce point il n'y a pas d'exception ; il ne cessera que si la stabilité thermométrique est obtenue, ce qu'on ne peut voir qu'après quelques jours d'observation. Le médecin en profite pour apprendre au malade à discipliner sa toux et surveiller les pratiques antiseptiques, l'usage du crachoir et la désinfection des crachats.

La cure de repos se pratique ici comme partout. Certains malades utilisent un hamac qu'on peut fixer entre deux arbres et dont la légèreté permet le facile transport. Ce système me paraît peu recommandable, car le hamac n'abrite pas, il est trop mobile, il ne se prête pas facilement aux changements de position, détend moins que la chaise longue ; il n'est donc utile que pour faciliter des promenades en forêt entrecoupées de repos horizontal.

L'aération continue n'offre ici aucune difficulté ; l'humidité nocturne n'est pas une contre-indication, puisqu'elle contribue à empêcher le refroidissement.

La suralimentation doit se faire à Arcachon avec une grande prudence ; l'aération et le climat forestier augmentent certainement l'appétit, mais sans l'intensité que donnent l'altitude ou le bord de la mer au début ; et cela, à mon sens, est un avantage, car je n'apprécie pas pour mes malades cet engraissement formidable, cet embonpoint trompe-l'œil que recherchent tant certains établissements de cure ; ils s'obtiennent toujours aux dépens des fonctions digestives et des organes d'assimilation, pour aboutir en somme à l'inappétence finale ; mieux vaut pour le tuberculeux guérir maigre qu'obèse.

Je ne pousserai pas plus loin l'étude de la cure ; elle se fait sous le contrôle du thermomètre qui est le critérium du repos, et de la balance qui est le critérium de l'alimentation. Le médecin trouve un adjuvant précieux dans l'auto-observation du malade qui doit contenir les détails les plus précis sur l'emploi du temps, le sommeil, l'appétit, la digestion, la toux, la température. Tous ces faits présentés constamment dans le même ordre, sur un cahier spécial et chaque feuille correspondant à un jour. Ce cahier d'auto-observation, dont le schéma a été publié par Lalesque dans un travail paru en 1896, est d'un usage général parmi les médecins de la station ; il me paraît être un élément indispensable de la cure libre. Sans lui, il n'y a pas de contrôle complet.

Effets de la cure forestière. — Les effets de la cure forestière se manifestent progressivement. L'acclimatement est généralement facile et l'adaptation sans à-coup. C'est dire que la crise climatique fait défaut et que les effets de la cure forestière consistent surtout dans l'atténuation des symptômes les plus fâcheux. La toux diminue, la respiration se ralentit, devient plus facile, l'expectoration se fait avec moins d'effort, et pour peu que le malade y prête quelque attention, la toux n'apparaît plus que pour l'expectoration. Par suite, le sommeil s'améliore, les oscillations de température diminuent et le poids ne tarde pas à augmenter. Tels sont, du moins, les résultats que décrivent les médecins d'Arcachon.

Ces effets se prolongent plus ou moins suivant les sujets. Souvent, au bout d'un certain temps, l'appétit diminue, le malade s'attriste, dans ce cas il est utile de varier un peu la monotonie de la journée en y apportant quelque distraction. A ce titre le cheval est un élément recommandable à quelques apyrétiques. La pratique en est facile à Arcachon, grâce au développement des chasses à courre dans cette région, à la nature du sol et aux nombreuses voies qui sillonnent la forêt. L'équitation distrait, éveille l'appétit et facilite la respiration.

Quand la forêt a produit tous ses effets, que le médecin connaît à fond son malade, qu'il a mesuré ses réactions, apprécié sa résistance, il peut alors décider si la cure forestière pure doit être continuée ou si l'on peut tenter l'influence marine. Si les notions qu'il a acquises ne lui permettent pas encore de prendre une décision sur ce point, il fait quelques essais prudents et espacés de séjour à la plage. Au bout de peu de jours, la température, le sommeil, la toux et l'appétit ont fourni les éléments suffisants et nécessaires à cette décision. Dès le début, certains sujets se montrent intolérants; ce sont en général des femmes ultra-nerveuses ou hystériques, des congestifs, sujets aux maux de tête et à l'insomnie, enfin quelques intolérants qui toussent à la mer. Tous continueront leur cure en forêt pour attendre une nouvelle période d'essai en d'autres temps; et quelquefois l'intolérance disparaît.

Les autres passeront à la cure mixte ou à la cure marine pure.

Deuxième stade de la cure : cure mixte. — Le malade est admis à la cure mixte quand la diminution de l'appétit, la stagnation ou la diminution de poids indiquent qu'il ne fait plus de progrès, ou bien quand la monotonie de la forêt commence à lui peser. Alors, tout en continuant à y habiter, il fréquente la plage, d'abord de façon intermittente, puis tous les jours si le temps le permet. La fréquence et la durée du séjour sont réglés d'après la température, le sommeil et les réactions nerveuses.

Cette cure a généralement pour effet d'augmenter l'appétit, de faciliter les digestions, d'améliorer la nutrition et le moral. Quand tout est en bonne voie, le malade peut essayer du bateau.

La durée de la cure mixte est des plus variables ; pour quelques-uns elle est toute la cure, pour d'autres elle n'est qu'une transition à la cure marine proprement dite.

Troisième degré de la cure : cure marine proprement dite. — La plupart des médecins d'Arcachon utilisent la cure marine comme l'aboutissant et le complément de la cure forestière.

Lalesque admet cependant à la cure d'emblée tous les malades à peu près (1). J'avoue que je n'aurais pas cette hardiesse et que, malgré les arguments cliniques qu'il apporte, je la considère comme exceptionnellement indiquée. Elle convient aux torpides qui ne connaissent ni congestions, ni fièvre, ni insomnie, qui toussent peu ou seulement le matin ; à ceux dont l'appétit est languissant, l'estomac flasque ; aux lymphatiques gras et pâles; enfin aux bronchorréiques. Pour les autres, on agira différemment suivant que le malade arrive en hiver ou au printemps. Dans le premier cas, l'habitat sur le bassin est impossible d'emblée ; dans le second, quand la saison des tempêtes est passée, il est très acceptable pour la plupart des malades.

Plus facilement que les malades de la zone forestière, l'habitant de la plage peut commencer de bonne heure la cure de bateau parce que l'adaptation est déjà faite et surtout parce que la proximité du bateau permet d'utiliser la moindre accalmie et de revenir à l'abri à la moindre fatigue.

J'ai suffisamment décrit le matériel de cette cure, la manière de s'en servir, les précautions à prendre, la progression à suivre, pour n'y pas revenir. J'ai dit comment on peut, par l'aménagement du bateau, protéger le malade contre le vent, bien que Lalesque (opinion peu partagée, je crois) déclare que « le vent n'a pas d'inconvénients ».

Les effets du bateau sont sensiblement les mêmes que ceux que j'ai étudiés à propos de la prétuberculose, mais ils sont d'autant plus appréciables

(1) Vidal, d'Hyères, déclare aussi (*Congrès de Nice*, 1904) qu'il devient de plus en plus hardi dans l'utilisation de la mer, et qu'au total il obtient d'aussi bons résultats au bord que loin de la Méditerranée.

que les sujets sont plus malades et par suite plus sensibles aux moindres influences. On conçoit quelle variété apportent, dans la vie d'un malade depuis
longtemps immobilisé, ces séances de bateau qui ne sont qu'une transposi-
tion heureuse de la cure de repos permettant de changer de place, de varier
son horizon, d'observer la ville et la côte, de jouir de la vie du port. Et tout
cela sans la moindre fatigue, sans autre intervention de la part du malade
que ses mouvements d'adaptation au bercement du bateau.

Et c'est ce qui fait l'originalité de ce procédé de cure si différencié qu'on
ne peut le comparer à aucun autre. La promenade en voiture qu'on serait
tenté d'en rapprocher ne donne pas les mêmes effets; le vent, la poussière,
les heurts de la route, les coups de collier, le bruit enfin en diminuent l'action incontestablement bonne. Les malades du reste, bons juges en la matière,
font entre les deux procédés et leurs effets des différences très nettes, et,
pour juger de ces effets, il suffit de lire les auto-observations que contient le
livre de Lalesque.

Outre le relèvement de l'appétit, l'amélioration de la digestion, ce qui frappe
particulièrement, c'est le calme et la détente que donne l'usage du bateau;
chez la plupart le sommeil s'améliore; quelques-uns, insomniques la nuit,
dorment fort bien en bateau; la fièvre, la toux et l'expectoration diminuent.

Ce sont là des points qui ont été longtemps contestés, mais les faits sont
indiscutables. Je l'ai dit pour la fièvre de germination ; la fièvre de suppuration, bien que plus résistante à l'influence marine, diminue presque toujours
si on applique strictement la cure de repos. Les hémoptysies, pour lesquelles
la mer semble à beaucoup d'auteurs très pernicieuse, sont aussi presque toujours heureusement influencées ; elles diminuent peu à peu et arrivent même
à disparaître dans des formes hémoptoïques invétérées.

Alors que la cure forestière ne peut se prolonger au delà du mois de mai
à cause de la chaleur qui rend ce séjour impossible, la cure marine peut durer pour les malades entraînés presque toute l'année, exception faite de
trois ou quatre mois d'hiver. Toutefois le plus grand nombre abandonnent
la cure pendant la saison chaude.

C'est une faute, semble-t-il au premier abord, car on devrait rester fidèle
à un climat qui donne de bons résultats (Jaccoud, Daremberg, Lalesque); les
difficultés de l'adaptation, les inconvénients de la crise climatique possible,
les dangers des voyages rapides et des fatigues inévitables le prouvent suffisamment. Mais la question n'est pas si simple, elle se complique de tant de
conditions secondaires (devoirs familiaux, nécessités sociales, restrictions
pécuniaires ou sentimentales) que, quelle que soit l'heureuse influence d'un
climat, le malade doit le quitter pour des périodes plus ou moins longues.

Il y a des malades pour lesquels il faut varier les climats comme les médications; les enfants rentrent dans cette catégorie : j'ai observé, après Vidal,
d'Hyères, que les séjours courts et répétés à la mer agissent mieux qu'un
séjour très prolongé. Et puis certains malades s'accommodent mal de la tristesse du climat marin pendant l'hiver; ceux-là peuvent passer la période des
pluies à Pau, au Cambo.

Pour le prétuberculeux, quand la cure marine a produit tout son effet,
quand les signes de germination, la congestion ont cédé, et même pour le

tuberculeux, quand toute réaction locale ou générale a depuis longtemps disparu, le changement de climat est très favorable.

Mais quel climat conseiller ? Il est impossible sur ce point de donner une indication générale : tout est bon pendant la belle saison, pourvu que ce ne soit pas la ville ou une région trop chaude qui expose le malade aux inconvénients des chaleurs d'été et de l'inappétence qui en résulte.

Dans certains cas, très améliorés, une altitude moyenne (800 à 1000 mètres) ou plus élevée (1000 à 1500 mètres), dans une région abritée, peut compléter heureusement les effets de la cure marine, en mettant en jeu l'élasticité des poumons, en combattant les adhérences pleurales et leurs conséquences.

Plus souvent, particulièrement chez les prétuberculeux jeunes, il y a intérêt à continuer la cure marine, en changeant de latitude avec la saison ; pendant l'été, les malades d'Arcachon trouveront dans certaines stations bretonnes dont j'ai parlé un complément très actif de la cure.

Les alternances ont des effets incontestables ; l'exclusivisme est la pire des choses en thérapeutique ; à vouloir trop tirer d'un climat on compromet les effets d'une cure bien conduite. Les médecins des stations climatiques devraient se persuader de ces vérités fondamentales, car c'est eux-mêmes qui doivent prendre l'initiative de ces changements, le médecin traitant en étant le plus souvent incapable ; il leur faut pour cela une éducation climatique générale qui manque à trop de praticiens.

C'est par des changements pondérés, bien dirigés, par des graduations prudentes, que l'on conduit le tuberculeux dans la lente voie de la guérison.

DISCUSSION

M. Legrand.— Il y a, dans le remarquable rapport du Dr Guinon, deux parties bien distinctes :

1º Une partie de *Climatologie marine* en général, dans laquelle sont exposés les avantages et les inconvénients du climat marin pour les prétuberculeux et les tuberculeux ;

2º Une partie traitant des conditions dans lesquelles se pratique, à Arcachon, la cure forestière et marine de ces mêmes malades.

De cette deuxième partie je ne dirai rien, sinon qu'elle constitue une étude fort instructive des avantages si spéciaux d'Arcachon et de cette merveilleuse gradation d'agents thérapeutiques que les médecins de cette station ont à leur disposition, depuis la cure forestière exclusive jusqu'à la cure en bateaux à voile sur le bassin.

Dans la première partie, je tiens à attirer l'attention sur deux propositions fondamentales qui me paraissent devoir être érigées en véritables *dogmes de Climatologie marine ;* la première de ces propositions est celle-ci :

« La conclusion de tout cela, c'est que la *mer n'est pas une :* il y a un climat marin comme il y a un climat continental, c'est-à-dire des caractères fondamentaux communs à toutes les régions maritimes; mais, de même qu'en climat continental la plaine, la vallée, la colline offrent des différences importantes, de même nos côtes de France offrent une variété infinie. »

A la suite de cette proposition le rapporteur pose hardiment la question des *spécialisations* régionales, sur la nécessité de laquelle j'ai souvent insisté.

L'an dernier, au Congrès de Nice, le Dr Rénon exprimait l'opinion que cette question « n'est pas encore mûre à l'heure actuelle ».

J'estime que le rôle des Congrès de climatothérapie doit être précisément de la faire mûrir, et le rapport de M. Guinon y contribuera d'une façon efficace. La distinction y est établie entre Cap-Breton et Biarritz d'une part, stations *ouvertes* et sans protection, Arcachon et Hendaye, d'autre part, stations *protégées*.

La 2ᵉ proposition est celle-ci :

Ce qu'il faut au tuberculeux, c'est le climat marin atténué.

Voilà pourquoi à Biarritz, station ouverte aux vents, battue par les flots, où s'exerce à son maximum l'action excitante du voisinage de la mer, à Biarritz que j'appellerais volontiers la « Berck du Sud-Ouest », voilà pourquoi, dis-je, nous sommes unanimes à repousser la *cure marine* de la tuberculose pulmonaire.

Je dis *unanimes*, car, entre les « voix dissidentes » auxquelles fait allusion le *rapporteur* et la majorité des médecins de Biarritz, la contradiction est plus apparente que réelle ; en effet, mes confrères de Biarritz, les docteurs Long-Savigny et de Lostalot, ont eu soin de faire remarquer, au Congrès de 1903, que c'est « *en dehors de la zone véritablement marine* que l'air très pur, l'égalité de température, le faible degré de rayonnement, résultats *indirects* de la proximité de l'océan, pouvaient, dans quelques cas exceptionnels, contribuer efficacement à la cure de la tuberculose pulmonaire ».

En sorte que la conclusion du rapport que j'ai présenté au Congrès de thalassothérapie de Biarritz reste pleine et entière.

La cure véritablement *marine* de la tuberculose pulmonaire n'existe pas à Biarritz.

M. LALESQUE. — En disant que j'ai lu avec intérêt et profit le substantiel rapport de M. Guinon, personne ne m'accusera d'employer une formule banale. Personne non plus ne souscrira à cette déclaration de M. Guinon, que le corps médical d'Arcachon aurait pu choisir parmi ses membres un rapporteur qui, mieux que lui, aurait su dire les mérites et les moyens d'application de la cure forestière et marine.

D'ailleurs, s'il en était besoin, le travail de notre rapporteur démontrerait que nous ne pouvions faire un meilleur choix, tant il s'est acquitté de sa tâche avec compétence et sincérité. Œuvre de critique attentive, ce rapport marquera sa place et fixera une étape dans l'histoire de la climatothérapie française.

Mon intervention, dans la discussion, ne saurait porter que sur quelques détails, car (et il m'est agréable de le constater) les conclusions de Guinon sont, à des nuances près, confirmatives des miennes.

Lorsque parut mon livre, « La cure marine de la phtisie pulmonaire » (1897), il allait tellement à l'encontre des doctrines régnantes, la mer était un tel objet d'effroi dans la thérapeutique de la bacillose pulmonaire, qu'aussitôt surgirent les objections. Dans la suite, ni mes publications, ni celles de Camino et de ses élèves, Marcou-Mutzner, Verneau, pour Hendaye, ni celles de Bagot pour Roscoff ne purent entamer la pratique intronisée en France par Rochard et Fonssagrives, et ce malgré les plaidoyers de Laënnec, de Peter et de Lindsay.

C'est qu'alors la cure de montagne était en tel honneur que revendiquer en faveur de la cure marine devait paraître et parut une hérésie. Au surplus, les résultats du referendum poursuivi par MM. Derecq et Barbier n'étaient guère faits pour nous donner raison.

En ce qui concerne Arcachon, Leroux, au Congrès de Boulogne, puis ensuite Legrand, dans un remarquable travail critique, reprochaient à mon livre de traiter non point la cure marine, mais la cure forestière de la phtisie pulmonaire. Au Congrès de Biarritz mon rapport fut l'objet des mêmes objections.

Mes efforts restèrent impuissants à faire admettre et comprendre que la mer et la forêt, tout en se prêtant un mutuel concours, peuvent cependant se différencier dans leurs effets, dans leurs résultats; qu'il existe une cure forestière, une cure marine et enfin, association thérapeutique peut-être unique en France, une cure *mixte*.

Le travail de Guinon fixe enfin, et d'une façon définitive, l'opinion médicale sur ces différents points. En principe il y a une cure marine de la tuberculose pulmonaire tout comme il y a une cure de montagne, l'une et l'autre soumises, bien entendu, à certaines restrictions. En climatothérapie la montagne, pas plus que la mer, n'est *une*. Enfin il y a dans notre station une double cure, forestière et marine, parfaitement dissociable. Voilà ce qui résulte du rapport de Guinon.

Ce ne sera pas l'un des moindres mérites du rapporteur d'avoir fait la lumière; d'avoir décrit avec une rigoureuse méthode cette progression climatothérapique : cure forestière, cure mixte, cure marine; d'avoir analysé avec un sens clinique pénétrant la posologie de cette triade thérapeutique. En subdivisant la cure marine en cure de premier degré ou cure de plage, en cure de second degré ou cure de bassin et de bateau, le rapporteur ne se livre pas à des divisions artificielles; cette posologie, le climat et le malade la confirment pour bon nombre de cas.

Dans la partie du rapport consacrée à la cure marine proprement dite, c'est-à-dire cure de bassin ou de bateau, Guinon rappelle que la plupart des médecins d'Arcachon utilisent la cure marine comme le complément et l'aboutissant de la cure forestière, que Lalesque admet cependant à la cure d'emblée tous les malades, à peu près, tout comme Vidal d'Hyères, depuis quelque temps. « J'avoue, dit le rapporteur, que je n'aurais pas cette hardiesse et que, malgré des arguments cliniques qu'apporte Lalesque, je la considère comme exceptionnellement indiquée. » En présence de cette restriction, je me suis demandé si, dans mon ardeur à défendre les résultats de ma pratique, je n'étais pas allé au delà des constatations réelles. Et c'est en cela que des rapports, émanés de médecins autres que ceux de la station ou de la contrée étudiée, sont utiles. Les rapporteurs ne voient pas les choses sous le même angle visuel, toujours le même, que nous; ils apprécient les faits avec une tournure d'esprit différente ; leurs critiques attentives nous ouvrent des voies nouvelles qui nous obligent à revoir, pour les confirmer ou les infirmer, nos conceptions et nos résultats.

Or, la revue attentive des documents qui font la base de mes travaux antérieurs, l'étude de nombreuses observations inédites, une expérience déjà vieille de dix ans, les succès de plus en plus saisissants, l'extrême rareté d'accidents — pourvu qu'aucune erreur de technique ne soit commise — me portent à maintenir mes conclusions premières ; à quelques exceptions près, les prédisposés, les prétuberculeux, les tuberculeux en évolution peuvent pratiquer d'emblée la cure marine du premier ou du second degré.

Certes, je l'avoue, il y a douze ans, j'étais moins hardi. Comme mes contemporains, j'avais été élevé dans la crainte de la mer. Ici même je me trouvais en présence des successeurs de Pereyra qui, particulièrement G. Hameau, « se montrèrent très exclusifs et proclamèrent que seule la cure forestière devait être retenue ». La pratique conforme à ces idées défendait l'accès de la plage aux pulmonaires. Aussi, est-ce par étapes successives que, de la cure forestière fondamentale, je suis allé à la cure mixte presque en tremblant, pour arriver à la cure marine, faisant à cette date, comme aujourd'hui Guinon, de la cure marine un complément, un aboutissant de la cure forestière. Mais, instruit par les faits, surpris souvent des résultats obtenus dans des cas considérés alors comme des contre-indications formelles même de la mer atténuée, je pense que la cure marine peut se suffire à elle-même dans un bon nombre de cas et revendiquer pour elle seule certaines catégories de tuberculeux.

Je suis avec Guinon lorsqu'il déclare que la cure marine convient à ceux dont l'appétit est languissant, l'estomac flasque (c'est même la première indication qui m'orienta vers la cure marine), aux lymphatiques gras et pâles, enfin aux bronchorrhéiques, comme l'a formulé le professeur Renaut.

Je me sépare de Guinon lorsqu'il écarte de la cure marine les congestifs, les fébriles, les insomnieux. Certes, il y a des distinctions entre les congestifs, entre les fébriles. Ces distinctions comment les établir? La chose est malaisée, et, au point de vue pratique, c'est, pour le moment du moins, plus affaire de doigté que de formule posologique nette. Pour les congestifs, sans vouloir les rendre tributaires absolus de la cure marine, je ne puis oublier que j'ai vu s'améliorer ou guérir par la cure du premier ou du second degré des tuberculoses hémoptoïques.

J'en dirai autant des fébriles. Guinon reconnaît que la cure marine

modifie particulièrement bien la température des prétuberculeux et surtout
de l'enfant prétuberculeux : « A la ville, comme à la campagne, la fièvre
persiste, le repos l'atténue sans la supprimer. Au contraire, elle disparaît
ou au moins s'atténue très nettement sous l'influence de la cure marine. »
A l'appui de ses dires, Guinon relate certains faits personnels. Eh bien ! ce
qui s'observe chez les prétuberculeux se voit dans la tuberculose confirmée.
J'ai publié les courbes thermométriques de tuberculeux fébriles soumis
d'emblée au premier ou au second degré de la cure marine et chez lesquels
la température ne tardait pas à tomber. De même, chez certains malades
subfébriles, voit-on souvent les oscillations thermiques être de moindre
amplitude les jours de sortie en mer. Pourquoi? Je ne sais pas encore exactement, mais les faits sont là.

Quant aux insomnieux, j'en puis dire autant. Le nombre est grand de
nos malades qui dorment mieux les jours de cure marine; certains même
au cours de la cure s'endorment sur leur chaise longue. Tout à fait exceptionnels sont ceux dont le sommeil est amoindri par cette cure. Enfin, reste
une catégorie importante pour laquelle la cure marine est indifférente sur
le sommeil.

Tous ces faits ne me permettent pas de me rallier à la formule : la cure
marine est l'aboutissant et le complément de la cure forestière.

La pratique de la cure forestière et marine fait l'objet des dernières pages
du rapport de M. Guinon. Cette étude ne laisse rien à désirer tant elle est
complète et concise. Sa lecture a été pour moi, pourtant bien habitué à cette
technique, d'un charme réel. Guinon m'y reproche d'avoir déclaré que « le
vent n'a pas d'inconvénient ». Enserrée dans cette formule, ma déclaration
est justiciable de sa critique, mais ce n'est pas cela que j'ai entendu dire. En
étudiant la technique de la phtisiothérapie marine (technique à laquelle
j'attache une importance capitale), j'ai dû m'inquiéter de l'état de l'atmosphère. Mais, ai-je dit, il ne faudrait pas croire que la promenade en mer
exige du calme et de la chaleur. Les malades s'aguerrissent vite et ne renoncent pas facilement à leur promenade nautique habituelle, et j'ai cité
le cas de plusieurs malades, cavitaires apyrétiques, poursuivant, sans incident, leur cure sur mer, des heures entières, par des journées de grands
froids et de grands vents. Là encore les malades nous entraînent et les faits
nous convainquent. A l'origine nous exigions le calme et la chaleur de
l'atmosphère, maintenant le froid et le vent ne nous arrêtent plus. Que de
malades nous déclarent se mieux trouver de la cure sur mer et la préférer les
jours de vent ! Ils respirent plus profondément, plus agréablement, toussent
moins, trouvent plus d'appétit. Mes confrères vous diront comme moi que
certains de nos malades sont sortis en barque par des jours de forte houle,
de fort vent, et ce, à notre surprise. C'est en présence de pareils faits que
j'ai dit : Le vent est sans inconvénient. Aussi ce qui précède fera-t-il comprendre pourquoi je me sépare de Guinon lorsqu'il pense que la cure de
bassin ou de bateau ne devient possible, pour la majorité des malades,
qu'en mars ou avril, suivant les années. En hiver, sauf les jours de tem-

pête, la cure marine se poursuit avec la même facilité et le même succès.

Par contre, je suis entièrement de son avis lorsqu'il dit : « Plus souvent, particulièrement chez les prétuberculeux jeunes, il y a intérêt à continuer la cure marine en changeant de latitude avec la saison ; pendant l'été les malades d'Arcachon trouveront, dans certaines stations bretonnes dont j'ai parlé, un complément très actif de la cure. » Mais j'élargis la formule de Guinon en estimant que, non seulement les prétuberculeux, mais certains tuberculeux confirmés, tireront bénéfice de cette émigration vers les plages bretonnes pendant l'été. Pour avoir accepté ce déplacement estival à Roscoff, à Portrieux-Saint-Quay, à Trégastel, quelques-uns de mes malades en ont tiré profit.

Mais tout cela, et je tiens à le déclarer pour dissiper toute équivoque, ne veut pas dire que je méconnaisse les avantages de la cure forestière. Ils sont incontestables et nos prédécesseurs : Pereyra, Hameau, les ont établis de façon définitive. La cure forestière restera toujours la caractéristique d'Arcachon. Mais je persiste à dire que la cure marine n'a pas été assez utilisée, que, méconnue ou combattue jusqu'à ce jour, elle doit entrer plus largement et souvent directement dans notre pratique.

Je m'excuserais de cette longue intervention, si ce n'était la meilleure preuve de l'estime en laquelle je tiens le rapport de Guinon. Sur les quelques points de détail qui nous séparent, lequel de nous deux a raison ? L'avenir le dira. Quoi qu'il en soit, et c'est par là que je termine, Guinon aura fourni à cette question de jour en jour moins controversée de la cure marine, un précieux appoint.

M. Sénac-Lagrange. — M. Guinon, et je l'en félicite, a essayé d'aborder en passant la question lésion fonctionnelle dans la phtisie. Malheureusement il n'a fait que la poser, à l'endroit de la lésion fonctionnelle cardiaque, je veux dire la tachycardie. En effet, Messieurs, il n'est pas de phtisique en prévention, en évolution, qui ne soit un tachycardique. Dès lors, l'amélioration de la tachycardie rentre dans la guérison de la phtisie en partie. Cette amélioration, nous la conquérons dans notre traitement sulfureux des Pyrénées.

En quoi le climat marin en général, d'Arcachon en particulier, s'applique-t-il au traitement de la lésion fonctionnelle cardiaque, la tachycardie, par comparaison au traitement pyrénéen ?

Il est deux autres lésions fonctionnelles qu'on observe dans l'évolution de la phtisie : la lésion fonctionnelle du poumon qui, indépendamment de la lésion organique et en dehors d'elle parfois, se juge par la dyspnée : dyspnée simple, dyspnée d'effort, dyspnée par accès d'abord, se terminant en dyspnée continue, intense ou soif d'air. Ce n'est pas la dyspnée de l'asthmatique, elle peut y intervenir mais en diminutif, et, là-dessus, laissez-moi protester contre l'affirmation qui tient à considérer l'asthme comme conditionnant aussi l'évolution de la phtisie. Non, Messieurs, c'est l'oppression continue, l'oppression de faiblesse qui appartient seule à l'évolution de la phtisie.

Le climat marin a-t-il une action sur cette oppression ? Il a une action sur la lésion fonctionnelle du système digestif, l'inappétence, le sommeil de la fonction.

Autre action sur l'état fébrile, ou dans certain état fébrile. A-t-il une action et comment s'exécute cette action, sur le système nerveux, c'est-à-dire sur l'état général des forces ? Cette action comparée éclairera le pronostic de la maladie, pronostic qui peut-être est plus rapide par le traitement minéro-thermal que par le traitement marin.

M. CRISTOFINI. — Je commence par m'associer pleinement aux éloges prononcés par les précédents orateurs sur le rapport si intéressant, si documenté de mon excellent confrère et ami M. le Dr Guinon; mais je tiens à émettre une réserve en ce qui concerne, d'une façon générale, la possibilité de la cure marine de la tuberculose pulmonaire.

Cette cure, qui est possible dans des conditions exceptionnelles et dans des climats privilégiés comme celui d'Hendaye et surtout d'Arcachon, dont nous pouvons apprécier la beauté toute spéciale, n'est pas possible dans la plupart des autres stations marines, où l'observation consciencieuse directe a révélé, non pas la guérison ni même l'amélioration, mais l'aggravation constante.

Si on ne veut pas discréditer le traitement marin, il ne faut pas lui demander plus qu'il ne peut donner.

La première règle en thérapeutique, c'est *primo non nocere*, et puisque l'on constate que d'une façon générale les tuberculeux pulmonaires s'aggravent au bord de la mer, sauf dans quelques stations où ils guérissent, il faut les envoyer dans ces stations à l'exclusion de toutes les autres où ils s'aggravent.

M. D'ESPINE. — Le traitement, institué à Arcachon, de la prétuberculose et de la tuberculose a subi une évolution intéressante, en passant de la cure forestière à la cure marine.

L'accoutumance de l'organisme est la condition *sine qua non* du passage de la cure douce à la cure forte.

Nous avons obtenu à Cannes, à l'Asile Dollfus, par l'endurcissement progressif, de pouvoir cet hiver baigner tous nos malades dans la mer tous les jours.

Il faut naturellement individualiser, et ce que l'on peut faire à Cannes ne peut se faire dans les sanatoriums maritimes de l'Océan. Mais n'y a-t-il peut-être pas un peu de timidité à ne commencer les bains de mer qu'en juin ou juillet, comme l'indiquent la plupart des sanatoriums maritimes, et à se priver ainsi, pendant un temps très long, de l'hydrothérapie maritime, adjuvant puissant de l'aérothérapie ?

Je viens de visiter le sanatorium de Pen-Bron, où l'exclusion des enfants atteints de tuberculose pulmonaire est absolue, et rappelle les expériences du Dr Cristofini à Saint-Trojan.

M. GUINON. — C'est une joie pour moi de recueillir l'approbation de mes confrères, et d'autant plus grande que ce n'est pas sans de longues hésitations que j'acceptai d'écrire ce rapport. Je n'avais pour me diriger que mon expérience personnelle, mes voyages et mes visites, mes conversations avec les confrères de telle ou telle station. Quand je voulus me documenter, je fus terrifié par les contradictions de mes devanciers, et j'aurais estimé la tâche au-dessus de mes forces si je n'avais eu comme fil conducteur le beau livre de M. Lalesque à qui j'ai fait tant d'emprunts avoués ou non ; et par un injuste retour, voilà que j'ai critiqué et discuté son opinion sur beaucoup de points ; mais ce ne sont que critiques de détails portant sur certains points de pratique, et je me garde bien de contester ses résultats. Si ma manière tend à différer de la sienne, c'est que je n'ai pu, comme lui, suivre la progression qui l'a conduit à sa méthode actuelle, et peut-être aussi affaire de tempérament.

Je remercie M. Legrand de son approbation. J'avais déjà tiré parti de son remarquable rapport au Congrès de Biarritz qui me confirmait dans l'opinion que cette station ne convient pas à la cure de la tuberculose pulmonaire et j'adopte pleinement son expression de Biarritz : Berck du Midi. J'attache une très grande importance à la déclaration de M. Cristofini ; quand je le vis il y a quelques années, au début de son installation à Saint-Trojan, je lui avais demandé d'étudier l'influence de ce climat sur la tuberculose pulmonaire et l'adénopathie bronchique, me promettant de lui en fournir l'occasion ; les résultats qu'il nous apporte me donnent une grande déception, car j'avais fondé de grandes espérances sur ce climat qui me semblait favorisé par les dispositions locales, et, avant de les accepter absolument, je demande instamment à M. Cristofini de multiplier ses observations et de les publier.

M. Festal. — En réponse à Lalesque je dirai que mes appréhensions de début ont été les mêmes que les siennes ; comme lui je subissais l'influence despotique d'une tradition qui nous représentait la cure forestière comme la seule efficace, la cure marine étant, au contraire, pleine de dangers sans nombre. Mais je n'en suis pas arrivé encore, dans cette voie, aussi loin que lui ; ce n'est pas avec la même ardeur d'apôtre que je généralise ce procédé de cure ; j'avance avec plus de timidité, peut-être par tempérament.

En pratique je place d'abord mes malades en observation, je prépare leur acclimatement, je leur impose en général la cure forestière pendant une période que j'étends d'ordinaire à la première semaine de leur séjour.

Ce faisant, je crois établir pour eux une assez grande différence entre le climat nouveau qu'ils trouvent ici et celui qu'ils ont quitté pour venir dans notre station ; il me paraît que l'atmosphère forestière est assez mitigée d'air marin pour que, du fait de son arrivée à Arcachon, un malade puisse être considéré comme déjà soumis à la cure mixte.

Cette première étape franchie je passe à la cure marine que je règle avec méthode et progression. Il y a avantage à ne point heurter de front des préventions encore assez répandues contre l'influence de la mer.

En n'allant pas trop vite on laisse la confiance venir aux malades peu à peu; tout naturellement, outre qu'on les aguerrit contre le mal de mer possible, bien que rare, sur notre baie paisible. Or ce malaise peut gêner la cure et la faire prendre en horreur à certains malades.

Si je voulais conclure je dirais qu'à mon avis la vérité réside entre l'opinion d'avant-garde si chaudement défendue par mon ami Lalesque et que vient d'appuyer le professeur d'Espine, et celle, beaucoup plus timide, qu'a formulée tout à l'heure le Dr Cristofini. Ce dernier, conformément au vœu de Guinon, s'avancera-t-il plus hardiment dans la voie de la cure marine? Les premiers en arriveront-ils à constater que leur ardeur néophytique les a entraînés peut-être un peu trop loin? Il sera fort intéressant de voir se préciser d'une façon rigoureuse cette indication climatique de haute portée au fur et à mesure que verront le jour de nouvelles études sur ce sujet.

Avant de terminer je tiens à mettre en relief le paragraphe suivant du si remarquable rapport de Guinon :

« Aux revendications de quelques médecins pour les plages du Nord nous répondrons nettement : Non ! On y a vu des tuberculeux guérir, c'est possible; il y en a qui guérissent partout, malgré tout. Mais ce n'est pas là une base pour une méthode thérapeutique. On nous dit qu'avec des précautions on peut réaliser les éléments de la cure ; mais pourquoi choisir un climat inhospitalier, alors que tant de stations offrent des avantages réels sans ces inconvéniens? Nous chercherons donc ailleurs.» (*Rapport Guinon, page 84.*)

J'y trouve toute une profession de foi susceptible d'être élargie et généralisée ; c'est la critique judicieuse de cette tendance naturelle qui pousse l'esprit humain à systématiser : autrefois tous les tuberculeux étaient dirigés vers les climats chauds parce que certains y avaient trouvé la guérison; la réaction est venue, et elle a dépassé le but, le jour où les stations d'altitude ont revendiqué pour elles tous les phtisiques. Oui, ces malades peuvent guérir et guérissent dans la montagne *malgré le froid et malgré la neige.*

Est-ce à dire qu'on doive accorder au froid et à la neige le rôle d'éléments essentiels, fondamentaux, indispensables, alors qu'au début on les tolérait simplement, qu'on plaidait en leur faveur les circonstances atténuantes ? A mon sens poser la question c'est l'avoir déjà résolue.

Une pareille conception erronée est dangereuse; il est de notre devoir d'en signaler les inconvénients ; parlant des stations d'altitude aussi bien que des plages froides, inhospitalières du Nord, je dirai, avec Guinon, que nous devons nous efforcer d'éviter à nos malades les dangers et jusqu'aux inconvénients de la cure ; il faut d'abord sauvegarder rigoureusement les éléments essentiels de cette cure, *l'air pur* en atmosphère marine ou en altitude, suivant les cas; donnons-leur donc cet air pur, *fût-il froid*, mais si nous pouvons — tout en restant fidèles jusqu'à l'intransigeance à cette impérieuse et primordiale nécessité — leur fournir cet air à la fois pur et tiède, agréable et sain, pourquoi ne pas accroître ainsi leur bien-être et, du même coup, leur faire accepter plus volontiers l'obligation de cette cure longue et monotone? Physiquement et moralement ils y trouveront du profit.

Toute cette doctrine de sage, rationnelle et opportuniste climatothérapie me semble contenue dans le paragraphe que j'ai cité du rapport en discussion.

M. Cazaux. — J'ai lu avec grand intérêt et profit le rapport de M. Guinon, si documenté et si sage dans ses déductions médicales.

Au sujet de la pression barométrique, il s'est refusé à adopter l'opinion de plusieurs auteurs (Badaloni, Cazin, etc.) qui ont voulu attribuer à la pression maxima l'augmentation des globules sanguins et de l'hémoglobine.

M. Guinon a eu raison : ces globules peuvent bien augmenter chez les convalescents, les anémiques, comme ils augmenteraient dans un habitat quelconque chez un sujet en train de se refaire.

Mais l'accroissement des hématies est essentiellement fonction de l'altitude. C'est surabondamment démontré par les expériences de Jourdanet, Paul Bert, Viault, Seiler, Miescher, Regnard et bien d'autres. A mesure qu'on s'élève au-dessus du niveau de la mer, les globulins pullulent dans le sang et s'imprègnent d'hémoglobine ; celle-ci à son tour fixe de l'oxygène et maintient ce gaz au taux presque constant nécessaire aux échanges intimes.

C'est là un fait physiologique : en présence de la raréfaction de l'air et de la moindre tension de l'oxygène, la nature intervient pour compenser cette faible tension et elle accroît le nombre des hématies d'autant plus que l'on s'élève davantage. Je crois donc qu'il faut laisser à la montagne un effet qui lui est propre et qui caractérise son mode d'action.

COMMUNICATIONS

—

L'OZONOTHÉRAPIE

Par le Docteur J.-A. RIVIÈRE

—

Gaz incolore, d'une odeur alliacée, d'un goût de chair de homard, l'ozone est envisagé par les chimistes actuels comme un état allotropique de l'oxygène, avec systématisation différente du groupement atomique des molécules. C'est, pratiquement, un oxygène tri-condensé et suractivé par le potentiel électrique ; les phénomènes de combustion que l'ozone fournit industriellement sont environ trois fois plus vifs que ceux de l'oxygène. La formule générale de l'ozone est 3 ou plutôt ooo. Rien d'étonnant, par conséquent, de le voir attaquer les ferments organiques oxydables, détruire les miasmes microbiens ; l'action désinfectante n'est-elle pas le corollaire habituel du pouvoir oxydant ?

C'est à l'ozone qu'est dû, en grande partie, le caractère bienfaisant de l'air des altitudes et de l'air marin, l'accélération respiratoire, la régularisation circulatoire, la stimulation nerveuse, la suppression des miasmes putrides qui en dérivent en climatothérapie. Ce sont surtout les vents soufflants de la mer sur les côtes, en temps d'ouragans et de bourrasques, qui semblent développer le plus d'ozone.

Van Bastelaer a démontré que l'agglomération annule constamment l'ozonisation atmosphérique. C'est pourquoi les villes populeuses renferment si peu d'ozone, tandis que l'air des campagnes en est toujours pourvu. Lorsqu'il a passé sur une grande ville, l'air le plus riche en ozone n'en renferme plus : il a été, apparemment, utilisé pour un rôle providentiel d'oxydation et de combustion organique.

C'est au printemps que l'on relève, habituellement, les titres ozonométriques les plus élevés dans l'atmosphère. Ainsi peut s'expliquer le pouvoir vitalisateur de cette saison et l'activité de ses effluves sur la sève animale aussi bien que sur la sève végétale.

Enfin, on observe d'une manière certaine et constante que les papiers réactifs les plus sensibles de l'ozonoscopie ne décèlent aucune trace d'ozone dans les endroits où l'air est confiné, ou habituellement souillé d'émanations : salles de réunion, hôpitaux, égoûts, rues de grandes villes, etc...

Depuis sa découverte, en 1840, par Schönbein (qui lui donna son nom à cause de son odeur (ozéo, je sens) et le considéra comme de l'oxygène *à l'état naissant* (1), on a reconnu que l'ozone était produit, en très grandes quantités, par les conifères, dont les sécrétions résineuses, riches en huiles essentielles empyreumatiques, jouent probablement un rôle *d'action de présence* (analogue à celui de la mousse de platine), pour la condensation de l'oxygène atmosphérique sous forme d'O^3.

Quoi qu'il en soit, c'est à l'ozone venu du large et à celui qu'engendrent les essences forestières de sa cité d'hiver, qu'Arcachon doit la richesse signalée et incomparable de son air en ozone : $5^{mm}515$ par 100 mq., d'après les observations de Duphil.

Il est avéré que ce surcroît important d'oxygène condensé agit ici comme le plus précieux des stimulants sur tous les échanges nutritifs : inspirations plus profondes, perspiration cutanée et diurèse plus marquées, prolifération notable des hématies, augment tangible de la puissance musculaire, reminéralisation générale, amélioration prononcée de tous les échanges moléculaires métatrophiques (tout cela indépendamment, bien entendu, des bains de mer et même de l'exercice), tels sont les résultats, constatés à Arcachon, par nos savants confrères Festal, Vale, Lalesque et Dechamp.

La raréfaction remarquable des germes est également la conséquence et l'avantage de tous les climats ozonisés. C'est pourquoi toutes les infériorités constitutionnelles, langueurs nutritives, ralentissements trophiques, oxydations en baisse, etc., sont justiciables de l'ozonothérapie. La chloro-ané-

(1) Foveau de Courmelles et A. Robin attachent, à juste titre, une action considérable aux corps qui sont à l'état naissant.

mie, la scrofulo-tuberculose, les névropathies à forme dépressive ou torpide, le rachitisme, l'obésité, le diabète et d'autres dystrophies, la phosphaturie, l'azoturie, les dyspepsies gastro-intestinales rebelles aux traitements et aux régimes, trouvent, dans l'ozonothérapie rationnelle, un soulagement rapide et une fréquente guérison.

Grâce à sa stabilité des plus précaires, l'ozone a, sur l'organisme vivant et principalement sur les hématoblastes, l'action oxydante la plus énergique. C'est, littéralement, un régénérateur des poumons et un revivifiant du liquide sanguin, lorsqu'on sait (en imitant la nature) l'employer à l'état de dilution faible.

Le bilan des cures annuelles de l'ozonothérapie rationnelle obtenues chez les chloro-anémiques, les prétuberculeux et les phtisiques non éréthiques, les coquelucheux rebelles, les adénopathiques, les asthmatiques, les emphysémateux, par notre excellent confrère et ami M. le docteur Besançon, est d'ailleurs des plus probants.

L'ozone joue, dans la santé publique, un rôle météorique important, bien que mal défini et parfois contesté : sa présence n'est-elle pas l'indispensable témoignage de la pureté atmosphérique ?

Les récentes expériences de Smirnoff ne prouvent-elles pas que l'ozone transforme les agents virulents en agents d'immunisation, action visible lorsqu'on observe sur le bacille pyocyanique et sur le bacille de Löffler principalement ?

Je sais bien que la plupart des auteurs (entre autres notre éminent confrère le docteur Foveau de Courmelles, qui a traité, avec un vrai talent, la question de l'ozone atmosphérique) ont noté l'augmentation des cas d'influenza, parallèle à l'accroissement de la quantité d'ozone dans l'air. Mais il faut remarquer, d'une part, que les grandes perturbations atmosphériques (et notamment les mouvements tournants des vents) donnent naissance constamment à de grandes quantités d'ozone. D'autre part, l'humidité marquée est l'indispensable condition de l'hyperozonoscopie atmosphérique. Ces conditions progressives sont parallèles : l'ozone et la grippe en dépendent, sans qu'il y ait, suivant nous, rapport démontré de causalité. L'ozone n'a vis-à-vis de la grippe que le rôle prophétique, le rôle de témoin, si l'on veut.

La grippe est, comme nous l'avons souvent dit, une manifestation rhumatoïde, où l'humidité de l'air est la condition étiologique primordiale : l'ozone monte avec l'hygromètre, voilà tout. Du reste, combien d'observateurs déclarent, avec Boeckel, que la déficience d'ozone dans l'air coïncide habituellement avec la langueur vitale des êtres animés et le développement des aptitudes aux affections septiques et zymotiques ! C'est ainsi que la malaria coïncide toujours avec le minimum d'ozone dans l'atmosphère (Ireland, etc...).

Il y a plus de cinquante ans que Scoutelten a démontré (dans de célèbres expériences nosocomiales), la valeur désodorisante de l'ozone, due à son pouvoir destructeur énergique de l'hydrogène sulfuré, de l'ammoniaque et des carbures d'hydrogène oxydés par le gaz. A notre époque, d'Arsonval et bien d'autres auteurs ont prouvé la valeur bactéricide de l'oxygène allotropique, qui s'incorpore au protoplasma bacillaire des germes et des ferments virulents, pour l'annihiler ou pour transformer ses toxines. L'épuration des eaux potables, proposée théoriquement par l'illustre Tyndall et réalisée, dernièrement, par Rietsch, Otto et Marmier, n'est qu'une ingénieuse étape d'application de ces propriétés antimicrobiennes. L'ozone consomme la nitrification instantanée des matières organiques et transforme en acide sulfurique les acides sulfureux et sulfhydrique ; ce qui est bien précieux.

D'après Hyacinthe Kuborn, la présence régulière de l'ozone dans l'atmosphère d'une localité constitue le plus sûr indice de salubrité, de même que l'absence régulière de ce gaz doit la rendre suspecte. D'après Foveau de Courmelles, par l'excès d'ozone, nous nous consumons trop vite (pyrexies, influenza) et par l'absence d'ozone, nos combustions sont trop lentes, nos fonctions s'accomplissent mal, notre nutrition s'encrasse, notre circulation devient mauvaise, notre sang anémique.

Dans une ancienne et ingénieuse théorie, His et Schonbein donnaient aux globules rouges du sang le surnom d'*ozonophores* (en allemand *ozonträger*) et démontraient que l'oxyhémoglobine fournissait toutes les réactions de l'ozone, qu'elle accapare et monopolise, par une condensation probable de l'oxygène accumulé comme dans la mousse de platine, par exemple. Quoi qu'il en soit de cette théorie physiologique, il est plus que probable que, dans les mutations organiques incessantes que subit notre trophisme régulier, l'ozone du sang doit jouer un rôle de tout à fait premier ordre ; cette opinion est, du reste, celle de savants comme Hoppe-Seyler et Gorup-Besanez, dont les travaux font autorité.

En faisant proliférer les hématies, l'ozone accroît la fibrine du sang (Ireland) et diminue la leucocythémie (Barlow). C'est pourquoi les climats ozonisés sont si précieux aux chlorotiques, aux lymphostrumeux, aux leucémiques, à tous ceux qui ont besoin de raviver leur chaleur animale, d'enrayer leur désassimilation, d'équilibrer leur urée, de remédier à des combustions insuffisantes. L'ozone accroît l'acidité urinaire, tout en retenant les phosphates : il agit un peu, dit Ritter, à la façon de la marche prolongée dans un air pur. C'est pourquoi l'ozonothérapie a été, de tout temps, chaudement recommandée aux goutteux, arthritiques, hépatiques, graveleux, diabétiques, albuminuriques, qui ont besoin de favoriser le tirage de leurs combustions normales.

Un des grands avantages de l'ozone, c'est que, tout en enrichissant le sang et en activant la circulation, il agit comme un sédatif hypotenseur, régularisant la pression artérielle : c'est ce qui le rend si précieux, à mon avis, dans la période prémonitoire de l'artériosclérose chez les surmenés et les intoxiqués du milieu urbain.

L'ozonothérapie dégage la poitrine, excite l'appétit, concilie un sommeil rafraîchissant, provoque dans la journée un besoin plus impérieux d'activité, brûle les hétérogènes du sang (acide urique, glucose, etc.), exalte la sphère intellectuelle et sollicite une sensation étrange d'euphorie et de bien-être organique. Chez les tuberculeux, on observe constamment le soulagement prononcé de la dyspnée, l'apaisement et la diminution de la toux, la suppression de l'anorexie et des vomituritions. Pour pouvoir continuer à faire profiter longtemps les malades de ces bénéfices palliatifs et curatifs, il suffira d'éviter les fortes doses, surtout au début, et de se méfier de leur puissance incendiaire. On peut être plus hardi dans la thérapeutique de l'emphysème, de la dilatation bronchique, des toux nerveuses ou spasmodiques, des suffocations ou oppressions dues à des reliquats d'exsudations pleuro-pneumoniques. Enfin on peut (et même on doit) recourir aux doses maxima dans l'asphyxie oxycarbonée, les intoxications par la morphine, l'alcool, la nicotine, etc. L'ozonothérapie mitigée et intermittente convient aux épuisés du système nerveux, aux migraineux et aux névralgiques, aux névropathes post-opératoires, etc...

Il est nécessaire, pour ne pas nuire, d'employer toujours, comme l'exige à bon droit notre savant confrère Labbé, un gaz chimiquement purifié de tout produit nitro-phosphoré et de ne jamais dépasser, comme dose maxima, un milligramme d'ozone pour dix litres d'air, l'inhalation ayant lieu 15 à 20 minutes, une ou deux fois par jour, de préférence avant les repas. C'est par cette méthode que l'on relève le plus efficacement l'activité des échanges et que l'on enrichit le mieux l'hématose en favorisant la régression des processus morbides et la stimulation de la nutrition élémentaire (travaux de D. Labbé, Butte, Bordier, etc., pour ne parler que des Français).

Les appareils que j'utilise personnellement dans ma pratique spéciale fournissent un rendement régulier, un débit constant d'ozone extra-pur, oxygène transformé et condensé directement. J'ai toujours observé (en évitant les doses congestives, capables d'entraîner l'hémoptysie ou la défaillance cardiaque), l'innocuité parfaite de ces inhalations et les améliorations puissantes qu'elles déterminent, principalement en augmentant la capacité pulmonaire et la richesse hématique. Cet *air de luxe* dont parlait Priestley devient un médicament à l'état naissant, dont l'activité, électriquement dynamisée, s'irradie en quelque sorte dans les poumons, revivifie les alvéoles, y détruit les germes dits pathogènes. C'est pourquoi l'oppression et les purulences se modifient si vite, en même temps que certaines lésions se cicatrisent. J'ai constaté aussi, comme Moutier, la disparition de l'enrouement professionnel des chanteurs et des orateurs et le perfectionnement de leurs cordes vocales. Dans les anciennes pleurésies à fausses membranes, les infiltrations scléreuses des poumons, le catarrhe bronchique, les pharyngo-laryngites, les rhinites chroniques avec anosmie, l'asthme sans lésion cardiaque, j'ai constaté, toujours par l'ozone, l'action résolutive des exsudats et adhérences, l'ampliation pulmonaire augmentée, la disparition des sécrétions torpides et de la dyspnée qui en résulte, la remarquable stimulation imprimée au champ respiratoire. Dans la coqueluche, nos résultats concordent avec ceux de Derecq, Oudin, Bergeron, etc., diminution du nombre, de la durée et de l'intensité des quintes, retour de la gaîté et de la santé des enfants.

A part les états inflammatoires, phlegmasiques et pyrétiques, qui sont des contre-indications à l'ozonothérapie, il faut conseiller la méthode à tous les dyscrasiques, surmenés, inappétents, convalescents, etc. ; la conseiller aussi contre les affections chroniques des voies respiratoires, les malaises du sang et les dyscrasies constitutionnelles.

LES CARDIOPATHIES EN CURE MARINE

Par le Dr F. LALESQUE

Membre correspondant de l'Académie de Médecine.

—

Depuis quelques années, le champ de la thérapeutique par la mer tend à s'accroître. La cure marine, longtemps limitée à l'anémie, à la scrofule, aux tuberculoses locales, s'est, par un retour aux pratiques anciennes, emparée de la tuberculose pulmonaire. Le cœur, à son tour, semble devenir tributaire du climat marin. Cette conception, de date récente, paraît prendre corps.

M. Huchard pensait, il y a quelques années, que, d'une façon générale, on doit défendre le bord de la mer aux cardiaques. Depuis il a gardé son opinion première, en la modifiant toutefois dans son exclusivisme (Fiessinger). Dans son rapport au Congrès de Nice il disait : « J'ai constaté que les malades atteints de lésions mitrales peuvent indéfiniment se prolonger en venant chaque année faire dans notre climat leur cure climatique hivernale, tandis que des malades qui, après 1 ou 2 ans de cure, cessent de venir passer l'hiver dans nos stations hivernales et restent renfermés dans les grands centres, meurent rapidement. »

Le Professeur Renaut, intervenant dans la discussion de ce rapport, approuvait sans exceptions les conclusions de M. Huchard. Selon lui, le climat est un véritable médicament pour le cardiopathe, à la condition que le climat soit stable, uniforme, incapable de donner des à-coup circulatoires, des changements brusques de tension. Ces caractères, ces conditions le climat marin atténué les possède, les réalise. Poursuivant son exposé, le Prof. Renaut montre l'importance des agents climatiques sur le cœur périphérique dont il démontre le rôle prépondérant. Notre maître s'exprime en ces termes : « Avec Huchard je soutiendrai toujours que telle condition qui assurera le calme et la régularité des circulations périphériques sera la condition majeure ou de maintien ou de restauration de la fonctionnalité normale du système cardio-vasculaire entier. Rien, à mon sens, ne sera bon pour le cardio-vasculaire de ce qui, brusquement, par à-coup et pour des périodes constamment mouvantes et changeantes, suscitera des variations rapides et intenses dans les territoires vasculaires de sa périphérie. Tout ce qui concourra au maintien de la régularité de la circulation dans ces mêmes territoires lui sera au contraire favorable. Et, comme on peut dire que toutes les variations du débit des artères directement accessibles aux grandes causes externes — chaleur, lumière, état hygrométrique de l'air, pression atmosphérique— *sont fonctions des variations du climat*, on peut dire que le cardiopathe, c'est-à-dire l'être entre tous vulnérable à ce point de vue, vivra bien dans un climat clément et constant, mal dans un climat extrême, ou dur et variable. »

Un an avant, au Congrès de Biarritz, M. Ch. Fiessinger avait présenté un rapport sur cette question. L'auteur, non sans succès, tentait de préciser les formes cardiopathiques justiciables ou non du climat marin, citant trois malades de ma clientèle auxquels la cure marine fut favorable.

Aujourd'hui, mon intention n'est pas d'entreprendre une discussion de physiologie pathologique, qui serait cependant des plus intéressantes, mais, simplement, et pour prendre date, de publier trois observations d'affections mitrales améliorées ou guéries en cure marine.

Observation I. — Il s'agit d'un homme de 3o ans qui, sous l'influence de la grippe, compliquée de surmenage physique, fait de l'endocardite aiguë avec myocardite, épanchement pleural et albuminurie. A l'arrivée (avril 1902) la plèvre contient encore une notable quantité de liquide, les urines portent trace nette d'albumine. Essoufflement marqué, au moindre mouvement, cœur volumineux, souffle intense et dur dans la région de la pointe, pouls irrégulier, bat à 9o au repos. Habitat immédiat sur la plage avec cure de repos absolu à la chaise longue sur la terrasse du jardin baignée par le bassin. Départ fin juillet. Le malade a fait 35 séances de cure en bateau, dont quelques-unes de 6 à 7 heures de durée. L'épanchement pleural a disparu, la dyspnée n'existe plus, le cœur est très diminué de volume et d'impulsion, le pouls régularisé ne bat plus qu'à 8o après la marche. L'amélioration était donc notable, je ne sais si elle s'est maintenue.

Observation II. — Garçon de 17 ans, fils d'un confrère de l'Anjou. Au cours d'une crise de rhumatisme poly-articulaire aiguë est atteint d'endocardite mitrale qui laisse le cœur gros, avec un souffle pré-systolique et systolique intense, à la pointe, avec frémissement de la paroi perçu à la main et pouls irrégulier, intermittent à 100.

Fait un séjour d'un an, avec habitat dans la ville d'automne et sorties fréquentes en mer. Au départ le souffle se perçoit dans un périmètre beaucoup moindre ; il a perdu son intensité, sa violence, son timbre dur ; est remplacé par un souffle très doux, musical, limité à la pointe avec propagation vers l'aisselle. L'essoufflement a disparu, le malade peut marcher à une allure vive sans être incommodé ; la paroi précordiale ne frémit plus ; le pouls régulier oscille entre 75 et 8o.

Depuis dix ans je n'ai pas revu le malade, mais je sais, par la correspondance de son père, que l'amélioration s'est transformée en guérison et que notre malade est aujourd'hui un de nos confrères.

Observation III. — Relative à un jeune sujet anglais de 15 ans. Son histoire est la reproduction de l'observation précédente. Rhumatisme polyarticulaire aigu, endocardite, grosse lésion mitrale avec augmentation considérable du cœur, souffle mitral dur, rugeux, pouls intermittent, irrégulier, etc. Ce n'est pas sans appréhensions que la famille accepte, sur les conseils de son médecin anglais, de conduire le malade à Arcachon, à cause du voisinage de la mer. Il séjourné un an, habitat au bord de la mer, fait des sorties en bateau. Pendant l'été il passe toutes ses journées sur le Bassin. Il part totalement guéri ou peu s'en faut. A peine vers la pointe perçoit-on encore un léger bruit de souffle très doux avec un cœur de volume presque normal. Non seulement la marche prolongée est possible sans dyspnée, mais même certains sports tels que le golf, le tennis, le cheval à allures douces.

Le matin le pouls régulier bat à 70, après les exercices à 75. Le médecin de ce malade, qui est aussi son oncle maternel, venu huit jours avant le départ d'Arcachon, fut surpris du résultat obtenu.

Depuis un an le résultat ne s'est pas démenti, en Angleterre.

Comme je l'ai dit en commençant je veux me borner à ce simple exposé de faits.

DISCUSSION

Dr HUCHARD. — Jusqu'à ce jour on n'osait pas envoyer les cardiaques à la mer, et l'an dernier j'ai voulu, dans mon rapport à Nice, réagir contre cette opinion exclusive. Le problème peut être résolu par quelques mots : autant les cardiaques atteints d'éréthisme cardiaque doivent être éloignés du littoral méditerranéen et du littoral atlantique, autant ils doivent être dirigés vers Arcachon. En un mot, l'indication d'Arcachon dans les maladies du cœur c'est *l'éréthisme cardiaque* qui se rencontre incidemment dans cinq cas différents : chez les jeunes gens à l'époque de leur croissance, dans le cours de l'insuffisance aortique, du rétrécissement mitral, de la néphrite interstitielle et de la sclérose cardio-rénale, du goître exophtalmique.

D^r DE BATZ. — Je demande à ajouter aux affections cardiaques signalées par M. Huchard comme justiciables d'Arcachon, certaines formes de grippe cardiaque.

Dr MONGOUR. — M. Huchard, dans sa communication, ne parle pas de guérisons de cardiopathies, mais reconnaît que les cardiaques éréthiques bénéficient ou peuvent bénéficier du séjour à Arcachon. M. Lalesque, au contraire, nous rapporte deux cas de guérisons de maladies mitrales, guérisons radicales, complètes. Je demande à M. Lalesque ce qu'il entend par guérison ; veut-il parler d'une simple amélioration fonctionnelle plus ou moins prolongée, ou d'une véritable guérison organique ?

Dr Lalesque. — Le climat pas plus qu'un médicament ne donne à lui seul la guérison fonctionnelle ou organique. Nous savons que chez les adolescents les graves lésions cardiaques post-rhumatismales, post-grippales s'améliorent et guérissent encore assez souvent d'elles-mêmes.

Je pense que pour mes deux derniers malades le climat marin atténué a facilité, hâté cette réparation, pour les considérations rappelées dans ma communication.

M. Mongour me demande si mes malades ont la guérison organique ou fonctionnelle ? Guérison organique, absolue, non, puisque mes malades avaient encore des bruits anormaux, très légers à l'auscultation ; guérison fonctionnelle, oui, puisque mes deux malades ont pu reprendre la vie commune, l'existence des gens de leur âge, l'un depuis dix ans (il est maintenant médecin), l'autre depuis un an.

Pr Renaut. — A la fin de cette discussion je tiens à dire pourquoi, à mon sens, un certain nombre d'affections cardiaques de l'enfance sont en réalité curables : ceci non pas au point de vue purement et simplement fonctionnel, mais même au point de vue lésionnal. Au contraire chez l'adulte il est assez douteux que les lésions organiques puissent se restaurer.

La raison de ce fait peut être trouvée dans ce que : 1° au point de vue valvulaire les déformations sont comparables à celles de tout le reste du tissu fibreux, c'est-à-dire non susceptibles de réparation ;

2° Au point de vue myocardique les fibres musculaires, une fois très fortement lésées, n'ont pas de grande tendance à réagir.

Chez l'enfant il en est autrement. Le cœur grandit, et parfois double le volume qu'il avait alors que survint la lésion. Il grandirait même, si l'on en croit Martin Heidenhain, en *amplifiant purement et simplement les dimensions de ses parties*. Il multiplie donc ses fibres, — probablement par fissuration, mais il étend aussi ses valvules, bien que même déformées. Si l'on fait exécuter ce travail de métabolisme dans de bonnes conditions, on aura des chances d'avoir chez l'adulte un cœur qui n'aura pas fait sa croissance en présence d'obstacles à son fonctionnement, et qui, par suite, aura des chances aussi d'avoir perdu certains vices de constitution de forme, sur la route de son développement.

Dr Huchard. — Je ne croyais pas à la guérison organique des maladies du cœur ; j'y crois maintenant depuis que j'en ai constaté des cas indéniables. Mais, si l'on veut obtenir cette guérison, il faut bien que le médecin sache que celle-ci s'obtient seulement et surtout dans l'endocardite infantile, à la condition d'adresser les jeunes malades aux eaux de Bourbon-Lancy de 4 à 8 mois au plus après la crise rhumatismale. Je profite de cette occasion pour bien indiquer la spécialisation des eaux minérales pour cardiaques en France : *Bourbon-Lancy* pour les cardiopathies rhumatismales, Bourbon-Lancy où Curie vient de constater des quantités considérables d'argon et d'hélium, ce qui explique les vertus vraiment remarquables de ses eaux et ses grandes propriétés radio-actives ; *Evian* pour les cardio-

pathies artérielles ; enfin *Royat* pour les cardiopathies avec tendance à
l'hyposystolie, à la dilatation cardiaque, états très améliorés par les bains
carbo-gazeux dont l'action physiologique et thérapeutique vient d'être étudiée si complètement par mon ancien interne M. Mougeot (de Royat) dans
sa récente thèse inaugurale.

ARCACHON COMME STATION HIVERNALE
DES CARDIAQUES

par le Docteur CARAMANO (de Marseille).

Membre correspondant de la Société de thérapeutique de Paris.

« L'influence des climats sur toutes les cardiopathies, qu'elles soient valvulaires ou artérielles, est très importante et il faut toujours se rappeler
que seuls conviennent les climats tempérés ni trop chauds ni trop froids. »
(Huchard, Thérap. Robin, fasc. X.)

Pour les cardiaques valvulaires ou artériels, le climat joue un rôle prépondérant dans la thérapeutique.

Il est démontré plus d'une fois combien les éléments climatiques peuvent
agir sur l'état d'un cardiaque. Nous-même, nous avons pu observer pendant
les mois d'été des myocardes fléchir, chez des malades qui, jusque-là, étaient
dans un bon état de compensation ; car la chaleur, en dehors de son action
sur la diurèse qu'elle diminue incontestablement, agit surtout indirectement sur le myocarde, qu'elle oblige à un travail exagéré, pour faire parvenir une plus grande quantité de sang à la périphérie, afin que l'organisme perde le surplus des calories.

En second lieu les vents ont une action néfaste chez les cardiaques et surtout chez les angineux qu'ils exposent à des crises d'angor.

La pression atmosphérique qui dépend de l'altitude agit plus ou moins
défavorablement sur les cardiaques, aussi le séjour aux altitudes supérieures à 100 mètres doit être évité.

L'humidité, le froid, les changements brusques de la température ont
un effet désastreux sur nos malades, car ils exposent à la vaso-constriction
plus ou moins permanente, qui oblige le cœur à un plus grand effort.

En dehors des éléments atmosphériques, la situation géographique d'une
ville doit être prise largement en considération. Il ne suffit pas de conseiller à un cardiaque le séjour dans le midi de la France, en hiver, ou le contraire en été, sans se soucier si la ville que notre malade va choisir se trouve
au bord de la mer ou à une distance de quelques mètres.

Notre maître M. Huchard a bien démontré dans son magistral rapport au premier Congrès de climatothérapie, combien le séjour au bord de la mer est désastreux pour un grand nombre de cardiaques, entrés dans la période de non-compensation ou d'asystolie.

Nous n'entrerons pas dans la discussion détaillée des indications et contre-indications du séjour auprès de la mer des cardiaques, M. Huchard les ayant tracées plus d'une fois.

Nous désirons seulement parler de la station hivernale d'Arcachon, qui, à notre point de vue, remplit toutes les conditions favorables pour le séjour des cardiaques.

Chez trois de nos malades (deux artériels, un valvulaire), le séjour de quelques mois pendant l'hiver à Arcachon a merveilleusement réussi.

La petite ville d'Arcachon, avec ses nombreux chalets suisses, ressemble à un joli parc ; le calme règne dans cette forêt de pins maritimes, où l'air pur et parfumé par l'arôme des jardins fleuris produit, en dehors de l'effet physique, un effet moral salutaire à nos malades.

A l'abri du vent, des changements brusques de température (température moyenne 8⁰-13⁰), le malade profite et son cœur se repose.

En dehors de ces avantages climatiques, nos cardiaques tirent un avantage considérable de ce que Arcachon est loin d'être la ville des théâtres, des casinos et de l'agitation mondaine.

Arcachon doit être considéré comme un sanatorium naturel non seulement pour les tuberculeux, les bronchitiques, les anémiques, etc., mais aussi pour les cardiaques, qui y trouveront, dans la vie de repos et de calme, le calme et la régularité de la circulation.

Nous concluons, en terminant cette courte communication, en disant que Arcachon est une des stations dans lesquelles le médecin, soucieux de ses malades, trouvera tout ce qu'on peut désirer de ce grand remède qu'on appelle la nature.

NOTE SUR LA VARIATION DE LA TENEUR EN HÉMOGLOBINE DU SANG DES MALADES EN TRAITEMENT A ARCACHON

par le Dr de BATZ, d'Arcachon.

—

J'ai recherché les modifications que subit, sous l'influence du climat d'Arcachon, la quantité d'hémoglobine contenue dans le sang des malades en traitement dans cette station climatique.

Ce que l'on peut appeler la *teneur normale* en hémoglobine du sang, d'après Hénocque, varie entre 13 et 14 p. 100 chez l'homme de 20 à 50 ans et entre 12 à 13 p. 100 chez la femme dans la même limite d'âge. Elle peut cependant, dans les deux sexes, s'abaisser à 11, 5 p. 100 et même 11 p. 100 sans qu'il se produise aucun trouble notable dans l'organisme. Il convient même de noter que, chez la plupart des habitants des villes, vivant dans une atmosphère plutôt impure, la teneur ne dépasse pas 13 p. 100.

Nombre d'appareils ont été établis pour pratiquer le dosage de l'hémoglobine du sang, aucun d'eux ne donne de valeur absolue.

Cependant un même observateur utilisant toujours les mêmes appareils, dans les mêmes conditions, et ayant ainsi une erreur instrumentale et une équation personnelle toujours du même sens, en retirera des *valeurs relatives absolument comparables entre elles*.

Je me suis servi de l'hémochromomètre de Malassez, véritable colorimètre reposant sur la comparaison d'un étalon normal en verre coloré et d'une solution d'hémoglobine vue sous une épaisseur variable.

J'eusse pu également employer l'hématoscope de Hénocque, mais le Dr Labbé ayant conclu de ses expériences que la méthode colorimétrique donnait des résultats absolument et toujours parallèles et identiques à ceux fournis par le premier procédé, je me suis servi de l'appareil au maniement duquel j'étais très habitué.

Lors de la recherche de la quantité d'hémoglobine, j'ai toujours opéré à la même heure (3 heures après midi) de façon à éliminer les variations diverses possibles et surtout pour pouvoir disposer l'hémochromomètre dans la même position et avec le même éclairage.

Pour chaque malade l'examen a été pratiqué de la façon suivante : une première prise de sang est examinée à plusieurs reprises séparées par un repos de une minute, de façon à laisser reposer l'œil dans l'intervalle; les résultats sont notés ; une deuxième prise de sang subit de la même façon le même examen et les résultats sont également notés; la moyenne de tous ces examens est seule retenue pour le pourcentage de l'hémoglobine.

Cette étude a porté exclusivement, sauf un cas, sur des malades atteints de tuberculose pulmonaire à diverses périodes, depuis la période de germination jusqu'à la période cavitaire exclusivement. Ces malades ont été suivis d'une façon régulière dans l'intervalle des examens pour être sûr de l'état stationnaire ou non de la maladie.

Voici les résultats obtenus :

a) Jeune homme, 20 ans.— Hémoptysie légère en novembre. Inspiration légèrement rude à gauche, pas de modification de la sonorité, pas de bruits surajoutés :

  1er Examen. — 5 janv. 1905. — Hémogl...... 10 0/0
  2e Examen. — 7 janv. 1905. — Hémogl...... 12 0/0
  3e Examen. — 27 mars 1905. — Hémogl...... 14 1/2 0/0

b) Jeune fille, 18 ans. — Submatité à gauche. Craquements secs rares :

  1er Examen. — 5 janv. 1905. — Hémogl...... 8 1/4 0/0
  2e Examen. — 15 févr. 1905. — Hémogl...... 10 0/0
  3e Examen. — 15 mars 1905. — Hémogl...... 10 0/0

c) Homme, 24 ans. — Broncho-pneumonie tuberculeuse de tout le poumon gauche. Submatité et craquements au sommet droit .

    1er Examen. — 30 déc. 1904. — Hémogl........ 6 1/4 0/0
    2e Examen. — 30 janv. 1905. — Hémogl........ 7 1/2 0/0
    3e Examen. — 15 fév.   »   — Hémogl........ 6 1/2 0/0

d) Jeune fille, 22 ans. — Infiltration tuberculeuse de la moitié supérieure du poumon gauche. Craquements humides, expectoration :

    1er Examen. — 30 nov. 1904. — Hémogl......... 7 1/2 0/0
    2e Examen. — 23 déc. 1904. — Hémogl........ 8 0/0
    3e Examen. — 23 fév. 1905. — Hémogl......... 8 3/4 0/0

A noter qu'au cours de son séjour à Arcachon la malade a eu une attaque de grippe.

e) Homme, 40 ans. — Sommet gauche période de ramollissement :

    1er Examen. — 26 nov. 1904. — Hémogl........ 9 1/4 0/0
    2e Examen. — 19 janv. 1905. — Hémogl........ 9 1/2 0/0
    3e Examen. — 24 mars 1905. — Hémogl........ 9 1/2 0/0

f) Jeune femme, 31 ans. — Craquements secs au sommet gauche, pas d'expectoration :

    1er Examen. — 20 nov. 1904. — Hémogl........ 8 3/4
    2e Examen. — 26 déc. —   — Hémogl........ 9 1/4
    3e Examen. — 14 janv. 1905. — Hémogl........ 9 1/2

g) Jeune fille, 19 ans. — Neurasthénique.

    1er Examen. — 26 déc. 1904. — Hémogl........ 9 3/4
    2e Examen. — 14 janv. 1905. — Hémogl........ 10 1/2

h) Jeune femme, 27 ans. — Craquements humides au sommet droit. Expectoration abondante :

    1er Examen. — 10 mars 1905. — Hémogl........ 7
    2e Examen. — 14 avril 1905. — Hémogl........ 8 1/2

A noter qu'en six semaines cette malade a repris près de 6 kilogr.

i) Jeune femme, 29 ans. — Hémoptysie en mars 1904. Ramollissement du sommet droit. Sueurs nocturnes :

    1er Examen. — 7 janv. 1905. — Hémogl........ 9 3/4 0/0
    2e Examen. — 25 mars 1905. — Hémogl........ 9 0/0
    3e Examen. — 10 avril 1905. — Hémogl........ 8 1/2 0/0

j) Homme, 40 ans. — Craquements humides au sommet gauche :

    1er Examen. — 20 janv. 1905. — Hémogl........ 9 0/0
    2e Examen. — 25 fév. 1905. — Hémogl........ 9 1/4 0/0
    3e Examen. — 19 avril 1905. — Hémogl........ 9 1/2 0/0

k) Homme, 23 ans. — Inspiration rude à gauche. Tachycardie :

    1er Examen. — 20 oct. 1904. — Hémogl........ 10 1/2 0/0
    2e Examen. — 15 nov. 1904. — Hémogl........ 10 3/4 0/0
    3e Examen. — 2 janv. 1905. — Hémogl........ 12 0/0
    4e Examen. — 3 mars 1905. — Hémogl........ 12 0/0

l) Femme, 42 ans. — Matité, râles humides du côté droit, expectoration abondante.

1er Examen. — 2 nov. 1904. — Hémogl.......	9 1/4 0/0
2o Examen. — 10 déc. 1904. — Hémogl.......	10 0/0
3e Examen. — 25 janv. 1905. — Hémogl.......	10 3/4 0/0

Pour tous ces malades il y a augmentation du taux d'hémoglobine dans tous les cas sauf deux. L'état précaire de ces derniers, la rapidité de marche des lésions dont ils étaient porteurs expliquent cette différence. D'ailleurs un de ces malades (cas *c*) a montré une augmentation transitoire de son hémoglobine au début du séjour à Arcachon.

Les autres cas ont régulièrement montré une augmentation notable allant de 1/2 à 4 1/2 0/0.

Quelle peut être l'origine d'une telle modification dans la quantité d'hémoglobine?

La cure de repos est nécessairement un adjuvant, en réduisant au minimum les causes de dépenses organiques, mais c'est à la cure climatique que doit être attribuée la presque totalité de cette amélioration.

Il faut, en effet, éliminer d'abord la modification de l'état général, l'hémoglobine augmentant presque tout de suite, lors même (ce qui arrive le plus souvent au début) que les signes stéthoscopiques demeurent non modifiés.

La pression barométrique, maxima au bord de la mer, influence les fonctions d'hématopoïèse en régularisant les battements cardiaques et en augmentant l'amplitude des mouvements respiratoires.

Les résultats cliniques que j'ai obtenus en examinant le sang de ces malades sont en tout comparables à ceux obtenus par différents expérimentateurs.

Pour n'en citer que quelques-uns et rapidement, MM. Labbé, dans ses patientes recherches, Derecq, Lagrange, Dommere, etc., ont noté l'augmentation de la quantité d'hémoglobine par les aspirations d'air traversant des effluves d'ozone. Porge, dans sa thèse, montre que les tuberculeux traités par des inhalations d'ozone ont une augmentation de 2 0/0 en moyenne.

La mise en parallèle et la comparaison de tous ces résultats me portent à conclure que le rôle le plus actif doit être dévolu à l'ozone contenu en quantité notable dans l'air d'Arcachon.

Cet ozone naturel n'est pas l'ozone sec obtenu en soumettant un courant d'air à l'effluve électrique et qui, à ces hautes doses, fait flamber comme un punch, si j'ose m'exprimer ainsi, l'organisme tuberculeux dont les échanges sont déjà trop actifs. Il en diffère en ce sens qu'il *est humide* et chargé de vapeurs térébenthinées émanant de la résine qui coule sur les troncs des pins et agissant déjà par elles-mêmes sur l'hématose pulmonaire.

Je rappelle en passant l'opinion de Binz pensant que ces vapeurs térébenthinées continuent de fournir de l'ozone à l'état naissant au niveau des organes d'élimination, après leur absorption dans l'organisme, ainsi que les expériences de Trillat sur la formation de l'ozone par oxydation de la térébenthine à l'air.

L'humidité de l'air ozoné contribue à éviter l'inconvénient signalé par Bordier (de Lyon) et d'autres observateurs, chez des malades inhalant de l'ozone artificiel. Je veux parler de cette irritation de tout l'arbre bronchique jusqu'en ses plus fines ramifications et pouvant aller jusqu'à produire une véritable congestion médicamenteuse. Quelques cliniciens ont également attribué certaines hémoptysies *dans les climats secs* à l'ozone.

La cure de suraération, employée avec discernement, permet au malade en traitement de profiter des diverses influences climatiques qui semblent devoir concourir à produire le résultat donné par les examens auxquels je me suis livré.

DISCUSSION

M. Cazaux. — Je me garderai bien de contester les calculs si précis de M. de Batz ; je me permettrai seulement de ne pas être tout à fait d'accord avec lui sur l'interprétation des faits.

Il n'est pas douteux que des malades, des tuberculeux notamment, du moment qu'ils s'améliorent, voient augmenter la quantité d'hémoglobine de leur sang, comme ils voient s'amender toutes leurs fonctions ; mais je crois que cette augmentation d'hémoglobine se serait réalisée ailleurs qu'à Arcachon, dans un autre habitat favorable, ville et surtout campagne ; cette augmentation me paraît parallèle à l'amélioration générale et provient, non pas de l'accroissement du nombre des globules, mais de la plus grande adaptation de ces globules à fixer l'hémoglobine.

En résumé, et pour trancher l'influence à ce point de vue du climat d'Arcachon, il faudrait faire des observations sur des gens bien portants en résidence dans ce climat et leur comparer d'autres observations prises sur des bien portants en résidence loin de la mer.

COMMENT DOIT-ON AÉRER LES CHAMBRES DESTINÉES A LA CURE DES TUBERCULEUX PULMONAIRES

Par le Dr DECHAMP, d'Arcachon.

—

Si l'utilité de la thérapeutique pharmaceutique dans le traitement de la tuberculose pulmonaire est non seulement contestée, mais contestable, il y a unanimité pour accorder au traitement hygiénique une importance primordiale. Or, parmi les facteurs de la cure hygiénique, l'air — à la condition qu'il soit pur — joue un rôle essentiel ; on l'a dit et redit ; il faut aérer les phtisiques, les suraérer même suivant l'heureuse expression de Legrand, de

Biarritz, aussi bien de nuit que de jour. Cette aération n'est parfaite à mon avis que si aucune parcelle d'air déjà respiré ne repasse par les voies respiratoires. Cette perfection idéale est-elle réellement atteinte dans la pratique? Je réponds oui quand il s'agit de la cure de jour, et en dehors de la chambre. La cure en chaise longue dans des pavillons spéciaux, la cure en hamac, la cure en bateau préconisée par notre confrère et ami Lalesque assurent, en effet, le renouvellement complet de l'air autour du malade, réalisent par conséquent l'aération parfaite. Je réponds non quand il s'agit de la cure de nuit, dans les chambres occupées par les malades; en voici les raisons : la première c'est que les chambres à coucher n'offrent pas, au point de vue de la ventilation, les mêmes facilités que les pavillons de cure; la seconde, c'est que malades et bien portants ont une horreur instinctive de l'air nocturne qu'ils chargent de tous les méfaits, et qu'ils n'acceptent qu'à dose homœopathique. Le médecin lui-même, par un phénomène atavique facile à comprendre, n'a pas toujours dépouillé le vieil homme. L'ouverture partielle des fenêtres d'une manière plus ou moins parcimonieuse, l'invention des vitres perforées, la création d'impostes mobiles s'ouvrant sous le plafond constituent sans doute un progrès sur la fermeture hermétique et le vase clos, mais dénotent aussi chez leurs promoteurs un vieux reste du préjugé contre l'air nocturne. — Enfin, les plus hardis, ceux qui, édifiés par une longue pratique en phtisiothérapie, sont devenus les défenseurs de la fenêtre largement ouverte, ne tolèrent-ils pas, que dis-je? ne conseillent-ils pas — dernier vestige très atténué d'une ancienne mentalité — l'interposition d'un paravent entre la fenêtre et le lit du malade ?

Les expériences dont nous allons rendre compte ont pour but de démontrer qu'à une ouverture partielle des fenêtres correspond une aération partielle aussi, et que l'aération n'est effective que lorsque la fenêtre est largement ouverte sans interposition d'aucun objet d'ameublement entre elle et le lit.

Pour déterminer le degré de renouvellement de l'air dans la chambre, nous avons comparé sa teneur en CO_2 avec l'air extérieur. Il est bien évident, en effet, que plus l'air intérieur se rapprochera de l'air extérieur au point de vue de sa teneur en CO_2, plus complet sera son renouvellement, plus parfaite sera l'aération du malade.

Pour faire ces analyses, en somme assez délicates, M. Duphil, docteur en pharmacie, dont les travaux sur le climat d'Arcachon sont si avantageusement connus, a bien voulu nous prêter le concours de son expérience; nous tenons à lui en exprimer ici tous nos remerciements.

Voici l'exposé de la méthode employée pour faire le dosage de CO_2; après cet exposé je dirai les résultats obtenus. — C'est la méthode de Lévy, décrite dans l'annuaire de l'observatoire de Montsouris 1894, et basée sur le principe suivant : « Dans une solution de potasse caustique, dont le titre alcalin a été exactement repéré avant l'expérience, nous faisons barboter très lentement un certain volume d'air mesuré par un aspirateur; tout l'acide carbonique est fixé à l'état de carbonate de potasse. Au moyen d'une solution de chlorure de baryum on le précipite à l'état de carbonate de baryte. Après 24 heures ou 48 heures de repos on retire la solution alcaline ; les degrés alcalins disparus indiquent en centimètres cubes de $SO_4 H_2$ (acide sulfurique) le poids de CO_2 combiné et par suite le poids CO_2 contenu dans l'air ». Nous nous servons pour titrer la liqueur alcaline d'une solution n/10 d'acide sulfurique dont un c.c. égale 0.0022 de CO_2.

Pour rendre plus facile la lecture de ces expériences, nous avons converti le poids de CO_2 en volume et nous le rapportons à 100 mètres cubes d'air.

Nous avons d'abord procédé à l'analyse de l'air extérieur. Cet air a été pris sur le balcon même de la chambre devant servir aux expériences ultérieures. Cette chambre est située au 2ᵉ étage d'un hôtel bâti dans la forêt. Elle ouvre au sud par une baie de 1 m. 50 de large sur 3 m. de haut, surmontée d'une imposte mobile. La pièce elle-même mesure 4 m. 10 de large, 5 m. de long, 4 m. de haut, soit 82 m. cubes. Elle est occupée par un bacillaire en voie de guérison. Le lit est placé en face la fenêtre. L'air analysé dans diverses conditions d'ouverture, dont nous allons parler tout à l'heure, a toujours été pris au pied du lit, soit à 2 mètres du chevet du malade et à 3 mètres de la fenêtre.

Ceci établi voici le résultat des analyses :

Air extérieur. — Cette analyse donne 28 litres 8 par cent mètres cubes : les moyennes de Montsouris sont de 29 litres 5 ; l'air de la forêt d'Arcachon contiendrait donc un peu moins de CO_2 que celui de Montsouris.

Air intérieur.

Première expérience. — Fenêtre hermétiquement fermée de 10 heures du soir à 6 heures du matin. L'analyse faite le matin donne 48 litres de CO_2.

C'est la moyenne des égoûts de Paris.

Deuxième expérience. — Fenêtre fermée, imposte ouverte — 35 litres 800.

Troisième expérience. — Fenêtre largement ouverte, paravent interposé entre le lit et la fenêtre : $CO_2 = 33$ litres 200.

Quatrième expérience. — Fenêtre largement ouverte, temps calme : $CO_2 = 31$ litres 700.

Cinquième expérience. — Fenêtre largement ouverte, grand vent du sud : $CO_2 = 29$ litres 497.

De ces expériences nous croyons pouvoir tirer les conclusions suivantes :

1° Le renouvellement de l'air est incomplet dans tous les cas où la fenêtre est partiellement ouverte.

2° L'interposition d'un paravent entre le lit et la fenêtre est un obstacle sérieux à l'aération.

3° Par temps calmes, même avec la fenêtre ouverte largement et sans aucune interposition, l'air du fond de la chambre contient un léger excès d'acide carbonique sur l'air extérieur.

4° L'aération n'est réellement presque complète que lorsque le lit est placé en face, et que le pied touche la fenêtre.

C'est cette dernière conclusion à laquelle nous nous conformons dans notre pratique journalière, non seulement au grand bénéfice des malades, qui trouvent dans cette véritable suraération le sommeil perdu, la cessation des quintes de toux, la disparition des sueurs et de la fièvre, mais encore à leur grande satisfaction, tant est agréable le sentiment de bien-être qu'ils éprouvent.

Quant aux inconvénients, ainsi que Lalesque l'a démontré dans son livre « *la Cure libre des tuberculeux*», ils sont nuls ou de minime importance, sous notre climat du sud-ouest, à la condition que la méthode ne soit pas appliquée brutalement, et que, au préalable, quelques précautions soient prises, dont la principale consiste à apprendre au malade a respirer. Peu de malades savent respirer physiologiquement ; le médecin doit les convaincre que le nez seul doit servir au passage de l'air, qu'il joue par rapport à ce dernier le rôle d'un calorifère, que pendant le sommeil la bouche doit rester close, obstinément close, que de cette façon ils n'auront ni rhumes, ni pharyngite, ni enrouement.

Une fois cette éducation faite, et la circulation cutanée régularisée par des frictions journalières sèches ou mieux alcoolisées au gant de crin, je reste convaincu que, sauf de très rares exceptions (parmi lesquelles je citerai certains arthritiques frileux à l'excès du fait d'une circulation défectueuse) la suraération nocturne peut se faire sans le moindre danger. C'est une simple question de couvertures, de vêtements de flanelle et de boules d'eau chaude.

DISCUSSION

M. Hérard de Bessé. — Je demande au Dr Dechamp si les chiffres qu'il a donnés sont le résultat de plusieurs analyses pour chaque cas indiqué. De plus je crains qu'il soit difficile d'obtenir la respiration *nocturne* par le nez chez les malades même quand on l'a obtenue le jour.

Dr Dechamp. — Chaque cas particulier a été l'objet de deux analyses. La respiration nocturne par le nez devient facile chez les malades qui ont pris l'habitude de respirer par le nez le jour; c'est une affaire d'entraînement, à la condition, bien entendu, que les voies nasales soient libres.

LE LITTORAL MÉDITERRANÉEN DANS LES AFFECTIONS
CARDIO-VASCULAIRES

Par le Dr HÉRARD DE BESSÉ (de Beaulieu-sur-Mer).

Les affections des voies respiratoires constituent l'indication la plus connue des stations méditerranéennes qui, cependant, rendent les plus grands services dans une quantité de maladies relevant d'autres systèmes : parmi ces dernières se trouvent les affections cardio-vasculaires.

Ce sujet a été traité magistralement au 1er Congrès de climatothérapie par le Dr Huchard, avec l'autorité incontestée qu'il possède sur ces questions. Si je reviens sur ce point, c'est parce que je crois certaines choses bonnes à répéter et aussi parce que, souvent, j'ai eu l'occasion de constater combien juste était tout ce qu'avait dit à ce propos le savant médecin de Necker.

Longtemps les avis furent partagés sur le point de savoir si les cardiaques doivent ou non séjourner au bord de la mer. Il ne faut pas oublier que la Riviera ne ressemble en rien aux côtes de l'Océan avec ses marées et ses tempêtes formidables...!! La luxuriante végétation de nos rives, qui va presque dans la mer, montre combien la Méditerranée est plus clémente que l'Atlantique, dont la plupart des côtes ne possèdent souvent que quelques végétaux rabougris, brûlés par le vent du large! En outre cette atmosphère plus calme est aussi plus chaude.... Aussi je ne considère pas comme s'adressant à la Côte d'Azur l'opinion de MM. Vaquez, Barié, etc..., déconseillant aux cardiaques le séjour au bord de la mer. Peter recommandait la Méditerranée l'hiver dans les maladies du cœur. M. Merklen est aussi partisan de la cure marine pour les cardiopathes et conseille les voyages sur mer plutôt que le séjour sur les côtes, dont il redoute les coups de vent.

M. Huchard, contrairement à son avis d'il y a quelques années, tend de plus en plus à croire que nos stations Méditerranéennes sont utiles aux malades cardio-vasculaires... Qu'il me pardonne toutefois de me demander s'il ne s'exagère pas un peu les inconvénients du voisinage de la mer..... Certes, il y a des personnes qui sont à ce point de vue de véritables sensitives, mais il y a aussi des exemples inverses!

Je lui citerai, par exemple, un de ses propres malades, qu'il connaît particulièrement, qui a bâti une maison qu'une route seule sépare de la mer, sans que ce voisinage *immédiat* semble le gêner le moins du monde, bien qu'il soit artério-scléreux!

D'une façon générale, d'ailleurs, il est de mode, car il y a une mode en médecine, de déconseiller le bord de la mer. Tous nos confrères de la Riviera sont cependant unanimes à répéter que l'action excitante de la Méditerranée a été ridiculement exagérée... on est arrivé à créer chez certains de nos malades, surtout parmi les Français, une véritable phobie de la mer!! C'est là une erreur et on doit considérer que le *rivage seul* de la Méditerranée est à éviter pour les nerveux hyperexcitables, pour les éréthiques du cœur, du poumon, de la gorge, etc., mais qu'à part de très rares exceptions un recul de quelques centaines de mètres, derrière un rideau d'arbres ou de maisons, ou bien encore et surtout en s'élevant, suffit pour éviter ces inconvénients.

Peu de régions côtières valent, l'hiver, le littoral méditerranéen où, a-t-on pu dire, on a les avantages de la mer sans en avoir les inconvénients. Certains de ces inconvénients ont une importance capitale pour les cardiaques, ce sont l'humidité et le vent.

La Riviera n'est pas humide; le degré hygrométrique moyen pour *l'hiver* est, à Beaulieu, de 67,5 au lieu de 83,1 dans la région de Paris, de 86,9 à Vacquey (Gironde) (1), de 86,2 sur le littoral de la Manche, de 84,9 (2) sur le littoral atlantique, si l'on excepte Biarritz : cette dernière station, en effet, avec 74,2, est trop nettement séparée, à ce point de vue, des endroits les moins humides de la côte (Arcachon 83,1, La Coubre 82,5) pour participer à sa moyenne.

D'ailleurs en parlant humidité à propos de cardiaques, on pense surtout à ce que pour la plupart ils sont des rhumatisants ; or, les heureux effets de la Riviera dans le rhumatisme ne sont plus à démontrer, surtout après les rapports remarquables des Drs Triboulet et Moriez au Congrès de Nice (1904).

Reste le vent...! Par l'action qu'il exerce sur les nerfs de la peau il provoque le spasme des vaisseaux périphériques, renforçant ainsi celui qui existe chez les artério-scléreux et les hypertendus. Le vent est donc l'ennemi : est-il tel, sur le littoral de la Méditerranée, que les cardiaques doivent rechercher ce littoral ou bien l'éviter? Y a-t-il plus ou moins de vent sur la Côte d'Azur qu'ailleurs?

L'étude de la force, de la vitesse du vent est très mal faite en France, la plupart des observatoires sont dépourvus d'appareils de mesure, même ceux installés dans nos ports de mer, Dunkerque étant, je crois, la seule exception. C'est au jugé qu'est évaluée la vitesse du vent, et encore ceux au-dessus de 16 m. et pouvant aller jusqu'à 28, 30 m. et plus ne sont pas différenciés puisque pratiquement (échelle dite télégraphique) on leur attribue à tous le même chiffre 9 de l'échelle de Beaufort.

Il en résulte que les indications données n'ont la plupart du temps aucune valeur scientifique.

En prenant les chiffres indiqués par M. Lalesque (2 de la page précédente) et en faisant le calcul en mètres par seconde, on a les vitesses moyennes pour l'année.

	Vitesse moyenne par seconde	Pourcentage des calmes
Littoral de la Manche..........	4 m. 50	4 o/o
— l'Atlantique.	3 m. 50	6.5 o/o
Nice......................	1 m. 00	19.0 o/o

Pour M. Eiffel, ce nombre des calmes constitue à Beaulieu, en 1902, 44 o/o des observations au lieu de 15 o/o à Vacquey (Gironde) et de 10 o/o dans la région de Paris. Je me crois donc autorisé par ces données à prétendre que peu de côtes maritimes sont aussi bien abritées contre le vent que la Riviera en général et que Beaulieu en particulier où, contrairement

(1) G. Eiffel, Etude comparée des stations météorologiques de Beaulieu, Sèvres, Vacquey, Nice, Malvano, 1904.
(2) F. Lalesque, La Mer et les Tuberculeux. Paris, C. Naud, 1904.

à ce que l'on pourrait croire, l'atmosphère est plus calme que dans des endroits comme Sèvres et Vacquey, situés dans l'intérieur des terres.

En regard de ces inconvénients, réduits au minimum sur la Riviera, nous avons des avantages inhérents à la douceur et à la constance de la température, à la luminosité de l'atmosphère et à son degré hygrométrique et enfin à tout ce que donne ou permet le voisinage de la mer.

Le froid resserre les vaisseaux périphériques et expose aux infections bronchiques, pour lesquelles la stase pulmonaire, fréquente chez les hyposystoliques, crée un terrain tout préparé. Les changements brusques de température, du jour au lendemain, dont les graphiques de M. Eiffel ont donné une si frappante reproduction pour Sèvres (Seine) et Vacquey (Gironde), amènent de véritables chocs vasculaires, des à-coup vaso-moteurs, qui retentissent sur l'organe central de la plus fâcheuse manière. Or, ces à-coup, ces chocs, ne se produisent que peu ou pas sur la Riviera où, de plus, l'intensité lumineuse agit très heureusement sur le cœur périphérique, comme l'a dit M. Huchard. Il y a encore, sur la Côte d'Azur, un élément important qui est favorable aux cardiopathes, je veux parler de la tension de la vapeur d'eau dont la moyenne oscille à Menton, pendant l'hiver, entre 6 et 8 millimètres, la proportion favorable étant comprise entre 5 et 10 millim. Le Dr Chiaïs a montré que quand la tension de la vapeur d'eau tombe au-dessous de 5 millim., c'est-à-dire quand l'air contient moins de 5 gr. d'eau par mètre cube, la mortalité augmente du fait des maladies des voies respiratoires et du cerveau chez les cardiaques artério-scléreux, etc.

La rareté des grandes perturbations barométriques sur le littoral est un facteur également important, de même que l'air condensé, suroxygéné au bord de la mer, si l'on considère avec M. Hovent que, dans les maladies du cœur et des gros vaisseaux, il y a un certain degré d'anoxémie, presque toujours soulagé par des inhalations d'oxygène.

Enfin, parmi les avantages que trouvent les cardiaques sur la Côte d'Azur il ne faut pas négliger la facilité pour eux de prendre des bains chauds d'eau de mer plus ou moins diluée ; l'utilité de ces sortes de bains, sur laquelle ont insisté MM. Poore, Merklen, Huchard, etc., offre ici, grâce à la douceur de l'hiver, un minimum de risques de causer des refroidissements. Les bains tièdes ont une triple action, renforcée par la minéralisation de l'eau de mer (plus grande dans la Méditerranée).

1° Ils dilatent les vaisseaux périphériques, soulageant ainsi le cœur ; 2° ils ont une action cardio-tonique diminuant le nombre des pulsations dont l'amplitude est renforcée, et augmentent la diurèse ; 3° ils ont un effet tonique général en activant les échanges nutritifs.

Les cardiopathes, dans cette région privilégiée, trouvent donc au maximum ce qui leur est favorable et au minimum ce qui leur est nuisible.

Cependant toutes les maladies du cœur et des vaisseaux ne doivent pas être envoyées aux rives méditerranéennes. L'*asystolie* définitive, les *anévrysmes*, l'*angine de poitrine* vraie et fausse sont des contre-indications formelles. Moins absolues sont celles constituées par la maladie de Basedow, par la tachycardie paroxystique, par les cardiopathies avec hypersystolie, éréthisme cardiaque, palpitations fréquentes... etc. ; ce qui fait surtout la contre-indication dans ces cas, c'est le système nerveux plutôt que l'appareil circulatoire. Il est entendu qu'en général les nerveux irritables, les névralgisants, supportent mal le climat méditerranéen, et cela est vrai pour les cardiopathes et les artério-scléreux comme pour les autres catégories de malades qu'on nous adresse. Cependant, cette règle n'est pas absolue, car il n'y a pas un médicament vis-à-vis duquel les réactions soient plus personnelles que vis-à-vis du climat.

En dehors de ces contre-indications, toutes les affections cardio-vasculaires tireront plus ou moins avantage d'un séjour dans nos stations d'hiver de la Côte d'Azur, affections valvulaires mitrales ou aortiques, artériosclérose cardio-pulmonaire, rénale, hépatique..., etc.

Les mitraux sont ceux des cardiaques proprement dits pour lesquels l'indication est la plus incontestée.

Lorsqu'il n'existe qu'un léger degré d'hyposystolie avec stase aux bases pulmonaires, bronchites fréquentes, le séjour sur la Riviera donne d'excellents résultats, et personnellement j'en ai eu plusieurs exemples. La lésion valvulaire est mieux tolérée parce que les différents éléments qui tendent à faire du mitral un asystolique sont améliorées, et Daremberg a pu dire que ces malades se prolongent presque indéfiniment, à condition de passer l'*hiver* sur la Côte d'Azur et l'été dans une endroit approprié.

C'est exact et cette prolongation est d'ailleurs le seul but vers lequel on peut et doit tendre.

Pour les aortiques les avis sont plus partagés. Je crois cependant qu'eux aussi ont avantage à passer la mauvaise saison sur nos rives. J'ai pu observer cette année même un malade atteint d'insuffisance aortique d'origine artérielle avec double souffle à la base, matité aortique dépassant de deux travers de doigts le bord droit du sternum, battements carotidiens intenses, pâleur, vertiges, troubles dyspeptiques, foie un peu douloureux, albuminurie légère, insomnie, congestion des deux bases pulmonaires..., etc. Peu à peu ces diverses manifestations ont disparu et il ne restait, après quelques mois, que le double souffle à la base du cœur. Le malade se sentait plus fort, plus en train, n'était plus inquiet, et se trouvait transformé... il l'était en effet, en réalité comme en apparence, et je suis persuadé que les résultats n'eussent pas été tels, quoi qu'on ait pu faire, si ce malade avait passé l'hiver chez lui à Paris.

Quant à ceux que la sclérose artérielle guette ou qui en sont atteints, il n'est pas douteux que pour eux l'hiver sur la Côte d'Azur est utile toujours et souvent indispensable.

« *Notre littoral est le Paradis des Artério-Scléreux* », affirme Daremberg.... On ne saurait dire mieux ni plus juste ! On pourrait croire, comme certains l'ont fait plus qu'ils ne le font aujourd'hui, que les artério-scléreux étant généralement des hypertendus il y aurait lieu pour eux de redouter l'action du bord de la mer... Les faits montrent le contraire, sans qu'il y ait à revenir sur ce point que la Méditerranée n'a pas l'effet excitant qu'on a bien voulu lui octroyer ; comme je le disais à l'instant, la douceur de la température, le calme de l'atmosphère, son degré hygrométrique favorable et sa luminosité agissent heureusement sur la circulation périphérique qui se trouve détendue en même temps que la stimulation de la nutrition diminue la formation de déchets toxiques et favorise la combustion ou l'élimination de ceux existants.

Comme l'a dit Daremberg, « le climat tonique de la Riviera donne un « coup de fouet à la nutrition entravée par de petits points de sclérose dis- « séminés dans le foie, le rein, l'encéphale. Chez ces malades, la sclérose « à peine débutante n'a pu encore créer les lésions immuables des cirrho- « ses, des néphrites, des artères en tuyaux de pipe, des rétrécissements « valvulaires et des dilatations aortiques. Ils n'ont que de l'insuffisance « hépatique ou rénale ; le fonctionnement normal de leurs appareils et de « leurs organes peut être rétabli par une hygiène rationnelle, et la vie dans « un air tonique, vivifiant, ensoleillé, est le principal agent de cette hygiène « thérapeutique ».

Tous les artério-scléreux, quel que soit le viscère atteint plus spéciale- ment, se trouvent bien du séjour sur la Riviera, mais ceux dont le rein est touché méritent une mention spéciale. Daremberg cite un homme de 65 ans, albuminurique depuis 30 ans, qui résista ici 5 ans avec des doses variant de 8 à 15 grammes par jour, et j'ai vu plusieurs malades atteints de sclérose rénale vivre à Beaulieu sans éprouver les inconvénients multiples qui les avaient chassés du Nord. Depuis cinq ou six ans, je suis tous les hivers un artério-scléreux avec tachycardie, hypertension artérielle, polyurie, dyspnée toxi-alimentaire, etc..., qui se défend merveilleusement contre sa maladie.... si bien que cette année est la première où je n'ai pas eu à le voir médicale- ment une seule fois.

Je n'ai rien à dire du traitement des cardiopathies sur la Riviera, mais il est bon que ces malades sachent que, de même qu'il y a une crise ther- male, il y a une période d'acclimatement sur le littoral, et le système car- dio-artériel réagit habituellement à cette influence par certains phénomè- nes d'excitation. Les malades en général et les cardiaques en particulier doivent tenir le plus grand compte de cette réaction au climat, d'autant plus considérable qu'ils sont plus faibles, plus âgés, plus atteints, qu'ils viennent de pays plus différents au point de vue climatique.

A leur arrivée, après un voyage qui souvent n'a pas ménagé de transi- tions et les a plus ou moins fatigués, ils doivent se mettre au repos absolu pendant huit ou quinze jours, afin que l'acclimatement se fasse dans les meilleures conditions possibles.

Ces malades plus que tous les autres doivent dès le début se mettre entre les mains de leur médecin, pour être dirigés dans le choix de leur habita- tion et surveillés pendant ces premières semaines : de ces deux conditions dépendent souvent les résultats de toute leur saison.

DE L'IMPORTANCE DU CLIMAT DANS LE TRAITEMENT
DE LA TUBERCULOSE PULMONAIRE

Par le docteur A. HAMEAU (d'Arcachon)

—

La méthode de Brœhmer est assurément le meilleur mode de traitement appliqué à la cure de la tuberculose. Nous sommes tous unanimes à le reconnaître et à proclamer ses bienfaits. Mais aller jusqu'à prétendre, comme certains ont tendance à le faire, qu'elle constitue à elle seule la médication anti-tuberculeuse, c'est exagérer ses vertus.

Nous serons au contraire dans la vérité, et nous resterons dans l'esprit vraiment médical, en disant que cette excellente méthode, qui nous a donné à tous de merveilleux résultats, devra pour produire tout le bien que l'on attend d'elle être pratiquée dans un milieu approprié à chaque malade, c'est-à-dire en un « climat de choix », pour employer l'expression de Marcellin Cazaux.

Personne ne peut prétendre qu'il existe une médication spécifique de la Tuberculose. Le faire serait assimiler la médecine à une opération algébrique ; ce serait nier la valeur thérapeutique des divers agents en notre possession et parmi eux les agents physiques ; de même qu'il existe une thérapeutique hydro-minérale, de même il doit exister et il existe une thérapeutique climatique.

Le tuberculeux étant un malade d'une délicatesse extrême, si je puis dire, un rien venant troubler son fonctionnement organique et pouvant provoquer une poussée de son terrible ennemi, nous devons par tous les moyens possibles nous efforcer de le maintenir dans un état d'équilibre parfait.

Pour arriver à ce résultat nous avons précisément en France des climats variés, une véritable gamme climatique nous permettant de placer chacun de nos malades dans l'ambiance climatique la mieux appropriée.

Nous avons des climats continentaux, des climats marins, des climats d'altitude, des climats de plaine. Et entre les stations appartenant à un même climat nous avons encore des variétés pour ainsi dire infinies ; la situation, l'orientation, le voisinage de la mer, d'une forêt, la nature du sol, etc., etc., pouvant modifier complètement les caractères généraux d'un climat.

Biarritz et Arcachon, par exemple, appartiennent au climat marin atlantique, et cependant il existe une différence des plus appréciables dans la climatologie de ces deux stations. Ainsi l'une ne convient pas aux tuberculeux pulmonaires, c'est Biarritz (Legrand, Lobit, Long, Savigny, nous le disent); tandis que les médecins d'Arcachon ne cessent de proclamer les bons effets de leur climat sur les mêmes malades.

« Bien mieux, comme le dit Guinon dans son rapport, dans une même station on peut trouver des variétés utilisables, et c'est avec juste raison que Vidal a parlé des climats d'Hyères. »

Ici même n'avons-nous pas, avec notre forêt et notre bassin, deux climats ?

Le milieu climatique dans lequel devra se pratiquer la cure n'est pas indifférent. Nous devons nous efforcer de placer chacun de nos malades dans le climat le plus profitable.

Nous avons tous connu des malades ne retirant aucun bénéfice d'une villégiature dans une station, qui se sont au contraire rapidement améliorés et guéris dès qu'on les eut changés de climat.

En voici quelques exemples sommairement rapportés :

Un enfant de trois ans, après trois mois de séjour à Cannes, revient plus pâle et plus maigre qu'avant son départ; ne retire aucune amélioration d'un séjour à la campagne, puis à Bürgenstock, dont l'état s'aggrave à Biarritz, dont la fièvre persiste, dont les signes de germination et d'adénopathie bronchique continuent jusqu'à l'époque où un séjour à Arcachon arrête l'évolution et modifie rapidement l'état local et l'état général (Guinon, Rapport).

Une dame atteinte d'une infiltration bacillaire étendue de la base du poumon gauche va demander la guérison à une station sulfureuse des Pyrénées. Mais là la fièvre augmente, l'état empire, et notre malade ne peut quitter le lit.

Envoyée, en désespoir de cause, à Arcachon, peu à peu la fièvre diminue et disparaît, l'état local et l'état général s'améliorent si bien qu'après deux années de séjour elle partait guérie.

Un jeune Parisien est pris, au printemps 1904, après une forte grippe, d'une petite toux sèche, d'amaigrissement et de légère élévation thermique. Il est envoyé en pleine campagne dans le centre de la France où il est soumis par un médecin expérimenté à une cure hygiéno-diététique des plus rigoureuses. Au bout de cinq mois le médecin ne constatant aucune amélioration lui conseille de venir à Arcachon.

Il arrive à la fin septembre et, à la mi-octobre, la fièvre avait disparu pour ne plus revenir. Il a quitté notre station fin mars dernier ayant augmenté de 11 kilos depuis son arrivée.

Une jeune fille de 20 ans va dans un sanatorium d'altitude, en Suisse, pour guérir une lésion peu étendue de son sommet droit ; peu satisfaite de la lenteur de sa guérison elle quitte la Suisse et vient à Arcachon. En peu de temps la fièvre tombe, les râles crépitants disparaissent; après six mois de séjour la toux et l'expectoration ont disparu, l'auscultation ne donne que des signes de cicatrisation. Elle quitte Arcachon ravie, trop ravie car, malgré les recommandations faites, elle commet des imprudences et son foyer se rallume. Retour à Arcachon où elle éprouve le même bienfait que précédemment.

Un jeune homme de 22 ans arrive d'un sanatorium suisse le 10 mars 1905. Pendant son séjour en Suisse (5 mois) sa température n'a pu descendre au-dessous de 38° malgré des prises de cryogénine, et son poids est resté stationnaire, oscillant entre 48 et 49 kilos. A l'arrivée à Arcachon la température est de 38° quoique la cryogénine n'ait pas été suspendue. Poids, 48 kg. 500.

Je constate à l'auscultation l'existence d'une caverne en suppuration siégeant sous la clavicule gauche; en arrière du même côté toute la moitié inférieure du poumon est le siège d'une infiltration superficielle. La cryogénine est suspendue le 15, et le 23 la température ne dépasse pas 37°5, tandis que le poids atteint 50 kg. 500.

Depuis, la température s'est complètement régularisée, ne dépassant pas 37°2 et ne présentant que des écarts de 2 à 3 dixièmes de degré. Inversement le poids augmentait progressivement, le bénéfice étant, après six semaines de séjour, de 3 kilos. Les symptômes locaux vont s'améliorant.

Ce jeune malade est un lymphatique nerveux se trouvant très bien de l'alternance de notre cure marine et de notre cure forestière.

Le dernier exemple a trait, au contraire, à un jeune homme extrêmement nerveux, n'ayant trouvé de bien-être que dans la forêt tandis que s'il s'avisait d'aller faire un promenade en bateau, par les temps les plus calmes, il passait des nuits sans sommeil.

A tous ces malades le climat d'Arcachon a été utile, mais il en est d'autres auxquels il est nuisible. Il arrive chaque année au corps médical de diriger vers d'autres stations des malades.

Nous pouvons dire, pour conclure, que tant que nous ne posséderons pas de remède spécifique de la tuberculose nous devrons nous contenter de mettre les tuberculeux dans les meilleures conditions possibles de lutte et de résistance. Et pour arriver à ce but nous n'avons à notre disposition rien de mieux qu'un climat bien choisi, bien approprié, aidé par une cure hygiéno-diététique rigoureusement surveillée et appliquée.

Jeudi 27 avril

La séance est ouverte à 9 heures

sous la présidence du PROFESSEUR RENAUT, *président.*

COMMUNICATIONS

INFLUENCE CLIMATIQUE DU LITTORAL MÉDITERRANÉEN FRANÇAIS SUR LES AFFECTIONS DU PHARYNX ET DU LARYNX

Par le Dr Maurice MIGNON (de Nice)

Ayant étudié déjà cette influence d'une façon générale, je désire simplement préciser quelques points dont l'importance ne me semble pas avoir été suffisamment démontrée.

On a reproché au climat de la Riviera d'avoir sur le pharynx et le larynx une action particulièrement congestive, qui tient souvent à une absence complète des précautions hygiéniques auxquelles tout malade doit s'astreindre.

Dans les mêmes conditions extérieures les résultats diffèrent beaucoup suivant les malades qui peuvent être, à ce point de vue, classés en trois catégories, réunies entre elles par des cas où le résultat est douteux.

1° *Malades dont le pharynx ou le larynx subit peu ou pas l'action du climat.*

Il s'agit alors d'affections catarrhales à forme torpide, chez des individus dont l'organisme s'accommode facilement du climat, sans que ses fonctions en soient notablement modifiées.

2° *Malades dont le pharynx ou le larynx est influencé d'une façon utile.*

Ce sont ceux qui, atteints d'une affection chronique de leurs muqueuses, éprouvent une poussée aiguë suffisante pour stimuler la vitalité des tissus, sans entraîner de troubles congestifs durables. On peut admettre que ce résultat soit obtenu par une action directe de l'air sur les muqueuses et par l'effort d'adaptation de l'organisme qui réagit secondairement sur le pharynx et le larynx.

Dans certaines formes chroniques de pharyngite et de laryngite, la réaction que donne le climat, après avoir provoqué quelques troubles congestifs légers des muqueuses, est suivie d'une amélioration. S'il s'agit de tuberculose, il faut que les lésions soient peu accentuées et n'aient pas de tendance congestive. On peut sans doute attribuer ce résultat satisfaisant à la phagocytose, qui est stimulée et accomplit alors mieux ses fonctions. Il est évident que pour cela la réaction du climat ne devra être ni trop intense ni trop prolongée; on peut la comparer à l'action de certaines substances irritantes dont l'application exagère d'abord les symptômes et produit ensuite une amélioration.

3° *Malades dont le pharynx ou le larynx est influencé d'une façon nuisible.*

Dans cette catégorie sont ceux atteints d'affections à forme congestive, pharyngite et laryngite congestives, tuberculose végétante avec infiltration ou œdème, ulcérations, lésions aiguës. L'action du climat s'ajoutant à une tendance naturelle devient alors très mauvaise (1).

Dans tous les cas, les précautions hygiéniques inhérentes au climat devront être observées; sinon le résultat, au lieu d'être indifférent ou favorable, serait toujours défavorable.

LA VALEUR ÉDUCATRICE DU SANATORIUM

DÉMONTRÉE PAR SES RÉSULTATS ÉLOIGNÉS

Par le D' F. DUMAREST

Médecin en chef du sanatorium F. MANGINI, à Hauteville (Ain).

Au cours des nombreuses enquêtes que nous avons poursuivies auprès des anciens malades du sanatorium, et qui portent à l'heure actuelle sur un total de 712 cas, dont 477 sortis depuis plus de 6 mois, et 235 sortis depuis plus de 17 mois, nous avons été frappé par cette constatation que, non seulement un grand nombre des améliorations obtenues au cours de la cure s'étaient maintenues, mais même qu'une proportion relativement considérable d'entre elles se sont accusées et confirmées *après la sortie*.

Nous avons noté, en effet, cette évolution favorable tardive chez 113 malades de notre première enquête (après 6 à 9 mois), soit 23, 8 o/o, et chez 62

---

(1) Mes observations concernant le pharynx et le larynx sont conformes à celles du D' Pégurier au point de vue des bronches et des poumons, ainsi qu'on pourra le voir dans sa communication à ce Congrès.

de la seconde (après 18 à 21 mois), soit 26,4 o/o. Elle est, par conséquent, au moins aussi fréquente dans la période la plus éloignée de la cure que dans la période la plus rapprochée. Autre particularité digne de remarque : elle est indépendante de l'état des malades à la sortie. Il est même curieux d'observer que, contrairement à ce que l'on eût pu supposer, le déchet constitué par les aggravations n'est pas plus accentué parmi les malades les moins bien notés médicalement à la sortie que parmi ceux qui quittaient le sanatorium avec des lésions insignifiantes ou une très grosse amélioration. En bloc ce déchet représente 16,4 o/o des cas visés par la première enquête et 19, 2 o/o de la deuxième, il ne s'est donc augmenté que de 3 o/o à peine dans l'intervalle d'une année qui sépare les deux enquêtes. Bien entendu tout l'écart entre les chiffres cités plus haut (améliorés) et ceux-ci (aggravés) est représenté par les malades stationnaires qui forment la grosse majorité, au nombre de 286 après 6 mois et de 128 après 18 mois.

Nous ne pouvons entrer ici, à propos de ces chiffres, dans des détails justificatifs qui nous entraîneraient trop loin et qui ont figuré ailleurs. Nous espérons qu'on voudra bien, sans plus ample informé, les accepter pour ce qu'ils sont, le résultat d'une observation consciencieuse (dans laquelle nous avons été aidé par les médecins traitants de nos anciens malades) et nous insisterons seulement sur la remarquable particularité que nous signalions tout à l'heure et qui est constituée par l'imposante proportion des améliorations consécutives à la cure. Cette particularité prendra tout son relief si l'on veut bien se souvenir que le sanatorium d'Hauteville hospitalise surtout des ouvriers, des artisans, de petits employés, tous vivant de leur travail quotidien, et que l'immense majorité de nos malades, en sortant de l'oasis de repos du sanatorium, a dû reprendre une existence laborieuse, aggravée trop souvent de conditions hygiéniques des plus défectueuses, et s'est trouvée, par conséquent, dans les plus mauvaises conditions pour réaliser ce qui est survenu, la consolidation du résultat acquis, ou, du moins, son maintien.

Pour plus de précision, les enquêtes nous apprennent que le travail intégral ou partiel était repris dans 78,5 o/o des cas après 6-9 mois et dans 86,7 o/o après 18-21 mois, soit une proportion tardive plus forte, qui s'explique précisément par les améliorations survenues dans l'intervalle.

Voulant pousser nos investigations aussi loin que possible dans cet ordre d'idées et asseoir notre conviction sur la base la plus large, nous avons récemment complété ces données par une enquête supplémentaire faite auprès d'un certain nombre de malades qui ont quitté le sanatorium en 1901, c'est-à-dire depuis 3 à 4 ans. Nous avons eu la satisfaction de constater que la proportion de bons résultats stationnaires ou consolidés s'était, après ce long délai, maintenue à 81 o/o des cas enquêtés, qu'elle n'avait, par conséquent, presque pas varié en 3 ans; il en était de même de la capacité de travail, conservée dans 83,2 o/o de ces cas.

Ces chiffres surprendront peut-être les personnes qui sont portées à penser (comme il est logique du reste, à priori) que la rechute guette l'ouvrier à sa sortie du sanatorium et que celui-ci ne peut avoir de véritable utilité que pour les riches ; opinion fréquemment exprimée et qu'on retrouve encore dans le remarquable rapport présenté par le Dr Faisans à la commission permanente de la tuberculose sur le projet de sanatorium de Vaucluse, mais opinion que nos observations ne nous permettent pas de partager, convaincus que nous sommes, au contraire, que le riche tuberculeux a sur le pauvre l'avantage énorme de pouvoir installer sa cure chez lui, et son chez lui où il veut, tandis que pour le pauvre le sanatorium est le seul moyen de se traiter utilement, puisqu'il ne peut ni se soigner chez lui, ni aller ailleurs.

Sans doute, il y a des rechutes ; sans doute, les *vraies guérisons* sont peu fréquentes ; mais est-ce un bénéfice social négligeable que celui accusé par les chiffres cités plus haut, et n'est-ce pas un leurre que cette recherche obstinée de la vraie guérison lorsqu'on dispose du moyen d'obtenir, dans un grand nombre de cas, même graves, et, pour mieux dire, dans la grande majorité des cas, des résultats qui équivalent à des guérisons temporaires avec reprise de la vie active pendant des délais de dix ou quinze ans et davantage, résultats que, nous venons de le voir, le temps, loin de les compromettre rapidement comme on le craint, confirme et améliore.

Comment expliquer ces améliorations tardives si intéressantes qui viennent, d'une façon imprévue, renforcer le bénéfice du sanatorium et en augmenter le rendement social sur le point où on le pensait le plus vulnérable ?

Nous sommes convaincu qu'elles sont le résultat d'une autre des vertus du sanatorium, parfois aussi théoriquement contestée, mais évidente et très prééminente pour qui en a la pratique ; nous voulons parler de sa vertu éducatrice ; nous ne l'entendons pas seulement au point de vue de l'éducation prophylactique, mais aussi à celui de l'éducation hygiénique et de la continuation d'un traitement souvent actif (aération alimentation, etc.), mais surtout et toujours négatif (alcool, surmenage et excès, insalubrité d'habitation, etc.), au delà des limites de la cure sanatoriale.

Il nous semble que l'on a eu généralement, dans la discussion de ces questions, beaucoup trop de tendance à assimiler l'artisan, l'ouvrier — pauvre seulement lorsqu'il ne fait rien — avec l'indigent, et que l'idée du sanatorium *populaire* en a pâti. Beaucoup de gens d'humble condition ont la faculté de choisir leurs heures de travail, de s'accorder un repos opportun, de *se loger*, de *s'aérer* et de *se nourrir* dans des conditions favorables ; beaucoup de ménagères, dans le peuple, font d'excellente cuisine, et un grand nombre de nos anciens malades, instruits par la pratique du sanatorium, continuent, chez eux, une *demi-cure*, une parfaite aération et une entière et excellente prophylaxie qui suffisent parfaitement, on le voit, à maintenir le résultat acquis, même à le perfectionner, et à préserver leur entourage de tout danger. Beaucoup, une fois éclairés et instruits par l'expérience de la cure, renoncent à une profession dangereuse ou à des excès qui les perdaient, changent de logement, d'habitudes, de pays, se font une hygiène, et voient ainsi, peu à peu, se raffermir leur santé, un moment ébranlée. Ce sont là des bienfaits qu'en bonne logique on doit mettre à l'actif du Sanatorium parce que, *sans lui, ils n'auraient pas été obtenus.*

La même confusion entre ouvriers et indigents avait faussé le débat lorsqu'il s'était agi des œuvres annexes et complémentaires destinées à trier les malades pour l'admission au Sanatorium et à assister leur famille pendant leur séjour ou à leur sortie. On a établi des budgets de caisse de secours fantastiques : on a parlé de doubler le prix de la journée. Comme si tous les hospitalisés d'un Sanatorium populaire étaient dénués entièrement de ressources et ne pouvaient en rien contribuer, par eux ou avec l'appoint de la charité privée, aux frais de leur traitement. Cela est faux, et l'expérience a montré à Hauteville qu'une assistance suffisante pouvait être organisée pour parer aux besoins les plus urgents et permettre aux malades de se traiter, sans engager les ressources énormes que l'on a dites. Pour un effectif de 120 malades, dont la moitié sont des assistés, un budget annuel de 10.000 fr. y suffit ; encore prélève-t-on, sur ce chiffre, des vêtements ! De même, une simple consultation périodique peut assurer le fonctionnement du triage préalable de recrutement.

Mais ceci nous écarte de notre sujet ; nous prétendons seulement que le Sanatorium, soit comme instrument de cure, soit comme agent de prophylaxie, est loin d'être un moyen effacé, parce que sa valeur éducatrice lui survit et que le nombre de guérisons obtenues, nombre forcément restreint, ne peut pas être considéré comme la mesure de son influence et de son rôle utile, en réalité beaucoup plus étendus ; que cette valeur éducatrice a plus de portée et d'efficacité chez le peuple que dans la classe riche, car l'ouvrier a plus à apprendre et à désapprendre que le bourgeois et se montre aussi apte à être instruit ; que le Sanatorium populaire conserve à cause d'elle une valeur sociale infiniment supérieure à son rendement immédiat, et qu'il reste plus nécessaire pour le peuple que le Sanatorium payant ne peut l'être pour la bourgeoisie ; on pourrait même ajouter : plus efficace, les résultats étant forcément plus brillants et plus immédiats chez des gens qui ont moins l'habitude du repos et des soins, et offrent ordinairement plus de ressort.

Sur ces points, notre conviction — basée sur les faits nombreux dont nous avons donné dans nos premières lignes un aperçu — est en outre fortifiée par le témoignage unanime des malades qui, en cette matière, est loin d'être négligeable.

Tous les médecins qui ont l'occasion de donner leurs soins à des anciens malades de Sanatorium ont constaté combien ces malades s'observaient bien, étaient dociles et faciles à soigner : combien ils se pliaient d'eux-mêmes et intelligemment aux prescriptions hygiéniques dont l'observation est si difficile à obtenir du malade libre qui n'a pas passé par l'école de cure et que dominent l'hydrophobie, la cryophobie et l'aérophobie, jointes à la parfaite insouciance de la contagion et à la défiance, sinon au mépris instinctif du crachoir... et même de la maladie, lorsqu'elle ne s'accuse pas par des symptômes immédiatement alarmants.

Bien placé pour observer des faits analogues et frappé de voir combien souvent les malades eux-mêmes rendaient spontanément hommage aux bienfaits de l'éducation sanatoriale, nous avons eu l'idée de provoquer parmi un certain nombre d'entre eux, sortis du Sanatorium depuis un temps variable, dégagés de toute obligation à notre égard, et appartenant à l'un et à l'autre sexe, et à toutes les classes sociales, une sorte de referendum où, parmi d'autres questions, figuraient les suivantes :

— « Où vous êtes-vous le mieux soigné et où avez-vous le mieux appris à prendre des précautions contre la contagion ?

— « Vous avait-on parlé du crachoir avant le Sanatorium ?

— « Sans le Sanatorium vous seriez-vous soigné aussi bien ? — Etes-vous satisfait d'y avoir passé ? »

Les réponses ont été éloquentes et unanimes, et, au point de vue spécial qui nous occupe ici, plusieurs méritent d'être citées.

— « C'est au Sanatorium, nous dit le Dr A., que j'ai fait mon éducation le Sanatorium a été pour moi une école, et, à part la période du début où mon état de faiblesse m'obligeait à me tenir au repos et à éviter les écarts je ne m'étais pas soigné sérieusement jusqu'à mon entrée à Hauteville. »

— « Le Sanatorium a été pour moi le point de départ d'un mieux continu et m'a donné en même temps le moyen de l'aider à se perpétuer en m'affirmant l'importance de certaines précautions hygiéniques. » (M. de B.)

— « J'ai gardé un très bon souvenir du Sanatorium et considère cette institution comme non seulement utile, mais nécessaire, et suis très content d'y avoir passé pour pouvoir, aux malades ou aux personnes qui ne le savent pas, dire combien cet établissement est utile. » (M. B.)

— « Je suis certain que tous les conseils que l'on peut recevoir des personnes compétentes sont moins instructifs qu'un séjour même court dans un établissement où l'on fait en quelque sorte de la « pratique ». » (M. B.)

— « J'ai trouvé surtout au sanatorium une école d'hygiène où beaucoup de malades guérissent et où les autres apprennent à se soigner et à guérir...... Je crois la cure libre possible pour quelqu'un ayant le caractère voulu pour s'astreindre à une règle. Mais je crois l'éducation du sanatorium (ou son équivalent) nécessaire pour l'intelligence et l'efficacité de cette cure libre. » (Abbé C.)

— « Rentré chez moi j'ai mis en pratique les principes d'hygiène que j'avais recueillis pendant mon séjour à Hauteville, et mon amélioration a suivi un cours régulier. J'atteins aujourd'hui le poids de 90 kg. et je m'y maintiens aisément sans régime spécial et en continuant l'exercice de mes fonctions. » (M. D., instituteur.)

— « On n'apprend à se connaître que dans un sanatorium. Les progrès partent de là ainsi que l'éducation nécessaire pour se soigner, une fois de retour en famille. » (M. D.)

— « Il est certain que je fais bien plus de progrès maintenant que je sais me soigner qu'auparavant; je considère donc que si je n'avais été au sanatorium il me serait impossible de travailler comme je le fais actuellement. » (M. T.).

— « Le sanatorium est l'idéal du malade indigent. » (M. G.)

— « J'ai continué la cure d'air à la campagne pendant toute la mauvaise saison où je n'ai craint ni l'aération, ni les intempéries, ni le froid, grâce à l'entraînement et à la façon de me soigner que j'avais eu le bonheur d'apprendre au sanatorium.

« Mon humble avis est qu'il est complètement impossible, à quelque condition que l'on appartienne, de se soigner, seul ou en compagnie de sa famille, chez soi comme on le fait au sanatorium... J'avais fait de la cure libre avant mon entrée au sanatorium, mais il n'est pas douteux : 1º que c'est seulement dans votre établissement que j'ai pu réellement bien me soigner ; 2º que c'est toujours là que j'ai appris à me soigner comme un malade doit le faire; 3º que le résultat a été un grand progrès constaté par plusieurs docteurs à mon retour d'Hauteville. C'est au sanatorium que j'ai appris, *sans m'en apercevoir*, à prendre les précautions nécessaires contre la contagion; je possédais cependant un crachoir avant mon arrivée à Hauteville, mais je m'en servais peu et surtout je le désinfectais d'une façon déplorable. » (M. G.).

— « Il est bien certain que, sans le sanatorium, je ne me serais jamais aussi bien soignée, ni même n'aurais appris à le faire. C'est pourquoi, à mon avis, les sanatoria devraient être en plus grand nombre, et tout malade contraint à y passer quelques mois au moins, dans son intérêt et celui de la société. » (Mme M.)

— « Je n'avais jamais fait de cure d'air avant mon arrivée à Hauteville, mais depuis j'en ai conservé les principes et ces principes n'ont été acquis qu'au sanatorium. De plus, les progrès les plus manifestes ont été acquis au sanatorium, car c'est là où l'amélioration de l'état général et local a été la plus vive... J'avais bien entendu parler du crachoir avant mon entrée au sanatorium, mais pour moi ceux qui s'en servaient devaient être mis au ban de la société... idée commune à beaucoup de gens d'ailleurs; depuis, cette idée de crachoir m'est devenue très familière et devrait bien avoir un peu plus de faveur auprès du public. » (M. M.)

— « Sans le sanatorium, je n'aurais pas pu et je n'aurais pas su me soigner aussi bien. Voilà pourquoi j'affirme hautement qu'on ne peut être que satisfait d'un passage dans ce sanatorium. Pendant le séjour même, on y jouit de soins excellents, et on en emporte à sa sortie des conseils et des habitudes d'hygiène utiles pour toute la vie. » (Mlle M., institutrice.)

— « Avant mes séjours à la montagne, je savais que la maladie dont j'étais atteint était contagieuse, mais j'ignorais pourquoi et comment. C'est au sanatorium que j'ai su que la phtisie se communiquait par les crachats desséchés et réduits en poussière. Le crachoir m'était inconnu, je me servais presque toujours du mouchoir ou je crachais à terre. Depuis mon retour, je prends, comme au sanatorium, toutes les précautions contre la contagion et je me fais un devoir de donner quelques conseils à ceux qui, comme moi, sont atteints de tuberculose. » (M. M.)

— « C'est au sanatorium que je me suis le mieux soignée; c'est là que j'ai fait le plus de progrès. Je lui dois une grande amélioration dans mon état et *l'apprentissage* des soins à continuer.

« Egalement, j'ai appris au sanatorium quelles sont les précautions à prendre contre la contagion. Avant d'y entrer, je n'avais pas une idée juste de ces précautions; encore moins m'étais-je servie de crachoir… J'affirme en toute sincérité que je ne me serais pas intelligemment soignée sans le sanatorium. Je suis même persuadée que si j'avais su y entrer au début de mon mal, je serais guérie. Je continue, autant que possible, la marche suivie au sanatorium afin de continuer l'amélioration que j'y ai obtenue. » (Mme M.)

— « J'affirme, en toute sincérité, qu'au sanatorium seulement le malade prend conscience de son état et devient son propre médecin en contractant des habitudes de sagesse et de prudence (abstention d'apéritifs, d'usage de café avec alcool — si répandu cependant — habitudes de théâtre et autres lieux de réunions, toujours malsains par suite de l'élévation de la température et de l'air vicié qu'on y respire). » (M. R.)

— « Je passe un bien meilleur hiver que les années précédentes; je l'attribue en grande partie aux soins spéciaux que je prends, soins dont la pratique m'a été enseignée au sanatorium. Je laisse ma fenêtre grande ouverte jour et nuit, preuve évidente que je ne trouve que de bons effets à ce système d'aération, c'est à Hauteville que j'en ai pris la bonne habitude; le conseil m'en avait été donné maintes fois auparavant, mais, je dois l'avouer, je n'avais jamais eu le courage de m'y résoudre, je craignais de prendre des rhumes; or, un fait certain, c'est que je fais de la cure d'air en grand…

« Au début de ma maladie, je voyais très souvent le médecin; depuis que je vous ai quitté, je ne l'ai vu qu'une fois, à mon arrivée ici, et cela seulement pour le mettre au courant de mon état, au cas où il m'arriverait quelque complication qui m'obligerait à recourir à lui. J'ai dépensé beaucoup d'argent à acheter des capsules de créosote; je le regrette; je saurai maintenant en faire un meilleur usage. — Bref, au sanatorium, on apprend deux choses : *à se bien soigner*, et cela *à peu de frais*. » (Abbé T.)

« Avant mon passage au sanatorium, j'avais fait très peu de cure libre (j'entends : la *vraie* cure !). Je ne voulais pas me soigner, ou me laisser soigner : j'étais très rebelle à tout traitement ; je désespérais le médecin qui s'intéressait beaucoup à moi; il a fallu, de guerre lasse, m'envoyer dans votre établissement où, très volontiers et très docilement, je crois, je me suis soumise. (Je n'ai pas encore compris pourquoi un tel changement s'est produit dans mon caractère.) — C'est au sanatorium que je me suis le mieux soignée, que j'ai été le mieux soignée. C'est là que j'ai fait de sérieux progrès à plusieurs points de vue. A Hauteville, j'ai recouvré la santé. — Partie très malade, au mois d'août, je suis revenue dans ma famille, au mois d'avril, presque complètement rétablie. Le sanatorium avait opéré des miracles ! C'est au sanatorium que j'ai vu la maladie de près, que je l'ai un peu étudiée et que je l'ai comprise ; mais c'est au sanatorium surtout que j'ai appris à prendre des précautions contre la contagion. Je savais certainement, avant d'aller à Hauteville, à quels dangers on s'expose en crachant par terre ; je savais que la tuberculose se transmet par les crachats desséchés et réduits en poussière. Mais tout cela je le savais *moins bien* et n'y attachais pas l'importance que j'y attache maintenant que je *connais mieux* la tuberculose. J'avais aussi entendu parler de crachoirs et j'en avais vu ; mais, pour ma part, je ne m'en servais pas...

« ... Après ma sortie du sanatorium, je me suis soignée toute seule, comme là-haut, et alors j'ai rarement vu le médecin qui venait seulement dans ma famille à titre d'ami ou de conseiller...

« ... Je sais, grâce au sanatorium, comment se soigner chez soi, faire du sanatorium *at home*...

« ... Grâce au séjour que j'ai fait à Hauteville, je puis aujourd'hui donner quelques conseils hygiéniques à de pauvres malades moins instruits ou plus ignorants que moi..., et signaler autour de moi (dans le village où je réside depuis plus d'un an, dans ma classe, à mes élèves) les dangers que l'on court si l'on crache par terre. » (Mlle V..., institutrice).

Nous bornerons là ces citations, qui suffisent à montrer l'état d'esprit de nos anciens malades relativement à l'influence éducatrice exercée sur eux par le sanatorium, au double point de vue hygiénique et prophylactique, état d'esprit très général puisque tous, sans exception, se déclarent heureux d'avoir passé au sanatorium, que 87 sur 88 affirment que sans lui ils n'auraient pas été à même de se soigner aussi bien, et qu'enfin 77 sur 86 déclarent nettement avoir appris au sanatorium les précautions contre la contagion qu'ils continuent à observer chez eux. — « Le bienfait de l'amélioration, dit l'un d'eux, est moins considérable que celui de l'hygiène enseignée. » — « Tout le monde devrait passer au sanatorium, dit un autre pour y apprendre l'hygiène. » — « Les mesures de prudence qu'on y enseigne, ajoute un troisième, deviennent, par la suite, une facile habitude. »

Une autre particularité intéressante révélée par l'enquête et qu'on aura peut-être remarquée déjà dans plusieurs des citations précédentes, c'est que la très grande majorité des anciens malades du sanatorium ne voient plus le médecin qu'à de rares intervalles, pour s'assurer de l'évolution générale de leur état ; bon nombre, allant bien, ont même cessé de le voir. Capables de s'observer et de se soigner, munis du thermomètre et du crachoir, au courant des précautions hygiéniques dont l'ensemble constitue le traitement, ils n'ont plus besoin d'être conseillés d'une façon aussi immédiate et aussi fréquente. Que dire du pauvre pharmacien dont l'officine est désertée au profit de la boutique du boucher, conséquence assurément regrettable au point de vue professionnel, mais seulement à celui-là !

Ce fait, très généralement signalé par nos anciens malades, est fort significatif. C'est, à l'appui de notre démonstration, un sûr témoignage de l'influence éducatrice du sanatorium ; c'est en même temps, et surtout, un des bienfaits principaux de cette éducation, bienfait particulièrement appréciable pour le peuple, car il se double d'une économie matérielle importante, dont bénéficie pour une part, en ce qui concerne les indigents, l'assistance médicale déchargée d'autant de consultations et de remèdes, et pour l'autre la multitude des artisans et des gens modestes, pour lesquels le budget de maladie est si lourd et, dans l'espèce, si inutilement lourd !

En résumé, et pour dégager d'un mot la leçon des faits et des considérations qui précèdent, nous estimons que c'est mal poser la question du sanatorium populaire que de l'envisager seulement comme un moyen d'assistance et de prophylaxie temporaires au profit des *seuls* indigents, et de mesurer sa valeur au nombre des guérisons qu'on peut y obtenir. — Ce point de vue restreint serait, au contraire, plus applicable au sanatorium pour riches, — qui n'est qu'une maison de cure.

Le sanatorium vraiment populaire, celui des petites gens, a un rôle et une influence, liés à sa vertu éducatrice, qui dépassent de beaucoup les limites de l'hospitalisation, et dont on ne peut vraiment juger qu'en considérant, à la lumière des faits, dans le sens général et pratique où nous venons de l'indiquer, ses résultats éloignés, tant moraux que médicaux.

Dans la lutte antituberculeuse ainsi envisagée, le sanatorium apparaît surtout comme une école pratique d'hygiène. Cette école rendra d'autant plus de services qu'elle sera plus populaire au vrai sens de ce mot qui n'est pas celui de l'assistance hospitalière, qu'elle s'adressera à ceux qui ont besoin de l'instruction hygiénique et qui sont à même d'en tirer parti. — Et, dans ce rôle-là, rien ne saurait ni l'égaler, ni le remplacer.

DISCUSSION

Dr Lalesque. — Je suis heureux d'entendre M. Dumarest nous signaler, au point de vue hygiénique et prophylactique, les bénéfices que retire la population indigente et ouvrière de son passage au sanatorium d'Hauteville, en particulier. Sa communication confirme ce que j'ai pu constater moi-même, dans un milieu social différent et en cure libre. Là, comme au sanatorium, les progrès sont incontestables.

En 1897, dans mon travail « la Cure marine de la phtisie pulmonaire », je rappelais que déjà nous imposions à nos malades l'usage rigoureux du crachoir portatif, soit du modèle Detweiler, soit du modèle L.-H. Petit, et je témoignais ma surprise de voir arriver des malades, dont les maîtres actuels de la médecine dirigeaient la santé, ne connaissant d'autres récipients à leurs expectorations que le mouchoir, la cheminée ou la rue.

En 1893, au Congrès de la tuberculose, il me fut possible de démontrer que, contrairement à l'idée de beaucoup de médecins, l'emploi du crachoir de poche, en clientèle privée, n'était pas une chimère, donnant, à l'appui de mes dires, le nombre de crachoirs de poche vendus dans les pharmacies d'Arcachon dans les hivers précédents, alors qu'à Paris M. Vallin n'en pouvait trouver aucun modèle dans les pharmacies principales ou chez les fabricants d'instruments.

Mais, à la vérité, nous l'avons constaté, nos malades, après leur départ de la station, ne s'en servaient plus. Aujourd'hui les choses ont changé, et l'éducation prophylactique s'est propagée non seulement chez les malades, mais aussi — et cela est important — parmi les médecins. Aussi, non seulement les malades continuent la pratique du crachoir après leur départ de la station, mais en plus beaucoup de nouveaux malades nous arrivent munis de leurs crachoirs.

L'enquête poursuivie par M. Dumarest offre un côté très intéressant et d'un intérêt capital par les réponses reçues. Tous ses malades déclarent avoir appris au sanatorium l'hygiène et la prophylaxie. Ces réponses mettent en pleine lumière la valeur éducatrice du sanatorium. Quelques malades déjà soignés avant leur entrée au sanatorium disent n'avoir jusqu'alors rien su, ou presque rien, des ces importantes mesures. Je demande à M. Dumarest si quelques-uns de ses malades avaient déjà été soumis à la cure libre, et si de cette cure ils n'avaient rien tiré en tant qu'éducation prophylactique ?

Dr DUMAREST. — Ceux de nos malades qui nous arrivent, ayant déjà pratiqué une cure libre sérieuse et méthodique, n'ont rien à appprendre chez nous. Ils sont rares, à cause de la catégorie sociale dans laquelle se recrutent nos malades, qui arrivent d'ordinaire au sanatorium sans avoir fait aucune cure préalable.

J'applique pour ma part la désignation de sanatorium plutôt à *une méthode* qu'à une maison : partout où cette méthode est appliquée sous une direction intelligente et dans un climat approprié, il y a un sanatorium, et la ville d'hiver d'Arcachon me semble être tout à fait un grand sanatorium.

J'aurai répondu à M. Lalesque si je lui dis qu'à Hauteville j'ai, à côté du sanatorium, des malades qui pratiquent la cure libre sous ma direction. Il leur faut peut-être plus de docilité et de sérieux pour en bénéficier : mais, sous ces réserves, je ne pense pas qu'ils soient moins bien soignés les uns que les autres.

Je suis convaincu qu'il n'y a aucune divergence d'appréciation, au fond, entre ceux qui, comme nous, se gardent d'*a priori* et considèrent que les choses sont plus importantes que les mots. Je pense même que l'apparence de divergence n'eût jamais existé si la discussion avait eu lieu entre gens au courant de la question, je veux dire ayant pratiqué eux-mêmes la phtisiothérapie.

Dr LALESQUE. — J'enregistre avec satisfaction ce que nous dit M. Dumarest, car sa conception du mot sanatorium appliqué plutôt à une *méthode* qu'à *une maison* confirme la définition que j'ai donnée de la cure libre, qui est « la mise en pratique de la méthode hygiénique *hors de* et *sans le sanatorium* ».

Cette mise en pratique était, disait-on, impossible. Les membres du Congrès ont pu se rendre un compte exact de l'inanité de cette objection, du moins en ce qui concerne « la ville d'hiver d'Arcachon qui, dit Dumarest, me semble être tout à fait un grand sanatorium », et cela grâce aux mesures d'hygiène et de prophylaxie qu'on y prend.

Au surplus, l'opinion de M. Dumarest est d'un grand poids dans la question, car, non seulement il dirige, avec compétence et succès, un grand sanatorium, mais, à côté, une clientèle aisée pratique, sous sa direction, la cure libre avec non moins de succès. A ce double titre mieux que personne notre distingué confrère pouvait mettre d'accord les partisans du sanatorium et les promoteurs de la cure libre. Ce résultat ne sera pas l'un des moindres de sa communication et de son intervention.

Dr SÉNAC-LAGRANGE. — Je désirerais savoir de M. Dumarest ce que sont et surtout ce que deviennent au point de vue de l'action fonctionnelle les malades et les valétudinaires du sanatorium d'Hauteville. — Si on peut comparer les petites choses aux grandes, je dirai qu'ayant l'honneur d'être le médecin du sanatorium des petites filles d'Argelès où sont soignés de cure préventive et curative, mais plus préventive que curative, des enfants de phtisiques depuis 6 ans jusqu'à 20 ans, j'ai pu faire les observations suivantes : au point de vue fonctionnel, les enfants que je vois 15, 20 jours après leur arrivée, sont plutôt en état négatif, je veux dire qu'ils ne sont pas tachycardiques, qu'ils ont un appétit égal et qu'ils conservent leur poids.... Tout cela est apparence et un peu réalité, plus apparence que réalité, car si, sous l'influence du climat d'Argelès, dont [le caractère spécial est l'absence de vents et la protection contre les vents de la région sud-ouest, nord-ouest sud-est, si, sous l'influence du climat, des râles humides de bronchite des bases disparaissent après 12, 15, 18 jours, si l'état fonctionnel des petites malades se maintient bon, il arrive que ces enfants arrivées à 20 ans, placées chez des particuliers dans les conditions de travail le plus ménagé possible, disparaissent dans les conditions suivantes : sur 40 de ces enfants deux ont été trouvées mortes le matin dans leur lit, sans trace de souffrance aucune, tout faisant prévoir qu'elles ont succombé fonctionnellement, et sans lésion matérielle. Deux sont mortes de péritonite tuberculeuse... Les autres vivent d'une vie moyenne, non pas inférieure, car, soumises à un travail modéré, elles le supportent plutôt avec avantage qu'inconvénient.... J'estime qu'il est intéressant de poursuivre l'observation de ces prédisposées et de voir ce qu'elles deviennent au point de vue de l'action fonctionnelle ou de la vie en action.

LA MAISON HOSPITALIÈRE DE CAUTERETS, SON HISTOIRE, SON UTILITÉ SOCIALE ET PROPHYLACTIQUE, SON AVENIR.

Par le Dr A. E. MEILLON (de Cauterets).

Au Congrès de climatothérapie et d'hygiène urbaine, il m'a semblé qu'il y avait place, — et une place importante, — pour le merveilleux instrument de climatothérapie et d'hygiène prophylactique qu'est « la maison hospitalière de Cauterets ». Il m'a paru utile de faire connaître à ceux que préoccupent ou qu'intéressent les questions de climat et d'hygiène, une œuvre philanthropique remarquable qui fonctionne depuis plus de vingt ans avec plein succès et à laquelle il ne manque, pour le développement considérable qu'elle comporte, que de la signaler à tous pour sa haute importance prophylactique, thérapeutique, clinique et sociale.

On me saura gré, je l'espère, de faire savoir qu'à 5 minutes de Cauterets, sur la route de la Raillère, à 1000 mètres d'altitude, dans une vallée riante, couronnée de superbes montagnes qui l'abritent complètement des vents, existe, adossée à la forêt de sapins, une grande construction, largement aérée et éclairée, bien exposée, qui n'a voulu être ni un sanatorium, ni un hospice, ni un hôpital, mais qui est, suivant la pensée des baigneurs de Cauterets riches et reconnaissants qui la fondèrent, une maison... hospitalière à tous les déshérités de la santé et de la fortune.

Ce vaste établissement de santé est depuis ouvert à tous les malades indigents ; enfants, jeunes gens, adultes, vieillards des deux sexes, de tout culte et de toute nationalité, qui ont besoin, sur simple prescription de la médecine, d'une cure climatique ou thermale à Cauterets.

La Maison hospitalière de Cauterets, c'est la villégiature prophylactique et curative à la portée des pauvres, des déshérités, des ouvriers invalides du travail, les tuberculeux de demain. C'est l'auxiliaire précieux mais inconnu d'un praticien désarmé devant la misère, d'une municipalité souvent embarrassée, d'une société d'assurance ruinée par les longues convalescences, des sociétés d'assistance et de secours mutuels écrasées sous le poids des secours chroniques libéralement, mais inutilement distribués.

Les conditions d'admission sont aussi simplifiées que possible et combinées de façon à ménager la susceptibilité ou le point d'honneur des pauvres honteux, catégorie si intéressante et si nombreuse de malades. Ces conditions se bornent à un certificat du médecin traitant constatant la nécessité de la cure de séjour, ou de la cure thermale, ou des deux associées ; certificat pour néant du rôle des contributions ; paiement quotidien de 2 fr. 50 ou de 50 fr. pour les 3 semaines que comporte généralement la cure. Ce prix de 2 fr. 50 est sensiblement le prix moyen d'hospitalisation des Assistances publiques et des hospices ; il est en tout cas très inférieur pour des résultats incontestablement supérieurs, aux primes de convalescence payées par les assureurs et les patrons. Le malade a droit aux soins médicaux et pharmaceutiques, à une alimentation réglée par le médecin et préparée sous la direction de sœurs de Saint-Vincent de Paul. Il a logement salubre et aéré et, lorsqu'il est nécessaire, la gratuité dans tous les établissements thermaux et buvettes de la station.

C'est, on le voit, à la portée de toutes les assistances publiques, sociétés de secours mutuels, sociétés d'assurances, associations de bienfaisance publiques ou privées, un établissement tout organisé, remplissant toutes les conditions réclamées pour la meilleure des prophylaxies : milieu parti-

culièrement salubre et climat déjà curatif par lui-même, cure d'air complétée par l'emploi méthodique et judicieux de toutes les ressources de l'hygiène,
auxquelles se surajoutent, lorsqu'il le faut, les bénéfices de la cure thermale
sulfureuse.

Si l'on veut donc considérer un instant qu'à la maison hospitalière de
Cauterets, indépendamment des avantages physiques que je viens de mentionner, le malade pauvre prédisposé à toutes les maladies par une déchéance
physiologique chronique ou accidentelle, modifiera non seulement des
conditions vitales défectueuses, et particulièrement son hygiène alimentaire,
on concevra quels résultats rapides l'invalide recueille par ce faisceau thérapeutique incomparable : cure d'air et d'altitude, promenades en montagne,
gymnastique musculaire et pulmonaire en pleine lumière, hydrothérapie
et boisson sulfureuse.

Chez ces malades, conscrits de la tuberculose, la prophylaxie ne sera pas
un vain mot ; elle aura l'action la plus complète, la plus décisive qu'on
puisse espérer, en considération de la variété et de l'efficacité incontestable
de chacun des facteurs mis en jeu. En considération surtout de ce fait que
le malade indigent a généralement rendu sa constitution résistante, par
l'accoutumance aux privations et à la fatigue, on peut affirmer que sa vitalité n'est que passagèrement ou accidentellement amoindrie. Les causes
physiques ou morales qui ont déprimé son organisme, les causes prédisposantes disparaissent au bout de quelques jours de villégiature et font place
à quelque chose de plus durable, de plus définitif que la disparition des
symptômes morbides, à une véritable immunisation, à une résistance telle
qu'il faudra de nouveaux abus prolongés, de nouveaux gaspillages de
forces ou un nouvel accident pour provoquer un nouvel arrêt de travail.

Je tiens à insister sur la rapidité avec laquelle on obtient cette reconstitution organique chez nos malades convalescents ou invalides, hommes ou
femmes, de façon à bien faire ressortir qu'il suffit, *dans un très grand
nombre de cas*, de trois semaines de soins à la maison hospitalière pour
transformer un invalide, un convalescent voué à la tuberculose, en un sujet
capable de travailler et de lutter plus victorieusement contre le bacille, son
plus terrible ennemi.

L'établissement ouvert du 1er juin au 1er octobre pourrait, si l'influence
le comportait, recevoir des malades depuis le 1er mai, soit 7 séries de malades séjournant de 20 à 25 jours. Disposé pour recevoir 40 hommes, 40
femmes et 20 enfants à la fois, au total cent malades, ce seraient donc 7
à 800 malades qui chaque année pourraient bénéficier de ce remarquable
instrument d'hospitalisation, de cette provision latente de santé et de résistance.

Ce n'est pas la faute des administrateurs de la Société hospitalière, ni
la mienne, si la maison hospitalière reste partiellement inutilisée, et hier
encore, lorsque M. le Ministre semblait réclamer du Congrès, dans un appel
désespéré, un moyen pratique d'améliorer la santé des ouvriers des arsenaux et d'appliquer les règles prophylactiques officiellement préconisées,

j'aurais voulu lui citer en exemple, comme à d'autres villes d'ailleurs, la municipalité de Limoges, qui, depuis la fondation de l'œuvre, envoie chaque année de 60 à 80 de ces convalescents, invalides du travail, anciens porcelainiers, vrais ou faux tuberculeux, qui viennent non seulement pour faire disparaître à Cauterets leurs symptômes morbides, mais pour acquérir cette immunité dont je vous parlais tout à l'heure et que les ouvriers considèrent eux-mêmes comme le critérium de leur vraie guérison.

C'est une dépense de 3 à 4.000 francs pour la ville de Limoges et une économie nette de 8 à 10.000 fr. de journées d'hôpital, de convalescence, de sanatorium, pour ne pas parler de ce formidable capital humain voué à la ruine et dont la perte totale serait d'autant plus sensible qu'il s'agit d'ouvriers spéciaux, d'artistes dont le talent et la production constituent une partie de la richesse industrielle de Limoges.

J'ai idée que les invalides des arsenaux seraient aussi heureux que ceux de Limoges de villégiaturer à Cauterets, et je crois que les millions immobilisés à Angicourt et les centaines de mille francs d'entretien annuel de ses quelques lits peuvent autoriser un ministre à inscrire à son budget d'hygiène et de prophylaxie une somme de 15 à 20.000 fr. qui lui permettraient d'arracher chaque année au fléau 3 à 400 de ses meilleurs ouvriers momentanément débiles, qu'il faut simplement mieux armer pour la lutte. La maison existe, fonctionne, ne demande qu'à se développer, qu'à s'agrandir même sans qu'il en coûte rien à personne : il nous a semblé que, dans ces conditions, il ne fallait pas songer à créer, puisqu'on n'utilise pas ce qui existe.

Il me reste, Messieurs, à vous demander votre patronage pour vulgariser et faire connaître la maison hospitalière de Cauterets. J'ai essayé de souligner brièvement quelques-uns des services qu'elle peut rendre aux malades, vous saurez dégager ceux qu'elle peut rendre aux médecins et aux cliniciens. La cure globale de Cauterets (climatique, hygiénique et sulfureuse combinées), agissant par stimulation des fonctions d'assimilation et de désassimilation, conviendra merveilleusement à tous ces indigents dont la nutrition générale est en défaut, soit par de mauvaises conditions hygiéniques, soit par la nature même de leur constitution : scrofule, lymphatisme, anémie, manifestations arthritiques rhumatismales ou syphilitiques. A côté de la stimulation de l'hématose, l'action régulatrice des fonctions gastro-intestinales fera apprécier comme elle le mérite la boisson sulfosilicatée sodique de Mauhourat, joyau précieux, ancre de salut de tous ces débiles pâles, amaigris, anorexiques, abouliques, dont l'atonie fut réfractaire à d'excellentes indications reconstituantes, médications auxquelles il ne manquait pour réussir que le grand air des montagnes, que le repos, que le calme physique et moral, que l'hygiène vitale, que la nourriture saine et copieuse, que l'hydrothérapie quotidienne, que le verre d'eau bienfaisant et stimulant de Mauhourat et la promenade bi-quotidienne vers cet apéritif d'un nouveau genre, vers cet « Assommoir réconfortant ».

Si, grâce à votre concours, Messieurs, je vois augmenter le nombre de ces villégiateurs indigents, je ne regretterai pas un surcroît de besogne, car je serai largement dédommagé par la reconnaissance de ces nombreux malheureux, et surtout parce que, en préconisant cette œuvre philanthropique, j'aurai eu l'occasion d'enrichir encore la déjà séculaire clinique thermale et climatique de Cauterets.

DE L'UTILISATION DU CLIMAT DE BEAUMES-LES-BAINS
près Valence (Drôme)
POUR LES CONVALESCENTS ET CHRONIQUES DURANT L'ARRIÈRE-SAISON ET LES PÉRIODES HIVERNALES
Par le Dr REGAD (de Valence)

Permettez-moi de retenir quelques minutes seulement votre bienveillante attention, et de vous signaler ce que nous venons de réaliser à deux pas de la région lyonnaise, à la porte même de la Provence, au seuil du Midi, puisque les oliviers consentent à être des nôtres.

Jusqu'ici les maisons de convalescence, situées en pleine campagne, au voisinage de la grande ligne Paris-Lyon-Méditerranée, étaient rares et les médecins de toutes ces régions souvent se demandaient de quel côté ils pourraient diriger leurs malades à l'issue d'une longue maladie, afin de permettre à la convalescence de s'achever paisiblement, afin de donner au malade chronique un climat favorable, enrayant l'évolution du processus morbide. Nous avons pensé que parmi le 20.000 malades qui, chaque année, gagnent l'étranger; parmi ceux qui, en automne, quittent les villes d'eaux et fuient les pays froids, il y aurait quelques convalescents qui préféreraient rester en France et trouver non loin de leur foyer un lieu de repos sain et agréable, une véritable villégiature sanitaire.

Notre climat de Beaumes-les-Bains était excellent et se prêtait à nos projets. L'établissement thermo-résineux qui fermait l'hiver pouvait ouvrir ses portes et offrir aux malades toutes les ressources désirables. Il était facile de nous accuser de louer d'une façon purement gratuite le climat de la région, aussi avons-nous cru devoir fournir à nos confrères des données exactes et tirées d'une statistique officielle établie par l'Administration des Ponts et Chaussées embrassant une période d'un demi-siècle, des moyennes aussi voisines que possible de la réalité, étant donné le nombre des chiffres qu'on a relevés pour les établir. C'est cette étude que je veux résumer très brièvement, afin de ne pas abuser de vos instants, me réservant dans la suite de vous adresser le travail complet.

Le climat de Beaumes-les-Bains est avant tout particulièrement sec, très tempéré, régulier, tonique et même légèrement excitant. L'atmosphère est toujours très pure. Il n'y a jamais de brouillards. Nous ne pouvons mieux appuyer ces assertions qu'en donnant le résumé des observations météorologiques dont nous avons parlé :

Le « *Variable* » de Valence et par conséquent des Beaumes (l'établissement étant situé à deux kilomètres de la ville) est de 748 mm. et la pression moyenne observée a été de 750 mm. 70, légèrement supérieure à la précédente. La pression moyenne annuelle minima est de 749 mm. et la pression moyenne annuelle maxima 752 mm. 04. C'est durant les mois de novembre, décembre, janvier et février que la pression barométrique est la plus élevée, elle atteint son maximum en février.

La moyenne des températures des mois est pour le mois d'octobre 12°,7, novembre 7°,7, décembre 3°,5, janvier 3°, février 5°,29, mars 7°6. — Pour ces mêmes mois nous relevons un écart fixe entre les températures maxima et minima moyennes de tout le mois d'environ 21°, ce qui prouve, mieux que tout, la régularité de la température pendant l'arrière-saison et l'hiver.

La pluviométrie nous montre les mois de novembre, décembre, janvier et février comme au-dessous de la moyenne de l'année pour ce qui concerne : 1° le nombre de jours de pluie : 7 j. 1, 6 j. 4, 5 j. 4, 6 j. 4 ; 2° la quantité de pluie : 45 mm., 46 mm., 57 mm. 7, la moyenne étant 76 mm. 2 par an ; 3° l'intensité de la pluie : 8 mm. 5, 7 mm. 1,8 mm. 5, 9 mm., la moyenne étant 11 mm. 3. Il pleut peu à la fois, il pleut rarement, il ne pleut pas longtemps. L'hiver la pluie est rare, douce et régulière. Les orages sont très rares. On a pu de 1846 à 1899 relever pour l'hiver douze périodes de plus de 40 jours sans pluie et nous ne parlons pas des périodes de moins de 40 jours observées d'une façon banale et ne valant pas la peine d'être désignées.

La neige est une rareté. Le brouillard ne s'observe pour ainsi dire jamais.

Le vent qui domine souffle du Nord-Ouest et donne environ 30 o/o des jours de vent. Puis vient ensuite le vent du Sud avec 20 o/o. Les périodes agitées sont de trois, six ou neuf jours, généralement de trois jours. C'est surtout aux équinoxes qu'on observe les plus grandes vitesses. L'agitation de l'air a le grand avantage de dessécher le sol.

Celui-ci est éminemment hygiénique. Il est constitué par un terrain d'alluvion remontant à l'époque quaternaire, recouvert d'une couche d'humus fertile donnant naissance à une végétation luxuriante. Donc la filtration des eaux de pluie est assurée : elles vont rejoindre une nappe souterraine située à quinze mètres de profondeur.

Si vous voulez bien, Messieurs, comparer entre elles et superposer ces données, vous avouerez que nous nous trouvons dans d'excellentes conditions et que nous pouvons sans crainte recommmander ce climat dans une foule d'affections chroniques. En effet, il est peu de régions où l'hiver présente une sécheresse aussi accentuée en même temps qu'une température moyenne ni assez chaude pour être débilitante, ni assez froide pour être désagréable ou nuisible. Il y a peu de pays où il pleuve moins qu'à Valence, et à ce point de vue la Côte d'azur est moins favorisée. Le ciel est toujours bleu, l'air d'une transparence et d'une pureté parfaites. Seul le vent du Nord-Est se fait quelquefois sentir ; mais loin d'être à regretter, ce vent rend de réels services, et la constitution médicale régnant à Valence en est la preuve la plus nette. Lorsque la vitesse devient anormale, les côtes de la Méditerranée et de l'Océan ont leurs tempêtes aussi.

A côté des avantages que présente l'établissement de Beaumes-les-Bains pour des convalescents ou des chroniques, on peut placer ceux qu'il offre par la nature des sourcees qui l'alimentent. Les eaux proviennent des Alpes du Dauphiné et sont le produit de la fonte des neiges. Elles nous arrivent après avoir traversé des couches de grès qui leur permettent de ne donner à l'analyse qu'une minéralisation très légère, bien inférieure à celle de l'eau d'Evian. Voici les principales caractéristiques d'après une analyse toute récente faite par M. Girard, directeur du Laboratoire municipal de la ville de Paris :

Degré hydrotimétrique......................................	15°
Extrait sec à 180°...	0,26
Alcalinité totale en carbonate de chaux...................	0,135
Acide carbonique des carbonates..........................	0,059
Chaux..	0,089
Magnésie...	0,016
Ammoniaque, nitrites, phosphates.........................	Néant

Au point de vue bactériologique, l'analyse n'a pas permis de déceler le bacille d'Eberth et le bacille coli.

Vous conviendrez avec nous, Messieurs, que nous avons à notre disposition une eau pouvant être utilisée avec succès en thérapeutique comme eau de lavage.

Résumons donc brièvement les affections qui légitiment l'envoi des malades à Beaumes-les-Bains :

1° Tous les convalescents de maladies aiguës, mais non contagieuses, à l'exclusion par conséquent de la tuberculose ;

2° Tous les arthritiques qui craignent les rigueurs des climats du Nord ;

3° Les rhumatisants de toute sorte, mais toutefois sans lésions avancées de l'endocarde ;

4° La dilatation des bronches, la bronchite chronique simple, l'emphysème pulmonaire, l'asthme ;

5° La lithiase urinaire et certaines maladies chroniques des reins et de la vessie ;

6° Les états neurasthéniques simples reconnaissant comme cause le surmenage physique ou intellectuel, à l'exception de l'hystéro-neurasthénie. L'hyperexcitabilité nous paraît une contre-indication formelle ;

7° Le diabète, l'albuminurie, la chlorose, l'anémie et toutes les maladies de la nutrition.

En résumé, nous croyons avoir comblé une lacune en créant à Beaumes-les-Bains une maison de convalescents à la portée de vastes contrées et pou-être utilisée par des centres nombreux et importants. — Nous laissons les médecins traitants apprécier son utilité et déterminer en détail les affections qui pourraient bénéficier des avantages que nous venons de signaler dans les grandes lignes. Nous offrons l'hospitalité à leurs malades, sûrs qu'ils sauront, lorsqu'arriveront les mauvais jours et qu'ils quitteront leurs villes d'eaux, apprécier un lieu de repos paisible, loin de l'agitation du monde et des affaires, où ils pourront attendre le bénéfice de leur cure estivale et oublier de longs jours de souffrance. Beaumes-les-Bains deviendra grâce à eux un lieu de villégiature sanitaire.

DISCUSSION

Dr DEDET. — Deux questions :

1° Quelle est l'altitude de Beaumes-la-Valence ?

2° Comment la maison de convalescence est-elle défendue du mistral, si fréquent dans la région ?

Dr FAURE. — L'altitude de Valence est 128 m. Beaumes-les-Bains est à mi-coteau et à environ 20 mètres au-dessus de Valence, soit, en chiffres ronds, 150 mètres.

— L'établissement est adossé au coteau qui le garantit surtout de l'Est ; et d'autre part les plantations de peupliers, fréquentes dans la région, forment un abri très appréciable. L'établissement est orienté au midi, il offre des abris artificiels qui font presque oublier la réputation de vent que l'on donne à Valence.

LA CURE LIBRE DES TUBERCULEUX

Par le Dr E. CAZABAN.

—

Les discussions, parfois ardentes, engagées entre les promoteurs et les adversaires de la Cure libre des tuberculeux sont aujourd'hui éteintes. L'accord s'est fait, semble-t-il, au Congrès de Nice, lorsque dans la discussion du rapport de Guiter, et après l'intervention de Lalesque, le Dr Dumarest déclarait que dans la pratique la cure libre et le sanatorium ont chacun leurs indications et que le Professeur Renaut ajoutait : « Aujourd'hui, l'entente est arrivée et on a essayé d'être éclectique ; on a dit que parce qu'un homme est phtisique, ce n'est pas une raison pour le mettre en prison. J'ai eu des guérisons comme tous, et par la Cure libre ; tout récemment j'ai dû faire un certificat pour un jeune homme, ancien phtisique, si bien guéri qu'on voulait le prendre pour le service militaire ; j'avais d'abord voulu le faire entrer au sanatorium d'Hauteville, mais on l'avait refusé ; je l'ai soigné alors en cure libre, en lui faisant faire de l'aération, chez son père, jardinier ; trois mois après le sanatorium l'acceptait parce qu'il était amélioré ; quand il en est sorti, je l'ai soigné de nouveau, comme avant son entrée, et l'amélioration était telle qu'il a fallu un certificat pour empêcher de le prendre au service militaire. On guérit donc en cure libre, mais il faut soigner son malade. *Le sanatorium est utile ; il n'est pas indispensable.* »

Il n'est point dans mes intentions d'apporter des arguments nouveaux en faveur de la Cure libre. Après les travaux de Lemoine et Carrière, Brunon, Lalesque, Guiter, Dhourdin, après les interventions de nos maîtres Huchard, Landouzy, Robin, Renaut, Grancher, ce serait d'ailleurs chose superflue. Tout a été dit par eux, bien dit et dit avec courage par des médecins de province, à cette « époque triomphante de la *Cure d'altitude*, seule admise et permise depuis quinze ans, avec laquelle avait commencé et pour laquelle continuait l'exode de nos malades à l'étranger » ! (Lalesque.)

Pour si faite que soit la question, il m'a paru impossible qu'une voix — si modeste fût-elle — ne s'élevât pas, au sujet de la Cure libre, dans ce Congrès dont les assises se tiennent à Arcachon, car c'est ici, et pas ailleurs, qu'est née cette méthode ; c'est ici que pour la première fois elle fut scientifiquement pratiquée. C'est ici qu'en 1894 trois médecins, impuissants alors à convaincre leurs confrères, marchèrent résolument à l'encontre de la routine, de l'indifférence, des préjugés ou des idées régnantes, construisirent à leurs frais, dans la forêt domaniale, le premier pavillon de Cure libre, l'utilisèrent avec profit pour les malades. Et c'est ainsi que Festal, Lalesque, Pauliet, affirmèrent publiquement et pour la première fois la mise en pratique de la méthode sanatoriale sans le sanatorium, et à laquelle Lalesque, son plus ardent promoteur, donnait le nom de *Cure libre*.

Cet acte d'énergie doit rester fixé dans les Annales de l'histoire. Si Bourcart et Vivant, au Congrès de Moscou, s'élevèrent contre la doctrine allemande, faisant table rase de l'influence bienfaisante des radiations lumineuses et de l'aération plus complète que l'on trouve plus aisément dans les contrées ensoleillées que dans les régions nuageuses du centre de l'Europe, de leur côté Festal, Lalesque et Pauliet conçurent la Cure libre et la réalisèrent. Leur mérite est d'autant plus certain que : « Le rôle du médecin en cure libre me semble plus complexe et plus difficile qu'en cure fermée. Il n'est aidé ni par la tradition, ni par la discipline qu'accepte implicitement tout malade par son entrée au sanatorium, ni par l'exemple et l'imitation qui sont les grands adjuvants de la cure sanatoriale. Non seulement il lui faut beaucoup de science, de pénétration psychologique, de dévouement et de résistance physique, qui sont des qualités nécessaires à tout bon médecin; mais il doit avoir une énergie et une habileté exceptionnelles pour lutter contre les préjugés des malades qu'on lui envoie, trop souvent dénués de toute éducation hygiénique ou imbus de préjugés pernicieux; trop souvent aussi il lui faut combattre les pires ennemis du tuberculeux : je veux dire la dépression, la désespérance et la tristesse, qui résultent de l'uniformité de la vie et de la monotonie de l'entourage. Plus qu'au sanatorium il se trouvera aux prises avec cette susceptibilité et cet égoïsme qui sont particuliers à certains malades. Là, plus que partout, il doit pénétrer dans l'intimité morale de son malade, diriger sa volonté, régler le désir d'action que tout homme a en soi, et ainsi il saura éviter, par son autorité, les chutes morales qui nuisent tant à la bonne marche de la cure. C'est bien là que luit la vérité du mot de Sabourin : « Tant vaut le médecin, tant vaut la cure. » (Guinon.) Ces difficultés, les trois médecins d'Arcachon les ont surmontées, fournissant ainsi la preuve et de leur valeur médicale, et de leur énergie morale. Et pour nous servir d'une expression chère au Professeur Huchard, nous pouvons dire qu'ils ont travaillé pour l'Humanité et pour la Patrie.

Depuis lors, la Cure libre s'est infiltrée à l'étranger, au pays d'origine du sanatorium. Ses adversaires les plus résolus l'acceptent soit implicitement, soit de façon ouverte. Knopf, qui déclarait en 1895 que « *le traitement dans les stations libres de la phtisie pulmonaire en voie d'évolution est illusoire* », reconnaît en 1900, qu'en vertu « de l'expérience acquise ces dernières années, le traitement hygiéno-diététique en dehors d'un établissement peut être conduit avec succès partout où l'air est pur et où la situation sociale du malade est telle qu'il puisse s'entourer de tous les soins hygiéniques et diététiques nécessaires à la cure, et recevoir les visites fréquentes d'un médecin expérimenté en phtisiothérapie. Pour ces malades favorisés de la fortune et décidés à se soumettre strictement à tous les ordres du médecin, ce traitement n'est pas seulement possible, mais facile.»

L'Allemagne est venue à la Cure libre. Ses « *Cures d'air, de passage* », ne sont pas autre chose que de la Cure libre. Rien, nous dit Meyer, n'est plus favorable pour les différentes formes et les divers degrés de la tuberculose que ces cures d'air de passage. On y admet des malades pour lesquels on avait prévu une cure dans un sanatorium populaire, mais qui n'y peuvent être admis faute de place. « Au lieu de laisser ces malades dans leur situation de vie misérable et peu hygiénique, on les reçoit en attendant à la Cure, et il y a eu des cas de maladie récente tellement améliorés par un long séjour dans une cure d'air de passage qu'on n'a plus eu besoin de les envoyer au sanatorium. »

La Cure libre se généralise. Elle se généralise trop. On dit et on écrit qu'elle se peut pratiquer partout. En principe oui, en pratique non.

J'ai cité, au début de cette note, le passage du rapport de Guinon spécifiant les difficultés auxquelles se heurte le médecin qui veut imposer la cure libre à ses malades. Pour les vaincre, Guinon détaille les qualités nécessaires au médecin. Loin de moi la pensée de les dénier au corps médical français, mais, en fait, ces qualités ne s'improvisent pas, elles s'acquièrent par une longue pratique du tuberculeux et de son entourage, tout comme la longue pratique de la Phtisiothérapie initie, seule, à une certaine virtuosité nécessaire, indispensable pour faire rendre à la Cure libre, à la climatothérapie en un mot, tout ce qu'elle peut rendre en faveur du malade. Que si quelques médecins de valeur, tels que Brunon à Rouen, Lemoine et Carrière à Lille, par exemple, ont pu faire suivre avec succès la Cure dans les régions climatiquement médiocres du Nord de la France, ils ne constituent encore que de rares et heureuses exceptions, et il n'en reste pas moins certain que la cure aura toujours plus de chances de se poursuivre avec succès en bon climat et en mains expérimentées, parce que spécialisées.

Il n'y a pas lieu d'insister sur l'importance du *facteur climat*. Nous sommes tous d'accord sur ce point. Pas davantage n'y a-t-il lieu de parler de la technique en Cure libre, de l'aération, du repos, de l'alimentation, de la surveillance, tous points étudiés, avec tant de compétence, dans le travail de Lalesque (janvier 1904) et traités dans le rapport de Guiter (avril 1904).

Mais les stations qui se réclament de la Cure libre doivent présenter un ensemble de conditions autres que celles relevant du climat, je veux parler des conditions hygiéniques et des mesures prophylactiques. C'est là un lieu commun sur lequel je n'insiste pas non plus. Toutefois, il y aurait eu lieu de rappeler, si les rapports de MM. Arnozan, Bourges, Guinon, Barbier, ne le disaient hautement et de façon désintéressée, que notre station répond depuis déjà plusieurs années aux exigences de la prophylaxie la plus rigoureuse. Longtemps chargé par la confiance de mes confrères de la surveillance de la désinfection, j'ai pu m'assurer de son bon fonctionnement. A côté de ces mesures prophylactiques se sont créés d'autres instruments indispensables à la Cure libre : la villa hygiénique modèle de Lalesque et Ormières, la transformation d'anciennes habitations mal aérées, mal éclairées, mal meublées, en demeures claires, aérées, hygiéniquement meublées, etc.

Il m'est donc permis, en conclusion, de dire : que la Cure libre des tuberculeux, née à Arcachon, y trouve, pour sa réalisation ses conditions primordiales: *climat, villas modèles, mesures prophylactiques.*

GRAPHIQUES THERMOMÉTRIQUES COMPARÉS

Par M. le Docteur LOBIT (de Biarritz).

L'importance de la Météorologie n'a pas besoin d'être démontrée. Sans elle, la Climatothérapie ne serait qu'empirisme.

Et, par surcroît, les observations météorologiques prises sur un grand nombre de points du globe, et accumulées dans le cours des siècles, permettront peut-être, à la longue, à nos héritiers, de dégager dans la succession des phénomènes atmosphériques cette périodicité dont M. Camille Flammarion considère l'existence comme probable.

C'est donc avec le plus grand soin que nous devons, pour faire œuvre médicale rationnelle et travail scientifique utile, nous appliquer à l'étude de la Météorologie.

Nous nous sommes attaché, depuis un certain nombre d'années, à relever les températures *hivernales* de quatre stations, en France, qui peuvent passer pour être le type de nos différents climats : Nice, pour le climat méditerranéen ; Biarritz, pour le climat girondin ; Brest, pour le climat breton ; Paris, pour le climat continental.

Je n'ai considéré que les *hivers météorologiques*, parce que, au point de vue thérapeutique — le seul qui nous intéresse ici — c'est la seule saison qui offre de l'importance, les conditions thermométriques des autres saisons étant bien connues de tous.

Je ne fais exception que pour la température *estivale* de Biarritz, dont je donnerai un graphique, afin de détruire, si possible, la légende qui représente notre station comme possédant, en été, une chaleur insupportable.

Et c'est le relevé de ces observations dont nous exposons les diagrammes. Sous cette forme, la lecture des chiffres est plus facile et se grave mieux dans la mémoire.

Pour que les observations prises dans diverses stations présentent une valeur réelle, il faut qu'elles soient *comparables* entre elles, et, à cet effet, il faut qu'elles soient faites dans les mêmes conditions sur les points comparés. Un seul document, officiel en l'espèce, nous offre toutes les garanties indispensables d'exactitude et d'impartialité, c'est le *Bulletin international du Bureau central météorologique de France*.

C'est donc à cette source unique que nous avons puisé nos renseignements.

Nous nous sommes, à dessein, limité à l'étude de la température, les autres facteurs du *climat marin* étant bien connus de tous, grâce aux travaux de nos devanciers et de maîtres distingués.

Voici, très succinctement résumés, les enseignements qui nous paraissent se dégager de nos diagrammes :

A. — DIAGRAMME I. — *Hivers météorologiques.* — *Températures moyennes.*

Remarque. — « Le caractère thermique d'une station, dit avec raison M. Eiffel, est mieux défini par la détermination de ses maxima et de ses minima que par sa température moyenne. » Nous partageons cette opinion, mais nous avons craint ici, en ajoutant huit nouvelles courbes, de nuire à la clarté du diagramme. En outre, tout le monde sait que, précisément, c'est le caractère de nos stations à climat maritime de présenter peu d'écarts dans les extrêmes. Nous ajoutons, du reste, peu d'importance dans des différences moyennes de quelques dixièmes de degrés.

I. — Sur les 16 hivers étudiés, la *température moyenne* a toujours été plus élevée à Biarritz qu'à Brest (le dernier hiver excepté) et qu'à Nice. Mais il est de toute justice de faire observer ici que notre Observatoire est placé à 40 mètres seulement au-dessus du niveau de la mer, tandis que l'Observatoire de Nice est à 300 mètres d'altitude. Dans la ville même, d'après Baréty, la température hivernale moyenne est de 8°92, c'est-à-dire de quelques dixièmes plus élevée que celle de Biarritz.

II. — Ecart entre les moyennes annuelles extrêmes :

A Brest......... 9°1   3°9 = 5°2
A Biarritz....... 11°0   6°1 = 4°9
A Nice.......... 8°5   5°3 = 3°2
A Paris......... 5°7   —0°5 = 6°2

Ces différences extrêmes, sur 16 années, ne se sont présentées *qu'une fois* aussi prononcées ; les écarts ordinaires sont bien moins considérables.

B. — DIAGRAMME II. — Moyennes thermométriques mensuelles.

I. — Dans les stations étudiées, à l'exception de Paris, c'est le mois de janvier qui offre la température moyenne la moins élevée. Les minima de ce mois sont les plus bas.

II. — Chacun des trois mois d'hiver, pendant les 16 dernières années, a offert à Biarritz une moyenne plus élevée qu'à Brest et qu'à Nice.

III. — Les écarts *extrêmes* ont été :

A Brest......... 9°9 et —0°9 = 10°8
A Biarritz....... 12°8 et 3°9 = 8°9
A Nice.......... 9°3 et 4°2 = 5°3
A Paris......... 7°5 et —3°8 = 11°3

IV. — Les écarts *moyens* des 16 dernières années sont peu sensibles :

A Brest : moyenne, décembre 7°5 et janvier 6°8 = 0°7.
A Biarritz : moyenne, février 6°0 et janvier 7°5 = 1°8.
A Nice : moyenne, décembre 7°5 et janvier 6°8 = 0°7.
A Paris : moyenne, février 3°7 et décembre 2°3 = 1°4.

Ces écarts semblent, en général, plus marqués en février.

C. — DIAGRAMME III. — Etés météorologiques à Biarritz
(20 années).

I. — Le mois de juin présente la température moyenne la moins élevée (18°1). Juillet et août sont très sensiblement égaux.

II. — La moyenne des moyennes maxima est de 23°5 ; celle des minima de 16°, d'où écart de 23° — 16° = 7°5 seulement. La moyenne des moyennes est de 19°7.

III. — Comparés entre elles pendant les 20 dernières années, les températures moyennes offrent une différence extrême de 20°8 — 18°3 = 2°5.

D'où stabilité thermométrique bien marquée:

Biarritz ne possède pas en été des températures *maxima* plus élevées que celles de Paris. La chaleur y est plus supportable parce qu'elle y est moins *continue;* ses effets sur l'organisme y sont atténués par une brise de mer à peu près quotidienne et par la fraîcheur relative des nuits.

CONCLUSIONS

Nous avons déjà exposé, dans divers travaux antérieurs, les ressources hygiéniques et thérapeutiques de notre station. Aujourd'hui, dans cette courte étude, nous avons voulu simplement montrer à nouveau, par des observations portant sur un grand nombre d'années, que la *température*, ce facteur important du climat, faisait de notre ville une *station climatique de toute l'année* pour toutes les personnes justiciables de l'aérothérapie marine.

Cette proposition est d'autant plus exacte que l'Observatoire est placé, ici comme partout, dans les conditions les moins abritées, et donne, par conséquent, les températures extrêmes. Nous possédons beaucoup d'endroits et de zones d'habitation où l'on trouve des moyennes thermométriques plus élevées en hiver et plus fraîches en été.

Les indications du séjour ici sont toutes celles bien connues du climat marin, exception formellement faite, ainsi que nous l'avons déjà établi, de la TUBERCULOSE PULMONAIRE MÊME SUSPECTE, en raison de la fréquence et de la violence des vents, et de l'action trop vive de certains éléments excitants (ozone, NaCl, etc.).

LA GYMNASTIQUE THORACIQUE COMME ADJUVANT DE LA CURE D'AIR CHEZ LES PRÉ-TUBERCULEUX

Par le docteur Maurice FAURE (de La Malou).

—

Beaucoup de sujets sont atteints d'insuffisance respiratoire; cette insuffisance peut être due à des déformations grossières du thorax ou de la colonne vertébrale entraînant l'atrésie de la poitrine : cela est rare. Plus fréquemment, le squelette est normal, ou à peu près, mais, pour différentes raisons, l'ampliation thoracique qui accompagne chaque inspiration est beaucoup plus faible qu'elle ne devrait l'être, et le jeu respiratoire est réduit à des proportions infimes. A l'auscultation on constate de l'obscurité du murmure vésiculaire et une diminution de la sonorité dans certaines zones pulmonaires. Tantôt la respiration se fait exclusivement aux dépens du diaphragme, tantôt elle est exclusivement costale supérieure ou costale inférieure, alors qu'une respiration vraiment normale doit utiliser, à la fois, ces trois formes d'ampliation thoracique.

On peut attribuer cette insuffisance fonctionnelle thoracique à des causes généralement banales : des végétations adénoïdes, ou tout autre cause d'obstruction naso-pharyngée, ont pendant longtemps réduit le volume d'air courant ; — des pleurésies, des pleurodynies, ont accoutumé le sujet à restreindre son ampliation thoracique, à cause de la douleur ; — la faiblesse congénitale des muscles dorsaux et lombaires a entraîné des attitudes vicieuses gênant l'ampliation thoracique, etc. — Si l'on considère la cause et les effets immédiats de ces désordres, ils paraissent légers, mais leurs conséquences sont fort graves. Pendant l'enfance et l'adolescence, il se produit des arrêts de développement du thorax, qui n'est plus ensuite en proportion normale avec le reste du corps. — Plus tard, si le sujet a une profession insalubre, ou simplement s'il vit dans un air confiné, il ne tarde pas à avoir des insuffisances d'oxydation se traduisant par des troubles de la nutrition générale. — Enfin, s'il se fatigue, surtout musculairement, ses poumons se surmènent et se tuberculisent.

Le traitement de ces accidents est l'éducation méthodique des fonctions respiratoires. Les indications de cette thérapeutique sont fournies par les symptômes généraux d'anémie, de faiblesse, de nutrition ralentie, et par les symptômes locaux d'insuffisance du jeu respiratoire. — Diverses méthodes de gymnastique, établies sur des bases anatomiques et physiologiques rigoureuses, permettent d'obtenir cette éducation et le développement de la respiration chez toutes sortes de sujets normaux ou infirmes. Il est évident que les exercices ne seront pas les mêmes pour tous les sujets et qu'ils doivent être réglés pour chacun d'eux, d'après l'état général et l'état local. — Il existe des exercices pour les muscles redresseurs et fixateurs de la colonne vertébrale, — pour les élévateurs des côtes, — pour les muscles lombaires et abdominaux, abaisseurs ou fixateurs des côtes, — pour le diaphragme. — Suivant que tel ou tel système musculaire est atteint, c'est lui qu'on devra exercer.

La technique que nous avons employée procède des méthode de Ling et de Demeny. Voici les résultats que nous avons obtenus, en collaboration avec C. Reymond et G. Racine, pour 107 cas variés. Chaque sujet a été mesuré à l'expiration et à l'inspiration, au début et à la fin du traitement. Les chiffres obtenus donnent l'amplitude de la course respiratoire, et celle-ci, rapportée au calcul volumétrique du thorax, permet de mesurer l'air courant, c'est-à-dire le volume d'air qui entre et sort à chaque respiration et l'effet utile de l'acte respiratoire:

1re *Série.* — 81 enfants ou adolescents, de 4 à 20 ans, les uns pouvant être considérés comme normaux, ou à peu près, les autres atteints de déformations thoraciques (scoliose, dos rond) — de fatigue musculaire, neurasthénie, anémie — convalescents d'affections des voies respiratoires (végétations adénoïdes opérées, bronchites, pleurésies) et d'autres affections (fièvre typhoïde) — ou suspects de tuberculose — ont été exercés pendant 1 à

6 mois, à raison de 2 ou 3 leçons par semaine. — L'augmentation de la course respiratoire a été très variable : les convalescents d'affections aiguës ou subaiguës, les enfants nonchalants, négligents, qui respirent comme ils font tous les actes moteurs, c'est-à-dire mal, — peuvent avoir des améliorations énormes, doublant, triplant l'air courant, et par conséquent la recette respiratoire.— Mais si l'on néglige ces cas exceptionnels, on obtient, avec les sujets ordinaires n'étant ni particulièrement favorables, ni particulièrement difficiles, une moyenne d'augmentation respiratoire égale à 1/3 — et une moyenne d'augmentation d'air courant égale à 1/4.

2e *Série.* — 26 adultes de tous âges, les uns atteints d'insuffisance respiratoire par atonie, neurasthénie ou simplement par défaut d'exercice, par incoordination des muscles du thorax, parésie du diaphragme et des muscles costaux (myélites diverses), par emphysème, les autres se défendant contre l'évolution d'affections pulmonaires ou cardiaques, à leur début ou leur déclin, ont suivi des traitements, pendant 1 à 3 mois, à raison d'une séance par jour. L'augmentation moyenne de la course respiratoire a été d'1/3. — L'augmentation de l'air courant d' 1/5 à 1/4.

Les résultats de la cure ne se traduisent pas, d'ailleurs, seulement par une modification considérable de l'acte respiratoire et des organes qui en sont spécialement chargés (développement théorique, action directe sur les affections du poumon, de la plèvre, sur le cœur, la petite et la grande circulation) — mais encore par une modification profonde de l'état général explicable par la modification du chimisme intérieur : l'augmentation de l'absorption d'oxygène et, par conséquent, des combustions organiques, crée une véritable suralimentation oxygénée qui modifie le sujet comme la suralimentation digestive et qui même aide et provoque celle-ci (accroissement de l'appétit, amélioration des digestions, diminution de la constipation par les exercices du diaphragme et des parois abdominales). L'accroissement de la taille, du poids, l'amélioration de l'aspect physique, de la santé générale, de l'activité intellectuelle, le retour du sommeil, la disparition de la nervosité, sont les symptômes habituels de cette modification générale.

Mais il va sans dire que cette cure n'a d'intérêt qu'autant qu'elle s'accompagne de la cure d'air, c'est-à-dire que le sujet est placé dans des conditions telles qu'il dispose, pendant ses exercices et en dehors, d'une aération large et d'un air pur. — Faire des exercices respiratoires dans un air confiné, ce serait augmenter les causes d'intoxication par une absorption plus grande de l'air délétère ; la suralimentation avec des aliments avariés est inutile et dangereuse.

Si donc l'éducation des fonctions respiratoires peut apporter un concours précieux à la cure d'air des enfants malingres, des adolescents mal développés, des adultes fragiles, et de tous ceux qui ont une respiration insuffisante pour des causes locales ou générales, — ce serait une erreur déplorable que de considérer ces exercices respiratoires comme une méthode antagoniste de la vie au grand air, ou pouvant y suppléer.

LES SANATORIUMS MARITIMES DE LA CÔTE ATLANTIQUE
EN FRANCE

Rapport par le Dr H. BARBIER
Médecin des hôpitaux de Paris

Les générations qui viennent après la réalisation d'une grande œuvre, sociale ou autre, sont privilégiées. Elles sont dans la situation d'un fils de famille dont le père, par un rude et persévérant labeur, a édifié la fortune. Elles en jouissent, et la chose leur paraît si naturelle qu'inconsciemment sans doute elles s'attribuent parfois le mérite des résultats acquis, oubliant et le nom de ceux qui furent à la peine, et la grandeur des efforts ou des sacrifices qui furent nécessaires à la réussite de l'œuvre.

La création des hôpitaux maritimes a été et reste une grande idée à la fois médicale, philanthropique et sociale. Mais que sa réalisation première a coûté d'efforts et d'énergie à ceux qui en furent les promoteurs! Aujourd'hui que l'idée est en marche, qu'elle a conquis et convaincu, en partie du moins, les médecins, les philanthropes, les pouvoirs publics, elle n'a plus qu'à aller ; partout on lui fait le meilleur accueil. Mais, au début, que d'inerties à ébranler, que d'obstacles à renverser, que d'objections à réfuter ! Plus de 60 ans ont été consacrés à ces travaux d'approche, et ce que nous voyons aujourd'hui en est un premier et précieux résultat. Cependant, il faut le dire dès maintenant, ce n'est, ce ne doit être qu'un commencement.

Nous sommes loin, en effet, à l'heure actuelle, de pouvoir soigner à la mer tous les enfants qui en ont besoin. En 1900, dans un de ces rapports si personnels qui sont en même temps des appels à la lutte qu'il a entreprise, le docteur Armaingaud (1) estimait à 12.000 le nombre des enfants à la charge de l'Assistance publique qui devraient chaque année bénéficier du traitement maritime, et les sanatoriums actuels n'en avaient assisté en moyenne que le sixième, 2.000 !

C'est qu'en effet le sanatorium maritime n'est pas et ne doit pas être seulement, comme certains le pensent, le refuge des difformités ou des suppurations chroniques que la chirurgie des grandes villes n'a pu ni empêcher, ni tarir, il est, il doit être avant tout une *arme de prophylaxie*. A une époque où la misère, l'alcoolisme, l'alimentation défectueuse, les mauvaises conditions des habitations urbaines, le surmenage de la vie moderne, l'émigration me-

---

(1) Sur la fonction des sanatoriums maritimes, 1904.

naçante des campagnards vers les villes, etc., ont créé « *le péril tuberculeux* », le sanatorium maritime apparaît comme un centre de lutte, appelant à lui, à côté de ceux qui sont déjà touchés : les prédisposés, les héréditaires, les affaiblis, les convalescents, tous ceux enfin que leur constitution range dans le cadre des anémies suspectes, parmi les prétuberculeux.

Mais l'effort à faire ne finit pas là. Le sanatorium maritime, agent curateur et reconstituant, ne doit pas rendre aux milieux infectés ou suspects, d'où ils viennent, les malades qu'il a guéris.

Il faut que son action bienfaisante, pour n'être pas stérile, se continue et se complète en dirigeant ses convalescents, ses guéris, vers un genre de vie compatible avec le maintien d'une santé restaurée sans doute, mais non mise pour toujours à l'abri des récidives du mal. *Les Colonies agricoles, les placements familiaux à la campagne ou chez les marins* sont des organismes satellites, nécessaires, indispensables au plein fonctionnement du sanatorium.

C'est là l'œuvre, la grande œuvre aussi, de demain. Il faut la faire. Que valent les plus belles statistiques de guérison quand elles n'ont pas de lendemain assuré ?

I

Historique des sanatoriums. — Essais en Angleterre dès la fin du xviii° siècle. — Mouvement important en Italie de 1850 à 1870 : Barellaï. — Mouvement en France en 1830 et 1847 : Pelletier de la Sarthe, Sarramea, Mlle Hinsh. — Fondation de Berck en 1857 : Perrochaud, la Veuve Duhamel, Marianne toute seule. — Gibert (du Havre), Vidal (d'Hyères), Pietra-Santa, Brochard, Arnould (de Lille). — Œuvre d'Armaingaud, 1882.

Ce n'est pas en France que furent fondés les premiers sanatoriums maritimes.

S'inspirant des idées de Russel qui, dès 1750, préconisait l'usage *intus* et *extra* de l'eau de mer contre la scrofule, le docteur James Lutham fondait près de Londres, à *Margate*, en 1791, l'*Infirmerie royale* de ce nom, qui fut inaugurée en 1796. Ce fut d'abord un établissement provisoire et ouvert seulement de mai en octobre. Agrandi et amélioré à plusieurs reprises, il reçut sa destination définitive d'hospice permanent et modèle en 1885, grâce à la libéralité du docteur sir Erasmus Wilson.

Le mouvement fut surtout remarquable en Italie, grâce à un homme qui fut, comme plus tard Armaingaud en France, un véritable apôtre : le docteur G. Barellaï (de Florence).

En 1841 les hôpitaux de Luques avaient déjà, il est vrai, fondé à *Viareggio* le premier hôpital marin, mais c'est Barellaï qui fut le vrai promoteur du mouvement.

De 1850 à 1870, il entreprend une véritable croisade dans toute la péninsule. Il visite les principales villes de l'Italie, où il organise conférences sur conférences, réunions sur réunions. Le résultat est que, de 1862 à 1879, il se fonde 12 sanatoriums sur la mer de Thyrrée et, de 1863 à 1882, 8 sur l'Adriatique. En 1885, *52.000 enfants avaient été soignés* dans ces établissements. Cazin et Dhourdin, alors interne à Berck, purent étudier sur place vers cette époque l'organisation de ces établissements.

En France on ne fit aucune tentative pratique avant 1847. Cependant, dès 1830, il faut citer les publications de Pelletier (de la Sarthe) et en 1839 celles du docteur Sarramea (de Bordeaux) qui attirait l'attention du gouvernement d'alors sur Arcachon et qui revint à plusieurs reprises sur cette question.

Notons également qu'en 1846 l'Assistance publique de Paris envoyait à Saint-Malo 10 garçons et 10 filles. Le succès de cette tentative fut constaté par Hérard à la Société de biologie.

En 1847, Mlle Coralie Hinsh, devenue plus tard Mme Armaingaud, qui avait déjà organisé à Cette, depuis 6 ans, une assistance maritime, fonde dans cette ville le premier sanatorium maritime français, destiné aux enfants protestants.

A partir de cette époque le mouvement va se dessiner, et c'est au Nord de la France que les premiers efforts vont aboutir.

Ceux d'entre nous qui connaissent la plage de Berck-sur-Mer, telle qu'elle existe aujourd'hui avec ses villas, ses maisons, ses établissements hospitaliers, son animation, etc., pourront, sur une gravure de l'ouvrage de Cazin, se représenter cette plage en 1857. Une mer hargneuse, déferlant sur des dunes sans cesse mouvantes. Entre celles-ci, une plage aride, déserte, désolée, faisant suite à un pays plat, où le vent du large courbe et rabat les arbres à grande distance. Sur cette plage, seules, deux masures servent de refuge aux pêcheurs.

Tout à coup survient une vieille femme avec la coiffe des paysannes du Pas-de-Calais. Elle pousse une brouette devant elle. Sans doute elle va recueillir des herbes marines. Non, sa brouette est pleine. Des marmots pâles et grognons s'y démènent dans le balancement et les cahots de leur étrange équipage. D'autres, lamentables béquillards, suivent la jupe de la femme en s'y cramponnant. Ils arrivent au bord de la mer. La vieille femme arrête sa brouette, elle en sort les enfants, elle les déshabille ; ses doigts mal habiles défont des pansements de toile qu'imprègne le pus. Elle plonge les enfants dans l'eau salée, puis refait avec des linges — pas toujours neufs — le pansement et laisse les petits jouer dans le sable et barboter dans l'eau.

Quand le soleil baisse ou que la mer s'en va, elle remet les enfants dans sa brouette et le lamentable cortège s'en retourne vers la terre, au village de Grosflier, où la vieille femme habite et les petits avec elle. *La chaumière de la veuve Duhamel,* car c'est ainsi que cette vieille se nomme, *est le premier sanatorium marin.* Les enfants qui sont chez elle et qu'elle conduit à la mer sont des pupilles de l'Assistance publique. Le Dr Perrochaud, médecin à Montreuil-sur-Mer, soigne des enfants assistés de Paris. De concert avec M. Frère, inspecteur divisionnaire de l'Assistance publique, il a essayé d'envoyer au contact même de l'air de la mer ces scrofuleux, et le résultat est merveilleux. Mais la bonne veuve Duhamel est bien vieille, et elle habite loin de la mer. On confie alors les enfants à une autre vieille qui habite une des masures de la plage, à Marianne Brillard, et qui vit si isolée qu'on la nomme dans le pays « *Marianne toute seule* ».

Arrêtons-nous un instant sur ces humbles débuts, dont les détails me paraissent symboliques et touchants : assistance de pauvres petits déshérités par de pauvres vieilles qui ne l'étaient sans doute pas moins, mais qui avaient la grande vertu du peuple de France : la pitié et la bonté. Leur obscur dévouement a inspiré à un poète anglais une pièce charmante qu'il m'est impossible de ne pas citer (1).

Il doit en rester une trace. Je vous demande de vous associer au vœu que MM. Lalesque et Houzel (de Boulogne) ont émis au Congrès de Biarritz (1904), et je suis certain que M. Mesureur l'entendra, si cela n'est fait déjà : il faut qu'une salle du nouvel hôpital de Berck rappelle le nom de ces deux femmes.

La cabane devint bientôt trop petite pour les nouveaux malades que Paris envoyait, de plus en plus nombreux en 1858, 1859, 1860, sur les premiers résultats obtenus, et Marianne ne put plus suffire à ses hôtes; on aggrandit la cabane, et on adjoignit 3 religieuses. L'hôpital maritime de Berck était fondé. En 1861, on construisit un hôpital en bois pouvant contenir 100 lits. En 1866 et en 1868, Marjolin et J. Bergeron allaient constater *de visu* les résultats merveilleux obtenus, et J. Bergeron pouvait, sur des faits bien établis, écrire le rapport qui devait avoir pour résultat la création d'un sanatorium de 500 lits qui fut inauguré en 1869. L'histoire doit enregistrer ici le nom de deux hommes, qui, encouragés et soutenus d'ailleurs par le gouvernement impérial, comprirent toute l'importance de ce nouveau moyen d'assistance et qui, par leur situation officielle, étaient à même de le réaliser grandement, je veux parler de MM. Davaine et Husson, qui se succédèrent alors comme Directeurs généraux de l'Assistance publique. Ils y avaient d'autant plus de mérite que Chauffard, dans *le Correspondant* d'alors, avait en vain essayé d'intéresser le public à la cure marine des petits scrofuleux.

En 1872, un établissement particulier se fondait à côté de l'établissement officiel, sous le nom d'Hôpital Nathaniel de Rothschild, puis vint l'Hôpital Cazin-Perrochaud. Nous ne pouvons y insister.

Malgré les succès obtenus par le traitement marin à Berck, et malgré le retentissement qu'ils devaient avoir, on ne fit rien ou presque rien jusqu'en 1882. Signalons cependant la fondation au Havre du premier dispensaire antiscrofuleux par le Dr Gibert en 1877 ; les appels du Dr Vidal (d'Hyères) en faveur d'un sanatorium qui se réalisera d'ailleurs plus tard en 1892, sous le nom de sanatorium Renée Sabran à Hyères; de 1874 à 1882, ceux du Dr Pietra Santa, dans son journal et dans une conférence faite à Paris au Trocadéro ; ceux du Dr Brochard, qui essaie d'attirer l'attention du monde médical sur les bains de mer chez les enfants; enfin, en 1881, la tentative infructueuse du professeur Arnould (de Lille), qui, malgré l'appui de son ami Paul Cambon, préfet du

(1) Il y avait une fois une vieille femme, Elle habitait près de la mer,
Et elle était une vieille femme bien bonne.
Elle prit des garçons et des filles qui étaient malades, pour son plaisir.
Elle leur dit de chercher sur la plage après un trésor.
Ils n'avaient pas la force d'aller si loin!
Sa brouette gaiement les roulait jusque-là.
Ils pataugeaient, ils barbottaient, ils gambadaient. Et ensuite
Sa brouette les ramenait tous de nouveau.
« Et quant à ce trésor, mes chéris, leur disait-elle,
Il sera trouvé bien sûr demain s'il ne l'a pas été aujourd'hui.
Le trésor des trésors, la richesse des richesses,
Le joyau des joyaux, mes chéris, c'est la santé. »
Et elle leur donna du bon bouillon avec bien du pain,
Elle leur moucha à tous le nez et les mit coucher.

département du Nord, ne réussit pas à obtenir du Conseil général de ce département l'argent nécessaire à la fondation d'un sanatorium analogue à celui de Paris et fondé à Berck. Ce sanatorium a été édifié depuis cette époque.

Ce n'étaient pas seulement sans doute l'ignorance ou l'indifférence qu'on avait à combattre alors. Le séjour au bord de la mer, considéré comme une pure manifestation de luxe, ne semblait pas un moyen curatif dont pussent bénéficier les classes pauvres; sans doute aussi parce que les résultats n'en étaient encore ni assez connus, ni assez démonstratifs. Le séjour annuel aux plages apparaissait encore aux yeux du plus grand nombre uniquement comme un mode de plaisir ou de délassement réservé aux oisifs ou aux gens fortunés.

Pour faire cesser ce malentendu, il fallut de longues années de lutte et de propagande. A ce véritable apostolat se dévoua, dès 1882, un médecin de Bordeaux, le Dr Armaingaud, qui refit en France ce qu'avait fait 30 ans auparavant Barellaï en Italie. En 1883, au Congrès international d'hygiène de Genève, dans un rapport qui fait époque, il signale le peu d'empressement des pouvoirs publics à s'occuper effectivement des sanatoriums marins, et laisse entendre déjà que c'est à l'initiative privée, à l'action des hygiénistes et des médecins, qu'il faut désormais s'adresser. Il demande que les Congrès d'hygiène laissent en permanence la question ouverte devant eux, qu'on organise des conférences de propagande; enfin, conclusions qu'il faut retenir dès maintenant, il demande que le séjour des malades *dans les sanatoriums ne soit pas limité par un règlement abstrait*, que les convalescents deviennent *des agriculteurs ou des marins, et ne rentrent pas dans les villes.* Nous reviendrons sur ce point.

A partir de ce moment, le Dr Armaingaud paye de sa personne avec un zèle admirable. Il multiplie ses conférences à Paris et dans les principales villes du sud-ouest de la France. Il fait imprimer ses conférences sous forme de brochures, de tracts; et pour se procurer l'argent nécessaire à ses généreux projets, il a un traité d'annonces pour la couverture de ses brochures. Le premier résultat pratique est obtenu en 1887.

Cette année, il choisit vingt enfants de Bordeaux qui séjournent pendant 3 mois à Arcachon, confiés aux soins des Drs Hameau et Lalesque. L'année suivante, il peut en envoyer 50, qui, dans sa pensée, doivent constituer la preuve parlante des effets salutaires de la cure marine. Mais déjà il recueille les fruits de son zèle et de ses efforts. Mieux informés que jadis celui du Nord, les conseils généraux de l'Aude, de l'Ariège, du Tarn-et-Garonne, de la Haute-Garonne, lui ont voté des subventions. En 1887, il a les fonds nécessaires pour réaliser son œuvre, et le sanatorium d'Arcachon est fondé avec 40 lits. En même temps il est parmi les plus écoutés fondateurs de l'*Œuvre nationale des hôpitaux et sanatoriums marins*, qui voit éclore sous son action et celle aussi de M. Lafargue, préfet des Pyrénées-Orientales, le sanatorium marin de Banyuls-sur-Mer, en 1888.

En 1892 le sanatorium d'Arcachon a 63 lits; en 1898, grâce à une subvention de 250.000 fr. sur les fonds du pari mutuel, il est définitivement organisé tel qu'il est aujourd'hui (1).

Mais l'œuvre d'Armaingaud n'est pas là seulement.

(1) Je dois ces précieux renseignements et beaucoup d'autres aux notes et à l'inépuisable érudition du Dr Dhourdin, d'Arcachon, auquel j'adresse mes remerciements.

Qu'il ait recueilli directement ainsi les avantages de ses efforts et de son zèle, c'est un premier et précieux résultat. Il y a plus. Armaingaud fut un précurseur, un propagandiste ; il a semé l'idée, il a travaillé le terrain où elle devait germer, et grandir. Le corps médical, certaines personnalités du monde extra-médical avaient été étonnés, touchés, convaincus : l'élan était donné.

Et tandis que le sanatorium d'Arcachon s'élevait comme son œuvre *aînée*, apparaissaient sur le littoral si favorable de nos côtes de France d'autres sanatoriums, ses œuvres *cadettes* certainement. Car sans lui, sans sa constance, sans les entraînements de sa parole, convaincue et convaincante, ces sanatoriums n'auraient pas vu le jour, ou du moins ne l'auraient vu que beaucoup plus tard.

Avant 1882 il n'y avait en France en fait d'établissements de ce genre organisés, que Berck sur la mer du Nord, et 3 petits sanatoriums sur la Méditerranée : à Cette, à Nice et à Cannes. *Après 1882, 26* sanatoriums se fondent dont

> 2 sur la mer du Nord ;
> 5 sur la Manche ;
> 12 sur l'Océan Atlantique ;
> 7 sur la mer Méditerranée ;

parmi lesquels : des établissements importants comme celui de *Saint-Pol-sur-mer* avec **400** lits, sur la mer du Nord (fondation G. Vancauwenberghe et subvention du département du Nord) ; celui de *Roskoff*, sur la Manche, avec **200** lits (fondation Furtado Heine et œuvre des Instituts marins, M. Pallu) ; celui de *Banyuls-sur-Mer*, sur la Méditerranée, avec **206** lits (œuvre des hôpitaux marins) et enfin de celui de *Gien-Hyères*, avec **150** lits (fondation lyonnaise Renée Sabran).

En même temps que ces sanatoriums, qui constituent le gros œuvre de la lutte anti-tuberculeuse, on vit également s'organiser des établissements de fortune ou moins onéreux, ouverts pendant les mois de vacances aux écoliers anémiés, fatigués, etc., et qui prirent le nom de *colonies de vacances*. Il s'en fonda sur la Manche, sur l'Atlantique, sur la Méditerranée. Nous en retrouverons fonctionnant parallèlement au sanatorium, comme à Pen-Bron, à Arcachon, à Cap-Breton ; ou isolés comme à Fouras, au Moulleau.

Telle est, rapidement esquissée, l'œuvre accomplie. Nous en avons vu les principaux ouvriers. Ils connaissent la foule de ceux qui les ont aidés, l'appui qu'ils ont trouvé parmi les médecins. Les ouvriers d'hier doivent être les entraîneurs de demain, pour continuer et achever l'organisation nécessaire, pour mener à bien la lutte entreprise.

II

Définition et but du sanatorium maritime. — Spécialisation de certains sanatoriums. — Impossibilité d'une formule unique de cure applicable à tous les sanatoriums. — La tuberculose pulmonaire peut-elle être admise. — Influences marines, favorables ou défavorables à celle-ci plus spécialement sur la côte atlantique. — Division théorique du littoral en 2 zones : 1° zone marine, comprenant les sanatoriums marins ; 2° zone maritime, comprenant les sanatoriums maritimes, seuls applicables au traitement de la tuberculose pulmonaire.

Les bons effets obtenus dès le début, à Berck, par le séjour des scrofuleux au bord de la mer, avaient eu comme premier résultat de mettre en relief les merveilleuses ressources de la thalassothérapie, et de laisser entrevoir tout le parti que la thérapeutique pourrait dorénavant en retirer, dès que les moyens de réaliser cette méthode et de l'appliquer largement lui auraient été fournis. La charité privée, à laquelle on s'était adressé, nous l'avons vu, devait continuer ce que l'initiative administrative avait commencé, et essaimer petit à petit, sur le littoral des côtes de France, des sanatoriums de plus en plus nombreux.

Mais ces sanatoriums une fois fondés, quelle était exactement leur destination? A quelles catégories de malades devaient-ils être plus spécialement réservés? En d'autres termes, quelles en étaient les *indications* et les *contre-indications?*

On conçoit qu'on avait, dès le début, le devoir de se montrer à la fois *précis* et *sévère* pour les admissions : précis pour ne pas exposer les malades à des accidents ou à des complications désastreuses à tous égards; sévère, pour ne pas transformer en un séjour de luxe ou de pure faveur un lieu de cure, qui avait été onéreux à fonder, qui restait onéreux à entretenir, et dans lequel, en raison du nombre restreint des lits disponibles, on ne pouvait, on ne devait garder ni ceux auxquels la mer était inutile, ni ceux dont l'affection ne pouvait être influencée par elle.

Déjà Armaingaud avait défini le sanatorium marin « un établissement spé- « cial, où se guérissent, par un séjour prolongé dans l'atmosphère marine, « aidé ou non de la balnéation, suivant les indications, les enfants entachés « de lymphatisme, de rachitisme, de faiblesse de constitution, et enfin les « petits scrofuleux ». Cette définition donne en effet les indications générales du séjour à la mer. Mais, en médecine pratique, la notion d'espèce est toute-puissante; et à mesure que l'on connut mieux, par les résultats obtenus, les effets de la cure dans les différents sanatoriums, l'esprit médical eut tendance à s'orienter vers une spécialisation plus étroite, et à chercher dans l'*ambiance* du sanatorium, dans sa *climatologie de localité,* selon l'expression si juste de Fonssagrive, etc..., les causes pour lesquelles telle station paraissait plus favorable qu'une autre à la guérison de telle difformité, les raisons pour lesquelles telle affection s'aggravait. Ainsi se faisait avec le temps et l'expérience, parmi ces sanatoriums en apparence fondés dans le même but et pour les mêmes maladies, une sélection qui précisait et disciplinait leur action bienfaisante, en permettant de demander à chacun d'eux, d'après le choix plus judicieux des malades qu'on y recevait, le maximum de rendement.

En effet, chemin faisant la formule s'était élargie. Alors qu'ils semblaient à l'origine réservés, entre autres, aux pures tuberculoses externes, voilà que certains sanatoriums maritimes, dans certaines circonstances de lieu, d'exposition, de région, de climat, réclamaient les tuberculoses viscérales, ou du moins certaines formes de *tuberculose pulmonaire,* qu'ils amendaient, guérissaient; tandis que, à côté, d'autres sanatoriums, et nous en trouverons plus loin des exemples bien frappants, n'en voulaient à aucun prix, déclarant que, chez eux, la tuberculose pulmonaire s'aggravait rapidement.

Pour des esprits superficiels que ces contradictions paraîtraient déconcertantes.

C'est que, dès le début, on s'était heurté également à cette opinion très accréditée parmi les médecins, ceux du littoral atlantique en particulier (1), *qu'il ne faut pas envoyer au bord de la mer les tuberculoses pulmonaires.* Mais qu'entendait-on par là? Ne voyait-on pas que la question était mal posée, vague, imprécise ; qu'elle faisait abstraction d'une foule de conditions, qui créent l'*espèce pathologique*, avec ses contingences si importantes en médecine : le *genre de vie*, l'*habitation sur ou loin de la plage*, la *latitude*, l'*exposition*, les *conditions climatiques*, l'*existence de forêts, de montagnes, d'arbres contre l'influence trop violente de la mer*, etc., toutes conditions certainement capables de modifier du tout au tout la formule climatique d'une plage par rapport à une autre; à ces conditions ne fallait-il pas ajouter encore la forme de la maladie, le terrain sur lequel la tuberculose évoluait, etc. (2) ?

Aussi, l'ostracisme dont Rochard avait frappé la mer, en la défendant aux tuberculeux pulmonaires, apparaissait-il *tel quel* comme trop absolu, et ses arguments, tirés de l'existence de la tuberculose chez les marins, sujets à révision. On pouvait en dire autant de l'opinion des médecins du littoral atlantique qui disent, et avec raison, que la tuberculose est fréquente chez les indigènes et qu'elle y est grave (3) : ce qui est une toute autre question, d'ailleurs.

D'autre part, certains médecins qui observaient au bord de la mer, même sur des plages comme Berck, Cazin, Calot, avaient observé des cas de guérison et d'amélioration ; et les médecins du littoral de la Méditerranée, Daremberg, Guiter, Chuquet, Salmon, Verdalle (de Cannes), Coste (de Beaulieu), Fornari (de Menton), avaient soin de préciser que *certains tuberculeux* pulmonaires se trouvaient bien de leur séjour sur le littoral, *sous la réserve de se soumettre à une hygiène et à un genre de vie particulier.* M. Lalesque, dans ses nombreux plaidoyers en faveur de la cure marine, ne dira pas autre chose.

Il n'en est pas moins vrai cependant que la mer, quand on en subit l'action brutale et sans atténuation, possède une action qui peut être dangereuse et qu'elle doit aux actions physiques ou chimiques qui caractérisent le climat marin. Que certaines de ces actions ainsi subies soient nocives, cela est hors de doute. Toute la question est de savoir jusqu'à quel point on peut s'en protéger.

L'étude de la végétation nous donne à cet égard de précieux enseignements. Il y a, par exemple, des plages de Normandie où les rosiers donnent des floraisons superbes et justement admirées, mais dans certaines conditions d'exposition seulement. A quelques mètres de là, le sol est aride et ne produit plus rien. Telle maison, sur la plage, a sa façade abritée couverte

(1) Voir G. Hameau, *Union méd.*, 1866.—Lalesque, *Presse méd.*, 1895; *Climat marin et tuberc. pulm.* — *Ibid., Congrès d'Ostende*, 1895. — Ch. Leroux, *Méd. mod.*, 1897.— Homel, *Congrès d'Ostende*, 1895. — Casse, *ibid.* —Gandy, *Congrès de Biarritz*, 1904. — Lalesque, *idem.*

Voir également : *La cure de la tuberculose dans les sanatoriums français* par A. Plicque et Verhaeren, où se trouve exprimée la différence entre l'influence *directe* de la mer et le *climat marin*, et *Congrès de Berlin*, 1899, Ewald : *Sanator. maritimes pour enfants.* Voir également le Référendum sur cette question, in *Tuberculose infantile*, 1903.

(2) Voir les communications au Congrès de Biarritz et le rapport de MM. A. Robin et Binet à ce Congrès.

(3) Voir également sur cette question *Société de médecine de la Rochelle*, par le Dr Drouineau. — *Ibid.* Le Dr Caillard, de Saint-Martin-de-Ré.

de roses, qui n'a d'un autre côté que des murs nus et sans verdure, quoi qu'on fasse.

On pourrait trouver sans peine d'autres exemples identiques.

Qu'est-ce que cela prouve, sinon qu'il y a dans telle région maritime, sous tel climat, des influences générales *favorables* au développement de certaines plantes, à leur plein épanouissement; mais qu'il y a aussi des influences locales *défavorables* assez puissantes pour annihiler les premières, *et cela à quelques mètres de distance.*

Cette notion si importante est sans doute mise à profit par les horticulteurs, mais elle ne s'applique pas seulement aux plantes, au règne végétal. A cet égard la nature, dans l'application de ses forces, ne présente ni contraditions, ni différences; et les espèces animales qui puisent, elles aussi, à ses sources d'énergie pour leur développement intégral et pour la conservation et la perfection de leur type, sont soumises aux mêmes influences favorables ou défavorables. Elles y sont plus ou moins sensibles, s'acclimatent avec une facilité plus ou moins grande, et voilà tout.

La maladie affine encore davantage cette susceptibilité particulière aux êtres vivants, vis-à-vis les causes de conservation ou de destruction; et c'est pourquoi, sans sortir, je pense, des limites qui me sont tracées ici, il me paraît indispensable d'étudier d'abord en quelques mots *les éléments de la climatologie générale* de la zone atlantique et d'en faire ressortir ceux qui sont *favorables*, ceux qui sont *défavorables* aux tuberculeux pulmonaires, ou enfin ceux qui sont d'un maniement délicat ou dangereux. Il ressortira très clairement, je crois, de cette étude, ce fait auquel j'ai déjà fait allusion tout à l'heure, que si la côte atlantique bénéficie d'un certain nombre d'éléments climatologiques communs qui permettent de lui donner sa formule générale climatothérapique, *ce serait une erreur*, et en médecine qui dit erreur dit danger, *d'appliquer cette formule climatothérapique à toutes les stations, fussent-elles voisines les unes des autres;* qu'il y a en d'autres termes des influences météorologiques ou autres, — exposition, vents dominants, état du sol, végétation, etc., — qui modifient l'action biologique qu'exerce une station sur les êtres vivants et sur les malades par conséquent, et lui donnent une véritable spécialisation thérapeutique. Ainsi se trouvera de nouveau affirmée cette notion si importante et si précieuse de ce que, avec Fonssagrive, nous avons appelé le *climat de localité,* et dont les expériences précises de Duclaux, sur l'oxydation de l'acide oxalique exposé à la lumière solaire ont démontré la réalité, en mettant en évidence l'action variable d'un de ses éléments : la luminosité.

C'est ce que Cazin d'autre part, avait exprimé d'une façon saisissante quand il écrivait (page 101) : « Presque toutes les stations ont une action climatique différente spéciale ; elles ne sauraient être placées sur la même ligne sous le rapport des effets particuliers qu'on désire obtenir. » C'est encore ce que Fonssagrive avait désigné d'un nom non moins expressif : *le climat chimique.*

Cette étude nous permettra également de passer en revue, en les groupant, toutes les *influences chimiques ou physiques* dont l'action combinée constitue *la cure marine,* en enlevant à cette expression ce qu'elle a habituellement de vague et d'incertain (1).

(1) A ces influences nous devons ajouter *le genre de vie,* dont l'importance n'a

Je n'ai pas naturellement l'intention, ce faisant, d'étudier à fond la climatologie du littoral atlantique, question qu'on trouvera complètement exposée dans le savant rapport que M. Courty a communiqué à ce Congrès. Il s'agit seulement d'en grouper les éléments pour servir au but que je me propose, tâche que les travaux du Congrès de thalassothérapie de Biarritz facilitent singulièrement, en particulier le rapport de MM. A. Robin et Binet, et les travaux des médecins des sanatoriums atlantiques (Camino, Dulau, Lalesque, etc.).

Les éléments de climatologie que nous allons passer en revue, sont :

1° La température ;

2° L'hygrométrie, les pluies, les brouillards ;

3° Les vents dominants, les bourrasques, l'état de la mer, les marées ;

4° La constitution de l'air marin ;

5° La luminosité (pouvoir actinique) ;

6° La nature du sol ;

7° La situation de chaque station exposée à l'influence directe du large ou abritée dans une baie ; en pleine plage ou protégée par une forêt de pins ou autres.

Température. — « Les rives de l'Atlantique, dit Elisée Reclus (1), sont « exposées à la double influence du *Gulf stream* et des vents du S.-O., qui ap- « portent avec eux les chaudes effluves des mers tropicales. Baignées par « les moites vapeurs d'un autre climat, elles jouissent ainsi d'une température « bien supérieure à celle qui appartiendrait normalement à leur latitude. » Et plus loin (2) : « les bords de l'Atlantique, sans cesse humectés par les va- « peurs qui s'élèvent de l'Océan, sont exposés directement à l'influence de « l'énorme masse liquide, dont la température est égalisée par des courants « constamment mélangés. Ces contrées riveraines jouissent donc d'un climat « essentiellement maritime, et l'écart entre les plus fortes chaleurs et les plus « grands froids de l'année y est relativement faible. »

On trouvera également dans le si intéressant travail de M. Lalesque (3) des courbes d'oscillation journalières, mensuelles, saisonnières, annuelles qui démontreront que la caractéristique des zones du littoral est « la *régularité* et la *stabilité de la température* », « qui atteignent leur maximum sur le littoral de la Manche et de l'Atlantique » (4).

La stabilité hygrométrique n'est pas moins remarquable entre Brest et Bayonne, avec une remarque cependant (Lalesque, p. 45).

Arnould et Jaccoud estiment que les limites d'hygrométrie entre 70 et 80 p. 100 sont les plus favorables : or, on ne les rencontre que dans la partie la plus méridionale de la côte atlantique. Sur la partie du littoral située plus au nord, l'humidité devient un peu trop grande.

Le régime des *pluies* indique cette particularité qu'il est rarement continu. Les chutes d'eau sont abondantes c'est vrai, mais de courte durée, surtout nocturnes et matinales. Si donc le *sol* est perméable, ou permet par sa décli-

pas besoin d'être appuyée devant un auditoire de médecins, et de médecins soignant habituellement des tuberculeux.

(1) Géogr. universelle.

(2) *Ibid.*, p. 19.

(3) *La Mer et les Tuberculeux*, 1904.

(4) Lalesque, *l. c.*, p. 39.

vité l'élimination rapide des eaux, pas de journées humides ou de brouillards (1).

Les *vents* sont un facteur climatologique important en raison de la température plus ou moins basse de l'air en mouvement et de la tension de vapeur de cet air dont les effets se font sentir en particulier sur la perte du corps humain en calories, et sur le système nerveux. Il y a aussi à faire entrer en ligne de compte la violence du vent, c'est-à-dire la vitesse de l'air, et par conséquent la fréquence, l'intensité, la durée des bourrasques, en dehors des autres influences que ces perturbations météorologiques apportent, et dont l'effet se fait sentir sur les variations brusques et étendues du baromètre, du thermomètre, de l'hygromètre, et aussi de la *tension électrique*. Or sur la côte atlantique, la prédominance des vents d'Ouest, sauf sur quelques points de la côte, à La Coubre (Lalesque) et à Saint-Trojan (Cristofini), c'est-à-dire la prédominance des vents marins, contralisés supérieurs amenant l'air chaud de l'équateur (Duclaux, Reclus et Lalesque), contribuent précisément à assurer *la stabilité thermique* et *hygrométrique* de la côte atlantique.

Quant à la *fréquence des bourrasques*, M. Lalesque avec Hameau s'est élevé à bon droit contre la légende des cruelles tempêtes du golfe de Gascogne. La côte ouest, de Nantes à Biarritz, est, d'après lui, fortement au-dessous du parcours des tempêtes qui abordent le continent par l'Ouest des Iles Britanniques (2) : celles-ci, déjà atténuées en durée sur les côtes de Bretagne par rapport à la Manche, le sont encore bien davantage à mesure qu'on descend vers le Sud. Quant aux tempêtes qui abordent directement les côtes de Gascogne, elles sont peu nombreuses, 10 à 12 par an; et la saillie de la péninsule ibérique protège ces côtes, d'autant plus qu'on se rapproche des Pyrénées.

A ces influences, et comme corollaires immédiats, il faut ajouter l'*état de la mer*, plus ou moins agitée, la violence et le *bruit des vagues*, la hauteur des *marées*. Ces phénomènes, modifiés eux-mêmes par l'orientation de la plage, par la situation de celle-ci sur une côte rectiligne sans défense contre le vent et contre la houle du large, ou dans le fond d'une baie; par la nature du rivage — sable ou rochers — enfin par le profil sous-marin du fond de la mer aux abords de la terre ferme.

Quoi qu'il en soit, il n'est pas contestable que ce ne soient là par excellence *des éléments essentiellement marins*, et qu'on y sera d'autant plus exposé qu'on séjournera habituellement sur la mer même, c'est-à-dire sur ou près de la plage, lorsqu'aucun obstacle ne s'oppose à leur action pleine et entière.

Il en est de même des derniers éléments qu'il nous reste à passer en revue : l'*air marin*, la *luminosité* et l'*insolation*.

4° *Air marin.* — Malgré ce qu'avaient écrit déjà le Roy de Méricourt et Fonssagrives, l'air marin semblait devoir garder des propriétés particulières et spécifiques au détriment des autres facteurs du climat marin. M. Lalesque (3) s'est de nouveau et à juste titre élevé contre cette conception exclusive et erronée de l'influence de l'air marin seul. Nous devons cependant tenir compte de certains corps qu'il peut renfermer, surtout au voisinage de la plage.

Sa caractéristique la plus essentielle est sa *pureté*, surtout en pleine mer (Miquel et Moreau, Fischer). Les germes et les poussières sont sans doute

(1) Lalesque, *l. c.*, p. 60.
(2) *Ibid.*, p. 83.
(3) *Ibid.*, p. 9.

plus abondants sur la plage où il doit exister, où il existe des causes de contamination locales qui n'ont rien de spécial ici.

Ces données bactériologiques ont été confirmées pour la côte atlantique par Lalesque et Rivière, Duphil pour Arcachon, par Legrand et Brandeis pour Biarritz. La prédominance des vents marins, les chutes d'eau abondantes du littoral (Duphil) sont certainement un des facteurs importants de cette pureté de l'air, qui ne se limite pas bien entendu au bord même de la mer, mais s'étend plus ou moins profondément dans les terres, quand il n'y a pas de causes de contamination, ou quand des forêts de pins complètent l'assainissement de l'air, comme à Arcachon par exemple, où Duphil trouve 112 bactéries sur la plage contre 60 dans la forêt par temps sec, et 75 sur la plage contre 30 dans la forêt par temps pluvieux.

La cause de cet état aseptique de l'air, plus marqué encore dans la forêt de pins, serait due à l'*ozone* (Duphil). La forêt jouerait ainsi dans la purification de l'air des climats côtiers atlantiques un rôle de premier ordre dont on ne saurait trop signaler l'importance.

Si donc l'air marin est riche en ozone, il l'est surtout dans l'air marin des forêts de pins, où, d'après les dosages de Duphil et Gautrelet, il atteindrait la proportion de 1/160.000, — 8 milligrammes par mètre cube, alors qu'on estime à 1/700.000 la proportion d'ozone dans l'air de la campagne.

Enfin, l'air marin renferme du *chlorure de sodium* et de l'*iode* (1), et peut-être aussi peut-il, sous l'influence des causes qui augmentent la présence de ces corps dans l'air, par la pulvérisation des embruns sous l'influence du vent et du choc des vagues, peut-être peut-il contenir des bactéries (2) dans les parties de plage ou de port où se déversent les égouts d'une grande agglomération, ou qui sont infectées par des dépôts d'algues ou de poissons putréfiés, abandonnés par les pêcheurs, ou par le séjour de nombreux bateaux de pêche.

Nous ne pouvons ni ne voulons discuter ici la question de savoir si le chlorure de sodium et les composés organiques iodés, que A. Gauthier et Duphil ont constatés dans l'air marin, constituent un élément actif de la cure marine (3). Retenons seulement que ces composés chlorés et iodés sont surtout abondants au niveau même des plages (Gauthier), et que, provenant de la pulvérisation de l'eau de mer sous l'influence du vent et du choc de vagues, ils augmentent naturellement par les temps de houle et de brise, pour atteindre leur maximum par les gros temps. Ce sont, dans l'air des plages, des caractéristiques marines par excellence, car on ne les rencontre que dans un périmètre restreint (4) et variable selon les lieux, la force du vent, etc. (Aigre, Houzel, Casse). Ils ne peuvent donc, et je partage à cet égard l'avis de M. Lalesque (5), entrer en ligne de compte pour caractériser un climat maritime, mais

(1) Il est utile d'ajouter que, d'après les analyses de Gauthier (Ac. des sciences, 1899), ces matières organiques iodées sont des matières azotées également riches en manganèse et en phosphore; et que, d'après Gallard, *ibid.*, p. 1177), cet iode en dissolution dans l'eau est absorbé par la peau saine.

(2) Bousquet, *Annales d'hygiène*, 1904.

(3) Voir Lalesque, pp. 133 et suiv.; *Congrès de Biarritz*, 1903; Legrand, Claisse (de Biarritz), Casse (de Bruxelles), Lalesque, etc.

Lavergne, *ibid.*, envisage l'air chargé de sel comme nocif sur le poumon tuberculeux.

(4) *Congrès de Biarritz*, p. 109. Dr Claisse et discussion.

(5) *L. c.*, p. 142.

peut-être aussi ne sont-ils pas indifférents à des poumons malades qui s'exposent à les respirer comme le pensent Legrand, Lavergne et Claisse (1).

Lumière. — La *lumière* est peut-être un des facteurs les plus importants d'un climat, et en particulier de la cure marine : on ne s'en préoccupe pas assez pour établir soit la formule climatologique générale d'une plage ou d'une station ; soit la formule de cure d'un malade, qui ne peut impunément parfois tolérer des irradiations lumineuses trop intenses ou trop prolongées (2). Daremberg (3) a eu à ce sujet un mot charmant qu'on peut généraliser : « Il faut, dit-il, que les phtisiques se fassent caresser et non mordre par le soleil. » Mais l'insolation d'une station, sa durée, n'est qu'un élément du problème : le plus important est la *luminosité moyenne*, c'est-à-dire le *pouvoir actinique*, que ce climat représente (climat chimique de Fonssagrive).

Or, au bord de la mer, cette luminosité est énorme. La mer absorbe les rayons caloriques, mais elle réfléchit les rayons lumineux et les rayons ultra-violets (4), les rayons chimiques. Ce sont ceux-ci qui sont les plus importants dans l'ordre biologique.

Je ne puis donner ici plus de détails sur ce sujet si intéressant, et où les documents ne sont pas encore nombreux et décisifs. Je rappellerai sommairement cependant, que la lumière a une action stimulante sur les extrémités nerveuses et sur le système nerveux central (Pouchet), peut-être directement par absorption lumineuse (5), comme l'ont montré Onimus, Finsen ; sûrement par l'excitation des nerfs optiques comme l'ont montré les expériences de Moleschoth et de Béclard sur les grenouilles aveugles, comme le prouvent chez l'homme les modifications de la pigmentation de la peau chez les aveugles, etc.

Les expériences de Duclaux ont montré d'autre part que la lumière provoque des phénomènes d'oxydation dans la matière organique azotée ou non ; avec l'appareil d'Hénocque, on peut constater chez les sujets insolés une réduction plus active et plus rapide de l'oxyhémoglobine du sang, par conséquent une activité plus grande des oxydations organiques. La lumière agit sur le sang, sur l'appareil circulatoire, ici probablement par l'intermédiaire du système nerveux.

La lumière, si on y ajoute son rôle antiseptique (Arloing, Roux, Strauss, Duclaux, etc.), est donc un élément climatique de première valeur. Duclaux, par des expériences très exactes dont j'ai déjà parlé, basées sur le degré d'oxydation de l'acide oxalique exposé à la lumière, a précisé les conditions qui augmentent ou diminuent le pouvoir actinique d'une région. Il a montré que ce pouvoir actinique au niveau du sol est d'autant plus grand que l'air

(1) Le sanatorium maritime pour tuberculeux pulmonaire ne devrait pas non plus, d'après Verhaeren et Plicque, (*l. c.* p. 70), *avoir vue sur la mer* à cause de « l'impression défavorable que produit sur certains tuberculeux le spectacle des infinis », etc. Le fait mérite d'être noté quand il s'agit d'exposer des malades à la vie contemplative et à l'immobilité. Voir également la note 2.

(2) Voir Plicque et Verhaeren, *l. c.*, p. 24, sur l'action nuisible de la lumière trop vive.

(3) Daremberg, *Traitement de la Tuberculose pulmonaire.* Collection Charcot-Debove, t. 11.

(4) Hann. Voir le rapport de A. Robin et Binet, 1904, pages 12 et suiv.

(5) Voir *la Thérapeutique par les agents physiques* de H. Guimbail. — Le rapport de A. Robin et Binet au Congrès de Biarritz, 1904. — Leredde et Pautrier, *Photothérapie et Photobiologie*, 1903.

est plus privé de matériaux oxydables, c'est-à-dire de germes. Très développé sur les cimes, il atteint son maximum, comme on pouvait s'y attendre, sur mer ; son intensité varie d'un lieu à un autre, elle est indépendante de la température et de la durée de l'insolation proprement dite.

Ces données scientifiquement établies sont de première importance, et les résultats déjà obtenus par la photothérapie viennent les souligner davantage.

Il y a donc dans le climat marin un élément de la plus haute valeur, et qui le rapproche de celui des hautes altitudes, c'est le *pouvoir actinique* qu'il présente et qui varie selon la luminosité du lieu. On entrevoit dès lors les différences considérables qui peuvent exister entre deux stations voisines, à éléments climatiques généraux constants, selon l'exposition, la végétation, le voisinage de montagnes, etc. C'est, à mon avis, autant qu'on peut émettre une semblable appréciation à l'heure actuelle, un des éléments principaux, sinon la plus considérable du climat marin, mais aussi ce peut être le plus dangereux par l'excitation qu'il provoque et qu'il entretient, et aussi peut-être par les actions inhibitrices qu'il amène spontanément ou à la suite d'une excitation trop vive. Ce sont des faits que Duclaux (1) a démontrés, en étudiant l'action empêchante de la lumière sur les mycéliums, sur les organes de fructification, sur la formation des nouveaux tissus chez les champignons.

Pour en revenir au pouvoir actinique plus spécial à la côte atlantique, il semble *a priori* qu'il doive être considérable. L'absence d'humidité, la pureté de l'air, l'exposition à l'Ouest qui garantit le maximum de réflexion vers la côte des rayons violets, enfin les pluies nocturnes et abondantes qui purifient l'air, surtout le matin : ce sont là des conditions qui rendent théoriquement probable *l'existence d'un pouvoir actinique considérable* au voisinage de la mer.

Maintenant que nous connaissons les éléments de climatologie de cette région nous pouvons revenir à notre point de départ, et les grouper en éléments favorables, défavorables ou dangereux pour les tuberculeux pulmonaires.

Parmi les premiers, **éléments favorables**, nous trouvons :

La constance de la température.

La pureté en germes de l'air, sa richesse en ozone (ceci sous condition).

La constance et la proportion de l'état hygrométrique et de la pression barométrique.

Parmi les seconds, **éléments défavorables ou dangereux.**

La présence d'iode et de chlorure de sodium dans l'air.

La violence du vent, les bourrasques avec leurs conséquences barométriques et hygrométriques, électriques.

L'agitation de la mer et le bruit des vagues.

La luminosité excessive.

Est-il possible de faire vivre des malades dans des conditions d'installation telles qu'ils puissent bénéficier complètement des *conditions favorables* que leur procure le climat atlantique, sans subir les injures des autres ? Poser la question, c'est la résoudre. L'influence régulatrice de l'Océan Atlantique ne se limite pas au littoral immédiat, elle détermine au contraire un climat régional, qui s'avance plus ou moins dans les terres, de telle façon *qu'il n'est pas besoin de séjourner en vue de la mer ou sur la plage pour en bénéficier.*

(1) *Traité de Bactériologie*, tome I.

Les seconds, au contraire, *sont véritablement les éléments marins du climat*, ils ont leur *maximum d'action* et d'effet *sur la plage même*, ou sur les parties de terrain limitrophes qui ne sont pas protégées contre eux, mais toujours dans un rayon assez étroit.

Une orientation particulière de la plage vis-à-vis la mer dans une baie par exemple ou par rapport aux vents de tempêtes principaux : un abri constitué par des dunes, des montagnes, des collines, surtout si elles sont boisées, etc..., peuvent donc *permettre à un malade de bénéficier, pour son séjour, des conditions climatiques générales favorables du littoral, et d'échapper en tout ou partie aux autres*.

C'est pourquoi il me paraîtrait utile, aussi bien pour le classement méthodique des sanatoriums, que pour la destination à donner aux malades libres, de distinguer sur le littoral deux zones, en rapport avec les divisions climatiques que nous venons de passer en revue.

1° *Une zone marine*, comprenant naturellement *les sqnatoriums marins* proprement dits :

Cette zone se caractérise par ce fait qu'on y rencontre, avec des nuances locales, mais avec leur plein effet, tous les éléments marins favorables ou défavorables. Elle représente une bande de terrain tangente à la mer partout, mais dont les limites continentales s'en écartent plus ou moins selon la disposition de la région où on la considère, au point, dans certaines circonstances de région très abritées, de se confondre presque avec la plage ellemême ou au contraire de s'en écarter beaucoup, quand le terrain est plat ou dénudé.

2° *Une zone maritime*, ainsi appelée parce qu'elle jouit du climat maritime et des éléments favorables de ce climat, mais qui se distingue de la précédente par ce fait capital, que les influences marines défavorables ne s'y font pas sentir ou bien n'y arrivent qu'atténuées ou inoffensives.

Les sanatoriums appartenant à cette zone seront appelés *sanatoriums maritimes*.

Je crois cette distinction très importante non seulement en général pour une classification des stations ; mais en particulier pour chaque station où l'on reconnaît déjà que l'habitation de tel quartier par un tuberculeux pulmonaire peut lui être favorable à côté d'un autre quartier où le séjour lui est funeste.

J'en ai trouvé des exemples même dans des stations nettement marines, comme Biarritz, dont M. Legrand éloigne les tuberculeux pulmonaires, tandis que M. de Lostalot-Bachoué prétend en avoir soigné et amélioré (1) (*Congrès de Biarritz*). Il y a évidemment, dans ces cas, en apparence contradictoires, mais en apparence seulement, des nuances assez délicates de technique dans la cure, dont l'importance a été soulignée par M. Lalesque, en particulier chez les malades qui font leur cure sur le bassin d'Arcachon, et qui sont exposés ainsi à certains éléments marins : la luminosité excessive de la mer par exemple. Mais le bassin d'Arcachon est déjà une baie.

Je me suis étendu peut-être un peu trop longuement sur ces particularités des influences marines, j'ai pensé cependant faire œuvre utile en précisant

(1) Voir également à l'appui : *Congrès d'hydrologie de Grenoble*, 1902. M. Labi- (de Biarritz), *Sédation et climat marin*, indiquant les saisons et les zones sédatives de Biarritz.

un peu cette expression si vague, « envoyer les malades à la mer » et à l'incertitude de laquelle le referendum de la *Tuberculose infantile* en 1903 a dû de ne pas nous donner des indications très nettes.

En second lieu cela me permettra d'être bref quand j'examinerai les sanatoriums maritimes, qui réclament certaines formes de tuberculose pulmonaire, alors que d'autres sanatoriums, *voisins* de ceux-ci, se déclarent mortels pour eux. La disposition des lieux, l'existence d'éléments de protection contre les influences marines proprement dites nous suffiront alors à nous expliquer cette apparente contradiction.

III

Des Sanatoriums de la côte Atlantique en particulier.

La réalisation du grand mouvement provoqué en faveur des hôpitaux marins devait trouver sur les côtes de la France des conditions merveilleuses pour leur installation. La longue bande du littoral océanique, qui s'étend de Boulogne à Hendaye, offrait une diversité remarquable de climats et d'expositions, dont l'expérience acquise chaque année dans les sanatoriums en activité devait faire ressortir les nuances. D'autre part, le littoral de la Méditerranée, que l'on connaissait mieux, pour y soigner depuis plus longtemps des malades de ce genre, offrait de son côté la séduction de son ciel bleu et de son climat privilégié. Il ne m'appartient pas de m'appesantir ici sur les particularités de la création, du fonctionnement, des indications propres à tous les établissements maritimes que virent éclore ces vingt dernières années.

Je dois me borner à ceux qui peuplèrent la côte ouest, et plus spécialement la côte Atlantique.

Il me faut cependant, ne fût-ce que pour donner à ceux-ci déjà une caractéristique générale parmi les sanatoriums marins, rappeler que les côtes ouest de la France, en raison de leur différence de latitude, de leur exposition, de leur situation particulière sur le passage des courants marins ou des bourrasques, ont été justement divisées par les géographes (E. Reclus) et par les hygiénistes (Rochard) en zones distinctes les unes des autres au point de vue climatique. C'est ce que Cazin (p. 101) avait déjà fait en opposant le littoral de Dunkerque à la Loire, avec ses plages souvent abritées, exposées au Nord-Ouest, à température moyenne de 10°9, avec leurs vents dominants du Sud-Ouest, du Nord-Ouest et du Nord-Est, en opposant ce littoral à celui qui s'étend de la Loire à l'Espagne, avec ses plages rectilignes, sa température moyenne plus élevée (12°7) et ses vents dominants plus chauds du Sud-Ouest. Au Congrès de Biarritz, *M. Fiessinger*, dans son rapport, *M. Gandy*, ont rappelé ces distinctions.

En réalité il faut distinguer :

1º *Les plages du Nord*, froides, à humidité plus grande, exposées aux bourrasques de l'Ouest dans toute leur violence et aux vents froids du Nord-Est possédant par cela même des indications particulières à la scrofule et au rachitisme (hôpitaux de *Malo*, de *Saint-Pol*, de *Berck*, etc.).

2º *Les plages correspondant* à la zone du *climat séquanien* (E. Reclus), déjà plus douces, moins rudes.

3º *Les plages bretonnes*, qui bénéficient des avantages du climat breton (E. Reclus) avec la douceur de son climat, et sa fixité si grande qu'il représente le type des climats marins (16º8 l'été, 7º1 l'hiver) et que dans les anses abritées on peut voir se développer une véritable végétation méridionale. C'est dans ces conditions que fonctionne un sanatorium dont je n'ai pas à m'occuper ici, le sanatorium de *Roskoff*, où le Dr Bagot, entre autres malades, peut soigner et améliorer des tuberculoses pulmonaires.

Au sud de la Bretagne, mais sur le littoral atlantique et au nord de la Loire, nous trouvons également deux sanatoriums que nous étudierons, celui du *Croisic* et celui de *Pen-Bron*. Le climat breton malheureusement est nuageux, brumeux et on y compte 208 jours de pluie contre 150 dans le climat girondin.

4º Enfin *les plages de l'Atlantique* proprement dites, qui vont de la Loire à la Bidassoa, dont le climat a été si soigneusement étudié par *Lalesque, Dutrouleau, Marcou-Mutzner, Camino*, etc., et dont la formule devient de plus en plus caractéristique à mesure qu'on se rapproche des côtes gasconnes, sur lesquelles d'ailleurs se sont groupés en grande partie les sanatoriums de la côte.

Ceux-ci sont au nombre de neuf (1). D'après leur position géographique en procédant du Nord au Sud, nous trouvons ;

1º et 2º À la limite du climat breton et atlantique, les établissements du **Croisic** et de **Pen-Bron** ;

3º Dans l'île d'Oléron, en face des Charentes, le sanatorium de **Saint-Trojan** ;

4º Dans la Charente-Inférieure, l'établissement de **Fouras** ;

5º Près de l'embouchure de la Gironde, la plage de **Royan** ;

6º et 7º À *Arcachon*, le sanatorium d'**Arcachon** et celui du **Moulleau** ;

8º Dans les Landes, le sanatorium de **Cap-Breton** ;

9º Dans les Basses-Pyrénées, le sanatorium d'**Hendaye**.

D'après leur ordre de fondation, nous trouvons pour les principaux :

      1º **Le Moulleau** en 1880-1882 ;
      2º **Arcachon** en 1887 ;
      3º **Pen-Bron** en 1887 ;
      4º **Cap-Breton** en 1889 ;
      5º **Fouras** en 1889 ;
      6º **Saint-Trojan** en 1895 ;
      7º **La Baule** en 1896 (n'existe plus) ;
      8º **Hendaye** en 1899.

(1) L'établissement de *la Baule* ne fonctionne plus ; non plus que la maison de *Kerfany* (Finistère). Je n'ai reçu aucun renseignement sur *Pornic*.

I. — Hôpital de PEN-BRON

SANATORIUM ET COLONIE DE VACANCES

§ 1er. — *Renseignements généraux.*

L'hôpital marin de *Pen-Bron* est situé dans le département de la Loire-Inférieure, commune de la Turballe, en face du Croisic. Il a été construit sur une mince presqu'île, barrant presque comme une digue du Nord au Sud une anse de la mer, de telle façon qu'il est exposé à l'Ouest aux influences directes de l'Océan. A l'Est, il est séparé de la terre ferme par une baie qui s'appelle *le Grand Trait.* Par sa situation avancée dans la mer, exposé à toutes les influences de celle-ci, il représente *bien le type du sanatorium marin* par excellence. « Il est placé comme un navire au milieu de l'Océan qui l'en-« veloppe étroitement, comme pour mieux faire bénéficier ses hôtes de la « puissance thérapeutique des brises du large et de l'air salin (1).» C'est là sa caractéristique.

Sa fondation est due à l'initiative de M. *Pallu,* inspecteur des Enfants assistés du département, qui, avec l'appui de M. *H. Monod,* obtint de Mme Furtado-Heine une somme de 40.000 fr. pour construire le premier pavillon qui fut inauguré en 1887 et qui renfermait **50** lits seulement. Depuis cette époque, grâce à l'appui financier de l'*Œuvre des hôpitaux marins,* grâce aux souscriptions de généreux donateurs et aux efforts d'un conseil d'administration dans lequel, à côté de médecins, figurent des notabilités de la ville de Nantes, l'hôpital du début s'est agrandi : à l'heure actuelle il possède **300** lits.

Fondé et entretenu par l'initiative privée, il tire encore ses moyens financiers de fonctionnement du prix de revient de ses journées de malade. Sur ses 300 lits en effet 20 seulement sont *gratuits;* pour les autres, les malades paient 1 fr. 80 par jour, et pour un minimum de 30 jours. Les départements ou les collectivités qui envoient un grand nombre de malades ont encore une réduction de 5 0/0, si le nombre de journées payées est de 1750 et 10 0/0 si ce nombre atteint 3500 journées.

L'établissement est ouvert toute l'année ; mais sa population est plus importante l'été en raison du grand nombre d'enfants anémiques qui viennent y faire une saison de bains de mer (*colonies de vacances*).

Les filles sont admises à tout âge; les garçons jusqu'à 15 ans seulement, et à partir de 4 ans pour les deux sexes. Le règlement de la maison n'impose très sagement *aucune durée de séjour,* qui est celle que le *médecin juge utile pour la guérison complète* du malade.

Les enfants sont divisés selon les sexes, les âges, et la nature des soins qu'ils réclament. Ils couchent dans des dortoirs situés au premier étage. Il y a au rez-de-chaussée des *salles d'infirmerie,* et enfin, en cas d'épidémies accidentelles, rares sans doute, mais toujours possibles, *des pavillons d'isolement,* qui malheureusement ne sont pas encore pourvus des indispensables boxes à un lit.

Il y a *salle d'opérations,* service d'*hydrothérapie,* un réseau d'égout, dans

(1) Rapport annuel. *Pen-Bron.*

lequel d'ailleurs, excellente innovation, ne vont pas les objets de pansement, qui sont détruits dans un *four crématoire*.

Il y a un *lazaret d'observation* pour les nouveaux venus.

Les administrateurs de cet établissement modèle ont de plus compris qu'ils devaient aux enfants qu'on leur confie autre chose que les soins hygiéniques et médicaux, et la journée est fort bien remplie par des alternatives de classes, de récréations ; et, pour les grandes filles, de travaux à la lingerie.

Le *chiffre moyen des enfants* assistés par l'hôpital, si l'on s'en tient aux statistiques de 1902 et 1903, est de *300 à 320*, auxquels il faut ajouter environ 250 enfants qui viennnent en colonie scolaire pour la saison des bains de mer, ce qui ferait une moyenne de *550 à 590* enfants par an ; pour ces dernières années, l'âge est surtout de 7 à 13 ans.

L'immense majorité des enfants soignés viennent de la Loire-Inférieure et de la région de l'Ouest ; pendant l'été, les colonies scolaires viennent de préférence de Paris ; après leur séjour ou leur guérison, ils retournent dans leur pays d'origine.

Dans ce sec exposé, dont la brièveté m'est imposée, je n'ai pu mettre en relief, comme il l'eût fallu, tous les détails par lesquels se manifeste la sollicitude des administrateurs de Pen-Bron vis-à-vis des enfants qui leur sont confiés et vis-à-vis des familles de ces enfants. Je ne puis que renvoyer pour plus de détails aux brochures et aux rapports annuels sur cet établissement (1).

§ 2. — *Indications médicales.*

Par sa situation, Pen-Bron participe du climat breton et du climat atlantique.

Non protégé contre les vents du large ou de terre, le climat offre des variations fréquentes. Le vent d'Est, en particulier, est froid et sec, et il souffle souvent. A la fin de l'hiver et de l'automne il y a, comme en Bretagne, des jours sombres et froids de brouillards. (*Jan-Kerguistel*, Rapport.)

Les bourrasques de l'ouest de l'Irlande y sont plus senties que sur le golfe de Gascogne.

Les jours de pluie sont assez nombreux ; mais celle-ci tombe plutôt par averses, et la plage formée de sable fin est rapidement sèche.

Les jours chauds de l'été sont tempérés par la brise de mer. Enfin Pen-Bron est exposé à l'influence directe des marées, qui sont fortes et qui créent autour du sanatorium des courants d'une violence extrême.

Par sa situation en plein Océan, sans protection ni abri contre les influences marines, ni contre les vents froids de l'Est, *Pen-Bron est un hôpital marin dans toute la force du terme ;* il est donc inutile d'en discuter ou non les indications dans la TUBERCULOSE PULMONAIRE, qui, à aucun moment, *n'y est ni ne doit y être admise.*

Ceci dit, voyons comment l'hôpital fonctionne et pour qui il fonctionne.

Tout enfant qui désire son admission doit envoyer un certificat de son médecin, qui constitue la première pièce de son dossier. Une fois admis,

(1) Hôpital marin de Pen-Bron. Notice, 1902. *Ibid.* — Compte-Rendu annuel 1904. — Rapports du Dr Jan-Kerguistel.

l'enfant est soumis à l'examen du médecin du sanatorium (1), qui lui fait une deuxième fiche et classe le malade dans une des catégories suivantes :

1º Enfant devant bénéficier de la cure ;

2º Enfant pouvant bénéficier de la cure ;

3º Enfant devant faire un séjour limité ;

4º Enfant ne devant pas être soigné à Pen-Bron.

Dans cette dernière classe se rangent les tuberculeux pulmonaires, ou ceux chez qui on peut redouter la tuberculose méningée.

Dans la troisième se classent les enfants chez qui l'influence marine semble épuiser très vite son effet, qui sont comme saturés, ne font plus aucun progrès au bout d'un certain temps de séjour et doivent être renvoyés chez eux où ils guérissent.

Quels sont donc les malades que Pen-Bron réclame ?

1º *Les anémies entachées de lymphatisme*, malgré que ce terme soit bien vague, et que cette catégorie de malades renferme sans doute bien des *espèces*, et peut-être des tuberculeux latents, mais non en évolution. Tel qu'il est, il faut s'en contenter. Ce sont ces malades qui donnent les meilleurs résultats.

Les statistiques de 1900, 1901, 1902, 1903 donnent une moyenne de **95** p. 100 de guérisons avec **340** cas.

2º Viennent ensuite les *engorgements ganglionnaires* avec **90** p. 100 de guérisons.

Nous trouvons ensuite :

3º Les *scrofulides*, de **58** à **86** p. 100 selon les années.

4º La *tuberculose osseuse* (2), de **56** à **72** p. 100.

5º Les *arthrites vertébrales*, **46** à **68** p. 100.

Il n'y a pas dans les statistiques parues du sanatorium assez d'observations pour qu'on puisse se faire une opinion sur le traitement des *rachitiques*.

M. le Dr Jan-Kerguistel, dans ses rapports annuels, insiste beaucoup sur une idée très juste, et que nous retrouverons souvent exprimée par les médecins des sanatoriums : c'est qu'il ne faut demander à la mer que ce qu'elle peut donner, « la cure d'air et la cure balnéaire (p. 22, C. R. 1904) n'ont une action « efficace que sur des sujets qui ne sont pas encore délabrés par la tuber- « culose et les suppurations ». Chez ceux-ci, malgré la cure marine, « les in- jections modificatrices, l'intervention chirurgicale, les appareils orthopédiques deviennent impuissants. »

Il faut une fois de plus ici féliciter l'administration de Pen-Bron de la lati- tude absolue laissée au médecin dans l'appréciation des soins qu'il est amené à donner. Grâce à cela, grâce aux indications plus précises que l'expérience donne chaque jour sur la valeur réelle de la thérapeutique marine, on pourra

---

(1) Ceux qui sont suspects ou convalescents de maladie contagieuse font un stage en dehors de l'hôpital.

(2) Sous la rubrique « tuberculose osseuse » et « arthrite vertébrale » se trouvent compris probablement des cas bien dissemblables : formes ouvertes ou fermées, simples ou multiples, localisées ou avec généralisation ; chez des sujets cachectiques ou non, au début ou déjà ancienne, en poussée ou refroidie, etc. Aucune statistique intégrale sérieuse ne peut être établie sans tenir compte de ces espèces. J'utilise cependant les statistiques telles qu'elles me sont fournies, et il y a lieu de penser que ces cas de guérison concernent les formes les plus curables et les plus bénignes par conséquent. (Voir le tableau qui est à la fin du rapport et ce qui est dit sur la durée du séjour, p. 50).

obtenir le maximum d'effet utile avec le minimum de séjour, c'est-à-dire de dépense.

Ceci revient à dire qu'à la mer comme ailleurs il faut soigner *vite* en recevant de suite au sanatorium, *et tôt*, les malades encore peu touchés par la maladie.

Que l'on compare en effet avec les effets obtenus la *durée moyenne du séjour* pour les guérir : _

Anémie, lymphatisme .... 75 jours.
Engorgements ganglionnaires................................ 275 —
Scrofulides .... 235 —
Pour les tuberculoses osseuses ou articulaires............ de 1 an à 2 ans.

Les malades qui ont été simplement *améliorés* ou qui ont été *rendus* à leurs familles sans grand changement, et cela malgré un séjour de *6 à 7 mois*, comprennent des *cachectiques*, suppurant depuis longtemps, ou *hérédosyphilitiques*. Ce *sont les malades qu'il ne faut pas envoyer au sanatorium*, car, malgré les interventions chirurgicales, etc.,on n'obtient qu'un résultat médiocre ou nul. (Rapport p. 23).

Par contre les *tuberculoses locales* se trouvent extrêmement bien du séjour (Dr Poisson, C. R. 1902, p. 36) ; elles guérissent spontanément, et sans qu'on soit obligé, même dans les cas plus graves, de faire subir au malade de graves mutilations. Ceux qui ont été opérés avant leur envoi au sanatorium guérissent également très vite et très bien.

Mêmes observations du Dr Bureau (p. 38),qui insiste également sur la moindre gravité des opérations et sur la possibilité de faire avec succès des tentatives de chirurgie conservatrice.

Quant aux *affections oculaires* si fréquentes chez les scrofuleux : conjonctivite granuleuse, kératite, iridochoroïdite, etc., elles sont très favorablement influencées par le séjour, mais par le séjour prolongé (Dr Dianoux, Rapport 1902).

II. — Maison de Saint-Jean-de-Dieu. — LE CROISIC (1).

L'établissement particulier du Croisic est situé dans les mêmes conditions climatiques que Pen-Bron, dont il est voisin. Ses indications générales sont donc identiques.

C'est un sanatorium payant : 1.80 par jour de 8 à 15 ans, et 2 fr. de 15 à 20 ans. Il ne reçoit que des garçons ou des jeunes gens.

Sanatorium de SAINT-TROJAN (2)

§ 1er. — *Renseignements généraux.*

Le sanatorium de Saint-Trojan est situé dans l'île d'Oléron sur la côte orientale de l'île, commune de Saint-Trojan-les-Bains (Charente-Inférieure).

(1) À mon grand regret, je n'ai pu avoir de plus amples renseignements sur ce sanatorium.
(2) Une grande partie des documents concernant Saint-Trojan m'ont été obligeamment fournis par le Dr Cristofini, médecin directeur, que je remercie sincèrement.

Il a été inauguré le 18 septembre 1896, et fondé par l'*Œuvre des hôpitaux marins*, devenue depuis l'*Œuvre des sanatoriums maritimes pour enfants malades*. C'est un établissement privé, reconnu d'utilité publique, dont les moyens financiers de fonctionnement sont :

Le prix des journées de ses hospitalisés ;

Les subventions de l'État, des départements, des communes ;

Le produit des souscriptions des sociétaires, des dons et legs, etc.

Le sanatorium est administré en réalité par l'*Œuvre des sanatoriums maritimes*, siégeant à Paris ; il y a à demeure un *directeur* qui est en même temps le *médecin* de l'établissement et auquel est adjoint un *économe*. Le *personnel* comprend 5 hommes et 30 femmes.

Le sanatorium comprend aujourd'hui *160 lits*, soit dix de plus qu'à la fondation. Il est divisé en *pavillons séparés*, n'ayant qu'un étage en rez-de-chaussée, conception excellente :

un pour les filles,
un pour les garçons,
un pour les enfants de 3 à 7 ans,
une infirmerie, comprenant *dix chambres d'isolement à un seul lit.*

Il n'y a pas, et c'est une lacune, de *salle d'observation* pour les nouveaux reçus, ce qui, d'après le D* Cristofini, aurait amené parmi les enfants du sanatorium des épidémies de rougeole, de scarlatine, de teigne.

L'établissement possède un service de désinfection et une blanchisserie autonome.

Le chauffage se fait au moyen de poêles en faïence, et l'éclairage au moyen de lampes à pétrole. Il y aurait des améliorations sans doute à faire de ces différents côtés.

L'eau est fournie par un puits qu'un moteur à essence refoule au moyen d'une pompe dans un réservoir situé à 15 mètres d'élévation.

L'aménagement intérieur des salles est hygiénique : murs peints au ripolin, angles des pièces arrondis.

L'établissement est *ouvert toute l'année*.

La moyenne du séjour est de 3 mois. En principe, il peut être prolongé par le médecin, *mais le plus souvent l'Administration ne tient pas compte de cet avis. Le séjour des enfants est donc trop court.*

Nous touchons là à un des vices de fonctionnement les plus regrettables dans un sanatorium. On peut comparer à cet égard ce que nous avons vu à propos du sanatorium de Pen-Bron où le médecin est seul juge de la durée du séjour, et où celle-ci dépasse souvent 8 mois et davantage. Nous ne cesserons de le répéter, *le but du sanatorium est de guérir* radicalement, et non de fournir un séjour de luxe, mais passager, à certains enfants privilégiés.

Qu'un sanatorium choisisse ses malades dans telle ou telle catégorie de sujets peu touchés, convalescents ou anémiques, auxquels quelques mois de cure marine sont suffisants : cette manière de faire peut se soutenir. Mais s'il prétend remplir les grandes indications de la cure marine et rester ouvert à toutes les tuberculoses externes (curables s'entend), s'il veut rester fidèle à sa devise et à son but, il faut que le séjour des malades soit subordonné au temps nécessaire à leur guérison. Nous reviendrons sur ce point.

Le sanatorium de Saint-Trojan, malgré ce séjour limité, et malgré ses 160 lits, semble donner un moins bon rendement quantitatif que Pen-Bron, puisqu'il ne soigne que *130* enfants par an, au lieu que Pen-Bron, *avec 300* lits, en hospitalise **320**, plus les colonies de vacances, ce qui produit un total de **570** enfants en moyenne par an.

Les enfants sont admis de 4 ans à 14 ans; exception est faite pour les rachitiques qui peuvent l'être à 3 ans. Le *prix de la journée* est de 2 fr., abaissé à 1 fr. 70 pour les enfants secourus par les départements et les communes. Le premier mois est toujours exigible en entier.

§ 2. — *Indications médicales.*

D'après le Dr Cristofini (1), le climat de Saint-Trojan paraît *assez rigoureux* et cela tient sans doute, d'après ses observations, à la prédominance des vents du N-E., vents de terre. *Les étés y sont très chauds* avec une température max. de 40° à l'ombre en juillet, et les *hivers froids*, avec température min. de — 12° en décembre. Le climat est un peu humide et froid en hiver; et en moyenne il y a 190 jours de mauvais temps, pluies et brouillards, contre 175 de beau temps. Les *perturbations atmosphériques* y sont fréquentes.

L'établissement est à 100 mètres de la mer, sur une plage de sable fin, mais qui est protégée des grands vents d'Ouest par la forêt de pins qui l'entoure. Malgré cela, le vent soulève des poussières de sable très irritantes pour les muqueuses.

Le sanatorium *est ouvert toute l'année*, et le séjour en hiver est possible, à condition d'avoir des procédés de chauffage bien organisés.

On voit donc que, malgré le voisinage de forêts de pins, mais en raison de la nature du climat, Saint-Trojan est à éviter complètement par les *tuberculeux pulmonaires*. L'observation des malades vient à l'appui de cette contre-indication : à quelque période que ce soit, même au début, la tuberculose pulmonaire s'aggrave très rapidement par le séjour (communication écrite du Dr Cristofini). Il en est de même des autres *tuberculoses viscérales*, et même de l'*adénopathie trachéo-bronchique*.

Les enfants atteints des affections relevant du traitement marin de Saint-Trojan, et que nous allons énumérer, sont admis de la façon suivante :

Chaque malade doit envoyer une demande avec : 1° un bulletin signalétique administratif, sur lequel je n'insiste pas, auquel est jointe pour les secourus une autre pièce administrative; 2° un bulletin médical du médecin qui l'a soigné.

Ce dernier est envoyé à Paris à la Commission médicale de l'Œuvre, qui examine l'admission. Le titre d'admission est envoyé ensuite au postulant.

Il y a ici un organisme d'admission plus compliqué qu'à Pen-Bron, et qui peut être une cause de retard dans l'application de la cure marine.

En arrivant au sanatorium commence l'œuvre médicale du médecin du sanatorium qui examine les malades et les classe. Ceux qui sont dans les conditions de la cure sont admis; les autres ne sont pas renvoyés de suite, mais ils font l'objet d'un nouveau rapport, envoyé au président du conseil d'administration. Ce conseil peut, *contre l'avis du médecin, maintenir au sanatorium un enfant dont la cure marine est regardée* par le médecin comme *inutile* ou même *dangereuse*.

Le régime auquel les malades sont soumis comprend : la suralimentation,

(1) Communication écrite.

la suraération, le repos, l'hydrothérapie marine. La journée est partagée comme à Pen-Bron entre les récréations, les classes, les soins particuliers à donner.

Quels sont les malades à qui Saint-Trojan peut être conseillé ? Nous retrouvons ici les mêmes indications qu'à Pen-Bron. Ce sont :

L'*anémie*, le *lymphatisme*, la *débilité générale* qui donnent 70 à 80 p. 100 de guérisons.

Dans cette catégorie ne figure aucun malade suspect de tuberculose quelle qu'elle soit (Cristofini, com. écrite).

Les engorgements ganglionnaires SANS SUPPURATION, 70 à 90 p. 100,
Les tuberculoses des os au début SANS SUPPURATION, 50 p. 100.
Les arthrites vertébrales au début SANS SUPPURATION, 25 à 30 p. 100.
Les scrofulides légères au début,   —   15 p. 100.
Le rachitisme léger au début,   —   50 p. 100.

Si l'on compare ces chiffres à ceux de Pen-Bron, on est frappé du plus faible rendement de guérisons que donne Saint-Trojan ; et, *à priori*, le climat de Saint-Trojan, à défaut d'autres influences que je ne puis étudier ici faute de documents, semblerait moins favorable que Pen-Bron à la guérison des tuberculoses externes. Mais ce n'est sans doute qu'une apparence ; et la cause de cette différence est plutôt dans la *brièveté du séjour* (1).

On remarquera également le soin avec lequel Saint-Trojan *repousse* toutes les *tuberculoses locales ouvertes et suppurées*, dont il n'est pas fait mention à Pen-Bron, qui les accueille probablement. Il faudrait à cet égard, pour être fixé, adopter dans toutes les statistiques une nomenclature précise et établir des catégories de malades parfaitement définies.

En somme Saint-Trojan réussit surtout chez les *anémiques*, les *lymphatiques*, les *débilités*, les *adénopathiques non ouverts*.

Je retrouve également *dans les notes du Dr Cristofini*, et je désire le noter chaque fois, la même appréciation que j'ai relevée dans les rapports du Dr Jan-Kerguistel, *sur la limite d'efficacité de la cure marine* (page 21). C'est un des points les plus importants de mon étude, et je transcris la phrase même du Dr Cristofini, qui me paraît préciser la question : « *Le traitement marin constitue une médication excellente, mais qui n'est applicable qu'à un nombre restreint de maladies et encore à certains degrés de ces maladies.*

Ceci vient justifier une fois de plus la nécessité d'envoyer de bonne heure à la mer, et pour en retirer un plein effet, les malades qui en ont besoin ; et j'ajoute encore, de les y laisser le temps nécessaire.

Sanatorium de FOURAS.

En reportant ici les renseignements que m'a envoyés le Dr Ardouin, le dévoué médecin de l'œuvre de Fouras, je me sens pris d'admiration et je voudrais la faire partager. Quelques femmes de charité donnent leur activité, leur zèle, et avec un minimum incroyable de personnel et de budget, une œuvre féconde fonctionne, qui devrait servir d'exemple à cent œuvres sem-

---

(1) Voir pages 23 et 51 les conditions de temps nécessaires à la guérison des manifestations scrofuleuses un peu importantes.

blables. Si le modeste rapporteur de ce congrès pouvait émettre un vœu, il dirait aux femmes de France : voyez l'œuvre de Fouras, étudiez-la, imitez-la.

Je vois bien que Fouras n'est pas un hôpital, ni même un sanatorium, dont il n'a pas la pesante allure. Non, c'est une colonie de vacances, on n'y entend que des cris de joie et d'exubérance ; et discrètement cependant, on fait là une grande œuvre économique, sociale et médicale à la fois, on fait de la prophylaxie, et à un prix de revient qui est vraiment révolutionnaire en administration.

Un jour, en 1891, le Dʳ Ardouin, médecin de la marine à Rochefort, réunit un groupe de vaillantes Françaises ; un comité se forme ; actuellement Mᵐᵉ J. Viaud en est la présidente : on veut envoyer au bord de la mer pendant l'été un certain nombre d'enfants pauvres de Rochefort et de Tonnay-Charente ; on quête et l'établissement est ouvert. On y envoie alternativement 23 filles et 23 garçons pendant un mois. La saison — car il y a une saison — se fait en juin, juillet, août, septembre soit en tout 92 enfants. On leur paye le voyage, on les habille : un gai uniforme en toile ; leur nourriture est substantielle ; au bout d'un mois ils ont gagné 2 à 3 kilos. Et tout cela pour une dépense totale de 2000 fr., soit 500 fr. par mois ; soit 24 fr. 75 par tête et par mois, soit 0 fr. 79 centimes par jour ; cela est admirable.

Mais aussi quelle simplicité de fonctionnement : deux sœurs de Saint-Charles et une cuisinière, car on a le luxe d'une cuisinière ; plus, la surveillance d'une dame dévouée à l'œuvre, et qui habite Fouras, Mᵐᵉ Marchairi.

Les admissions? Pas de conseil d'administration réuni gravement autour d'une table à tapis vert entre 5 et 7, une fois par mois, pour délibérer sur des dossiers qui ne disent rien. Le Dʳ Ardouin examine simplement les candidats et les choisit.

Les titres? Les plus pauvres et les plus malades dans les plus nombreuses familles. Ici est la tâche la plus difficile, car pour bénéficier de ce luxe à 18 sous par jour, tout compris, il y a beaucoup de candidats, beaucoup de convoitises. Le Dʳ Ardouin a fait son choix, *en dehors des malades*, parmi les *chétifs*, les *malingres*, les *mal nourris*, les *convalescents* de l'hiver : les *tuberculeux du lendemain si l'on n'y prend garde*. Un beau matin ils partent vers la terre promise, une maison dont ils aperçoivent bientôt les toits dans le feuillage sombre des pins et des hêtres verts, tandis qu'à 50 mètres, sur une plage au sable doré, la mer effrange ses lourdes lames. Et le soir, ils s'endorment au bruit caressant de la houle qui berce, ce jour-là, les songes roses des petits déshérités à qui on a donné la joie, précurseur de la santé.

L'établissement appartient à une société civile ; il a deux étages : au rez-de-chaussée, salle à manger qui sert d'abri quand il pleut ; dortoir au premier. Que faut-il de plus?

L'argent nécessaire à l'entretien de ces enfants est le produit de la quête faite par les dames de l'œuvre. Elle donne à peu près 2000 fr., auxquels viennent s'ajouter 1200 fr. de subvention (villes, département, associations charitables).

Avec cette somme on pourvoit à tout, aux dépenses prévues et imprévues, aux réparations, et, chose admirable, on met de l'argent de côté !

L'établissement de Fouras est un modèle d'organisation, un bijou de simplicité et d'économie.

Il faut faire beaucoup de Fouras.

ROYAN

A côté du sanatorium de Fouras se range naturellement celui de *Royan*, au sujet duquel je n'ai pas reçu de renseignements. C'est un asile de convalescence, contenant 25 lits et ouvert seulement pendant la saison des bains de mer. Il est à proximité des forêts de pins, il reçoit des enfants débiles et convalescents pour une pension de 65 fr. par mois.

Sanatorium d'ARCACHON

COLONIE DE VACANCES

§ 1er. — *Renseignements généraux.*

Nous voici arrivés à Arcachon, au berceau des sanatoriums maritimes de l'Atlantique. C'est ici, en 1887, qu'Armaingaud réalisa enfin l'idée qu'il avait défendue et vulgarisée avec une activité et un zèle que nous avons déjà eu l'occasion de mettre en lumière au début de ce rapport. Il avait semé en bonne terre, la récolte allait le dédommager de ses peines. Et ce ne doit pas être sans un grand sentiment de légitime satisfaction qu'il contemple aujourd'hui les bâtiments de ce sanatorium maritime qui était le premier s'édifiant sur la côte atlantique. Avant que ce sanatorium ouvrît ses portes, le Dr Armaingaud, avec les produits de ses brochures de propagande, avait entretenu à ses frais, en 1887, pendant les mois d'août, septembre et octobre, vingt enfants débiles provisoirement installés à la villa Fouet. En 1888, cinquante nouveaux enfants furent soignés dans les mêmes conditions. Mais cette année 1888, le sanatorium actuel commençait à fonctionner, et son inauguration officielle eut lieu le 8 septembre.

Le Dr *Louis Lalanne* avait fait don du terrain; Mme *Engrémy* donna de son côté 47.000 fr. qui permirent d'édifier le premier pavillon en façade, et qui porte son nom. Ce pavillon contenait 40 lits, son mobilier avait été fourni par M. *Armaingaud*, qui fut secondé dès ces débuts par *la ville* d'Arcachon, par MM. le Dr *Lalesque* et *Ch. Richard*.

En 1862, M. Armaingaud construisit à ses frais deux nouveaux pavillons et les meubla.

Enfin le sanatorium fut complètement achevé tel qu'il est aujourd'hui en 1897, grâce à une subvention de 250.000 fr. qu'il obtint du gouvernement sur les fonds du Pari mutuel. Le *nombre des lits* est aujourd'hui de *200*.

Actuellement, c'est un établissement privé, administré par son fondateur. Ses moyens financiers de fonctionnement sont réalisés : 1° par le prix des pensions qui sont payées par les administrations publiques ou les particuliers qui y envoient des enfants; 2° par les apports du Dr Armaingaud, qui accorde à ceux-ci des bourses ou des demi-bourses de séjour.

Le *sanatorium est ouvert toute l'année.* Il reçoit les garçons de 2 à 15 ans, les filles de 2 à 16 ans. Les demandes d'admission sont envoyées au directeur ou à l'administrateur, accompagnées d'un certificat médical, attestant que les malades sont atteints d'une des affections qu'on soigne au sanatorium.

Le séjour est payant, sauf pour les enfants qui sont assistés gratuitement par le Dr Armaingaud. Les autres sont entretenus par les administrations publiques ou par des bienfaiteurs particuliers.

Le *prix est de deux francs* par jour, et le premier mois toujours payé intégralement.

La *durée du séjour n'est pas limitée*, et on exige un minimum de *trois mois*.

Les malades viennent de tous les points de la France, et après leur séjour ils retournent dans leur pays d'origine.

L'établissement est dirigé par un directeur, assisté d'un comptable, et, pour les soins des malades, de religieuses de la Doctrine chrétienne en nombre variable: Il y a en plus deux hommes et deux femmes de service et des ouvrières à la journée.

Les enfants sont logés habituellement dans de grands dortoirs. Ils y sont admis d'emblée sans observation préalable. Il y a cependant un lazaret où peuvent être mis en quarantaine les nouveaux venus qui présenteraient une affection suspecte.

Il existe un pavillon de maladies contagieuses, mais il n'y a pas de boxes à un seul lit, du moins en totalité.

Le sanatorium possède une étuve à vapeur pour désinfection et un service autonome de blanchissage.

Il semble surtout organisé en vue des soins médicaux, et ne comporte pas d'outillage chirurgical, pour les grosses interventions du moins.

Il y a en plus à Arcachon *une colonie de vacances* pour les enfants de Bordeaux, garçons et filles.

§ 2. — *Indications médicales.*

Arcachon doit à sa situation topographique une climatologie spéciale. Situé sur une baie, sans doute très vaste, mais qui ne communique avec l'Océan que par un étroit goulet, il ne connaît pas les brusqueries de la mer qui épuise sa houle sur les dunes du littoral à 10 kilomètres environ de là à vol d'oiseau; c'est un *climat marin atténué*.

Bâti aux confins d'une immense forêt de pins de plus de 100.000 hectares et au milieu de ceux-ci, il bénéficie d'une protection encore plus efficace contre les coups de vent du large et contre la luminosité dangereuse de la mer, et en plus d'une *atmosphère balsamique* : « double gamme climatothérapique unique en France », comme l'a dit si heureusement le Dr Lalesque(1), constituée par l'union d'un *climat maritime* dont ce dernier a étudié les nuances d'une façon si précise, et d'un *climat forestier*.

Les explorations thermométriques ont démontré que ce climat est *tempéré, uniforme, stable*. La moyenne annuelle est de 13°34.

Les moyennes saisonnières donnent :

Hiver,   5°87 (Dhourdin), 6°33 ;
Printemps, 12°63 ;
Eté,   20°44 ;
Automne,   14°41 ;

(1) La station d'Arcachon possède une littérature médicale très complète et très intéressante dont je ne puis que donner un aperçu bien imparfait dans ce rapport qui n'est qu'un rapide résumé, analogue à celui que j'ai consacré aux autres stations. Je renvoie pour plus de détails aux nombreux travaux de M. Lalesque, en particulier à son volume si documenté : *La mer et les tuberculeux* (1904), à ceux de MM. Dhourdin : *Traitement préventif de la tuberculose pulmonaire* (1902), etc., à ceux de MM. G. Hameau, Déchamp, Festal, Lalesque et Rivière, et à celui plus ancien du Dr Bonnal (1881). Congrès d'Alger, etc.

L'écart maximum entre les mois les plus chauds et les mois les plus froids est de 15° (1). L'amplitude des variations diurnes est peu marquée, surtout pendant les mois d'hiver, avec un minimum en décembre de 6°61, et un maximum en août de 11°47 (Lalesque, *Phtisiothérapie*, pp. 32 et 35) donnant une moyenne de 9°56 (*Id.*, p. 38). Il y a en plus à Arcachon une particularité signalée par Lalesque (Congrès de Paris, 1889), c'est *le relèvement nocturne de la température* vers minuit quand le ciel est couvert.

L'*état hygrométrique* y est convenable, 76,1 en moyenne, variant de 70,6 en été à 83 en hiver (*Id.*, p. 45). Ses variations journalières nous montrent qu'il présente, avec de faibles oscillations, une *stabilité* très grande, dont le minimum correspond à la durée de la journée médicale, et le maximum à la plus grande partie de la nuit. Les oscillations les moins accusées se rencontrent en hiver, et cet état hygrométrique n'est point influencé par les pluies nocturnes et matinales (G. Hameau, Lalesque, *ibid.*, pp. 47 et suiv.).

Les *pluies* sont représentées par 862 millimètres d'eau ; elles sont surtout abondantes en automne (300) et en hiver (215). Mais si les pluies sont fréquentes et abondantes, elles sont de courte durée, surtout nocturnes et matinales. Les journées à pluies continues sont l'exception. Le soleil reparaît toujours entre les averses, qui interviennent dès lors comme des agents purificateurs de l'air (Lalesque, pp. 58 et suiv.).

Pour ces raisons, le *brouillard* est exceptionnel (15 jours par an, Déchamp) et dans tous les cas il dure peu, et n'est ni froid ni humide.

Les vents dominants sont les vents du N.-O., vents marins, tièdes et humides.

La *pression atmosphérique* y présente une grande constance ; les *bourrasques* sont exceptionnelles, il y a peu d'*orages*. La forêt protège les malades contre les grands vents, qui soulèvent peu de poussière aux dépens d'un sable formé de quartz trop lourd d'ailleurs pour former des tourbillons (Dhourdin).

La composition de *l'air* d'Arcachon a été étudiée par Duphil, il renferme les éléments marins, $NaCl$. I, que nous avons étudiés. Mais il y a lieu de distinguer naturellement *l'air de la plage* et *l'air de la forêt* où ces éléments marins s'atténuent avec la distance et l'exposition. Ce qui est plus caractéristique c'est l'*ozone*, plus abondant dans la forêt, surtout au printemps (Duphil). Enfin cet air est *pur* (*Ibid.*, Lalesque et Rivière).

Je suis assez embarrassé de parler maintenant du sanatorium d'Arcachon. En réalité il y en a deux : celui que le Dr Armaingaud a fondé et qui doit m'attacher plus spécialement. Mais la ville d'hiver n'est à son tour qu'un immense sanatorium, sanatorium forestier ainsi que l'ont décrit G. Hameau, Déchamp, Lalesque (2). Et si j'en parle, c'est qu'il me paraît impossible de les séparer dans l'étude des indications médicales d'Arcachon, qui sont identiques pour l'un et pour l'autre.

Revenons cependant au premier.

Le sanatorium d'Arcachon est bâti aux confins de la forêt, au milieu des pins, à 450 mètres environ du bassin : c'est donc bien un sanatorium maritime dans le sens que nous avons attribué à ce mot. Il bénéficie dans son entier des particularités du climat d'Arcachon, qui est *calmant, sédatif,*

---

(1) A Saint-Trojan, il est de plus de 30 degrés.
(2) *Le sanatorium forestier d'Arcachon.* In *Presse méd.*, 1894, p. 363.

et qui convient si bien, comme nous allons le voir, à certaines formes de tuberculose pulmonaire ; tandis qu'il n'a plus l'action puissamment stimulante et curative des climats plus septentrionaux, et par cela même plus âpres, mais si efficaces dans la scrofule osseuse en particulier. En présence de ce fait, et en comparant les résultats obtenus tant à Arcachon que dans les sanatoriums d'Hendaye et même de Cap-Breton, on peut se demander si la formule thérapeutique du sanatorium d'Arcachon ne doit pas évoluer ; en d'autres termes si le sanatorium primitivement fondé pour traiter toutes les formes de la scrofule ne doit pas, comme Hendaye, se limiter à certaines de celles-ci, et ouvrir ses portes à certaines formes de tuberculose pulmonaire.

En posant cette question ainsi je n'ai pas l'intention, simple rapporteur, d'en indiquer en aucune façon la solution que l'observation seule et l'expérience des distingués médecins du sanatorium pourront ultérieurement nous donner.

Je suis cependant frappé par la statistique des dix premières années du fonctionnement jusqu'en 1896 (1) ; j'y trouve :

	Nombre.	Guéris.	Amél.	Guéris p. 100.
Lymphatisme, anémie (2).....	80	80	—	100
Engorgem. ganglion............	150	138	12	92
Lésions scroful. { peau........	67	59	8	87
œil..........	19	18	1	90
nez, oreilles.	7	6	1	86
Rachitisme...................	90	88	—	97
Tuberculoses-osseuses.........	25	15	8	**60**
— vertébrales..........	8	3	4	**37**

Quels sont donc les malades qu'Arcachon réclame ?

Ici je laisse la parole aux médecins de cette station (Lalesque, Festal, Hameau, etc.), en faisant remarquer qu'Arcachon possède à la fois une *cure marine* (atténuée) et une cure *forestière*, et que je ne puis entrer ici dans les détails d'application de l'une ou de l'autre.

1° *Les candidats à la tuberculose*, que Lalesque dans son livre a justement divisés en *candidats constitutionnels*, débiles, dégénérés, fils d'alcooliques, de tuberculeux, etc. (voir *Landouzy, Presse méd.*, 1891), — les *candidats pulmonaires* : suites de pneumonie, de bronchopneumonie, de coqueluche (Festal) (3), séquelles de grippe, de rougeole, etc., sur l'appareil pleuropulmonaire ; bronchite chez les strumeux (*Renault*, de Lyon), etc.

Tous malades, d'ailleurs, chez lesquels il est bien difficile de dire s'ils sont, ou non, déjà touchés par une tuberculose pulmonaire ou ganglionnaire commençante, surtout s'ils présentent cet aspect d'anémie lymphatique dont nous allons parler ;

2° *Les anémiques* avec masque lymphatique, avec ou *sans adénopathies externes.* La moyenne de guérison du sanatorium est excellente ;

3° *Les adénopathies bronchiques* (pas d'indications détaillées) ;

(1) *Sanatorium d'Arcachon*, brochure.
(2) Le nombre des jours du traitement n'est pas indiqué, mais beaucoup de malades reviennent passer plusieurs mois, plusieurs années de suite (com. écrite du Dr Festal).
(3) Congrès de Bordeaux, 1895.

Sanatorium de CAP-BRETON.

COLONIE DE VACANCES

§ 1er. — *Renseignements généraux.*

Le sanatorium de *Cap-Breton*, appelé aussi *asile départemental Sainte-Eugénie*, est situé dans la partie S.-O. du département des Landes, arrondissement de Dax.

Il a été fondé grâce à la donation qu'a faite de sa fortune Mme *Desjobert*, qui a laissé par testament au département des Landes 37.000 francs de rente sur l'Etat, à charge de fonder et d'entretenir un asile destiné en particulier au traitement de la scrofule.

Ce legs a été accepté par un décret du 23 août 1888, et le premier malade est entré le 20 octobre 1889.

L'établissement (1) est situé sur une dune distante de la mer d'environ 60 mètres, et exposé en plein à l'action marine. Comme Pen-Bron, *c'est un sanatorium marin* par excellence. En face de lui s'ouvre une très belle plage, et en arrière de lui, à 500 mètres, commence la forêt de pins des Landes ; mais le sanatorium lui-même n'a pas d'ombrage; on y a suppléé en été par des abris en genêt édifiés sur les dunes.

A sa fondation le sanatorium comptait 50 lits, dont 10 payants, plus 8 lits d'infirmerie et de salles d'isolement.

Aujourd'hui il en possède 60, dont 20 payants (2). Comme Pen-Bron, Cap-Breton se complète en été d'une *colonie de vacances*, pour laquelle on dispose de 20 lits, installés à l'école pendant les mois d'août et septembre.

L'établissement est dirigé par un directeur qui est à la fois médecin; il est assisté d'un économe, de 7 employées et d'une cuisinière.

Les enfants sont logés dans deux pavillons parallèles, un pour les garçons, un pour les filles, comprenant chacun un dortoir de 30 lits, un préau couvert, un réfectoire, des lavabos, etc.

Les malades arrivent isolément, et munis d'un certificat médical, il n'y a pas de lazaret pour les nouveau-venus.

Dans le bâtiment administratif est aménagée une infirmerie qui, munie de boxes d'isolement à un seul lit, peut à la rigueur servir de pavillon pour les contagieux.

Un service de désinfection va être prochainement établi; il y a une blanchisserie.

L'eau est amenée dans un réservoir au moyen d'un manège, elle est abondante et de bonne qualité ; les égouts fonctionnent bien.

L'établissement *est ouvert toute l'année; la durée du séjour* réglementaire est de 3 mois, mais il peut être *prolongé*, aussi longtemps que la santé du malade l'exige, *le médecin*, comme à Pen-Bron, *étant seul juge de son* opportunité (1).

(1) **Dulau**, Comm. écrite et Congrès de Biarritz, 1903.

(2) Le sanatorium de Cap-Breton va prochainement être agrandi, et sera pourvu d'un pavillon pour les suppurants (Dulau, comm. écrite).

(3) Le séjour n'est en réalité illimité que pour les malades reçus gratuitement. Le séjour des autres dépend des bienfaiteurs qui en font les frais. Il est très important

La moyenne de la population annuelle est de 50 malades, auxquels il faut ajouter 40 enfants provenant des colonies de vacances.

Les enfants sont admis de 5 à 15 ans, ceux de 8 à 13 dominent. Ceux qui sont soignés gratuitement proviennent tous du département des Landes ; les autres paient 1 fr. 60 par jour, et on leur fournit les vêtements et le trousseau.

§ 2. — *Indications médicales.*

La climatologie de Cap-Breton est celle de la zone atlantique méridionale ; c'est-à-dire que la moyenne thermique est tempérée 13°9, avec cette particularité de présenter peu de variations entre les maxima de l'été et les minima de l'hiver.

Printemps............	12°5.
Été..................	19,8.
Automne............	15,2.
Hiver..............	8,1.

L'humidité relative est de 75, avec un minimum de 65 et un maximum de 82.

La luminosité y est très vive, et les jours avec ciel couvert toute la journée sont rares : les brouillards sont exceptionnels, et les pluies, comme dans toute cette région, sont surtout nocturnes.

Les perturbations atmosphériques, les bourrasques, y sont rares, mais brusques.

Les vents dominants sont les vents marins de l'Ouest et du Nord-Ouest, qui fouettent en plein l'établissement, exposé à l'Ouest, et bâti sur une dune sans abri contre l'influence marine.

Par contre celui-ci est protégé contre les vents de terre par la forêt de pins qui commence en arrière à 300 mètres des dunes.

Le sol formé par le sable de la dune est extrêmement perméable, et ne laisse aucune humidité après la pluie ; il résulte de cette disposition que le transport des malades à la plage est extrêmement facile, et que, pendant les jours de pluie, les enfants restent exposés à l'influence directe de la mer et des embruns, en raison des larges ouvertures qui ouvrent sur la pleine mer les préaux où ils se tiennent. Cap-Breton, à part les différences de climat, est donc bien, comme Pën-Bron, un *sanatorium marin*, réservant à ses malades le maximum et la totalité des influences marines.

Ce n'est donc pas sans raison que le médecin du sanatorium, le Dr Dulau, refuse *les tuberculoses pulmonaires*, à quelque période que ce soit. Le sable de la plage, assez fin, et soulevé par les vents du large, qui sont souvent assez violents, ajoute encore une contre-indication de plus.

Les enfants admis sont *gratuits* ou *payants*. L'admission des enfants assistés se fait administrativement par l'intermédiaire de la Préfecture des Landes, à qui la demande est adressée avec un certificat médical et un autre d'indigence ; une commission administrative statue sur l'admissibilité. Ce mode d'admission ne paraît pas le meilleur, nous nous sommes déjà expliqué sur ce point.

de faire remarquer ici que ce sont *ces payants à séjour limité* qui influent défavorablement sur les statistiques de guérison du sanatorium. *Ils s'améliorent*, mais ils *ne guérissent pas* (Dulau, comm. écrite).

Par contre les malades payants sont reçus directement par le médecin du sanatorium après examen et sur le vu d'un certificat médical : il peut ainsi faire un choix plus médical et plus en rapport avec les indications thérapeutiques du sanatorium.

Celles-ci sont les suivantes (statistiques de 1889 à 1903) :

1. Anémie, lymphatisme.

	Nombre.	Guérison.	Amélioration	p. 100	Durée du séjour
1889 à 1903........	77	74	3	96	399
1903 et 1904........	34	33	1	97	529
	111	107	4	96,5	460

2. Engorgements ganglionnaires.

1889 à 1903........	28	82	5	93	519
1903 et 1904.......	21	20	1	94	335
	109	102	6	93,5	430

3. Tuberculoses osseuses.

1889 à 1903........	50	22	18 (1)	44	541
1903 et 1904.......	18	7	6 (2)	46	504
	68	29	24	45	522

4. Tuberculose vertébrale.

1889 à 1903........	9	1	3 (3)	11	526
1903 et 1904.......	3 (4)	»	»	»	100
	12	1	3	8,5	626

5. Scrofulides

1889 à 1903.	peau	12	9	3	75	422
	yeux	14	11	3	79	603
	nez	6	5	1	83	500
1903 et 1904.	peau	2	1	1	50	1370
	yeux	2	2	»	100	505
	nez	2	1	1	50	486
		38	29	9	76	612

6. Rachitisme.

	11	1	10	9	843
	10	8	1 (5)	69	705
	21	9	11	39	774

Les traitements auxquels sont soumis ces malades sont l'aérothérapie, les

(1) 6 stationnaires ; 4 décès.
(2) 1 décès ; 4 repris ou rendus.
(3) 3 stationnaires ; 2 décès.
(4) 3 rendus ou repris.
(5) 1 rendu.

bains de mer du 1ᵉʳ juin au 1ᵉʳ octobre, l'huile de foie de morue en hiver. Les interventions chirurgicales graves sont limitées aux ostéites anciennes avec séquestre. Ce service de chirurgie est assuré par le Dᵣ Daraignez, de Mont-de-Marsan.

L'expérience a montré qu'il ne faut pas se hâter de faire des interventions osseuses ou articulaires graves, ou des mutilations importantes : on a recours aux injections antiseptiques ou modificatrices, et dans le cas d'abcès osseux ou ganglionnaires, on les traite par la ponction suivie d'injections modificatrices.

Il n'y a pas de régimes alimentaires spéciaux, on ne suralimente pas les malades, qui ne prennent ni œufs, ni viande crue en supplément.

Quand il s'agit d'apprécier les résultats donnés par un sanatorium, les chiffres sans doute parlent d'eux-mêmes, et un rapporteur est dans son rôle quand il les recueille et qu'il en tire les conséquences qui en découlent. Mais, comme je l'ai déjà dit à propos de Saint-Trojan (page 25), la question est plus complexe dans la réalité, car il faut tenir compte de l'état des malades qui arrivent au sanatorium, de la gravité de leur état local ou général, etc., tous éléments que je ne puis apprécier faute de documents précis à cet égard. Je me trouve donc en présence de sources d'incertitude réelle pour étudier les résultats de Cap-Breton et pour les comparer, par exemple, à ceux de Pen-Bron ou de Saint-Trojan, etc. J'ai réuni dans un tableau (page 50), pour ceux qui voudront lire les chiffres exacts, les résultats obtenus par les sanatoriums que j'étudie dans les différentes affections qu'ils soignent; on verra quelles différences considérables il y a dans le rendement des guérisons.

En ce qui concerne Cap-Breton, je garde l'impression qu'il convient surtout :

aux anémies lymphatiques.......................... 96,5 de guéris.
aux engorgements ganglionnaires.................. 93,5 —
aux scrofulides (peau, yeux, oreilles)............ 76 —

Pen-Bron, que je considère comme le modèle, donne pour ces 3 catégories 95 p. 100, 90 p. 100, 72 p. 100, c'est donc un peu plus faible, mais qu'on fasse attention à un détail qui a son importance, c'est que, pour obtenir ces résultats :

Pen-Bron demande pour l'*anémie* 75 jours; Cap-Breton 460.
Pen-Bron demande pour les *adénites* 275 jours, Cap-Breton 430.
Pen-Bron demande pour les *scrofulides* 235 jours, Cap-Breton 774.

Cette durée du séjour, qui n'est qu'une moyenne théorique, je me hâte de le dire, a une portée économique que je n'ai pas besoin de signaler davantage; et pour établir le rendement du lit de sanatorium, en nombre de malades soignés, elle a une importance qui n'est pas moins grande.

La différence va devenir encore plus marquée si nous étudions les tuberculoses osseuses, ou articulaires, lésions plus profondes et plus graves :

Les *tuberculoses osseuses* donnent 45 p. 100 de guérisons avec 522 jours de séjour à Cap-Breton; Pen-Bron fournit 64 p. 100 avec une durée de séjour à peu près identique.

Les *arthrites vertébrales*, à Cap-Breton, fournissent 8,5 p. 100 de guérisons avec 520 jours; Pen-Bron, 57 p. 100 avec le même temps.

Quant au *rachitisme*, Cap-Breton donne 39 p. 100 avec 774 jours, deux ans. Le distingué médecin de Cap-Breton complétera sans doute les indications précises de son sanatorium pour les rachitiques, car, de 1889 à 1903, le résultat avait été médiocre, 9 p. 100!

On ne peut accuser la brièveté du séjour, comme à Saint-Trojan, puisque le médecin le prolonge autant qu'il le veut, pour les malades gratuits du moins; on peut même dire qu'il y a, pour l'effet utile de la mer, un maximum de temps au delà duquel les malades se sont acclimatés et n'en ressentent plus l'effet thérapeutique, et qu'à cet égard Cap-Breton épuise celui-ci.

Les effets *éloignés* du traitement semblent bons (adénites, scrofules cutanées), autant qu'on peut avoir des documents à cet égard. En 3 ans, le Dr Dulau a observé 3 cas de récidive, qui ont guéri après un nouveau séjour.

Par contre, Cap-Breton, à la fois sur la mer et près d'une forêt de pins qui se continue avec la forêt landaise, doit développer ses colonies de vacances et leur donner la plus grande extension possible. Il peut faire là de la belle et bonne prophylaxie de la tuberculose.

Sanatorium d'HENDAYE

§ 1er. — *Renseignements généraux.*

Le sanatorium d'Hendaye, fondé et entretenu par l'Administration générale de l'Assistance publique de Paris, est par le nombre des lits qu'il va contenir un des établissements les plus importants de la côte atlantique.

Il est situé dans le département des Basses-Pyrénées, sur une plage isolée et sablonneuse, et 3 kilomètres environ de la commune d'Hendaye.

Sa fondation a été la conséquence de l'insuffisance de l'Hôpital maritime de Berck. Dès ce moment on se préoccupa de chercher une station dont le climat fût moins rude que celui de Berck, et une commission composée des médecins et des chirurgiens des hôpitaux d'enfants, dont M. Sevestre fut le rapporteur, indiqua la côte gasconne comme possible pour y bâtir un sanatorium maritime analogue à celui de Berck.

A titre d'essai, on envoya quelques enfants à Arcachon et à Sàlies-de-Béarn. En 1891 M. le Dr Millard faisait connaître au conseil de surveillance les résultats satisfaisants qui avaient été obtenus, et demandait que le Conseil prît en considération un projet de sanatorium à édifier par l'Assistance publique de Paris, et dans lequel celle-ci fût maîtresse de son action.

A son tour, sur le rapport de M. le Dr Navarre, le Conseil municipal de Paris accepta l'idée de ce projet, et, en conséquence de ce vote, une délégation, dont M. le Dr Millard fut le lumineux rapporteur, fit le voyage pour rechercher la plage de choix où édifier le nouveau sanatorium parisien, et, après quelques hésitations sur les détails desquelles je ne puis entrer ici (1), fixa son choix sur la plage d'Hendaye.

Les travaux furent commencés en septembre 1897, et l'inauguration eut lieu en 1899, au mois de juillet.

Les ressources budgétaires nécessaires au fonctionnement du sanatorium sont prises sur les dépenses générales de l'Administration, car le séjour des malades est gratuit. Il n'est fait d'exception que pour les familles qui ne sont pas absolument indigentes et qui versent de 10 à 50 fr. par mois; mais de l'a-

---

(1) Voir le rapport du Dr *Millard* au conseil de surveillance et dans la *Revue d'Hygiène*, mai 1899, le travail de M. *Belouet*, architecte.

veu même de l'Administration qui a mis beaucoup d'obligeance à me documenter, cette recette est extrêmement minime, et on ne peut en faire état dans les ressources de l'établissement. Les prix de revient par journée et par tête de malade est de 1 fr. 85 en moyenne. Ce prix d'entretien est légèrement majoré, il faut le dire, par les frais de transport des enfants de Paris à Hendaye : sur un budget de dépenses totales d'entretien de 167.241 fr., ce prix du voyage est compris pour une somme de 15.100 fr., le 11e de la dépense totale.

Il n'y a pas de chirurgien ; le service médical est assuré par un médecin assisté de deux internes.

Le personnel administratif comprend un directeur assisté d'un expéditionnaire. Il y a pour le service des salles 2 surveillantes et 5 infirmières aidées de 16 filles de services, en tout 23 personnes ; les services auxiliaires utilisent en plus 14 personnes, hommes ou femmes, ce qui fait en tout, sans le Directeur, 38 personnes pour les 238 lits qui ont existé depuis la fondation.

Le sanatorium comprend, en effet, deux divisions de 100 lits chacune, pour les garçons et pour les filles, formées de 4 pavillons symétriques et séparés. Il y a en plus un lazaret, rendu nécessaire par ce fait que les malades arrivent à Hendaye par séries ; ils y séjournent 21 jours avant d'être envoyés parmi les enfants des divisions dont ils vivent absolument isolés.

Enfin il y a une infirmerie un peu insuffisante, où on peut isoler les maladies infectieuses, quand il s'en présente (1).

Telle était du moins l'organisation du sanatorium jusqu'à ce jour. Mais de grands travaux d'agrandissement y ont été entrepris, et prochainement le sanatorium d'Hendaye, pourvu de tous les perfectionnements que demande son outillage, pourra prendre rang parmi les établissements les mieux étudiés et les mieux établis. Ainsi l'administration de l'Assistance publique de Paris, qui s'était déjà signalée à Berck en se mettant à la tête de la réalisation des hôpitaux marins, gardera également cette première place par l'importance du sanatorium d'Hendaye.

L'agrandissement portera le nombre de lits à 628, dont 503 d'enfants en divisions, 75 au Lazaret, 38 à l'infirmerie et 12 chambres d'isolement à un seul lit comprises dans un pavillon complètement séparé des divisions. Des boxes d'isolement doivent également exister dans la nouvelle infirmerie.

Je ne puis, quel qu'en soit l'intérêt, m'étendre davantage sur les dispositions et sur le fonctionnement matériel du sanatorium d'Hendaye, dont je n'ai pu que signaler l'importance, et qui, tel qu'il va fonctionner avec ses nouvelles installations, est appelé à rendre les plus grands services à la ville de Paris.

L'établissement d'Hendaye *est ouvert toute l'année ;* il est réservé exclusivement aux enfants de Paris et du département de la Seine, depuis l'âge de 3 ans jusqu'à 15 ans.

Le *mode d'admission* est un peu compliqué ; il nécessite beaucoup de démarches de la part des parents, et, il faut le reconnaître, *beaucoup de temps perdu pour les malades.* Ces formalités que nécessitèrent sans doute le nombre de plus en plus grand des demandes, et la difficulté pour l'administration de

(1) Voir pour les détails du fonctionnement la thèse de M. *Marcou-Mutzner.* Paris, 1901 ; celle de M. *Verneau.* Paris, 1902 ; la communication de M. *Camino* au Congrès de Biarritz, 1903.

faire un choix convenable parmi ceux qui devaient les premiers bénéficier de la cure, ces formalités, dis-je, pourront sans doute être abrégées lorsque les nouveaux bâtiments seront à même de recevoir des malades. Il importe que la formule fondamentale du sanatorium reste intangible, c'est-à-dire que le malade reçoive *de suite* le traitement dont il a besoin, et qu'il ne l'attende pas de longs mois, comme c'est malheureusement le cas trop souvent. Ceci a d'autant plus d'importance que le séjour au sanatorium d'Hendaye est limité administrativement à 3 mois, et qu'en si peu de temps, — et pour s'en convaincre on n'a qu'à se reporter au nombre de journées que nécessite la guérison complète des malades dans les sanatoriums à séjour libre, — on ne peut pas médicalement guérir des malades sérieusement touchés. Ajoutons à cela que ces enfants rentrent à Paris, s'y infectent à nouveau au contact des autres enfants ou de leurs parents, et y perdent souvent en très peu de temps les bénéfices de la cure. Médiocre résultat d'une cure onéreuse. Je puis en parler ici en toute connaissance de cause. Je sais bien que les demandes de prolongation de séjour faites par le médecin reçoivent en général bon accueil à Paris. Mais cela ne préjuge en rien contre la nécessité absolue d'envoyer de bonne heure les malades à la mer, avant que les lésions aient eu le temps de se développer en profondeur et en étendue, et de façon à y envoyer des curables *rapidement* et *radicalement*. L'amélioration pure et simple, cette pierre de touche des sanatoriums allemands avec leur « *Arbeitsfähigkeit* » n'est qu'un résultat de façade bon à améliorer surtout les statistiques; elle ne saurait nous suffire.

Je m'excuse d'insister encore sur ce détail de la cure sanatoriale; mais c'est qu'il est capital, et que le rendement en guérison du sanatorium en dépend, surtout à Hendaye qui réclame, ainsi que nous le verrons, les tuberculoses pulmonaires à leur début.

Ceci dit, et il y avait importance à le redire, voici comment les enfants sont admis:

Ils doivent chercher dans un des hôpitaux d'enfants de Paris un certificat médical d'inscription signé d'un des chefs de service de ces hôpitaux. Après une enquête administrative on les convoque devant une sous-commission de classement qui les divise en malades urgents avec la lettre A; en malades moins urgents avec la lettre B; on peut dire que ce deuxième classement constitue une élimination pure et simple. Quant aux premiers, d'après les renseignements très exacts que j'ai eus grâce à l'obligeance de M. Tilloy, secrétaire général de l'Assistance publique à Paris, ils attendent leur départ souvent *de 4 à 6 mois*. Avant de partir ils sont examinés encore par une commission dite plénière, qui élimine ceux qui pourraient présenter les signes ou des dangers de maladies contagieuses. Ils ont en plus un examen à subir et un certificat à donner constatant qu'ils n'ont pas d'affection du cuir chevelu. Cet examen est fait le même jour que la présentation à la commission.

Ce système d'admission est d'ailleurs le même que celui qui fonctionne pour Berck.

A leur sortie, les enfants rentrent dans leurs familles, à Paris le plus souvent, où certains ne tardent pas, comme nous l'avons dit déjà, à perdre tous les bénéfices de la cure.

L'établissement a de l'eau en abondance, et des égouts qui vont se jeter dans la mer. Le chauffage dans ce climat doux n'a pas une grande importance.

il se fait au moyen de poêles, pour les nouveaux bâtiments également. Par contre on a prévu pour ceux-ci la lumière électrique au lieu des lampes à pétrole qui existent à l'heure actuelle.

Il y a un service de désinfection, mais le blanchissage se fait dans le pays.

§ 2. — *Indications médicales.*

Il y a eu, dès les premiers moments du fonctionnement du sanatorium d'Hendaye, un certain flottement dans le choix des malades qui y furent envoyés. Fondé pour compléter Berck, et même pour devenir le noyau d'une organisation thermomarine, conjointement avec certaines stations thermales pyrénéennes, il semblait dès l'abord destiné à la cure de la tuberculose infantile. Sous des influences que nous ne pouvons que signaler ici, il se créa au contraire à Paris un courant d'idées, qui eut pour effet de considérer Hendaye comme maison de *convalescence*. Cette expression était bien vague ; on ne comprenait guère non plus qu'il fût bien utile d'envoyer avec des frais énormes à 800 kilomètres de Paris des enfants sortant de maladies aiguës, à qui, pour se remettre, devait suffire, d'ailleurs, une bonne nourriture avec un séjour à la campagne à proximité de Paris. Et puis que dire d'un asile de convalescents se faisant attendre pendant de longues semaines ou de longs mois. Un asile de convalescence doit s'offrir de suite, ou bien il n'existe pas. Il était important cependant, en raison du grand nombre de candidats, de fixer avec précision la formule climatothérapique d'Hendaye, afin d'être guidé par des indications médicales exactes et uniquement par elles, dans le choix des enfants qu'on y envoyait.

En fait, et à mesure que l'expérience et l'observation apportèrent leur enseignement, le sanatorium d'Hendaye, après avoir hospitalisé des rachitiques et des scrofuleux, se peuplait de plus en plus, par la force des choses, de petits malades atteints de tuberculose pulmonaire ou d'adénopâthie bronchique.

Sous l'impulsion du distingué médecin du sanatorium, le Dr Camino, on a travaillé à Hendaye. Deux anciens internes en particulier (1) ont dans leur thèse inaugurale contribué à dégager la formule climatique et médicale d'Hendaye, inspirés et guidés par leur chef de service qui en différentes communications a complété leurs indications.

C'est en m'appuyant également sur les documents (2) qui m'ont été fournis par ce dernier, les plus complets que j'aie reçus, que je vais essayer d'établir les indications médicales d'Hendaye.

La plage d'Hendaye doit à la disposition topographique des lieux et à sa situation, une place à part parmi les stations du golfe de Gascogne. La baie de la Bidassoa, qu'elle termine, et qui est largement ouverte sur la mer vers le Nord, est protégée à l'Ouest par le massif du Jaisquibel; au Sud et à l'Est par une première rangée de collines verdoyantes au sommet desquelles est bâti le château d'Abadia, et plus loin par la chaîne des Pyrénées françaises et espagnoles dont on aperçoit quelques sommets élevés de plus de 1.000 mètres, comme la Rhune et la Haya (voir la thèse de Verneau). Il en résulte pour la plage d'Hendaye, et pour le sanatorium qui s'y trouve construit sur

(1) M. Marcou-Mutzner et M. Verneau.
(2) *Congrès de Biarritz*, 1904, et documents écrits.

la dune même au contact de la mer, une situation vraiment exceptionnelle, due à ce double rempart de collines et de montagnes et qui a pour effet de le protéger efficacement contre les vents d'Ouest, du Sud et de l'Est. Latéralement, deux caps, le cap Figuier et la pointe Sainte-Anne, le protègent encore davantage contre les violences océaniques, vent et houle du large. Il est donc possible de dire, avec M. Camino, qu'Hendaye est le point de la côte où sont réunis au plus haut point les éléments caractéristiques du climat atlantique : stabilité saisonnière, moyenne thermométrique d'hiver la plus élevée, refroidissement nocturne le moins marqué. C'est ce que montrent les chiffres suivants recueillis au sanatorium, et comparés aux explorations météorologiques du *Javelot*, bateau stationnaire de la Bidassoa (Verneau et Marcou-Mutzner) :

Moyenne annuelle............ 14°.
Moyenne hiver............... 8° à 8°9.
— printemps .... 12° à 12°9.
— été................ 19° à 20°.
— automne .... 13°8 à 14°6.

Les grosses chaleurs de l'été sont rares, le thermomètre se maintient en général entre 21 et 27 : jamais il ne gèle en hiver et la neige est exceptionnelle.

La moyenne thermique journalière est stable, et la différence entre le jour et la nuit n'est guère que de 7°8.

La ceinture de montagnes qui entourent la baie de la Bidassoa et les prolongements du cap Figuier et de Sainte-Anne protègent Hendaye contre les vents, sauf au Nord, mais les vents du Nord sont exceptionnels, ainsi que les bourrasques qui viennent de ce côté. Les vents dominants sont le S.-O., alizé supérieur chaud, mais fécond en bourrasques, et le Sud, vent sec excitant, qui souffle surtout en automne et au début de l'hiver (Marcou-Mutzner).

La pluie est certainement très abondante à Hendaye, elle y atteint même son maximum de toute la région ; mais ce sont surtout des pluies nocturnes et matinales, laissant libre une partie de la journée. En réalité, malgré une hauteur de 1536 millimètres d'eau, la moyenne des jours de pluie n'est que de 138. A Paris, avec 537 millimètres, nous en avons 170. L'état hygrométrique est donc un peu plus élevé, allant de 65 en été à 85 en hiver. Malgré cela et à cause de la porosité du sol sablonneux, il n'y a jamais de brouillards.

Le ciel est le plus souvent nuageux, surtout en hiver ; il y a cependant 220 journées claires, contre 145 à ciel couvert. Ceci indépendant du pouvoir actinique du ciel.

En raison de ces caractères on peut admettre avec Marcou-Mutzner l'appellation de *climat atlantique méridional* appliquée au climat d'Hendaye et qui s'étendrait de Bayonne à la Bidassoa, à distinguer du *climat girondin*, tel que l'a décrit Lalesque, et du *climat breton*, qui est chaud, mais venteux et humide. Il représenterait le type du climat tonique et sédatif à la fois, en raison de la nébulosité du ciel. Il est certain qu'on trouve à Hendaye des champs de maïs jusqu'au bord de l'Océan, et que le jardin du sanatorium a valu au directeur des éloges et une distinction : il n'est pas indifférent d'observer sur une plage la vie des plantes.

Nous avons vu que l'établissement était sur la plage même : mais les conditions topographiques sur lesquelles nous nous sommes étendus nous ont montré que les influences océaniques défavorables à la tuberculose pulmonaire, ou du moins certaines d'entre elles, s'en trouvaient atténuées : j'ajoute que, en réalité, Hendaye est sur une baie, et qu'une ceinture de montagnes l'entoure. Quelle influence celles-ci ont-elles sur la diminution du pouvoir actinique du climat, il est impossible de le dire, mais non de le rechercher ultérieurement sans doute.

De telle façon qu'on peut conclure, avec M. Camino, que Hendaye, station bien abritée, avec son climat tonique et sédatif, « paraît destiné à la cure d'hiver, et convenir au traitement des maladies de déchéances qui redoutent une excitation trop vive ».

Avant d'aborder l'étude des maladies que réclame Hendaye, il me faut encore insister sur la *durée du séjour*. Selon la catégorie des malades envoyés au sanatorium, il est trop court ou trop long. Nous allons le prouver plus loin par les chiffres. Il faudrait donc donner un peu d'élasticité à un règlement qui semble cependant nécessaire ici. Pour cela, le médecin doit être juge de la durée du séjour et dans deux circonstances principales : pour le *raccourcir*, quand le malade paraît guéri avant le temps réglementaire, ou quand le malade ne répond pas aux indications thérapeutiques du sanatorium, soit à l'arrivée, soit au bout de quelque temps de traitement ; pour *l'allonger*, dans les cas où le malade peut profiter encore d'un séjour qui l'a amélioré, mais non encore guéri. M. Mesureur, d'ailleurs, a toujours donné, dans les limites du possible, pleine satisfaction à ce sujet au médecin quand il en fait la demande.

Cependant il faut, dans la grande majorité des cas, rester dans les limites du séjour de 3 mois à 6 mois au plus, et la question à résoudre se ramène à n'envoyer à Hendaye que des malades à qui la cure soit profitable, et dont la guérison puisse se faire en ce laps de temps.

Convalescents. — Nous avons vu que Hendaye se prêtait mal à remplir le rôle d'asile de convalescent, en particulier pour les appendicites à rechute qui se réchauffent à l'arrivée (Camino, comm.-écrite). Si on admet dans ce cadre avec M. Camino les convalescents de pneumonie traînante ou de pleurésie, on admettra bien qu'on rentre dans les malades d'Hendaye par excellence c'est-à-dire les suspects de tuberculose ou les convalescents de poussée tuberculeuse. Et c'est tout.

Anémie et lymphatisme. — Ces malades renferment certainement un très fort contingent de tuberculeux latents, et quand cette tuberculose évolue, se démasque, la cure est un peu plus longue. Sinon, la guérison a lieu en 2, 3 ou 4 mois.

Sur 294 malades observés en 1900 et 1901 (Verneau), il y a 267 guérisons, soit 90 pour 100, et 23 améliorés. L'âge qui donne les meilleurs résultats est de 6 à 15 ans, **95** p. 100.

D'après Camino (1), il faut réserver Hendaye aux anémiques suspects, ayant une hérédité tuberculeuse ou des antécédents personnels suspects. Marcou-Mutzner en élimine même les filles à tendance névropathique.

Adénites cervicales ou externes. — Hendaye *ne convient pas aux grosses adénites*, même en leur appliquant le maximum de la cure marine : ou bien

____

(1) Th. de Paris, 1903, *Stations maritimes du golfe de Gascogne.*

elles ne diminuent pas, ou bien elles suppurent, dans la bonne moitié des cas, dit Marcou-Mutzner (Camino, Numa-Rauzy) (1). Le ramollissement survient dans les deux ou trois premiers mois. Seul, l'état général des malades s'améliore.

Les *petites adénites*, la micropolyadénite, sont améliorées et disparaissent même en 6 mois (*ibid.*).

Scrofulides. — Les *otites* donnent des résultats très médiocres et peu encourageants ; il en est de même des *affections oculaires*, de la *conjonctivo-kératite* phlycténulaire en particulier. Cependant, après des récidives sans nombre, elles arrivent à disparaître.

Pour les adénites et les scrofulides en bloc, Verneau donne 155 cas avec 124 guérisons, et 29 améliorations, soit **80** p. 100 de guérisons.

Adénopathie trachéo-bronchique. — Ces malades constituent certainement une grosse partie de la clientèle d'Hendaye, confondus avec les anémiques, et accompagnant souvent une germination tuberculeuse dans le poumon. Le séjour à Hendaye *ne provoque pas le réchauffement de ces adénites*, voilà un premier point acquis et que médecins et internes d'Hendaye signalent : on n'observe ni toux coqueluchoïde, ni asthme symptomatique, etc. Mais au bout de 6 mois l'adénite, si elle est volumineuse, n'a pas plus disparu que les grosses adénites externes ; les signes physiques persistent. Seul, l'état général des malades a subi l'influence de la cure, et c'est là l'important. Car la persistance du souffle bronchique ne donne aucune idée sur l'état anatomique du ganglion, et ne permet pas de savoir si ce dernier est ou non en voie de sclérose.

Verneau donne 36 adénopathies trachéo-bronchiques, avec 27 guérisons et 7 améliorations, soit **75** p. 100.

Ces malades, évidemment très touchés déjà, devraient continuer leur cure à la campagne.

Tuberculose pulmonaire. — L'expérience d'Hendaye, sanatorium pour enfants tuberculeux, porte aujourd'hui sur un millier de cas, sur lesquels il y a environ 100 tuberculoses ouvertes, plus une vingtaine d'infirmiers tuberculeux, plus cinq ou six internes atteints, eux aussi.

Elle est assez démonstrative pour qu'on puisse sans crainte envoyer au sanatorium, et de préférence, les *enfants suspects de tuberculose thoracique au début*, et avec les plus grandes chances de succès. Peut-être pour ces malades particuliers y aurait-il lieu de tempérer la formule thérapeutique qui convient si bien au scrofuleux, en diminuant l'influence prolongée de la plage pour quelques-uns, en insistant davantage sur le repos, sur la cure en chaise longue, sur l'exercice méthodique, sur la gymnastique respiratoire, sur la viande crue et sur un léger degré de suralimentation azotée, non pour engraisser les malades, mais pour leur refaire leurs muscles (2). Quoi qu'il en soit, et en excluant de ce relevé ces anémiques suspects dont nous avons parlé plus haut, voici les résultats :

α) *Tuberculose fermée* (phases de germination et de conglomération, avec ou sans adénopathie bronchique).

(1) Guérison comprise par M. Camino dans le sens de : vigueur, couleur, aspect extérieur de santé, augmentation du périmètre thoracique et de la taille. Ceci s'applique également aux tuberculoses pulmonaires.
(2) Congrès de Biarritz, *Winternitz* (de Vienne).

Pas de fièvre, ou fièvre de fatigue ; reprise de l'appétit, des couleurs, de la vigueur, augmentation du périmètre thoracique, atténuation des signes physiques. Aspect de guérison au bout de 6 mois, voilà ce qu'on observe dans **75** p. 100 des cas (Verneau, etc.).

Pour les autres, environ 5 p. 100 (Camino) présentent des poussées fébriles avec congestion pulmonaire qui nécessitent pendant un mois ou deux le repos en chaise longue, et qui s'accompagnent d'anorexie, de diarrhée ; de sorte que ces malades ne profitent guère du sanatorium qu'à la fin de leur séjour.

D'autres continuent, dans ces conditions, à avoir de la fièvre le soir, et c'est le prélude ou d'une péritonite, ou d'une entérite, ou d'une méningite tuberculeuse. Les autres sont tributaires de l'infirmerie pour des angines, des impétigos, des stomatites, des vulvites.

Tous les enfants non alités sont baignés, et on n'observe pas chez eux, à la suite du bain, d'élévation de température.

Enfin ces derniers malades ne s'enrhument jamais : on ne tousse pas à Hendaye, dit le Dr Camino ; ils ne fournissent pas non plus de journées d'infirmerie, qui est surtout alimentée par les rachitiques et par les scrofuleux.

β) *Tuberculose ouverte.* Bien que le sanatorium ne soit pas organisé pour recevoir des malades de ce genre, et qu'en réalité il ne s'adresse pas à eux de préférence, cependant il en a reçu une centaine depuis l'origine. Sur ce nombre 16 furent renvoyés pour entérite, ou pour d'autres raisons, ou parce qu'ils étaient trop avancés ; deux sont morts.

Ces malades sont isolés et couchés au lazaret, puis envoyés à l'infirmerie jusqu'au moment où la fièvre cesse, en général au bout de deux mois.

Ils s'améliorent et ne présentent aucune complication, hémoptysie ou autre. Mais au bout de 6 mois ils ne sont pas guéris ; dans tous les cas, il ne faudrait envoyer à Hendaye que des tuberculoses ouvertes à lésions minimes sans ramollissement étendu et sans caverne.

Autres tuberculoses viscérales. — *L'entérite tuberculeuse* évolue défavorablement à Hendaye ; il paraît en être de même de la *péritonite tuberculeuse* (1), qui se comporte comme une grosse adénite, et suppure ou subit des poussées sous l'influence du séjour.

Rachitisme. — Les résultats obtenus dans le rachitisme sont moins bons qu'à Berck et qu'à Banyuls. Hendaye ne conviendrait guère qu'à la première période du rachitisme, aux enfants de 15 mois à 3 ans, à gros ventre, à teint blafard, dont les os commencent à s'arquer.

Par contre les rachitiques de 3 à 6 ans à membres déformés ne se guérissent pas, et Berck leur convient mieux. Sans doute leur état général subit l'influence bienfaisante de la cure, mais rien de plus ; on ne saurait en attendre le redressement des membres.

---

(1) La question du traitement marin de la *péritonite tuberculeuse* n'est pas encore élucidée, malgré les faits favorables de Comby (*Arch. de Méd. des enfants*, 1902, et Ch. Leroux, *Congrès de Biarritz*, 1903, p. 234). On peut admettre que la péritonite tuberculeuse peut bénéficier du traitement marin, lorsqu'elle est *localisée* au péritoine, sans entérite concomitante, sans tendance à la généralisation à d'autres organes, et que toute *poussée aiguë et récente est éteinte.* Voir également, in *thèse de Martin*, Paris, 1904, 5 observations de péritonite tuberculeuse guérie à Berck ! Réserves à faire pour les conclusions de cette thèse.

En résumé, par son climat plus doux, moins agressif, le sanatorium d'Hendaye doit s'adresser moins à la scrofule grave et au rachitisme avec déformation qu'aux manifestations plus délicates de la tuberculose sur les ganglions et sur le poumon. Il demande les enfants délicats, grêles, maigres, pâles, ayant une hérédité chargée ou déjà un passé pathologique suspect sur les ganglions bronchiques ou sur le poumon ; les candidats à la tuberculose. Mais il réclame aussi les enfants tuberculeux pulmonaires qui présentent des anomalies respiratoires des sommets, l'inspiration rude et grave, la respiration affaiblie, etc. ; les convalescents de pleurésies, et même ceux qui présentent des signes de conglomération avec submatité des sommets, respiration bronchique, etc. A mon avis, il vaut mieux envoyer ces enfants en dehors des poussées fébriles, et quelques semaines après que celles-ci sont éteintes.

Quant aux tuberculoses ouvertes, il paraît peu désirable jusqu'à présent qu'on les mélange aux autres enfants des convois. Parmi les raisons qu'on peut invoquer, il y a l'impossibilité d'une guérison en 6 mois.

Les rachitiques, dont nous avons parlé plus haut, doivent seuls y être envoyés.

Il semble enfin qu'on doive en exclure la tuberculose intestinale ou péritonéale, quand celle-ci est encore en évolution.

En étudiant ces indications d'Hendaye, jamais démonstration plus lumineuse ne pourra être faite de la diversité d'action des stations maritimes, de la complexité des climats. Que l'on compare les indications de Pen-Bron, par exemple, et que dirait-on de Berck !

L'examen des résultats obtenus, les leçons de l'observation, sont nos seuls guides sérieux dans une étude qui nous apparaît maintenant aussi délicate que complexe.

Ceci nous montre une fois de plus combien il serait dangereux d'englober l'action de tous les sanatoriums, même ceux de l'Atlantique, soumis en apparence, mais en apparence seulement, à la même influence climatique, d'englober, dis-je, cette action dans une formule applicable à tous, et de contenir leurs indications dans une définition, quelque large soit-elle.

IV

Nombre des lits actuels sur la côte atlantique. — Leur rendement. — Insuffisance théorique des sanatoriums actuels. — Leur mauvaise utilisation. — Ses causes, morales, financières ; *vœu* pour y remédier. — Insuffisance des statistiques ; *vœu* pour y remédier. — Spécialisation relative des sanatoriums. — Durée du séjour et rôle du médecin ; *vœu* à ce sujet.

Nous voici arrivés au terme de notre étude. Nous pouvons maintenant jeter un coup d'œil d'ensemble sur l'œuvre, réalisée à l'heure actuelle des sanatoriums maritimes de l'Atlantique ; envisager et critiquer les résultats obtenus ; analyser le fonctionnement de chaque établissement ; compléter enfin cet examen par l'exposé de ce qui manque encore à cette œuvre et conclure.

De ce qui a été édifié et réalisé, je n'ai rien à ajouter que je n'ai déjà dit.

En 20 ans, sans compter les établissements qui ne fonctionnent que pendant l'été, et surtout comme colonies de vacances, 7 sanatoriums aptes au traitement prolongé des malades ont été fondés et ouverts.

En tenant compte de l'établissement du Croisic (1), les 6 autres établissement comprennent :

Maison de Kerfany........	50 lits (*ne fonctionne plus*) (2)
Pen-Bron................	300
Saint-Trojan............	160
Arcachon...............	200
Cap-Breton.............	60
Hendaye...............	600
Total................	1.420 lits.

Si on en excepte les 600 lits de l'Assistance publique de Paris à Hendaye, il reste *820 lits* que les établissements privés peuvent offrir pour le traitement maritime, mais qui ne peuvent guère le donner complètement à plus de *1.000 à 1.200 enfants.*

Le rendement est beaucoup plus élevé naturellement si on tient compte des colonies de vacances, dont le séjour est limité à 30 jours. Ainsi, avec *23 lits*, l'établissement de Fouras assiste en 4 mois *92 enfants.*

Avec 50 lits, le Moulleau en a assisté 165 en 1900.

Mais on ne peut comparer ceci à cela. Laissons donc de côté provisoirement ces colonies de vacances, qui ne s'adressent pas à la même clientèle que le sanatorium proprement dit.

Eh bien, ce qui frappe à l'exposé de ces chiffres, c'est l'énorme disproportion qui existe entre eux et le chiffre des malades qui devraient en France passer par le sanatorium. Nous avons déjà vu qu'Armaingaud (rapport 1900) estime à 10.000 le nombre de ceux-ci, rien que dans le ressort de l'Assistance publique. Il y a donc une grosse lacune, et les autres établissements maritimes de la Manche et de la Méditerranée ne la comblent pas.

Cependant, d'après les documents que m'a communiqués M. Dhourdin, il y aurait :

Sur la mer du Nord........................	440 lits
Sur la Manche............................	1.800 —
Sur la Méditerranée......................	1.290 —
	3.530 lits.

Si on ajoute à ces 3.530 lits les 1.420 lits de l'Atlantique (non compris ceux des colonies de vacances), on arriverait à un total de $3.530 + 1.420 = 4.950$, en chiffres ronds **5.000** lits, qui, d'après la proportion approximative que nous avons admise (un lit immobilisé en moyenne pendant 9 mois), donnerait le quart en plus de malades, soit de **6.000 à 7.000** *malades*, assurés de leur cure avec nos ressources maritimes actuelles (3). Il semblerait donc qu'il n'y

(1) Le nombre des lits du Croisic est de 50. — *Presse médic.*, p. 485, 1901.

(2) L'établissement a conservé son organisation du début, et pourrait être racheté au propriétaire actuel.

(3) Comme le fait remarquer Landouzy (*Presse méd.*, 1901, n° 87), ces ressources maritimes sont très grandes en France, mais devront encore être développées. La supé-

ait plus qu'un léger effort à faire, et qu'en créant 2.000 lits nouveaux nous serions à même de faire face à toutes les exigences médicales du pays à cet égard.

Mais il ne faut pas se laisser abuser par les statistiques et les calculs de cabinet. La réalité est autre. Tous les sanatoriums d'abord ne semblent pas convenir aux mêmes affections médicales; nous avons déjà insisté sur cette spécialisation fatale de quelques-uns assez longtemps pour ne plus y revenir. La statistique d'Armaingaud, d'autre part, basée sur sa conception générale des indications du sanatorium, ne comprend sans doute que la scrofule ou le rachitisme. Si nous admettons que les sanatoriums maritimes, comme Arcachon et Hendaye, reçoivent des tuberculoses pulmonaires ou médiastines, le nombre des malades doit atteindre un chiffre dont nous ne pouvons nous faire une idée; de même le nombre de lits nécessaires, surtout avec cette notion inséparable de ce genre de malades que le *séjour au sanatorium sera forcément très long*, et qu'il n'est pas exagéré de penser *qu'un lit ne représentera guère qu'un malade assisté par an, au grand maximum*.

Il faut donc conclure que les besoins sont ou seront beaucoup plus grands et que le nombre de lits actuels, déjà insuffisant, le sera bien davantage quand le courant normal des malades sera établi vers ce moyen de cure.

Aujourd'hui cependant, il n'en est pas ainsi. A part le sanatorium d'Hendaye, alimenté par l'énorme agglomération de population qu'est Paris, et qui se trouve insuffisant, il ne semble pas que tous les autres sanatoriums aient une population annuelle en rapport avec le nombre de leurs lits. Cela est hors de doute en hiver, cela se voit même en été. Il faut se rendre à cette évidence, *que les sanatoriums maritimes ne sont pas utilisés actuellement comme ils pourraient l'être* (Armaingaud, Lalesque, Landouzy). C'est de ce côté qu'il faut agir: il y a sans doute des causes nombreuses à cette abstention, qui vient aussi bien des administrations publiques, des conseils généraux ou municipaux, des bienfaiteurs que des médecins.

D'abord, les établissements maritimes sont peu connus, il faut les faire connaître, avec leurs prix d'entretien relativement si bon marché. Il faut ensuite proclamer leurs merveilleux résultats chez les malades. Il faut enfin rappeler aux médecins que *la côte atlantique est habitable toute l'année*, c'est le mérite de M. Lalesque de l'avoir prouvé et répété, et que *l'hiver même est une saison de choix*, sous ces latitudes, pour y traiter et pour y guérir certaines affections qui ont besoin d'une stimulation plus grande, d'un climat plus agressif, se rapprochant davantage de celui des plages du Nord.

Il est certain qu'il y a, de ce chef, un peu partout une réelle indifférence, qui se manifeste non seulement par ce fait que les lits actuellement existants ne sont pas utilisés comme ils devraient l'être, mais par ce danger, plus grand encore, que des établissements, fondés et organisés pour fonctionner comme sanatoriums, comme la Baule et la maison de Kerfany, ont disparu ou ont été affectés à un autre usage. Peut-être aussi existe-t-il à cela des causes particulières; car, en somme, toutes les plages ne sont pas aptes sans doute à l'installation d'un sanatorium. Les conditions climatiques, la topogra-

riorité de nos sanatoriums français tient à ce que, par suite des avantages de notre climat côtier, ils sont *ouverts toute l'année*.

Voir également du même, la *Presse médicale*, 27 mai 1899, et *Congrès de Berlin*, et la carte de l'armement antituberculeux de Landouzy et Sersiron.

phie, la facilité d'accès, etc., sont aussi des éléments, et des éléments importants d'un bon fonctionnement (1).

Une des raisons aussi, et non des moindres, qui empêche l'emploi intégral et général du traitement marin, c'est la *raison financière*.

Les services départementaux ou communaux d'assistance publique reculent devant les 700 fr. annuels que coûte l'entretien d'un enfant assisté dans un sanatorium marin. Cela est d'autant plus regrettable que *cette apparence d'économie n'est qu'un leurre.* M. Armaingaud a très heureusement posé cette question dans son rapport de 1900, à la Commission de la tuberculose : « Il n'y a pas, dit-il, finalement économie à refuser le traitement marin aux pupilles de l'assistance. »

C'est ce qu'a répété Landouzy (*Presse méd.*, 1901, p. 135) : *il n'est pires économies que celles qui se font au chapitre de la santé publique.*

Des circulaires ministérielles plaident, il est vrai, déjà contre cette mauvaise conception économique (*Armaingaud, rapport cité*, 1900).

La différence du prix journalier entre les 0 fr. 60 ou 0 fr. 90, que le département paie par jour pour le placement des assistés, et le prix d'entretien au sanatorium pendant un temps limité, soit 1 fr. 80 à 2 fr., serait en effet largement compensée par ce fait que, *parvenu à l'âge adulte*, l'enfant scrofuleux ne sera *ni un estropié, ni un difforme, ni un invalide, ni un phtisique*, c'est-à-dire *qu'il ne sera plus une charge pour le budget d'assistance, une non-valeur sociale ; mais qu'il pourra être agriculteur, ouvrier, soldat, marin, en d'autres termes qu'il produira et subviendra à son entretien.* Ainsi devront disparaître également ce que l'on appelle les services d'*enfants chroniques*, lamentables musées d'infirmités ou de mutilations qu'on peut éviter, qu'on *doit* désormais éviter.

Toute la question est là : *cinq francs, dépensés pour soigner à temps un jeune scrofuleux, économisent 100 francs d'assistance ultérieure, et permettent de conserver au pays une unité de combat ou d'activité.*

La dépense par département, d'après les évaluations de M. Armaingaud, serait de 45.000 fr. environ, et on doit insister avec lui pour que l'État participe à cette dépense dans une proportion plus grande que celle qui existe aujourd'hui et pour que, s'inspirant de la loi du 15 juillet 1893 sur l'Assistance médicale gratuite, on attire l'attention des pouvoirs intéressés sur *l'avantage financier* qu'il y a à guérir les enfants scrofuleux en leur montrant « que faire les frais du traitement des enfants, c'est réaliser une économie sur leurs prochains budgets ».

Ces idées pourraient faire l'objet d'un **vœu** sur lequel le Congrès de climatothérapie serait appelé à se prononcer.

Cette nécessité de soigner les scrofuleux, il faut encore en propager l'idée dans le public, en stimulant la charité privée à venir en aide à l'initiative officielle, soit par la fondation des établissements qui manquent encore, soit par l'entretien d'enfants atteints de scrofule ou autres dans ceux qui existent aujourd'hui.

****

---

(1) *Construction des sanatoriums.* Congrès de Berlin, 1899. *Schmieden*, rapporteur.

Les résultats obtenus jusqu'à ce jour par les sanatoriums du littoral atlantique sont déjà très importants.

Pour les apprécier, j'ai utilisé les statistiques exactes qui m'ont été si obligeamment envoyées et qui, malgré les réserves qu'elles m'ont suggérées, ont d'autant plus de valeur, à mon avis, qu'elles sont corroborées et comme illustrées par les *appréciations personnelles* des médecins qui me les ont fournies. Je persiste à penser que, pour le but qui m'était tracé, cette méthode était la seule bonne, la seule scientifique.

Est-ce à dire qu'à l'heure actuelle elle permette de faire une sorte de classement des sanatoriums existants, classement basé sur le registre de sortie des malades? A dire vrai, je ne le pense pas.

Une des principales raisons est que ces statistiques sont trop simplistes, et qu'il n'y est pas tenu compte des formes morbides, certainement nombreuses dans chaque catégorie : il y a, par exemple, bien des formes de tuberculose osseuse, bien des degrés, bien des aspects différents de malades, etc., ne fût-ce que les tuberculoses ouvertes ou celles qui ne le sont pas. Au Congrès de Biarritz et ailleurs, Calot (de Berck) a montré l'importance de cette distinction ; or celle-ci n'est pas faite dans les statistiques qui m'ont été fournies.

Si nous voulons dorénavant comparer en toute certitude la valeur curative réciproque des différents sanatoriums, si nous voulons donner une spécialisation sérieuse à chacun d'eux pour la cure de telle ou telle affection, il nous faut de toute nécessité *une statistique unifiée*, la même pour tous les établissements, et ne comprenant que des cas comparables entre eux.

Il y a enfin, dans les statistiques actuelles, une autre lacune qui doit, elle aussi, être comblée : c'est l'indication exacte des *causes de mort*. Les sanatoriums sont unanimes à déclarer qu'on ne voit chez eux ni bronchite, ni broncho-pneumonie. Cela est bien. Mais, par contre, on relève assez souvent *la granulie* ou la *méningite tuberculeuse*.

M. Ménard, dans des notes qu'il m'a obligeamment envoyées sur Berck, accuse, sur 600 malades annuels, 40 à 50 décès, dont 10 à 12 dus à la méningite tuberculeuse, soit à peu près 2 p. 100 malades. Ceci mérite qu'on y prête attention ; et, pour cela, il faudrait dégager le *déterminisme de ces généralisations tuberculeuses*, les conditions dans lesquelles elles paraissent se développer, et arriver à fixer la *contre-indication* de séjour ou de régime qui en résulte, si cela est possible. Il ne faut pas, sous prétexte de guérir un scrofuleux ou certains scrofuleux, les exposer à la bacillémie ou à la généralisation tuberculeuse.

Le mal de Pott fistuleux donne également, à Berck, du moins, une très forte mortalité, 15 à 18 sur le total du décès, presque le tiers.

La réalisation, la mise au point de toutes ces questions pourrait également faire l'objet d'un *deuxième vœu*, que le Congrès pourrait voter, en l'appuyant d'un modèle de statistique qu'il ne serait pas difficile d'établir.

Cela dit, j'ai cependant essayé, chemin faisant, de faire cette comparaison et, pour les détails de ce travail, je prie qu'on se reporte à l'étude particulière des sanatoriums que j'ai faite plus haut dans le cours de ce rapport. Il me paraît en ressortir cette idée, que j'ai déjà effleurée au début, à savoir que ce serait une *erreur*, sous prétexte d'une situation géographique identique, de *donner à tous les sanatoriums de l'Atlantique une formule de cure climatothéra-*

pique unique, sans tenir compte *des influences locales* qui la modifient dans des proportions considérables pour certains d'entre eux. Que l'on compare à ce sujet Pen-Bron, St-Trojan et Hendaye par exemple. De là une spécialisation qu'on entrevoit entre des établissements soumis à des influences si dissemblables. On pourra sans doute s'en persuader en consultant le tableau récapitulatif suivant dans lequel j'ai groupé les résultats, tels qu'ils m'ont été fournis par les différents sanatoriums, avec la durée du séjour nécessaire à la guérison, ou administrativement fixé. Sans doute ils ne sont pas définitifs. Néanmoins ils sont déjà assez nombreux, et l'expérience acquise assez longue pour qu'on en tire quelques indications.

	Pen-Bron		St-Trojan		Arcachon		Cap-Breton		Hendaye	
	0/0	Durée	0/0	Durée	0/0	Durée	0/0	Durée	0/0	Durée
Anémie lymph.....	95	75,	75	Séjour de 90 jours trop court	100	Pas d'indication de séjour	96,5	460	90 à 95	3 à 6 mois de séjour
Tub. osseuse.......	61	1 an 1/2	50		60		45	522		
Arthrites vertébr....	57	id.	27		37		8,5	520		
Engorg. gangl......	90	275	80		92		93,5	430	80	
Scrofulides..........	72	235	15		89		76	612		
Rachitisme.........	»	»	50		97		39	774		
Adénop. br..........	»	»	»		»		»	»	75	
Tub. pulmon.......	»	»	»		»		»	»	75	

Je garde en tous cas de leur étude cette *impression*, et je ne sais si elle sera partagée, que si les *anémiques lymphatiques*, les *adénopathies externes* — du moins certaines d'entre elles, — les *scrofulides de la peau ou des muqueuses*, se trouvent bien partout, les *tuberculoses osseuses et articulaires, vertébrales ou autres*, se trouvent mieux des plages du Nord ou de la Manche, qui restent les *plages chirurgicales*, attendu que Pen-Bron, qui s'en rapproche le plus, donne les meilleurs résultats, avec une appréciation très favorable des médecins qui y soignent les malades. Il en est de même des *rachitiques*.

Je me hâte d'ajouter qu'il y a, parmi ces malades ainsi classés, des questions *de degré*, et que l'incertitude des statistiques ne nous fixe pas sur ce détail si capital (1).

Par contre, les *sanatoriums de la zone girondine* (2), en particulier Hendaye, me

(1) Comme terme de comparaison, on peut rapprocher les résultats obtenus au sanatorium de *Banyuls-sur-mer* sur la Méditerranée.

D'après M. G. LAFARGUE (*Lutte antituberc.*, sept. et oct. 1902) :

l'*anémie*, le *lymphatisme* en 244 jours ;

les *engorgements ganglionnaires* en 391 jours ;

les *scrofulides* en 450 jours ;

le *rachitisme* en 671 jours, y guérissent dans une proportion voisine de 100 p. 100 ;

Les *tuberculoses osseuses* donnent, avec 583 jours, 71 p. 100 de guéris et 22 p. 100 d'améliorés : soit 93 p. 100 de résultats.

Les *arthrites vertébrales*, avec 562 jours, donnent 60 p. 100 de guéris, 18 p. 100 d'améliorés.

A Berck, Cazin (ouvr. cité) a obtenu une moyenne de guérison de 75 à 80 p. 100 (p. 277). Il s'agit de *tuberculoses osseuses ou vertébrales souvent graves*. Cette statistique va de 1876 à 1880. Il n'a pas remarqué de différence entre la cure d'hiver et la cure d'été (page 57). Les convois de printemps donnent 80 p. 100 et ceux d'automne 75. Mais Berck est un climat assez dur pendant l'hiver. (Voir plus loin la nécessité d'utiliser *hardiment* les sanatoriums de l'Atlantique *pendant l'hiver*.)

(2) Les sanatoriums marins pris à part, comme Cap-Breton.

paraissent, par l'action moins rude de leur climat, avoir plutôt des *indications médicales* et convenir *en plus* aux *débilités par hérédité tuberculeuse, aux prédisposés, aux tuberculeux* AU DÉBUT, dont les poumons ou les ganglions du hile sont touchés, etc.

A mon avis, c'est tout ce que l'examen très attentif des chiffres et les appréciations des médecins de ces sanatoriums permettent de conclure à l'heure actuelle.

Une autre constatation, et elle a son importance, me paraît également être la conséquence de cette étude. C'est que les sanatoriums qui fournissent le meilleur rendement sont ceux qui fonctionnent avec les *moyens administratifs les plus simples* et dans lesquels le *médecin est maître absolu de son action,* en particulier seul *juge de l'opportunité des admissions et de la durée du séjour.*

La limitation de la *durée du séjour,* imposée par les établissements qui ont la prétention de guérir la tuberculose, me paraît une grosse erreur. Elle est une erreur à la fois médicale et économique certainement. Elle permet sans doute pour le même prix annuel d'assister un plus grand nombre d'enfants, mais elle ne permet pas la guérison dans la plupart des cas : le résultat est incomplet ou nul, les enfants ainsi rendus à leurs milieux d'origine ont des rechutes fatales. On a ainsi perdu du *temps* et de *l'argent* (1).

Il est à cet égard indispensable que tous ceux qui s'intéressent d'une façon ou d'une autre à la cure sanatoriale, médecins ou administrateurs, bienfaiteurs ou collectivités, soient bien pénétrés de cette idée, *qu'on ne guérit pas en quelques semaines, ni même en quelques mois, une lésion tuberculeuse,* même la plus minime en apparence. La guérison complète d'un malade demande donc un temps long, très long, sans lequel on ne peut rien obtenir de définitif ou de durable.

Que l'on se reporte au tableau précédent, dans lequel est indiquée, avec la nature de la maladie, la *durée du séjour nécessaire pour la guérison absolue,* on verra que le temps passé au sanatorium est :

Pour les *anémics ou lymphatismes,* de 3 mois à 9 mois et plus ;
Pour les *engorgements ganglionnaires,* de 9 mois à 15 mois ;
Pour les *scrofulides,* de 8 mois à 20 mois ;
Pour les *tuberculoses osseuses,* de 1 an 1/2 à 2 ans ;
Pour les *arthrites vertébrales,* de 1 an 1/2 à 2 ans.

Et encore doit-on ajouter que ces chiffres, comme nous l'avons déjà vu

(1) Cazin (ouv. cité, p. 265) insiste déjà beaucoup « sur les mécomptes qui doivent être attribués à la brièveté dérisoire du séjour ». Les établissements à séjour illimité atteignent facilement 70 0/0 de guérisons ; ceux qui n'admettent les malades que pour 3 mois, même avec prolongation toujours restreinte de séjour, n'arrivent qu'à 42,5 0/0 (voir Saint-Trojan). Ceux enfin qui ne reçoivent que pour un séjour de 30 à 45 jours arrivent péniblement à 25 0/0. — Il y a cependant des enfants chez qui *l'action de la mer semble s'épuiser* au bout de 6 à 8 mois, et qui paraissent perdre à partir de ce moment. Ces enfants doivent être renvoyés. J'ai relevé la même observation faite par les médecins de Pen-Bron, qui ajoutent à cela que ces enfants, *rentrés ainsi chez eux, guérissent* beaucoup plus vite.

Cazin insiste également sur *l'habitation permanente,* qu'il trouve préférable aux *séjours répétés* à la mer. Ceci est important à noter pour la cure d'hiver sur le littoral.

En somme, ce qui doit ressortir de ce qui précède, c'est qu'il n'y *a pas de saison pour la cure dans le sanatorium atlantique.*

(page 194), s'appliquent certainement aux formes les plus curables et soignées de bonne heure.

Les résultats obtenus *à Berck* aujourd'hui, et dont, sur ma demande, mon collègue et ami le Dr Ménard a bien voulu me donner un aperçu, donnent exactement la même impression. Il y a pour Berck, hâtons-nous de le dire, une situation défavorable exceptionnelle, due à l'encombrement de l'entrée, au retard dans l'admission. Mais, en tenant compte de ce fait regrettable, on va voir que la durée du séjour nécessaire est toujours considérable :

Les *grosses adénopathies* diminuent entre 3 et 6 mois, mais demandent 20 mois pour disparaître.

Les *scrofulides* exigent pour se guérir 6 à 12 mois et plus ;

Les *tuberculoses osseuses et articulaires* (coxalgie), de 2 à 3 ans ;

Les *arthrites vertébrales*, de 2 ans 1/2 à 3 ans.

Et il s'agit dans ces cas de *tuberculoses fermées*, et chez les enfants.

Que faut-il penser, en présence de ces chiffres fournis par une observation sérieuse et suivie, d'un sanatorium qui offre un séjour de 3 mois ou de 6 mois ! En tout cas, cela nous montre que les évaluations de nos ressources maritimes actuelles, faites plus haut, sont encore bien *au-dessous* des prévisions, puisqu'en somme on peut admettre la nécessité d'*immobiliser près de 15 à 18 mois en moyenne le lit de sanatorium maritime.*

Il est bon d'ajouter que si nous augmentons ces ressources par la création de nouveaux sanatoriums, si nous faisons tomber la routine qui consiste à envoyer *trop tard* les malades s'y faire soigner, les cas graves, *qui sont devenus graves parce qu'ils ont attendu*, deviendront de plus en plus rares. Ainsi s'améliorera le rendement annuel du lit. On peut donc dire, sans crainte d'exagération, que plus nous aurons de sanatoriums, plus nous y recevrons de malades et de bonne heure, moins la cure sera longue et onéreuse pour chacun d'eux.

Ces conditions du *long séjour*, fixé par le médecin seul, et du *traitement précoce* sont si capitales qu'elles constituent le fondement même du fonctionnement sanatorial. J'ai cru, pour ces motifs, devoir y insister longuement.

Cela était utile à dire, car combien de bonnes volontés, combien de dévouements se découragent, pour avoir entrepris une œuvre dont on leur a caché les longueurs ou les difficultés !

Dans cette lutte antituberculeuse nous avons besoin du concours de tous : charité privée, administrations, assemblées élues. Notre devoir, l'intérêt même de notre œuvre, nous commandent de les initier les uns et les autres à la *technique intégrale du sanatorium*, en leur en montrant les exigences et les nécessités.

C'est pourquoi il m'a paru utile de réunir ici un certain nombre des conditions indispensables au fonctionnement intégral du sanatorium. Leur réalisation dans tous les sanatoriums actuels ou à venir pourrait faire *l'objet d'un 3e vœu à voter par le Congrès.*

Ces conditions sont les suivantes (1) :

1° *Les malades doivent être envoyés au sanatorium dès le début de leur affection ;*

____

(1) Voir Schultzen (Congrès de Berlin), *Aménagement, organisation et résultat des sanatoriums*, 1899 ; — G. Lafargue, *la Prétuberculose et le sanatorium de Banyuls-sur-mer*. In *la Lutte antituberc.*, 1902, sept. et oct.

2° *Le sanatorium doit les recevoir sans délai*, avec le minimum de formalités administratives ;

3° *Le médecin* du sanatorium doit être *maître absolu de ses moyens d'action :* admission, renvoi, *durée du séjour, alimentation, etc.* (1) ;

4° *La durée du séjour ne doit pas être limitée* administrativement. Quand la maladie est curable, le malade ne doit quitter le sanatorium qu'après guérison complète (2).

A cet égard, et comme une sorte de corollaire du premier paragraphe, il ne faut pas demander à la mer et au traitement marin plus qu'il ne peut donner, c'est-à-dire y envoyer des malades suppurant depuis longtemps, cachectiques, etc., avec l'espoir chimérique d'une guérison. Quand, par un heureux hasard, on obtient celle-ci, elle est longue et onéreuse.

La mer fait des cures, elle ne fait pas des miracles.

V

Importance des colonies de vacances (3), annexes du sanatorium. — Avenir des malades guéris. — Colonies agricoles, œuvres de placements familiaux.

Je n'ai plus qu'un mot à ajouter à ce trop long rapport, qui trouve sa seule excuse dans la richesse des documents et dans l'importance des questions qu'il soulève.

J'ai surtout étudié le sanatorium marin ou maritime recevant et soignant les malades ; j'ai dit que c'était le gros œuvre de la lutte marine antituberculeuse, mais je n'ai pas entendu négliger les institutions, dites *Colonies de vacances*, dont j'ai pu donner un si bel exemple avec *Fouras*, avec *le Moulleau*. Celles-ci ont aussi leur place, et leur bonne place. Soigner et guérir les enfants touchés, cela est bien ; empêcher la maladie, cela est encore mieux. Envoyer à la mer pendant un mois ou deux des enfants chétifs, convalescents, ou mal nourris, c'est leur refaire le terrain organique, c'est empêcher le développement de la scrofule, comme le sanatorium empêche le développement de la tuberculose viscérale chez les scrofuleux : c'est être à l'extrême avant-garde de la lutte antituberculeuse. Ces établissements ont encore un avantage c'est que leur prix de journée est minime, et que pour 30 fr. par mois au maximum on assiste un enfant. Il faut faire un appel ardent à la charité publique dans ce sens ; il faut multiplier les colonies de vacances qui deviendront plus tard, par leur permanence, des colonies de cure préventive pouvant fonctionner toute l'année sur certaines plages.

(1) Voir Plicque et Verhœren, *loc. cit.*, pages 84 et suivantes. — Brouerdel et Grancher, rapport 1899, *Congrès de Berlin*. — Aubert, th. Paris, 1892. — Léon Petit, *le Phtisique*, 1895. — Baginsky, *Congrès de Berlin*, 1899. — *Ibid.*, Vollmer (de Kreusnach).

(2) Sauf les cas, naturellement, où le climat a produit tout son effet, où le malade est, comme on dit, saturé ; mais ce sont des cas particuliers.

(3) Voir *Presse médic.*, 1901, n°⁵ 86 et 87. — Landouzy, *Les colonies scolaires de vacances*, article dans lequel on verra les résultats obtenus en Allemagne depuis 20 ans. En 1900, 32.000 enfants avaient bénéficié de ces colonies avec une dépense de 36 fr. 30 par enfant.

15

Ces colonies pourraient encore recevoir les *convalescents du sanatorium,* qui n'ont plus besoin des soins médicaux spéciaux de ce dernier, mais seulement d'une prolongation de séjour d'un mois ou deux au bord de la mer pour parfaire à meilleur compte qu'au sanatorium une guérison absolue.

***

Le sanatorium manquerait certainement son but s'il ne se préoccupait de *l'avenir de ses malades* qu'il a rendus guéris à leur lieu d'origine. C'est une statistique que le temps se chargera de dresser, et je n'ai pas recueilli de documents à cet égard.

Mais *a priori* on peut regretter que l'enfant guéri de sa scrofule retourne dans les villes pour y retrouver souvent le milieu infecté où il avait puisé les germes de sa première maladie (1). *Il semble naturel, juste, équitable, que le malade guéri ait à rendre compte de la conservation de sa santé à ceux qui ont fait les frais de cette guérison.* Pour cela il faudrait créer, à côté du sanatorium, des *Colonies agricoles,* organiser des *Œuvres de placements familiaux à la campagne* (2) ou *chez les pêcheurs et chez les marins,* qui recueilleraient ces convalescents. Le séjour des villes est dorénavant mauvais pour eux, tandis qu'ailleurs ils peuvent fournir des ouvriers, des soldats ou des marins.

Cette conception n'est pas une utopie irréalisable. Les placements familiaux, dans certains pays du moins, ne seraient pas difficiles. M. Camino m'a communiqué des documents officiels et démonstratifs à cet égard, et qui résultent d'une enquête faite en 1903 dans ce sens parmi quelques communes des Basses-Pyrénées et des Landes.

Les réponses fournies par quelques maires montrent qu'on pourrait placer, tant dans les communes que dans les fermes, un nombre probablement considérable d'enfants. C'est ainsi qu'on aurait pu placer en 1903 :

à Cap-Breton, 30 enfants dans de bonnes conditions, et trente un peu moins bien.
à Saint-Jean de Luz... 80
à Hendaye.. 50
à Bidardt.. 30

Soit 220 enfants, rien que dans 4 communes (3) !

C'est là encore une œuvre de demain à réaliser.

Mais, pour y arriver, il faut que le sanatorium complète son action bienfaisante ; il faut que, étendant ses attributions légitimes, *il fasse œuvre d'éducation morale.* Il le doit puisqu'il prend à son compte des enfants qui lui sont confiés et dont il a la garde. Il faut qu'il dirige vers ce but les enfants de 10 à 15 ans, non seulement par un enseignement théorique, mais par les

---

(1) V. Armaingaud, *Congr. de Genève,* Rapp. cité.

(2) Voir Boucard (de Cannes), *Congrès de Berlin,* 1899 ; — Le Cendre, *Congrès d'hygiène scolaire de Nuremberg,* 1904 ; — Grancher, *Acad. de méd.,* 20 juin 1904.

(3) On peut donner comme document à l'appui les résultats obtenus déjà dans ce sens par M. *Grancher* dans son *Œuvre de préservation de l'enfance contre la tuberculose.* Broch. de propagande, 1904.

actes; il faut apprendre à ceux-ci à aimer la terre et le travail qui la féconde, il faut que le sanatorium ait ses jardins. De grands enfants, destinés plus tard à travailler pour vivre, ont mieux à faire comme exercice physique, que des montagnes de sable que la mer démolit à la prochaine marée. Il ne faut pas enseigner le travail stérile.

Si le sanatorium maritime, entrant dans cette voie, rendait ainsi chaque année à nos campagnes abandonnées (1) un contingent de citadins dont les pères sont le plus souvent des déracinés de fraîche date, il deviendrait une œuvre sociale admirable, et, renversant la formule dont j'usais tout à l'heure, on pourrait dire alors justement que le sanatorium, que la mer ne fait pas seulement des cures, mais des miracles.

DISCUSSION

Dr Dulau (de Cap-Breton). — La lecture d'un passage du rapport si documenté de M. Barbier porterait à croire que les malades guérissent moins rapidement à Cap-Breton qu'à Pen-Bron.

Il n'en est rien; pourquoi en serait-il autrement? Même exposition, même traitement; l'aérothérapie, base de ce traitement, est plus applicable à Cap-Breton, grâce aux différences de climat, comme le fait d'ailleurs remarquer notre impartial rapporteur.

Il nous dit : « Le pourcentage des guérisons est un peu plus faible à Pen-Bron qu'à Cap-Breton»; mais il ajoute, qu'on fasse attention à un détail qui a son importance, c'est que pour obtenir ces résultats

Pen-Bron demande pour l'anémie 75 jours, Cap-Breton 460.
— — adénites 275 — 430.
— — scrofulides 235 — 774.

Cette durée de séjour est excessive, je l'avoue. Elle tient à deux causes : à notre fonctionnement et à ce que, grâce à notre situation de fortune, nous pouvons garder nos enfants reçus gratuitement jusqu'à complète guérison.

Nos malades sont reçus gratuitement au sanatorium ; ils appartiennent pour la plupart à des familles pauvres; nous éprouvions jusqu'à cette heure de grosses difficultés pour les faire reprendre par les parents, difficultés d'autant plus grandes à vaincre que, jusqu'en 1902, notre établissement n'était connu dans les Landes, lieu de provenance de nos enfants reçus gratuitement, que sous le nom d'*Asile*, et que ce nom d'Asile était pris dans toute l'acception du mot. — De ce fait que les enfants y étaient admis de 5 à 15 ans, les parents qui obtenaient le placement d'un enfant supposaient que cet enfant ne devait en sortir que quand sa limite d'âge était atteinte.

Je m'applique à combattre cette fâcheuse interprétation et à faire comprendre le véritable rôle que doit jouer notre sanatorium :

Recevoir vite et beaucoup, pour guérir beaucoup, sûrement et rapidement.

(1) Voir H. Barbier, Soc. méd. des hôpit., 1900, *La tub. des immigrés à Paris*. — Tregoat, th. Paris 1900. — Plicque. *Analyse in Revue de Médec*. de Lucas-Championnière, 1904, articles 20.451 et 10.485. — Bourgeois, th. de Paris, 1901.

J'ai la satisfaction de pouvoir dire que je suis arrivé au résultat que je souhaitais.

En effet, tandis que, jusqu'en 1902, la durée moyenne du traitement était de :

```
460 jours  pour l'anémie, elle n'a été que de 181 jours en 1904.
430   —      les adénites                  342  —       —
774   —      les scrofulides               482  —       —
```

A Cap-Breton comme ailleurs un enfant est cliniquement guéri dans 60 à 70 jours, mais il est gardé au sanatorium un temps supérieur, et quand nous renvoyons un enfant, nous pouvons le considérer comme à l'abri de toute rechute dans l'avenir.

Ce n'est pas dans 1 ou 2 mois qu'un organisme atteint peut se modifier, se transformer, notre confrère Armaingaud est de mon avis, car si la durée du séjour n'est pas limitée dans son sanatorium, il exige pourtant un séjour minimum de trois mois.

Le Dr Camino, à Hendaye, qui reçoit surtout des anémiques, se plaint de ne pouvoir les garder assez longtemps ; or la durée du séjour est pourtant de 6 mois à Hendaye.

Les statistiques comme les moyennes demandent à être discutées. Un seul cas peut venir les dénaturer ; j'ai eu un cas de lupus de la main et de l'avant-bras qui a nécessité un séjour de 2.755 jours.

Je voudrais prier notre distingué rapporteur d'user de sa compétence et de son autorité pour établir et faire accepter, pour dresser nos statistiques, une nomenclature précise avec des catégories de maladies bien définies. — Alors seulement ces statistiques pourront être comparées ; elles seront, autant qu'une statistique peut l'être, l'expression du vrai.

Que M. Barbier me permette de le remercier d'avoir si bien différencié le *Sanatorium marin* du *Sanatorium maritime*.

C'est une distinction qui portera ses fruits ; elle donnera des indications précieuses aux confrères soucieux de nous aider dans notre lutte anti-tuberculeuse. — Ils sauront que les lymphatiques, les scrofuleux, qui restent si bien les malades tributaires du climat marin, doivent être envoyés à *la mer;* que les sujets atteints de tuberculose pulmonaire à quelque degré qu'ils soient arrivés, doivent être dirigés près de *la mer*, mais dans un endroit abrité.

Dr ARMAINGAUD. — Je remercie tout d'abord M. Barbier de la manière flatteuse dont il apprécie, dans son rapport, mes efforts et la part que j'ai prise à la multiplication des sanatoriums maritimes sur les côtes de France, et je ne voudrais pas, en ce qui concerne celui d'Arcachon, qu'on pût oublier la part considérable qui revient dans les succès obtenus à mes savants et très dévoués collaborateurs, Hameau père, Lalesque, Hameau fils et Festal.

Cet agréable devoir rempli, je ferai une première observation à propos du rapport si remarquable de M. Barbier qui pose très judicieusement plusieurs questions qu'il y aura grand intérêt à discuter, et si les éléments que nous avons sont différents, à résoudre.

Mais, avant toute discussion, je dirai à M. le rapporteur qu'il est impossible de donner satisfaction à l'un des desiderata qu'il exprime. Il exprime, en effet, le désir que le Sanatorium d'Arcachon, à côté des lymphatiques, des anémiques, des rachitiques, des scrofuleux et des tuberculoses osseuses et articulaires, se décide à accueillir des enfants atteints de tuberculose pulmonaire au début. Or, une clause spéciale de la donation généreusement faite par le Dr Louis Lalanne (de La Teste) s'oppose absolument à cette admission des pneumo-tuberculeux. Il ne faut donc pas compter que ce vœu de M. Barbier puisse recevoir satisfaction ; j'ajoute qu'alors même que cette difficulté n'existerait pas, il en subsisterait une autre tout aussi dirimante : c'est que, malgré toutes les précautions que l'on prendrait avec efficacité pour empêcher les pneumo-tuberculeux de nuire aux autres malades, on croira souvent, dans l'état actuel de l'opinion, on croira trop facilement dans le monde médical, mais plus souvent encore dans le public en général, au danger de cette proximité des deux catégories de maladies, et beaucoup de bienfaiteurs, de parents et de protecteurs d'enfants malades, et même les administrations hospitalières ou assistances départementales desquelles dépend le recrutement du personnel des malades des Sanatoriums maritimes, hésiteront à nous les envoyer. Il en résultera une difficulté, une entrave sérieuse pour le développement de nos sanatoriums maritimes. Aussi, je serais étonné si les directeurs des autres sanatoriums maritimes ici présents n'émettaient pas la même opinion sur ce point. Je prévois seulement qu'en ce qui concerne Hendaye, l'objection pourrait ne pas être faite parce que le recrutement des malades dépend exclusivement des hôpitaux de Paris et de l'Assistance publique, et n'a pas à compter avec l'opinion du public.

Je ne voudrais pas toutefois qu'on pût se méprendre sur ma pensée : je ne nie en aucune façon le résultat de la cure de la pneumo-tuberculose par la mer en faisant vivre des malades une partie de la journée sur le bassin même et en bateau ; je suis très convaincu des grands avantages qu'en retirent les malades, sous l'habile direction de nos médecins d'Arcachon. Mais s'il s'agit d'enfants à recevoir au sanatorium, j'estime qu'il faudrait créer pour eux un établissement spécial tout à fait distinct du sanatorium actuel.

Dr Barbier. — Je ne puis que donner acte à mon excellent confrère Dulau de ses explications au sujet du long séjour des malades à Cap-Breton, et me féliciter de les avoir provoquées, puisqu'elles nous en donnent la raison et qu'il pourra ainsi, je pense, obtenir que son sanatorium ne soit plus considéré comme un asile.

Je voudrais également, en répondant à M. le Dr Armaingaud, faire remarquer que peut-être nous discutons une question déjà tranchée — pour certaines formes de tuberculose pulmonaire du moins —. Sous le nom d'*anémie lymphatique* les sanatoriums les plus rigoureux admettent et guérissent probablement un certain nombre de malades dont les poumons, et surtout les ganglions du hile, sont touchés. Il faut bien s'entendre sur ce point : il ne s'agit même pas d'ouvrir les sanatoriums qui se prêtent à cette cure par leur situation, *à toutes les tuberculoses pulmonaires,* mais de savoir si *certaines formes de celles-ci* ne pourraient pas y être admises et cela à leur plus grand avantage; je laisse de côté les tuberculoses ouvertes, mais parmi les autres, combien n'y en a-t-il pas qui sont étiquetées anémie ! Pour ma part je crois très fermement que toute anémie qui ne dépend pas nettement d'une cause accessible — maladie aiguë, surmenage, défaut d'alimentation, etc., est fonction d'une tuberculose latente, ganglionnaire ou même pulmonaire. Je n'en veux pour preuve dans nos grandes villes, comme Paris, que l'effrayante proportion de tuberculoses latentes qu'on découvre à l'autopsie d'enfants qui ont succombé à une maladie aiguë accidentelle, comme la diphtérie par exemple : on trouve quelquefois plus du tiers des sujets ayant des adénopathies caséeuses du hile, avec ou sans foyers pulmonaires. Voilà donc toute une catégorie de malades que les sanatoriums soignent déjà actuellement et avec succès qui sont des tuberculeux, mais qu'on hospitalise sous une autre étiquette : malades que ces sanatoriums refuseraient si le médecin, instruit de ces faits, complétait son diagnostic par un examen minutieux de la respiration et de ses anomalies dans les sommets du poumon! Cela est assez déconcertant!

Prof. RENAUT. — Je ferai remarquer que c'est une pure illusion que de subdiviser les tuberculoses en *extra pulmonaires* et en *pulmonaires.* La loi de Louis est toujours debout, et j'ai pu constater par exemple, à l'hospice du Perron, de Lyon, que dans le cas de tuberculose dite localisée à une articulation, aux vertèbres pulmonaires, etc., dont le poumon semblait sain, on le trouve effectivement occupé par des lésions tuberculeuses.

Seulement, celles-ci peuvent ou non être en *variation,* voilà toute la différence.

Prof. D'ESPINE. — La dénomination des maladies dans la statistique des sanatoriums, uniformisée d'après la proposition du Dr Barbier, doit se rapprocher le plus possible de celle qui a été usitée jusqu'ici; elle doit être claire. Je tiens à la conservation du mot *anémie lymphatique,* généralement accepté, qui comprend les prédisposés et les prétuberculeux chez lesquels l'examen physique de la poitrine ne révèle ni adénopathie bronchique, ni modifications dans le parenchyme pulmonaire, quoique souvent ces anémiques soient porteurs d'une adénopathie bronchique tuberculeuse latente.

Le second degré de tuberculisation thoracique comprend *l'adénopathie bronchique,* sans signes de lésions pulmonaires.

Le troisième degré est la *tuberculose pulmonaire* qu'il faut distinguer, comme l'indique M. le rapporteur, en tuberculose *fermée* et tuberculose *ouverte.*

M. le rapporteur a émis le vœu que les sanatoriums donnent dans leurs rapports une statistique détaillée de la cause des décès ; à l'asile Dollfus, à Cannes, pendant 22 ans et sur 888 cas traités, nous avons eu 18 décès, 2 par maladies infectieuses (1 broncho-pneumonie de coqueluche, 1 croup), 3 par néphrite, 4 par cachexie, 5 par méningite tuberculeuse 3 par accidents pulmonaires (compression bronchique, généralisation tuberculeuse).

Nous arrivons donc à 0,9 o/o pour généralisation des tubercules.

Dr Barbier. — L'importance qu'il y a à donner, dans chaque sanatorium, les causes exactes de mort, me semble soulignée par les observations de M. d'Espine. Au sanatorium Dollfus, à Cannes, la mortalité par tuberculose aiguë n'atteint pas 1 p. 100 ; j'ai dit qu'à Berck, par exemple, elle était de 2 pour 100. Il y a là une différence sensible d'ores et déjà, dont il y aurait intérêt à étudier et à mettre en valeur les causes. Je sais bien que celles-ci sont complexes, qu'elles dépendent du malade, des formes morbides, du traitement, du climat, etc... Mais c'est précisément parce que ces causes sont complexes et d'une appréciation délicate que j'ai insisté pour qu'on les mette à l'étude et qu'on se base sur une statistique très précise dont j'ai dressé un projet, mais qui pourrait être étudiée plus à fond par une commission, comme la Commission permanente par exemple.

Dr Lalesque. — Le rapport de M. Barbier fixe l'opinion médicale sur cette affirmation soutenue depuis longtemps par Camino et par moi-même que la tuberculose pulmonaire s'améliore et guérit au bord de la mer, tout au moins à Hendaye et Arcachon.

C'est pourquoi je m'associe à son désir de voir les sanatoriums de ces stations s'ouvrir à la tuberculose pulmonaire. Il est désolant de voir le nombre d'enfants tuberculeux qui restent sans soins, sans secours, dans les villes, parce que les sanatoriums pour tuberculeux sont pleins ou ne peuvent les recevoir pour raison d'ordre administratif, et qui ne sont pas soignés parce que les sanatoriums marins, celui d'Arcachon par exemple, leur sont fermés.

Les raisons scientifiques n'existent plus pour maintenir cette exclusion. Pour Arcachon reste une restriction d'ordre tout spécial, imposée par le généreux donateur du terrain : le docteur Lalanne, de la Teste.

A l'époque où M. Lalanne fit don du terrain le public et le corps médical étaient sous l'obsession de la contagion de la tuberculose pulmonaire. C'était l'époque de l'affolement, pourrait-on dire. Depuis, les choses ont changé. Nous savons exactement que la contagion est limitée et limitable dans un établissement bien tenu ; que la désinfection donne des résultats certains.

Il me paraît bon que l'attention de notre confrère M. Lalanne soit appelée sur ces différents points, et il se pourrait faire que, en présence de cette mise au point de la contagion, M. Lalanne consentît à donner à son œuvre philanthropique toute son ampleur et toute sa portée sociale.

Dr Armaingaud. — Je ne pense pas que M. Lalanne revienne sur la clause restrictive. D'ailleurs, les autres raisons que j'ai données subsisteraient.

Dr Festal. — Je me proposais de prendre la parole pour exprimer la même opinion que Lalesque.

Je viens donc m'associer de tout mon cœur et de toutes mes forces à ce projet qui consistera à nous employer auprès de notre excellent confrère L. Lalanne, le généreux donateur, pour que soit par lui révisée et modifiée la clause restrictive indiquée par le Dr Armaingaud et qui interdit en ce moment l'admission des enfants tuberculeux pulmonaires au sanatorium d'Arcachon.

Du rapport si remarquable de Barbier, de ce travail qui fera époque parce qu'il est le premier et le seul à avoir, jusqu'à ce jour, condensé en un tout complet les éléments relatifs à la cure sanatoriale maritime, il ressort avec évidence que si certaines plages très exposées comme Cap-Breton et Pen-Bron sont plus spécialement aptes à guérir les tuberculoses dites chirurgicales, il en est d'autres, plus abritées, comme Hendaye et Arcachon, qui réclament plus nettement les tuberculoses pulmonaires.

Je tenais à me joindre ainsi à mon confrère et ami Lalesque parce que comme lui et avec lui, depuis que je suis chargé d'un service au sanatorium d'Arcachon, je n'ai cessé de lutter en vue d'obtenir que cette meilleure utilisation de nos ressources climatothérapiques soit recherchée sans relâche et avec toute l'opiniâtreté que justifie un but d'une utilité générale aussi grande.

Dr CRISTOFINI. — Je m'associe entièrement aux conclusions de notre excellent confrère et ami, M. le Dr Armaingaud, relativement à la nécessité absolue d'exclure les tuberculeux pulmonaires des sanatoriums marins, alors même qu'il s'agit d'établissements pour lesquels il n'existe pas, comme à Arcachon, des raisons administratives interdisant absolument l'admission des malades de cette catégorie. La plupart, je dirai presque la quasi-unanimité des directeurs de sanatoriums marins sont d'accord pour repousser de leurs établissements les tuberculeux pulmonaires, qui s'aggravent généralement et qui risquent de contagionner les autres malades. Bien entendu il y a des stations maritimes, au climat exceptionnellement favorable, comme Arcachon et Hendaye, où l'expérience a démontré que les tuberculeux pulmonaires peuvent s'améliorer ou même guérir.

Pour utiliser ces stations il faut, à côté du sanatorium marin existant, réservé aux scrofuleux, rachitiques et autres malades non tuberculeux, construire un autre sanatorium qui sera, lui, réservé aux tuberculeux pulmonaires.

Dr LALESQUE. — Les objections de M. Cristofini mettent en jeu le principe même de la cure marine de la tuberculose pulmonaire. S'il admet, avec certaines restrictions, que cette cure puisse se pratiquer et donner de bons résultats à Arcachon et à Hendaye, par contre il la rejette, en bloc, pour tous les autres points du littoral atlantique. Nous ne pouvons nous engager dans cette voie. Rappelons-nous, en effet, qu'il y a quelques années à peine l'approche du bassin d'Arcachon était, même par les médecins de la station, interdit aux tuberculeux; que le règlement du sanatorium d'Hendaye excluait systématiquement la même catégorie de malades. Or, et le rapport de Guinon comme celui de Barbier les rappellent et les confirment, nous savons quels bénéfices les tuberculeux pulmonaires tirent de la cure marine dans ces deux stations. Condamner cette cure pour les autres régions littorales serait, à l'heure actuelle, préjuger la question.

La contagion, nous le savons et devons le dire bien haut, ne doit plus inspirer l'affolement d'il y a quelques années. Il est facile d'en limiter le champ, même de la réduire à néant. Ce qu'ici même, en clientèle privée, nous avons pu réaliser en tant que mesures prophylactiques efficaces, sera singulièrement plus facile dans un établissement dont tous les malades seront connus et régulièrement suivis.

Dr BARBIER. — J'estime que nous ne pouvons pas nous heurter indéfiniment à la lettre d'un règlement ou d'une fondation excluant les tuberculeux pulmonaires de *certains* sanatoriums maritimes, dont ils se trouveraient bien, et dont, en réalité, ils se trouvent bien sous le nom d'anémiques lymphatiques. Ce serait vraiment se figer dans une formule contraire au but du sanatorium qui est de guérir le plus possible de ces malades. Il faut dans ce cas éclairer les fondateurs, leur expliquer l'évolution des idées sous la pression des faits, surtout faire ressortir qu'il s'agit non pas de *toutes les tuberculoses* pulmonaires, mais de *certaines formes* d'entre elles, *formes* moins contagieuses certainement que plus d'un abcès osseux ouvert.

Il reste bien entendu, et en cela je réponds aux craintes si légitimes de M. le Dr Cristofini dont je partage complètement les appréhensions, que nous ne voulons à aucun prix envoyer ces malades à des sanatoriums marins, comme Saint-Trojan ou Pen-Bron ; la distinction *est capitale*.

Dr LONG-SAVIGNY. — Je tiens à appuyer l'opinion du Dr Cristofini, à mon sens le Congrès discute en ce moment une très grave question de principe : il s'agit de l'introduction des tuberculeux pulmonaires dans les hôpitaux marins. A la suite de l'expérience que l'on propose pour Arcachon et peut-être Hendaye, la mesure risque de se généraliser. Or, j'exprime ici un avis qui sera partagé par de nombreux médecins : on ne devrait pas envoyer dans les sanatoriums marins les tuberculeux pulmonaires, — j'entends les tuberculeux pulmonaires diagnostiqués. Qui dit sanatorium marin dit zone marine, et je n'ai pas à démontrer devant le Congrès quels sont les effets spéciaux de cette zone ; tout le monde sait à quelles poussées congestives ou éréthiques serait exposé un enfant qui tousse. J'ai eu personnellement l'occasion de prendre de nombreuses observations au sanatorium de Cap-Breton ; j'y ai vu des exemples très concluants de tuberculoses pulmonaires évoluant rapidement pendant le séjour de l'enfant au bord de la mer, et, en plusieurs occasions, arrivant à s'enrayer lorsque le malade était éloigné à temps du sanatorium, dès le début des manifestations, et trouvait, à l'abri de l'air marin, des soins éclairés. J'en ai tiré cette conclusion, c'est que sitôt qu'apparaît dans un sanatorium marin une tuberculose pulmonaire confirmée, dès que l'on constate même certains signes prémonitoires, amaigrissement rapide, fréquence du pouls, etc., il n'y a pas à hésiter : il faut renvoyer au plus vite le malade. Et j'exprime le souhait qu'il n'y ait pas, pour cet exode indispensable, les formalités administratives dont on nous parlait tout-à-l'heure, et que l'enfant n'ait pas à attendre pour son départ les six mois qu'il avait attendus pour son arrivée.

Le Dr Camino fait observer que l'expérience faite à Hendaye porte sur au moins 1.500 cas de tuberculose pulmonaire et d'adénopathie *trachéo-bronchique*, et que leur séjour au bord de la mer n'a été marqué que dans 5 o/o des cas par des phénomènes congestifs. La mortalité dans l'établissement ne dépasse pas 0,60 o/o. Les diagnostics sont précis, puisqu'ils sont faits par les médecins des hôpitaux de Paris.

Ces enfants n'ont pas présenté de dangers précis de contagion.

Le Dr Moussous insiste sur la fréquence extrême des adénopathies trachéo-bronchiques constatées dans les nécropsies d'enfants qui succombent à d'autres maladies dans les hôpitaux, adénopathies non diagnostiquées mais étiquetées anémie. Ces formes doivent guérir assez souvent, mais au moins faut-il les y aider sous peine de les voir dégénérer et aboutir à des formes graves de la tuberculose pulmonaire.

Dr Camino. — Il est d'expérience journalière que, dans un sanatorium, un tuberculeux fermé s'ouvre ou contracte une bronchite banale ou grippale.

Dans ces deux cas il importe, il est essentiel d'isoler ces tuberculeux.

C'est ce qui se fait à Hendaye : tout enfant qui crache, à quelque titre que ce soit, est isolé.

Conclusion : seul un sanatorium pourvu de moyens sérieux d'isolement peut recevoir des tuberculeux même fermés.

Dr Armand Delille. — Il serait nécessaire de préciser le terme de tuberculose pulmonaire. — Exclura-t-on, en effet, d'un hôpital maritime, un enfant atteint d'une tuberculose osseuse ou d'une adénopathie scrofuleuse, parce qu'il présente au sommet d'un poumon un affaiblissement du murmure vésiculaire, ou de la rudesse de l'inspiration, ou de la respiration bronchique ?

Dr Barbier. — J'insiste beaucoup pour que, dans cette question si importante de l'admission des tuberculoses pulmonaires dans certains sanatoriums maritimes, on garde la distinction capitale entre *les tuberculoses pulmonaires ouvertes*, exclues, comme contagieuses, des salles communes à tous les autres malades, et qui doivent être isolées à part, et les *tuberculoses fermées*, qui, je le répète, sont déjà certainement reçues sous une contre-étiquette, et qui ne sont pas dangereuses pour les autres malades. L'expression *tuberculose confirmée ou avérée* ne me paraît pas assez précise. Un malade qui, avec des symptômes adéquats, présente des anomalies respiratoires dans un sommet, est un tuberculeux avéré, ce n'est qu'une question de degré.

Comme conclusion de la discussion M. le Professeur Renaut soumet à l'Assemblée le vœu suivant présenté par M. le Professeur d'Espine et le Dr Lalesque : *Les enfants atteints de tuberculose pulmonaire ouverte ne seront admis dans les sanatoriums marins que si ces établissements peuvent leur réserver des pavillons spéciaux.*

Dr Armaingaud. — Si vous ne parlez que de *Pavillons spéciaux* il n'est pas probable, à mon avis, que les directeurs de sanatoriums mariti-mes consentent à recevoir des tuberculoses pulmonaires.

Les plus accueillants et les moins difficiles ne leur ouvriront leur établis-sement que s'ils peuvent y disposer des QUARTIERS *distincts* et *séparés*.

M. Barbier constate que déjà dans les sanatoriums, sous la dénomina-tion d'*anémie lymphatique*, on reçoit des enfants atteints de tuberculoses pulmonaires méconnues parce qu'elles ne sont encore qu'à la période de germination, et il ajoute : Nous ne demandons qu'une chose, c'est que vous ouvriez largement vos portes à ces malades lorsque, au lieu de vous être envoyés avec cette étiquette d'anémie, ils se présenteront franchement avec le diagnostic de tuberculose pulmonaire initiale.

Ma réponse sera celle-ci : Oui, parmi les petits malades qu'on croit d'a-bord n'être que lymphatiques ou anémiques. il pourra se trouver quelques pneumo-tuberculeux, bien qu'on ne puisse l'affirmer avec certitude, les si-gnes de certitude faisant défaut et les signes de probabilité pouvant seuls être constatés. La présence de ces enfants au milieu des autres est sans danger, puisqu'ils ne crachent pas et n'émettent aucun contage autour d'eux ; en outre, ils guérissent ou, tout au moins, s'améliorent sans autre traitement que l'aérothérapie marine et forestière. Mais, pour éviter qu'il se glisse aussi des enfants atteints de tuberculose ouverte pouvant, par con-séquent, devenir dangereux lorsqu'ils sont confondus avec les autres malades, un article réglementaire des conditions d'admission dans le sana-torium maritime porte qu'aucun pensionnaire ne sera admis sans un certificat médical attestant qu'il n'est atteint de tuberculose pulmonaire, laryngée ou intestinale, à aucun degré.

Cette disposition sera toujours maintenue et appliquée, soyez-en certains, en sorte que, pratiquement, il aurait mieux valu, au lieu de demander sim-plement des pavillons spéciaux, émettre le vœu que les tuberculeux pulmo-naires enfants, qui guérissent dans certaines stations maritimes, n'y soient hospitalisés que dans des établissements distincts de ceux où sont réunis les scrofuleux, les anémiques, les lymphatiques et les rachitiques.

Dr LALESQUE. — Nos confrères Armaingaud et Cristofini demandent que dans les régions favorables à la cure marine (Arcachon, Hendaye), les Sanatoriums existants ne soient pas utilisés, par crainte de la contagion. Ils proposent que dans ces régions soient construits des établissements spéciaux pour la tuberculose pulmonaire. Je ne saurais me ranger à cette conception.

Poursuivre la création de nouveaux établissements serait aller au devant d'un échec. De qui sollicitera-t-on les ressources nécessaires à ces créations ? Des pouvoirs publics ou de généreux philantrophes ? Tous finiront par se lasser, si ce n'est déjà fait, outre qu'ils s'étonneront de voir demander un établissement spécial pour chaque maladie, ils pourront bien répondre que déjà nous n'utilisons pas les établissements existants. Dans un de ses plus récents rapports Armaingaud rappelait, et Barbier y insiste aujourd'hui, que des milliers de lits restent vides dans nos sanatoriums marins.

Ce sont les ressources présentes qu'on vous demandera et que je vous demande de mettre à profit avant que d'en créer de nouvelles. Il faut pour cela admettre dans nos sanatoriums marins reconnus aptes à la cure marine toutes les tuberculoses pulmonaires *fermées ;* y recevoir les tuberculoses *ouvertes*, justiciables de la cure, dans des pavillons existants, à aménager dans ce but spécial.

Agir différemment, adopter la proposition de nos confrères Armaingaud et Cristofini, serait s'exposer à un échec ou tout au moins à une perte de temps et, par cela même, priver, trop longtemps encore, des bienfaits de la cure marine tant d'enfants tuberculeux qui, faute de place dans les établissements spéciaux, s'aggravent et meurent au sein des métropoles pendant que les lits vides de nos sanatoriums marins attendent des lymphatiques, des anémiques, des scrofuleux qui ne viennent pas !

Après cet échange d'observations auxquelles prennent également part MM. Barbier, d'Espine, Gandy, de Batz, est adopté à l'unanimité le vœu de MM. d'Espine et Lalesque amendé comme suit : « Les enfants atteints de tuberculose pulmonaire ouverte ne seront admis dans les sanatoriums MARITIMES ou marins que si ces établissements peuvent leur réserver des QUARTIERS ou pavillons spéciaux. »

Dans un autre ordre d'idées le rapport de M. Barbier provoque les observations suivantes du Dr Armaingaud.

Dr ARMAINGAUD. — Comme M. Barbier et comme M. Cristofini et M. d'Espine, je suis d'avis qu'il serait fort utile, maintenant que nous possédons un certain nombre de sanatoriums sur les côtes de l'Atlantique, de la mer du Nord, de la Manche et de la Méditerranée, de bien constater et d'utiliser aussi nettement que possible les différences de ressources, d'action thérapeutique qui existent entre ces divers établissements, de manière à adapter à chaque zone maritime et à chacun des sanatoriums les variétés de forme, de degré des diverses lésions scrofulo-tuberculeuses. Mais je me sépare de ceux qui penseraient que l'on peut dès aujourd'hui, en se fondant sur les statistiques actuelles des résultats comparés des divers sanatoriums, préciser avec une certaine exactitude ou avec une approximation tant soit peu satisfaisante ces graduations thérapeutiques.

Pour obtenir de pareilles conclusions, il faudrait avoir des statistiques réunissant les deux conditions suivantes :

1º Porter sur un grand [nombre d'années, de 10 à 20 ans par exemple, et sur le même nombre d'années à peu près pour tous les sanatoriums comparés.

2. — Porter sur des cas sensiblement comparables et comme forme et degré de lésions, et comme durée du séjour des malades.

Or, les statistiques dont nous disposons ne remplissent pas ces conditions, elles présentent au contraire des conditions inverses : en sorte que, au lieu de nous éclairer, de pouvoir nous diriger et orienter nos recherches, elles sont plutôt de nature à nous tromper, à nous embrouiller et à nous faire faire fausse route comme cela a lieu si souvent en médecine où les théories sont édifiées sur des observations insuffisantes et des généralisations hâtives. Tel sanatorium reçoit des cas graves en très fortes proportions ; tel autre admet surtout des cas légers ; dans tel établissement les malades sont généralement maintenus jusqu'à épuisement de l'action du traitement ; dans d'autres ils sont très souvent retirés trop tôt par les administrations d'assistance ou par les bienfaiteurs ou les parents'des enfants, et bien avant que la cure ne soit terminée. Tel établissement dans ses relevés statistiques confond sous la même rubrique « *guérison* » les *très améliorés* (sanatoriums Cazin, Perrochaud, Callot par exemple) ; d'autres, et avec raison, placent ces deux catégories sous des étiquettes différentes. Il résulte de ces différences non signalées ou incomplètement indiquées de nombreux inconvénients dans l'examen comparatif des résultats : en premier lieu, tel établissement se trouve trop avantagé, tel autre désavantagé. Si nous prenons par exemple le *rachitisme*, nous trouvons au sanatorium d'Arcachon des résultats superbes tandis qu'à Hendaye ils sont très médiocres. Mais si nous nous informons auprès de la Direction de l'établissement, nous apprenons que les malades ne séjournent à Hendaye que de trois à six mois, alors que les petits *rachitiques* sont la plupart du temps maintenus à Arcachon tout le temps nécessaire à la cure, et que cette cure dure quelquefois deux ans.

Une seconde conséquence de la comparaison des résultats, alors que les cas placés sous la même étiquette ne sont pas identiques et sont même différents d'une année à l'autre dans le même établissement, c'est de fausser la science en nous donnant des notions fausses dont nous partons en les croyant vraies, pour nous engager dans une voie qui nous conduira à de nouvelles erreurs dont les conséquences se feront sentir pendant des années.

Pour ces motifs, j'estime que nous ne sommes pas encore en mesure de différencier suffisamment les divers sanatoriums maritimes, c'est-à-dire les diverses zones maritimes comme plus actives ou plus rapidement actives dans la tuberculose osseuse, les autres comme plus ou moins appropriées au rachitisme, aux adénites suppurées, aux adénites sèches ou aux scrofulides, ou aux lésions strumeuses des yeux et des oreilles.

Nos connaissances vraiment acquises en fait de spécialisation me paraissent se borner à celles-ci : Un scrofuleux qui est en même temps délicat des bronches ou du poumon ou qui est très nerveux et très excitable, ne devra pas aller à Berck et sera beaucoup mieux à Arcachon ou à St-Trojan, par contre, un scrofuleux torpide se trouvera beaucoup mieux à Berck ou à Pen-Bron.

Les autres spécialisations que l'on propose me semblent être plutôt des présomptions, des inductions que des conclusions solidement étayées ; elles ne sont même pas, pour la plupart, justifiées par la comparaison des statistiques, et, si elles l'étaient, elles n'en seraient pas plus justifiées, pour les raisons que j'ai données plus haut.

VŒUX

M. Barbier, rapporteur, donne lecture des vœux suivants qu'il propose comme conséquences pratiques de son rapport :

Premier vœu.

Le Congrès, considérant que le traitement marin est un moyen curateur puissant de la scrofule ;

Que les scrofuleux guéris par le traitement marin ne sont plus exposés, du fait des progrès de leur maladie, à devenir plus tard des phtisiques ou des infirmes ;

Que le prix que coûte le traitement marin, pour obtenir *la guérison* de la scrofule, n'est pas à comparer aux dépenses *stériles* que demande plus tard *l'entretien* des phtisiques ou des infirmes ;

Que les scrofuleux guéris sont aptes à pourvoir à leur entretien, à créer une famille, à rendre service au pays, au lieu de lui être complètement à charge, comme les phtisiques et les infirmes ;

Que les scrofuleux à lésions fermées ne sont pas des foyers de contagion tuberculeuse, à l'encontre des phtisiques qu'ils risquent de devenir plus tard, et, qu'en les soignant de bonne heure, on ne fait pas seulement une œuvre de cure particulière mais un acte de prophylaxie tuberculeuse générale ;

Emet le vœu :

1° *Que l'État, les départements, les villes, les communes, prennent à leur charge, dans les limites qui leur incombent à chacun, l'entretien des enfants assistés scrofuleux dans les sanatoriums maritimes, jusqu'à leur complète guérison ;*

2° *Que les œuvres charitables privées suivent cet exemple et que les uns et les autres créent de nouveaux sanatoriums dont le nombre n'est pas encore suffisant.*

Deuxième vœu.

Le Congrès, considérant que pour se rendre un compte exact et précis des résultats et des guérisons obtenus dans les différents sanatoriums, autant que pour être fixé sur les indications et sur les contre-indications de la cure dans chacun de ceux-ci, il importe qu'on recueille des documents comparables entre eux, autant que faire se peut ;

1° *Qu'un modèle uniforme de statistique soit dorénavant fourni à tous les sanatoriums, pour y classer leurs malades ;*

2° *Que les incidents de la cure et les causes de mort y soient nettement spécifiés, d'après un plan de classification analogue au projet ci-joint.*

Projet de classement des maladies en vue de statistiques uniformes.

Causes de mort

Tuberculose pulmonaire { Fermée } Torpide } Date du début.
  Ouverte } Eréthique } Etat général.

Tuberculose péritonéale { Asciuque } Date du début.
  Fibro-caséeuse } Etat général.

Tuberculose osseuse et tuberculose articulaire { Fermée { Unique { Date du début.
  Etat général.
  Ouverte } Multiple { Coexistence de tuberculose viscérale.

Tuberculose vertébrale osseuse et articulaire { Fermée.
  Ouverte.
  Phénomènes médullaires.

Scrofulides {

Peau { Tuberculose cutanée.
  Lupus.
  Eruptions septiques (Impétigo).
  Echtyma.

Œil { Blépharite.
  Kératite } phlycténulaires.
  Conjonctivite }

Oreille. — Otite suppurée { Oreille moyenne.
  Cellules mastoïdiennes.

Nez { Impétigo.
  Rhinite croûteuse.
  Ozène.

Lymphatisme {
  Grosses adénopathies externes { Fermées.
  Ouvertes.
  Micropolyadénopathies.
  Adénopathie bronchique (sans lésion du poumon) { Torpide.
  Fébrile.

Prédisposés à la Tuberculose { Constitutionnellement (hérédité).
  Etat thoracique.

Anémie {

simple { Convalescents de maladies aiguës.
  Misère.
  Insuffisance alimentaire.
  Surmenage.
  Croissance.
  Dyspepsie.

suspecte { Avec amaigrissement.
  Avec mouvement fébrile.
  Neurasthénie.
  Troubles divers.

Rachitisme {
  1er degré : **R. initial** { Etat local.
  Etat général.
  2e degré : **R. confirmé** { Etat local des déformations.
  Etat général.
  Fonctions digestives.

CAUSES DE MORT (Indiquer le diagnostic et l'observation résumée).

Troisième vœu.

Le Congrès, considérant que le traitement des lésions scrofuleuses et tuberculeuses est d'autant plus facile et demande un temps d'autant plus court qu'elles sont moins étendues et moins profondes ;

Que les tuberculoses fermées se guérissent mieux et plus vite que les tuberculoses ouvertes ;

Que la cure est ainsi moins longue et moins onéreuse ;

Que le traitement des scrofuleux est une œuvre strictement médicale ;

Que la mer ne convient pas à tous les malades qu'on y envoie, et qu'elle peut être dangereuse ou inutile dans certains cas ;

Que les moyens de cure mis en œuvre, en particulier l'alimentation, jouent chacun un rôle de premier ordre dans l'obtention des bons résultats que l'on cherche ;

Que la durée du séjour nécessaire à la guérison des malades est essentiellement variable d'un sujet à un autre ;

Que la durée du séjour est toujours longue pour obtenir une guérison complète, et qu'elle peut se chiffrer par années ;

Que la guérison complète est la seule raison d'être du traitement sanatorial, si l'on veut éviter les récidives ou les aggravations du mal, et qu'elle est en même temps la seule vraiment économique ;

Emet le *vœu :*

1º *Que les malades tributaires de la cure sanatoriale soient envoyés au sanatorium dès le début de leur affection ;*

2º *Que le sanatorium les reçoive sans délai avec le minimum de formalités administratives ;*

3º *Que le médecin du sanatorium soit le maître absolu de ses moyens d'action : admission, renvoi, durée de séjour, alimentation, etc. ;*

4º *Que la durée du séjour ne soit pas limitée administrativement.*

Quatrième vœu.

(RELATIF AUX COLONIES AGRICOLES.)

Le Congrès, considérant qu'un scrofuleux guéri par le traitement sanatorial n'est pas à l'abri d'une nouvelle inoculation tuberculeuse vis-à-vis de laquelle il est, au contraire, en état d'anaphylaxie ;

Que la conservation de cette santé ainsi restaurée ne peut être obtenue qu'en éloignant le convalescent de toutes les occasions de contamination tuberculeuse ;

Que celles-ci sont réunies avec leur maximum d'effet dans les villes, ou dans les milieux sociaux misérables ou tuberculeux d'où ces malades proviennent ;

Que seules la vie au grand air, les professions manuelles de la campagne, etc., leur conviennent dorénavant ;

Emet le *vœu :*

1º *Que les malades (enfants) guéris par le sanatorium soient dirigés vers des colonies agricoles, ou placés chez des fermiers pour y apprendre des métiers compatibles avec le maintien de leur santé ;*

2° *Que ces malades ne soient pas renvoyés dans les villes ni dans les milieux tuberculeux d'origine ;*

3° *Que, pour la réalisation de cette œuvre, on organise des Comités départementaux d'initiative — avec l'aide du corps médical, des associations charitables et de l'Administration — comités chargés de créer des centres de colonisation et de placement chez les cultivateurs.*

Tous ces vœux, successivement mis aux voix, sont adoptés.

Le professeur Renaut, président du Congrès et de la séance, se faisant l'interprète de tous, remercie le Dr Barbier, auteur du rapport dont la discussion vient de prendre fin, d'avoir accepté une aussi lourde tâche et le félicite de l'avoir ainsi menée à bien.

(Applaudissements unanimes.)

COMMUNICATIONS

TUBERCULOSES CHIRURGICALES ET CLIMAT D'ARCACHON

par le docteur LOUIS VERDELET.

Chirurgien des hôpitaux de Bordeaux,
Médecin du bureau de bienfaisance de Bordeaux,
Médecin colonial de l'Université de Bordeaux.

« Tout est dit et l'on vient trop tard, » pourrait-on dire en commençant cette note, car depuis longtemps déjà la question du traitement des tuberculoses chirurgicales et de la cure marine est à l'ordre du jour et a inspiré de nombreux travaux et des progrès thérapeutiques sérieux. Et cependant aujourd'hui un Congrès de climatothérapie venant tenir ses assises à Arcachon ne peut laisser indifférent le chirurgien et particulièrement le Bordelais ; aussi viens-je peut-être faire œuvre de redite en insistant de nouveau sur les avantages que le littoral du bassin d'Arcachon peut offrir à nombre de malades tuberculeux chirurgicaux, laissant à d'autres les nombreuses questions relatives à la tuberculose, en général, et au rétablissement de tous les prédisposés à ce mal terrible.

Tous les ans, d'assez nombreux malades tuberculeux chirurgicaux de nos régions viennent chercher ici une amélioration à leur malheureuse situation.

Sans parler des malades prétuberculeux ou même tuberculeux envoyés à Arcachon par les hôpitaux de Bordeaux, et des jeunes enfants auxquels le bureau de bienfaisance accorde un séjour d'un mois et demi à Arès, c'est surtout dans la clientèle aisée ou riche qu'il faut chercher les faits les plus appréciables d'un heureux résultat obtenu.

C'est donc dans la clientèle privée que l'on peut peut-être le plus facilement se rendre compte des effets obtenus, et, à cet égard, je ne veux mentionner que les quelques faits suivants :

Deux auront trait à des tuberculoses fermées : adénites cervicales ou scrofule des anciens auteurs.

Observation I. — Enfant de 4 ans, présentant de l'adénite cervicale, fait diverses saisons à Arcachon (1900-1901-1902). Etat général et local parfait.

Observation II. — Enfant de 4 ans, adénites cervicales. — Traitement à Taussat : 2 mois en septembre et octobre 1901 et 1903. — Disparition complète des ganglions. — Etat général et local excellent.

Deux autres ont trait à des tuberculoses ouvertes.

Observation III. — Enfant de 6 ans. En juillet 1900, incision d'une adénite cervicale bacillaire ayant débuté depuis deux ou trois mois, mais devenue subitement phlegmonneuse.

Pus bacillaire. Divers pansements.

Partie en août pour Taussat, deux mois de séjour. — Cicatrisation rapide. — Disparition des divers ganglions. — Depuis, trois autres saisons de deux mois sur le bord du bassin d'Arcachon. — L'état général et local s'est maintenu depuis très bon.

Observation IV. — Homme de 35 ans, ayant subi en mai 1901 un curettage pour ostéite costale bacillaire. — Part en juillet pour Arcachon ayant encore un trajet fistuleux. Sous l'influence de la stimulation produite par l'air et sous l'influence des bains salés, guérison. — Revu l'année suivante en très bon état.

J'ai pris là les faits qui m'ont paru les plus saillants, ne voulant pas tomber dans une redite continuelle des mêmes choses et préférant seulement à leur sujet émettre quelques réflexions.

Tout d'abord, il est un fait digne de remarque et bien connu, c'est que ce sont les enfants qui en bénéficient le plus et le plus rapidement : on est frappé, en effet, de l'amélioration rapide qui se produit chez eux, amélioration beaucoup plus prompte que chez les adultes et dont les effets sont beaucoup plus durables.

Ce sont ensuite les tuberculoses osseuses et surtout ganglionnaires qui retirent les plus grands avantages du climat marin, comme l'ont fait remarquer nombre d'auteurs et, en particulier, Robin et Binet, dans leur rapport au 3e Congrès de thalassothérapie.

Enfin, quelques considérations sont intéressantes à signaler au sujet du traitement lui-même.

Tout d'abord la question de l'indication des bains de mer.

Si, d'une façon générale, les bains de mer sont indiqués dans les cas où il y a lieu de stimuler les échanges organiques, et contre-indiqués chez les malades à échanges exagérés, quand l'exagération porte sur la désassimilation, et si, dans ces conditions, ils conviennent aux lymphatiques, aux scrofuleux et aux tuberculoses osseuses et ganglionnaires (1), il faut cependant, je crois, être un peu réservé à leur égard, et, pour mon compte, je conseille aux malades que j'envoie sur le littoral arcachonnais de prendre surtout des bains salés chauds.

Ce traitement général de cure d'air et de bains peut encore se compléter, comme à Salies et à Biarritz (2), de pansements humides à l'eau de mer et de douches locales chaudes.

Telles sont les réflexions rapides que j'avais à faire au sujet des ressources que nous offre le climat d'Arcachon, et, pour nous résumer, nous pourrions, répétant le vieil adage, dire que nos malades guérissent ici : *cito, tuto et jucunde.*

INDICATIONS ET CONTRE-INDICATIONS
DU TRAITEMENT MARIN

CONDITIONS GÉNÉRALES D'ORGANISATION DES SANATORIUMS MARITIMES MODERNES

Par le Dr CRISTOFINI,
directeur du sanatorium de Saint-Trojan.

—

Les considérations exposées dans ce travail ne sont pas basées sur des vues théoriques, mais bien au contraire sur des observations directes et une expérience pratique de trois années au sanatorium de Saint-Trojan, ainsi que sur l'étude comparative d'observations faites dans d'autres stations marines.

En général, les médecins praticiens connaissent mal les questions relatives au traitement marin et principalement les indications et les contre-indications de ce traitement, que beaucoup paraissent considérer comme une panacée universelle.

C'est là une erreur capitale, dangereuse à tous les points de vue, et qui risquerait de discréditer le traitement marin.

En réalité, ce traitement répond, au contraire, à des indications bien précises et limitées et qui ont été magistralement exposées pour la première fois par M. le Dr Charles Leroux, dans son livre sur les hôpitaux marins, et que l'expérience n'a fait que confirmer.

Les indications du traitement marin sont, en première ligne, l'anémie, le lymphatisme, la débilité générale sans aucune tare de tuberculose pulmonaire, le rachitisme.

(1) Robin et Binet, IIIe Congrès de thalassothérapie.
(2) Unterberger, Blaetter für Klinische Hydrothérapie, janvier 1903.

En seconde ligne, les tuberculoses chirurgicales légères et tout à fait au début de leur évolution, adénopathies externes, ostéites, arthrites tuberculeuses. J'ai obtenu à Saint-Trojan d'excellents résultats chez des malades répondant rigoureusement aux indications qui précèdent.

Les contre-indications sont les tuberculoses anciennes graves et suppurées, les affections aiguës des yeux et des oreilles, l'eczéma et les affections cutanées aiguës, la tuberculose pulmonaire à tous les degrés et, d'une façon générale, toutes les tuberculoses viscérales, les affections nerveuses, cardiaques, rénales, etc.

« En effet, comme le dit si justement M. le Dr Barbier dans son rapport « sur les sanatoriums maritimes de la côte atlantique en France, le Sana- « torium maritime n'est pas et ne doit pas être seulement, comme certains « le pensent, le refuge des difformités ou des suppurations chroniques que « la chirurgie des grandes villes n'a pu ni empêcher, ni guérir : il est, il « doit être avant tout une arme de prophylaxie. »

Bien entendu il n'y a pas de règle sans exception, et dans certaines stations au climat privilégié, comme par exemple Arcachon et Hendaye, les affections qui, en général, contre-indiquent le traitement marin peuvent s'améliorer et même guérir, alors que dans les stations marines au climat plus rigoureux, ces affections s'aggravent d'une façon constante.

D'ailleurs, en étudiant comparativement les résultats du traitement marin, on arrive forcément à cette conclusion : c'est que, s'il est possible d'établir quelques règles générales sur les conditions d'application de ce traitement, il est absolument nécessaire dans la pratique de faire des questions d'espèce.

Il y a, d'ailleurs, beaucoup de cas dans lesquels au traitement marin, qui reste la médication principale, il faut adjoindre d'autres médications accessoires, médications appartenant également au groupe des agents physiques : hydrothérapie, photothérapie, électrothérapie, etc.

C'est ainsi qu'il y a des chloro-anémiques nerveux, excitables et sensibles à l'action du froid, qui ne peuvent supporter le bain de mer froid et qui se trouvent fort bien d'applications hydrothérapiques chaudes ou de bains d'électricité statique.

C'est ainsi, dans un autre ordre d'idées, qu'il y a des ostéites tuberculeuses réfractaires à l'action de la balnéation marine seule, et qui guérissent merveilleusement par l'application de cette médication combinée avec des cautérisations au thermocautère et la photothérapie, soit naturelle par insolation, soit artificielle par l'emploi de la lumière électrique.

J'ai pu obtenir par cette méthode une guérison complète chez une malade atteinte d'une ostéite tuberculeuse qui avait paru devoir nécessiter l'amputation de la main.

Et ici nous touchons à une grave lacune dans l'organisation matérielle de la plupart des sanatoriums maritimes, du moins en France.

Car, à l'époque relativement récente où on a commencé à créer des sanatoriums maritimes, les dévoués philanthropes organisateurs de ces établissements étaient persuadés, d'une part, que le traitement marin à lui tout seul pouvait suffire à toutes les exigences de la médication, et, d'autre part, ne disposant que de ressources pécuniaires insuffisantes, voulaient néanmoins créer le plus grand nombre possible d'établissements de ce genre pour lutter contre la tuberculose.

Aussi se sont-ils préoccupés uniquement d'installer au bord de la mer des bâtiments généralement aménagés selon les règles strictes de l'hygiène, mais généralement aussi dépourvus du confortable moderne et où on se borne à soumettre les enfants à la balnéation marine et à la cure d'air.

C'est à cette époque que nous voyons un maître éminent, le Professeur Verneuil, ériger en dogme la nécessité du sanatorium économique.

Le sanatorium maritime, au contraire, doit être considéré comme un établissement très coûteux d'installation et d'entretien, aménagé avec tout le confortable, même tout le luxe possible, selon les exigences de l'hygiène et les découvertes de la science moderne, et où, à côté du traitement marin, on peut appliquer la plupart des autres moyens de la physicothérapie.

Bien entendu le site choisi pour la construction d'un établissement de ce genre doit être situé dans un climat sain, et, sans être dans une agglomération urbaine, doit être à proximité d'une ville pourvue de moyens de communication et d'approvisionnement. Les bâtiments doivent être conformes aux prescriptions de l'hygiène (cube d'air suffisant, surfaces lisses, angles arrondis, etc.).

C'est d'ailleurs ce qui a été fort bien réalisé dans l'organisation du sanatorium de Saint-Trojan, sous la direction du regretté Dr Bergeron. Le matériel doit être particulièrement soigné, eau douce chaude et froide en abondance partout, chauffage à la vapeur, éclairage à l'électricité, mobilier aseptique, etc.

Installations complètes d'hydrothérapie, d'électrothérapie, de photothérapie, d'inhalations d'oxygène, d'ozone, d'air chaud, etc.

Le personnel doit être nombreux, choisi et instruit.

Nos conclusions sont les suivantes :

Pour la première question, lorsqu'un médecin a l'intention d'envoyer un de ses malades dans une station maritime, il doit avant tout se mettre en rapport avec le médecin de cette station et s'en rapporter entièrement à l'appréciation de ce dernier sur l'opportunité ou la non-opportunité de l'envoi du malade dans la station.

Pour la seconde question, tout en rendant pleinement justice à l'effort généreux et considérable accompli par les premiers fondateurs de sanatoriums maritimes en France, nous estimons que l'on doit actuellement reconnaître la nécessité de faire mieux et plus moderne, pour obtenir des résultats thérapeutiques meilleurs, plus complets et plus durables.

DE L'UTILITÉ DU CLIMAT MARIN ET DES CROISIÈRES
DANS LES TUBERCULOSES FROIDES ET LA CANCÉROSE

Par le Dr Félix de BACKER (de Paris).

—

C'est une loi de pathologie générale que la cellule ne peut évoluer, c'est-à-dire devenir géante *normalement* ou *anormalement*, qu'autant qu'elle est excitée par un *primum movens*, étranger à elle-même.

Suivant que l'excitateur est *approprié* ou non parasitaire, l'évolution est naturelle, atavique ou harmonieuse : si l'excitateur est non approprié ou *parasitaire*, l'évolution sera nulle ou monstrueuse ou pathologique.

Ce qu'il importe de retenir, c'est que toute cellule ne se reproduit que grâce à un excitateur : c'est la condition *sine quâ non* de *toute néoplasie*.

Cette néoplasie se distingue par l'apparition de cellules polynucléaires, caractéristiques de toute maladie inflammatoire comme de toute tumeur apyrétique.

Dans les maladies inflammatoires, le microbe excitateur détermine l'agglomération cellulaire, dont l'effervescence se traduit par une élévation de température.

Toute maladie aiguë rentre dans cette catégorie générale. Les déchets se multiplient alors dans les vaisseaux et constituent le danger par obstruction, de sorte que l'on peut énoncer comme fait général que *tout microbe engendre une néoplasie.*

Il y a cependant deux maladies où cette néoformation est plus frappante, parce que dans les deux cas les tumeurs ou néoplasmes, au lieu d'être *disséminés dans le sang*, se localisent spécialement dans les organes.

Nous parlons de la tuberculose et du cancer.

L'excitateur de la tuberculose paraît être le bacille de Koch, cela est certain pour la majorité de ceux qui l'ont étudié ; mais Koch lui-même a constaté qu'il existe sous deux formes bien distinctes : une forme froide, une forme chaude.

A chaud, l'évolution bacillaire est devenue tristement trop classique.

A froid, cette évolution est beaucoup plus lente ; elle affecte des organes moins aérés que les poumons, les os, les articulations, la peau, les *séreuses* sécrétantes. Dans tous ces cas, la température demeure presque normale, rarement *au-dessous* de 37°, rarement *au-dessus*.

Les humeurs froides sont de cette catégorie.

Si nous jetons un coup d'œil sur la cancérose, nous trouvons quantité d'analogies entre cette maladie et la tuberculose froide.

Dans la cancérose, *l'hypothermie est une règle sur laquelle nous avons appelé l'attention du Professeur Bouchard, il y a dix ans, en maintes circonstances spécialement connues de lui.*

Et nous voulons ici une fois de plus signaler ce fait capital que les tumeurs sont en raison inverse des températures.

Plus la température est élevée, plus le nombre des tumeurs est considérable et plus leur volume est petit.

Il suffit de jeter un coup d'œil sur le néoplasme tuberculeux, depuis l'oiseau jusqu'à la carpe, de 46° à 28°, pour s'apercevoir de cette *loi thermique*.

Que se passe-t-il donc dans le phénomène-symptôme-fièvre ?

A une plus grande quantité d'oxygène ou de gaz aspiré et expiré par l'appareil pulmonaire, est dû l'effort qui assimile le fiévreux à l'animal en course.

Le leucocyte et le microbe sont les deux éléments qui exigent une telle oxygénation pour transformer une grande quantité de glycogène en alcool d'abord, en acide lactique après.

C'est pour cela que nous voyons le fiévreux épuiser rapidement l'oxygène de son sang et l'azote de ses muscles.

Or, de tous les microbes connus, il en est peu qui soient plus avides d'oxygène que le bacille de Koch : sa sélection du poumon en est la preuve et sa rapidité d'évolution en culture suroxygénée le prouve aussi.

Il y a donc une réelle sélection de culture dans le sujet *hyperthermique* pour le bacille de Koch.

L'hypothermie est, par le même fait, une mauvaise condition de son évolution : il faut la rechercher, avant tout, quand la tuberculose est pulmonaire ou fébrile, pour éviter le dépérissement du malade.

La mer est mauvaise aux tuberculeux fiévreux, à cause de l'oxygénation et des vapeurs salines, dont l'excitation est très connue.

Mais, en revanche, elle rend d'immenses services aux tuberculeux torpides, dont les échanges nutritifs sont ralentis : *Toute tuberculose à grosses tumeurs se trouve admirablement de la mer.*

Par analogie, je dirai la même chose de la cancérose, maladie froide ou hypothermique, qui pourrait être définie *désoxygénation sanguine*.

Rien n'est plus salutaire aux strumeux et aux scrofuleux que le climat marin. Rien ne leur est plus utile que les plages sablonneuses et les bains de sable ou de mer.

Je préconise également les croisières comme un excellent moyen d'oxygéner les cancéreux, de même que je leur conseille les injections d'eau de mer.

J'ai eu maintes fois l'occasion de voir, sous l'action de ces divers moyens d'oxydation interne, les malades prolonger leur existence de plusieurs années, quand on pouvait leur donner, en même temps, le traitement par les ferments.

Nous observons, en ce moment encore, trois malades ayant évolué une cancérose récidivée, après l'opération de tumeurs histologiquement cancéreuses. Des circonstances spéciales, en leur imposant un séjour forcé sur le bord de la mer, leur ont donné depuis plus de trois ans un véritable regain de vitalité.

Nous concluons donc que dans les tuberculoses apyrétiques comme dans la cancérose, le climat marin et les croisières peuvent rendre de grands services, et nous n'hésitons pas à émettre le vœu de voir établir à Arcachon (banlieue) un sanatorium anti-cancéreux comme séjour de convalescence ou de guérison, avant ou après toute opération.

L'EAU DE MER EN INJECTIONS ISOTONIQUES SOUS-CUTANÉES
CHEZ LES NOUVEAU-NÉS

par MM. LACHÈZE et QUINTON.

Dans le service du docteur Auvard, à la Maternité de l'hôpital Saint-Louis, nous avons eu l'occasion d'instituer le traitement marin par les injections sous-cutanées d'eau de mer isotonique, chez les cinq enfants nouveau-nés dont voici les observations.

L'eau de mer employée était une eau puisée au large d'Arcachon, à 10 mètres de profondeur : elle était ramenée à l'isotonie par addition de deux fois son volume d'eau de source, le tout stérilisé à froid au filtre Chamberland.

Les injections étaient pratiquées sous la peau préalablement aseptisée, dans la région de l'omoplate de préférence.

OBSERVATION I.

Garçon L., né le 25 décembre 1904, amené dans le service le 30 décembre.

Le poids initial fait défaut; mais l'enfant a toujours fortement diminué depuis sa naissance.

6e jour. — Poids 3.230 gr.
7e — — 3.225 —
8e — — 3.160 — } Allaitement maternel.
9e — — 3.150 —
10e — — 3.075 —
11e — — 3.050 — 40 gr. de lait stérilisé par tétée.
12e — — 3.000 — 50 — — —
13e — — 3.000 — L'enfant vomit, il crie constamment, son agitation est extrême.

40 gr. de lait de nourrice à chaque tétée. L'enfant jusqu'à ce jour n'a cessé de diminuer

1re injection de 6 cc. d'eau de mer isotonique à 11 h. 20 du matin.

Température, à 11 h. 1/2, 36°; à 1 h. 1/2, 36°8; à 3 h. 1/2, 37°4; à 4 h. 3/4, 39°5; à 6 h, 37°8; à 7 h., 37°5; à 8 h., 38°4.

14e — — 3.050 — Pour la première fois, le poids se relève (gain, 50 gr.). Le calme le plus complet est apparu quelques heures après l'injection. Il n'y a plus de vomissements. T°, à 5 h. du soir, 37°9.

15e jour. —Poids 3.095 gr. T°, 9 h. du matin, 38°.

16e — — 3.095 — 2e inj. de 6 cc. de sérum marin à 11 h. 3/4. T°, midi, 37°4 ; 2 h., 39°4 ; 3 h., 39°2 ; 4 h., 38°4 ; 7 h. soir, 38° ; 9 h., 37°2 ; 11 h., 37°3.

17e — — 3.020 — T°, 9 h. matin, 37° ; midi, 37°4 ; 6 h. soir, 38°8.

18e — — 3.080 — — 37°4 — 38 — 38 .

19e — — 3.100 — — 37°6 — 37°8 — 37°2.

20e — — 3.120 — 3e inj. de 7 cc. de sérum marin à 2 h. 3/4 soir. T°, 3 h. soir, 36°4 ; 4 h., 36°5 ; 5 h., 36°5 ; 7 h., 36°8 ; 8 h., 36°4 ; 9 h., 36° ; 10 h., 37° ; 11 h., 36°8.

21e — — 3.090 — T°, 9 h. matin, 36°8 ; midi, 36°4 ; 5 h., 36°. -

22e — — 3.120 — — 36°5 — 36°8 — 36°5.

23e — — 3.195 — — 36°8 — 37 .

24e — — 3.215 — Depuis le début des injections d'eau de mer, l'enfant, qui s'alimentait difficilement, absorbe mieux le lait qu'on lui donne et le garde. Toutefois, ce meilleur accomplissement des fonctions digestives peut tenir à ce simple fait qu'à ce moment même on a remplacé le lait stérilisé par le lait de nourrice.

25e — — 3.250 —

26e — — 3.290 —

27e — — 3.320 —

28e — — 3.300 —

29e — — 3.300 — En présence de cet arrêt dans l'augmentation du poids et d'une agitation extrême, on fait à l'enfant, une 4e inj. d'eau de mer de 7 cc.

30e — — 3.320 — L'enfant, qui criait continuellement depuis trois jours et dormait très mal, est maintenant très paisible et s'endort facilement après chaque tétée.

31e — — 3.320 —

32e — — 3.365 —

33e — — 3.410 —

34e — — 3.435 — Augmentation du poids en 5 jours, l'alimentation étant restée la même : 135 grammes.

35e — — 3.430 —

36e — — 3.465 —

37e — — 3.580 — L'enfant prend 2 parties de lait stérilisé pour une partie de lait maternel.

38e — — 3.535 — 5e injection d'eau de mer de 10 cc.

39e — — 3.525 —

40e — — 3.545 — L'enfant est remis au lait de nourrice.

41e — — 3.560 — 6e injection d'eau de mer de 10 cc.

42e — — 3.550 —

43e — — 3.580 —

44e — — 3.640 —

45e — — 3.650 — L'enfant quitte le service très bien portant ; il part en nourrice. Nous avons eu de ses nouvelles à son 110e jour, le 15 avril : il va bien et pèse actuellement 5 kg.

Cette observation n'est pas probante, quant aux bénéfices résultant du traitement marin : dans l'amélioration de l'état de santé qui a suivi la première injection d'eau de mer, il y a lieu, en effet, de tenir compte de l'action du lait de nourrice qui a remplacé à ce moment le lait stérilisé.

OBSERVATION II.

Gabriel B..., né le 24 février 1905 à la Maternité de Saint-Louis. Mère I pare. Dernières règles fin juin. Accouchement spontané. Délivrance naturelle ; poids du placenta, 580 gr.

1ᵉʳ jour. — Poids 3.625 gr.

2ᵉ — — 3.400 — Allaitement maternel.

3ᵉ — — 3.200 —

4ᵉ — — 3.200 —

5ᵉ — — 3.150 — Siège très rouge ; bains d'amidon.

6ᵉ — — 3.245 —

7ᵉ — — 3.250 — Diarrhée. Eau de Vichy avant chaque tétée.

8ᵉ — — 3.195 — L'enfant prend mal le sein. Bains sinapisés, frictions à l'alcool.

9ᵉ — — 3.200 —

10ᵉ — — 3.150 — L'enfant qui, du 1ᵉʳ au 5ᵉ jour, a perdu 475 gr., n'a rien regagné au 10ᵉ jour. Depuis sa naissance il est dans une torpeur profonde — il ne crie pas. Il faut le secouer fortement pour le réveiller, et, mis au sein, il met une demi-heure pour absorber quelques grammes à peine. Sa T° est de 35°2.
1ʳᵉ injection d'eau de mer isotonique de 20 cc.

11ᵉ — — 3.125 — Quelques heures après l'injection, l'enfant prend le sein plus rapidement. Il absorbe 60 gr. à chaque tétée.

12ᵉ — — 3.100 — Bien que le poids diminue, l'amélioration est manifeste. L'enfant prend le sein au bout de 10 minutes ; il est plus vif.
2ᵉ inj. de 15 cc. de sérum marin.
Il quitte le service le 12ᵉ jour (7 mars).

14ᵉ — — 3.080 — On nous ramène l'enfant qui tète maintenant aussitôt qu'on le met au sein ; son cri est plus fort, ses mouvements plus vigoureux.
3ᵉ inj. de 10 cc. sérum marin.

16ᵉ — — 3.080 — L'enfant n'a pas encore augmenté de poids, mais son état général est très satisfaisant. Il se réveille toutes les 2 heures pour téter.
4ᵉ inj. de 10 cc. sérum marin.

Comme le montre cette observation, pendant les 6 jours du traitement marin, l'enfant a perdu 70 gr. L'amélioration de l'état général est toutefois si sensible qu'elle ne laisse place à aucun doute.

Malgré nos recommandations répétées, le traitement n'a pu être prolongé. Devant l'état apparent de son enfant la mère a estimé superflue la continuation des injections ; elle quitte Paris avec son enfant que nous ne revoyons pas.

OBSERVATION III.

Fille R..., née le 26 février à l'hôpital Saint-Louis. Mère 24 ans, III pare. Grossesse de 8 mois 1/2. Accouchement et délivrance sans particularité.

1er jour. — Poids 2.850 gr.
2e   —   — 2.650 —
3e   —   — 2.500 —   Allaitement maternel.
4e   —   — 2.400 —
5e   —   — 2.400 —
6e   —   — 2.475 —
7e   —   — 2.475 —   Diarrhée verte. L'enfant est mis à la diète hy-
                               drique 12 heures.
8e   —   — 2.500 —   Lavage intestinal.
9e   —   — 2.525 —
10e —   — 2.550 —   Diarrhée continue. Lavage intestinal.
11e —   — 2.450 —   Les tétées sont pesées et surveillées attentivement,
                               l'enfant restant 20 minutes au sein pour prendre
                               50 gr. Lavage intestinal.
12e —   — 2.350 —   L'enfant a encore diminué de 100 grammes. —
                               Il prend mal le sein.
                                   1re injection de 12 cc. d'eau de mer isotonique.
                               L'enfant quitte le service le 12e jour (9 mars).
15e —   — 2.420 —   L'enfant dort tranquillement et à son réveil prend
                               le sein avidement. Son état général est plus
                               satisfaisant. Les selles sont jaunes liquides.
                                   2 inj. de 10 cc. d'eau de mer.
17e —   — 2.400 —   La diarrhée a disparu, mais le poids a baissé de
                               20 gr.
                                   3e inj. de 10 cc. d'eau de mer.
19e —   — 2.450 —   Bon état général.
                                   4e inj. de 10 cc. d'eau de mer.
22e —   — 2.450 —   Un peu de diarrhée.
                                   5e inj. de 10 cc. d'eau de mer.
26e —   — 2.530 —   Selles encore un peu liquides. Lavage intestinal.
                                   6e inj. de 15 cc. d'eau de mer.
29e —   — 2.570 —   Selles normales. L'aspect de l'enfant se modifie
                               de jour en jour. Il est plus éveillé — ses mouve-
                               ments sont plus vifs.
                                   7e inj. de 10 cc. d'eau de mer.
37e —   — 2.800 —   L'enfant est maintenant tout à fait rétabli. Son
                               poids augmente régulièrement. Nous lui faisons
                               une dernière injection de *10 cc. d'eau de mer*
                               (8e injection).

OBSERVATION IV.

Madeleine G., née à l'hôpital Saint-Louis le 27 février 1905. Mère I pare. D. R.
le 4 juin. Accouchement : présentation du siège décomplété mode des fesses,
extraction sans difficulté. Délivrance naturelle. Poids du placenta, 600 grammes.

1er jour. — Poids 2.800 gr.
2e   —   — 2.700 —
3e   —   — 2.625 —   Teinte ictérique de tout e corps.
4e   —   — 2.510 —
5e   —   — 2.505 —   L'enfant n'a pas encore tété. Il ne garde pas
                               non plus le lait qu'on lui donne par les procédés
                               usuels. Il est dans une torpeur et une somnolence
                               complètes et prolongées. Il ne pousse aucun cri.
                               La piqûre n'éveille chez lui aucune réaction immé-

diate. Sa température est inférieure à 32°. Ses mouvements respiratoires sont faibles.

On lui injecte à midi 1/2 *20 cc. de sérum marin isotonique.*

Il ne tète encore pas de l'après-midi et ne boit pas ; mais la nuit suivante il se réveille, se met à crier, et, mis au sein, exécute les mouvements de succion et de déglutition qu'il n'avait pas encore accomplis depuis sa naissance.

6e jour. — Poids 2.575 gr. L'enfant augmente de poids. Il continue à téter normalement.

7e — — 2.645 — Le facies se modifie complètement. Les téguments prennent une teinte rosée et une consistance plus ferme. La température du corps s'élève à 34o6, la respiration est plus ample. On assiste à un véritable réveil des fonctions organiques.

2e inj. de 20 cc. d'eau de mer.

8e — — 2.690 —

9e — — 2.740 — L'état de l'enfant s'améliore de jour en jour.

3e inj. de 15 cc. d'eau de mer.

10e — — 2.800 —

11e — — 2.815 — L'enfant va bien.

4e inj. de 10 cc. d'eau de mer.

12e — — 2.805 — Il quitte le service (10 mars).

16e — — 2.775 — La mère ramène son enfant auquel elle n'a donné depuis 2 jours que du lait stérilisé, croyant que le sien n'était pas bon. Reprise de l'allaitement maternel.

5e inj. de 10. cc d'eau de mer.

18e — — 2.775 — L'enfant va tout à fait bien, mais son poids est resté stationnaire.

6e inj. de 10 cc. d'eau de mer.

24e — — 2.850 — *7e inj. de 10 cc. d'eau de mer.*

25e — — 2.930 — 8e inj. de 10 cc. d'eau de mer.

28e — — 3.050 — L'enfant est en excellent état.

9e inj. de 10 cc. d'eau de mer.

35e — — 3.360 — Arrêt des injections. L'enfant augmente de poids d'une façon normale.

Observation V.

Marguerite R., née le 9 février 1905 à la Maternité de Saint-Louis. Mère 19 ans, III pare, plumassière.

Première grossesse terminée prématurément au 6e mois, en mai 1903. L'enfant a vécu 16 heures.

Deuxième grossesse terminée au 8e mois, avril 1904. Cet enfant n'a jamais pris le sein, il a vomi à chaque tentative que l'on a faite pour l'alimenter, il n'a jamais crié. Entre autres soins, on lui fit trois injections de sérum artificiel, qui n'amenèrent aucune modification dans son état. Il succomba le 8e jour.

Troisième grossesse, actuelle, terminée à 8 mois 1/2, le 9 février. Accouchement spontané, délivrance naturelle et complète ; placenta, 500 gr.

1er jour. — Poids 2.450 gr.

2e — — 2.300 —

3e — — 2.300 — L'enfant ne prend pas le sein. On tente de l'alimenter en lui faisant boire un verre de lait de la mère ; il ne fait aucun mouvement de déglutition, et le lait ainsi introduit s'écoule de sa bouche à chaque tentative.

4e jour. — Poids 2.250 gr. Même état. On gave l'enfant qui rejette le lait peu de temps après son introduction dans l'estomac.

5e — — 2.250 — Situation identique. Bains sinapisés, frictions à l'alcool.

6e — — 2.200 — Pas d'amélioration. Injection *de 10 cc. de sérum artificiel.*

7e — — 2.200 — L'enfant ne prend pas le sein davantage et ne se laisse toujours pas alimenter. Il est inerte dans son berceau, sa température est de 35°, sa situation rappelle en tous points celle du second enfant de la femme R. C'est à ce moment que M. Quinton lui fait dans le service une injection de *10 cc. d'eau de mer isotonique.*

8e — — 2.220 — La nuit qui suit l'injection, l'enfant mis au sein commence à téter, ce qu'il n'avait pas encore fait depuis sa naissance. Il exécute quelques mouvements, crie, etc. Les tétées suivantes s'accomplissent normalement. On voit que son poids se relève.

9e — — 2.250 — La mine de l'enfant est changée, il n'est plus pâle, ses traits sont plus vivants. Sa T° est de 36°. Cependant, comme il ne prend pas assez au sein, on complète avec le lait de la mère 50 gr. par tétée.

2e injection de 10 cc. d'eau de mer.

10e — — 2.250 —

11e — — 2.150 — Quelques vomissements après la tétée. Lavage d'estomac à l'eau de Vichy.

3e injection de 10 cc. d'eau de mer.

L'enfant quitte le service le 19 février.

15e — — 2.130 — On ramène l'enfant qui a bon aspect. Il crie bien, mais s'alimente encore difficilement : toutefois il ne vomit pas du tout.

4e injection de 10 cc. d'eau de mer.

Suspension du traitement marin.

24e — — Nous allons voir l'enfant chez sa mère, il va bien, a le teint rose, il prend le sein régulièrement, ne vomit pas, dort d'un sommeil calme. Ses garde-robes sont jaunes. Poids inconnu.

46e — — Le développement de l'enfant se poursuit normalement. La mère, très occupée, ne peut toujours pas venir à l'hôpital pour qu'on pèse sa fille.

53e — — 3.160 — L'enfant, étant un peu enrhumé, a été conduit à Saint-Louis dans le service voisin où il a été pesé. On voit que l'augmentation de poids se poursuit régulièrement, son état de santé, à part ce petit incident, ne laisse rien à désirer.

Dans cette observation deux faits méritent plus particulièrement de retenir l'attention : d'une part, l'identité absolue, les premiers jours après la naissance, de l'état des deux derniers enfants de la femme R. ; nous savons que le premier est mort, tandis que le second vit. D'autre part, l'inefficacité du sérum artificiel dans ces deux cas, opposée à l'action très nette de l'eau de mer dans le second.

Les conclusions à tirer de ces observations sont les suivantes :

Sur les cinq enfants observés, 4 au moins (les 4 derniers) étaient anormaux : la chute considérable de poids les premiers jours après la naissance, le retard prolongé de la réascension de la courbe, même après le début des injections, surtout les signes de vie ralentie que nous avons signalés : basse température, faible intensité respiratoire, absence fréquente des mouvements de succion et de déglutition, torpeur invincible, troubles digestifs, etc... tous ces signes ont une signification nettement pathologique.

Les changements observés dans l'état de ces enfants après les injections marines, consistant en l'instauration rapide et intégrale des actes vitaux, en une grande euphorie, en une amélioration notable de l'état général, se manifestant ensuite par l'augmentation de poids, ces résultats ne sont pas une simple coïncidence, encore moins la suite naturelle de l'évolution spontanée de la santé de ces enfants.

L'eau de mer semble donc s'affirmer comme un adjuvant digne de retenir l'attention dans la thérapeutique infantile. Les bénéfices obtenus chez les nouveau-nés, avec le sérum artificiel, sont classiques : d'après notre dernière observation, et au cas où l'avenir la confirmerait, on serait en droit d'attendre de l'eau de mer une action dont le sérum artificiel n'est peut-être pas capable.

Par des injections comparatives, effectuées avec une méthode rigoureuse chez le chien, l'un de nous et Julia (1) ont établi la supériorité physiologique de l'eau de mer sur la solution chlorurée sodique. Une supériorité thérapeutique serait toute naturelle.

Quoi qu'il en soit, le traitement marin, pratiqué par injections sous-cutanées d'eau de mer isotonique, entre dorénavant dans le domaine thérapeutique, et le rôle qu'il paraît devoir y jouer est de nature à en légitimer fréquemment l'emploi.

DISCUSSION

Le Dr BONNAL (d'Arcachon) confirme tous les bons effets que M. Quinton attribue à l'eau de mer en injections sous-cutanées.

Il y a bien longtemps que le Dr Bonnal a mis en pratique comme thérapeutique l'injection cutanée d'eau de mer chez les tuberculeux et les scrofuleux. Les premiers effets observés sont : le retour de l'appétit, du sommeil et la cessation des sueurs nocturnes. Cette médication compléterait la médication marine dans la tuberculose.

Le docteur Bonnal revendique la priorité pour ces observations, communiquées par lui au congrès d'Alger, en 1881, après mise en pratique de cette méthode de traitement.

(1) Quinton et Julia, Société biologique, déc. 1879.

LE SANATORIUM PROTESTANT DU MOULLEAU

Par le Dr André MOUSSOUS

Professeur de clinique médicale des maladies de l'enfance
à l'Université de Bordeaux.

MESSIEURS,

Les travaux si complets et si intéressants qui nous ont été fournis par MM. les rapporteurs laissent fort peu de choses à dire à ceux qui, à leur tour, se sont inscrits pour parler sur l'un des sujets traités dans ces rapports.

Si ma qualité de médecin attaché à la maison de santé protestante de Bordeaux ne m'invitait à vous parler d'une œuvre créée et conduite au succès par cette maison, si la spécialisation de mon enseignement à la Faculté de médecine de Bordeaux ne me faisait presque un devoir d'applaudir hautement à toute mesure dont peut au point de vue thérapeutique bénéficier l'enfance, je ne reviendrais pas sur la question des sanatoriums maritimes de la côte atlantique, question traitée par le Dr Barbier avec cette précision de détails et cette ampleur de vues qui nous a tous si complètement séduits.

Vous savez que le sanatorium protestant du Moulleau a été inauguré en 1892, qu'il contient soixante lits, et reçoit gratuitement, de juillet à octobre, des enfants, alternativement des garçons et des filles, qui y sont envoyés par la maison de santé protestante de Bordeaux. Ces enfants, dont le séjour sera de 25 jours (exceptionnellement de 3 mois), sont choisis après examen médical pratiqué à Bordeaux. Cet examen médical a pour but d'établir un classement parmi les candidats, car le nombre des enfants envoyés à la mer est chaque année proportionnel aux ressources dont dispose l'administration ; il a également pour but d'éliminer tous ceux qui sont trop malades pour partir et ceux qui sont atteints de maladies contagieuses aiguës ou chroniques et dont la présence serait un danger pour les autres pensionnaires du sanatorium. Engorgement ganglionnaire, tuberculoses fermées articulaires ou osseuses, lymphatisme, rachitisme, déviations de la colonne vertébrale, tels sont certains des états pathologiques qui motivent l'envoi des petits malades au Moulleau ; vient ensuite le groupe beaucoup plus nombreux des enfants délicats, anémiés, surmenés, ayant à un titre quelconque souffert des conditions hygiéniques fâcheuses engendrées par la pauvreté.

Arrivés au Moulleau, les enfants sont soumis à un nouvel examen médical pratiqué par le docteur Lalesque qui a gracieusement mis sa science et son dévouement à la disposition de cette œuvre de bienfaisance.

Les diagnostics sont inscrits par lui sur un registre spécial et il décide quels sont les enfants qui doivent prendre ou non des bains de mer.

A l'arrivée de chaque équipe nouvelle, il est procédé de même.

En dehors de ces visites régulières, le docteur Lalesque est mandé toutes les fois qu'un état pathologique sérieux survient chez l'un des enfants en séjour au Moulleau.

Depuis quelques années une innovation très heureuse a été faite : c'est la pesée régulière des enfants à l'arrivée et au moment du départ.

1902	92 enfants ont augmenté de	72.400 gr. en 2.326 jours.
1903	196 — — de	153.520 gr. en 4.630 jours.
1904	142 — — de	93.550 gr. en 3.635 jours.

Voici les chiffres indiqués pour les 3 dernières années.

En raison de la sélection faite, le sanatorium n'abrite pas de malades dans un état assez grave pour qu'on ait jugé nécessaire la présence d'un interne exerçant sur eux une surveillance médicale constante. Nous ne possédons pas, par conséquent, d'observations détaillées qui, seules, pourraient nous permettre de vous fournir, sur les résultats obtenus, des renseignements d'une précision scientifique complète.

En dehors de ces observations nous avons, Messieurs, pour établir notre opinion, des pièces très intéressantes à consulter, ce sont les comptes-rendus annuels de la maison de santé où se trouvent consignés *in extenso* les rapports lus à la séance générale, rapports du Président, de la Directrice, du Secrétaire, du Trésorier et enfin le rapport médical. Ce n'est pas ce dernier seul qui nous fournit chaque année des renseignements sur le sujet qui nous occupe. A des points de vue différents, l'intéressante question du sanatorium est presque toujours abordée dans les divers rapports dont je viens de faire l'énumération.

Or, Messieurs, feuilletez les comptes-rendus et prenez au hasard l'un quelconque de ces rapports. Depuis que la maison de santé a commencé à envoyer des enfants au Moulleau, c'est toujours la même note enthousiaste.

L'importance des modifications obtenues dans l'organisme des enfants, la rapidité des transformations heureuses qui s'opèrent, sont invariablement, pour les différents témoins de ces faits, la source d'un véritable étonnement qui se traduit chaque année dans les termes les plus chaleureux.

Les enfants partent avec des physionomies souffreteuses, ils sont pâles, sans entrain, sans appétit. Bientôt tout change, ils reprennent des forces, sont pleins de gaîté, ne trouvent jamais le menu des repas trop copieux, quels que soient les soins qu'on mette à bien garnir la table. Lorsque les enfants reviennent à Bordeaux, leurs parents les trouvent transformés. Cette métamorphose n'a demandé pour s'opérer que quelques semaines.

Remarque également très souvent faite : l'effet obtenu n'est pas éphémère, il se maintient l'hiver suivant. Les enfants qui ont fait un séjour au Moulleau restent plus vigoureux, résistent mieux aux différentes maladies qui viennent les assaillir. Ils continuent à se fortifier et grandissent. Ce n'est pas seulement le développement physique qui reçoit cette poussée salutaire, elle s'exerce également sur le développement intellectuel.

Les jeunes sujets seront mieux notés à l'école, ils seront plus disposés au travail, mieux soumis à leurs maîtres, feront des progrès plus rapides. — Voici, Messieurs, le résumé fidèle de la lecture de tous les rapports. A ce concert de louanges il n'y a pas une note discordante à vous signaler.

Parfois, il est vrai, des maladies graves, inattendues, la diphtérie, la rougeole, la variole même ont fait leur apparition au sanatorium. Mais grâce à des mesures d'isolement rapidement prises, les cas sont restés isolés : il n'a pas été nécessaire d'opérer le licenciement. En dehors de ces faits insolites la santé même du groupe le plus délicat des pensionnaires de l'établissement reste toujours bonne pendant toute la durée du séjour. Jusqu'à présent on n'a jamais eu de décès à déplorer.

On n'assiste même pas à ces phénomènes de surmenage avec fièvre et courbature si souvent observés chez les petits baigneurs d'autres plages de l'Atlantique. L'amaigrissement, l'excitation, l'énervement sont tout-à-fait exceptionnels, même à la fin de la cure.

Ce n'est pas seulement dans les différences physiques du bain moins froid et sans lames qu'il faut chercher cette tolérance si spéciale des enfants pour les bains de mer pris dans le bassin d'Arcachon.

Il y a surtout à tenir compte des conditions atmosphériques moins excitantes que celles offertes par la plupart des autres plages. Non seulement cette excitation est moins vive mais elle n'est pas forcément continue, on peut la graduer à volonté, si nécessaire même, la combattre sur place en utilisant l'action sédative du séjour en forêt.

C'est justement ce qui se trouve réalisé pour les sujets placés au sanatorium protestant, sanatorium situé comme l'autre sanatorium assez loin de la mer.

Les enfants bénéficient d'une aération parfaite mais un peu à l'écart du rivage.

On a cherché du reste à associer cette double action bienfaisante de la mer et de la forêt.

Lorsque les bains sont terminés et que les enfants ont passé la matinée sur la plage, ils sont, après leur repas de midi, conduits en pleine forêt et s'y promènent en jouant tout le reste de l'après-midi.

Cette vie de plein air est rarement interrompue ; jamais en raison du mauvais temps les enfants ne se trouvent absolument empêchés de sortir. La pluie est d'ordinaire de courte durée et se produit surtout sous forme d'averses isolées, d'autre part le sol, partout sablonneux, doué d'une grande perméabilité, sèche très vite.

Sur les dunes de la forêt d'Arcachon jamais de boue ni de flaques d'eau.

Ce ne sont pas seulement, Messieurs, les notes fournies sur le fonctionnement du sanatorium qui sont instructives à consulter dans les comptes-rendus de la maison de santé protestante, c'est l'histoire de la création de ce sanatorium qui est intéressante à lire ; elle est on ne peut plus suggestive pour la thèse que nous soutenons.

Si le sanatorium fut, comme je vous l'ai dit, inauguré en 1892, il faut savoir, en effet, que c'est depuis 1882 que la maison de santé protestante a commencé à envoyer des enfants passer un mois de l'été sur la plage d'Arcachon. Ce furent des châlets de location qui reçurent tout d'abord les enfants et ce n'est que parce que ces locaux de location se trouvaient mal aménagés et insuffisants pour la petite colonie chaque année grandissante, que de généreux donateurs songèrent à édifier un établissement spécial et mieux approprié.

Ils se constituèrent en société sous le nom de société civile anonyme protestante du Moulleau et, l'édifice construit, ils en donnèrent en 1903 la jouissance à la maison de santé protestante de Bordeaux.

Ce n'est donc pas, Messieurs, en vue d'idées théoriques préconçues que le sanatorium du Moulleau a été ouvert. Il n'existe qu'à la suite d'une expérience poursuivie dix années consécutives, il n'existe qu'en raison d'une démonstration apportée par les faits eux-mêmes, démonstration qui a provoqué l'acte généreux dont je vous parle et qui fait également que la maison de santé est aujourd'hui aidée pour poursuivre son œuvre bienfaisante, par d'importantes collectes recueillies parmi les enfants de l'école du dimanche.

Dans le rapport médical dont je fus chargé en 1898, j'avais déjà établi un tableau indiquant le nombre des enfants envoyés chaque année au Moulleau. Ce tableau je le complète aujourd'hui pour vous le soumettre.

Années	Nombre d'Enfants
1882	20
1883	38
1884	53
1885	79
1886	95
1887	100
1888	105
1889	137
1890	133
1891	147
1892	125
1893	151
1894	185
1895	181
1896	202
1897	248
1898	210
1899	214
1900	165
1901	197
1902	182
1903	

Ces chiffres ne sont pas dépourvus d'intérêt.

Si l'administration a consenti des sacrifices chaque année plus lourds, si elle a été aidée dans sa tâche de la manière que je viens de vous rappeler, c'est que les administrateurs ont été bien pénétrés de l'incomparable secours qu'ils rendaient ainsi à toute une classe d'enfants pauvres, c'est qu'ils ont pu communiquer cette conviction au milieu charitable qui les entoure et que celui-ci n'est pas resté le témoin indifférent des efforts faits dans une aussi bonne voie.

Si le sanatorium restant ouvert de juillet à octobre rend de tels services il pourrait en rendre également d'autres en dehors de la saison des bains de mer.

En vous parlant des merveilleux résultats obtenus, je ne m'illusionne pas. En effet, si l'état général de tous les enfants est modifié de la façon la plus heureuse, il y a quelques-uns de ces petits malades pour lesquels il ne peut être question que d'une simple amélioration, d'une transformation toute de surface.

Les diverses manifestations externes de la tuberculose ne se guérissent pas aussi rapidement. Ce n'est même pas en trois mois que la cure marine peut en avoir raison. Il y aurait donc intérêt à ce qu'elle fût poursuivie beaucoup plus longtemps.

En dehors de ces tuberculoses, beaucoup d'autres états pathologiques pourraient être également secourus en toute saison par le séjour au Moulleau.

En m'en tenant à mon expérience personnelle dans la sphère d'observation où je me trouve placé comme médecin d'enfants, j'ai acquis la conviction que les ressources qui nous sont offertes ici au point de vue climatique sont précieuses et très variées. Ce n'est pas seulement dans les états chroniques que la cure d'air dans ce milieu si spécial confère à l'organisme débilité les forces nécessaires pour triompher du mal. C'est bien souvent au cours même des maladies aiguës de l'appareil respiratoire, dans les phases les plus critiques qu'elle opère de véritables résurrections.

Que d'enfants atteints à Bordeaux de broncho-pneumonies prolongées des plus graves et sur le point de succomber j'ai vu revivre en quelques jours, lorsque, cédant à nos sollicitations, les parents avaient le courage de faire entreprendre le voyage à leurs enfants moribonds.

Enfin, Messieurs, nous savons chaque jour davantage quels sont pour les jeunes sujets les dangers de la période de convalescence de toutes les maladies infectieuses aiguës. Nous savons que c'est bien souvent parmi les convalescents de la rougeole, de la coqueluche, de la diphtérie, de la grippe, de la fièvre typhoïde que la tuberculose trouve des proies faciles. Où pourrait-on trouver des conditions de milieu plus favorables pour franchir cette période si périlleuse de la convalescence ?

Sous ce rapport encore mon expérience personnelle m'a fourni les constatations les plus encourageantes.

Ce n'est pas, du reste, aux enfants seulement que s'appliquent de telles remarques, elles visent les convalescents un peu de tout âge.

Si le sanatorium du Moulleau n'a guère fonctionné jusqu'à présent que comme colonie de vacances, quand les ressources budgétaires de l'administration de la maison de santé le permettront sa sphère d'action pourra être étendue et cela avec grand avantage.

Dans l'allocution qu'il prononçait le jour de l'inauguration de l'établissement, M. Maurice Schroëder, le président de la société civile anonyme protestante du Moulleau, s'exprimait ainsi :

« J'ai même fait un rêve, et je ne vois pas pourquoi je ne vous le dirais « pas, puisqu'il n'engage que moi ;

« J'ai vu dans l'avenir le sanatorium ouvert toute l'année, et les conva- « lescents de la maison de santé qu'on n'a plus de raisons de garder dans « un hôpital, venant respirer tout d'abord l'air balsamique de la forêt puis « la brise vivifiante du bassin et retrouver leurs forces et leur santé avant « de rentrer dans leurs pauvres demeures. Les maisons de convalescence « sont rares aujourd'hui, elles seront nombreuses demain, car elles sont tout « indiquées comme le complément nécessaire de l'hospitalisation. » On ne peut que souscrire à de telles paroles.

Pour moi, Messieurs, je vais même plus loin et, débordant le cadre du sujet que je m'étais tracé, je me permets, comme Bordelais, de formuler un vœu qui est dans l'esprit de bien de mes concitoyens :

Je voudrais que Bordeaux, qui n'est distant d'Arcachon que de 60 kil. pût bénéficier dès aujourd'hui de ce précieux voisinage comme il en bénéficiera plus tard. C'est ici, dans l'avenir, que seront élevés le plus grand nombre des enfants délicats de notre ville. Lorsque des trains rapides du matin et du soir permettront aux hommes d'affaires de rester en relation avec le centre de leurs occupations tout en établissant domicile à Arcachon, que de familles bordelaises voudront se fixer ici pour y élever leurs enfants !

Ce progrès pourrait être réalisé immédiatement; je voudrais qu'il le fût.

La Compagnie du Midi serait vite récompensée d'une telle innovation, ses bénéfices grandiraient en raison de la prospérité croissante de la cité arcachonnaise.

DISCUSSION

D' LALESQUE. — Je ne veux pas laisser passer la communication de mon ami le Professeur Moussous sans dire combien est intéressante et trop peu connue l'œuvre du sanatorium protestant de Moulleau. Ayant l'honneur d'en être le médecin depuis presque sa création qui remonte à 1882, il m'est possible de fournir quelques renseignements complémentaires sur cette œuvre et de lui rendre le légitime hommage qui lui est dû.

Pendant les premières années, de 1882 à 1892, la maison de santé protestante de Bordeaux envoyait, en été, sur la plage de Moulleau des convois d'enfants pauvres et chétifs, logés dans des habitations bien modestes, bien primitives quoique décorées du nom pompeux de *villas*, et dans lesquelles tout manquait sauf l'air pur, le soleil, la lumière, la nourriture saine et abondante, les soins intelligents et dévoués du personnel. Les résultats furent tels, malgré cette installation précaire et tout-à-fait insuffisante, qu'ils inspirèrent aux bienfaiteurs de l'enfance malheureuse le désir de développer cette œuvre.

A ce moment un homme de bien, dont les souffrances physiques avaient été soulagées par des séjours prolongés à Arcachon, s'intéressa d'une manière toute spéciale aux petits baigneurs de Moulleau; il les visitait souvent et résolut de leur procurer, si possible, un sanatorium convenable. C'est M. Desclaux de Lacoste qui, par sa compassion communicative, des sacrifices personnels, réussit à créer un courant de sympathie en faveur de l'œuvre des bains de mer de Moulleau. Des familles charitables (Guex, Kirstein, Maurice Schroëder et d'autres), apportèrent leur contribution, et le nouveau sanatorium fut inauguré en 1893. L'établissement petit mais bien construit, sagement et pratiquement aménagé, ne fonctionne que pendant trois mois d'été. Depuis sa fondation 200 enfants environ y ont été envoyés chaque année, retirant les bénéfices que vient de nous signaler le professeur A. Moussous. Aussi est-il à souhaiter que ce sanatorium puisse, avant longtemps, rester ouvert toute l'année.

Ce n'est pas sans quelque émotion que je me reporte aux premiers jours de cette institution philantropique. Ils me rappellent deux femmes de bien dont je fus le très modeste collaborateur, et qui, bien que placées à des degrés divers de la hiérarchie administrative, frappèrent mon admiration par leur dévouement et leur abnégation : Mme Momméja, la directrice, et Mme Carles, la surveillante.

Les médecins de la maison de santé protestante de Bordeaux font, en ville, le triage des enfants qui doivent être envoyés à Moulleau ; mais, malgré toutes leurs investigations ignorent, parfois, si les enfants désignés sont ou non en période d'incubation d'une maladie contagieuse. Aussi avons-nous vu deux ou trois fois éclater, peu après l'arrivée de certains enfants, des affections contagieuses telles que la variole et la diphtérie. Eh bien ! dans ces cas nous n'avons pas eu d'épidémie à déplorer. Ceci est tout à l'honneur du personnel et prouve sa parfaite instruction médicale en même temps que son intelligente sollicitude, car dès la période prodromique de ces affections, avant ma première visite, un isolement rigoureux avait été fait.

A cela rien d'étonnant lorsque vous saurez que la maison de santé protestante a, la première dans notre région, institué, en 1892, une école *libre* et *gratuite* de garde-malades, sans *distinction de cultes*, dont les cours sont professés par les maîtres les plus distingués du corps médical bordelais. De cette école est sorti tout un groupe de garde-malades instruites et dont beaucoup réalisent le type idéal de la garde-malade tant par l'instruction professionnelle que par la valeur morale. J'ai trop souvent apprécié, soit au sanatorium protestant de Moulleau, soit dans ma clientèle privée, les résultats de cette école pour ne pas saisir avec empressement l'occasion qui m'est offerte de lui rendre un public et reconnaissant hommage.

Le Dr Moussous propose les deux vœux suivants :

Premier vœu : Que la Compagnie du Midi établisse entre Arcachon et Bordeaux des services de trains rapides fonctionnant toute l'année matin et soir ;

Deuxième vœu : Que dans tous les sanatoriums de France il soit réservé un pavillon spécial pour le traitement prolongé des rachitiques en bas âge.

Dr ARMAINGAUD. — J'adopte entièrement toutes les idées que vient d'émettre M. Moussous ; j'ajouterai seulement deux mots : le sanatorium d'Arcachon ayant depuis longtemps un pavillon spécial pour la cure des bébés rachitiques, répondant à un desideratum de M. Moussous, et les recevant dès le plus bas âge, ce qui lui permet de traiter le rachitisme dès son premier début, je demande qu'on libelle ainsi le vœu qu'il propose : *le Congrès émet le vœu que, à l'instar du sanatorium d'Arcachon, les autres sanatoriums de France réservent un pavillon spécial aux rachitiques en bas-âge pour les soigner dès leur début.*

Mis aux voix les deux vœux sont adoptés à l'unanimité, le second après la rectification proposée par le Dr Armaingaud.

CURE MARINE DE LA PÉRITONITE TUBERCULEUSE

Par le Dr F. LALESQUE,

Membre correspondant de l'Académie de médecine.

—

La péritonite tuberculeuse chronique, longtemps considérée comme inaccessible à toute thérapeutique médicale, devint, tout à coup, après la célèbre et fructueuse erreur de Spencer Wells (1862), tributaire de la chirurgie. Il apparut que la laparotomie fût le seul moyen propice à sa guérison. Dès le diagnostic établi, l'intervention s'imposait.

Mon intention n'est point de dire ce qu'il faut penser du traitement chirurgical, encore moins d'établir un parallèle entre les résultats de la laparotomie et ceux de la cure marine dans la péritonite tuberculeuse. Me basant sur quelques observations personnelles, je me bornerai à démontrer l'efficacité de la cure marine, à formuler quelques-unes de ses indications.

I

La thérapeutique de la péritonite tuberculeuse a longtemps souffert et souffre encore de la doctrine médicale qui imposait l'éloignement de la mer à toute manifestation viscérale ou séreuse de la tuberculose. Les règlements actuellement en vigueur dans presque tous les hôpitaux ou sanatoriums marins reflètent cette doctrine. Aussi les observations de tuberculose pulmonaire ou péritonéale qu'on y peut recueillir sont-elles rares. A l'hôpital maritime de Berck, hôpital de 800 lits, A. Martin, en dix années, n'a relevé que dix cas de péritonite tuberculéuse. Il en va de même dans les autres établissements maritimes. Ainsi s'explique le silence des traités classiques les plus récents sur ce mode de traitement. Seul, Marfan (in *Traité des maladies des enfants*, du professeur Grancher) pose les indications de la cure marine pour la péritonite tuberculeuse. Antérieurement, nous l'avons dit, le silence était absolu ; à peine Spillmann et Ganzinotty (art. PÉRITONITE, *Dictionnaire* de Dechambre) disaient-ils « qu'on pourra chercher à maintenir la guérison par le séjour dans le Midi au bord de la mer ».

C'est dans les brochures, articles de journaux, communications aux divers congrès qu'on trouve les premières revendications précises en faveur du traitement marin. Maurange (*Traitement thermal et climatique de la péritonite tuberculeuse*, in *Gaz. hebdomad.*, 1889) dit expressément : « Les enfants se trouveront bien d'un séjour prolongé dans un climat marin. Quelques points abrités de la côte de Normandie, les plages de Bretagne, le littoral du golfe de Gascogne, les bords de la Méditerranée, Hyères surtout, offrent à ce point de vue des ressources particulièrement précises... Par la seule action combinée du repos et de l'air salin, de nombreuses guérisons sont obtenues. »

Egalement en 1899, Comby (*Arch. gén. de méd. des Enfants*, 1899, p. 724) rapportait l'observation d'une fille de onze ans, guérie à Berck, au sujet de laquelle un chirurgien consulté, au début, avait opté pour la laparotomie. Un peu plus tard le même auteur (*Trait. médic. de la périt. tub.*, in *Arch. de méd. des Enfants*, 1902, p. 577) donne trois cas d'enfants guéris « par les seuls moyens hygiéniques et médicaux : repos au lit, changement d'air, air de la mer. »

Au Congrès de Biarritz (avril 1903), Ch. Leroux signale la guérison définitive et complète d'une fillette atteinte de péritonite tuberculeuse grave. « Il n'est pas douteux, dit-il, que l'amélioration est devenue manifeste à partir du moment où l'enfant a été soumise à la cure marine. » Depuis a paru la thèse de A. Martin (*Valeur comparée du trait. médic. et du trait. chirurg. de la péritonite tub. chez l'enfant. — Résultats de la cure marine*, A. Michalon, édit., Paris, 7 mai 1904), basée sur cinq observations de cure marine et recueillies dans les services de A. Méry et de Ménard (de Berck). A. Martin non seulement conclut en faveur de la cure marine, mais de plus en élargit les indications.

Pour ma part, je trouve dans mes notes les observations suivantes, offrant ceci de particulier que les malades ont été soumis à la cure marine, non point au cours de la convalescence de la péritonite tuberculeuse, mais en pleine évolution de la maladie, parfois même dès son début. A ce point de vue, elles sont donc démonstratives.

II

OBSERVATION I. — *Péritonite chronique fibro-caséeuse apyrétique. — Durée du séjour : deux ans. — Augmentation de poids : 10 kilogrammes. — Guérison remonte à six ans.*

L..... Marguerite, 7 ans, entrée au sanatorium le 19 avril 1896.

1896. — *Certificat d'admission :* Je, soussigné, docteur en médecine, ancien chef de clinique, certifie avoir examiné Marguerite, qui présente tous les signes de péritonite chronique (tuberculeuse) au début. — Je conseille vivement à la famille de conduire cette enfant au sanatorium d'Arcachon. En foi de quoi j'ai délivré le présent certificat.

30 avril 1896. — Antécédents inconnus, enfant pâle, blonde, maigre. Double chapelet ganglionnaire cervical et des sous-maxillaires plus particulièrement. Adénite inguinale droite bien marquée. Thorax très maigre, ventre volumineux, saillant; circulation veineuse sous-cutanée très apparente. Nombril légèrement hernié; empâtement manifeste à la partie moyenne du ventre à droite et contre la région ombilicale. Cette zone, qui aurait été très douloureuse spontanément, le serait encore parfois, au dire de la malade, bien que la palpation prolongée ne détermine à cette heure aucune douleur. A la percussion, matité absolue qui permet de délimiter le gâteau péritonéal. Aucune trace de liquide perceptible. Foie et rate normaux. Sonorité des deux sommets parfaite. Il en est de même du murmure respiratoire. Membres inférieurs grêles et maigres. Peau sèche. *Péritonite chronique tuberculeuse.* Repos, aération, topiques locaux.

10 juin. — L'ingestion des aliments provoque de vives douleurs. Ventre augmenté de volume, ballonné; on perçoit distinctement à droite de l'ombilic *un large gâteau péritonéal.* Alternatives de diarrhée et de constipation; l'enfant, qui reste pâle et chétive, a eu quelques épistaxis dans les premiers temps de son séjour.

A immobiliser sinon complètement, du moins pendant la plus grande partie de la journée. Alimentation : 2 litres de lait; 4 œufs; 100 grammes de viande de mouton crue râpée. Pas de bains de mer.

4 juillet. — Alternatives de diarrhée et de constipation moins fréquentes. Ventre toujours sensible avec circulation veineuse superficielle très marquée. Continuer la viande râpée; toutes les heures donner un bol de lait stérilisé. Suppression de toute marche; la malade à la plage tous les jours et toute la journée.

25 juillet. — Amélioration. Mine meilleure, douleurs beaucoup moindres, diarrhée rare, ventre diminué, plus souple à la palpation. On trouve toujours à droite de l'ombilic le gâteau péritonéal précédemment signalé, mais amoindri.

Trois litres de lait par jour; œufs, viande crue.

10 septembre. — Ventre encore diminué de volume, tympanisme disparu. Les fonctions intestinales se sont régularisées. La palpation du ventre dénote une souplesse presque normale, avec gâteau péritonéal indolore même à la pression forte et diminué de moitié dans son épaisseur et dans son étendue. Réseau veineux sous-cutané presque effacé. En somme, amélioration des plus manifestes. Continuer le même régime alimentaire avec repos absolu et séjour à la plage tant que le temps le permettra.

31 octobre. — Amélioration persistante. Continuer l'immobilité.

Ajouter à la nourriture : poisson et blanc de poulet une fois par semaine.

3 décembre. — L'amélioration ne se dément pas. Poulet deux fois par semaine au repas de midi, une rondelle de pain grillé.

9 janvier 1897. — Enfant engraissée, mine excellente. Augmentation de 5 kilogrammes. — Ventre souple, indolore à la pression même intensive. C'est à peine si l'on perçoit quelque rénitence dans la région ombilicale droite, où siégeait l'infiltration tuberculeuse du péritoine. L'enfant peut être considérée comme guérie. Mais, pendant un an encore, les précautions alimentaires les plus grandes devront être prises, tant au point de vue de la qualité que de la quantité. L'enfant supporte très bien l'huile de foie de morue et en prend deux cuillerées par jour. Depuis un mois les fonctions intestinales se sont régularisées quotidiennement.

Ajouter à l'alimentation des purées de pommes de terre et de lentilles, mais il est indispensable que ces purées soient faites avec le plus grand soin.

2 mars. — L'enfant perd 1 kilogr. 460 pendant le mois de février par suite de légers troubles de dyspepsie intestinale. Les purées prescrites ont été bientôt supprimées parce que mal tolérées, et l'alimentation primitive reprise : lait, œufs, viande crue. Le ventre reste souple, indolore.

29 mars. — Couper les cheveux à raison de fréquents maux de tête. L'enfant pourra marcher pour aller à la plage, mais devra tranquillement rester assise au bord de la mer.

15 mai. — Excellent état, volume du ventre normal. La palpation ne provoque plus aucune douleur, les muscles abdominaux ne sont plus en état de défense. Pas d'empâtement perceptible. Adénites sous-maxillaires et inguinales résorbées. Continuer la même alimentation.

2 octobre. — Régime commun, sauf le vin.

15 octobre. — L'enfant, soumise au régime ordinaire, sauf le vin remplacé par le lait, digère tout très bien, même la salade. Ventre souple, indolore. Circonférence abdominale passant par l'ombilic, 57 centimètres.

20 juin 1898. — Rien de nouveau, l'enfant est en bon état ; le ventre reste très souple. Légère poussée de mammite physiologique. A baigner.

12 juillet. — Légère diarrhée, suite d'indigestion de fruits crus.

16 septembre. — L'enfant va très bien, dort, mange comme les autres. En somme résultat des plus heureux et qui doit être considéré comme définitif.

A pris trente-trois bains de mer en 1898. Sortie le 1er octobre 1898.

Pesées.

1896	kil.	1897	kil.	1898	kil.
20 avril	17,220	1er janvier	22,700	1er janvier	25,140
31 mai	18,540	1er février	24,460	1er février	26,880
31 juillet	18,440	1er mars	23,000	1er mars	27,120
31 août	19,500	31 mars	23,240	1er avril	27,320
30 septembre	20,360	30 avril	23,640	1er mai	27,380
31 octobre	21,160	31 mai	25,520	1er juin	27,760
30 novembre	22,000	18 juillet	23,520	1er juillet	27,420
31 décembre	22,700	18 août	24,340	1er août	27,160
		18 septembre	24,120	1er septembre	26,960
		30 septembre	25,160	30 septembre	27,380
		31 décembre	25,140		
				Gain total	10,160

Tailles.

1896	mètres.	1897	mètres.	1898	mètres.
20 avril	1,115	1er janvier	1,16	1er janvier	1,24
31 mai	1,13	1er février	1,17	1er février	1,25
31 juillet	1,14	1er mars	1,17	1er mars	1,255
31 août	1,14	31 mars	1,175	1er avril	1,27
30 septembre	1,14	30 avril	1,19	1er mai	1,27
31 octobre	1,15	31 mai	1,19	1er juin	1,285
30 novembre	1,15	18 juillet	1,21	1er juillet	1,285
31 décembre	1,16	18 août	1,21	1er août	1,29
		18 septembre	1,21	1er septembre	1,30
		30 septembre	1,22	30 septembre	1,305
		31 décembre	1,24		
Gain.	0,045	*Gain.*	0,080	*Gain.*	0,065
		Gain total	$0^m,19$		

En résumé : Pendant deux mois et demi de séjour au sanatorium (30 avril-4 juillet 1896), l'enfant ne s'améliore pas malgré le repos, l'aération, le régime alimentaire. Après ces deux mois et demi, l'enfant fait pendant tout l'été quotidiennement, puis l'hiver quand le temps le permet, des séjours prolongés sur la plage, et aussitôt l'amélioration commence et s'affirme.

En 1897, du 15 mars au 15 octobre, les séjours pélagiques se renouvellent. On ne porte plus l'enfant, elle marche. L'amélioration se confirme. En 1898 la cure marine devient intensive, l'enfant prend trente-trois bains de mer. La guérison est obtenue et depuis lors ne s'est pas démentie.

OBSERVATION II. — *Tuberculose péritonéo-pulmonaire ascitique fébrile.* — *Durée du séjour : sept mois.* — *Augmentation de poids : 7 kilogr. 5oo.* — *Guérison remonte à huit ans.*

Petite fille, dix ans, père et mère bien portants ; quatre frères ou sœurs, tous bien portants et plus jeunes. Grand-père paternel atteint de tuberculose pulmonaire non héréditaire, depuis deux ans.

Arrive fin octobre 1888, est malade depuis deux mois, mais depuis quatre mois au moins dépérit, maigrit, pâlit, perd ses forces, le sommeil, la gaîté, et tousse assez fréquemment d'une petite toux sèche.

Etat à l'arrivée : ventre volumineux (l'enfant a toujours eu le ventre fort), la peau en est blanche, luisante, avec réseau veineux sous-cutané très apparent, tendue dans la moitié inférieure jusqu'à l'ombilic, par un épanchement liquide, et au-dessus de l'ombilic par des gaz et le refoulement des anses intestinales. Signes de l'ascite non douteux : matité, transmission des chocs, déplacement de la courbure de matité et de la forme du ventre par les changements de décubitus. Palpation profonde impossible à raison de l'épanchement. Ni troubles vésicaux, ni constipation. Foie normal. Pas la moindre teinte même subictérique. L'estomac est refoulé dans la cage thoracique. Légère dyspnée par diminution de l'amplitude inspiratoire et aussi par l'existence de lésions pulmonaires qui sont : au sommet droit, en arrière, râles de bronchite localisés et permanents, râles sibilants et sous-crépitants fins, abondants, coïncidant avec une submatité très nette. A gauche, en arrière, submatité plus nette, plus profonde, avec souffle et silence respiratoire absolu, dans toute la fosse sus-épineuse. Des deux côtés, dans toute l'étendue des deux poumons, la respiration est silencieuse, mal entendue, en conséquence du défaut mécanique de l'ampliation respiratoire.

Rien aux jambes, rien aux autres organes.

L'appétit est à peu près nul, les garde-robes assez régulières, les urines peu abondantes.

Fièvre vespérale quotidienne, oscillant entre 38o,0, 38o,6 et 38o,8, avec petite transpiration dans les premières heures de la nuit. Sommeil médiocre.

Rare expectoration, avec quelques bacilles très peu abondants, mal développés.

Douleurs nulles. L'enfant peut marcher pendant plusieurs heures sans éprouver la moindre douleur.

1er janvier 1889. — Rien n'arrête la marche lente et progressive des troubles péritonéaux ; l'épanchement augmente de jour en jour, et cependant il y a, par certains côtés, des signes non douteux d'amélioration. La toux a cessé, le sommeil est meilleur, la fièvre, combattue par de petites doses de bromhydrate de quinine, cède manifestement. La bronchite du sommet droit est très atténuée ; les râles sibilants n'existent plus et les râles sous-crépitants diminuent.

24 février. — L'épanchement ascitique remplit tout l'abdomen qui est fortement distendu et donne à cette pauvre enfant, quand elle marche, l'aspect et l'allure d'une femme enceinte. Mesure de l'abdomen en circonférence, inconnue. Le réseau veineux sous-cutané abdominal est très développé, gorgé. Le foie confond sa matité avec celle du liquide et remonte jusqu'au niveau du mamelon droit. La respi-

ration est plus difficile, la fièvre rallumée. Les fonctions intestinales se font encore assez régulièrement. Nulle fatigue après les petits repas que prend la malade, pas de diarrhée, pas de constipation.

Je pratique la paracentèse abdominale et j'extrais 4 litres d'un liquide louche, verdâtre. Tout se passe très bien, et rien à signaler ni pendant l'opération, ni pendant les jours qui suivirent, si ce n'est que la circonférence abdominale se réduit à 62 centimètres.

1er avril. — A la suite de la ponction, l'état s'améliore, la fièvre disparaît entièrement, l'appétit renaît, l'urine augmente.

Au bout de trois semaines survient un léger embarras gastrique avec fièvre qui dure huit jours. Depuis l'amélioration ne s'est pas démentie, se traduisant par : appétit satisfaisant, retour des forces, du sommeil, disparition complète de la fièvre.

29 mai. — Le liquide ne s'est pas reproduit, et, depuis la ponction, la circonférence abdominale varie entre 57 et 59 centimètres, jamais plus (variations résultant surtout de la plus ou moins grande quantité de gaz intestinaux). Le foie, qu'après la ponction on pouvait trouver un peu gros, par congestion passive probablement, a repris son volume normal.

A la palpation on constate, et ce depuis l'évacuation du liquide, un empâtement en plaque très exactement placé dans le flanc gauche et remontant jusqu'à l'ombilic, la fosse iliaque restant libre. Cette plaque est assez dure, donne aux doigts la sensation très nette d'empâtement renitent, correspond à une matité très nette et très circonscrite, ne variant point sous l'influence des changements d'attitude, n'adhère pas à la peau. Les limites profondes n'en sont point très précises. La ligne blanche sous-ombilicale est élargie ; la sonorité du flanc droit exagérée.

L'état des voies respiratoires est des plus satisfaisants : au sommet droit, il ne paraît plus rien exister ; au sommet gauche, en arrière, il y a toujours un affaiblissement sensible du murmure respiratoire, mais sans bruits anormaux.

Notez que pendant toute la durée de son séjour la malade est restée à peine quelques jours sans sortir : à l'époque de son embarras gastrique (neuf jours) et pendant trois jours après l'opération. La cure d'air n'a pas été cessée un seul jour, sauf les nuits par résistance familiale.

La malade habitait en forêt ; mais, après la ponction, pendant les deux derniers mois de son séjour, elle fit de longues stations pélagiques quotidiennes avec fréquentes cures en bateau. Le poids au départ est de 28 kilogr. 300, ce qui constitue un bénéfice très sensible, car, à l'arrivée, la malade pesait 23 kilogrammes, dont il faut défalquer les 4 litres retirés par la ponction. De telle sorte que le bénéfice est la différence de 19 kilogrammes à 28 kilogr. 390, soit 9 kilogr. 390.

Sur mes conseils la malade est allée faire une cure à Salies-de-Béarn pendant le mois de juin. « Elle en est partie en parfait état de santé », m'écrivait le médecin qui l'a soignée et, en août 1889, son médecin traitant « manifestait son étonnement et trouvait merveilleux le résultat obtenu ; l'abdomen avait encore diminué de 13 centimètres, ne mesurant plus que 49 de circonférence. »

Huit ans après la guérison ne s'était pas démentie.

OBSERVATION III. — *Fièvre typhoïde (?) à rechute. — Entéro-colite rebelle. — Poussées congestives pleuro-pulmonaires de la base puis du sommet droit. — Tuberculose péritonéale. — Cachexie. — Durée du séjour, un an. — Augmentation de poids dans les huit derniers mois : 14 kilogrammes. — Guérison depuis dix mois.*

Jeune fille, treize ans et demi. Contracte une fièvre typhoïde au début du mois de septembre 1893, en Suisse.

Elle fut ramenée à Paris au bout de quelques jours.

« Je la revis seulement à mon retour des vacances, le 8 octobre. On me la dondait comme guérie. Dès ma première visite je constatai qu'il n'en était rien. Le soir la fièvre reprenait, et elle faisait une rechute qui dura une quinzaine de jours, rechute caractérisée par des troubles abdominaux très accusés : dilatation de l'estomac avec vomissements quotidiens (glaires, bile, aliments), anorexie complète. diarrhée fétide, foie très gros, descendant presque jusqu'à l'ombilic.

« Dès que la fièvre tomba, comme les vomissements persistaient, je mis la malade au jambon, et, en vingt-quatre heures, les vomissements cessaient. »

Mais, depuis le 1er novembre jusqu'au 10 décembre, Mlle X... eut des retours de fièvre, durant un à deux jours, toujours accompagnés de troubles gastriques ou intestinaux, avec dilatation de l'estomac et augmentation du volume du foie, qui, d'ailleurs, depuis le 8 octobre jusqu'au 1er mars 1896 (jour de l'arrivée à Arcachon), est toujours resté trop gros, de deux à trois travers de doigt au-dessous des côtes. En même temps crise passagère de dilatation du cœur et dilatation de la pupille gauche (qui persiste encore en mars 1896).

Du 10 au 31 décembre, amélioration progressive, retour de l'appétit, selles bonnes.

Le 31 décembre 1895, le 10 et le 22 janvier 1896, nouveaux accès fébriles; à ce dernier accès, première constatation de désordres pulmonaires. Congestion à la base droite, à type pleurétique : matité absolue, souffle voilé, absence de vibrations thoraciques, égophonie légère. Une ponction exploratrice montre qu'il n'y a que de la congestion.

La fièvre, après une durée de cinq à six jours, tombe, et peu à peu les signes de la base s'atténuent, sans que jamais le retour de la sonorité fût parfait.

Préoccupé de cet état, et surtout du foie toujours gros, malgré l'usage d'un emplâtre de Vigo, de l'iodure, des alcalins, etc., le médecin traitant montre l'enfant au regretté Hanot. Après avoir écarté l'idée d'abcès du foie, rejeté l'influence directe de la fièvre typhoïde, il admit une altération du foie : congestion due à des intoxications stomacales ou intestinales d'ordre banal (coli-bacille), et soumit la malade à un régime encore plus sévère que celui indiqué jusqu'alors.

Le 4 février, nouvelle crise fébrile. Le 9, nouveau point suspect dans la poitrine à droite; mais cette fois-ci, non plus à la base, mais au sommet, traduit par une légère diminution de sonorité et du murmure respiratoire.

Le 11, la submatité très nette, plus étendue, coïncide avec de la respiration soufflante, de la résonnance de la voix. Le départ pour le Midi est conseillé dans le plus bref délai.

Du 11 au 19 (ce dernier jour avait été fixé pour le départ) les signes de congestion du sommet droit grandissent. La toux, ayant débuté le 22 janvier, devient plus fréquente, tout en restant sèche. L'enfant maigrit à vue d'œil, se plaint de douleurs vives dans le ventre distendu et parsemé d'une circulation veineuse apparente, très sensible sur le trajet des côlons, au pourtour de l'ombilic, avec empâtement manifeste en ce point.

Le 17 et surtout le 18, retour de la diarrhée et des vomissements, et, ce dernier jour, hémoptysie légère.

Le 20, l'enfant est vue en consultation par un médecin des hôpitaux, spécialisé à la clinique infantile, qui constate :

1o De la submatité de la base droite;

2o De la matité du sommet droit en avant et en arrière, avec respiration soufflante;

3o Expectoration de quelques crachats, l'un sanglant, les autres purulents;

4o Un ballonnement notable du ventre, avec empâtement diffus, douloureux; gargouillement intestinal; diarrhée assez abondante, fétide; foie gras, descendant à l'ombilic;

5o Émaciation très notable.

Il conclut avec le médecin traitant à une évolution de tuberculose pleuro-pulmonaire et péritonéale, consécutive à une fièvre typhoïde à rechute.

5 mars. — Depuis le 20 février il s'est produit peu-à-peu une amélioration notable. La diarrhée a peu à peu diminué, et, de lientérique qu'elle était, est devenue diarrhée simple. Actuellement les selles sont molles. L'enfant, de 1 demi-litre de lait, est arrivée à près de 2 litres (lait stérilisé).

Le ventre a perdu son ballonnement tout en restant sensible et empâté dans la région péri-ombilicale et en conservant un riche réseau veineux sous-cutané. Le foie est redevenu presque normal.

Submatité très nette sous la clavicule droite. Matité dans la fosse sus-épineuse et le haut de la sous-épineuse; submatité de la base droite. Respiration nulle, un peu soufflante au sommet, parfois quelques craquements humides.

Quelques ganglions cervicaux postérieurs.

L'amaigrissement est excessif.

Pas de fièvre. Pas de sueurs nocturnes.

Moral déprimé.

Tel est l'état de la petite malade à son arrivée.

Amenée ici pour une saison de deux ou trois mois, elle a fait, sur mon conseil, un séjour d'un an dans une villa au bord de la mer.

Dès l'arrivée, toute médication supprimée, la cure d'air et de repos fut commencée. La cure de repos absolu, pratiquée le plus souvent sur la plage, a duré exactement cinq mois.

Le régime alimentaire, très strictement surveillé dès le début, et très progressivement augmenté, s'est longtemps borné au lait stérilisé, aux œufs sous toutes les formes, aux viandes blanches grillées ou rôties, à la viande de mouton crue, râpée, aux purées de féculents, aux poissons frais, bouillis, à la cervelle, au ris de veau.

Au départ (mars 1897), toutes les fonctions sont régulières. Les manifestations encore durables sont celles d'une entérite glaireuse, parfois sanguinolente.

Toute trace de lésion pulmonaire a depuis longtemps disparu. Le ventre, restant gros, a repris sa souplesse normale ; le gâteau péritonéal s'est fondu.

L'enfant n'a pu être pesée que le 23 juin, après avoir déjà repris beaucoup d'embonpoint. Voici ces pesées successives :

23 juin 1896...............................	23 kilogrammes.
11 novembre 1896...........................	33^{kg},700
25 décembre 1896...........................	37^{kg},500
25 février 1897............................	37^{kg},550

Soit un bénéfice, en 8 mois de 14^{kg},500.

La guérison dure depuis lors.

OBSERVATION IV. — Péritonite tuberculeuse fébrile chez un héréditaire alcoolosyphilitique. Forme fibro-caséeuse sans ascite. Durée du séjour, un an. Cure sur mer commencée un mois et demi après l'arrivée (soit du 1er juillet 1898 au 27 octobre). Nombre des sorties en mer : 54; — heures totales : 100 heures. — Augmentation de poids dans les cinq premiers mois, 6 kilogrammes. — Guérison se maintient depuis cinq ans.

OBSERVATION V. — Pleurésie avec épanchement de nature suspecte. Deux ponctions. Réapparition de l'épanchement qui se résorbe en cure marine. Cessation de la fièvre, retour des forces, cure sur mer intensive. Durée du séjour cinq mois. Augmentation de poids : 8 kilogrammes. — Deux mois après le départ apparition, sans cause appréciable, d'un épanchement ascitique qui se résorbe au bord de la mer. Guérison remonte à six mois.

III

L'étude détaillée des observations qui précèdent serait du plus haut intérêt. Les nombreux renseignements qu'on y trouve pourront être utilisés, nous l'espérons, par ceux que la question intéresse. Succinctement nous en pouvons déduire quelques conclusions démonstratives.

Retenons d'abord l'histoire du jeune homme qui fait l'objet de la dernière observation. Nous voyons une pleurésie grave ayant nécessité, en ville, deux ponctions, avec état général mauvais, fièvre vive guérie au bord de la mer par une cure marine intensive. Après le départ survient une ascite, spontanément résorbée. Avec un nouveau séjour à la mer et seconde cure de bateau, pleurésie et ascite ne se renouvellent pas. C'est, une fois de plus, la confirmation de ce que je disais en terminant mon rapport au Congrès de Biarritz : « La cure marine, loin de favoriser la généralisation de la tuberculose, tend à l'atténuer et à la guérir. »

Mes autres observations sont plus directement probantes de l'efficacité du traitement marin. Elles se rapportent à des formes graves de péritonite tuberculeuse, traitées à la mer, non point pendant la convalescence, mais dès le début ou en pleine période évolutive. Trois sur quatre étaient fébriles, et toutes trois compliquées d'accidents pulmonaires ou pleuraux. Deux s'accompagnaient de phénomènes sérieux, même inquiétants, d'entéro-colite.

Les quatre enfants sont guéris. Leur guérison se maintient depuis dix ans, huit ans, huit ans et six ans.

Il convient d'ajouter, — ce sur quoi je ne cesse d'insister dans tous mes travaux, — que ces malades ont été soumis à la technique rigoureuse de la cure d'air, de repos et d'alimentation surveillée. C'est là une condition expresse du succès. Sans cette technique de tous les instants la cure marine aussi bien que la cure d'altitude, qu'il s'agisse de tuberculose pulmonaire ou de péritonite tuberculeuse, reste lettre morte. Les erreurs de technique peuvent entraîner et entraînent des accidents graves que, tout de suite, on attribue au climat.

Voilà donc cinq cas de péritonite tuberculeuse grave guéris, et depuis longtemps, par la cure marine pratiquée dans un climat marin atténué. Est-ce à dire que les districts littoraux tributaires d'un climat marin plus vif, plus exposé à l'action des vents, aux bruits de la mer, etc., soient impropres à guérir la péritonite tuberculeuse? Je ne sais. Toutefois, dans les dix cas relevés par A. Martin, à l'hôpital maritime de Berck, se trouvent neuf guérisons, le dixième cas ne devant pas entrer en ligne de compte, l'enfant qui en fait l'objet ayant été repris par sa famille après un seul mois de séjour.

Aujourd'hui les faits de Comby, de Ch. Leroux, de A. Martin et les miens semblent devoir légitimer ces conclusions :

1º La cure marine, — tout au moins en climat atténué, — est efficace dans la péritonite tuberculeuse chronique. Elle doit être appliquée dès le début. Elle doit être l'objet d'une technique rigoureuse;

2º Elle n'est contre-indiquée ni dans les formes fébriles, ni dans les formes compliquées de localisations pulmonaires, pleurales ou d'accidents intestinaux.

DISCUSSION

Dr D'Espine. — Les faits cités par M. Lalesque de guérison de la péritonite tuberculeuse par la cure marine coïncident avec les expériences que nous avons faites à l'asile Dollfus. Sur 7 cas reçus à Cannes, 3 ont guéri, 3 ont été améliorés et 1 est mort de perforation. Nous avons indiqué dans notre rapport (*Arch. de méd. des Enfants*. déc. 1904) que la péritonite tuberculeuse est au fond, comme les autres tuberculoses chirurgicales, justiciable du traitement marin.

Le Dr Camino fait observer à M. Lalesque que tous les cas de péritonite tuberculeuse très caractérisés anatomiquement, envoyés à Hendaye au nombre de 10, se sont aggravés. Au contraire, plus de 20 cas diagnostiqués à Paris comme péritonites tuberculeuses, mais peu caractérisés anatomiquement, ont guéri sans incident.

CARACTÉRISTIQUES CLIMATIQUES DE LA MALOU

Par le Dr Maurice FAURE (de La Malou)

—

La station de La Malou offre cette caractéristique assez rare de n'être ni une station d'hiver ni une station d'été.

Ce n'est point une station d'hiver, bien que la moyenne de la température y soit sensiblement égale à celle de Cannes (qui a, d'ailleurs, aussi à peu près, la même latitude), parce que la moyenne thermique ne donne qu'un renseignement insuffisant. En effet, l'écart des température maxima et minima et les conditions des changements de temps sont des détails beaucoup plus importants pour les malades que la moyenne thermique. Or, le climat de La Malou est dominé par l'action des vents du Nord et du Sud. Le vent du Nord, le plus fréquent, a souvent une température inférieure de 5 à 7° à celle de la région. — Le vent du Sud a une température supérieure à peu près de la même quantité. Il s'en suit que l'action de l'un de ces vents peut amener, dans la mauvaise saison, une différence brusque de 7° à 8°, en quelques heures. D'autre part, La Malou se trouve située sur les contreforts des Cévennes, aux confins de l'immense plaine du Bas-Languedoc. Le voisinage immédiat d'une grande masse montagneuse amène un refroidissement considérable de l'atmosphère, pendant la nuit, tandis que la plaine chauffée tout le jour par un soleil ardent, amène l'élévation diurne de la température saisonnière. Il en résulte un écart, habituellement considérable, entre la température du jour et celle de la nuit (10° à 12°). C'est un précieux avantage pendant la saison chaude, mais c'est un inconvénient sérieux pendant la saison froide. Les malades devront donc éviter de venir, au moins en décembre, janvier et février.

La Malou n'est pas davantage une station d'été, parce que la température y atteint, souvent, un degré très élevé, entre le 1er juillet et le 15 août. Toutefois les inconvénients estivaux de La Malou ont été exagérés : on confond la région où se trouve La Malou avec la Provence et le Bas-Languedoc qui en sont voisins, sans doute, mais géologiquement et géographiquement fort distincts. La Malou est une station de montagne, le sol est schisteux et granitique, couvert de verdure et d'ombrages, et non point calcaire ou crétacé et dénudé, comme celui des plaines voisines. Il y a donc à La Malou beaucoup moins de poussière et de chaleur que dans la région avoisinante. (La différence entre les maxima de La Malou et ceux de Montpellier, par exemple, égale 4° à 5°). En outre, nous l'avons dit, les nuits sont relativement très fraîches.

La Malou est une station de printemps et d'automne. Durant 6 à 7 mois, et en deux reprises, d'avril à juillet et du 15 août au 15 novembre, la température y est excellente et le climat régulier (moyennes thermiques 15° à 18°). La lumière est intense, l'air très sec, vif, léger ; la brise, presque incessante et modérée, souffle tantôt de la mer (qui est à 30 kilomètres, environ), tantôt de la montagne, qui est à La Malou même.

La pluie est excessivement rare : les moyennes établies par les anciens auteurs et celles que nous basons sur nos observations personnelles donnent 30 à 40 jours pluvieux par an, même en comptant les jours où il ne tombe que quelques averses. Les jours nuageux ne sont guère plus nombreux que les jours de pluie. Le ciel est généralement clair.

Ces constatations nous serviront à expliquer les caractéristiques médicales de La Malou. Voici quels sont les malades que l'on rencontre dans cette station :

En premier lieu les déprimés, neurasthéniques, névropathes, fatigués, convalescents (même les convalescents de tuberculose), etc., qui redoutent les climats brutaux, la chaleur extrême et le froid, et s'améliorent très bien par la simple action de l'air pur, du repos, et de la lumière solaire. Nous y joignons l'exercice méthodique et l'hydrothérapie tempérée, qui agissent si heureusement chez ces mêmes sujets. Dans cette catégorie il faut aussi placer les vieillards, les infirmes, les chroniques, et surtout les enfants et les adolescents, c'est-à-dire tous les faibles. Ces visiteurs de La Malou viennent précisément au printemps et à l'automne, c'est-à-dire entre l'hiver qu'ils passent dans une station spéciale, et l'été qu'ils passent dans une campagne quelconque. Ainsi toute transition brutale leur est supprimée, et leur année s'écoule tout entière dans le climat tempéré dont ils ont besoin et qu'ils ne peuvent trouver qu'ainsi.

En second lieu les douloureux, les tabétiques, névralgiques, névritiques, les rhumatisants, tous ceux qui redoutent à l'extrême la pluie, l'humidité, le brouillard, qui se trouvent à merveille de la sécheresse, de la chaleur, de la luminosité du climat de La Malou, exceptionnellement doué à cet égard.

Ces malades sont, d'ailleurs, attirés par l'action des eaux chaudes de la station qui, comme on le sait, agissent puissamment dans le traitement de tous les accidents douloureux.

On voit que les spécialisations cliniques de La Malou correspondent bien à ses caractéristiques climatiques et sont expliquées par elles.

Mardi 25 avril

La séance est ouverte à 9 heures, sous la Présidence
du Professeur CALMETTE

LA DÉSINFECTION A ARCACHON

ORGANISATION ADMINISTRATIVE, TECHNIQUE ET FONCTIONNEMENT

Rapport par le Dr H. BOURGES

Auditeur au Comité consultatif d'Hygiène publique de France.

Parmi les mesures prophylactiques qui contribuent à défendre les agglomérations humaines contre les maladies contagieuses, la désinfection doit assurément être placée au premier rang. Détruire le germe infectieux partout où il a été répandu au cours de la maladie et l'empêcher ainsi d'atteindre et de contaminer tout organisme sain, tel est le but idéal de la désinfection. Si celui-ci pouvait être atteint d'une façon constante et absolue, la désinfection résumerait à elle seule toute la prophylaxie des maladies infectieuses. Malheureusement, dans la pratique, les résultats obtenus ne peuvent être aussi complets et le contage ne peut pas toujours être atteint avant qu'il se soit disséminé. La désinfection n'en reste pas moins la meilleure arme que nous puissions opposer à l'extension des maladies transmissibles; dans la lutte contre la variole elle-même, où il est possible de rendre les organismes sains réfractaires à l'infection, grâce à une immunisation longtemps persistante, elle joint son action efficace à celle de la vaccination, en tarissant les sources de contagion.

Aussi peut-on considérer comme un progrès sanitaire considérable que la loi du 15 février 1902, relative à la protection de la santé publique, ait rendu obligatoire pour un groupe de maladies contagieuses la désinfection qui n'était auparavant que facultative. Il est vrai que cette sanction prophylactique n'est pas imposée par cette même loi pour un second groupe d'affections transmissibles, parmi lesquelles la tuberculose figure en première ligne, et dont la déclaration reste facultative. On serait en droit, à première vue, de s'étonner que la tuberculose, qui est actuellement chez nous la plus meurtrière des maladies contagieuses, n'ait pas été comprise parmi les affections obligatoirement soumises à la prophylaxie officielle, mais il a fallu compter avec les difficultés d'exécution pratique, et si le corps médical, représenté dans l'espèce par l'Académie de médecine et le Comité consultatif d'hygiène publique de France, a cru devoir ainsi transiger, lorsqu'il a été consulté pour établir la liste des maladies visées par l'article 4 de la loi du 15 février 1902, c'est qu'il avait surtout en vue l'application de la loi dans les grands centres et parmi les classes pauvres. Là, le nombre des tuberculeux est si considérable qu'en raison de la longueur de la maladie, de la fréquence nécessaire des désinfections, aucun service public n'aurait pu, dans l'état actuel, assurer la sanction prophylactique de la déclaration obligatoire de la tuberculose, qui perdrait par là même tout intérêt pratique et n'apparaîtrait plus que comme une mesure vexatoire. Ces difficultés pratiques pourraient bien être surmontées dans les petits centres, dans les faibles agglomérations, comme le fait remarquer le Dr Thoinot dans son rapport (1). Mais nous nous proposons de montrer, au cours de ce travail sur l'organisation de la désinfection à Arcachon, que la déclaration même obligatoire de la tuberculose dans certains centres restreints, recevant régulièrement un nombre considérable de tuberculeux, ne serait pas toujours la solution prophylactique la plus pratique ni la plus efficace, et que, dans les conditions spéciales où se trouve la ville d'Arcachon, le problème de la prophylaxie régulière de la tuberculose nous semble avoir été résolu différemment de la façon la plus heureuse, grâce à l'initiative des médecins de cette station.

La ville d'Arcachon constitue une agglomération assez importante. Les recensements des mois de mars 1896 et 1901 montrent que sa population fixe était de 8221 habitants en 1896 et de 8259 en 1901, tandis que sa population flottante s'élevait aux mêmes périodes de 825 en 1896 à 1339 en 1901, le jour du recensement. Cette année, à la date du 28 février 1903, le nombre des étrangers présents à Arcachon était, d'après un recensement approximatif, de 954 personnes, réparties en 149 villas. Pendant les mois d'été, à cause de sa situation au bord de la mer et de sa proximité de la ville de Bordeaux, Arcachon attire un grand nombre de baigneurs. Durant tout le reste de l'année, grâce à son climat doux et sédatif, cette station reçoit des convalescents, des malades atteints d'affections chroniques, des sujets délicats, des enfants lymphatiques, des anémiques, des neurasthéniques et surtout des tuberculeux. Ces malades ne descendent guère dans les hôtels où n'y séjournent que tout à fait passagèrement. La plupart, devant rester plusieurs mois, viennent en famille et préfèrent s'installer dans des logements particuliers, le plus souvent dans ces villas entourées de spacieux jardins qui couvrent la plus grande étendue de la ville, de la forêt jusqu'à la mer.

Il eût été intéressant de pouvoir noter le chiffre exact de cette population de baigneurs en été et celui de la clientèle hivernante. Malheureusement, l'administration municipale ne possède aucun document à cet égard et n'a pu nous fournir aucune indication sur le nombre des étrangers qui passent par les hôtels ou séjournent dans les logements particuliers de la ville aux différentes époques de l'année.

Quoi qu'il en soit, ce double caractère de station balnéaire pendant l'été, de station climatique maritime et forestière spécialement fréquentée par des

---

(1) Dr Thoinot : *Rapport au Comité consultatif d'hygiène publique de France*, 20 octobre 1902.

tuberculeux (1) pendant le reste de l'année, imposait à la ville d'Arcachon une organisation spéciale destinée à assurer le fonctionnement irréprochable des services de désinfection. Pour donner toute sécurité aux étrangers qui viennent faire des séjours prolongés dans cette ville, il fallait organiser la désinfection non seulement en vue de lutter contre la contagion des maladies transmissibles, dont la déclaration est imposée par la loi, mais encore et surtout dans le but de détruire tous les germes de tuberculose que peuvent laisser certains malades de la saison d'hiver, et d'assurer ainsi l'innocuité des habitations dans lesquelles se succèdent en une année plusieurs locataires différents. A ce point de vue la ville d'Arcachon se devait à elle-même, sous peine de suspicion légitime, d'offrir les garanties les plus sérieuses aux étrangers qui y viennent chercher la santé ou le repos.

Avant d'exposer comment ont été organisés les services de désinfection à Arcachon, nous devons rappeler brièvement quelles sont les conditions dans lesquelles un tuberculeux peut disséminer et transmettre les germes de sa maladie.

Il va de soi d'abord que seule la tuberculose ouverte est menaçante et que, pratiquement au moins, les dangers de contagion sont à peu près limités à la tuberculose pulmonaire. Toutes les sécrétions purulentes d'origine tuberculeuse peuvent bien contenir le bacille de Koch, mais les tuberculoses chirurgicales ouvertes sont constamment fermées par un pansement occlusif, dont les pièces sont ensuite détruites. D'autre part, si MM. Anglade et Chocreaux (2) ont insisté sur les dangers des selles de tuberculeux en montrant combien elles contiennent souvent des bacilles de Koch, il est évident que l'intervention des matières fécales dans la contamination des locaux habités par des tuberculeux est beaucoup plus rare que celle des produits d'expectoration ; d'ailleurs, les méthodes appliquées à la désinfection de tout ce qui a été souillé par les crachats conviennent également à la destruction des agents infectieux qui peuvent être contenus dans les matières fécales. Il en est de même pour les urines des sujets atteints de tuberculose des voies urinaires. En réalité, il suffit donc dans la pratique de poursuivre la destruction des germes qui ont pu être disséminés par les produits d'expectoration des tuberculeux. Le problème n'est d'ailleurs pas si simple qu'on l'avait pensé tout d'abord.

Après les recherches de Cornet, on avait cru que tout le danger résidait dans le mélange aux poussières atmosphériques des crachats tuberculeux desséchés, et qu'il suffirait de faire expectorer chaque tuberculeux dans un crachoir, convenablement désinfecté dans la suite, pour empêcher toute dissémination du bacille de Koch par les malades.

Mais il fallut bientôt en rabattre, quand Flügge et ses élèves eurent démontré que les tuberculeux projettent autour d'eux d'infimes particules de crachats bacillifères, non seulement en toussant et en éternuant, mais encore en se contentant de parler.

Du coup la prophylaxie de la tuberculose se compliquait singulièrement et

---

(1) Il résulte de statistiques portant sur les cinq dernières années, qu'ont bien voulu nous communiquer les Drs Lalesque et Festal, que les malades atteints de tuberculose pulmonaire ouverte, qui viennent faire une cure à Arcachon, représentent environ les 2/5 des tuberculeux étrangers qui sont soignés dans cette station.

(2) Anglade et Chocreaux : *Danger des selles des tuberculeux.* Presse médicale, 16 août 1902.

la sauvegarde du milieu dans lequel vit le tuberculeux réclamait d'autres précautions hygiéniques qu'une distribution de crachoirs. Il fallut compter non plus seulement avec les poussières sèches, mais encore avec ces souillures imperceptibles qui se fixent sur tous les objets entourant le tuberculeux : d'où la nécessité de pratiquer une désinfection rigoureuse du local qu'il a habité, des objets qu'il a souillés.

Au Congrès de la tuberculose à Londres, en 1901, le Dr Harold Coates (de Manchester) exposait le résultat d'une série de recherches bactériologiques qui démontrent que dans une maison habitée par un phtisique propre et soigneux, crachant dans son mouchoir ou dans un crachoir, il y a une chance sur deux de trouver des germes tuberculeux. De plus, des expériences spéciales faites à l'Institut d'hygiène de Palerme par le Dr Vito Lo Bosco (1) prouvent que les bacilles tuberculeux gardent longtemps leur vitalité et leur virulence sur les parois des locaux habités : 2 mois sur le stuc, 3 mois sur le vernis, 4 mois sur le papier et la couleur à la colle, jusqu'à 5 mois sur le mortier.

La résistance du bacille tuberculeux dans le linge est également considérable. Abba et Barellaï (2) ont montré que du linge souillé par des crachats tuberculeux, restant exposé à l'air et à la lumière, contenait encore des bacilles virulents après 26 jours. Il doit en être évidemment de même pour les toiles de literie, les tapis, tentures, vêtements, etc.

Parmi les objets qui pourraient devenir des agents de transmission du bacille tuberculeux on a signalé les livres qui passent de mains en mains et dont la désinfection est particulièrement délicate. Il est de fait que l'observation classique de l'office sanitaire du Michigan est bien impressionnante. Vingt employés y avaient été successivement atteints de tuberculose. On trouva de nombreux bacilles tuberculeux sur les pages des registres qu'ils compulsaient quotidiennement. En réalité le danger a peut-être été exagéré. Du Cazal et Catrin n'ont pu retrouver le bacille de Koch dans les livres d'une bibliothèque circulante d'hôpital. En inoculant dans le péritoine des cobayes du liquide de lavage des feuilles de livres, F. Marino (3) a très rarement provoqué la tuberculose. Cet auteur pense que l'action des agents physiques naturels, l'air et la lumière, suffit en général à détruire rapidement et spontanément la virulence des bacilles qui se trouvent dans les livres. Les expériences de A. Krausz (4) sur le même sujet sont restées douteuses. Il n'en est pas moins incontestable qu'il serait imprudent de ne pas considérer comme suspects les livres des cabinets de lecture dans une station où séjournent des tuberculeux.

Pour nous résumer, un sujet atteint de tuberculose ouverte est dangereux par le fait de ses sécrétions et excrétions, le rôle des premières dans la dissémination du contage restant capital. Il convient donc de faire porter rigoureusement la désinfection sur tous les objets susceptibles de contamination par les produits d'expectoration : locaux d'habitation, literie, meubles, tentures, tapis, rideaux, linge, vêtements, vaisselle, livres. Ce n'est qu'à ce prix seulement que le séjour d'un tuberculeux cesse d'être un péril pour ceux qui lui succèdent dans l'habitation qu'il a occupée pendant un certain temps.

(1) Dr Vito Lo Bosco : *Lavori di laboratorio dell' Istituto d'igiene de Palermo*, IV, 1898, p. 207.
(2) F. Abba et F. Barellaï : *Rivista d'igiene e sanità pubblica*, 16 février 1901, p. 115.
(3) F. Marino : *Supplemento a Policlinico*, 1er septembre 1900.
(4) A. Krausz : *Zeitschr. f. Hygiene*, XXXVII, 1902.

Historique et organisation administrative.

Examinons maintenant les efforts qui ont été tentés à Arcachon afin d'organiser le service de désinfection dans des conditions de garantie suffisante pour assurer la sécurité des hôtes que reçoit cette station.

Un rapide historique (1) nous permettra de nous rendre compte des différentes étapes qu'il a fallu parcourir avant de parvenir à l'organisation actuelle.

Avant l'année 1891, la désinfection était abandonnée à l'initiative individuelle des médecins, et ce n'est qu'à cette date que fut tenté un effort collectif pour attirer l'attention des propriétaires d'immeubles de la ville sur la nécessité de prendre certaines mesures prophylactiques dans les locaux où ont habité des personnes atteintes de maladies contagieuses.

Il ne faut pas oublier qu'à ce moment la France n'avait pas de loi sanitaire et était placée, au point de vue qui nous intéresse, sous le régime de la loi du 13 août 1850 sur les logements insalubres. Les conseils municipaux avaient la faculté, s'il leur semblait utile, de constituer une commission des logements insalubres ; mais les causes d'insalubrité n'étaient pas nettement définies dans cette loi et la procédure qu'elle instituait en cas d'affaires litigieuses était tellement lente que la solution pouvait se faire attendre pendant une dizaine d'années.

Aussi n'est-ce que dans un nombre très restreint de grandes villes que fonctionnèrent des commissions des logements insalubres.

D'autre part, la loi municipale du 5 avril 1884 attribuait bien la police sanitaire au maire, à qui revenait « le soin de prévenir par des précautions convenables et celui de faire cesser par la distribution des secours nécessaires, les accidents et les fléaux calamiteux tels que....les maladies épidémiques ou contagieuses » (art. 97). Mais la loi n'indiquait aucune sanction qui confirmât l'intervention des municipalités en matière d'hygiène publique ; celles-ci n'avaient même pas le droit de prescrire un moyen particulier de faire disparaître une cause d'insalubrité. Cette législation restrictive paralysait littéralement l'autorité communale et rendait légalement impuissant tout effort destiné à obtenir l'assainissement des logements infectés.

Ce n'est d'ailleurs qu'à la fin de l'année 1892 (30 novembre 1892) qu'il fut fait appel en France à la collaboration du corps médical pour permettre à l'autorité publique d'avoir connaissance des cas d'un certain nombre de maladies transmissibles. La loi du 30 novembre 1892 sur l'exercice de la médecine imposait en effet aux médecins et aux sages-femmes la déclaration aux pouvoirs publics des maladies contagieuses comprises dans une liste établie après avis du Comité consultatif d'hygiène publique de France et de l'Académie de médecine. La tuberculose n'y figurait pas.

Malgré tout, dès l'année 1891, les médecins d'Arcachon comprirent qu'il était d'un intérêt vital pour cette station d'entreprendre l'organisation de désinfections systématiques destinées à assurer l'assainissement des habitations,

(1) Festal : *Rapport du groupe médical d'Arcachon*, 28 novembre 1902. F. Lalesque : *La cure libre des tuberculeux*, chap. Désinfection, 1904. Dhourdin : *Archives générales d'hydrologie*, mars 1904. Cazaban : *Journal de Médecine de Bordeaux*, 1er décembre 1902.

qui recevaient successivement chaque année plusieurs séries d'hôtes de passage. Le corps médical, sur l'initiative du D' Festal et d'un commun accord avec la municipalité, rédigea une lettre circulaire qui fut adressée par le maire, M. le commandant Eug. Ravaux, aux propriétaires d'immeubles et directeurs d'hôtels; une notice, contenant des instructions pour la désinfection des locaux, était jointe à cette lettre. Nous reproduisons ici ces deux notes à titre documentaire :

                                              Arcachon, le   1891.

   Monsieur,

Parmi les questions actuellement à l'ordre du jour du Conseil d'hygiène, il en est une qui, pour nous, prime les autres : la nécessité de la désinfection des locaux dans lesquels ont habité ou sont mortes des personnes atteintes d'affections contagieuses.

Le succès grandissant d'Arcachon nous fait un devoir de ne pas rester en retard des progrès accomplis.

Il faut que les hôtes de notre station sachent que nous nous occupons avec sollicitude de l'hygiène des habitations et de leur assainissement; il faut qu'ils puissent venir en toute confiance, sans aucune appréhension, demander à notre climat les bienfaits qu'ils en peuvent attendre.

C'est afin de leur donner toutes les garanties désirables que la Commission d'hygiène a rédigé les instructions dont j'ai l'honneur de vous adresser un exemplaire.

Elles contiennent l'ensemble des mesures les plus simples, les plus efficaces et les plus économiques pour obtenir une désinfection suffisante.

Je ne saurais trop insister pour vous prier de vouloir bien faire appliquer ponctuellement chez vous ces mesures, toutes les fois qu'elles seraient nécessaires.

Cela entraînera, sans doute, quelques frais; mais il faut considérer que les locaux désinfectés acquerront une valeur locative plus grande ou plus facile et que, de ce chef, les propriétaires rentreront largement dans leurs débours.

Au contraire, l'appartement ou l'hôtel qui n'aurait pas subi une désinfection méthodique deviendrait un épouvantail et les médecins seraient obligés d'en déconseiller l'habitation à leurs malades, tant par intérêt pour leurs clients que par souci de la santé publique.

Permettez-moi de penser, Monsieur, que vous voudrez bien, le cas échéant, vous conformer aux vœux de la Commission d'hygiène et au désir de l'administration municipale.

Veuillez agréer, Monsieur, l'assurance de ma considération très distinguée.

                                              Le Maire,
                              Signé : Commandant E. RAVAUX.

Instruction pour la désinfection des locaux dans lesquels ont séjourné ou décédé des personnes atteintes de maladies contagieuses.

1° Enlever toute la literie, les rideaux, tentures et tapis de la chambre, et les faire passer à l'étuve sous pression (1);

2° Essuyer soigneusement tous les meubles; puis en frotter le bois avec un linge bien imbibé d'une solution de sublimé à 1 p. 1000. — Le dessus des armoires, les corniches, le dos des cadres et toutes les saillies des moulures seront l'objet d'une attention spéciale;

3° Lessiver à l'eau bouillante le parquet et toutes les boiseries (portes, fenêtres, plinthes, etc.), et les laver ensuite largement avec la même solution de sublimé;

4° Tous les meubles étant laissés dans l'appartement, le fermer hermétiquement et y faire brûler du soufre, à raison de 50 grammes par mètre cube. — Ouvrir seu-

(1) La vapeur sous pression de cette étuve doit avoir 120 degrés centigr. de chaleur. Elle exige une installation spéciale et l'Administration s'occupe de la faire établir à Arcachon.

lement après 24 heures et laisser toutes les issues extérieures largement ouvertes pendant 48 heures au moins.

Ne pas oublier d'ailleurs que l'air et la lumière sont d'excellents adjuvants de désinfection ;

5° Repeindre après cela ou revernir toutes les boiseries de la pièce désinfectée, cirer les meubles à l'encaustique ou, s'ils sont vernis, les oindre extérieurement et intérieurement avec un mélange désinfectant tel que celui-ci :

> Huile de lin, 100 grammes ;
> Bichlorure hydrargyrique, 0,10 centigrammes ;
> Alcool, quantité suffisante ;

6° Brûler toutes les choses qu'il n'est pas nécessaire de conserver et notamment les papiers enlevés des murs, les jouets et autres menus objets.

On remarquera que cet appel à la bonne volonté des propriétaires de villas et directeurs d'hôtels n'avait d'autre sanction que la crainte de voir leurs immeubles mis à l'index par les médecins. Cette menace devait d'ailleurs bien souvent rester platonique, le corps médical n'ayant alors aucun moyen de contrôle sur la valeur des opérations de désinfection, ni même sur leur réalité.

Parmi ces instructions pour la désinfection forcément réduites aux opérations les plus sommaires, étant donnés l'emploi exclusif de vapeurs d'acide sulfureux et de solutions de sublimé, ainsi que le manque d'étuve à vapeur sous pression, nous devons signaler celles qui portent le n° 3 et qui ont trait au lessivage des parquets et boiseries avant toute autre application antiseptique. Nous aurons l'occasion d'insister plus loin sur cette technique, qui est actuellement recommandée par le Comité consultatif d'hygiène.

L'année suivante, en 1892, un industriel de la ville fit l'acquisition d'une étuve fixe à vapeur sous pression Geneste et Herscher (type A. 21) et se chargea des opérations de désinfection que comportait cette étuve. En 1895, il y joignait un pulvérisateur Geneste et Herscher pour la désinfection des parois. Sous l'influence du corps médical, encore en 1896, le maire d'Arcachon, M. de Damrémont, voulut prendre un arrêté municipal destiné à rendre obligatoires sous une forme déguisée les mesures de désinfection reconnues nécessaires. Mais il y renonça en apprenant que des arrêtés semblables, pris ailleurs, avaient été déclarés d'abus par le Conseil d'Etat et annulés.

La même année la désinfection des locaux par les vapeurs de formol fut substituée aux pulvérisations au sublimé et on fit usage à cet effet successivement du formolateur Hélios à vapeurs sèches, du modèle combiné qui projette à la fois des vapeurs de formol et de la vapeur d'eau et enfin, à partir de l'année 1902, de l'appareil à formol du Dr L. Hoton, fabriqué par la maison Geneste-Herscher.

Au début de l'année 1900, sous la pression et sur les indications des médecins de la ville, le maire, M. Veyrier-Montagnères, prenait, avec l'approbation préfectorale, un arrêté municipal réglementant les mesures d'assainissement ou de désinfection, chargeant un médecin sanitaire municipal du contrôle de la désinfection, établissant l'inscription sur un registre à souches des certificats témoignant que la désinfection avait été exécutée suivant les prescriptions du médecin traitant. Ce registre, déposé à la mairie, devait rester à la disposition du public et permettait à tous de vérifier quels immeubles avaient été soumis à l'assainissement nécessaire.

Voici le texte intégral de cet arrêté :

Arrêté municipal prescrivant et réglementant les mesures d'assainissement ou de désinfection des villas, hôtels, maisons de famille, pensionnats, etc...

Le maire de la ville d'Arcachon,
Vu les art. 91 et 97 de la loi du 5 avril 1884, § 6;
Vu l'art. 471 § 15 du Code pénal;
Vu les avis et délibérations successifs du Comité local d'hygiène;
Considérant que dans l'état actuel de la science, les mesures de désinfection méthodiquement pratiquées sont d'une efficacité complète contre les germes des maladies contagieuses, et en particulier contre ceux de la tuberculose pulmonaire;
Considérant que la ville d'Arcachon est intéressée, même au point de vue général, à maintenir intacte sa légitime réputation de salubrité qui, à elle seule, suffit à justifier le choix qu'en ont fait les malades et les médecins comme station de santé;
Considérant que les appartements livrés aux locataires en parfait état de salubrité doivent être remis, au départ, dans les mêmes conditions hygiéniques, pour donner ainsi à tous les locataires ou voyageurs la garantie que leurs intérêts sanitaires sont pleinement sauvegardés;
Considérant que la ville d'Arcachon possède l'outillage nécessaire pour réaliser de la façon la plus complète toutes les opérations d'assainissement ou de désinfection;

ARRÊTE :

Art. premier. — L'assainissement et la désinfection dans les conditions indiquées par les instructions du Comité consultatif d'hygiène sont opérés immédiatement dans les villas, hôtels, maisons de famille, pensionnats, etc..., chaque fois que le médecin traitant en aura par écrit déclaré la nécessité, soit après simple habitat, soit après décès.

Art. 2. — Afin d'en assurer l'efficacité et la parfaite exécution, les mesures d'assainissement et de désinfection seront toujours pratiquées sous la surveillance immédiate d'un médecin sanitaire nommé chaque année par l'administration municipale.

Art. 3. — La bonne exécution des opérations d'assainissement et de désinfection sera justifiée par la remise aux intéressés d'un certificat revêtu de la signature du médecin sanitaire et du maire.

Art. 4. — Seules seront reconnues valables par le Comité local d'hygiène et par l'administration municipale les mesures d'assainissement et de désinfection justifiées par la remise de ce certificat.

Art. 5. — Les frais de ces mesures restent à la charge des locataires ou voyageurs qui les ont rendus nécessaires.

Art. 6. — Il est enjoint aux hôteliers, aux logeurs en garni, aux agents de location, et cela sous peine de poursuites, de tenir dans leur établissement et dans un endroit des plus apparents, de manière à être facilement consulté par leur clientèle, un exemplaire du présent arrêté.

Art. 7. — Les personnes qui ne se seront pas soumises aux dispositions de l'article premier du présent arrêté ou qui auront commis quelque infraction à ses autres dispositions, seront l'objet de procès-verbaux, de contraventions, sans préjudice des mesures que l'autorité locale croirait devoir prendre ou prescrire dans l'intérêt de la santé publique et des responsabilités civiles qu'elles peuvent encourir par le fait de leur négligence.

Art. 8. — Le commissaire de police est chargé de l'exécution du présent arrêté qui sera publié et affiché après approbation préfectorale.

Fait et arrêté à Arcachon, le 4 janvier 1900.

Le Maire,
Signé : VEYRIER-MONTAGNÈRES.

Vu pour exécution immédiate,

Bordeaux, le 9 juin 1900.

   Pour le Préfet,
Le Secrétaire général,
   Signé: BOUFFARD.

                 Pour copie conforme,
                 Arcachon, le 16 février 1905.
                    Pour le Maire absent :
                        L'ADJOINT.

Ces mesures officielles n'étaient en réalité que le corollaire d'une disposition prise d'un commun accord entre les médecins de la ville et les agents de location, et destinée à rendre obligatoire la désinfection dans les cas de maladie transmissible, en se passant de l'appui de la loi, qui faisait défaut. Cette entente officieuse donnait au problème jusqu'alors insoluble une solution si ingénieuse et si pratique en même temps, que nous croyons devoir en exposer en détail la genèse et le mécanisme.

Nous avons déjà indiqué que la très grande majorité des malades qui viennent faire une cure à Arcachon habitent les villas qui couvrent la ville. Ces habitations sont toujours louées à bail par l'intermédiaire d'un groupe d'agents de location, dont l'intervention est indispensable aux propriétaires qui, étant donnés le renouvellement incessant des locataires et les usages locaux, auraient tout à perdre à traiter directement. Comprenant toute l'importance qu'il y a pour la station et pour eux-mêmes à ce que les personnes qui font un séjour à Arcachon ne puissent avoir aucune appréhension au sujet de la salubrité des logements, les agents de location acceptèrent d'introduire uniformément dans toutes les polices locatives, sous la rubrique « mesures sanitaires », la clause suivante : « *La désinfection, quand elle est jugée nécessaire par le médecin traitant, reste à la charge du locataire au moment où celui-ci quitte l'immeuble.*

« *Le médecin traitant fixe l'étendue et la nature des mesures d'assainissement à prendre, le médecin sanitaire en surveille l'exécution et un tarif homologué par la municipalité en indique le prix.*

« *En cas de litige, le locataire élit domicile à Arcachon* (1). »

En même temps les médecins de la ville, tous intéressés à la bonne exécution de cette prophylaxie, s'engageaient à informer le médecin sanitaire de la nécessité d'opérer la désinfection dans chaque immeuble où elle était utile, sans donner aucune indication sur la maladie qui dictait cette mesure ainsi applicable à la tuberculose, le secret médical restant gardé. Une note désignant le nombre et la situation des pièces à désinfecter, la nature et le degré de désinfection applicable, l'adresse des industriels disposant des appareils nécessaires, était laissée par le médecin traitant entre les mains du locataire ou de son représentant.

Grâce à cette entente officieuse entre les médecins et les agents de location, les locataires ne pouvaient plus se soustraire à l'obligation de faire désinfecter à leurs frais le logement qu'ils avaient contaminé, et cette mesure se trouvait étendue aux tuberculeux, lorsque le médecin traitant le jugeait nécessaire, bien que la loi n'eût pas prévu pour eux l'obligation de la désinfection.

La loi sur la protection de la Santé publique du 15 février 1902 n'a guère fourni en effet de nouvelles armes à la municipalité d'Arcachon. On a souvent signalé déjà cet étrange oubli du législateur qui institue un bureau d'hygiène municipal dans les villes de 20.000 habitants et au-dessus et dans les communes d'au moins 2000 habitants qui sont le siège d'un établissement thermal, mais ne prévoit aucun contrôle sanitaire autonome dans les stations maritimes, qui reçoivent le plus de tuberculeux, si leur population reste inférieure à 2.000 âmes. Arcachon ainsi que les stations du littoral de la Méditer-

(1) Le fait que le locataire est obligé en cas de litige d'élire domicile à Arcachon évite les frais et les retards qui seraient inévitables s'il fallait les actionner à leur résidence habituelle, parfois aux points les plus éloignés de la France ou même à l'étranger.

ranée (sauf Nice et Cannes), ne comprenant pas d'établissement thermal et ne comptant pas 20.000 habitants, rentre dans la catégorie des stations ainsi négligées par la loi du 15 février 1902. Si l'on s'était contenté de s'en tenir aux termes mêmes de la nouvelle loi, Arcachon n'aurait plus été qu'une simple unité, dans une circonscription sanitaire départementale dont elle n'aurait peut-être pas même été le centre ; le service de la désinfection ne lui aurait plus été exclusivement réservé ; son organisation municipale aurait cédé le pas à la commission sanitaire de la circonscription départementale. L'expérience acquise, les résultats obtenus devenaient dès lors inutiles et la station perdait rapidement le bon renom de salubrité que lui avait valu une heureuse réglementation sanitaire municipale.

Soucieuse de conserver son automonie hygiénique, la ville d'Arcachon s'est appliquée au contraire à perfectionner ses services municipaux de salubrité.

Un service de désinfection, complété suivant les indications du corps médical, fut organisé et confié à une entreprise industrielle privée, la Société de la « Blanchisserie moderne », sous le contrôle de la municipalité et suivant le tarif fixé par elle. Un pavillon spécial fut construit pour recevoir l'étuve à vapeur, les autoclaves formolateurs et le matériel de la désinfection.

La surveillance des opérations de désinfection fut confiée à M. Duphil, Docteur en pharmacie, ancien stagiaire de l'Institut Pasteur, qui était en même temps chargé de la direction du laboratoire municipal d'Hygiène sanitaire réservé aux analyses chimiques et microscopiques, ainsi que de l'inspection des viandes, du lait, des boissons et des denrées alimentaires.

On continua naturellement à inscrire toutes les opérations de contrôle de la désinfection sur un registre à souches tenu par la mairie à la disposition du public.

Cette organisation nouvelle a fonctionné dès le 1er avril 1903.

Au mois d'août 1904, conformément aux exigences de la nouvelle loi, le règlement sanitaire élaboré par le corps médical d'Arcachon et adopté par son conseil municipal recevait l'approbation préfectorale.

Ce règlement sanitaire confère à une commission municipale d'hygiène, composée de 5 membres (le maire, 2 médecins de la station, le directeur du laboratoire municipal, un architecte et le directeur des travaux de la ville) le soin d'étudier et de mettre en pratique toutes les matières du règlement sanitaire et d'en appliquer les dispositions sous l'autorité du maire.

Au point de vue spécial qui nous occupe, ce règlement indique la nécessité de la désinfection régulière des objets contaminés et particulièrement du linge pendant la durée d'une maladie transmissible, ainsi que des livres de bibliothèques et cabinets de lecture, l'obligation de la désinfection du local lorsqu'il est abandonné par le malade ou bien que celui-ci est guéri ou décédé (art. 63-68), enfin l'obligation de la désinfection des moyens de transport privés ou publics dans le cas où ils ont servi à un malade atteint d'affection transmissible (art. 59 et 60). Il détermine les procédés de désinfection utilisés et les conditions de ces opérations (art. 72).

Nous reproduisons ci-dessous les plus intéressants de ces articles du règlement sanitaire :

Art. 63. — Eu égard à la clientèle spéciale de la station d'Arcachon, les cabinets de lecture et les bibliothèques devront faire stériliser au formol, avant de les remettre en circulation, les livres, journaux illustrés, partitions de musique, etc.., qui leur sont rendus après avoir été lus à domicile.

M. le Directeur du laboratoire d'hygiène, au cours de ses inspections sanitaires, se rendra compte des procédés employés, de leur bon fonctionnement, de leur efficacité et de la désinfection. A la suite de ses visites il délivrera un certificat qui devra être communiqué au public.

D'une façon générale les administrations, tant publiques que privées et dans un but de protection pour leurs agents et employés, soumettront à la stérilisation périodiquement, et dans une mesure aussi large que possible, leurs registres, dossiers, paperasses, feuilletés chaque jour.

(Il est rappelé qu'il existe, au siège du service municipal de désinfection, un cabinet spécial qui permet d'effectuer toutes les désinfections au formol prévues à cet article.)

ART. 64.— Pendant toute la durée d'une maladie transmissible, les objets à usage personnel ou domestique du malades et des personnes qui l'assistent, de même que les objets contaminés ou souillés, seront désinfectés.

ART. 65. — Il est interdit, sans désinfection préalable, de jeter, secouer ou exposer aux fenêtres ou dans les jardins, aucun linge, vêtement, objet de literie, tapis ou tenture ayant servi au malade ou provenant des locaux occupés par lui.

ART. 66. — Le nettoyage de la pièce et des objets qui la garnissent se fera exclusivement, pendant toute la durée de la maladie, à l'aide de linges, étoffes, tissus ou substances humides ou imprégnés de liquides antiseptiques, et qui seront ensuite désinfectés dans l'eau bouillante.

ART. 67. — Les linges et effets contaminés ou souillés devront, pour leur transport aux lavoirs ou blanchisseries, être enfermés dans des sacs ou des toiles imperméables, ou avoir été préalablement assainis par une ébullition suffisamment prolongée.

ART. 68. — Les locaux occupés par le malade seront désinfectés aussitôt après son transport en dehors de son domicile, son départ, sa guérison ou son décès.

Cette opération est pratiquée par le service de désinfection de la ville, sur les indications du médecin traitant et sous la surveillance du directeur du Laboratoire municipal d'hygiène.

L'exécution de cette prescription sera constatée par un certificat délivré aux intéressés. Ce certificat ne mentionnera ni le nom, ni la maladie ; il désignera les locaux désinfectés. Il sera fait en double, l'un sera remis au propriétaire ou à l'agent de location le représentant, l'autre sera adressé, par les soins de l'industriel chargé de la désinfection, au locataire quittant l'immeuble.

. . . .

ART. 72. — La désinfection est pratiquée par le service communal de désinfection dans les conditions prescrites : par l'art. 7 de la loi du 15 février 1902, par le décret du 7 mars 1903 portant règlement d'administration publique sur les appareils de désinfection et l'arrêté municipal du 3 mars 1903 créant le laboratoire municipal d'hygiène sous la surveillance du Directeur de ce laboratoire et le contrôle du maire et de la commission municipale d'hygiène.

De plus l'article 56 donne un appui officiel au procédé qui avait permis jusque-là d'obtenir des locataires atteints de maladies contagieuses, grâce à une clause spéciale de leurs baux, qu'ils fissent pratiquer la désinfection réclamée par le médecin traitant. Cet article est ainsi conçu :

« Vu le caractère tout spécial d'Arcachon, ville de santé, vu l'autorité conférée au maire par la loi sur la police des garnis, les mêmes mesures sont applicables aux logements quittés par les malades visés dans la 2ᵉ partie de l'art. 1ᵉʳ du décret précité du 10 février 1903, lorsque le médecin traitant, sans dévoiler la nature de la maladie, aura fait savoir à la mairie que, sans une désinfection préalable, ces logements présenteraient des dangers de contamination pour de nouveaux locataires. »

Ainsi s'est trouvé sanctionné l'ingénieux procédé qui depuis 1900 permettait de rendre pour ainsi dire obligatoire la désinfection des locaux qui venaient d'être occupés par des malades atteints de tuberculose ouverte, tout en assurant aux intéressés la discrétion absolue sur la nature de la maladie ayant exigé ces mesures prophylactiques.

On objectera peut-être que la loi permet actuellement aux médecins d'obtenir la désinfection pour les cas de tuberculose ouverte, grâce à la faculté qui leur est laissée d'en faire la déclaration. Mais il ne faut pas oublier que l'article 2 du décret du 10 février 1903 mentionne que dans ce cas « il est procédé à la désinfection après entente avec les intéressés »; l'application des mesures prophylactiques, même après la déclaration du médecin, reste donc facultative pour les particuliers et est subordonnée au consentement préalable du malade, de sa famille ou de son entourage. Cette restriction était d'ailleurs à peu près inutile, car on ne conçoit guère, dans l'état actuel des choses, qu'un médecin fasse une déclaration de tuberculose sans le consentement du malade ou de ses représentants; il n'est pas en effet délié du secret professionnel pour les maladies dont la déclaration n'est que facultative.

Quand on réfléchit aux intérêts moraux qui sont en jeu en pareil cas, on en arrive à se demander si réellement une station comme celle d'Arcachon trouverait un bénéfice réel au cas où l'obligation de la déclaration viendrait à être étendue à la tuberculose ouverte, comme cela se pratique déjà depuis quelques années en Norvège, à New-York et dans quelques autres villes américaines. On ne saurait se dissimuler toute la valeur des arguments que le Dr Josias (1), dans son rapport, a fait valoir pour faire rejeter par l'Académie de médecine, provisoirement au moins, l'obligation de la déclaration de la tuberculose. Le public n'est pas encore préparé par une éducation hygiénique suffisante au sacrifice de scrupules légitimes en vue d'un intérêt supérieur. N'oublions pas qu'on est allé jusqu'à accuser la déclaration obligatoire de la tuberculose de devoir créer toute une armée de suspects et transformer la lutte contre la tuberculose en lutte contre les tuberculeux. « La première difficulté et la moins douteuse, dit le Dr Josias, c'est l'opposition formelle de la famille et du malade dans la majorité des cas. La tuberculose n'est pas comparable à cet égard à la majorité des autres maladies infectieuses; elle constitue une tare non seulement pour l'individu atteint, mais pour sa famille. Le sentiment qui pousse à dissimuler la tuberculose pulmonaire n'a peut-être pas une haute valeur morale, mais il existe et il est très fort dans certaines classes de la société. Croyez-vous que bien des médecins, devant la volonté formelle de leurs clients, n'essaieront pas de se soustraire à une obligation incompatible avec l'exercice de leur profession? »

Ne semble-t-il pas que l'heureuse transaction appliquée depuis plusieurs années par le corps médical d'Arcachon ait, par sa discrétion même, plus de chance de donner des résultats pratiques que la déclaration obligatoire de la tuberculose?

Il est vrai que les malades qui passent par les hôtels ne prennent pas d'engagement au point de vue d'une désinfection possible de leur chambre. Ceux qui s'y fixent de façon à faire un séjour prolongé sont assez rares; ils sont d'ailleurs facilement amenés à admettre qu'ils sont redevables des frais de désinfection lorsqu'elle est jugée nécessaire.

Là où les difficultés commencent, c'est pour les malades qui, avant de faire choix d'un logement meublé, descendent d'abord à l'hôtel pour quelques jours seulement. On comprend qu'il soit assez difficile de faire accepter à un ma-

(1) *Académie de Médecine*, séance du 20 janvier 1903.

lade qui a couché 2 ou 3 fois dans une chambre les frais d'une désinfection au formol qui coûte 20 fr. Dans ces cas les hôteliers d'Arcachon se sont engagés à assurer la désinfection et ont accepté qu'un registre, formant casier sanitaire pour chaque chambre, soit tenu à jour sous le contrôle et l'estampille de l'inspecteur sanitaire municipal. Dans chaque chambre d'hôtel la pancarte imprimée indiquant le prix de la chambre, des repas, etc..., porte la mention suivante : « *Les appartements sont immédiatement assainis après le départ de tout voyageur, conformément aux prescriptions du réglement sanitaire de la ville d'Arcachon.* » (Loi sur la santé publique du 15 février 1902.)

. Le règlement sanitaire d'Arcachon prévoit enfin un « *casier sanitaire des maisons, villas et logements* » pour élargir le cercle des renseignements concernant l'état de salubrité des immeubles et dans le cas où, pour une raison quelconque, le certificat de désinfection ne pourrait être transmis aux intéressés » (Art. 69).

. Ce casier sanitaire (1) donnera des indications précises sur le degré de salubrité de chaque habitation ; s'il y a lieu, sur les causes d'insalubrité permanente (canalisation d'eau, water-closets, etc...) ou temporaire (maladies contagieuses, etc.), sur les améliorations apportées, sur les désinfections effectuées. Il fournira ainsi à l'autorité municipale les renseignements nécessaires pour une intervention opportune et justifiée. Il serait encore utile au point de vue spécial de la désinfection que le casier sanitaire fournît quelques notions sur l'aménagement des habitations au point de vue de l'hygiène et signalât les immeubles dans lesquels les planchers sont étanches, les angles des murs arrondis, les parois recouvertes de peinture ou de papier vernissé lavable, les meubles faciles à nettoyer, les lits et les sommiers métalliques ou qui contiennent au moins une pièce remplissant ces conditions et destinée à être spécialement affectée aux malades. Ce type de construction, qui répond bien au nom de « *Villa hygiénique modèle* » qu'on lui a donné, tend à se multiplier à Arcachon. Le casier sanitaire encouragera les propriétaires à l'adopter de plus en plus, ce qui facilitera les opérations de désinfection et en accroîtra encore l'efficacité.

Tels sont l'historique et l'organisation administrative de ce service de la désinfection, qui a été créé et s'est développé grâce à l'heureuse initiative du corps médical d'Arcachon. Ce service a de plus l'avantage de ne coûter pour ainsi dire rien au budget de la ville, car les frais du matériel et son installation ont été faits par un industriel ; les frais des opérations et du contrôle sont à la charge des personnes dont la maladie a nécessité la désinfection.

Organisation technique.

L'organisation technique, dont nous avons déjà indiqué les grandes lignes, comprend un *poste de désinfection* avec son personnel et ses annexes et un *service de contrôle* avec son laboratoire.

(1) Dhourdin : *Rapport à la commission municipale d'hygiène d'Arcachon*, février 1905.

POSTE DE DÉSINFECTION

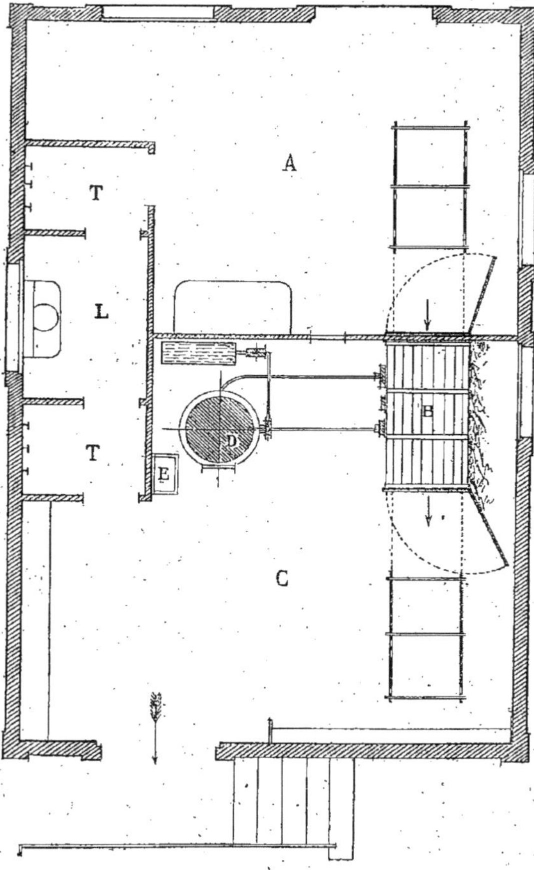

Légende.

A. — Salle destinée au linge sale.
B. — Etuve.
C. — Salle destinée au linge désinfecté.
D. — Chaudière.
E. — Caisse à charbon.
L. — Lavabos.
TT. — Toilette.

Le *poste de désinfection* dont nous donnons le plan est constitué par un pavillon construit [sur les terrains de la Blanchisserie moderne, mais tout-à-fait isolé et indépendant des autres bâtiments.

Ce pavillon est divisé en 2 corps de logis par une cloison qui le partage en deux parties égales. Cette cloison est traversée par l'étuve à vapeur de telle façon que la porte d'entrée de l'étuve s'ouvre dans une des moitiés du bâtiment où on dépose les objets à désinfecter, et que la porte de sortie soit dans l'autre moitié où sont réunis ces mêmes objets après désinfection. Bien qu'il soit préférable que le côté des objets à désinfecter et que le côté des objets désinfectés restent sans communication aucune, ils sont ici reliés par un cabinet de toilette ouvrant des deux côtés. Dans la partie du pavillon réservée aux objets désinfectés, se trouvent aussi le pulvérisateur et les formolateurs qui servent à la désinfection des locaux.

Sous les hangars de la blanchisserie sont remisés deux camions peints de couleurs différentes qu'on recouvre d'une bâche; l'un est destiné au transport à l'étuve du linge et des objets à désinfecter; l'autre est réservé au charroi à domicile des objets qui ont subi la désinfection.

Un employé, très au courant des manipulations qu'exige la désinfection, dirige toutes les opérations; on lui adjoint 1 ou 2 aides suivant les nécessités du service.

L'étuve à désinfection est une étuve à vapeur sous pression du type A. 21 de chez Geneste et Herscher. Son efficacité en matière de désinfection des objets contaminés en profondeur, de la literie, des tapis, des rideaux, des tentures, du linge, des vêtements, etc..., est établie depuis longtemps. Elle avait été déjà reconnue en 1885 à la suite d'expériences officielles faites au nom du Comité consultatif d'hygiène publique de France par les professeurs Gariel et Grancher. Par application de l'article 7 de la loi du 15 février 1902 et du décret du 7 mars 1903, ce modèle d'étuve a été à nouveau soumis à une vérification du Comite consultatif d'hygiène et approuvé par le ministre de l'Intérieur dans un certificat portant le n° 16.

Dans l'état actuel de nos connaissances, une étuve à vapeur est absolument indispensable dans tout poste de désinfection; sans cet appareil on ne pourrait obtenir une désinfection suffisante des objets que nous avons énumérés plus haut. Ces faits sont de notion tellement courante qu'il nous paraît inutile d'y insister.

Nous ne dirons pas grand'chose du pulvérisateur Geneste et Herscher que possède le poste de désinfection d'Arcachon. Cet appareil, particulièrement employé il y a quelques années encore pour la désinfection des parois des locaux contaminés, a été abandonné partout où il est possible d'opérer la désinfection des habitations au moyen d'un dégagement de vapeurs de formol. La supériorité de ce dernier procédé pour la désinfection des parois et de la surface des meubles dans les locaux contaminés est actuellement bien reconnue. A condition de ne pas lui demander plus qu'il ne peut donner et de réserver son usage exclusivement à la désinfection de surface, le formol est actuellement le meilleur désinfectant des locaux dont on puisse disposer. En dehors de ses propriétés désinfectantes il possède deux avantages capitaux : sa toxicité est nulle et il ne produit aucune détérioration des objets avec lesquels il se trouve en contact. Par contre, son emploi ne dispense aucunement du passage à l'étuve à vapeur des objets qui ont été contaminés en profondeur ; son prix de revient est assez élevé ; il laisse une odeur persistante et désagréable, irritant les voies aériennes et les muqueuses, de façon que la pièce désinfectée doit rester portes et fenêtres ouvertes pendant 24 heures au moins et ne peut être habitée pendant ce temps. On peut donc dire du formol qu'il est un désinfectant de luxe et c'est pour cette raison qu'il n'est guère employé pour la pratique courante de la désinfection dans les grandes villes de France, notamment par le service municipal de la désinfection à Paris. Dans les grands centres, en effet, la désinfection est surtout organisée en vue d'assainir les logements de la classe ouvrière, qui sont le plus souvent trop réduits pour permettre de laisser une pièce inoccupée plus de quelques heures.

Il n'en est plus de même dans une station comme Arcachon, où la désinfection est appliquée pour la grande majorité des cas dans des milieux aisés, dans des habitations assez vastes pour qu'il soit possible de laisser une pièce inhabitée pendant un et même plusieurs jours. Aussi a-t-on été bien inspiré en dotant le service de la désinfection de cette ville de deux appareils formolisateurs du type du Dr L. Hoton, fabriqué par Geneste et Herscher. Le ministère de l'Intérieur a autorisé le fonctionnement de cet appareil (certificat n° 20) après expérimentation et avis favorable du Comité consultatif d'hygiène publique de France. Ce formolisateur a été reconnu susceptible d'assurer une désinfection efficace dans les conditions de fonctionnement ci-après :

Il sera employé par mètre cube de local à désinfecter, soit 40 centimètres cubes, soit 80 centimètres cubes de solution d'aldéhyde formique renfermant 7,5 p. 100 d'aldéhyde pure ;

La durée de contact sera de sept heures dans le premier cas et de trois heures et demie dans le second ;

Ce procédé ne peut servir, dans tous les cas, à désinfecter que les surfaces des locaux.

Signalons encore une heureuse innovation due à l'initiative privée. La bibliothèque de la ville d'hiver, qui donne des livres en location, possède depuis assez longtemps une étuve à formol qui permet leur désinfection. Cette désinfection est d'ailleurs prescrite aux cabinets de lecture et bibliothèques de la ville par l'article 63 du règlement sanitaire. Le dispositif (1) adopté à la bibliothèque de la ville d'hiver d'Arcachon mérite d'être décrit. L'étuve est constituée par une caisse rectangulaire en bois de 1m,10 de hauteur et de 0m,48 de largeur, s'ouvrant par une double porte ; une double paroi en assure l'étanchéité à peu près complète ; l'intervalle compris entre les deux parois est rempli de sable. Le fond en est traversé par la partie supérieure d'un formolateur Hélios, modèle B, très exactement ajusté. Par une des parois pénètre un tube en plomb amenant la vapeur d'eau produite en dehors de l'appareil. A l'intérieur sont disposées des tringles horizontales, destinées à supporter les livres qui y sont placés à califourchon, entr'ouverts. En plaçant les livres on laisse entre eux un intervalle suffisant pour permettre la libre circulation des vapeurs bactéricides. Chaque opération peut désinfecter 15 à 20 volumes.

L'emploi du formolateur Hélios B combiné a été autorisé par le ministère de l'Intérieur, après avis du Comité consultatif d'hygiène public de France (Certificat n° 26).

(1) Festal : *Congrès de climatothérapie et d'hygiène urbaine.* Nice, avril 1904.

On sait que la désinfection des livres est une opération particulièrement délicate, pour laquelle on ne peut utiliser les étuves à vapeur sous pression, lorsqu'ils sont reliés, sous peine de déformation et de détérioration.

L'*inspection de la désinfection* est dirigée par M. Duphil, docteur en pharmacie, stagiaire de l'Institut Pasteur, qui dès le début s'est attaché à soumettre toutes les opérations de son service à un contrôle scientifique, reconnu actuellement comme un corollaire indispensable.

Les intéressantes expériences, faites à l'aide de tests chimiques et bactériologiques analogues à ceux employés par Calmette et Rolands (1), que M. Duphil a communiquées le 6 avril 1904 au Congrès d'hygiène urbaine de Nice, démontrent l'efficacité et le bon fonctionnement des appareils formolateurs employés à Arcachon.

De tels résultats n'ont pu être obtenus que grâce à la création du laboratoire municipal. Ce laboratoire est muni des appareils nécessaires pour les analyses chimiques et bactériologiques courantes. Le matériel et le local appartiennent à M. Duphil; une subvention municipale assure l'entretien du laboratoire.

Fonctionnement du service de la Désinfection.

Lorsque le *médecin traitant* a décidé qu'il y a lieu d'opérer la désinfection de la totalité ou d'une partie d'un logement, il inscrit en détail le nom et l'adresse de l'immeuble, le nombre et la situation précis des pièces à désinfecter, la nature et le degré de désinfection applicables à chacune, en adoptant l'une ou l'autre des deux formules suivantes : « désinfection complète (étuve et formol) » ou « désinfection au formol ».

Il remet cette note au locataire ou à son représentant en les chargeant de la transmettre au poste de désinfection, dont il donne l'adresse.

Il informe en même temps, par une lettre déposée à la mairie, l'inspecteur sanitaire municipal qu'il vient de prescrire la désinfection de tel ou tel immeuble, sans aucune indication relative à la maladie qui la rend nécessaire.

L'*Inspecteur sanitaire municipal* fixe au désinfecteur le jour et l'heure de la désinfection, dont il surveille et contrôle les opérations de la façon qu'il juge la plus efficace.

Après chaque vacation il inscrit, sur un registre spécial à souche déposé à la mairie, la date, la nature et le détail des opérations faites et le nom du médecin qui les a prescrites. Ce registre, tenu à la disposition du public, constitue ainsi un recueil de documents rigoureusement authentiques et précis.

L'Inspecteur sanitaire municipal vise la note du désinfecteur qui a fait le travail et rédige un certificat de désinfection qu'il adresse à la mairie.

Dans le cas de simple désinfection au formol jugée suffisante par le médecin traitant et pratiquée par le locataire ou le propriétaire avec un outillage lui appartenant, l'inspecteur sanitaire délivrera un certificat de désinfection à la condition qu'il ait été prévenu du jour et de l'heure de ces opérations, afin de pouvoir venir en contrôler la valeur.

(1) *Bull. de l'Acad. de méd.*, 5 mai 1903, p. 617.

L'*administration municipale*, au reçu du certificat de désinfection rédigé par l'inspecteur sanitaire, en fait établir trois copies et en délivre une au locataire, la seconde au propriétaire ou à son représentant, la troisième au désinfecteur.

Le *désinfecteur* se conforme rigoureusement aux indications de l'Inspecteur sanitaire municipal pour tous les détails des opérations de désinfection.

Les intéressés ne doivent solder sa note qu'autant qu'elle aura été visée par l'inspecteur sanitaire et qu'elle sera accompagnée d'un certificat de désinfection délivré par la mairie.

Au cours de la maladie, le désinfecteur loue des sacs spéciaux, de fort coutil, exclusivement destinés à recevoir le linge du malade. Aussi souvent qu'il le faut une voiture spéciale enlève les sacs pleins pour les transporter à l'étuve, où ils sont désinfectés, avant que leur contenu soit blanchi, puis rapporté à domicile.

Pour la désinfection des locaux, il est procédé suivant les règles courantes :

Le désinfecteur transporte au domicile à désinfecter l'appareil Hoton, le formol nécessaire, ainsi que de grands sacs ou des pièces de forte toile imperméabilisée pour transporter les objets qui doivent passer par l'étuve à vapeur (objets de literie, couvertures, vêtements, rideaux, tentures, tapis, coussins, linge, etc...).

Il revêt un costume spécial, stérilisé, de toile blanche (blouse, pantalon, casquette à couvre-nuque et sandales), et pénètre dans le local pour placer dans les sacs et les toiles spéciaux les objets qui sont destinés à l'étuve et qui seront transportés au poste de désinfection dans une voiture réservée à cet usage.

Après cette manipulation il désinfecte soigneusement au sublimé ses mains, sa figure, sa barbe et ses cheveux.

Puis il ferme toutes les ouvertures de la pièce, tous les mal-joints des portes et fenêtres, au moyen de bandes de papier gommé, sauf pour la porte de sortie qu'il obturera de même après avoir quitté la pièce. Pour que l'opération soit bien conduite, il est indispensable de fermer jusqu'au moindre orifice à cause de l'extrême diffusibilité de l'aldéhyde formique. Avant de sortir de la pièce, le désinfecteur disposera tous les meubles de façon que toutes leurs parties soient baignées dans l'atmosphère de vapeurs d'aldéhyde formique. Le lit et les meubles adossés au mur en seront éloignés ; les portes des placards et des armoires seront ouvertes ; les tiroirs seront complètement tirés. On étale largement les tentures ou rideaux, dont l'étoffe ne supporterait pas le passage à l'étuve.

Avant d'abandonner la chambre, le désinfecteur enlève son costume spécial le laisse étalé tout près de la porte de sortie et quitte la pièce en calfeutrant hermétiquement la porte.

Le tuyau de dégagement de l'appareil Hoton est placé dans le trou de la serrure et on chauffe la chaudière qui contient une solution de formol à 10 p. 100 (1). On évapore 40 c.c. de cette solution par mètre cube du local à désinfecter. L'autoclave d'une contenance de 12 litres suffit à formoliser utilement 300 m.q. en 3 heures.

___

(1) Le titre de 10 p. 100 a été substitué au titre suffisant de 7,5 p. 100, à cause de la plus grande facilité du dosage.

Généralement la désinfection est faite le soir et le contact se prolonge pendant toute la nuit, durant 12 heures environ. Dans les cas où l'on désire abréger l'opération autant que possible et sur demande spéciale, on pulvérise au bout de 7 heures 1/2 de l'ammoniaque dans la pièce (8 c. c. par m. q.).

Lorsque le temps voulu est écoulé, le désinfecteur pénètre dans la pièce, revêt son costume de toile, et ouvre largement portes et fenêtres pour établir une ventilation intense. Il brûle le papier qui avait servi à l'obturation de la chambre et procède au lessivage du plancher, des portes, des fenêtres et de toutes les surfaces en bois avec une solution de sublimé à 2 p.1000, additionnée de 20 gr. de chlorure de sodium par litre. Il replace les meubles et essuie les dorures et les tableaux.

Nous avons déjà dit que les objets destinés à l'étuve étaient transportés au poste de désinfection dans une voiture spéciale enfermés dans des sacs ou des toiles imperméables. Cette voiture est exclusivement affectée aux objets contaminés.

Dans le cas où ces objets sont tachés de sang, de pus, de matières fécales, etc..., ils sont soumis avant leur mise à l'étuve à un trempage et à un lavage dans une solution désinfectante, le passage à l'étuve ayant pour effet de rendre ces taches indélébiles, si cette précaution n'est pas prise.

Avant l'étuvage également, on a soin de découdre l'enveloppe des matelas de façon à ce que leur contenu puisse être desserré et se laisse mieux pénétrer par la chaleur: c'est là une excellente condition de succès pour leur désinfection.

Les objets sont désinfectés lorsque la pression de l'étuve a été maintenue à 115° pendant une demi-heure.

Le linge étuvé est ensuite transporté dans une lessiveuse autoclave Thiébaud qui est placée dans un local absolument séparé du reste de la blanchisserie, de sorte que le linge des malades ne se trouve à aucun moment en contact avec le linge qui est blanchi dans les autres bâtiments de l'établissement.

Le linge et les autres objets qui ont été désinfectés sont replacés dans des sacs propres et rapportés dans une voiture spéciale à domicile.

Le poste municipal de désinfection d'Arcachon a pratiqué le nombre suivant d'opérations de désinfection :

Du 1er novembre 1902 au 1er novembre 1903, 215 opérations;

Du 1er novembre 1903 au 1er novembre 1904, 229 opérations.

Voici le tarif des diverses opérations de désinfection faites par le service municipal d'Arcachon :

TARIF DES DÉSINFECTIONS

Vu et approuvé par M. Veyrier-Montagnères, maire d'Arcachon.

FORMOLISATION

1° Une chambre n'excédant pas 70 mètres cubes........................ 20 fr.
2° Deux chambres... 25 »
3° Par chaque pièce en sus.. 5 »
Exemple : La formolisation de 3 chambres coûtera 20 fr. + 5 fr. + 5 fr.... 30 »

Il sera perçu 0 fr. 10 de supplément par mètre cube de capacité au-dessus de 70 mètres cubes pour chaque pièce.

Le cabinet de toilette annexe d'une chambre sera compté comme faisant partie de la chambre ; on additionnera, par conséquent, pour arriver à un total vrai, le cubage de 2 pièces comme si elles n'en faisaient qu'une.

Lessivage du parquet, plinthes, boiseries, avec une solution de sublimé à 2 p. 1000 à 0 fr. 10 le mètre carré.

Le prix ci-dessus comprend les honoraires (5 fr. pour la formolisation) de M. l'inspecteur sanitaire chargé de surveiller et contrôler les opérations.

ÉTUVAGE

Tarif des objets.

1 Sommier (y compris démontage indispensable et réfection).....	5 »
1 Matelas (y compris la réfection).	5 »
1 Lit de plumes................	3 »
(Y compris la réfection)........	5 »
1 Edredon	1 »
1 Couvre-pieds..................	1 »
1 Jeté de lit....................	» 50
1 Paire rideaux de lit (y compris la remise en place)................	5 »
1 Paire rideaux de fenêtre (y compris la remise en place)........	2 50
1 Paire rideaux de vitrage........	» 50
1 Descente de lit................	» 40
1 Traversin	» 50
1 Oreiller	» 50
1 Couverture laine..............	» 75
1 Couverture coton..............	» 75
1 Carpette (y compris le battage).	2 50
1 Tapis partout (jusqu'à 35 mètres carrés), y compris battage et remise en place..................	5 »
Par mètre carré au-dessus de 35 mètres carrés..................	» 20
1 Tapis de table................	» 20
1 Voile de fauteuil..............	» 10
1 Chaise longue capitonnée......	3 »
1 Chaise longue rotin............	1 50
1 Fauteuil......................	2 »
1 Chaise capitonnée.............	1 »
1 Canapé	3 »
1 Jupe.........................	1 »
1 Jupon........................	» 75
1 Corsage......................	» 75
1 Manteau de dame.............	1 50
1 Pantalon d'homme............	» 40
1 Gilet........................	» 30
1 Veston ou jaquette............	1 »
1 Pardessus....................	1 50

En plus des prix ci-dessus, il sera perçu 5 fr. par désinfection, quel que soit le nombre des objets étuvés, pour honoraires de M. l'inspecteur sanitaire de la ville chargé de surveiller et contrôler tous les étuvages faits à l'usine et prescrit par le corps médical.

SACS A LINGE

Ces sacs, en très fort coutil spécial, mesurent 1 mètre de hauteur et 0ᵐ, 50 de diamètre, ils sont mis par l'usine à la disposition du public.

Moyennant *un franc par sac et par opération*, ils seront enlevés par les soins de l'usine, aussi souvent qu'il le faudra, passés à l'étuve avec leur contenu et rapportés à domicile.

Après cette stérilisation, opérée selon une technique rigoureuse, le linge peut être donné sans danger au blanchissage.

OBLIGATIONS AUXQUELLES SONT SOUMIS LES DÉSINFECTEURS

1° Posséder deux voitures fermées, peintes en couleurs différentes, l'une pour transporter à l'étuve les objets contaminés, l'autre pour rapporter à domicile les objets étuvés ;

2° Se soumettre rigoureusement au contrôle et aux indications du corps médical représenté par l'inspecteur sanitaire ;

3° Remettre en place les objets étuvés, rideaux, tapis, portières, etc.

Nous avons déjà parlé du fonctionnement d'une petite étuve à désinfecter les livres au moyen des vapeurs de formol à la bibliothèque de la ville d'hiver. Le même appareil a été adopté dans tous les autres cabinets de lecture et bibliothèques d'Arcachon. Il existe de plus au poste municipal de désinfection un cabinet spécial qui permet de stériliser au formol les livres, journaux illustrés, partitions de musique, etc...

La désinfection quotidienne des crachoirs, ustensiles de table, matières fécales, etc., est pratiquée au domicile des malades sur les indications et sous le contrôle du médecin traitant.

Quelques mots en terminant ce chapitre sur la désinfection des moyens de transport ayant servi à des personnes atteintes de maladies transmissibles.

Arcachon ne possède pas de voiture spéciale pour ce service, mais le règlement sanitaire de la ville prévoit la désinfection de toute voiture publique ou privée ayant transporté une personne atteinte de maladie transmissible (art. 59).

La Société des médecins d'Arcachon a appelé l'attention de la Compagnie du chemin de fer d'Orléans sur l'intérêt qu'il y aurait au point de vue de l'hygiène à faire procéder le plus souvent possible à la désinfection des voitures de 1re classe assurant le service direct de Paris à Arcachon, étant donné que ces voitures transportent fréquemment des malades susceptibles de les contaminer.

Le Directeur de la Compagnie a répondu que depuis longtemps les voitures signalées pour avoir transporté des personnes atteintes de maladies contagieuses sont l'objet d'une désinfection par l'acide sulfureux, suivie d'un lessivage complet des boiseries et des garnitures; que les intérieurs des voitures de 1re et de 2e classe entrant dans la composition des trains express et rapides, coussins, tapis et garnitures, sont nettoyés régulièrement au moyen d'une machine à épuration par le vide; que la Compagnie a l'intention de compléter ces mesures pour les voitures des trains rapides assurant le service direct de Paris à Arcachon au moyen de la désinfection par la pulvérisation de sublimé corrosif.

Observations et conclusions.

Après l'exposé détaillé que nous avons fait de l'organisation du service de désinfection d'Arcachon, il ne nous reste plus qu'à en faire la critique. La tâche sera brève et aisée, car il semble qu'il n'y ait guère que quelques détails à reprendre.

Nous avons déjà dit que le choix des appareils et des procédés de désinfection nous paraissait judicieux et bien approprié, étant donné le genre de malades qui fréquentent cette station et les logements qu'il s'agit d'assainir.

Il y aurait peu de modifications à apporter au poste de désinfection. Il nous paraît cependant indispensable de faire remarquer que la séparation entre les deux parties du pavillon contenant l'étuve à vapeur devrait être complète, et qu'il ne devrait exister aucune communication entre le côté qui reçoit les objets contaminés et celui qui est destiné aux objets qui sortent de l'étuve après avoir été aseptisés. L'existence d'un cabinet de toilette servant de passage entre ces deux parties, indique que le même employé peut être chargé de toutes les opérations de la désinfection par la vapeur et que dans ce cas, après avoir manipulé les objets contaminés, il se désinfecte plus ou moins complètement dans le cabinet de toilette, y prend un vêtement propre et passe ensuite dans la partie du pavillon où il retire de l'étuve les objets désinfectés. Une pareille pratique ne saurait donner des garanties suffisantes et il faut supprimer cette communication en tenant la main à ce que la désinfection à l'étuve soit toujours exécutée par deux personnes, l'une restant dans la chambre contaminée, l'autre opérant dans la chambre aseptique.

De plus, le cabinet de toilette devrait être remplacé par une cabine de bain-douche avec vestiaire, communiquant avec la partie contaminée du pavillon, mais ayant une sortie sur le dehors, comme il en existe dans les postes de désinfection du service municipal de Paris. De la sorte, le désinfecteur pourrait, après avoir terminé son travail, faire les ablutions les plus complètes et reprendre ses vêtements de ville, sans crainte de porter quelque germe infectieux au dehors.

Nous avons également remarqué que la voiture réservée au transport des objets contaminés, comme celle destinée à rapporter à domicile les objets désinfectés, était découverte. On nous a bien assuré qu'on recouvrait son chargement d'une bâche, mais il serait assurément plus prudent de n'utiliser que des voitures entièrement fermées.

Il serait à désirer aussi que le poste fût muni d'une voiture spéciale pour le transport des malades. En dehors même de la question de sécurité sanitaire, il y a aussi une question de confort pour les malades, qui devrait être prise en considération.

Dans une station où tous les efforts des médecins doivent tendre à assurer toutes les garanties contre le danger des poussières infectieuses, l'emploi d'un appareil permettant le nettoyage régulier des chambres de malade par aspiration et condensation des poussières nous paraîtrait tout indiqué. Le rapport que M. Hanriot a présenté, le 6 février 1903, au Conseil d'hygiène publique et de salubrité de la Seine, montre qu'avec ce procédé on aspire et on recueille par condensation toutes les poussières contenues dans un plancher, sur une muraille, dans des étoffes, tapis, tentures et sièges, sans qu'elles puissent se répandre dans l'atmosphère. On a pu ainsi retirer 210 kilos de poussière des fauteuils d'un théâtre parisien. Un appareil de ce genre compléterait très heureusement le matériel du poste de désinfection d'Arcachon.

Le fonctionnement du service de désinfection de cette ville ne prête guère à la critique et nous ne pouvons en faire de meilleur éloge que d'indiquer qu'il est presque entièrement conforme aux Instructions pour la pratique de la désinfection que le Comité consultatif d'hygiène publique de France a adoptées à la fin de l'année 1904.

Nous nous bornerons à faire remarquer que le badigeonnage au sublimé des parois, planchers et boiseries, qui se pratique à Arcachon immédiatement après la formolation, pourrait être supprimé. Il doit être assez pénible pour le désinfecteur de faire ce badigeonnage alors que la pièce où il opère n'est pas encore complètement débarrassée des vapeurs de formol. De plus, le sublimé a l'inconvénient, lorsqu'il est en contact avec des matières organiques riches en albumine (crachats, vomissements, matières fécales) de déterminer une coagulation de cette substance, qui met dans une certaine mesure les microbes à l'abri de l'action antiseptique de la solution mercurielle. L'addition du chlorure de sodium au sublimé diminue l'action coagulante sur l'albumine, mais ne la supprime pas complètement.

A notre avis il serait préférable de revenir à l'ancienne pratique préconisée dans la notice sur la désinfection rédigée par les médecins d'Arcachon en 1891 et de faire précéder toute application antiseptique d'un lessivage des parquets et boiseries. Le chirurgien ne se savonne-t-il pas longuement les mains, avant de les plonger dans une solution antiseptique? Ne procède-t-il pas à un nettoyage méticuleux de ses instruments avant de les faire passer à l'autoclave? Il va de soi qu'on obtient une désinfection d'autant plus complète que les objets soumis à l'action des antiseptiques ont été préalablement débarrassés de leurs souillures grossières. Lorsqu'on a recours à un désinfectant gazeux, comme l'aldéhyde formique, dont l'action, bien qu'extrêmement énergique, s'exerce toute en surface et ne pénètre guère en profondeur, il est d'une importance capitale de débarrasser toutes les surfaces qui s'y prêtent, par un lessivage préalable, des souillures grossières qui pourraient ne pas être atteintes par les vapeurs désinfectantes dans toute leur épaisseur. Il nous paraît donc tout indiqué de faire précéder la formolisation d'un lessivage à chaud des surfaces lavables avec une solution de carbonate de soude à 1 p.50. Cette lessive alcaline a l'avantage de nettoyer parfaitement les boiseries, et, de plus, elle a un pouvoir antiseptique très marqué.

Ce lessivage précédant la désinfection proprement dite est recommandé par le Comité consultatif d'hygiène publique de France (paragraphe 28 de l'Instruction sur la désinfection de 1904).

Nous avons rappelé la présence fréquente des bacilles de Koch dans les selles des tuberculeux; la désinfection des locaux, que ceux-ci ont habités, serait avantageusement complétée par un lessivage à chaud avec la solution alcaline du siège et de la cuvette des cabinets d'aisances.

Nous conclurons en répétant que les services de la désinfection ont été organisés à Arcachon de la façon la plus ingénieuse et la plus pratique, étant donnés la nature des maladies qui y sont traitées, le genre d'habitations qu'y choisissent de préférence les malades, les conditions spéciales qui président à la location de ces habitations. Il a été ainsi possible de rendre la désinfection obligatoire pour tous les malades atteints d'affections contagieuses, particulièrement pour les tuberculeux, lorsque le médecin traitant en reconnaît la nécessité. En s'engageant à désigner au service municipal toute habitation devant être assainie par la désinfection, sans notifier le genre de maladie qui nécessite cette opération, les médecins d'Arcachon sont parvenus à généraliser cette mesure sans violer le secret professionnel et sans soulever les protestations des malades, assurés de leur discrétion. Tels sont les résultats d'une organisation qui est due surtout aux efforts réunis du corps médical et de l'industrie privée et qui est née, s'est développée et a fonctionné à la satisfaction générale en dehors et à côté de la loi, qui n'avait prévu que des mesures insuffisantes dans l'espèce.

Ne serait-il pas possible d'obtenir mieux encore? En abaissant davantage le tarif des opérations de désinfection et en facilitant, par suite, leur multiplication, en complétant le matériel par l'acquisition d'une voiture spéciale pour le transport des malades et d'un appareil de nettoyage par aspiration et condensation des poussières, n'arriverait-on pas à augmenter encore la confiance des étrangers, leur sécurité, leur confort, et sans doute aussi leur affluence? Il est permis de le croire; mais pour cela il faudrait que la commune disposât entièrement du matériel de la désinfection, et qu'elle fît elle-même les frais de ce service. Il n'est malheureusement pas à prévoir qu'elle puisse de longtemps assumer ces nouvelles charges.

Mais ces ressources, qui lui font défaut, pourraient-elles être obtenues par un autre moyen ? Nous nous trouvons ainsi amené à aborder une question, qui a été soulevée en France depuis nombre d'années et qui est d'une importance vitale pour toutes les stations thermales ou climatiques de notre pays, d'autant que bon nombre d'entre elles ne sont pas en état d'obtenir de l'initiative privée une organisation sanitaire aussi satisfaisante et aussi économique que celle d'Arcachon; nous voulons parler de la question de la taxe de cure dénommée *kur-taxe* à l'étranger.

La plupart des journaux de médecine thermale avaient depuis longtemps entrepris une campagne pour signaler les ressources importantes fournies aux villes d'eaux d'Allemagne et d'Autriche par une taxe de séjour (*kur-taxe*) imposée aux étrangers, et pour inciter les municipalités des stations thermales françaises à étudier les moyens de se procurer par des taxes analogues des revenus exceptionnels, afin de pouvoir lutter contre la concurrence étrangère, et mon regretté maître, le professeur Proust, avait nettement posé la question au Congrès de Clermont-Ferrand en 1896, lorsque, en 1898, la réunion des maires de villes d'eaux françaises et le syndicat des médecins des stations balnéaires et sanitaires de France unirent leurs délégués pour l'étude de cet important problème. La commission ainsi constituée s'accorda à reconnaître que la *kur-taxe*, telle qu'elle fonctionne dans l'Europe Centrale, ne pourrait être adoptée dans notre pays parce qu'elle est peu conforme à nos usages. Elle serait en effet considérée comme vexatoire par les hôtes que reçoivent les villes d'eaux; de plus, elle est en opposition non seulement avec les règles de notre régime fiscal, mais encore avec les principes fondamentaux de notre droit public, la Révolution ayant aboli tous les anciens droits royaux de passage et de résidence. Mais le projet de l'institution d'une taxe indirecte, dont les produits seraient affectés exclusivement aux embellissements et à l'assainissement de la station, rallia tous les suffrages. L'année suivante, le Syndicat des médecins des stations balnéaires et sanitaires adoptait le projet du Dr Bélugou proposant de prélever cette taxe sur les hôtels, maisons meublées, casinos et établissements thermaux des villes d'eaux, et adressait un rapport d'ensemble au ministère de l'Intérieur.

Depuis lors, la question ne semble pas avoir beaucoup avancé, bien qu'elle ait été présentée sous forme de vœu aux pouvoirs législatifs par le Congrès international de Grenoble (octobre 1902) et que le Syndicat des médecins des stations thermales et sanitaires de France ait adressé à la fin de 1904 aux sénateurs et députés une pétition demandant que, pour subvenir aux dépenses nécessaires au développement des stations thermales et climatiques par l'application des mesures d'hygiène les plus parfaites et les améliorations incessantes que nécessite leur bonne administration, en raison de leur destination spéciale, — un tant pour cent à déterminer soit prélevé sur le produit des jeux divers pratiqués dans ces stations.

On comptait pouvoir faire adopter par les pouvoirs législatifs un amendement au projet de loi sur la réglementation des jeux déposé par M. le garde des sceaux le 22 octobre 1904. Cet amendement aurait spécifié que le prélèvement sur le produit des jeux, prévu par le législateur, au profit des œuvres d'assistance et d'utilité publique, serait réservé à la localité même dans laquelle il aurait été perçu.

Mais la commission des réformes judiciaires, chargée d'examiner ce projet de loi, l'a repoussé et a accepté un texte de M. Cruppi, d'après lequel les eux seraient interdits sur tout le territoire français.

Avant que la Chambre soit appelée à se prononcer, un congrès des villes d'eau et des plages françaises a été réuni à Paris le 19 février 1905 pour donner son avis sur la question. On y a adopté un ordre du jour disant que les avantages apportés aux stations thermales et climatiques par les cercles ou casinos constituent une ressource indispensable pour la plupart d'entre elles, et qu'il y a lieu, avant de se prononcer sur la question des jeux, d'étudier la possibilité, pour les stations balnéaires et sanitaires de France, de recourir à d'autres ressources, telles notamment que la taxe de cure ou toute autre perception nouvelle qui pourrait être créée. Une commission a été nommée pour cette étude.

On voit que la question n'est pas près d'être résolue, car la voilà revenue à son point de départ. Il n'en reste pas moins acquis que bon nombre de stations thermales ou climatiques demeurent dénuées des ressources nécessaires pour réaliser une organisation sanitaire satisfaisante et que, pour la plupart d'entre elles, il n'a pas été légalement prévu d'administration sanitaire.

Nous proposons donc aux membres du Congrès, comme conclusion à ce rapport, d'appeler l'attention des pouvoirs législatifs sur l'insuffisance de l'appui que la loi confère à l'organisation et à l'administration sanitaires des stations thermales et climatiques de France, et de demander qu'il soit institué un bureau d'hygiène dans toutes les stations hydro-minérales ou climatiques présentant, depuis plus de 3 ans, une population saisonnière d'au moins 1000 personnes annuellement.

DISCUSSION

Dès l'ouverture de la séance, le Professeur Calmette, président, rappelle à l'assistance que, conformément à l'article VIII des statuts, comme conséquence de l'envoi fait d'avance à tous les congressistes d'un exemplaire de chaque rapport, et en vue de gagner du temps, la discussion doit s'engager immédiatement, sans aucun exposé préalable de la question examinée par le rapporteur.

Personne ne demandant la parole, le Dr Bourges est invité par le Président à faire une très rapide énumération des points saillants de son rapport; il en résume les faits principaux et parle de la Kur-taxe comme moyen de se procurer, dans les stations thermales ou climathérapiques, des ressources suffisantes pour une bonne organisation sanitaire.

Le Professeur Calmette dit les difficultés que présente l'établissement en France de cette Kur-taxe telle qu'elle fonctionne à l'étranger.

Mais ces difficultés ne sont pas insurmontables ; ce qu'on demande, c'est des ressources, or il y a deux moyens principaux de se les procurer : ou bien prélever un impôt sur les jeux, ou bien imposer les loyers à partir d'un certain prix. On pourrait décider, par exemple, que tous les loyers au-dessus de 500 ou de 1.000 fr., selon les localités et leurs prix habituels, paieraient la taxe, une taxe proportionnelle à leur valeur bien entendu; qu'au-dessous ils en seraient exonérés; ainsi se constitueraient les ressources cherchées.

Dr H. PEREY (de Chaissières-sur-Ollon). — Les taxes supplémentaires dites « Kur-taxe » ont donné en Suisse, en particulier à Montreux, de très bons résultats, lorsqu'elles sont destinées à un but d'assainissement et d'hygiène publique; l'étranger paye beaucoup plus volontiers dans ce cas que lorsque la taxe n'est destinée qu'à entretenir un Casino ou un orchestre. A Montreux on a pu obtenir ainsi 8.000 fr. par mois; avec une pareille somme, on a pu faire, au point de vue de l'hygiène publique, beaucoup de choses qu'on n'aurait sans cela jamais pu réaliser.

Dr HÉRARD DE BESSÉ. — A propos de la cure-taxe je crois devoir signaler le résultat des démarches que j'ai été amené à faire à Beaulieu sur la demande du Congrès des stations balnéaires. En effet, il y a une grande différence entre la cure-taxe appliquée aux stations thermales et celle visant les stations climatiques; elle tient surtout aux différences dans la durée des séjours. Il semble que pour les stations climatiques il faille adopter uniquement une taxe minime, mais applicable à tous ceux qui couchent ne fût-ce qu'une fois dans la station, taxe qui pourrait être de 1 fr. par semaine pour la 1re classe et de 0 fr. 50 pour la 2e classe (enfants au-dessous de 7 ans et domestiques). — Une semblable taxe serait payée presque sans que le client s'en aperçoive et serait cependant d'un gros rapport; à Beaulieu, notamment, cette taxe donnerait plus de 10.000 fr.

A propos de la crainte que M. le Dr Bourges manifeste relativement à la difficulté de faire payer la désinfection par un malade lorsque celui-ci n'y est pas contraint par un article de son bail, comme à Arcachon, je dirai qu'à Beaulieu, par exemple, où le malade n'a d'autre contrainte que sa conscience et l'autorité de son médecin, *jamais* je n'ai vu un malade refuser de payer la désinfection.

Dr DEPIERRIS. — J'appuie d'autant plus volontiers le vœu émis par le Dr Bourges au sujet de la création des Bureaux d'hygiène, que le Syndicat des médecins des stations thermales et climatiques a déjà émis un vœu analogue tendant à étendre les obligations de la loi à toutes les localités sanitaires dont la population saisonnière totale atteint 2.000 habitants. Grâce à l'autorité de ces Bureaux d'hygiène, la désinfection sera plus facilement réglementée et plus sûrement ordonnée et surveillée.

Le Dr DUMAREST (d'Hauteville) demande s'il ne serait pas possible d'abaisser au-dessous de 1.000 le chiffre de la population saisonnière nécessaire pour l'institution d'un Bureau d'hygiène municipal. En matière de tuberculose, la station climatique peut exister au-dessous de ce chiffre.

Revenant à la question de la désinfection, le Dr TACHARD propose au Congrès d'émettre le vœu suivant :

« Que la désinfection des locaux habités dans les stations climatiques ou thermales, qu'il s'agisse de villas, d'appartements ou de chambres d'hôtels, soit réglementée administrativement, que cette opération de désinfection soit recommandée au Syndicat des hôteliers à Paris. »

M. CALMETTE propose de modifier la motion de M. Tachard, et d'adresser au Syndicat général des hôteliers un vœu pour qu'ils exigent de leurs clients le paiement d'une taxe.

La proposition est votée par l'Assemblée.

Dr FESTAL. — En réponse au desideratum exprimé par le Dr Tachard, je dirai que dès 1899 le corps médical d'Arcachon a pensé à y parer. Nous savons bien aussi que certains malades, faisant incognito un rapide séjour dans un hôtel, passaient à travers les mailles du Règlement sanitaire et laissaient, en les quittant, leurs chambres non désinfectées.

La *taxe d'assainissement* pare à ce danger.

Les hôteliers, après entente provoquée par le corps médical, ont adopté un système qui consiste à majorer de un franc par jour le prix de toutes les chambres, et cela pendant la première semaine de séjour. Les sommes ainsi encaissées servent exclusivement à la désinfection ; — toutes les chambres d'hôtels sont désinfectées, sans distinction, et surtout sans que le locataire ait à payer aucun supplément en quittant l'hôtel, n'y eût-il séjourné que 24 heures. Une formule adoptée par les hôteliers indique l'existence de cette taxe, son but et le mécanisme de son fonctionnement; cette formule est déjà affichée dans toutes les chambres des principaux hôtels, elle le sera prochainement, nous en avons la promesse, dans la totalité, lorsque seront tombées les préventions de certains tenanciers d'hôtels de 2e ordre, situés dans la ville d'été, ayant surtout une clientèle de commis-voyageurs ou de baigneurs l'été, ne recevant qu'exceptionnellement des malades. Ces industriels nous ont objecté, non sans raison, que l'affichage dans les chambres d'une formule parlant d'assainissement risquerait d'effaroucher leur clientèle habituelle et que, d'autre part, la majoration de 1 fr. par jour semblerait un impôt bien lourd pour les petites bourses. Nous avons réussi à calmer leurs appréhensions et ils étudient en ce moment avec la plus complète bonne volonté les moyens de se mettre à l'unisson de la majorité de leurs confrères.

Comme corollaire de ces mesures, le corps médical a étudié la question du *casier sanitaire* (1) des habitations, qu'il s'agisse de maisons, de villas ou de chambres d'hôtels. Chaque chambre, chaque villa, chaque appartement, aura sa feuille sur laquelle seront inscrites, avec leur date et le nom du médecin qui les aura prescrites, les désinfections qui y auront été faites; le registre ainsi formé sera tenu à jour sous le contrôle de l'Inspecteur sanitaire chef du laboratoire municipal d'hygiène. Le règlement sanitaire d'Arcachon, promulgué par le maire l'année dernière, prévoit l'établissement de ce casier sanitaire des habitations.

Le Dr MACHEBŒUF (de Châtel-Guyon) attire l'attention du Congrès sur le danger de la généralisation de la désinfection de toutes les chambres d'hô-

---

(1) Voir, plus loin, communication du Dr Dhourdin.

tel. Selon lui le vœu de notre honoré confrère le Dr Tachard sera sûrement mal accueilli des hôteliers à qui la désinfection après chaque voyageur, malade ou non, fera perdre un temps précieux. Dans les stations qui travaillent trois mois par an, 20 jours de perdus représentent le meilleur des bénéfices. Je crois donc qu'il y a lieu de limiter la désinfection aux locaux habités par des malades contagieux et de ne pas généraliser cette mesure à tous les passagers, — tout en demandant une désinfection générale périodique.

M. Calmette pense que pour faciliter et rendre plus rapides l'assainissement et la désinfection des chambres d'hôtels, il faut engager les hôteliers à changer et simplifier le mobilier.

Dr Duphil, pour répondre à M. Machebœuf, rappelle un simple détail technique. Le temps nécessaire pour une désinfection est de 7 heures. Dans les cas pressés et dans les hôtels la désinfection est faite en 2 et 3 heures, en doublant la dose d'aldéhyde formique et en répandant ensuite de l'ammoniaque qui enlève toute l'odeur d'aldéhyde.

Dr Hérard de Bessé. — La question de la désinfection est très complexe et on ne doit pas chercher l'absolu. En effet, désinfecter après le séjour de tout voyageur malade ou non ne me paraît pas non plus très pratique ; or, désinfecter seulement lorsqu'un malade a habité une chambre est insuffisant, puisque malheureusement il arrive que des tuberculeux, même très atteints, font un séjour dans certaines stations sans voir de médecin et que, par conséquent, leur passage n'entraîne pas de désinfection. — Il faut chercher quelque chose de pratique, puisque l'absolu n'existe pas. — M. Hérard de Bessé propose un moyen terme qu'il va présenter sous forme de vœu dont il donne l'idée générale.

Dr Bourges. — Le jour où la désinfection serait gratuite, les hôteliers, loin de la repousser, l'appelleraient.

Dr Tachard. — Les hôteliers, lors de la réunion de leur syndicat général, ont dit : Donnez-nous les moyens de désinfecter en deux heures et nous marchons.

Le Dr Calmette est d'avis d'étendre toutes ces mesures à toutes les stations balnéaires et climatiques, de les soumettre aux pouvoirs publics et de demander leur appui.

« La ville d'Arcachon, ajoute-t-il, a pris les devants, mais elle est encore « la seule. »

M. Calmette prie M. Hérard de Bessé de vouloir bien donner lecture du vœu qu'il vient de rédiger.

Dr Hérard de Bessé. — La section d'hygiène émet le vœu « que toute « chambre d'hôtel soit désinfectée après le séjour, si court soit-il, d'un ma- « lade contagieux. De plus, dans le but de parer aux dangers de séjour des « malades contagieux n'ayant pas été vus par un médecin, chaque chambre « d'hôtel devra être systématiquement désinfectée tous les 15 jours ou tous « les mois, — à moins que cette chambre soit habitée plus que ce temps

« par le même locataire ; dans ce cas, la désinfection sera faite après son
« départ.

« Les appartements ou villas loués, meublés ou non, sauf indication
« spéciale, seront désinfectés au moins une fois tous les ans. »

Après cette lecture, M. Camous fait observer que le nouveau réglement
sanitaire des communes (c'est du moins le mode de faire imposé par les
commissions sanitaires de Nice) oblige l'hôtelier à déclarer les malades
qu'il a chez lui, sans s'occuper des cas, sans savoir s'ils sont ou ne sont pas
contagieux.

Dans ces conditions, M. Camous demande que le terme malades contagieux du vœu de M. Hérard soit simplement remplacé par le terme : malades.

En effet, à quoi sert ce terme contagieux puisqu'il ne comprend pas les
tuberculeux ?

La modification proposée par le Dr Camous est adoptée. Il est convenu
que le texte définitif de ce vœu sera lu par son auteur à la fin de la discussion.

Dr Durel (de Honfleur). — Sur la proposition que les villas et les appartements meublés soient désinfectés *une fois par an*, alors que les chambres
d'hôtel seraient soumises à la désinfection soit après le passage de tout malade, soit dans les autres cas, tous les 15 jours, je demande qu'il ne soit pas
institué de privilège à l'égard des villas et appartements meublés, et que
ces habitations soient systématiquement désinfectées après le départ de tout
occupant malade ou non.

Dr Long-Savigny (de Biarritz). — Je crois que l'obligation de faire désinfecter toute chambre d'hôtel tous les quinze jours, excellente en théorie,
trouvera dans la pratique de nombreuses difficultés. Fera-t-on désinfecter
tous les 15 jours une chambre occupée pendant plus d'un mois par le même
client ? D'autre part, beaucoup de stations balnéaires ont des hôtels — et
très importants — en tel nombre que le service de désinfection, ainsi pratiqué, nécessiterait un matériel considérable. À Biarritz, par exemple, il faudrait au moins 12 ou 15 appareils à désinfection fonctionnant sans relâche. J'entends qu'on me dit : l'application de cette mesure se fera « dans
la mesure du possible » ; alors laissez-moi vous dire qu'elle ne se fera pas.
Si vous ne pouvez la rendre obligatoire, cette prescription restera purement
illusoire, et je crois qu'on obtiendra des résultats plus réels et une garantie
plus sérieuse en subordonnant la désinfection à l'intervention du médecin.

Le Dr Mora (de Dax) propose de convaincre les hôteliers des grandes stations de la nécessité d'avoir un appareil formolisateur comme ils ont un appareil contre l'incendie, ce qui leur faciliterait beaucoup les désinfections
dans la pratique courante, tant en efficacité qu'en rapidité.

M. Robier demande si on ne pourrait pas établir dans chaque hôtel un
registre officiel où seraient consignées par l'administration sanitaire les dates
des désinfections subies par chacune des chambres de l'établissement. Les
voyageurs, sachant qu'ils peuvent avoir communication de ce registre, exi-

geraient certainement qu'on le leur montrât. Ils pèseraient ainsi sur les hôteliers qui auraient tout intérêt dès lors à faire opérer des désinfections fréquentes.

M. le Dr Festal a déjà répondu à cette proposition en expliquant comment doit fonctionner le *casier sanitaire* des hôtels, récemment institué sur les conseils du corps médical et de concert avec les hôteliers, et sous le contrôle de l'inspecteur sanitaire.

Dr Crouzet (de Pau), compare la désinfection à Pau et à Arcachon. — A Pau, les étrangers admettent parfaitement la nécessité d'une désinfection au départ, puisque la villa a été désinfectée à l'arrivée. — D'autre part, le fait de donner un certificat de désinfection au propriétaire de la villa, certificat qui reçoit la plus grande publicité, engage les propriétaires à faire désinfecter régulièrement tous les ans.

D'un autre côté, on arrive très bien aussi à convaincre de cette nécessité les clients qui viennent consulter le médecin avant de louer.

Dr Festal. — Nous avons aussi basé toutes nos espérances sur ce sentiment très humain qui s'appelle l'intérêt personnel. Dès 1891, date de notre première organisation sanitaire, nous avons fait savoir aux propriétaires qu'il y avait pour eux tout avantage à livrer aux étrangers des habitations hygiéniques et désinfectées; qu'elles feraient prime, que le corps médical les recommanderait spécialement. Malgré nos circulaires, notre éloquence, le ton comminatoire sur lequel nous les informions que nous déconseillerions la location des villas non désinfectées, malgré tout, quelques propriétaires ont refusé de comprendre.

Les modifications successives apportées à la réglementation de ce service de désinfection nous ont permis de négliger ces rares résistances le jour où nous avons décidé que la désinfection serait payée non plus par le propriétaire, mais par le locataire quittant l'appartement.

Ici encore, je dois le dire, pour rares qu'elles aient été, les résistances se sont parfois produites. Vainement nous faisions appel à la loyauté et à la logique des locataires pour leur démontrer qu'ayant pris possession d'un immeuble hygiénique, ils devaient le rendre aussi sain qu'ils l'avaient reçu; quelques-uns se sont montrés irréductiblement réfractaires, en sorte que nous avons dû, afin de tourner la difficulté et anéantir toute velléité de résistance, faire adopter par tous les agents de location une clause uniforme, imprimée sur tous les baux, signée et acceptée par le preneur au moment du contrat, clause mettant à sa charge toutes les mesures de désinfection qui seront prescrites par le médecin traitant une fois la location finie, et spécifiant qu'en cas de litige le locataire élit domicile à Arcachon, de façon à le placer sous le coup de la jurisprudence d'Arcachon.

C'est pour avoir eu à lutter ainsi chez nous contre maintes difficultés que je m'extasie devant la simplicité avec laquelle tout se passe à Pau. Heureux Palois ! dirais-je volontiers au confrère Crouzet.

Pour terminer, je n'aurai garde d'oublier d'indiquer que le registre à souche de l'inspecteur sanitaire chargé du contrôle des désinfections fournit pour chaque opération deux certificats : l'un pour le locataire qui a acquitté les frais, l'autre pour le propriétaire de l'immeuble désinfecté. — Quant au registre lui-même, il reste à la mairie, à la disposition de ceux qui désirent le consulter.

Dr PERBY (de Chaissières-sur-Ollon). — En Suisse, il est bien difficile de faire payer les frais de désinfection et nous n'avons aucun moyen de l'imposer.

Dr LONG-SAVIGNY. — Je désirerais avoir quelques éclaircissements sur les renseignements donnés par le Dr Crouzet sur la désinfection à Pau. Si l'on comprend que l'on puisse exiger des clients tuberculeux en traitement dans une station le paiement d'une désinfection ordonnée par le médecin traitant, il me paraît beaucoup plus difficile de réclamer à tout étranger venant séjourner dans une station une désinfection qui peut lui sembler discutable, si la mesure est généralisée à tout étranger sans intervention médicale. Je crains qu'il y ait là une difficulté d'application.

Je voudrais, d'autre part, attirer l'attention du Congrès sur la désinfection des livres des cabinets de lecture, très justement introduite par la ville d'Arcachon dans son règlement sanitaire, et que nous avons également appliquée à Biarritz, bien que notre station ne reçoive pas de malades atteints de tuberculose pulmonaire. La désinfection des livres, si largement ouverts qu'ils soient dans l'étuve au formol, ne peut se faire entre tous les feuillets. La désinfection à l'étuve donnerait plus de garanties, mais elle est abandonnée à cause du préjudice qui en résulte pour les reliures. On pourrait émettre le vœu que les cabinets de lecture, surtout dans les stations pour tuberculeux, soient invités à adopter des reliures spéciales pouvant se détacher (telles les reliures électriques) et permettre la désinfection des feuillets à l'étuve sous pression.

Les membres présents partagent l'avis de M. le Dr Long-Savigny et approuvent sa motion.

Après ces différents échanges de vues, le Professeur Calmette, président, met aux voix le vœu du Dr Hérard de Bessé dont la rédaction définitive est la suivante :

Vœu. — « La Section d'hygiène émet le vœu que toute chambre d'hôtel soit désinfectée après séjour d'un malade, quelque court qu'il ait été.

« De plus, en vue de parer aux dangers pouvant résulter du séjour de malades qu'aucun médecin n'aurait visités, chaque chambre d'hôtel devra être désinfectée systématiquement tous les 15 jours ou tous les mois, à moins qu'elle soit habitée plus que ce temps par le même locataire ; dans ce cas, la désinfection en sera faite à son départ.

« Les appartements ou villas loués, en vide ou meublés, seront, sauf indication spéciale, désinfectés au moins une fois par an. »

Ce vœu est adopté à l'unanimité.

COMMUNICATIONS

—

ETUDE SUR L'ASSAINISSEMENT D'ARCACHON
ET SUR L'ORGANISATION DE SON SERVICE DE VOIRIE ET D'HYGIÈNE URBAINE

Par le docteur **DHOURDIN**

Professeur honoraire à l'Ecole de médecine d'Amiens, vice-président de la Commission
municipale d'hygiène

ET

M. PASCAULT

Agent voyer, directeur des Travaux de la Ville, membre de la Commission municipale
d'hygiène.

—

Dans son discours à la séance d'ouverture du 1er congrès français de
climatothérapie et d'hygiène urbaine, tenu à Nice l'an dernier (avril 1904),
le président, M. le professeur Chantemesse, après avoir montré le rôle de
la climatothérapie et marqué la place que les données nouvelles lui assi-
gnent dans le traitement des maladies, félicitait les fondateurs et les organisateurs de ce congrès d'y avoir réservé une large place à l'hygiène urbaine. — En effet, quand à notre époque le *malade* veut demander la
santé à une station climatique il « n'échappe pas, dit M. Chantemesse, à
l'idée que d'autres malades, atteints d'affections peut-être contagieuses,
vont prendre place à ses côtés, dans la même ville, parfois sous le même
toit, et que s'il a le devoir de ne pas être nuisible aux autres, il a aussi le
droit d'être protégé contre un danger de voisinage. Ce malade ne peut négliger aussi de s'informer quelle sera la qualité de l'eau potable qui lui
sera offerte, celle du lait qu'il boira, à quelle désinfection sera soumis ce
qui doit être désinfecté, quelles précautions seront prises pour maintenir
la salubrité et l'assainissement de sa maison et pour assurer l'éloignement
des eaux usées ; » et le professeur Chantemesse ajoute que les pays dont le
climat appelle les malades doivent être, plus que tous les autres, soumis aux
règles absolues de l'hygiène.

Ces phrases éloquentes contiennent tout le *programme de l'hygiène urbaine;* nous verrons que, depuis longtemps, Arcachon s'est résolument
engagé dans la voie tracée par le maître hygiéniste.

Il y a un demi-siècle, Arcachon était un simple hameau de la Teste-de-
Buch représenté par quelques cabanes de pêcheurs. Érigée en commune en
1857, elle ne comptait guère alors que 5oo habitants. Point n'était besoin

alors de se préoccuper d'hygiène publique : sa situation au bord du bassin, près de la forêt de pins, la nature de son sol sablonneux éminemment perméable... suffisaient pour assurer sa salubrité.

Mais, grâce à son bienfaisant et salutaire climat, la jeune cité vit sa population augmenter rapidement, et dès 1864, six ans après sa naissance à la vie civile, en prenant comme devise :

Heri solitudo, hodie civitas

elle dut se soumettre à la loi commune ; il lui fallut peu à peu faire une large place dans les budgets communaux aux mesures de salubrité et d'hygiène publique qui deviennent indispensables dans les agglomérations humaines.

Grandes furent les améliorations faites dans cette voie ; elles nous ont progressivement amenés à la situation hygiénique exceptionnelle dans laquelle se trouve actuellement la ville d'Arcachon.

M. le Dr Bourges, dans son rapport officiel sur la *Désinfection à Arcachon*, vient de vous dire, avec sa haute compétence, ce qu'il en pense... et ce que l'on peut et doit en penser !

Si l'initiative du corps médical arcachonnais, secondée par les différentes municipalités, fit, depuis 15 ans, accomplir de grands progrès à l'assainissement de notre station sanitaire, la question de l'hygiène urbaine, quoique jamais perdue de vue, fut l'objet de nouvelles études dès le vote de la *Loi sur la protection de la santé publique* du 15 février 1902.

C'est ainsi que fut instituée une **Commission municipale d'hygiène,** composée de cinq membres :

Le Maire, président de droit;

Deux Médecins, dont l'un est actuellement vice-président ;

Un Architecte;

Le Directeur du laboratoire municipal d'hygiène ;

Le Chef des travaux de la Ville.....

et chargée de faire appliquer le **Règlement municipal d'hygiène** qui prévoit toutes les questions concernant l'hygiène urbaine et privée, et la protection de la santé publique; il envisage : la salubrité des maisons, villas, logements loués en garni et leur amélioration ; — l'évacuation des eaux pluviales, des eaux ménagères et des matières usées, l'installation des fosses d'aisances; — la question de l'alimentation en eau potable y est complètement étudiée. — Le règlement ordonne aussi la désinfection des livres; il énumère les précautions à prendre en cas de maladies transmissibles et pour empêcher la dissémination des crachats, etc... De plus, point important pour ce qui concerne la connaissance de la salubrité des logements, le règlement institue la création d'un *Casier sanitaire des maisons, villas et logements* qui condense sous une forme simple et pratique tous les renseignements concernant l'état des immeubles, l'alimentation en eau potable, les dates de l'habitat, et surtout la nature et les dates des désinfections exécutées.

Il existe aussi un **Laboratoire municipal d'hygiène sanitaire** dont le directeur est chargé de l'inspection des denrées alimentaires et du service de la désinfection : toute désinfection faite soit à domicile, soit à l'usine, est exécutée sous sa surveillance et son contrôle, d'après les indications qu'il a reçues du médecin traitant.

Nous ne reviendrons pas sur la question de la *Désinfection* dont le fonctionnement, la technique et l'organisation administrative sont si magistralement décrits et commentés dans le rapport du Dr Bourges, et dont la valeur et les résultats prophylactiques sont savamment exposés dans ceux du professeur Arnozan et du Dr Guinon.

La population sédentaire d'Arcachon est actuellement de 8.237 habitants, occupant 2.284 maisons, ce qui représente 3,60 habitants par demeure ; ces habitations sont bâties sur une surface de 260 hectares environ.

Disons ici que les *chemins* vicinaux, urbains ou privés, représentent une longueur approximative de *40.000 mètres*, chiffre intéressant et important à retenir pour apprécier les travaux de grande voirie destinés à assurer le bon fonctionnement de l'hygiène urbaine.

L'Eau potable fut longtemps fournie par des puits ordinaires creusés dans le sol, puis par des puits artésiens. Mais l'agglomération augmentant, les infiltrations contaminèrent la plupart de ces puits qui durent être abandonnés. Il fallait remédier à cet état de choses et dès 1882 on décida *l'amenée des eaux du lac de Cazeaux ;* cette entreprise fut confiée à la Compagnie actuelle des Eaux.

Nous n'entrerons pas dans l'étude de la valeur hygiénique de l'eau provenant du lac de Cazeaux en tant qu'eau potable et d'alimentation ; cette question, souvent étudiée, fait l'objet d'une communication de M. Duphil, directeur du laboratoire municipal d'hygiène.

Il vous sera donné, Messieurs, de voir la *prise d'eau* lors de notre excursion au lac de Cazeaux. On vous redira alors que la longueur de la *canalisation* du lac à l'usine est de *16 km. 500*, et que l'altitude de la nappe d'eau au-dessus du niveau de la mer permet la venue facile de l'eau dans les *réservoirs de réception.* — La prise d'eau se fait à une distance de plus de cent soixante mètres de la rive, à une profondeur de 4 mètres environ ; elle est amenée à ces réservoirs par une canalisation formée de larges buses en ciment permettant un débit considérable, — puis, à l'aide de puissantes machines, elle est refoulée dans les *réservoirs de distribution* que vous verrez au cours de l'excursion de cet après-midi situés sur le sommet d'une des dunes culminantes de la Ville d'hiver ; situation qui assure une distribution d'eau régulière, et *en toute saison*, dans la Ville d'hiver aussi bien que dans la Ville d'été.

De ces réservoirs de distribution, très bien entretenus et soumis à une surveillance rigoureuse de la part de la Compagnie des Eaux, l'eau potable est amenée par une canalisation en fer jusqu'aux habitations, tant dans la ville proprement dite que dans la ville forestière ; — sur le trajet se trou-

vent des bornes-fontaines ou des colonnes de prises d'eau en nombre suffisant pour assurer le service de la voirie urbaine. — Sur cette canalisation
établie par la Compagnie sont branchées, à partir d'un compteur, et aux
frais des propriétaires, les canalisations privées. Généralement en plomb
actuellement, ces canalisations tendent à être remplacés par des tuyaux en
fer ou en verre... les seuls autorisés du reste pour les constructions nouvelles par le récent règlement sanitaire ; — disons ici que bien des propriétaires d'anciennes villas ont établi une petite canalisation particulière en
fer conduisant du compteur à un robinet spécial qui porte la mention *eau
potable ;* on ne saurait trop encourager cette mesure.

J'insisterai ici sur ce point, qui a sa valeur hygiénique, que la circulation
d'eau de consommation se fait pour ainsi dire en *vase clos ;* jamais sur son
parcours elle ne se trouve directement à l'air libre, — ce qui la met à l'abri
de bien des contaminations accidentelles.

En 1903, il a été distribué aux 935 abonnés 550 litres par jour, —
chaque maison ayant en moyenne un peu plus de trois habitants, chacun
d'eux a reçu environ et directement 153 litres par jour ; — la ville employant
quotidiennement 1.500 mètres cubes pour ses services publics, ceux-ci con-
sommeraient donc 182 litres par jour et par habitant. En réalité et d'après
les calculs très précis de M. Pascault, chef des Travaux de la ville, dans un
remarquable travail dont nous ne pouvons donner dans cette communication que de trop courts aperçus, *la consommation journalière et par tête
d'habitant est de 247 litres d'eau,* quantité soldée à la Compagnie des
eaux en partie par les abonnements, et d'autre part par la ville, qui verse
une redevance de 26.000 francs.

Le service des eaux d'alimentation place Arcachon dans un rang très
convenable, puisqu'il est admis que la consommation d'eau doit se trouver
comprise entre 100 litres par habitant et par jour, pour les petites villes, et
300 litres pour les grandes villes ; — il résulte de ce fait qu'en France, sur
215 villes plus importantes, notre station se place au *53e rang* pour la
quantité d'eau pouvant être mise actuellement au service de ses habitants.

Cette quantité deviendra plus considérable encore, — et l'outillage actuel
de la Compagnie des Eaux permet d'arriver à ce résultat, — quand le
nombre des abonnés augmentera, ce qui se produira progressivement ; les
puits qui existent encore ont tendance à disparaître et sont du reste, de la
part de la Commission d'hygiène, l'objet d'une surveillance rigoureuse :
tout puits fournissant une eau contaminée ou douteuse doit être immédiatement bouché (Art. 74 du Règlement sanitaire).

Le service des bourriers ou enlèvement des ordures ménagères
est confié par adjudication à un entrepreneur. Il se fait tous les jours de
l'année, dans toutes les rues, places, allées et promenades publiques, et
aussi les voies privées livrées à la circulation. Les ordures déposées à la
porte des habitations ou des jardins des villas dans des caisses ou des pou-
belles sont enlevées, à l'aide de tombereaux, de 7 heures du matin à
11 heures en été, de 8 heures à midi en hiver. Ce service, grâce à une

active surveillance, est d'une régularité que pourraient nous envier certaines grandes villes. — Nous formulerons pourtant une petite critique qui a son importance hygiénique : *les tombereaux d'enlèvement restent encore à découvert !...* la Commission d'hygiène s'efforcera de remédier rapidement à l'état actuel, qu'il y a urgence à améliorer, en obtenant leur remplacement par des *voitures fermées* ou *tout au moins bâchées.*

Les ordures ménagères sont transportées par wagons bâchés jusqu'au hameau de la Hume, situé au-delà de la Teste, où on les utilise, loin dans la lande, pour la fertilisation du sol.

La question des **vidanges** a de tout temps préoccupé le service d'hygiène. Actuellement l'extraction se fait généralement à l'entreprise au moyen d'une *pompe faisant l'aspiration par le vide;* l'enlèvement à l'aide de *seaux* et *à la main* est interdit par le règlement sanitaire; l'emploi des *tonnes* ou *tinettes* doit également disparaître; — ces procédés défectueux et anti-hygiéniques seront bientôt complètement remplacés par les *fosses étanches* qui existent déjà dans un grand nombre d'habitations et dans presque toutes les villas de la Ville d'hiver; leur installation est du reste aujourd'hui rendue obligatoire.

Les vidanges sont transportées en dehors de la ville dans les endroits cultivés où elles servent à l'amendement du sol pour la culture. Leur épandage, tant sur le territoire contigu de la ville de la Teste que sur celui d'Arcachon, est réglementé par des arrêtés municipaux.

Le **service du balayage, de l'arrosage, de l'enlèvement des poussières et ordures** des rues, places, lieux de promenades, etc., se fait d'une façon régulière ; c'est un service qui a été très judicieusement installé par M. Pascault, et il assure d'une façon très satisfaisante la propreté de nos voies publiques. Nous ne pouvons entrer dans tous les menus détails de son fonctionnement ; j'ai hâte du reste de terminer cette communication déjà bien longue et je voudrais dire quelques mots des égouts.

En ce qui concerne les **égouts**, la surface entière d'Arcachon est desservie par treize canalisations différentes, toutes indépendantes les unes des autres, d'un diamètre proportionné aux surfaces à desservir, et représentant une *longueur totale de 3232 mètres ;* elles viennent se déverser dans le bassin à une certaine distance de la rive, au delà des laisses de basse mer, — sauf trois qui vont se perdre dans le sable perméable des dunes, loin des habitations.

Ces égouts sont destinés à recevoir *seulement* les eaux *pluviales* et *ménagères,* — nous n'avons pas actuellement à Arcachon le tout à l'égout, — toutes les *eaux et matières usées* doivent être recueillies dans des fosses étanches et vidangées quand il convient. Leur canalisation est suffisante à l'instant pour le but qu'ils sont destinés à remplir, mais il est regrettable qu'ils ne puissent encore recevoir toutes les matières usées. — La question de leur réfection est à l'étude, c'est la grande préoccupation des hygiénistes et de la municipalité d'améliorer rapidement l'état de choses actuel ; mais comment ?

Nous avons examiné et étudié plusieurs procédés que nous rangerons en quatre catégories principales :

1° La *destruction par le feu* des matières transportées ;

2° Le *tout à la mer* ;

3° Les *procédés d'épuration* ;

4° Les moyens d'aspiration *système Liernur* et autres avec *transformation des matières* (engrais chimiques, poudrettes, etc.) ou *épandage...* au loin de la ville.

Il ne nous semble pas que nous puissions penser à l'**incinération**, procédé peu pratique pour nous, souvent incertain et incomplet, présentant de sérieuses difficultés d'installation, et aussi trop dispendieux.

Nous croyons devoir également écarter **le jet à la mer** ; M. le professeur Calmette, au Congrès de Nice, a du reste montré les dangers de ce procédé employé sans épuration préalable. Même déversées à une grande distance de la rive, les matières usées peuvent, du fait des courants ou des caprices des marées, être ramenées à la rive sur une plus ou moins grande étendue, et devenir une dangereuse cause d'insalubrité.

A Arcachon un autre inconvénient se présente, il a trait à *l'élevage des huîtres sur les parcs du bassin*. — Il est du rôle de l'hygiène urbaine de veiller à la protection et à la défense des huîtres. — On a surabondamment démontré aujourd'hui que l'huître ne peut être nuisible que quand elle se trouve élevée ou conservée dans de mauvaises conditions hygiéniques. Mise en contact avec des eaux contaminées elle peut devenir nocive, au même titre que les moules, du reste, et que les légumes ou les fruits arrosés à la surface du sol par des vidanges ou des eaux usées avant d'être livrés à la consommation. Ces considérations nous font donc renoncer au déversement dans le bassin des matières résiduaires du tout à l'égout.

Disons pourtant qu'à Arcachon des mesures sévères sont efficacement prises pour assurer la protection des huîtres... et la santé du consommateur.

Les huîtres sont récoltées dans la soirée ou le matin, suivant l'heure des marées, sur les parcs du bassin qui, continuellement balayés par le flux et le reflux de la mer, sont à l'abri de toute souillure. Celles qui doivent être envoyées au dehors sont immédiatement expédiées ; celles destinées à la consommation locale sont vendues dans les 24 ou 36 heures environ ; si elles ne l'ont pas été dans ce laps de temps, elles sont reportées sur les parcs quand on va faire une nouvelle récolte. Quand ces parcs sont trop éloignés, et pour éviter une grande perte de temps et une main-d'œuvre souvent difficile et coûteuse, les parqueurs conservent les huîtres invendues dans des caisses à claires-voies ; mais il est tout à fait interdit — sous peine de contravention — de laisser séjourner ces caisses sur le sable au bord de l'eau ou sous les jetées ; elles doivent être transportées à une certaine distance de la rive et des lais de mer, où elles sont amarrées à des corps morts, et où elles baignent constamment balancées dans la mer par le mouvement des vagues.

Les divers **moyens d'épuration** ont été étudiés avec soin. Le procédé des *fosses et lits bactériens*, préconisé par M. le professeur Calmette qui en a montré les remarquables résultats, nous a paru très séduisant et a longuement retenu notre attention. Malheureusement, il nous apparaît comme d'une application difficile. La grande étendue d'Arcachon, sa topographie toute spéciale dans la ville d'hiver surtout, nécessiteraient la création de plusieurs postes bactériens et d'une longue canalisation qui serait parfois insuffisante, défectueuse même ; cette installation exigerait probablement une dépense que ne saurait actuellement envisager le budget municipal.

Restent les **procédés d'aspiration** et **de transformation** des matières usées. Des pourparlers sont engagés avec la Société Liernur, qui prépare actuellement un avant-projet d'étude ; nous ne pouvons prévoir encore quelle sera la solution définitive.

Quand il s'agit d'installation d'égouts, la **question budgétaire** joue un grand rôle. — Les ressources que possèdent les stations comme Arcachon sont relativement restreintes et leur modicité rend souvent difficile la réalisation aussi rapide et aussi complète qu'elles le voudraient des grands travaux d'assainissement qui s'imposent partout aujourd'hui. — Aussi demandons-nous au Congrès, et notre proposition a été approuvée par la Commission municipale d'hygiène dans sa dernière séance, d'émettre le vœu que le législateur et l'Etat, dans le but de faciliter le développement des stations climatiques françaises et de soutenir avantageusement la concurrence contre les stations étrangères, recherchent les moyens de leur faciliter et de leur procurer les ressources qui leur sont indispensables, soit en réglementant les jeux d'une façon plus avantageuse à leurs intérêts, soit en autorisant la perception d'une *taxe de cure ou d'assainissement*, soit par tout autre moyen équitable... Ce vœu, déjà émis au congrès de Nice par le Dr Combet, de Juan-les-Pins, vient compléter celui exprimé sur la création des bureaux d'hygiène dans toute station sanitaire ou de bains de mer, dans le rapport actuel du Dr Bourges, auditeur au Comité consultatif d'hygiène publique de France (1).

DISCUSSION

M. Calmette fait observer que quel que soit le procédé adopté pour l'installation des égouts, la canalisation générale sera toujours approximativement la même tant en longueur que comme prix, — le procédé ne peut donc influer beaucoup sur la dépense qui est à prévoir de ce chef.

A propos de canalisation, M. Calmette préfère aux procédés d'aspiration les moyens de refoulement qu'il croit plus pratiques et plus sûrs ; en cas de fissures dans les tuyaux, on est plus certain d'assurer le libre écoulement des matières par le refoulement.

A propos des fosses et lits bactériens, M. Calmette ne préconise pas,

(1) Le vœu a été retiré, faisant double emploi avec celui présenté quelques instants avant à la suite de la discussion du rapport du Dr Bourges, et résumant déjà quelques vœux analogues.

comme semble le croire M. Dhourdin, l'envoi à la mer des déchets de ces fosses. Il croit au contraire qu'Arcachon est admirablement situé pour établir les fosses bactériennes dans les dunes à une certaine distance des habitations ; la nature et la perméabilité du sable serviraient encore après l'épuration bactérienne de filtre naturel aux matières de déchets et compléteraient l'épuration sans aucun inconvénient au point de vue de l'hygiène ; cette sorte d'épandage pourrait amender dans une certaine mesure le sol de la région des fosses.

L'installation des fosses bactériennes, ainsi comprise, serait rendue plus facile et plus pratique ; le prix de revient en serait beaucoup moins élevé. M. Calmette croit qu'il ne faut pas s'exagérer la dépense, qui n'est pas plus considérable pour ce procédé que pour les autres. En tout cas il pense que, pour l'épuration, les procédés chimiques, imparfaits et très onéreux, doivent être abandonnés et qu'il faut leur préférer les lits bactériens employés avec succès presque partout en Angleterre.

Dr FESTAL. — Liernur, lorsqu'il envisagea pour la première fois la possibilité de doter Arcachon de son système de canalisation, prévoyait qu'il récupérerait en grande partie ses frais d'installation grâce à l'utilisation qu'il ferait des vidanges pour fertiliser de grands espaces de terrains sablonneux qu'il pensait acquérir au voisinage de son usine aspiratrice.

Lorsque, le projet Liernur ayant semblé abandonné, nous avons songé aux procédés biologiques d'épuration par les lits bactériens et les fosses septiques, nous avons demandé qu'une étude en fût faite, avec devis approximatif, et nous avons dû reculer devant l'énorme dépense qui résultait, non point tant de l'établissement des lits et des fosses elles-mêmes que des expropriations qu'aurait nécessitées leur installation sur des terrains d'une très grande valeur.

C'est qu'alors nous considérions que le seul emplacement possible — ou au moins l'emplacement de choix — pour ce système d'épuration était le voisinage immédiat de la plage, afin que pussent être envoyées directement et facilement à la mer les eaux résiduaires épurées, et en vue d'utiliser le réseau d'égouts déjà existant.

Or, des intéressantes remarques de M. Calmette il résulte que cet emplacement peut être choisi n'importe où, qu'il est même préférable, à plusieurs points de vue, même et surtout au point de vue de l'utilisation des eaux épurées, de placer lits et fosses en pleine lande, dans les terres ; je suis heureux, pour ce qui touche Arcachon, d'enregistrer cette affirmation — d'ailleurs très rationnelle en soi ; — nous pourrons ainsi reprendre notre projet sur des bases nouvelles, adopter ce procédé biologique vers lequel vont toutes nos préférences, n'ayant plus désormais comme grosse difficulté matérielle à surmonter que celle qui a trait à notre canalisation d'égouts qui, pour l'instant, converge tout entière vers la mer.

RÔLE DU DIRECTEUR D'UN BUREAU D'HYGIÈNE
DANS UNE GRANDE VILLE

Par le Dr **PEAUCELLIER**
Directeur du bureau d'hygiène de la ville d'Amiens.

L'article 19 de la loi du 15 février 1902 prescrit que dans les villes de 20,000 âmes et au-dessus il sera institué un *bureau d'hygiène*, chargé de l'application des dispositions de cette loi, et l'article 33 ajoute qu'un règlement d'administration publique déterminera les conditions d'organisation et de fonctionnement des *bureaux d'hygiène*.

Ces préliminaires posés, je crois pouvoir citer le bureau d'hygiène d'Amiens comme le premier qui ait été fondé en France et si la date de sa création (1883) ne l'indiquait pas, les nombreuses demandes de renseignements sur son fonctionnement par maintes autres villes le feraient supposer.

La direction en est confiée à un docteur en médecine, choisi parmi les pionniers de son installation, et, par conséquent, versé dans les questions d'hygiène, qui a sous ses ordres un secrétaire et comme collaborateurs quelques praticiens chargés d'assurer dans leurs circonscriptions respectives le service médical de l'Assistance publique, la constatation des décès, l'inspection sanitaire des écoles communales, la visite sanitaire des prostituées et les secours aux maladss et aux blessés dans les fêtes ou dans les réunions publiques.

Ce directeur a, en outre, la responsabilité du service des *désinfections gratuites*, et reçoit du *vétérinaire-inspecteur de l'abattoir* le compte-rendu de ce service important.

Voilà l'organisation telle quelle du bureau d'hygiène d'Amiens, dont le fonctionnement donne des résultats satisfaisants à tous les points de vue.

Mais envisagez, Messieurs, le rôle du directeur de ce bureau d'hygiène qui, abandonnant aux mains de son secrétaire les écritures et la statistique, fait office d'*inspecteur sanitaire*, examinant les habitations et les logements en garni dont l'état d'insalubrité lui est signalé et qu'il visite lui-même afin d'établir *le casier sanitaire* des maisons.

C'est donc un *rôle actif* et *prépondérant* qui le place entre les administrateurs et les administrés, rôle honorable qui implique des connaissances spéciales et de la compétence en la matière.

Mais pour le bien remplir, ce rôle, il faut au directeur d'un bureau d'hygiène une certaine indépendance et tout au moins une voix consultative dans les décisions administratives qui ont trait à l'hygiène publique ou privée.

La place du secrétaire est *au bureau même*, qui est le siège des renseignements et le lieu de concentration des documents tels que l'enregistrement des déclarations des maladies contagieuses, de l'exactitude desquelles dépend non seulement la statistique générale de la morbidité et de la mortalité, mais l'assainissement et la *désinfection*.

A Amiens, les déclarations de toutes les maladies contagieuses, voire même *de la tuberculose*, sont assez régulièrement faites. Et ce n'est pas le *secret professionnel*, cette chose sacrée, qui paralyse la langue des praticiens, car il est respecté et jamais violé par le bureau d'hygiène, mais ce sont les préjugés des familles et les scrupules de certaines personnes qui n'ont pas encore compris que le meilleur moyen de combattre un incendie c'est d'en découvrir le point de départ, d'en prévenir l'éclosion ou d'en circonscrire le foyer.

Un bureau d'hygiène est un service technique qui doit être dirigé par *un docteur en médecine compétent* (dont la compétence sera reconnue ou établie par son expérience acquise ou par des études spéciales) et qui doit être capable d'exercer (dans les limites de sa compétence et de ses attributions) une influence efficace et réelle auprès du conseil municipal, auprès des chefs d'établissements publics ou privés, comme auprès des particuliers et des familles.

Il doit assister le maire *dans toutes les questions touchant à l'hygiène* de la ville.

Gardien vigilant de la santé publique, le directeur du bureau d'hygiène ne peut dans tous les cas être responsable de son service que s'il a la direction complète avec droit d'initiative dans toutes les circonstances où des mesures prophylactiques lui paraîtront *urgentes*.

DISCUSSION

A propos de l'allusion faite par M. Peaucellier à la déclaration des décès, M. Calmette lui demande quel est le chiffre de la mortalité par tuberculose pulmonaire à Amiens. — Sur réponse de M. Peaucellier, qui dit que cette mortalité est de *13,5o o/o* environ, M. Calmette s'étonne de ce chiffre bien faible en comparaison des statistiques de mortalité signalées dans les autres grandes villes, et il demande comment on s'assure à Amiens que la statistique est bien faite.

M. Peaucellier répond que si la tuberculose pulmonaire n'a pas dépassé r3 o/o de la mortalité générale, cela paraît tenir à ce que les désinfections des locaux contaminés par elle deviennent de plus en plus fréquentes à Amiens, et que les gens pauvres commencent à être fixés sur la possibilité et la gravité de sa contagion. — Ces résultats sont dus aux conseils et à l'influence éducatrice des médecins et du directeur du bureau d'hygiène. — Quant à la statistique elle peut être assez rigoureusement établie à Amiens; la déclaration des décès se fait sur un bulletin spécial divisé en deux parties, l'une comprenant les renseignements destinés à l'état civil, et l'autre, y attenant, qui comprend les renseignements médicaux, la nature de la maladie ayant occasionné le décès et de plus quelques renseignements concernant l'habitation au point de vue hygiénique; cette deuxième partie est cachetée par le médecin. La famille remet le bulletin au bureau de l'état civil qui détache la partie qui lui est réservée, et adresse au directeur du bureau d'hygiène la partie cachetée; de cette façon, le *secret* se trouve assuré et les médecins donnent presque toujours le diagnostic exact de la cause du décès.

Dr GANDY. — La loi étant muette sur le mode de constitution des bureaux d'hygiène, il convient que chacun apporte des lumières et des faits. — A Bagnères-de-Bigorre, le bureau d'hygiène est formé :

1° D'un directeur scientifique, médecin; — 2° D'un directeur administratif; — 3° D'une Commission consultative formée des médecins et ingénieurs du conseil municipal.

Dr PANEL. — Nous avons à Rouen un comité municipal d'hygiène qui est consulté sur toutes les affaires intéressantes et qui, par ses décisions, donne au directeur du bureau d'hygiène une autorité qu'il n'aurait pas sans lui.

Ce comité est composé du président de la Société des médecins, des architectes, des vétérinaires, d'un chimiste, d'un bactériologiste, etc. L'utilité de ce comité, conseil du directeur, est énorme. — Dans les villes comme Amiens et Rouen, qui ont des bureaux d'hygiène depuis longtemps, ces bureaux sont assez puissants dans les services municipaux pour imposer les mesures indispensables.

Mais dans les villes où on va créer ce service, le directeur aura à compter avec l'hostilité des autres chefs de service qui le considèreront comme un intrus. A Rouen par exemple l'autorité du bureau d'hygiène a augmenté lors de la transmission des pouvoirs entre chaque chef de service prenant sa retraite et son successeur.

Il serait indispensable que la création des bureaux d'hygiène s'accompagnât d'une refonte absolue des services des mairies, refonte qui laisserait intacte la situation acquise des chefs de services dont on aurait pris quelques attributions pour les faire rentrer dans celles du bureau d'hygiène, sans quoi le bureau d'hygiène rencontrera toutes les hostilités.

Je crois donc que le rapport de M. Peaucellier se terminerait heureusement par cette conclusion que : les bureaux d'hygiène soient investis d'une autorité suffisante sur les différents services municipaux et que pour cela ils soient placés sous l'inspiration d'un Comité composé de personnes ayant une compétence technique spéciale.

M. DUPHIL fait remarquer qu'à Arcachon il existe une commission municipale d'hygiène composée de deux médecins, dont l'un est vice-président, d'un architecte, du chef des travaux de la ville et du directeur du Laboratoire municipal d'hygiène; — cette organisation permet d'agir sans être obligé de s'adresser au conseil régional d'hygiène.

M. ELAND (de Arnhem). — Je me demande pourquoi tous les membres du bureau sont des médecins. Chez nous le bureau compte des jurisconsultes, des pharmaciens, des vétérinaires, des architectes, etc. ; les médecins ne sont représentés que par un quart de la totalité des membres, et je me permets de supposer que ces bureaux, composés de personnes qui remplissent diverses fonctions, sont préférables à ceux qui ne comptent que des médecins.

M. Leprince. — La question posée par notre confrère étranger correspond à un état de choses qui existe en France sous le nom de *conseil d'hygiène départemental ou cantonal*, et qui comporte différentes commissions composées de médecins, pharmaciens, vétérinaires, hygiénistes, etc., et qui est sous la direction du préfet ou du sous-préfet, tandis que l'organisation indiquée par M. Peaucellier est exclusivement communale, sous la direction du maire.

M. Calmette pense que dans les villes et certaines autres localités les commissions ou bureaux d'hygiène devraient rester sous la direction d'un membre de la municipalité, maire ou adjoint délégué à l'hygiène, sans compromettre toutefois l'autorité que doivent conserver les directeurs de ces commissions ou bureaux d'hygiène.

Dr Long-Savigny. — Il importe de bien établir quelles sont les attributions du bureau municipal d'hygiène. Je crois qu'il y a parfois une confusion, et que l'on considère ce bureau comme une commission consultative, alors qu'il constitue un service municipal, chargé d'assurer l'application des lois et arrêtés relatifs à l'hygiène et à la salubrité publique. Ce bureau fonctionne avec le concours des divers fonctionnaires et chefs de services municipaux dont la collaboration technique est nécessaire. Mais il n'a pas, comme le font les commissions sanitaires des arrondissements ou les conseils d'hygiène départementaux, à délibérer et à voter. C'est là, dans les communes, le rôle de la commission municipale d'hygiène, des décisions de laquelle s'inspire la municipalité. Et j'ai entendu avec plaisir M. le professeur Calmette indiquer qu'à son avis l'action des différents chefs de service devait être coordonnée et dirigée par l'autorité supérieure d'un membre de la municipalité, maire ou adjoint délégué à l'hygiène.

M. Leprince répond à M. Long-Savigny que les organisations sont les mêmes ; mais tandis que les commissions départementales ou régionales d'hygiène sont sous l'autorité des préfets ou des sous-préfets, les bureaux d'hygiène restent sous celle des maires.

Dr Peaucellier pense que, quelle que soit l'organisation d'un bureau d'hygiène, l'autorité de son directeur doit être très étendue ; — son rôle doit être plutôt actif et extérieur, c'est-à-dire qu'il doit avoir *l'œil du maître*, suivant la fable de La Fontaine, et juger par lui-même de l'état de salubrité des habitations, logements et garnis, ce qui lui permet de donner de vive voix des conseils sur la tenue et l'entretien hygiéniques des maisons. Les résultats obtenus à Amiens prouvent que ses instructions orales ne sont pas toujours inutiles ou vaines. Dans tous les cas sa voix de médecin hygiéniste aura plus d'autorité qu'une autre... Il arrivera à un degré de persuasion qu'un administrateur ou fonctionnaire n'obtiendrait pas.

En fin de discussion, sur la proposition de M. le professeur CALMETTE, président, et du Dr PEAUCELLIER, directeur du bureau d'hygiène d'Amiens, la section d'hygiène urbaine émet le vœu : « que, dans toute localité pour-« vue d'un bureau d'hygiène, le directeur de ce bureau soit assisté par un « comité local d'hygiène composé des chefs de service de la mairie et d'au-« tres personnes compétentes qui collaboreront à ses travaux et prépare-« ront avec lui les décisions à soumettre à la sanction de l'autorité muni-« cipale ».

Ce vœu est adopté à l'unanimité.

UN RÈGLEMENT SANITAIRE MUNICIPAL DANS UNE STATION DE TUBERCULEUX

Par le Dr DUMAREST, d'Hauteville.

En l'état actuel de notre législation, la prophylaxie efficace de la tuberculose par voie de règlement sanitaire public rencontre les plus grands obstacles et se heurte à une presque impossibilité qui résulte de ce que cette affection échappe à la déclaration obligatoire et, par suite, à toute mesure répressive d'ordre général. Ces difficultés deviennent plus sensibles encore dans une localité où la présence d'un grand nombre de tuberculeux, à l'état permanent, dans des maisons particulières ou des hôtels, crée un danger permanent et croissant de contamination des locaux et des gens, danger qu'aggrave la résistance instinctive des logeurs à toute immixtion étrangère, et leur répugnance non moins instinctive à accepter des mesures de désinfection un peu onéreuses et dont le profit, n'étant pas immédiat, leur échappe.

Tel est le cas d'Hauteville, petite localité d'un millier d'habitants qui, en dehors de ses sanatoriums, héberge constamment un nombre assez important de malades.

Afin de remédier à une situation aussi défectueuse, j'ai étudié et proposé à la municipalité locale un projet de règlement sanitaire par lequel, ne pouvant rendre certaines mesures obligatoires, j'ai essayé de créer une prime au profit de ceux qui s'y soumettaient de bonne grâce, ou à en faire indirectement une obligation morale. Je me bornerai à citer ici ceux des articles de mon règlement qui visent directement la prophylaxie de la tuberculose.

Sous le titre II : « Etablissements insalubres », figurent les dispositions suivantes :

Art. XIX. — Les sanatoriums pour tuberculeux ne pourront être ouverts ou fonctionner sur le territoire de la commune, sans avoir justifié auprès de l'autorité municipale des garanties suivantes :

1° Un règlement intérieur obligeant les pensionnaires à l'observation des mesures de prophylaxie convenables tant à l'intérieur qu'à l'extérieur de l'établissement, leur imposant l'usage constant du crachoir de poche et leur interdisant, au cours de leurs sorties, de cracher à terre.

2° Un service de désinfection assurant la stérilisation rigoureuse des crachoirs et la désinfection des locaux, linges et literie de l'établissement.

3° Un service d'épuration des eaux résiduaires reconnu suffisant et efficace et consacré par l'expérience.

Art. XX. — La municipalité pourra toujours s'assurer par voie de contrôle que les prescriptions précédentes sont convenablement appliquées.

Au titre V : « Préservation et répression des maladies transmissibles », après les dispositions concernant les affections dont la déclaration est obligatoire, j'ai ajouté les articles suivants qui ne sont pas impératifs :

Art. LXI. — La déclaration de la tuberculose n'est pas obligatoire : toutefois, les hôteliers, logeurs en garni ou particuliers, qui reçoivent des tuberculeux chez eux, devront prendre les précautions de préservation et de désinfection édictées pour les maladies transmissibles et particulièrement les suivantes :

1° L'usage du crachoir individuel doit être constamment exigé des malades ; une casserole contenant un peu d'eau peut faire l'office de crachoir ; les crachoirs secs, à sciure de bois, sont inutiles ou dangereux et doivent être prohibés.

2° Les crachats doivent être détruits tous les jours ; il suffit pour cela de les incorporer à de la sciure de bois qui est ensuite jetée au feu. On désinfectera le crachoir en y faisant bouillir de l'eau pendant 20 minutes ou en le soumettant lui-même à l'ébullition : les ustensiles de table seront également désinfectés par l'ébullition après chaque repas.

3° Le linge des malades doit leur être personnel. Une fois sali il sera, autant que possible, enfermé dans un sac spécial et isolé du reste du linge sale. Il ne doit pas être manipulé à l'état sec, mais bouilli ou incorporé directement à la lessive ordinaire.

L'ébullition préalable est très recommandée pour les mouchoirs de poche et serviettes de table. Après lessivage le linge peut être rincé au lavoir sans inconvénient, mais il ne doit, en aucun cas, y être porté sans lessivage ou ébullition préalable.

4° Chaque fois qu'un local occupé par un malade est rendu disponible par le départ ou le décès de celui-ci, et avant de recevoir un nouvel occupant, il doit être désinfecté.

Art. LXII. — La désinfection pourra être, sur la demande signée et adressée au maire de tout habitant, pratiquée par les soins de la municipalité, et sous sa surveillance, moyennant une indemnité que réglera un tarif établi par elle, et dont le logeur pourra, préalablement à la location, exiger le remboursement du locataire.

Dans ce cas, il sera délivré à l'intéressé un certificat de désinfection dont il pourra se prévaloir.

La liste des logeurs et hôteliers qui pratiqueront régulièrement la désinfection des locaux loués sera établie par la municipalité et tenue à la disposition de tous les étrangers qui en feront la demande. Ces logements seront spécialement recommandés par les médecins.

Art. LXIII. — La désinfection sera exécutée par un ou plusieurs concessionnaires d'après une forme et sous des conditions qui seront réglées par le cahier des charges établi par la municipalité; elle sera surveillée et contrôlée par des délégués; elle portera sur le local, la literie et les lainages. Les appareils employés seront approuvés par l'autorité préfectorale conformément à l'article VII de la loi du 15 février 1902. Ces appareils seront soumis à la surveillance de la municipalité.

Je n'insiste pas sur l'hygiène des établissements publics et écoles, ni sur la question des produits alimentaires, où la législation actuelle offre toutes les ressources nécessaires pour l'établissement des mesures utiles. En ce qui concerne la tuberculinisation et la vente du lait, j'ai fait toutefois, dans le même esprit, l'adjonction suivante :

Art. XXXVI. — Tout propriétaire vendant du lait devra, à réquisition, justifier auprès des particuliers ou des entreprises dont il est le fournisseur, d'un certificat de santé qui lui sera délivré par le service vétérinaire. Ce certificat mentionnera l'épreuve de la tuberculine si elle a été demandée par le propriétaire. La tuberculinisation est gratuite.

Art. XXXVII. — Dans l'intervalle des inspections, les vaches atteintes de mammite doivent être signalées immédiatement au vétérinaire inspecteur; en attendant que le diagnostic soit établi elles sont maintenues isolées des autres vaches, et leur lait est bouilli avant d'être vendu ou consommé sur place, même par les animaux; si la mammite est de nature tuberculeuse, déclaration est faite au maire qui ordonne l'abattage immédiat de la vache malade, conformément à l'art. 36 du Code rural.

L'inspection régulière et la surveillance des étables et vacheries fait partie des obligations du vétérinaire sanitaire, aux termes d'un contrat intervenu entre lui et la commune.

Enfin une sanction exécutive est apportée à l'ensemble du règlement par les dispositions de l'art. LXVI. — Une commission permanente de surveillance et de contrôle sanitaire composée de... membres est instituée par la municipalité. Elle a pour mission d'assurer l'exécution des mesures prescrites par le présent arrêté. Elle délivre les certificats de désinfection, traite avec les entrepreneurs, établit le cahier des charges du vétérinaire sanitaire et de l'entrepreneur de désinfection, soumet à l'approbation du maire et du conseil les propositions jugées par elle utiles à l'hygiène publique ou privée.

*
* *

C'est en vain que j'ai cherché, au moment de l'élaboration de ce règlement, dans la plupart des principales stations de tuberculeux de France, les traces d'une réglementation publique prophylactique pratique et efficace. Sauf à Arcachon, dont le rapport de M. Bourges nous a exposé l'excellente organisation, à laquelle j'espère du reste faire quelques emprunts, les municipalités ont été muettes à ce sujet. C'est pourquoi il m'a paru intéressant de soumettre au Congrès l'effort, assurément encore bien imparfait, tenté à Hauteville pour résoudre cette question.

DISCUSSION

Dr HÉRARD DE BESSÉ. — La Société médicale du littoral méditerranéen que je représente ici, et qui compte parmi ses membres des médecins de presque toutes les stations de la Riviera, s'est préoccupée des moyens de généraliser les désinfections. La question n'a pas été poussée jusqu'au bout parce que à ce moment le Bureau consultatif d'hygiène de France ne s'était pas encore prononcé, conformément à la loi de 1902, sur les procédés de désinfection à préconiser. — Des discussions il est cependant sorti quelque chose qui me paraît intéressant à signaler. Considérant que l'intérêt individuel est un levier plus pratique que la contrainte, nous avions songé à former, sous l'égide de notre Société médicale, une sorte de syndicat de propriétaires, hôteliers, etc. Ce syndicat était une sorte de mutuelle, faisant elle-même les désinfections pour ses adhérents, moyennant une somme annuelle fixe indépendante du nombre des désinfections. Les adhérents auraient dû s'engager à faire désinfecter après le séjour d'un malade et systématiquement *une fois par saison* (nous visions spécialement les villas). Les immeubles appartenant aux membres de ce syndicat auraient porté une marque extérieure, montrant que la désinfection était toujours faite..... Si les maisons ainsi désignées avaient fait prime, en quelque sorte, tout le monde aurait voulu adhérer à ce syndicat, c'est-à-dire faire désinfecter. — Avec le concours du corps médical il n'est pas douteux que ce résultat eût été obtenu, et que les villas des syndicataires eussent été particulièrement recherchées.

DESCRIPTION D'UN NOUVEAU PROCÉDÉ
DE DÉSINFECTION

par le docteur Fernand BERLIOZ,
Professeur de bactériologie à l'Ecole de médecine de Grenoble.

Les rapports si documentés de nos savant collègues MM. Arnozan et Bourges ont mis en lumière les heureux résultats prophylactiques de la désinfection.

Ayant eu l'honneur de diriger pendant douze ans le bureau d'hygiène de la ville de Grenoble, j'ai été bien placé pour apprécier ces bienfaits et aussi pour me rendre compte des difficultés auxquelles se heurte la pratique de la désinfection.

En ce qui concerne l'utilité de la désinfection, et par conséquent sa nécessité, nous sommes tous d'accord. Il reste les conditions d'application. Or, il faut bien l'avouer, ces conditions étaient jusqu'ici escortées de difficultés souvent très grandes, quelquefois insurmontables, et il ne faut pas chercher ailleurs les causes de la lenteur avec laquelle la pratique de la désinfection a pénétré dans le public et dans les administrations.

Ces difficultés se résument, en somme, dans une question d'argent : les appareils de désinfection, tout au moins ceux de désinfection en profondeur, coûtent trop cher.

La preuve en est facile.

Ces appareils consistent actuellement en deux types : 1° Les appareils à vapeur sous pression ;

2° Les étuves à formol avec vapeur et vide.

Leur prix varie de 2.000 à 9.000 francs suivant leurs dimensions. Mais, au prix d'achat il faut ajouter celui des accessoires, celui du transport et celui de l'installation. En effet, pour les étuves fixes, il faut aménager un local spécial, car une chaudière génératrice de vapeur ne peut être installée sans précautions. Il en résulte que les étuves à vapeur ou à formol arrivent à coûter de 4.000 à 10.000 francs pour l'achat et l'installation.

Ces sommes ne sont évidemment pas à la portée de tous.

Ce n'est pas tout; la conduite et le maniement de ces étuves ne peuvent pas être confiés au premier venu ; il faut être compétent pour s'y reconnaître dans toute cette tuyauterie, cette robinetterie, etc. ; il faut être, en un mot, mécanicien.

Enfin, beaucoup d'objets tels que le cuir, les plumes, les fourrures, la laine, sont notablement détériorés par la vapeur surchauffée.

Préoccupé de toutes ces difficultés, j'ai cherché s'il n'y aurait pas un moyen simple, pratique et économique de faire la désinfection en profondeur.

Après de longues études et de très nombreuses expériences, je crois avoir trouvé un procédé répondant à ces desiderata.

Il est basé sur l'emploi combiné de la chaleur et d'un mélange de gaz antiseptiques en solution dans l'eau. Ce liquide a reçu le nom d'aldéol.

L'appareil se compose d'une caisse-étuve cubique formée de six panneaux. La capacité de la plus petite est de 3 mètres cubes. Je me propose d'en établir de six et douze mètres cubes qui pourront renfermer 16 ou 18 matelas.

Les panneaux se composent de cadres en bois ajourés comme les feuilles d'un paravent. Ils sont recouverts — sauf le panneau inférieur — de trois enveloppes : la première, intérieure, formée d'une feuille de zinc très mince ; la seconde en molleton ; la troisième, extérieure, en toile cirée très résistante.

Les panneaux, indépendants les uns des autres, s'ajustent avec des agrafes en métal, et l'ajustage et la fermeture hermétique sont assurés par des bandes de caoutchouc.

Sur un des panneaux latéraux est ménagé un orifice de ventilation.

Sur le panneau supérieur est percé également un orifice sur lequel on adapte une boîte en fer-blanc destinée à recevoir une éponge imbibée d'eau ammoniacale. Cet orifice assure le tirage de la lampe, et l'éponge a pour effet de neutraliser l'odeur des gaz de l'aldéol.

Le panneau inférieur est un cadre de bois garni de tôle d'acier. Au centre de la tôle est percé un large orifice destiné à loger l'appareil de chauffage. La caisse-étuve est surélevée du sol au moyen de tréteaux.

L'appareil de chauffage consiste en un cylindre en tôle. L'extrémité supérieure fermée de ce cylindre est excavée de façon à former un récipient. C'est dans ce récipient que l'on fait arriver le liquide désinfectant au moment voulu.

Le pourtour du cylindre est percé de huit buses auxquelles s'adaptent des tuyaux en rayons divergents. Ces buses sont garnies de toile métallique.

L'orifice inférieur, ouvert, du cylindre dépasse en dessous la tôle du panneau inférieur.

Les matelas et autres objets à désinfecter sont étendus sur deux claies placées dans l'étuve.

Lorsque tout est prêt et que l'étuve est fermée, on place dans l'orifice inférieur du cylindre de chauffage une lampe à vapeurs de pétrole à chauffage intensif.

L'opération comprend trois temps :

1er temps : Chauffage à sec.

L'orifice latéral de ventilation est ouvert.

Au bout de huit à dix minutes, le thermomètre placé sur le panneau antérieur marque 80°.

2e temps : Chauffage avec l'eau aldéolée.

Quand la température de la caisse a atteint 80°, on verse dans le récipient de l'appareil de chauffage un litre d'eau aldéolée à 10 o/o.

Ce versement s'effectue à l'aide d'un entonnoir et d'un tube métallique traversant la paroi antérieure et venant déboucher à l'intérieur de l'étuve, juste au-dessus du récipient de l'appareil de chauffage.

Après le versement de l'eau aldéolée, on ferme l'orifice de ventilation.

3e temps : Chauffage à l'aldéol. Dix minutes après l'introduction de l'eau aldéolée, on verse de la même manière 900 cent. cubes d'aldéol.

Après trois heures de contact à partir du moment où l'on a placé la lampe, l'opération est terminée.

La quantité de liquide et le temps de contact que je viens d'indiquer sont ceux que j'ai employés dans les expériences que j'ai faites devant le Comité consultatif d'hygiène il y a 3 mois, mais je dois dire que depuis j'ai pu réduire la quantité totale d'aldéol à 500 gr. au lieu de 1.000 et le temps de contact à une heure au lieu de trois.

Par conséquent, une opération de désinfection par mon appareil ne durera guère plus de temps que dans l'étuve à vapeur.

Il n'est pas inutile de faire observer que les objets sortent intacts de mon appareil au point de vue de leurs qualités. J'y ai mis bien des fois des fleurs artificielles, des plumes de modistes, des fourrures délicates, des gants, de la gaze de soie plissée, des havre-sacs de soldat, des chaussures, et tous ces objets, qui ne peuvent supporter sans dommage l'étuve à vapeur, n'ont pas subi la moindre détérioration.

Je n'ai pas besoin d'ajouter qu'au point de vue de la destruction des microbes l'opération est parfaite.

Les expériences très nombreuses que j'ai faites dans mon laboratoire, celles que j'ai effectuées devant le Comité consultatif d'hygiène en font foi. Les cultures de bacille diphtérique, de bacille typhique, de coli-bacille, de staphylocoque doré, les crachats tuberculeux desséchés, même les spores du charbon et du *bacillus subtilis* qui sont les plus résistantes des spores, sont tuées dans l'intérieur des matelas les plus épais.

Ainsi, cet appareil donne une sécurité complète tant au point de vue de la désinfection qu'au point de vue de la conservation de toutes les qualités des objets.

D'autre part, son prix sera infiniment moins élevé que celui des autres étuves ; n'importe qui, le garde-champêtre ou toute autre personne, pourra le faire fonctionner, et on peut l'installer dans n'importe quel local.

J'estime que par ces qualités multiples mon appareil pourra favoriser la réalisation du désir de tous les hygiénistes : la diffusion de la désinfection.

Je ne me suis occupé jusqu'ici que de la désinfection en profondeur ; je désire en terminant dire quelques mots sur la désinfection en surface.

Pour ce genre d'opération les appareils ne manquent pas, et tous ceux qui sont autorisés par le gouvernement sont basés sur l'emploi des vapeurs d'aldéhyde formique dont j'ai été un des premiers (1892), avec A. Trillat, à signaler la puissance bactéricide.

Qu'il me soit permis à ce sujet de faire ressortir une anomalie pour le moins bizarre. La loi de 1902 exige que les procédés de désinfection soient autorisés par le gouvernement ; il semble logique que les administrations municipales, départementales, de l'Etat, soient les premières à faire acte d'obéissance envers la loi. Or il n'en est rien, et beaucoup d'administrations emploient des procédés non autorisés, les pulvérisations de sublimé, par exemple.

Bien que les procédés autorisés de désinfection en surface soient nombreux (il y en a actuellement 19) j'ai pensé que l'on pouvait simplifier aussi cette opération, et voici ce que j'ai imaginé :

L'appareil se compose uniquement de la lampe qui sert au chauffage de mon étuve et d'un récipient placé au-dessus de la lampe; dans ce récipient on verse de l'aldéol.

Grâce à un dispositif spécial, la lampe, qui est forcément placée dans la pièce à désinfecter, peut être réglée et éteinte du dehors, et cela au moyen d'un tube de caoutchouc qui passe par le trou de la serrure.

J'emploie pour 100 mètres cubes 2 litres d'aldéol et 2 litres d'eau.

La puissance de la lampe est telle qu'il ne faut pas plus de 3o minutes pour évaporer complètement ces 4 litres de liquide. Donc, au bout de 3o minutes, on éteint la lampe, et l'opération est terminée. Il ne reste qu'à laisser en contact un temps suffisant avant d'aérer la pièce, et ce temps est de 4 heures 1/2 à partir du moment où la lampe a été éteinte.

Si l'on veut bien se rappeler que mon étuve est démontable et légère et, par conséquent, facilement transportable, on en déduira qu'il est facile de faire, *au domicile même du malade*, les deux opérations de désinfection en profondeur et de désinfection en surface, et ces opérations, je le répète, toute personne peut les effectuer.

Je ne sais si je m'abuse, car c'est là un défaut bien commun aux chercheurs; mais je pense que mon procédé réalise les desiderata d'une désinfection facile, rapide et économique.

DISCUSSION

M. Calmette explique que d'après des expériences de M. Trillat, reprenant les idées de nos ancêtres sur le sucre brûlé comme désinfectant, les procédés de désinfection seront à la portée de tout le monde.

Le sucre, en brûlant, fournit une grande quantité d'aldéhyde formique; — il en est de même de la baie de genièvre et de toutes les matières hydrocarbonées en général. — Trois kilos de sucre pourraient, en brûlant, désinfecter un local de cent mètres cubes.

ÉTUDE SUR LES EAUX D'ARCACHON

Par M. DUPHIL

Docteur en pharmacie, directeur du Laboratoire municipal d'hygiène.

—

Depuis que la bactériologie a démontré que la plupart des épidémies, et principalement celles de la fièvre typhoïde et du choléra, sont dues à des eaux contaminées, il n'est pas en hygiène de question plus importante que celle de l'eau. — La nouvelle loi sur la santé publique y consacre tout un chapitre. — Dans notre règlement sanitaire, la Commission municipale d'hygiène lui a réservé de nombreux articles, ordonnant une surveillance et un contrôle sévères des eaux d'alimentation dans les établissements ouverts au public (art. 74) et ne tolérant la consommation des eaux de puits qu'après leur analyse faite au laboratoire municipal. — C'est le résumé très succinct de ces analyses et les considérations biologiques qui en découlent que nous venons très brièvement soumettre au 2ᵉ Congrès d'hygiène urbaine. — Nous avons examiné et nos eaux d'alimentation, et nos eaux résiduelles.

EAUX D'ALIMENTATION.

Les eaux d'alimentation d'Arcachon comprennent : 1° Les eaux de puits. — 2° Les eaux du lac de Cazeaux.

EAUX DE PUITS.

La constitution des eaux des puits se ressent évidemment de la nature du sol et du sous-sol d'Arcachon. — On peut les diviser en : 1° puits superficiels ou plats ; 2° en puits profonds.

Puits superficiels (plage et partie basse de la Ville). — Ils sont creusés dans la couche quaternaire, uniquement composée de sable provenant des dunes et alluvions marines ; cette couche mesurant 10 à 12 mètres, ils n'ont que de 3 à 10 mètres de profondeur ; l'eau est chargée en chlore et en sels de magnésie, ce qui la rend légèrement laxative. — En montant dans la ville d'hiver, on trouve une couche mesurant 40 à 50 mètres. — C'est le type des sous-sols sablonneux et ferrugineux des landes. — Les eaux pluviales entraînent à une certaine profondeur dans le sol des végétaux microscopiques qui se décomposent à l'abri de l'air et de la lumière en donnant la silice et des produits calciques ; la silice se combine avec le sable et donne naissance à l'alios. — Les eaux y sont assez chargées en sels calcaires, jaunes, ferrugineux, à goût parfois âcre.

Puits profonds. — Ce sont nos puits artésiens creusés de 110 à 150 mètres qui, après avoir traversé la couche des Falluns, donnent une eau *excellente*. Mais ils sont très rares. — Généralement nos puits qui donnent une eau plutôt médiocre doivent être suspectés, car ils traversent des terrains sablonneux, excessivement perméables et dangereux par leur possibilité de contamination due au voisinage des nombreuses citernes et fosses d'aisances.

EAU DU LAC DE CAZEAUX.

Pour obvier à ces graves inconvénients, et l'eau devenant insuffisante à Arcachon, par traité en date du 11 septembre 1882, la municipalité d'Arcachon décida l'amenée des eaux de Cazeaux, par la Compagnie générale des eaux qui fut substituée à la Société immobilière. — Ce lac, le plus vaste et le plus profond de tous les lacs du golfe de Gascogne, a 5.750 hectares de superficie, et une trentaine de kilomètres de circonférence. — Ses eaux, très aérées et très poissonneuses, sont excessivement pures, ainsi que l'ont démontré de nombreuses analyses (Dumas, Robinet, Fauré, Brasse, Lalesque et Rivière, Blarez, Carles). — Au point de vue constitutif, la composition de l'eau de Cazeaux peut se résumer ainsi : Degré hydrotimétrique,

3° à 6° ; pauvreté en sels calcaires et matières organiques ; richesse en oxygène, traces d'ammoniaque venant des eaux pluviales, pas d'acide nitreux ni d'acide nitrique. La richesse en oxygène est due à la présence de nombreuses algues vertes et de diatomées dégageant de l'oxygène (analyse micrographique de Brasse et Lalesque). Le lac de Cazeaux est élevé de 20 mètres au-dessus du niveau de la mer. En 1898, par suite de la baisse des eaux, la prise se trouvant trop près du bord et de la surface fut jugée défectueuse ; le Conseil municipal, après enquête de la Commission d'hygiène et à la suite d'un rapport présenté par le docteur Déchamp, n'hésita pas à s'imposer de nouveaux sacrifices pour améliorer l'eau d'alimentation et vota le transfert de la prise à 100 mètres plus au large, de sorte que la captation se fait aujourd'hui à 160 mètres du rivage et par 2 m. 50 de profondeur minima. Ce travail a été irréprochablement exécuté par la Compagnie générale des eaux, ainsi que le prouvent les renseignements qu'a bien voulu nous communiquer le très aimable chef d'exploitation, M. Petit.

PRISE D'EAU.

« L'eau est prise dans le lac de Cazeaux, à 160 mètres de la rive, en un point où la profondeur, qui est de 3 mètres environ à l'époque des eaux moyennes, atteint en temps de hautes eaux 3 m. 80.

« La tête de prise, qui est en fer et ciment, repose sur un fond de sable et ne recueille que de l'eau prélevée bien en contrebas de la surface du lac.

« La conduite de prise est en tuyaux en fer et en ciment de 0 m. 600 de diamètre assemblés à l'aide d'un joint étanche en caoutchouc. Cette conduite est munie à l'amont, c'est-à-dire à son point de départ de la tête de prise, de grilles en toile métallique et vient déboucher dans une chambre de décantation en maçonnerie de ciment. Cette chambre, couverte et fermée, présente intérieurement deux compartiments de décantation séparés par des treillis à mailles fines, et c'est du compartiment qui est en aval que part la conduite d'adduction des eaux sur Arcachon.

« Tous ces ouvrages, exécutés avec le plus grand soin, sont protégés par des pieux solidement encastrés dans le sol, reliés entre eux et entrecroisés. Une passerelle d'accès, disposée dans l'axe de la conduite immergée et au-dessus du niveau des plus hautes eaux, permet en tout temps la visite et l'entretien de l'ensemble de l'ouvrage.

« En résumé, par sa situation en eau profonde et son éloignement des rives, la prise d'eau satisfait pleinement aux exigences les plus rigoureuses de l'hygiène.

CONDUITE D'AMENÉE.

« La conduite d'adduction, qui a 16.400 mètres de longueur totale, est constituée sur les dix premiers kilomètres par des tuyaux de 0 m. 600 de diamètre, partie en béton de ciment, partie en fer et ciment, prolongés

sur 6.400 mètres environ, par une conduite en fonte de o m. 500 de diamètre.

« La conduite part de la chambre de décantation dont il est parlé plus haut,
à la cote 19 m. 85, suit la voie du chemin de fer de Cazeaux à la Teste,
sur une longueur de 9.600 mètres, puis le chemin d'intérêt commun n° 144
pendant 5.750 mètres, en traversant la ville de la Teste, emprunte la voie
du chemin de fer du Midi et vient se déverser dans les réservoirs bas dont
le trop plein est à la cote de 20 mètres.

RÉSERVOIRS.

« SERVICE BAS. — Les deux réservoirs bas, qui reçoivent par la gravité
l'eau de Cazeaux, sont construits en maçonnerie et ciment à quelques mètres l'un de l'autre, sur le terrain dépendant de l'usine élévatoire. D'une
contenance de 1.250 mètres cubes chacun, ils ne peuvent, en raison de leur
altitude (radier 16 mètres, trop plein 20 mètres), desservir que la ville basse
ou d'été.

« SERVICE HAUT. — Arcachon étant bâti en amphithéâtre et la ville haute
dite « VILLE D'HIVER » atteignant en certains points l'altitude 40 mètres, il
a fallu, pour l'alimentation de cette partie de la ville, établir une usine
élévatoire qui s'alimente dans les réservoirs bas et refoule l'eau nécessaire
dans un groupe de cinq cuves en maçonnerie et ciment dites « RÉSERVOIRS
HAUTS », dont le radier est uniformément à la cote 41 et le trop plein à la
cote 45 mètres.

« L'usine possède deux machines verticales à balancier, à deux cylindres
d'une force de 15 chevaux chacune. La vapeur est fournie par deux chau-
dières timbrées à 6 kilos.

« Les réservoirs hauts, qui sont situés à 300 mètres environ de l'usine,
ont une capacité globale de 2.550 mètres cubes.

« Tous ces réservoirs sont entretenus avec le plus grand soin et fréquemment nettoyés. »

DISTRIBUTION DE L'EAU.

« L'eau est distribuée en ville par un réseau de canalisation de
40.000 mètres de longueur et dont les diamètres varient entre o m. 060 et
o m. 350.

« Le nettoyage de ces conduites se fait à l'aide de vannes de décharges
placées sur les points bas et aux diverses extrémités du réseau.

« Depuis l'amenée de l'eau de Cazeaux la ville d'Arcachon n'a jamais
eu à souffrir un instant des sécheresses et le lac de Cazeaux, constitue une
réserve inépuisable d'une excellente eau potable ce qui, à tous les points de
vue et notamment au point de vue de l'hygiène, ne peut que favoriser le
développement ultérieur de cette charmante station. »

Le déplacement de la prise d'eau a constitué une amélioration très sensible et a contribué à envoyer à Arcachon une eau beaucoup plus pure

qu'auparavant. Nous nous en sommes assurés par l'analyse : les résultats nous permettent d'affirmer que les éléments constituants de l'eau de Cazeaux sont restés les mêmes, mais que les matières organiques ont diminué, et que la teneur en oxygène a de beaucoup augmenté,

Dans l'état actuel de la science, il est un critérium absolu sur lequel les hygiénistes s'appuient pour juger de la pureté d'une eau potable, les éléments nécessaires sont : 1° La quantité d'oxygène dissous; 2° celle de la matière organique; 3° la proportion d'azote ammoniacal et nitrique. La matière organique se transforme successivement en AzH^3 et AzO^3H. L'azote ammoniacal est l'indice de putréfactions récentes ou voisines qu'un hasard peut rendre actuelles ou présentes dans les eaux. L'abondance de l'acide nitrique, bien qu'il puisse représenter une eau dans laquelle le cycle de l'épuration spontanée est terminé, est cependant un élément défavorable, car elle témoigne de l'abondance de la matière organique élaborée. La quantité d'oxygène dissous est en raison directe des algues vertes susceptibles de dégager de l'oxygène, et en raison inverse des microbes aérobies absorbant de l'oxygène; plus il y a de germes, moins il y a d'oxygène. Or, les numérations bactériologiques de l'eau de Cazeaux indiquent très peu de micro-organismes. Les Drs Lalesque et Rivière ont trouvé en 1894 par centimètre cube: 55 à la prise, 60 au large et 70 pour l'eau dans l'intérieur de la ville; ils n'y ont caractérisé aucun microbe pathogène. Nos résultats tout récents ont été sensiblement les mêmes: meilleurs à la nouvelle prise, à 2 m. du fond, par centimètre cube, 24; en ville, à la fontaine Wallace de la place de la Mairie, 85. Le dosage de l'oxygène dissous est conforme à ces prévisions. Nous avons en effet :

A la prise d'eau :
$\begin{cases} 1° \text{ Analyse, 9 milligr. 6.} \\ 2° \text{ Analyse, 9 milligr. 0.} \end{cases}$

A l'arrivée :
$\begin{cases} \text{Fontaine Wallace, place de la Mairie, 9 milligr. 0.} \\ \text{Borne-fontaine de l'avenue Alexandrine, 8 milligr. 50.} \end{cases}$

Ce qui frappe dans ces chiffres, c'est la très petite différence de la teneur en oxygène entre les eaux prises au lac et celles distribuées à Arcachon. Certaines eaux de la Seine, beaucoup plus riches en oxygène (11 milligr.), perdent très rapidement leur titre et ont un coefficient d'altérabilité beaucoup plus grand. L'eau de Cazeaux reste à ce point de vue toujours la même, et c'est à notre avis un gros avantage apporté par le déplacement de la prise. Avant 1898, les dosages ont accusé une proportion moindre d'oxygène (2 m. 8 Fauré, 2 m. 7 Brasse). Ce défaut était dû à la présence de matières organiques végétales beaucoup plus nombreuses. L'analyse des dépôts contenus dans les tuyaux d'amenée et dans les réservoirs, faite par M. le professeur Blarez, a démontré la présence d'une proportion de matières organiques de 0,400 par 100 gr. dans les tuyaux et de 1,15 dans les réservoirs, uniquement composées de diatomées et d'algues ferrugineuses. À cette époque ces matières organiques étaient brûlées par l'oxygène qui, s'unissant au carbone, donnait de l'acide carbonique. Le perfectionnement au mode de captage, reporté à 170 m. du bord, a supprimé ces dépôts organiques, et c'est à cette amélioration que nous devons d'avoir une eau beaucoup plus oxygénée et partant plus pure. Nous devons ajouter que dans ces conditions elle a provoqué quelques accidents de plomb, qu'il a suffi de signaler pour les faire disparaître. Ces accidents n'ont jamais été constatés aux différentes prises ou borne-fontaines de la ville ; les recherches de MM. les professeurs Blarez, Carles et de nous-même en font foi. Ils se sont produits dans quelques chalets où les propriétaires, voulant profiter du bas prix et de la malléabilité des tuyaux en plomb, les ont installés dans leurs appartements. Aussi la Commission municipale d'hygiène d'Arcachon a-t-elle prudemment agi : 1º en interdisant l'emploi du plomb dans l'installation de l'eau dans les chalets à bâtir ; 2º en le supprimant pour chaque installation depuis la conduite de canalisation de la ville jusqu'au compteur de la propriété desservie, ce qu'indique un branchement en fer portant en évidence un poteau indiquant l'eau potable ; 3º et en obligeant un propriétaire qui conserverait une canalisation en plomb à apposer bien en évidence à côté des robinets fournissant l'eau de boisson, une plaque indicatrice ordonnant de laisser couler l'eau quelques instants avant de s'en servir. Ces mesures ont suffi pour mettre fin aux quelques accidents survenus, et qu'un peu de bonne volonté de la part des habitants empêchera sûrement de revenir. Nous pouvons donc jouir en toute sécurité de l'eau de Cazeaux excellente et pure et que tous les hygiénistes reconnaissent peu apte à conserver et à faciliter la pullulation des germes pathogènes.

EAUX RÉSIDUELLES.

Mais la forte proportion d'oxygène contenu dans l'eau du lac de Cazeaux, grâce à son pouvoir oxydant, est, en outre, un puissant épurateur de nos eaux résiduelles. Arcachon utilise le jet à la mer, mais il ne pratique pas le tout à l'égout. Les égouts d'Arcachon ne sont que de simples canalisations destinées à recevoir les eaux pluviales et ménagères, seules ; toutes les eaux usées : eaux de toilette, de savonnage ou matières fécales et provenant des fosses, sont ramassées dans des citernes étanches et vidangées ; outre cette citerne, chaque maison a une fosse d'aisances cimentée et étanche. Les eaux pluviales et ménagères seules sont amenées aux caniveaux et aux bouches d'égout. La surface de la ville est ainsi desservie par 11 canalisations, toutes indépendantes, d'un diamètre proportionné aux surfaces à desservir. Nous avons pour nos prises d'eau choisi l'égout de la rue François-Legallais, aqueduc rectangulaire en ciment de $1,00 \times 1,05$ aux bouches doubles à siphon, desservant une surface de 22 ha. 8006 ; c'est le plus grand égout de la ville. Nos analyses chimiques comprennent : le degré hydrotimétrique avant et après ébullition, le dosage des chlorures, les nitrites, les nitrates, les sels ammoniacaux, les matières organiques (évaluées en oxygène pris au permanganate, et le dosage de l'oxygène dissous). L'examen bactériologique a été fait : 1º dans un regard ; 2º à la bouche d'égout, et enfin dans le mélange des eaux d'égout et de l'eau salée. Toutes les prises ont été faites à marée basse. Voici les résultats :

Degré hydrotimétrique, 21 à 22°; après ébullition, 10°.
Chlorures à l'état de chlorure de sodium, 3 à 4°.
Matières organiques, de 3 à 5 milligr.
Traces de nitrites; d'ammoniaque, 1 m. 9 ; nitrates, traces.

ANALYSE BACTÉRIOLOGIQUE.

Dans le regard par cent. cube.................... 25.000 microbes.
A la bouche de l'égout.......................... 15.000 —
Au contact du mélange de l'eau des égouts et de l'eau du bassin par cent. cube........................ 1.200 microbes.

Le 3 février prise faite à marée haute au débarcadère par fort vent de N.-N.-O. a donné : 29 microbes se décomposant ainsi : 4 moisissures, 4 cladothrix, 4 strepthoptrix, 5 bacilles et 10 microcones, en tout 29 microbes.

La recherche systématique des bacilles pathogènes n'a rien donné. Le 6 février, à 250 mètres du débarcadère et à une profondeur de 23 mètres, résultat par cent. cube, 24 microbes.

L'analyse chimique et bactériologique des eaux de Paris faites à l'observatoire de Montsouris a donné :

D. H. total, 44°; après ébullition, 20°. Matières organiques, 46 mill. 6. Azote nitrique, 4,2 ; ammoniacal, 27,4 ; organique, 4,7.

Ce n'est plus par milliers, mais par millions que les bactéries s'y comptent par cent. cube. La moyenne varie de 16 à 20 millions. Nos eaux résiduelles contiennent au contraire moins de micro-organismes que les eaux de rivières. Ces grosses différences s'expliquent par l'absence des matières fécales et des produits d'origine animale (que souligne la très petite proportion d'ammoniaque et d'azote nitrique), par l'apport d'oxygène et le fort degré de dilution occasionnés par les eaux pluviales et les eaux de Cazeaux qui coulent en abondance dans nos canalisations. La quantité d'eau de Cazeaux fournie pour les services publics est de 150 litres et pour les besoins particuliers de 300 litres par heure et par habitant; le débit des égouts pour les eaux pluviales est de 44 litres par seconde et par hectare. La forte teneur en chlorure de sodium provient des chasses d'eau salée qui sont souvent faites. Dans cet égout, en effet, on laisse remplir pendant la haute mer la partie supérieure et on ferme la vanne de la partie médiane; à la basse mer on ouvre la vanne et il se produit une chasse énergique dans le tuyau de 0,60 situé sur la plage. Nous avons remarqué que les eaux de l'égout, très peu colorées au sortir de la bouche, se colorent en vase clos, montrent un précipité noir et dégagent une légère odeur d'hydrogène sulfuré. Ce phénomène, qui se produit dans le regard de certains égouts de la plage, est occasionné non par des matières animales en décomposition, mais par une réduction des sulfates de l'eau de mer en pré-

sence des matières organiques végétales (matières ulmiques) à l'abri
de l'air, dans les eaux stagnantes qui séjournent à l'intérieur des regards.
Les bouches d'égout sont nettoyées à fond et arrosées de permanganate
plusieurs fois par semaine.

Dans la théorie du tout à l'égout et de l'épuration spontanée par les
fleuves, on admet qu'il suffit que le volume du fleuve soit proportionné à
celui de l'égout. C'est ainsi que la presque totalité de la matière organique
de la Seine disparaît entre Paris et Meulan. L'Isar arrive à Munich avec
305 germes, il en ressort avec 12.600, et à 33 kilom. il n'en renferme plus
que 2.400. Il a perdu en 8 heures les 5/6 de ses micro-organismes.

On conçoit, d'après ces données, quelle doit être la puissance d'épuration de l'immense volume d'eau salée apportée 2 fois par jour par la marée
(25 millions de mètres cubes par petites marées, 53 millions par grandes),
énorme masse liquide sans cesse renouvelée par le flux et le reflux; aussi à
marée haute, les eaux du bassin sont-elles d'une pureté absolue : 30 microbes par cent. cube.

De ce rapide exposé nous pouvons donc conclure :

1° Qu'au point de vue hygiénique, nos eaux d'alimentation et nos eaux
résiduelles offrent toute sécurité; 2° les eaux de Cazeaux arrivent à Arcachon en canalisations complètement fermées; grâce à la disposition syphoïde
et concave des tuyaux d'amenée, la pression étant toujours dirigée de
dedans en dehors par rapport aux parois des conduites, aucune infiltration
ne peut venir les souiller pendant leur parcours (Blarez).

3° Depuis le départ de la prise d'eau, l'eau de Cazeaux ne trouvant plus
de matières organiques sur son parcours arrive à Arcachon avec toute sa
puissance oxydante, qui est non seulement une sûre garantie contre les
maladies épidémiques, mais contribue beaucoup à l'épuration chimique et
bactériologique de nos eaux résiduelles. Les expériences toute récentes du
Comité consultatif d'hygiène publique de France ont démontré que si les
villes réduisent dans de très grandes proportions le nombre des germes
contenus dans l'eau, elles laissent échapper les plus subtils, tels que les bacilles
typhique et cholérique. Aussi les grandes villes se préoccupent-elles de produire artificiellement l'oxygène et l'ozone qui assurent d'une manière absolue la destruction des germes pathogènes. La nature nous favorise tout
particulièrement à ce point de vue. A nous de savoir en profiter.

DISCUSSION

M. LE PROFESSEUR CALMETTE demande si les eaux du lac de Cazeaux sont
protégées pour l'avenir ; s'il y a une zone de protection ; s'il y a enfin des
habitations en bordure ?

M. DUPHIL pense que les nombreux détails d'installation qu'il a donnés répondent à la demande de M. le professeur Calmette. L'eau est prise dans le lac
à 160 mètres de la rive, en un point où la profondeur est de 3 m. à 3 m. 80.
La tête de prise en fer et ciment repose sur un fond de sable et ne recueille

que l'eau prélevée bien en contre-bas de la surface du lac. La conduite en tuyaux fer et ciment est munie à l'amont de grilles et vient déboucher dans une chambre divisée en 2 compartiments de décantation séparés par des treillis à mailles fines. Les ouvrages sont protégés par des pieux solidement encastrés et reliés entre eux ; une passerelle d'accès en permet en tout temps la visite et l'entretien au cas où des infiltrations extérieures arriveraient à se produire pendant le vide opéré pour le nettoyage des tuyaux. 3 vannes ont été réservées sur le parcours ; dès qu'on a fermé la prise, ces 3 vannes sont ouvertes ; avant de les refermer, on ouvre de nouveau celles de la prise et ces dernières ne sont refermées que lorsqu'il s'est produit une chasse énergique par l'eau de Cazeaux qui a complètement nettoyé les conduites.

Les rives du lac sont inhabitées ; le canal qui arrive au lac ne traverse aucune agglomération. Le petit hameau de Cazeaux est à 2 kilomètres de la prise et à 1 kilomètre de la rive opposée. Les eaux du canal sont en contrebas du lac, dans lequel elles ne peuvent se déverser, la pente se dirigeant vers le bassin. Par sa situation en eau profonde et son éloignement des rives, la prise d'eau satisfait aux exigences les plus rigoureuses de l'hygiène.

Au sujet des égouts, sur une réflexion constatant la mauvaise odeur qui s'échappe parfois des bouches, le PROFESSEUR CALMETTE pense qu'il serait nécessaire que la municipalité fasse l'effort d'installer des fermetures syphoïdes.

M. DUPHIL dit que la question budgétaire est la seule raison qui empêche la municipalité d'agir ainsi ; du reste, elle étudie les travaux à faire pour la transformation des égouts et les procédés à mettre en œuvre. Le système des lits bactériens aurait eu ses préférences, mais la dépense pour établir les fosses et la canalisation paraît énorme.

M. CALMETTE fait au contraire remarquer qu'Arcachon se trouve dans des conditions extrêmement favorables pour un pareil établissement. Dans la ville d'hiver, tout au moins, les tuyaux en poterie seraient en maints endroits suffisants, et l'écoulement, en raison des pentes naturelles, se ferait sans qu'il soit besoin de recourir aux machines ou d'aspiration, ou de refoulement.

La séance est ouverte à 9 heures sous la Présidence
du Professeur CALMETTE

COMMUNICATIONS

DANGERS DU TOUT A LA RUE

Par le docteur E. TACHARD
Président de la Société de médecine de Toulouse.

Le titre même de cette communication pourrait à la rigueur se passer de commentaires dans un milieu d'hygiénistes convaincus. Mais ce que nous disons ici doit avoir sa répercussion au dehors. Il est, en effet, de la plus haute importance de faire entrer dans l'esprit de tout le monde que la rue appartient à tous et qu'on n'a pas le droit de la transformer en réceptacle des matières usées.

La santé de la collectivité dans les villes est proportionnelle à la salubrité c'est-à-dire à la propreté de toutes les rues, sur lesquelles s'ouvrent et s'aèrent nos maisons.

L'importance de la salubrité de la rue ne paraît pas intéresser beaucoup la généralité des municipalités, et le défaut de culture hygiénique, dans toutes les classes sociales, impose au médecin le devoir de faire comprendre à tous les *dangers du tout à la rue*.

Nos villes sont en général très mal tenues et notre mortalité urbaine en est la meilleure preuve.

Nos vieilles rues sont mal pavées, mal drainées ; quant aux nouvelles, plus larges et plus droites, valent-elles mieux ? On peut en douter, car elles sont surpeuplées, et le prix élevé du mètre courant conduit à bâtir des casernes monumentales, de véritables nids à contagion, où les architectes modernes, sacrifiant tout à la façade, semblent ignorer les règles de la salubrité si bien tracées par Trélat.

La grande maison de rapport dans les quartiers neufs est souvent aussi insalubre que certaines vieilles maisons, et pour obvier aux inconvénients du surpeuplement, il faudrait, par l'entretien méthodique de la rue, lutter contre les causes des maladies évitables.

Nous avons fait cependant quelques progrès, car dans nos promenades noctures nous sommes moins exposés que jadis à recevoir des éclaboussures fétides ; mais sait-on assez résister à l'impulsion de jeter par la fenêtre, sans s'occuper des passants, tout ce qui dans nos appartements a cessé de plaire, depuis le bouquet de fleurs fanées jusqu'à certaines ordures ménagères, créant dans nos rues de véritables foyers d'infection ?

Dans quelques villes on a fini par imposer ou adopter la boîte à ordures, mais dans la plupart tous les résidus de la maison se déversent le soir, directement sur le sol de la rue, où ils sont éparpillés par les chiffonniers et les chiens.

Si dans les rivières tout marche et s'épure à la longue, dans nos rues tout reste stagnant et fermente, surtout pendant l'été, lorsqu'on fait arroser les rues par les habitants avec l'eau prise directement au ruisseau.

La surface du sol devient ainsi un milieu nutritif, sur lequel le fumier des animaux trouve des éléments de culture intensive, au milieu desquels vont éclore des essaims de mouches, dont les nuisances ne sont pas encore toutes connues.

Pour assurer la propreté des villes, on concède habituellement à un adjudicataire et au rabais les soins de la répurgation. Les balayeurs du concessionnaire, non surveillés, pourvus de maigres balais toujours usés, semblent n'avoir d'autre mission que de soulever les poussières et de confectionner des petits tas de fumier, sur lesquels s'exercera l'adresse des tombeliers, qui marchant au pas accéléré lancent à la volée dans des voitures trop hautes, non étanches et bientôt surchargées de plus de matières qu'elles ne peuvent en contenir ; une quantité assez grande d'ordures reste ainsi sur place, et ainsi les vents et les cahots du véhicule fangeux en marche aveuglent les passants et déterminent l'ensemencement et la dissémination au milieu des rues et places publiques des germes contenus dans les ordures ménagères amassées d'une façon rapide et sans aucun soin.

Pour mémoire, rappelons que par les fenêtres, à toutes les heures du jour, et sous l'œil bienveillant des agents de police, on secoue sans égards pour les passants des tapis ou des vêtements malpropres. Cette opération se fait parfois au-dessus d'un étalage de comestibles, fruits, légumes ou viande, sur lesquels se fixeront peut-être des germes de tuberculose ou de fièvre typhoïde.

A côté du danger provenant des poussières de la rue, il y a aussi le danger provenant du déversement à la rue des eaux ménagères par des gargouilles aboutissant à un ruisseau grossièrement pavé. Les balayages du ruisseau provoquent la formation de cloaques où les eaux stagnantes prennent une couleur noirâtre et une odeur fétide. Ces rigoles pavées, n'étant pas étanches, leur pente étant mal calculée ou insuffisante, deviennent vite un foyer d'infection, dans lequel cependant, à certaines heures, par arrêté du maire, les habitants doivent puiser l'eau d'arrosage de la rue, pour entretenir sans doute l'activité microbienne dans les fumiers répandus sur le sol.

La malpropreté de la rue a pour conséquence première l'impureté de l'atmosphère urbaine démontrée par la pâleur des citadins.

Dans ce milieu impur, riches et pauvres sont solidaires, et les germes répandus dans l'air ou sur le sol des rues pénétrent indistinctement dans tous les locaux habités, souillant les vêtements, les meubles, les aliments, diminuant la résistance organique des habitants et favorisant le développement croissant de la tuberculose qu'il faudrait logiquement combattre avant son éclosion et non lorsqu'elle est confirmée.

Poussant un peu loin notre pensée, nous dirons que la propreté de la rue, moins coûteuse à obtenir qu'un sanatorium, fera plus contre la tuberculose, en la prévenant, que tous les moyens préconisés contre les cas confirmés.

Dans la rue malpropre la chaussure, de même que le bord des robes, ramassent des boues qui, transportées dans l'appartement et brossées en vase clos, serviront de contage et produiront à domicile, chez les enfants ou les adultes, des maladies d'un caractère infectieux dont l'apparition semble inexplicable.

Le sol de nos promenades, où tant de malades vont respirer et parfois vider leurs cavernes sur le sable des allées, doit être souvent le point de départ de tuberculoses de l'enfance, ramassées dans le sable en confectionnant des petits pâtés.

Il n'est donc pas inutile d'enseigner le respect dû à la voie publique, dans un but de solidarité, et point n'est besoin d'aller au sanatorium pour instruire le malade ; le médecin soucieux d'hygiène préventive n'a qu'à faire à son malade un petit cours de théorie pratique qui sera vite compris, si l'on sait bien faire ressortir l'intérêt personnel même du malade.

Le sol de nos promenades publiques est encore contaminé périodiquement par les exhibitions foraines. Où a-t-on vu une municipalité soucieuse d'hygiène mettre à la disposition de ces nomades industriels, vivant et cuisinant en plein air, l'eau nécessaire et les locaux non moins indispensables à la satisfaction des besoins naturels ? On oblige partout ces hôtes de passage à tout jeter à la rue, et comme les conditions hygiéniques dans lesquelles ils vivent sont défectueuses, bien des contaminations vont se faire à ces grands rendez-vous d'enfants et d'adultes.

Nous sommes à une époque où toutes les villes mettent leur orgueil à faire de beaux alignements, ne se faisant pas sans démolitions préalables.

Tous ces travaux de démolition et de reconstruction entraînent encore des déplacements de poussières dangereuses. Dans les décombres provenant des vieilles maisons, remués à la pelle, il y a de tout, point n'est besoin d'y insister. Cette besogne, plutôt rebutante, du déblaiement des vieux immeubles abandonnés imposerait à qui de droit la désinfection préalable des matériaux et de tous les laissés pour compte par les habitants de l'immeuble évacué. Mais c'est là une question qui n'a jamais sollicité l'attention de qui de droit.

L'emploi ultérieur de ces vieux matériaux fait encore courir des dangers dans la rue, soit pendant le chargement et le transport, soit au moment du déchargement, soit plus tard aux habitants des maisons construites sur les terrains remblayés avec ces décombres. Ce sont surtout les matériaux provenant des caves et des anciennes fosses fixes qui constituent de dangereux accumulateurs de germes, variés et nocifs, dont il faut tenir compte pour en exiger l'entière désinfection préalable à toute manutention.

Le repiquage des façades crée aussi des dangers de contamination en remplissant les rues de poussières sur la nature desquelles il serait bon d'être fixé. En effet, les surfaces murales dans nos rues sont couvertes de poussières soulevées par le vent; suivant l'exposition de la façade, elles se détruisent sous l'action du soleil ou germent lentement à l'ombre et dans l'humidité, produisant ainsi dans les enduits des taches suspectes à l'hygiéniste. Les ouvriers employés au repiquage, les habitants des maisons voisines, les passants ou les ouvriers, sont tous incommodés au moins par les poussières grossières dont il serait aisé de se protéger en exécutant au préalable une désinfection par voie humide à l'aide d'une sorte de pulvérisation.

La non-occlusion des bouches d'égout, leur insuffisance de pente ou leur confection défectueuse et non étanche, amènent encore dans nos rues le déversement de vapeurs puantes, s'associant aux émanations provenant du sol couvert d'immondices de toute nature. Ces odeurs fétides, rappelant les cultures coliennes, vicient l'air des rues et entretiennent chez les habitants des villes un état d'anémie les exposant à la déroute dans la lutte contre les agressions incessantes des micro-organismes.

C'est dans ce milieu infect et contaminé de la rue qu'on fait sans précaution l'étalage et la vente de denrées alimentaires qui ne sont guère mieux soignées dans les marchés.

Ne faut-il pas attribuer à cette pollution des denrées alimentaires la stagnation actuelle du chiffre de la mortalité typhoïde? L'application de la doctrine hydrique a produit son résultat, et depuis quelque temps la morbidité typhoïde reste stationnaire dans les villes et dans les campagnes, où l'hygiène n'est qu'un mot vide de sens.

Déclarons donc la guerre, sur toute la ligne, aux poussières et aux nuisances de la rue, et propageons la notion prophylactique du *danger du tout à la rue.*

Cette question mériterait d'être accompagnée de longs commentaires, mais il suffit ici de poser quelques jalons, des indications sommaires, dont les applications faciles découleraient de la simple observation rigoureuse de notre loi de 1902 sur la conservation de la santé publique, loi qui paraît rester à l'état de lettre morte dans la majorité de nos départements.

Concluons franchement que l'hygiène scientifique n'est pas plus pratiquée à la ville qu'à la campagne, et que la routine continue à étioler la race française.

Dans nos villes, nous insistons sur la saleté révoltante de nos rues; leur repurgation est faite en dépit du sens commun; l'arrosage avec l'eau des ruisseaux est une faute lourde; la pratique du tout à la rue, le déversement des ordures ménagères sur le sol, la projection des eaux usées dans des rigoles non étanches, répandent dans l'atmosphère des buées et des odeurs fétides qui s'associent à celles provenant des égoûts recevant, dans certaines villes, contrairement aux règlements, les matières fécales des maisons riveraines. Certains de ces égoûts, ne se vidant que par regorgement, créent des dangers sérieux qu'il est du devoir de l'hygiéniste de faire connaître, dans l'intérêt du grand principe moderne de la solidarité.

L'indifférence que nous constatons tient à l'ignorance et à la routine; il faut donc instruire la masse, et cela dès l'enfance, afin que chacun sache quel est son devoir dans l'intérêt général.

L'hygiène de la rue bien comprise deviendra ainsi un important facteur social de régénération de notre race décrépite.

Si nous aimons notre patrie, et si nous la voulons grande et forte, apte à reprendre la place qu'elle perd tous les jours dans le monde, nous ferons entrer l'assainissement de nos rues dans le cadre de nos justes et légitimes revendications sociales.

Nous pouvons être assurés que la science féconde triomphera de la routine ignorante.

DISCUSSION

Dr PANEL (de Rouen). — La boîte à ordures est une amélioration sur l'épandage dans la rue, mais, à mon avis, ce n'est pas la solution définitive.

Dans les villes industrielles les ouvriers ne sont pas chez eux à l'heure du passage du boueur et laissent dans leur chambre leur boîte, quelquefois une semaine, au grand danger des habitants.

La solution sera l'évacuation immédiate comme pour les matières fécales, cela nécessitera une invention spéciale des ingénieurs sanitaires, ils ont résolu des questions plus difficiles.

Le Prof. CALMETTE fait remarquer qu'on pourrait essayer de pousser les habitants à faire eux-mêmes l'*incinération* dans le foyer, ou accepter, dans les pays où la chose ne serait pas possible, le vœu de M. Tachard; — ou encore le système allemand, plus coûteux, qui consiste à envoyer des vaporisations d'eau, pendant le déchargement, dans les voitures spéciales, closes du reste et supprimant toute poussière.

Dr PANEL (de Rouen) propose de broyer, avec un moulin spécial (genre moulin à café approprié) tous les déchets de ménage, de façon à pouvoir les envoyer au tout à l'égoût.

Dr LONG-SAVIGNY (de Biarritz) fait observer que, même bien broyées, les matières auraient des chances de s'agglutiner à nouveau une fois dans les égoûts et devenir un empêchement au bon fonctionnement de ceux-ci et parfois de les obstruer.

CIRE IMPERMÉABILISANTE. PARQUETS CIRÉS NETTOYÉS
A LA SERPILLIÈRE HUMIDE. OBLITÉRATION
DES RAINURES.

Par M. BERTHIER,
Médecin principal de l'Armée.

—

Une habitation hygiénique doit être en même temps une habitation confortable, surtout en cure de tuberculose. Les malades, à la cure de repos, vivent plus ou moins complètement dans leur chambre, qui doit être aussi attrayante que possible. Il faut donc y concilier à la fois les exigences de l'hygiène et les exigences du confort. Dans nos habitations nous sommes habitués au parquet en bois qui représente le sol le moins froid et le plus agréable à la vue. Autre chose est de sentir sous ses pieds un carrelage ou un parquet.

Mais les hygiénistes ont condamné les parquets en raison du danger des poussières. En effet le parquet frotté à la cire d'abeilles est obligatoirement nettoyé au balai de crin qui soulève dans l'atmosphère les poussières virulentes. Impossible d'utiliser la serpillière humide qui tache les parquets, leur enlève le brillant. Les poussières s'accumulent dans les rainures. Ajoutez à cela que l'entretien des parquets par la cire d'abeilles nécessite des applications très fréquentes de cire, des brossages répétés et fatigants. Les parquets sont donc d'un entretien difficile, onéreux, et ils favorisent les contaminations. Pour toutes ces raisons, les hygiénistes donnent la préférence, au moins dans certaines habitations collectives, à l'aire minérale, dallage, mosaïque, etc.

Depuis 5 ou 6 ans il est question d'un sol nouveau, qui a reçu des dénominations diverses : xylolithe, porphyrolithe, stucolithe. C'est un enduit composé de sciure de bois et de substances magnésiennes, qu'on étend à la surface des parquets et qui constitue un revêtement imperméable, d'un seul tenant, n'ayant pas le froid du carrelage. Ce serait un intermédiaire entre la pierre et le bois. Son application se trouverait beaucoup plus générale que le dallage ou les revêtements similaires ; ce serait le remplaçant du parquet, et à ce titre il a été préconisé comme sol de la chambre hygiénique. J'avoue que je ne partage pas cet engouement. Le xylolithe a des défauts sur lesquels il me paraît indispensable d'insister. Il est d'aspect froid, désagréable, plutôt sale, lorsqu'il a été usagé. Sa surface laisse voir toutes les ondulations des lames du parquet. Elle s'entame, s'éraille par les frottements. Les pieds des lits y tracent des raies qui donnent à la pièce un aspect de mauvaise tenue. Cela tient à ce que sa résistance à l'usure est insuffisante. La surface se porphyrise. J'ai vu, dans le salon d'un hôtel thermal dont le sol est xylolithé, l'atmosphère, les soirs où on dansait, se remplir d'une fine poussière jaune qui poudrait l'assistance. Peut-être dans ce cas particulier me suis-je trouvé en présence d'un xylolithe de mauvaise qualité, la composition de ces revêtements étant assez variable d'une marque à l'autre. Cela pouvait tenir aussi, pour une certaine part, à ce que dans cet hôtel le sol xylolithé n'était pas ciré. Le xylolithe a des exigences d'entretien. Il constitue évidemment un sol moins froid que le carrelage, mais beaucoup plus froid que le bois. C'est encore là une considération non négligeable quand il s'agit de chambres destinées à des pulmonaires impressionnables au refroidissement. Malgré tous ces inconvénients, vous pensez sans doute que ce revêtement a au moins l'avantage de supprimer le danger des poussières de surface? Il n'en est rien. Le sol des chambres est balayé au balai de crin, tout comme le parquet. Il est impossible d'avoir recours à la serpillière humide, parce que le xylolithe est passé à la cire d'abeilles qui ne supporte pas le contact de l'eau. Et l'emploi de la cire est indispensable pour donner au xylolithe de la cohésion et de la résistance, avec cette aggravation que l'entretien est très difficile, la cire tenant mal à la surface. J'ajouterai encore que le xylolithe donne un sol dur, et qu'on a l'impression de marcher sur de la pierre. Enfin, d'après les recherches récentes de Bechkoff, ces matériaux ne sont pas imperméables. (*Revue d'hygiène*, octobre 1904). Le xylolithe devra donc être imperméabilisé et il serait justiciable de la méthode que je vais vous soumettre; il y gagnerait du brillant, de la résistance et serait nettoyable au linge humide.

Ni au point de vue hygiène, ni au point de vue confort je ne puis donc admettre qu'on supprime nos parquets pour les remplacer par du xylolithe et que celui-ci doive être considéré comme le sol de l'habitation moderne. La solution m'avait paru devoir être poursuivie dans un autre sens.

Le parquet en bois satisfait pleinement les exigences du confort moderne. Ce n'est pas un revêtement froid, ce qui est une qualité de premier ordre, et, bien tenu, il est du meilleur aspect. Indiscutablement c'est, pour une chambre, le sol le plus confortable. Reste le côté hygiène, dont je crois avoir comblé les *desiderata* en imperméabilisant le parquet par une méthode pratique, d'application facile et conciliable avec les légitimes exigences du confort. J'obtiens ce résultat avec une cire *résineuse*, diversement combinée, qui permet d'oblitérer les rainures et d'imperméabiliser la surface. Le parquet est rendu brillant, de belle apparence, et il peut être nettoyé au linge humide. Les hygiénistes ne peuvent, il me semble, en demander davantage.

Pour oblitérer les rainures il faut d'abord les débarrasser soigneusement des poussières qui s'y trouvent logées. On fait fondre *l'oblitérant*, qui est coulé liquide, ce qui permet de fermer même des rainures minces. L'oblitérant adhère au bois et se moule d'une façon parfaite dans la rainure. La substance durcit en quelques instants et lorsqu'elle commence à se solidifier on sectionne tout ce qui fait saillie en dehors à l'aide d'un couteau de vitrier. La technique de l'opération n'est donc pas bien compliquée.

Cette oblitération est, pour ainsi dire, de toute durée. Rien n'est plus simple que de l'entretenir en bon état, en faisant des raccords au niveau des parties où le mastic se serait détérioré en surface. Pour cela il suffit de chauffer la rainure avec un fer à souder ou avec une tige quelconque en métal ou en verre ; le mastic se ramollit, s'aplanit sous le fer, et, au besoin, on pourrait couler une petite quantité de substance oblitérante nouvelle qui prend corps avec le mastic primitif.

L'imperméabilisation de surface est obtenue au moyen d'une *cire imperméabilisante*, qui est employée soit en encaustique, soit à l'état de cire en pains, dont on frotte le parquet, absolument comme avec la cire d'abeilles. L'opération effectuée, le parquet est à la fois ciré et imperméabilisé et il peut être nettoyé à la serpillière humide. Il a un très bel aspect brillant et est certainement de meilleure apparence que le parquet entretenu à la cire d'abeilles. Sa surface aussi est moins collante, si on a eu soin de ne pas appliquer une couche trop épaisse d'encaustique. Une des qualités importantes de cette cire est d'être extrêmement adhérente au bois, ce qui a l'avantage de réduire de beaucoup la fréquence des applications. Ainsi dans une habitation collective, telle que hôpital, caserne, école, il suffit de passer la cire imperméabilisante une fois par mois ou tous les 2 mois, suivant que le parquet est plus ou moins usagé ; dans une habitation particulière il suffirait d'en passer tous les 3 mois. Or il est réglementaire dans nos hôpitaux militaires de passer la cire d'abeilles au moins 2 fois par semaine. S'il y a de ce côté un grand avantage économique, l'hygiène n'est pas moins intéressée à voir restreindre les branle-bas trop fréquents des nettoyages. Le frottage à la brosse pour l'entretien de nos parquets est, comme chacun le sait, un travail très pénible et très onéreux. Avec cette méthode le frottage à la brosse est supprimé si on emploie l'encaustique, ou est rendu très rare si on emploie la cire sèche. Le jour où on a appliqué l'encaustique, on fait briller en frottant avec un linge de molleton. Si on a passé la cire sèche, on est obligé de frotter à la brosse pour étendre la cire ; mais il ne s'agit que d'un brossage unique. Les autres jours pour l'entretien régulier, on passe la serpillière humide, s'il est utile, ou on balaie à sec et on fait briller en passant un linge de laine ; mais on ne brosse pas. J'ajoute que cette cire imperméabilisante est meilleur marché que la cire d'abeilles, ce qui complète heureusement toutes ses autres qualités.

Vous pourrez voir des applications de cette méthode d'imperméabilisation sur les planchers du magnifique Casino qui nous abrite et à l'asile des vieillards d'Arcachon dont le sol est xylolithé. En effet cette méthode a pris foyer à Arcachon. C'est un Arcachonnais, un ancien officier de l'armée, M. Cayrel, qui nous préparera dans son usine de Facture cette arme nouvelle d'asepsie médicale qui va nous permettre de lutter plus efficacement contre le danger des poussières et dans des conditions vraiment pratiques et économiques.

DISCUSSION

Professeur Calmette. — Lorsque la paraffine est bien employée, elle tient admirablement. Il faut faire bouillir le bois dans la paraffine.

Mais le procédé est coûteux.

Dr Leprince. — Je voudrais savoir s'il s'agit d'un produit naturel ou d'un mélange ayant été l'objet d'un dépôt de marque.

Dans le 1er cas on pourrait discuter la valeur, théoriquement du moins; dans le 2° cas, nous ne pouvons que nous contenter des affirmations de M. Berthier.

En ce qui concerne la paraffine il faut rappeler qu'il y en a plusieurs qualités à points de fusion très différents et qu'il faut prendre celle à fusion la plus élevée.

Au procédé signalé par M. le professeur Calmette il faut ajouter celui qu'emploient les marchands de cuirs pour augmenter le poids de leur marchandise : ils placent le cuir — ou le parquet s'il s'agissait du cas actuel — dans un appareil résistant où l'on fait le vide ; le vide obtenu il suffit d'y introduire de la PARAFFINE FONDUE ; les pores du bois sont bien vite remplis par le liquide protecteur.

Dr Hervé demande à M. Berthier : 1° si l'apparence de vernis est conservée au parquet, malgré le lavage à la serpillière.

2° Si la pénétration du bois s'obtient plus complète avec le produit recommandé qu'avec la paraffine.

Dr Berthier répond que l'enduit a pu se conserver pendant deux mois sans nouvelle application ; que l'enduit reste superficiel.

NÉCESSITÉ ET POSSIBILITÉ DE LA DESTRUCTION
DES MOUSTIQUES
DANS LES STATIONS CLIMATIQUES
où
LEUR PRÉSENCE CONSTITUE UNE GÊNE ET UN DANGER.
MESURES PRISES A BEAULIEU.

Par le Dr HÉRARD DE BESSÉ (Beaulieu-sur-Mer).

—

Jusqu'à ces dernières années les moustiques étaient considérés surtout comme des insectes gênants, mais aujourd'hui on sait qu'ils peuvent être dangereux.

L'anophelès est vecteur d'impaludisme; il semble bien que la fièvre jaune se propage surtout sinon exclusivement par un moustique, le stegomya, heureusement incapable de vivre en Europe en général et particuliè-rement en France ; enfin la question est trop neuve pour que nous puissions affirmer savoir tout ce dont sont capables ces insectes comme agents de contagion ; nous devons donc chercher à détruire les moustiques sans nous préoccuper de savoir s'il s'agit seulement des simples culex (cousins) ou s'il s'y mêle des anophelès, et cela d'autant plus que des anophèles peuvent toujours apparaître là où il n'y avait que des culex.

Et même, ne fussent-ils pas dangereux, les moustiques constituent une gêne intolérable en octobre, novembre et mai, surtout dans les stations où les malades font de la cure d'air.

En effet, comment dormir la fenêtre ouverte si on doit être incommodé toute la nuit par leurs piqûres sans parler du bruit agaçant que font surtout les mâles, d'ailleurs inoffensifs. On se réveille le matin, souvent après avoir à peine dormi, le visage, les mains, les bras, etc., couverts de piqûres et tuméfiés au point qu'on renonce à laisser la fenêtre ouverte la nuit.

C'est qu'en effet les moyens de protection sont insuffisants ; — d'innom-brables procédés ont été proposés pour se protéger contre les piqûres de cet insupportable insecte. On a proposé des onctions sur les parties expo-sées avec de l'huile de pétrole, avec un mélange de goudron et d'huile, avec de l'eau de goudron, avec de l'infusion de *triticum repens*, de quassia ama-ra, avec de l'essence d'eucalyptus, avec de la vaseline camphrée, avec de l'huile de vaseline naphtalinée à saturation, etc.

Ces remèdes sont ou par trop désagréables ou inefficaces. On a conseillé de planter autour des maisons des pins, des eucalyptus, des ricins !

Tout cela est peu pratique et les trois moyens les plus recommandables dans cet ordre d'idée sont les suivants... qu'on peut d'ailleurs combiner avec les précédents.

1° Brûler dans la chambre *close* de la poudre de pyrèthre qui endort les moustiques : malheureusement ils se réveillent généralement avant vous. De plus ce moyen, entre autres inconvénients, est incompatible avec l'aéra-tion continue jour et nuit.

2° Coucher sous une moustiquaire : ce procédé très répandu, notamment sur la Riviera, est bon, mais demande de grandes précautions, les mousti-ques réussissant souvent à pénétrer dans la moustiquaire on ne sait com-ment. En outre beaucoup de personnes préfèrent affronter les piqûres que de s'enfermer dans la moustiquaire, à laquelle on s'habitue parfois difficil-lement.

4° Installer aux fenêtres des châssis munis de toile métallique fine ou de gaze à moustiquaire laissant passer l'air et pas les moustiques. C'est là le plus efficace et le moins gênant des moyens à employer pour éviter les piqûres de moustiques. A Beaulieu et sur la Riviera beaucoup de maisons sont ainsi protégées, et il serait à souhaiter que toutes le fussent ainsi, par-tout où il y a des moustiques.

Mais si se protéger chez soi est bien, cela est insuffisant, car dehors on reste exposé aux moustiques qui, même pendant le jour, surtout dans les endroits sombres et frais, vous piquent à l'occasion. Le vrai moyen est de chercher à détruire ces insectes; ce but peut être atteint comme les Américains l'ont montré à Cuba : j'ajoute qu'il serait facilement atteint si les populations le voulaient.

Il suffirait de déclarer la guerre aux larves de moustiques, car autant nous sommes impuissants vis-à-vis de l'insecte ailé, autant nous sommes armés contre ses larves. On sait que celles-ci vivent dans l'eau douce stagnante pure ou impure, et à la rigueur dans l'eau saumâtre; l'eau de mer est impropre à leur développement, et cela d'autant plus qu'elle est moins diluée par de l'eau douce.

On sait aussi quelle est la fécondité prodigieuse des moustiques! chaque femelle pond environ trois cents œufs et plusieurs générations se succèdent pendant la période de mai à novembre; les larves mettant à peu près quinze jours seulement pour devenir des insectes adultes, on voit donc l'énorme quantité de moustiques que peut produire en une saison la plus petite mare ou flaque d'eau.

De plus, ces insectes ne volent généralement pas loin, à moins d'être entraînés par le vent, si bien qu'en détruisant la majeure partie des larves dans un endroit donné, il est permis d'y espérer non pas la disparition complète des moustiques, ce qui serait une utopie, mais leur diminution très considérable, équivalant pratiquement à leur suppression.

Pour s'opposer à la pullulation des larves de moustiques il faut d'abord s'efforcer de supprimer les eaux stagnantes quand cela est possible, et tout ce qui peut retenir les eaux de pluies, en se souvenant que la moindre flaque peut servir à l'éclosion de myriades d'insectes. Dans les eaux stagnantes qu'on ne peut éviter on doit tuer les larves, et pour cela de nombreux procédés ont été indiqués : on a conseillé d'ajouter à l'eau diverses substances chimiques, en particulier du sulfate de fer ou du permanganate de potasse. A Beaulieu on emploie le sulfate de fer pour désinfecter l'eau du siphon des bouches d'égoût dans l'intervalle des nettoyages... par la même occasion cela tue les larves qui pourraient s'y trouver.

Cette manière de faire peut dans certains cas être utilisée avec avantage mais, en général et à juste titre, on préfère verser dans l'eau du pétrole ou de l'huile. Ces substances s'étalent en couche très mince à la surface de l'eau (il suffit d'environ 1 gr. par mètre carré); lorsque les larves viennent respirer, l'huile agglomère les soies de leur appareil respiratoire et elles meurent asphyxiées. Ce procédé est simple, pratique et peu coûteux; il n'a pas à tenir compte du cube de l'eau et a une action plus durable que celle des produits chimiques rapidement décomposés; c'est comme vous le savez celui qui a le plus de partisans.

Enfin, on utilise souvent la voracité des poissons vis-à-vis des larves de moustiques. Deux espèces sont particulièrement recommandées à ce point de vue, les Epinoches (Gasterosteus Aculeatus), qui offrent l'avantage de pouvoir vivre dans une eau de très médiocre qualité, et aussi les poissons rouges ou cyprins dorés.

Les armes ne manquent donc pas dans la lutte contre les moustiques... il suffit de vouloir les utiliser. C'est ce que nous avons fait à Beaulieu et voici l'arrêté pris par le maire :

Arrêté concernant la destruction des moustiques.

Le Maire de la commune de Beaulieu,

Vu la délibération municipale du 5 février 1905 ;

Vu la loi du 5 avril 1884 ;

Considérant qu'il est établi par les données de la science que les moustiques peuvent concourir à la propagation de certaines maladies et que, par suite, il y a lieu de prescrire les mesures nécessaires à leur destruction à l'état de larves ;

ARRÊTE :

ART. 1er. — Il est enjoint à tous propriétaires, locataires ou fermiers : 1º De tenir dans un état constant de propreté les écuries et dépendances, abords de fosses à purin, fosses d'aisances ; 2º d'entretenir constamment une couche de pétrole dans les fosses à purin et fosses d'aisance ; 3º d'inspecter les cheneaux et gouttières de manière à ce qu'il ne s'y forme aucune poche d'eau ; 4º de ne placer sur les toits, fenêtres, terrasses et balcons aucun récipient contenant de l'eau à moins d'en faire recouvrir la surface d'une légère couche d'huile, de pétrole ou autre ; 5º d'éviter toute stagnation d'eau ou mare dans les cours et jardins ; 6º de supprimer tous bassins, rigoles, canalisations, etc., hors d'usage susceptibles de retenir les eaux pluviales ou autres ; 7º de vider et nettoyer les fontaines et bassins, réservoirs et pièces d'eau, au moins une fois par semaine, à moins d'y entretenir des poissons en quantité suffisante ou d'en faire recouvrir la surface d'une légère couche de pétrole ou d'huile.

NOTA. — La quantité de pétrole ou d'huile à employer est de 3 grammes par mètre carré.

ART. 2. — MM. les gardes champêtres sont chargés de l'exécution du présent arrêté.

Fait et arrêté à Beaulieu, le 15 avril 1905.

Le Maire, *signé :* J. BAILET.

Vu et approuvé : Nice, le 20 avril 1905.

Pour le Préfet, le Secrétaire général,
Signé : A. HENRY.

Pour copie conforme.

Le Maire : J. BAILET.

Je ne peux pas encore vous dire les résultats que nous donnera l'application de cet arrêté qui vient à peine d'être approuvé, mais je suis assuré qu'à l'automne prochain nous serons délivrés des moustiques qui rendaient l'aération nocturne très difficile dans certains endroits de Beaulieu. Notre station est loin d'être la seule dans ce cas, et je crois qu'elle a été une des premières à s'en préoccuper, comme elle le fait d'ailleurs de toutes les questions touchant à l'hygiène.

NOTE SUR LA VENTILATION
BALSAMIQUE DES APPARTEMENTS DE MALADES

Par le Dr E. de BATZ
Ancien médecin des hôpitaux de Rouen.

—

Cette simple note a pour but de rappeler aux hygiénistes et thérapeutes les bons effets obtenus en ayant recours aux antiseptiques fournis par la nature, les essences, en les associant à l'air employé comme véhicule.

Le traitement actuel de la tuberculose pulmonaire repose sur la vie au grand air, sur la suraération. Nul doute, cependant, que l'adjonction d'un traitement antiseptique avec application directe sur la région malade ne puisse rendre la cure plus aisée. Ce n'est pas que l'on puisse par ce moyen guérir une tuberculose avec expectoration abondante, mais on espère du moins détruire en partie, sinon en totalité, les microbes saprophytes vivant en commensaux du bacille de Koch et contribuant à fatiguer le malade par l'accumulation de leurs toxines.

Pour y arriver, un certain nombre de médecins ont eu recours à des inhalations d'air chargé de vapeurs balsamo-antiseptiques pulvérisées au moyen, par exemple, de l'appareil de Lucas-Championnière. M. Huchard, entre autres, a rappelé dernièrement que de telles pulvérisations lui avaient donné de merveilleux résultats curatifs dans quelques cas de tuberculose pulmonaire. D'autres cliniciens les ont utilisées avec profit dans des cas de bronchite à expectoration abondante et fétide.

Ces pulvérisations ont un inconvénient : elles ne renouvellent pas l'air, elles font respirer le malade dans une atmosphère confinée. Il convient de chercher alors un moyen de combiner la cure de suraération et la cure par les antiseptiques balsamiques, soit pendant le jour, soit durant la nuit. C'est cette cure mixte que je nommerai *ventilation balsamique*.

Pour réaliser la ventilation balsamique d'un appartement, il faut et il suffit de faire pénétrer dans le local un courant d'air chargé des vapeurs balsamiques. Les dispositifs peuvent varier à l'infini ; celui que je vais décrire est un appareil de fortune construit avec les matériaux dont je disposais. Il a fonctionné l'hiver dernier dans la chambre d'un de mes malades et a donné les meilleurs résultats.

Il se compose d'une boîte en bois contenant le ventilateur électrique, les accumulateurs l'actionnant et le récipient contenant la liqueur à évaporer Deux faces opposées de cette boîte sont percées d'ouvertures ; par le trou d'arrière se fait l'appel d'air, l'ouverture d'avant étant occupée par la cage du ventilateur. Sur cette cage est tendue une fine mousseline laquelle joue deux rôles ; elle forme d'abord écran pour les poussières et sert ensuite de lieu d'évaporation pour la solution médicamenteuse. Celle-ci monte par capillarité à travers une mèche fixée à la partie inférieure de la cage, d'une part, et plongeant, par ailleurs, dans le flacon réservoir. La face postérieure de la boîte est placée contre un ouverture communiquant avec l'extérieur par exemple à la place d'un carreau de vitre.

Dès la mise en action du ventilateur l'odorat perçoit l'apparition dans l'air de la pièce des substances employées. Au bout de très peu de temps le malade s'habitue à vivre dans une atmosphère ainsi modifiée et ne présente aucun phénomène d'intolérance nécessitant la suspension de la ventilation. On peut d'ailleurs, et c'est ce qui a été fait pour le malade en question, ne pratiquer la ventilation que la nuit.

Les substances médicamenteuses employées ont été variées. En premier lieu, j'ai eu recours à la solution de Huchard dont je rappelle ici la formule :

Gaïacol	50 gr.
Eucalyptol	40 gr.
Acide phénique	30 gr.
Menthol	20 gr.
Thymol	10 gr.
Essence de girofle	6 gr.
Alcool à 90°	Q. S. pour un litre.

J'ai ensuite usé d'un mélange d'essence de térébenthine et de solution de Huchard, dans la proportion de trois quarts de ce dernier pour un quart d'essence. J'ai cru m'apercevoir que ce mélange était mieux accepté par le malade, les effets modificateurs restant les mêmes.

A une pareille méthode on peut faire une objection, de prime abord considérable, mais qui, à la réflexion, tombe vite. Je veux parler du mouvement donné aux poussières de l'appartement par l'air déplacé par la ventilation. Ce mouvement donné aux poussières est bien minime, presque réduit à zéro si l'on a soin de procéder tous les jours au balayage humide, facile à pratiquer dans nos villas hygiéniques aux planchers imperméabilisés. De plus, les micro-organismes en suspension dans l'air sont pour ainsi dire détruits, ou du moins leur virulence est bien atténuée par leur mélange avec les substances antiseptiques.

La ventilation balsamique ne doit pas être considérée, à mon avis, comme un mode exclusif de traitement de la tuberculose. Elle doit venir en aide au traitement moderne par suraération, en permettant à l'épithélium pulmonaire d'absorber directement le remède.

Il existe beaucoup de cas dans lesquels l'estomac de nos malades, bien « qu'entouré d'un soin pieux » suivant l'expression si connue de Péter, se cabre et se révolte au contact des quelques médicaments qu'on lui fait absorber. Par la voie respiratoire ces substances sont tolérées et remplissent le but proposé.

C'est d'ailleurs dans un cas semblable que j'ai été amené à utiliser un pareil mode de traitement, et l'observation très résumée du malade est instructive sur plusieurs points.

Il s'agissait d'un homme de 45 ans environ, ayant eu une série de bronchites et en ayant gardé un certain degré d'ectasie des bronches avec expectoration abondante, et qui fut pris un beau jour de sueurs nocturnes avec amaigrissement. Un examen bactérioscopique des crachats décela la présence de bacilles de Koch en petite quantité au milieu de très nombreux saprophytes. L'auscultation ne laissait rien entendre en dehors des signes de dilatation bronchique. Le malade, fatigué par son expectoration, (il remplissait de quatre à cinq crachoirs par jour) me demanda d'essayer, non pas de la tarir, mais de la diminuer. J'utilisai la série des médicaments que l'on connaît bien, et cela par la voie gastrique. Immédiatement gastralgie et anorexie absolue nécessitant la suspension du traitement. C'est alors que j'eus recours au procédé indiqué plus haut, mais pendant la nuit seulement, le jour étant pris par la cure d'aération telle qu'elle est pratiquée à Arcachon.

Le résultat? Après trois mois de ce traitement le malade est parti, non pas encore guéri de sa tuberculose à marche torpide greffée sur une vieille dilatation, mais n'ayant plus de transpirations et n'expectorant qu'un crachoir à un crachoir et demi au grand maximum.

Inutile de dire que l'appétit était revenu dès la cessation des remèdes par voie buccale.

DISCUSSION

D̂ Dépierris. — Je demanderai à M. de Batz s'il s'est assuré de l'absorption des médicaments employés par sa méthode, si l'analyse des urines a été faite.

Le reproche qu'on pourrait faire à cette méthode me semble être la difficulté de la posologie.

D̂ Leprince. — Tout d'abord je me permettrai de féliciter notre confrère sur l'ingéniosité qui a présidé à la construction de son appareil de fortune comme il le dit, et je verrai avec le plus grand plaisir généraliser son emploi.

En ce qui concerne l'émulsion des substances, on arrive à de très bons résultats avec le quiloga, etc.

Le dosage de la partie absorbée sera longtemps délicat à préciser. D'ores et déjà on peut arriver à des résultats suffisants en les dosant dans une quantité connue de l'air ambiant, des urines, des crachats, des fèces, etc.

D̂ Léon Faure (de Cannes). — A propos de la question de posologie soulevée par mon confrère le D̂ Depierris je demanderai au D̂ de Batz comment il peut maintenir l'émulsion de l'essence de térébenthine dans le liquide de Huchard. L'essence se sépare toujours après l'agitation, et alors que se passe-t-il? Il peut y avoir simplement évaporation de l'essence, — ou évaporation du liquide de Huchard.

DES RÉSULTATS HYGIÉNIQUES ET SOCIAUX
DE L'ASSAINISSEMENT DES LANDES
DE GASCOGNE.

Par le Dr CHAMBRELENT (de Bordeaux).

—

MESSIEURS,

En répondant à l'appel de nos confrères d'Arcachon pour tenir vos assises dans cette charmante station climatique et balnéaire, vous avez traversé une partie de ce que l'on appelait autrefois les Landes de Gascogne ; demain, en vous rendant à Pau et à Biarritz, vous traverserez une étendue encore plus considérable de ce pays.

J'ai pensé qu'il ne serait peut-être pas sans intérêt pour vous de vous rappeler ce qu'était il y a un demi-siècle cette partie de notre territoire, et de vous montrer les résultats véritablement merveilleux que les efforts de la génération qui nous a précédés a pu obtenir dans cette région, tant au point de vue de l'état sanitaire qu'au point de vue du bien-être social.

Permettez-moi, Messieurs, de vous donner un aperçu rapide de la configuration géographique et de la constitution géologique du pays.

Ainsi que vous pouvez en juger par l'examen de cette carte, la partie du territoire français désignée sous le nom de Landes de Gascogne forme un plateau triangulaire d'une surface d'environ 800.000 ha., d'une altitude maxima de 80 à 100 mètres au-dessus du niveau de la mer. Les limites sont au Nord-Est la vallée de la Garonne, au Sud-Est celle de l'Adour et à l'Ouest l'Océan. Tandis que le terrain vient mourir en pente douce sur les rives de la Garonne et de l'Adour, il est séparé du littoral de l'Océan par la ligne des dunes, vaste barrière de sable empêchant l'écoulement des eaux vers la mer. Au pied de ces dunes se trouve une série d'étangs, où viennent se déverser les eaux pluviales de la plus grande étendue du plateau des Landes.

Mais la pente naturelle du terrain étant extrêmement faible, la plupart de ces eaux, ne trouvant pas un écoulement suffisant vers la Garonne, l'Adour ou les étangs du littoral, séjournaient à la surface du sol, et cela d'autant mieux que le sol des Landes, composé exclusivement d'un sable siliceux reposant sur un sous-sol imperméable connu sous le nom d'alios, rendait impossible la filtration de ces eaux à travers le terrain.

On comprend que dans de telles conditions aucune culture n'était possible dans cette région déshéritée de la France.

L'aspect du pays était d'une tristesse et d'une monotonie désolantes, l'œil ne découvrait au loin que quelques chaumières éparses, et çà et là quelques maigres troupeaux de moutons conduits par des bergers montés sur des échasses.

Les habitants avaient dû subir l'influence de cet état déplorable du sol.

Voici ce qu'en disait Gintrac en 1850 :

« Les habitants des Landes sont en général de petite taille, maigres, décolorés, lents dans leurs déterminations et leurs mouvements ; ils sont ou agriculteurs, ou résiniers, ou bergers, ou marins ; ils sont mal vêtus et mal logés ; leurs maisons sont obscures, humides, sans carrelage, sans plafond ni fenêtres ; l'air et la lumière n'y pénètrent qu'incomplètement, une seule chambre suffit souvent pour toute une famille. Cette population se nourrit habituellement de pain de seigle, de bouillie faite avec de la farine de millet, de millade ou de maïs, de lard rance de porc, de sardines salées, de harengs saurs ; elle ne mange de la viande et ne boit du vin que par exception. Les Landes ne possèdent aucune source : aussi l'eau qui sert à l'usage des hommes et des animaux est-elle impure. Elle a une couleur jaunâtre, une odeur et une saveur qui rappellent le marécage : glaciale en hiver, elle est tiède en été...

« En parcourant les Landes on trouve disséminés une quantité considérable de trous, creusés par les bergers à un mètre de profondeur environ dans le sol ; ces trous contiennent une eau croupissante infecte, qui est souvent utilisée pour la boisson des hommes et des animaux.

« Ainsi, dans ces contrées landaises tout est défectueux, la terre, l'air et l'eau ; tout y est misérable et rabougri ; les végétaux croissent avec peine, les animaux sont d'une petite taille, l'homme lui-même est détérioré par l'infécondité du sol, et les populations languissantes offrent le cachet d'une débilité profonde. »

Aussi, Messieurs, l'état sanitaire de cette contrée était-il déplorable. Les fièvres paludéennes y régnaient à l'état endémique. On y rencontrait de nombreux cas de pellagre. Cette affection, si bien décrite par Jean Hameau dans le canton de La Teste, existait dans toute l'étendue des Landes, et Gintrac dit en avoir observé deux cents cas dans un seul canton, celui de Castelnau.

La durée moyenne de la vie dans cette portion de la France n'était que de 34 ans 9 mois en 1853, tandis que cette durée moyenne était alors en France de 38 à 40 ans.

C'est en 1846 que mon vénéré père commença les travaux d'assainissement.

Un nombre considérable de canaux furent creusés dans la direction de la plus grande pente du terrain.

Les 800.000 hectares des Landes ont été sillonnés par plus de 2000 kilomètres de canaux, permettant l'écoulement rapide des eaux vers les Etangs du littoral.

Dès que les canaux furent ouverts et que le sol fut ainsi débarassé des eaux stagnantes, on vit la végétation prendre un développement extraordinaire et l'état sanitaire du pays s'améliorer rapidement.

La pellagre n'existe pour ainsi dire plus dans le pays.

Les fièvres paludéennes ont diminué dans une proportion considérable, on peut même dire qu'elles ont à peu près complètement disparu.

Voici comment s'exprimait il y a quelques années M. le médecin du canton de Castelnau, dans un rapport adressé au Conseil général de la Gironde :

« Aujourd'hui dans cette contrée, jadis si insalubre, il n'y a pas plus de malades que dans les parages les mieux favorisés. C'est tellement vrai qu'avant l'assainissement de nos Landes il me fallait tous les ans près d'un kilogr. de sulfate de quinine et autres drogues; 100 grammes me suffisent aujourd'hui. »

M. le Dr Sémiac, qui exerçait dans le canton d'Audenge, où se trouvent les communes d'Arès, Andernos, Lanton, Biganos et Mios, signala des résultats aussi remarquables.

La durée moyenne de la vie, qui comme nous l'avons vu était seulement de 34 ans et quelques mois avant les travaux d'assainissement, était en 1868 de 39 ans dans les Landes de Gascogne.

J'ai eu occasion de parcourir il y a quelques semaines la région des Landes autrefois la plus malsaine, et mes confrères m'ont confirmé l'état de salubrité parfaite qui y règne actuellement.

Dans le canton de Castelnau, où Gintrac relevait il y a une cinquantaine d'années 200 pellagreux, on ne m'en a pas signalé un seul.

Les médecins du pays ne signalent plus qu'un nombre très restreint de fièvres paludéennes. Comme preuve de l'état de salubrité parfaite de la commune de Castelnau, le maire de cette commune nous montra la statistique de l'année 1904 où sur 24 naissances il avait eu à enregistrer seulement 3 décès.

Le recensement de 1846, c'est-à-dire celui qui a précédé immédiatement les travaux d'assainissement, donnait pour ce canton un nombre d'habitants de 10.355. — Au recensement de 1896 ce nombre d'habitants était de 20.486, c'est-à-dire qu'il a doublé en 50 ans.

Il en est de même du canton d'Audenge, composé également presque exclusivement de Landes ; il était de 6.500 habitants en 1846 et on donne 10.755 pour le dénombrement de 1896.

Bien peu de cantons ruraux de France peuvent se vanter d'un pareil accroissement de leur population.

Cette augmentation de la population, loin de nuire à son bien-être et à sa richesse, n'a fait que l'augmenter.

Les Landais occupent aujourd'hui des villages sains et propres, des maisons lumineuses et gaies, au sein d'une végétation luxuriante (Trélat) qui sont loin de ressembler aux chaumières malsaines que nous décrivait Gintrac il y a cinquante ans.

La fortune des communes est telle que dans bon nombre d'entre elles les habitants jouissent de l'heureux privilège de ne pas payer d'impôts et quelques-unes de ces communes, autrefois absolument pauvres, purent faire des dépenses véritablement surprenantes.

Je vous citerai le fait de la commune de Biscarosse qui vient de faire bâtir une église qui lui a coûté 240.000 francs.

Je pourrais multiplier ces exemples, mais je ne veux pas, Messieurs, vous détourner plus longtemps de vos importants travaux. J'ai tenu simplement à appeler votre attention sur les résultats obtenus par la grande œuvre d'assainissement des Landes de Gascogne, qui a transformé une des régions autrefois les plus malsaines de notre pays et en a fait une des contrées les plus riches et les plus saines de la France.

LA SYPHILIS A NICE

Par le docteur CAMOUS

—

Messieurs,

La bonne hygiène d'une ville comprend également et plus peut-être une sévère et très attentive surveillance de la prostitution. Je veux vous dire que la ville de Nice, toujours soucieuse des choses de l'hygiène, ne manque pas de se préoccuper de cette question.

Vous savez qu'il y a la prostitution officielle et la prostitution clandestine, celle qu'il faut déceler.

La première comprend les maisons hospitalières et les filles inscrites sur les registres de police. Cette surveillance est des plus faciles.

La moyenne maxima des trois maisons publiques qui fonctionnent à Nice comprend 80 pensionnaires qui sont visitées très exactement chaque semaine. Je puis dire qu'un nombre infime de ces femmes est envoyé au dispensaire spécial de l'hôpital Saint-Roch de Nice, parce que ces femmes, obligées à des soins de lavage très fréquents, sont très rarement malades et qu'elles-mêmes savent se livrer à un examen rapide de la verge sollicitante. Il peut vous paraître intéressant de vous signaler que la population des maisons hospitalières tend à se faire de plus en plus rare et que dans les grandes villes la maison au gros numéro court à la disparition.

Du côté des filles inscrites à la police, l'examen présente des difficultés que la ville de Nice enraye par des mesures sévères. Une moyenne de 230 filles inscrites se présente chaque jeudi à la visite d'un médecin spécial, à l'hôpital Saint-Roch, et toute fille qui n'est pas venue à l'examen est arrêtée, *ipso facto*, quitte à être relâchée si elle est reconnue indemne. Vous comprendrez facilement que dans une ville de 130.000 âmes comme la nôtre, ville qui n'engendre précisément pas la mélancolie, la prostitution abonde. Car à côté de ces filles régulièrement inscrites et venant régulièrement à la visite, il y a toute une catégorie qui échappe à ce contrôle. C'est précisément ce qu'on a voulu éviter à Nice, et voici ce qui a été fait. On divise les filles suspectes de se livrer à la prostitution en 2 groupes : les étrangères à Nice, et les indigènes.

Voyons les étrangères : il y a parmi elles des filles qui viennent du dehors, déjà soumises et qui directement vont au contrôle de Nice. Mais il y a de très nombreuses filles qui, en principe, sont venues à Nice non pour y vivre de la prostitution, mais pour essayer de gagner honorablement leur vie. Pour bien des motifs elles n'ont pu souvent le faire, et alors les voilà à la merci de la prostitution. Celles-là, la police spéciale a vite fait de les connaître, de les appeler à elle, de les faire visiter immédiatement par un des médecins spéciaux.

Après un appel au retour au bon chemin, après deux avertissements, c'est-à-dire après deux applications d'une loi Bérenger morale, elles sont inscrites d'office parmi les filles soumises.

Pour les indigènes, le rôle de la police est plus délicat, plus difficile parce que ces filles ont le plus souvent des répondants.

Je vous dirai qu'on leur applique le même traitement qu'aux précédentes, mais qu'on ne les inscrit sur le registre spécial qu'après 5 à 6 avertissements. Mais de toutes façons elles sont toujours visitées et examinées.

C'est ainsi que dans la saison d'hiver 1905 la police a découvert un total de 600 femmes nouvelles se livrant à la prostitution. Toutes ont été examinées et les malades retenues. Sur ce nombre la police a pu en incorporer 250 parmi les filles soumises.

Et je ne vous étonnerai pas, Messieurs, en vous disant que c'est de ce lot de 600 femmes que sont parties les contaminations. En effet, ces 600 femmes sont pour la plupart sales et malpropres : elles n'auront la connaissance exacte du danger et la notion du lavage préservateur qu'après leur classement parmi les filles soumises.

Toutes ces filles malades ou suspectes sont en traitement dans un service spécial, parfaitement bien aménagé, et ne sont pas soignées par le médecin spécial qui les a fait arrêter.

Elles sont soignées à l'hôpital par un chirurgien de l'hôpital uniquement affecté à ce service. J'ai fait le relevé des femmes arrêtées et envoyées comme malades à l'hôpital Saint-Roch depuis ces neuf dernières années.

J'en trouve 882 et je dis que certainement vous serez frappés comme moi de ce chiffre relativement faible — d'autant plus qu'il comprend quelquefois et souvent le retour de la même femme. — Sur ce total de 882 maladies j'ai relevé 131 cas de syphilis soit primitive, soit ancienne. Si vous voulez bien calculer que ces 882 malades l'ont été dans un total qui, calculé par 400 femmes par an, donne pour cette même période 3.600 femmes, vous serez bien obligé de reconnaître que la syphilis a, en somme, très peu frappé dans ce milieu de prostitution, de tous le plus apte et le plus propice.

Je dois vous dire que le séjour des filles malades à l'hôpital est prolongé jusqu'à leur guérison complète, et que les femmes ne sont rendues à la liberté qu'avec la certitude qu'elles ne nuiront pas. Elles ont fait l'objet de fiches spéciales que la police garde soigneusement et qui suivent ces filles dans leurs visites suivantes. J'ajoute que la syphilis à Nice et sur la Riviera présente le plus souvent des manifestations peu graves comme l'a fait remarquer M. Manquat dans son rapport du dernier congrès. Elle paraît devoir bien se trouver de la température chaude de la Riviera.

La séance est ouverte à 9 heures,
sous la présidence du Professeur CALMETTE, Vice-Président.

LES RÉSULTATS DE LA PROPHYLAXIE
ANTITUBERCULEUSE A ARCACHON

Rapport par le Docteur X. ARNOZAN,
Professeur de thérapeutique à la Faculté de médecine de Bordeaux.

La notion de contagiosité de la tuberculose est depuis longtemps déjà acceptée d'une façon définitive. On discute encore sur la manière dont la contagion s'opère ; pour les uns, les crachats desséchés sont les véhicules habituels des germes morbides ; pour d'autres ce sont les parcelles liquides que le malade projette autour de lui quand il tousse ou quand il expectore ; quelques-uns enfin pensent que les contacts médiats, l'usage des mêmes objets, des mêmes ustensiles de ménage, tels que verres, fourchettes, etc., ou que les contacts immédiats tels que ceux du baiser, sont plus particulièrement funestes. On discute aussi sur le degré de fréquence de ces contagions dans les diverses circonstances de la vie, dans les différents milieux sociaux, familiaux, industriels, militaires, scolaires, hospitaliers, etc. Mais, au-dessus de ces questions, dont l'importance est considérable, mais qui, au point de vue général, ne sont que des questions de détail, un fait domine actuellement la science étiologique de la tuberculose, c'est que le tuberculeux répand autour de lui et laisse après son départ dans les locaux qu'il a habités des germes contagieux qui peuvent contaminer les individus sains et multiplient ainsi de proche en proche les cas toujours plus nombreux de ce mal désastreux.

Dans ces conditions, que peut-on penser *à priori* d'une ville telle qu'Arcachon, qui reçoit chaque année, dans sa saison d'hiver, environ 300 familles amenant chacune un tuberculeux? La première impression qui viendra à l'esprit, c'est qu'une ville ainsi peuplée de malades qui répandent dans l'air une pluie de bacilles est une ville de perdition ; que si, à la rigueur, quelques tuberculeux y prolongent un peu leur existence ou même y guérissent, beaucoup de gens arrivés sains doivent s'en retourner malades ; qu'en un mot une telle ville doit constituer un foyer redoutable de contagion, et qu'il est dangereux d'y séjourner, voire même de la traverser. Tel est, hélas! en effet le sentiment de beaucoup de gens, même aussi de quelques médecins. Péniblement affectés par la vue des nombreux poitrinaires qui font leur cure d'air sur une chaise longue, languissamment étendus dans les jardins de la ville d'hiver, ils s'en vont, déclarant, à droite et à gauche, que la contagion court les rues d'Arcachon. Quant aux faits de nature à corroborer ou à infirmer cette appréciation purement impressionniste, on serait souvent bien en peine d'en citer quelques-uns de probants, du moins d'en présenter un faisceau assez important pour servir de base à une opinion raisonnée.

Ces faits sont en effet difficiles à dégager. Leur recherche a été particulièrement laborieuse, non pas pour moi, à qui les documents ont été si aimablement fournis par mes confrères d'Arcachon, mais pour ceux qui les ont
si patiemment et si consciencieusement élaborés, et à qui je suis heureux
d'adresser mes très sincères et affectueux remerciements.

Ce court travail comprendra deux parties : la première sera un simple exposé
de faits, sans commentaires, sans discussions. La seconde comprendra l'appréciation et l'interprétation de ces faits, la recherche des causes qui les expliquent. Cette seconde partie pourra évidemment être critiquée et discutée.
Quant à la première, nos documents viennent de sources telles que j'espère
qu'ils défieront toute contestation.

PREMIÈRE PARTIE

I. — Statistique de la mortalité générale à Arcachon.

Pour se rendre compte de l'hygiène générale d'une ville, le premier point
à établir, c'est le taux habituel de la mortalité. Le procédé est peut-être un
peu simpliste ; il n'en vaut pas moins pour cela. Une ville où l'on meurt trop
est une ville suspecte, et c'est tellement vrai que les Anglais ont pris cet élément très simple pour base de leur célèbre loi sur la santé publique dont les
résultats sont bien faits pour nous faire envie. Lorsque, dans une ville
anglaise, le chiffre des morts annuelles s'élève à un taux déterminé, la loi de
la santé publique y est immédiatement appliquée dans toute sa rigueur.

Voyons donc ce qui se passe à Arcachon. Il est entendu que les hivernants
forment une classe à part, que les tuberculeux qui viennent y chercher la
guérison dans la ville d'hiver paient à la mort un lourd tribut, et qu'il faut
les tenir en dehors d'une statistique portant sur la population *sédentaire* cu
municipale. Cette population, dans les 10 années qui s'étendent de 1892 à 1901,
a varié de 7940 à 8066 et la mortalité générale, en y comprenant les morts-nés
et les morts par naufrages y a été en moyenne de 15,64 p. 1.000. Ce chiffre
est de beaucoup inférieur à celui de la mortalité des grandes villes. On sait
en effet que dans celles-ci (Paris, Bordeaux, le Hâvre, Lille, Lyon, Marseille,
Nice, Reims, Roubaix, Rouen, Alger, etc.), la mortalité varie de 19,273 à Nice,
à 31,31 à Rouen. De cette simple constatation, il résulte déjà que l'hygiène
générale d'Arcachon n'est pas mauvaise. Mais, pour être concluante, notre
comparaison doit se faire non pas avec des villes de 80.000 à 400.000 habitants, mais avec des villes de population égale à celle d'Arcachon, c'est-à-dire
de 5.000 à 10.000. Or la mortalité moyenne de ces villes a été en 1902 de
20,28 0/0 et en 1903 de 19,95 (Statistique officielle des villes de France). Les
conditions d'Arcachon sont donc à ce point de vue de beaucoup supérieures à
celles des villes similaires. Mais nous n'y insistons pas, nous méfiant avec
quelques raisons de l'exactitude des grandes statistiques et préférant nous
attacher à un renseignement d'ordre plus modeste, mais peut-être plus
précis.

La Teste-de-Buch, chef-lieu de canton à 3 kil. d'Arcachon, est situé dans
des conditions climatiques tout à fait semblables à celles de cette partie d'Ar-

cachon qu'on appelle la ville basse et qu'occupe la population sédentaire. Le nombre des habitants a varié entre 1891 et 1901 de 6.465 à 6.840. La population y est plus stable, plus familiale que celle d'Arcachon, elle comprend des pêcheurs, des marins, des ostréiculteurs, des artisans, des cultivateurs, un petit nombre de bourgeois ; tous ou presque tous sont gens qui y sont installés de père en fils, et y mènent une vie paisible. Ajoutons que l'agglomération est moins dense que dans la ville basse d'Arcachon. Dans celle-ci au contraire, cité de date récente qui n'a pas encore un demi-siècle d'existence, le rapide accroissement de la population n'a pu se faire qu'à la faveur d'éléments flottants, d'immigrés venus de tous les points du Sud-Ouest, obligés de lutter pour se créer un foyer nouveau, venus souvent avec une santé déjà délabrée, dans l'espoir que le climat leur redonnerait des forces sans se douter que sous toutes les latitudes le surmenage achève de miner les organismes. Pour toutes ces raisons on pourrait s'attendre à trouver la mortalité de la Teste inférieure à celle d'Arcachon. Or, il n'en est rien : le hasard veut que, dans cette période décadaire 1892-1901, la mortalité générale atteigne dans ces deux villes exactement le même chiffre, 15.64 p. 1.000.

Ainsi à Arcachon, malgré le voisinage des nombreux tuberculeux hivernants, on ne meurt pas plus qu'à la Teste, où les hivernants ne vont jamais. Cette constatation ne surprendra pas ceux qui connaissent les recherches de Knopf et de Nahm, qui ont constaté que la phtisie ne se propageait pas autour du sanatorium, ce voisinage étant réellement inoffensif, lorsque la prophylaxie est rigoureusement observée (Knopf, *les Sanatoria*, 2ᵉ édit., p. 130).

Ce point important de la mortalité générale à Arcachon étant ainsi établi, il eût été très intéressant de connaître le taux de la mortalité spéciale par tuberculose et de voir s'il est supérieur à celui des autres agglomérations urbaines. Les certificats de décès délivrés à l'état civil ne mentionnent pas la cause de la mort, et nous ne pouvons avoir en cette matière ni un chiffre précis, ni même une approximation.

Mais notre étude de la morbidité par tuberculose nous donnera tout-à-l'heure le droit de conclure que la mortalité doit être réellement faible ; car si les données nous manquent relativement à la mortalité, nous en possédons, au contraire, de très intéressantes relativement à la morbidité. Nous allons les exposer successivement.

II. — Immunité du corps médical d'Arcachon à l'égard de la tuberculose.

Une des professions qui est la plus exposée à la contagion tuberculeuse, c'est sans contredit la profession médicale, en entendant ce mot dans son sens le plus compréhensif, c'est-à-dire en y faisant entrer non seulement les médecins, mais les étudiants et les garde-malades ; en un mot tous ceux qui par profession s'approchent des malades, les palpent, les retournent, les soignent et s'exposent ainsi à maintes reprises, au cours d'une même journée, au contact contaminant. Le nombre des jeunes étudiants que j'ai vus frappés du terrible mal, le nombre de jeunes confrères que j'ai vus succomber à ses atteintes est bien considérable ; il n'y a pas d'années, il n'y a pas de période scolaire où je ne sois obligé d'écarter de mon service hospitalier un certain

nombre d'étudiants pour leur épargner une contagion à laquelle ils sont prédisposés ou une aggravation du mal déjà acquis.

A quel pourcentage s'élève exactement cette morbidité, nous ne le savons
pas. Si nous sommes très bien renseignés sur les statistiques de la tuberculose
dans l'armée, dans la marine, dans les prisons, dans la police, etc., nous ne
le sommes pas sur la tuberculose dans le milieu médical. Mais quelle que
soit à ce sujet la statistique de l'avenir, elle ne pourra en aucune ville ni en
aucun temps être meilleure que celle d'Arcachon. En effet, depuis 1871 jusqu'en 1905, c'est-à-dire pendant 35 ans, 20 médecins y ont exercé notre pénible profession. Quatre y sont morts après 15 à 40 ans de pratique médicale,
un a quitté la station après quatre ans ; quinze y restent encore, les uns depuis
quelques années, les autres depuis 15 à 30 ans ; et aucun d'eux n'y a, grâce
au ciel, contracté la tuberculose. Quand on songe à la clientèle toute spéciale
de nos excellents confrères, quand on se rappelle qu'ils ne sortent de la
chambre d'un tuberculeux que pour entrer dans celle d'un autre, on ne peut
qu'être frappé d'une aussi heureuse constatation. Le nombre de 20 est évidemment un peu court ; mais la préservation intégrale de ce corps médical, si
restreint qu'il soit, n'en est pas moins un fait très important en raison des
conditions très spéciales où il exerce.

Pour les garde-malades nous arrivons à des constatations analogues. A la
villa Buffon, maison de famille tenue par des religieuses, dans une période
de 12 ans (1890-1903), six religieuses de 17 à 45 ans ont soigné 130 malades
presque tous tuberculeux. Elles sont restées en fonctions de deux ans à dix
ans, et aucune d'elles n'a contracté la tuberculose, bien que souvent les malades confiés à leurs soins eussent des foyers ouverts.

De même les religieuses de Saint-Joseph, qui se consacrent pour la plupart
à l'enseignement, ont cependant dans leur communauté trois sœurs qui vont
constamment, depuis 8 ans et 15 ans, faire des gardes auprès des tuberculeux ; aucune d'elles n'est devenue tuberculeuse.

La note est à peu près la même pour ce qui concerne les garde-malades
laïques. Celles dont nous avons pu relever les noms et dont nous connaissons personnellement l'état de santé sont au nombre de sept. Elles mènent
auprès des tuberculeux la vie pénible d'infirmières, depuis un temps qui varie
de 3 ans à 15 ans, les unes surveillant leurs malades jour et nuit, les autres
plus spécialement adonnées aux frictions ou aux massages, mais ayant toutes
avec les poitrinaires ces contacts incessants qu'exige leur profession. Six
d'entre elles ont encore une santé excellente, une est devenue tuberculeuse.
Mais hâtons-nous de dire qu'il ne faut pas se hâter de faire à la contagion
professionnelle l'honneur de cet unique cas : cette pauvre femme a vécu
longtemps auprès de son père mort tuberculeux, et qui n'avait jamais habité
Arcachon ; elle a longtemps soigné son frère, hors d'Arcachon, mort dans
les mêmes conditions, et si elle-même a fini par présenter une pneumonie
caséeuse en octobre 1903, on peut incriminer bien plus justement l'hérédité
ou la contagion familiale que toute autre cause. D'ailleurs si c'est auprès d'un
de ses clients qu'elle a rencontré et reçu le fatal bacille, on ne saurait nier
qu'elle était prédisposée à le bien cultiver par toute une vie de privations,
de chagrins et de déboires.

En résumé sur 47 garde-malades, religieuses ou laïques, ayant vécu et travaillé à Arcachon, depuis une période de douze ans, une seule est devenue

tuberculeuse. Rapprochons ce résultat des constatations publiées par Letulle dans *la Presse médicale* (20 mars 1900) ; en 23 ans les religieuses de l'Hôtel-Dieu ont eu 82 décès par tuberculose. Ce chiffre véritablement effrayant ne fait-il pas un contraste saisissant avec le cas unique relevé à Arcachon, et ce contraste n'est-il pas tout à l'honneur de cette dernière ville, en même temps qu'il fait tristement réfléchir à l'hygiène de l'assistance publique parisienne ?

III. — La morbidité tuberculeuse dans la population sédentaire d'Arcachon.

Faire la statistique de tous les tuberculeux d'une ville est une œuvre difficile. On sait quels obstacles on rencontre quand il s'agit d'étudier à ce point de vue un milieu bien catégorisé tel qu'un régiment, une administration, une corporation quelconque. L'étude si remarquable que M. Grancher a faite de la tuberculose des enfants de deux écoles de Paris est dans ce genre de travaux un exemple véritablement merveilleux; mais pour le bien mener, il n'a fallu rien moins que la longue patience du maître; il fallait aussi sa grande autorité et la pléiade de jeunes savants dont il avait su s'entourer. A Arcachon, tenter une entreprise semblable était bien téméraire. Nos confrères s'y sont pourtant essayés. Réunis en commission médicale, ils ont établi des feuilles d'enquête où ils ont posé les principales questions qui peuvent intéresser un hygiéniste au point de vue de l'étiologie de la tuberculose et même de bien d'autres maladies infectieuses. Ce questionnaire, un peu compliqué peut-être, mais par contre très complet, peut bien prêter à certaines critiques de détail, mais il est si bien adapté au but poursuivi que nous n'hésitons pas à le reproduire ici. Il sera la preuve manifeste du zèle que nos confrères ont apporté dans leurs recherches, et pourra servir de modèle à ceux qui plus tard seront désireux de suivre leurs traces.

CORPS MÉDICAL D'ARCACHON

1904-1905

Feuille d'Enquête N°

Date...

Médecin traitant..

Co-enquêteur...

Nom et prénoms du malade................................
    (Laissé à l'appréciation du médecin traitant)

Sexe..

Lieu de naissance.......................................

Date de naissance.......................................

Date de l'arrivée à Arcachon............................

Résidences avant Arcachon...............................

Domicile à   { actuel...............................
Arcachon   { antérieurs...........................

Antécé- }   { Héréditaires...................
dents ... } Personnels. { Allaitement..................
                 { Rhumes fréquents.............
                 { Maladies antérieures........

Service militaire.
- L'a-t-il fait ?....................................
- A-t-il été ajourné ?............................
- Combien de fois ?..............................
- A-t-il été réformé ?............................
- Cause de la réforme ?..........................

Profession
- Actuelle..
- Antérieure......................................
- Apprentissage...................................

Diagnostic..

Date du début..

La maladie a-t-elle débuté pendant le service militaire ?

Crachats.
- Le malade crache-t-il?..........................
- Depuis quand?..................................
- Où crache-t-il?.................................
- Sait-il et comprend-il la nécessité de ne pas cracher par terre ?....................
- Les crachats ont-ils été analysés?.............

Habitudes.
- Vit-il en ménage actuellement ?................
- Y a-t-il vécu ?.................................
- Etat de santé du ou des conjoints...............
- En cas de veuvage : Cause de décès du défunt......................................
- Habitudes de tempérance ?......................
- Vit-il seul ?....................................
- Dans la négative, santé de ses co-habitants....................................
- A-t-il eu des contacts avec des hivernants tuberculeux ?....................
- Quels hivernants ?..............................
- Quels contacts.
  - Prolongés...................
  - Fréquents..................

Enfants..
- A-t-il des enfants?.............................
- Combien ?......................................
- De quel âge ?..................................
- Sont-ils en bonne santé ?.......................
- Comment ont-ils été allaités ?..................
- Ont-ils été confiés à des gardeuses?.............
- Quelles gardeuses ?.............................
- Vont-ils à l'Ecole ?.............................
- En a-t-il perdu ?...............................
- Combien ?......................................
- A quel âge ?...................................
- De quelle maladie ?.............................
- Où ?...

Logement du malade.
- Est-ce un garni ?...............................
- Sa situation.
  - Rue.......................
  - Jardin....................
- Son exposition ?...............................
- Etage ?..
- Rez-de-chaussée ?..............................
- Combien de pièces ?............................
- Depuis quand l'occupe-t-il ?...................

Logement du malade	Tenue du logement (propreté, ordre, etc.). Se loue-t-il l'été ?................................... Se désinfecte-t-il avant d'être loué ?......
Précédents locataires.	Quels étaient-ils ?................................... Leur état de santé ?................................. Y a-t-il eu décès dans l'appartement ?...... Combien ?... A quelle époque ?.................................... Quelle maladie ?.....................................
	Le logement a-t-il été désinfecté ?................................... Ou simplement nettoyé ?...
Chambre du malade.	Ses dimensions ?.................................... Combien de fenêtres ?.............................. Peut-on les ouvrir facilement ?................. Leur exposition ?..................................... L'occupe-t-il seul ?.................................. Occupe-t-il son lit seul ?.......................... Quelles personnes partagent sa chambre ? Quelles personnes partagent son lit ?..... Etat de la literie ?................................... Tenue de la chambre ?.............................
Eau d'ali- mentation	Eau de la ville ?....................................... Puits ?..
Cabinets d'aisances.	Leur état d'entretien ?.............................. Leur distance au puits ?............................
Lessive...	Où se fait-elle ?....................................... Comment se fait-elle ?.............................. Quel linge lave-t-on ?.............................. Où le met-on en attendant de le lessiver ? Où le fait-on sécher ?...............................

Dans la pensée de nos confrères arcachonnais, ce questionnaire devait servir de base à une enquête portant sur la tuberculose de la population sédentaire de la ville, de celle que les documents officiels appellent la *population municipale*, et fixer le nombre des habitants d'Arcachon atteints de tuberculose à la date du 1er janvier 1905.

Disons tout de suite que cette enquête ne pouvait pas donner de résultats absolument précis, et que même elle n'a pu donner tous ceux qu'on était en droit d'espérer. En effet, les médecins d'Arcachon ne pouvaient appliquer leurs questionnaires qu'aux tuberculeux qu'ils soignent, et quoique leur connaissance approfondie du milieu où ils exercent depuis de longues années permette aux uns d'être bien éclairés sur la situation et l'hérédité d'un très grand nombre de familles, quoique leurs fonctions de médecins de sociétés mutualistes ou de l'assistance médicale gratuite permettent aux autres de voir de près bien des misères et d'avoir des renseignements exacts sur les groupements les plus facilement contaminés, il est certain que bien des tuberculeux devaient échapper à cette enquête. Qui de nous en effet n'a rencontré par hasard de ces bacillaires indépendants qui se dérobent systématiquement à tous les soins, soit parce qu'ils ne se croient pas malades, soit pour d'autres motifs, et arrivent à la dernière période de leur affection sans avoir jamais été examinés. D'autre part, pour avoir une approximation quelque peu sérieuse du nombre des tuberculeux de la population municipale d'Arcachon, il eût fallu que, sans exception, tous les médecins de la cité aient versé leurs documents à l'enquête. Or, par suite de circonstances, sans doute indépendantes de sa volonté, un d'entre eux ne l'a pas fait. L'enquête est donc restée boiteuse, incomplète, comme, hélas! bien des enquêtes que l'on ouvre si facilement et que l'on ne ferme jamais. Nous croyons utile cependant d'en exposer sommairement les résultats, qui, s'ils ne nous apportent pas un pourcentage absolument exact, ne laissent pas d'être instructifs par certains côtés.

Sur une population fixe de 8.200 habitants, nos confrères soignent, soit comme clients, soit comme assistés, 33 tuberculeux. Ce chiffre est réellement d'une faiblesse impressionnante. Quel que soit le nombre des malades qui n'ont pas réclamé des soins médicaux, quel que soit le nombre des bacillaires soignés par le confrère dont les documents nous ont manqué, on n'arriverait certainement pas au chiffre de 50. Eh bien! admettons par hypothèse qu'il y en ait même 60. Cela ne nous donnerait même pas un tuberculeux sur 100; à peine 0,75 p. 100. Or s'il est vrai, comme on le répète partout, que la France compte 500.000 tuberculeux, c'est-à-dire un tuberculeux sur 76 habitants, on voit que la proportion trouvée à Arcachon est réellement bonne et que l'état sanitaire de la ville au point de vue de la fréquence de la tuberculose est de beaucoup supérieur à la moyenne générale de la France.

Il ne faut pas d'ailleurs s'arrêter plus longtemps à ces statistiques trop arides, quelle que soit leur importance; il faut voir les choses dans leur réalité concrète, ce que nous allons essayer de faire.

Sur les 33 tuberculeux catalogués par nos collègues, il y a seulement 23 pneumotuberculeux. Les 10 autres comprennent 1 tuberculose cérébrale, 4 tuberculoses osseuses, 5 tuberculoses pharyngées ou ganglionnaires. Ces 9 derniers cas rentrent dans la catégorie des tuberculoses atténuées, de celles dont la curabilité est une réalité fréquente, de celles qu'on guérit même dans les hôpitaux, que l'on guérit plus spécialement à Arcachon même. Sans être téméraire, on a le droit d'espérer le rétablissement complet de plusieurs de ces malades, soit par des soins hygiéniques et médicaux, soit par des interventions chirurgicales; c'est une constatation agréable de pouvoir établir qu'un quart des bacillaires rencontrés dans la population sédentaire d'Arcachon est beaucoup plus probablement voué à la guérison qu'à la mort.

Parmi les 23 pneumotuberculeux, il en est un certain nombre qui paraît atteint de formes graves et rapides : hémoptysies, pneumonies caséeuses, phtisie galopante, etc. Mais il en est aussi beaucoup qui sont remarquables par la lenteur et la bénignité de l'évolution de leur mal. Pour 20 d'entre eux l'enquête a pu établir la date du début de la maladie : 11 ont commencé leur triste carrière de poitrinaires depuis trois ans ou moins de trois ans, 6 l'ont commencée depuis trois ans à six ans; enfin, pour 3, l'évolution se compte par neuf ans, douze ans et dix-huit ans. Ces trois vétérans sont encore malades, c'est vrai; on ne peut les porter guéris sur aucun tableau. Mais Arcachon ne leur a-t-il pas donné bien mieux que ces célèbres guérisons économiques des sanatoriums allemands, qui permettent seulement aux ouvriers de mourir un peu plus tard qu'ils ne l'auraient fait naturellement. La fréquence des cas où la tuberculose évolue lentement et d'une façon relativement bénigne dans la population arcachonnaise ne peut pas ne pas frapper les observateurs les moins prévenus.

Arrivons enfin au point le plus vif de la question : Comment ces tuberculeux ont-ils contracté leur mal ? — Dans quelle mesure peuvent-ils rendre responsable de leur contamination le voisinage des tuberculeux de la ville d'hiver ? — Est-il vrai que ces derniers, venus à Arcachon pour y guérir, ou tout au moins pour y vivre, répandent autour d'eux leur terrible mal ? L'appréciation des faits devient ici très difficile. Il est parfois impossible à un jeune homme quelque peu coureur ou à un homme plus mûr, resté vieux marcheur, de savoir où et à qui il a pris la syphilis, dont la contagion est cependant si précise et si nette. — Combien ne sera-t-il pas plus difficile de dire où un malade a pris la tuberculose, dont le germe est diffusé partout, que l'on touche, que l'on respire et que l'on avale constamment sans s'en douter ! — Comment reconnaître le fâcheux, qui, parmi tant d'autres, vous a inoculé en passant un microbe plus virulent dont vous n'avez pas pu vous débarrasser ? — On admet pratiquement que la contagion ne se fait que par des contacts intimes et prolongés, tels que la cohabitation sous le même toit ou dans la même chambre ou dans le même lit, le séjour prolongé dans des locaux contaminés et insalubres, l'usage des vêtements ou d'ustensiles souillés, etc. Or, à ce point de vue, qu'ont répondu à l'enquête les tuberculeux de la population municipale d'Arcachon ? — Nous trouvons d'abord un certain nombre d'enfants qui ont toujours habité le domicile paternel ou fréquenté l'école, et dans la contamination desquels les habitants de la forêt doivent être mis hors de cause. Nous trouvons un certain nombre d'adultes qui n'ont jamais eu avec ces derniers le moindre contact et qui par profession ou pour d'autres motifs se sont tenus à l'écart de ces malades. Nous en rencontrons un petit nombre que leur travail de jardiniers ou d'ouvriers a pu accidentellement amener dans des villas habitées par des bacillaires, mais qui n'y ont pas fait de séjour suffisamment prolongé pour qu'on puisse l'incriminer. Nous avons trouvé un cocher et un garçon de café, mais nous n'avons trouvé ni un domestique ni une femme de chambre d'hôtel. Nous en trouvons enfin quatre, peut-être cinq, que leur profession de garde-malade (voyez plus haut), de domestique, de blanchisseuse, ou que d'autres circonstances ont amenés à des contacts répétés et prolongés avec des malades de la ville d'hiver. — Encore ne faut-il pas se hâter de conclure que ces quatre ou cinq bacillaires ont pris leur mal de ces derniers ; car deux d'entre eux avaient dans leur propre famille des poitrinaires, avec lesquels ils habitaient et qu'ils soignaient aussi ; et il serait vraiment bien hasardeux d'affirmer qu'ils ont contracté leur tuberculose auprès des malades confortablement logés de la ville d'hiver plutôt qu'auprès de leurs pauvres parents moins hygiéniquement logés dans les maisons plus modestes de la ville basse. Il reste donc trois cas probables de contagion par les hivernants ou du moins dont on n'a pas su trouver ailleurs la cause. S'il est évidemment regrettable de songer à ces trois malheureuses victimes de la contagion, on reconnaîtra néanmoins qu'au point de vue de l'hygiène publique ces 3 cas sur une population de 8.200 habitants ne constituent pas une charge bien grave à l'encontre de la ville d'hiver.

A quelle cause les rares Arcachonnais tuberculeux doivent-ils donc leur mal ? — Mais aux causes vulgaires de la contagion tuberculeuse ; à celles qui sévissent partout et qui sévissent ici moins gravement qu'ailleurs en raison des conditions que nous allons bientôt étudier. D'abord et en première ligne à l'encombrement familial dans des locaux trop étroits où l'arrivée accidentelle d'un tuberculeux devient aussitôt un désastre pour toute la petite collectivité, ensuite, hélas! à la promiscuité de l'école et du service militaire, enfin aussi à l'alcoolisme qui, moins fréquent et moins dangereux à Arcachon que dans beaucoup d'autres villes, n'y compte pas moins quelques victimes (voir plus bas). Dans ce grand et vulgaire complexus étiologique, la contagion par les hivernants n'apporte qu'un appoint qui serait nul le jour où l'on aurait fait disparaître la misère sociale, véritable mère de la misère physiologique.

IV. — Rareté de la tuberculose chez les personnes qui ont habité Arcachon.

Nous avons maintenant à étudier une des parties les plus intéressantes de la question qui nous a été soumise. On vient à Arcachon à titre de cure d'air non seulement parce qu'on est tuberculeux, mais aussi parce qu'on a peur de le devenir. On y mène au printemps les enfants débiles qui ont passé en ville un hiver maladif; on y vient en été prendre les bains de mer; on y vient en automne et en hiver accompagner des parents bacillaires ; on y vient parce que la nature y est pleine de charmes et que les sports les plus variés (canotage, chasse, équitation, etc.) trouvent ici les conditions les plus favorables à leur épanouissement ; enfin on y envoie dans des établissements d'instruction de jeunes enfants délicats, pour qui on escompte le bénéfice d'un hiver clément et d'un été ensoleillé. Qu'advient-il de tant de sujets divers ? — Vont-ils de leur villégiature ou de leur cure d'air rapporter un vrai bénéfice au point de vue de leur santé ? — Ne vont-ils pas au contraire rapporter de leur cure d'air le mal même contre lequel ils voulaient se prémunir ? — Ici les chiffres sont d'une telle éloquence qu'ils semblent défier toute contestation.

Prenons d'abord le collège Saint-Elme, fondé par les dominicains. Du 1er septembre 1884 au 30 juin 1903, soit pendant 19 années scolaires, il a reçu 954 élèves. Sur ce nombre 4 sont morts à Arcachon (en dehors de l'institution) pendant le cours de leurs études, et deux seulement par le fait de la tuberculose. — Six sont morts hors d'Arcachon pendant les 5 ans qui ont suivi leur départ de cette ville; 8 entre la 5e et la 10e année après leur départ; 10 après la 10e année, soit en tout 28 décès en 19 ans.

De ces 28 décès, 8 seulement sont attribuables à la tuberculose, les autres sont dus à des causes diverses : accidents, fièvre typhoïde, fièvres éruptives, etc.

En outre, dit un document des plus précieux que nous avons en mains, on peut affirmer que : 1o les jeunes gens ou hommes faits décédés par le fait de la tuberculose ou bien l'ont contractée longtemps après leur sortie du collège ou bien étaient arrivés candidats à cette maladie; — 2o qu'aucun des élèves n'a contracté de maladie de poitrine à Arcachon; — 3o que plusieurs, arrivés candidats, sont devenus au bout de peu de temps très robustes et sont aujourd'hui pleins de vigueur et de santé; — 4o que les décédés jeunes sont ceux qui, arrivés candidats, ont été retirés au bout d'un très court séjour, les parents jugeant que toute crainte avait disparu.

Si l'on réfléchit une minute à ces déclarations, si l'on considère un seul instant ces merveilleux résultats et si on les rapproche de la cruelle statistique de Grancher sur la tuberculose précoce des enfants des écoles parisiennes, on est bien vite convaincu de l'influence éminemment bienfaisante du climat et de l'hygiène générale d'Arcachon.

Prenons maintenant un autre document, également de la plus haute importance. Voici ce que m'écrit le D⁰ Lalesque : « Depuis 23 ans, sur le grand nombre de familles venues à Arcachon et se confiant à mes soins, j'ai pu suivre et connaître les incidents de santé de 370 d'entre elles, soit pendant cinq à six ans après leur départ d'Arcachon, soit, mais plus rarement, depuis mon installation dans cette ville.

« Il s'agit uniquement de familles amenées ici pour soigner une tuberculose pulmonaire à diverses périodes de l'évolution clinique de la maladie ; mais toutes ayant fait un séjour pendant plusieurs hivers et quelques autres ayant habité 4, 5, 6 ans et plus.

« Au cours de ces séjours répétés ou prolongés, ces familles ont occupé plusieurs villas.

« L'entourage immédiat des malades, composé des membres de la famille, souvent d'adolescents et d'enfants, porte pour ces 370 familles le nombre des cohabitants à 1.400 personnes environ. Le personnel garde-malades qui a pu séjourner à titre passager ou prolongé auprès des malades de ces 370 familles n'est pas compris dans ces chiffres (1).

« Or, combien de personnes de l'entourage sont-elles devenues tuberculeuses ? — Nous n'en trouvons que 10. »

Ce nombre, bien restreint cependant, pourrait paraître important si l'on considère que toutes les précautions hygiéniques antituberculeuses étaient prises dans ces familles avec le plus grand soin (crachoirs de poche, désinfections, etc., etc.), et cependant quelques esprits chagrins pourraient penser que ces 10 personnes sont devenues tuberculeuses à Arcachon et par le fait d'Arcachon. Mais, en étudiant de près les observations, on voit qu'il est loin d'en être ainsi.

Dans la 1ʳᵉ il s'agit d'un jeune homme qui a habité en 1897 à Arcachon avec son père tuberculeux, et qui devint lui-même poitrinaire, mais au bout de cinq ans, et alors qu'il était au service militaire. Dans la 2ᵉ, c'est un jeune homme encore, qui a aussi habité à Arcachon avec son père tuberculeux. Le père guérit, et lui-même, vingt ans après et à la suite de longs voyages en Angleterre et en Allemagne, devient à son tour bacillaire. Dans la 3ᵉ, ce sont deux frères qui se tuberculisent à 10 ans d'intervalle. Dans la 10ᵉ, c'est un mari alcoolique qui devint poitrinaire de longues années après avoir soigné et guéri à Arcachon sa femme atteinte de tuberculose cavitaire. On voit ainsi que c'est longtemps après avoir quitté la ville d'hiver, que c'est à la suite d'excès ou de fatigue ou par le fait de la contagion familiale que la tuberculose s'est développée chez ces sujets. En présence du nombre infiniment plus considérable de ceux qui restent indemnes on est en droit de penser que, loin de provoquer la tuberculose, le séjour à Arcachon est au contraire une circonstance préservatrice.]

Sur le même sujet, M. Festal nous a remis un document analogue, quoique moins détaillé et qui montre aussi avec éloquence la rareté, la difficulté de la

____

(1) Ce personnel a fait l'objet d'une étude spéciale (Voy. plus haut).

contagion tuberculeuse ainsi que l'action préservatrice des mesures d'hygiène et de prophylaxie enseignées et prises dans la ville d'Arcachon.

Qu'il me soit enfin permis d'apporter dans ce grave débat un document personnel, qui n'est peut-être pas sans valeur. Il y a bientôt 25 ans que je fais de la médecine à Bordeaux. Les circonstances m'ont favorisé, et les conditions hygiéniques favorables du milieu où j'exerce m'ont, Dieu merci! amené à ne voir chez mes clients qu'un nombre relativement restreint de tuberculeux.

Dans cette longue période j'ai envoyé à Arcachon douze familles comprenant 44 personnes, sur lesquelles il y avait 12 tuberculeux. Dans deux d'entre elles seulement, j'ai eu la douleur de constater de nouveaux cas après des séjours prolongés à Arcachon. Dans la première, un jeune homme avait été soigné dans la forêt, et plus tard ses deux sœurs furent prises successivement; c'était en 1884-1885, les notions sur la contagiosité de la tuberculose étaient encore mal connues, et aucune précaution hygiénique n'était prise. Dans la seconde, il s'agit de deux frères dont l'un a contracté le mal dix ans après l'autre, après avoir fréquenté plusieurs écoles et avoir eu de nombreuses causes d'affaiblissement et de dénutrition. Dans les dix autres je n'ai eu à constater aucun cas de contagion familiale.

D'un autre côté, j'ai connu ou envoyé à Arcachon, depuis vingt-cinq ans, 58 familles comprenant 248 personnes, non tuberculeuses, et dont le séjour ou les séjours ont été motivés par des convalescences ou des villégiatures. Sur ces 248 personnes, trois sont devenues tuberculeuses longtemps d'ailleurs après avoir habité cette ville : l'une est une jeune fille, qui occupe à Bordeaux un logement obscur et peu aéré, dans l'escalier duquel un locataire malade répand à profusion des crachats suspects ; l'autre est un confrère que sa profession expose à des contacts fâcheux, qui n'a eu qu'une atteinte très légère et qui est actuellement guéri ; le troisième enfin était un jeune enfant d'une dizaine d'années qui a eu une tuberculose amygdalienne, traitée chirurgicalement, et qui a succombé plus tard à une bacillose pulmonaire et intestinale. La famille a toujours incriminé Arcachon ; cependant ses frères et sœurs sont nombreux et n'ont jamais été contaminés, et lui-même fréquentait des écoles dont rien ne pouvait garantir l'immunité au point de vue hygiénique. Peut-on dire ici encore que le séjour d'Arcachon est responsable de ces trois cas? — Il faudrait, pour pouvoir l'affirmer, pour pouvoir même le supposer avec quelque vraisemblance, s'appuyer sur des arguments que je ne soupçonne pas. Pour ma part, frappé du nombre très restreint des cas que j'ai eu à constater, je serais plus disposé à conclure que non seulement le séjour d'Arcachon n'a pas été nuisible à ceux de mes clients qui y ont habité, mais que les forces qu'ils y ont acquises, les notions hygiéniques qu'il en ont rapportées leur ont permis de rester plus facilement et plus sûrement à l'abri de la contagion. C'est une erreur de croire que l'on contracte fréquemment et facilement la tuberculose dans les châlets de la ville d'hiver.

V. — Résumé.

En définitive, si nous résumons les faits exposés dans la première partie de ce rapport, nous voyons que à Arcachon :

1° La mortalité générale est remarquablement faible;

2° La tuberculose n'a jamais été observée dans le corps médical et l'a été exceptionnellement chez les garde-malades;

3º La tuberculose dans là population municipale (commerçants, industriels, hôteliers, artisans, employés, ouvriers, indigents) est moins fréquente que dans les villes d'égale population ;

Elle y évolue plus lentement et avec une bénignité relative ;

Elle n'est attribuable que dans des cas très rares à la contagion par les malades venus à Arcachon pour y être traités, et reconnaît pour cause les causes habituelles de la tuberculose, moins fréquentes et moins sévères ici qu'ailleurs ;

4º Elle se répand difficilement autour des malades immigrés à Arcachon, ne fait que peu de victimes dans leurs familles ; . .

5º Elle frappe très rarement les personnes qui ont fait à Arcachon des séjours prolongés pour des convalescences, des villégiatures, ou les enfants qui y ont été envoyés pour leur éducation.

Comment peut-on expliquer ces heureux résultats? — C'est ce qui nous reste à rechercher dans la seconde partie de ce travail.

SECONDE PARTIE

La contagion du mal qui nous occupe se fait ou par les gouttelettes liquides de Flügge, ou par la poussière de crachats desséchés, et pour que cette contagion devienne effective, il faut que le terrain sur lequel est semé le bacille soit prédisposé à le recevoir et à le bien cultiver, par une sorte de misère physiologique, conséquence elle-même de tares héréditaires ou de mauvaises conditions hygiéniques. Ce sont là les conditions [suffisantes et nécessaires pour amener la propagation de la maladie. Si elle se développe peu à Arcachon, c'est que tout y est aménagé et réglé pour enrayer ce développement; c'est que la méthode de traitement, prescrite le plus habituellement aux malades, réduit au minimum le danger de contagion par les gouttelettes humides, c'est que les crachats desséchés n'existent pour ainsi dire pas grâce à la discipline imposée aux malades et que les désinfections régulièrement pratiquées détruisent les parcelles qui auraient pu être oubliées, c'est enfin que le caractère absolument spécial d'Arcachon (en tant que ville réalise les conditions hygiéniques les meilleures pour prévenir et combattre les plus importantes parmi les causes prédisposantes.

Nous allons reprendre ces trois points avec quelques développements.

I. — Les mesures de désinfection.

Les crachats desséchés, avons-nous dit, n'existent pour ainsi dire pas. En effet, c'est dans un vase toujours muni d'une solution antiseptique ou d'une poudre humide et antiseptique, ou dans un crachoir de poche, que les malades d'Arcachon, que les tuberculeux hivernants et même ceux de la population sédentaire, sont invités à rejeter leurs expectorations. Beaucoup adoptent cette excellente habitude : et ceux-là, on peut l'affirmer hautement, ne peuvent laisser que très peu de germes pathogènes dans les villas où ils ont séjourné. Cependant quelques crachats ont pu leur échapper, être brusquement expectorés malgré eux et tomber sur un meuble, sur un tapis, sur le plancher ; quelques parcelles peuvent s'arrêter à la moustache, s'y dessécher et en être ultérieurement détachées sous forme de poussières.

D'autre part, tous les malades ne sont pas aussi dociles ni aussi convaincus que je l'ai supposé. Quelle est la loi qui n'a pas ses réfractaires ? Quelle est la religion qui n'a pas ses schismatiques ? — Le rite du crachoir, c'est incontestable, n'est pas toujours observé, et le plancher ou les meubles de plus d'une villa ont été et seront encore souillés, soit directement par les crachats, soit médiatement par le contact de mouchoirs.

Contre ce danger, déjà réduit au minimum par la discipline habituelle des malades, les pratiques de désinfection si bien décrites dans le rapport du Dr Bourges sont une arme parfaite. Nous ne pouvons que renvoyer à son remarquable travail dont la lecture montre, d'une façon saisissante, avec quelle ténacité, avec quelle ingéniosité, nos confrères arcachonnais ont su pourchasser dans ses plus obscurs repaires le bacille de Koch ; je me permettrai seulement de signaler deux particularités.

La première, c'est que la recherche du bacille dans les poussières des villas bien désinfectées a toujours donné des résultats négatifs. Lalesque et Rivière (1) ont fait à ce sujet de multiples expériences ; leurs cultures, leurs inoculations aux cobayes, ont toujours démontré l'absence de germes contagieux, et prouvent ainsi l'efficacité des mesures prescrites et exécutées. Ces recherches sont à rapprocher des expériences de Cornet et de Kirchener, faites à la même époque, dans des milieux analogues et aboutissant aux mêmes résultats.

La seconde, c'est que les nouvelles constructions sont combinées pour rendre ces désinfections plus sûres encore que par le passé. Dans une maison ordinaire, les interstices des planchers, les angles et les moulures des corniches, les tapis, les tentures, les rideaux des lits forment autant de nids à poussières, bien vite transformés en nids à microbes, et l'on se demande quelle désinfection peut être assez sûre pour atteindre dans tant de replis et de recoins les microbes qui s'y cachent. Théoriquement, puisque le microbe y est parvenu, l'agent antiseptique peut bien y pénétrer à son tour. Mais tandis que le premier a pu mettre plusieurs jours ou plusieurs semaines pour arriver, aidé par mille frottements divers, par mille courants d'air successifs, à se loger dans une fissure presque inaccessible, d'où il est exposé à retomber inopportunément un jour ou l'autre, le second n'a que quelques heures pour réussir à porter son action bactéricide dans tous les points de la pièce à désinfecter ; car il est bien clair que la désinfection doit toujours être rapide. Aussi ne saurait-on trop louer MM. Lalesque et Ormières (2) d'avoir donné le plan d'une villa modèle, où tout est fait pour empêcher l'infection et favoriser la désinfection : angles arrondis, planchers enduits de xylolithe, simplicité de l'ameublement, aération parfaite, ustensiles lavables et flambables, tout conspire au but proposé. Quelques constructions s'élèvent déjà suivant le type proposé et réalisé par ces auteurs ; Arcachon et bien d'autres villes ne peuvent que gagner à voir de semblables immeubles se multiplier.

(1) Lalesque et Rivière : Prophylaxie expérimentale de la contagion dans la phtisie pulmonaire. *Revue de la tuberculose*, décembre 1895.
(2) Lalesque et Ormières : Prophylaxie anti-tuberculeuse par la villa modèle. *Gazette des Eaux*, 1903.

II. — L'influence de la cure d'air pour la préservation de l'entourage des tuberculeux.

Le tuberculeux ne rejette pas de bacilles de Koch dans les expirations ordinaires, mais dans l'expiration avec effort et dans la toux il postillonne, il projette autour de lui, à courte distance, des gouttelettes liquides chargées de bacilles. Ces bacilles sont très virulents, et peuvent être des agents actifs de contagion. On peut discuter sur la fréquence de cette contagion par les gouttelettes liquides de Flügge, on ne saurait en nier la réalité.

Elle peut, en effet, ne pas être aussi redoutable que certains l'ont affirmé. Dans l'air d'une salle de spectacle où 200 pensionnaires d'un sanatorium avaient toussé pendant une représentation, Muller n'a pu retrouver aucun bacille (1). Mais le poumon humain est parfois un réactif meilleur que les milieux de nos laboratoires ; et je n'hésite pas pour ma part à attribuer à ces gouttelettes une grande partie des contagions familiales ou conjugales, des contaminations des garde-malades et de tous ceux qui ont avec les tuberculeux des contacts prolongés. Dans une communauté dont je suis le médecin depuis 20 ans et où toutes mes recommandations à l'égard des crachats étaient rigoureusement suivies, j'ai vu deux infirmières, primitivement saines, succomber à la tuberculose. C'était à une époque où les travaux de Flügge n'avaient pas encore été publiés, et je n'avais nulle crainte à l'égard de ces gouttelettes dont je me méfie maintenant.

A Arcachon le danger qu'elles constituent est réduit au minimum. Le malade qui tousse doit, là comme ailleurs, porter devant la bouche la main ou son mouchoir pour arrêter l'explosion de gouttelettes qu'il projette : cela est une précaution vulgaire.

Mais alors que dans les chambres ordinaires des malades ou dans les salles d'hôpitaux, ou presque partout enfin, ces gouttelettes, avant de tomber par terre, flottent longtemps dans une atmosphère restreinte, souvent, hélas ! confinée et surchauffée, et ont ainsi toute chance d'être inhalées par un ami, un parent ou une infirmière avant d'avoir perdu leur virulence, à Arcachon c'est dans une chambre largement ouverte, — c'est plus souvent encore dehors que le malade tousse — et ses gouttelettes liquides, au lieu de flotter au milieu de poussières auxquelles elles s'accrochent, ne rencontrent qu'un rayon de soleil qui annihile rapidement leur virulence ou un air léger qui les balaie en toute hâte en les brûlant, en les détruisant. Si l'on ajoute que le tuberculeux d'Arcachon est généralement le seul malade de la villa qu'il habite, que le cube d'air dont il dispose est plus de cent fois supérieur à celui des malades des villes ordinaires, des hôpitaux et même des sanatoriums, on ne sera pas surpris de la rareté des contagions.

Ainsi s'explique l'immunité si remarquable du corps médical arcachonnais, celle des infirmières sur laquelle nous avons plus haut appelé l'attention, la rareté des contagions familiales. Des notes écrites à notre intention par une garde-malade intelligente, et qui a exercé sa profession dans les milieux les plus divers, mettent en évidence le bienfait de la cure d'air pour l'entourage même du tuberculeux. Par une coïncidence heureuse, le traitement fonda-

(1) Romme, *Progrès médical*, 14 mai 1900.

mental du malade devient le moyen prophylactique le meilleur pour son entourage.

Arcachon n'est pas du reste seul à bénéficier de cet avantage. Partout où existent de bonnes conditions d'aération et une sage pratique de l'hygiène antituberculeuse, on est forcé de constater la même immunité.

Dans le sanatorium de Falkenstein, Knopf n'a pu relever, sur 225 personnes constituant l'entourage immédiat des malades, aucun cas de contagion.

Nous allons maintenant étudier des points qui sont véritablement spéciaux à Arcachon, des conditions qu'on ne peut guère trouver réalisées ailleurs.

III. — L'hygiène urbaine d'Arcachon.

Les raisons spéciales qui favorisent à Arcachon la prophylaxie anti-tuberculeuse sont de deux ordres : les unes sont relatives au climat, les autres à l'hygiène urbaine de cette cité.

Nous n'insisterons pas sur les premières qui sont connues de tous et que les médecins de la station ont maintes fois exposées dans des ouvrages remarquables. Qu'on nous permette seulement de rappeler la perméabilité extrême du sol sablonneux, la pureté de l'air entretenue par l'immense forêt de pins et par les vents qui soufflent de la mer, la douceur et la constance de la température, l'état hygrométrique, etc. ; les bords eux-mêmes du bassin d'Arcachon, les flots si calmes qui baignent la plage, participent si bien à cette excellence du climat, jouissent à un si haut degré de ce privilège de l'air pur que désormais les médecins, loin d'interdire aux tuberculeux, comme on l'a fait si longtemps, le voisinage de la mer, leur prescrivent de longues promenades sur les eaux paisibles de la baie.

Il vaut mieux insister un peu plus, dans cette section d'hygiène urbaine, sur la manière dont Arcachon est constitué en tant que ville et sur quelques points de statistique, de démographie et d'histoire locale.

La topographie de la ville permet de la diviser en trois régions bien distinctes, dont le plan ci-annexé permettra de bien comprendre la distribution. Ces régions sont indiquées par des teintes de couleur différente.

Entre la route départementale (boulevard de la Plage et de l'Océan) et le bassin s'étend une longue bande de terrain, laissée en blanc sur le plan et parsemée de constructions très espacées ; c'est la région de la *plage ;* à chaque habitation correspond un jardin qui descend directement vers la mer. Elle est habitée l'été par des familles en villégiature ; l'hiver, les chalets sont pour la plupart inoccupés.

La zone teintée en vert clair est la *ville d'hiver*, la vraie ville des malades ; elle occupe la région des dunes, collines formées du sable que la mer abandonne chaque jour sur le littoral et que le vent repoussait graduellement vers l'intérieur, jusqu'au jour où Brémontier, s'emparant des idées de Pierre Pieychan jeune, réussit à les fixer en les ensemençant de pins. Cette ville d'hiver est un petit coin de cette immense forêt qui s'étend de la Gironde à l'Adour ; elle comprend une surface de 72 hectares 14. C'est là presque exclusivement que viennent chaque hiver les tuberculeux, les convalescents et les débiles. D'octobre à avril, presque toutes les villas sont occupées ; en été, contrairement aux maisons de la plage, plusieurs restent vides. Cependant le nombre des étrangers qui viennent y passer leurs vacances est toujours assez considérable.

Entre ces deux lignes, s'étend la *ville basse*, marquée sur le plan par des hachures grises, qui va du boulevard au pied des dunes : elle comprend les commerçants, les industriels, les cafés, les magasins, elle est habitée par la population sédentaire, qui a pour tributaires de son travail l'été les habitants de la plage, l'hiver ceux du sanatorium forestier. C'est dans cette ville basse que se concentre presque exclusivement la population que, dans le début de ce travail, nous avons désignée sous le nom de municipale.

Du côté Est d'Arcachon, entre la crête des hautes dunes et la ville basse proprement dite, se trouve un groupe de petites collines très peu élevées, dont on recherche les villas surtout pendant les mois de septembre, octobre et novembre et qui a reçu pour ce motif le nom de ville d'automne. Cette subdivision n'a pas d'importance très réelle.

Les conditions de l'habitation et de la vie sont essentiellement différentes dans ces trois régions de la cité arcachonnaise. Sur la plage, dans la ville d'été, les habitants comprennent des gens bien portants, venus là pour se reposer ou se distraire ; les enfants passent leurs journées sur la plage, les jeunes gens canotent ou montent à cheval ou vont à la pêche ou à la chasse ; c'est une population essentiellement mobile, qui se renouvelle de mois en mois, entre juin et octobre, et qui ne présente heureusement aucune morbidité spéciale, en dehors de quelques diarrhées estivales.

La ville basse est exposée au Nord ; rien ne l'abrite de ce côté ; au contraire, de hautes dunes de 25 à 40 mètres d'altitude la limitent du côté du Midi. Les rues y sont longues, rectilignes, se coupent à angle droit et sont dirigées presque régulièrement soit du Nord au Sud, soit de l'Est à l'Ouest. Sa surface jointe à celle de la région de la plage, à laquelle malheureusement l'associent beaucoup de monuments municipaux, est de 186 hectares 17, comprenant 1999 maisons, dont la superficie représente 24 hectares 2875. Si au point de vue de l'exposition et du défaut d'altitude cette partie d'Arcachon est assez mal douée, il faut reconnaître que la grande proportion des jardins par rapport aux constructions lui crée néanmoins des conditions extrêmement favorables et que l'on retrouverait difficilement dans d'autres villes. Ainsi, quoique presque toute la population sédentaire (7758 habitants sur 8237) soit concentrée dans cette ville basse, elle y trouve encore plus d'espace que dans la plupart des cités. On n'y compte, en effet, que 41 habitants 56 par hectare. A Paris et dans les grandes villes, on en trouve facilement le double dans des maisons qui n'ont pas 25 mètres de côté, mais qui ont quatre et six étages. Si on se rappelle que plus un quartier est populeux plus la contagion de la tuberculose y est fréquente (1), on se rendra compte que cette dissémination de la population, que ces jardins conservés autour des maisons constituent des conditions hygiéniques très favorables.

Ajoutons un fait intéressant : pour cette population de 8237 personnes, Arcachon compte seulement 84 cabarets, un peu plus de 1 0/0. C'est encore beaucoup trop, c'est bien moins cependant que dans un grand nombre de villes du Nord, et l'on ne peut s'empêcher de rappeler à ce sujet ce que disait

____

(1) Menuisier : La contagion de la tuberculose par les appartements. Thèse de Paris, 1900.

Peter : « Les médecins de Londres affirment que l'alcool conduit à la tuberculisation, parce que les ouvriers londoniens, sujets de leurs observations, passent leurs journées à s'enivrer lugubrement dans les tavernes fumeuses de la cité. Magnus Huss vous dira au contraire que l'alcoolisme ne cause pas la phtisie parce qu'il observe des pêcheurs qui vivent au grand air et d'une vie active. » Il n'est pas besoin de faire un grand effort de raisonnement pour appliquer cette citation aux marins et aux ouvriers d'Arcachon.

Quant à la ville d'hiver, il est difficile de rêver pour une population des conditions meilleures que celles qu'elle leur offre. Protégée contre le Nord par les premières dunes, elle s'étend vers le Midi par un terrain sablonneux, doucement ondulé, d'une altitude variable de 20 à 40 mètres, exposé aux rayons du soleil, et protégé contre ses ardeurs par des arbres toujours verts. De larges avenues sinueuses et bien entretenues y font circuler l'air et la fraîcheur et la découpent agréablement en un véritable labyrinthe Les maisons, toutes entourées de jardins spacieux, isolées les unes des autres et toujours baignées d'air et de lumière, y sont largement espacées. Aucun mur de pierre ne sépare les différents domaines, que limitent toujours de simples haies ou des barrières à claires-voies, en sorte que cette ville n'est qu'un vaste parc parsemé d'élégantes constructions et que les habitants y jouissent du confortable et des ressources des grandes cités avec le charme et les avantages hygiéniques de la campagne. Sur les 72 hectares 14 que comprend la ville d'hiver, la surface bâtie n'occupe que 3 hectares. 5625 se décomposant en 285 maisons. Le nombre des habitants de cette partie de la ville a été d'environ un millier, pendant la saison d'hiver 1904-1905, ce qui donne environ 14 personnes par hectare. Trouvera-t-on ailleurs une ville qui donne à sa population plus de soleil, plus d'air et plus d'espace ? Comment s'étonner dès lors que dans cette cité privilégiée la tuberculose ne puisse se propager qu'avec difficulté, et que, malgré les nombreux malades qui y affluent, les contagions y soient plus rares que dans la plupart de nos villes mal aérées et mal désinfectées.

Ainsi par son climat, par sa pratique de la désinfection, par les méthodes de traitement appliquées à la tuberculose, par sa topographie, par son hygiène urbaine, par les larges espaces ménagés entre ses maisons, Arcachon réalise des conditions véritablement exceptionnelles, conditions qui nous expliquent les résultats excellents de la prophylaxie antituberculeuse. Il y a quelques années, en 1893, le docteur Haralamb signalait dans la *Roumanie médicale* les dangers de contagion que pouvaient rencontrer dans certaines stations les malades simplement candidats à la tuberculose. Il ne visait pas du reste Arcachon, mais désignait spécialement deux villes, dont il est inutile de répéter ici le nom. Qu'il nous soit permis d'espérer que les faits que nous venons d'exposer dissiperont les craintes de tous ceux qui ont jusqu'à présent, et sans motif suffisant, partagé l'opinion du docteur Haralamb. C'est au contraire là où on connaît le mieux le bacille de Koch qu'on a le mieux appris à le combattre ou à l'éviter. A Arcachon, on a souvent de grandes chances de guérir la tuberculose, grâce au climat et aux méthodes thérapeutiques qui y sont appliquées ; grâce aux mesures prophylactiques qui y sont observées, on court moins que partout ailleurs le risque de la contracter.

DISCUSSION

Dr Pégurier (de Nice). — Dans la première partie de son rapport, M. le Prof. Arnozan nous a donné, sur la mortalité générale à Arcachon, des renseignements statistiques sur lesquels j'aurais quelques observations à présenter.

Tout d'abord M. Arnozan reconnaît que les tuberculeux venus à Arcachon pour se soigner paient à la mort un lourd tribut, et, pour ce motif, il tient les hivernants en dehors de la statistique de mortalité générale de cette ville. Soit; mais alors, si cette statistique n'est établie que sur la population autochtone, il n'est pas équitable de la mettre en parallèle avec celles d'autres villes citées dans ce rapport (celle de Nice, par exemple), statistiques qui comprennent tous les décès, aussi bien ceux de la population fixe que ceux de la population flottante.

Je n'insiste pas sur cette objection, car, quel que soit le taux habituel de la mortalité à Arcachon par rapport à celui des autres villes de France, cette notion ne nous dit pas si les mesures prophylactiques en vigueur ont eu un résultat pratique réel. Pour nous renseigner sur ce point, il est plus utile de nous demander si la mortalité a diminué à Arcachon dans des proportions appréciables pendant le cours de ces dernières années.

Eh bien j'ai cherché à me faire une opinion sur ce point, et j'ai pour cela compulsé les chiffres fournis par les statistiques officielles du ministère de l'Intérieur; or, voici ce que j'ai constaté en ce qui concerne Arcachon.

De 1891 à 1898 la mortalité générale a oscillé, à Arcachon, entre 14,7 pour 1.000 (en 1893) et 18,4 pour 1.000 (en 1896), soit une moyenne annuelle de 16,54 pour 1.000 habitants pendant ces huit années.

De 1899 à 1903 (année de la dernière statistique publiée) la mortalité générale — à part un minimum de 18,9 pour 1.000 en 1902 — a été en progression constante. Elle est de 19,2 pour 1.000 en 1893; en 1900 elle s'élève à 19,4; en 1901 à 21,9; en 1903 enfin à 25,3 pour 1.000. Pendant ces cinq dernières années la moyenne de la mortalité générale a été, à Arcachon, de 20,9 pour 1.000 (au lieu de 16,54 pour 1.000 pendant la période précédente).

D'autre part M. le Rapporteur soutient que la moyenne de la mortalité à Arcachon est inférieure à celle des villes de population égale. Je me permettrai de lui faire remarquer qu'il base cette manière de voir sur la comparaison de deux séries de chiffres nullement comparables entre eux; celui de la mortalité moyenne à Arcachon pendant la période qui s'étend entre 1892 et 1901, et celui de la mortalité moyenne des autres villes pendant les années 1902 et 1903. En réalité, si la mortalité moyenne de ces villes a été en 1902 de 20,28 pour 1.000, et en 1903 de 19,95, il ne faut pas oublier — comme je l'ai dit — que pendant ce même laps de temps la mortalité moyenne à Arcachon a été en 1902 de 18 pour 1.000, et en 1903 de 25,3 pour 1.000. Les conditions d'Arcachon ne sont donc pas à ce point de vue, comme le dit M. le Rapporteur, de beaucoup supérieures à celles des villes similaires.

En ce qui concerne la mortalité par tuberculose et, d'une façon plus générale, la mortalité par affections contagieuses, conditions éminemment influençables par une prophylaxie rationnellement appliquée, je me suis heurté, comme M. le Rapporteur, à l'absence absolue de tout renseignement officiel. Je reconnais, comme M. Arnozan, qu'il eût été très intéressant d'avoir quelques données précises sur cette question. Aussi je demanderai pour quelles raisons — alors que la plupart des villes de France font connaître au ministère de l'Intérieur le nombre de décès pour chacune des principales affections — la ville d'Arcachon n'a mentionné, jusqu'en 1900, que le nombre global des décès survenus dans l'année, sans en indiquer la cause. Je précise : prenons une année au hasard pendant cette période, 1891 par exemple. La statistique officielle accuse pour cette année, à Arcachon, 146 décès. En regard de ce chiffre cette statistique porte : décès pour cause inconnue : 146.

Il en est de même des années suivantes :

En 1892, 147 décès, — pour cause inconnue : 147,

En 1893, 128 décès, — pour cause inconnue : 128, et ainsi de suite jusqu'en 1901.

A partir de cette date les renseignements fournis sont un peu moins sommaires, mais demeurent encore, à mon sens, absolument insuffisants. C'est ainsi qu'en 1901, sur 181 décès, il y en a encore 120 pour cause inconnue ; en 1902, sur 136 décès, il y en a encore 94 pour cause inconnue ; en 1903, sur 209 décès, il y en a encore 105 dont la cause nous reste ignorée.

Dans ces conditions je demanderai à Monsieur le Rapporteur quel est le motif qui a pu empêcher la ville d'Arcachon de fournir au ministère des renseignements statistiques plus complets.

PROFESSEUR ARNOZAN. — Il est certain que les statistiques sont difficilement comparables, les unes comprennent les mort-nés, et pas les autres. Or à Arcachon on les y comprend, ce qui ne pourrait qu'augmenter le chiffre cependant faible de la mortalité.

Il est regrettable que les certificats de décès ne portent pas la mention de la cause de la mort, et je m'associe à M. Pégurier pour demander qu'elle soit inscrite désormais.

Quant à la statistique de Nice dont on vient de parler, si elle comprend à la fois les tuberculeux venus pour s'y traiter et les habitants de la ville devenus tuberculeux, c'est plutôt fâcheux ; et on ne peut que faire honneur à Arcachon de pouvoir, grâce la séparation de deux villes (ville d'été, ville municipale), séparer très exactement ces deux catégories. Malheureusement, au Ministère de l'Intérieur, on confond ces deux catégories, ce qui fait que les chiffres publiés à Paris ne sont pas applicables aux études sur la population municipale isolée.

Dr FESTAL. — Avant de répondre aux quelques objections présentées par le Dr Pégurier, je veux réitérer à M. le professeur Arnozan toutes mes félicitations — et tous mes remercîments aussi — pour la façon vraiment originale et simple dont il a su grouper les matériaux laborieusement amassés en vue de la rédaction de [son rapport. L'immunité du corps médical et des garde-malades et infirmières d'Arcachon constitue une donnée nouvelle, prouvant que les conditions favorables à la contamination sont, à Arcachon, réduites à leur minimum grâce à l'air qui circule autour de toutes les villas, aux grands jardins qui les séparent, grâce encore aux prescriptions hygiéniques rigoureuses que le corps médical ne cesse de faire aux malades et à leur entourage en vue de leur préservation.

M. Pégurier s'étonne que les chiffres donnés par les statistique soient différents suivant leur origine. Notre étonnement ne fut pas moins grand que le sien à constater qu'il n'y avait pas concordance entre les chiffres fournis par la mairie d'Arcachon et ceux que donnait le ministère de l'Intérieur pour une même année ou pour une même période. Faut-il en conclure une fois de plus que les statistiques sont protéiformes et de nulle valeur? Je ne le crois pas. Il me semble qu'on peut retenir des statistiques apportées ici ce qu'elles contiennent de précis, à savoir que la mortalité est de 13,70 o/oo parmi la population autochtone d'Arcachon et de 26,87 o/oo dans la population flottante, hivernale et estivale réunies.

Pourquoi la cause du décès ne figure-t-elle pas sur les certificats délivrés par les médecins? C'est d'abord qu'elle n'est pas obligatoire; ensuite qu'elle nous semble aller à l'encontre du secret professionnel; enfin assez troublante aux yeux des familles pour que j'aie dû personnellement renoncer à insérer la cause du décès sur les certificats, en voyant l'ennui et même les protestations que je provoquais en l'inscrivant.

Et, après cela, si vous me demandez comment le Ministère de l'Intérieur a pu établir une statistique des décès avec leur cause, je vous en exprimerai ma plus profonde stupéfaction, attendu que rien dans les renseignements qui lui ont été fournis par la Mairie ne lui permettait d'arriver à ce résultat essentiellement révisable, pour ne pas dire fantaisiste.

Enfin, permettez-moi de vous expliquer, malgré la longueur de mon intervention dont je m'excuse, la genèse de la feuille d'enquête dont vous trouverez le modèle aux pages 358, 359 et 360 du rapport Arnozan. Désireux d'obtenir des chiffres aussi rigoureux et sincères que possible sur la fréquence de la tuberculose à Arcachon, ne pouvant arriver à les obtenir à l'aide des certificats de décès puisqu'ils ne fournissaient, comme je l'ai dit, aucune indication sur les causes de mort, nous avons eu l'idée de procéder autrement et de rechercher le chiffre de morbidité par tuberculose dans la population autochtone. Nous nous disions que si cette morbidité nous était révélée plus considérable que dans d'autres villes de même population, il y aurait pour nous une indication à perfectionner encore nos mesures hygiéniques de préservation, et que, dans le cas contraire, nous aurions la satisfaction de voir que, grâce à notre outillage hygiénique, la population municipale était préservée aussi bien et mieux qu'ailleurs. Dans le premier cas, indication précieuse ; dans le second, encouragement à persévérer dans la bonne voie.

Encore ici, pour pouvoir tirer des conclusions rigoureuses et absolues de notre enquête ainsi poursuivie, il aurait fallu qu'aucun cas de tuberculose autochtone n'eût échappé à la statistique, soit par oubli, soit par négligence.

Il n'en a point été ainsi ; les feuilles d'enquête distribuées à chacun des membres du corps médical n'ont point été toutes remplies, et notre rapporteur a dû se contenter de ces renseignements très sincères, mais incomplets, et n'en tirer que des conclusions relatives. Il n'empêche que la voie est ou verte et que le rapport d'Arnozan me semble apporter à cette question de la prophylaxie antituberculeuse des éléments précieux pour la preuve qu'ils nous donnent de son efficacité, pour les procédés d'investigation et de contrôle qu'ils suggèrent.

Dr HÉRARD DE BESSÉ. — De ce que viennent de dire MM. Arnozan, Pégurier et Festal et à propos des statistiques, il découle, je crois, une preuve de plus, s'il était nécessaire, que les statistiques sont si élastiques, si peu exactes et si peu comparables que je me demande vraiment si tant qu'elles seront ainsi faites il y a encore lieu de s'en préoccuper.

A un autre point de vue, je dirai à M. le professeur Arnozan que parmi les raisons de l'état sanitaire d'Arcachon j'aurais aimé lui voir attribuer une place plus grande au soleil. En effet, la désinfection se fait par des moyens artificiels et par des moyens naturels. — Les moyens artificiels, parfaits au laboratoire, n'ont pas toujours dans la pratique une valeur absolue ; — d'autre part, les moyens naturels, dont le principal est le soleil, réalisent en quelque sorte ce desideratum que la section d'hygiène émettait l'autre jour, je veux parler de la désinfection périodique, systématique.

Dans nos cités du Sud-Est, en effet, où nous avons aussi, en quelque sorte, nos villes d'étrangers et d'autochtones, ces dernières, par suite de la nécessité de se protéger contre la chaleur, ont des rues très étroites où l'hygiène parfaite est particulièrement difficile à réaliser. Dans ces rues étroites, bordées de hautes maisons, vit une population particulièrement dense et plus ou moins misérable. — Or, malgré ces conditions défectueuses, la mortalité dans ces agglomérations n'est pas très élevée, alors que je crois hors de doute que si ces *vieilles villes* étaient transportées sous un ciel moins resplendissant la population serait rapidement anéantie. C'est que dans notre Sud-Est nous avons plus qu'ailleurs cet admirable soleil qui est le plus vieux moyen de désinfection. Il ne faut pas que les nouveaux procédés employés aujourd'hui fassent négliger la valeur primordiale à ce point de vue du soleil, source de toute vie (sauf pour les microbes), et que nos pères adoraient.

Dr PEAUCELLIER (d'Amiens). — Au bureau d'hygiène d'Amiens les déclarations des causes de décès sont consignées scrupuleusement et conservées avec soin *sous le sceau du secret professionnel*, afin que la statistique de la léthalité soit en rapport avec celle de la morbidité. C'est le seul moyen de pouvoir faire de la comparaison et de contrôler des statistiques... ; les bureaux de l'état civil n'enregistrent que la mortalité sans en connaître les causes.

PROFESSEUR D'ESPINE. — En Suisse, la statistique mortuaire indiquant les causes du décès est faite aussi exactement que possible, par un procédé qui sauvegarde absolument le secret médical. Le médecin traitant reçoit à chaque décès, de la mairie de la commune, une feuille à souche qui contient deux parties, l'une contenant l'état civil du décès qu'il détache, l'autre qui doit être remplie par le médecin, indiquant en détail les causes du décès, qui est remis sous pli cacheté et envoyé directement au bureau de statistique fédéral à Berne. — Cette déclaration est obligatoire.

Dr POST (d'Arnhem). — En Hollande, la loi prescrit de faire part de chaque maladie infectieuse nommée dans la loi de 1872 (4 décembre), et aussi de chaque cas de décès, quelle qu'en soit la cause. — Les médecins firent d'abord des difficultés, surtout en cas de suicide, qu'on voulait tenir comme secret pour les familles. — La loi a forcé les médecins. — Ils peuvent livrer ces renseignements (nom, âge, sexe, ville, rue, n°, etc., et *maladies infectieuses* ou *causes de décès*) sous enveloppe fermée et cachetée, c'est devenu nécessaire pour la statistique. — Il ne faut pas savoir seulement le nombre des maladies infectieuses et leur nom, mais aussi le nombre des décès, pour juger la méthode de traitement, par exemple le traitement en sanatorium fermé ou en villa comme à Arcachon.

LE PROFESSEUR CALMETTE fait remarquer, après l'intervention du Dr Post, que la déclaration de la tuberculose n'est pas obligatoire en France.

LE Dr HUCHARD demande un vœu exigeant la déclaration obligatoire de la tuberculose.

LE PROFESSEUR CALMETTE croit la proposition excessive et impossible ; — pour le moment on n'obtiendrait rien, — mais on peut se limiter en demandant la *déclaration obligatoire en cas de décès seulement.*

LE Dr HUCHARD et L'ASSEMBLÉE sont de cet avis, et il est décidé que M. Huchard rédigera le vœu dans le sens indiqué et le présentera au vote de *l'assemblée plénière.*

(Le soir même le vœu a été accepté à *l'unanimité* par l'assemblée plénière V. première partie.)

LE PROFESSEUR CALMETTE clôt la discussion du rapport Arnozan en faisant l'éloge du rapport, du rapporteur et du corps médical arcachonnais.

COMMUNICATIONS

LA LOI SUR L'INSTRUCTION GRATUITE ET OBLIGATOIRE DANS SES RAPPORTS AVEC LA SANTÉ DES ÉCOLIERS

Par le Dr PEAUCELLIER
Directeur du bureau d'hygiène de la ville d'Amiens.

La loi sur l'instruction gratuite et *obligatoire*, qui rassemble dans les écoles communales tous les enfants du pays, engage la responsabilité des municipalités au point de vue de la santé des écoliers, en ce sens que de la vie confinée dans les classes, de la promiscuité continue des enfants dans l'école, et de la culture intense de l'*esprit* au détriment du développement du *corps*, peuvent provenir, et proviennent même trop souvent, la *débilité*, l'*anémie* et la *neurasthénie*, voire même la *tuberculose infantile*, malgré tous les efforts pour l'éviter faits par les médecins chargés de l'inspection sanitaire des établissements scolaires.

Estimant donc que *des fiches sanitaires individuelles* ne serviraient à rien si elles n'aboutissaient qu'à des renseignements sur la constitution physique ou sur l'état de santé de chaque écolier — et si elles ne devaient pas être *des jalons* pour indiquer les moyens de sauvegarder les enfants, j'ai pensé bien faire en signalant à l'attention des philanthropes les ressources dont nous disposons dans le nord de la France et je crois bien faire encore, à l'occasion de ce 2ᵉ Congrès de climatothérapie, de démontrer toute l'importance des *colonies sanitaires*, soit à la campagne, soit au bord de la mer, leur influence heureuse sur la régénération de la race, leur nécessité et leur possibilité partout où les conditions climatiques sont favorables. Bien que les *bords de la Manche* n'offrent pas les mêmes avantages que la Côte d'azur et que le golfe de Gascogne, ni même que les bords de l'Océan, nos plages de sable fin et dur, avec un sol d'une porosité remarquable, un air salin aussi pur qu'il est frais et vif, sans grands écarts de température, d'une luminosité parfaite, ne sont pas à dédaigner, et les cures merveilleuses de Saint-Pol et de Berck suffisent à démontrer l'action comburante et bienfaisante du climat de notre région.

Mais je désire surtout faire ressortir, au point de vue qui nous intéresse, c'est-à-dire particulièrement au point de vue sanitaire et pour les enfants, les ressources dont nous disposons sur les bords de la Manche, entre l'embouchure de la Somme et la baie d'Authie. A *Saint-Valéry-sur-Somme* on a les bois au bord de la mer, c'est un bouquet de verdure à l'abri des vents du sud-ouest, d'où l'on a la vue de la verte baie de Somme, et d'où l'on jouit d'un magnifique panorama dont le Crotoy occupe le centre; c'est *une oasis charmante* tout indiquée pour les déprimés et les neurasthéniques.

Le Crotoy forme une presqu'île des plus pittoresques située sur la rive droite de la baie de Somme, en face de Saint-Valéry-sur-Somme.

Un air pur et salubre, auquel le Crotoy doit d'avoir toujours été préservé des épidémies, contribue avec les charmes du site à en faire une résidence agréable.

Cette salubrité le Crotoy la doit à sa situation topographique sur la Manche, et surtout à la conformation plate et inabritée de sa plage et de son territoire, l'air y étant constamment renouvelé par les vents de mer que rien n'intercepte et qui fortifient ceux qui s'y aguerrissent.

Mais nous voici à la pointe de Saint-Quentin d'où les *dunes* s'étendent jusques à la pointe de Routhiauville, c'est-à-dire jusques à la baie d'Authie, au devant des riches plaines du Marquenterre. Au niveau de la *dune Blanche* la plage est de sable fin, sans aucun galet, de toute sécurité pour le bain de mer, car il n'y a ni courant ni bâche.

Les *dunes elles-mêmes* offrent des abris naturels contre les grands vents sans nuire à la pureté de l'air maritime ambiant.

Eh bien! voilà autant de stations sanitaires dont il nous faut faire profiter la jeunesse représentée par nos petits écoliers et nos ouvriers apprentis anémiés, débilités, prédisposés à la *tuberculose*, cet hydre à cent têtes contre lequel nous ne saurons trop lutter ni avoir trop de moyens de défense.

Venienti occurite morbo a dit jadis et avec raison Perse. Au nom de l'*hygiène sociale* et de la *solidarité humaine*, je demande donc que non seulement les plus grandes précautions soient prises par une inspection médicale scrupuleuse pour éviter l'extension de la tuberculose dans la population scolaire, mais encore que les caisses des écoles servent surtout à des colonies sanitaires destinées à compenser par des séjours en plein air à la campagne ou au bord de la mer les épuisements de santé consécutifs au surmenage de nos écoliers et à l'encombrement de nos écoles.

Nul besoin de sanatoria dispendieux comme à Zuydcoote pour sauver nos petits débilités; des *maisons démontables,* telles qu'elles ont été montrées au Palais de l'Industrie à Paris, doivent suffire à protéger contre les intempéries et peuvent être établies au milieu de nos dunes, pour permettre à nos enfants de rétablir leur santé, de faire une provision de bon air et de récupérer toutes leurs forces. L'*hygiène* qui est, en définitive, la science de la santé, ne doit pas figurer comme un mot vain sur le carnet de l'ouvrier ni dans les manuels des écoles, elle doit être mise en pratique et donner les résultats que les médecins attendent de son application en toutes circonstances et à tous les moments de la vie.

RECHERCHE DE LA TUBERCULOSE
ET DE LA PRÉTUBERCULOSE DANS LA POPULATION SCOLAIRE D'ARCACHON

Par MM. les Drs E. DE BATZ
Ancien médecin des hôpitaux de Rouen.

BEAURE d'Augères

ET

BOURDIER
Médecin-inspecteur des écoles.

Il nous a paru intéressant de faire pour la population scolaire d'Arcachon ce que le professeur Grancher et ses élèves avaient fait pour les enfants de deux écoles de la ville de Paris.

C'est grâce à la complaisance et au dévouement du corps d'instituteurs et institutrices arcachonnais que nous avons pu mener à bien pareille tâche.

Munis de la technique si précise donnée par M. Grancher, la suivant pas à pas dans toute sa rigueur, nous sommes arrivés aux résultats que nous énonçons ci-après.

Rappelons tout d'abord et brièvement cette méthode.

L'enfant à examiner est amené le buste nu devant le médecin; il est pesé, mensuré, et tous ces résultats sont inscrits sur sa fiche personnelle. La gorge est examinée, les ganglions de l'aisselle, de l'aine et du cou recherchés, puis on passe à l'examen du poumon. Au point de vue inspection, palpation et percussion, il n'est rien changé aux règles classiques. L'auscultation seule diffère en ce que l'inspiration doit exclusivement attirer l'attention du médecin. Une différence, même légère, dans le moelleux ou dans la tonalité de cette partie de l'acte respiratoire d'un côté, est le signe de l'existence dans ce poumon de tubercules petits, disséminés, à la période de germination.

Pour cette auscultation de l'inspiration, la seule permettant le diagnostic précoce, il faut s'astreindre à vérifier d'abord le mode de respirer de l'enfant, le régulariser si besoin est, puis, plaçant son oreille sur le thorax, ausculter successivement les deux côtés.

Nous avons soumis 646 enfants à un tel examen. Ils ont tous été examinés un à un et mensurés d'abord. Cette première étude nous a permis de les diviser en deux classes : les sains et les douteux. Cette dernière catégorie a été soumise à une deuxième auscultation, laquelle, pratiquée par nous trois successivement pour chaque enfant, a permis, *après discussion*, la séparation définitive en malades et sains.

Les 646 enfants, d'âge variant entre 6 et 17 ans, se décomposent ainsi : Garçons, 369. Filles, 277.

Sur ce nombre il en existe quatre atteints de tuberculose avérée :

Un (fille) avec caverne.

Un (fille) avec craquements secs.

Deux (un garçon, une fille) avec submatité, inspiration rude et expiration prolongée.

Soit une proportion de 0,6 o/o.

Il y a cinquante enfants (32 garçons, 18 filles) présentant à un des sommets une différence de ton à l'inspiration, soit plus rude, soit moins moelleuse que de l'autre côté. Ils sont tous porteurs de ganglions cervicaux, la majeure partie du temps bilatéraux, mais plus gros du côté incriminé. Ce sont des *prétuberculeux* ou malades à la période de germination de Grancher. Leur *pourcentage par rapport au total est de 7,74 o/o.*

Nous avons recherché avec soin les ganglions axillaires : ils existent chez nos prétuberculeux dans un tiers des cas environ. La recherche des ganglions inguinaux ne nous a pas donné de résultats probants. La propreté des organes voisins est trop rudimentaire pour que le système lymphatique de la région ne s'en ressente pas et ne présente pas ces ganglions.

Si, abandonnant pour un moment le chiffre global que nous venons d'énoncer, nous portons notre attention sur le pourcentage particulier à chaque école, nous obtenons les chiffres suivants :

Ecole Victor Duruy : 155 filles et 142 garçons.

Filles { 1,3 tuberculeux o/o. / 7 prétuberculeux o/o.

Garçons { o tuberculeux o/o. / 6,3 prétuberculeux o/o.

D'où pourcentage total pour cette école :

{ 0,67 tuberculeux o/o. / 6,7 prétuberculeux o/o.

Ecole Condorcet : 155 garçons.

Cours supérieurs.

{ o tuberculeux o/o. / 8,8 prétuberculeux o/o.

Ecole Paul-Bert : 121 filles, 92 garçons.

Filles { 0,8 tuberculeux o/o. / 5,7 prétuberculeux o/o.

Garçons { 1,08 tuberculeux o/o. / 12 prétuberculeux o/o.

D'où pourcentage total de cette école :

{ 0,9 tuberculeux o/o. / 8,4 prétuberculeux o/o.

Le recrutement de ces écoles est tout différent. L'école Paul-Bert, présentant le pourcentage total maximum, reçoit des élèves de la ville, enfants dont les parents sont petits commerçants, employés ou journaliers. Ce quartier est relativement éloigné du bassin, dont il est séparé par une zone de riches villas empêchant l'accès immédiat de la plage dont elle forment la bordure. D'où multiples empêchements à ce que les enfants aillent vagabonder près de l'eau salée.

L'école Victor-Duruy, au contraire, est située dans un quartier surtout habité par des marins. Les abords de la plage sont plus dégagés dans ce canton de l'Aiguillon, et, dans l'intervalle des classes, tous les enfants vont barbotter dans l'eau ou près de l'eau, été comme hiver. C'est elle qui présente le pourcentage minimum.

L'école Condorcet est placée dans une catégorie à part : elle reçoit des élèves plus âgés, complétant leurs études, ayant, par conséquent, à faire face à un surmenage intellectuel assez notable. C'est chez ces élèves que se présente le pourcentage des prétuberculeux le plus élevé, et cependant, chose remarquable, sur les 135 élèves de cette école, nous n'avons trouvé aucun tuberculeux avéré. Un tel résultat pourrait surprendre si l'on ignorait la constatation faite par nous au cours de la recherche de l'adénopathie cervicale dans ces examens. Soixante pour cent des enfants de ces écoles, d'âge variant entre 6 et 9 ans, sains ou malades, présentent des ganglions cervicaux, mais, au fur et à mesure qu'ils avancent en âge, on voit ce pourcentage s'abaisser peu à peu à 20 o/o vers l'âge de treize ans. C'est là une confirmation éclatante de l'effet du climat marin sur les adénopathies, effet déjà signalé par G. Hameau, Gibert (du Havre) et Lalesque

Notre examen de tant d'enfants vient trancher définitivement la question, et nous pensons pouvoir en formuler le résultat sous la forme suivante :

L'adénopathie, qu'elle soit fonction de misère physiologique, de scrofulotuberculose ou d'hérédité tuberculeuse, s'atténue et disparaît *spontanément* par la vie au bord de la mer.

Nous employons le mot *spontanément*, car il est hors de doute que, vu la condition sociale de nos ganglionnaires, l'évolution curative s'est faite chez eux en dehors de tout régime alimentaire ou médicamenteux spécial.

Au cours de ces examens, et de façon tout à fait incidente, il nous a été permis de faire deux constatations intéressantes. Nous avons tout d'abord recherché chez nos tuberculeux et prétuberculeux l'existence du signe de Variot : différence d'expansion des sommets.

Ce signe a été présenté par deux des tuberculeux avérés, mais était absent dans tous les cas de prétuberculose.

La deuxième remarque a trait à l'existence des lésions cardio-valvulaires chez l'enfant, à Arcachon du moins.

Sur ces 646 sujets nous avons observé seulement trois cas d'affections valvulaires : deux de l'orifice mitral, une de l'orifice aortique.

Une des lésions mitrales est une insuffisance qui a pris naissance au cours d'un rhumatisme aigu chez un garçon soigné par l'un de nous. La deuxième, insuffisance mitrale aussi, a été trouvée chez une fillette de 6 ans et est, sinon congénitale, du moins d'origine inconnue. La lésion aortique existe chez une fillette de 7 ans : c'est une insuffisance avec énorme souffle en jet de vapeur.

Comment se fait-il que les enfants des écoles d'Arcachon présentent un pourcentage si faible de prétuberculeux eu égard à celui des enfants des écoles de Paris qui n'est pas moindre de 17 o/o ?

Cela est dû non aux conditions hygiéniques dans lesquelles ils vivent, conditions déplorables la plupart du temps malgré les conseils prodigués, mais bien au fait de leur habitat dans un climat qui modifie d'une façon heureuse les qualités de résistance de leur organisme.

Il était intéressant de rechercher dans quelle mesure les antécédents héréditaires pouvaient intervenir. Cette recherche a été assez ardue ; nous sommes cependant arrivés à peu près au résultat désiré.

Des 4 enfants atteints de tuberculose confirmée, trois ont des antécédents (père, mère, frère ou sœur) nettement tuberculeux ; sur les cinquante prétuberculeux nous en trouvons 20 o/o ayant cette tare familiale, mais, nous le répétons, ce ne sont que des chiffres approximatifs et nous ne pouvons que les citer en passant sans nous y appesantir d'avantage.

Tels sont les résultats obtenus par nous. Nous pensons qu'il y aurait lieu de les utiliser d'une façon plus complète et plus profitable en les employant à dresser pour chaque élève une sorte de casier sanitaire personnel.

DISCUSSION

LE PROFESSEUR D'ESPINE (de Genève) demande à M. de Batz si, dans ces très intéressantes recherches sur l'examen des écoliers, l'examen a porté sur l'adénopathie bronchique qui existe chez un grand nombre d'enfants en apparence sains et chez lesquels les poumons ne présentent aucun signe morbide à l'auscultation ni à la percussion. Le procédé que j'emploie depuis de longues années, pour déceler les premiers stades de l'adénopathie bronchique, consiste dans les modifications de la voix à l'auscultation, au niveau de l'espace interscapulaire et dans les parties des fosses sus-épineuses qui touchent la colonne vertébrale. Cette recherche permet de constater au premier degré le *chuchotement* (pectoriloquie aphone) et, à un degré plus avancé, une *bronchophonie* parfois nette. Ces signes ont plus d'importance au point de vue de la prétuberculose que la polyadénopathie cervicale, axillaire ou inguinale.

D^r DE BATZ. — Nous n'avons pas recherché particulièrement l'adénopathie trachéo-bronchique chez ces enfants. Au cours de nos examens nous l'avons rencontrée, mais pas fréquemment.

LE PROFESSEUR CALMETTE demande si la tuberculine est employée à Arcachon pour la vaccination des vaches.

Il ne s'étonne pas que la statistique soit aussi faible étant donné que la tuberculose bovine doit être, en somme, aussi rare à Arcachon que la tuberculose humaine.

Cela concorde avec son opinion personnelle et ses nombreuses recherches. La tuberculose osseuse et ganglionnaire chez les enfants serait toujours ou presque toujours le résultat de tuberculose bovine communiquée par le lait. Mais elle est fort bénigne et guérit. C'est ainsi que, pour sa part, il considère que l'opinion de Koch peut être transformée ainsi : la tuberculose humaine est difficilement transmissible au bœuf; la tuberculose bovine est transmissible à l'enfant, mais elle se transmet sous une forme atténuée, guérissable et peut-être immunisante.

Dr Lalesque. — Lorsque nous avons établi nos services de désinfection en 1892, la question de la vache tuberculeuse nous préoccupa. Nous fîmes vacciner quelques vaches des laitiers de la ville d'hiver. Mais il nous fallut y renoncer tant nous nous sommes heurtés à des difficultés pratiques.

Les vaches du pays ne vivent pas à l'étable; elles passent toutes leurs journées à l'air, dans la forêt ou dans les prés salés.

Le lait vendu à Arcachon provient de la région testerine et landaise, c'est-à-dire de vaches qui vivent dans les conditions précitées. Les quelques laitiers établis dans la ville d'hiver ne fournissent qu'un contingent secondaire dans la vente du lait, et d'ailleurs ces vaches elles-mêmes ne vivent pas à l'étable, mais en forêt.

A ces considérations théoriques, je puis joindre quelques faits précis. Le vétérinaire chargé, il y a quelques années, du service d'inspection à l'abattoir, a trouvé en 3 ans 3 vaches tuberculeuses, dont une *étrangère*, et j'entends par là une bête venue d'une région autre que la région testerine ou landaise.

M. Calmette dit qu'il est à peu près certain qu'à Arcachon la tuberculose bovine est aussi rare que la tuberculose humaine.

Dr Huchard. — Je ne connaissais Arcachon que comme touriste, maintenant je connais Arcachon comme médecin; à ce titre ce que j'y ai vu et entendu m'a profondément intéressé. Dans mon discours d'hier à la séance solennelle et ministérielle, sans avoir lu le remarquable rapport de M. Arnozan ni avoir pris connaissance de l'intéressante communication de M. de Batz, je disais qu'à Arcachon la contagion était moins à craindre que partout ailleurs parce que l'atmosphère marine et forestière se charge elle-même d'en atténuer les atteintes. Il résulte du rapport de M. Arnozan qu'à Arcachon il y a moins de tuberculeux que partout ailleurs. — La conclusion s'impose : c'est à Arcachon que l'on doit envoyer le plus de tuberculeux, puisque ceux-ci y guérissent mieux qu'ailleurs et qu'ils contagionnent moins qu'ailleurs. M. Arnozan, dont une partie des conclusions est confirmée par la communication de M. de Batz, insiste beaucoup et avec juste raison sur les causes de cette immunité : mesures de désinfection, hygiène urbaine, etc. Hé bien, je crois qu'au-dessus de l'hygiène des hommes il y a une hygiène supérieure, c'est celle de la nature, et, à ce sujet, avec sa vaste forêt de pins, son atmosphère marine spéciale, avec le projet de route jusqu'à Bayonne à travers une forêt de 200 kilomètres, à l'aide de milliers de villas éparses au milieu des pins, Arcachon doit devenir la *Cité anti-*

tuberculeuse pour tous les bacillaires de toute l'Europe. C'est là — *pro patriâ et humanitate* — une croisade qu'il faut soutenir, propager, affirmer, partout et toujours.

LA VILLA HYGIE
MODÈLE DE VILLA POUR CLIMATOTHÉRAPIE

Par le docteur Félix MOYZÈS, d'Arcachon.

—

Pour la climatothérapie, les conditions de l'habitat sont des plus importantes surtout quand il s'agit de malades profondément débilités, obligés de garder la chambre. La valeur thérapeutique d'un climat se synthétise en éléments, température, état hygrométrique, lumière, air plus ou moins ozonisé, imprégné par les émanations de la flore balsamique, etc. Et ce sont là les conditions de la somatothérapie. Nul ne méconnaît le pouvoir de la suggestion et dans la climatothérapie, à côté de la somatothérapie qui jusqu'à maintenant seule a éveillé l'attention, il y a lieu d'adjoindre comme facteur d'une très grande importance la psychothérapie ; l'ambiance imprégnant les sens à la façon du phonographe ou de la plaque photographique ; par la vue les beaux panoramas ; par l'ouïe la musique, le chant des oiseaux dans la forêt, etc., etc.

Le projet de la villa « Hygie » dont j'ai l'honneur de vous soumettre les plans a été dressé par M. Audoir, architecte à Arcachon, sur les indications de M. le docteur Pauliet. Il a pour but, ce dont on ne s'est nullement préoccupé jusqu'à ce jour, — plus enclin à façonner une façade suivant le style à la mode que d'adapter une disposition architecturale aux besoins de la thérapeutique, — il a pour but, dis-je, au point de vue somatothérapeutique, de faire profiter le malade de tous les avantages forestiers du climat d'Arcachon ; au point de vue psychothérapeutique, d'agrémenter au maximum l'intérieur, afin de lui enlever le caractère monotone et triste, genre hôpital, couvent ou prison, j'allais presque dire tombeau, qu'ont eu jusqu'à ce jour les établissements construits dans le même but.

Construite sur une élévation, surplombant légèrement le jardin environnant et la route, façade principale orientée au midi, 20 degrés à l'orient, le malade pourra, par le dispositif de la construction, recevoir grâce aux nombreuses baies, l'influence thermique, si recherchée dans la mauvaise saison. *A solis ortu usque ad occasum*, aurait dit l'Ecclésiaste, car de l'Orient à l'Occident, toute la façade méridionale sera constamment pénétrée par la lumière. Qu'il habite le rez-de-chaussée ou qu'il habite le premier étage, le malade pourra, porté sur une chaise longue ou poussé sur un fauteuil roulant, passer de la chambre au salon en traversant une longue vérandah ou un jardin d'hiver, où l'air sera longuement renouvelé, réchauffé par des doubles fenêtres, ensemble de pièces n'en faisant à vrai dire qu'une seule à cause du dispositif des portes,et fournissant à chaque étage un cube d'air de plus de trois cents mètres.

Pour le malade confiné dans son home, ce dispositif offre encore des avantages énormes au point de vue psychothérapeutique. Ne pas percevoir pendant des heures, des journées ou même des mois l'impression rétinienne constante du même ameublement de la même chambre, du même dessin de tapisserie, la négation sensitive plus décevante encore d'un ripolin sans relief ni contour, mais au contraire avoir l'horizon suivant les trois quarts de la circonférence de l'enclos, passage facile sans changement de température d'une pièce dans une autre, aux ameublements différents, apercevoir le matin à l'orient le disque élargi du soleil, goûter le soir les teintes empourprées du crépuscule, les diversités du paysage entourant la maison : toutes ces choses sont à coup sûr des mille riens auxquelles ne s'arrêtera pas l'individu valide, mais sur l'heureuse influence desquels seront tous d'accord ceux que la maladie a longuement cloués dans un lit.

Il serait oiseux de décrire la disposition géométrique du plan. L'inspection de la gravure en dira plus et plus vite que la description la mieux faite. Nous ne nous arrêterons qu'au détail de la bâtisse, construite suivant les procédés les plus récents et reconnus les meilleurs par les hygiénistes.

Cette villa, élevée sur un sol surplombant la route, orientée suivant les quatre points cardinaux, à façade principale au midi, sera construite en briques tubulaires (doublée d'une cloison isolante séparée du mur par quatre centimètres) en pierre de Nersac et en briques comprimées.

Les planchers seront ainsi faits : rez-de-chaussée, jardin d'hiver, salon, salle à manger, escalier en parquets hygiéniques et hydrofuges en pitchpin reposant sur un lit de ciment revêtu d'une couche de bitume : ce parquet est sans joints.

La chambre de cure d'air, toilette et water-closets seront en xylolithe reposant sur un lit de béton de ciment. Quant à la cuisine, à l'office, au couloir nord, ils seront carrelés.

A l'étage les parquets seront en xylolithe reposant sur un plancher bois nord, solives madriers.

Tous les angles des appartements seront arrondis, aussi bien ceux montants que ceux des plafonds et plinthes.

Les plinthes seront en xylolithe avec arrondi dans le bas.

Les plafonds seront en forme de voûte, avec liteaux blindés de liège pour combattre soit les variations de température, soit le bruit, avec faux planchers séparés des solivages. Cette forme favorisera la pose des ventilateurs électriques et la pose d'un tuyau de zinc, conduisant l'air à l'extérieur.

Dans la vérandah de cure et le jardin d'hiver, les ouvertures seront à guillotine mobile, manœuvrant soit par le bas, soit par le haut. Les ouvertures des chambres auront des impostes mobiles s'ouvrant à soufflet.

Les appareils inodores seront à grand effet d'eau, du modèle recommandé par le Touring-Club.

Les murs seront ripolinés avec pauchoirs ornementés et divers pour rompre la monotomie de la peinture.

Le chauffage général s'opérera à l'aide du thermo-syphon, les cheminées des appartements ne servant qu'au point de vue de l'ornementation et tout au plus pour permettre une flambée d'un feu pétillant et gai.

Avec ce dispositif baigné constamment de lumière, pouvant recevoir le maximum d'air sans cesse renouvelé, pouvant aussi à sa volonté en augmenter ou diminuer la température ou l'état hygrométrique, le malade pourra, au point de vue somatothérapique, doser les agents physiques suivant les indications du médecin.

La construction d'une villa type « Hygie » n'est pas d'un prix supérieur (22.000 fr.) aux villas construites jusqu'à ce jour d'un cube similaire, élevées dans des conditions topographiques défectueuses et d'après les méthodes surannées que la routine conserve malheureusement si longtemps.

N'est-ce pas l'occasion d'appliquer à la villa « Hygie » le vieil adage latin : *Omne tulit punctum qui miscuit utile dulci?*

SUR LA POSSIBILITÉ
DE TRANSFORMER UNE HABITATION DÉJA EXISTANTE
EN VILLA DE CURE PARFAITEMENT ASEPTISABLE

Par le Dr Louis LALANNE, de la Teste.

—

Avant le prolongement de la ligne ferrée de Bordeaux à la Teste jusqu'à Arcachon, les quelques rares Anglais, Bordelais ou Testerins qui venaient y passer l'été construisaient des cabanes en bois. On en ménageait le bois d'autant moins qu'il ne coûtait rien, la forêt étant usagère, et l'abattage des pins se faisant sur place.

C'est à la Compagnie du Midi et à sa sœur jumelle la Société immobilière d'Arcachon, que nous devons notre incomparable ville d'hiver, avec ses réglements protecteurs destinés à empêcher le déboisement et l'entassement des habitations les unes sur les autres, précautions qui, hélas! commencent à ne plus suffire; cette Société construisit ses premières villas moitié en bois, moitié en briques.

Le casino et la villa Péreire sont de superbes spécimens de cette construction mixte.

Depuis cette époque, et toujours à cause tant de l'éloignement des lieux d'origine des matériaux de construction que de la cherté des frais de transport, nos architectes ont presque exclusivement employé les briques, soit pleines, soit creuses, de Biganos (village voisin d'Arcachon), ou bien les briques comprimées, de meilleure qualité, mieux travaillées, plus régulières, creuses ou non, de couleurs variées, souvent émaillées, chaque fois qu'ils ont voulu faire ce qu'en terme de métier on appelle des travaux en briques apparentes.

Dans presque tous nos chalets, l'ornementation et la décoration extérieures, dont le cachet original est si artistique, sont faites en bois; il remplace la pierre chaque fois que son emploi n'est pas indispensable.

Mortier compris, l'épaisseur des murs construits avec la brique, dans sa plus petite largeur à plat, est de 0,14 centimètres, et de 0,24 centimètres si la brique est employée en boutisse, c'est-à-dire dans sa plus grande largeur. Les constructions à rez-de-chaussée sont généralement en briques à plat; les murs en boutisse sont réservés pour celles qui sont élevées d'un étage.

Dimensions bien insuffisantes pour mettre les appartements à l'abri de la chaleur en été, du froid en hiver, et surtout pour protéger de l'humidité les murs de l'Ouest, plus spécialement exposés à la pluie.

Les architectes qui ont su donner à nos chalets des formes aussi heureuses que variées, ont été malheureusement, pour la disposition et l'ornementation, les esclaves de la mode. Ils ont dessiné des pièces trop petites; ils ont surchargé les boiseries de moulures, d'applications, de nids à poussière de toutes sortes.

Ils ont fait une véritable débauche de rosaces, de moulures, de coupoles, etc., toutes choses aujourd'hui condamnées par les médecins et les hygiénistes dans les maisons ordinaires, et, à plus forte raison, lorsqu'il s'agit d'habitations devant servir à la cure de la tuberculose.

C'est ce qui a fait dire à M. Laveran, membre de l'Institut, qui présidait la section des sciences médicales et d'hygiène à la Sorbonne (avril 1904) : « Nous regrettons que le rapporteur de la question de désinfection à Arcachon n'ait pas insisté sur la nécessité de modifier profondément les revêtements et le mobilier des chambres d'hôtels, afin de faciliter les soins de propreté et la désinfection.

« Le parquet des chambres devrait être imperméable; les murs, au lieu d'être tapissés de papiers ou d'étoffes qui retiennent les poussières et qui sont d'un nettoyage difficile, devraient être couverts d'un enduit de couleur claire, imperméable, supportant bien les lavages; les tapis cloués, les lourds rideaux du lit et des fenêtres, les lits en bois, les sommiers des modèles ordinaires, les tables de nuit, sont également condamnés par les hygiénistes. Quand on aura réformé, suivant les conseils de ces derniers, les chambres d'hôtels, la désinfection de ces chambres se fera plus facilement et plus sûrement qu'elle ne peut se faire aujourd'hui. »

Notre savant confrère, le docteur Lalesque, a si bien compris l'utilité de cette réforme, qu'il ne s'est pas contenté de la conseiller et de la décrire dans ses nombreux travaux, mais qu'il a fait lui-même construire plusieurs villas modèles aseptiques, ou pour mieux dire aseptisables, si ce néologisme ne vous effraie pas. Grâce à l'insistance de tous les autres médecins de la station arcachonnaise, les hôtels se sont décidés à appliquer cette réforme à quelques-unes de leurs chambres.

Le plus récent de tous, l'Hôtel moderne, a appliqué à tous ses appartements ces nouvelles règles d'hygiène.

Depuis longtemps nous étions persuadés que la transformation des immeubles déjà anciens devait et pouvait être faite utilement, et qu'en tenant compte de toutes les exigences de nos connaissances actuelles, on pouvait d'une vieille masure faire une maison modèle de cure aussi parfaite que la villa de cure la plus moderne.

Pour appliquer cette idée nous avions demandé à un architecte de nous établir un projet des modifications nécessaires ; cette demande se produisit comme vous le pensez bien, par le plan d'un chalet neuf de 15.000 francs.

Désireux de mettre à exécution notre projet, l'occasion du congrès aidant, nous entreprîmes le 15 janvier dernier, pour donner une preuve de la facilité de cette transformation, d'apporter les modifications nécessaires à une vieille habitation, pour la rendre aussi aseptisable que la villa modèle la plus moderne, c'est-à-dire aussi aseptique que possible. Nous choisîmes, pour cela faire, une cabane en bois, élevée sur poteaux et fermée en planches, construite par Jean Hameau, l'auteur de l'étude sur les virus, dont la statue a été élevée à La Teste sur la place qui porte son nom.

Cette cabane pourrait à elle seule servir à reconstituer l'histoire d'Arcachon. Elle fut bâtie en 1850, ainsi qu'une autre (coût 1.800 francs), en échange du quart d'un terrain situé sur les bords du bassin d'Arcachon, qu'un cousin de Jean Hameau, le capitaine Moureau, avait quelques années auparavant échangé lui aussi contre une vache du prix de 200 francs environ.

Nous avons acquis nous-même ce terrain en 1883 pour la somme de 40.000 francs de la fille de M. Jean Hameau, devenue Mme Elisa Pontalier, nom que porte encore la propriété.

Pour tout dire cette cabane, dont l'existence, bien qu'elle ait une histoire, a été heureuse, avait déjà depuis une quinzaine d'années été doublée intérieurement sur tout son pourtour d'une cloison en briques de champ creuses, qui la protégeait aussi bien contre l'humidité que contre le froid de l'hiver et la chaleur de l'été, et en rendait l'habitation très agréable. Il n'a pas été bien difficile de suspendre la charpente et la toiture, et de remplacer les poteaux qui les soutenaient et les planches qui l'entouraient par un mur en briques à plat creuses.

Intérieurement, une cloison en briques de champ creuses aussi, écartée de 0,03 à 0,04 centimètres de la face interne du mur extérieur, a été élevée sur tout son pourtour, laissant entre elle et le mur principal un matelas d'air en communication directe avec l'air extérieur.

Sur la surface intérieure restée libre nous avons ménagé un couloir, un pas-perdu et des water-closets avec cuvette siphoïde à chasse d'eau qui n'existaient pas auparavant ; la cuisine, à revêtement émaillé, a reçu un évier en faïence émaillée aussi, à siphon hygiénique; un fourneau à bois, à charbon et à gaz, ainsi que l'eau de la ville. A la fin de la saison d'été nous y ajouterons une salle de bains.

Mais surtout toutes les rosaces, toutes les corniches, toutes les aspérités ont disparu, tous les angles de toutes les salles ont été arrondis, tous les murs en sont peints au ripolin et à la peinture Touring-Club, les plinthes, passées aussi à la peinture vernissée, sont, comme celles au xylolithe, noyées dans le plâtre et taillées avec double plan incliné, afin de ne pas retenir les poussières et de faciliter les lavages antiseptiques ; les parquets seront rendus imperméables par le procédé préconisé par le docteur Berthier ; comme expérience comparative le xylolithe sera employé concurremment pour quelques-uns d'entre eux.

Enfin nous avons, pour ainsi dire, comblé les vœux de notre savant maître le professeur Laveran en y installant l'ameublement que préconise le Touring-Club, en y ajoutant des sommiers en osier à lames d'Herbet, et en supprimant absolument les tapis et les rideaux.

Or cette expérience paraîtra, je pense, concluante, si je dis que, tous frais payés, y compris la dépense d'autres améliorations notables (vérandah vitrée, un pavillon sur la plage, une galerie au midi), elle coûte moitié moins cher que le chalet neuf de mon architecte.

En conclusion, j'insisterai sur l'utilité de doubler à l'intérieur les murs existants par une cloison en briques de champ, d'une part afin de rendre l'habitation plus confortable, mais aussi afin d'obliger les propriétaires à remplacer les moulures de leurs plafonds par des angles arrondis.

DE L'ŒUVRE DES HABITATIONS A BON MARCHÉ POUR LE TRAITEMENT DES TUBERCULEUX

Par le Dr Louis LALANNE, de la Teste.

Les tuberculeux riches peuvent seuls actuellement user de la cure libre à Arcachon. Quelques sanatoriums créés sur divers points du territoire français permettent de soigner un trop petit nombre encore de malades de la classe ouvrière atteints de cette affection. Arcachon n'en possède pas.

Les malades de condition moyenne eux-mêmes sont à peu près dans l'impossibilité de profiter des effets curatifs du climat forestier et marin de notre station, faute de maisons hygiéniques facilement désinfectables et pour ainsi dire aseptiques à la portée de leur bourse.

Déjà depuis une cinquantaine d'années certains États, de gros industriels, des philanthropes et quelques privilégiés de la fortune, trop longtemps indifférents, ont songé à prévenir la contamination de la tuberculose qui ne tarderait pas à les menacer, en remplaçant par les habitation hygiéniques à bon marché les taudis insalubres où cette maladie trouve des victimes toutes prêtes.

Pourquoi les mêmes organisations patronales, les mêmes personnes, les mêmes associations, les mêmes groupements coopératifs qui ont créé les habitations ouvrières pour lutter contre l'envahissement de la tuberculose ne donneraient-ils pas, dans les mêmes conditions de bon marché, aux malades de la classe moyenne, prétuberculeux ou déjà atteints, la faculté de se soigner et de se guérir dans des habitations construites au milieu des pins, à Arcachon, le plus simplement et le plus économiquement possible, tout en étant aussi confortables, aussi hygiéniques, aussi aseptiques que les villas de cure les plus modernes, citées comme villas modèles par nos confrères arcachonnais?

Si les gros industriels, les Kœchlin, les Jean Dolfus, la Société de Blanzy, etc., n'ont pas d'intérêt immédiat à bâtir, à Arcachon comme autour de leurs usines, des logements et des cités ouvrières, les associations mutuelles, les grands établissements, les groupements ouvriers, les fonctionnaires de l'Etat, les généreux bienfaiteurs, les sociétés privées, les entrepreneurs, les simples particuliers enfin pourraient y entreprendre cette œuvre des habitations à bon marché destinées à la cure des tuberculeux.

L'histoire des habitations ouvrières nous montre clairement que c'est surtout de l'initiative privée qu'il faut attendre des résultats appréciables.

Qu'a fait l'Etat, en effet, avec ses lois de 1894 (30 novembre), 1896 (31 mars), et son règlement du 21 septembre 1895 ? Il a simplement créé de nouveaux rouages administratifs en autorisant un conseil supérieur et des comités départementaux d'habitations à bon marché à posséder les immeubles indispensables à leurs réunions, à accorder des primes et à ouvrir des concours. Mais il n'a pu leur assurer la force de fonctionner. Dans son rapport au Conseil supérieur des habitations à bon marché, M. Challamel va jusqu'à avouer que, faute de ressources, les comités ont compris leur inutilité et ne se sont réunis qu'une seule fois.

L'œuvre que nous proposons pourrait cependant demander à l'Etat d'étendre jusqu'à elle les avantages divers qu'il a consentis aux habitations ouvrières : subventions, si le loyer ne dépasse pas le prix prévu ; exonération de la taxe sur le revenu de l'enregistrement, des droits de mainmorte, de la patente, et, pendant 5 ans, de l'impôt foncier et de celui des portes et fenêtres.

L'Etat pourrait encore garantir au propriétaire d'une maison aseptique à bon marché la transmission de l'immeuble à ses héritiers, moyennant une légère prime payée à la Compagnie nationale d'assurances, et déroger au Code civil à son profit en matière de partage successoral et de maintien de l'indivision, en conservant indivis le foyer de famille (circulaire du garde des sceaux, 3 mars 1903).

L'initiative privée sera d'autant plus puissante que les sociétés de crédit, les caisses d'épargne, l'Assistance publique de Paris, les établissements charitables, la Caisse des dépôts et consignations, le Crédit Foncier, l'aideront de leurs capitaux.

Là encore on pourra obtenir de l'Etat qu'il autorise les établissements de crédit soumis à sa surveillance, et en particulier la Société de crédit d'habitations à bon marché, à prêter à 3 o/o l'argent de la Caisse des dépôts et consignations.

Bref, tous les moyens employés par les associations d'habitations à bon marché seraient applicables à l'œuvre qui nous occupe. La tâche sera d'autant plus facile que nous n'aurons qu'à suivre l'exemple des Mame à Tours, des Menier à Noisiel, des Schneider au Creusot, des Heine, des MM. de Rotschild, de la Société Mulhousienne (1853), de la Société Bordelaise (1893), de Saint-Denis, d'Auteuil, du Hâvre, de Rouen, de Lyon, de Marseille et des 56 coopératives officiellement reconnues au 31 décembre 1903.

Ce sont plus spécialement les méthodes employées par les coopératives, par les sociétés similaires de la Grande-Bretagne, etc., des Etats-Unis et par notre riche voisine la Société Bordelaise que nous devons choisir.

Les sociétés coopératives, dit M. Georges Cahen dans son savant article de la *Revue politique et parlementaire* du 10 août 1904, « réunissent « vingt ou trente ouvriers en société, qui versent leur première mise et « leur cotisation périodique. Au bout d'un certain temps, ils construisent « une première maison. Point de discussion sur son attribution : on la tire « au sort, ou bien on la met aux enchères entre les associés. Les annuités « payées par l'acquéreur vont grossir l'avoir social; la seconde habitation « sera plus vite construite. Peu à peu, à tour de rôle, chacun recevra son « lot, etc. »

La Ruche Roubaisienne, coopérative aussi, fondée en 1895, avec 510 actions de 100 francs, avait, en 1900, bâti 168 maisons représentant un capital de 935.000 francs.

En émettant des obligations à 3 o/o elle avait pu récolter 500.000 francs. Les maisons construites sur les plans et indications des sociétaires varient de 3.000 à 5.700 francs. Près de 200 familles sont ainsi devenues propriétaires.

Dans les Building Societies américaines et anglaises, l'ouvrier verse 3 shillings par semaine (3 fr. 75) jusqu'à ce que son crédit en 5 ans atteigne 40 livres sterling (1.000 francs). Il achète alors une maison de 160 livres sterling (4.000 fr.). Il en verse le premier quart, la Building Society lui prête la différence (3.000 fr.). Pour amortir sa dette il continue à verser ses trois shillings hebdomadaires et, en payant un intérêt de 4 o/o, il parvient à se libérer en moins de 20 ans.

Pour la Société Bordelaise, le problème si heureusement résolu a consisté à édifier de petites maisons et par d'ingénieuses combinaisons à transformer peu à peu le locataire en un propriétaire indépendant.

Il suffira de remplacer le mot « ouvriers » par « malades de condition moyenne » et le premier d'entre eux atteint de tuberculose saura où aller chercher la guérison à bon marché.

Que sur ces sociétés coopératives, sur ces diverses associations philanthropiques, que même sur un essai individuel vienne se greffer une société coopérative de consommation ; que l'hygiène et le bon marché de l'alimentation viennent s'ajouter logiquement à l'hygiène et au confort de l'habitation, et les malades d'une des classes les plus intéressantes de la société pourront venir se soigner à Arcachon.

L'exemple nous en est déjà donné par la grande Société Lyonnaise qui, en 1894, est devenue « Société des logements économiques et d'alimentation ».

L'œuvre sociale qui nous occupe ne devra plus tout attendre de la charité. Si elle en accepte, à l'occasion, le généreux concours, elle devra puiser ses forces dans son organisation même pour atteindre son développement normal.

Elle devra, pour grouper des capitaux suffisants, les rémunérer convenablement (à 4 o/o), suivre l'exemple de la Société Bordelaise, si bien dirigée et si prospère, qui, tout en permettant au locataire de devenir propriétaire et en lui assurant une économie de logement de 50 à 60 o/o, donne à ses actionnaires 4 o/o de leur capital.

Faits lumineusement résumés dans le rapport (1904) de l'administrateur délégué de cette Société par cette simple phrase : « Les capitaux sont venus à nous parce que nous les avons largement rémunérés, ce qui ne se serait pas produit si nous nous en étions tenus à l'intérêt de 3 o/o. »

Les sociétés se procureront d'autant plus facilement de l'argent à meilleur compte que la durée de l'amortissement consenti sera plus longue. Le remboursement en 10 ans de 100 francs à 3 o/o nécessite un versement annuel de 11 fr. 72 centimes ; 5 fr. 74 suffisent pour assurer le remboursement de la même somme en 25 années ; 5 fr. 10 suffisent pour le remboursement en 30 années, etc. L'œuvre des villas de cure à bon marché aura tout intérêt à échelonner l'amortissement sur 50 ou sur 75 années.

Où devra être élevée l'habitation aseptisable à bon marché ? Quelles seront les conditions de confort et d'hygiène qu'elle devra remplir ? Que coûtera-t-elle ? Quelle économie représentera-t-elle pour le malade qui l'occupera ?

La maison de cure devra être placée en pleine forêt de grands pins, autant que possible résinés, pour augmenter la quantité d'ozone (Duphil, 1900). Elle devra être construite sur le versant des dunes exposé au soleil le plus longtemps possible en hiver et en automne (sud, sud-ouest), suffisamment abrité des vents froids, dont le sol sablonneux soit perméable et toujours sec. Elle devra être à proximité d'une station de chemin de fer ou d'une route qui en rendent l'accès facile, et dans le voisinage d'une ville ou d'un bourg où le malade sera certain de trouver un médecin, des remèdes, et les fournisseurs indispensables à la vie journalière. On évitera soigneusement les bas-fonds, les lettes, trop froides et trop humides.

La forêt d'Arcachon, très bien abritée par ses dunes et par ses pins qui poussent presque sur le bord du bassin, me paraît d'autant plus désignée pour cela, qu'elle ne reçoit pas directement les vents de l'Océan. Ils ne lui arrivent que déjà atténués et chargés de vapeurs balsamiques après leur passage sur les pinadas du cap Ferret, du cap d'Arcachon.

Le rivage immédiat de l'Océan entre la pointe de Grave et Cap-Breton, outre qu'il serait dépourvu de tout voisinage indispensable, ne serait utilisable qu'à 2 ou 3 kilomètres de la dune littorale.

La zone dénudée, véritable désert de 500 à 2.000 mètres de large, qui existe entre le rivage immédiat de l'Océan et les premiers pins rabougris, n'est pas suffisante pour atténuer la violence des vents froids souvent chargés de sable qui viennent du Nord et du Nord-Ouest.

La maison de cure aseptique devra être construite en briques et en pierres, doublée intérieurement d'une cloison en briques de champ creuses pour éviter aussi bien la chaleur en été que le froid et l'humidité en hiver. Cette disposition assurerait, en outre, au matelas d'air interposé une ventilation parfaite.

Les angles de tous les appartements seront arrondis pour que la poussière ne séjourne nulle part ; on évitera avec soin tous les reliefs des murs, des plafonds, de la menuiserie. Les portes vitrées et les croisées à vasistas ne porteront pas de rideaux. Les murs seront peints à la peinture vernissée, ou enduits à la chaux additionnée de sublimé ou de tout antiseptique. Les planchers, dépourvus de tapis, préalablement désinfectés et passés à la paille de fer, seront enduits de paraffine mélangée à de l'essence de térébenthine ou à du pétrole, ou imprégnés de la cire imperméabilisante préconisée par le Dr Berthier. Le balai sera banni de la maison de cure.

L'ameublement ne se composera que de lits en fer émaillé, avec sommiers d'acier à lames d'Herbet, et des meubles absolument indispensables : chaises, fauteuils, tables de nuit, tables de toilette, armoires en bois de pitchpin verni sans moulures et à plans inclinés destinés à empêcher l'accumulation des poussières. En résumé, l'ameublement Touring-Club. Les cabinets seront à cuvettes siphoïdes à chasse d'eau, les éviers, en grès émaillé, seront munis de siphons. Légèrement élevée au-dessus du sol, avec balcon au midi, la maison de cure aura 4 pièces : une cuisine, deux chambres au midi, et un salon-salle à manger. Tous les progrès de l'hygiène y trouveront leur application. Un jardinet de 20 mètres sur 50 entourera la maison ; il sera fait du sous-bois toujours vert et si rustique de notre vieille forêt usagère ; ses fleurs d'hiver et de printemps seront les bruyères blanches et roses, les genêts d'or, les bouquets de neige des buissons noirs et des aubépines odorantes ; les houx et les arbousiers y joindront les belles couleurs de leurs fruits, le malade y sèmera lui-même ses fleurs préférées pour l'été.

Son prix, terrain compris, ne devra pas dépasser 5 à 8.000 francs, dont l'amortissement ne représentera pas un loyer annuel de plus de 4 à 600 francs, tandis que la moindre villa de la ville d'hiver se loue ce prix-là pour quelques mois seulement, et que la valeur du terrain dépasse ce prix.

DISCUSSION

M. Calmette fait observer que le prix annuel de location des habitations à bon marché, destinées aux ouvriers, ne devrait pas dépasser 250 francs, les prix plus élevés semblant déjà réservés aux employés, aux petits bourgeois.

Il pense que dans l'installation de ces logements il faut supprimer bien des petits détails d'installation qui lui semblent inutiles dans le cas présent et augmentent les prix, tel l'arrondissement des angles au niveau du plafond des appartements, etc.

ARCACHON, STATION DE CONVALESCENCE ET DE VILLÉGIATURE

Par le Dr P. CARLES

Professeur agrégé à la Faculté de Médecine de Bordeaux.

Lorsque, il y a un demi-siècle passé, Arcachon attira l'attention médicale, ce fut surtout à titre de station de convalescence. Les raisons hygiéniques abondaient pour cela. A cause de sa situation topographique au bord de l'Atlantique et de la protection rapprochée et éloignée des dunes, la force des courants aériens est mitigée, et l'air y est d'une remarquable pureté, parce qu'il vient d'un côté du large, tandis qu'il s'est tamisé d'autre part à travers des forêts dont l'étendue, dans certaines directions, est considérable.

Pour les mêmes causes et autres que nous verrons plus bas, les variations de température s'y produisent sans brusquerie. Le sol, formé de couches de sable parfois de grande épaisseur, est essentiellement perméable; aussi n'y a-t-il jamais de boue et n'y voit-on en nul endroit, même après les orages, ces flaques d'eau dormante dont on a démontré depuis peu d'années l'indirecte nocivité.

Enfin la lumière, cet agent microbicide par excellence et stimulant de premier ordre de nos fonctions organiques, s'y manifeste avec toute sa puissance solaire sur le bassin et sur la plage, tandis qu'elle est mitigée à tous degrés en forêt. Chacun peut être témoin de ces divers faits.

Cette forêt a elle-même, au point de vue hygiénique, un rôle multiple. Comme elle est formée presque exclusivement de pins maritimes que la nature transforme sans exception, avec le temps, en vrais parasols, les arbres, en se rapprochant les uns des autres, arrivent à former une haute toiture qui, l'été comme l'hiver, modère le rayonnement solaire ou terrestre, et est une nouvelle cause de la constance relative de la température.

Ces pins, surtout pendant les huit mois qu'on les entaille pour en faire exsuder la térébenthine, ce qui constitue la principale récolte du pays, répandent autour d'eux des vapeurs dont l'action s'exerce à la fois sur la fibre nerveuse et sur la circulation sanguine; car le carbure térébenthène qui s'en dégage a la propriété de fixer l'oxygène de l'air et de le transformer en ozone disponible. Pour s'en faire une idée, il n'y a qu'à agiter dans une fiole en vidange, au soleil, de l'eau bleuie au sulfate d'indigo avec quelques gouttes d'essence de térébenthine, et on constatera, en effet, que le bleu oxydé disparaît. Cette propriété, analogue à celle du globule sanguin, est presque inépuisable également si l'air du flacon est changé.

Quant aux habitations, surtout celles de la forêt, elles réalisent un des types rêvés par les hygiénistes. Toutes sont bâties sur un sol exclusivement sablonneux, et quoique chacune affecte un style architectural original, on y compte partout quatre façades largement garnies de baies vitrées et de fenêtres prenant jour sur un parc ou un jardin faisant partie du même immeuble. Aussi, chaque habitant est-il bien isolément chez soi, et n'a-t-il à craindre, comme dans les villes, ni l'incendie du voisin, ni ses eaux polluées, ni les émanations désagréables de ses produits usés, ni même le bruit de sa maison.

Enfin l'eau qui existe partout en extrême abondance, à cause des exigences d'arrosage du sol dont nous avons indiqué la nature poreuse, a pour origine un immense lac des environs. Immense est bien le mot, car il a 30 kilomètres de circonférence, et de 6 à 10, 12 et 15 mètres de profondeur. Cette eau, qui provient uniquement de la pluie filtrée à travers les sables, a les défauts de ses qualités (1), c'est-à-dire qu'elle est minéralogiquement si pure qu'elle marque à peine quelques degrés à l'hydrotimètre. Quant à son état bactériologique il est fort satisfaisant, car sa pénurie en sels calcaires, jointe à l'action qu'exercent sur elle à la fois la lumière solaire, les algues vertes, l'oxyde de fer de l'alios landais, en font un milieu admirablement limpide et essentiellement défavorable à toute pullulation microbienne.

Si à ces faits généraux nous ajoutons le confortable des habitations, les facilités spéciales de communications avec Bordeaux et les grands réseaux de chemins de fer, le souci qu'a toujours eu la ville de rendre le séjour agréable à ses hôtes, la séparation ordinaire de la colonie étrangère avec les indigènes, on comprend que le centre de villégiature du début soit devenu vite une station de convalescence d'hiver ou d'été, selon les quartiers.

(1) C'est à cause de cette pureté, de cette pénurie en sels minéraux, notamment en bicarbonate terreux, que cette eau a la propriété de dissoudre le plomb des tuyaux, et d'autant plus que le métal est plus impur, plus en contact avec d'autres métaux, et aussi que le séjour de l'eau a été plus prolongé.

Cet état de choses a longtemps préoccupé le Maire et le Corps médical. Tant que l'eau circule dans le réseau municipal formé de fonte, elle est exempte de toute trace de plomb. Mais dès que les propriétaires des villas viennent greffer leurs tuyaux de plomb sur ce réseau, l'eau devient saturnine, ainsi qu'il a été dit.

Pour y remédier, nous avons trouvé, après de multiples essais, que le plus simple était d'avoir pour l'*eau potable* un robinet le plus près possible de l'artère municipale. Ce moyen, que nous avons inauguré le premier dans notre villa, a été vite adopté ailleurs. Il donne aux locataires, dûment avisés par un écriteau, un moyen sûr de bannir le plomb de tous leurs aliments. Sa présence pour les autres usages est absolument négligeable, surtout quand ils ont la précaution le matin de perdre les premiers litres, et surtout le premier en contact avec le robinet, à cause de la multiplicité des métaux que l'on accumule toujours en cet endroit.

On comprend aussi que peu à peu la place ait été recherchée par une catégorie de malades qui réclament, l'hiver surtout, un air aseptique et un climat régulièrement tempéré. Il y a une vingtaine d'années ces trois catégories d'étrangers affluaient en égal nombre à Arcachon. Ce fut le moment où la station arriva à son apogée.

Mais un jour, cédant un peu trop mollement à l'affolement public, le Corps médical y a tant parlé de contage et de péril microbien, qu'une bonne part des non malades n'est plus revenue ; et comme elle est hygiéniquement incompétente, elle est allée dans d'autres milieux où les microbes pathogènes se trouvent peut-être au centuple, mais où on les ignore ou bien on affecte de n'en pas parler. Aussi, serait-il peut-être sage et opportun de réagir contre cette microphobie générale parfois ridicule, et de dire en toute sincérité à ceux que la peur tient à l'écart : « Ce climat, qui est exceptionnel pour les fatigués et les convalescents, est, il est vrai, aussi de premier ordre pour les candidats à la tuberculose et peut-être moins pour les tuberculeux ; mais il y a large et bonne place à Arcachon pour tous ceux qui cherchent le calme et le repos, qui veulent compléter une convalescence ou soigner une affection pulmonaire. L'espace qui existe partout entre les villas permet grandement aux uns de ne pas nuire aux autres. »

Au dehors il est certain que les microbes pathogènes ne sont pas plus nombreux que dans les quartiers les plus privilégiés des agglomérations urbaines, et ils y sont assurément bien plus rares que dans les rues ordinaires ou de faubourg des grandes villes et la généralité de celles des petites villes. Bien mieux, à nombre égal, on peut affirmer qu'ils ont plus de virulence dans tous ces milieux urbains et qu'ils y pulluleront plus vite qu'à Arcachon. Nous invoquons pour causes ici : les courants d'air ozonisé, la grande lumière (1) et la perméabilité particulière du sol qui constituent des conditions essentiellement favorables à leur stérilisation naturelle ; enfin, il y règne bien moins de causes aussi de dissémination à cause de la faible densité de la population.

Dans les villas, dans le *home* qu'on réserve aux étrangers, existent la plus grande aération et les moyens d'y maintenir un état de propreté qui est de tradition locale. Du reste, avant de les livrer aux locataires, les agents ont ordre d'exiger d'eux un engagement écrit de faire désinfecter les locaux à leur sortie, si le médecin traitant l'estime convenable. Cette désinfection est toujours faite par des spécialistes ; elle est surveillée par un microbiologiste responsable, proposé par le corps médical et nommé par le maire. Avec de pareilles précautions on peut garantir que dans aucune maison de campagne banale, dans n'importe quel hôtel de grande ou de petite ville, on n'a chance de rencontrer un logement aussi sain.

Au surplus, les pusillanimes, les microphobes invétérés et tous ceux qui, sur les choses de l'hygiène, réclament plutôt des preuves morales que maté-

(1) Avant l'adoption des théories pasteuriennes les médecins arcachonnais, pour purifier la literie après décès, la faisaient exposer en plein air et en plein soleil, ainsi, du reste, qu'on le pratique encore dans le Quercy et tout le Languedoc.

rielles, peuvent trouver à Arcachon des villas où il n'y a eu ni malades contagieux, ni décès de malades non contagieux. Ces villas appartiennent à des propriétaires qui les réservent à leurs familles pour les jours fériés et les vacances, grandes et petites, du courant de l'année. Les posséder est souvent possible : il n'y a qu'à s'y prendre assez à l'avance et accorder aux occupants une prime suffisante. On en trouvera assurément qui les céderont.

On voudra bien se souvenir que la présence dans l'air d'Arcachon d'essence de térébenthine, d'ozone, d'iode, de chlorure de sodium, ne sont pas des hypothèses plus ou moins rapprochées de la vérité. Leur présence réelle et spéciale pour l'essence de térébenthine a été scientifiquement établie par M. Duphil, docteur en pharmacie et chimiste aussi habile que consciencieux. Ce savant a démontré aussi qu'à Arcachon il y a deux fois plus d'ozone qu'à Montsouris et à Paris, et que cette majoration est plus sensible dans la forêt que sur la plage, à cause de l'essence de térébenthine des pins. Il a aussi caractérisé dans cet air la présence du chlorure de sodium et de l'iode. Enfin, il a établi que les bactéries de l'air y sont en proportion notablement inférieures à celles de l'air de Montsouris.

Tout cela corrobore donc bien scientifiquement l'importance d'Arcachon comme Station de convalescence et de repos pour tous ceux qui, à des titres fort variables, ont médicalement besoin de changer d'air et de milieu, tels que les lymphatiques, les délicats, les anémiques, les neurasthéniques, les chroniques, etc.

Cette catégorie de malades est appelée surtout à séjourner dans les divers quartiers de la forêt, selon leur orientation et leur situation topographique.

Mais il est une autre catégorie, tout aussi menacée de mort prochaine, qui est spécialement désignée pour habiter la plage et fréquenter le bassin, parce que l'air y est plus excitant et qu'on peut par entraînement y arriver à déterminer des combustions organiques intenses. Ce sont de nombreux obèses, goutteux, diabétiques, ainsi que beaucoup d'autres mal portants qui, pour des motifs divers, ont fait de l'auto-intoxication ou ont besoin d'être rééduqués au point de vue de la gymnastique respiratoire.

Ce bassin, en effet, à cause du calme qui y règne le plus souvent et de l'outillage local, est essentiellement propre au canotage, et quand on pratique cet exercice *à la rame*, il est certain qu'il constitue le moyen le plus propre à mettre en jeu les muscles pectoraux, à développer l'ampleur de la cage thoracique et à appeler le plus d'air dans les poumons. Or, ne l'oublions pas, cet air est ici non seulement aseptique, mais même ozonisé. Par conséquent, quand on recherchera les heureux effets de la gymnastique respiratoire, le canotage *à la rame* sur le bassin d'Arcachon sera plus efficace que les essais de fauchage en prairie, que l'abattage des arbres en forêt à la Gladstone, que le sciage du bois en plein air, le puisage de l'eau à la poulie, ou le jardinage auprès de la maison, recommandés par Bouchardat à ses malades pour activer les combustions organiques.

M. le Dr Leprince (de Paris) et M. Calmette félicitent M. le professeur Carles sur la netteté et la valeur scientifique de sa communication.

*La séance est ouverte à 9 heures
sous la présidence de M. le Professeur CALMETTE (Vice-Président).*

LE TRAITEMENT DES VIDANGES
DANS L'INTÉRÊT DE L'HYGIÈNE ET DE L'AGRICULTURE

Par le Professeur GARRIGOU, de Toulouse.

Préoccupé depuis plusieurs années des inconvénients du traitement des vidanges dans les grandes villes, j'ai commencé, il y a 15 ans environ, des expériences pour arriver à une opération industrielle s'adaptant d'une manière complète aux besoins de l'hygiène et de l'agriculture.

Le tout à l'égout a deux inconvénients :

1° Il ne peut être appliqué partout, car bien des grandes villes n'ont pas de réseau d'égout complet ; l'installation en est coûteuse.

2° Il prive l'agriculture d'une source permanente d'engrais de premier ordre, car il entraîne tout cet engrais à la mer, le champ d'épandage étant limité à quelques grandes villes.

Je suis arrivé, par un système des plus simples, à introduire le « *tout venant* », directement porté par les tonneaux de vidange dans un appareil autoclave, dans lequel, sans l'addition d'aucun désinfectant ou d'aucun microbicide, l'ammoniaque se distille sous pression et passe tout entier, après une seconde distillation avec de la chaux, dans des bacs à acide sulfurique pour former du sulfate d'ammoniaque.

Il reste dans l'autoclave une poudrette absolument stérilisée et désinfectée, dont la richesse totale en azote varie entre 3 et 7 o/o.

Les eaux résiduaires absolument stérilisées et désinfectées peuvent être rejetées dans un cours d'eau, sans aucune action nocive. Elles sont aussi limpides que possible, après avoir été débarrassées de leur chaux par décantation ou par le filtre-presse.

Les opérations se font sans la moindre odeur, car les appareils sont installés sous un plafond en forme de dôme muni, à la partie supérieure, d'un appel qui renouvelle constamment l'atmosphère de l'usine et brûle les gaz qui peuvent s'y trouver.

LES POUSSIÈRES DES ROUTES ;
LE JET A LA MER DES PRODUITS DU BALAYAGE ;
LE SECOUAGE ET LE BATTAGE DES TAPIS ;
RÈGLES HYGIÉNIQUES INDISPENSABLES A LA PROFESSION
DE LA BLANCHISSERIE.

Par M. USQUIN
Ancien président de la Société des sciences et des lettres de Nice.

—

La loi du 15 février 1902 sur la protection de la santé publique a doté la France, pour la première fois, d'une organisation raisonnée de l'hygiène publique. Jusque-là les défaillances de l'autorité, à tous les degrés des institutions, n'avaient pas permis de réprimer les atteintes portées à la santé publique. Les autorités locales avaient des armes sans portée et sans force ; l'action des conseils départementaux était nulle. L'Etat lui-même ne pouvait pas, le plus souvent, imposer, au nom de la solidarité nationale, les actes les plus nécessaires à la défense de l'intérêt national.

M. Henri Monod, dont tous les hygiénistes connaissent les remarquables ouvrages (1), a jeté des cris d'alarme pendant de longues années ; il a plaidé la bonne cause de la santé publique avec autant d'éloquence que de courage ; il ne craignait pas de dire que « les défaillances de l'autorité, à « tous les degrés de l'institution, provenaient autant de l'indifférence des « lois que de l'indifférence de ceux qui avaient mission de les appliquer ».

En temps d'épidémie on prenait bien des mesures de salubrité, mais ces prescriptions étaient oubliées dès que le danger était passé. Pendant plus de 20 ans M. Henri Monod n'a pas cessé de demander une loi qui permît de prendre la défense de la salubrité, en s'opposant à la propagande des maladies transmissibles et pestilentielles.

Nous pouvons dire que c'est à l'énergie, à la persévérance inlassable de l'éminent directeur de l'Hygiène publique, et aux efforts du savant professeur Cornil, dont les rapports si étudiés, si complets, ont entraîné le vote du Parlement, que nous devons la loi du 15 février 1902. Cette loi constitue un progrès considérable : grâce à elle nous verrons par la vaccination obligatoire la variole disparaître de la France, comme elle a disparu de l'Allemagne. Mais nous avons beaucoup à faire pour égaler l'Angleterre qui, grâce à sa législation sanitaire, a vu diminuer le taux de la mortalité de 4 à 5 unités, par mille habitants. La loi du 15 février 1902 présente encore des lacunes. Les municipalités ne comprennent pas assez que l'intérêt général doit triompher des intérêts privés, et les hygiénistes manqueraient à

(1) *L'Hygiène publique en France.* Paris, Arthur Rousseau, 14, rue Soufflot. Vicot, éditeur, rue Monsieur-le-Prince, 10. Paris. — *La santé publique.* Paris, Hachette, boulevard Saint-Germain, 79.

leur devoir s'ils ne profitaient pas de la réunion des congrès pour signaler les organisations défectueuses, pour montrer l'insuffisance de certains réglements sanitaires.

A. — LA POUSSIÈRE DES VILLES.

En l'an de grâce 1905, l'automobile règne, gouverne, écrase, mais produit surtout des nuages de poussière non seulement insupportable, mais dangereuse pour les promeneurs et pour les riverains. Des avenues charmantes, bien fréquentées autrefois, sont devenues, pour ainsi dire, inhabitables.

La Société médicale de Monaco, dans le désir d'entretenir une lutte utile contre la poussière sur les routes du littoral, et les Sociétés médicales de la Côte d'azur, ont pris la louable initiative de former une ligue pour laquelle elles demandent le concours de toutes les bonnes volontés, et celui, notamment, des autres sociétés savantes des régions avoisinantes.

S. A. S. le Prince Albert et M. le Préfet des Alpes-Maritimes ont accepté la présidence d'honneur de la nouvelle ligue.

A la réunion du 8 avril courant assistaient tous les principaux représentants de l'industrie, des hôtels, du commerce, des sports et du corps médical de la Principauté.

Les statuts ont été adoptés et un conseil d'administration, composé de 15 membres, a été nommé.

M. le docteur Guglielminetti a exposé brièvement les inconvénients de la poussière; il a démontré la nécessité de se grouper pour lutter contre l'ennemi commun. Le but de la ligue est de réunir les fonds nécessaires à encourager et aider les recherches et l'application des meilleurs procédés pour combattre la poussière. En balayant et en arrosant fréquemment les routes empierrées on arrive déjà à des résultats appréciables, reléguant même au second plan la question du goudronnage et de l'arrosage des routes par des huiles bitumeuses : WESTRUMITE, RAPIDITE, EPULVITE, PULVERANTO, etc.

Les routes empierrées ne pourraient-elles pas être remplacées, dans la traversée des villes d'une certaine importance, par le pavage en bois ou par un autre système ? Enfin, puisqu'il est bien prouvé que l'automobile détériore les routes et engendre la poussière, nous demandons qu'on impose aux chauffeurs une taxe spéciale dite « taxe de poussière », taxe absolument municipale dont le produit permettrait de mieux entretenir les routes en diminuant la poussière.

En ce qui concerne le service de la voirie, les mesures d'assainissement et, particulièrement, la destruction des détritus provenant du balayage, la Principauté de Monaco pourrait être prise pour modèle.

Un arrosage préalable évite la production de la poussière pendant le balayage qui a lieu en grand, de très bonne heure. Les déchets ou produits divers provenant des chevaux, par exemple, ne souillent pas la voie publique ; ils sont enlevés plusieurs fois par jour par des cantonniers qui ont, à leur disposition, des petites voitures commodes. La poussière est abattue par un arrosage fréquent, surtout en été. Les employés de la voirie sont placés sous la surveillance d'inspecteurs spéciaux.

B. — JET A LA MER DES PRODUITS DU BALAYAGE.

Depuis 1893 les détritus urbains ne sont plus jetés à la mer ; un destructeur système « Horfall » les incinère, au fur et à mesure de leur arrivée à l'usine. L'enlèvement des détritus s'opère, en été, de 6 heures à 2 heures 1/2 du matin, en hiver de 6 1/2 à 9 heures; les véhicules chargés d'assurer ce service sont désinfectés tous les jours. L'usine d'incinération de Fontvielle comprend 4 cellules pouvant incinérer 80 mètres cubes par vingt-quatre heures. Construite à proximité d'agglomérations, son fonctionnement n'a jamais soulevé la moindre réclamation. Cet argument détruit toutes les campagnes menées contre les fours d'incinération qui sont, à notre avis, les grands purificateurs des cités, et que toutes les villes de saison devraient adopter.

L'usine d'incinération a coûté environ 80.000 fr. Si les fours fonctionnaient jour et nuit, la vapeur de la chaudière et les produits de l'incinération couvriraient presque les frais d'exploitation. Les cendres, mélangées avec du sang de bœuf, sont vendues à l'agriculture à raison de 5 fr. les 100 kilos. Un mètre cube d'ordures produit 1/9 de cendres.

Les hommes chargés de la manutention des ordures sont vêtus de vêtements spéciaux ; après leur travail on leur fait prendre une douche chaude. Les équipes se relèvent toutes les 8 heures. Grâce à ces mesures prophylactiques, depuis 8 ans on n'a pas eu à déplorer la moindre épidémie dans ce personnel spécial.

Cette question du jet à la mer des détritus des villes du littoral est d'une importance exceptionnelle.

Elle a été discutée par le congrès de Nice, section d'hygiène, dans la séance du 7 avril 1904, présidée par l'éminent professeur Renaut.

Comme l'a dit avec raison M. le docteur Dubrandy, le problème est complexe. Le jet à la mer s'impose actuellement pour les villes du littoral en ce qui concerne les matières fécales et les eaux usées.

On ne peut songer à l'épandage : il faut pratiquer le jet dans des eaux profondes, en attendant qu'on puisse adopter le système d'épuration bactérienne exposé par le savant professeur Calmette.

Ce qui est absolument condamnable c'est le jet en pleine mer, à une distance trop rapprochée de la côte, des poussières et des ordures solides provenant du balayage des rues. Quand le vent souffle du large, les débris de toute nature viennent souiller la mer et salir le rivage. La crémation, qui réussit si bien à Monaco, est-elle possible dans les grands centres, à Nice, par exemple ?

Est-il possible de détruire par le feu les poussières et les détritus solides provenant d'une ville dont la population dépasse 140.000 habitants en hiver ? Nous ne saurions nous prononcer à ce sujet ; — tout ce que nous

26

pouvons affirmer c'est que la question est étudiée avec le plus grand soin par le dévoué directeur du bureau d'hygiène, M. le docteur Balestre, et par ses excellents collaborateurs. Si la prospérité de la ville de Nice s'accroît d'année en année dans des proportions qui dépassent toutes les prévisions, on doit ce résultat, en grande partie, aux mesures d'assainissement que le docteur Balestre et ses dévoués collaborateurs ont proposées et fait exécuter.

Nice est aujourd'hui une des villes les plus saines du monde.

C. — SECOUAGE ET BATTAGE DES TAPIS.

Le secouage et battage des tapis aux fenêtres et balcons donnant sur la rue devraient être absolument interdits après 9 heures du matin. Quant au battage des tapis, rideaux, etc., dans les cours, jardins, ou dans les rues même excentriques, il ne devrait jamais être toléré ; nous savons bien que les réglements municipaux s'y opposent ; les agents dressent quelquefois des procès-verbaux… mais nous n'apprendrons rien à personne en disant que le plus souvent les procès-verbaux sont dressés pour la forme et vont dormir d'un profond sommeil au fond d'un beau carton vert.

Toutes les municipalités devraient prendre pour modèle l'arrêté du Préfet de la Seine et l'ordonnance du Préfet de police portant réglement sanitaire, en exécution de la loi du 15 février 1902, et les modifications de la dite loi (7 avril 1903) en ce qui concerne son application à la ville de Paris et au département de la Seine.

On trouve cette ordonnance et cet arrêté dans le Bulletin municipal officiel de la ville de Paris.

« … Il est interdit de secouer, battre ou exposer aux fenêtres et en de-
« hors du logis, sans désinfection préalable, aucun tapis ayant servi à des
« malades ou provenant de locaux occupés par eux. »

Dans les villes de saison, ces mesures prophylactiques devraient être exigées rigoureusement des directeurs des hôtels, des propriétaires de maisons meublées où les voyageurs qui se succèdent sans interruption ne jouissent pas toujours d'une bonne santé. Les contrevenants devraient être punis d'autant plus sévèrement que des procédés nouveaux permettent l'enlèvement absolu des poussières contenues dans les tapis, sans qu'il soit nécessaire de les enlever, au moyen de la succion de la machine pneumatique. Ces poussières sont recueillies dans des vases clos. Faut-il ajouter que dans les hôtels installés conformément aux lois de l'hygiène on ne devrait voir ni tapis ni rideaux ? Tout au plus des descentes de lit en tissu de coton blanc épais (espèce de molleton doux), d'un lavage facile, devraient être tolérées.

D. — AU SUJET DE L'INDUSTRIE DE LA BLANCHISSERIE.

On trouvera peut-être bientôt un procédé chimique permettant de désinfecter le linge sale et de le laver en même temps. Mais, actuellement, dans tous les grands ateliers, le blanchissage s'effectue dans des conditions souvent dangereuses. Nous apprenons avec plaisir que le ministre du Commerce vient d'élaborer un décret important qui réglemente l'industrie de la blanchisserie conformément à la loi de 1893 révisée en 1903.

Il s'agit, à la suite de nombreuses protestations et d'enquêtes approfondies, d'introduire des règles hygiéniques nouvelles dans l'exercice d'une profession qui n'est pas sans comporter quelques périls.

Désormais les patrons d'ateliers de blanchissage seront tenus par les prescriptions suivantes :

Le linge sale ne pénétrera dans l'atelier que renfermé dans des sacs, enveloppes ou récipients. Il sera désinfecté ou tout au moins soumis à une aspersion suffisante. La désinfection sera obligatoire quand le linge proviendra des hôpitaux.

Le personnel ouvrier portera des surtouts spéciaux qui seront soigneusement entretenus. Le linge sale non désinfecté ne sera pas manipulé dans les salles de repassage. Les eaux sales seront évacuées par une canalisation fermée. Enfin il sera interdit de prendre aucun aliment dans les ateliers où se manipule le linge sale. Le délai d'exécution de ces diverses mesures est fixé à six mois, sauf pour certains articles nécessitant une transformation d'outillage ; ici le délai sera porté à trois ans.

Tels sont les traits essentiels du décret qui va être soumis au Président de la République.

Ce sera toute une révolution dans l'industrie de la blanchisserie. Elle sera certainement féconde en bons résultats pour la santé publique.

VUE D'ENSEMBLE SUR L'HYGIÈNE SOUTERRAINE
DES VILLES

Par le Dr MORA, de Dax.

Il est des sujets ingrats qui n'ont d'égal, comme difficulté, que l'adresse qu'il faudrait mettre à les faire accepter des gens les plus délicats. Aussi, pour se tirer des périls de certaines communications scientifiques, faudrait-il une certaine habileté d'exposition et un raffinement de métaphores dont l'indulgence du lecteur excusera le défaut dans ce travail. Lorsqu'il s'agit de l'hygiène des villes ordinaires, des villes climatiques ou thermales, rien n'est indifférent, rien n'est à dédaigner de la part de l'hygiéniste. Et quand, dans cette revue minutieuse des lieux et des choses, il rencontre les objets les plus vils, les recoins les moins poétiques, son attention doit s'y fixer quand même, aussi anxieuse, aussi empressée que sur les sujets les plus difficiles que puisse toucher l'intelligence. Avec l'égout,

Ce noir rendez-vous de l'immense néant,

nous allons entrer dans une zone qui offrira aux yeux du chercheur le communisme épais, visqueux de la puanteur et de la saleté, le conflit des odeurs les plus diverses, les émanations sodiques ou soufrées des eaux résiduaires des bains. Nous tiendrons compte, dans l'étude de l'égout, de sa température, de son chimisme particulier, deux éléments qui y favorisent la germination des éléments bactériens les plus divers. Nous aborderons ensuite l'étude de la fosse excrémentitielle en signalant les conditions modernes de son installation. On peut dire de l'ensemble des conditions d'hygiène que les unes sont extérieures et visent plus particulièrement les dépotoirs, les établissements industriels réputés insalubres : ici nous nous trouvons en présence de précautions administratives puissantes, de données techniques définitives, qui conjurent tout danger d'une manière efficace et certaine.

Les autres conditions d'hygiène sont intérieures, visant plus particulièrement la propreté, ce pivot de l'hygiène urbaine. Elles se multiplient sous des formes diverses : le balayage, l'enlèvement des immondices, l'arrosage diminuant le danger des poussières, la distribution d'eaux, etc. L'étude des progrès possibles nous entraînerait trop loin de notre sujet. Mais, à côté de ces conditions hygiéniques élémentaires, il en est d'autres, d'ordre intérieur aussi, sur lesquelles la science n'a pas encore dit son dernier mot et dont l'importance souveraine les place au premier rang de nos préoccupations actuelles et de nos recherches futures.

Le problème de l'hygiène des villes se pose désormais dans les termes suivants :

Projection la plus rapide possible en dehors de la maison et de la ville des matières excrémentitielles et des eaux résiduelles des ménages et des usines et, plus spécialement parmi celles-ci, de celles qui ont assumé la lourde tâche du lavage et de la désinfection mécanique du linge.

Pour atteindre ce but, deux systèmes ont été préconisés :

1º Le tout à l'égout;

2º La canalisation spéciale des mélanges.

Après les rudes assauts que livrèrent le choléra contre l'Angleterre et la fièvre typhoïde contre Paris, les hygiénistes des grandes villes décidèrent que les égouts devraient désormais recevoir tout ce qui est susceptible d'être entraîné par les eaux. Théoriquement un flot d'eau, dans la maison, devait entraîner les produits des exonérations intestinale et vésicale, et, dans la ville, un fleuve souterrain était chargé de porter le tout à une grande distance, quelquefois au loin dans la mer, comme cela se pratique sur le littoral de l'Angleterre. La pratique ne sanctionna pas toujours ces vues de l'esprit. Le 4 février 1862, au rapport de Haywood, ingénieur des égouts de la cité de Londres, quatre ouvriers furent trouvés morts dans l'égout de Fleet-Lane, où ils avaient travaillé. Or l'égout était neuf, bien lavé. On attribua l'accident à un dégagement d'hydrogène sulfuré engendré par des acides, lesquels, une fois jetés à l'égout, auraient réagi sur les dépôts organiques. L'hydrogène sulfuré est un gaz de production facile; des eaux sulfatées calciques, au contact de matières organiques, peuvent en produire des quantités par formation du carbonate de chaux et mise en liberté de l'hydrogène sulfuré. Quelque temps après, un accident pareil à celui de Londres causa la mort de quatre ouvriers dans l'égout du boulevard Rochechouart, à Paris. On incrimina de nouveau l'hydrogène sulfuré et l'on constata *de visu* que le gaz toxique provenait de la décomposition d'amas de matières fécales. Nous n'insisterons pas sur les formes multiples et dangereuses de ce chimisme souterrain, qui offre ce double caractère d'un danger intérieur et extérieur. Contre le danger intérieur, redoutable surtout pour les ouvriers égoutiers, l'administration a pris ses précautions. Le danger extérieur ne peut s'éviter que par l'occlusion de ce vaste souterrain au moyen des appareils siphoïdes.

Nous devons signaler les défauts de construction des égouts qui amènent au bout d'un temps plus ou moins long des infiltrations à l'extérieur. Pour faire disparaître ce grave inconvénient, on pourrait adopter une méthode suivie en Allemagne par quelques architectes. Après un décapage assez profond du mortier des murs, des pointes de longueur calculée sont engagées dans le mortier, avec une saillie au-dessus des moellons de 2 à 3 centimètres, puis une couche épaisse de ciment garnit les creux, noie les pointes distantes de 10 à 15 centimètres, réalisant ainsi intérieurement et extérieurement une chape de revêtement, véritable monolithe de ciment armé.

A cet inconvénient des infiltrations, s'ajoute l'impossibilité, pour toutes les villes, d'un approvisionnement régulier et considérable d'eau d'entraînement, d'un torrent laveur avec chasses d'eau distancées. Dans l'état actuel des égouts, on ne saurait compter sur une circulation suffisante à moins de 150 à 300 litres d'eau par habitant. Or, Paris reçoit à peine un peu plus de 200 litres pour cet usage, Londres donne 224 litres et Bruxelles environ 120.

De plus on ne saurait nier que les galeries souterraines ont pendant une partie de l'année une température souvent de beaucoup supérieure à celle de l'air ambiant. Il se fera donc un appel d'air chaud de l'égout vers l'extérieur et vers les maisons; cet appel d'air n'aurait certainement aucun inconvénient si l'égout ne contenait simplement que des eaux pluviales, mais le lavage d'une pareille galerie souterraine ne se fait jamais d'une façon assez énergique pour que son atmosphère intérieure reste complètement inoffensive, et pour que l'atmosphère urbaine ne contracte de ce chef des propriétés souvent dangereuses pour la santé publique. C'est sans doute sur cette considération que s'appuyait, sans l'énoncer, Fonssagrives, l'éminent hygiéniste de l'Ecole de Montpellier, pour réserver l'égout exclusivement aux eaux pluviales, ménagères et industrielles. L'air de l'égout a toujours paru tellement dangereux qu'on a très souvent proposé de lui donner une direction constante par des cheminées d'appel aujourd'hui délaissées et remplacées par les appareils d'occlusion à air dits siphoïdes.

L'égout est un puissant moyen d'hygiène pour une ville ; son existence s'impose dans toutes. L'égout n'est devenu dangereux que lorsqu'on l'a détourné de sa véritable destination, par ignorance des conditions chimiques, physiques et bactériologiques de son existence. Ses inconvénients, il ne les doit pas à lui-même ; il ne faut les attribuer qu'à la multiplicité des rôles qu'on a voulu lui faire jouer. Il ne méritait certainement ni tant d'honneur autrefois, ni tant de haine aujourd'hui. La preuve en est dans le luxe ridicule de récriminations dont il est l'objet, après qu'on a eu pour lui des tendresses inouïes et presque un abandon complet qui s'est traduit en Angleterre, en Belgique et en France par la théorie du tout à l'égout. L'idole de la veille est devenue la pelée, la galeuse du lendemain.

Pour nous, la faute commise tient à un défaut d'interprétation et à l'ignorance du véritable et seul rôle qu'on doive assigner à ce mode de canalisation. L'égout est surtout une circulation continue souterraine, entretenue par deux facteurs essentiels : l'un intermittent, qui est l'eau de pluie ; l'autre continu, l'eau froide d'approvisionnement ou de distribution des villes. L'afflux d'eau est nécessaire, indispensable, car toute stagnation entraîne des fermentations, favorise le dégagement de gaz au point que l'égout se trouve transformé momentanément en une fosse fixe. Avec un courant d'eau suffisant, l'égout a une action hygiénique rayonnante en détournant des immeubles les eaux de la nappe superficielle, et en empêchant la diffusion des souillures dans les puisards et dans les puits.

Renchérissant sur une opinion citée plus haut et émise par Fonssagrives, au sujet du rejet en dehors de l'égout des eaux et des matières excrémentitielles, nous dirons : l'égout théoriquement ne devrait recevoir que les eaux pluviales, les eaux d'approvisionnement des villes et les eaux de lavages (buanderies mécaniques ou autres) après *stérilisation préalable*. Malheureusement, dans les grandes villes, il est presque matériellement impossible de détourner de l'égout le produit des exonérations vésicales et intestinales. De là la nécessité qui s'est imposée pour la ville de Paris de conduire ses eaux d'égout dans la plaine de Gennevilliers, où les matières entrent en fermentation, deviennent spongieuses et remontent à la surface, formant une croûte noirâtre, se désagrégeant et se dissolvant sous l'action des microbes anaérobies qui ont la propriété de fluidifier les corps azotés et même la cellulose.

Les liquides eux-mêmes de l'égout y subissent à l'air libre l'action du soleil, de l'oxygène de l'air et des microbes aérobies, achevant de transformer leurs parties organiques en sels minéraux, nitrates, nitrites, etc.

Cette promiscuité des matières fécales et des liquides divers dans l'égout est donc un très grand inconvénient (parce que l'égout doit être considéré comme une cheminée renversée). Nous en avons une preuve saisissante en quelque sorte dans la ville de Bruxelles, divisée, comme on sait, en ville haute et ville basse. D'après Arnould, les regards d'égout pouvaient y être considérés, d'une partie à l'autre, comme des cheminées communiquantes ; en hiver, l'air atmosphérique froid entre par les regards de la ville basse et sort par ceux de la ville haute ; en été, c'est l'inverse : de là une infection alternante de l'atmosphère entre les deux villes. Avec la théorie du tout à l'égout, telle qu'elle est appliquée à Bruxelles d'après les principes anglais, on voit que l'égout devenait autrefois une sorte de réseau pneumatique souterrain qui portait dans l'atmosphère et dans les maisons des miasmes délétères et des principes contagieux.

Là encore l'appareil siphoïde a beaucoup changé la face des choses ; mais les détails signalés n'en sont pas moins une démonstration de l'assimilation des égouts aux cheminées.

Poursuivons notre démonstration pratique : est-il une ville plus admirablement dotée que Paris au point de vue du réseau de canalisation de ses égouts ? Et cependant, c'est bien dans la capitale de la France qu'on a signalé cet état particulièrement désagréable et dangereux de l'atmosphère qu'on a consacré par un nom : les odeurs de Paris. Où donc faut-il chercher, sur le territoire parisien, le foyer de corruption ? où donc est la cheminée d'appel, gigantesque véhicule de ces émanations fétides ?

Paris ne manque pas de rues larges et bien aérées, complantées d'arbres magnifiques, de squares et de jardins, véritables fouillis de verdure et de fleurs éclatantes. La propreté est la clef-de-voûte de l'hygiène urbaine comme elle est celle de l'hygiène personnelle. Or Paris peut à cet égard défier toutes les comparaisons : nulle part ailleurs les divers systèmes de balayage, d'enlèvement des immondices, d'arrosage, d'entretien des urinoirs, ne sont parvenus à un tel degré de perfectionnement.

Pourquoi donc Paris n'a-t-il pas l'atmosphère qu'il mérite ? Serait-il donc faux cet axiome si judicieux posé par Fonssagrives : « Comme on fait son atmosphère on respire ? » En dehors des établissements industriels qui rentrent, par la nature des produits dégagés (fumée, gaz, etc.), dans la catégorie des installations nuisibles à la santé publique, il ne reste plus pour expliquer certaines défectuosités dans l'état sanitaire de Paris et des grandes villes que le danger des rapports constants d'échanges et d'influence entre le sous-sol et l'atmosphère.

Il y a deux traits d'union entre le sol et l'air ambiant : ce sont les égouts et les fosses d'aisances, dominés tous deux avec le procédé du tout à l'égout par un phénomène physique, la force ascensionnelle de l'air chaud

$$V = \sqrt{2\,gh}.$$

La température des égouts à Paris, sauf certaines variations qui tiennent à des décompositions chimiques partielles, oscille entre 18° et 20° C. ; elle est donc supérieure à l'air ambiant pendant l'automne, l'hiver, le printemps et une partie de l'été (la nuit). Il en résultait autrefois un appel d'air chaud, humide, dans les rues et les maisons, de telle sorte que ces dernières communiquaient entre elles par l'intermédiaire d'un foyer plus ou moins méphitique.

Cette température de 20° est déjà suffisante pour favoriser le développement des fermentations.

L'interposition d'appareils siphoïdes atténue aujourd'hui cette communication de la rue et des maisons avec l'égout.

L'égout, dans les grandes villes, dans les villes thermales surtout, est une sorte de cheminée renversée où la circulation des miasmes se fait en sens inverse de la pente naturelle de l'égout, favorisée qu'elle est quelquefois par une température élevée et par des cheminées d'appel représentées par la hauteur des tuyaux d'évents.

Les mêmes formules algébriques de Torricelli, Berrouilli, d'Aubusson, qui s'appliquent aux cheminées, régissent également la circulation de l'air dans les égouts, avec cette différence que le nombre des cheminées d'appel est illimité.

Dans les cheminées, le tirage reconnaît pour cause la dilatation de l'air dans le tuyau. La colonne d'air contenue dans une cheminée est augmentée de température et diminue dans sa densité; est-elle amenée, par l'échauffement, au double de son volume, il en résulte que l'air intérieur n'est plus que moitié aussi lourd que l'air extérieur; il ne peut plus faire équilibre qu'à une colonne d'air extérieur de hauteur deux fois moindre. C'est pour cette raison qu'il monte, non par une force à lui propre en qualité d'air chaud, mais parce qu'il est réellement poussé.

En résumé, la colonne d'air, dans le tuyau de cheminée comme dans l'égout, est rendue plus légère par la chaleur qu'une colonne d'air extérieure de même longueur.

Berrouilli appliqua au gaz la formule $V = \sqrt{2\,gh}$ donnée par Torricelli pour les liquides, formule dans laquelle V représente la vitesse d'écoulement, g l'accélération de la pesanteur ou vitesse acquise (soit 9 m. 8), h la hauteur d'une colonne de gaz de section 1, dont le poids est égal à la différence des pressions $P—P'$ du gaz, dans le réservoir et dans le milieu où il s'écoule. Cette formule devient

$$V = 394\,\frac{\sqrt{P—P'}}{P\,S}$$

P étant la densité du gaz à la température [de l'expérience. Berrouilli déduit de là que la vitesse d'écoulement de l'air dans le vide est de 394 mètres par seconde et celle de l'hydrogène de 1500 mètres. Les hygiénistes et les architectes admettent qu'avec une différence de 20 à 25 degrés entre la température intérieure d'une cheminée et la température extérieure, il se fait à l'orifice supérieur de la cheminée un écoulement d'une vitesse de 2 mètres par seconde.

Ne serait-ce pas le cas des égouts de Paris, en hiver, où la température extérieure est de 0° C. et la température intérieure de 20° C. ?

Pour certains égouts de villes thermales, la vitesse d'écoulement rétrograde (air et buées) est de beaucoup supérieure à celle de Paris. Dans celui de Dax j'ai relevé avec M. l'ingénieur Picard la température de 45°, au niveau du point où la Grande Fontaine se jette dans l'égout placé en face et une moyenne de 25 à 30° pour les tronçons avoisinants. Cette température exagérée tient à la chute dans l'égout de la colonne d'eau chaude de trop-plein qui s'échappe de la Grande Fontaine qui a elle-même 65°.

Après la terminaison des travaux, le maire prescrivit, suivant l'usage, le rejet à l'égout des eaux ménagères. Mais, circonstance imprévue, cet arrêté si naturel fit de chaque évier un véritable vaporisateur. Cela dura 15, 20 jours, le temps de se conformer à un nouvel arrêté qui imposa partout des appareils siphoïdes. Du coup les vaporisateurs étaient décommandés. Cet incident fut d'un grand enseignement pour moi et me convainquit que l'égout n'est qu'une cheminée renversée doublée d'un canal d'adduction.

Aux vilaines choses de l'égout, à ses conditions d'existence physique, pouvait se rapporter le joli vers du poète :

> Le flot qui l'apporta recule épouvanté.

Il est maintenant facile de se rendre compte du mouvement de déplacement de la colonne d'air allant de l'égout vers la maison d'habitation ; le danger de cette communication, moindre dans le cas d'eaux pluviales ou d'approvisionnement, s'explique aujourd'hui par la tendance du tout à l'égout, par la projection directe à l'égout de toutes les eaux ménagères, de toutes les eaux de vidange en général et même de celles qui ont été plus ou moins contaminées par le contact d'objets souillés par des gens atteints d'affections contagieuses (fièvre typhoïde, variole, etc). Je m'empresse d'ajouter qu'à Dax, comme à Paris, Bruxelles, etc., la multiplication des appareils siphoïdes supprime les odeurs de l'égout.

Dans ces dernières années, il a été créé dans les villes, même en plein cœur de Paris, place Royale, des buanderies mécaniques où les eaux résiduaires, après avoir servi à l'essorage des linges, contaminés ou non, sont soumises à une stérilisation préalable par la vapeur sous pression à 120°-125°, avant d'être rejetées à l'égout, ce procédé assurant l'assainissement complet de ces eaux résiduaires.

Pour que le courant d'air chaud rétrograde fût inoffensif, il faudrait que la température qui le produit fût elle-même très élevée (de 110 à 120° C.). Dans les égouts recevant les eaux thermales, partout où la température égale ou dépasse 20°, le développement des germes morbides peut être favorisé : d'où la nécessité d'une canalisation spéciale pour les eaux chaudes dans les villes thermales, en dehors de l'égout, et pour les grandes villes la mise à l'abri du courant rétrograde par des siphons et des obturateurs mécaniques.

Plusieurs méthodes se disputent l'expulsion hors des villes des matières d'exonérations intestinales et vésicales. La méthode aspiratrice est très ingénieusement représentée par les procédés de Liernur et de Berlier, qui sont coûteux, encombrants et incertains. On s'est beaucoup rallié à la méthode du tout-à-l'égout, et les recherches bactériologiques modernes ont permis de confirmer les espérances qu'on avait d'une désinfection sérieuse en conduisant toutes les matières de l'égout dans de grands espaces à l'air libre, comme dans la plaine de Gennevilliers à Paris. Ce qui se passe à cet endroit est un peu la reproduction de ce que l'on a constaté dans la tinette Augier et dans la vidangeuse automatique du système Mouras.

La tinette Augier se compose d'un récipient cylindrique en tôle galvanisée, ayant 1 mètre de hauteur et 0 m. 60 de diamètre ; elle est fermée en haut par un couvercle conique terminé au centre par un tuyau qui plonge de 15 à 20 centimètres dans le liquide remplissant complètement la tinette. Sur la paroi, un trop-plein siphoïde maintient le niveau constant en évacuant, à chaque visite, une quantité de liquide égale à celle qui vient de s'introduire. Le liquide évacué doit être pris au bon endroit, dans la région de la tinette où il est relativement épuré : pour cela, l'orifice inférieur du siphon est placé dans la partie moyenne du récipient, à environ 30 centimètres de la surface.

A la lueur de la bactériologie nous allons voir les transformations successives : les matières fécales tombent au fond, en raison de leur densité ; elles entrent en fermentation, deviennent spongieuses, remontent à la surface sous forme de croûte noirâtre, puis se désagrègent, se dissolvent sous l'action des microbes anaérobies qui fluidifient les corps azotés et la cellulose. La tinette comprend donc 3 couches distinctes : le fond, où sont les matières inertes ; la surface, où la couche mucilagineuse est en perpétuel travail microbien, couche ressemblant au chapeau de formation des filtres à eau potable ; la couche moyenne, représentée par de l'eau chargée de sels minéraux en dissolution, par des liquides organiques ; cette couche est épurée par l'action des anaérobies. Ce liquide peut être éloigné de l'habitation par une conduite fermée, puis peut circuler dans un caniveau à l'air libre où l'action du soleil, de l'oxygène de l'air et des microbes aérobies transformera les parties organiques en sels minéraux.

La tinette Augier n'est qu'une reproduction en plus petit de la fosse Mouras. Celle-ci exige l'étanchéité de la fosse ; nous avons vu plus haut que le ciment armé permettra de réaliser cette condition.

Il semble que le dernier mot de la désinfection, dans les installations importantes, soit une filtration véritable des eaux résiduaires des égouts sur des lits de contact au coke, telle que l'on commence à la pratiquer en Angleterre. La ville thermale d'Ems sera la première ville en Allemagne dans laquelle on aura annexé aux égouts le système anglais de clarification, d'après le procédé dit « Carboferrit », produisant, outre la députréfaction, une dégermination presque complète des égouts. C'est là évidemment un progrès réalisé sur la désinfection à l'air libre comme on la pratique sur la plaine de Gennevilliers, où la terre remplace le coke comme matière absorbante et filtrante. Tous les deux procédés représentent un vaste champ de transformation moléculaire, de désinfection organique, dues à l'action combinée des microbes anaérobies et aérobies et du soleil et de l'air. Tous deux favorisent le développement de micro-organismes capables d'effectuer la nitrification des matières azotées, de diminuer les matières organiques.

CONCLUSIONS

Il faut se méfier de l'égout, en avant, en arrière et sur toute l'étendue de son parcours ; la même méfiance doit envelopper les égouts et les cheminées qui fument tous les deux, chacun à leur manière, et qui sont dominés par une même loi de vitesse pour l'écoulement des gaz.

L'eau d'égout ne sera jamais rejetée dans un cours d'eau sans avoir été préalablement purifiée par une des méthodes suivantes : précipitation chimique, épandage, épuration bactérienne. Le choix du procédé dépendra des conditions locales. Pour l'épuration des eaux d'égout, les villes pourront opter entre les deux systèmes d'épuration bactérienne et d'épuration mixte (épuration agricole et par filtres dégrossisseurs).

Dans chaque ville il sera nécessaire d'exécuter un collecteur général dont la destination sera de rejeter toutes les eaux usées en dehors de l'agglomération urbaine et de les diriger sur une usine d'épuration.

Dans les villes où le système séparatif existe, exigeant deux canalisations, la méthode d'extraction des matières excrémentitielles comportera l'utilisation du matériel mobile d'extraction en usage dans la localité, ou la construction et l'exploitation d'un réseau destiné à l'évacuation des matières de vidanges.

La méthode de refoulement par l'air comprimé est de beaucoup supérieure à celle de l'aspiration, les défectuosités de canalisation avec pénétration d'air ayant moins d'inconvénients avec le premier procédé qu'avec le second.

Les eaux résiduaires des abattoirs seront amenées à un appareil d'épuration (procédé bactérien avec fosse septique et lits de contact) par un réseau de canalisation comportant des regards de décantation pour retenir les viandes et déchets en suspension. En thèse générale, il faut laisser pendante la question de savoir si une ville peut renoncer à l'idée du tout-à-l'égout. Il faut toujours prévoir, dans l'exécution des travaux, le moment où les circonstances permettront de recourir à un système d'assainissement entraînant la suppression des fosses et des puisards dont l'étanchéité est toujours douteuse.

DES CONDITIONS SANITAIRES DE LA VILLE
DE SAINT-GALMIER EN RAPPORT
AVEC SON ALIMENTATION EN EAU.
PARTICULARITÉ D'HYGIÈNE URBAINE.

Par le docteur ODIN, de Saint-Galmier.

—

« Le plus grand consommateur des eaux minérales de Saint-Galmier, « c'est la ville elle-même. Par une ironie du sort, Saint-Galmier manque « d'eau potable ; il n'y a pas une source d'eau ordinaire ; un *barrage* re- « cueille des eaux de rivière pour les usages domestiques, mais elles sont « impropres à la boisson.

« Tout le monde va puiser à l'établissement, gratuitement... cela va sans
« dire. »

Ardouin-Dumazet, *Voyage en France*, 7e série,
Lyonnais et Forez, 1896, page 213.

C'est ainsi que le voyageur éminent, quittant les montagnes de l'Auvergne pour étudier notre Forez, rend compte de ce fait curieux qu'il a observé
à Saint-Galmier, qu'il a subi avec grâce assurément : toute une ville de
3.000 habitants s'alimentant toute l'année d'eau minérale en guise d'eau
douce. Chez le particulier comme chez l'hôtelier, sur la table de l'ouvrier
comme sur celle de l'homme aisé, l'eau servie et consommée est la Fontfort,
l'eau minérale type de Saint-Galmier, exploitée depuis longtemps par la
Société Badoit. Fontfort, *fons fortis*, ainsi l'avaient dénommée les Romains
lors de leur occupation des Gaules, et les vestiges de constructions, de
bains, de thermes, montrent qu'eux aussi n'avaient pas dédaigné nos
sources.

Pourquoi l'usage exclusif de l'eau minérale à Saint-Galmier comme eau potable?

« Il n'y a pas une source d'eau ordinaire à Saint-Galmier, » dit M. Ardouin-Dumazet, et c'est vrai pour tout le territoire sur lequel s'est élevée
la ville de Saint-Galmier, jadis ville forte, avec sa citadelle, son donjon, ses
remparts et ses portes. Sur le terrain de cette colline granitique, circons-
crit à quelques hectares, ont été, dans les temps reculés, creusées dans le
roc porphyroïde des citernes servant à recueillir les eaux de pluie; mais
déjà aux époques les plus lointaines, suivant la tradition, les habitants
allaient puiser à la Fontfort qui émergeait du sol à flanc de coteau, sur le
terrain communal, et non loin des portes de la ville.

LA COISE.

La Coise est une gentille petite rivière qui coule au bas de Saint-Galmier,
lui faisant une ceinture à l'Est, au Sud et à l'Ouest.

Venue du Lyonnais, elle se jette dans la Loire après un trajet des plus
pittoresques; mais, bien avant son arrivée dans la plaine, alors qu'elle est
resserrée dans une gorge très étroite bordée de bois et de rochers, ses eaux
qui paraissent si limpides ont été polluées par l'agglomération de Saint-
Symphorien-sur-Coise, où, à différentes reprises, ont sévi des épidémies
de dothiénentérie.

Nous avons eu l'occasion de soigner, à 3 ou 4 kilomètres de Saint-Galmier, en amont de son cours, la famille d'un meunier riverain de la Coise,
à la Théry, dont quatre membres furent atteints de dothiénentérie (du
11 janvier au 22 février 1902).

Ils n'employaient pour toute boisson que l'eau de cette rivière, recueillie
directement avec le seau dans un courant assez fort : eau limpide, battue
contre les rochers du lit de la Coise, dans un site ravissant, loin des champs

à grande fumure. En même temps le garçon meunier du moulin situé plus haut souffrait de la même maladie. Tous ces malades guérirent, l'un d'eux après avoir eu une phlébite très douloureuse.

Un an plus tard, au milieu des rigueurs de l'hiver, nous fîmes recueillir des échantillons de cette eau de rivière en plein courant, au-dessus du moulin contaminé, et l'analyse bactériologique nous apprit que l'eau était suspecte, qu'elle contenait des colibacilles et des colonies microbiennes très nombreuses.

Personne à Saint-Galmier, du reste, ne songerait à boire de cette eau, les lessives s'y faisant, certains égouts y venant aboutir, et, l'été, la marche à pied sec y étant souvent possible les années de sécheresse.

LE BARRAGE DE LA CÔTE PATAY.
A 2 kilom. 500 de Saint-Galmier.

Au nord, une vallée assez resserrée a été barrée sous la municipalité de M. Thiollière de l'Isle, ancien maire de Saint-Galmier, ancien ingénieur en chef des ponts et chaussées, et sous la direction de l'ingénieur M. Peniguel. Derrière ce mur de belle allure s'accumulent les eaux de pluie qui ont lavé les champs de culture et les prairies bien fumées de la vallée du Claveau, amenées au barrage par un petit ruisselet, le Vérut.

Un filtre à sable a pour tâche d'épurer ces eaux avant de les lancer dans les conduites qui aboutissent aux bornes-fontaines situées sur leur parcours et sur les places de Saint-Galmier. Par les soins de la municipalité actuelle, et spécialement de son premier adjoint, M. Guetton, pharmacien-chimiste, ancien interne en pharmacie des hôpitaux de Lyon et membre du Congrès d'Arcachon-Pau, une analyse bactériologique a été demandée à M. le professeur Courmont, de Lyon, titulaire de la chaire d'hygiène, dont la compétence dans ces questions nous avait frappé l'an dernier au premier Congrès d'hygiène urbaine et de climatothérapie à Nice; nous avions lu et relu sa communication sur les eaux potables.

Mais, d'ores et déjà, nous pouvons affirmer que l'emploi des eaux de notre barrage a été jusqu'ici limité aux usages industriels, constructions, au lavage des rues, aux buanderies et aux abreuvoirs.

Ces eaux cependant servent aux usages domestiques : pour la cuisson des aliments, pour le lavage des légumes et des fruits, salades, radis, artichauts, mâches, mangés crus, fraises, raisins, etc., et aussi aux soins hygiéniques du corps, lavages, bains, etc.

Personne n'en boit, même bouillie, à notre connaissance. La population de Saint-Galmier ne *consommant guère, comme boisson aqueuse, que l'eau minérale de Saint-Galmier* (1).

---

(1) Nous n'aurions pas insisté plus longuement sur ces différentes sources inutilisées d'alimentation, si M. le professeur Courmont, analysant les eaux du barrage de la Côte Patay, ne nous eût fait savoir qu'il avait été très intéressé par les résultats de cette analyse. Ces résultats concordaient avec ses idées et vues sur l'épuration des eaux exposées à Nice et ailleurs avec tant de logique. Nous avons résolu de donner plus de renseignements sur le barrage de Saint-Galmier et *son filtre*, cette question intéressant non seulement M. le

Voici la note qui nous a été remise par M. Guetton. Nous le remercions, à cette occasion, de son obligeance d'administrateur et de chimiste distingué :

« Le réservoir-barrage qui alimente Saint-Galmier, construit pendant les années 1889-90 et 91 et rempli pour la première fois dans le courant de l'hiver 1891-1892, offre une capacité de 150.000 mètres cubes. Le bassin-versant, appelé à lui fournir ses eaux, a 158 hectares de superficie ; la moyenne annuelle des pluies étant, pour Saint-Galmier, de 0 m. 70, avec pour le bassin-versant un coefficient hydrologique de 0,30, les eaux tributaires équivalent donc chaque année à 2 ou 3 fois la contenance du réservoir.

« La question de *quantité* était ainsi résolue, mais la question de *qualité* ne l'était pas d'une façon aussi heureuse. Le réservoir devait, en théorie, recevoir les eaux du ruisseau qui arrosait la vallée ; en pratique, il reçoit directement toutes les eaux de pluie qui, après avoir lavé la surface des terres et des prairies d'alentour, lui apportent des déchets de toute nature.

« Une autre cause d'impureté résidait dans ce fait que les 4 hectares de terrain, aujourd'hui recouverts par les eaux, étaient autrefois cultivés en prairies. On ne voulut pas, lors de l'établissement du barrage, décaper le sol et le débarrasser de son épaisse couche d'humus et de végétations, ni enlever les troncs d'arbres ; on craignait pour l'étanchéité du sous-sol, on espérait aussi que l'inconvénient en résultant s'atténuerait peu à peu pour finalement disparaître.

« Dès l'origine, cette eau acquit à Saint-Galmier une mauvaise réputation qu'elle devait surtout à ses propriétés organoleptiques : goût marécageux, couleur jaunâtre, etc. Dès lors, la nécessité d'une amélioration s'imposait.

« A cette époque (1892), l'épuration en grand des eaux d'alimentation avait eu des réalisations très heureuses dans les filtres de Londres, Berlin, Varsovie et Francfort-sur-Mein ; les résultats en avaient été publiés au Congrès de Paris, en 1889, par W. H. Lindley, ingénieur en chef des travaux municipaux de Francfort-sur-Mein, et confirmés par des expériences faites en Amérique, par M. Mills, sur des eaux d'égouts.

« Les filtres de Berlin et de Varsovie servirent de modèle à celui de Saint-Galmier. Il se compose, dans sa partie essentielle, d'une épaisseur filtrante constituée de couches successives, suivant une échelle croissante, depuis le sable fin jusqu'aux gros galets. L'épaisseur de cette couche, au lieu de 1 m. 31 qu'elle avait dans les filtres de Berlin et de Varsovie, fut portée, à Saint-Galmier, à 1 m. 50 ; cette augmentation était surtout affectée à la couche de sable fin.

« Le fonctionnement fort simple de cette installation comprend le passage à travers le filtre, sous une pression modérée, de l'eau à purifier, et

professeur Courmont et les hygiénistes de ce Congrès, mais aussi toute la population de Saint-Galmier, qui ne boit pas cette eau, mais qui pourra en consommer sans crainte si elle paraît bonne d'après les analyses *bactériologiques* et *chimiques*.

l'adduction de l'eau filtrée dans les puisards de distribution par toute une assise de drains. Aux époques de nettoyage, des cheminées de ventilation font circuler l'air dans les drains et dans toute l'épaisseur de la couche filtrante. Ajoutons que le filtre est complètement couvert.

« L'installation, du fait de sa réduction et de certaines difficultés spéciales, inhérentes à son emplacement, a été relativement coûteuse; elle ressort à plus de 200 francs par mètre carré de surface filtrante, alors qu'elle n'a été que de 100 francs à Varsovie. Néanmoins, malgré le chiffre élevé de premier établissement qui augmente proportionnellement celui de l'intérêt et de l'amortissement, le prix du mètre cube d'eau filtrée ressort à un centime et demi environ, comme à Berlin et à Varsovie, les frais d'entretien compris.

« Cet entretien est limité aux nettoyages qui, à Saint-Galmier, sont renouvelés en moyenne 15 fois par an. Ces nettoyages fréquents sont rendus nécessaires par l'impureté des eaux que ce filtre est appelé à purifier, et par cette circonstance spéciale que ces eaux sont sensiblement ferrugineuses : le précipité d'oxyde de fer qui se produit au sein de l'eau forme, avec les impuretés organiques, d'abord une couche filtrante nouvelle, puis, à la longue, un véritable colmatage, et la filtration ne s'opère plus. »

ANALYSE BACTÉRIOLOGIQUE DES EAUX DU BARRAGE.

Voici le rapport fait par le professeur Courmont après analyses bactériologiques des eaux douces du barrage de la Côte Patay, avant et après leur filtration.

Nous devons dire que trois sortes d'échantillons d'eau prélevés, suivant les méthodes scientifiques, par M. Guetton, furent envoyés au Laboratoire d'hygiène de Lyon, sans indications d'origine ou de provenance autres que celles d'eaux à examiner de la part de la municipalité de Saint-Galmier.

Grande fut la satisfaction du professeur d'hygiène lorsqu'il sut que le n° 1, déclaré infect par lui, était l'eau d'un barrage retenant des eaux quelconques, souillées; que le n° 2, reconnu bon par ses analyses, était cette même eau *filtrée*; enfin que le n° 3, affirmé comme très pur, était cette même eau filtrée, recueillie à sa distribution à Saint-Galmier.

Il procéda, pour plus de sûreté, à de nouveaux ensemencements et trouva les mêmes résultats.

Ses théories étaient vérifiées une fois de plus. Il fut très intéressé d'apprendre qu'à Saint-Galmier nous avions devancé, pour l'épuration des eaux, tant de grandes villes. Aussi nous a-t-il écrit qu'il citerait Saint-Galmier comme exemple, en poussant les communes à la filtration en sa qualité d'inspecteur d'hygiène.

Nous aurons ainsi un nouveau tribut d'éloges pour les eaux, qu'elles soient douces, qu'elles soient minérales.

LABORATOIRE D'HYGIÈNE

Rapport du professeur Courmont.

LYON, *le 10 avril 1905.*

Analyses quantitatives et qualitatives.

Eau n° 1.   EAU DU BARRAGE.

Cet échantillon est arrivé le 16 mars 1905 dans des flacons stérilisés et conservés dans la glace.

A. *Numération.* — Méthode des cultures en bouillon et des cultures sur gélatine.

Eau absolument impure, non potable. Le nombre des microbes dépasse 1.000 au C. C., donc 1.000.000 au litre.

B. *Analyse qualitative.* — Isolement des colonies sur gélatine et différenciation méthode de Cambier (filtration et ensemencement de la crasse en bougie Cambier pour la recherche du colibacille et du bacille d'Eberth.)

Nombreux liquéfiants. Bacilles mesentericus en quantité incroyable. Présence certaine du colibacille en abondance.

Conclusion générale. — Eau souillée de matières fécales, non potable.

Eau n° 2.   RÉSERVOIR APRÈS FILTRATION.

1° **Premier échantillon,** arrivé dans la glace le 16 mars 1905 en flacons stérilisés.

A. *Numération.* — Méthode des cultures en bouillon et des cultures sur gélatine.

Eau potable. — 50 microbes par C. C., soit 50.000 au litre.

B. *Analyse qualitative.* — Même technique que pour l'eau I.

Pas de liquéfiants. Quelques moisissures. Quelques colonies de bacilles mesentericus.

Pas de colibacille.

2° **Deuxième échantillon,** arrivé le 6 avril 1905 dans de la glace, en flacons stérilisés.

75 microbes par C. C., soit 75.000 au litre.

Conclusion générale. — Eau très potable.

Eau n° 3.   EAU DU ROBINET DE DISTRIBUTION A SAINT-GALMIER.

1° **Premier échantillon,** reçu le 16 mars 1905, en flacons stérilisés.

A. *Numération.* — (Mêmes méthodes que 1 et 2) 16 microbes par C. C., soit 16.000 au litre.

B. *Analyse qualitative* (mêmes méthodes). — Ni colibacille, ni liquéfiant, ni B. mesentericus.

2° **Deuxième échantillon,** reçu le 6 avril.

16 microbes par C. C., soit 16.000 au litre.

3° *Conclusion générale.* — Eau très pure et, dans les deux analyses, supérieure, le même jour, à l'eau n° 2.

Eau n° 4.   ANCIEN RÉSERVOIR, EMPLOYÉ DE TEMPS A AUTRE.

(Dantzick).

Envoyée le 6 avril dans la glace, en flacons stérilisés.

A. *Numération* (Mêmes méthodes). — 50 microbes par C. C., soit 50.000 au litre.

B. *Analyse qualitative.* — Mêmes méthodes que pour 1, 2 et 3.

Pas de colibacilles, mais des liquéfiants. Beaucoup de B. mesentericus.

C. Conclusion. — Eau potable, mais dont il faut se méfier.

Conclusions générales.

1º Eau avant filtration :

Eau du barrage non potable, très dangereuse.

2º Eau après filtration :

Très potable, bien que contenant quelques B. mesentericus qui ont probablement traversé le filtre.

3º Eau de distribution :

Encore plus pure (dans les 2 analyses faites) que la 2º. (Pourquoi ?) Eau très pure. Excellente.

4º Eau du Dantzick :

Potable comme quantité. Très suspecte comme contenant des espèces microbiennes suspectes. A surveiller de près.

Professeur Courmont, 10 avril 1905.

Des analyses faites dans le laboratoire du professeur Courmont il ressort qu'au *point de vue bactériologique* les eaux douces du barrage de Saint-Galmier, après leur épuration dans un filtre à sable, sont des eaux *pures* dès leur sortie du filtre, *très pures* après un parcours de 2 kilomètres dans les conduites en fonte qui les amènent aux bornes-fontaines de Saint-Galmier. Cette constatation de nouvelle épuration des eaux en cours de transport a été deux fois répétée en quinze jours. A quoi tient-elle ? Action mécanique ? Action du fer ou de ses composés qui tapissent les conduites ? Nous n'avons pu encore, en raison de la constatation trop récente de ces faits, en trouver les causes.

Ces eaux filtrées, pures, donc potables au point de vue bactériologique, semblent encourir, au point de vue chimique, le reproche de contenir trop de matières organiques, 2 millig. 20 par litre d'eau, ce qui est bien moyen comme valeur d'eau potable.

Là aussi il a été constaté que les matières organiques sont plus nombreuses à la sortie du filtre qu'au robinet de distribution. L'épuration de l'eau en matières organiques dans les conduites coïncide avec l'épuration microbienne signalée par M. Courmont.

Ces eaux sont également, en temps ordinaire, *très déminéralisées*, 0,06 centig. par litre. Il y aurait, dans l'usage de cette eau, de quoi contrebalancer l'inconvénient de l'usage d'une eau minérale.

En outre, à certains moments, après les orages, les fortes averses d'été et d'automne qui entraînent, avec les pluies, les sables des terres avoisinant la Côte Patay, il y a une sorte de lessive de ces terrains et apport considérable de fer ou sels ferrugineux dans le barrage, qui se reconnaissent à l'analyse chimique, mais aussi à l'aspect physique de l'eau et à ses dépôts quelquefois très abondants à la distribution. Cet inconvénient pourrait être évité en utilisant et en achevant les fossés de ceinture du réservoir et en y rejetant les eaux d'averse pour les conduire ailleurs qu'au barrage.

Si nous insistons sur ces apports ferrugineux fréquents, c'est que M. le professeur Courmont y voit un complément naturel de notre filtre à sable.

27

Sans avoir besoin d'ajouter des boulets, des rognures de fer ou des clous, nous avons réalisé, par la composition naturelle des terrains environnants, le système Anderson, appliqué à Choisy-le-Roi, et qui donne l'eau potable à toute la banlieue parisienne. L'oxyde de fer forme au-dessus du sable une excellente couche filtrante, et le collage est réalisé spontanément.

En somme, nous aurions à Saint-Galmier non le filtre simple de Hambourg, mais le filtre après addition de fer, les terrains avoisinants fournissant au filtre la couche ferrugineuse filtrante.

Autant de points intéressants que nous ne pensions pas aborder et qui seront l'objet de notre étude dans l'avenir. Ici, ils ne forment qu'une digression, la population de Saint-Galmier ne pouvant, dans le passé, avoir été préservée des fièvres typhoïdes par une eau douce qu'elle ne recueillait pas et qu'elle n'a pas osé boire même depuis que son filtre est construit (1).

Les études bactériologiques de M. le professeur Courmont sur les eaux de ce barrage ne peuvent qu'engager la municipalité de Saint-Galmier à faire davantage encore pour avoir, à côté de la meilleure eau minérale de table, la meilleure eau douce.

Pourquoi les habitants de Saint-Galmier peuvent-ils gratuitement et si facilement s'approvisionner d'eau minérale ?

Nous avons dit que la première source connue d'eau minérale émergeait librement du sol sur un terrain communal. Lorsqu'elle fut exploitée en grand par la Société fermière fondée par M. Badoit, de mondiale renommée, le maire de l'époque (1858), M. Forissier, réserva, avant tout, les intérêts de la consommation locale.

Lorsque, tout récemment (29 octobre 1896), la Société Badoit de fermière devint propriétaire, en donnant à la ville 8 o/o de chaque dividende distribué aux actionnaires, le maire actuel, M. Desjoyaux, fit stipuler dans le traité l'article suivant :

Article 3. — « En outre de la redevance qui précède, la Société cessionnaire sera tenue de mettre gratuitement à la disposition des habitants de la commune de Saint-Galmier, pour leur propre consommation en boisson, un robinet d'un puits d'eau minérale en exploitation, c'est-à-dire d'un puits fournissant de l'eau minérale servie par la Société à ses propres clients. Ce droit sera maintenu à perpétuité au profit desdits habitants, même au cas de rachat prévu à l'article ci-dessus. »

On nous permettra bien d'ajouter que c'est avec un certain plaisir qu'ils consomment une eau dont Richard de Laprade, l'aïeul du poète, conseiller, médecin ordinaire du roi, disait, en 1778, qu'elle *est limpide, qu'elle a un goût vineux assez agréable;* dont O'Henry, chef des travaux chimiques à l'Académie royale de médecine, disait déjà en 1836 :

(1) Une preuve de l'exclusion de cette eau du barrage de la consommation alimentaire de Saint-Galmier, c'est qu'en 1904, par le temps de grande sécheresse, le filtre ne pouvant suffire à sa tâche pour laisser passer toute l'eau industrielle et d'arrosage nécessaire, l'eau du réservoir fut envoyée directement dans les fontaines de Saint-Galmier sans passer par les bassins de sable. Pas un cas d'entérite, pas un cas de fièvre tyhoïde, n'apparurent à Saint-Galmier, l'eau minérale seule étant employée et fournie en aussi grande abondance que les années pluvieuses.

« *Cette eau est froide, très limpide, d'une saveur acidulée, fraîche, fort agréable, elle se conserve aisément sans altération* » et dont nous pourrions parler aujourd'hui dans les mêmes termes.

NATURE ET COMPOSITION DE L'EAU MINÉRALE DE SAINT-GALMIER.

C'est le type achevé des eaux minérales naturelles carboniques froides et des eaux acidulées simples. Son principe dominant, en effet, est l'acide carbonique, soit libre, soit combiné avec des bases terreuses ou alcalines, dont la somme, à l'état de saturation, ne dépasse pas quatre grammes par litre.

L'homogénéité de l'eau est parfaite, aussi se conserve-t-elle indéfiniment en quelque sorte avec ses qualités natives.

Voici la composition de l'eau Badoit, d'après une analyse chimique faite au laboratoire des mines de Saint-Etienne, le 9 juin 1904.

Echantillon recueilli par M. Glasser, ingénieur des mines à Saint-Etienne :

Extrait sec à 180	Acide carbonique libre	Acide carbonique total	Silice	Acide sulfurique SO³	Acide phosphorique PhO⁶	Protoxyde fer FeO	Chaux CaO	Magnésie MgO	Potasse KO	Soude NaO
1,6258	3,1970	3,7385	0,0396	0,0389	0,0001	0,0018	0,3023	0,2061	0,0039	0,3495

IIᵉ PARTIE

*Quelques conséquences de cette alimentation habituelle
si particulière au point de vue hygiène urbaine à Saint-Galmier.*

Bien des observations de nos prédécesseurs et de nous-même seraient à relater pour établir les avantages et les inconvénients de cette consommation journalière, régulière d'eau minérale. L'abus naît trop évidemment de l'usage répété. Disons que les estomacs ne peuvent que digérer plus difficilement si on leur supprime l'eau minérale. Il se produit à la longue, chez les personnes qui en abusent, une sorte de dyspepsie médicamenteuse.

Parmi les avantages citons cette phrase d'un médecin de Saint-Galmier, dont la famille, véritable dynastie médicale, a exercé, chose rare, la médecine dans le même pays de Saint-Galmier pendant près de deux siècles :

« Depuis plus de 160 ans que la médecine est pratiquée dans ma famille, on n'a vu des habitants de Saint-Galmier souffrir de la présence d'une pierre dans la vessie ; jamais aucun d'eux n'a été dans la nécessité de se soumettre à l'opération de la pierre. Ils doivent cet avantage à l'usage quotidien qu'ils font de leurs eaux minérales, le meilleur, le moins irritant des diurétiques.

« Docteur LADEVÈZE, Saint-Galmier, 1823. »

Quatre-vingts ans après, nous pouvons confirmer cette observation. Mais là n'est pas, en ce moment, la question : il s'agit de savoir dans quelles proportions les maladies dont l'origine est le plus communément attribuée à l'eau existent à Saint-Galmier.

Ce chapitre sera court, il repose sur des négations. Nous n'avons jamais connu, comme bien d'autres villes du reste, *l'invasion du choléra, cas isolés ou épidémiques.*

Nous ne soignons en fait de *dysentérie* que celles qui viennent des colonies. Jamais de cas autochtones.

Mais alors, véritable particularité bien précieuse pour la population, il *il n'y a pas de fièvre typhoïde à Saint-Galmier :* il n'y en a eu, depuis 14 ans que nous exerçons, que 5 cas isolés :

1re observation, 1893 (1893, 9 juillet au 28 août). — Mme B., jeune mariée, voyageant assez fréquemment, a eu une fièvre typhoïde grave. Guérison.

2e observation, 1898. — Mme P. G.-M., jeune femme venue de Paris pour faire ses couches. Avec 39 degrés de température, 120 pulsations à la minute, elle accouche d'un enfant mort-né le 8 juillet 1898. Fièvre typhoïde (juillet-août). Guérison. Ne buvait pas d'eau minérale, mais, habitant près de Saint-Galmier, buvait l'eau d'un puits situé dans une remise voisine, à côté d'une écurie de chevaux, et non loin d'un conduit qui amenait à la Coise les eaux souillées d'un fossé de la route, où l'on jette des détritus.

3e observation, 1900. — J. P., 34 ans, voiturier, ayant personnellement et héréditairement de l'éthylisme prononcé. Forme cérébrale. Malgré les bains froids, issue fatale (avril 1900). Prétendait ne jamais boire d'eau.

4e observation, 1901. — P. J., 7 ans. Jeune enfant ayant eu pendant trois semaines une température variant de 40 à 41°,5, avec récidive pendant une période à peu près égale. Forme associée. Guérison par les bains, les injections de sérum artificiel.

5e observation, 1902. — Mlle M., jeune fille ayant contracté la fièvre typhoïde dans son habitation en soignant elle-même nuit et jour son jeune frère, *ouvrier jardinier revenu de Saint-Étienne en plein état de dothiénenterie.* La guérison obtenue, octobre 1902, Mlle M., la grande sœur, qui remplaçait les parents défunts, se mit au lit à son tour, eut une forme de fièvre typhoïde très grave, avec symptômes cérébraux, qui l'emporta malgré tous traitements institués.

Tel est le bilan des fièvres typhoïdes observées à Saint-Galmier de 1891 à 1905 en cinq cas :

3 d'origine inconnue ;

1 venant d'un puits infecté de la banlieue ;

1 venant de la contagion directe.

LA DOTHIÉNENTÉRIE DANS LA RÉGION VOISINE DE SAINT-GALMIER.

Si, à Saint-Galmier, nous sommes épargnés, malgré bien des fautes contre l'hygiène urbaine que nous allons réparer en appliquant avec conscience les prescriptions de notre Règlement sanitaire communal, nombreux sont les cas de dothiénentérie que nous signalons tous les ans, pour les communes voisines, à l'autorité administrative, en vertu de la loi sur la déclaration des maladies épidémiques (30 novembre 1892).

Citons seulement les communes de Veauche, Aveizieu, Saint-Cyr-les-Vignes, Rivas, Cuzieu, Saint-Bonnet-les-Oules, Saint-Médard, etc.

Pour les deux communes de Veauche et d'Aveizieu, bien moins importantes comme population que Saint-Galmier, nous arrivons au chiffre de 80 cas traités par nous seul en 14 ans, sans compter ceux traités par nos confrères.

Ces cas de localités voisines sont tous dus manifestement aux eaux impures, chargées de matières organiques, des puits contaminés par les purins, les fumiers et autres souillures.

A quelques kilomètres de nous, à Saint-Etienne et aux environs, la population a été véritablement frappée par les ravages de cette maladie. Les eaux des barrages établis sur le Furan ayant diminué dans d'effrayantes proportions en 1904, il n'y eut plus, à un moment donné, que 80.000 mètres cubes d'eau au lieu de 3.000.000, et quelle eau !

Aussi, sans compter les nombreux décès de typhiques dans la population civile, un régiment de dragons a-t-il été décimé, et 17 cavaliers sont-ils morts en quelques semaines à l'hôpital militaire, des suites de la dothiénentérie.

Cette année dernière, en été et automne 1904, les cours d'eau, les mares, les puits, étaient à sec dans les campagnes voisines, la fièvre typhoïde y faisait son apparition malgré les précautions hygiéniques recommandées aux habitants ; pendant ce temps, à Saint-Galmier, nous avions la même quantité d'eau minérale à notre disposition, *pas un seul cas de fièvre typhoïde ne s'est développé dans l'agglomération.*

Un seul y a été traité, celui d'une jeune femme venue de Saint-Etienne par le chemin de fer avec 40° de température, véritable typhus ambulatoire ; bloquée pendant un mois à Saint-Galmier, elle est repartie bien guérie, sans semer la contagion autour d'elle.

Déductions à tirer de ces deux faits : 1° alimentation en eau potable de toute une agglomération par l'eau minérale de Saint-Galmier ; 2° absence dans cette population de cas de fièvre typhoïde et de maladies réputées transmissibles par l'eau.

On nous accordera sans peine la rigoureuse logique de cette déduction : des eaux qui depuis des années sont consommées par toute une agglomération, sans qu'il y ait des cas de maladies réputées transmissibles par l'eau, sont forcément, pratiquement, des eaux pures.

Ainsi dans notre petite ville se confirme l'aphorisme du professeur Courmont au 1ᵉʳ Congrès d'Hygiène Urbaine et Climatothérapie :

« La fièvre typhoïde est une maladie absolument évitable. Il suffit, pour la faire disparaître d'un pays, de fournir aux agglomérations humaines de l'eau non polluée... »

L'an dernier, membre du Congrès de Nice, nous avons vu et entendu avec le plus grand plaisir nos maîtres des Facultés et de l'Académie réhabiliter facilement, avec nos très distingués confrères du littoral, le Midi, son climat, sa luminosité, sa douceur si enveloppante, sa température si bienfaisante, et toutes ces conditions qui en font un Eden pour le malade et pour le touriste.

À nos yeux, ils ont eu facilement raison des partisans du sanatorium en tout pays, même dans les brumes du Nord, négligeant tout ce qui n'est pas discipline. Nous sentions que nos confrères d'Arcachon, Pau, Biarritz, Ajaccio ou d'ailleurs n'étaient pas moins fiers de leurs stations. Dès ce moment nous adhérions au prochain Congrès, nous promettant de faire ressortir au profit de notre petite patrie cette particularité de son alimentation en eau potable.

Sans sortir des cadres du Congrès, nous voulons dire, du haut de sa tribune, à ceux qui consomment nos eaux à travers le monde, que, d'après l'observation de toute une ville pendant des années, ils ne courent aucun danger de contracter des affections éberthiennes ou produites par des hôtes dangereux.

La clinique, du reste, est d'accord avec la bactériologie. Une analyse faite en 1894 au laboratoire du professeur Strauss, sous la direction de M. P. Teissier et de notre regretté ami M. Cl. Philippe, alors interne des hôpitaux de Paris, nous avait donné entière satisfaction et sécurité complète : ni colonies nombreuses, ni liquéfiants, ni colibacilles.

Cette pureté ne surprendra pas qui connaît le captage de nos sources dans le rocher, à 30 mètres de profondeur, sans communication possible avec la surface du sol, et avec tout le soin apporté au rinçage et à l'embouteillage bien avant les mesures prescrites par l'Académie de médecine.

CONCLUSIONS

1. — La petite ville de Saint-Galmier offre cette première particularité que son agglomération s'alimente uniquement de son eau minérale en guise d'eau douce depuis des années, des siècles peut-on dire.

2. — Elle offre pour sa population cette autre particularité heureuse que les cas de maladies réputées transmissibles par l'eau (dysenterie, fièvre typhoïde) n'y existent pas.

3. — Le médecin qui établit ces faits se croit donc en droit de conclure que cliniquement ces eaux peuvent passer pour le type des eaux pures.

4. — En établissant le plan de cette communication nous avons été amené à confirmer formellement, une fois de plus, l'origine hydrique de la

fièvre typhoïde: 4 riverains de la Coise, ne buvant que de l'eau très limpide de cette rivière, ont contracté la fièvre typhoïde parce que cette eau avait été polluée, 8 ou 10 kilomètres plus haut, par l'agglomération de Saint-Symphorien-sur-Coise, où sévissait la dothiénentérie.

Au sujet du barrage de la Côte Patay et du filtre, nous avons appris, ces jours-ci, par des analyses bactériologiques, que le filtre était bon s'il fonctionnait dans des conditions normales, sans surcroît de travail épurateur.

L'eau douce non potable, très dangereuse d'une vallée, recueillie par un barrage construit de 1889 à 1891, filtrée par le système des bassins à sable copié sur ceux de Berlin et de Varsovie, devient pure après cette filtration.

D'inutilisée jusqu'à présent, elle pourra devenir utilisable pour l'alimentation après études et améliorations nouvelles.

Comme curiosité géologique, ayant son application dans la composition de notre filtre, le sol voisin du barrage de la Côte Patay, par ses apports ferrugineux fréquents, a complété le filtre. Ce n'est plus le simple filtre à sable, c'est le système d'Anderson, sans avoir besoin d'ajouter artificiellement du fer et des sels ferrugineux.

DISCUSSION

Sur la demande du Dr Odin, le Professeur Calmette engage à continuer à boire l'eau de la source Saint-Galmier.

Il fait, en passant, observer que les barrages et la filtration des eaux sales à travers le sable ne présentent pas de garantie définitive suffisante.

M. Leprince (de Paris) appuie ces observations.

<hr>

LA QUESTION DU LAIT DANS LES STATIONS CLIMATIQUES ET BALNÉAIRES.

Par le Dr CHAMBRELENT, de Bordeaux.

Depuis quelques années, l'attention des médecins et des hygiénistes a été appelée d'une façon toute particulière sur l'importance de la pureté du lait destiné à la consommation.

Cette question me paraît intéresser à un haut degré les stations climatiques et balnéaires où chaque année une population flottante considérable vient chercher le rétablissement de sa santé.

Il n'entre pas dans les limites de cette communication de vous énumérer les dangers auxquels expose la consommation d'un lait de provenance suspecte ; je me permettrai cependant de vous rappeler que nombre de maladies virulentes et contagieuses telles que la tuberculose, la diphtérie, la fièvre typhoïde, etc., ont souvent eu pour cause déterminante l'ingestion d'un lait contaminé.

L'entérite qui est, sans contredit, la cause la plus fréquente de la mortalité des nouveau-nés, est le plus ordinairement causée par la mauvaise qualité du lait.

On comprend donc combien les familles ont raison de se préoccuper de la qualité du lait, surtout lorsqu'il est destiné à l'alimentation d'un malade, d'un convalescent ou d'un nouveau-né.

Ne vous semble-t-il pas, Messieurs, que toute famille arrivant dans une station climatique ou balnéaire devrait avoir la certitude de pouvoir se procurer un lait absolument sain, et n'est-il pas du devoir du corps médical de lui en faciliter les moyens ?

Or, ces moyens nous paraissent bien simples à réaliser : il suffirait de créer dans chacune de ces stations, sous la direction des pouvoirs publics et sous la surveillance du corps médical, une ou plusieurs laiteries modèles.

Je ne puis vous décrire ici en détail les conditions que devraient présenter ces établissements ; je dois me contenter de vous les rappeler en quelques mots :

1º Les vaches devraient être l'objet d'une surveillance toute particulière et n'être admises à la laiterie qu'après avoir subi l'épreuve de la tuberculine.

Un vétérinaire serait chargé de l'examen journalier de chacun de ces animaux qui ne seraient conservés à la laiterie que dans des conditions de santé parfaite.

2º Les étables devraient présenter des conditions parfaites d'hygiène.

3º La nourriture des animaux devrait également être soigneusement surveillée.

Je vous rappelle, en effet, que certains aliments peuvent nuire à la qualité du lait, et que des accidents graves tels que gastro-entérite (Demme), scorbut infantile (Ausset), ont pu être observés à la suite d'ingestion de lait provenant de vaches nourries avec des aliments altérés ou des résidus d'usine.

4º La traite devrait être faite avec les précautions les plus rigoureuses de propreté et d'asepsie, le lait pouvant servir de transport à des germes infectieux provenant soit des mains des vachers, soit des parties de l'animal avoisinant les mamelles.

5º Les vases destinés à contenir le lait devraient être tenus très propres et stérilisés avant chaque usage, puis fermés et cachetés sous la surveillance d'un personnel de confiance et être ainsi portés directement à domicile dans les deux heures qui suivraient la traite.

Ces conditions, bien simples à réaliser, suffiraient, il me semble, à assurer aux familles un lait présentant toutes les garanties de pureté désirables.

RÉGLEMENTATION DE LA VENTE DU LAIT
ET SON CONTRÔLE A BEAULIEU.

Par le Dr HÉRARD DE BESSÉ (de Beaulieu-sur-mer).

Le lait, à la fois aliment et médicament, dont tout le monde fait plus ou moins usage, constitue la seule nourriture de bien des personnes, soit qu'il s'agisse de malades, soit qu'il s'agisse d'enfants. Il est donc d'une nécessité primordiale que ce produit soit pur et d'une qualité constante, surtout dans des stations où les gens viennent demander la santé. Malheureusement cet aliment est certainement parmi ceux qui sont le plus fraudés.

Je ne veux pas entreprendre l'énumération de toutes les sophistications dont le lait est ou peut être l'objet, car presque toutes, sinon toutes, découlent de deux principales : le mouillage et l'écrémage. Rendre ces deux pratiques impossibles, c'est contraindre les marchands à vendre de bon lait... Cette question de la répression de la fraude du lait a fait l'objet d'innombrables discussions et travaux ; de multiples procédés ont été préconisés pour la déceler, et de très nombreux arrêtés municipaux ont été pris, un peu partout, pour l'empêcher. Je crois cependant qu'on n'est arrivé généralement qu'imparfaitement au résultat cherché, et c'est parce que j'estime que les mesures prises à Beaulieu atteignent le but désiré que j'ai voulu vous les faire connaître.

Sans parler des fraudes ultérieures qu'entraînent le mouillage et l'écrémage, ces pratiques ont par elles-mêmes de graves inconvénients : en effet, le mouillage se fait avec de l'eau qui n'est pas toujours propre et peut introduire dans le lait une foule de microbes, hôtes habituels ou accidentels de l'eau, dont le plus dangereux est le bacille d'Eberth.

L'écrémage rend le lait plus altérable et entraîne presque toujours une richesse bactérienne plus grande. Il ne faut pas oublier, en effet, que le lait est par lui-même un milieu de culture excellent et que toutes les manipulations qu'entraîne le mouillage ou l'écrémage ont comme premier résultat de l'ensemencer.

L'écrémage a, en outre, un autre inconvénient, sur lequel a insisté le professeur Budin, c'est qu'on ne sait plus quelle est la valeur nutritive de l'aliment prescrit. Si du lait contient seulement 20 gr. de beurre, il faudra en donner beaucoup plus que de celui en renfermant 40 gr. (le beurre étant, on le sait, ce qui, dans le lait, fournit le plus de calories), mais comment le savoir ? Voilà donc un aliment précieux pour les malades, les enfants, etc., et en disant d'en prendre tant par jour, nous ne pouvons pas savoir la richesse nutritive du régime donné. Et quand je parle de lait contenant 20 gr. de beurre je ne cite pas un lait particulièrement pauvre, car très nombreux sont ceux qui sont plus pauvres encore. Dans des analyses de lait faites publiquement on a trouvé jusqu'à 1 gr. 5o seulement de beurre (cité par le professeur Budin). C'est scandaleux... et dangereux.

Pourquoi cette situation est-elle encore la règle presque partout ? Est-ce parce que les procédés de recherche sont insuffisants, ou bien parce qu'on n'a pas su frapper où et comme il fallait ?

Sur le premier point je crois qu'aujourd'hui on peut répondre que les procédés sont suffisants. Pour le mouillage, l'application par M. Winter, en 1895, de la cryoscopie à l'examen du lait a été un énorme progrès. En effet, jusqu'alors c'était par la faiblesse des divers éléments dissous ou en suspension qu'on pouvait conclure au mouillage ; cela nécessitait des analyses longues, compliquées, onéreuses ; de plus, le chimiste, à moins de mouillages considérables, ne pouvait pas affirmer catégoriquement l'addition d'eau, et encore moins préciser son importance ; dans le doute les tribunaux hésitaient et souvent ne condamnaient pas. Grâce à la cryoscopie il n'en est plus de même ; ce procédé est rapide, simple, peu coûteux et permet, chose capitale, de déceler le mouillage dans le lait le plus riche, et s'il y a lieu, de constater son absence dans le plus pauvre. Sa valeur, contestée par le Dr Bordas sans arguments bien frappants, a paru réelle, après de très nombreux essais expérimentaux, à de multiples observateurs, parmi lesquels je citerai le docteur Parmentier, médecin des hôpitaux de Paris, le professeur Budin et le docteur Nicloux, son chef de laboratoire, qui y ont pleine confiance et l'utilisent depuis des années.

Il est basé sur ce fait que le point de congélation du lait, ou point cryoscopique, est constant et indépendant de sa richesse, en beurre notamment ; ce point est à 0,55 au-dessous de o. Plus le lait contient d'eau, plus son point cryoscopique monte et se rapproche de o. Une table donne la teneur en eau pour chaque centième de degré entre o,56 et o. L'appareil cryoscopique de Winter, particulièrement commode et peu onéreux, est celui en usage au bureau d'hygiène de Beaulieu, et je dois dire que toutes les expériences que j'ai faites ont été concluantes, s'il y avait encore à faire la preuve de la valeur du procédé.

Pour l'écrémage, les appareils de dosage du beurre et les procédés recommandés sont fort nombreux. Les uns sont très précis, mais généralement compliqués ; les autres sont simples et rapides, mais donnent des résultats contestables. Il existe cependant un procédé au moins qui joint une précision très suffisante à une simplicité parfaite, c'est celui du docteur Gerber, employé par beaucoup et conseillé en particulier par le professeur Budin, dans son Manuel pratique d'allaitement. C'est ce procédé que j'ai adopté pour le bureau d'hygiène de Beaulieu. Il est basé sur le principe suivant : dissolution de presque tous les éléments autres que la matière grasse du lait dans l'acide sulfurique additionné d'une petite quantité d'alcool amylique ; séparation de la graisse à l'aide de la chaleur et de la force centrifuge. Les manipulations sont rapides et faciles ; la seule demandant une réelle exactitude consiste dans la mesure, à l'aide d'une pipette graduée, de la quantité de lait à prélever ; malgré cette simplicité, les chiffres fournis par l'acido-butyromètre Gerber sont très suffisamment précis, puisqu'ils sont exacts à 1/2 gr. o/o près.

Ces deux appareils se complètent l'un l'autre et permettent de savoir rapidement, économiquement et exactement, si un lait est bon ou non. Ce n'est donc pas de là que viennent les difficultés qu'on a rencontrées pour empêcher la fraude du lait.

Ces difficultés viennent de ce qu'on a surtout en vue de punir la fraude *et non pas d'obliger le marchand à fournir un lait d'une certaine richesse pour un certain prix.* Or, comme l'a dit le prof. Budin, *ce qui nous importe surtout à nous,* MÉDECINS, *c'est de connaître la valeur de l'aliment que nous prescrivons.* Il n'est pas toujours nécessaire d'avoir du lait contenant 40 gr. de beurre; dans certains cas, nous préférerons un lait n'en contenant que 3o ou même moins! Or, c'est de là que viennent la plupart des difficultés; on veut décréter que le lait au-dessous de tant de beurre est falsifié, écrémé! Comment le prouver? C'est impossible! Il n'y a pas un élément qui varie dans le lait autant que le beurre; tout l'influence : la race, l'individualité, l'âge de la bête, l'heure de la traite, etc... Dans ces conditions comment établir qu'un lait est écrémé? (Je fais abstraction, bien entendu, des cas où l'écrémage est poussé vraiment par trop loin.) On est obligé d'accepter la possibilité qu'un lait contenant seulement 3o gr. de beurre n'est pas écrémé puisqu'une vache, se trouvant dans certaines conditions plus ou moins anormales, peut avoir des mamelles fournissant un liquide contenant seulement 3o grammes de beurre. D'une réglementation dans ce sens, il résulterait une chose bien simple, c'est qu'il n'y aurait plus un lait vendu contenant plus de 3o à 32 gr. de beurre! — Si, au contraire, on se place à un autre point de vue et qu'on cherche *non pas à nous fixer le point au-dessous duquel le lait sera déclaré écrémé, mais seulement à établir des catégories selon la richesse en beurre, les choses se trouvent très simplifiées.* D'abord on peut fixer des limites plus élevées puisqu'elles ne signifient pas *écrémage,* mais seulement *teneur en beurre,* et si le laitier n'en tient pas compte il peut être poursuivi non plus pour fraude (toujours difficile à prouver), mais pour contravention à un arrêté, pour tromperie sur la qualité de la marchandise vendue.

Nous avons à Beaulieu deux sortes de laits : l'un contenant plus de 35 gr. de beurre, l'autre, dit *Lait pauvre,* contenant plus de 3o gr., cela grâce à l'arrêté que je cite parce que je ne sais pas s'il en existe d'autres en France conçus dans le même esprit :

Département des Alpes-Maritimes.

COMMUNE DE BEAULIEU

ARRÊTÉ
Concernant la vente du lait.

Le maire de la commune de Beaulieu,
Vu l'art. 97, parag. 5, de la loi du 5 avril 1884;

Vu la loi du 27 mars 1851 ;

Vu l'art. 423 du Code pénal;

Considérant qu'il importe d'assurer dans la commune la vente de lait pur et de réprimer la fraude sur cet aliment de première nécessité;

ARRÈTE :

Art. 1er. — La vente de lait mouillé, écrémé, ou contenant des substances étrangères, est formellement interdite.

Art. 2. — La vente du lait contenant moins de 35 gr. de beurre par litre, mais plus de 30 gr., sera tolérée, à condition que les récipients le renfermant portent d'une façon très apparente, et sur une plaque fixe, la mention : LAIT PAUVRE.

Art. 3. — Tout lait contenant moins de 30 gr. de beurre par litre sera analysé et l'analyse sera communiquée à M. le Procureur de la République.

Art. 4. — MM. les gardes-champêtres sont chargés de l'exécution du présent arrêté.

Fait et arrêté à Baulieu, le 15 février 1905.

Le maire, *signé* : J. BAILET.

Vu : Nice, le 21 mars 1905.

Pour le Préfet, le secrétaire général délégué.

Signé : A. HENRY.   Pour copie conforme,
            Le maire,
            J. BAILET.

Cet arrêté est très récent, mais j'ai déjà pu constater un réel progrès dans la qualité du lait qu'on nous vend, notamment lors du dernier prélèvement fait par les gardes champêtres : le Dr R. Ricoux, directeur adjoint du bureau d'hygiène, et moi n'avons pas trouvé *un seul* lait mouillé.

Je dois ajouter, d'ailleurs, que d'ici peu le préfet des Alpes-Maritimes, sous l'inspiration du Dr Balestre, prendra, nous l'espérons, un arrêté réglementant dans ce sens la vente du lait dans tout le département.

Je crois que cette voie est la bonne et elle est facile à suivre ! Avec 120 fr. ou 130 fr. la commune de Beaulieu a pu s'outiller de façon à surveiller aussi souvent qu'il est convenable les laits mis en vente. Partout, mais surtout dans les villes de saisons, on devrait adopter des mesures analogues, dont l'efficacité ne me paraît pas douteuse.

LE LAIT A ARCACHON.

Par M. DUPHIL

Docteur en pharmacie, directeur du Laboratoire municipal d'hygiène.

Le lait est de beaucoup la plus importante de toutes les denrées alimentaires soumises à l'inspection des bureaux d'hygiène.

Le lait, surtout celui de vache, est, en effet, un aliment complet qui, en dehors de l'allaitement naturel, sert à la nourriture exclusive des nouveaux-nés. Il est aussi la base de l'alimentation des vieillards, et souvent un élément de choix pour le traitement de certaines maladies. La falsification du lait n'est pas seulement une tromperie sur la marchandise vendue, mais elle peut devenir une cause de la dépopulation ; aussi doit-elle être sévèrement et sans pitié réprimée.

La richesse du lait, et surtout la proportion de beurre, peuvent varier avec les races des animaux qui le secrètent. Les laits les plus riches sont ceux des vaches normandes, puis viennent les races bretonne, suisse, danoise et la race hollandaise qui donne les laits les plus abondants, mais aussi les plus pauvres. Les vaches des troupeaux qui approvisionnent Arcachon sont de race bretonne, ou sont les produits d'un croisement entre les races bretonne et bordelaise.

La nourriture et le pacage influent également sur le volume et la composition du lait. On sait qu'un grand nombre de nourrisseurs arrivent, en alimentant les vaches hollandaises avec des drêches de brasserie, à produire beaucoup de lait très pauvre en beurre, et offrant tous les caractères de laits mouillés.

Laits d'Arcachon. — En tenant compte de ces considérations, on peut diviser les laits fournis à Arcachon en :

1° Lait de la forêt ou de Leste. 2° Lait de pacages mixtes (forêt et prairies). 3° Lait de lande. 4° Lait des prés salés. 5° Lait des prés à eaux mixtes (douces et salées).

En analysant chacun de ces laits traits devant nos yeux, nous avons pu déterminer la composition exacte de chacun de ces échantillons, et constituer ainsi des types purs qui nous ont servi de point de repère et nous ont fourni des données sûres pour nous guider dans notre inspection.

1er Type. — Lait de forêt ou de Leste. Excessivement crémeux et fort ; il possède une couleur parfois un peu jaunâtre ; il donne à l'analyse : densité, 1,035 ; beurre, 45 à 40 gr. ; crème, 16° à 18° au crémomètre.

2e Type. — Lait de pacages mixtes (forêt et prairies). Densité, 1,032 à 1,034 ; beurre, 42 gr ; crème, 12°. C'est la majeure partie des laits fournis par la Teste et les prairies bordant notre belle forêt.

3e Type. — Lait de lande, comprenant le haut de Biganos, Audenge, Mios, Gujan-Mestras. Densité, 1,031 à 1,032 ; beurre, 42 gr. ; crème, 10° à 11°.

4e Type. — Provient des prés salés de la Teste : densité, 1,031 ; beurre, 40 gr. ; crème, 10°. Il est fourni par les troupeaux qui paissent dans les prairies journellement inondées par le flux des eaux du bassin et souvent par les fortes marées ; ce lait est exquis et riche en beurre, car nos animaux font des séjours répétés dans ces prés salés, où poussent la salicorne et des herbes riches en principes salins et iodés (Benazet).

Enfin le 5e type provient des prairies avoisinant l'embouchure et les bords de la Leyre ; ils sont plus faibles et se rapprochent beaucoup des laits de Bordeaux fournis par les troupeaux paissant sur les bords de la Garonne. A l'analyse nous avons trouvé : densité, 1,028 à 1,029 ; beurre, 38 à 39 gr. ; crème, 9° à 10°.

Composition moyenne. — La quantité de lait portée à Arcachon par les 5o laitiers qui approvisionnent notre ville est, d'après les chiffres donnés par eux, de 3.5oo à 4.ooo litres par jour. Cette proportion nous prouve combien cette question est importante et doit attirer l'attention du service sanitaire. En collectionnant les quantités fournies par chacune de ces 5 zônes, nous avons pu constituer la composition moyenne du lait de dépôt vendu à Arcachon, elle est de :

Densité : 1,030.

Matières minérales..........................	6 gr. par litre.
Matières grasses (beurre)...........	40 gr. —
Matières sucrées (lactose)......................	48,50 —
Matières albuminoïdes (caséine).................	34 —

En comparant les résultats de nos analyses aux données de cet échantillon moyen pris comme type, nous avons pu classer dans nos expertises les laits examinés : en laits *conformes*, *mouillés*, *écrémés* ou *faibles*.

Falsifications. — Les falsifications de laits que nous avons recherchées sont de deux sortes : les unes, les plus fréquentes et ayant pour effet de diminuer les éléments nutritifs, sont le mouillage et l'écrémage. Le mouillage est une falsification très dangereuse, car opéré, soit dans les fermes, soit au dépôt ou dans le parcours, il est toujours fait clandestinement, à la hâte et en cours de route, avec de l'eau de provenance quelconque, souvent souillée par des germes nombreux. Nous avons décelé cette fraude : 1º par la détermination quantitative des principes constituants du lait (lactose, beurre, caséine, principes acides, principes minéraux), examen complété par la détermination de la densité, de la crème et de la matière extractive. Nous avons pu ainsi déceler si le lait examiné présente une constitution normale, ou si sa composition est celle d'un lait écrémé, ou mouillé, ou bien celle d'un lait à la fois écrémé et mouillé. Ce procédé est peut-être un peu long, mais toujours sûr, car on ne peut s'en rapporter aux données incertaines des pèse-lait qui, avec les laits aqueux des bords de la Leyre, ont souvent donné de fausses interprétations, et firent autrefois, avant la création du Laboratoire municipal, annuler pas mal de procès-verbaux. Aujourd'hui nous n'avons plus une seule réclamation et les délinquants s'exécutent sans aucune protestation. Comme ces opérations demandent 3 ou 4 jours, l'été, après avoir recherché le formol dans les échantillons de lait saisi, il suffit d'ajouter quelques gouttes d'une solution d'acide formique pour empêcher toute coagulation et conserver du lait des mois entiers.

On semble à l'heure actuelle vouloir préconiser des procédés plus rapides, entre autres la *cryoscopie*; nous ne croyons pas qu'il soit prudent de l'employer à Arcachon ; nos laits sont en effet mouillés au dépôt avec de l'eau de Cazeaux excessivement pure, ne marquant que 3º hydrotimétriques, et ayant une densité dépassant à peine celle de l'eau distillée; la cryoscopie se basant sur le point de congélation donnerait donc des résultat incertains.

Examen bactériologique. — Le comptage bactériologique n'a jamais donné une proportion de microbes dépassant 1o.ooo, limite attribuée par

Flügge aux laits purs. Nous n'avons jamais caractérisé ni microbes colorés, ni microbes pathogènes.

Dans nos laiteries, les vaches étaient soumises à la tuberculinisation, marquées au fer rouge sur une corne coupée.

Le service vétérinaire, soit chez les particuliers, soit dans les abattoirs, depuis 22 ans, n'a diagnostiqué qu'un ou deux cas de tuberculose. Nos paysans ne font pas l'élevage, fatiguant et usant très rapidement le bétail ; ils se livrent exclusivement à la production du lait qui se vend très bien à Arcachon. La production et la bonté du lait étant proportionnelles au jeune âge des vaches, les troupeaux sont souvent renouvelés, leur nourriture renforcée, et, chez le petit propriétaire, la vache menée à la corde : conditions excellentes qui donnent très peu de bétail tuberculeux dans nos régions.

Recherche des antiseptiques. — Nous n'avons jamais trouvé dans les laits soumis à l'analyse les antiseptiques ou autres substances susceptibles d'être introduites dans le lait telles que : acide salicylique, borax, formol, bicarbonates alcalins, chromate jaune de potasse, fécules, gommes ou matières sucrées diverses.

Nos laits sont apportés soir et matin de la campagne avoisinante; ils sont très rapidement consommés, les industriels n'ont donc pas à retarder la coagulation du lait.

Pratique de l'inspection. — L'inspection des laits a été souvent répétée surtout l'été. Dans chaque opération nous avons examiné les produits de 30 à 40 laitiers, nous avons ainsi prélevé dans le courant d'une année 60 échantillons pour être soumis à l'analyse. Sur ce nombre, 28 ont été retenus, 18 ont donné lieu à des procès-verbaux confirmés par le tribunal correctionnel.

Sur ces 18 : 5 étaient franchement *mouillés et écrémés ;*

13 étaient simplement *mouillés ;*

10 ont été retenus comme faibles ; cette faiblesse naturelle provenait des pacages aqueux des bords de la Leyre. Cette saisie a donné lieu des observations auprès des propriétaires qui, à l'heure actuelle, renforcent à l'étable la nourriture un peu légère des pacages aqueux.

En opérant ces examens dans la ville d'Hiver, dans l'intérieur même des cuisines des villas et chalets, nous avons pu surprendre plus sûrement les fraudes. Nous avons également pu constater que le laitier fait lui-même une sélection dans ses produits, réservant les laits excellents et crémeux de la forêt et du voisinage de la forêt pour ses clients de choix (familles étrangères ou malades en traitement). C'est surtout l'été et dans les quartiers populeux et les derniers desservis que la fraude s'exerce. L'industriel manquant de lait ne se gênait pas pour diluer sur place ce qui lui restait.

Le plus souvent cette fraude était réservée pour les indigents. On a, dans les administrations communales, la mauvaise habitude de mettre en adjudication les fournitures faites au bureau de bienfaisance; c'est, au moins pour le lait, mettre en adjudication la santé publique. Nous avons dû forcer

[illegible] adjudicataire à Audffer. L'un [illegible]
lait pur au prix fixé, l'autre a été extrait après [illegible]

[illegible] D'après le nombre des échantillons examiné [illegible] l'inspection, nous pouvons affirmer que la proportion des laits [illegible]
falsifiés pendant l'année dernière [illegible] 5 à 6 0/0. Ell [illegible]
diminue, car depuis six mois nous n'avons en [illegible]
dresser. [illegible]

<h2>CONCLUSIONS</h2>

Nous pouvons donc conclure :

1° Que le lait fourni à Arcachon est pur et riche en beurre [illegible]
la forêt, le voisinage de la forêt et les pacages près de nos [illegible]

2° Que la proportion moyenne de beurre de nos laits de dépôt [illegible]
grâce à cette disposition topographique, est supérieure à celle [illegible] de
Paris, et celle trouvée par M. le professeur Blarez dans la [illegible]
moyenne des laits de Bordeaux marquant 38 [illegible] de beurre [illegible]

3° Qu'il ne contient pas de bacilles pathogènes, pas de microbes saphro-
phytes, grâce aux lavages des récipients opérés à Arcachon [illegible] l'eau [illegible]
pure de Cazeaux et peu riche en microb[illegible] ;

4° Que la proportion des laits falsifiés, 6 0/0, est au-dessous de celle
de Bordeaux, 20 0/0 (Blarez) ;

5° Que l'absence des procès-verbaux pendant ces cette [illegible]
6 mois prouve que la quantité de lait fournie à Arcachon est [illegible]
suffisante pour assurer la consommation d'un lait excellent [illegible]
en beurre et en crème [illegible]

<h2>DISCUSSION</h2>

M. TACHARD est d'avis que pendant toutes les précautions [illegible]
moment de la traite, quel que soit l'état de santé de [illegible]
transport au loin du lait, ce liquide devient un milieu de [illegible]
reux.

Il est d'avis que la pasteurisation intègre le [illegible] et le moyen [illegible]
positif d'éviter les cultures microbiennes, infectant le lait [illegible]
dant les transports à longue distance. Ce sont les [illegible]
nuant à domicile, qui provoquent les infections [illegible]
et que l'on connaît [illegible]

M. DUPIN, au sujet de la proposition de M. [illegible] demande la
pasteurisation du lait au départ de la ferme, [illegible] la pasteurisation à domicile, le lait pouvant se contaminer [illegible] le transport [illegible]

M. CHAMBRELENT. — La pasteurisation, pour être efficace [illegible]
immédiatement après la traite [illegible]

M. PANEL (de Rouen) fait observer que si, partout, les hygiénistes
recommandent de soumettre les vaches à la [illegible]
ont annoncé qu'ils avaient soumis leur bétail à [illegible]

permet de contrôler que l'opération ait été bien faite et que le lait provenant d'une ferme voisine ne soit pas vendu sous la même étiquette. Il y aurait lieu de soumettre ces établissements à un contrôle sévère des vétérinaires sanitaires.

M. Hérard de Bessé. — Je crois que la cryoscopie, en dehors de sa commodité, est un procédé plus sensible que l'analyse pour la recherche du mouillage. En effet, je demande à MM. Chambrelent et Duphil s'ils croient que le chimiste peut par l'analyse affirmer *absolument* un *léger* mouillage.

D'autre part, je suis persuadé qu'à cause de sa rapidité, de sa simplicité, de son exactitude reconnue par les Drs Parmentier, Budin, Nicloux, etc... il y aurait lieu d'en recommander l'emploi, et je demande l'avis de la section d'hygiène sur ce point.

M. Hérard de Bessé se demande, en outre, si la tuberculinisation des vaches laitières présente des garanties suffisantes, la vaccination ne donnant qu'une fois des résultats.

M. Duphil fait remarquer que les procédés de cryoscopie sont encore bien discutés et ne peuvent faire loi en matière de réglementation du lait. L'analyse chimique, malgré sa longueur, est préférable, car elle permet de se prononcer en toute sécurité. — En été, il faut garder les échantillons pendant plusieurs jours; pour éviter la coagulation, il suffit d'ajouter 2 gouttes de formol ; un échantillon de lait ainsi traité peut se conserver plusieurs mois.

Prof. Calmette. — La réaction à la tuberculine ne se produit qu'une fois, a dit M. Hérard de Bessé; — ce n'est plus exact, elle peut agir plusieurs fois. — M. Vallé, d'Alfort, a prouvé qu'il suffit d'augmenter les doses pour obtenir trois ou quatre fois la réaction.

Il serait désirable que le résultat de cette réaction fût inscrit au fer rouge sur la corne de la bête, avec la date, — et que la tuberculinisation fût faite tous les six mois.

Dans le Nord, il est très difficile de se servir de la cryoscopie, car certaines vaches fournissent un lait dont la congélation se produit difficilement ; — les hollandaises peuvent donner jusqu'à 60 litres de lait par jour, mais c'est un mauvais lait, pauvre, contenant à peine 20 grammes de beurre, et dont la vente devrait être interdite.

M. Trillat préconise un procédé assez simple qui consiste à y déceler la présence de l'ammoniaque. — Le lait, dit M. Calmette, est toujours plus ou moins mouillé avec des eaux quelconques; ces eaux déterminent une fermentation rapide, et Trillat arrive à découvrir très vite les falsifications en recherchant les traces d'ammoniaque résultant de ces fraudes.

M. Calmette pense que le point principal serait d'obtenir la réglementation de la vente du lait, — c'est le plus difficile, — et cela à cause de la mauvaise volonté de bien des municipalités.

Cependant on devrait arriver à faire surveiller les vacheries par les vétérinaires et ne permettre la vente que de celui qui proviendrait des vacheries surveillées; — la traite est, du reste, faite, en général, d'une façon très sale ;

le personnel des vacheries doit être surveillé par le médecin sanitaire, au point de vue de la propreté, de l'hygiène des mains et aussi de l'état de santé en général!

M. Calmette ajoute que non seulement on trouve des bacilles chez les vaches atteintes de mammite tuberculeuse, mais aussi chez celles qui n'ont que quelques ganglions.

Ces diverses considérations l'amènent à déclarer qu'on devrait pasteuriser dans la laiterie même le lait destiné à être transporté.

D\ Hérard de Bessé. — Ce que vient de dire M. Calmette est très intéressant. Je lui demanderai si la cryoscopie spéciale au lait des vaches hollandaises, témoignant, par un point de congélation supérieur à — 0,55, de sa nature exceptionnellement aqueuse, si cette cryoscopie est basée sur un grand nombre d'analyses, et si ces dernières ont été faites dans des conditions rendant leur résultat incontestable.

M. le D\ Leprince, à propos de la communication de M. Duphil, pense que la cryoscopie est évidemment une méthode très intéressante qui peut rendre de sérieux services dans la majorité des cas; M. Calmette vient pourtant de signaler la pauvreté particulière du lait des vaches hollandaises qui, paraît-il, rend cette analyse douteuse.

D'autre part, il m'a semblé que l'analyse chimique permettait des conclusions conformes à la vérité; sans entrer dans les détails, je rappelle que dans le cas de pauvreté *en beurre*, le sucre augmente dans des proportions presque correspondantes, etc., etc.; de sorte qu'en procédant à une analyse complète, y compris l'examen microscopique, on arrive à des résultats permettant des conclusions formelles, le tout pouvant être fait assez rapidement. En procédant à des saisies fréquentes sur les différents points d'accès de la ville, on peut assurer un approvisionnement acceptable.

Pour le lait provenant d'assez grandes distances, il faut conseiller la pasteurisation *aussitôt la traite*, *exiger* la plus grande propreté chez les personnes devant procéder aux traites, et surveiller la santé de ces mêmes personnes.

M. Calmette, comme conclusion et avant de clore la discussion, pense qu'il serait désirable d'obtenir dès maintenant la surveillance des laiteries, du bétail et du personnel, et d'amener les municipalités à prendre les arrêtés nécessaires pour n'autoriser la vente du lait qu'avec des garanties suffisantes au point de vue de l'hygiène alimentaire en général, et de l'alimentation des nourrissons en particulier.

NOTE CONCERNANT L'HYGIÈNE ALIMENTAIRE
(Poisson)

Par le Dr PAILLÉ, d'Arcachon.

Ce beau lac d'eau renouvelée deux fois en vingt-quatre heures, et cette belle nappe d'eau chaude qui baigne les côtes du golfe de Gascogne, que vous avez pu admirer hier dans une pittoresque excursion, ne contribuent pas seulement à réchauffer et à épurer l'atmosphère qui environne Arcachon. Cette mer et cette baie renferment aussi des poissons, qu'une hygiène alimentaire bien entendue devrait utiliser dans des contrées éloignées.

Le poisson est, en effet, un aliment de premier ordre, lorsqu'il est consommé dans de bonnes conditions. Il peut faire à la viande une concurrence avantageuse sous le rapport alibile et sous le rapport économique.

Combien de paysans émigrés de la campagne dans les villes populeuses, où ils sont mal logés et mal nourris; combien d'ouvriers surmenés, dont le salaire quotidien est incapable de subvenir aux nécessités de l'existence; combien de malheureux enfants insuffisamment alimentés, pourraient tirer un grand profit de la consommation du poisson!

Arcachon possède des Compagnies de pêcheries dont l'industrie est très prospère.

Souvent elles ne peuvent écouler la quantité parfois très considérable de poissons que leurs bateaux ramènent.

S'il devenait possible à ces Compagnies de faire transporter économiquement et de faire vendre rapidement dans les villes du centre de la France les pêches dont elles ne peuvent se débarrasser sur place, il en résulterait de multiples avantages.

Eh bien! messieurs, ces avantages pourraient être réalisés.

Il suffirait de classer le poisson en deux catégories : le beau et le menu. Les Compagnies de chemins de fer abaisseraient leur tarif pour le transport rapide du petit poisson, et les villes diminueraient les droits d'octroi et de plaçage dans les marchés pour la même catégorie.

Dès lors, les familles ouvrières bénéficieraient d'une nourriture saine et réconfortante, à un prix abordable (de moitié moins élevé que la viande). Les octrois des villes, percevant leurs droits sur un plus grand nombre de colis, verraient croître leurs bénéfices, et les Sociétés de Pêcheries n'auraient plus à enregistrer de pertes inutiles.

Enfin, par-dessus tout, l'hygiène alimentaire de la population pauvre des villes se trouverait améliorée.

En tenant compte de la rapidité des transports actuels et de la conservation facile et prolongée des poissons dans la glace, ceux-ci pourraient parvenir en bon état dans des villes qui en connaissent à peine le nom. L'habitude aidant, la consommation, au bénéfice de tous, deviendrait de plus en plus considérable.

C'est ce qui advient dans certains pays, entre autres en Angleterre, où le poisson pêché par les nombreuses Compagnies de pêcheries est consommé presque entièrement par toutes les classes de la société. Nous pourrions, en France, obtenir aisément les mêmes résultats.

JOURNÉE DE CLÔTURE A PAU

—

Séance du samedi 29 avril

Ouverte à 9 heures 1/4 au Palais d'Hiver

*Les deux sections réunies sous la présidence du professeur RENAUT,
Président.*

—

Le Docteur Pellizza-Duboué est appelé à remplir les fonctions de secrétaire.

Le Professeur Renaut tient, avant que commencent les travaux de cette dernière séance, à adresser ses remerciements au bureau palois du Congrès qui s'est employé avec tant de zèle, de dévouement et d'intelligence à organiser cette journée de clôture.

Il envoie un souvenir ému à la mémoire du Dr Lafon, Président de la Société médicale de Pau, qu'une mort prématurée a empêché d'assister au succès final.

Le Congrès, dont la 2me Session va prendre fin, est un Congrès mixte, mais ce n'est point arbitrairement et par pur hasard que s'est faite l'union de la Climatothérapie et de l'Hygiène urbaine : ces deux branches se prêtent un mutuel appui, s'entr'aident, s'éclairent et se complètent l'une l'autre.

Quand on aura, grâce à une étude persévérante, méthodique et vraiment scientifique, donné à la Climatothérapie française la place qui lui appartient, on aura, du même coup, empêché le retour de phrases comme celle que Leyden prononçait en 1897 au Congrès international de Moscou, phrase injuste s'il en fut puisqu'elle proclamait que : « La Riviera est un vaste cimetière sur les bords de la Méditerranée. »

Non, dit l'orateur, nous ne devons ni ne pouvons méconnaître les ressources variées à l'infini de notre Climatologie française.

Après la côte méditerranéenne étudiée l'année dernière, ce fut Arcachon, avec son organisation remarquable, son outillage, les richesses climatologiques de sa baie, du sol de ses dunes, des replis de sa forêt. Aujourd'hui nous sommes à Pau, sur la terre ligure, où la montagne et le soleil se prêtent un mutuel appui, non loin de cet Océan Atlantique dont l'influence régulatrice se fait encore sentir.

Telles sont nos ressources ; il faut les étudier à la lueur des méthodes scientifiques nouvelles, mesurer toute l'étendue des services qu'elles peuvent rendre à la thérapeutique, en répandre la bienfaisante connaissance.

Nous sommes des initiateurs, nos travaux ne font que de commencer, il s'agit de les pousser, de perfectionner les méthodes, de creuser sans relâche notre sillon : ainsi se complètera l'œuvre du Congrès, d'année en année, de session en session.

Tel est, au déclin de sa présidence, le souhait ardent que lègue à ses successeurs l'éminent professeur Renaut.

La parole est à M. le Dr Andral, vice-président de la Société médicale de Pau.

Le Dr ANDRAL, après avoir, au nom du Corps médical de Pau, exprimé au Dr Renaut sa reconnaissance pour ses éloges et sa bienveillance, dit qu'il est particulièrement touché de l'évocation de la mémoire du Dr Lafon faite par le Président du Congrès.

Je regrette, dit-il, que les congressistes soient venus en aussi petit nombre s'associer aux travaux de cette ultime séance, et se rendre compte sur place de nos ressources climatothérapiques. Mais le phénix renaît de ses cendres et, lors d'une prochaine session, les congressistes viendront à Pau, j'en ai le ferme espoir, en nombre beaucoup plus considérable.

Il souhaite la bienvenue à tous les membres présents.

A. — CLIMATOTHÉRAPIE

INDICATIONS ET CONTRE-INDICATIONS
DU CLIMAT DE PAU

Rapport par le docteur L. GOUDARD, de Pau,
Membre de la Commission météorologique des Basses-Pyrénées.

—

Pour pouvoir comprendre les indications et les contre-indications d'un climat, il est indispensable de connaître, d'abord, ce qu'est ce climat. Nous diviserons en conséquence notre travail en deux parties. Dans la première partie nous étudierons le climat de Pau ; envisageant ce climat au point de vue des phénomènes météorologiques (calme de l'atmosphère, température, pluies, luminosité, pression barométrique, etc...), nous en déduirons ses propriétés physiologiques et leurs conséquences thérapeutiques, et nous examinerons leur influence sur la mortalité et la morbidité paloises.

Dans la deuxième partie, nous rechercherons quelles sont les indications et les contre-indications, générales et particulières, du climat de notre station.

PREMIÈRE PARTIE
ÉTUDE DU CLIMAT DE PAU

CONSIDÉRATIONS GÉNÉRALES

Sans préjuger des déductions physiologiques et thérapeutiques que nous aurons à enregistrer au cours de notre travail, nous pouvons dire, dès maintenant, que la caractéristique du climat de Pau est d'être essentiellement sédatif.

Cette propriété dominante se devine aisément à la simple énumération des principaux caractères de ce climat :

Calme de l'atmosphère et absence de vents violents;

Douceur de la température;

Fréquence relative des pluies, mais absence presque complète d'humidité libre dans l'atmosphère;

Luminosité moyenne avec alternatives de journées magnifiquement ensoleillées et de temps couvert.

Les diverses influences qui agissent sur ce climat découlent de la situation même de la ville et de la nature de son sol.

La ville de Pau est située à 43°17' de latitude nord et à 2°43' de longitude occidentale, sur un plateau élevé de 207 mètres au-dessus du niveau de la mer, plateau qui domine de 30 à 36 mètres la vallée du gave qui coule à ses pieds. Elle est entourée complètement d'une ceinture protectrice, constituée à l'Est, au Sud et au Nord par les coteaux qui l'entourent, à l'Ouest par la belle et longue promenade du Parc qui forme un magnifique rideau d'arbres élevés et serrés de plus d'un kilomètre de long.

Au point de vue de la topographie générale, cette station est placée environ au centre de figure d'un trapèze irrégulier dont le relief présente un plan à double pente, l'une très raide, dirigée du Sud au Nord, allant de la hauteur moyenne des Pyrénées (2.000 à 2.500 mètres) à la frontière des Landes (40 mètres d'altitude), à cent kilomètres de son point de départ; l'autre, orientée de l'Est à l'Ouest, allant, sur un trajet de 200 kilomètres environ, du plateau de Lannemezan (800 à 1.000 mètres) à la côte de l'Atlantique.

Le voisinage des montagnes contribue à protéger la ville contre les vents; les vents du Sud se rafraîchissent sur leurs glaciers; mais, si les premières chutes de neige de l'automne et du printemps sur leurs premiers plans amènent quelquefois un sensible refroidissement de la température, toujours de très courte durée, la présence des neiges permanentes sur les hauts sommets n'a aucune influence sur le climat hivernal.

Enfin, la proximité de l'Atlantique, réchauffé près de nos côtes par le Gulf Stream, semble n'être pas étrangère au maintien de l'égalité et de la douceur thermiques et de l'état hygrométrique de l'air.

Le sol sur lequel repose la ville de Pau est merveilleusement drainé par la topographie même de la ville; aussi l'absorption des eaux pluviales se fait-elle rapidement.

CALME DE L'ATMOSPHÈRE

De tous les caractères du climat de Pau, le plus saillant peut-être, le plus remarquable à coup sûr, est le calme de l'atmosphère. Les vents sont si rares, de si courte durée et si peu accentués, qu'il est souvent difficile d'indiquer le point d'où ils soufflent et que l'impression laissée par eux est qu'ils n'existent pour ainsi dire pas.

Cette absence de vents a été attribuée, avec beaucoup de justesse croyons-nous, par un savant palois, le regretté Mendez, à la situation topographique de la ville.

Pour cet auteur, le frottement opposé par la résistance du sol à la tranche d'air qui est en contact avec lui diminue sa vitesse à la manière d'un frein ; la zone ralentie devient une cause d'enrayage pour la région immédiatement supérieure, mais l'influence exercée est moindre. Cette action retardatrice agit de proche en proche dans la masse entière du courant, de plus en plus faiblement avec l'altitude.

L'action retardatrice du sol est plus ou moins forte suivant que les obstacles qu'il présente se relèvent plus ou moins normalement contre la direction du vent.

Le vent est d'autant plus ralenti qu'il a un talus plus raide à gravir. Des routes obliques plus faciles peuvent se présenter ; il les suit et change de direction. Le front de ce courant, enrayé ou arrêté dans sa marche, devient lui-même un obstacle pour la tranche qui le suit immédiatement ; celle-ci réagit à son tour sur celle qui vient après, et ainsi de suite.

Au contraire, un vent trouvant au-dessous de lui un plan incliné sur l'horizon se comporte comme un cours d'eau, y compris ses rapides et ses cataractes. De même qu'à la montée d'un talus, le vent peut suivre ici des routes obliques, les lignes de plus grande inclinaison qui sont celles des résistances minima.

Ceci posé, la situation de la ville de Pau au centre du trapèze à double pente que nous avons décrit plus haut permet de comprendre comment cette station est à peu près exempte de vents appréciables.

Le *vent Nord-Ouest* suit la pente la plus raide, allant sensiblement de Bayonne au Pic du Midi de Bigorre, aussi est-il assez peu ressenti.

Le *vent d'Ouest*, moins énergique d'ailleurs par lui-même, est ralenti par son ascension de Saint-Jean-de-Luz à Lannemezan. Pourtant, lorsqu'il souffle en tempête, il a quelquefois de l'allure, mais il n'est jamais bien redoutable.

Le *vent du Nord* doit franchir les vallées de la France occidentale, disposées à peu près transversalement de l'Est à l'Ouest ; il s'use sur la brosse formée par les saillies qu'il rencontre et l'énorme relief des Pyrénées lui barre la route. Nous ignorons ici les vents du Nord accélérés par la descente vers la mer, qui constituent le mistral des autres régions méridionales.

Bien que dévalant des Pyrénées, le *vent du Sud*, le *siroco*, a une vitesse très modérée. Il n'a pas le temps de prendre son élan, car Pau est trop près des montagnes qui forment écran, et dont les aspérités arrêtent son impulsion.

Quant aux *vents d'Est*, ils n'existent jamais ici qu'à l'état de faibles brises soufflant, de préférence, l'été vers 8 à 10 heures du soir, rafraîchissant alors les soirées et les nuits.

En réalité tous les vents passent au-dessus de la ville et avec une grande violence, mais à 2.000 mètres d'altitude ou même davantage ; Pau est donc au milieu d'une salle close admirablement ventilée, mais tout à fait exempte de courants d'air fâcheux.

C'est à cette absence de vent que le climat de Pau doit d'être essentiellement sédatif. En effet, dit Taylor (1), « la machine humaine semble, en santé comme en maladie, partager le calme qui règne dans la nature » et de Valcourt (2) ajoute : « Le résultat du calme de l'atmosphère est très important, il explique la salutaire influence que le climat de Pau exerce sur certains malades. »

TEMPÉRATURE

Bien que la température moyenne à Pau, en hiver, soit un peu inférieure à celle des stations de la Méditerranée, elle est généralement douce et agréable, qu'elle soit réchauffée par les rayons brillants d'un soleil printanier ou qu'elle soit attiédie par l'état hygrométrique de l'air. Le froid est toujours rare et de courte durée. Il gèle exceptionnellement le jour, plus fréquemment la nuit. Le froid, d'ailleurs, est relativement peu senti, même pendant les hivers rigoureux, à cause de l'absence d'agitation de l'atmosphère. Comme le fait remarquer le comte Henry Russell, il est toujours facile à endurer et n'est jamais ni cru ni mordant.

« Ici, dit le Dr Louis (3), se présente naturellement cette remarque vulgaire
« que le même degré du thermomètre n'est pas toujours accompagné, bien
« s'en faut, du même sentiment de chaleur ou de froid ; que dans une même
« journée, dans un même lieu, par une même température, on peut avoir
« alternativement froid et chaud, suivant qu'il y a du vent, ou qu'il n'y en a
« pas. D'où la possibilité d'avoir froid à Rome et chaud à Pau par le même
« degré du thermomètre. »

On a fait observer avec raison que le corps humain ne se comporte pas comme un thermomètre ; il faut tenir compte avec lui de l'évaporation par la surface de la peau, qui l'a fait comparer par M. Piche (4) à un alcarazas, et de la déperdition de chaleur animale. Or, il est constant que, dans notre ville, grâce à l'absence du vent, l'évaporation à la surface de la peau est moindre qu'à Biarritz, par exemple, où la température est peut-être un peu plus élevée. Un vase rempli d'un liquide dans lequel plonge un thermomètre et entouré d'un linge mouillé, puis suspendu à l'air, accuserait un abaissement plus grand du thermomètre à Biarritz qu'à Pau, même si la température au moment de l'expérience était plus élevée dans la première station.

Les variations de température sont parfois assez marquées d'un jour à l'autre, mais ces variations de température sont peu accentuées dans la même journée, et à peu près nulles pendant la journée médicale.

La nébulosité, assez marquée, contribue du reste à amoindrir les écarts de la température, en s'opposant au rayonnement du sol. L'absence de vents et d'humidité libre rend en outre ces variations très peu sensibles lorsqu'elles existent.

La différence n'est jamais bien grande entre les appartements bien exposée et l'extérieur. Les fenêtres des chambres des malades peuvent toujours, sans inconvénient, rester ouvertes pendant la nuit, à la condition que toutes les précautions soient bien prises.

---

(1) TAYLOR : *On the curative influence of the climate of Pau.* London, 1842.
(2) DE VALCOURT : *Climatologie des stations hivernales du Midi de la France.* Paris, 1865.
(3) LOUIS : *Lettre à Taylor,* 1854.
(4) *Note sur deux séries inédites d'observations relatives au climat de Pau,* par M. A. PICHE. In DUBOUÉ, *Esquisse de climatologie médicale sur Pau et les environs,* 1881.

Température moyenne hivernale.

C'est surtout la température moyenne hivernale qui doit nous intéresser au point de vue de la climatologie paloise. On peut poser en principe que l'hiver à Pau, toujours très court, est toujours relativement doux.

La température moyenne pendant l'hiver (décembre, janvier, février) oscille, suivant les auteurs, pendant la journée médicale, entre 7°21 (Ottley), 8°03 (Henri Meunier) et 8°66 (Goudard, observations du Dr Crouzet).

Si nous envisageons, non seulement les trois mois les plus rigoureux de l'année, mais l'ensemble de la saison d'hiver, d'octobre à mai, la moyenne de la température est d'environ 10°2, si l'on considère la température des 24 heures, et de 11°7, si l'on ne s'occupe que de la journée médicale.

On se fera d'ailleurs une idée plus exacte des températures observées à Pau, si l'on veut bien consulter les tableaux que nous publions ci-après :

Le premier tableau est le relevé des moyennes thermométriques diurnes déduites des températures de 9 heures du matin et de 2 heures du soir pendant les neuf mois de la saison d'hiver (d'octobre à juin); ce tableau a été publié par M. Piche d'après les observations du Dr Ottley, portant sur 10 années (1854 à 1863).

Le second tableau a été dressé par nous d'après les observations du thermomètre enregistreur du sanatorium de Trespoey, que son aimable directeur, le docteur Crouzet, a bien voulu mettre à notre disposition. Ce tableau renferme les températures moyennes des 8 dernières années pendant la journée médicale (minima, maxima et températures de midi).

Nous considérons la journée médicale comme allant de 10 heures du matin à 4 heures du soir, intervalle le plus favorable à la sortie des malades. Nous avons ainsi des moyennes sensiblement supérieures à celles des auteurs qui considèrent, à tort selon nous, la journée médicale comme allant de 9 heures du matin à 3 heures de l'après-midi.

Notre distingué confrère, le Dr HENRI MEUNIER, a bien voulu nous donner les moyennes des températures observées par lui pendant ces quatre dernières années à son observatoire météorologique annexé au laboratoire de l'hôpital. Les observations de M. Henri Meunier sont prises au centre de la ville, sous un abri Renou, analogue à celui qui existe à l'observatoire de Montsouris, dans les meilleures conditions de sécurité et de sincérité au point de vue de l'exposition et de la disposition des appareils.

Enfin, nous avons relevé, dans le Bulletin hebdomadaire publié par le bureau d'hygiène, les moyennes thermométriques dues aux observations de l'opticien Weil pendant dix années (de 1890 à 1899).

En rapprochant ces diverses données des moyennes thermométriques mensuelles, déduites par Ottley, des moyennes des maxima et des minima et des moyennes à 9 heures du matin, de 1854 à 1863, nous avons pu dresser successivement les tableaux comparatifs, d'après les divers auteurs, des moyennes thermométriques mensuelles (3e tableau) et des moyennes thermométriques de la journée médicale (4e tableau).

Le *printemps* est en général moins dangereux à Pau qu'ailleurs, bien que les pluies soient assez fréquentes; la température vernale moyenne, portant sur les mois de mars, avril et mai, est de 12 à 13°.

Pendant l'*été*, il y a des séries de jours extrêmement accablants et des orages fréquents, mais les soirées sont fraîches et agréables ; la température estivale moyenne (juin, juillet et août) est de 19 à 20º.

L'*automne* est une belle saison pour Pau ; la température moyenne est de 13º à 14º environ pendant les mois de septembre, octobre et novembre. La végétation persiste très longtemps et en général la température reste encore extrêmement douce, alors que de tous côtés on annonce l'hiver et le froid.

<h2 style="text-align:center">1er Tableau</h2>

TEMPÉRATURES MOYENNES DIURNES D'APRÈS LE Dr OTTLEY

DÉDUITES DES OBSERVATIONS DE 9 HEURES DU MATIN ET DE 2 HEURES DU SOIR, PENDANT LES NEUF MOIS DE LA SAISON D'HIVER

ANNÉES	Octobre	Novembre	Décembre	Janvier	Février	Mars	Avril	Mai	Juin
1854	15º 5	9º 2	6º 9	8º 2	6º 3	12º 7	16º 6	16º 0	17º 8
1855	14 6	8 7	5 7	3 8	9 7	10 2	14 5	15 0	19 1
1856	16 2	8 6	7 4	8 7	9 1	12 4	14 7	15 1	21 2
1857	15 7	11 9	6 8	4 9	7 5	11 1	12 4	16 8	21 3
1858	16 0	10 3	8 2	3 2	9 5	11 1	16 9	16 7	23 9
1859	17 5	10 7	5 6	5 3	8 6	11 8	16 2	15 8	20 5
1860	15 4	10 7	8 4	9 2	3 6	9 1	11 3	19 0	19 4
1861	18 5	10 5	8 3	6 1	9 1	11 4	15 7	18 0	21 7
1862	?	8 9	7 3	7 8	8 7	13 6	17 3	18 6	20 1
1863	15 5	?	?	7 6	7 7	10 1	15 8	16 2	19 8
Maximum	18º 5	11º 9	8º 4	9º 2	9º 7	13º 6	17º 3	19º 0	23º 9
Minimum	14 6	8 6	5 6	3 2	3 6	9 1	11 3	15 0	17 8
MOYENNE DE 10 ANS	16 11	9 94	7 18	6 48	7 98	11 35	15 14	16 72	20 48

2e Tableau

TEMPÉRATURES DES HUIT DERNIÈRES ANNÉES

(MOYENNES DES MAXIMA, DES MINIMA ET DES TEMPÉRATURES DE MIDI) RELEVÉES D'APRÈS LES OBSERVATIONS DU THERMOMÈTRE ENREGISTREUR DU SANATORIUM DE TRESPOEY

ANNÉES	OCTOBRE Maxima	OCTOBRE Minima	OCTOBRE Midi	NOVEMBRE Maxima	NOVEMBRE Minima	NOVEMBRE Midi	DÉCEMBRE Maxima	DÉCEMBRE Minima	DÉCEMBRE Midi	JANVIER Maxima	JANVIER Minima	JANVIER Midi	FÉVRIER Maxima	FÉVRIER Minima	FÉVRIER Midi	MARS Maxima	MARS Minima	MARS Midi	AVRIL Maxima	AVRIL Minima	AVRIL Midi	MAI Maxima	MAI Minima	MAI Midi
1897-1898..	»	»	»	»	»	»	»	»	»	9°56	3°17	7°29	11°74	7°9	10°20	11°51	7°12	9°37	17°03	13°39	15°36	18°38	13°31	15°7
1898-1899..	19°54	15°54	17°6	14°62	10°21	13°47	11°99	9°15	10°52	12 26	7 05	10 65	16 96	11 42	15 15	15 74	10 55	12 7	17 05	12 62	15 74	21 59	17 49	19 5
1899-1900..	24 31	18 60	21 6	16 28	11 29	14 37	10 94	5 09	9 46	10 13	6 06	8 6	13 01	7 83	11 1	10 65	6 39	8 78	17 21	12 65	14 92	18 53	13 64	17 14
1900-1901..	19 65	15 35	17 77	12 96	9 07	11 34	12 14	5 44	9 4	10 49	4 78	8 55	5 39	1 67	4 02	12 13	7 76	8 98	19 03	14 29	16 9	19 03	14 31	17 41
1901-1902..	16 64	13 33	15 62	11 94	6 84	10 66	9 98	5 22	8 20	10 16	4 89	9 02	12 28	7 23	10 33	14 64	10 67	12 77	17 49	13 33	14 84	17 05	12 53	14 93
1902-1903.	17 66	13 27	16 32	13 96	9 19	12 59	10 06	6 16	8 74	11 61	5 96	9 15	15 80	8 49	13 55	15 87	11 81	14 40	15 15	9 67	12 37	18 54	13 25	16 47
1903-1904..	17·23	14 68	16 24	13 98	9 71	12 42	9 9	5	8 92	9 26	5 56	8 5	11 44	7 19	10 62	12 04	8 72	10 96	16 39	12 76	15 32	»	»	»
1904-1905..	22 53	17 46	21 03	15 39	10 26	14 39	10 74	4 4	8 54	9 33	4 47	7 65	78	4 45	5 73	15 91	10 05	13 41	18 45	12 70	15 51	»	»	»
Maximum.	24°31	18°60	21°6	16°28	11°29	14°39	12°14	9°15	10°52	12°26	7°05	10°65	16°96	11°42	15°15	15°91	11°81	14°40	19°03	14°29	16°9	21°59	17°49	19°5
Minimum.	16 64	13 27	15 62	11 94	6 84	10 66	9 9	4.4	8 20	9 26	3 17	7 29	5 39	1 67	4 02	10 65	6 39	8 78	15 15	9 67	12 37	17 05	12 53	14 93
Moyenne de l'ensemble	19 74	15 47	18 02	14 16	9 51	12 70	10 82	5.78	9 11	10 35	5 28	8 67	12 05	7 02	10 09	13 58	9 13	11 42	17 22	12 67	15 12	18 85	14 08	16 88

Les maxima et minima portent sur la journée médicale allant de 10 heures du matin à 4 heures du soir. — Il est à remarquer que la température de midi n'est pas la plus chaude de la journée, mais représente bien une moyenne.

3e Tableau

MOYENNES THERMOMÉTRIQUES MENSUELLES

OBTENUES EN PRENANT LES MOYENNES DES TEMPÉRATURES DES 24 HEURES

AUTEURS	DURÉE des Observations.	Janvier	Février	Mars	Avril	Mai	Juin	Juillet	Août	Septembre	Octobre	Novembre	Décembre	Moyenne annuelle	OBSERVATIONS
Dr Ottley......	10 ans = 1854-1863.....	4°99	6°34	8°97	12.19	13°67	17°8	19°43	19°64	17°31	13°81	8°14	6°10	12°3	Moyennes des maxima, des minima et des températures à 9 heures du matin.
Weill..........	10 ans = 1890-1899.....	5 3	6 4	10 1	12 3	15 3	18 3	21 3	20 9	18 3	13 8	9 0	8	13 1	Moyennes des maxima et des minima.
Dr Henri Meunier	4 ans = 1901-02-03-04.	4 10	6 20	9 10	12 20	15 10	18 2	20 1	19 9	17 3	12 9	8 5	48	12 36	Moyenne des maxima et des minima.
Moyennes des 3 observateurs........		4°79	6°2	9°39	12°23	14°69	17°86	20°27	20°14	17°63	13°5	8°54	5° 9	12°59	

4e Tableau

MOYENNES THERMOMÉTRIQUES DE LA JOURNÉE MÉDICALE

AUTE URS	DURÉE DES OBSERVATIONS	Octobre	Novembre	Décembre	Janvier	Février	Mars	Avril	Mai	OBSERVATIONS
Dr Ottley....... ...	10 ans = 1854-1863...........	16°11	9°94	7°18	6°48	7°98	11°35	15°14	16°72	Moyennes des températures de 9 heures du matin et de 2 heures du soir.
Dr Henri Meunier...	3 ans = 1902-1903-1904........	16 8	11 11	7 9	6 8	9 4	12 2	13 9	18 4	Moyennes des températures de 9 heures du matin, de midi et de 3 heures du soir.
Dr Goudard (Observations du Dr Crouzet).	8 ans = 1898-1899-1900-1901-1902-1903-1904-1905..	17 6	11 8	8 3	7 8	9 5	11 35	14 94	16 4	Moyennes des températures maxima et minima de la journée médicale prise de 10 heures du matin à 4 heures de l'après-midi.
Moyennes des 3 observateurs.....................		16°8	10°95	7°79	7°01	8°96	11°63	14°66	17°17	

PLUIES ; ÉTAT HYGROMÉTRIQUE ; ABSENCE D'HUMIDITÉ LIBRE

Il est incontestable qu'il tombe à Pau une assez grande quantité d'eau ; la hauteur moyenne de la pluie en millimètres oscille entre 1179,16 et 1186,0 suivant les auteurs, mais le nombre des jours de pluie n'est pas, en réalité, aussi élevé qu'on pourrait le croire au premier abord ; il varie, d'après les divers observateurs, entre 140 et 163 par an.

La pluie n'a jamais une action défavorable sur le climat ; elle contribue même à lui donner ses propriétés sédatives en entretenant un état hygrométrique également éloigné des extrêmes (moyenne à midi : 56). Elle n'est presque jamais froide ; loin d'être nuisible aux malades, elle provoque chez eux un sentiment de bien-être et contribue à leur amélioration. Elle est très souvent nocturne, tombant en une seule fois, et en grande abondance, avant et après le coucher du soleil. Il n'est pas rare de voir, peu après la fin de la pluie, la terre se sécher rapidement sous la double action de la chaleur solaire et de l'absorption par le sol.

Il est du reste bien rare que la pluie empêche le malade de sortir pendant toute une journée ; comme le constate Duboué (1), la plupart des malades, surtout s'ils n'ont pas dépassé la période congestive, peuvent sortir impunément par tous les temps sans en être sérieusement incommodés et le même auteur ajoute : « L'influence que ces pluies prolongées exercent sur les affec- « tions pulmonaires est loin d'être celle que l'on pourrait supposer a priori. « Loin d'exciter la toux, ce temps pluvieux semble produire une détente « salutaire et amène une sorte de sédation dont beaucoup de malades pa- « raissent étonnés. A quoi tient cette particularité? Je l'ignore. Toujours est- « il que le fait existe et se trouve journellement confirmé par l'observation. »

Lahillonne (2), après avoir constaté l'amélioration amenée chez certains ma- lades par la pluie, ajoute : « Une période pluvieuse avec pressions élevées, sans « secousses notables de la pression, avec température soutenue et à oscilla- « tions régulières, exerce une action plus favorable sur les tuberculeux en « s'opposant au développement du catarrhe, qu'une période sèche à tempéra- « tures variables dans la journée et fort belle en apparence. »

Un des caractères les plus remarquables du climat de Pau est la rapidité avec laquelle le sol devient sec aussitôt que la pluie a cessé. Jamais on ne constate à Pau comme dans d'autres villes que les pavés restent longtemps glissants et humides après les longues périodes de pluies ; presque jamais non plus ce phénomène ne se produit après la chute du jour dans les journées sèches, comme cela a lieu à Paris notamment, presque continuellement pendant tout l'hiver. Il est à remarquer que ce rapide assèchement du sol est dû exclu- sivement à la disposition du terrain et nullement au vent qui existe rarement.

Cette absence de vent a encore pour conséquence que les pluies sont moins pénétrantes et moins froides et que leur évaporation n'abaissse pas notablement la température.

(1) DUBOUÉ, loc. cit.
(2) LAHILLONNE : *Notice médicale sur le climat de Pau.* Bulletin de la Société des Sciences, Lettres et Arts de Pau, 1871-72.

L'eau ne pouvant pas séjourner à la surface du sol, il en résulte que l'air ne peut que très rarement se saturer d'humidité, même par les pluies fortes et prolongées, et le Dr Lavielle, médecin à Dax, a pu écrire (1) que Pau est, de tout le Sud-Ouest, la région où il y a le moins d'humidité libre dans l'air; ou plutôt, comme le dit judicieusement Taylor (2), le climat de Pau présente une « absence complète d'humidité libre *communicable* ».

Comme effet tangible de l'absence d'humidité libre dans l'atmosphère de Pau, nous devons constater avec Lavielle « qu'on n'a jamais dans cette ville, même lorsqu'il pleut beaucoup, la sensation d'humidité froide, si malsaine pour les organismes affaiblis » et, avec Taylor, que « jamais l'atmosphère à Pau ne communique au corps la sensation d'humidité glacée, que jamais l'humidité n'annonce sa présence en faisant éprouver au corps une sensation déterminée. C'est que l'atmosphère de Pau ne renferme presque jamais d'*humidité libre.* »

Jamais les maisons non habitées, les rampes d'escaliers, les tapisseries, ne deviennent humides, et on ne trouve pas de traces de moisissures sur les murs, même après des pluies abondantes et prolongées. Enfin le frottement des allumettes y rend toujours le phosphore incandescent, ce qui est loin d'arriver toujours dans les pays humides (Duboué).

Cette absence d'humidité libre dans l'atmosphère constatée par tous les auteurs, combinée avec la présence d'une certaine humidité latente, convient admirablement aux malades, qui ne trouvent ici, ni l'air trop sec qui provoque la toux, ni l'air trop humide des pays où ils ont pour la plupart contracté leurs maladies.

PHÉNOMÈNES ACCIDENTELS

Si les vents sont exceptionnels à Pau, les **bourrasques** y sont encore plus rares, puisque le Dr Henri Meunier, en comptant même les plus légères, n'en trouve qu'une moyenne de 6 par an.

Quant à la **neige**, il en tombe peu à Pau, elle fond vite sans laisser d'humidité persistante. Pour Duhourcau, la neige tombe de 7 à 8 fois par an, surtout en décembre et en février; elle est très rare avant décembre ou après mars. Cette conclusion est basée sur les observations des demoiselles Yorke, qui portent sur une période de trente années. Pendant ces dernières années, la proportion des jours où la neige s'est montrée a singulièrement diminué; elle ne s'élève pas à plus de 3 ou 4 jours par an, en comptant même les quelques flocons épars qui constituent souvent la seule manifestation de ce phénomène.

La moyenne des jours de **grêle**, d'après les d^{lles} Yorke, serait de 5,8 par an; ce chiffre nous paraît, au moins pour les dernières années, très exagéré.

Les **brouillards** sont extrêmement rares à Pau; tous les auteurs sont unanimes à le constater, et il suffit d'habiter le pays quelque temps pour s'en convaincre. Il n'y a rien d'étonnant à cela, puisque le sol, perméable comme nous l'avons vu, absorbe toute l'eau qu'il reçoit. « Il n'y a pas d'amas d'eau

(1) Stations climatiques hivernales françaises : Pau, par le Dr Charles Lavielle. Paris, 1900, Maloine, éditeur.
(2) TAYLOR, *loc. cit.*

stagnante que l'évaporation doive rendre à l'atmosphère. » Constatons en passant, avec Lavielle, l'importance de ce fait, puisque le brouillard est le plus sûr agent de transport des germes morbides.

LUMINOSITÉ. NÉBULOSITÉ.

Le soleil, à Pau, lorsqu'il brille, donne une luminosité éclatante et réchauffe rapidement l'atmosphère des journées les plus froides ; d'où la nécessité de certaines précautions sur lesquelles nous aurons à revenir, et que le malade doit prendre, soit quand le soleil disparaît, soit quand il passe d'une rue ensoleillée dans une rue à l'ombre. Pour Lavielle (1), la lumière solaire est plus intense à Pau que dans toutes les autres parties du Sud-Ouest, et cet auteur croit qu'on en trouverait peut-être la cause dans la faiblesse relative de la vapeur d'eau à l'état libre.

Il n'est pas rare de voir le ciel bleu pendant toute la durée des mois de janvier et février, mais souvent les jours éclatants et radieux sont entremêlés de jours plus ou moins couverts. Duboué (2), dans une série d'observations portant sur une année entière, accuse un total de 212 journées plus ou moins ensoleillées. Henri Meunier, sur 4 années d'observations, trouve une moyenne de 281 journées ensoleillées, en comptant comme telles seulement les journées ayant de une à quinze heures de soleil.

Notons que si les montagnes protègent la ville contre les vents, elles sont beaucoup trop éloignées pour arrêter en quoi que ce soit les rayons du soleil.

Cependant, en hiver, le ciel de Pau est fréquemment couvert et la nébulosité est assez marquée. Ce fait a sur le climat une influence des plus heureuses que les malades savent bien apprécier. Il constitue un excellent régulateur de la température, en s'opposant au rayonnement du sol et en diminuant par conséquent le refroidissement brutal du coucher du soleil et l'écart thermique entre le jour et la nuit.

L'action bienfaisante du climat de Pau sur les malades n'est, en effet, pas proportionnée à la luminosité, et nous dirons volontiers, avec Duboué, qu'un temps sombre couvert de nuages convient infiniment mieux à nos phtisiques qu'un soleil éclatant, et que les splendides journées qui font l'admiration des étrangers ne sont favorables qu'à la condition d'être entremêlées de journées et de temps couverts.

Je ne redoute rien tant, pour ma part, pour mes tuberculeux, que le beau froid sec qui égaye leur moral, mais ne vaut pas pour leur traitement le temps couvert ou même pluvieux.

PRESSION BAROMÉTRIQUE. OZONE. PURETÉ DE L'AIR

La pression barométrique est assez élevée à Pau et les variations barométriques y sont très sensibles. On observe des anomalies dans le baromètre qui monte souvent à l'approche du temps humide et baisse lorsqu'arrive le temps sec (Taylor) (3).

(1) *Loc. cit.*
(2) *Loc. cit.*
(3) *Loc. cit.*

Nous devons enfin signaler la présence d'ozone, en quantité assez notable, dans l'air de Pau, et la pureté de cet air que ne souillent ni les poussières soulevées par le vent qui est rare, ni les brouillards qui sont à peu près nuls.

Effets physiologiques du climat de Pau.

Le mode d'action d'un climat sur l'organisme n'est guère plus facile à déterminer, si l'on veut tenir compte de chacune des propriétés du climat, qu'il n'est aisé de définir la part qui revient à chacun des composés chimiques d'une eau minérale dans la somme des effets thérapeutiques qu'elle produit.

Comme le fait remarquer de Musgrave-Clay [1], un climat, en tant qu'agent physiologique, n'est fait ni de sa température, ni de son altitude, ni de sa pression barométrique, ni de son anémologie, ni d'aucune de ses particularités, mais bien de tous ces éléments combinés et mis en valeur d'une manière que nous ignorons encore. En résumé, suivant l'heureuse expression de Duboué, le climat est *indécomposable* : il n'a qu'un seul réactif, le réactif humain.

Pour se faire une idée exacte de la valeur réelle du climat de Pau, il est donc utile de rechercher successivement les effets qu'il produit sur l'homme sain et sur le malade.

Influence du climat sur l'homme sain.

Les effets sur l'homme sain ne sont pas tout à fait les mêmes suivant qu'il s'agit de l'habitant de Pau ou de l'étranger.

« Le Béarnais, remarque très justement de Musgrave-Clay, est lent, légère-
« ment flegmatique et passablement indolent, sans être paresseux ; il ne hait
« pas de travailler, mais il lui en coûte de se mettre au travail ; il est mou
« comme son climat ; il est calme ; ni sa gaieté ni sa colère ne sont bruyantes;
« il est sans grand entrain pour les exercices du corps, mais, le cas échéant,
« il offre à la fatigue une longue et réelle résistance. Il vit longtemps, parce
« que la modicité des stimulations externes et des réactions intérieures éco-
« nomise ses organes. Il est sobre, parce que, grâce à la lenteur de ses
« échanges nutritifs et de l'élimination qui leur succède, l'alcool le conduirait
« vite à l'ivresse qu'il méprise. »

Transplanté, le Béarnais reste relativement calme et n'a pas l'exubérance des autres Méridionaux, mais il réussit presque toujours et brille souvent.

L'étranger subit l'impression du climat de Pau à son arrivée d'une manière plus *aiguë* (de Musgrave Clay) [2]. Aussi cette impression est-elle plus vive que pour le Palois.

Il traverse en arrivant une crise quelquefois assez pénible : c'est la période d'acclimatement, période qui, d'ailleurs, est en général courte. Le Béarnais

(1) *La ville de Pau, son climat, son hygiène*, par le Dr R. DE MUSGRAVE-CLAY, étude publiée dans le volume sur Pau et les Basses-Pyrénées que la municipalité paloise a offert en 1892 à l'Association française pour l'avancement des sciences.
(2) *Loc. cit.*

lui-même la subit, mais moins longtemps encore, lorsqu'il revient en Béarn après une longue absence.

Les symptômes qu'il éprouve alors sont une impression de calme si forte qu'elle en devient même parfois pénible. Cette impression s'accompagne souvent d'une légère torpeur et d'un peu de somnolence, aussi a-t-on pu dire que l'air de Pau chloroformise (Garreau) (1).

Le système nerveux est régularisé et calmé, et l'on a pu comparer l'action du climat à celle du bromure (Valéry-Meunier). Garreau va jusqu'à se demander si la douleur est aussi vivement ressentie à Pau qu'ailleurs, et il serait enclin à répondre par la négative. Le pouls se ralentit et devient plus égal et cela d'une manière permanente ; la respiration est plus profonde et plus facile, en même temps qu'un peu moins fréquente ; il est probable que dans ces conditions la température du corps subit un léger abaissement (de Musgrave-Clay).

Bien que les premiers jours l'appétit soit souvent un peu diminué, sauf en général chez les malades, au bout de quelque temps il augmente pour les uns comme pour les autres : c'est ainsi que nous avons toujours constaté une assez grande facilité pour la suralimentation.

Les auteurs remarquent cependant, et nous l'avons vérifié nous-même, que l'activité stomacale est plutôt diminuée. Il existe en même temps une légère atonie intestinale qui produit souvent une tendance à la constipation. La quantité et la qualité des urines se ressentent de la lenteur des échanges nutritifs et des modifications de la pression sanguine. La diaphorèse n'est pas exagérée.

Enfin, pour compléter ce tableau, nous reproduirons avec de Musgrave-Clay l'observation de Garreau relative à une question assez délicate à préciser :
« Cet amollissement, dit-il, s'étend jusqu'aux animaux. J'avais en face de
« mes fenêtres les habitants d'un colombier appartenant à l'hôtel voisin ;
« les oiseaux de la déesse sont pourtant bien renommés pour leur tendresse,
« mais à Pau ils font mentir la mythologie. »

Le climat de Pau est donc essentiellement *sédatif*. C'est là sa qualité primordiale, c'est celle qui fournira ses principales indications ; il a une action puissante sur la nutrition en général. Il *ralentit très notablement les échanges organiques* et les *régularise*. Il favorise, par suite, l'utilisation des matériaux fournis à l'organisme pour sa réparation ; il permet aux épuisés de se reconstituer par voie d'épargne, selon l'heureuse expression de M. Albert Robin (2). Par là, le climat de Pau acquiert une action *tonique* indiscutable. Cette action tonique s'exerce encore par la diminution de l'éréthisme nerveux que présentent les malades et par la régularisation des diverses fonctions qui ramène l'organisme à l'état physiologique. Cet effet tonique du climat est du reste plus nettement marqué chez le malade que chez le bien portant.

(1) *Journal humoristique d'un médecin phtisique. Pau, Dax, Alger*, 1876.
(2) VI⁵ Congrès international d'hydrologie, de climatologie et de géologie. Grenoble, 1902.

Influence du climat sur la morbidité et la mortalité locales

Ainsi que le constate le Dr Barthé (1), directeur du bureau municipal d'hygiène de Pau, l'état sanitaire de la ville de Pau est en état d'amélioration continue depuis 1855. Non seulement la mortalité diminue progressivement, mais encore les décès se produisent chez des gens de plus en plus âgés. La ville de Pau occupe par son état sanitaire un excellent rang parmi les villes de France de population numériquement équivalente ; l'on meurt moins à Pau que dans la moyenne de ces villes et l'on y meurt plus vieux. Le nombre total des décès donne, pendant les dix dernières années (1894 à 1903), une proportion de 20,63 par an et pour 1000 habitants. Si l'on retranche de cette mortalité totale deux causes de majoration illégitimes : 1° le chiffre des décès étrangers (population non recensée) ; 2° le chiffre des décès de l'asile des aliénés et de sa population (population recensée), la moyenne des décès par an et pour 1000 habitants tombe à 16,50.

D'une manière générale les épidémies sont rares à Pau ; on est bien armé pour les combattre, grâce à l'aménagement, parfait au point de vue hygiénique, d'un hôpital d'isolement situé en dehors de la ville ; grâce surtout à l'outillage très complet que possède la ville pour les désinfections et la prophylaxie. On est du reste frappé par la bénignité presque constante des fièvres éruptives et des maladies infectieuses dans notre station.

On a signalé autrefois des cas de paludisme dus à l'imperméabilité des landes argileuses du Pont-Long qui s'étendent au nord-ouest de la ville. Depuis que ces terrains ont été drainés, bâtis et cultivés, le paludisme a complètement disparu, à tel point que les paludéens des autres pays peuvent venir à Pau sans crainte de nouveaux accès et même s'y améliorer, en raison de la pureté de l'atmosphère.

Le rhumatisme articulaire aigu vrai, avec fièvre constante et manifestations cardiaques éventuelles, est très rare à Pau, et de Musgrave-Clay (2) a pu même écrire qu'il y est à peu près inconnu.

Il n'en est pas de même du rhumatisme chronique ; encore faut-il se mettre en garde contre cette tendance populaire qui donne le nom de rhumatisme à toutes sortes d'affections douloureuses qui n'ont rien de commun avec cette diathèse. Ces douleurs ne sont nullement attribuables au climat lui-même, mais aux imprudences des habitants qui ne prennent souvent aucune précaution en passant du soleil à l'ombre, qui ne se préoccupent pas des variations thermiques et hygrométriques ou qui les ignorent. Aussi est-ce surtout dans la population indigène que l'on constate ces affections.

Les gastro-entérites de l'enfance ont beaucoup diminué à Pau depuis quelques années. Duboué (3) signale comme affection des voies digestives une sorte d'atonie allant parfois jusqu'à la dyspepsie. Nous en avons rencontré assez fréquemment à Pau sous la forme d'hyposthénie statiogastrique.

La diphtérie est relativement rare à Pau ; comme partout la statistique de la mortalité s'est beaucoup améliorée depuis l'application du sérum ; la créa-

(1) *Compte-rendu moral et administratif pour l'année 1894*, par M. le Dr Barthé, directeur du Bureau municipal d'hygiène de Pau.
(2) *Loc. cit.*
(3) *Loc. cit.*

tion d'un laboratoire de bactériologie, en permettant la recherche immédiate du bacille de Lœfler, a puissamment contribué à cet heureux résultat.

Pour Duboué, la bronchite aiguë simple serait toujours bénigne à Pau.

La bronchite chronique et l'emphysème sont assez fréquents, mais il faut tenir compte ici de l'apport fourni par l'étranger et par les nombreux retraités qui viennent finir leur vie dans notre ville.

La pneumonie et les pleurésies sont plus fréquentes chez les indigènes, qui prennent rarement des précautions quand ils passent du soleil à l'ombre, que chez les étrangers malades, qui savent se servir de leurs ombrelles et de leurs pardessus.

Ces diverses affections bénéficient de la bénignité relative déjà signalée pour d'autres maladies.

Comme partout ailleurs, la tuberculose pulmonaire a augmenté parmi les indigènes depuis quelques années. Le plus grand nombre de cas s'observent chez les sujets ayant quitté Pau pendant un temps plus ou moins long. Le gros appoint est fourni par les étrangers qui viennent soigner leur tuberculose dans cette ville.

Cette énumération des diverses maladies observées à Pau, avec la description des particularités qu'elles présentent, nous a semblé utile pour donner une vue d'ensemble complète de la climatologie paloise.

Nous rechercherons maintenant quelles sont les maladies que l'on vient soigner à Pau, et quelles sont les modifications que subissent ces maladies sous l'influence du climat.

DEUXIÈME PARTIE

INDICATIONS ET CONTRE-INDICATIONS DU CLIMAT DE PAU

INDICATIONS

Les indications du climat de Pau sont fournies par les qualités mêmes de ce climat : calme de l'atmosphère et absence des vents violents, absence d'humidité libre et de brouillard, c'est-à-dire d'humidité ressentie, mais humidité relative entretenant un état hygrométrique moyen, température douce, rarement froide d'une manière prolongée, se relevant rapidement dans le jour sous l'influence des rayons solaires par les temps secs et clairs, égale et modérée par les journées de pluie et de temps couvert.

Comme conséquence de ses qualités météorologiques, ce climat a pour effet d'être essentiellement *sédatif* et calmant, de régulariser et de ralentir les échanges organiques, d'être ainsi *tonique*, en tant qu'agent régulateur. A côté de ces propriétés générales qui fournissent la note dominante de ses indications, il peut avoir des influences multiples, constituant les plus heureuses « adjuvances climatiques » dans le traitement particulier de telle ou telle affection.

La grande indication du climat de Pau est le traitement de l'éréthisme sous toutes ses formes.

Aussi sont-ce les *tuberculeux* et les *nerveux* qui retirent les plus grands avantages de ce climat.

Tuberculose. — Dans leurs remarquables travaux sur *les conditions et le diagnostic du terrain dans la tuberculose pulmonaire*, MM. Albert Robin et Maurice Binet[1] ont établi que les échanges respiratoires sont considérablement accrus dans 92 p. 100 des cas de phtisie pulmonaire, quelles qu'en soient la période et la forme. Étudiant plus tard les *variations des échanges respiratoires sous l'influence de l'altitude, de la lumière, de la chaleur et du froid*, ces auteurs [2] ont établi que les climats chauds et humides augmentent les échanges respiratoires et doivent être déconseillés aux phtisiques; que les climats chauds et secs ont une action variable sur les échanges et ne conviennent, à moins de conditions spéciales, qu'à certains phtisiques, et que les climats où la température est sujette à de grandes variations doivent être interdits à ces malades.

Ils ont montré en outre l'intérêt qu'il y aurait, en général, pour les tuberculeux à séjourner dans un climat capable de modérer les échanges respiratoires.

Il nous paraît incontestable que le climat de Pau rentre dans cette catégorie. Il ne présente, sous ce rapport, ni les inconvénients des climats d'altitude, qui sont en général stimulant des échanges, ni les dangers des climats chauds et secs, ni l'action trop excitante des climats marins, mais une température moyenne, exempte de grandes variations, un état hygrométrique également éloigné de l'humidité et de la sécheresse et une influence nettement sédative.

L'action modératrice du climat de Pau sur les échanges généraux produit les plus heureux effets sur les tuberculeux, chez lesquels ces échanges sont augmentés parallèlement aux échanges respiratoires. On sait combien l'exagération de ces échanges et de la déminéralisation de l'organisme hâtent la consomption et précipitent la déchéance finale.

Le climat de Pau ralentit très notablement les échanges, les régularise, et par suite permet l'utilisation des matériaux fournis à l'organisme pour sa reconstitution.

Dès lors, le malade chez lequel la suractivité des combustions empêchait l'accumulation, et par suite l'utilisation des éléments fournis par l'épargne organique d'origine intrinsèque ou extrinsèque, verra enfin se réaliser l'idéal qu'il cherche à atteindre : augmenter ses recettes et diminuer ses pertes.

Si, laissant de côté les troubles de la nutrition, nous envisageons maintenant les effets les plus tangibles produits par le climat, nous voyons que la toux est rapidement calmée, que la fièvre s'abaisse et tend à disparaître, que le nervosisme s'apaise en même temps que le sommeil revient.

Le traitement du malade est singulièrement favorisé par le climat; la modération de la température permet, même aux malades les plus timorés, de faire de la cure d'air d'une manière constante. Sans doute il serait téméraire de prétendre que le malade n'aura pas à prendre ici certaines précautions, mais jamais les variations de la température n'atteignent les écarts qui existent, en altitude et dans la plupart des climats froids, entre la température des journées ensoleillées d'hiver, à soleil brûlant, et les nuits glaciales dues

[1] Communication faite à l'Académie de médecine le 19 mars 1901, par M. Albert Robin.

[2] *Variations des échanges respiratoires sous l'influence de l'altitude, de la lumière, de la chaleur et du froid*, rapport par MM. Albert Robin et Maurice Binet (VI° Congrès international d'hydrologie, de climatologie et de géologie. Grenoble, 1902).

au voisinage des neiges plus ou moins persistantes. Jamais non plus les oscillations de température n'atteignent la même étendue que celles qu'on observe dans les pays chauds, où les changements sont parfois si brusques, non seulement d'un jour à l'autre, mais encore dans le cours d'une même journée. Nous croyons cependant qu'il convient de protéger tout spécialement les malades pendant les journées ensoleillées contre le refroidissement beaucoup moins sensible ici que sur le littoral méditerranéen, mais encore très manifeste et non exempt de danger, qui se produit au moment du coucher du soleil. Il en est des climats comme des médicaments, il faut savoir s'en servir et en régler les doses ; il est, dans les meilleurs d'entre eux, des heures à redouter, des journées trompeuses, des expositions ou des promenades à éviter à certains moments. On devra donc recourir à certains artifices et conformer sa ligne de conduite aux exigences spéciales du climat. Les modifications de température se produisant toujours par séries, il sera aisé, en tout temps, de régler pour la journée les heures de cure de repos et de promenade, l'exposition de la chaise longue, la durée plus ou moins longue du séjour dehors, ou les nécessités du séjour momentané à la chambre ; pour la nuit, la situation du lit, sa protection contre les courants d'air fâcheux, les tempéraments à apporter dans l'ouverture des fenêtres ; enfin les moyens de protection contre les refroidissements extérieurs, réalisés par les vêtements, les couvertures, etc., etc.

Mais si la surveillance du malade soumis au contrôle plus ou moins assidu du médecin est facile, il n'en est pas toujours de même pour les malades qui tiennent à rester indépendants ou qui ne sont pas assez atteints pour se soumettre à la méthode de Brœhmer. Pour ceux-là encore, cependant, le séjour à Pau peut être absolument exempt de danger s'ils veulent bien se soumettre à quelques précautions très simples.

La première recommandation que l'on doit faire au malade arrivant à Pau, si banale qu'elle puisse paraître, est de se munir d'une ombrelle et d'un pardessus. Il ne devra pas sortir trop tôt le matin et, prenant en considération la chaleur et l'intensité des rayons solaires, il devra s'astreindre rigoureusement à rentrer chez lui une demi-heure avant le coucher du soleil. Lorsque, dans la soirée, ce qui est assez fréquent, la température est douce, il pourra, s'il est valide et avec l'autorisation de son médecin, sortir de nouveau une heure après être rentré chez lui. Le malade devra éviter pendant les heures chaudes de la journée les promenades trop fortement chauffées par le soleil, surtout s'il a pour se rendre de la promenade à son domicile à traverser des rues froides et non ensoleillées. Sous aucun prétexte, l'excellence du climat ne doit dispenser des précautions ordinaires, plus utiles ici qu'ailleurs. Il faut avant tout que le malade se souvienne qu'il est en traitement et que, quelle que soit l'amélioration survenue, il ne doit se départir en rien des prescriptions médicales les plus rigoureuses.

En tenant compte des exigences sur lesquelles nous venons d'insister, on peut dire du climat tempéré de Pau ce que le professeur Jaccoud a dit des pays chauds à uniformités thermiques. « Il exerce une action favorable sur les catarrhes broncho-pulmonaires préexistants ; il met à l'abri, au moins dans une certaine mesure, des épisodes bronchitiques, et il permet aux patients d'éviter le confinement à la chambre, et de rester chaque jour quelques heures en plein air, sans courir les risques funestes de refroidissement, de bronchite ou de pneumonie, qu'ils ne manqueraient pas de subir à cette période de la maladie, s'ils tentaient de vivre au dehors sous un climat plus rigoureux et surtout plus variable (1). »

On a prétendu que la grande luminosité était utile aux tuberculeux et que l'influence solaire pouvait atteindre même les lésions tuberculeuses du poumon. Il est pourtant d'observation courante que l'exposition des phtisiques aux rayons trop ardents du soleil amène des poussées congestives et fréquemment des hémoptysies; tous les auteurs, ou presque, sont d'accord là-dessus (2). Daremberg conseille aux malades de se faire caresser, mais non pas mordre par le soleil qui congestionne les poumons tuberculeux. Pégurier attribue au soleil beaucoup d'accidents dus à la congestion interne qu'il détermine dans la région thoracique (hémoptysies, poussées broncho-pneumoniques, coup de fouet donné à l'évolution des lésions). Lalesque abonde dans le même sens, mais, comme l'auteur précédent, il attribue une heureuse influence aux rayons chimiques. Sabourin préconise la cure d'air à l'ombre, enfin Manquat, après un exposé de la question des plus consciencieux, conclut que l'influence solaire directe et brutale n'est point un élément favorable aux tuberculeux dans les pays chauds ; il a noté l'accélération du pouls et de la respiration chez des malades qui quittent l'ombre pour aller s'asseoir au soleil ; il estime que l'influence solaire constitue un élément actif qui peut convenir à certains sujets à échanges hypo-normaux et à circulation torpide, mais ne saurait être que dangereuse dans les conditions opposées qui sont de beaucoup les plus fréquentes. Il y a lieu enfin de tenir compte du danger qu'amène le passage du soleil à l'ombre.

Le climat de Pau avec sa luminosité moyenne ne présente qu'au minimum ces inconvénients. Sans doute, lorsque le soleil brille, il donne une luminosité éclatante, mais cette luminosité n'a rien de brutal.; elle présente tous les avantages bactéricides qu'offre l'ensoleillement, mais n'expose pas le malade averti et prudent à de sérieux dangers. D'ailleurs, comme nous l'avons dit, le ciel de notre station est fréquemment couvert, pour le plus grand avantage de nos malades. C'est dans ces conditions, en effet, que le climat réalise le mieux ses propriétés sédatives et que la température offre toutes ses garanties de stabilité et de douceur.

On sait combien est nuisible pour les tuberculeux l'influence du vent, combien il excite leur éréthisme circulatoire et leur éréthisme nerveux, combien il les prédispose aux poussées congestives et même aux hémoptysies, combien il favorise la dyspnée, combien, enfin, il est dangereux au point de vue des accidents pleuro-pulmonaires qu'il peut déterminer.

L'un des caractères les plus nets du climat de Pau, l'un de ses plus grands avantages, consiste précisément dans l'absence de vents et dans le calme de l'atmosphère ; pour cette raison encore, notre ville sera donc une station de choix pour les phtisiques.

A côté du calme de l'atmosphère, le tuberculeux a le plus grand intérêt à ne se trouver ni dans un climat trop humide, qui favoriserait le refroidissement par la conductibilité plus grande du calorique que l'humidité confère aux vêtements (Manquat), ni dans un climat trop sec, qui provoquerait la toux,

(1) Manquat, *l'Adaptation en climatothérapie*, rapport présenté au 1er Congrès français de climatothérapie et d'hygiène urbaine. Nice, 1904.
(2) Cf. Manquat, *loc. cit.*

exciterait son système nerveux et rendrait le sommeil difficile. Il trouvera à Pau une moyenne hygrométrique, également éloignée de la sécheresse et de l'humidité, assez sèche pour diminuer les catarrhes et les expectorations, assez humide pour être sédative et pour faciliter le sommeil.

Enfin, le côté moral ne doit pas être négligé dans le traitement de la tuberculose; les promenades variées que le malade peut faire dans ce beau pays de Béarn, le merveilleux spectacle que lui offrent les Pyrénées qui représentent, selon le mot de Lamartine, « la plus belle vue de terre », suffiront à éviter l'ennui et à réconforter les plus découragés.

Indications fournies par la forme, la marche et le degré de maladie.

Mais il ne suffit pas de savoir que les tuberculeux en général se trouvent bien du climat de Pau, il faut distinguer quels sont ceux qui doivent y être envoyés et quels sont ceux qui doivent en être éloignés.

Si nous nous en rapportions à la classification des phtisiques en malades à échanges ralentis et en malades à échanges accélérés, nous réclamerions pour Pau la grande majorité des tuberculeux. Mais, en réalité, la question est beaucoup plus complexe.

Il y a lieu d'envisager, pour l'étude de cette question, d'abord les prédisposés, ensuite, la maladie étant confirmée, les malades au début et les malades plus gravement atteints.

L'étude des antécédents familiaux complétée par celle du chimisme respiratoire servira à reconnaître les prédisposés et à les classer, que les prédisposés soient issus de parents tuberculeux, syphilitiques, alcooliques, dégénérés, débilités ou âgés. Tous ceux dont la vitalité semble amoindrie doivent être éloignés de Pau; quelques enfants scrofuleux y sont notoirement améliorés, mais les arthritiques y sont quelquefois éprouvés. La recherche des antécédents au point de vue de la prédisposition doit avoir surtout pour objet de permettre de déterminer la marche plus ou moins rapide ou lente que va présenter la maladie et la façon dont les malades vont réagir.

Chez les tuberculeux au début, l'indication du climat de Pau sera fournie par la façon dont la maladie s'annonce. Si le début est brusque, accompagné d'une violente réaction avec poussées congestives, avec hémoptysies plus ou moins fréquentes, avec élévation de température vespérale régulière, à plus forte raison avec fièvre constante, si surtout la plèvre a déjà subi une atteinte ou menace de s'enflammer, il ne faut pas hésiter à envoyer le malade à Pau.

Plus tard, les mêmes indications se précisent; sans doute, à part les modalités vraiment torpides, dans lesquelles l'activité fonctionnelle a besoin d'être constamment stimulée, presque toutes les variétés de tuberculose confirmée du poumon se trouvent bien du climat de Pau, mais en toute première ligne il faut citer la tuberculose à forme éréthique; plus que tous les autres malades, tirent profit du climat de Pau les tuberculeux nerveux à pouls tendu, émotif, fébrile, ceux qui font aisément des poussées de température. On ne tarde pas à voir leur pouls se ralentir, perdre de sa dureté, se régulariser et leur courbe thermique se rapprocher de la normale. L'égalité de la température et l'absence de vent seront surtout précieuses pour les congestifs ayant souvent des poussées avec hémoptysies; pour les malades dont la plèvre irritable semble appeler de nouvelles localisations du bacille de Koch. Non seulement ces malades seront à l'abri des influences cosmiques qui pourraient favoriser l'éclosion de nouveaux accidents, mais leur inspiration deviendra plus profonde et plus facile ; au bout de quelque temps, la tendance congestive s'affaiblira, les hémoptysies, si elles existent, deviendront plus rares et plus aisées.

La marche de la maladie fournit des renseignements moins précis que les réactions particulières des malades. Quoique les tuberculeux chroniques se trouvent très bien en général de leur séjour à Pau, il est incontestable que parmi eux ce sont ceux qui procèdent par épisodes aigus qui doivent être de préférence dirigés sur cette station. La même indication est fournie par la tuberculose à marche rapide. Sans doute, le climat, pour si bon qu'il soit, est le plus souvent impuissant dans ce cas, mais il arrive chaque hiver que des malades envoyés à Pau en pleine évolution aiguë et même menacés de granulie repartent améliorés, avec, souvent, une tuberculose à évolution ralentie.

Le degré, le siège et *l'étendue* des lésions n'ont pas, à beaucoup près, la même importance dans le choix du climat ; l'état anatomique de la maladie et les signes d'auscultation n'arrivent ici qu'en deuxième ligne et peuvent, moins encore que lorsqu'il s'agit d'établir le pronostic, fournir des règles absolues. Il est évident qu'un tuberculeux ayant une lésion peu avancée, limitée à un seul côté, très localisée, a plus de chances de guérir qu'un malade présentant des cavernes, un ramollissement étendu, des lésions multiples et bilatérales.

Les diverses *complications* qui peuvent survenir du côté des bronches, du poumon ou de la plèvre, sont plutôt, comme nous l'avons vu, heureusement influencées par le climat de Pau.

Enfin, dans *les formes incurables*, alors que le malade ne peut plus être soutenu ni par les ressources de la thérapeutique, ni par la sollicitude des siens, le séjour à Pau, sans danger pour lui, pourra provoquer une suprême amélioration qui retardera la fin inéluctable et rendra au malade l'espérance qui l'abandonnait.

Tuberculoses locales. — Les tuberculoses locales ne fournissent pas d'indications bien nettes au point de vue du séjour à Pau ; ici encore, il faudra tenir le plus grand compte des modifications subies par les échanges généraux et se souvenir de l'influence tonique du climat de Pau chez les malades dont la nutrition a besoin d'être régularisée et ralentie.

Autres affections de l'appareil respiratoire. — Si, mettant à part la tuberculose, nous cherchons quelles sont les autres maladies justiciables du climat de Pau, nous verrons que presque toutes les autres affections de l'appareil respiratoire sont heureusement influencées par lui, grâce surtout à sa température modérée et à son état hygrométrique moyen. Les *bronchites aiguës* y sont, en général, légères, les *bronchites chroniques*, les *catarrhes*, l'*emphysème*, qui s'aggravent régulièrement l'hiver avec le froid ou les variations de température, se trouvent généralement bien à Pau. Quant à l'*asthme*, à part les formes purement nerveuses, qui s'y trouvent bien, nous dirons avec de Musgrave-Clay (1), que, à Pau comme ailleurs, il se dérobe à toutes les prévisions et subit des modifications tantôt favorables, tantôt défavorables, ces dernières, toutefois, paraissant un peu plus fréquentes.

Nous pourrions dire de l'**artério-sclérose** ce que nous venons de dire de

(1) *Loc. cit.*

l'asthme. Les artério-scléreux se comportent très diversement à Pau et si l'hiver leur est en général favorable dans cette station, ils semblent particulièrement éprouvés par les chaleurs trop congestionnantes de la fin du printemps, de l'été et du début de l'automne.

Arthritisme. — Les arthritiques pour lesquels le climat de Pau est indiqué sont les *lymphatiques* et les *herpétiques;* les premiers pouvant être améliorés suivant leurs prédispositions héréditaires ou leurs réactions individuelles, les seconds étant souvent des nerveux, justiciables de toutes les influences sédatives.

Rhumatisme articulaire aigu. — Notons que le rhumatisme articulaire aigu, relativement peu fréquent à Pau, ne subit aucune modification du fait du climat.

Cardiopathies. — D'une manière générale, le climat de Pau ne doit pas être spécialement recherché au point de vue thérapeutique dans les cardiopathies. Il peut être utile chez les faux cardiaques nerveux, mais il n'a aucune influence sur les lésions valvulaires; cependant, surtout si les lésions sont bien compensées, le malade ne peut que se féliciter d'un climat dans lequel il trouvera le calme atmosphérique qu'assure à cette station l'absence de vents violents; la modération de la température et l'absence d'humidité libre seront également des conditions favorables pour lui. L'*angine de poitrine*, l'*insuffisance aortique* et quelques *cardiopathies artérielles* bénéficient tout particulièrement de l'action modératrice et régularisante que le climat de Pau exerce sur la circulation.

Maladies du tube digestif. — C'est surtout dans les *dyspepsies à formes gastralgiques et irritatives*, dans l'*hypersthénie gastrique*, dans les *affections catarrhales de l'intestin*, que le séjour à Pau peut être utile.

L'appétit est en général stimulé par le changement d'air; au bout d'un certain temps cependant; ainsi que nous l'avons déjà dit, il n'est pas rare qu'il soit plutôt diminué au premier abord.

Les *annexes du tube digestif* ne sont nullement influencées par le climat. Aussi les *hépatiques* n'ont-ils rien à faire à Pau.

Diabète, gravelle. — Cette action indifférente du climat s'étend encore aux graveleux et aux diabétiques.

Maladies de l'appareil génito-urinaire. — L'hivernage dans notre station pourra cependant être utile aux *brightiques* et aux *albuminuriques* qui craignent le froid, l'humidité et les variations de température, mais il ne paraît avoir aucune utilité dans le traitement des autres affections de l'appareil génito-urinaire.

Maladies du système nerveux. — Les malades qui, après les tuberculeux, retireront le plus de bénéfice du climat de Pau sont les nerveux.

Lésions organiques. — Sans doute, lorsque des lésions anatomiques existent, le climat de Pau ne peut guère avoir d'action; cependant son influence sédative se fait sentir puissamment pour calmer les crises douloureuses du tabès et elle peut être utile à certains paralytiques généraux.

Névralgies. — Les névralgies sont, en général, très atténuées ou disparaissent, certaines sont simplement améliorées. Quelques-unes sont exaspérées; il y a lieu sans doute ici, encore, de tenir compte de l'élément étiologique.

Névroses. — Ce sont surtout les névroses qui bénéficient du climat *bromuré* de Pau. Les *hystériques*, les *choréiques*, les *épileptiques* s'en trouvent très bien. Nous observons rarement les grandes et franches attaques hystériques, et les crises convulsives des épileptiques sont plutôt moins nombreuses, chez le même malade, que sous un autre climat. Les *neurasthéniques* et les *surmenés*, qu'il s'agisse de surmenage intellectuel ou de surmenage physique, se trouvent en général merveilleusement bien d'un séjour à Pau. Pour les uns, le bénéfice qu'ils en retirent provient du changement de milieu et de pays, et ce bénéfice serait réalisé sous n'importe quel climat ; pour les autres, au contraire, le climat de Pau a une action pour ainsi dire spécifique. Chez les malades dont le système nerveux est épuisé, et dont les dépenses nerveuses doivent être réduites au minimum, l'influence sédative de notre climat se fait heureusement sentir. Elle permet de réaliser, de la façon la plus efficace, la cure de Weir-Mitchell.

Les beautés de la nature, la richesse et la diversité des promenades, pourront être heureusement utilisées chez les malades qui ont besoin de distractions.

Enfin, rappelons que le sommeil, si souvent troublé chez les nerveux, est régularisé et facilité par l'influence sédative du climat.

La *maladie de Basedow* est fort rare parmi la population paloise et il semble, *a priori* tout au moins, qu'elle ne puisse que se trouver bien du climat de notre station.

Enfance et vieillesse. — Les enfants frêles et délicats se fortifient et s'aguerrissent vite sous l'influence de la vie au grand air, des sorties quotidiennes, toujours possibles même les jours de pluie, et des rayons solaires lorsque le temps est clair. Les nouveau-nés prématurés et débiles en bénéficient tout particulièrement.

La longévité relativement grande des Palois montre combien le climat de Pau peut être favorable aux vieillards. Il économise leur organisme affaibli (M. Clay) et ne les épuise pas en leur demandant des réactions trop vives, aussi cette ville tend-elle à voir s'augmenter de plus en plus le nombre des retraités qui viennent y finir leur existence. Ils y sont en effet à l'abri du froid et des variations brusques qui provoquent si facilement chez eux des poussées bronchitiques ou pulmonaires ; leur catarrhe n'y subit pas les aggravations qu'amène si souvent l'hiver ; en outre, les sorties étant tous les jours possibles, ils évitent le confinement et la réclusion que leur impose ailleurs la mauvaise saison.

Convalescents. — Le climat de Pau convient enfin merveilleusement à la plupart des convalescents, principalement à ceux qui ont eu pendant le courant de l'hiver des attaques d'influenza, avec localisations bronchitiques ou pulmonaires. La sédation atmosphérique et la modération de la température leur permettent de vivre au grand air sans craindre de refroidissements, sans avoir à redouter les rechutes et les complications éloignées des maladies dont ils relèvent.

Signalons, pour terminer, que beaucoup de malades ont pris l'habitude, après avoir passé l'hiver sur la Côte d'azur, de venir se détendre, sous l'influence du climat sédatif de Pau, des fatigues éprouvées sous le climat trop excitant du littoral.

DURÉE ET NOMBRE DES SÉJOURS. INSTALLATION

Avant de terminer le chapitre relatif aux indications, il nous paraît utile de dire quelques mots du moment le plus favorable pour le séjour du malade à Pau, de la durée et de la répétition de ce séjour.

Il est superflu de rappeler que c'est pendant la saison froide que le séjour à Pau est utile aux malades. Mais il ne faut pas attendre, pour les diriger sur notre station, qu'ils aient subi dans leur pays les premières atteintes du froid; en les y envoyant de bonne heure, on allonge la durée de leur séjour et on les met dans les meilleures conditions possibles pour se préparer à l'hivernage.

L'action du climat sera d'autant plus heureuse que la maladie sera de date plus récente et le séjour à Pau devra être d'autant moins prolongé que l'affection pulmonaire y aura été traitée de meilleure heure. Cependant, presque toujours, plusieurs séjours à Pau sont nécessaires pour assurer la guérison.

Il est impossible de fixer à cet égard une règle absolue. « La dose climatique, dit Duboué, est comme la dose médicamenteuse, elle doit varier suivant chaque malade. » D'une manière générale, cet auteur conseille aux malades de revenir au moins une année après l'achèvement de la guérison ou de la quasi-guérison qui s'est produite ; une surveillance médicale rigoureuse dès le retour du malade dans ses foyers pourra seule faire juger de la nécessité d'un nouveau séjour dans le Midi.

Enfin, le choix du logement est d'une importance capitale. Il devrait toujours être dirigé par le médecin.

Les malades pourront à Pau se loger absolument à leur guise suivant leurs préférences et les exigences de leur état : hôtels confortables, villas luxueuses ou modestes, entourées de jardins permettant de réaliser le « *home sanatorium* » du Pr Landouzy, appartements bien exposés, sanatorium admirablement installé et dirigé avec la plus grande compétence, ils trouveront à leur gré tous les modes d'installation qu'ils pourraient désirer.

CONTRE-INDICATIONS

Les contre-indications du climat de Pau se déduisent aisément des caractères propres de ce climat, principalement de son influence sédative. Bien qu'il ne soit ni déprimant, ni débilitant, il doit être déconseillé à tous les malades qui ont besoin d'être stimulés.

Tuberculose. — Dans la tuberculose, il est contre-indiqué pour les formes torpides et chez les malades à échanges ralentis. Lorsque la maladie procède insidieusement, et débute par un état d'alanguissement, de lymphatisme, d'affaissement général, avec ralentissement de la nutrition, avec peu ou pas de fièvre, sans amaigrissement notable ni hémoptysies, il faut déconseiller le séjour à Pau.

Il en est de même chez les *prédisposés arthritiques* ou *scrofuleux* dont la *vitalité est manifestement trop diminuée.* L'examen du chimisme respiratoire permettra d'éliminer d'emblée tous ceux dont les échanges sont ralentis, c'est-à-dire 8 p. 100 des malades. Certains tuberculeux trop arthritiques, ceux qui réagissent mal, ceux dont l'activité fonctionnelle est toujours en défaut et a besoin d'une stimulation constante, doivent être éloignés de notre station.

La *tuberculose laryngée*, la *tuberculose intestinale* ou *péritonéale* ne fournissent pas de contre-indications spéciales.

Il en est de même du *degré*, du *siège* et de l'*étendue* des lésions. Dans les formes désespérées, on doit tenir compte des forces du malade et ne pas lui infliger, sans espoir de bénéfice, un déplacement fatigant, lorsque ce déplacement risque de l'épuiser et de hâter sa fin.

Cardiopathies. — Dans les cardiopathies il sera prudent de ne pas conseiller le séjour à Pau aux malades *asystoliques* et à ceux dont le myocarde est sérieusement touché; cependant cette contre-indication n'est pas bien formelle, elle a surtout pour but d'éviter à ces malades des déplacements et des changements de climat dangereux.

Affections du tube digestif. — La *dyspepsie hyposthénique* et l'*atonie* avec tendance trop marquée à la *constipation* sont plutôt défavorablement influencées par notre climat.

Arthritisme, Diathèse rhumatismale. — Il est évident qu'un climat sédatif et modérateur des échanges, tel que celui qui nous occupe, ne saurait convenir aux affections attribuables au ralentissement de la nutrition, aussi comprendra-t-on que l'*arthritisme en général*, la *diathèse rhumatismale* et la *goutte* soient au nombre des contre-indications du climat de Pau. Encore cette contre-indication n'est-elle pas absolue, car il est de constatation courante que beaucoup d'arthritiques supportent fort bien ce climat et sont même améliorés par lui.

Affection du système nerveux. — Parmi les affections du système nerveux, les contre-indications sont rares, cependant nous avons vu que certaines névralgies peuvent être exaspérées par le séjour à Pau, sans qu'on puisse au juste dire pourquoi, peut-être parce qu'elles surviennent chez des arthritiques. Les *hystériques déprimés*, certains *neurasthéniques* qui ont besoin de stimulation et de mouvement, ont intérêt à être dirigés vers d'autres climats : c'est dans ces cas que l'altitude semble particulièrement indiquée.

Enfin, les *enfants mous, trop lymphatiques* ou *scrofuleux*, les *vieillards* dont les *réactions* sont vraiment *insuffisantes*, les *convalescents qui ont besoin d'une stimulation énergique*, devront être éloignés de notre station.

CONCLUSIONS

1º Le climat de Pau est caractérisé par :

a) Le calme de l'atmosphère et l'absence de vents violents, cette station étant complètement exempte de l'influence des grands déplacements atmosphériques ;

b) La douceur de la température dont les variations sont insignifiantes dans le cours de la journée médicale, peu sensibles relativement dans les 24 heures et très modérées d'un jour à l'autre ; la température moyenne de la saison hivernale, d'octobre à mai, est de 11º7 pour la journée médicale, et de 10º2 si l'on considère l'ensemble des 24 heures ;

c) La fréquence relative des pluies, toujours compatibles avec les sorties quotidiennes des malades, entretenant, grâce à l'absence complète d'humidité libre, un état hygrométrique moyen des plus salutaires;

d) Une luminosité moyenne avec alternatives de journées magnifiquement ensoleillées et de temps couvert plus favorable au malade que l'ensoleillement;

e) La rareté extrême des brouillards;

f) Une pression barométrique assez élevée;

2° Au point de vue physiologique, le climat de Pau a pour propriété d'être essentiellement sédatif, ainsi que le prouve l'observation de l'indigène bien portant. Son action a pu être comparée successivement à celle du *bromure* et à celle du *chloroforme;* il ralentit et régularise la nutrition, calme l'éréthisme, facilite la respiration qui devient plus profonde et plus facile, il égalise le pouls et le ralentit. En tant qu'agent régulateur, ce climat a, en outre, une véritable influence tonique;

3° Si l'on examine la morbidité et la mortalité locales, on voit que l'on meurt moins à Pau que dans la moyenne des villes de France de populations numériquement équivalentes, et que l'on y meurt plus vieux; on constate que la plupart des maladies y sont atténuées;

4° Les indications du climat de Pau s'adressent d'abord à toutes les formes de l'éréthisme et visent plus spécialement :

a) La tuberculose à forme éréthique, à réactions violentes avec poussées congestives, fièvre et hémoptysies, à marche rapide, et d'une manière générale toutes les formes de la maladie qui s'accompagnent d'une vitalité exagérée ou de menaces de complications pleuro-pulmonaires;

b) Les bronchites chroniques, les catarrhes, l'emphysème;

c) Les cardiaques nerveux et surtout les faux cardiaques, les angineux et les aortiques;

d) Les dyspepsies à forme gastralgique et irritative;

e) Les affections du système nerveux et particulièrement les névroses, en première ligne l'hystérie et la neurasthénie;

f) Les deux extrémités de la vie, l'enfance et la vieillesse;

g) La plupart des convalescents;

5° Il ne faut pas attendre que la saison froide soit établie pour envoyer les malades à Pau. En général, plusieurs séjours sont nécessaires pour assurer la guérison;

6° Le climat de Pau est contre-indiqué :

a) Chez les tuberculeux torpides, chez ceux qui réagissent mal et dont les échanges sont diminués;

b) Chez les asystoliques et les malades dont le myocarde est trop altéré;

c) Chez les dyspeptiques hyposthéniques; chez les malades atteints d'atonie intestinale;

d) Chez certains arthritiques et d'une façon générale chez les malades atteints d'affections dues au ralentissement de la nutrition (goutteux et rhumatisants);

e) Chez les nerveux trop déprimés;

f) Chez les enfants, les vieillards et les convalescents à réactions insuffisantes.

DISCUSSION

Le Docteur FERRÉ met en relief le parti que les accoucheurs de Pau peuvent tirer de la température. On peut ici, grâce à ces qualités climatiques, sortir les enfants prématurés, même au plus fort de l'hiver, ce qu'on ne pourrait faire sans imprudence dans beaucoup d'autres villes. Laissés à la chambre, ces enfants souffrent et s'étiolent ; ils se développent rapidement, au contraire, lorsqu'on peut les sortir.

Le Dr LALESQUE demande à M. Ferré si, en plus des sorties quotidiennes, il pratique l'aération diurne de la chambre ou de l'appartement lorsque le temps est incertain.

Le docteur FERRÉ répond affirmativement.

Dr LALESQUE. — En effet, plus l'aération est intense, plus les résultats sur les enfants sont heureux comme sur tout l'être humain. Comme M. Ferré, je pense qu'ici et partout la vie en plein air, c'est-à-dire la sortie quotidienne, produit sur l'organisme des effets plus marqués et plus rapides que ceux obtenus par l'aération même intensive de la chambre. C'est qu'il y a là, je crois, l'intervention d'un facteur : la lumière ; ce facteur, par son action sur la peau, agit sur la richesse du sang en hémoglobine et entraîne surtout des modifications de circulation et d'innervation dont le rôle doit aussi entrer, pour une grande part, en jeu.

Le Dr SÉNAC-LAGRANGE (de Cauterets) sait que le climat de Pau est sédatif ; s'il est sédatif il est, par le fait, dépressif dans certaines conditions de tempérament ; si les éréthiques, les fébriles, y trouvent la sédation, les torpides y trouvent de la dépression. Je connais la femme d'un officier supérieur, obligée d'aller retrouver à Cannes appétit, sommeil et forces que le séjour de Pau lui enlevait. L'idée comparative sert beaucoup la question de climat. Quelles sont les différences au point de vue *nuance* entre le climat de Pau et le climat de Dax ? Garreau, dans le *Journal humoristique*, en a ciselé les particularités essentielles. Le climat de montagne est sédatif par altitude ; Pau serait sédatif par sa protection contre les vents surtout plutôt que par son abaissement d'altitude. Mais la fraîcheur, les transitions de température peuvent, dans le climat de montagne, défaire ce que fait l'altitude, c'est-à-dire exciter une fonction comme la fonction digestive, alors que l'altitude agit d'abord comme dépressive... Observez-vous de pareils faits de dissociation entre vos éléments d'analyse et l'ensemble de ces éléments qui en font la synthèse... ?

Dr DEPIERRIS (de Cauterets). — Je voudrais demander à M. le Rapporteur, qui s'est rangé aux observations de M. Ferré, si l'action du climat de Pau sur les enfants débiles est spéciale à Pau, ou si simplement les conditions communes aux climats ensoleillés et à atmosphère calme auraient le même effet. Je demanderai, en outre, comment se trouvent à Pau les enfants prédisposés aux convulsions, et quelle est la fréquence de la méningite tuberculeuse.

Dr BARBIER. — L'action favorable du climat de Pau sur les débilités est très intéressante. Il serait peut-être utile de préciser à quelle catégorie de débilités ce fait s'applique. Est-ce aux prématurés, aux héréditaires (syphilis, tuberculose, etc.), aux débilités dont l'affection est acquise par une mauvaise hygiène alimentaire ? Dans le cas de débilités héréditaires on comprend que ces enfants puissent bénéficier des éléments d'un climat dont les adultes tuberculeux éprouvent favorablement les effets, et que les sorties journalières les en fassent bénéficier davantage. Mais les influences climatiques ne sont pas seulement en jeu ici, il faut tenir compte du régime alimentaire de ces enfants; sont-ils nourris au sein ou soumis à l'alimentation artificielle, et dans quelles conditions... ?

Le Dr FERRÉ, en réponse aux observations du Dr Barbier, constate que l'alimentation artificielle est plus dangereuse à Pau et dans les climats chauds que dans les climats plus froids.

Dr PÉGURIER (de Nice). — Etant donné que le climat de Pau est sédatif et que, d'autre part, il y a dans ce climat des précautions à prendre pour la cure climatique, *a fortiori* ces précautions seront-elles indispensables dans un climat avant tout stimulant et tonique comme celui de la Riviera ; si ces précautions ne sont pas prises, on aura des accidents dus, non au climat, mais à une imprudence de cure ; c'est d'ailleurs sur ce point que j'ai insisté dans ma communication faite à Arcachon.

Le Dr FESTAL (d'Arcachon) s'associe à l'idée que suscite et au désir qu'a formulé le Dr Sénac-Lagrange. Nous savons que certains climats sont sédatifs, d'autres excitants ; il y en a aussi de toni-sédatifs, et ce très heureux dosage fait par la nature elle-même n'est pas un de nos moindres sujets d'étonnement.

Mais comment, par quels éléments viennent à ces différents climats leurs propriétés individuelles ?

C'est à l'aide de la collaboration intime des méthodes cliniques d'observation et de l'expérimentation scientifique qu'on parviendra à dégager ces divers éléments.

Ce soir vous verrez, Messieurs, comment notre confrère Henri Meunier est largement entré dans la voie scientifique, grâce à l'emploi de très ingénieux appareils enregistreurs de son invention. C'est à l'aide de ces méthodes, en les perfectionnant et les variant selon les besoins, que nos congrès de climatothérapie donneront les heureux résultats scientifiques prévus par leur fondateur avec tout le cortège des conséquences pratiques escomptées.

Dr MATTON (de Salies-de-Béarn). — Je m'associe d'autant plus volontiers aux vœux exprimés par M. Festal en faveur du développement des recherches de climatologie scientifique, qu'elles contribueraient à mieux faire connaître les climats très différents de localités d'une même région, et, à cet égard, je tiens, en réponse aux questions posées par M. Sénac-Lagrange sur les climats de Pau et de Dax envisagés comparativement, à en souligner les caractères dissemblables : à Dax, pas d'altitude, — large cours d'eau et sources multiples et très abondantes d'eau très chaude qui chauffent le sol et l'atmosphère, et la chargent d'humidité chaude ; Dax très éloigné de la montagne et assez distant de l'Océan, qui l'influence néanmoins, est une station méridionale terrienne très différente de Pau; très spéciale, plus chaude qu'aucune autre en Sud-Ouest, et dont le régime climatique, fertile certainement en indications thérapeutiques nombreuses et précises, mériterait bien d'être longuement et complètement étudié.

Dr Valéry MEUNIER. — J'estime que le souvenir du Dr Garreau a été évoqué avec une grande opportunité par le Dr Sénac-Lagrange; son *Journal humoristique d'un médecin phtisique*, publié sans nom d'auteur en 1876, est un des documents les plus précieux de la clinique climatologique française, et le Sud-Ouest y tient une place prépondérante.

Ancien interne des hôpitaux de Paris, reçu le premier dans la promotion de 1852, praticien très distingué à Laval, tombé malade à la suite des fatigues de la guerre de 1871, Garreau avait été envoyé à Pau par les Docteurs Hardy, Millard et Besnier qui avaient jugé très sévère sa tuberculose tant à cause de ses hémoptysies fébriles que de l'exaltation de son état nerveux. Le choix de Pau fut des plus heureux ; dès les premiers jours l'apaisement des symptômes fâcheux fut manifeste, et en quelques semaines la forme aiguë de la maladie s'était transformée en forme chronique, dont la bénignité ne fit que s'accentuer progressivement. Garreau a fait de cette évolution une description magistrale, à la Trousseau ; mais lorsque son rétablissement, qui n'était encore qu'une guérison apparente, lui permit de reprendre une certaine vie extérieure, il eut à compter avec des incidents et des difficultés ; il en fait un exposé assez vif dont le Dr Sénac-Lagrange a gardé le souvenir et qui constitue la page des griefs, que l'on pourrait appeler aussi la page des fautes d'hygiène.

Il fournissait ainsi, lui médecin, une nouvelle et saisissante démonstration de ce fait, bien connu de ceux qui s'occupent de phtisiothérapie, c'est que le tuberculeux, arrivé à la période de guérison relative, se trouve en butte à de nouveaux et redoutables dangers.

Il y signale l'écart considérable de température entre le soleil et l'ombre, l'action fâcheuse de l'ensoleillement excessif, la diminution d'activité des fonctions de la peau, etc.., toutes choses vraies mais qui comportent des règles de conduite locales dont on ne peut s'affranchir impunément sans compromettre le bénéfice du climat. Après avoir bien reconnu que son impatience de ces règles était une difficulté de plus pour son rétablissement durable, je résolus de l'envoyer à Dax, en lui affirmant qu'il y trouverait des conditions climatiques assez analogues à celles dont il avait bénéficié à Pau, et les distractions d'un établissement thermal où la résidence continue le préserverait des fautes d'hygiène qu'il ne savait pas éviter ici. Les résultats furent des plus satisfaisants ; l'éréthisme circulatoire et nerveux dont le séjour à Pau avait eu raison ne reparut plus, la réparation du foyer se continua sans interruption dans cette nouvelle résidence, qu'il quittait seulement tous les 15 jours pour venir se faire ausculter chez moi, et cela nous valut dans le *Journal humoristique* une apologie de plus de ce Sud-Ouest dont il appréciait de plus en plus les bienfaits.

En somme, ce qu'il a entrevu, senti, et ce qu'il importe de bien établir c'est que les caractères essentiels du climat de Pau, et les propriétés fondamentales qui en dérivent, lui donnent une originalité spéciale et bien définie, et que la région du Sud-Ouest peut être considérée comme ayant, dans une certaine mesure, des caractères et des propriétés similaires dans le bassin inférieur de l'Adour, dans le bassin des Gaves depuis Bétharram, et dans les Landes jusqu'à Arcachon ; à côté de cela il existe des particularités bien marquées dans les différentes stations de la région, constituant la caractéristique de chacune d'elles.

L'influence océanique leur est commune à toutes, avec ses courants d'Ouest qui purifient et attiédissent l'atmosphère ; mais, à Pau, ils sont habituellement si lents et si faibles que le calme profond est la règle et donne le sentiment d'une sécurité respiratoire spéciale, l'un des principaux éléments de cet effet sédatif célèbre qui a pu être qualifié de « bromuré ». D'autre part, le voisinage de la montagne assure à la région un air pur, tonique et reconstituant qui donne au climat béarnais des qualités fortifiantes, très appréciées par les débiles.

A Arcachon, le voisinage de la mer et les émanations des pins modifient les qualités fondamentales du Sud-Ouest, en y ajoutant l'influence d'un milieu salin plus animé et d'un air térébenthiné très utile dans certaines affections. A Dax, les qualités fondamentales du Sud-Ouest sont influencées par la présence d'un fleuve, souvent grossi par les orages ou la fonte des neiges de la chaîne pyrénéenne, puis par la Lande et ses pignadas, avec leurs senteurs résineuses, et surtout par un sous-sol à nappe d'eau chaude hyperthermale, faisant office d'un vrai calorifère et parfois d'un vaporarium.

Tout cela constitue des nuances thérapeutiques très intéressantes dans l'usage de ce grand médicament, le climat du Sud-Ouest, dont les succès les plus éclatants ont été souvent obtenus chez des malades d'abord aggravés dans d'autres climats à air vif et sec, parfois plus chauds et plus ensoleillés. On ne peut plus le nier aujourd'hui : l'option entre les deux midis s'impose dans la plupart des cas, selon la forme des maladies, éréthique ou torpide ; or, comme les éléments caractéristiques des deux climats sont aujourd'hui bien connus et bien définis, nous n'avons plus qu'à mettre en lumière des résultats bien confirmés.

Le Dr MEILLON (de Cauterets), aurait voulu que le rapporteur tirât parti de la proximité de l'Asile départemental de Saint-Luc pour nous fournir une étude précise et très documentée sur le climat bromuré de Pau. Il eût été intéressant de voir quel résultat retirent les névrosés de leur séjour à l'asile : les hystériques, les choréiques, les épileptiques ne doivent pas se trouver à Pau comme ils se trouvent sous un climat qui n'est pas le climat sédatif du Sud-Ouest. M. Goudard peut-il nous documenter à cet égard ?

D'autre part, si l'action sédative se manifeste favorablement chez les neurasthéniques et les surmenés, ne croit-il pas qu'il y a là une large part qui doit être faite au côté tonique du climat de montagne. Indépendamment du bénéfice que ces malades retirent du changement de milieu et de pays, bénéfice réalisable sous n'importe quel climat, le rapporteur ne s'est-il jamais trouvé en présence de surmenés qui, après avoir été calmés, ont besoin d'être tonifiés par l'air de la montagne pour retirer tout le bénéfice qu'ils sont en droit d'espérer.

Pour les neurasthéniques, il conviendrait d'établir la limite des bénéfices que ces malades retirent du calme, de l'air bromuré de Pau, et de fixer le moment où, après avoir réduit les dépenses nerveuses au minimum, il convient de recharger l'accumulateur pour lui permettre de fonctionner à nouveau, tonification et reconstitution qui paraissent appartenir au climat de montagne, et qui sont une des caractéristiques du climat toni-sédatif de Cauterets.

Dr Monod (de Pau). — Je m'appuierai sur le cas du Dr Garreau, exposé par le Dr Valéry Meunier, sur de nombreux cas observés par moi à Pau, enfin sur mon observation personnelle, pour faire à mon confrère et ami le Dr Goudard, tout en le félicitant de son rapport si intéressant et si complet, une objection au sujet d'une de ses conclusions : la contre-indication du climat de Pau pour les arthritiques. — Je m'inscris en faux contre cette conclusion formulée d'une façon absolue; beaucoup d'arthritiques, particulièrement d'arthritiques à lésions pulmonaires, par conséquent exposés aux hémoptysies, qu'on rencontre parmi les tuberculeux congestifs ou éréthiques, se trouvent très bien à Pau. Moi-même, arthritique héréditaire, arrivé à Pau en 1877 assez mal hypothéqué, j'y ai vivoté dans d'assez bonnes conditions depuis bientôt 28 ans, et j'attribue au climat une bonne part du raffermissement de ma santé.

Dr Festal. — Il est intéressant que la discussion du très consciencieux rapport de Goudard ait provoqué l'intervention autorisée de notre confrère Valéry Meunier. Je me permettrai d'en retenir surtout les faits suivants :

1° Que la climatologie ne peut être considérée comme la réunion d'une infinité de climats, ayant chacun sa spécialité, autrement dit, et pour prendre un exemple actuel, nous ne voulons pas, parlant de Pau, prétendre que cette ville a un climat absolument personnel; non, il faut entendre avec Goudard que Pau résume les caractères principaux de la région paloise. Il y a dans ce fait une preuve nouvelle de l'intérêt que présentait pour tous les climathérapeutes la venue du Congrès dans le S.-O. après la visite du climat méditerranéen, si différent du nôtre.

2° La formule lapidaire que donne notre confrère, pour caractériser les dangers encourus par le tuberculeux apparemment guéri, me semble assez heureuse pour être insérée telle quelle, et soulignée : « C'est quand le tuberculeux arrive à la période de guérison relative que s'ouvre pour lui une ère de nouveaux dangers. »

3° Enfin cette remarque très juste que les accidents qui surviennent aux malades sont bien plus souvent leur propre fait, le fruit de leur indocilité et de leurs imprudences, que le fait du climat.

Il faut, corollaire précieux, en dégager cette notion formelle que le climat est un médicament, et que le médecin ne doit le prescrire qu'en connaissance de cause, après en avoir approfondi la posologie.

COMMUNICATIONS

—

INFLUENCE DU CLIMAT DE PAU ET DE LA GYMNASTIQUE MÉDICALE DANS LE TRAITEMENT DE LA NEURASTHÉNIE D'ORIGINE GASTRO-INTESTINALE

Par le docteur Philippe TISSIÉ, de Pau.

—

Le climat de Pau est sédatif. Ses effets bromurés se font sentir dans la neurasthénie à forme éréthique. Le calme de l'atmosphère, l'absence des grands vents, la douceur moyenne de la température, la luminosité du ciel, l'état hygrométique de l'air, le milieu social lui-même, bien équilibré, sont d'excellents facteurs du traitement climatothérapique. Les neurasthéniques excités bénéficient rapidement de la sédation paloise, cette sédation régularise les fonctions de la nutrition qu'elle ralentit. A Pau on mange avec appétit parce qu'on y dort bien.

Cependant l'acclimatement est généralement précédé d'une période d'excitation d'une durée variable dans laquelle l'appétit et le sommeil sont atténués. La neurasthénie à forme gastro-intestinale atonique et dyspeptique hyposthénique est entretenue, sinon provoquée, par les auto-intoxications dues au séjour prolongé des aliments dans la poche stomacale et dans le tube digestif, surtout au cæcum. Cette forme neurasthénique ne bénéficie du climat de Pau qu'à la condition expresse de donner à celui-ci un adjuvant correctif par la gymnastique thérapeutique. Cette gymnastique doit être tour à tour généralisée et localisée aux organes de la digestion, par la mise en fonction des muscles de la ceinture musculaire abdominale, et surtout par l'entraînement du diaphragme, au moyen d'exercices respiratoires combinés avec les mouvements abdominaux.

Ainsi on provoque l'auto-massage de la masse gastro-intestinale en même temps que des échanges gazeux et liquides, sanguins et lymphatiques, par une circulation plus active et plus profonde.

Il ne faut jamais perdre de vue, en gymnastique éducative et médicale, que la circulation de retour dépend de la respiration ; — qu'elle est surtout d'ordre physique, basée sur le principe des vases communiquants par le changement des pressions, tandis que la circulation d'aller est basée sur le système mécanique de la pompe. D'où action très importante de la respiration sur la circulation de retour surtout capillaire, et particulièrement sur le système porte avec le foie. La gymnastique respiratoire a donc un triple effet : un effet chimique par l'hématose, un effet physique par la circulation de retour, un effet mécanique par l'action massothérapique du diaphragme sur la masse gastro-intestinale, estomac, foie, rate, intestins, etc.

La gymnastique généralisée appliquée ensuite, à la fin de chaque séance, provoque une circulation plus active encore. Sous l'effet de ce traitement, purement gymnastique, je vois se rétablir les fonctions digestives et psychiques.

Voici une observation qui résume la question.

***

A la suite d'un surmenage intellectuel, X... tombe malade en 1898. Les vertiges débutent, accompagnés de pyrosis, puis viennent les phobies. Un traitement pharmaceutique est institué, poursuivi sans grand succès de 1898 à 1901. Dans ce traitement entrent les purgatifs, les poudres de charbon, les élixirs et toutes les spécialités connues. En 1901 application de l'électricité, de douches et de massages pratiqués par un masseur de l'établissement des bains. Ce massage n'était nullement médical ; ce massage est confié encore en France à des pétrisseurs plutôt qu'à des spécialistes possédant bien leur art, comme en Suède, où les masseurs sont diplômés de l'Institut central de gymnastique, après trois ans d'études très sérieuses. Le massage donne alors d'excellents résultats. X... n'en retira aucun bien. Il se rend à Vichy, de 1901 à 1904 ; les eaux l'éprouvent beaucoup. Là il se soumet à des manœuvres de mécano-thérapie et de massages, sans grand succès encore. Il continue à mal digérer et à éructer, les vertiges cependant disparaissent.

Les années 1902 à 1904 sont relativement bonnes. En 1904 forte émotion provoquée par la mort d'un membre aimé de la famille et aussitôt réapparition des phénomènes pathologiques gastro-intestinaux accompagnés de phobies : peur de devenir fou, de nuire à quelqu'un, de se jeter par la fenêtre. Le monoïdéisme s'installe ainsi, les vertiges réapparaissent quand il est debout, mais n'existent pas quand il est assis ; les premières bouchées sont douloureuses à l'estomac, l'énervement accompagne chaque repas. Tour à tour on lui applique l'électricité, les douches, les massages et le traitement pharmaceutique avec la pancréatine, la maltine, les glycérophosphates, le quinquina, la magnésie, le charbon, le soufre, les purgatifs ou laxatifs drastiques et alcalins, pour combattre une constipation rebelle. X... se traite ainsi jusqu'à mi-février 1905 où il est envoyé à Pau par son médecin qui me le recommande. Il reste cependant quinze jours sans venir me voir, pratiquant beaucoup d'exercices physiques, marche, escrime, etc., sur des conseils donnés ; mais, son mal empirant, il vient me consulter.

J'ai devant moi un homme d'une trentaine d'années bien musclé, maigre, la physionomie éteinte, le regard atone et vague, accusant une grande lassitude.

L'auscultation ne révèle rien d'anormal. A la palpation, battements aortiques hypogastriques, distension du cæcum donnant l'impression d'une corde tendue, avec empâtement et douleur à la région appendiculaire, où on sent des adhérences. Anses intestinales formant nodosités dans lesquelles courent des gaz chassés par la pression digitale, douleur obtuse sur tout le trajet du colon ascendant, transverse, descendant et sur l'S iliaque, avec accumulation des matières dans cette région. A la percussion, clapotis de l'estomac qui descend jusqu'à l'ombilic. Je me trouve en présence d'un « marécageux ».

Le malade porte une ceinture élastique hypogastrique.

L'atonie des muscles de la ceinture abdominale est complète, faiblesse des muscles du massif lombaire, quelques éructations, respiration peu profonde, monoïdéisme constitué par l'idée fixe de peur de mourir, de se précipiter dans le vide, vers lequel il est attiré par la phobie elle-même.

Tout d'abord je supprime les purgatifs et tout remède pharmaceutique pour n'instituer strictement que le traitement physique par la gymnastique médicale et le massage que j'applique moi-même avec la gymnastique à partir du 4 mars 1905. Je supprime également toute fatigue physique, les marches et l'escrime. Le climat de Pau énerve mon malade, l'empêchant de dormir. Il veut partir, je le rassure en lui disant qu'il paie son tribut à l'acclimatement et, qu'après une période de quinze jours environ, l'excitation fera place au calme.

Chaque séance commence tous les jours de 5 h. 1/2 à 6 h. 1/4 du soir ; c'est-à-dire quatre heures après le déjeuner de midi. Elle débute par un massage de 15 à 20 minutes localisé au cæcum, à l'estomac et à l'S iliaque, et se termine par une application de mouvements de gymnastique à l'espalier suédois, localisés à la ceinture musculaire abdominale, au massif lombaire et à la sangle musculaire dorso-lombaire. Je cherche ainsi à fortifier les muscles extenseurs de la colonne vertébrale, agissant par antagonisme sur la ceinture musculaire abdominale.

J'entraîne également le diaphragme par des mouvements respiratoires, recherchés d'avance et réglés en vue d'une oxydation plus grande, et surtout d'un jeu plus large de la voûte diaphragmatique qui, par l'abaissement de sa courbure, agit sur la masse gastro-intestinale. Celle-ci, pressée par la ceinture musculaire abdominale (droit antérieur, oblique, tranverse, carré des lombes) subit un auto-massage profond et généralisé. Je localise l'auto-massage en utilisant le déplacement du centre de gravité du tronc, placé dans des angles voulus, pour le meilleur travail des muscles, ceux-ci constituent la puissance du levier du troisième genre qu'est le tronc, prenant son point d'appui sur l'articulation coxo-fémorale.

A ces mouvements succèdent des mouvements généralisés s'adressant à la fois à la ceinture abdominale, aux poumons, au cœur, aux jambes et aux bras, pour provoquer une circulation générale et profonde. Le corps humain est le meilleur agrès de gymnastique à condition de savoir utiliser le déplacement de son centre de gravité et le jeu de ses bras de levier placés sur une position fondamentale rationnelle, c'est-à-dire sur un point d'appui connu.

On peut ainsi appliquer le mouvement physique posologiquement, quantitativement et surtout qualitativement à telle ou telle partie du corps ou au corps tout entier.

Chez X... je provoque à volonté des éructations nombreuses en agissant sur l'estomac par des mouvements localisés à cette région, et l'émission de gaz, en agissant sur le gros intestin et l'S iliaque, par le jeu des jambes et du psoas-iliaque.

Le massif lombaire jouant un rôle important dans la digestion, je l'entraînai spécialement.

Le mieux s'établit au bout d'une dizaine de séances.

Le malade abandonne sa ceinture élastique hypogastrique, les selles sont devenues régulières, sans le secours d'aucun laxatif, la force musculaire lombaire est augmentée, la physionomie s'éclaircit, le regard n'est plus vague, un état de bien-être généralisé succède au mal-être antérieur ; le malade a l'impression d'une tunique lourde qu'on lui aurait enlevée de dessus le corps ; je conseille alors des exercices de marche avec ascension sur plan incliné dans les allées du parc du château national, allées tracées sur le dos du côteau. J'établis la forme et le rythme du mouvement dans cette marche qui a pour effet de masser l'estomac et l'intestin, au plein air, par le jeu alternatif du massif lombaire et de la ceinture musculaire abdominale. Cet exercice, que j'ajoute aux séances de gymnastique, donne d'excellents et de rapides résultats.

Au bout d'un mois le malade guéri quitte Pau. Je lui conseille cependant de continuer tous les jours, chez lui, le traitement gymnastique que je formule selon la notation que j'ai adoptée pour la gymnastique scolaire éducative imposée dans tout le département des Basses-Pyrénées aux enfants des écoles primaires, garçons et filles, le premier département en France où la gymnastique éducative soit ainsi appliquée rationnellement.

L'observation de X... m'a paru assez concluante pour être citée au Congrès de climatothérapie de Pau. On peut pratiquer la gymnastique dans tout lieu. Cependant, dans certains cas bien définis, le milieu favorise beaucoup le traitement. En ce qui concerne la neurasthénie à forme atonique je pense que le climat de Pau lui convient, à la condition toutefois de lutter contre sa sédation par un entraînement physique médicalement appliqué. Je pense, avec M. Goudard, que les neurasthéniques atoniques se trouvent mal de Pau. Mon malade en est la preuve, étant venu dans cette ville pour s'y guérir, et y étant demeuré quinze jours, il s'en était trouvé très mal, bien qu'il fît beaucoup d'exercices, je devrais dire parce qu'il faisait trop d'exercices. Il vint me trouver, j'appliquai le mouvement rationnellement et posologiquement, la guérison était obtenue au bout d'un mois. Je pense donc que le climat de Pau convient aux neurasthéniques atoniques mais dans les conditions que je viens d'exposer. Pau se trouve placé à proximité des montagnes. La montagne est un des meilleurs, sinon le meilleur des agrès de gymnastique, surtout pour les dyspeptiques. La marche en montagne, par le jeu alternatif des muscles dorso-lombaires, ceux du triceps fémoral, de la ceinture abdominale et des psoas-iliaques, est un excellent exercice d'auto-massage gastro-intestinal, en même temps qu'un exercice excellent d'entraînement du diaphragme et, par son jeu, de la respiration, c'est-à-dire de l'oxydation au plein air, dans un air pur, à une pression barométrique excellente pour les échanges gazeux.

Voici, en terminant, une observation qui m'est personnelle. M'étant rendu il y a quelque dix ans à Cauterets, pour y suivre un traitement gastro-intestinal aux eaux du Mauhourat, je fis un jour l'ascension du Peguère par les lacets du chemin des Eaux et Forêts. Je fus surpris de constater que plus je montais plus les éructations augmentaient et plus mon estomac et mes intestins se dégageaient. J'attribuai ce phénomène au changement d'altitude et à une modification dans la pression gazeuse de mon corps. Cependant dès que je descendis les éructations cessèrent tout-à-coup, même au sommet, à 2.000 m. d'altitude.

Depuis j'ai constaté que les éructations sont provoquées par l'auto-massage dû au travail des muscles de la ceinture abdominale et des psoas iliaques. Ces muscles entrent en fonction dans la marche en montagne, à l'ascension. Ces choses sont encore peu connues en France, aucun cours d'éducation physique ni de gymnastique éducative et médicale n'est ouvert dans les Facultés de Médecine. On sera surpris un jour du rôle joué dans la vie nationale par le mouvement physique posologiquement appliqué et par son action bienfaitrice sur l'économie.

La vie est une oxydation.

B. — HYGIÈNE URBAINE

CONDITIONS HYGIÉNIQUES DE LA VILLE DE PAU

Rapport par le Docteur BARTHÉ, de Pau,
Directeur du Bureau municipal d'Hygiène de la ville de Pau.

I

Données préliminaires.

La ville de Pau est située à 30 kilomètres de la montagne et à 100 kilomètres de la mer dans une région favorisée par la douceur de la température et le calme habituel de l'atmosphère, épisodiquement troublé, toutefois, par les vents d'Ouest et de Nord-Ouest qui apportent de l'Océan, avec des ondées peu prolongées, un air pur, aseptique, vivifiant.

Elle s'élève, face à la chaîne des Pyrénées, à l'altitude moyenne de 210 mètres, sur un plateau qui déroule son long ruban du Sud-Est au Nord-Ouest, de Pontacq à l'Adour, sur une largeur d'environ 5 kilomètres. Ce plateau, qui s'incline insensiblement vers le Nord-Ouest, présente, à hauteur de Pau, une double pente transversale déterminée par la ligne de partage des eaux du Gave et du Luy de Béarn ; Pau se trouve exactement à la limite du versant méridional, avant que le plateau ne s'abaisse en pentes abruptes vers la vallée du Gave qu'il surplombe de 36 mètres ; il s'y étend sur les bassins des ruisseaux le Hédas et le Coudères, deux petits affluents du Gave, descend par la Basse-Ville dans la vallée du Gave et envoie par la rue du XIV-Juillet un long prolongement sur la rive gauche de cette rivière.

La composition géologique du sol diffère dans la vallée et sur le plateau.

Dans la vallée, le sol est formé d'alluvions modernes qui reposent sur un lit accidenté de Poudingue de Palassou ; ces alluvions, perméables à l'air et à l'eau sur une profondeur de plusieurs mètres, se prêtent généralement bien à la prompte décomposition des matières organiques et à la salubrité des habitations.

Sur le plateau, le sol est un terrain de diluvium quaternaire, reposant aussi sans doute sur le même substratum de Poudingue, mais dont les couches superficielles sont imperméables ; ce diluvium est, en effet, constitué de bas en haut d'un banc de sable, d'une puissance toujours supérieure à 5 mètres, surmonté d'un agglomérat très dur et imperméable de sable, de galets et d'argile, qui est lui-même recouvert d'une couche d'argile d'une épaisseur moyenne de 1 mètre. Le tout est superficiellement revêtu de 1 mètre à 1m 20 de terre végétale.

Il résulte de cette disposition que les eaux pluviales et autres, après avoir traversé la couche de terre végétale, sont maintenues à une faible profondeur par la couche d'argile et cheminent à sa surface, sous forme de nappe superficielle, en suivant les lignes de plus grande pente, jusqu'à ce qu'elles rencontrent un débouché extérieur (fossé, ruisseau) par où elles s'échappent définitivement, ou une dépression, en forme de cuvette, où elles séjournent en formant un marais ou un étang.

Le banc de sable sous-jacent à l'argile contient une immense collection aqueuse qui, pendant longtemps, a fourni à la population son unique eau d'alimentation par plus de 400 puits publics ou particuliers et par des sources qui jaillissent nombreuses des flancs abrupts du plateau, partout où les érosions du sol ont mis à nu la couche de sable aquifère.

Cette constitution géologique entraîne diverses conséquences hygiéniques importantes.

Le plateau, appelé Lande du Pont-Long, est encore aujourd'hui inculte et inhabité dans la plus grande partie de son étendue ; il n'y pousse guère que des ajoncs épineux, des fougères, des bruyères, qui fournissent une litière et surtout un fumier très appréciés, et des herbages divers qui naissent et meurent sur place enrichissant le sol par leurs dépôts successifs. Dans ce sol vierge, que le soc de la charrue n'ameublit jamais, les phénomènes de la capillarité s'exerçant dans toute leur puissance à travers les pores ténus d'un sol compact, peu aéré, l'eau de la nappe superficielle s'élève jusqu'à la surface entretenant l'humidité de l'atmosphère et s'opposant à la bonne décomposition des matières organiques.

L'humidité atmosphérique, en dehors des fortes averses, se tient toujours assez loin de son point de saturation, mais elle est cependant très perceptible en toutes saisons à la naissance et à la chute du jour ; jointe à la douceur de la température et au calme habituel de l'atmosphère, elle contribue à procurer la sédation qui est un des attributs les plus remarquables du climat de Pau.

Quant aux matières organiques, on sait que, dans le cycle de dégradations qu'elles subissent pour retourner au règne minéral, elles se solubilisent et sont entraînées dans le sol par les eaux pluviales. — Dans la partie inculte du plateau, les matières organiques, végétales le plus souvent, pénètrent ainsi dans un sol abreuvé, où leur décomposition complète est indéfiniment retardée ; la surface du sol s'épure aux dépens des couches plus profondes ; de là, sans doute, cette particularité que, malgré la réunion des trois facteurs essentiels de l'impaludisme, la chaleur, l'humidité et la richesse en produits organiques végétaux, le Pont-Long ne donne lieu à aucun accident imputable à cette intoxication, tant que l'intégrité de la surface du sol est respectée : un poste de soldats séjourne en permanence sur la lande pour la garde de la butte de tir sans qu'il en résulte le moindre inconvénient. Les marais eux-mêmes, soit que, situés sur les parties les plus déclives, ils se maintiennent toujours à un degré suffisant d'imbibition, soit qu'ils soient trop éloignés des habitations, ne paraissent pas doués d'une influence nocive spéciale. Mais il n'en est pas de même si, par des travaux de terrassement ou de défrichement, on vient à exhumer les couches riches en produits organiques végétaux dont la décomposition est restée suspendue ; dans ces nouvelles conditions, au contact de l'oxygène de l'air, ces détritus tombent dans une décomposition rapide qui paraît favorable au développement des hématozoaires de l'impaludisme ; c'est ainsi que, les défrichements ayant été poussés avec une rare activité vers l'année 1864, M. le docteur Duboué observa, ainsi qu'il l'a relaté dans son ouvrage (*Impaludisme*, 1867), une explosion d'impaludisme, peu grave d'ailleurs, et qui cessa avec l'extension des défrichements. Aujourd'hui, jusqu'au troisième kilomètre en dehors des limites de la ville agglomérée, le sol partout asséché par le drainage, ameubli par le labour, assaini par la culture, paraît être devenu inerte au point de vue paludéen ; sa nocuité s'est transformée en une activité bienfaisante qui se traduit par une fertilité remarquable ; la lande a fait place à des fermes prospères et à de coquettes villas entourées d'une végétation luxuriante, et il n'est plus fait mention d'impaludisme ni à Pau, ni dans ses environs immédiats. — Dans les mêmes conditions d'aération et d'assèchement, bien que la couche épuratrice soit un peu faible, les terrains cultivés sont également aptes à la combustion complète de l'engrais qu'on leur incorpore pour les besoins de la culture. Mais lorsque le sol n'est pas périodiquement ameubli et que la souillure est à la fois intense et permanente, comme celle qui provient d'une écurie, d'un fumier et surtout d'une fosse d'aisances non étanche, l'épuration n'est pas toujours parfaite et les eaux de la nappe superficielle peuvent être gravement polluées par des produits organiques incomplètement modifiés et éventuellement par des germes pathogènes. Sans doute, la couche d'argile, par sa continuité, constituerait une protection suffisante contre la pénétration de ces impuretés dans les eaux potables de la nappe profonde ; mais les puits établissent des communications directes entre les deux nappes, et, ainsi que de nombreuses analyses en font foi, l'eau des puits est fréquemment contaminée et la souillure tend à retentir sur la nappe en aval. Aussi, tant que la ville de Pau, soumise au régime des fosses peu ou point étanches, s'est alimentée en eaux de son sous-sol, la fièvre typhoïde et les gastro-entérites des enfants du second âge ont-elles sévi avec une fréquence regrettable dans sa population.

Cette situation n'était pas compatible avec la prospérité croissante de la ville et l'afflux toujours plus considérable d'une riche clientèle d'hiver, particulièrement soucieuse des lois de l'hygiène; elle imposait à sa municipalité l'impérieux devoir d'assurer l'assainissement de l'air, du sol et de l'eau, et de faire de Pau une station répondant à toutes les exigences de l'hygiène moderne. Les éminents administrateurs, qui, depuis 40 ans, ont présidé à ses destinées, n'ont pas failli à cette noble tâche et l'ont menée à bonne fin avec une persévérance et un esprit de suite vraiment admirables.

II

Assainissement.

1º ALIMENTATION HYDRAULIQUE.

Le premier pas dans la voie de l'assainissement fut fait, en 1865, par l'adduction d'eaux de source en abondance.

L'alimentation hydraulique de la ville de Pau s'effectue au moyen d'eau prise, à raison de 100 litres par seconde (environ le vingtième du volume débité), à l'Œil du Néez, source qui jaillit à la cote 305 dans la haute vallée de Rébénacq, à 16 kilomètres et demi de Pau. Les eaux sont captées à leur sortie et amenées au réservoir de distribution de Guindalos, à 2 kilomètres et demi de la ville, par une conduite souterraine en béton de ciment qui se tient toujours à une profondeur moyenne de 1 mètre et qui présente un développement de 22.376 mètres. Le réservoir de distribution de Guindalos a été construit à la cote 240, sur les coteaux de la rive gauche du Gave qui dominent la Ville; entièrement en maçonnerie, enterré en déblai et recouvert de voûtes qui supportent une couche uniforme de 1 mètre de terre, il a une capacité de 1.800 mètres cubes; il sert à emmagasiner l'eau qui, pendant la nuit, n'est pas utilisée et à alimenter directement la ville, lorsque, pour une cause quelconque, une interruption dans la conduite d'amenée devient nécessaire. Du réservoir de Guindalos partent les conduites maîtresses de distribution, au nombre de deux, forcées, en fonte, qui franchissent parallèlement la vallée du Gave de Pau dont la dépression à la rue du XIV-Juillet est à l'altitude de 174 mètres, et dès leur entrée en ville prennent des directions divergentes et se subdivisent en des conduites secondaires de plus en plus fines pour desservir les divers quartiers. Tout le système forme un réseau maillé de 47.378 mètres de développement. Les conduites sont enterrées sous la chaussée à une profondeur de 0m,60.

En marche normale, l'eau est en pression de deux atmosphères, à l'avenue

Thiers, point le plus élevé et le plus éloigné de la ville agglomérée ; elle y arrive aux étages supérieurs.

Le débit quotidien de la conduite hydraulique est de 8,640 mètres cubes. L'eau est distribuée à volonté sur tous les points de la Ville par 100 bornes-fontaines, 297 bouches d'arrosage ou d'incendie, 18 urinoirs, 3 châlets de nécessité, 6 abreuvoirs et lavoirs et 47 appareils de chasse pour les égoûts.

En outre, la Ville concède aux propriétaires le droit d'en approvisionner leurs immeubles, moyennant paiement d'une redevance fixe annuelle de 12 fr. augmentée d'une taxe également annuelle de 4 fr. par hectolitre journalier ; le compteur n'est obligatoire que pour les établissements industriels qui font une grosse consommation d'eau ; la taxe n'est alors que de 2 fr. 50. Le nombre des concessions d'eau, qui va se multipliant chaque jour, est de 1.288, dont 357 concessions industrielles.

L'alimentation hydraulique a coûté jusqu'à ce jour, en chiffre rond, 1.700.000 francs.

L'Œil du Néez, ainsi que son volumineux débit pouvait le faire pressentir, n'est pas une source vraie, c'est-à-dire une source fournissant de l'eau filtrée et épurée par un long passage à travers les pores du sol ; des expériences de coloration à la fluorescéine, faites en 1898, démontrent avec toute certitude que cette source est vauclusienne et qu'elle n'est qu'une émanation du Gave d'Ossau.

L'étude géologique de la vallée d'Ossau donne la clef de ce phénomène ; elle montre, en effet, que, pendant la période quaternaire, lors de la descente du glacier d'Ossau, la moraine frontale de ce glacier vint, par le travers de Sévignacq, barrer le cours du Gave d'Ossau qui se faisait alors par la vallée du Néez. En amont du barrage formé par la moraine frontale, du pont de Germe à Sainte-Colome, il se forma d'abord un lac ; mais bientôt, la pression des eaux rompit la trop faible digue que la boue glacière lui opposait vers le Nord-Ouest, et le Gave prit son écoulement vers Oloron en se creusant un lit profond et encaissé entre deux murailles calcaires. Toutes les eaux ne suivirent pas cette voie : une partie, trouvant à s'infiltrer à travers les débris morainiques qui recouvrent la plaine, continua à suivre l'ancien lit, situé sur un plan inférieur, pour venir jaillir sur les confins de la moraine, à Rébénacq.

Nous possédons actuellement de nombreuses analyses de ces eaux faites tant au Laboratoire du Comité consultatif d'hygiène qu'au Laboratoire de bactériologie de Pau. Ces analyses confirment l'identité des eaux de l'alimentation hydraulique et du Gave d'Ossau ; elles concordent, en outre, à affirmer leur pureté constante en temps normal ; mais, quand l'eau du Gave d'Ossau est troublée par des afflux anormaux déterminés, soit par un orage, soit par la fonte des neiges, elle se charge de matières insalubres dont il importe de la débarrasser.

Le choix du Conseil municipal, à la suite d'un exposé très important des divers procédés de filtration et d'épuration des eaux potables, présenté par M. le maire H. Faisans, le 23 octobre 1903, s'est porté sur la filtration au sable avec préfiltration Puech.

L'installation filtrante sera placée à Guindalos en aval de la conduite libre afin d'éviter toute souillure ultérieure et en amont du réservoir de manière à conserver toute leur pression aux conduites de distribution; les travaux commenceront sitôt que les autorisations indispensables auront été accordées.

2º ÉGOUTS.

L'alimentation hydraulique détermina la construction des égoûts; l'énorme masse d'eau, amenée de l'Œil du Néez, constituait en effet un moteur dont la puissance assurait l'éloignement rapide par une canalisation appropriée des matières usées de la vie journalière.

La ville, en tant qu'agglomération urbaine, occupant trois bassins, le bassin du Coudères au Nord, celui du Hédas au Centre et celui du Gave au Sud, un projet complet rationnel d'égoûts devait se composer de trois systèmes; mais la situation respective de trois bassins a permis la modification suivante : un collecteur général, créé de toutes pièces, reçoit les collecteurs secondaires du Coudères et du Hédas avant la chute de ce dernier dans la Basse-Ville; et le cours inférieur du Hédas, concurremment avec le canal des usines Heïd, dessert le quartier de la rive droite du Gave.

La construction de ce vaste réseau d'égoûts, commencée en 1874, a été achevée en 1899.

Pau pratique le *tout-à-l'égout* et la même canalisation admet les eaux résiduaires et les eaux pluviales.

Collecteur général. — Le collecteur général, qui est l'émissaire de la totalité des eaux des bassins du Coudères et du Hédas, commence à quelques mètres en amont du pont du Château, traverse en souterrain la Basse-Plante et le parc national pour aller déboucher dans le canal des usines Heïd, à 500 mètres des habitations les plus rapprochées.

Entièrement en maçonnerie, il est du type qui correspond aux n°s 6 et 6 *bis* de l'album de Belgrand, avec les dimensions suivantes : 3^m, 55 du radier au plafond; 2^m, 50 à la panse; la banquette mesure 0^m, 60 de hauteur sur 0^m, 60 de largeur; la pente varie de 0^m, 007 à 0^m,010. La longueur totale du collecteur est de 666 mètres.

Collecteur secondaire du Hédas. — Ce collecteur prend le lit même du Hédas, très encaissé et à pente très rapide dans l'agglomération.

Pour adapter le ruisseau à ces fonctions, il a suffi de régulariser sa pente à 0^m, 25 par mètre et d'adoucir ses coudes trop accentués par des courbes de raccordement d'au moins 10 mètres de rayon. Le lit ainsi aménagé a été revêtu de maçonnerie sur une épaisseur, au radier de 0^m,25, aux pieds-droits de 0^m, 70 et à la voûte de 0^m, 30. La banquette est médiane; la hauteur de la banquette au plafond varie de 1^m, 75 à 1^m, 85; la largeur est uniformément de 2^m, 50. La longueur du collecteur secondaire du Hédas est de 1.240 mètres.

Collecteur secondaire du Coudères. — Ce collecteur se borne à côtoyer à distance sur une partie de son parcours le ruisseau le Coudères.

Il consiste en un aqueduc ovoïde en béton de ciment de 0^m, 20 d'épaisseur qui présente un vide, en hauteur de 1^m, 75, en largeur de 1 mètre à la panse. Sa pente ne descend jamais au-dessous de 0^m, 005 par mètre. Il a une longueur de 1.644 mètres.

Égouts ordinaires. — Les égouts qui desservent les rues sont les uns en béton de ciment, les autres en tuyaux de grès vernissés.

Les égouts en béton de ciment affectent la forme ovoïde.

Le type n° 1, exécuté sur une longueur de 16.864 mètres, rappelle, par ses dimensions, le collecteur secondaire du Coudères et est, comme lui, visitable ; l'épaisseur de l'enveloppe n'est que de 0^m, 17.

Le type n° 2 mesure un vide de 1^m, 20 de hauteur et de 0^m, 80 de largeur à la panse ; l'épaisseur de l'enveloppe est de 0^m, 15 ; il est à la rigueur visitable. Il a été utilisé sur une longueur totale de 2.549 mètres.

La pente minima des égouts en béton de ciment est de 0^m, 005 par mètre.

La cuvette et les pieds-droits des égouts en maçonnerie et en béton de ciment sont recouverts d'un enduit au mortier de ciment pour favoriser l'écoulement des matières à basses eaux.

Les égouts en tuyaux de grès vernissés ont été préférés pour les rues susceptibles de peu d'extension. Cylindriques, d'un diamètre variant de 0^m, 225 à 0^m, 380 suivant le volume d'eaux pluviales qu'ils peuvent être appelés à écouler, ils ont une pente qui ne descend jamais au-dessous de 0^m, 008 par mètre. Il existe 4.573 mètres d'égoûts de ce type.

Tous les égouts ordinaires sont indistinctement placés à une profondeur minima de 3^m, 20, de manière à recevoir même les eaux des étages de soubassement.

L'ensemble de la canalisation fonctionne d'une manière très satisfaisante ; toutes les parties en sont étanches ; la capacité et les pentes ont été calculées pour satisfaire à l'écoulement d'une averse de 125 litres par seconde et par hectare de bassin versant, ce qui ne se présente jamais à Pau ; les parois, et principalement celles du collecteur général, ont été construites de manière à résister aux vitesses d'affouillement qu'elles sont exceptionnellement exposées à supporter par les gros orages. A basses eaux, les matières diluées dans un minimum de 285 litres d'eau par seconde fournis par les eaux de l'alimentation hydraulique, des puits et des sources du plateau sont entraînées avec une grande rapidité ; en outre, 47 appareils de chasse automatique, placés le long des égouts en poterie, fonctionnent 6 fois en 24 heures en lançant chaque fois 2 à 3 mètres cubes d'eau ; ces chasses rapides, à haute pression, sont d'une remarquable efficacité ; elles constituent le principal moyen de curage pour les égoûts de petite dimension.

Une équipe de trois égoutiers et d'autant d'auxiliaires suffit au bon entretien de la canalisation.

La construction du réseau d'égouts a coûté environ 1.700.000 francs.

Canalisation intérieure des maisons. — La canalisation intérieure des maisons a été réglementée par l'arrêté du 7 septembre 1874.

Aux termes de cet arrêté, chaque propriétaire est tenu de construire dans son immeuble un égout conduisant les matières fécales, les eaux ménagères et la plus grande partie possible des eaux pluviales de sa propriété dans l'égout public le plus voisin. Ce travail doit être fait par la ville, aux frais des riverains, dans la partie située sous la voie publique, et par le propriétaire dans son immeuble jusqu'au delà du tuyau de chute le plus éloigné. Cet égout doit avoir, à l'intérieur, une forme ovoïde ou demi-ovoïde présentant une largeur de 0m, 40 à la panse, de 0m, 22 au radier, et une hauteur de 0m, 50. Il doit être recouvert d'une couche de terre d'au moins 0m, 20. Sa pente doit être d'au moins 0m, 005 par mètre. En outre, les matières des latrines et les eaux ménagères doivent être versées dans l'égout en question à l'aide de tuyaux en fonte pourvus d'un siphon ou d'un appareil Rogier-Mothes entre l'égout et l'orifice du cabinet d'aisances le plus rapproché de cet égout ; chaque cabinet d'aisances doit être muni d'un appareil inodore alimenté par des eaux abondantes et doit être mis en communication avec un tuyau d'évent débouchant à l'extérieur à un niveau supérieur à celui des lucarnes les plus élevées du toit. Enfin, une petite cuvette inodore en fonte ou en cuivre doit être également placée à chaque pierre d'évier, indépendamment du siphon ou de l'appareil Rogier-Mothes de la canalisation.

Un service de vérification des appareils d'évacuation des eaux et matières usées fonctionne régulièrement à Pau ; le prix de chaque vérification est de 3 francs, à moins qu'elle ne soit faite d'office.

Pau ne pratique pas seulement le *tout à l'égout*, il pratique aussi le *tout au Gave* par l'intermédiaire du canal des usines Heïd. Cette disposition a été tolérée parce que les terrains avoisinant Pau ne se prêtent pas à l'épandage et que, du reste, le déversement au Gave, qui est une pratique déjà ancienne, n'a jamais présenté d'inconvénients. Toutes les conditions, en effet, reconnues nécessaires à l'innocuité du déversement à la rivière, la grande dilution des eaux d'égout, la vitesse torrentueuse de la rivière, l'absence d'une agglomération riveraine jusqu'au point où l'épuration a dû devenir effective, se trouvent réunies ici. Les matières résiduaires déjà diluées dans un minimum de 285 litres d'eau par seconde sont reçues par le canal des usines Heïd qui débite en permanence 6 mètres cubes et se jette lui-même dans le Gave dont le débit à l'étiage ne descend jamais au-dessous de 12 mètres cubes. La vitesse de l'eau dans le canal, mais dans le Gave surtout, est tellement torrentueuse que souvent le lit du Gave change par déplacement de son fond de galets ; les impuretés de l'égout y sont désagrégées et oxydées avant d'avoir pu se déposer. Enfin, la population de la vallée du Gave, jusqu'à 40 kilomètres en aval, n'habite pas sur les bords de la rivière, mais au pied des coteaux qui bordent la vallée et elle ne s'alimente pas avec ses eaux parce qu'elles sont souvent troubles et qu'elles sont accusées de donner le goître.

Les égouts ne se bornent pas à combattre directement l'infection de l'air, du sol, et de l'eau du sous-sol en s'emparant, dès leur production, de la plus grande partie des immondices, ils agissent encore indirectement sur la nappe souterraine en empêchant dans les îlots de maisons qu'ils circonscrivent l'accès des eaux de la nappe superficielle et par suite la diffusion des souillures vers les puits. Cependant, cette protection n'est pas encore parfaite : d'analyses récentes émanant du Laboratoire du Comité consultatif d'hygiène et du Laboratoire de bactériologie de Pau, il résulte : 1° que toutes les eaux du sous-sol contiennent une surabondance de chlorures et de nitrates, résidus de la décomposition des matières organiques que la population répand tout autour d'elle ; 2° que cette souillure en sels salins suspects est proportionnée à la souillure de la surface du sol et que, rapportée à la même longueur, elle était, en 1898, 40 fois plus considérable dans la zone des fosses de la ville agglomérée que dans la zone de la ville canalisée, et 80 fois plus que dans la zone des fermes et des villas ; 3° que les fontaines débitant l'eau du sous-sol sont, par un temps sec, d'une pureté microbienne excessive, mais que, dans des conditions météorologiques opposées, la teneur en germes, en matière organique et en sels suspects augmente dans des proportions variables ; 4° enfin, que les puits sont fréquemment souillés par des infiltrations d'eaux superficielles contaminées.

Aussi dans sa séance du 12 juillet 1898 le Conseil départemental d'hygiène a-t-il cru devoir déclarer que l'usage alimentaire de toutes les eaux du sous-sol de la ville, sans ébullition préalable, est dangereux.

Ce danger est assurément plus grave pour les puits où la souillure ne subit l'action atténuante d'aucune filtration ; mais les fontaines elles-mêmes ne sont pas à l'abri de tout soupçon, parce que, comme tous les filtres naturels au sable, le filtre souterrain est traversé par des veines de plus facile pénétration qui peuvent leur amener des souillures insuffisamment filtrées.

Cette contamination des eaux potables a éveillé l'ardente sollicitude d'un de nos éminents concitoyens, coutumier des œuvres de bienfaisance, et, avant même que le Conseil d'hygiène n'ait été appelé à délibérer sur la question des eaux du sous-sol, M. A. de Lassenec, président de la Société générale de secours mutuels du hameau de Pau, instituait un concours, avec prix en argent et en nature, en faveur des sociétaires qui auraient le mieux adapté par leur travail personnel les alentours de la maison qu'ils habitent à la protection des eaux potables des puits, de même qu'à l'aspect salubre et propre de la cour d'entrée, à l'entassement en dehors de la cour principale et à la conservation des principes fertilisants du fumier.

A la création d'un large périmètre de protection pour les puits, il faudrait ajouter l'adoption d'une construction plus rationnelle, tendant à empêcher les infiltrations d'eaux superficielles et l'interdiction absolue des puisards.

3° POLICE SANITAIRE, HYGIÈNE URBAINE.

Pendant que ces grands travaux étaient exécutés au fur et à mesure des ressources disponibles, aucun détail de police sanitaire ou d'hygiène urbaine n'était négligé.

Un service de balayage très complet a été organisé et emploie 28 cantonniers auxquels on adjoint 84 balayeurs qui travaillent pendant 2 heures chaque matin : en outre, un atelier dit *de charité* emploie journellement et d'une manière constante aux travaux de nettoiement des rues et des places publiques 54 hommes et 8 femmes et, lorsque les circonstances l'exigent, tout le personnel est occupé à l'ébouage et à l'enlèvement des boues des chaussées d'empierrement. De plus, 4 employés, avec l'aide d'auxiliaires, sont chargés de l'entretien des chaussées.

Il est pourvu à l'arrosage par 29 tonneaux à bras et 4 tonneaux attelés.

Les ordures ménagères, contenues dans des récipients mobiles, sont méthodiquement enlevées tous les matins en même temps que les boues des rues.

Les dépôts d'immondices, de fumiers, de même que les industries insalubres, dont la présence au centre d'une agglomération pourrait présenter des dangers, ont été soigneusement éloignés des habitations.

L'abattoir a été relégué loin de la ville sur le cours du Gave, en aval, et un service très complet d'inspection des viandes y vérifie les bêtes sur pied, et les viandes et les viscères après l'abatage.

Des halles spacieuses et bien aérées ont été construites et sont tenues avec la plus scrupuleuse propreté.

Le cimetière a été reculé de 400 mètres vers le Nord.

Enfin, de larges voies ont été percées, baignées d'air et de lumière ; les chaussées revêtues de macadam, bordées de trottoirs en bitume ou en carreaux céramiques, sont tenues en parfait état de viabilité. Les maisons grattées, repeintes ou badigeonnées au moins une fois tous les dix ans, ont un aspect de jeunesse, de prospérité, de bonne santé, oserions-nous dire, qui réjouit la vue.

III

Prophylaxie des maladies transmissibles.

Dans ces dernières années, grâce à de précieuses initiatives, la ville de Pau a été dotée des installations nécessaires à la lutte contre la propagation des maladies épidémiques et contagieuses.

HÔPITAL DES CONTAGIEUX.

A l'hospice central du cours Bosquet, les contagieux étaient isolés, soit dans des salles spéciales, soit plus tard dans un pavillon isolé ; mais l'isolement ainsi compris était le plus souvent inefficace et chaque fois que l'on avait à y traiter une maladie à forte expansion épidémique, telle que la variole (le plus souvent importée d'Espagne), il se produisait d'autres cas intérieurs qui rayonnaient bientôt en ville. Il importait de remédier à ce fâcheux état de choses.

En 1895, après entente avec la municipalité et avec l'aide d'une subvention, sur les fonds du Pari mutuel, la Commission administrative de l'hospice fit ériger hors ville un hôpital spécial destiné au traitement des maladies contagieuses. L'emplacement choisi est situé au nord de la ville, sur un point relativement élevé, en dehors du périmètre de l'octroi, dans un quartier peu habité et peu fréquenté.

L'établissement comprend un pavillon pour les malades, précédé des constructions nécessaires aux services généraux du petit hôpital, et un pavillon pour le service de la désinfection.

Pavillon des malades. — Le pavillon des malades ne comporte qu'un rez-de-chaussée surélevé sur des piliers en maçonnerie de 0m.80 de hauteur. Il est divisé en 10 chambres, 5 de chaque côté, exposées au Midi et rendues indépendantes les unes des autres par un corridor intérieur qui longe leur côté nord ; ces chambres, largement ventilées, sont chauffées au moyen de poêles en faïence qui peuvent s'allumer du dehors ; toutes les cloisons de distributions intérieures sont entièrement vitrées au-dessus de 1m.10 de hauteur ; le parquet est en sapin noyé sur bitume ; le revêtement des murs et des parquets est imperméable et le mobilier, par sa composition et sa simplicité, rend facile l'application des mesures d'une désinfection rigoureuse.

Le pavillon, dans son ensemble, peut recevoir 10 malades absolument isolés, ou 20 malades en les doublant dans chaque chambre lorsqu'ils sont atteints de la même affection. En cas d'épidémie plus importante, deux plateformes bitumées ont été préparées dans le jardin, au sud du pavillon, pour recevoir deux grandes tentes Tollet, qui peuvent encore contenir 20 malades.

Selon toutes prévisions, le pavillon des contagieux servira presque exclusivement aux varioleux ; pour rendre les épidémies de cette nature encore plus rares, il a été organisé un service municipal de vaccination gratuite qui fonctionne tous les samedis dans une des salles de la Nouvelle-Halle.

Pavillon de la désinfection. — Le complément nécessaire de l'hôpital des contagieux est un pavillon pour la désinfection ; tandis que le premier a été rejeté vers l'intérieur des terres, celui-ci se trouve à côté de la porte d'entrée pour pouvoir aussi desservir la ville.

Comme tous les établissements de ce genre, le pavillon de désinfection se compose de deux parties distinctes, complètement séparées : le côté des objets infectés et le côté des objets désinfectés, qui n'ont d'autre communication directe que par l'étuve qui est encastrée dans le mur de séparation. Cette étuve, à vapeur sous pression, a une capacité de deux mètres cubes et demi ; elle est secondée, pour la désinfection à domicile, par deux formolateurs (système du Dr Hoton) et par deux pulvérisateurs à levier et à lance.

Service de la désinfection. — Le service de la désinfection fonctionne sous la direction et la surveillance du Bureau d'hygiène ; le personnel dont il dispose comprend un cocher pour la conduite des voitures, un mécanicien, un aide-mécanicien et des aides auxiliaires. Les voitures, au nombre de 2, sont du genre fourgon et hermétiquement closes ; l'une est exclusivement réservée au transport des objets infectés, l'autre à celui des objets désinfectés.

Jusqu'à ces derniers temps, toutes les désinfections à Pau sont restées facultatives ; cependant, la municipalité était loin de se désintéresser de la vulgarisation de cette excellente mesure prophylactique et, dès que la production d'un cas contagieux arrivait à sa connaissance, soit par la déclaration médicale obligatoire, soit par le bulletin de décès, une instruction, visant les mesures à prendre pour empêcher la propagation de la maladie, était envoyée à la famille, sous pli cacheté, avec une lettre de M. le maire, l'engageant à se conformer à ces prescriptions.

Aujourd'hui, en vertu de l'article 7 de la loi du 15 février 1902, et conformément aux prescriptions du règlement sanitaire municipal, la désinfection est obligatoire pour les maladies de la première catégorie désignées par le décret du 10 février 1903.

Les désinfections sont assujetties au tarif suivant :

I

« 8 fr. par demi-étuve (la capacité de l'étuve étant de deux mètres cubes
« et demi); pour faciliter l'étuvage d'objets de plus petit volume, le prix est
« réduit à cinq francs par matelas isolé ou par objet de volume inférieur ou
« équivalent;
« 10 fr. par homme et par journée de pulvérisation (divisible par moitié);
« 12 fr. pour la désinfection par les vaporisations de formol ou d'acide
« sulfureux d'une ou de plusieurs chambres contiguës d'une capacité totale
« inférieure à 100 mètres cubes, combinée ou non avec le brossage du par-
« quet à la solution de sublimé, étuvage non compris; chaque supplément
« de 100 mètres cubes ou fraction de 100 mètres cubes est payé 8 fr.

II

« La désinfection hebdomadaire du linge en cours de maladie est comprise
« dans les prix ci-dessus. Mais si cette désinfection hebdomadaire n'est pas
« suivie de la désinfection complète du logement, à la fin de la maladie, une
« somme de 5 fr. par bain antiseptique est due.

III

« La désinfection est faite gratuitement pour les objets provenant de l'hos-
« pice et de ses annexes. Elle est également gratuite pour les indigents.

IV

« Toutes opérations de désinfection faites sans interruption pour la même
« personne ou le même logement dans l'intérieur de la ville profitent d'un
« rabais de 30 p. 100 sur toutes les sommes excédant 30 fr.
« Ce rabais est porté à 50 p. 100 pour la désinfection totale, en fin de sai-
« son d'hiver, des hôtels, villas et appartements meublés, loués aux étrangers.

V

« S'il est réclamé, pour une maison de santé ou une famille, des désin-
« fections hebdomadaires de linge et de literie pendant la saison d'hiver (du
« 1er novembre au 30 avril), avec la désinfection totale de la maison ou de
« l'appartement à la fin de la saison, le prix total est de 200 fr., payables en
« deux termes et d'avance; toute quinzaine supplémentaire est payée à rai-
« son de 12 fr. 50.

VI

« Les opérations faites pour l'extérieur de la ville sont soumises au tarif
« plein augmenté :
« 1o Dans les cas où les transports extérieurs sont assurés par les voitures
« du service, d'une indemnité de 10 p. 100 par kilomètre ou fraction de kilo-
« mètre en plaine à partir de la limite de la ville. Cette indemnité est de
« 20 p. 100 pour tout kilomètre en coteau;
« 2o Dans les cas où les transports extérieurs et, s'il y a lieu, la nourriture
« et le couchage du personnel sont assurés par les demandeurs, d'une in-
« demnité unique de 10 p. 100.

VII

« Le Bureau d'hygiène délivre des certificats, visés par le maire, indiquant

« la date à laquelle des maisons ou parties de maisons ont été désinfectées.

« Le certificat de désinfection n'est accordé que si l'étuvage de la literie,
« des tapis, rideaux, linges et tissus de toute nature accompagne la désin-
« fection du local, obtenue soit avec les vapórisations de formol ou d'acide
« sulfureux, soit avec les pulvérisations de sublimé, cette restriction ne s'ap-
« pliquant pas aux appartements non meublés. Le coût de chaque certificat,
« timbre de dimension compris, est de 1 fr. 50.

Le nombre moyen des désinfections dans les 5 dernières années (1900-1904)
a été de 550 par année, se répartissant ainsi qu'il suit :

> 176 désinfections complètes d'une ou de plusieurs chambres (85 à titre
> onéreux, 91 à titre gratuit) ;
> 261 désinfections à l'étuve seule (178 à titre onéreux, 83 à titre gratuit).
> 18 désinfections au formol, au soufre ou au sublimé (16 à titre oné-
> reux, 2 à titre gratuit);
> 95 bains désinfectants (84 à titre onéreux, 11 à titre gratuit);

Laboratoire de bactériologie. — La ville de Pau doit à la généreuse initiative
de M. le docteur Valery-Meunier de posséder un Laboratoire de bactériologie qu'il a fait édifier, en 1898, dans les jardins de l'Hospice, dont il est
complètement isolé.

Cet établissement, important surtout par les services qu'il est appelé à rendre à la ville et au pays entier, est un modèle du genre : toutes les surfaces y
sont imperméables; les tables en laque émaillée, les murs peints au ripolin, le
sol en carreaux céramiques sont aisément désinfectables avec les antiseptiques les plus puissants ; les cages, contenant les animaux destinés aux expériences physiologiques, sont d'une stérilisation facile et placées dans des
locaux spéciaux.

La direction du Laboratoire a été confiée à M. le docteur Henri Meunier,
fils du fondateur, ancien interne et chef de laboratoire des hôpitaux de Paris,
dont la compétence en cette matière est toute spéciale.

Bureau d'hygiène. — La création d'un Bureau d'hygiène à Pau remonte à
l'année 1885.

Le directeur, dont l'autorité s'appuie sur une Commission municipale d'hygiène, a pour principales attributions de recueillir les renseignements relatifs
aux maladies transmissibles et de provoquer et surveiller les mesures prophylactiques qu'elles nécessitent ; il signale à l'autorité les circonstances qui
peuvent avoir contribué au développement ou à la propagation de la maladie
et si, au domicile du malade ou du décédé, il constate des causes permanentes d'insalubrité, il en dresse des rapports qui sont ensuite soumis au
service compétent. Il contrôle l'inspection des denrées alimentaires et les opérations du service des mœurs. Enfin il centralise tous les documents de l'état
civil et les collige dans des bulletins de statistique hebdomadaires et mensuels et dans des rapports de fin d'année qui font ressortir les progrès réalisés et ceux qui restent à obtenir.

IV
Résultats obtenus.

La comparaison des tableaux de léthalité de la ville de Pau, depuis 1855 jusqu'à ce jour, fait ressortir d'heureuses modifications dans l'état sanitaire de la population.

Pour rendre le résultat plus palpable, nous avons divisé ces 50 années en trois périodes comparatives, de durée inégale il est vrai, mais dont les limites sont fixées par un événement hygiénique prépondérant.

La première période comprend les années 1855 à 1874, pendant lesquelles la ville de Pau, soumise au régime des fosses peu ou point étanches, s'alimente exclusivement en eaux de son sous-sol.

Dans la deuxième période, [qui s'étend de l'année 1875 à l'année 1884, la plus grande partie du réseau d'égouts est construite, mais les eaux de l'alimentation hydraulique, dont le trouble était plus considérable et plus fréquent qu'aujourd'hui à cause de la mauvaise exécution de la conduite d'amenée, n'ont pas encore obtenu la faveur de la population.

Enfin, dans la troisième période de l'année 1885 à l'année 1904, après la réfection de la conduite en 1884, la population, ainsi que le montre le nombre toujours croissant des concessions d'eaux, commence à apprécier les bienfaits de l'alimentation hydraulique, divers tronçons d'égout sont encore créés, l'assainissement arrive à son apogée.

La mortalité générale de la première période est de 26,66 p. 1000 habitants; celle de la deuxième de 23,59; celle de la troisième de 21,18; plus spécialement, la mortalité générale des cinq dernières années est de 20,29.

Ainsi l'heureuse modification des conditions sanitaires de la ville sur la première période se traduit aujourd'hui par un gain annel de 218 existences.

Mais, détail qui ne manque pas d'importance, l'amélioration ne porte pas seulement sur le nombre absolu des décès, mais aussi sur l'âge des décédés dans les proportions suivantes :

GROUPES D'AGES	NOMBRE DE DÉCÈS POUR 1000 HABITANTS DE CHAQUE GROUPE D'AGES			
	Période 1855-1874	Période 1875-1884	Période 1885-1904	Années 1900-1904
Habitants ayant moins de 1 an.............	222	185	204	180
— — de 1 à 19 ans.............	16	11	8	6
— — de 20 à 39 ans.............	15	12	8	6
— — de 40 à 59 ans.............	22	20	19	14
— — 60 ans et au-dessus.......	75	75	70	62

Ce tableau montre que tous les groupes d'âges bénéficient de l'amélioration survenue, mais surtout les groupes d'âges 1 à 19 ans et 20 à 39 ans, en raison de leur plus fort appoint dans la composition de la population.

Ainsi qu'on peut le prévoir d'après cette donnée, le dépouillement des causes de décès accuse une diminution considérable des décès par maladies zymotiques.

La fièvre typhoïde paraît avoir été, dans les premières périodes, une cause de décès beaucoup plus commune que de nos jours. Il est difficile de préciser avec quelque exactitude le nombre de décès qui lui incombe dans ces périodes déjà reculées, parce qu'il régnait à son égard dans la nomenclature en usage une véritable confusion qui existait, il est vrai, dans la science à cette époque. Indépendamment des fièvres muqueuses, ataxiques, adynamiques, que nous rattachons sans hésitation à la fièvre typhoïde, la nomenclature porte des fièvres continues inflammatoires, catarrhales, bilieuses, des fièvres cérébrales et, par surcroît, une colonne très chargée des *autres fièvres* sans compter les fièvres intermittentes et pernicieuses. En ne tenant compte que des premières, nous arrivons pour la première période à une moyenne de 27 décès annuels, pour la deuxième à une moyenne de 20, pour la troisième à une moyenne de 9 ; la moyenne des cinq dernières années est de 10.

La variole, qui, dans la première période, sévissait presque tous les ans, a produit, par suite de la grande épidémie de 1870-71, une moyenne de 24 décès annuels ; dans la deuxième, elle est représentée par 5 décès en tout ; la troisième, à cause d'une petite épidémie en 1891, comprend une moyenne de 2 décès par année ; dans les cinq dernières années, il n'y a eu qu'un seul décès pour cette cause.

La rougeole n'a pas subi de modifications sensibles ; elle a périodiquement des retours offensifs qui déterminent une moyenne de 4 décès annuels.

La diphtérie a subi un léger accroissement dans la deuxième période : 13 décès par an au lieu de 10 dans la première période ; dans la troisième, le nombre des décès s'est abaissé à 6, à cause de la sérothérapie : il n'a guère été que de 1 dans les cinq dernières années.

Le choléra, en 1855, a occasionné 51 décès à l'asile des aliénés ; il n'a pas reparu depuis.

Les gastro-entérites des enfants du second âge, qui ont été la cause de nombreux décès dans les deux premières périodes, ont très exactement suivi la marche de la fièvre typhoïde.

La fièvre puerpérale est devenue très rare ; elle ne prélève pas un décès annuel.

La tuberculose des différents appareils continue à faire de nombreuses victimes ; environ le cinquième de la mortalité lui incombe.

En résumé, nous constatons une diminution notable pour la fièvre typhoïde, la variole, la diphtérie et les gastro-entérites du groupe (1 à 19 ans) qui n'étaient sans doute que des fièvres typhoïdes. La fièvre typhoïde et les gastro-entérites ont dû être spécialement influencées par les grands travaux d'assainissement et surtout par l'adduction d'eaux du dehors. La variole a cédé devant la propagation de la vaccine. Le nombre des victimes de la diphtérie a baissé depuis la sérothérapie.

A défaut d'un vaccin spécial, toutes les autres affections épidémiques ou contagieuses peuvent être arrêtées dans leur propagation par la désinfection, mais, malheureusement, la désinfection n'est pas légalement obligatoire pour la plus meurtrière de toutes ces maladies !

Aujourd'hui, la partie agglomérée de la ville de Pau, qui couvre 271 hectares et renferme 31.904 habitants sur les 34.268 de la population résidente totale, doit être considérée comme assainie ; la rue du XIV-Juillet va être incessamment pourvue d'égouts et aussi successivement toute la banlieue incluse dans le périmètre de l'octroi. A l'exception de quelques passages privés qui ne remplissent pas les conditions requises pour la prise en charge par la ville, toutes les rues seront canalisées et il existe 27.536 mètres d'égouts. Chaque habitant dispose de 300 litres d'eau par jour et 1288 maisons sur les 2321 de l'agglomération en sont directement approvisionnées. La ville est bien tenue dans toutes ses parties. A ces conditions il faut ajouter la forte proportion de surface non bâtie, à savoir 221 hectares, généralement couverts d'arbres et de plantations, qui contribuent à entretenir la pureté de l'atmosphère et tempèrent les chaleurs de l'été.

Il résulte de ce concours de causes favorables, secondées par un climat exceptionnel, un état sanitaire satisfaisant et qui va sans cesse s'améliorant :

Le relevé des décès des cinq dernières années précédentes accuse un taux obituaire de 20, 29 pour 1000 habitants. Ce taux est formé de la totalité des décès survenus sur le territoire de la commune, c'est-à-dire comprend les décès très nombreux de l'asile interdépartemental des aliénés et ceux de la clientèle d'hiver non recensée. Cette majoration, illégitime puisque ces décès n'appartiennent pas à la population indigène, est exorbitante, car elle enfle d'un cinquième le chiffre de décès qui lui incombe. Le taux obituaire rectifié de la ville de Pau n'est, pour les cinq dernières années, que de 16,74 pour 1000 habitants.

DISCUSSION

Dr FERRÉ. — L'assainissement des marais du Pont-Long a été obtenu par une dérivation du Gave qui draine les agents pathogènes de la fièvre intermittente. Ces heureux effets se sont produits au hameau de Pau, à Sauvagnon, à Uzène.

Dr LEPRINCE. — Je me permettrai de signaler à notre confrère combien il serait important de procéder à une enquête approfondie sur les faits qu'il vient de signaler et qui paraissent être en opposition avec un grand nombre de cas où les faits sont tout opposés, un peu, aussi, avec les données bien assises de la science sur cette matière, données particulièrement mises au point par le professeur Laveran et d'autres.

M. POST (d'Arnhem). — En Hollande l'assèchement des marais s'obtient à la fois par l'établissement de canaux et l'ensemencement de *sinapis nigra* (moutarde) qui assainit le terrain. Les graines de moutarde, aussitôt projetées hors de la gousse qui les renferme, sont modifiées par l'air et, de leur enveloppe extérieure se dégage une essence volatile antiseptique.

Le Dr LALESQUE (d'Arcachon) fait un historique sommaire de l'assèchement des Landes et de l'assainissement de La Teste-de-Buch par les plantations de pins maritimes.

De cet assèchement du sol est résulté un tel assainissement du pays que la malaria y est désormais absolument inconnue.

Le Dr FERRÉ ayant soulevé la question des moustiques et de leur rôle dans la propagation des fièvres paludéennes, il s'ensuit une discussion intéressante, mais en dehors du cadre du rapport, à laquelle prennent part MM. CRISTOFINI, BARBIER et LEPRINCE, tous d'accord pour reconnaître à l'anophèle un rôle propagateur extrêmement important.

Le Professeur RENAUT rappelle ce fait bien connu que, dans les marais Pontins, on peut se promener impunément, sûr d'être à l'abri de l'impaludisme, pourvu que des gants et une large voilette protègent les mains, le visage et la nuque contre la piqûre des moustiques.

Au sujet de l'extrême abondance des moustiques infestant les villes balnéaires maritimes et propageant certaines fièvres, il indique plusieurs points importants qui, d'après ses observations personnelles, mériteraient d'être élucidés, en particulier l'influence des plantations d'arbres sur la nocivité des piqûres de moustiques; l'une de ces remarques est que sous les grands pins les moustiques piquent peu ou pas. A noter, d'ailleurs, une accoutumance très réelle à leurs piqûres, telle que, par exemple, les Lyonnais ne sont plus piqués par les moustiques à Lyon. Ne pas oublier enfin que toutes les variétés de moustiques ne transmettent pas la fièvre intermittente.

Dr LEPRINCE. — A l'action de drainage dû aux plantations il faut ajouter celle des plantes, particulièrement heureuse lorsqu'il s'agit de pins maritimes, d'eucalyptus, de sinapis nigra... etc.

L'oxydation de la résine et de l'essence provenant de ces arbres ozonifie l'air avec assez d'intensité pour le purifier considérablement. Quant au sinapis nigra, le développement de l'essence, dû à l'action de l'air humide sur les graines dans les parties non protégées, suffit à modifier l'état atmosphérique d'une façon très appréciable.

Le Dr Valéry MEUNIER examine dans le rapport en discussion le point particulier de la désinfection et constate que la sauvegarde des intérêts particuliers sera quelquefois difficile lorsqu'il s'agira de savoir par qui les frais doivent en être supportés et comment tout sera réglé.

Le Dr LALESQUE renvoie au rapport du Dr Bourges : « *La désinfection à Arcachon : Organisation administrative, technique et fonctionnement.* » On y trouvera minutieusement étudiée et discutée cette question qui est depuis 1891 l'objet de la constante sollicitude du corps médical et de l'administration municipale à Arcachon.

Dr FESTAL. — Dans l'historique de la désinfection à Arcachon il est un point particulier que je désire mettre en relief : il a trait aux baux de location. Toutes les villas se louant par l'intermédiaire des agents, il s'agissait pour nous de trouver un moyen de lier le locataire vis-à-vis de la désinfection après habitat, au même titre que vis-à-vis du propriétaire pour le paiement du loyer. Ce moyen nous l'avons trouvé et il nous a rendu cet immense service de nous permettre d'obtenir la désinfection de tous les locaux ayant été habités par des malades, bien avant que fût élaborée la Loi de février 1902. Tous les agents de location adoptèrent une formule que nous avions rédigée et qui dit, en substance, que le locataire s'engage à désinfecter à ses frais, sur l'ordonnance de son médecin, l'appartement qu'il aura habité ; imprimée sur tous les baux, avec d'autres clauses complémentaires, cette formule engage le locataire et prévient toute contestation. Au surplus, et pour plus de sécurité, le preneur élit domicile à Arcachon pour toute action juridique pouvant résulter de la non-exécution d'une quelconque des clauses du bail.

C'est ainsi que, grâce à ce moyen détourné, nous avons pu, avant la loi, à côté d'elle et en dehors d'elle, obtenir, pour le plus grand bien de tous et sans soulever de protestation, des résultats très satisfaisants pour l'hygiène et aussi pour la raison.

Dr PANEL, (de Rouen). — La question posée me paraît très générale. C'est la mise en présence des intérêts des municipalités et des particuliers. La loi a prévu cette jurisprudence.

Le maire peut prescrire une mesure, le propriétaire peut la refuser : dans ce cas le maire considérera l'immeuble comme dangereux et saisira la commission sanitaire. Si celle-ci est du même avis que la municipalité, la chose est jugée, sinon le Comité départemental d'hygiène a qualité pour juger en dernier ressort.

Quant aux puits, la loi ne permet pas d'en priver un propriétaire, pour un usage industriel, mais elle autorise le maire à imposer l'eau potable dans chaque immeuble. Il suffit d'imposer que toute pompe d'eau non potable ait dans son voisinage un robinet d'eau potable. On peut escompter la paresse humaine : les habitants prendront plus volontiers l'eau du robinet qui vient seule que l'eau de pompe qu'il faut puiser par un effort.

La désinfection des villes pose un autre problème. Nous avons vu à Arcachon un service modèle, cependant ce service ne peut être pris pour modèle partout parce qu'il coûte très cher. La désinfection doit être faite gratuitement ou presque gratuitement ; en effet, celui qui fait l'objet de la désinfection en a moins besoin que ses voisins ; la désinfection se fait dans un intérêt général et doit être assurée par les finances communales.

Pour que la désinfection devienne générale, il faut qu'elle soit peu coûteuse. Or, les théories jusqu'à ce jour classiques me semblent exagérées. La contamination est surtout de surface, à mon avis, sauf dans les cas de déjections typhiques ayant traversé ou pénétré le matelas. Presque toujours la désinfection des surfaces des matelas et objets de literie bien suspendus dans la chambre même suffirait.

La désinfection de la chambre et des matelas et objets de literie, suspendus dans la chambre, sera faite, suivant les cas, par les désinfectants appropriés. : sublimé, formol, anhydrides sulfureux, sulfurique, etc. Mais je m'élève contre l'étuvage généralisé à tous les cas parce qu'il est coûteux et destructeur. L'hygiène doit être un bienfait non une tracasserie pour la population. Pour rendre pratique la désinfection il faut la simplifier le plus possible et ne se servir de l'étuve que dans des cas tout-à-fait exceptionnels.

Le Dr Valéry MEUNIER est préoccupé des difficultés que rencontrera souvent l'application de la loi sanitaire de février 1902. Il estime que dans une réunion d'hygiénistes et de médecins ayant donné tant de gages de leur souci de la santé publique, il doit être permis d'exprimer certains scrupules sur les meilleurs moyens à employer pour assurer cette application de la loi et la faire entrer dans les mœurs. La fermeté est nécessaire, mais elle ne doit pas exclure certains ménagements qu'une autorité sage et soucieuse de l'éducation publique doit apporter dans des prescriptions qui ne comportent pas toujours l'absolu. Il faut aussi se préoccuper des garanties à donner aux intéressés qui se croient victimes d'exigences inutiles ou mal fondées.

La loi n'est pas assez explicite sur les moyens de surseoir ou de se défendre, c'est pourtant en les admettant et les faisant connaître qu'on arrivera à démontrer la nécessité de l'obéissance. Il cite quelques faits récents où, faute de connaître les moyens de prouver le bien-fondé de leur résistance, les intéressés n'auraient eu d'autre ressource que de protester vainement contre les prescriptions qu'ils avaient à subir.

Dr Barthé. — Tout objet contenu dans une chambre infectée doit être considéré comme l'étant aussi ; les tissus n'offrent pas plus de résistance au passage des microbes qu'une grille de jardin aux oiseaux.

Dr Panel. — Une simple boulette de coton suffit cependant à maintenir aseptiques dans un laboratoire les liquides contenus dans des tubes à essai.

Dr Barthé. — C'est incontestable, mais les conditions ne sont pas les mêmes dans les deux cas : les boulettes de coton sont immobiles, à demeure, tandis que les matelas, les oreillers, les couvertures, sont constamment brassés par le malade et doivent forcément s'imprégner ainsi des germes qu'il dégage.

Dr Berlioz (de Grenoble). — Je partage l'avis de M. Panel, quant à la nécessité d'avoir des procédés faciles de désinfection, mais je considère que, dans la chambre d'un malade, la literie et les couvertures ont plus que les murs besoin de désinfection, et que celle-ci est de la plus haute importance quand il s'agit de matelas surtout.

M. Rodier. — Je demande, en ce qui concerne la désinfection des matelas, qu'on recherche *expérimentalement* si vraiment les microbes pénètrent, à travers la laine, au centre même d'un matelas ; on saura alors s'il faut ou non désinfecter la couche dans toute son épaisseur ou si une désinfection extérieure et de surface suffit.

Les hypothèses et les raisonnements ne sont pas de mise en pareille matière : seule l'expérimentation peut dicter la règle.

En attendant, et jusqu'à nouvel ordre, j'estime que, dans le doute où nous sommes, il convient de faire la désinfection complète.

Dr Barbier. — L'application des procédés de désinfection se heurte à des difficultés financières qui ont, dans l'espèce, une grande importance. Il y a, en particulier, la détérioration des objets de literie par l'étuve à vapeur sous pression, qui est extrêmement appréciable, surtout lorsque ces

objets ont été souillés par des liquides albumineux. Cette détérioration est
telle que dans les hôpitaux de Paris elle a provoqué une augmentation de
dépense considérable pour la réfection du matériel. En effet, les couvertures
et matelas ne tardent pas, après avoir été désinfectés un petit nombre de
fois, à prendre un air sale et un si piteux aspect que leur remplacement
devient nécessaire.

COMMUNICATIONS

THÉORIE ET PRATIQUE
EN MATIÈRE DE DÉSINFECTION URBAINE.

Par le docteur Henri LAMARQUE, de Bordeaux.

La loi de 1902, en exigeant la déclaration de certaines maladies contagieuses, prescrit en même temps la désinfection des locaux occupés par les
personnes atteintes de ces affections : il en résulte que la pratique de la désinfection est appelée à se généraliser de plus en plus.

Mais pour que le but poursuivi soit atteint, il importe que la désinfection
ne soit pas factice, comme cela se produit trop souvent; il faut qu'elle soit
réelle, et malheureusement, à l'heure actuelle, ce résultat n'est obtenu que
par une série d'opérations assez complexes, qui ont le tort d'être ou longues et délicates, ou dispendieuses.

Il en résulte, dans la pratique, des difficultés parfois insurmontables; si
ces difficultés n'existent pour ainsi dire pas quand il s'agit de personnes
aisées ne redoutant pas la dépense, et disposant d'un logement assez grand
pour pouvoir abandonner les pièces contaminées, il en est tout autrement
dans la classe moyenne et surtout dans la classe ouvrière où la question
budgétaire est capitale, où le logement est réduit au strict nécessaire; il
importe, si l'on veut arriver à l'application facile de la désinfection dans
tous les cas de maladies contagieuses, de réduire au minimum ces difficultés.

D'une façon générale, la désinfection d'un appartement contaminé comprend deux opérations distinctes, la première destinée à désinfecter les
objets souillés en profondeur (linges, vêtements, literie, tapis, rideaux,
tentures, etc.), objets qui peuvent être facilement déplacés; la deuxième
qui a pour but de purifier le local contaminé, avec les meubles qu'il renferme.

Pour la première catégorie, on emploie en général la vapeur sous pression; le modèle d'étuve Geneste et Herscher est le plus fréquemment uti-

lisé ; il a fait ses preuves depuis longtemps, son efficacité est établie sans conteste. Mais ce procédé n'est pas exempt d'inconvénient : certains objets sont plus ou moins détériorés, les vêtements, par exemple, qui sont fripés et déformés, les objets délicats (plumes, gants, effets de toilette, objets de cuir, etc.) qui sont fortement endommagés ; l'obligation de transporter les objets à l'usine en est un également ; beaucoup de gens se séparent difficilement de leur bien, qu'ils craignent, non sans raison parfois, de voir égarer ou abîmer dans le déplacement.

Pour la deuxième catégorie, désinfection des locaux, on emploie quelquefois les lavages et les pulvérisations antiseptiques. surtout ceux de sublimé ; MM. Balestre et Camous, dans leur rapport au Congrès de climatothérapie de Nice (V. *Comptes-rendus*, p. 736) considèrent ce procédé comme le meilleur ; c'est aussi l'avis de M. A.-J. Martin, qui, lui, a soin d'ajouter : quand on peut l'appliquer (*Rev. d'hygiène et de police sanitaire*, n° 10, oct. 1904, p. 883).

Or, si la mise en pratique de ce procédé est facile dans certains locaux sanitaires (salles d'hôpital, casernes, etc.) où il n'existe que peu de meubles, et où les murs sont à-peu-près nus, si elle est relativement aisée dans certains logements d'ouvriers pauvres, dont le mobilier se réduit souvent à un lit, à une commode, à une table et à quelques chaises, où les murs sont simplement plâtrés ou blanchis à la chaux, elle devient beaucoup moins aisée dans les logements de la classe moyenne, chez le petit employé ou même chez l'ouvrier rangé.

La chambre à coucher est ordinairement la pièce la plus meublée ; elle renferme souvent, outre le lit des parents, un ou deux lits d'enfants, une armoire, une commode, une ou plusieurs tables ou guéridons, des sièges plus ou moins capitonnés, le tout entassé en raison de l'exiguïté fréquente de la pièce ; la plupart du temps les meubles, la cheminée, le sol sont garnis d'étoffes et de tapis et recouverts d'une foule d'objets ; non moins nombreux sont ceux qui pendent aux murs ; les lits, les fenêtres ont des tentures. Dans cette classe sociale la ménagère sérieuse aime à orner sa chambre d'une foule d'objets dont la valeur est parfois discutable, mais auxquels elle tient.

Elle verra donc d'un mauvais œil le déplacement des meubles, l'enlèvement des menus objets destinés à l'étuve, d'où ils reviendront souvent méconnaissables, le détrempage par le liquide antiseptique des tableaux et autres objets plus ou moins délicats.

Je dis détrempage car, pour être réellement efficace, la désinfection ainsi pratiquée doit être faite avec la rigueur que décrivent MM. Balestre et Camous, c'est-à-dire que rien de ce qui est dans la pièce ne doit échapper au lavage. L'opération est, de ce fait, longue dans une pièce garnie comme je l'ai indiqué et, quel que soit le soin apporté par les agents du service, le résultat esthétique est peu encourageant. On se trouve en face du dilemme : ou bien désinfecter réellement en mettant le liquide antiseptique en contact avec tous les objets de l'appartement, opération longue, minutieuse et suivie de détérioration des objets; ou bien se borner à mouiller le plancher et les murs en respectant les meubles, les tableaux et tous les objets délicats qu'on ne touche pas.

Dans ce dernier cas, qui est fréquent, à Bordeaux notamment, autant vaut ne rien faire du tout, car la désinfection ainsi effectuée est absolument illusoire.

La désinfection par les vapeurs d'acide sulfureux a l'avantage, elle, d'être effective, mais elle offre des inconvénients.

Elle permet de laisser les objets en place, mais elle en détériore certains; elle exige l'abandon de la pièce pendant vingt-quatre heures au moins; elle laisse subsister assez longtemps dans l'appartement une odeur très incommodante.

Cette obligation de quitter la chambre pendant une nuit est un gros écueil dans bien des familles; de telle sorte que l'économie du procédé, avantage appréciable, ne compense pas suffisamment ses inconvénients.

La désinfection par les vapeurs de formol réalise sur les procédés précédents un progrès sérieux.

Elle est un peu plus coûteuse, mais elle permet de désinfecter un appartement dans une seule journée, de le rendre, par conséquent, habitable le soir même.

Si son action était un peu plus pénétrante, elle représenterait la méthode idéale. Malheureusement, tout le monde s'accorde là-dessus, l'aldéhyde formique ne désinfecte que les surfaces. C'est ce que M. Bourges a fort bien exprimé dans son rapport en disant : « A la condition de ne pas lui demander plus qu'il ne peut donner, et de réserver son usage exclusif à la désinfection de surface, le formol est actuellement le meilleur désinfectant des locaux dont on puisse disposer. » (Rapport au Congrès de climatothérapie, Arcachon, 1905, p. 288.)

L'honorable rapporteur lui reconnaît, en outre, un défaut qui n'est peut-être pas justifié : « Il laisse, dit-il, une odeur persistante et désagréable, irritant les voies aériennes et les muqueuses, de façon que la pièce désinfectée doit rester portes et fenêtres ouvertes pendant 24 heures et ne peut être habitée pendant ce temps. » Si l'on a le soin de faire une projection suffisante de vapeurs ammoniacales à la fin de l'opération, la pièce peut ordinairement être habitée trois ou quatre heures après sans autre inconvénient qu'un léger picotement des yeux.

Quoi qu'en aient dit MM. Balestre et Camous (*loco cit.*) la désinfection par l'aldéhyde formique est efficace ; il suffit de s'en rapporter, pour en être convaincu, aux multiples expériences entreprises à Arcachon par MM. Lalesque et Rivière; ces expériences ont montré que la recherche du bacille tuberculeux était toujours négative dans les pièces ainsi désinfectées, elles sont d'ailleurs confirmées par celles de MM. Cornet et Kirchener et par les travaux de MM. Trillat, Calmette, Vaillard, Roux, Duphil. Mais il est nécessaire que le dégagement de l'aldéhyde formique soit suffisant.

La prétendue inefficacité est due à l'emploi d'appareils défectueux, tels que ceux à base de trioxyméthylène dont le débit est trop faible, et qui malheureusement sont les seuls utilisés dans bien des villes, à Bordeaux notamment. Dans ces conditions on ne fait que des désinfections illusoires, mais n'enlevant rien à la valeur du procédé qui exige seulement l'utilisation d'appareils à débit plus considérable tels que ceux du type du Dr L. Hoton, fabriqué par la maison Geneste et Herscher, avec lesquels ont été faites les expériences d'Arcachon.

Reste un reproche sérieux à adresser à la méthode de désinfection par l'aldéhyde formique : elle ne dispense pas du passage à l'étuve des objets contaminés en profondeur. L'opération est toujours double et, par conséquent, trop compliquée pour être vraiment pratique.

N'existe-t-il donc pas de procédé capable de désinfecter tout sur place en surface et en profondeur?

Il semblerait que non, à en juger par les travaux publiés et par les appareils généralement employés ; or, dans un travail très documenté de M. A. J. Martin, paru dans la *Revue d'hygiène* du 20 octobre 1904, on trouve à la page 876 les lignes suivantes : « Nous devons mettre à part les appareils de M. Fournier qui emploient des mélanges particuliers de formacétone et d'acétone en proportions diverses dans l'eau.

« Ces procédés employés sont les seuls qui assurent à la fois la désinfection totale d'une pièce habitée, local et objet, en surface et en profondeur. ».

L'appareil ainsi apprécié est tout entier transportable, et se compose d'une étuve démontable pour la désinfection de la literie et des objets, vêtements et autres à surface de quelque épaisseur ; d'un cadre et d'une étagère extensibles pour l'exposition des objets sous leurs plus grandes surfaces, et d'un brûleur conique.

Ces trois objets sont placés dans la chambre qu'on ferme au moyen d'une porte extensible et imperméable, qui sert en même temps de support aux tuyaux des générateurs qui vont alimenter l'étuve et assurer la projection des vapeurs antiseptiques.

Les opérations se composent de diverses projections d'eau acétonée, d'eau formo-acétonée et d'eau ammoniacale, et on désinfecte simultanément en surface la chambre, et en profondeur les linges, les vêtements et la literie, dans la chambre même.

La durée de l'opération ne dépasse pas dix heures, désodorisation comprise. « Les objets, dit M. A. J. Martin, sortent sans aucune détérioration, même les livres, fourrures, chaussures, etc. L'odeur de formol est en même temps suffisamment chassée... »

Voilà donc une méthode de désinfection reconnue efficace, et qui ne nécessite aucun transport d'objets en dehors de la pièce. Les objets sont, une fois l'opération terminée, secs et désodorisés, aucun n'a besoin de réparations, même les plus délicats ; l'opération est faite dans la même journée.

Elle paraît vraiment pratique, et si elle a l'inconvénient, qu'elle partage d'ailleurs avec les autres formolateurs, d'être d'un prix de revient plus élevé que l'acide sulfureux ou le sublimé, elle présente, en revanche, des avantages singulièrement précieux. Elle réalise un pas en avant vers la simplification de la pratique de la désinfection, et paraît de nature à rendre plus facilement acceptable son principe après toute maladie infectieuse ; elle facilitera le rôle du médecin traitant bien difficile à l'heure actuelle quand, à son conseil de désinfection, la famille oppose la dépense, le tracas, le désagrément, l'impossibilité même d'une désinfection compliquée.

C'est ce desideratum essentiel qu'a fort bien compris aussi M. Berlioz et que semble également réaliser l'appareil qu'il a présenté à ce Congrès.

Il se compose, on l'a vu, d'une étuve démontable très simple, au-dessous de laquelle se place l'appareil de chauffage et de production des vapeurs antiseptiques ; on fait simultanément la désinfection en profondeur des objets placés dans l'étuve, et en surface du local contaminé. Le liquide employé a été appelé l'aldéol, sa composition n'est pas encore divulguée. La désinfection est faite au bout de cinq heures ; on peut ouvrir la pièce et l'aérer à ce moment.

Si ces deux appareils réalisent la désinfection complète, comme l'affirme leur inventeur, ils constituent une simplification très grande et une sérieuse économie sur ceux de M. Fournier, qui eux, en revanche, ont fait leurs preuves.

La valeur du procédé Berlioz, actuellement soumise au contrôle, sera incessamment connue.

Est-ce à dire, comme le font observer très judicieusement MM. Balestre et Camous (*loco cit.*) qu'un appartement désinfecté avec toute le soin désirable soit comme un tube de culture stérilisé à l'autoclave, et qu'on ne puisse y trouver quelques bacilles vivants ? Dans ce cas ces quelques échappés au massacre sont-ils très dangereux ? Ne sont-ils pas condamnés à périr à bref délai par les conditions défavorables du milieu ? Faut-il compter pour rien l'action ultérieure de l'air, de la dessiccation, etc... ?

En tout cas, s'il peut subsister quelques craintes lorsqu'il s'agit de maladies très graves, comme la fièvre typhoïde, la variole, la diphtérie, la dyssenterie, la suette miliaire, la fièvre puerpérale, même (je ne parle pas du typhus, du choléra, de la peste, de la fièvre jaune, si rares chez nous), on peut redoubler de précautions en ajoutant à la désinfection ainsi pratiquée les lavages antiseptiques par exemple.

Pour les autres maladies telles que la varioloïde, la scarlatine, la rougeole, l'ophtalmie des nouveau-nés, maladies courantes, que le public ne redoute guère et pour lesquelles il refuse généralement la désinfection, celle qui sera ainsi faite sera largement suffisante ; sa simplicité permettra même de la faire agréer pour les maladies à désinfection facultative, la tuberculose pulmonaire, la coqueluche, les oreillons.

La réduction au minimum d'ennuis et de dépenses pour le public doit être l'objectif que doivent viser tous les procédés de désinfection : je crois avoir fait œuvre utile en insistant sur ce fait, et en signalant ceux qui paraissent se rapprocher le plus de l'idéal à atteindre.

M. Eland, lieutenant-général du Royaume des Pays-Bas, Président du Conseil d'hygiène d'Arnhem.

Messieurs,

Je crois avoir l'avantage, assez triste d'ailleurs, d'être l'aîné des Congressistes étrangers. Cet avantage m'impose le devoir agréable mais quelque peu difficile de vous adresser la parole.

Difficile exclusivement par le fait que je n'ai pas l'habitude de parler français ; si je l'avais, cette habitude, je vous dirais, en ce langage éloquent dont vous avez le secret, l'admiration que vous nous avez inspirée une fois de plus et la gratitude qui nous anime. Vous nous avez donné tant de témoignages de sympathie, de camaraderie, d'amitié même, que je ne trouve pas le mot capable de vous dire combien nous vous sommes reconnaissants. Et nous avons admiré, aux jours passés, l'amour que vous montrez pour vos malades, vos savants et votre patrie.

L'un et l'autre m'amènent à vous dire que le souvenir du IIᵉ Congrès Français de Climatothérapie et d'Hygiène Urbaine ne nous quittera plus ; que nous félicitons vos malades, que nous aussi nous admirons vos savants dont plusieurs sont ici présents, et que nous formons les meilleurs vœux non seulement pour vos Congrès humanitaires, mais aussi pour votre Patrie, la belle France.

(Applaudissements.)

Le Professeur Renaut. — Je remercie M. Eland de son opinion si autorisée et de son appréciation flatteuse, dont nous sommes à la fois très satisfaits et très fiers.

Très satisfaits puisque les délégués étrangers ont jugé nos efforts à leur valeur.

Très fiers parce que l'opinion d'un homme de la valeur de M. Eland a pour nous un prix considérable.

Messieurs, en clôturant nos travaux, je veux exprimer toute ma joie pour cette constatation que, de l'avis de tous, le Congrès qui vient de finir est un de ceux où tous ont travaillé. Il en est où le péripatéticisme s'exerce sans frein, pour le plus grand dommage des travaux scientifiques ; ici les excursions n'ont pas nui au travail des séances.

Ceci dit, remerciant une fois de plus nos confrères de Pau de l'accueil qu'ils nous ont fait ici dans ce cadre riant, je déclare close la deuxième Session du Congrès, laissant à mon collègue et ami le professeur Calmette le soin de préparer la prochaine Session et d'assurer la marche en avant, progressive et régulière, du Congrès Français de Climatothérapie et d'Hygiène Urbaine.

TROISIÈME PARTIE

A. — ANNEXES

B. — RÉCEPTIONS — FÊTES — EXCURSIONS

A. — ANNEXES

LE DEVOIR MÉDICAL

CONFÉRENCE DU Dr PEYTOUREAU (de Bordeaux),
secrétaire général de l'œuvre.

Faite le mercredi, 2 avril, à 2 heures.

Monsieur le Président, Mesdames, Messieurs et chers Confrères,

Notre excellent confrère Muselli (de Mérignac), empêché au dernier moment, m'a prié de le suppléer aujourd'hui et de venir parmi vous exposer les grandes lignes de l'œuvre à laquelle il consacre les meilleurs de ses moments avec une énergie, une ténacité et un dévouement auxquels je suis heureux de rendre ici un public hommage.

Ce devoir d'affectueuse reconnaissance rempli, ma première parole doit être empreinte de la plus vive gratitude pour vous adresser mes sincères remercîments d'avoir consenti à interrompre vos occupations scientifiques et m'avoir permis de vous entretenir de l'œuvre de solidarité confraternelle et mutuelle « LE DEVOIR MÉDICAL » Je vous remercie, Monsieur le Président, d'avoir bien voulu nous écrire que vous approuviez cette initiative de prévoyance, et comme ancien président, et comme président honoraire de l'Association des Médecins du Rhône. Votre parole est plus qu'un encouragement, elle est le gage certain du brillant avenir qui est réservé au « DEVOIR MÉDICAL ».

Je veux aussi remercier le très distingué Secrétaire général du Congrès de climatothérapie, M. le Docteur FESTAL, ainsi que tous les Membres du Comité d'organisation, qui m'ont autorisé à faire connaître le « DEVOIR MÉDICAL » et à dire, en présence d'un auditoire aussi nombreux que choisi, quels sont les moyens d'action qui en assurent le succès.

Messieurs, il y a quelques années un de nos confrères était subitement enlevé par une hémorrhagie cérébrale à l'affection de sa famille et de ses amis, à l'estime de sa nombreuse clientèle. Maire, depuis environ 20 ans, d'une grande commune de la Gironde, il fut accompagné à sa dernière demeure par les larmes de toute la population. Mais si les regrets que laissait notre confrère étaient unanimes, la situation financière de sa famille était loin d'atteindre un pareil degré de prospérité.

Un autre confrère, père de cinq enfants, dont la vie avait été toute de dévouement pour ses malades, a succombé à la suite de longues souffrances. Pour lui aussi les regrets ont été unanimes; mais sa famille se trouva dans la gêne la plus grande. Sa veuve se vit dans l'obligation de se soumettre à un travail manuel pénible pour procurer à ses enfants, non pas l'instruction qui mène aux brillantes situations, mais le simple pain quotidien.

Un troisième confrère est mort n'ayant pas eu les moyens financiers pour s'acheter quelques instruments chirurgicaux qui étaient d'une nécessité absolue pour la prolongation de ses jours. Des regrets et de beaux discours l'ont accompagné à sa tombe, mais qu'est devenue sa famille après sa disparition ? Sa famille a été plus que malheureuse.

Ces faits, auxquels chacun d'entre nous pourrait en ajouter de semblables, ont frappé mon esprit et ont frappé l'esprit de mes honorables confrères, de MM. les Docteurs Chambrelent, Dausse, Débande, Gacon et Muselli. Tous ensemble nous nous sommes souvent posé la question suivante : Un patrimoine constitué par les souvenirs d'une vie héroïque et même glorieuse, les regrets unanimes de toute une population qui se rappelle les bienfaits d'un médecin qui vient de mourir, peuvent-ils suffire pour procurer la tranquillité à une famille médicale, pour donner à cette même famille les moyens de triompher des difficultés inhérentes à la vie lorsque le chef a été enlevé par la mort ? Et si la réponse négative est réservée à une question d'un si haut intérêt, quels sont les moyens propres à porter remède à des situations souvent angoissantes ?

Mes confrères et moi nous en étions à nous poser ces questions, lorsque le hasard, cette Providence de l'imprévu, se chargea de nous fournir la réponse. Un pharmacien, non loin de Bordeaux, est mort assez jeune ; lui aussi était très estimé et laissait sa famille dans une situation pénible ; mais, peu de jours après, sa veuve recevait la somme de 8.720 francs de la part de l'*Association confraternelle des pharmaciens français*. Cette Association a pour but de verser après le décès d'un adhérent une somme à sa famille, et cette somme égale autant de fois dix francs qu'il y a de versements de dix francs opérés par les associés. Or, la veuve du pharmacien venant de toucher 8.720 francs, l'Association confraternelle des pharmaciens français comptait à ce moment-là 872 membres.

Certes, la somme de 8.720 francs que venait de toucher la veuve du pharmacien n'était pas la fortune ; mais, grâce à elle, cette veuve put faire face à sa situation et plus tard reconquérir le rang qui était digne d'elle.

Et par qui donc cette veuve a-t-elle été sauvée du désastre qu'occasionnait dans sa famille la mort de son mari ? Par le groupement et la solidarité des intérêts professionnels, par l'association, par la mutualité à laquelle son mari avait adhéré depuis quelque temps ; par la mutualité, ce levier puissant qui soulève et soutient la société moderne en rapprochant les intérêts.

L'Association confraternelle des pharmaciens français est aujourd'hui plus nombreuse et en voie de prospérité. Ses adhérents se montrent très satisfaits de l'avoir créée, une décision ministérielle en date du 28 mai 1902 l'a approuvée en considération des services qu'elle rend au Corps pharmaceutique. Et, comme pour prouver que la contagion du bien n'est pas moins puissante que la contagion du mal, dans d'autres branches sociales se sont formés aussi des groupements professionnels qui tous marchent, prospèrent et exercent une influence heureuse sur les familles. On trouve des groupements professionnels parmi les fonctionnaires de l'État, on en trouve parmi les employés de commerce. Vous connaissez ceux qui, sous la dénomination de Sauvegarde ou de Foyer de la famille, ont groupé un grand nombre d'ouvriers à Bordeaux et dans le Sud-Ouest. On trouve des groupements dans notre Chambre des députés, et bientôt ils existeront jusque dans l'armée. Tous ces groupements ont pour base le grand principe chrétien : « *Aimez-vous les uns les autres,* » car, sans l'amour, point de solidarité humaine, point de solidarité dans les intérêts.

Frappés par les heureux résultats des groupements professionnels, mes confrères, M. les Docteurs Chambrelent, Dausse, Débande, Gacon, Muselli et moi avons cru que les médecins ne doivent plus continuer à vivre dans l'isolement et sans les liens d'une sérieuse solidarité entre eux. Nous avons cru aussi qu'il y avait lieu d'organiser, en faveur du Corps médical et des familles médicales, la mutualité qui jusqu'à ce jour a été si nuisible à leurs intérêts. Et pendant que, de tous côtés, les mutualistes divers s'organisent de plus en plus, et ont pour programme de faire bloc contre le médecin, nous avons cru enfin que les médecins à leur tour doivent faire de la mutualité pour eux-mêmes et chercher dans la mutualité la défense et le refuge de leurs intérêts. Nous avons en conséquence créé une œuvre de solidarité médicale qui permet au médecin peu fortuné de laisser en mourant un capital à sa famille avec des frais minimes. Grâce à cette œuvre, le médecin riche peut venir en aide à ses confrères prolétaires, sans rien perdre des sommes qu'il envoie à l'Association, et sans offusquer en quoi que ce soit la susceptibilité ou la dignité des plus ombrageux. Et, pour arriver à ce résultat de n'offusquer aucune susceptibilité médicale, nous avons admis que les avantages provenant de la mutualité doivent être la conséquence de droits intangibles.

Nous avons admis dans notre Association les femmes des médecins au même titre que leurs maris, afin de mieux solidariser les intérêts des familles médicales, et dans le but aussi de mettre sous leurs gracieux auspices la marche et le succès de l'œuvre.

Et, afin de pouvoir mieux dire au médecin qu'il ne doit plus se contenter d'être simplement le prêtre de la santé, le héros généreux et toujours obscur qui consacre sa vie au soulagement et à la conservation de ses semblables, mais qu'il doit se raviser, se reprendre et se rappeler qu'il a des charges de famille dont il ne saurait s'affranchir, des devoirs personnels devant lesquels il ne saurait reculer, nous avons donné à notre œuvre le nom de « DEVOIR MÉDICAL ».

Et si tels sont l'esprit et le but du « DEVOIR MÉDICAL », c'est-à-dire d'être une œuvre de solidarité confraternelle et mutuelle, une association qui fournit un capital aux familles médicales, à la mort de celui qui en était le chef et le soutien, quel est son mode de fonctionnement? Avant de vous expliquer le fonctionnement du « DEVOIR MÉDICAL » permettez-moi, Messieurs et chers confrères, de vous dire en quelques mots ce que le « DEVOIR MÉDICAL » n'a pas voulu être. Le « DEVOIR MÉDICAL » n'a pas voulu être une Association avec un Président et un Conseil d'administration à traitement plus ou moins élevé qui aurait absorbé une partie du capital. Toutes les fonctions sont gratuites chez nous, et, comme l'a dit avec tant d'amabilité la *Revue des hôpitaux* en mars 1903, « tous les membres du bureau n'en sont que plus dévoués à la tâche qu'ils se sont tracée ». Le « DEVOIR MÉDICAL » n'a pas voulu avoir des actionnaires et revêtir ainsi le caractère commercial qui est le propre des compagnies d'assurances ! Les compagnies d'assurances ! Ah! il y en a de riches et de très riches ! Il y en a dont les actions sont cotées à l'heure actuelle 25, 50 et 100 mille francs. Et qu'ont-elles coûté, ces actions, à leurs premiers souscripteurs? La peine de donner une signature. Aux frais de qui ces actions ont-elles acquis des plus-values si étonnantes ? Aux frais de l'assuré qui, lui, est exclu des bénéfices. Aux frais de qui un directeur d'assurance, un inspecteur, un employé, gagnent-ils l'argent qu'ils touchent en mensualités ou en primes? Encore aux frais de l'assuré. Oui, c'est aux frais de l'assuré que les compagnies d'assurances et leurs actionnaires s'enrichissent, par la raison que ces compagnies ont pour but principal de faire leurs affaires avant de faire les affaires de leurs assurés. Rien de pareil n'existe dans les statuts du « DEVOIR MÉDICAL ». Comme j'ai eu l'honneur de le dire déjà, toutes les fonctions sont gratuites au « DEVOIR MÉDICAL ». Au « DEVOIR MÉDICAL » il n'existe pas d'actionnaires. Au « DEVOIR MÉDI-

GAL » les associés solidarisent leurs intérêts avec ceux de leurs confrères ; tout l'argent perçu est destiné aux familles médicales et va aux familles médicales.

Le « DEVOIR MÉDICAL » n'a pas voulu être une Société commerciale ; le « DEVOIR MÉDICAL » a voulu être une œuvre dans laquelle le dévouement et la fraternité sont les grands liens de soutien mutuel.

Le « DEVOIR MÉDICAL » comprend un nombre illimité de membres qui se subdivisent en groupes de mille adhérents. Conformément à l'art. 2 des statuts, un adhérent peut se faire inscrire dans autant de groupes qu'il le désire ; mais il ne peut être inscrit deux fois dans le même groupe.

Tout médecin, homme ou femme, et de nationalité française, âgé de moins de 60 ans révolus au 1er janvier de l'année de son adhésion, et résidant en Europe, en Algérie ou en Tunisie, peut être admis sur sa demande, après production d'un certificat de santé sur papier timbré à 60 centimes et fourni par un docteur en médecine. Peut être également admis aux mêmes conditions tout médecin de nationalité étrangère exerçant en France, en Algérie ou en Tunisie.

Lorsqu'un groupe est complet, l'adhérent qui y est inscrit assure à sa famille un capital minimum d'environ 10.000 francs.

Cet avantage est obtenu à tous les membres de son groupe, par le versement d'une cotisation payable à chaque décès d'adhérent, cotisation dont le taux est invariablement fixé pour chaque membre, d'après son âge d'admission, et cela pour toute la durée de son séjour dans la Société suivant les dispositions d'un barême *assurant une égalité d'avantages et une relativité de charges aussi absolues et aussi permanentes que possible entre tous les sociétaires, quel que soit l'âge de leur admission et le nombre des membres du groupe auquel ils appartiennent.* Ces cotisations sont de 6 fr. 75 c. pour un médecin qui entre au « DEVOIR MÉDICAL » à l'âge de 25 ans ; elles sont de 7 fr. 45 pour le médecin qui entre à 30 ans ; de 9 fr. 50 pour celui qui entre à 40 ans ; de 12 fr. 75 pour le médecin qui entre à 50 ans ; de 18 fr. 55 pour celui qui entre à 60 ans seulement. A aucun moment de l'année il n'est exigé de cotisation importante, et les versements ainsi morcelés ne peuvent constituer une charge trop lourde pour aucun adhérent. Le morcellement de ces versements engage même les adhérents à s'inscrire dans deux ou plusieurs groupes dans le but de laisser à la famille un capital qui pourrait s'élever jusqu'à 200.000 fr.

Une étude statistique de la mortalité médicale en France a permis à mes confrères et à moi de fixer le pourcentage des cotisations pour chaque adhérent. L'ensemble des statistiques officielles pour la dernière période décennale (1893-1903) de la Société centrale des médecins de la Seine, de l'Association des médecins des Bouches-du-Rhône, de l'Association amicale des médecins français et de l'Association des médecins de la Gironde nous a donné le chiffre de 2, 15 pour cent qui a servi de base aux calculs des actuaires chargés d'établir le tableau des cotisations des membres de notre Société. Et, grâce à ce pourcentage, chaque adhérent sait d'avance les nombres de fois que sa cotisation sera répétée annuellement pour chaque groupe de mille.

En cas de groupe encore incomplet, l'indemnité au décès est naturellement moindre que si le groupe de mille adhérents est complet ; mais les charges se trouvent proportionnées aux avantages, puisque le nombre des décès est moindre et par conséquent les appels des cotisations moins fréquents.

Il suffit de parcourir les barêmes (Vie entière) des Compagnies françaises et étrangères pour reconnaître quelle économie le « DEVOIR MÉDICAL » arrive à réaliser sur les versements des primes que celles-ci exigent pour assurer le même capital moyen de 10.000 fr. au décès, et cela se comprend car, le « Devoir médical » n'étant pas une Société d'assurances, mais une œuvre de solidarité, n'a, comme j'ai eu l'honneur de le dire déjà, ni bénéfices à obtenir, ni dividendes à distribuer.

Au moment de l'admission de chaque nouvel adhérent, il est exigé de lui : 1º — Un droit d'entrée de 5 fr. ; 2º le versement de sa première cotisation en vue du prochain décès ; 3º un supplément de 75 cent. pour frais de recouvrement et de propagande.

Les 5 fr. de droit d'entrée, qui ne se répètent jamais plus, permettent de faire face à tous les frais d'administration et ont facilité la création d'une caisse de prévoyance en vue de l'article 9 qui est ainsi conçu :

« Art. 9. — Après 15 ans de sociétariat l'adhérent qui normalement ne pouvait « compter que sur le produit de son travail pour acquitter ses cotisations peut en « être dispensé s'il justifie par expertise médicale qu'il est dans l'impossibilité de « travailler en raison de maladie ou d'infirmité grave. Les cotisations lui incombant « sont prélevées sur le fonds de prévoyance de son groupe. Elles seront remboursées « avec les intérêts accumulés au taux légal du jour soit par lui-même sur ses res- « sources personnelles, soit sur l'indemnité due à son décès, si celui-ci survient « avant sa libération. »

Tels sont, Messieurs et chers confrères, l'esprit et le programme du « Devoir médical ». Ce programme peut être résumé en ces quelques mots : Réunir toute la famille médicale de France dans un rayonnant épanouissement de fraternité et de dignité, rendre moins amers les derniers moments du médecin prolétaire en assurant le lendemain de sa famille.

Grâce au zèle de tous les instants de mes collaborateurs et amis, MM. les Docteurs Chambrelent, Dausse, Debande, Gacon et Muselli, il trouve de l'écho parmi les médecins des diverses régions de la France et provoque des adhésions ardentes. Je les en remercie du fond du cœur. Je les remercie aussi d'avoir fait comprendre que si d'autres œuvres ont le but très noble de combattre le paupérisme en méde- cine, le « Devoir médical » n'entrera en lutte avec aucune. Une entente harmonieuse ou une marche parallèle lui permettront de vivre en bonne intelligence avec tou- tes. Et j'ai la pleine confiance que vous tous qui venez de m'honorer d'une atten- tion soutenue, appréciant hautement les services qu'il est appelé à rendre par l'application de son programme, vous deviendrez les propagateurs et les soldats du « Devoir médical ».

STATUTS DU DEVOIR MÉDICAL

délibérés et adoptés par l'Assemblée générale du 28 octobre 1904, modifiant ceux adoptés par l'Assemblée du 25 février 1904.

Dénomination et but de la Société.

Article premier. — Il est formé entre les Médecins civils ou militaires adhérant aux présents Statuts une Société civile d'assistance mutuelle et de solidarité pro- fessionnelle sous le titre de : « Le Devoir médical ». Son siège social est à l'Athénée municipal, rue des Trois-Conils, à Bordeaux. Il pourra être transféré partout ailleurs par simple décision du Conseil d'administration.

Cette Société, régie par les présents Statuts et déclarée conformément aux dispo- sitions de la loi du 1er juillet 1901, a pour but d'assurer aux ayants droit de l'associé qui vient de décéder une somme de *dix mille francs* environ pour chaque Groupe dont il est parlé à l'art. 2 et dont le défunt faisait partie.

Ces avantages sont obtenus par le versement d'une cotisation payable à chaque décès d'adhérent par tous les membres de son Groupe, cotisation dont le taux est invariablement fixé pour chaque membre d'après son âge d'admission, et cela pour toute la durée de son séjour dans la Société, suivant les dispositions d'un barême (1) assurant une égalité d'avantages et une relativité de charges aussi abso-

(1)

DEVOIR MÉDICAL		COMPAGNIES	OBSERVATIONS
COTISATION A PAYER à chaque décès d'adhérent par le Sociétaire admis avant l'âge de :	ÉVALUATION de l'ensemble des cotisations calculée sur une mortalité moyenne de 2,15 %, à payer chaqueannée, si son groupe de mille membres est complet, par le Sociétaire admis avant l'âge de :	D'ASSURANCES françaises et étrangères — Taux des primes assurant des avantages analogues à ceux du " DEVOIR MÉDICAL "	
	F. c.	F. c.	FR. c.	
25 ans révolus au 1er janvier de l'année de son admission.... 6 75	145 15	de 188 à 212	Il ressort du tableau ci-contre que, théoriquement, lorsqu'un Groupe de 1000 adhérents est complet, le *minimum* à toucher par les ayants droit d'un Sociétaire décédé, affilié à ce Groupe, s'élève à 6.750 fr. et le *maximum* à 18.540 fr. Mais, dans la pratique; ni l'un ni l'autre de ces cas extrêmes ne peut se produire : en effet, dans la première alternative, il faudrait que tous les membres du Groupe y aient été admis avant d'avoir atteint l'âge de 25 ans et, dans la seconde, après avoir dépassé l'âge de 60 ans. Il résulte, au contraire, des conditions de milieu dans lesquelles se recrute le " DEVOIR MÉDICAL " et des admissions faites jusqu'ici, que le nombre des Médecins susceptibles d'adhérer à notre œuvre se trouve appartenir à tous les âges compris entre 25 et 60 ans. Il s'établit de la sorte un équilibre qui porte *l'âge moyen d'admission à 42 ans* et la cotisation moyenne au décès à 10 francs, ce qui détermine l'indemnité moyenne au décès à la somme de 10.000 francs environ, avec une très légère différence en plus ou en moins.
26 ans............ 6 90	148 22	193 à 217	
27 —............ 7 05	151 43	197 à 222	
28 —............ 7 15	153 65	203 à 228	
29 —............ 7 30	157 09	208 à 234	
30 —............ 7 45	160 70	215 à 240	
31 —............ 7 60	163 62	221 à 246	
32 —............ 7 80	167 54	228 à 253	
33 —............ 7 95	170 56	235 à 260	
34 —............ 8 15	174 98	243 à 268	
35 —............ 8 35	179 47	251 à 276	
36 —............ 8 55	184 20	259 à 284	
37 —............ 8 80	189 17	269 à 293	
38 —............ 9 »	193 24	278 à 303	
39 —............ 9 25	198 72	287 à 312	
40 —............ 9 50	204 53	299 à 323	
41 —............ 9 75	209 62	309 à 334	
42 —............ 10 »	215 »	320 à 345	
43 —............ 10 30	221 81	332 à 357	
44 —............ 10 60	227 42	345 à 370	
45 —............ 10 95	235 06	358 à 384	
46 —............ 11 25	242 29	372 à 398	
47 —............ 11 60	248 99	386 à 413	
48 —............ 11 95	257 12	402 à 429	
49 —............ 12 40	266 93	419 à 446	
50 —............ 12 75	273 89	436 à 464	
51 —............ 13 20	283 76	455 à 483	
52 —............ 13 75	295 75	474 à 503	
53 —............ 14 15	304 32	495 à 525	*En cas de Groupe encore incomplet, l'indemnité au décès est naturellement moindre que si le Groupe de 1000 adhérents est complet; mais les charges se trouvent proportionnées aux avantages, puisque le nombre des décès est moindre et, par conséquent, les appels de cotisations moins fréquents.*
54 —............ 14 70	316 56	517 à 547	
55 —............ 15 20	326 40	540 à 571	
56 —............ 15 85	340 51	565 à 596	
57 —............ 16 55	355 33	591 à 623	
58 —............ 16 85	362 39	619 à 652	
59 —............ 17 75	386 47	649 à 684	
60 —............ 18 55	398 70	681 à 716	

lues et aussi permanentes que possible entre tous les Sociétaires, quel que soit l'âge de leur admission et le nombre des membres du Groupe auquel ils appartiennent.

Organisation et fonctionnement.

Art. 2. — Le *Devoir médical*, dont la durée est indéterminée, comprend un nombre illimité de membres se subdivisant par Groupes de mille adhérents.

En cas de décès dans un groupe incomplet, la Société ne paye que le capital formé par les cotisations des membres inscrits dans ce Groupe, proportionnellement à leur nombre et aux versements effectués.

Dans aucun cas la Société ne peut être tenue au-delà des cotisations effectivement encaissées dans le Groupe du décédé.

Un état de chaque Groupe est à la disposition de tous les adhérents qui le composent, moyennant un versement de 4 fr. pour frais matériels de copie.

Tout Groupe devant comprendre mille membres, il ne peut en être créé un nouveau que lorsque le précédent sera complet.

Un adhérent peut se faire inscrire dans autant de Groupes qu'il le désire, mais il ne peut être inscrit deux fois dans le même.

Dès qu'un Groupe a été constitué en son plein, tout membre de ce Groupe qui cesse de faire partie de l'Association par suite de décès ou de tout autre cause est immédiatement remplacé dans ce même Groupe, afin que celui-ci soit toujours aussi complet que possible.

Art. 3. — Tout Médecin, homme ou femme et de nationalité française, âgé de moins de soixante ans révolus au 1er janvier de l'année de son adhésion et résidant en Europe, en Algérie ou en Tunisie, peut être admis, sur sa demande, après production d'un certificat de santé sur papier timbré à 60 centimes et fourni par un Docteur en médecine. Peut également être admis aux mêmes conditions tout Médecin de nationalité étrangère exerçant en France, en Algérie ou en Tunisie.

Les femmes des Médecins membres du *Devoir médical* peuvent être admises dans l'Association aux mêmes conditions que leurs époux. Il en est de même des maris des femmes-médecins.

Le certificat de santé doit être adressé directement et sous pli fermé au Secrétaire général du *Devoir médical* par le Médecin qui aura pratiqué l'examen. Quant à la demande d'admission, elle doit être envoyée par le candidat et par écrit au Secrétaire général également, et porter adhésion formelle aux présents Statuts. Cette demande est soumise par le Président au Conseil d'administration qui statue. Le rejet n'a pas à être motivé.

Art. 4. — L'adhérent admis reçoit un titre de Membre de la Société avec le numéro de son Groupe, signé du Président et du Secrétaire général.

Droit d'entrée ; Frais d'administration.

Art. 5. — Il est exigé de chaque nouvel adhérent au moment de son admission : 1o un droit d'entrée de cinq francs; 2o le versement de sa première cotisation en vue du prochain décès.

Art. 6. — Les fonds provenant des droits d'entrée et des recettes dont il est question à l'art. 8, représentent un maximum de frais généraux d'administration, et le Conseil ne peut engager la Société au-delà, sous peine de demeurer garant et responsable du surplus.

Déclaration de décès.

ART. 7. — Aussitôt après le décès d'un adhérent la Société doit en être informée par lettre recommandée adressée au Président par les soins des intéressés, qui sont tenus en même temps de produire le titre délivré conformément à l'art. 4, l'extrait de naissance et l'extrait mortuaire du décédé.

Il y a déchéance pour tout décès qui n'a pas été déclaré, avec toutes les pièces exigées ci-dessus à l'appui, dans les trois mois de sa date, à moins que les ayants droit ne justifient d'un empêchement grave, dont le Conseil d'administration reste juge.

Il est accordé aux intéressés, pour faire la justification de cet empêchement, un délai d'une année ; après quoi la prescription est définitivement acquise.

Le paiement de la somme due est entièrement libératoire et décharge la Société de tout engagement envers les tiers. L'indemnité est payée au Siège social, après vérification, par les Commissaires des comptes, des écritures établissant son montant.

Versements et recouvrements.

ART. 8. — Dès que les pièces constatant le décès d'un adhérent sont parvenues au siège de la Société, le Conseil d'administration met en recouvrement les cotisations dues par les Sociétaires du Groupe du décédé, en vue du décès suivant.

Ces cotisations sont toujours majorées de 75 c. pour frais divers (impôts, fournitures de bureau, publicité) et de recouvrement. Les reliquats pouvant provenir de ces 75 c. contribueront, avec toutes les ressources que la Société pourra se procurer, notamment les intérêts des sommes en banque, à constituer un fonds de prévoyance dont l'usage est indiqué à l'art. 9.

Le Secrétaire général adresse immédiatement à chaque adhérent du Groupe, par la poste, un avis à un centime l'informant qu'il lui sera présenté par le Trésorier, à partir d'une date déterminée, dans le délai de dix jours, une quittance de pareille somme.

Tout adhérent qui n'aura pas payé sa cotisation dans le délai de trois jours après cette présentation sera considéré comme ne voulant plus faire partie du *Devoir médical* ; il recevra, dans le délai de quinzaine et sous pli recommandé, un avis lui signifiant sa radiation, à moins que, dans un délai définitif de 48 heures après réception de cet avis, il n'ait adressé, à ses frais, sa cotisation majorée de 75 c. au Trésorier du *Devoir médical*.

Les quittances, pour être valables, doivent être signées du Trésorier et d'un membre du Bureau.

Tout membre radié pourra demander sa réintégration dans la Société, à condition qu'il n'ait pas encore dépassé l'âge d'admission, mais son acceptation sera soumise aux mêmes formalités et aux mêmes frais que les admissions ordinaires de Sociétaires nouveaux entrant dans la Société à l'âge qu'il aura atteint au moment de sa réintégration ; ses cotisations seront calculées d'après cet âge ; et il devra produire un nouveau certificat médical.

ART. 9. — Après quinze ans de sociétariat, l'adhérent qui, normalement, ne pouvait compter que sur le produit de son travail pour acquitter ses cotisations, peut en être dispensé s'il justifie, par expertise médicale, qu'il est dans l'impossibilité de travailler en raison de maladie ou d'infirmité grave. Les cotisations lui incombant sont prélevées sur le fonds de prévoyance de son Groupe. Elles seront remboursées, avec les intérêts accumulés au taux légal du jour, soit par lui-même sur ses ressources personnelles, soit sur l'indemnité due à son décès, si celui-ci survient avant sa libération.

Art. 10. — L'assurance est suspendue, ainsi que le versement des cotisations, pour tout membre qui, n'ayant pas cinq ans de présence dans la Société, voyage hors d'Europe, d'Algérie ou de Tunisie. Le Conseil d'administration peut, du reste, le réadmettre sans frais, à son retour de l'étranger, sur production d'un nouveau certificat médical, moyennant que son absence n'ait pas dépassé une année. Si son absence s'est prolongée davantage, il tombe, s'il demande sa réintégration, sous le coup des dispositions du dernier alinéa de l'art. 8.

Mais tout Sociétaire ayant plus de cinq ans de présence effective dans la Société peut voyager à l'étranger ou même s'y fixer sans perdre le bénéfice de l'assurance moyennant, pendant toute la durée de son absence, paiement d'une surprime fixée à une somme égale au montant de la cotisation à laquelle il est régulièrement astreint. Pour jouir de cet avantage il doit prévenir le Secrétaire général de la date de son départ par lettre recommandée.

Le produit de cette surprime est versé à la caisse de prévoyance.

En cas de guerre, la mise en recouvrement des quittances, ainsi que le paiement des indemnités, sont suspendus jusqu'à ce qu'une Assemblée générale extraordinaire, convoquée dans le plus bref délai possible par les soins du Conseil d'administration, puisse se réunir et décider de la reprise des opérations. Si la mortalité pendant cette période de guerre dépassait le triple de la moyenne normale (1), l'Assemblée générale aviserait à une répartition proportionnelle en prenant cette quotité pour maximum d'appel.

Administration.

Art. 11. — Le Conseil d'administration est composé de cinq membres et comprend : un Président, un Vice-Président, un Secrétaire général, un Secrétaire-adjoint et un Trésorier. Il est nommé par l'Assemblée générale.

Le Président est élu pour trois ans.

Les autres membres du Bureau sont renouvelables tous les deux ans. Ils sont rééligibles.

Toutes les fonctions sont gratuites.

En cas de décès ou de démission d'un des membres du Conseil d'administration, il est pourvu à son remplacement par la plus prochaine Assemblée générale.

(1) La statistique municipale de Paris fournit une moyenne annuelle de 2,4 o/o pour la mortalité des praticiens de la capitale.

Le Ministère de l'Intérieur ne possède pas de statistique officielle à l'égard de la mortalité des Médecins pour la totalité du territoire, mais il résulte d'une enquête faite par la *Semaine Médicale*, en 1896, que la mortalité moyenne annuelle du Corps médical français (civil et militaire) oscillait entre 2,1 o/o et 2,6 o/o.

Le *Devoir médical* a basé la sienne sur l'ensemble des statistiques officielles pour la dernière période décennale (1893-1903) de la *Société centrale des Médecins de la Seine*, de l'*Association des Médecins des Bouches-du-Rhône*, de l'*Association amicale des Médecins français* et de l'*Association des Médecins de la Gironde*. Nous arrivons ainsi au chiffre de 2,15 o/o qui a servi de base aux calculs des Actuaires chargés d'établir le tableau des cotisations des membres de notre Société.

La proportion des décès de femmes et veuves de Médecins est naturellement moindre, mais il est impossible de la chiffrer exactement, les statistiques officielles par catégories spéciales faisant encore défaut.

L'Administrateur nommé en remplacement d'un autre ne demeure en fonctions que pendant le temps qui reste à courir de l'exercice de son prédécesseur.

Art. 12. — La nomination du Président est faite par l'Assemblée générale au bulletin secret. La majorité absolue est nécessaire au premier tour seulement.

Les autres délégations sont attribuées par le Bureau qui est nommé par l'Assemblée générale au scrutin de liste.

Art. 13. — En cas d'absence du Président, le Conseil d'administration est présidé par le Vice-président ou, à son défaut, par l'Administrateur le plus âgé.

Le Conseil d'administration se réunit au moins une fois par mois ; il peut être convoqué extraordinairement par le Président, si les besoins du service l'exigent.

La présence de trois membres est nécessaire pour valider les délibérations. En cas de partage, la voix du Président est prépondérante.

Toutes les délibérations sont mentionnées par des procès-verbaux inscrits sur un registre spécial, au Siège de la Société, et signés par les Administrateurs présents.

Les membres du Conseil d'administration ne contractent aucun engagement personnel ni solidaire relativement aux affaires de l'Association ; ils ne sont responsables que de l'exécution de leur mandat.

Art. 14. — Le Conseil d'administration est chargé d'administrer la Société, d'assurer l'exécution des Statuts, et de surveiller l'emploi des fonds.

Il a les pouvoirs les plus étendus pour la gestion des affaires de la Société.

Il arrête les comptes annuels et les soumet à l'Assemblée générale des adhérents. Il délibère et statue sur les propositions à lui faire, et fixe l'ordre du jour de cette Assemblée.

Art. 15. — Le trésorier ne peut garder en caisse une somme supérieure à celle produite par les droits d'entrée et les frais divers et de recouvrement. Les fonds des cotisations doivent être placés par le Bureau en compte courant disponible dans une banque désignée par l'Assemblée générale, et ne peuvent être retirés, en tout ou en partie, que sur demande signée du Président et du trésorier.

Contrôle.

Art. 16. — L'Assemblée générale nomme chaque année un ou plusieurs Commissaires des comptes, chargés de vérifier la comptabilité. Ils ont mission de faire un rapport à l'Assemblée générale sur les comptes de l'exercice écoulé.

Les commissaires ont le droit, toutes les fois qu'ils le jugent convenable dans l'intérêt social, de prendre communication, au Siège de la Société, des pièces, documents et comptabilité soumis à leur contrôle, et doivent vérifier les écritures justifiant le montant du règlement de tout sinistre avant règlement dudit sinistre.

Assemblées générales.

Art. 17. — L'Assemblée générale ordinaire des adhérents, à quelque groupe qu'ils appartiennent, se réunit chaque année au mois de Mai, mais une Assemblée générale extraordinaire peut toujours être convoquée à toute époque de l'année, sur simple avis du Conseil d'administration, si les besoins du service l'exigent et même, en cas d'urgence, par les Commissaires de surveillance.

Les décisions de l'Assemblée générale sont obligatoires pour tous, même pour les dissidents, les incapables et les absents.

L'Assemblée est convoquée par le Président du Conseil d'administration quinze jours à l'avance à l'aide de circulaires à un centime. Un groupe de Sociétaires, représentant au moins le quart du nombre total, peut faire introduire dans cet ordre du jour telles propositions qu'il lui conviendra, pourvu que la demande en soit adressée par lettre recommandée au Président, deux mois au moins avant la date de la réunion.

Elle comprend tous les adhérents.

Elle peut valablement délibérer, le quart au-moins des membres étant présents ou représentés.

Si les membres convoqués ne répondent pas en nombre suffisant à l'appel qui leur est fait, une autre convocation leur est adressée pour une deuxième Assemblée, qui peut être tenue à quinze jours d'intervalle de la première, avec le même ordre du jour ; cette seconde Assemblée délibère valablement, quel que soit le nombre des membres présents.

L'adhérent convoqué peut se faire représenter à l'Assemblée générale par un autre adhérent, pris parmi ceux de son groupe. Le représentant devra être muni d'une autorisation écrite sur papier libre.

En aucun cas l'adhérent ne pourra disposer de plus de dix voix, la sienne comprise.

L'Assemblée est présidée par le Président du Conseil d'administration, ou, à défaut, par le Vice-président ou tout autre Administrateur spécialement désigné à cet effet par les autres membres du Conseil d'administration.

Les membres adhérents présents à l'Assemblée désignent deux d'entre eux pour assister le Président en qualité d'assesseurs.

Ils choisissent, en outre, un troisième membre pour remplir les fonctions de Secrétaire.

Les décisions sont votées à la majorité des votants. La voix du Président est prépondérante en cas de partage.

L'Assemblée statue :

1o — Sur le rapport que doit lui présenter le Conseil d'administration relativement aux opérations de l'année ;

2o — Sur le rapport des Commissaires des comptes ;

3o — En général sur toutes les mesures qui lui sont soumises par le Conseil.

Les avis de convocation doivent préciser l'ordre du jour, en dehors duquel aucune proposition ne peut donner lieu à une délibération suivie de vote.

Les délibérations de l'Assemblée sont constatées par des procès-verbaux inscrits sur un registre spécial et signés par les membres constituant le Bureau.

ART. 18. — Les membres de l'Association renoncent entre eux à toute action judiciaire. En cas de contestations ou de difficultés, le Sociétaire accepte la décision d'une Commission d'arbitrage composée de trois membres nommés par l'Assemblée générale et prise en dehors du Bureau.

Liquidation.

ART. 19. — En cas de liquidation, le fonds de prévoyance sera attribué, par une Assemblée générale extraordinaire, à une Œuvre de solidarité médicale.

Les présents Statuts modifiés ont été délibérés et adoptés dans l'Assemblée générale du 28 octobre 1904.

Pour copie certifiée conforme,

Le Président : Dr MUSELLI.

EXPÉRIENCES D'IMPERMÉABILISATION DES PARQUETS

Faites dans les salles de réunion et des séances du Congrès, au château Deganne, à l'aide des produits « Sunrise. »

L'imperméabilisation des parquets et l'oblitération de leurs rainures par le procédé du Dr Berthier a pour but : 1º de supprimer toutes les anfractuosités des parquets, neufs ou vieux, d'une façon définitive et durable ; 2º de substituer à l'encaustique ordinaire, faite de cire d'abeilles dissoute dans l'essence de térébenthine, une encaustique spéciale à base de résine, qui a sur son ancienne le double et immense avantage d'imperméabiliser les surfaces qu'elle recouvre et de pouvoir, sans se tacher, sans perdre son brillant, être lavée à la serpillière humide.

Autre avantage : les produits *Sunrise* (1) (encaustique, cire, etc.) adhèrent si solidement aux surfaces qu'ils enduisent que plusieurs semaines peuvent s'écouler sans qu'il soit besoin de procéder à un encaustiquage nouveau.

Les conséquences hygiéniques s'en dégagent tout naturellement : suppression des réceptables à poussières, grâce à l'oblitération complète des joints ; absorption au linge humide des poussières de surface avec tous les germes qu'elles contiennent ; enfin conservation des parquets, grâce à cette imperméabilisation empêchant qu'ils soient peu-à-peu pénétrés et pourris par l'humidité du nettoyage quotidien.

Démonstration du procédé au 2me Congrès de Climatothérapie et d'Hygiène Urbaine.

Le parquet du salon de lecture présentait des lames disjointes, dépourvues de languettes, ainsi que des parties entièrement vermoulues. Les grandes et profondes anfractuosités furent grossièrement aveuglées à l'aide du « *Mastic de fond Sunrise* », sorte de pâte brune demi-molle qui s'introduit et se tasse à l'aide du couteau de peintre. L'oblitération est alors complétée et parfaite avec « *l'Oblitérant des rainures* », sorte de résine qu'on coule à chaud dans les moindres interstices, à l'aide d'une cuillère d'étameur rétrécie à sa pointe. Par le refroidissement le produit durcit ; on enlève les bavures à l'aide du couteau de peintre dont la lame est fréquemment chauffée sur la flamme d'une lampe à alcool.

Les rainures du parquet ainsi que les parties vermoulues avaient été préalablement débarrassées des poussières au moyen de lames de fer, et le nettoyage complété avec un soufflet de cuisine.

Une fois terminée cette oblitération des rainures, pratiquée sur une surface de deux mètres carrés environ, on a procédé à l'encaustiquage du salon de lecture et de la galerie du grand escalier avec l'encaustique « Sunrise ». Trois heures après cette application le parquet a pu être frotté avec un molleton enroulé autour d'un

---

(1) Tous les produits *Sunrise* sont fabriqués exclusivement par MM. J. Cayrel et Cie, seuls concessionnaires du procédé Berthier, Usine de la gare, à Facture-Biganos (Gironde).

balai de crin et a pris aussitôt un bel aspect brillant, semblable à celui que l'on obtient avec l'encaustique à la cire d'abeilles ; mais il présentait sur celui-ci l'avantage de n'être point terni par le nettoyage au linge humide, nettoyage qui fut pratiqué le lendemain matin et tous les jours suivants en présence des membres du Congrès, afin de débarrasser le parquet des poussières que le va-et-vient de la foule des congressistes y avait déposées.

AUTRES EXPÉRIENCES

De mai à novembre 1905 diverses expériences donnant des résultats de plus en plus satisfaisants ont été pratiquées à Paris :

1º A la Crèche municipale de la Gare ;
2º A l'hôpital Beaujon, au laboratoire du docteur Robin ;
3º Au Cordon Bleu, 129, rue du Faubourg Saint-Honoré ;
4º Au Musée du Louvre, salle XIII, petites salles françaises ;
5º Au journal « Le Bâtiment », 14, rue Saint-Georges ;
6º Aux Archives Nationales ;
7º Au sanatorium de Montigny en Ostrevent ;
8º A l'hôpital Saint-Martin ;
9º A l'hôpital du Val-de-Grâce.

Entre temps, MM. J. Cayrel et Cie apportent à leur outillage des modifications importantes qui mettent aujourd'hui les travaux d'oblitération des rainures à la portée de l'ouvrier le moins exercé.

OBLITÉRATION DES RAINURES

La cuillère d'étameur, contenant une très faible quantité de matière oblitérante et offrant l'inconvénient de laisser refroidir trop rapidement cette matière, est supprimée et remplacée par l'Oblitérateur « Sunrise » dont nous donnons ci-dessous la description et le mode d'emploi.

L'Oblitérateur Sunrise se compose d'un réservoir complètement entouré d'un bain-marie.

Il est supporté par un trépied portant une lampe à alcool. Un pointeau à molettes sert à obturer le tube d'écoulement et à régler le débit. Remplir presque complètement le bain-marie avec de l'eau bouillante par le goulot d'échappement de vapeur, en se servant d'un petit entonnoir. Allumer la lampe pour maintenir le bain-marie à l'ébullition. S'assurer que le pointeau à molettes est serré à fond et le tube d'écoulement complètement fermé.

Dès que l'*Oblitérant* que l'on a mis à fondre est complètement liquide, le verser dans le réservoir de l'**Oblitérateur**, en le filtrant à travers un tamis métallique. Cette précaution est essentielle pour éviter les engorgements.

Ceci fait, l'**Oblitérateur** est chargé et prêt à fonctionner. Le promener le long des rainures, fentes ou défauts, en faisant effleurer au parquet le bec du tube d'écoulement. L'**Oblitérant** liquide coulera en filet très mince quand on aura ouvert le pointeau en tournant la molette qui sert à régler le débit. Garnir complètement les fentes, rainures et défauts des parquets avec l'oblitérant. Il faut qu'il fasse une légère saillie au-dessus du niveau du parquet. Eviter toutefois d'en mettre en excès et faire le moins de bavures possible.

L'Oblitérant liquide, une fois coulé dans les rainures, durcit très rapidement. Dès qu'il vient à se solidifier, sectionner tout ce qui fait saillie hors de la rainure avec le *couteau spécial* bien affûté, dont la lame doit être tenue constamment chaude en la passant fréquemment au-dessus de la flamme d'une lampe à alcool. Éviter d'attendre que l'Oblitérant durcisse trop car l'opération deviendrait beaucoup plus difficile et se ferait mal.

Tous les déchets d'Oblitérant provenant de cette opération sont recueillis et peuvent être mis à nouveau à fondre à feu doux.

Pour ne pas retarder le travail il est bon d'avoir toujours de l'*Oblitérant* en train de fondre pour remplacer celui que l'on emploie.

PRÉCAUTIONS A PRENDRE. — Ne jamais verser l'Oblitérant liquide dans le réservoir de l'Oblitérateur sans le filtrer à travers un tamis métallique. Ce tamis se nettoie très facilement en le passant au-dessus de la flamme d'une lampe à alcool. Les résidus se carbonisent et il suffit de frapper le tamis contre un corps dur pour les désagréger et les faire tomber. Il arrive que parfois, lorsque l'on éprouve un arrêt dans le travail, l'Oblitérant se fige à l'extrémité du tube d'écoulement ; il suffit de chauffer cette extrémité avec la lampe de l'appareil ; l'Oblitérant redevient liquide et l'appareil fonctionne.

Avoir soin de ne jamais laisser figer et encore moins solidifier l'Oblitérant dans l'Oblitérateur. Toutes les fois que l'on a fini le travail, ou qu'il est suspendu, vider complètement l'appareil et le nettoyer à fond.

RÉPARATIONS, RACCORDS. — Dans les cas tout à fait exceptionnels où ils seraient nécessaires, il est très facile de les exécuter en passant simplement un fer chaud sur l'Oblitérant déjà appliqué, et en mettant au-dessus de l'endroit à réparer un petit morceau d'Oblitérant que l'on aura ramolli en le chauffant un peu.

On finit de le faire fondre et de le faire pénétrer liquide dans la rainure au moyen du dos d'un des instruments spéciaux fortement chauffé. Enlever aussitôt les bavures.

Le **Mastic de fond** trouvant des applications nombreuses après le nettoyage des rainures, voici quel est le mode d'emploi le plus pratique.

En procédant à l'oblitération des rainures, on peut se trouver en présence de rainures dont les languettes ont disparu, de trous et de défauts de bois traversant le parquet de part en part, qui laisseraient l'Oblitérant liquide s'échapper dans l'entrevous. Dans ce cas, il faut employer le **Mastic de fond Sunrise** qui, comme son nom l'indique, sert à former un fond destiné à supporter l'Oblitérant là où il n'y en a pas, et à boucher le dessous des plinthes.

Le **Mastic de fond « Sunrise »** est dur et solide. On le ramollit et on lui donne la ductilité convenable en le plongeant dans de l'eau légèrement tiède. Pour s'en servir, prendre une petite masse de ce mastic, le rouler entre les mains que l'on a soin de tenir mouillées pour éviter l'adhérence, former une cordelette plus ou moins mince suivant les dimensions de la fente, de la rainure ou du défaut à boucher.

Cette cordelette est appliquée sur la cavité à boucher et y est enfoncée à l'aide du couteau spécial. Avoir bien soin de tenir toujours la lame du couteau mouillée pour éviter l'adhérence et pouvoir modeler facilement le **Mastic de fond** dans la profondeur de la cavité.

OBSERVATIONS. — Pour l'exécution de ces travaux une équipe de 2 ouvriers est nécessaire.

L'Oblitération des Rainures terminée, le dessous des plinthes garni avec le **Mastic de fond**, s'il y a lieu, nettoyer complètement le parquet en passant la paille de fer (comme paille de fer employer la paille de fer ronde et non des rognures de tour qui rayent et abîment les parquets).

MODIFICATIONS APPORTÉES AU PROCÉDÉ PRIMITIF

Nettoyage des rainures.

Cette opération, indispensable pour donner à la matière oblitérante une adhérence définitive, présentait, telle qu'elle était pratiquée au début, de graves inconvénients dont le plus sérieux décourageait les ouvriers. En effet, le soufflet faisant voler les poussières rendait l'atmosphère irrespirable et les rainures ne se nettoyaient qu'au détriment des ouvriers.

Pour obvier à ce grave inconvénient, si peu conforme aux règlements d'hygiène, surtout quand ces opérations se pratiquaient dans des salles d'hôpitaux dont les malades ne pouvaient être évacués, Messieurs J. Cayrel et Cie viennent de faire fabriquer dans leur Usine de la Gare, à Facture, un aspirateur de poussières portatif dont voici la description et le mode d'emploi :

Cet appareil se compose de :

1º Une caisse renfermant le mécanisme d'aspiration ;

2º Un tube d'aspiration terminé par un pavillon aspirant. Sur le parcours du tube se trouve interposé un récipient muni de deux tubulures, l'une coudée sur laquelle on fixe le tube portant le pavillon aspirant, l'autre droite sur laquelle on fixe le tube destiné à relier le récipient au tuyau d'aspiration de l'appareil. Ce récipient doit être à moitié rempli d'eau au quart de sa hauteur environ. L'air aspiré barbote dans cette eau en y laissant toutes les poussières. Vider le récipient de temps en temps et changer l'eau. Le remplissage et la vidange se font en enlevant le bouchon portant les deux tubulures. Un ouvrier fait fonctionner la manivelle ou le levier, l'autre promène le pavillon aspirant partout où il y a de la poussière à recueillir.

L'Aspirateur de poussières « Sunrise » est en outre utilisable partout où il y a des poussières à recueillir et du danger à les soulever par le balayage à sec, sur les tapis, les paillassons, les tableaux, les tentures, dans les wagons, etc. L'imprimerie trouve également un avantage incontesté à nettoyer les casses renfermant les caractères typographiques, au moyen de l'Aspirateur « Sunrise ».

Imperméabilisation de la surface des Parquets.

Nous avons dit que les Produits « Sunrise » remplacent avantageusement, dans toutes leurs applications, la cire d'abeilles et ses dérivés.

En dehors de leurs qualités éminemment hygiéniques, par le peu de matière nécessitée pour chaque application et par leur longue durée à l'usage, ils constituent une très notable économie. Ils suppriment aussi l'emploi si fatigant de la brosse, sauf pour étendre la cire, tout en donnant un brillant éclatant et durable.

L'imperméabilisation s'obtient au moyen de la cire « Sunrise » ou de l'Encaustique ou du Braiol « Sunrise ».

La Cire « Sunrise » s'applique sur les parquets comme la cire d'abeilles, mais en couche beaucoup plus mince. On l'étend avec la brosse, puis on fait briller au molleton.

L'Encaustique « Sunrise » se délaye dans de l'essence de térébenthine et s'étend avec un chiffon en couche très mince. Au bout de très peu de temps on fait briller au molleton.

Pour les parquets neufs et en première application, afin d'obtenir plus de pénétration, il est préférable d'employer l'Encaustique « Sunrise » de la manière suivante :

Mettre la boîte ouverte dans l'eau chaude pour faire fondre l'encaustique, la maintenir liquide et la plus chaude possible durant l'opération ; l'étendre avec un tampon de laine en couche très mince. Laisser sécher quatre ou cinq heures et faire briller au molleton.

Le Braiol « Sunrise » s'étend à froid sur les parquets au moyen d'un tampon de laine, mais il est employé avec le plus grand succès pour cirer les meubles. Au bout de très peu de temps on obtient un très beau brillant au moyen du molleton. Complètement liquide à la température ordinaire, le Braiol devient sirupeux sous l'action du froid. Pour lui rendre sa fluidité, il faut bien agiter le récipient avant l'emploi et au besoin le plonger débouché dans l'eau tiède.

L'excès de matières est le seul écueil à éviter dans les applications des produits imperméabilisants « Sunrise ».

Entretien journalier.

On passe sur les parquets ou les meubles une toile d'emballage humide pour recueillir toutes les poussières. Cette toile d'emballage ou serpillière, tordue à fond, est accrochée sur le balai de crin au moyen d'une pointe pour l'entretien des parquets.

On peut aussi la trouer pour la faire passer dans le manche du balais. On la promène ainsi sur les parquets par des mouvements de va-et-vient. Elle ramasse et absorbe toutes les poussières susceptibles d'être soulevées et de voltiger dans l'atmosphère.

On passe ensuite le balai de crin pour enlever, s'il en reste, les ordures plus volumineuses laissées par la serpillière humide. Ces ordures, qui viennent d'être humectées par la serpillière, ne seront pas soulevées dans l'atmosphère par ce balayage.

On termine le nettoyage quand les parquets sont secs, c'est-à-dire au bout de quelques instants, en frottant avec un carré de molleton, ce qui rend aux parquets l'aspect brillant.

N. B. — Un kilo d'encaustique ou un litre de braiol doit couvrir 85 mètres environ en première application. Un kilo de cire couvre une surface cinq à six fois plus grande.

EXPÉRIENCES DE DESTRUCTION DE VERMINE

Le vendredi matin, 28 avril, à 9 heures, ont eu lieu dans une des salles de l'aquarium des expériences de destruction de vermine (punaises, moustiques, fourmis..., etc.), faites par les soins de la maison Geneste, Herscher et Cie (42, rue du Chemin-Vert, Paris) à l'aide d'un appareil producteur de vapeurs d'acide sulfureux-sulfurique.

Description de l'appareil.

Il consiste en une chaudière en tôle, montée sur trois pieds. Sur son couvercle, amovible, est placé un petit ventilateur à main. — A l'intérieur, se trouve une seconde chaudière, fermée elle aussi par un couvercle, et renfermant le plateau où l'on va brûler le soufre. Au bas de cette chaudière intérieure se trouve une rangée de trous d'air formant tuyères. Une buse de départ de grand diamètre permet l'évacuation des gaz produits. — Enfin, latéralement, une tubulure sert au chargement en cours d'opération, et une double fenêtre en mica permet de suivre l'allure générale. — Tout l'appareil, y compris la porte extensible, est disposé sur une brouette légère, à deux roues.

Opération préliminaire.

Il faut rendre hermétiquement clos le local à traiter. — Pour cela, au moyen de bandes de papier de 4 à 5 centimètres de largeur, enduites de colle d'amidon, obturer les interstices des portes et des fenêtres, les bouches de calorifère, les ouvertures de cheminées, poêles, etc. — Ouvrir les tiroirs des armoires, disposer sur des cordes, tendues au milieu des chambres, les objets de literies, vêtements, tapis, tentures, en évitant de les superposer (si l'on a des objets fragiles, des pièces métalliques ou autres que l'on craint de détériorer, prendre la précaution de les recouvrir d'un linge ou d'une simple feuille de papier). — Enfin, disposer dans une porte ou dans une fenêtre la porte extensible métallique, et calfeutrer toutes les rainures.

Mode d'emploi.

On soulève les deux couvercles, et on dispose sur le plateau intérieur la quantité de soufre en canon (brisé en morceaux de moyenne grosseur) qui convient pour le but à atteindre. — (Si l'on avait un grand local à traiter, on serait obligé d'introduire du soufre, en cours de marche, au moyen de la tubulure latérale.) — On arrose légèrement ce soufre au moyen d'un peu d'alcool à brûler, et on replace les deux couvercles.

On amène l'appareil devant la porte extensible, et on fait le joint entre cette dernière et la buse de sortie de gaz. (Si on veut marcher vite, ou si l'on craint l'élévation de température, il convient d'intercaler la rallonge fournie avec l'appareil.) Par la tubulure de remplissage on introduit l'allumeur imbibé d'alcool et enflammé. — On retire l'allumeur, on ferme la tubulure, et on tourne immédiatement et doucement le ventilateur dans le sens de la flèche. — Après quelques minutes, on peut tourner plus vite. — L'opération est terminée quand, par la fenêtre en mica, on voit que les flammes ont disparu.

De l'extérieur, on fait jouer la petite bascule fixée sur la porte extensible, et on peut retirer l'appareil. — On pousse alors le verrou de sûreté de la bascule.

NOTA. — Pour enfumer les animaux dans les terriers, nous fournissons sur demande un dispositif spécial, qui s'adapte sur la buse de sortie de l'appareil.

Durée de l'opération.

La combustion proprement dite du soufre dure plus ou moins suivant la quantité de matière employée, et suivant la vitesse de rotation du ventilateur. — Pour détruire la vermine (punaises, mites, etc.) dans une chambre bien close, il convient de compter sur 60 grammes de soufre par mètre cube et un contact de 1 ou 2 heures après la terminaison de la combustion. — Pour une opération de désinfection, il faut employer 120 grammes et un contact de 12 heures.

B). — RÉCEPTIONS. — FÊTES. — EXCURSIONS.

Lundi soir.

Réception des congressistes par la Municipalité, au château Deganne.

Le Comité local, pour organiser la fête nautique, n'avait point en vain compté sur l'habituelle complaisance des marins ; dès 9 heures une pléiade de bateaux ornés de lanternes multicolores sillonnait la rade, et c'était pour l'œil un véritable régal que de suivre, dans la profondeur de l'ombre, la traînée lumineuse des barques glissant silencieusement sur l'eau.

Le château Deganne est splendidement illuminé. Dans le grand hall M. le Maire, entouré des organisateurs, reçoit les congressistes. A 9 heures le champagne coule, M. Veyrier-Montagnères leur souhaite la bienvenue et forme des vœux pour que ce Congrès, si laborieusement et si soigneusement préparé, accroisse encore le renom d'Arcachon, station climathérapique déjà célèbre, révèle les améliorations hygiéniques qu'on ne cesse d'y apporter, et provoque enfin, grâce à la collaboration de tous les savants réunis ici, une bienfaisante poussée en avant des méthodes de traitement et de guérison de la tuberculose.

Le professeur Renaut, Président, se faisant l'interprète de tous, répond en quelques mots et remercie la municipalité de son bienveillant accueil.

La soirée se termine à 11 heures, les congressistes ont hâte d'aller se reposer des fatigues d'un long voyage et se préparer aux travaux des sections qui doivent commencer demain matin.

Mardi 25 avril.

Visite d'Arcachon.

L'après-midi est consacrée à la visite d'Arcachon. Rendez-vous général à 1 heure, boulevard de la plage, devant le Grand-Hôtel, où sont réunies toutes les voitures mises par le Comité à la disposition des congressistes. Chacun se groupe au gré de ses affinités et le cortège se met en marche. Il fait un temps radieux ; Arcachon a revêtu sa plus belle parure de printemps.

On longe le boulevard de la plage sur toute sa longueur ; par le boulevard Deganne on gagne la gare ; outre le Collège St-Elme et l'Institution St-Dominique, on admire beaucoup, en passant, les fort jolies villas qui se succèdent des deux côtés de cette large et belle voie. Il va maintenant falloir gravir cette première dune que couronne le Casino Mauresque et qui forme comme le premier rempart derrière lequel s'abrite la Ville d'hiver. A la faveur du ralentissement forcé de l'allure on peut distinguer, à mesure qu'on s'élève sur la côte assez raide, la succession des maisons qui s'étendent au pied de la dune jusqu'au bord du bassin, avec une multiplicité de grands espaces de verdure nouvelle qui en rendent l'aspect si particulièrement riant et frais. C'est la Ville basse, Ville d'été, la Ville des bains de mer et aussi la Ville commerçante. Halte au Casino Mauresque, sur la terrasse d'où l'on embrasse d'un coup d'œil le bassin presque tout entier : ce petit groupe de maisonnettes qui émerge au loin des flots bleus, c'est l'île aux Oiseaux, point culminant de ce vaste banc de sable blanc dont les parties déclives servent à la culture des huîtres. L'île aux Oiseaux n'est jamais submergée, même aux plus fortes marées d'équinoxe. On cite pourtant un cas unique de violente tempête d'automne, ayant coïncidé avec une très grande marée, qui inonda toute l'île au point de mettre en danger la vie des insulaires ; ils furent obligés d'attendre dans leurs embarcations la descente du flot. S'il n'y eut pas d'accidents de personnes il n'en fut pas de même des lapins qui pullulaient dans l'île — attraction très goûtée des chasseurs — qui périrent tous noyés jusqu'au dernier.

Cette langue de terre qui s'effile en pointe sur notre gauche jusqu'au goulet, c'est le Cap Ferret. La forêt de pins revêt d'un manteau sombre toute la périphérie du bassin. Voici le phare, devant nous ; plus loin, beaucoup plus loin, à 10 kilom. de nous environ, à vol d'oiseau, ce village blanc avec sa flèche grêle, c'est Arès ; en suivant la côte sur notre droite voici successivement Audenge, Andernos, Taussat, villages riverains égrenés le long de la baie.

Après quelques minutes de contemplation émerveillée, le cortège se remet en route et parcourt paisiblement les allées sinueuses et ombragées de ce vaste parc qu'est la Ville d'hiver. Chaque villa a sa physionomie propre, chacune a choisi son style, son orientation, la couleur de son toit et la teinte de ses peintures ; chacune est entourée d'un jardin, grand en général, très fleuri et très vert, qui semble se confondre avec les jardins voisins, sans aucune ligne de démarcation apparente. Et les villas se succèdent ainsi, avenantes, coquettes, riantes sous ce chaud soleil, et l'on a l'impression d'un spectacle vraiment pittoresque, unique pour ainsi dire, à parcourir ainsi ce charmant dédale où tant de malheureux déjà ont recouvré la santé.

Nous passons devant les grands hôtels de la Ville d'hiver et nous descendons vers la place des Palmiers ; voici l'Eglise anglicane de style sobre, mais non dépourvue d'élégance.

Sur cette petite place si bien abritée ce buste, émergeant d'un tapis de fusains veloutés, est celui de l'ingénieur Brémontier qui réussit, à la fin du xviiie siècle, à fixer les dunes mouvantes, à sauver les landes de Gascogne de l'envahissement qui menaçait de les engloutir peu-à-peu, en généralisant la méthode de semis et de plantations de pins qui avait été imaginée par Pieychan et par l'abbé Desbiey.

Et maintenant, laissant à notre droite le parc Péreire que nous traverserons au retour, nous roulons sur la route de Moulleau, continuellement sous bois, vers le Sanatorium maritime d'Arcachon-Moulleau. Nous y sommes accueillis de façon fort aimable par le Dr Armaingaud, père et créateur de l'œuvre, entouré des Docteurs A. Festal, A. Hameau et F. Lalesque, médecins de l'Etablissement. Visite rapide du Sanatorium et de ses dépendances : pavillons d'observation et d'isolement, pavillon de désinfection. C'est gai, c'est propre, simple, confortable, hygiéniquement aménagé ; les dortoirs sont vastes, hauts de plafond ; par de larges et nombreuses fenêtres l'air et la lumière pénètrent à profusion ; nous sommes vraiment, cela se sent, dans le domaine de la cure d'air permanente, de *sur...* aération, comme l'appellent les *sur...* enchérisseurs.

Notre visite terminée, nous poussons jusqu'au village de Moulleau, distant de quelques cents mètres à peine, puis nous rentrons à Arcachon en traversant le vaste et superbe parc Péreire, nous dévalons la dune que domine la Villa Péreire, nous reprenons le boulevard littoral, et à 5 heures nous sommes de retour au Grand Hôtel, notre point de départ, où l'excursion prend fin et où le cortège se disloque.

Le Syndicat d'Initiative, après entente avec le Comité local d'organisation du Congrès, avait décidé d'offrir à chaque congressiste le Memento-Guide d'Arcachon qu'il venait d'éditer, ainsi que la carte complète, pratique, ingénieuse et claire d'Arcachon, avec une dédicace nominative. C'est au cours de cette excursion que les congressistes ont apprécié hautement l'utilité de ce guide et surtout de la carte y-annexée.

Voici la description du Guide-Annuaire telle qu'elle est donnée par la presse locale :

Le Guide-Annuaire.

Le Guide-Annuaire d'Arcachon, édition 1905, vient de paraître. C'est une délicieuse plaquette qui ne le cède en rien à ses aînées de 1903 et 1904. Disons de suite que cette publication, d'un véritable intérêt local, est due au dévouement patriotique et désintéressé de MM. de Gaulne, Busquet, Ferras, Sarrazin, Guiraud, qu'est venue appuyer l'artistique collaboration du célèbre peintre bordelais M. H. Delpech.

L'ouvrage comprend 8 chapitres : Avant-Propos, la ville d'Arcachon, le Bassin d'Arcachon, La Teste-de-Buch, la Forêt, les Sports, la Bibliographie médicale, la Revue de l'Année. Cette première partie de texte est complétée par un tableau synoptique établissant le progrès constant de notre cité. On y admire aussi un plan du Bassin qui, dans un cadre art nouveau, offre le panorama de cette petite merveille qui est une de nos richesses régionales.

L'Annuaire qui est la raison d'être la plus saillante de cette excellente œuvre de publicité arcachonnaise, a été conçu et exécuté avec une intelligente et un soin particuliers. Il offre une liste des commerçants, une liste générale des habitants, une liste des abonnés au téléphone, les adresses de toutes les villas répertoriées sur un plan.

Ce Plan est peut-être l'œuvre maîtresse du Guide-Annuaire. Teinté à quatre couleurs, il présente les différentes villas dont se compose notre cité marine et forestière, dans un panorama clair, limpide et lumineux. Quadrillé avec un soin méticuleux, il donne au touriste le moyen facile de s'orienter immédiatement et de déterminer d'une façon rapide et précise le point qu'il occupe ou celui qu'il se propose pour but. Il est certain qu'un travail aussi parfait a dû coûter aux éditeurs du Guide-Annuaire des sacrifices pécuniaires qui rehaussent leur mérite.

Au point de vue artistique, nous ne craignons pas de dire que l'opuscule dont nous parlons dépasse en perfection tous les travaux similaires antérieurement exécutés à Arcachon, et qui peuvent être évalués à une vingtaine environ.

Pour en donner une idée, il suffira d'observer que cet ouvrage a été imprimé avec le plus grand soin, en caractères neufs et de choix exclusivement achetés pour l'édition; tous les ornements typographiques sont art nouveau, et les vignettes, au nombre de 73, sont d'excellentes photographies relevées et exécutées sur cuivre par des professionnels réputés.

Sous le rapport commercial, le Guide-Annuaire, dont le prix est très minime, devient même une opération avantageuse. Il contient, en effet, une série de primes gratuites offertes à tout acheteur, lesquelles représentent une valeur de 16 francs : carte postale, entrées au Casino pour représentation théâtrale, concert symphonique, bal d'enfants, carte-postale-portrait à faire à Arcachon, photographie-visite à faire à Arcachon, photographie à commander à Bordeaux.

En un mot, le Guide-Annuaire est le Vade-Mecum de tout étranger voulant séjourner dans notre pays, et amateur de villégiatures.

Mais il n'est si scintillante étoile qui n'ait son satellite. Voilà pourquoi les fondateurs du Guide-Annuaire, saisissant avec joie l'occasion qui leur était offerte par la tenue à Arcachon du Deuxième Congrès médical Français de Climatothérapie et d'Hygiène Urbaine, ont voulu faire graviter à la suite de la jolie édition de cette année un Memento-Guide dont l'apparition était légitimée par la récente création d'un Syndicat d'initiative d'Arcachon.

Le Memento-Guide est un fascicule de haut luxe contenant les statuts du nouveau Syndicat, et les noms de tous les membres du Conseil d'administration. Outre les renseignements sur les sports, il renferme la liste complète des villas, et, chose excellente entre toutes, ce Plan précieux et si bien présenté dont nous parlons plus haut.

Qu'on nous permette de signaler un détail qui montre avec quel soin les moindres particularités de cet ouvrage ont été étudiées : ce plan est plié de telle sorte qu'au lieu d'être encombrant dans son expansion et son développement, on peut, rien qu'en ouvrant le petit livre et sans développer, embrasser d'un seul coup d'œil toute la ville d'hiver ou toute la ville d'été.

Le Mémento-Guide est un bijou typographique. La délicieuse gravure qui orne le recto de la couverture est une reproduction du tableau de M. Delpech, *Le Printemps à Arcachon*, et le recto offre la gracieuse image de l'élégante cité, vue en panorama qu'emporte une mouette sur ses ailes éployées.

(Avenir d'Arcachon, 30 avril 1905.)

Mardi soir 25 avril.

Soirée de gala.

Le soir à 9 heures, au château Deganne, concert de gala offert aux Congressistes par le Comité d'organisation. Le professeur Renaut présidait.

Élégante et très nombreuse assistance; pas une place ne reste vacante dans le grand hall féeriquement éclairé. Nombreuses sont les dames aux claires toilettes estivales. Mesdames Clouzet, Davray et Pérès, des théâtres de Bordeaux, MM. Fourès, Caille et Rousseau ont rivalisé de talent et ont récolté d'amples moissons de bravos.

Excellent orchestre dirigé par M. de Mendiry. Il était passé minuit quand cette charmante soirée a pris fin.

PROGRAMME DE LA SOIRÉE

1. **Guillaume Tell** (*ouverture*).............................. Rossini
   Orchestre.
2. **Stances de Lakmé**........ .... Léo Delibes
   M. CAILLE.
3. **Pensée d'Automne** .... Massenet
   Mlle PERÈS.
4. **Grand air de Sigurd**........................... E. Reyer
   M. FOURÈS.
5. **Monologue**..................................... X...
   Mlle DAVRAY.
6. **Duo des Dragons de Villars**...................... Maillart
   Mlle PERÈS et M. FOURÈS.

LE RENDEZ-VOUS

Saynète en 1 acte de M. F. Coppée, jouée par Mlle DAVRAY et M. ROUSSEAU

—

DEUXIÈME PARTIE

1. { (*a*) **Philémon et Baucis** (orchestre).................... Gounod
   { (*b*) **Morceau de Violoncelle** par M. VIALAR............. X...
2. **Valse des Cloches de Corneville**................. .... R. Planquette
   M. FOURÈS.
3. { **Gentil mois de Mai** (*romance*)...................... .... E. Montagné
   { **Valse lente câline**............................... Penaïlle.
   Mlle CLOUZET.
4. **Monologue**................................. .... X...
   M. ROUSSEAU.
5. **Grand Air de la Fille du Régiment**................. Donizetti
   Mlle PERÈS.
6. **Noël Païen**................................. Massenet
   M. CAILLE.

UN CRÂNE SOUS UNE TEMPÊTE

Vaudeville en 1 acte de M. A. Dreyfus, joué par Mlle DAVRAY et M. ROUSSEAU

—

8. **Trio de Faust** .... Gounod
   Mlle CLOUZET, MM. CAILLE et FOURÈS.
9. **Marche Gauloise**................................. Filippucci
   Orchestre.

—

Mercredi 26 avril.

Jusqu'à 5 heures l'emploi du temps est facultatif. Certains congressistes se sont joints à la rapide et brève excursion en mer offerte par la municipalité à M. Thomson, Ministre de la Marine. Le plus grand nombre en a profité pour aller visiter les laboratoires marins, l'Aquarium, les bassins-réservoirs, et surtout le fort intéressant Musée et les Collections de la Société scientifique. D'autres, voulant revoir tranquillement, à leur aise et en détail la Ville d'hiver, ont refait pour leur compte l'excursion d'hier.

Banquet par souscription.

Après la séance solennelle, présidée par M. Thomson, banquet par souscription à 7 h. 1/2 au Casino de la Forêt.

Le Professeur Renaut préside, assisté et entouré de MM. Huchard, fondateur du Congrès, Dr Lalesque, vice-président local, Dr Festal, secrétaire général, Dhourdin et Hameau, secrétaires-adjoints, etc... M. Pierre Dignac, conseiller général du canton, est assis à la table d'honneur ; l'assistance comprend environ 150 convives.

Excellent menu servi par MM. les hôteliers Grenier et Jardin.

Au champagne, des toasts nombreux furent portés, plusieurs par des docteurs étrangers, pour célébrer les charmes du climat, la grâce élégante de la Ville d'hiver, la courtoisie et la constante amabilité des organisateurs.

Au discours ardent du Dr Rivière, faisant allusion aux horreurs de la guerre russo-japonaise et prêchant le désarmement et la paix universelle, le Dr Ferras, de Luchon, répond par une véhémente improvisation, d'un beau mouvement oratoire : « C'est une criminelle utopie, s'écrie-t-il, de vouloir, en ce moment, nous parler de paix ! Notre grande et malheureuse alliée est aux prises avec un ennemi dont tous les succès reposent sur la traîtresse agression du début ; laissons-la se ressaisir, regagner peu-à-peu le terrain qu'elle a perdu ; après sa victoire vous serez fondé à nous parler de paix et de désarmement, alors seulement nous consentirons à vous entendre. (*Tonnerre d'applaudissements.*)

Spirituelle allocution de M. Pierre Dignac.

Le Dr Festal, en adressant à M. de Gaulne, président du Syndicat d'initiative, ses remercîments bien sincères pour le don aimable fait par lui à chaque congressiste du Memento-Guide édité par ses soins, est vraiment l'écho fidèle de tous les membres du Congrès. Les applaudissements qui soulignent son toast le lui prouvent.

Pour terminer, toast du professeur Renaut, plein d'esprit et d'humour, aux succès croissants d'Arcachon.

A 8 heures 1/2, retraite aux flambeaux.

A 9 heures, concert dans le parc du Casino, illuminations : des lanternes vénitiennes multicolores enguirlandent les arbres et les bosquets, des arabesques de verres de couleur dessinent les massifs et les pelouses, la nuit est exquisement calme et tiède, les rossignols joignent leurs roulades aux soli des musiciens, et la baie scintille vaguement au loin, réfléchissant les étoiles d'or et les torches rouge-sang des pêcheurs au flambeau. C'est une très belle soirée, très apaisante, que termine allègrement le bal donné dans la salle d'Euterpe.

Jeudi 27 avril.

Excursion en mer.

Le matin, le ciel n'avait plus la magnifique teinte d'azur profond et sombre qui faisait hier l'admiration de tous les congressistes du Nord de la France ; un voile de vapeurs légères, étendu comme un écran sur la voûte céleste, opalinisait la lumière et atténuait l'éclat du soleil.

A l'heure fixée pour le départ, le « Pétrel », chalutier des pêcheries de l'Océan affrété par les organisateurs, attend à l'embarcadère les passagers qui se pressent nombreux ; le ciel est redevenu d'azur, le soleil a retrouvé sa splendeur, une fraîche brise fait doucement clapoter le flot contre les flancs du navire. De nombreuses dames aux toilettes printanières ajoutent à l'excursion la séduction de leur grâce. Le capitaine donne un ordre, les amarres sont larguées, nous partons. A peine si la mer tressaille légèrement et balance le « Pétrel » pendant que défilent sous nos yeux les riches villas qui se succèdent tout le long de la plage. Dominant la ville d'été voici d'abord la blanche flèche gothique, élégante et fine de l'église Notre-Dame ; à l'arrière-plan c'est la haute ceinture des dunes qui dissimule et abrite la ville d'hiver blottie dans les plis de son versant méridional. Ce dôme scintillant, là-haut, c'est la coupole du Casino mauresque, d'où nous avons mardi contemplé le bassin.

Le spectacle change ; voici la forêt baignant ses pieds dans la mer, le Grand-Hôtel et la petite chapelle du Moulleau, puis la grande dune blanche du Pilat, la dune chauve, comme on l'appelle de façon imagée dans le pays, parce que c'est le seul point où aient échoué jusqu'à présent toutes les tentatives de boisement fixateur. Une heure suffit pour aller à cheval d'Arcachon à cette dune ; l'excursion vaudrait d'être faite, parce qu'on y saisirait sur le vif le mécanisme de l'envahissement de la forêt par le sable continuellement en marche, sans cesse poussé par le vent d'ouest et qui lentement, impitoyablement, ensevelit les arbres à une allure de 10 à 12 mètres par an.

Nous approchons des passes, nous suivons le chenal balisé par les bouées ; la vague prend de l'ampleur, le tangage s'accentue, et quelques passagères payent le tribut habituel que l'Océan réclame aux cœurs sensibles. Il faut rentrer pour qu'aucune ombre d'ennui ne vienne ternir le charme de cette excursion enchanteresse. Après une courte escale au phare nous passons devant la Villa Algérienne, nous longeons l'Ile aux Oiseaux, et à cinq heures le « Pétrel » accoste à l'embarcadère d'Eyrac.

Quelques congressistes, redoutant le mal de mer, s'étaient volontairement privés de cette excursion et avaient préféré aller assister aux Courses qui avaient lieu à l'hippodrome du Becquet, dont les directeurs leur avaient, sur la demande du Comité, très gracieusement ouvert l'accès, sur simple présentation de leur carte.

Vendredi . 28 avril.

Excursion au lac de Cazaux.

Cette après-midi, le lac de Cazaux, dont les flots de chaude émeraude moutonnent dans le cadre sauvage que lui font un cercle de dunes, eut l'honneur de recevoir la visite des médecins, parmi lesquels quelques princes de la science.

Nous sommes partis d'Arcachon à une heure par train spécial. Vous connaissez les petits inconvénients de ces genres de convoi ; ils sont, malgré leur destination particulière, soumis à des horaires fixes que rien ne peut changer, pas plus pour l'avance que pour le retard. Ces inconvénients n'ont pas manqué de se manifester. Plusieurs voitures de congressistes entraient dans la cour de la gare au triple galop de leurs chevaux au moment où le train démarrait, au grand désappointement des retardataires; ils durent nous rattraper à La Teste, où l'on voulut bien les attendre.

A la gare de Cazaux, la joyeuse caravane se divise en trois groupes : le premier prend passage sur le petit canot à vapeur « la Cazaline » pour une promenade nautique sur le lac ; le second va parcourir la vieille forêt usagère ; le troisième va visiter le canal qui distribue à la ville d'Arcachon l'eau du lac, que les médecins et les nombreux chimistes qui l'ont analysée s'accordent à proclamer exempte de microbes et d'une pureté irréprochable.

On s'est retrouvé à la gare vers quatre heures et demie, et chacun s'est plu à déclarer charmante l'excursion qu'il avait faite, qu'elle fut marine, sylvestre ou technique.

Le spectacle quotidien de toutes les douleurs physiques qui étreignent notre malheureuse humanité laisse nos médecins d'humeur joyeuse. J'ai eu lieu de remarquer depuis hier leur inlassable bonne humeur ; j'en fais la simple constatation sans nulle duplicité ; elle n'est d'ailleurs pas pour me déplaire puisque le devoir professionnel a ceci d'agréable qu'il va me permettre de passer encore deux ou trois jours en leur aimable compagnie.

Nous partons à neuf heures pour Pau, où un train spécial nous laissera à minuit.

(Petite Gironde, 29 avril.)

M. Durègne, ingénieur des Ponts-et-Chaussées, que le Comité avait sollicité de se joindre à cette excursion comme guide, n'avait pu, à son grand regret, se libérer au dernier moment de ses obligations professionnelles. Par ses soins, 28 exemplaires de son ouvrage « *La Grande Montagne de la Teste-de-Buch* » avaient été adressés au Comité organisateur pour être distribués aux congressistes. Ceux qui ont eu la bonne fortune de recevoir un exemplaire de cet ouvrage ont pu juger à la fois de la très complète connaissance qu'a de cette région M. Durègne, du soin méticuleux qu'il apporte à la description de la forêt, et de la minutieuse exactitude de ses cartes. Notre regret n'en est que plus vif de n'avoir pu être guidés dans notre excursion par un spécialiste de sa compétence.

Vendredi soir 28 avril.

D'Arcachon à Pau.

Partis d'Arcachon à 8 h. 35, nous sommes arrivés à Pau ce matin, un peu avant une heure, avec un retard appréciable. La machine qui remorquait notre train léger, trois voitures de 1re classe, était cependant de taille à nous traîner à des vitesses folles. On avait compté sans le charbon, qui se refusait obstinément à toute combustion. Mécanicien et chauffeur pestaient à l'envi contre cette houille qu'ils déclaraient exécrable. « C'est pas du charbon, c'est de la terre, » déclarait l'un d'eux, tout en fourrageant désespérément de son ringard dans la fournaise enfumée.

Je vous ai dit l'inaltérable bonne humeur des médecins du Congrès. Cela s'est manifesté durant le voyage sous les formes les plus plaisantes. A l'arrivée à Pau, le corps médical de cette ville avait à ce point assuré une parfaite organisation qu'en quelques minutes chacun a été pourvu de sa chambre dans les plus confortables hôtels de la ville.

La plupart des congressistes ont gagné leur appartement, afin de trouver dans un sommeil réparateur les forces nécessaires pour les discussions du lendemain. Seuls, de rares médecins, qui ont gardé de leur vie d'étudiant un arrière-goût de noctambulisme, ont tenu à aller souper de quelques œufs durs dans le seul établissement ouvert à cette heure en cette ville paisible, au climat sédatif.

(Petite Gironde, 30 avril.)

Samedi 29 avril.

Visite de la Ville de Pau, de ses Établissements médicaux et scientifiques.

Après la clôture officielle du Congrès, proclamée par le professeur Renaut au Palais d'hiver, on se donne rendez-vous, à deux heures et demie, dans la cour d'honneur du château Henri IV pour les visites et excursions qui vont occuper l'après-midi.

Visite du Château Henri IV.

A deux heures et demie tout le monde se retrouvait au château Henri IV, où M. Pépin, conservateur du palais national, recevait les congressistes et les guidait parmi les salles aux lambris dorés, que décorent les admirables tapisseries des Flandres ou des Gobelins.

Étant donné l'intérêt que présente la visite du château, véritable musée où abondent les pièces aussi rares que curieuses, les meubles de tous les styles et de tous les âges, les biscuits et vases de Sèvres, faïences d'Italie, boiseries aux sculptures fouillées, les congressistes s'y sont longuement attardés.

La plupart d'entre eux n'ont pas reculé devant l'ascension du donjon pour aller contempler du haut de la terrasse le prestigieux panorama des Pyrénées, dont les cimes aiguës, encore couvertes de neige, font à la vallée du Gave, si gracieuse, le plus beau décor qui soit.

Pourquoi faut-il que depuis hier le soleil nous ait lâchés ?

Lorsque, à quatre heures, nous quittons le château pour gagner le Palais d'hiver, où nous attendent les voitures pour l'excursion projetée, une pluie fine et serrée tombe sur la ville, qui garde, malgré tout, son aspect séduisant de cité riche et élégante.

(Petite Gironde, 30 avril.)

Visite du Sanatorium de Trespoëy.

Nous quittons à quatre heures et demie le Palais d'Hiver. Il pleut encore et nous devons, à notre désespoir, laisser fermées les capotes des landaus. Nous défilons au grand trot des chevaux rapides à travers une succession de parcs où s'épanouissent toutes les riches floraisons : les cytises d'or pâle, les marronniers blancs et roses, les arbres de Judée aux jolies fleurs d'un mauve délicat, jusqu'aux chamœrops, dont les dernières feuilles se couronnent de longues grappes de safran, au-dessus des vertes pelouses diaprées. Parmi les massifs, entièrement fleuries, quelques roses étalent orgueilleusement la richesse de leur coloris.

Au sanatorium de Trespoëy nous sommes reçus par le docteur Crouzet, médecin de l'établissement, qui nous conduit dans les divers services parfaitement installés. Le décor est gracieux à souhait parmi de luxuriantes végétations. J'ai visité ces abris en plein air, faits de quelques planches, où les douloureux phtisiques viennent passer quelques heures à respirer l'air pur qui doit revivifier leurs poumons, ravagés par le mal impitoyable. Par une délicate attention, on les a tapissés des principaux chefs-d'œuvre des maîtres de l'affiche.

Les chambres ont un aspect séduisant.

On vous a décrit ces demeures de tuberculeux, telles que les exigent les impérieuses prescriptions de la science. Celles-ci satisfont à toutes ces conditions : elles sont cependant très gaies avec leur lit de cuivre et leurs meubles de pitchpin. Des fenêtres, on jouit d'un coup d'œil prestigieux.

Avant le départ on sable le champagne, ce qui est pour M. Post, délégué hollandais, l'occasion de porter la santé du docteur Crouzet. Ce dernier lève son verre en l'honneur de la reine Wilhelmine.

A l'hôpital d'isolement nous sommes reçus par le docteur Valéry Meunier, l'un des administrateurs, qui, en quelques mots, fait l'historique de la création de l'établissement, après une épidémie de variole qui, en 1896, fit de sérieux ravages à Pau dans les quartiers avoisinant immédiatement l'hôpital.

Le docteur Monod dirige ensuite les congressistes dans les divers services.

On termine cette journée d'excursion technique par une visite au laboratoire de bactériologie.

(Petite Gironde, 30 avril.)

Au laboratoire de bactériologie.

Cet établissement, dirigé par le docteur Henri Meunier, a pu être aménagé par la municipalité dans les jardins de l'hôpital, grâce à un don important fait par le docteur Valéry Meunier. L'installation comprend deux services différents : l'un est le laboratoire de bactériologie, où l'on exécute pour l'hôpital et pour les médecins de la région toutes les opérations microbiologiques utiles au diagnostic ou à l'hygiène des maladies. Il n'y a rien à dire de particulier sur l'outillage, très convenable d'ailleurs, de cette partie de l'Institut.

En revanche, la station météorologique attire et retient l'attention par l'ingéniosité, la simplicité et le caractère pratique de ses divers appareils. La plupart, et entre autres l' « héliographe », qui inscrit photographiquement la durée quotidienne de l'insolation ; le « pluvioscope », qui enregistre la durée des averses ; le « pluviomètre » et l' « anémomètre », qui font connaître d'une façon continue les quantités d'eau tombées et la vitesse du vent, ont été imaginés de toutes pièces ou notablement perfectionnés par le docteur Henri Meunier, avec le concours d'un professeur de physique du lycée, M. Roland, pour la partie électrique.

Les membres du Congrès ne se lassaient pas d'examiner ces dispositifs ingénieux, au moyen desquels l'étude méthodique du climat de Pau est poursuivie depuis plusieurs années. Il est à désirer que cet exemple soit suivi dans toutes les stations analogues. Si parfois, en effet, les résultats donnés par la climatothérapie ont troublé ou déçu les plus ardents défenseurs de cette méthode curative, cela a tenu en grande partie à ce fait, que l'on appliquait au traitement de la maladie bien connue un climat dont les éléments constitutifs étaient incomplètement définis.

(*Petite Gironde*, 30 avril.)

Samedi soir.

Réception au Palais d'Hiver.

Elle a été ce qu'elle devait être, à la fois cordiale et empressée, avec ce cachet d'élégance que revêt ici toute manifestation mondaine. Le professeur Renaut est arrivé à neuf heures au Palais d'hiver, accompagné de la plupart des congressistes. Il a été reçu à l'entrée de la salle des fêtes par M. Lavigne, adjoint au maire empêché, M. le Dr Andral, président de la Société médicale de Pau, et le Préfet des Basses-Pyrénées, M. Gilbert. Une délégation du Conseil municipal assistait M. Lavigne.

Une foule élégante se pressait dans la salle ; des dames en grand nombre ajoutaient encore à l'élégance de cette soirée. Sur les tables, le champagne moussait dans les coupes.

Nous avons d'abord entendu la Lyre paloise dans « les Martyrs aux Arènes », de L. de Rillé. Puis M. Lavigne a souhaité la bienvenue aux membres du deuxième Congrès de Climatothérapie et d'Hygiène Urbaine en ces termes :

Mesdames, Messieurs,

Au nom de la Municipalité de Pau et de la cité toute entière, j'ai l'agréable honneur de souhaiter la bienvenue aux membres du IIème Congrès Français de Climatothérapie et d'Hygiène Urbaine.

Avec plaisir nous avons été heureux de les accueillir, même pour de trop courtes heures, ravis qu'ils aient choisi notre beau pays de Béarn et sa capitale afin d'y clôturer leurs doctes excursions et d'y couronner leurs travaux.

Je suis convaincu qu'ils ne seront pas déçus.

Le climat de Pau, Messieurs, est légendaire, comme son ciel, comme ses sites, comme la chaîne de ses montagnes.

Mais depuis Playfer, Clarke et Taylor, qui en furent les vulgarisateurs, la Science en a partout reconnu les richesses curatives. Affirmer ses vertus, décide-t-elle péremptoirement, c'est « dire la vérité, toute la vérité, rien que la vérité ».

Une voix aussi, plus autorisée que la mienne, vous a rapporté ces choses ce matin. Elle a ajouté très justement avec quel soin, quelle ardeur la Municipalité de Pau n'a cessé de travailler au perfectionnement de l'hygiène, presque naturelle il est vrai, de la Ville. Services d'isolement et de désinfection, alimentation hydraulique, installation générale d'égouts, tout a été créé ou amélioré au cours de ces dernières années.

Et ces efforts n'ont pas été vains. Nos pairs envient notre œuvre, nos rivaux la jalousent, et par deux fois la Ville de Pau a vu, pour ses travaux d'hygiène urbaine, son nom inscrit au premier rang du palmarès des expositions de Paris et de St-Louis.

Tels sont les progrès accomplis sous l'impulsion intelligente et active des Municipalités soucieuses du parfait assainissement de la Ville. Leurs traditions ont été continuées et fortifiées encore, Messieurs, par l'Administrateur de premier ordre que je dois excuser ici et dont l'absence, si justifiée qu'elle soit, est pour vous une déception et pour moi un regret. Il a été secondé, je l'ajoute bien vite, dans cette tâche féconde, par les désirs de la population, par un Conseil municipal tout acquis aux réformes utiles, par des chefs de service, enfin, dont la compétence éclairée n'a d'égale que le dévouement sans bornes.

Telle est aussi l'œuvre que nous avons été heureux et fiers de vous soumettre. Elle vous permettra de conclure que vous êtes ici chez vous, au milieu d'amis partageant vos préoccupations, vos soucis, vos désirs, vos espérances.

Soyez donc nos amis également, Messieurs, nos amis non pas d'un jour mais de toujours, nos collaborateurs même, pour la gloire du climat bienfaisant de Pau, pour la prospérité de notre Ville où les progrès de l'hygiène sont si largement assurés, en même temps que pour le profit humanitaire que votre apostolat poursuit.

Et c'est dans ces pensées de cordiale sympathie que je vous salue, Messieurs, avec tous nos invités qui ont bien voulu répondre à notre appel et nous aider à vous faire fête ; que je vous salue, Mesdames, vous qui, pour assurer encore l'attrait de cette soirée, y avez apporté le sourire de vos charmes et le charme de vos sourires.

Mesdames, Messieurs, je lève mon verre aux Membres du Congrès de 1905, aux Président et Organisateurs de ce Congrès, à M. le Professeur Renault, en particulier, auquel je suis heureux d'adresser l'expression de notre respectueuse déférence pour sa haute personnalité toute faite de savoir, de dévouement et de patriotisme.

(Applaudissements).

M. le professeur Renaut lui répond avec cette verve aimable, cette parole généreuse, cette élocution que nous admirons tous depuis quelques jours. Il le fait en termes charmants, en phrases simples, élégantes, de cette façon détachée, avec cette finesse qui font le sel de ses improvisations.

Il remercie la ville de Pau et son Conseil municipal qui a si bien fait les choses, et la Société médicale. Il salue la mémoire du docteur Lafont, son président distingué que la mort vient d'enlever à la science. Il remercie tous les collaborateurs de la journée si bien remplie : MM. les docteurs Andral, Goudard et Pelizza-Duboué.

Puis, dans un exposé de la nouvelle thérapeutique, de la cure par les climats, il dit à nouveau combien la France peut bénéficier des trésors que la nature lui a prodigués.

La France, dit-il, ressemble à ces fils de famille très riches qui, n'ayant pas besoin de gagner leur vie, ne s'occupent pas de leur fortune pendant plusieurs générations. Cependant, par ailleurs, la concurrence est grande, les peuples voisins utilisent leur sol, leurs milieux et leurs sites, ils drainent vers eux des richesses que la France pourrait attirer vers elle.

Faire connaître la France c'est donc accomplir un acte de patriotisme.

Dans la visite qu'il vient de faire, il a constaté que Pau possède un outillage complet qui lui permet de mener à bien les observations scientifiques climatiques, d'une importance capitale en vue de la documentation exacte. Cet outillage, Pau le doit à MM. les docteurs Meunier, père et fils, qu'il félicite et qu'il applaudit.

En terminant, M. Renaut remercie M. Gilbert, préfet, d'être venu assister à cette fête de famille médicale ; le Gouvernement de la République s'intéresse aux travaux du Congrès, puisqu'il s'est fait représenter, à Arcachon, par M. le Ministre de la Marine, et à Pau, par son Préfet.

M. Renaut a été très applaudi.

Et durant que le champagne continue à pétiller dans les coupes, la partie du concert se déroule attrayante. C'est d'abord Mlle Coulon, dont le souple organe se prête aux tendres mélodies. Elle chante à ravir la Berceuse de « Jocelyn ». C'est ensuite M. Palatin, un virtuose du violon, accompagné par M. Luard. Son exécution de l' « Elégie hispano-mauresque » de Monasterio, et d'un « Impromptu » de Beumer témoigne d'une véritable maîtrise et d'un sens musical accompli. C'est encore Mme Balfa, à la voix puissante, souple, généreuse, qui s'accompagne sur la harpe et que nous avons maintes fois applaudie à Bordeaux. C'est enfin M. Perrier, dans un répertoire de jolies chansonnettes. Entre temps la Lyre paloise a fait entendre « Sylvestrie », de Bourgault-Ducoudray, et « le Réveil des Fleurs », de C. de Vos.

Le service était assuré par le restaurant du Palais d'hiver. M. Clair avait tout organisé d'une façon irréprochable.

Soirée charmante, bien digne de cette ville aimable que nous quittons à regret dimanche matin à huit heures, par train spécial, pour gagner Biarritz.

Après la Perle des Pyrénées, la Perle de l'Océan.

(Petite Gironde, 30 avril.)

Dimanche 30 avril.

Excursion à Biarritz.

Notre train spécial a quitté Pau ce matin à huit heures, sous un ciel gris, menaçant de pluie. Lorsque, à onze heures quarante-trois, il a stoppé en gare de Biarritz, le ciel s'était lavé et le soleil resplendissait de tout son éclat.

A la Mairie.

Le voyage a été charmant. A la gare de la Négresse une vingtaine de voitures nous attendaient pour nous véhiculer à l'hôtel de ville. M. le docteur Long-Sav -

gny, adjoint au maire de Biarritz, avait poussé l'amabilité jusqu'à venir à la gare et organiser lui-même le cortège des petites voitures légères, auquel ne manquait pas la note pittoresque.

Un lunch nous attend à la mairie. Je me plais à constater combien les congressistes y ont fait honneur. Ces cures d'air sont vraiment merveilleuses. La première action se traduit par des fringales insatiables, et cela nous permet de faire honneur à tous les lunchs, à tous les banquets.

M. Long-Savigny, entouré de quelques conseillers municipaux, a reçu les congressistes avec une amabilité cordiale.

Il leur souhaite en ces termes la bienvenue :

« Mesdames, Messieurs et chers collègues,

« Une fâcheuse indisposition de M. Forsans, maire de Biarritz, le prive du plaisir de souhaiter la bienvenue aux membres du deuxième Congrès de Climatothérapie et d'Hygiène Urbaine, qui, après une semaine d'un labeur opiniâtre, dans ce cadre si attrayant d'Arcachon et de Pau, ont tenu à emporter de leur intéressant voyage dans le Sud-Ouest un dernier souvenir, celui d'une visite (trop courte à notre gré), à ce Biarritz, où vous reviendrez, je l'espère, comme le vœu en a été émis, l'autre jour, pour y tenir une de vos prochaines assises.

« Nous aurons, à ce moment, ample matière à développements dans les exposés qu'il nous sera donné de faire de la valeur de notre station, tant au point de vue des conditions d'hygiène, qu'elle travaille à réaliser aussi parfaite que possible, qu'à celui des qualités remarquables de son climat et du concours, unique au monde, de ses multiples ressources thérapeutiques : air marin, bains de mer, eaux thermales salines fortes....

« Mais aujourd'hui vous êtes venus en touristes, et, après six jours d'éloquence assidue, vous jugerez, le septième, que les meilleures bienvenues sont les plus courtes, pourvu qu'elles partent du cœur.

« En remerciant mes confrères du corps médical de Biarritz d'avoir répondu à l'invitation de la municipalité et de s'être joints à elle pour cette réception, je m'empresse de lever mon verre à nos hôtes d'un jour, heureux que, fidèle à sa devise, « *Aura, Sidus, Mare adjuvant me* » Biarritz vous fasse aujourd'hui l'hommage du murmure majestueux de l'Océan, de la caresse vivante de sa brise et de l'éclat radieux d'un soleil favorisant la côte d'Émeraude d'une splendeur égale à celle de son opulente sœur, la Côte d'azur.

« Et je vous dis encore, avant que le Congrès se sépare : Au revoir ! A bientôt ! ici même, pour y poursuivre, avec une égale ardeur, une œuvre dont nous avons droit de nous montrer fiers à double titre, puisqu'en contribuant à mettre en valeur les richesses thérapeutiques naturelles de notre chère France et à protéger l'individu et la société contre tant de causes de déchéance et de maladie, nous avons conscience de travailler à la fois pour la Patrie et pour l'Humanité. »

Le docteur Dhourdin, professeur honoraire de l'École de Médecine d'Amiens, secrétaire-adjoint du Congrès, a répondu :

« Permettez-moi, Monsieur le Maire, au nom du Bureau du 2ème Congrès de Climatothérapie et d'Hygiène Urbaine, que j'ai l'honneur de représenter ici, au nom du Comité médical de Pau et au nom des Congressistes, de vous remercier de vos bonnes paroles de bienvenue ; je vous remercie aussi de votre aimable et cordiale réception et lève mon verre à la Ville de Biarritz, au corps médical de la station et surtout, Monsieur le maire, en votre honneur. »

La Fête nautique.

Par une délicate attention la municipalité de Biarritz, qui nous a fait ce matin un accueil aussi aimable qu'empressé, avait demandé pour les congressistes de la climatothérapie l'entrée gratuite dans l'enceinte réservée des fêtes nautiques. Inutile d'ajouter que cette faveur nous a été accordée et que nous avons pu suivre dès trois heures de l'après-midi les péripéties des jeux et courses qui ont eu le vieux port pour théâtre.

Fête en plein air, charmante s'il en fut. Les courses de périssoires, de bacs, de goiricks, les joutes lyonnaises, le sauvetage d'un mannequin ont fort diverti les médecins, ainsi que les dames qui font partie du Congrès.

Il y avait d'ailleurs, dans l'enceinte réservée et sur les rochers qui encerclent la crique, où ils s'agrippaient en masses compactes, plusieurs milliers de spectateurs que telle baignade imprévue a secoués d'un rire inextinguible.

Le soleil était parfois de la fête, lorsque les nuages de grisaille amoncelés dans le ciel lui permettaient, en s'écartant, de montrer son orbe flamboyant.

Aux Thermes Salins.

La science ne perd jamais ses droits avec les congressistes. Aussi bien, quelques heures de plaisir ne pouvaient-elles leur faire oublier le devoir qu'ils ont de s'instruire.

A cinq heures nous avons visité l'établissement des Thermes Salins, qui dresse ses portiques mauresques parmi les fraîches pelouses d'un parc au pur dessin.

Nous avons été reçus par MM. Personnaz, administrateur, et Duhart, ingénieur civil, directeur de l'établissement où sont traitées, non sans succès, l'anémie, la chlorose, la scrofule et les tuberculoses locales.

La visite terminée, les congressistes se retrouvent autour d'une vaste table où un lunch est servi.

Le docteur de Lostalot-Bachoué, en une heureuse improvisation, dit avec quel plaisir le corps médical de Biarritz les a reçus. Il n'a qu'un regret : la brièveté de cette visite.

C'est le délégué hollandais, M. Eland, qui lui répond. Il y joint, au nom de ses collègues étrangers, les sentiments de gratitude qui les animent à l'égard des membres du Congrès.

Nous assisterons ce soir à la représentation du Casino, la municipalité ayant obtenu de la direction la même faveur que pour la fête nautique. On donne « *Véronique* ».

Demain à neuf heures, par train spécial, nous quitterons Biarritz pour Hendaye.

Échos du 2ᵉᵐᵉ Congrès.

Le Maire de Biarritz a reçu la lettre suivante :

Arcachon, 3 mai 1905.

« Monsieur le Maire,

« Au nom du Comité d'organisation, j'ai l'honneur de vous adresser des remerciments bien sincères pour l'accueil très hospitalier que vous avez fait à ceux de membres du Congrès qui se sont rendus à Biarritz le dimanche 30 avril.

« Veuillez agréer, etc.

« Docteur A. Festal,
Secrétaire général du Congrès.
(*Petite Gironde.*)
(*Indépendant des Basses-Pyrénées.*)

Lundi 1er mai.

A HENDAYE.

Visite au Sanatorium. — Le Déjeuner.

Nous avons quitté Biarritz ce matin à huit heures, non sans regret, après l'aimable réception qui nous a été faite. Notre train spécial nous attendait à la gare ; une demi-heure après il nous déposait à Hendaye, dans le prestigieux décor des montagnes qui enserrent la Bidassoa.

Bien que le soleil fût voilé par un amoncellement de nuages, le voyage n'a pas été sans charmes. Les membres du Congrès ont admiré les belles échappées que la succession des collines ménage sur un océan frangé d'argent par les vagues qui déferlent sur les plages de criques minuscules.

A la gare d'Hendaye nous trouvons des voitures qui vont nous conduire au Sanatorium de l'Assistance Publique de Paris.

Après de nombreux méandres, la route débouche sur une plage où des vagues pressées se brisent en longs bourrelets d'écume. Deux rochers isolés, qu'on nomme les deux Jumeaux, se dressent un peu au large, seuls témoins d'un ancien rivage que la mer a détruit.

Et tout de suite ce sont les importants bâtiments du Sanatorium, où l'Assistance Publique de Paris hospitalise un effectif permanent de deux cent trente enfants, tous Parisiens. M. le docteur Camino, directeur du Sanatorium, et son suppléant, M. le docteur Vic, de Saint-Sébastien, guident les congressistes à travers les bâtiments divers qui abritent le lazaret, où les enfants sont mis en observation pendant vingt jours après leur arrivée, l'infirmerie, les dortoirs, les réfectoires, les salles de bains, etc. La visite se termine au pavillon de la désinfection.

Il faut noter que l'on construit en ce moment même de nouveaux corps de logis, qui permettront de recevoir cinq cents enfants.

Le directeur du Sanatorium est aidé, au point de vue médical, par deux internes de l'Assistance Publique de Paris. Une trentaine de jeunes infirmières recrutées dans le pays même, et dont quelques-unes personnifient le type basque dans toute sa pure beauté, soignent les enfants et font la cuisine sous la direction de cinq surveillantes diplômées.

On ne reçoit au Sanatorium de Hendaye ni tuberculose ouverte, ni cas chirurgicaux ; mais les enfants des deux sexes qu'on y admet, et dont l'âge peut varier de quinze mois à quinze ans, sont presque tous des prétuberculeux. Après le séjour réglementaire de six mois, 90 0/0 des petits malades sont améliorés. Quant au chiffre des guérisons définitives on ne peut le fixer car, malheureusement, l'administration perd de vue ces enfants quand ils sont rentrés à Paris dans leur milieu familial, presque toujours malsain et contaminé. Aussi n'est-il pas étonnant que le dévoué directeur du Sanatorium, le docteur Camino, ait fait émettre à Arcachon, par l'une des sections du Congrès, le vœu qu'en sortant des sanatoria marins ou maritimes les enfants pauvres soient placés à la campagne, chez des cultivateurs, pour y achever leur guérison.

Cette visite s'est terminée par un lunch qu'a offert l'administration de l'établissement.

Rentrés à midi à Hendaye, nous avons déjeuné à l'hôtel du Commerce et à l'Hôtel de France.

Au dessert, M. Eland, délégué hollandais, a levé son verre en l'honneur de la France et des dames du Congrès ; M. Perey, délégué suisse, a dit son admiration pour la belle œuvre d'assistance publique accomplie par notre pays ; M. Cristofini, de Saint-Trojan, a remercié les collègues étrangers qui ont suivi les travaux du Congrès. A propos du toast de M. Perey, il a tenu à rappeler les noms des dévoués philanthropes qui ont contribué, au cours de ces dernières années, au développement des œuvres d'assistance ; il a cité Théophile Roussel, Henri Monod, Armaingaud, Hermann Sabran.

Nous partions à deux heures pour Fontarabie sur des bateaux offerts par le Congrès. Nous irons ce soir à Saint-Sébastien.

La charmante petite ville d'Hendaye s'était mise en frais et a captivé nos congressistes, qui en ont exprimé tout leur plaisir à M. Vic, le maire dévoué de cette jolie plage, devenue la seconde patrie du célèbre écrivain Pierre Loti, dont la maisonnette, appelée Bakharetchea (solitude), a en ce moment tous ses volets verts tristement clos.

(Petite Gironde, 2 mai.)

Les congressistes en Espagne.

Nous quittions Hendaye lundi vers deux heures. La traversée de la Bidassoa fut plutôt laborieuse pour le marin qui pilotait le frêle esquif surchargé par nos bagages. Un vent à décorner des bœufs, de courtes vaguelettes qui nous prenaient par le travers et nous giflaient de la mousse de leurs embruns, il n'en fallut pas davantage pour faire naître chez quelques passagers une cruelle anxiété qui ne prit fin qu'au moment où ils mirent le pied sur la terre espagnole.

A Fontarabie.

Les « carabineros » ayant fouillé de leurs regards indiscrets nos malles et valises, nous pûmes à loisir visiter Fontarabie, la curieuse cité du pays basque espagnol.

La plupart des congressistes ignoraient Fuenterrabia. Leur étonnement fut grand en montant la rue qui conduit à l'église. Les balcons ajourés, les toits en auvent, les nombreux écussons, tous ces vestiges des anciennes splendeurs de la place-forte du moyen-âge, excitèrent vivement leur curiosité. A l'église, les dames s'extasient fort en admirant les manteaux brodés de Louis XIV et de Charles-Quint.

Après une courte excursion dans la cité moderne, les excursionnistes gagnèrent Irun, par le tram que traînent trois mules attelées en flèche.

Le programme officiel du Congrès annonçait la dislocation ; on n'en fit rien.

Les organisateurs n'avaient pas prévu le succès qu'obtiendrait l'aimable invitation du docteur Vic, notre compatriote, depuis longtemps installé à Saint-Sébastien, où il représente si brillamment la science française. Il était d'ailleurs parmi nous depuis plusieurs jours, et c'est par des hourras d'enthousiasme qu'on accepta son offre. Si bien qu'arrivés à Irun, chacun s'empressa de demander un billet pour Pasajes, première étape d'une trop brève incursion sur le territoire espagnol.

Nous avions compté sans la tempête qui, vers quatre heures et demie, s'est abattue sur la région avec une pluie diluvienne. Il était sage de rester dans le train. C'est ce que décida le docteur Vic, sur l'avis unanime des congressistes.

A Saint-Sébastien.

Nous faisons notre entrée dans la ville sous l'averse. La répartition dans les divers hôtels terminée, on se donne rendez-vous au restaurant Cantabrique, où le docteur Vic nous reçoit à dîner. Cuisine française, repas succulent, vins espagnols qui eurent tôt fait de délier les langues. Au grand désespoir de notre amphitryon, qui ne les aime pas, les toasts furent nombreux. Chaque délégué étranger en porta au moins un. Ils furent courts et eurent les honneurs du ban.

Dans l'établissement où nous allâmes prendre le café, on nous fit la surprise d'un orchestre de « bandurrias y guitarras » qui nous joua les airs les plus populaires du pays basque. L'hymne royal espagnol et la « Marseillaise » succédèrent aux mélopées locales.

Mercredi matin, dès huit heures, des voitures nous attendaient pour nous conduire au Balcon de l'Europe. Cette ascension faillit se transformer en descente rapide pour quatre d'entre nous. Les chevaux, ayant trouvé trop raide la route en lacet qui conduit au sommet du rocher, se refusèrent à tout contact avec le collier. En revanche, ils reculaient avec une aisance admirable. Un ravin était derrière. La perspective d'y plonger avec tout l'attelage fut suffisante pour décider un des quatre voyageurs à nous fausser compagnie.

De retour en ville nous allâmes déposer nos cartes pour l'alcade à la « Casa consistorial ».

La place rectangulaire dont cet édifice borde l'un des petits côtés est entourée de trois corps de bâtiments semblables, avec d'interminables balcons et de longues rangées de fenêtres numérotées en chiffres très apparents. A l'époque où Saint-Sébastien ne possédait pas de « plaza de toros », les courses se donnaient sur cette place; les balcons tenaient lieu de gradins, et les numéros peints au-dessus des fenêtres servaient à la location des places.

Puis nous visitons le laboratoire municipal, l'usine de désinfection où un lunch est offert.

L'établissement est fort bien installé. Le docteur Vic nous donne ce renseignement intéressant :

Quand un médecin soigne un tuberculeux dangereux pour son entourage, il en fait la déclaration à la mairie; chaque semaine, la voiture du service de désinfection vient prendre le linge du malade, et on le lui rapporte blanchi et désinfecté, le tout gratuitement, s'il est indigent.

Continuant notre instructive promenade, nous nous arrêtons à l'œuvre de la Goutte de Lait; c'est un service organisé par les deux Caisses d'épargne, provinciale et municipale, pour procurer aux enfants qu'on élève au biberon du lait maternisé et stérilisé. C'est M. Tomas Balbas y Ageo, ingénieur des mines et vice-président du Conseil général, qui nous a fait les honneurs de ce service, grâce auquel la mortalité infantile s'est abaissée de 25 p. 100 à 10 p. 100, chiffre très faible.

On nous a conduit ensuite au poste des ambulances urbaines, où deux jeunes médecins sont alternativement de garde pendant vingt-quatre heures pour donner les premiers soins aux victimes des accidents de la rue.

Déjeuner espagnol au Restaurant de Paris, « Sona do fideos, cocido à la Española, Arroz à la Valenciana ».

Le docteur Depierris (de Cauterets) se fait l'interprète de tous en remerciant chaleureusement le docteur Vic et son très sympathique confrère le docteur Ayani (de Saint-Sébastien) de leur si aimable accueil.

On fait alors la classique ascension de la montagne qu'escalade le tramway électrique, et l'on prend à quatre heures le train pour la France.

Ainsi finit la partie imprévue du deuxième Congrès Français de Climatothérapie et d'Hygiène Urbaine.

(Petite Gironde, 3 mai.)

INDEX ALPHABÉTIQUE DES AUTEURS

—

Les chiffres romains renvoient à la Première partie (*Documents, actes officiels*); les chiffres gras concernent les rapports et les communications; les chiffres italiques les discussions.

—

Andral, *438*.
Armaingaud, *228, 234, 236, 262.*
Armand-Delille, *234.*
Arnozan, **354**, *373.*

Backer (de), **246.**
Bagot, **19.**
Barbier, **175**, *229, 238, 464, 490.*
Barthe, **472**, *490.*
Batz (de) *77, 129,* **132, 345, 379.**
Beaure d'Augères, **379.**
Berlioz, **320**, *490.*
Berthier, **338.**
Bonnal, *254.*
Bourdier, **379.**
Bourges, **274**, *301.*

Calmette, LII, LVII, LXIII, **928, 301.**
Camino, *234, 271, 311, 314, 316, 324, 331, 332, 337, 341, 376, 382, 394, 434.*
Camous, **351.**
Caramano, **131.**
Carles, **394.**
Cazaban, **166.**
Dr Cazaux, *20,* **26**, *71, 78, 122, 136.*
Chambrelent, **348, 423**, *432.*
Courty, **3**, *18.*
Cristofini, *71, 119, 232, 243.*
Crouzet, **303.**
Dechamp, **136**, *139.*
Dedet, *25, 70, 166.*
Dépierris, *71, 299, 347, 463.*

Dhourdin, **305.**
Dulau, *227.*
Dumarest, **149**, *299,* **317.**
Duphil, *301, 315,* **324**, *331,* **428**, *432.*
Durel, *302.*

Eland, *315,* **496.**
Espine (d'), *77, 119, 230, 271, 376, 382.*

Fages, XXVII.
Faure (Léon), *166, 347.*
Faure (Maurice), **172**, *271.*
Ferré, *463, 487.*
Festal, XXIX, XXXIX, LI, LXI, LXII, **65**, *70, 71, 120, 231, 300, 303, 312, 374, 464, 467, 488.*

Garrigou, **398.**
Gandy, *25, 31, 37, 315.*
Goudard, **438.**
Guinon, **79**, *119.*

Hameau, **145.**
Hérard de Bessé, LVI, *139,* **139**, *299, 301, 320,* **341**, *375,* **425**, *433.*
Hervé, *341.*
Huchard, XLIII, L, LI, LII, LVII, LVIII, *129, 130, 376, 383.*

Jaquerod, **72.**

TABLE ANALYTIQUE DES MATIÈRES

—

PREMIÈRE PARTIE

DOCUMENTS. — ACTES OFFICIELS

DEUXIÈME PARTIE

RAPPORTS. — COMMUNICATIONS. — DISCUSSIONS.

A. — Section de Climatothérapie.

Première journée. — Mardi 25 avril.

Deuxième journée. — Mercredi 26 avril.

Journée de clôture à Pau. — Samedi 29 avril.

TROISIÈME PARTIE

A. — Annexes

B. — Réceptions. — Fêtes. — Excursions.

Vœux ratifiés par les votes du Congrès.

Poitiers. — Imprimerie de la *Revue des Idées* (Blais et Roy), 7, rue Victor-Hugo